现代植保新技术图解丛书 ②

蔬菜病虫诊断与防治彩色图解

鲁传涛 等 主编

中国农业科学技术出版社

图书在版编目（CIP）数据

蔬菜病虫诊断与防治彩色图解/鲁传涛等主编.－北京：
中国农业科学技术出版社，2021.6
ISBN 978-7-5116-4979-9

Ⅰ．①蔬… Ⅱ．①鲁… Ⅲ．①蔬菜-病虫害防治-图谱 Ⅳ．①S436.6-64

中国版本图书馆CIP数据核字(2020)第166231号

责任编辑	姚 欢 褚 怡
责任校对	李向荣
责任印制	姜义伟 王思文

出 版 者	中国农业科学技术出版社
	北京市中关村南大街12号 邮编 100081
电 话	(010)82106631(编辑室)(010)82109704(发行部)
	(010)82109709(读者服务部)
传 真	(010)82106631
网 址	http://www.castp.cn
经 销 者	各地新华书店
印 刷 者	河南省诚和印制有限公司
开 本	889×1 194mm 1/16
印 张	62.75
字 数	1 576千字
版 次	2021年6月第1版 2021年6月第1次印刷
定 价	498.00元

《现代植保新技术图解》
总编委会

顾　　问	陈剑平								
主　　编	鲁传涛	封洪强	杨共强	张振臣	李好海	李洪连	任春玲	刘红彦	武予清	张玉聚
副主编	任应党	李国平	吴仁海	郝俊杰	王振宇	孙　静	苗　进	张　煜	杨丽荣	张　洁
	宋玉立	韩　松	徐　飞	赵　辉	乔广行	王建宏	全　鑫	姚　欢	夏明聪	张德胜
	刘玉霞	倪云霞	刘新涛	王恒亮	王　飞	文　艺	孙祥龙	苏旺苍	徐洪乐	杨共强
	高素霞	段　云	孙兰兰	刘　英	张志新	蔡　磊	孙　辉	秦光宇	朱丽莹	马会江
	杜桂芝	陈玉华	薛　飞	张书钧	刘雪平	高新菊	薛华政	黎世民	李秀杰	杨党伟
	蒋月丽	李　彤	王灵敏	乔耀淑	李迅帆	马永会	王军亮	吴　寅	田迎芳	薛　飞
	张清军	杨胜军	张为桥	王合生	赵振欣	卜　勇	马建华	刘东洋	郭学治	孙炳剑
	吴　寅									

编写人员	卜　勇	马　蕾	马东波	马永会	马会江	马红平	马建华	王　飞	王　丽	王　倩
	王卫琴	王玉辉	王光华	王伟芳	王向杰	王合生	王军亮	王红霞	王宏臣	王建宏
	王恒亮	王艳民	王艳艳	王素萍	王振宇	王高平	王瑞华	王瑞霞	牛平平	文　艺
	孔素娟	厉　伟	石珊珊	叶文武	田兴山	田迎芳	田彩红	白　蕙	冯　威	冯海霞
	邢小萍	朱丽莹	朱荷琴	乔　奇	乔彩霞	乔耀淑	任　尚	任应党	任俊美	华旭红
	全　鑫	刘　英	刘　丽	刘　胜	刘　娜	刘玉霞	刘东洋	刘明忠	刘佳中	刘俊美
	刘晓光	刘雪平	刘新涛	闫　佩	闫晓丹	安世恒	许子华	孙　骞	孙　辉	孙　静
	孙兰兰	孙炳剑	孙祥龙	苏旺苍	杜桂芝	李　宇	李　威	李　培	李　巍	李伟峰
	李迅帆	李好海	李红丽	李红娜	李应南	李国平	李绍建	李洪连	李晓娟	李登奎
	杨玉涛	杨共强	杨丽荣	杨胜军	杨爱霞	杨琳琳	吴　寅	吴仁海	吴绪金	何艳霞
	何梦菡	汪醒平	宋小芳	宋晓兵	宋雪原	张　军	张　航	张　翀	张　平	张　志
	张　洁	张　猛	张　煜	张为桥	张书钧	张玉秀	张玉聚	张东艳	张占红	张志新
	张芙蓉	张丽英	张迎彩	张秋红	张振臣	张清军	张德胜	陆春显	陈玉华	陈剑平
	苗　进	范腕腕	周国友	周海萍	周增强	郑　雷	孟颢光	封洪强	赵　辉	赵　韶
	赵利敏	赵玲丽	赵俊坤	赵振欣	赵寒梅	郝俊杰	胡喜芳	段云侯	珲　侯	海　霞
	施　艳	姚　欢	姚　倩	秦光宇	秦艳红	夏　睿	夏明聪	党英喆	倪云霞	徐　飞
	徐洪乐	凌金锋	高　萍	高树广	高素霞	高新菊	郭小丽	郭长永	郭学治	桑素玲
	崔丽雅	彭成绩	彭埃天	韩松焦	竹　青	蒋月丽	鲁传涛	鲁漏军	谢金良	靳晓丹
	蔡　磊	蔡富贵	雒德才	黎世民	潘春英	薛　飞	薛华政	藏　睿		

《蔬菜病虫诊断与防治彩色图解》
编委会

前 言

  蔬菜病虫害严重地影响着蔬菜的丰产与丰收，由于蔬菜田肥水充足，特别是大棚、温室等保护地设施蔬菜的特殊生态条件，为蔬菜病虫滋生繁殖提供了有利条件，蔬菜病虫害发生种类多、为害重，严重影响蔬菜的产量和质量。根据经验总结，蔬菜病虫害一般可造成蔬菜产量损失10%～30%，病虫害严重发生时，可导致蔬菜的产量损失60%～70%，甚至绝产。因此需要把握蔬菜病虫草害的发生规律，掌握蔬菜病虫害的科学防治方法，合理使用农药，避免病虫产生抗药性，有效地控制病虫草害的为害，确保蔬菜产量和质量安全。

  为了有效地推广普及蔬菜病虫草害知识和农药应用技术，我们组织国内权威专家，在查阅大量国内外文献基础上，结合自身多年的科研工作实践，对2010年编著出版的《农业病虫草害防治新技术精解》（第二卷），进行了修订和补充完善，编著了《蔬菜病虫诊断与防治彩色图解》。

  经过权威专家和生产一线技术人员研究筛选，《蔬菜病虫诊断与防治彩色图解》中收录的病虫害均是发生比较严重、需要重点关注的防治对象。书中对这些病虫害的发生规律、防治技术进行了全面的介绍，并分生育时期介绍了综合防治方法；书中配有病虫害原色图谱，田间发生与为害症状图片，图片清晰、逼真，易于田间识别和对照。

  全书收集了46种蔬菜600多种重要病虫害，对每种重要病虫害发生的各个阶段的形态特征进行了描述，并详细介绍了病虫害发生不同阶段的施药防治方法，包括药剂种类和推荐剂量。该书通俗易懂、图文并茂、方便实用。该书在编纂过程中，得到了中国农业科学院、南京农业大学、西北农林科技大学、华中农业大学、山东农业大学、河南农业大学，以及河南、山东、河北、黑龙江、江苏、湖北、广东等省市农科院和植保站专家的支持和帮助。有关专家提供了很多病虫害照片和自己多年的研究成果，在此谨致衷心感谢。

  由于我国地域辽阔，环境条件复杂，蔬菜病虫草害区域特征差异，因此书中提供的化学防治方法的实际防治效果和对作物的安全性会因特定的使用条件而有较大差异。书中内容仅供读者参考，建议在先行试验或试用的基础上再大面积推广应用，避免出现药效或药害问题。由于作者水平有限，书中内容不当之处，敬请读者批评指正。

作者

2021年3月20日

目　录

第十二章　辣椒病虫害防治新技术

第十三章　茄子病虫害防治新技术

第十八章　甘蓝病虫害防治新技术

第十九章　花椰菜病害防治新技术

第二十章　萝卜病虫害防治新技术

第二十一章　胡萝卜病害防治新技术

第二十二章　豇豆病虫害防治新技术

第三十章　蕹菜病害防治新技术

第三十一章　苋菜病害防治新技术

第三十二章　落葵病害防治新技术

第三十三章　茴香病害防治新技术

第三十四章　芫荽病害防治新技术

第三十五章　大葱、洋葱、香葱病虫害防治新技术

第三十六章　大蒜病虫害防治新技术

第三十七章　韭菜病害防治新技术

第三十八章　马铃薯病虫害防治新技术

第三十九章　姜病害防治新技术

第四十章　芋病害防治新技术

第四十一章　莲藕病害防治新技术

第四十二章　茭白病害防治新技术

第四十三章　慈姑病害防治新技术

第四十四章　荸荠病害防治新技术

第四十五章　黄花菜病害防治新技术

第四十六章　芦笋病害防治新技术

第一章 黄瓜病虫害防治新技术

黄瓜属葫芦科一年生蔓生草本植物，常见的黄瓜有密刺的华北类型、少刺的华南类型、无刺的主要用作鲜食的水果类型。我国的黄瓜栽培面积已达125.3万hm²，比1980年扩大了近3倍，占全国蔬菜面积的10%左右，其中58%左右为露地种植。主要的种植地区为山东、河南、河北、辽宁、甘肃、江苏、广东、广西等省区。近年来，我国黄瓜种植区分布逐渐扩散，几乎在每一个省份，每一个大城市周围都有一些大的黄瓜生产基地，区域化生产越来越突出。原来一些气候及地理环境不太好，种植基础比较差的地区，如甘肃、黑龙江、新疆、贵州、西藏、内蒙古等，近年来黄瓜种植发展迅速，如在内蒙古包头郊区、甘肃武威等地都有相对集中的近700hm²的黄瓜种植区。栽培模式有露地早春茬、露地秋茬、早春大棚、秋延后大棚、日光温室等。

目前，国内发现的黄瓜病虫害有100多种，其中，病害70多种，主要有霜霉病、灰霉病、疫病、细菌性角斑病等；生理性病害20多种，主要有畸形瓜、化瓜等；虫害10多种，主要有蚜虫、温室白粉虱、美洲斑潜蝇等。常年因病虫害发生为害造成的损失达30%～70%，部分地块甚至绝收。

一、黄瓜病害

1. 黄瓜霜霉病

【分布为害】霜霉病是黄瓜上发生最普遍、最严重的病害之一（图1-1和图1-2）。我国各地均有发生，对黄瓜生产造成极大损失。一般流行年份减产20%～30%，重流行时达到50%～60%，甚至毁种。

图1-1 温室黄瓜霜霉病田间发病症状

图1-2　露地黄瓜霜霉病田间发病症状

【症　状】苗期、成株期均可发病，主要为害叶片。子叶被害初呈褪绿色不规则小斑，扩大后变黄褐色，潮湿时子叶背面产生灰黑色霉层。随着病害的发展，子叶很快变黄，枯干。真叶染病，叶缘或叶背面出现水浸状不规则病斑，早晨尤为明显，病斑逐渐扩大，受叶脉限制，呈多角形淡褐色斑块，湿度大时叶背面长出灰黑色霉层。后期病斑破裂或连片，致叶缘卷缩干枯，严重的田块一片枯黄(图1-3至图1-7)。霜霉病症状的表现与品种抗病性有关，感病品种如密刺类病斑大，易连接成大块黄斑后迅速干枯(图1-8)；抗病品种如津绿、津优类叶色深绿型系列黄瓜品种，病斑小，在叶面形成圆形或多角形黄褐色斑，扩展速度慢，病斑背面霉层稀疏或很少。

图1-3　黄瓜霜霉病发病初期症状

图1-4　黄瓜霜霉病叶片发病中期症状

图1-5　黄瓜霜霉病叶背发病中期症状

图1-6　黄瓜霜霉病叶片发病后期症状

图1-7 黄瓜霜霉病叶背发病后期症状

图1-8 黄瓜霜霉病感病品种发病症状

【病　　原】*Pseudoperonospora cubensis* 称古巴假霜霉菌，属卵菌门真菌。孢囊梗自气孔伸出，单生或2～4根束生，无色，基部稍膨大，上部呈3～5次锐角分枝，分枝末端着生一个孢子囊，孢子囊卵形或柠檬形，顶端具乳状突起，淡褐色，单胞(图1-9)。

【发生规律】病菌在保护地内越冬，翌春传播。也可由南方随季风传播而来。夏季可通过气流、雨水传播。在北方，黄瓜霜霉病是从温室传到大棚，又传到春季露地黄瓜上，再传到秋季露地黄瓜上，最后又传回到温室黄瓜上(图1-10)。病害在田间发生的气温为16℃，适宜流行的气温为20～24℃。高于30℃或低于15℃发病受到抑制。孢子囊萌发要求有水滴，当日平均气温在16℃时，病害开始发生，日平均气温在18～24℃，相对湿度在80%以上时，病害迅速扩展。在多雨、多雾、多露的情况下，病害极易流行。黄瓜品种间发病有差异。一般较晚熟、耐热性强的品种相对较抗病，熟性较早、耐低温的品种较为感病。

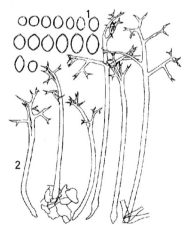

图1-9 黄瓜霜霉病病菌
1.孢子囊；2.孢子梗

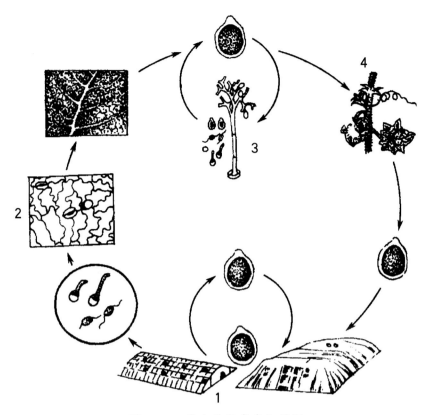

图1-10　黄瓜霜霉病病害循环
1.病菌；2.叶片发病；3.产生孢子囊；4.传播侵染大田黄瓜

【防治方法】黄瓜地应选在地势较高，排水良好的地块。底肥施足，合理追施氮、磷、钾肥。雨后适时中耕，以提高地温，降低空气湿度。培育无病壮苗，育苗地与生产地要隔离，定植时严格淘汰病弱苗。温室采取滴灌或覆膜暗灌。

选用抗病品种。黄瓜品种对霜霉病的抗性差异大，要选较抗病的品种，露地主栽品种有博耐4号、津绿4号、津绿5号、津优1号、津优40号、津优41号等品种；大棚主栽品种有津绿1号、津绿2号、津绿6号、津优1号、津优10号、津优11号等品种；日光温室主栽品种有博耐1号、顶峰一号、津绿3号、津优2号、津优3号、津优30号、津优31号、津优32号、津优33号、津优35号、津优36号、津优38号等品种。

培育无病壮苗。育苗温室与生产温室分开，减少苗期染病。如果是用穴盘或在畦内育苗的应保证苗的株行距在10cm×10cm，如果是采用营养钵育苗的在幼苗三叶时将幼苗适当摆开蹲苗，避免幼苗徒长。定植前两天应重点喷一次杀菌剂，避免幼苗带菌。定植时选好苗、壮苗栽，严格淘汰病苗。

采用配方施肥技术。补施二氧化碳气肥；黄瓜生长中后期，植株汁液氮糖含量下降时，用0.1%尿素加0.3%磷酸二氢钾或尿素：葡萄糖（或白糖）：水＝(0.5～1)：1：100，或喷施宝，每毫升对水11～12L，进行叶面喷雾，可提高植株抗病力，3～5天喷1次，连喷4次，效果较好。

生态防治。所谓生态防治法是利用黄瓜与霜霉菌生长发育对环境条件要求的不同，采用利于黄瓜生长发育，而不利于病菌生长的方法达到防病目的。采用生态防治法，上午棚温控制在25～30℃，最高不超过33℃，湿度降到75%，下午温度降至20～25℃，湿度降至70%左右，夜间控温在15～20℃(下半夜最好控温在12～13℃)，实行三段以下或四段管理，既可满足黄瓜生长发育需要，又可有效地控制霜霉病。具体方法是：上午，根据实际情况，早晨可适当放风排湿0.5小时，太阳出来后使棚温迅速提升到25～30℃，湿度降到75%左右，实现温湿度双限制，抑制发病，同时满足黄瓜光合条件，增强植株的抗病性。下午，温度降至20~25℃，湿度降至70%左右，即实现湿度单限制控制病害，温度利于光合物质的输送和转化。夜间，温湿度交替限制控制病害。前半夜相对湿度小于80%，温度控制在15~20℃，利用低温限制病害。有条件的下半夜湿度大于90%，除采取控温10~13℃低温限制发病抑制黄瓜呼吸消耗外，尽量缩短叶缘吐水及叶面结露持续的时间和数量，以减少发病。

黄瓜霜霉病药剂防治应以预防为主，预防的时期根据温湿度条件而定。喷药须细致，叶面、叶背都要喷到，特别是较大的叶面更要多喷，防治效果不好，不一定是药的问题，往往是由于喷药不周到造成的；在温室栽培时，浇水前或浇水后一定要喷药，这是关键；露地栽培时，在雨后一定要喷药预防。

在黄瓜霜霉病发病前期或未发病时(图1-11)，主要是用保护剂防止病害侵染，可采用下列杀菌剂进行防治。

图1-11 黄瓜定植后苗期生长情况

560g/L嘧菌·百菌清悬浮剂2 000~3 000倍液；

25%吡唑醚菌酯悬浮液20~40ml/亩；

68.75%恶唑菌酮·锰锌水分散粒剂1 000~1 500倍液；

70%丙森锌可湿性粉剂600~800倍液；

75%百菌清可湿性粉剂600~800倍液；

对水喷雾，视田间情况间隔7~10天喷1次。

保护地栽培。可以用45%百菌清烟剂200g/亩，按包装分放5~6处，傍晚闭棚由棚室里面向外逐次点燃后，次日早晨打开棚室，进行正常田间作业。间隔6~7天熏1次，熏蒸次数视病情而定。也可以用粉尘剂防治，用5%百菌清粉尘剂1kg/亩，早上或傍晚进行，视田间情况隔7~10天喷1次。

在田间出现霜霉病，但病害较轻时(图1-12)，应及时进行防治，该期要注意用保护剂和治疗剂合理混用，以保护剂为主，适量加入治疗剂；否则，就难以控制病害的发生与蔓延。可采用下列杀菌剂或配方进行防治：

72.2%霜霉威盐酸盐水剂800~1 000倍液+10%氰霜唑悬浮剂2 000~2 500倍液；

84.51%霜霉威·乙膦酸盐可溶性水剂600~1 000倍液；

66.8%丙森·异丙可湿性粉剂800~1 000倍液；

70%呋酰·锰锌可湿性粉剂600~1 000倍液；

69%锰锌·烯酰可湿性粉剂1 000~1 500倍液；

图1-12 黄瓜霜霉病发病初期

100g/L氰霜唑悬浮剂2 000~3 000倍液；

72%锰锌·霜脲可湿性粉剂600~800倍液+75%百菌清可湿性粉剂600~800倍液；

25%嘧菌酯悬浮剂1 500~2 000倍液；

50%氟吗·锰锌可湿性粉剂500~1 000倍液；

76%丙森·霜脲氰可湿性粉剂1 000~1 500倍液；

25%甲霜·霜霉威可湿性粉剂1 500~2 000倍液；

68%精甲霜·锰锌水分散性粒剂800~1 000倍液；

50%氟吗·乙铝可湿性粉剂600~800倍液+70%代森锰锌可湿性粉剂600~800倍液；

72%丙森·膦酸铝可湿性粉剂800~1 000倍液；

52.5%恶酮·霜脲氰水分散粒剂1 500~2 000倍液；

对水均匀喷雾，视病情间隔7~10天1次。

在病害中初期，田间普遍出现霜霉病症状，但霉层较少时(图1-13)，应及时进行防治，该期要注意用速效治疗剂，特别是前期未用过高效治疗剂的，并注意与保护剂合理混用，防止病害进一步加重为害与蔓延。可采用下列杀菌剂进行防治：

687.5g/L氟菌·霜霉威悬浮剂1 500~2 000倍液；

66.8%丙森·异丙菌胺可湿性粉剂600~800倍液；

250g/L吡唑醚菌酯乳油1 500~3 000倍液；

84.51%霜霉威·乙膦酸盐可溶性水剂600~1 000倍液；

60%唑醚·代森联水分散粒剂1 000~2 000倍液；

图1-13　黄瓜霜霉病发病中期

18.7%烯酰·吡唑酯水分散粒剂2 000~3 000倍液；

50%烯酰吗啉可湿性粉剂1 000~1 500倍液+75%百菌清可湿性粉剂600~800倍液；

70%呋酰·锰锌可湿性粉剂600~1 000倍液；

69%锰锌·烯酰可湿性粉剂1 000~1 500倍液；

440g/L双炔·百菌清悬浮剂600~1 000倍液；

50%氟吗·锰锌可湿性粉剂500~1 000倍液；

57%烯酰·丙森锌水分散粒剂2 000~3 000倍液；

20%唑菌酯悬浮剂2 000~3 000倍液；

30%烯酰·甲霜灵水分散粒剂1 500~2 000倍液；

25%烯肟菌酯乳油2 000~3 000倍液+75%百菌清可湿性粉剂600~800倍液；

560g/L嘧菌·百菌清悬浮剂2 000~3 000倍液；

对水均匀喷雾，视病情间隔5~7天1次。

应用烟剂。保护地栽培，用45%百菌清烟剂200g/亩+10%霜脲氰烟剂200g/亩、15%百菌清·甲霜灵烟剂250g/亩，按包装分放5~6处，傍晚闭棚由棚室里面向外逐次点燃后，次日早晨打开棚、室，进行正常田间作业。间隔6~7天熏1次，熏蒸次数视病情而定。

粉尘剂防治。发病初期，用7%百菌清·甲霜灵粉尘剂1kg/亩，早上或傍晚进行，视病情隔7天喷1次。

露地栽培，黄瓜苗期可先喷施1次药，带药定植。露地黄瓜定植后，气温达到15℃，相对湿度80%以上，早晚大量结露时应结合检查田间，当中心病株出现时，及时喷药防治。可选用下列药剂或配方：

66.8%丙森·异丙菌胺可湿性粉剂600~800倍液；

72.2%霜霉威盐酸盐水剂800~1 000倍液+75%百菌清可湿性粉剂600~800倍液；

84.51%霜霉威·乙膦酸盐可溶性水剂600~1 000倍液；

69%锰锌·烯酰可湿性粉剂1 000~1 500倍液；

100g/L氰霜唑悬浮剂2 000~3 000倍液；

72%锰锌·霜脲可湿性粉剂600~800倍液+75%百菌清可湿性粉剂600~800倍液；

57%烯酰·丙森锌水分散粒剂2 000～3 000倍液；

对水均匀喷雾，视病情间隔5～7天1次。

在田间黄瓜霜霉病与细菌性角斑病混合发生时，可在以上药剂中加入84%王铜水分散粒剂2 000倍液、3%中生菌素可湿性粉剂800倍液、20%叶枯唑可湿性粉剂600～800倍液、20%噻菌铜悬浮剂1 000～1 500倍液；50%氯溴异氰尿酸可溶性粉剂1 500～2 000倍液等药剂均匀喷施。

霜霉病与白粉病混合发生时(图1-14)，可选用：

250g/L吡唑醚菌酯乳油1 500～3 000倍液；

66.8%丙森·异丙菌胺可湿性粉剂600～800倍液+25%乙嘧酚悬浮剂1 500～2 500倍液；

72.2%霜霉威盐酸盐水剂800～1 000倍液+10%苯醚甲环唑水分散粒剂1 500倍液；

50%烯酰吗啉可湿性粉剂1 000～1 500倍液+2%宁南霉素水剂200～400倍液；

18.7%烯酰·吡唑酯水分散粒剂2 000～3 000倍液等喷雾防治。

霜霉病与炭疽病混发时，可选用：

20%唑菌胺酯水分散粒剂1 000～1 500倍液+84.51%霜霉·乙膦酸盐可溶性水剂600～1 000倍液；

20%硅唑·咪鲜水乳剂2 000～3 000倍液+100g/L氰霜唑悬浮剂2 000～3 000倍液；

20%苯醚·咪鲜微乳剂2 500～3 500倍液+50%烯酰吗啉可湿性粉剂1 000～1 500倍液；

66.8%丙森·异丙可湿性粉剂800倍液；

60%唑醚·代森水分散粒剂1 500～2 000倍液+70%呋酰·锰锌可湿性粉剂600～1 000倍液；

25%溴菌腈可湿性粉剂500倍液+440g/L双炔·百菌悬浮剂600～1 000倍液；

25%溴菌腈可湿性粉剂500～1 000倍液+69%锰锌·烯酰可湿性粉剂1 000～1 500倍液喷雾防治。

图1-14　黄瓜霜霉病与白粉病混合发生

2．黄瓜白粉病

【分布为害】黄瓜白粉病全国各地均有发生。北方温室和大棚内最易发生此病，其次是春播露地黄瓜，而秋黄瓜发病较轻。因白粉病影响叶片的光合作用，对黄瓜生长后期造成很大的产量损失(图1-15)。

图1-15　黄瓜白粉病田间发病情况

【症　　状】苗期(图1-16和图1-17)至收获期均可染病，叶片发病最重，叶柄、茎次之，果实受害少。发病初期，在叶片上产生白色近圆形小粉斑，以叶面居多，后扩展成边缘不明显圆形白色粉状斑(图1-18)，严重时整片叶布满白粉，后呈灰白色，白色霉斑因菌丝老熟变为灰色，叶片变黄，质脆，失去光合作用，一般不落叶(图1-19和图1-20)。叶柄、嫩茎上的症状与叶片相似。

图1-16　黄瓜白粉病子叶发病症状

图1-17　黄瓜白粉病幼苗发病症状

图1-18　黄瓜白粉病叶片发病初期症状

图1-19　黄瓜白粉病叶片发病中期症状

图1-20 黄瓜白粉病叶片发病后期症状

【病　　原】*Sphaerotheca cucurbitae* 称瓜类单丝壳白粉菌，属子囊菌门真菌。分生孢子梗无色，圆柱形，不分枝，其上着生分生孢子。分生孢子长圆形，无色，单胞，串生。闭囊壳褐色，球形，壳内有1倒梨形子囊，内有8个椭圆形的子囊孢子。附属丝无色至淡褐色(图1-21)。

【发生规律】北方以闭囊壳随病残体在地上或保护地瓜类上越冬；南方以菌丝体或分生孢子在寄主上越冬或越夏，成为翌年初侵染源。分生孢子借气流或雨水传播落在叶片上，分生孢子先端产生芽管和吸器从叶片表皮侵入，菌丝体附生在叶片表面，从萌发到侵入需24小时，每天可长出3~5根菌丝，5天后在侵染处形成白色菌丝丛状病斑，经7天成熟，形成分生孢子飞散传播，进行再侵染。喜温湿但耐干燥，发病适温20~25℃，相对湿度25%~85%均能发病，但高湿情况下发病较重。高温、高湿又无结露或管理不当，黄瓜生长衰败，则白粉病发生严重。

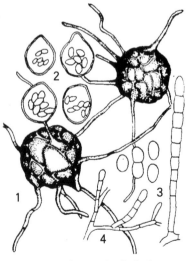

图1-21 黄瓜白粉病病菌
1.闭囊壳；2.子囊和子囊孢子；
3.分生孢子；4.分生孢子梗

【防治方法】选用抗病品种，选择通风良好，土质疏松、肥沃，排灌方便的地块种植。要适当配合使用磷钾肥，防止脱肥早衰，增强植株抗病性。阴天不浇水，晴天多放风，降低温室或大棚的相对湿度，防止温度过高，以免出现闷热。

在黄瓜白粉病发病前期或未发病时(图1-22)，主要是用保护剂防止病害侵染发病，结合对其他病害的预防，可施用下列杀菌剂进行防治：

25％嘧菌酯悬浮剂1 500～2 500倍液；

30％醚菌酯悬浮剂1 500～3 000倍液；

70％甲基硫菌灵可湿性粉剂600～800倍液；

70％丙森锌可湿性粉剂600～800倍液；

75％百菌清可湿性粉剂600～800倍液；

80％代森锰锌可湿性粉剂800～1 000倍液；

0.5％大黄素甲醚水剂1 000～2 000倍液；

2％嘧啶核苷类抗生素水剂150～300倍液+70％代森联水分散粒剂600～800倍液；

对水喷雾，视田间情况间隔7～10天喷1次。

在发病初期(图1-23)，应及时进行防治，该期要注意保护剂和治疗剂的合理混用；否则，就难以控制病害的发生与蔓延。可采用下列杀菌剂或配方：

图1-22　黄瓜苗期生长状况

62.25％腈菌唑·代森锰锌可湿性粉剂800～1 500倍液；

5％烯肟菌胺乳油500～1 000倍液；

25％肟菌酯悬浮剂1 000～2 000倍液；

20％福·腈可湿性粉剂1 000～2 000倍液+75％百菌清可湿性粉剂600倍液；

图1-23　黄瓜白粉病发病初期症状

25％腈菌唑乳油1 000～2 000倍液+50％克菌丹可湿性粉剂400～500倍液；

40％双胍三辛烷基苯磺酸盐可湿性粉剂1 000～2 000倍液+75％百菌清可湿性粉剂600～800倍液；

5％己唑醇悬浮剂1 500～2 500倍液+75％百菌清可湿性粉剂600倍液；

对水喷雾，视病情间隔5～7天喷1次。

在田间叶片出现白粉病为害症状(图1-24)，应注意用速效治疗剂，并注意加入适量保护剂合理混用，防止病害进一步加重为害与蔓延。可采用下列杀菌剂进行防治：

25％乙嘧酚悬浮剂1 500～2 500倍液；

30％醚菌酯悬浮剂2 000～2 500倍液；

10％苯醚菌酯悬浮剂1 000～2 000倍液；

40％硅唑·多菌灵悬浮剂2 000～3 000倍液+75％百菌清可湿性粉剂600～800倍液；

30％氟菌唑可湿性粉剂2 500～3 500倍液；

20％烯肟·戊唑醇悬浮剂3 000～4 000倍液+75％百菌清可湿性粉剂600～800倍液；

75％十三吗啉乳油1 500～2 500倍液；

图1-24 黄瓜白粉病发病普遍时

62.25％腈菌唑·代森可湿性粉剂600倍液；

300g/L醚菌·啶酰菌悬浮剂2 000～3 000倍液；

40％双胍三辛烷基苯磺酸盐可湿性粉剂1 000～2 000倍液；

40％氟硅唑乳油4 000倍液+75％百菌清可湿性粉剂600倍液；

10％苯醚甲环唑水分散粒剂1 500倍液+75％百菌清可湿性粉剂600倍液；

2％宁南霉素水剂200～400倍液+70％代森联水分散粒剂600～800倍液；

12.5％腈菌唑乳油2 000～3 000倍液+75％百菌清可湿性粉剂600～800倍液；

20％福·腈可湿性粉剂1 000～2 000倍液+75％百菌清可湿性粉剂600倍液；

对水均匀喷雾，视病情间隔5～7天施药1次。

保护地采用烟雾法。即用硫磺熏烟消毒，定植前几天，将棚室密闭，每100m³用硫磺粉250g，锯末500g掺匀后，分别装入小塑料袋分放在室内，于晚上点燃熏一夜；此外，也可用45％百菌清烟剂，每亩用250g左右，然后密闭温室点燃熏蒸一夜。也可用5％春雷霉素·氧氯化铜粉尘剂、10％多·百粉尘剂1kg/亩，隔7天左右喷施1次。

3．黄瓜蔓枯病

【分布为害】蔓枯病是黄瓜栽培中的常见病害，春秋保护地发病率较高，病田病株率一般为20％左右，重病田达80％以上，主要引起死秧，秋棚受害尤为严重(图1-25)。

图1-25 黄瓜蔓枯病田间发病症状

【症　　状】主要为害茎蔓、叶片。叶片上病斑近圆形或不规则形，直径10～35mm，少数更大；有的自叶缘向内呈"V"字形，淡褐色，后期病斑易破碎，常龟裂，干枯后呈黄褐色至红褐色，病斑轮纹不明显，上生许多黑色小点(图1-26至图1-29)。病叶自下而上枯黄，不脱落，严重时只剩顶部1～2片叶，蔓上病斑椭圆形至梭形，油浸状，白色，有时溢出琥珀色的树脂胶状物。病害严重时，茎节变黑，腐烂、易折断(图1-30至图1-35)。引起病斑以上局部叶片发黄坏死，病株维管束正常不变色，根部正常。

图1-26 黄瓜蔓枯病幼苗叶片发病症状

图1-27　黄瓜蔓枯病幼苗叶背发病症状

图1-28　黄瓜蔓枯病成株叶片发病症状

图1-29 黄瓜蔓枯病生长点发病症状

图1-30 黄瓜蔓枯病茎蔓发病初期症状

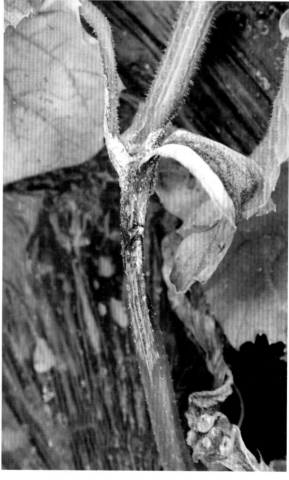

图1-31 黄瓜蔓枯病茎蔓发病后期症状

图1-32　黄瓜蔓枯病茎基部发病初期症状

图1-33　黄瓜蔓枯病茎基部发病后期症状

图1-34　黄瓜蔓枯病茎蔓分枝处发病初期症状

图1-35 黄瓜蔓枯病茎蔓分枝处发病后期症状

【病　　原】*Mycosphaerella melonis* 称瓜类球腔菌，属无性型真菌。分生孢子器叶面生，多为聚生，初埋生后突破表皮外露，球形至扁球形，器壁淡褐色，顶部呈乳状突起，器孔口明显；分生孢子短圆形至圆柱形，无色透明，两端较圆，正直，初为单胞，后生1隔膜。子囊壳细颈瓶状或球形，单生在叶正面，突出表皮，黑褐色；子囊多棍棒形，无色透明，正直或稍弯；子囊孢子无色透明，短棒状或梭形，一个分隔，上面细胞较宽，顶端较钝，下面的孢子较窄，顶端稍尖，隔膜处缢缩明显(图1-36)。

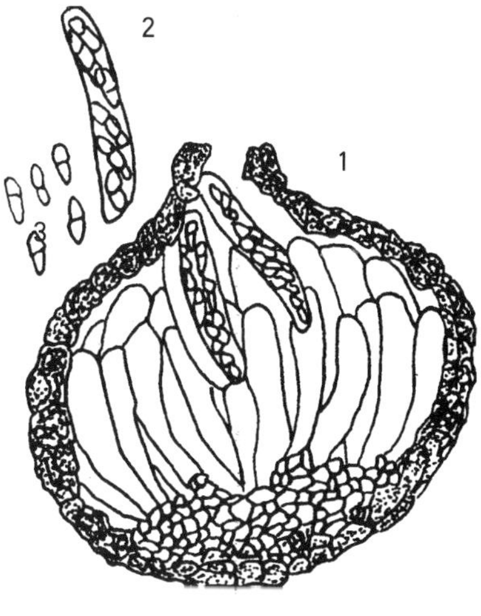

【发生规律】病菌以分生孢子器或子囊壳随病残体在土中，或附在种子、架杆、温室、大棚棚架上越冬。翌年通过风雨及灌溉水传播，从气孔、水孔或伤口侵入。病菌喜温暖、高湿的环境条件，温度20～25℃，最高35℃，最低5℃，相对湿度85%以上时发病较重。保护地栽培通风不良，种植密度大，光照不足，空气湿度高时发病重。露地栽培时，北方夏、秋季，南方春、夏季流行。连作地、平畦栽培，排水不良，密度过大、肥料不足、植株生长衰弱或徒长，发病重。

图1-36 黄瓜蔓枯病病菌
1.子囊腔；2.子囊；3.子囊孢子

【防治方法】采用配方施肥技术，施足充分腐熟有机肥。收获后及时彻底清除病残体烧毁或深埋。保护地栽培要以降低湿度为中心，实行垄作，进行全膜覆盖，膜下暗灌，有条件的可以采用滴灌；合理密植，加强通风透光，减少棚室内湿度和滴水，黄瓜生长期间及时摘除病叶；露地栽培避免大水漫灌，雨季加强防涝，降低土壤含水量，发病后适当控制浇水。

种子处理：种子在播种前先用55℃温水浸种15分钟，并不断搅拌，然后用温水浸泡3～4小时，再催芽播种，也可用福尔马林100倍液浸种30分钟，用清水冲洗后催芽播种，也可用种子重量0.3%的福美双可湿性粉剂拌种后播种，或用2.5%咯菌腈悬浮种衣剂按种子重量的0.5%拌种。

发病前期或发病初期(图1-37)，可采用下列杀菌剂进行防治：

图1-37　黄瓜蔓枯病发病初期

40%氟硅唑乳油3 000～5 000倍液+65%代森锌可湿性粉剂600倍液；

30%苯甲·咪鲜胺悬浮剂60～80ml/亩；

250g/L嘧菌酯悬浮剂1 500～2 000倍液；

25%咪鲜胺乳油800～1 000倍液；

10%苯醚甲环唑水分散粒剂1 500倍液；

2.5%咯菌腈悬浮种衣剂1 000～1 500倍液；

20%丙硫多菌灵悬浮剂1 500～3 000倍液+70%代森锰锌可湿性粉剂800倍液；

对水喷雾，视病情7～10天喷1次。

30%苯噻硫氰乳油2 000～3 000倍液灌根，视病情间隔7～10天灌1次。

保护地栽培采用烟熏法，发病前可选用45%百菌清烟剂250g/亩烟熏，傍晚进行，密闭烟熏一个晚上，视病情间隔7天熏1次。

粉尘法：可喷6.5%甲基硫菌灵·乙霉威粉尘剂1kg/亩，早上或傍晚进行，先关闭大棚或温室，喷头向上，使粉尘均匀飘落在植株上，视病情间隔7天喷1次。

涂茎防治：发现茎上病斑时，立即用高浓度药液涂茎，可用70%甲基硫菌灵可湿性粉剂50倍液、或40%氟硅唑乳油100倍液，用毛笔蘸药涂抹病斑。

4．黄瓜枯萎病

【分布为害】枯萎病属世界性病害，国内瓜类主栽区普遍发生。塑料大棚和温室栽培发生严重。短期连作发病率5%～10%，长期连作发病率达30%以上，重者引起大面积死秧，一片枯黄，造成严重减产。

【症　　状】枯萎病在整个生长期均能发生，以开花结瓜期发病最多。苗期发病时茎基部变褐缢缩、萎蔫猝倒。幼苗受害早时，出土前就可造成腐烂，或出苗不久子叶就会出现失水状，萎蔫下垂(猝倒病是先猝倒后萎蔫)。成株发病时，初期受害植株表现为部分叶片或植株的一侧叶片，中午萎蔫下垂，似缺水状，但早晚恢复，数天后不能再恢复而萎蔫枯死。主蔓茎基部纵裂，撕开根茎病部，维管束变黄褐到黑褐色并向上延伸。潮湿时，茎基部半边茎皮纵裂，常有树脂状胶质溢出，上有粉红色霉状物，最后病部变成丝麻状(图1-38和图1-39)。

图1-38 黄瓜枯萎病田间植株发病症状

图1-39 黄瓜枯萎病根部维管束褐变症状

【病　　原】*Fusarium oxysporum* f.sp. *cucurmerinum* 称尖镰孢菌黄瓜专化型，属无性型真菌。病菌产生大小两种类型分生孢子，大型分生孢子纺锤形或镰刀形，无色透明，顶细胞圆锥形，有的微呈钩状，基部倒圆锥截形或足细胞，具隔膜1～3个。小型分生孢子多生于气生菌丝中，椭圆形或腊肠形，无色透明，无隔膜。厚垣孢子表面光滑，黄褐色(图1-40)。

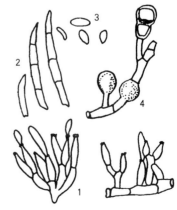

图1-40 黄瓜枯萎病病菌
1.分生孢子梗；2.大型分生孢子；
3.小型分生孢子；4.厚垣孢子

【发生规律】主要以厚垣孢子和菌丝体随寄主病残体在土壤中或以菌丝体潜伏在种子内越冬。远距离传播主要借助带菌种子和带菌有机肥，田间近距离传播主要借助灌溉水、流水、风雨、小昆虫及农事操作等，从伤口或不定根处侵入致病(图1-41)。发病适宜土温为20～23℃，低于15℃或高于35℃病菌受抑制，在40℃以上，病

图1-41 黄瓜枯萎病病害循环
1.厚垣孢子，分生孢子；2.根部侵入；3.发病植株；4.受害维管束

菌几天就可全部死亡。空气相对湿度90%以上易感病。连作，低洼潮湿，水分管理不当或连绵阴雨后转晴，浇水后遇大雨，土壤水分忽高忽低，幼苗老化、连作、施用未充分腐熟的土杂肥，蔬菜根结线虫皆易诱发本病并可以加剧枯萎病的发生。有机肥不腐熟、土壤过分干旱或质地黏重的酸性土是引起该病发生的主要条件。

【防治方法】与其他作物轮作3~5年，或与水稻轮作1年以上。嫁接防病，选择黑籽南瓜或南砧1号做砧木。施用充分腐熟肥料，减少根系伤口。小水勤浇，避免大水漫灌，适当多中耕，提高土壤透气性，使根系苗壮，增强抗病力；结瓜期应分期施肥，黄瓜拉秧时，清除地面病残体。

选用抗病品种。黄瓜品种间对枯萎病的抗性差异明显。可以选用津优30、津杂2号、津优1号、津优2号、津优3号、中农5号、中农8号、顶峰一号等抗病品种。

种子处理。用1%福尔马林浸种20~30分钟，2%~4%漂白粉液浸种30~60分钟，有效成分1%的60%多菌灵盐酸盐超微粉加0.1%平平加浸种60分钟，捞出后冲净催芽；或用25g/L咯菌腈悬浮种衣剂5.0~7.5ml/100kg种子拌种。也可采用高温干热处理法，把干燥的种子，放在72℃恒温箱中处理72小时，消毒效果较好。

苗床处理。用70%恶霉灵可湿性粉剂1g/m²对细沙1kg，播种后均匀撒入苗床作盖土，或用70%恶霉灵可湿性粉剂1 000倍液对苗床进行喷施。整地或播种时用50%多菌灵可湿性粉剂1~2g/m²+70%敌磺钠可溶性粉剂1.5~3.0g/m²、70%甲基硫菌灵可湿性粉剂1~2g/m²+50%福美双可湿性粉剂1.5~2.0g/m²，与细土按1：100的比例配成药土后撒施于床面。

对于老瓜区或上茬枯萎病较重的地块，应在移植前进行大田土壤处理，可采用下列杀菌剂或配方进行防治：

70％恶霉灵可湿性粉剂1～2kg/亩+50％多菌灵可湿性粉剂3～5kg/亩；

50％福美双可湿性粉剂3～5kg/亩+70％甲基硫菌灵可湿性粉剂3～5kg/亩；

拌毒土撒施，而后把地混土。也可以在移植时，把药土撒入穴中，达到省药的目的。

对于新瓜区或枯萎病较轻的地块，可以在移植后进行处理，可采用下列杀菌剂进行防治：

70％甲基硫菌灵可湿性粉剂600倍液+60％琥·乙膦铝可湿性粉剂500倍液；

10％多抗霉素可湿性粉剂600～1 000倍液；

2％有效霉素水剂200倍液；

4％嘧啶核苷类抗菌素水剂600～800倍液；

10％混合氨基酸铜水剂600～800倍液；

80亿/ml地衣芽孢杆菌水剂500～750倍液；

0.5％氨基寡糖素水剂400～600倍液；

在幼苗定植时灌根，每株灌对好的药液300～500ml。

发病前期或发病初期(图1-42)，可采用下列杀菌剂或配方进行防治：

图1-42 黄瓜枯萎病发病初期

30%恶霉·甲霜水剂600~800倍液；

30%福·嘧霉可湿性粉剂800倍液；

80%多·福·福锌可湿性粉剂700倍液；

60%甲硫·福美双可湿性粉剂600~800倍液；

40%五硝·多菌灵可湿性粉剂600~800倍液；

70%恶霉灵可湿性粉剂2 000倍液；

50%苯菌灵可湿性粉剂1 000倍液+50%福美双可湿性粉剂500倍液；

70%甲基硫菌灵可湿性粉剂600倍液+60%琥·乙膦铝可湿性粉剂500倍液；

20%甲基立枯磷乳油800~1 000倍液+70%敌磺钠可溶性粉剂800倍液；

50%氢铜·多菌灵可湿性粉剂600~800倍液；

70%福·甲·硫磺可湿性粉剂800~1 000倍液；

对水喷雾，视病情间隔7~8天喷1次。

在开花结果期，黄瓜枯萎病发生开始严重，应加强防治，田间发现病株后应及时拔除，并全田施药，可用70%甲基硫菌灵可湿性粉剂600~800倍液+70%敌磺钠可溶性粉剂600倍液、20%甲基立枯磷乳油800~1 000倍液+15%恶霉灵水剂300~400倍液灌根，每株灌200ml，视病情间隔7~10天灌1次，可以控制病情发展。

5．黄瓜疫病

【分布为害】疫病在全国各地均有发生，常造成大面积死秧，为影响黄瓜产量的重要病害之一。常在春季黄瓜结果盛期发病，损失严重。

【症　　状】苗期至成株期均可发病，以茎蔓基部和幼嫩节部发病最重。幼苗被害初呈暗绿色水浸状软腐，病部缢缩，后干枯萎蔫(图1-43)。成株发病，先从近地面茎基部开始，初呈水渍状暗绿色，病部软化缢缩，上部叶片萎蔫下垂，全株枯死。叶片发病，初呈圆形或不规则形暗绿色水浸状病斑，边缘不明显。湿度大时，病斑扩展很快，病叶迅速腐烂。干燥时，病斑发展较慢，边缘为暗绿色，中部淡褐色，常干枯脆裂(图1-44)。叶柄和茎部发病，初呈水浸状，后缢缩导致病部以上枯死(图1-45至图1-47)。果实发病，先从花蒂部发生，出现水渍状暗绿色近圆形凹陷的病斑，后果实皱缩软腐，表面生有白色稀疏霉状物(图1-48和图1-49)。

图1-43　穴盘育苗黄瓜疫病发病症状

图1-44 黄瓜成株期疫病叶片发病症状

图1-45 黄瓜疫病叶柄发病初期症状　　　图1-46 黄瓜疫病叶柄发病后期症状

图1-47　黄瓜疫病茎部发病症状

图1-48　黄瓜疫病果实发病初期症状

图1-49　黄瓜疫病果实发病后期症状

【病　　　原】*Phytophthora melonis* 称瓜疫霉，属卵菌门真菌。菌丝丝状、无色、多分枝。初生菌丝无隔，老熟菌丝长出瘤状节结或不规则球状体，内部充满原生质。孢囊梗直接从菌丝或球状体上长出，平滑，中间偶现单轴分枝，个别形成隔膜。孢子囊顶生，卵圆形或长椭圆形。卵孢子淡黄色或黄褐色(图1-50)。

【发生规律】病害发生的关键因素是湿度，其次是温度。病菌发育的温度范围为9～37℃，最适宜的温度为28～30℃。在适宜的温度范围内，湿度大小是病害发生的决定因素。病菌以菌丝体和厚垣孢子、卵孢子随病残体在土壤中或土杂肥中越冬，主要借助流水、灌溉水及雨水溅射而传播，也可借助施肥传播，从伤口或自然孔口侵入致病。发病后病部上产生孢子囊及游动孢子，借助气流及雨水溅射传播进行再侵染，病害得以迅速蔓延。如雨季来得早，雨量大，雨天多，该病易流行。浇水过多，土质黏重，不利于根系发育，抗病力降低，发病重。施用未腐熟的有机肥，重茬连作，发病重。

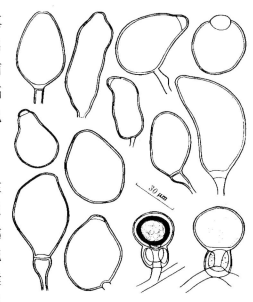

图1-50　黄瓜疫病病菌孢子囊及藏卵器

【防治方法】与非瓜类作物实行5年以上轮作，覆盖地膜阻挡土壤中病菌溅附到植株上，减少侵染机会。采用高畦栽植，避免积水。苗期控制浇水，结瓜后做到见湿见干，发现疫病后，浇水减到最低量，控制病情发展。但进入结瓜盛期要及时供给所需水量，严禁雨前浇水。发现中心病株，拔除深埋。

土壤处理。苗床用25%甲霜灵可湿性粉剂8g/m²与适量细土拌撒在苗床上，大棚于定植前用25%甲霜灵可湿性粉剂750倍液喷淋地面。

种子处理。用72.2%霜霉威水剂或25%甲霜灵可湿性粉剂800倍液浸种半小时后用清水浸种催芽，或用40%拌种双可湿性粉剂按种子重量0.3%拌种，也可用3.5%咯菌·精甲霜悬浮种衣剂每50kg种子用药200～400ml，对水1～2L，快速搅拌，使药液拌到种子上，然后摊开晾干后播种。

加强调查。在发病之前，结合其他病害的防治注意定期施用保护性杀菌剂，尤其是雨季到来之前要施药预防。田间发现中心病株后，采用下列杀菌剂进行防治：

560g/L嘧菌·百菌清悬浮剂2 000～3 000倍液；

25%嘧菌酯悬浮剂1 500～2 000倍液；

40%醚菌酯悬浮剂3 000～4 000倍液；

72%丙森·膦酸铝可湿性粉剂800～1 000倍液；

18%霜脲·百菌清悬浮剂1 000～1 500倍液；

76%丙森·霜脲氰可湿性粉剂1 000～1 500倍液；

60%氟吗·锰锌可湿性粉剂1 000～1 500倍液；

78%波·锰锌可湿性粉剂800倍液；

对水喷雾，视病情间隔7～10天1次。

田间病株较多，发病普遍时，可采用下列杀菌剂进行防治：

687.5g/L霜霉威盐酸盐·氟吡菌胺悬浮剂800～1 200倍液；

60%唑醚·代森联水分散粒剂1 000～2 000倍液；

250g/L双炔酰菌胺悬浮剂1 500～2 000倍液；

500g/L氟啶胺悬浮剂2 000～3 000倍液；

50％锰锌·氟吗啉可湿性粉剂1 000～1 500倍液；

72.2％霜霉威盐酸盐水剂800～1 000倍液+10％氰霜唑悬浮剂2 000～2 500倍液；

84.51％霜霉威·乙膦酸盐可溶性水剂600～1 000倍液；

50％烯酰吗啉可湿性粉剂1 000～1 500倍液+75％百菌清可湿性粉剂600～800倍液；

70％呋酰·锰锌可湿性粉剂600～800倍液；

对水喷雾，视病情间隔5～7天1次。

保护地栽培，还可以采用15％百·烯酰烟剂每100m³空间用药25～40g熏烟，或20％百·霜脲烟剂每100m³用药25g熏烟，或用10％百菌清烟剂每100m³空间用药45g熏烟。

6．黄瓜细菌性角斑病

【分布为害】在我国东北、华北及华东等地区普遍发生，尤其东北的保护地受害严重，华北春大棚发病也很重，严重时病叶率高达70％左右，是保护地黄瓜重要病害之一(图1-51)。

图1-51　黄瓜细菌性角斑病田间发病症状

【症　　状】主要为害叶片、叶柄、卷须和果实，有时也侵染茎。子叶染病，初呈水浸状近圆形凹陷斑，后微带黄褐色，干枯；真叶受害，初为水渍状浅绿色，后变淡褐色，病斑扩大时受叶脉限制呈多角形。后期病斑呈灰白色，容易穿孔。湿度大时，病斑上产生白色黏液。干燥时病部开裂(图1-52和图1-53)。茎及叶柄上的病斑初呈水渍状，近圆形，后呈淡灰色；严重的纵向开裂呈水浸状腐烂，变褐干枯，表层残留白痕。潮湿时产生菌脓，后期腐烂，有臭味。瓜条染病，初期产生水浸状小斑点，扩展后不规则或连片，病部溢出大量白色菌脓，受害瓜条常伴有软腐病菌侵染，呈黄褐色水渍腐烂(图1-54)。病菌侵入种子，致使种子带菌。

图1-52　黄瓜细菌性角斑病叶片发病初期症状

图1-53　黄瓜细菌性角斑病叶片发病后期症状

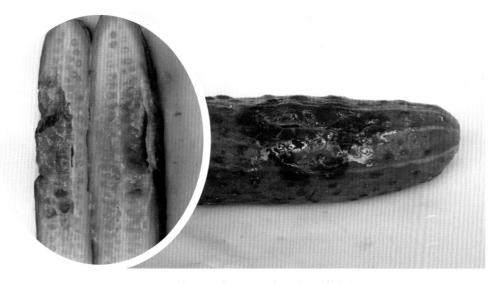

图1-54　黄瓜细菌性角斑病果实发病症状

【病　　原】*Pseudomonas syringae* pv. *lachrymoms* 称丁香假单胞杆菌黄瓜致病变种，属细菌。菌体短杆状相互呈链状连接，具端生鞭毛1～5根，有荚膜，无芽孢，革兰氏染色阴性(图1-55)。

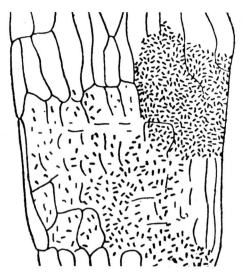

图1-55　黄瓜细菌性角斑病病原菌

【发生规律】病菌在种子内外或随病株残体在土壤中越冬。翌年春季由雨水或灌溉水溅到茎、叶上发病。通过雨水、昆虫、农事操作等途径传播。塑料棚低温高湿利于发病。日光温室黄瓜病部溢出的菌脓，借棚顶水珠下落，或结露，飞溅传播蔓延，进行重复侵染。黄河以北地区露地黄瓜，每年7月中旬为角斑病发病高峰期，棚室黄瓜4—5月为发病盛期；浙江及长江中下游地区4—5月为发病盛期。病原菌的生长温限4～39℃之内，适宜相对湿度70%以上，若昼夜温差大，结露时间长，则发病重。

【防治方法】与非瓜类作物实行2年以上轮作。培育无病种苗，用新的无病土育苗；保护地适时放风，降低棚室湿度，发病后控制灌水，促进根系发育，增强抗病能力。露地实施避雨栽培，高垄地膜覆盖栽培，平整土地，完善排灌设施，收获结束后清除病株残体，翻晒土壤等。

种子处理。用50%代森铵水剂500倍液浸种1小时；新植霉素200mg/kg浸种1小时，沥去药水再用清水浸3小时；次氯酸钙300倍液，浸种30～60分钟；40%福尔马林150倍液浸1.5小时，冲洗干净后催芽播种。

生态防治。及时调节棚内温湿度，上午棚温控制在28～30℃，湿度60%～70%，棚温超过30℃时放风；下午温度20～24℃，湿度60%左右；傍晚20℃时盖膜；上半夜温度在15～20℃，湿度低于85%；下半夜温度12～15℃，湿度90%左右。浇水一定要在晴天上午进行，浇水后及时放风排湿，阴雨天不浇水。当外界夜温不低于15℃时，同时，叶面喷施0.3%的磷酸二氢钾，提高黄瓜抗病能力。

田间发病后及时进行防治，发病初期(图1-56)，可采用下列杀菌剂进行防治：

图1-56　黄瓜细菌性角斑病发病初期

2%春雷霉素水剂140～175ml/亩；

3%中生菌素可湿性粉剂600～800倍液；

84%王铜水分散粒剂1 500～2 000倍液；

20%噻唑锌悬浮剂300～500倍液+12%松脂酸铜悬浮剂600～800倍液；

20%噻菌铜悬浮剂1 000～1 500倍液；

40%琥·铝·甲霜灵可湿性粉剂1 000～1 500倍液；

50%氯溴异氰尿酸可溶性粉剂1 500～2 000倍液；

36%三氯异氰尿酸可湿性粉剂1 000～1 500倍液；

86.2%氧化亚铜可湿性粉剂2 000～2 500倍液；

77%氢氧化铜可湿性粉剂800～1 000倍液；

对水喷雾，视病情间隔5～7天喷1次。

7．黄瓜黑星病

【分布为害】该病是塑料大棚和温室黄瓜的毁灭性病害，病情严重的大棚病株率高达90%以上，产量损失70%以上。目前，山东、河北、内蒙古、北京和海南等地均有发生。

【症　　状】主要为害幼嫩部位。幼苗染病，在子叶上产生黄白色，圆形或近圆形病斑，发病后期引致全叶干枯；嫩茎染病，初期出现水渍状暗绿色梭形病斑，后期变成暗色，凹陷龟裂，湿度较大时病斑上长出灰黑色霉层；生长点染病，经2～3天后烂掉形成秃顶，而生长点侧叶缓慢伸长并带卷曲，初看像病毒病的病状，容易被误诊，使黄瓜黑星病不能及时防治，造成黄瓜秃顶(图1-57)。真叶染病，叶尖、叶缘最为常见，初期为绿色近圆形斑点，穿孔后，孔的边缘不整齐略皱缩，具有黄晕，病健交界处为黄色，病部水烫状或干枯变黑，受害处叶片常不平整，潮湿时病部容易产生榄绿色霉状物。瓜条受害，初期流胶，逐渐扩大为暗绿色凹陷斑，表面长出灰黑色霉层，致病部呈疮痂状，病部停止生长，形成畸形瓜(图1-58)。

图1-57　黄瓜黑星病心叶发病症状

图1-58 黄瓜黑星病果实发病症状

【病　　原】*Cladosporium cucumerinum* 称瓜枝孢霉，属无性型真菌。菌丝白色至灰色，具分隔。分生孢子梗细长，丛生，褐色或淡褐色，形成合轴分枝。分生孢子近梭形至长梭形，串生，有0～2个隔膜，淡褐色，单胞或双胞(图1-59)。

【发生规律】病菌以菌丝体在病残体内于田间土壤中或附着于架材、大棚支架上越冬，成为翌年初侵染源；也可以分生孢子附着在种子表面，或以菌丝潜伏在种皮内越冬，病菌可直接侵害幼苗。发病的最适温度为17℃，相对湿度为90%，但温度9～30℃，相对湿度85%以上都可发生。病菌主要从叶片、果实、茎蔓的表皮直接穿透，或从气孔和伤口侵入。早春大棚栽培温度低、湿度高、结露时间长，最易发病。田间郁闭，阴雨寡照，病势发展快。加温温室，往往是在停止加温后迅速蔓延。露地栽培，春秋气温较低，常有雨或多雾，此时也易发病。黄瓜重茬、浇水多、通风不良，发病较重。

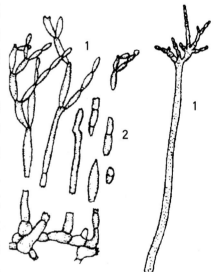

图1-59 黄瓜黑星病病菌
1.分生孢子梗；2.分生孢子

【防治方法】保护地栽培，尽可能采用生态防治，尤其要注意温湿度管理，采用放风排湿，控制灌水等措施降低棚内湿度，减少叶面结露，抑制病菌萌发和侵入，白天控温28～30℃，夜间15℃，相对湿度低于90%，或控制大棚湿度高于90%不超过8小时，可减轻发病。

种子处理。用冰醋酸100倍液浸种30分钟后冲净再催芽。

田间发现病情应及时进行防治，棚室或露地发病初期，可采用下列杀菌剂进行防治：

40%氟硅唑乳油7.5～12.5g/亩；

20%腈菌·福美双可湿性粉剂66.7～133.3g/亩；

560g/L嘧菌·百菌清悬浮剂800～1 000倍液；

250g/L嘧菌酯悬浮剂60～90ml/亩；

1.1%儿茶素可湿性粉剂1 000～2 000倍液；

30%福·嘧霉可湿性粉剂800～1 000倍液+75%百菌清可湿性粉剂600～800倍液；

对水喷雾，视病情间隔7～10天1次，上述药剂应轮换使用，避免产生抗药性。

保护地可用粉尘剂或烟雾剂，于发病初期，用喷粉器喷撒10%多·百粉尘剂、6.5%甲基硫菌灵·乙霉威粉尘剂1kg/亩；或用45%百菌清烟剂200~250g/亩烟熏。

8．黄瓜炭疽病

【分布为害】黄瓜炭疽病为害近年来发生趋重，在春秋两季均有发生，防治难度较大，严重影响黄瓜的品质和产量。

【症　　状】黄瓜苗期、成株期均可被害，主要为害叶片，但也能为害叶柄、茎、瓜条。子叶被害，产生半圆形或圆形的褐色病斑，上有淡红色黏稠物(图1-60)，严重时，茎基部呈淡褐色，渐渐萎缩，造成幼苗折倒死亡。真叶被害，病斑呈近圆形或圆形，初为水渍状，后变为黄褐色，边缘有黄色晕圈。严重时，病斑相互连接成不规则的大病斑，致使叶片干枯。潮湿时，病部分泌出粉红色的黏稠物(图1-61和图1-62)。叶柄、茎部被害，产生稍凹陷呈淡黄褐色的长圆形病斑，严重时病斑连结环绕茎部，致使上面或整株枯死。潮湿时，表面生粉红色的黏质物或有许多小黑点。瓜条被害，开始产生水渍状浅绿色的病斑，后变为黑褐色稍凹陷的圆形或近圆形病斑，上生有粉红色黏质物。

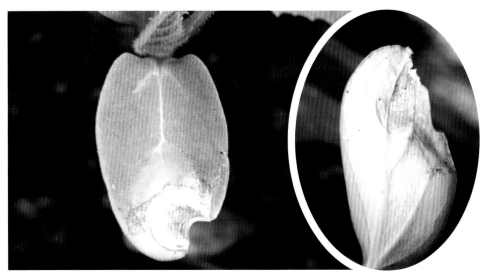

图1-60　黄瓜炭疽病子叶发病症状

图1-61　黄瓜炭疽病叶片发病初期症状

图1-62　黄瓜炭疽病叶片发病后期症状

【病　　　原】*Colletotrichum lagenarium* 称葫芦科刺盘孢，属无性型真菌(图1-63)。分生孢子盘聚生，初为埋生，红褐色，后突破表皮呈黑褐色，刚毛散生于分生孢子盘中，暗褐色，顶端色淡，略尖，基部膨大，具2～3个横隔。分生孢子梗无色，圆筒状，单胞，长圆形。

【发生规律】浙江及长江中下游地区黄瓜炭疽病多在保护地栽培中发生，发病盛期在5—6月和9—10月。病菌主要以菌丝体附着在种子上，或随病残株在土壤中越冬，亦可在温室或塑料大棚的骨架上存活。越冬后的病菌产生大量分生孢子，成为初侵染源。通过雨水、灌溉、气流传播，也可以由害虫携带传播或田间农事操作时传播。高温、高湿是该病发生流行的主要因素。在适宜温度范围内，空气湿度大，易发病。相对湿度80%～98%，温度在10～30℃都可以发病。24℃左右发病最重，28℃以上病轻。早春塑料棚温度低，湿度高，叶面结有大量水珠或吐水，病害易流行。氮肥过多、大水漫灌、通风不良，植株衰弱发病重。

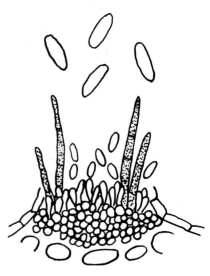

图1-63　黄瓜炭疽病病原菌

【防治方法】黄瓜炭疽病属于低温高湿病害，露地定植后至结瓜期控制浇水；保护地采用生态防治，尤其要注意温湿度管理，提高棚室温度，及时放风降低湿度，减少结露时间，抑制病菌萌发和侵入。上午温度控制在30～33℃，下午和晚上适当放风。田间操作，除病灭虫、绑蔓、采收均应在露水落干后进行，减少人为传播蔓延。增施磷钾肥以提高植株抗病力。

种子处理。用50%代森铵水剂500倍液浸种1小时，福尔马林100倍液浸种30分钟，或用冰醋酸100倍液，浸种20～30分钟，清水冲洗干净后催芽。

黄瓜苗期，结合其他病害的防治施用保护性杀菌剂，发病前，可采用下列杀菌剂进行防治：

25%嘧菌酯悬浮剂1 500～2 000倍液；

40%醚菌酯悬浮剂3 000～4 000倍液；

70%甲硫·福美双可湿性粉剂800～1 000倍液；

50%甲硫·锰锌可湿性粉剂1 000～1 500倍液；

80%福·福锌可湿性粉剂800～1 500倍液；

47%春雷霉素·氧氯化铜可湿性粉剂600～800倍液；

70%甲基硫菌灵可湿性粉剂600～800倍液+75%百菌清可湿性粉剂600～800倍液；

70%丙森锌可湿性粉剂600～800倍液；

45%代森铵水剂200～400倍液；

80%代森锌可湿性粉剂600～800倍液；

70%代森联水分散粒剂800～1 000倍液；

对水喷雾，视田间生长情况和病情间隔7～10天1次。

田间发病后及时施药防治，发病初期(图1-64)，可用下列杀菌剂或配方进行防治：

30%苯噻硫氰乳油1 000～1 500倍液；

25%溴菌腈可湿性粉剂500倍液；

5%亚胺唑可湿性粉剂1 000倍液+75%百菌清可湿性粉剂600倍液；

40%腈菌唑水分散粒剂4 000倍液+70%代森锰锌可湿性粉剂600～800倍液；

25%咪鲜胺乳油1 000～1 500倍液+75%百菌清可湿性粉剂600倍液；

10%苯醚甲环唑水分散粒剂1 000～1 500倍液+22.7%二氰蒽醌悬浮剂1 000～1 500倍液；

40%多·福·溴菌腈可湿性粉剂800～1 000倍液；

60%甲硫·异菌脲可湿性粉剂 1 000～1 500倍液；

70%福·甲·硫磺可湿性粉剂600～800倍液；

对水喷雾，视病情间隔7～10天1次。

田间发病普遍时，可用下列杀菌剂或配方进行防治：

20%唑菌胺酯水可分散粒剂1 000～1 500倍液；

20%硅唑·咪鲜胺水乳剂55～70ml/亩；

20%苯醚·咪鲜胺微乳剂30～50ml/亩；

60%唑醚·代森联水分散粒剂60～100g/亩；

40%醚菌酯悬浮剂3 000倍液；

25%嘧菌酯悬浮剂1 500～2 000倍液；

图1-64　黄瓜炭疽病发病初期

30％苯噻硫氰乳油1 000～1 500倍液；

25％溴菌腈可湿性粉剂500倍液；

25％咪鲜胺乳油500～1 000倍液+75％百菌清可湿性粉剂500～1 000倍液；

对水喷雾，视病情间隔7～10天1次。如能混入喷施宝或植宝素7 500倍液，可有药肥兼收之效。

保护地粉尘剂防治，发病初期，可喷5％百菌清粉尘剂1kg/亩，傍晚或早上喷，视病情隔7天喷1次。或在发病前用30％百菌清烟剂200～250g/亩，傍晚进行，分放4～5个点，先密闭大棚、温室，然后点燃烟熏，视病情间隔7天熏1次。

9．黄瓜灰霉病

【分布为害】黄瓜灰霉病属于常发性病害，各地普遍发生，但为害程度差异较大，大棚和温室内黄瓜发病较重。

【症　　状】主要为害幼瓜、叶、茎。幼苗受害，病菌常从叶缘侵入，空气潮湿时，表面产生淡灰褐色的霉层(图1-65)。成株叶片一般由脱落的烂花或病卷须附着在叶面引起发病，病斑近圆形或不规则形，边缘明显，表面着生少量灰霉(图1-66)。病菌多从开败的雌花侵入，致花瓣腐烂，并长出淡灰褐色的霉层，进而向幼瓜扩展，致脐部呈水渍状，幼花迅速变软、萎缩、腐烂，表面密生霉层；开败的雄花落在叶片上也会引起灰霉病。较大的瓜被害时，组织先变黄并生灰霉，后霉层变为淡灰色，被害瓜受害部位停止生长、腐烂或脱落(图1-67至图1-69)。烂瓜或烂花附着在茎上时，能引起茎部的腐烂(图1-70)，严重时下部的节腐烂致蔓折断，植株枯死。

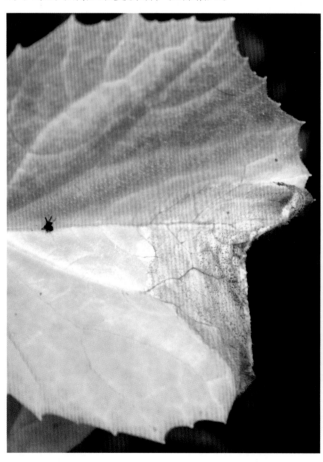

图1-65　黄瓜灰霉病苗期叶片发病症状　　　　图1-66　黄瓜灰霉病成株期叶片发病症状

图1-67　黄瓜灰霉病瓜条发病初期症状

图1-68　黄瓜灰霉病瓜条发病后期症状

图1-69　黄瓜灰霉病果实膨大期发病症状

图1-70　黄瓜灰霉病茎蔓发病症状

【病　　　原】*Botrytis cinerea* 称灰葡萄孢，属无性型真菌。有性世代为 *Sclerotinia fuckeliana* 称富克尔核盘菌，属子囊菌门真菌。病菌的孢子梗数根丛生，褐色，顶端具1~2次分枝，分枝顶端密生小柄，其上生大量分生孢子。分生孢子圆形至椭圆形，单胞，近无色。

【发生规律】病菌以菌丝体或分生孢子及菌核附着在病残体上，或遗留在土壤中越冬。越冬的分生孢子和从其他菜田汇集来的灰霉病菌分生孢子随气流、雨水及农事操作进行传播蔓延，黄瓜结瓜期是该病侵染和烂瓜的高峰期。春季连阴天多，气温不高，棚内湿度大，结露持续时间长，放风不及时，发病重。

【防治方法】推广高畦覆地膜或滴灌栽培法，生长前期及发病后，适当控制浇水，适时放风，降低湿度，减少棚顶及叶面结露和叶缘吐水。及时摘除病叶、病花、病果及黄叶，保持棚室干净，通风透光。

采用生态防治变温管理，抑制病菌滋生，推广高畦覆地膜或滴灌栽培法；大棚内北墙面上张挂镀铝反光幕，增加棚内反射光照，勤擦拭棚膜除尘，保持棚膜采光性能良好；增施二氧化碳气肥，上午定时释放二氧化碳，补充棚内二氧化碳。在此情况下，可创造高温和相对低湿的生态环境，抑制灰霉病菌的滋生和蔓延。生长前期及发病后，适当控制浇水，适时晚放风，提高棚温至33℃则不产孢，降低湿度，减少棚顶及叶面结露和叶缘吐水。棚内夜间温度要保持在15℃以上。

在黄瓜灰霉病发病前期或未发病时，主要是用保护剂防止病害侵染发病，结合对其他病害的预防，可施用下列杀菌剂或配方：

50%多·福·乙可湿性粉剂800~1 000倍液+70%代森联水分散粒剂600~800倍液；

2亿活孢子/g木霉菌可湿性粉剂600~800倍液；

75%百菌清可湿性粉剂600倍液；

77%氢氧化铜可湿性粉剂800倍液；

70%代森联水分散粒剂600~800倍液；

对水喷雾，视田间情况每隔7~10天喷1次。

田间发现病株时(图1-71)，应及时进行防治，发病初期，可采用下列杀菌剂：

图1-71　黄瓜灰霉病发病初期

50％烟酰胺水分散粒剂1 000～1 500倍液+70％代森联水分散粒剂600～800倍液；

50％嘧菌环胺水分散粒剂1 000～1 500倍液+70％代森锰锌可湿性粉剂800倍液；

50％腐霉利可湿性粉剂1 000～1 500倍液+75％百菌清可湿性粉剂600～800倍液；

2％丙烷脒水剂1 000～1 500倍液+2.5％咯菌腈悬浮剂1 000～1 500倍液；

50％乙烯菌核利水分散粒剂800～1 000倍液+70％代森联水分散粒剂600～800倍液；

40％嘧霉胺悬浮剂1 000～1 500倍液+75％百菌清可湿性粉剂600～800倍液；

50％异菌脲可湿性粉剂1 000～1 500倍液+25％啶菌恶唑乳油1 000～2 000倍液；

26％嘧胺·乙霉威水分散粒剂1 500～2 000倍液；

30％异菌脲·环己锌乳油900～1 200倍液；

对水喷雾，视病情间隔5～7天喷1次。为防止产生抗药性提高防效，提倡轮换交替或复配使用。

保护地发病初期，采用烟雾法或粉尘法，烟雾法用20％腐霉·百菌烟剂200～300g/亩、25％甲硫·菌核烟剂200～300g/亩、15％百·异菌烟剂200～300g/亩、10％腐霉利烟剂300～450g/亩、15％多·腐烟剂300～400g/亩、3％噻菌灵烟剂200～300g/亩，也可于傍晚用1.5％福·异菌粉尘剂每亩次1～2kg；26.5％甲硫·霉威粉尘剂每亩次用1kg喷粉。

露地发病初期，可用：

50％腐霉利可湿性粉剂1 000～1 500倍液；

2％丙烷脒水剂1 000～1 500倍液；

50％腐霉·百菌可湿性粉剂800～1 000倍液；

40％嘧霉·百菌可湿性粉剂800～1 000倍液；

30％异菌脲·环己锌乳油900～1 200倍液喷雾防治。

10.黄瓜病毒病

【症　　状】花叶病毒病：为系统感染，病毒可以到达除生长点以外的任何部位。苗期染病子叶变黄枯萎，幼叶呈深绿与淡绿相间的花叶状，同时发病叶片出现不同程度的皱缩、畸形(图1-72)。成株染病新叶呈黄绿相间的花叶状，病叶小且皱缩，叶片变厚，严重时叶片反卷(图1-73)；茎部节间缩短，茎畸形，严重时病株叶片枯萎；瓜条呈现深绿及浅绿相间的花色，表面凹凸不平，瓜条畸形(图1-74)。重病株簇生小叶，不结瓜，致萎缩枯死。

图1-72　黄瓜花叶病毒病苗期发病症状

图1-73　黄瓜花叶病毒病叶片发病症状

图1-74　黄瓜花叶病毒病果实发病症状

　　绿斑驳型病毒病：新叶产生黄色小斑点，后变为淡黄色斑纹，绿色部分呈凹凸不平的隆起瘤状，叶片变小，引起植株矮化，叶片斑驳扭曲(图1-75)。果实上生浓绿斑和隆起瘤状物，多为畸形瓜(图1-76)。

图1-75 黄瓜绿斑驳型病毒病叶片发病症状

图1-76 黄瓜绿斑驳型病毒病果实发病症状

【病　　原】主要是黄瓜花叶病毒Cucumber mosaic virus (CMV)、甜瓜花叶病毒 Muskmelon mosaic virus (MMV)和黄瓜绿斑驳型病毒病 Cucumber green mottle mosaic virus (CGMMV)。

【发生规律】黄瓜花叶病毒病种子不带毒，靠桃蚜、棉蚜传毒，桃蚜、棉蚜主要在多年生宿根植物上越冬，每当春季发芽后，开始活动或迁飞，成为传播此病主要媒介；汁液摩擦也可传毒。发病适温20～25℃，气温高于25℃多表现隐症。甜瓜花叶病毒种子可以带毒，带毒率16%～18%；烟草花叶病毒主要随病株残体遗留在田间越冬，主要通过汁液传播，从寄主伤口侵入，进行多次再侵染；南瓜花叶病毒可由种子带毒越冬，通过种子、汁液摩擦或传毒媒介昆虫传毒。环境条件与瓜类病毒病发生关系密切，高温、干旱、光照强的条件下，蚜虫发生严重，也有利于病毒的繁殖，且降低了植株的抗病能力，所以发病严重。此外，在杂草多、附近有发病作物、气温高、缺水、缺肥、管理粗放、蚜虫多时发病亦重。浙江及长江中下游地区发病盛期在4—6月和9—11月。

绿斑驳型病毒病种子可以带毒，也可在土壤中越冬，成为翌年发病的初侵染源，通过风雨、农事操作等进行多次再侵染，蚜虫不传毒。暴风雨、植株相互碰撞、枝叶摩擦或中耕时造成伤根都容易引起病毒的侵染，田间或温室温度高时发病严重。

【防治方法】露地栽培黄瓜及秋冬茬黄瓜育苗期间和定植后扣膜前，可用遮阳网降温、遮光；采用防虫网育苗，阻避蚜虫；远离带病作物。清除杂草，彻底杀灭白粉虱和蚜虫。进行嫁接、打杈、绑蔓、掐卷须等田间作业时，尽量减少健株、病株接触，中耕时减少伤根。农事操作中，接触过病株的手和农具，应用肥皂水冲洗，注意防止病毒传染。经常检查，发现病株要及时拔除销毁。施足有机肥，增施磷、钾肥，提高抗病力。适当多浇水，增加田间湿度。

蚜虫防治药剂，见蚜虫防治部分。

种子处理：选用无病种子，播种前进行种子消毒处理；用55℃温水浸种40分钟，或把种子在70℃恒温下处理72小时，以钝化病毒病；也可用0.1％高锰酸钾溶液浸种40分钟后用清水洗后浸种催芽，也可用10％磷酸三钠浸种20分钟，用清水冲洗2～3次后晾干备用或催芽播种。

采用防病毒新技术。①应用弱病毒疫苗N14和卫星病毒S52处理幼苗，提高植株免疫力，兼防烟草花叶病毒和黄瓜花叶病毒。也可将弱毒疫苗稀释100倍，加少量金刚砂，用每平方米2～3kg压力喷枪喷雾；②在定植前后各喷1次24％混脂酸铜水剂700～800倍液或10％混脂酸水乳剂100倍液，能诱导黄瓜耐病又增产；也可用豆浆、牛奶等高蛋白物质用清水稀释100倍液喷雾可减弱病毒的侵染能力，钝化病毒病。也可用27％高脂膜乳剂200倍液，每7天1次，连续2～3次。

发病前至发病初期，可采用下列药剂进行防治：

2％宁南霉素水剂200～400倍液；

4％嘧肽霉素水剂200～300倍液；

20％盐酸吗啉胍·乙酸铜可湿性粉剂500～700倍液；

7.5％菌毒·吗啉胍水剂500～700倍液；

2.1％烷醇·硫酸铜可湿性粉剂500～700倍液；

25％琥铜·吗啉胍可湿性粉剂600～800倍液；

3.85％三氮唑·铜·锌水乳剂600～800倍液；

1.5％硫铜·烷基·烷醇水乳剂1 000倍液；

3.95％三氮唑核苷·铜·烷醇·锌水剂500～800倍液；

5％菌毒清水剂300～500倍液；

31％吗啉胍·三氮唑核苷可溶性粉剂800倍液；

25％吗胍·硫酸锌可溶性粉剂500～700倍液；

3％三氮唑核苷水剂600～800倍液；

1.05％氮苷·硫酸铜水剂300～500倍液；

20％盐酸吗啉呱可湿性粉剂400～600倍液；

对水喷雾，视病情间隔7～10天喷1次。于定植后、初果期、盛果期各喷1次。

11. 黄瓜猝倒病

【症　状】直播出苗前就可受害，染病后常造成种子、胚芽或子叶腐烂；幼苗受害，露出土表的茎基部或中部呈水浸状，后变成黄褐色干枯缩为线状，往往子叶尚未凋萎，即突然猝倒，致幼苗贴伏地面，有时瓜苗出土胚轴和子叶已普遍腐烂，变褐枯死。湿度大时，病株附近长出白色棉絮状菌丝（图1-77和图1-78）。

图1-77　黄瓜猝倒病发病初期症状

图1-78 黄瓜猝倒病发病后期症状

【病　　原】*Pythium aphanidermatum* 称瓜果腐霉，属卵菌门真菌。菌丝体生长繁茂，呈白色棉絮状；菌丝无色，无隔膜。孢子囊丝状或分枝裂瓣状，或呈不规则膨大。泡囊球形，内含6～26个游动孢子。藏卵器球形，雄器袋状至宽棍状，同丝或异丝生，多为1个。卵孢子球形，平滑。

【发生规律】病菌以卵孢子在12～18cm表土层越冬，并在土中长期存活。翌春，遇有适宜条件萌发产生孢子囊，以游动孢子或直接长出芽管侵入寄主。病菌侵入后，在皮层薄壁细胞中扩展，菌丝蔓延于细胞间或细胞内，后在病组织内形成卵孢子越冬。病菌生长适宜地温15～16℃，温度高于30℃受到抑制；适宜发病地温10℃，低温对寄主生长不利，但病菌尚能活动，尤其是育苗期出现低温、高湿条件，利于发病。此外，在土中营腐生生活的菌丝也可产生孢子囊，以游动孢子侵染瓜苗引起猝倒。当幼苗子叶养分基本用完，新根尚未扎实之前是感病期。该病主要在幼苗长出1～2片真叶期发生，3片真叶后发病较少。

【防治方法】选择地势高、地下水位低，排水良好的地做苗床，播前一次灌足底水，出苗后尽量不浇水，必须浇水时一定选择晴天喷洒，不宜大水漫灌。育苗畦（床）及时放风、降湿，严防瓜苗徒长染病。

种子处理。用50％福美双可湿性粉剂、65％代森锌可湿性粉剂、40％拌种双可湿性粉剂拌种，用药量为种子重量0.3％～0.4％。

苗床处理。施用50％福美双可湿性粉剂10～20g/m²+40％五氯硝基苯粉剂15～30g/m²+25％甲霜灵可湿性粉剂10～20g/m²，对细土4～5kg拌匀，施药前先把苗床底水打好，且一次浇透（根据季节定浇水量），一般17～20cm深，水渗下后，取1/3充分拌匀的药土撒在畦面上，播种后再把其余2/3药土覆盖在种子上面，即上覆下垫。如覆土厚度不够可补撒营养土使其达到适宜厚度，这样种子夹在药土中间，防效明显。

提倡选用营养钵或穴盘育苗等现代育苗方法，可大大减少猝倒病的发生和为害。用营养钵育苗，每亩需苗床20~25m²的带埂平畦1个，若分苗每亩需分苗床40~50m²。营养土配制需选优质田园土和充分腐熟的有机肥按7∶3配制，每立方米营养土中加入磷酸二铵1kg、草木灰5kg、95%恶霉灵原药50g或54.5%恶霉·福可湿性粉剂100g、70%敌磺钠可溶性粉剂100g，与营养土充分拌匀后装入营养钵或育苗盘；也可取大田土6份和腐熟有机肥4份混合，按50kg营养土加53%精甲霜·锰锌水分散粒剂20g，再加2.5%咯菌腈悬浮剂10ml，混匀后过筛装入营养钵育苗。

出苗后(图1-79)，经常调查病情，在发病前期，可以喷施下列杀菌剂进行预防：

图1-79 黄瓜育苗期生长情况

53%精甲霜·锰锌水分散粒剂600~800倍液；

25%嘧菌酯悬浮剂1 500~2 000倍液；

25%甲霜·霜霉威可湿性粉剂1 500~2 000倍液；

70%丙森锌可湿性粉剂600~800倍液+25%甲霜灵可湿性粉剂400~600倍液；

72%霜脲·锰锌可湿性粉剂600~800倍液；

对水喷雾，每平方米需药液3 L，视病情间隔5~7天喷1次。

苗床一旦发现病苗，要及时拔除，田间开始发病期，用下列杀菌剂或配方进行防治：

687.5g/L霜霉威盐酸盐·氟吡菌胺悬浮剂800~1 200倍液；

66.8%丙森·异丙菌胺可湿性粉剂600~800倍液；

72.2%霜霉威盐酸盐水剂800~1 000倍液+10%氰霜唑悬浮剂2 000~2 500倍液；

84.51%霜霉威·乙膦酸盐可溶性水剂600~1 000倍液；

60%唑醚·代森联水分散粒剂1 000~2 000倍液；

72%丙森·膦酸铝可湿性粉剂800~1 000倍液；

喷淋苗床，视病情间隔7~10天1次。注意用药剂喷淋后，等苗上药液干后，再撒些草木灰或细干土，降湿保温。

12．黄瓜立枯病

【症　　状】立枯病多发生在育苗的中、后期。幼苗茎基部起初出现椭圆形或不整形暗褐色病斑，有的病苗白天萎蔫、夜间恢复，病斑逐渐凹陷。湿度大时可看到淡褐色蛛丝状霉，但不显著。病斑扩大后可绕茎一周，甚至木质部外露，最后病部收缩干枯，叶片萎蔫不能恢复原状，幼苗干枯死亡。地下根部皮层变褐色或腐烂，但不易折倒，病部具轮纹状或淡褐色网状霉层（图1-80）。

图1-80　黄瓜立枯病发病症状

【病　　原】*Rhizoctonia solani* 称立枯丝核菌，属无性型真菌。

【发生规律】病菌以菌丝体或菌核在土壤中或病组织上越冬，腐生性较强，一般在土壤中可存活2～3年。病菌适宜温度范围较广，发育适温24℃，最高40～42℃，最低13～15℃。在适宜的环境条件下，病菌从伤口或表皮直接侵入幼茎、根部而引起发病。此外还可通过雨水、流水、农具以及带菌的堆肥传播为害。多在苗床温度较高或育苗后期发生，阴雨多湿、土壤过黏、重茬发病重。播种过密、间苗不及时、温度过高易诱发本病。

【防治方法】选择地势高、地下水位低、排水良好的地做苗床，播前一次灌足底水，出苗后尽量不浇水，必须浇水时一定选择晴天喷洒，不宜大水漫灌。育苗畦(床)及时放风、降湿，严防瓜苗徒长染病。

种子处理：每1kg种子用95％恶霉灵精品0.5～1g与80％多·福·福锌可湿性粉剂4g混合拌种。2.5％咯菌腈悬浮剂用种子重量0.6％～0.8％拌种。

苗床处理：施用50％拌种双粉剂10～20g/m²+40％五氯硝基苯粉剂15～30g/m²+50％多菌灵可湿性粉剂10～20g/m²对细土4～5kg拌匀，施药前先把苗床底水打好，且一次浇透(根据季节定浇水量)，一般17～20cm深，水渗下后，取1/3充分拌匀的药土撒在畦面上，播种后再把其余2/3药土覆盖在种子上面，即上覆下垫。如覆土厚度不够可补撒营养土使其达到适宜厚度，这样种子夹在药土中间，防效明显。

提倡选用营养钵或穴盘育苗等现代育苗方法，可大大减少立枯病的发生和为害。每立方米营养土中加入95％恶霉灵原药50g、或54.5％恶霉·福可湿性粉剂10g、70％敌磺钠可溶性粉剂100g加上50％多菌灵可湿性粉剂50~100g，与营养土充分拌匀后装入营养钵或育苗盘。

育苗田出苗后加强观察，在发病前(图1-81)，可采用下列杀菌剂或配方进行防治：

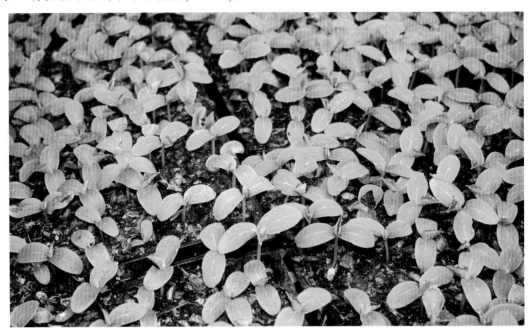

图1-81　黄瓜苗期立枯病发病前期

0.5%氨基寡糖水剂300~500倍液+68.75%恶唑菌酮·锰锌水分散粒剂800~1 000倍液；

70%恶霉灵可湿性粉剂800~1000倍液；

20%氟酰胺可湿性粉剂600~1000倍液；

80%乙蒜素乳油2 000~4 000倍液

喷淋苗床，视病情间隔7~10天1次。

田间发现病株时要及时进行防治(图1-82)，发病初期，可采用下列杀菌剂或配方进行防治：

图1-82　黄瓜立枯病苗床发病症状

30%苯醚甲·丙环乳油3 500倍液；

20%甲基立枯磷乳油800～1 200倍液+75%百菌清可湿性粉剂600倍液；

50%苯菌灵可湿性粉剂600～1 000倍液+50%克菌丹可湿性粉剂400～600倍液；

70%甲基硫菌灵可湿性粉剂500～700倍液+70%代森锰锌可湿性粉剂800倍液；

15%恶霉灵水剂500～700倍液+25%咪鲜胺乳油800～1 000倍液；

20%唑菌胺酯水分散粒剂800～1 000倍液+70%代森联水分散粒剂700倍液；

喷淋苗床，视病情间隔5～7天喷1次。

13．黄瓜镰孢菌根腐病

【症　　状】主要侵染根及茎部，初呈现水浸状，后腐烂。茎缢缩不明显，病部腐烂处的维管束变褐，不向上发展。后期病部往往变糟，留下丝状维管束。病株地上部初期症状不明显，后叶片中午萎蔫，早晚尚能恢复。严重的则多数不能恢复而枯死(图1-83至图1-85)。

图1-83　黄瓜镰孢菌根腐病地上部发病症状

图1-84　黄瓜镰孢菌根腐病根部发病初期症状

图1-85　黄瓜镰孢菌根腐病根部发病后期症状

【病　　原】*Fusarium solani* 称腐皮镰孢菌，属无性型真菌。大型分生孢子新月形、无色，有2~4个横隔膜；小型分生孢子椭圆形、无色。

【发生规律】以菌丝体、厚垣孢子或菌核在土壤中及病残体中越冬。病菌从根部伤口侵入，后在病部产生分生孢子，借雨水或灌溉水传播蔓延，进行再侵染。高温、高湿利其发病，连作地、低洼地、黏土地或下水处发病重。

【防治方法】露地可与白菜、葱、蒜等蔬菜实行两年以上轮作，或与水稻等进行水旱轮作。保护地避免连茬，以降低土壤含菌量。及时拔除病株，并在根穴里撒消石灰。采用高畦栽培，防止大水漫灌，雨后排出积水，进行浅中耕，保持底墒和土表干燥。

定植时用70%甲基硫菌灵可湿性粉剂或50%多菌灵可湿性粉剂或70%敌磺钠可溶性粉剂1～1.25kg/亩，对干细土，撒在定植穴中。

田间发病后及时进行施药防治，发病初期，可采用下列杀菌剂进行防治：

5%丙烯酸·恶霉·甲霜水剂800～1 000倍液；

80%多·福·福锌可湿性粉剂500～700倍液；

3%恶霉·甲霜水剂600～800倍液；

20%二氯异氰尿酸钠可溶性粉剂400～600倍液；

50%福美双可湿性粉剂500～700倍液；

70%甲基硫菌灵可湿性粉剂600～800倍液；

20%甲基立枯磷乳油800～1 000倍液+70%敌磺钠可溶性粉剂800倍液；

70%恶霉灵可湿性粉剂2 000～3 000倍液；

80%乙蒜素乳油3 000倍液；

灌根，每株灌药液250ml，视病情间隔7～10天灌1次。

14. 黄瓜疫霉根腐病

【症　　状】主要为害黄瓜茎基部及根部，发病后病部呈水渍状，暗绿色，茎基略缢缩，湿度大时病部易产生稀疏的白色霉层，维管束不变色；温度高时地上部易萎蔫，发病严重时造成植株枯死。在一个棚里常常有几棵先发病(图1-86)，在浇水过后便迅速在棚内传开。

【病　　原】*Phytophthora drechsleri* 称掘氏疫霉，属卵菌门真菌。菌丝膨大体常见，近圆形，多间生，孢子囊内层出，无乳突，卵圆形，顶部平截，厚垣孢子少见，异宗配合，配对培养产生很多卵孢子。藏卵器球形，壁光滑，基部大多棍棒形，少数圆锥形。卵孢子球形。雄器围生，单细胞，多圆筒形。

【发病规律】病菌主要以菌丝体、卵孢子和厚垣孢子随病残体在土壤中越冬。病菌在田间主要借雨水、灌溉水传播。发病适温25～30℃。主要通过根部伤口侵入，土壤黏重，透水性差，地温较低，棚室栽培遇有连阴雨天或经常大水漫灌容易引起发病。

【防治方法】选择土质较疏松，透水性较好的地块

图1-86　黄瓜疫霉根腐病发病症状

栽培。与非茄果类、瓜类蔬菜轮作2～3年。施用充分腐熟的粪肥做基肥，平整土地，做好排灌系统，高畦栽培。雨后及时排出田间积水。田间操作时注意不要伤及根部，发现病株及时拔除烧毁；收获结束后及时清除田间病残体，并集中带出田间销毁。

夏季可利用地闲时间亩施氰氨化钙60～80kg与1 000～1 500kg碎稻草或麦秸混合施于土壤并深翻，大水漫灌后闭棚15～30天，可杀灭土壤中的病原菌。

整地时可撒施70%敌磺钠可溶性粉剂1.5～3kg/亩，或用40%福·多可湿性粉剂1kg/亩在定植时将药施于定植穴内。

发现病株，及时拔除并用：

3%恶霉·甲霜水剂600～800倍液；

70%敌磺钠可溶性粉剂600～800倍液；

25%甲霜·霜霉威可湿性粉剂1 500～2 500倍液；

70%恶霉灵可湿性粉剂2 000～3 000倍液；

5%丙烯酸·恶霉·甲霜水剂800～1 000倍液；

72.2%霜霉威盐酸盐水剂600倍液；

72%丙森·膦酸铝可湿性粉剂800～1 000倍液；

喷植株茎基部和地面，发病重直接用配好的药液浇灌，每7～10天灌1次，连续2～3次。

15．黄瓜根结线虫病

【症　　状】主要发生在根部，须根或侧根染病后产生瘤状大小不等的根结。解剖根结，病部组织里有很多细小的乳白色线虫埋于其内。根结之上一般可长出细弱的新根，致寄主再度染病，形成根结(图1-87和图1-88)。地上部表现症状因发病的轻重程度不同而异，轻病株症状不明显，重病株生长不良，叶片中午萎蔫或逐渐黄枯，植株矮小，影响结实，发病严重时，全田枯死(图1-89)。

图1-87　黄瓜根结线虫病根部发病初期症状

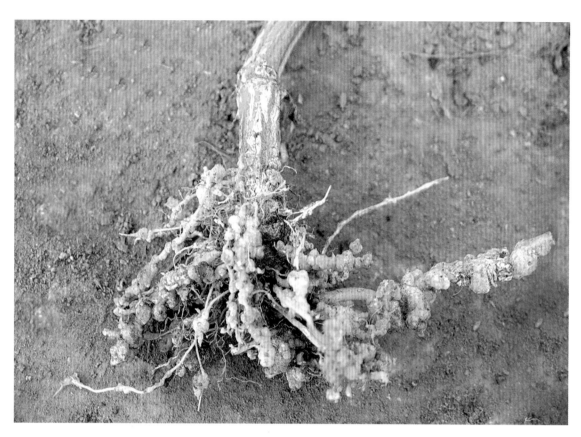

图1-88 黄瓜根结线虫病根部发病后期症状

图1-89 黄瓜根结线虫病田间症状

【病　　原】*Meloidogyne incognita* 称南方根结线虫。雌雄异形,幼虫呈细长蠕虫状。雄成虫线状,尾端稍圆,无色透明。雌成虫梨形(图1-90)。

图1-90 根结中线虫雌虫

【发生规律】根结线虫多以2龄幼虫或卵随病残体遗留在5～30cm土层中生存1～3年，条件适宜时，越冬卵孵化为幼虫，继续发育后侵入黄瓜根部，刺激根部细胞增生，产生新的根结或肿瘤。根结线虫发育到4龄时交尾产卵，雄线虫离开寄主钻入土中后很快死亡。产在根结里的卵孵化后发育至2龄后脱离卵壳，进入土壤中进行再侵染或越冬。在温室或塑料大棚中，单一种植几年黄瓜后，根结线虫可逐渐成为优势种。田间发病的初始虫源主要是病土或病苗。南方根结线虫生存最适温度25～30℃，高于40℃，低于5℃都很少活动，55℃经10分钟致死。田间土壤湿度是影响孵化和繁殖的重要条件。土壤湿度适合蔬菜生长，也适于根结线虫活动，雨季有利于孵化和侵染，但在干燥或过湿土壤中，其活动受到抑制。其为害砂土常较黏土重。

【防治方法】根结线虫发生严重田块，实行2年或5年轮作，大葱、韭菜、辣椒是抗耐病菜类，病田种植抗耐病蔬菜可减少损失。提倡采用高温闷棚，在7月或8月采用高温闷棚并用氰氨化钙或氯化苦或1,3-二氯丙烯和氯化苦混剂或硫酰氟进行土壤消毒，地表温度最高可达72.2℃，地温49℃以上，也可杀死土壤中的根结线虫和土传病害的病原菌。

采用营养钵和穴盘无土育苗。采用无土育苗是防治根结线虫的一种重要措施，能防止黄瓜苗早期受到根结线虫为害，且秧苗质量好于常规土壤育苗。

每亩用0.5%阿维菌素颗粒剂3～4kg或10%噻唑膦颗粒剂2kg与20kg细土充分拌匀，撒在畦面下，再用铁耙将药土与畦面表土层15～20cm充分拌匀，当天定植。

也可在定植前3天灌根线酊。在已挖好的苗埯内，每100ml对水75kg，灌150穴。或定植后小苗期需要分3次灌根，方法是每100ml药对水225kg，灌450棵苗，灌后发现植株打蔫时，应及时灌水即缓解，对植株无影响。对已出现根结的大苗可灌两次。第1次灌时用100ml根线酊，对水150kg再加入赤霉素125ml，灌300株。第2次药量同第1次，不加赤霉素灌300株。最好在阴天或晴天下午进行。

对未进行消毒且病重的地块在整地时可用35%威百亩水剂4～6kg/亩或用10%噻唑膦颗粒剂2～5kg/亩或用98%棉隆微粒剂30～45g/m²。在生长过程中应急防治时用或1.8%阿维菌素乳油1 000倍液每株灌250ml。

根结线虫一旦传入，很难根治。因此，防治根结线虫的传入极为重要。由于种苗移栽、大水漫灌、农事操作是根结线虫传播的重要途径，建议从培育无病种苗入手，在温室中安装滴灌设备，在温室门口放置消毒液，进入温室前消毒或换鞋。这些措施将有效地防止根结线虫的传播和蔓延。

16．黄瓜黑斑病

【症　　状】主要为害叶片，中下部叶片先发病，后逐渐向上扩展。病斑圆形或不规则形，中间黄白色，边缘黄绿或黄褐色(图1-91)。后期病斑稍隆起，表面粗糙，叶背病斑呈水渍状，四周明显，且出现褪绿的晕圈，病斑大多出现在叶脉之间，很少生于叶脉上，条件适宜时病斑迅速扩大连接(图1-92)。重病田，数个病斑连片，叶肉组织枯死，或整叶焦枯，似火烤状，但不脱落。

图1-91　黄瓜黑斑病叶片发病初期症状

图1-92　黄瓜黑斑病叶片发病后期症状

【病　　　原】*Alternaria cucumerina* 称瓜链格孢，属无性型真菌。分生孢子梗单生或数根束生，褐色，顶端色淡，基部细胞稍大，不分枝。分生孢子单生或2~3个串生，倒棒状，褐色，有2~9个横隔膜，0~3个纵隔膜，隔膜处缢缩。

【发生规律】以菌丝体或分生孢子在病残体上，或以分生孢子在病组织内，或黏附在种子表面越冬，成为翌年初侵染源。借气流或雨水传播，分生孢子萌发可直接侵入叶片，条件适宜时3天即显症，很快形成分生孢子进行再侵染。种子带菌是远距离传播的重要途径。坐瓜后遇高温、高湿该病易流行，特别是浇水或风雨过后病情扩展迅速，土壤肥沃，植株健壮发病轻。

【防治方法】轮作倒茬。翻晒土壤，采取覆膜栽培，施足基肥，增施磷钾肥。露地黄瓜按品种要求确定密度，雨后及时排水。棚室栽培在温度允许条件下，延长放风时间，降低湿度，发病后控制灌水。增施有机肥，提高植株抗病力，严防大水漫灌。

种子处理。播前用55℃热水浸种15分钟，也可用种子重量0.3%的50%灭菌丹可湿性粉剂拌种。

田间发现病情及时进行防治，发病初期，可采用下列杀菌剂进行防治：

50%福美双·异菌脲可湿性粉剂800~1 000倍液；

25%啶氧菌酯悬浮剂800~1 000倍液；

250g/L嘧菌酯悬浮剂1 500~2 000倍液；

64%氢铜·福美锌可湿性粉剂600~800倍液；

75%肟菌·戊唑醇水分散粒剂2 000~3 500倍液；

50%甲硫·硫磺悬浮剂800~1 000倍液+70%代森锰锌可湿性粉剂700倍液；

70%丙森·多菌可湿性粉剂600~800倍液；

50%克菌丹可湿性粉剂400~600倍液；

对水喷雾，视病情间隔7~10天喷1次。

田间出现较多病株时要加强防治，发病普遍时，可采用下列杀菌剂或配方进行防治：

10%苯醚甲环唑水分散粒剂1 000倍液+75%百菌清可湿性粉剂600~800倍液；

560g/L嘧菌·百菌清悬浮剂800~1 000倍液；

20%唑菌胺酯水分散性粒剂1 000~1 500倍液；

25%溴菌腈可湿性粉剂500~1 000倍液+70%代森锰锌可湿性粉剂700倍液；

47%春雷·王铜可湿性粉剂600~800倍液；

50%福美双·异菌脲可湿性粉剂800~1 000倍液；

50%甲硫·硫磺悬浮剂800~1 000倍液+70%代森锰锌可湿性粉剂700倍液；

50%腐霉利可湿性粉剂1 000~1 500倍液+70%代森联水分散粒剂600倍液；

20%苯霜灵乳油800~1 000倍液+75%百菌清可湿性粉剂600~800倍液；

70%丙森·多菌可湿性粉剂600~800倍液；

70%丙森锌可湿性粉剂600~800倍液+50%异菌脲可湿性粉剂800倍液；

喷雾，视病情5~7天喷1次。病情严重时，雨后喷药可减轻为害。喷洒百菌清的应在采收前10天停止用药。

棚室发病初期，采用粉尘法或烟雾法。于傍晚喷撒5%百菌清粉尘剂1kg/亩，或在傍晚点燃45%百菌清烟剂200~250g/亩，视病情间隔7~9天施1次。

17．黄瓜菌核病

【分布为害】分布广泛，全国各地普遍发生；以冬春季保护地发生最为严重。

【症　　状】保护地及露地黄瓜均可发病。主要为害叶柄、叶片、生长点、茎、幼果等组织；叶片发病产生不规则形白色至灰白色病斑(图1-93)，生长点发病心叶呈水浸状，湿度大时易湿腐(图1-94)，茎基部受害，茎表皮纵裂，但木质部不腐败，故植株不表现萎蔫，病部以上叶、蔓凋萎枯死。茎蔓染病初在近地面的茎部或主侧枝分权处，产生褪色水浸状斑，后逐渐扩大呈淡褐色病斑。高温高湿条件下，病茎软腐，长出白色棉毛状菌丝(图1-95)；茎纵裂干枯，病部以上茎叶萎蔫枯死，在茎内长有黑色菌核。果实染病多在残花部位，先呈水浸状腐烂，并长出白色菌丝，最后菌丝扭结形成黑色菌核(图1-96和图1-97)。为害严重时，植株枯萎死亡。

图1-93　黄瓜菌核病叶片发病症状

图1-94　黄瓜菌核病生长点发病症状

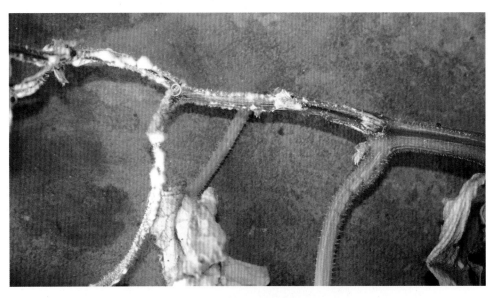

图1-95　黄瓜菌核病茎蔓发病症状

初期

中期　　　　　　　　　　　　　　　后期

图1-96　黄瓜菌核病果实发病症状

图1-97　黄瓜菌核病果实上产生大量黑色菌核

【病　　原】*Sclerotinia sclerotiorum* 称核盘菌，属子囊菌门真菌。菌核初白色，后表面变黑色鼠粪状，大小不等，由菌丝体扭集在一起形成；子囊盘暗红色或淡红褐色；子囊无色，棍棒状，内生8个无色的子囊孢子。子囊孢子圆形，单胞。

【发生规律】病菌以菌核随病残体遗落在土壤中，或混杂在种子中越冬。翌年遇适宜条件，萌发出子囊盘，待子囊孢子成熟后由子囊喷雾释放，成为当年的初次侵染源。萌发的子囊孢子，多从寄主下部衰老的叶和花瓣侵染，使其腐烂、脱落。黄瓜菌核病只要土壤湿润，平均气温5~30℃、相对湿度85%以上，均可发病。温度20℃左右，相对湿度98%以上发病重。保护地黄瓜放风不及时，灌水不适时、不适量，均容易诱发此病。菌核在水中泡30天即死亡。北方春大棚黄瓜定植后，一般于4月中旬越冬菌核开始萌发，子囊盘出土由5月下旬持续到6月下旬，6月上旬至中旬为出土盛期。5月底至6月初始见病株，6月中下旬病株率增加最快。大棚通风早，放风大，病害轻；反之病害加重。覆盖地膜的病轻；反之病重。连作时间长的发病重。

【防治方法】有条件的实行与水生作物轮作，或夏季把发病田灌水浸泡半个月，或收获后及时深翻，深度要求达到20cm以上，将菌核埋入深层，抑制子囊盘出土。也可与葱、蒜类蔬菜等实行2~3年轮作。同时采用配方施肥技术，增强寄主抗病力。

生态防治。棚室上午以闷棚提温为主，下午及时放风排温，发病后可适当提高夜温以减少结露，早春日均温控制在27~33℃高温，相对湿度低于65%减少发病，防止浇水过量，土壤湿度大时，适当延长浇水间隔期。防止出现低温高湿的环境。及时摘除老、黄、病叶。

物理防治。播前用10%盐水漂种2~3次，汰除菌核，或温室采用紫外线塑料膜，可抑制子囊盘及子囊孢子形成。也可采用高畦覆盖地膜抑制子囊盘出土释放子囊孢子，减少菌源。

种子处理。用52℃温水浸种30分钟，把菌核烫死，然后移入温水中浸种。或用10%盐水漂洗种子2~3次，可除掉混杂在种子里的菌核。或用种子重量0.4%~0.5%的50%异菌脲悬浮剂进行种子包衣。

土壤处理。定植前可用40%五氯硝基苯可湿性粉剂10g/m²+50%福美双可湿性粉剂3~5g/m²+20%甲基立枯磷乳油2~3g/m²，拌细干土1kg，撒在土表，或耙入土中，然后播种，或用2.5%咯菌腈悬浮剂5ml/m²混匀后均匀撒在育苗床上。也可选用40%福尔马林用药20~30ml/m²加水2.5~3L，均匀喷洒于土面上，充分拌匀后堆置，用潮湿的草帘或薄膜覆盖，闷2~3天，充分杀灭病菌，然后揭开覆盖物，把土壤摊开，晾15~20天待药气散发后，再进行播种。

发病初期，可采用下列药剂进行防治：

50%腐霉利可湿性粉剂800~1500倍液+36%三氯异氰尿酸可湿性粉剂800倍液；

40%菌核净可湿性粉剂600~800倍液；

66%甲硫·霉威可湿性粉剂1000倍液+70%代森锰锌可湿性粉剂600~800倍液；

70%代森锰锌可湿性粉剂600~800倍液；

对水喷雾，视病情间隔7~10天喷1次。

保护地栽培，可用10%百菌清烟剂每100m³空间用药25~40g、10%腐霉利烟剂每100m³空间用药25~40g、15%百·腐烟剂每100m³用药25~40g熏烟。也可用5%百菌清粉尘剂1kg/亩喷粉防治。

18. 黄瓜靶斑病

【症　　状】又称为黄瓜褐斑病，主要为害叶片，叶片染病，多在盛瓜期，中、下部叶片先发病，再向上部叶片发展。叶片上的病斑主要有3种表现：一是小斑型病斑，发病初期产生黄色至黄褐色小斑点，病健分界处明显，有时病斑会穿孔，发病严重时叶片上布满黄褐色病斑，湿度大时叶背病斑呈水浸状(图1-98)；二是大斑型病斑，病斑呈圆形至不规则形，中间灰白色，边缘灰褐色至深灰色，发病严重时多个病斑常融合成大斑致叶片枯死(图1-99)；三是混生型病斑，同一叶片上产生大斑型和小斑型病斑(图1-100)。

图1-98 黄瓜靶斑病小斑型叶片发病症状

图1-99 黄瓜靶斑病大斑型叶片发病症状

图1-100 黄瓜靶斑病混生型叶片发病症状

【病　　　原】*Corynespora cassiicola* 称多主棒孢霉，属无性型真菌。菌丝分枝，无色至浅褐色，有隔膜。分生孢子梗多单生，较直立，细长。分生孢子顶生在梗端，倒棒形至圆筒形，单生或串生，直立或略弯曲，基部膨大，较平，顶部钝圆，褐色，厚垣孢子粗缩，深褐色。

【发生规律】通过种皮表面附着病菌或种皮内潜伏休眠菌丝进行远距离传播。病菌以分生孢子或菌丝体在土中或病残体上越冬，可存活6个月。翌年产生分生孢子借气流或雨水飞溅传播，进行初次侵染。病部新生的孢子进行再侵染。在生长季节，再侵染多次发生，使病害逐渐蔓延。保护地发病较严重；山东省保护地一般于4月初开始发病，4月中下旬后病情迅速扩展，至5月中下旬发病最重，可持续到7月黄瓜拉秧。高湿或通风不良发病重；温差大有利于发病；一般发生于晚秋或者早春时节；氮肥偏多，缺硼时病重。

【防治方法】定植田与非瓜类蔬菜进行2年以上轮作。避免偏施氮肥，增施磷、钾肥，适量施用硼肥。合理灌水，保护地放风排湿，减少结露机会，创造有利于黄瓜生长发育不利于病菌萌发及侵入扩展的温湿度条件。早期摘除病叶。在黄瓜拉秧后，清除田间病残体。

种子处理。种子用50℃温水浸种30分钟。

发病前期，可采用下列杀菌剂进行防治：

32.5%嘧菌酯·百菌清悬浮剂1 500～2 000倍液；

40%醚菌酯水分散粒剂3 000～4 000倍液；

50%异菌脲可湿性粉剂1 000倍液；

86.2%氧化亚铜可湿性粉剂2 000～2 500倍液；

77%氢氧化铜可湿性粉剂800～1 000倍液；

33.5%喹啉铜悬浮剂800～1 000倍液；

70%代森联水分散粒剂700倍液；

65%代森锌可湿性粉剂500倍液；

对水喷雾防治，间隔7～10天喷1次，连喷2～3次。

发病初期，可采用下列杀菌剂进行防治：

60％唑醚·代森联水分散粒剂1 000～2 000倍液；

250g/L吡唑醚菌酯乳油1 500～3 000倍液；

43％戊唑醇悬浮剂4 000～5 000倍液+33.5％喹啉铜悬浮剂800倍液；

40％腈菌唑水分散粒剂4 000～6 000倍液+70％代森锰锌可湿性粉剂600～800倍液；

50％嘧菌酯水分散粒剂2 000～3 000倍液；

50％咪鲜胺锰盐可湿性粉剂1 500～2 000倍液+75％百菌清可湿性粉剂600倍液；

40％嘧霉胺悬浮剂1 000～1 500倍液+75％百菌清可湿性粉剂600～800倍液；

50％腐霉·多可湿性粉剂1 000倍液+70％代森锰锌可湿性粉剂600～800倍液；

6％氯苯嘧啶醇可湿性粉剂1 500～2 000倍液+70％代森联水分散粒剂700倍液；

47％代锌·甲可湿性粉剂500～800倍液；

对水喷雾，间隔7天喷1次，连喷2～3次。

保护地栽培，可用45％百菌清烟剂250g/亩，或喷撒5％百菌清粉尘剂1kg/亩，间隔7～9天1次，连续2次或3次。

19. 黄瓜斑点病

【症　　状】主要为害叶片。生长中后期易发病，病斑初现水渍状斑，后变淡褐色，中部色较淡，渐干枯，周围具水渍状淡绿色晕环(图1-101)，后期病斑中部呈薄纸状，淡黄色或灰白色，易破碎(图1-102)。

图1-101　黄瓜斑点病叶片发病初期症状

图1-102　黄瓜斑点病叶片发病后期症状

【病　　原】*Phyllosticta cucurbitacearum* 称瓜灰星菌，属无性型真菌。分生孢子器凸镜形，褐色，膜质；分生孢子长圆形略弯，单胞，透明，无色。

【发生规律】主要以菌丝体和分生孢子器随病残体遗落在土中越冬，翌年以分生孢子进行初侵染和再侵染，靠雨水溅射传播蔓延。通常温暖多湿的天气有利于发生。

【防治方法】与非茄果类、瓜类蔬菜轮作，最好进行水旱轮作。加强瓜田中后期管理。移栽前收获后，及时清除田间及四周杂草，集中烧毁；深翻土地，促使病残体分解，减少病源和虫源。

田间发病时及时施药防治，发病初期，可采用下列杀菌剂进行防治：

50%咪鲜胺锰盐可湿性粉剂1 500～2 000倍液+75%百菌清可湿性粉剂600倍液；

32.5%嘧菌酯·百菌清悬浮剂1 500～2 000倍液；

50%异菌脲悬浮剂1 000～2 000倍液；

10%苯醚甲环唑水分散粒剂1 000倍液+75%百菌清可湿性粉剂600～800倍液；

64%氢铜·福美锌可湿性粉剂1 000倍液；

52.5%异菌·多菌灵可湿性粉剂800～1 000倍液；

40%氟硅唑乳油4 000倍液+75%百菌清可湿性粉剂600倍液；

25%丙环唑乳油3 000～4 000倍液；

对水喷雾，视病情间隔7～10天1次。

20. 黄瓜细菌性缘枯病

【症　　状】主要为害茎、叶、瓜条和卷须。叶部初产生水浸状小斑点，扩大后呈褐色不规则形斑，周围有一晕圈。有时由叶缘向里扩展，形成楔形大坏死斑(图1-103)。茎、叶柄和卷须上病斑呈褐色水浸状。瓜条多由花器侵染，形成褐色水浸状病斑，瓜条黄化凋萎，失水后僵硬。空气潮湿时病部常溢出菌脓。

图1-103 黄瓜细菌性缘枯病叶片发病症状

【病　　原】*Pseudomonas marginali* pv. *marginali* 称边缘假单胞菌边缘致病变种，属细菌。菌落黄褐色，表面平滑，具光泽，边缘波状。细菌短杆状，极生鞭毛1~6根，无芽孢，革兰氏染色阴性。

【发生规律】病原菌在种子上或随病残体留在土壤中越冬，成为翌年初侵染源。病菌从叶缘水孔等自然孔口侵入，靠风雨、田间操作传播蔓延和重复侵染。主要受降雨引起的湿度变化及叶面结露影响，我国北方春夏两季大棚相对湿度高，尤其夜晚随气温下降，湿度不断上升至70%以上或饱和，且长达7~8小时，发病较重。

【防治方法】与非瓜类作物实行2年以上轮作，加强田间管理，生长期及收获后清除病叶，及时深埋。

种子处理。可用次氯酸钙300倍液浸种30~60分钟；或40%福尔马林150倍液浸1.5小时，或用50%代森铵水剂500倍液浸种1小时；新植霉素可溶性粉剂200mg/kg浸种1小时，沥去药水再用清水浸3小时冲洗干净后催芽播种。

生态防治。及时调节棚内温湿度，上午棚温控制在28~30℃，湿度60%~70%，棚温超过30℃时放风；下午温度20~24℃，湿度60%左右；傍晚20℃时盖膜；上半夜温度在15~20℃，湿度低于85%；下半夜温度12~15℃，湿度90%左右。浇水一定要在晴天上午进行，浇水后及时放风排湿，阴雨天不浇水。当外界夜温不低于15℃时，昼夜放风。同时，叶面喷施0.3%的磷酸二氢钾，提高黄瓜抗病能力。

发病前期或发病初期，可采用下列杀菌剂进行防治：

20%噻菌铜悬浮剂1 000~1 500倍液；

12%松脂酸铜悬浮剂600~800倍液；

47%春雷·王铜可湿性粉剂700倍液；

2%春雷霉素可湿性粉剂300~500倍液；

对水喷雾，视病情间隔7~10天喷施1次。

发病普遍时，可采用下列杀菌剂进行防治：

3%中生菌素可湿性粉剂600~800倍液；

20%噻唑锌悬浮剂300~500倍液+12%松脂酸铜悬浮剂600~800倍液；

20%噻菌铜悬浮剂1 000～1 500倍液；

对水喷雾，视病情间隔7～10天喷施1次。

21．黄瓜细菌性叶枯病

【症　　状】主要侵染叶片，叶片上初现圆形小水浸状褪绿斑，逐渐扩大呈近圆形或多角形的褐色斑，周围具褪绿晕圈，发病严重的病斑可布满整个叶片，大小1～2mm，且病斑有联合现象，甚至整片叶干枯死亡(图1-104)。卷须染病，首先形成水渍状小点，继而折断枯死。大部分发生在中下部功能叶片上；叶片发病，部分植株带有系统性。

图1-104　黄瓜细菌性叶枯病叶片发病症状

【病　　原】*Xanthomonas campestris* pv. *cucurbitae*称野油菜黄单胞菌黄瓜叶斑病致病变种，属细菌。菌体两端钝圆杆状，极生一根鞭毛，革兰氏染色阴性。

【发病规律】主要通过种子带菌传播蔓延。该菌在土壤中存活非常有限。此病在我国东北、内蒙古已发现。叶色深绿的品种发病重，棚室保护地常较露地发病重。

【防治方法】与非瓜类作物实行2年以上轮作，加强田间管理，生长期及收获后清除病叶，及时地进行深埋。

种子处理。用50℃温水浸种15分钟，或40%福尔马林150倍液浸种1小时，或次氯酸钙300倍液浸种30分钟，或20%氯溴异氰尿酸钠可溶性粉剂400倍液浸种30分钟，然后用清水冲洗干净再用清水浸种6～8小时催芽播种。

发病初期，可采用下列杀菌剂进行防治：

20%噻唑锌悬浮剂300～500倍液+12%松脂酸铜悬浮剂600～800倍液；

50%氯溴异氰尿酸可溶性粉剂1 500～2 000倍液；

12%松脂酸铜悬浮剂600～800倍液；

47%春雷·王铜可湿性粉剂700倍液；

喷雾，视病情间隔7~10天1次。

发病普遍时，可采用下列杀菌剂进行防治：

3％中生菌素可湿性粉剂600~800倍液；

20％噻菌铜悬浮剂1 000~1 500倍液；

对水喷雾，视病情间隔5~7天1次，交替喷施。

22. 黄瓜红粉病

【症　　状】主要为害叶片，在叶片上产生暗绿色圆形至不规则形浅褐色病斑，湿度大时边缘呈水浸状，病斑薄易破裂，高湿持续时间长，病斑上生有浅橙色霉状物，致叶片腐烂或干枯(图1-105)。

图1-105　黄瓜红粉病叶片发病症状

【病　　原】*Trichothecium roseum* 称粉红单端孢，属无性型真菌。菌落初白色，后渐变粉红色。分生孢子梗直立不分枝，无色，顶端有时稍大；分生孢子顶生，单独形成，多可聚集成头状，呈浅橙红色，分生孢子倒洋梨形，无色或半透明。

【发生规律】病菌以菌丝体随病残体留在土壤中越冬，翌春条件适宜时产生分生孢子，传播到黄瓜叶片上，由伤口侵入。发病后，病部又产生大量分生孢子，借风雨或灌溉水传播蔓延，进行再侵染。病菌发育适温25~30℃，相对湿度高于85％易发病。该病易于春季发生在温度高、光照不足、通风不良的大棚或温室里。

【防治方法】棚室黄瓜可通过适当稀植，及时摘除病老叶，及时排湿等农业措施控制发病。合理灌溉，但采用膜下灌溉，适当控制浇水，及时放风，降低棚室湿度，抑制发病。

发病初期，可采用下列杀菌剂进行防治：

40％氟硅唑乳油4 000~6 000倍液；

50％异菌脲可湿性粉剂1 000~1 500倍液；

250g/L嘧菌酯悬浮剂2 000~3 000倍液；

65％甲硫·霉威可湿性粉剂800~1 000倍液；

50％咪鲜胺锰盐可湿性粉剂1 500~2 000倍液+70％代森联水分散粒剂600~800倍液；

80％福美双·福美锌可湿性粉剂800～1 000倍液；

25％溴菌清可湿性粉剂500～800倍液+75％百菌清可湿性粉剂600～800倍液；

对水喷雾，采收前3天停止用药。视病情隔5～7天喷施1次，注意轮换用药。

二、黄瓜生理性病害

1．黄瓜畸形瓜

黄瓜一般应该是上下比较均匀的圆棒形，现在生产中黄瓜常常出现弯曲、尖嘴、细腰等畸形瓜，这不仅影响产量，而且严重降低商品质量。畸形瓜种类不同，形成的原因也不一样。

【症　　状】弯曲瓜：瓜条发育过程中长不直，向一侧弯曲，成"丁"字形、"O"字形或半个"O"字形等(图1-106和图1-107)，降低单瓜重量，影响品质。

图1-106　黄瓜弯曲瓜　　　　　　　　图1-107　黄瓜弯曲瓜

尖嘴瓜：近肩部瓜把子粗大，前端细，似胡萝卜状(图1-108)。

蜂腰瓜：瓜条上下两部分发育正常，但中间部分发育慢，形成两头粗中间细，瓜形与细腰蜂体形相似，瓜心空洞，瓜条变脆(图1-109)。

大肚瓜：瓜把部位很细，而下边过度膨大形成比例不协调的瓜(图1-110)。

瓜佬：瓜佬表现在瓜秧上结出的黄瓜很短粗，颜色淡黄，形似瓜蛋，俗称瓜佬(图1-111)。

图1-108　黄瓜尖嘴瓜　　　图1-109　黄瓜蜂腰瓜

图1-110　黄瓜大肚瓜　　　　图1-111　黄瓜瓜佬

【病　　因】弯曲瓜：①黄瓜受精不完全，导致整个果实发育不平衡，而形成弯曲瓜，黄瓜生长势弱，干物质产生少，果实间相互争夺养分，造成部分瓜条营养不良，形成弯曲瓜；②黄瓜生长期间环境条件发生剧烈变化，如遇连阴天突然放晴，高温强光引起水分、养分供应不足而引起弯曲瓜；③黄瓜在生长过程中，瓜条受到瓜蔓或吊绳地面等阻挡，不能正常伸长，导致瓜条的弯曲。摘叶过多也会很快引起弯曲果。

尖嘴瓜：①品种不好，单性结实弱的品种开花期雌花没有受精，果实中没有形成种子，缺少了促使营养物质向果实运输的原动力，因而造成尖端营养不良，形成尖嘴瓜；②肥料供应不足，果实也会形成尖嘴瓜。在瓜条发育前期温度过高，或已经伤根，或肥水不足都容易发生尖嘴瓜。

蜂腰瓜：①黄瓜雌花授粉不完全，易发育成蜂腰瓜；②黄瓜授粉后，植株中营养物质供应不足，干物质积累少，养分分配不足，营养与水分时好时坏；③高温干燥、低温多湿、多肥、多氮、多钾、缺钙等都会助长此症的发生。

大肚瓜：①黄瓜受精不完全，只在瓜的先端产生种子，使得营养物质积累到先端，导致先端果肉组织特别肥大，呈大肚瓜头；②植株缺钾而氮肥供应过量，也会产生大肚瓜；③黄瓜生长前期缺水，而后期大量供水，也会产生大肚瓜。这是因为水分对细胞的延长或肥大生长会产生较强的影响，缺水时，细胞生长缓慢；大量供水时，细胞则发育迅速。

瓜佬：是完全花结的瓜。因为黄瓜花芽分化时具有雌、雄两种原基，最后是发育成雄花还是雌花由环境条件决定。因为低夜温和短日照有利于雌花的形成，而高温和长日照则会使花芽向雄花方向发展。在花芽发育的过程中，必须有一个时段既有利于雌花的形成，又有利于雄花的形成，此时就可能形成两性花，即完全花，由完全花结出的黄瓜就可能是瓜佬。

【防治方法】根据栽培季节的不同选择相应品种。土壤以选用富含腐殖质和通透性强的砂壤土为宜，pH值在6.5～7.0的微酸性或中性土壤。采用嫁接法育苗，苗期温度保持出苗前白天25～28℃，夜间18℃左右；出苗后，白天25℃左右，夜间15℃左右。每天保持8小时日照时数，土壤湿度在80%左右，利于雌花分化与发育。

防止温室生产中畸形黄瓜的产生，可采取以下措施，保证开花授粉时期的良好环境条件可减少弯曲瓜。①控制好温度，棚内温度夜间要保持在10～12℃，白天20～28℃，土壤湿润，空气湿度在75%左右。②及时调整瓜条的生长方位，避免生长受阻，使黄瓜正常生长。③实行变温管理，午前温度保持在30℃左右，午后降至15～23℃，抑制消耗。前半夜为12～15℃，以促进光合作用运转、贮存，后半夜保持11℃左右，抑制呼吸消耗。白天气温高于35℃，应及时通风，控制在28℃左右。

合理施肥，施足底肥，增施有机肥和磷钾肥。追肥采取少量多次的方法，严格控制氮肥施用量，防止植株徒长。在生育中后期叶面喷施0.2%的磷酸二氢钾3～4次，防止植株早衰，增强后劲。

合理浇水，加强水、肥管理，协调瓜与秧的平衡生长。定植后浇缓苗水；结瓜初期每隔5～7天浇水1次；盛瓜期每隔2～3天浇水1次；每浇2次水，追肥1次。

加强病虫害的防治，对黄瓜霜霉病、疫病、灰霉病等病害，不要一味地高浓度药剂喷雾，现在很多黄瓜都打药打成药害，但病害不见好转，可采取施放烟雾剂的方法，不增加棚内湿度，防病也较为彻底。用45%百菌清烟剂250g/亩，分点布施在棚内安全处，于傍晚从里往外逐一点燃放烟后闭棚烟熏，一般7～10天施放1次，连用2～3次。对蚜虫、白粉虱可选用10%吡虫啉可湿性粉剂1 500～2 000倍液防治，此外，还须及时摘除畸形果，让营养供给发育正常的瓜条。

可以在黄瓜结瓜期喷施0.0016%芸苔素内酯水剂4 000～8 000倍液或8%胺鲜酯可溶性粉剂1 000～1 500倍

液、3.8%苄氨基嘌呤·赤霉酸乳油1 000～1 500倍液、0.0025%羟烯腺·烯腺可溶性粉剂300～500倍液，也可以加施一些叶面肥，可以有效地促进黄瓜生长，调节生长代谢水平，提高黄瓜的抗逆能力，改善瓜型和品质。

2．黄瓜花打顶

【分布特点】花打顶多在春、秋、冬季节发生，因温度、湿度、水分和营养条件影响植株根系活力和同化物质运输，而引起的生理病害。发生后延缓黄瓜生育期，影响结瓜，造成不同程度的减产。

【症　　状】植株生长停滞、矮小，生长点附近在很短时间里，形成雌雄花密集相间的花簇，瓜秧顶端不长心叶，呈花抱头状态。植株中下部叶片浓绿，表面有凸起或皱缩(图1-112和图1-113)。

图1-112　黄瓜苗期花打顶

图1-113　黄瓜生长期花打顶

【病　　因】造成花打顶的具体原因如下：①温度偏低，尤其是土温、夜间温度偏低，黄瓜根系发育差，活性下降，根系产生细胞分裂素的能力下降，植株生长点部位生长受到抑制。②昼夜温差大，夜间温度低，向新生部位(龙头)输送营养量少，植株营养生长受抑制，生殖生长超过营养生长。③土壤干旱，肥料过多而伤根，或土壤长期阴湿而沤根。钾肥过多也会造成花打顶。④用药不合理。保花激素用量要合适，使用时间不宜过早；科学用药，防止药害发生。

【防治方法】采取营养钵育苗，覆膜栽培，保护植株根系不受损伤。如果不覆地膜，则要在灌水后及时中耕，破除土壤板结，防止干裂，避免黄瓜断根。土壤低温高湿引起沤根，立即停止灌水，实施深中耕或采取扒沟晒土，降低土壤含水量，提高地温，改善土壤生态环境。防止施肥烧根，因施肥烧根、枯根主要是土壤含水量低。应及时灌溉，而且水量稍大些，至土壤含水恢复正常为止，灌水后需适时中耕，使土壤温度不致降低。植株光照条件不足，且夜间温度偏低，影响有机物质运输引起花打顶。在满足光照条件下，白天温度保持23℃以上，并进行二氧化碳叶面追肥。

已出现花打顶的植株的挽救方法如下：①用5mg/L萘乙酸水溶液和爱多收3 000倍液混合灌根，刺激新根尽快发生；②摘除植株上可以见到的全部大小瓜纽，减轻植株结瓜负担量；③对植株喷用快速促进茎叶生长的调节剂，如芸苔素内酯等，促进茎叶生长；④追用速效氮肥(硝酸铵)，浇水后封闭温室提高温度，保持尽量高的夜温。一般通过7～10天即可基本恢复，期间可酌情再浇1次水。以后逐渐转入正常管理。

3. 黄瓜化瓜

【症　　状】化瓜主要表现为幼嫩瓜条花未开放就逐渐黄化萎缩，最后死亡，或已经坐住的瓜条停止生长，逐渐褪绿变黄，最后萎缩坏死(图1-114和图1-115)。

图1-114　黄瓜化瓜早期症状

图1-115 黄瓜化瓜后期症状

【病　　因】①品种不适宜栽培的环境条件；②播种过早，育苗期长期处于10℃以下的低温，苗龄过大，导致僵苗，影响了花芽分化；③育苗期管理不当，高温徒长导致花芽分化不好，造成花器缺陷；④栽培密度过大，田间郁闭，光照不足；栽培期间阴雨天多，棚内阳光不足，光合作用弱，营养物质积累少；夜温过高，使黄瓜生长发育失调，导致化瓜；⑤高温干旱，肥料不足或病虫为害导致化瓜；⑥氮肥施用量过大，温度、水分管理不当，造成植株徒长，营养生长过旺，花果营养不良，土壤湿度过大造成沤根影响营养的吸收；⑦根瓜及商品瓜未及时采收，单株坐瓜过多，造成生殖生长过旺，营养面积小，瓜之间争夺营养，造成化瓜；⑧生长调节剂使用不当，如滥用乙烯利等。

【防治方法】由于造成化瓜的原因较复杂，防止化瓜需及时查明原因，有针对性地采取防治措施。

选择耐低温、耐弱光的大棚春黄瓜品种实践证明，适合北方日光温室越冬栽培的黄瓜品种。适期播种，播种过早，不利于培育壮苗，定植过早，大棚温度低，易导致僵苗；大苗龄定植活棵慢、生长势弱。播种过迟，则不利于早熟和提高经济效益。及时松土，提高地温，促进根部发新根，必要时轻浇水追肥后，再松土提温。

为防止化瓜，可以在黄瓜雌花开花后，施用8%胺鲜酯可溶性粉剂1 000～1 500倍液、3.8%苄氨基嘌呤·赤霉酸乳油1 000～1 500倍液、0.0025%羟烯腺·烯腺可溶性粉剂300～500倍液、4%赤霉素·萘乙酸乳油1 500～2 500倍液，茎叶喷雾，可以有效地减少化瓜，提高产量和品质。

4.黄瓜泡泡病

【症　　状】叶片凹凸不平，多向正面鼓泡，直径5mm左右，少数向背面鼓泡。泡的背面基部周围往往出现水浸状环，凹陷处白毯状，刮之无附生物；叶正面泡顶初褪绿，变黄，最后呈灰黄色(图1-116和图1-117)。

图1-116 黄瓜泡泡病叶片发病症状

图1-117 黄瓜泡泡病叶背发病症状

【病　　因】①移植过晚，根系老化，再生受阻，引起吸水与失水的比例失衡。②因划锄等作业因素造成伤根，导致吸水小于失水。③湿度过大，蒸腾作用减弱。④根部病害，造成伤根。⑤激素使用过频，引起累积中毒。

【防治方法】经常打扫棚、室塑料膜或玻璃上的灰尘，增强透明度，提高棚室内光照度。加强保温、增温措施，防止低温冷冻。灌水要均衡，避免大起大落。选播适宜于当地气候变化的品种。

适期、适时定植；一般2叶1心或3叶1心为定植最佳适期，选择晴天的中午定植。定植前移苗时，尽量要少伤根，土壤过于黏重的地块，增施草木灰、有机肥，改良土壤结构，增加土壤的通透性，促进新根形成。避免使用三唑酮、助壮素、多效唑等农药、激素。防治白粉病可选用甲基硫菌灵、多菌灵代替三唑酮。植株出现徒长时，应采取物理方法调节，如适当降低夜温，减少浇水次数，少施氮肥等抑制植株徒长。

5. 黄瓜药害

【症　　状】药害，是指农药施用不当后，导致被保护的作物正常生理功能或生长发育受阻，引起一系列异常征象出现。药害有急性、慢性两种。急性是喷药后几小时至3～4天出现明显症状，发展迅速，如烧伤、凋萎、落叶、落花、落果。慢性药害是在喷药后，经较长时间才引起明显反应，由于生理活动受抑，表现生长不良，叶片畸形，成熟推迟，风味变劣，籽粒不满等(图1-118至图1-121)。

图1-118 黄瓜铜制剂类农药药害

图1-119 黄瓜硫制剂类农药药害

图1-120 黄瓜激素类农药药害

图1-121 黄瓜叶片激素类农药药害

【病　　因】农药喷洒到叶上后，多从气孔、水孔、伤口进入，有的还可从枝、叶、花果及根表皮渗透，当施药不当时，药剂进入植物组织或细胞后，与一些内含物发生化学反应，致正常生理机能被破坏，出现异常症状和生理变态。

【防治方法】选择对作物安全的农药。尽量避开在作物耐药力弱的时期施药。一般苗期、花期易产生药害，需特别注意。正确掌握施药技术，严格按规定浓度、用量配药，做到科学合理混用，稀释用水要选河水或淡水。避免在炎热中午施药。因为在强光照高温下，作物耐药力减弱，药剂活性增强，易产生药害。采取补救措施，种芽、幼苗轻微受害，通过加强管理，适当补施氮肥，促使幼苗早发转入正常生育。叶片或植株受害较重，应及时灌水，增施磷钾肥，中耕促进根系发育，增强恢复能力。如果喷错药剂，可喷洒大量清水淋洗，并注意排灌。

三、黄瓜虫害

1．瓜绢螟

【分布为害】瓜绢螟(*Diaphania indica*)属鳞翅目，螟蛾科。在我国分布广泛，部分地区造成为害。幼龄幼虫在瓜类蔬菜叶背啃食叶肉，被害部位呈白斑(图1-122)，3龄后吐丝将叶或嫩梢缀合，匿居其中取食，致使叶片穿孔或缺刻，严重时仅留叶脉，或蛀入幼果及花中为害。老熟后在被害卷叶内作白色薄茧化蛹，或在根际表土中化蛹。

图1-122　瓜绢螟为害黄瓜

【形态特征】成虫体长11～12mm，翅展22～25mm，头胸部黑色，腹部背面除第5、6节黑褐色外其余各节白色，胸、腹部、腹面及足均为白色，腹部末端具黄黑色相间的绒毛，前翅白色略透明，前翅前缘、外缘及后翅外缘呈黑褐色宽带(图1-123)。幼虫末龄幼虫体长约26mm，头部、前胸背板淡褐色，胸腹部草绿色，亚背线呈两条较宽的白色纵带，化蛹前消失，气门黑色(图1-124)。蛹长约15mm，深褐色，头部光整尖瘦，翅基伸及第5腹节，外被薄茧(图1-125)。卵椭圆形、扁平、淡黄色、表面布有网状纹。

图1-123　瓜绢螟成虫

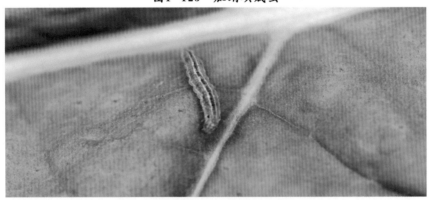

图1-124　瓜绢螟幼虫

图1-125　瓜绢螟蛹

【发生规律】北方地区年发生3~6代，长江以南1年发生4~6代，广州和广西年发生5~6代，以老熟幼虫或蛹在枯卷叶或土中越冬。在北方，一般每年5月田间出现幼虫为害，6—7月虫量增多。8—9月盛发，10月以后下降。在杭州每年5~6月田间出现幼虫为害，7月虫口上升，8~9月盛发，10月虫口下降，至11月上中旬发生中止。在广州，翌年4月底羽化，5月幼虫为害。7—9月发生数量多，世代重叠，为害严重。11月后进入越冬期。成虫夜间活动，趋光性弱，雌蛾将卵产于叶背，散产或几粒在一起，每雌蛾可产300~400粒。幼虫3龄后卷叶取食，蛹化于卷叶或落叶中。卵期5~7天，幼虫期9~16天，共4龄，蛹期6~9天，成虫寿命6~14天。

【防治方法】清洁田园。瓜果收获后收集田间的残株枯藤、落叶沤肥、深埋或烧毁，可压低虫口基数。幼虫发生期，人工摘除卷叶和幼虫群集取食的叶片，集中处理。

生物防治。保护利用天敌，注意检查天敌发生数量，当卵寄生率达60%以上时，尽量避免施用化学杀虫剂，防止杀伤天敌。瓜绢螟的天敌已知有4种。卵期的拟澳洲赤眼蜂、幼虫期的菲岛扁股小蜂和瓜绢螟绒茧蜂、幼虫至蛹期的小室姬蜂。其中拟澳洲赤眼蜂大量寄生瓜螟卵，每年8—10月，日均温在17~28℃时，瓜螟卵寄生率在60%以上，高时可持续10天以上接近100%，可明显地抑制瓜螟的发生和为害。

或黄瓜移栽前两天，用19%溴氰虫酰胺悬浮剂2.6~3.3ml/m²进行苗床喷淋。

经常性进行调查，发现虫害时及时防治，在幼虫1~3龄卷叶前，可采用下列杀虫剂或配方进行防治：

0.5%甲氨基阿维菌素苯甲酸盐乳油2 000~3 000倍液+4.5%高效顺式氯氰菊酯乳油1 000~2 000倍液；

5%氯虫苯甲酰胺悬浮剂2 000~3 000倍液；

22%氰氟虫腙悬浮剂2 000~3 000倍液；

15%茚虫威悬浮剂3 000~4 000倍液；

10%醚菊酯悬浮剂2 000~3 000倍液；

1.2%烟碱·苦参碱乳油800~1 500倍液；

1万PIB/mg菜青虫颗粒体病毒·16 000IU/mg苏云金杆菌可湿性粉剂600~800倍液；

0.5%藜芦碱可溶性液剂1 000~2 000倍液；

均匀喷雾。

2. 黄守瓜

【分布为害】黄足黄守瓜(*Aulcophora femoralis chinensis*)和黄足黑守瓜(*Aulcophora lewisii*)均属鞘翅目，叶甲科。主要分布于华北、东北、西北、黄河流域及南方各地。长江流域为害较重，河北、山东也常形成灾害。成虫取食瓜苗的叶和嫩茎，常常引起死苗，也为害花及幼瓜，使叶片残留若干干枯环或半环形食痕或圆形孔洞(图1-126和图1-127)。2龄前幼虫主要咬食细根，3龄以上幼虫取食主根，导致瓜苗整株枯死，也可蛀入近地面的瓜果内为害，引起腐烂，严重影响产量和品质。

图1-126　黄守瓜为害状

图1-127　黄守瓜为害严重时造成叶片上大量孔洞

【形态特征】黄足黄守瓜，体长7~8mm。成虫体椭圆形，黄色，仅中、后胸及腹部腹面为黑色。前胸背板中央有一波浪形横凹沟(图1-128)。卵长椭圆形，长约1mm，黄色，表面有多角形细纹。幼虫体长圆筒形，长约12mm，头部黄褐色，胸腹部黄白色，臀板腹面有肉质突起，上生微毛。蛹裸蛹，长约9mm，在土室中呈白色或淡灰色。

图1-128　黄足黄守瓜成虫

黄足黑守瓜，成虫体椭圆形，鞘翅、复眼为黑色。其余部分均为橙黄色或橙红色(图1-129)。卵黄色，球形，长约0.7mm，淡黄色，表面密布六角形细纹。幼虫黄褐色。各节有明显的瘤突，上生刚毛。腹部末端有指状突起。

图1-129 黄足黑守瓜成虫

【发生规律】一年发生1~4代，南京、武汉1代为主；广西2~4代；台湾3~4代。常十几头或数十头群居成虫在向阳的枯枝落叶、草丛、田埂土坡缝隙中、土块下等处群集越冬。翌年3—4月(春季温度达6℃时)开始活动，瓜苗长出3~4片叶时，转移到瓜苗上为害，5月至6月中旬为害最重。幼虫为害期为6—8月，以6月至7月中旬为害最重。8月羽化为成虫，10—11月进入越冬期。

成虫喜在温暖的晴天活动，一般以上午10:00—15:00活动最频繁，阴雨天很少活动或不活动，取食叶片时，常以身体为半径旋转咬食，使叶片留下半环形的食痕或圆洞，成虫受惊后即飞离逃逸或假死，耐饥力很强，取食后可绝食10天而不死亡，有趋黄习性。雌虫交尾后1~2天开始产卵，每雌产卵150~2 000粒，常堆产或散产在靠近寄主根部或瓜下的土壤缝隙中。产卵时对土壤有一定的选择性，最喜产在湿润的壤土中，黏土次之，干燥砂土中不产卵。产卵多少与温湿度有关，20℃以上开始产卵，24℃为产卵盛期，此时，湿度愈高，产卵愈多，因此，雨后常出现产卵量激增。

【防治方法】瓜苗早定植，在越冬成虫盛发期前，4~5片真叶时定植瓜苗，以减少成虫为害。

幼虫发生盛期，可采用以下杀虫剂进行防治：

20%氰戊菊酯乳油1 000~2 000倍液；

90%晶体敌百虫1 000~2 000倍液；

灌根，视虫情间隔7~15天灌1次。

成虫发生初期，可采用以下杀虫剂进行防治：

24%甲氧虫酰肼悬浮剂2 000~3 000倍液；

20%虫酰肼悬浮剂1 500~3 000倍液；

0.5%甲氨基阿维菌素苯甲酸盐乳油2 000~3 000倍液，均匀喷雾。

3. 黄蓟马

【分布为害】黄蓟马(*Thrips palmi*)属缨翅目，蓟马科。我国20世纪80年代中期广东、广西、湖南等地有发生，目前湖北、浙江、江苏、上海、山东、河北、河南等地已有分布，并有北上发展的趋势，是蔬菜生产中的潜在危险。主要是成虫和若虫锉吸瓜类嫩梢、嫩叶、花和幼瓜的汁液，被害嫩叶嫩梢变硬缩小，出现丛生现象，叶片受害后在叶脉间留下灰色斑，并可联成片，叶片上卷，心叶不能展开，植株矮小，发育不良，或形成"无头苗"，似病毒病，茸毛呈灰褐色或黑褐色，植株生长缓慢，节间缩短；幼瓜受害后出现畸形，严重时造成落瓜(图1-130至图1-132)，影响产量和质量。

图1-130 黄蓟马为害黄瓜叶片

图1-131 黄蓟马为害黄瓜花器

图1-132 黄蓟马为害黄瓜

【形态特征】成虫体细长，体长1mm，淡黄色乃至金黄色。头近方形，复眼稍突出，单眼3只，红色，排成三角形，单眼间鬃位于单眼三角形连线外缘，触角7节，第1～3节黄色，末端色较浓，第4～7节褐色，但4、5节基部有时带有黄色。4翅狭长，周缘具长毛。前翅前脉基半部有7根鬃，端半部有3根鬃，前胸盾片后缘角上有2对长鬃。后胸盾片上有1对钟状感觉器，盾片上的刻纹为纵向线条纹。腹部第8节背片的后缘，雌雄两性均有发达的栉齿状突起。雄虫腹部第3～7节腹片上各有1个腹腺域，呈横条斑状(图1-133)。卵长椭圆形，长约0.2mm，黄色，在被害叶上针点状白色卵

图1-133　黄蓟马成虫

痕内，卵孵化后卵痕为黄褐色。若虫3龄，初孵幼虫极微细，体白色，1、2龄若虫无翅芽和单眼，体色逐渐由白转黄；3龄若虫翅芽伸达第3、4腹节；4龄若虫称伪蛹，体色金黄，不取食，触角折于头背上，胸比腹长，翅芽伸达腹部末端。

【发生规律】在广西一年发生17～18代，在广东1年发生20多代。世代重叠，终年繁殖，多以成虫在茄科、豆科蔬菜或杂草上、土块下、土缝中、枯枝落叶间越冬，少数以若虫越冬。3-10月为害瓜类和茄子，冬季取食马铃薯等植物。在广东5月下旬至6月中旬、7月中旬至8月上旬和9月为发生高峰期，以秋季严重。在广西黄瓜上4月中旬、5月中旬及6月中下旬有3次虫口高峰期，以6月中下旬最多。成虫具迁飞性和喜嫩绿习性，有趋蓝色特性，活跃、善飞、怕光，多在黄瓜嫩梢或幼瓜的毛丛中取食，少数在叶背为害。雌虫主要行孤雌生殖，偶有两性生殖。卵散产于叶肉组织内，每头雌虫产卵50～200粒，若虫也怕光，到龄末期停止取食，落入表土"化蛹"。当日均温21.3℃、24.6℃和28.3℃时，幼期发育历期分别为18天、16天和13天。在温度24℃时，卵期5～6天，1～2龄若虫期5～6天，前蛹加伪蛹期4～6天。此虫较耐高温，在15～32℃条件下均可正常发育，土壤含水量8%～18%最适宜，夏秋两季发生较严重。

【防治方法】清除田间残株落叶、杂草，消灭虫源，调整播种期，春季适期早播、早育苗，避开为害高峰期；采用营养钵育苗，加强水肥管理等栽培技术，促进植株生长，栽培时采用地膜覆盖，可减少出土成虫为害和幼虫落地入土化蛹。

物理防治。蓝板诱杀成虫，每10m左右挂一块蓝色板，略高于蔬菜10～30cm，以减少成虫产卵为害。

当夏秋瓜苗2～3片叶时开始田间查虫，当每苗有虫2～3头时，可采用以下杀虫剂进行防治：

40%呋虫胺可溶粒剂15～50g/亩喷雾；

10%溴氰虫酰胺可分散油悬浮剂33.3～40ml/亩；

4%氟啶·吡蚜酮水分散粒剂12.5～20g/亩；

20%甲维·吡丙醚悬浮剂33.3～40ml/亩；

240g/L螺虫乙酯悬浮剂4 000～5 000倍液；

15%唑虫酰胺乳油2 000～3 000倍液；

10%烯啶虫胺水剂3 000～5 000倍液；

20%啶虫脒可溶液剂7.5～10ml/亩；

10%氟啶虫酰胺水分散粒剂3 000～4 000倍液；

10%吡虫啉可湿性粉剂1 500~2 000倍液；

50%抗蚜威可湿性粉剂1 000~2 000倍液；

10%吡丙·吡虫啉悬浮剂1 500~2 500倍液；

25%吡虫·仲丁威乳油2 000~3 000倍液；

25%噻虫嗪可湿性粉剂2 000~3 000倍液；

10%氯噻啉可湿性粉剂2 000倍液；

对水喷雾，视虫情间隔7~10天喷1次。

4．美洲斑潜蝇

【分布为害】美洲斑潜蝇(*Liriomyza sativae*)属双翅目，潜蝇科，俗称蔬菜斑潜蝇。美洲斑潜蝇原分布在世界30多个国家，现已传播到我国。以幼虫钻叶为害，在叶片上形成由细变宽的蛇形弯曲隧道，开始为白色，后变成铁锈色，有的在白色隧道内还带有湿黑色细线。幼虫多时叶片在短时间内就被钻花干死(图1-134和图1-135)。

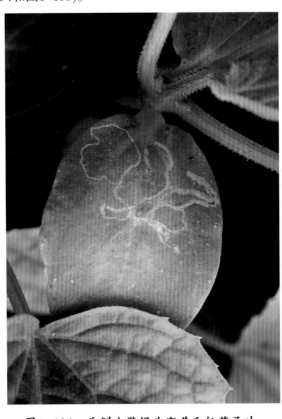

图1-134　美洲斑潜蝇为害黄瓜幼苗子叶　　　　图1-135　美洲斑潜蝇为害黄瓜叶片

【形态特征】参考番茄虫害——美洲斑潜蝇。

【发生规律】发生期为4—11月，发生盛期有2个，即5月中旬至6月和9月至10月中旬。美洲斑潜蝇为杂食性，为害大。

【防治方法】早春和秋季蔬菜种植前，彻底清除菜田内外杂草、残株、败叶，并集中烧毁，减少虫源。种植前深翻菜地，活埋地面上的蛹。最好再施3%米尔乐颗粒剂1.5~2.0kg/亩毒杀蛹。发生盛期，中耕松土灭蝇。

黄板诱杀。在田间插立或在植株顶部悬挂黄色诱虫板，进行诱杀，15~20张/亩。

防治幼虫，要抓住子叶期和第一片真叶期，以及幼虫食叶初期、叶上虫体长约1mm时打药。防治成虫，宜在早上或傍晚成虫大量出现时喷药。重点喷田边植株和中下部叶片。生长期间，喷洒48％毒死蜱乳油1 000倍液，毒杀老熟幼虫和蛹；成虫大量出现时，在田间每亩放置15张诱蝇纸(杀虫剂浸泡过的纸)，每隔2～4天换纸1次，进行诱杀。

准确掌握发生期。一般在成虫发生高峰期4～7天开始药剂防治，或叶片受害率达10％～20％时防治。在作物生育期上要从苗期开始，晨露干后至上午11时最佳。

在田间发生为害后，应及时施药防治，可以施用下列杀虫剂：

0.5％甲氨基阿维菌素苯甲酸盐微乳剂2 000～3 000倍液+4.5％高效氯氰菊酯乳油2 000倍液；

25％乙基多杀菌素水分散粒剂11～14g/亩；

1％噻虫胺颗粒剂2 800～3 500g/亩，移栽后施药；

10％溴氰虫酰胺可分散油悬浮剂14～18ml/亩；

1.8％阿维菌素乳油10～20ml/亩；

60％噻虫·灭蝇胺水分散粒剂20～26ml/亩；

80％灭蝇胺可湿性粉剂15～18ml/亩；

50％毒·灭蝇可湿性粉剂2 000～3 000倍液；

11％阿维·灭蝇悬浮剂45～70ml/亩；

5％阿维·高氯可湿性粉剂20～26ml/亩；

1.8％阿维·啶虫脒微乳剂30～60ml/亩；

对水喷雾，因其世代重叠，要连续防治，视虫情间隔7天喷1次。

在保护地内选用10％氰戊菊酯烟剂，或用22％敌敌畏烟剂0.5kg/亩、15％吡·敌畏烟剂200～400g/亩，用背负式机动发烟器施放烟剂。或用80％敌敌畏乳油与水以1∶1的比例混合后加热熏蒸。

5. 温室白粉虱

【分布为害】温室白粉虱(*Trialeurodes vapotariorum*)属同翅目粉虱科。温室白粉虱是保护地栽培中的一种极为普遍的害虫，几乎可为害所有蔬菜。温室白粉虱成虫和若虫吸食植物汁液，被害叶片褪绿、变黄、萎蔫，甚至全株死亡(图1-136)。此外，尚能分泌大量蜜露，污染叶片和果实，导致煤污病的发生，造成减产并降低蔬菜商品价值。白粉虱亦可传播病毒病。

【形态特征】参见番茄虫害——温室白粉虱。

【发生规律】在温室条件下每年可发生10余代，以各虫态在温室越冬并继续为害。成虫喜欢黄瓜、茄子、番茄、菜豆等蔬菜，群居于嫩叶叶背和产卵，在寄主植物打顶以前，成虫总是随着植株的生长不断追逐顶部嫩叶，因

图1-136　温室白粉虱为害黄瓜叶片

此在作物上自上而下白粉虱的分布为新产的绿卵、变黑的卵、幼龄若虫、老龄若虫、伪蛹。新羽化成虫产的卵以卵柄从气孔插入叶片组织中，与寄主植物保持水分平衡，极不易脱落。若虫孵化后3天内在叶背可做短距离游走，当口器插入叶组织后就失去了爬行的机能，开始营固着生活。

温室白粉虱在我国北方冬季野外条件下不能存活，通常要在温室作物上继续繁殖为害，无滞育或休眠现象。翌年通过菜苗定植移栽时转入大棚或露地，或乘温室开窗通风时迁飞至露地。因此，白粉虱在发生地区的蔓延，人为因素起着重要作用。白粉虱的种群数量，由春至秋持续发展，夏季的高温多雨抑制作用不明显，到秋季数量达到高峰，集中为害瓜类、豆类和茄果类蔬菜。在北方，由于温室和露地蔬菜生产紧密衔接和相互交替，可使白粉虱周年发生。7—8月间虫口密度较大，8—9月间为害严重。10月下旬后，气温下降，虫口数量逐渐减少，并开始向温室内迁移为害或越冬。

【防治方法】对白粉虱的防治应以农业防治为基础，加强栽培管理，培育出"无虫苗"为主要措施，合理使用化学农药，积极开展生物防治和物理防治。

提倡温室第一茬种植白粉虱不喜食的芹菜、蒜黄等较耐低温的蔬菜，而减少黄瓜的种植面积，这样不仅不利于白粉虱的发生，还能大大节省能源。育苗前彻底熏杀残余的白粉虱，清理杂草和残株，以及在通风口增设尼龙纱等，控制外来虫源，培育出"无虫苗"。避免黄瓜、番茄、菜豆混栽，以免为白粉虱创造良好的生活环境，加重为害。

生物防治。可人工繁殖释放丽蚜小蜂，当温室白粉虱成虫在0.5头/株以下时，按15头/株的量释放丽蚜小蜂成蜂，每隔2周1次，共3次，寄生蜂可在温室内建立种群并能有效地控制白粉虱为害。

物理防治。黄色对白粉虱成虫有强烈诱集作用，在温室内设置黄板(1m×0.17m纤维板或硬纸板，涂成橙黄色，再涂上一层黏油，每亩32~34块)诱杀成虫效果显著。黄板设置于行间与植株高度相平，黏油(一般使用10号机油加少许黄油调匀)7~10天重涂一次，要防止油滴在作物上造成烧伤。还可与释放丽蚜小蜂等协调运用。

在温室白粉虱发生较重的保护地，可用下列杀虫剂进行防治：

60%呋虫胺水分散粒剂10~17g/亩；

200万CFU/mL耳霉菌悬浮剂150~230mi/亩；

20%呋虫胺可溶液剂30~50g/亩；

0.5%藜芦碱可溶液剂30~50g/亩；

10%溴氰虫酰胺可分散油悬浮剂43~57ml/亩；

4.5%联苯菊脂水乳剂20~35ml/亩；

10%烯啶虫胺水剂3 000~5 000倍液；

25%吡蚜酮可湿性粉剂2 000~3 000倍液；

10%吡虫啉可湿性粉剂1 500倍液；

40%啶虫脒可溶粉剂3~5g/亩；

25%噻虫嗪水分散粒剂10~12g/亩；

黄瓜移栽时，可用2%吡虫啉颗粒剂3 000~4 000g/亩拌土撒施于移栽内。

对水喷雾，因其世代重叠，要连续防治，间隔7天左右喷1次，虫情严重时可选用2.5%联苯菊酯乳油3 000倍液与25%噻虫嗪可湿性粉剂2 000倍液混用喷雾防治。

在保护地内，选用12%哒螨·异丙威烟剂300~400g/亩点燃放烟，用背负式机动发烟器施放烟剂，效果也很好。

6．瓜蚜

【分布为害】黄瓜田瓜蚜主要是棉蚜(*Aphis mlossypii*)，属同翅目，蚜科。全国各地均有分布，是葫芦科蔬菜的重要害虫。瓜蚜主要以成虫和若虫在叶片背面和嫩梢、嫩茎、花蕾和嫩尖上吸食汁液，分泌蜜露。嫩叶及生长点被害后，叶片卷缩，生长停滞，甚至全株萎蔫死亡。成株叶片受害，提前枯黄、落叶，缩短结瓜期，造成减产。此外，还能传播病毒病(图1-137)。

图1-137　瓜蚜为害状

【形态特征】无翅孤雌蚜体夏季多为黄色，春秋为墨绿色至蓝黑色。有翅雌蚜，体长1.2～1.9mm，胸黑色。无翅孤雌胎生蚜宽卵圆形，多为暗绿色。无翅胎生雌蚜体长1.5～1.9mm，夏季黄绿色，春、秋季深绿色，腹管黑色或青色，圆筒形，基部稍宽。有翅胎生雌蚜体黄色、浅绿色或深绿色，前胸背板及胸部黑色。性母为有翅蚜，体黑色，腹部腹面略带绿色(图1-138)。

图1-138　瓜蚜若虫

【发生规律】华北地区每年发生10多代，长江流域20～30代。在具备瓜蚜繁殖的温度条件下，南方北方均可周年发生。一般以卵在木槿、花椒、石榴等木本植物枝条和夏枯草、紫花地丁等植物的茎基部越冬，翌年春天3—4月间，平均气温稳定在6℃以上时，越冬卵孵化为干母，干母胎生干雌，干雌在越冬寄主上孤雌胎生繁殖2～3代，在4～5月干雌产生有翅蚜迁往夏寄主瓜类蔬菜等植物上，在夏寄主上不断繁殖、扩散为害。秋末冬初，又产生有翅蚜迁入保护地。越冬寄主上，产生两性蚜，交尾产卵，以卵越冬。也能以成蚜和若蚜在温室、大棚中繁殖为害越冬。瓜蚜对黄色有较强的趋性，对银灰色有忌避习性。

【防治方法】防治应以农业防治为基础，加强栽培管理，培育出"无虫苗"为主要措施，合理使用化学农药，积极开展物理防治。

育苗前彻底熏杀残余的蚜虫，清理杂草和残株，以及在通风口增设尼龙纱等，控制外来虫源，培育出"无虫苗"。避免黄瓜、番茄、菜豆混栽，以免为蚜虫创造良好的生活环境，加重为害。

物理防治。蚜虫对黄色有强烈诱集作用，在温室内设置黄板(1m×0.17m纤维板或硬纸板，涂成橙黄色，再涂上一层黏油，每亩32～34块)诱杀成虫效果显著。黄板设置于行间与植株高度相平，黏油(一般使用10号机油加少许黄油调匀)7～10天重涂一次，要防止油滴在作物上造成灼伤。

蚜虫发生盛期，可采用以下杀虫剂进行防治：

50g/L双丙环虫脂可分散液剂10～16ml/亩；

10%氟啶虫酰胺水分散粒剂30～50ml/亩；

80亿孢子/ml金龟子绿僵菌CQMa421可分散油悬浮剂40～60ml/亩；

40%噻虫啉悬浮剂5～10g/亩；

10%高效氯氰菊酯悬浮剂6～8ml/亩；

20%氟啶虫胺腈悬浮剂7.5～12.5ml/亩；

5%顺式氯氰菊酯乳油17～33ml/亩；

18%氟啶·啶虫脒悬浮剂9～13ml/亩；

79g/L阿维菌素·双丙环虫脂可分散液剂9～13ml/亩；

60%氟啶·噻虫嗪水分散粒剂5～6g/亩；

35%氟啶·啶虫脒水分散粒剂8～10g/亩；

4%阿维·啶虫脒乳油10～20ml/亩；

30%高氯·矿物油乳油40～60ml/亩；

10%烯啶虫胺水剂3 000～5 000倍液；

3%啶虫脒乳油2 000～3 000倍液；

10%吡虫·啉可湿性粉剂1 500～2 000倍液；

25%噻虫嗪可湿性粉剂2 000～3 000倍液；

30%氯氰·吡虫啉悬浮剂4～6ml/亩；

22%噻虫·高氯氟悬浮剂2 000～3 000倍液；

25%溴氰·仲丁威乳油2 000～3 000倍液；

1%苦参素水剂800～1 000倍液；

0.5%藜芦碱可湿性粉剂2 000～3 000倍液；

5%鱼藤酮微乳剂600～800倍液；

均匀喷雾，视虫情隔7天左右1次。

在保护地内，选用10%氰戊菊酯烟剂200～400g/亩，用背负式机动发烟器施放烟剂，效果也很好。

四、黄瓜各生育期病虫害防治技术

黄瓜的栽培季节是依其品种特性，当地的气候条件及市场需求而定。露地黄瓜的全生育期90～120天，苗期为30天；日光温室越冬茬黄瓜生育期可达200～300天。春黄瓜在断霜后定植。因此，可根据当地的断霜期及苗龄来推算播种期。夏黄瓜是以夏季为中心进行栽培的，因依当地的气候条件和市场需求来确定播种期。秋黄瓜应在早霜前90天左右进行直播，南方温暖地区可全年露地栽培。越冬茬黄瓜9月下旬至10月初播种育苗，元旦前后始收，2—4月为盛果期，5—6月拉秧。全生长期8～9个月，收获期可达半年。栽培技术难度大，对温室结构和保温性能要求严格。其栽培的核心技术为：选择适宜品种；嫁接换根；大量施用有机肥；采取膜下暗灌；采用适宜的整枝技术；病虫害综合防治等。

根据病虫害防治的特点，我们可以将黄瓜的生育周期大致分为播种育苗期、移栽定植期、开花幼瓜期和结瓜采收期4个时期。育苗的春夏黄瓜生育期长，直播的秋黄瓜生育期较短。黄瓜定植后，植株个体发育总的趋势是前期生长慢，中期生长快，后期又缓慢下来。

黄瓜栽培过程中病虫害发生较重，必须根据黄瓜的栽培特点和气候条件，制定病虫害的防治计划，通过农业措施和化学药剂控制病虫害的为害，保证黄瓜的丰产丰收。

（一）黄瓜苗期病虫害防治技术

黄瓜多为育苗移栽，也有少量直播田。黄瓜苗期经常受到病虫的为害。在黄瓜播种后至2叶1心期，经常发生的病害有猝倒病、立枯病等；2叶1心至4叶1心期经常发生的病害有霜霉病、灰霉病、根腐病；苗期虫害有温室白粉虱、蚜虫、美洲斑潜蝇、地蛆等；也有一些病害通过种子、土壤传播，如枯萎病、疫病、菌核病、黑星病、蔓枯病和细菌性角斑病等；病毒病等也在苗期发生，需要尽早施药预防。对于经常发生地下害虫、线虫病的田块，可以在拌种时使用一些杀虫剂。因此，播种期和苗期是防治病虫害、培育壮苗、保证丰产的重要时期(图1-139和图1-140)。

图1-139 黄瓜出苗期

图1-140　黄瓜幼苗生长情况

　　对于温室黄瓜，采取嫁接育苗栽培，具有增产、抗病、抗重茬等好处，既能保持接穗的优良性状，又能发挥砧木的某些有利特性。如砧木对某些土传病害有较强的抗性，对某些不良环境条件有较强的适应性，其根系特别发达，对养分、水分吸收功能或代谢功能较强，从而使嫁接苗获得抗病、早熟丰产的特性。

　　育苗场地的选择，最好在棚室中育苗，高温季节育苗加盖防虫网，以防蚜虫、白粉虱、美洲斑潜蝇的侵入为害。

　　育苗要选好营养土(图1-141)，配制营养土的原料主要有两种，一是土壤，二是肥料。土壤最好用肥沃的大田土而不用菜园土，以避免重茬而将病原物、虫源带入苗床；肥料分迟效肥和速效肥两种，迟效肥供应育苗后期秧苗所需营养，速效肥供前期秧苗生长所需，迟效肥可用圈肥、堆肥、河泥、塘泥等，有条件的可以使用草炭土。所有有机肥在使用前必须充分腐熟发酵，促进有机物分解为可被秧苗直接吸收利用的物质，同时通过高温消毒消灭肥料中的虫卵和病原微生物，减少苗期病虫害。营养土的配制比例为肥沃的大田土5～6份，有机肥4～5份，混合、过筛，每立方米营养土中，另加入过磷酸钙1～2kg，草木灰5～10kg，磷酸二铵1～1.5kg。

图1-141　育苗基质

为保证瓜苗健壮，在营养土中还须加入药剂，特别是老菜区，枯萎病、蔓枯病、炭疽病、线虫病、地下害虫等发生较重的地块，必须在营养土中加入化学农药以防治病虫为害，可以用以下药剂配方：

50%多菌灵可湿性粉剂80～120g/m³+25%甲霜灵可湿性粉剂100g/m³+50%拌种双可湿性粉剂100g/m³+1.8%阿维菌素乳油200ml/m³；

50%腐霉利可湿性粉剂100g/m³+25%甲霜灵可湿性粉剂100g/m³+50%福美双可湿性粉剂100g/m³+10%噻唑膦颗粒剂200g/m³；

充分拌匀撒施在育苗床上，要求播种苗床营养土厚10cm。待苗床平整、浇水后，将1/3的药土撒于地表，播种后再把剩余的2/3药土覆盖在种子上面，这样上覆下垫，可以充分发挥药效(图1-142和图1-143)。

图1-142 播种前整地

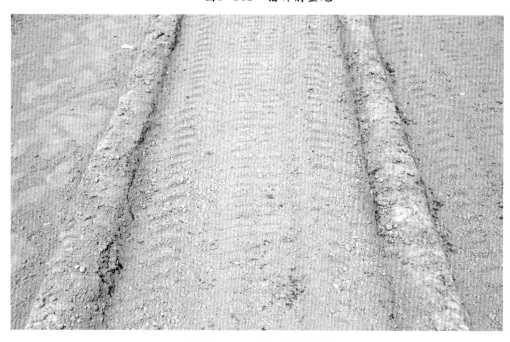

图1-143 整理好的苗床

也可以用福尔马林消毒，在播种2周前进行，每平方米用30ml福尔马林，加水2～4kg，喷浇在床土上，用塑料膜覆盖4～5天，除去覆盖物，耙平土地，放气2周后播种。

种子处理。播种前先进行晒种，晒种不能在塑料薄膜和水泥场地上晾晒。晒种后可用温汤浸种法，浸4～6小时为宜；嫁接用的黑籽南瓜用80℃开水烫种，浸种8～12小时；浸种时可以与药剂浸种相结合，用50%克菌丹可湿性粉剂500倍液+50%多菌灵可湿性粉剂500～800倍液+72.2%霜霉威水剂600倍液、70%恶霉灵可湿性粉剂600倍液、3%恶霉·甲霜水剂400倍液、用25%甲霜灵可湿性粉剂500倍液+50%福美双可湿性粉剂500倍液+70%甲基硫菌灵可湿性粉剂500～800倍液，或用40%福尔马林浸种15～20分钟，处理后用清水冲洗干净；对于病毒病较重的田块可以混用10%磷酸三钠溶液浸种，一般浸30～50分钟，捞出用清水浸3～4小时催芽后播种(图1-144)。也可以用2.5%咯菌腈悬浮剂10ml或用35%甲霜灵拌种剂2ml，对水180ml，包衣4kg种子，包衣后，摊开晾干(图1-145)。也用70%甲基硫菌灵可湿性粉剂或用50%多菌灵可湿性粉剂加上72%霜脲·锰锌可湿性粉剂按种子重量的0.3%拌种，摊开晾干后播种对苗期猝倒病效果较好。还可用95%恶霉灵精品每1kg种子用0.5～1g与80%多·福·福锌可湿性粉剂4g混合拌种。

图1-144　药剂浸种

图1-145　种子包衣

浸种后可进行催芽，促使种子早发芽早出苗，但包衣种子和药剂拌种的种子最好不要进行浸种催芽，以免产生药害；黄瓜催芽25～30℃，时间18～24小时；砧木要求32～35℃，时间24～48小时(注意挑芽播种)。

出苗后至1叶1心前重点防治猝倒病，同时，还要考虑到立枯病、根腐病、枯萎病等发生为害(图1-146)，田间发现病情后要及时施药防治，可采用下列杀菌剂进行防治：

84.51%霜霉威·乙膦酸盐可溶性水剂600～1 000倍液；

560g/L嘧菌·百菌清悬浮剂2 000～3 000倍液；

3%恶霉·甲霜水剂600～800倍液+25%烯肟菌酯乳油2 000～3 000倍液；

76%霜·代·乙膦铝可湿性粉剂800～1 000倍液；

69%烯酰·锰锌可湿性粉剂800～1 000倍液；

72.2%霜霉威水剂600倍液+70%代森联水分散粒剂600倍液；

70%恶霉灵可湿性粉剂2 000倍液+72%丙森·膦酸铝可湿

图1-146　黄瓜猝倒病发病症状

性粉剂800~1 000倍液；

对水喷雾，每平方米用2~3 L药液，间隔5~7天喷1次。但应注意的是，施药时如果温度超过35℃，浇过药液后，要用清水冲洗幼苗叶片上的药液避免产生药害。

前期高温季节育苗，对有根结线虫病史的地区，最好采用无土基质育苗，因此期是根结线虫高发时期。如果采用营养钵育苗方法育苗的，在幼苗3~5叶期撒施10%噻唑膦颗粒剂1.5~2kg/亩，防止根结线虫病的发生。

黄瓜苗期2叶以后，田间霜霉病、疫病、炭疽病、病毒病等开始发生为害(图1-147)，应加强防治，以保证培育壮苗。可采用下列配方进行防治：

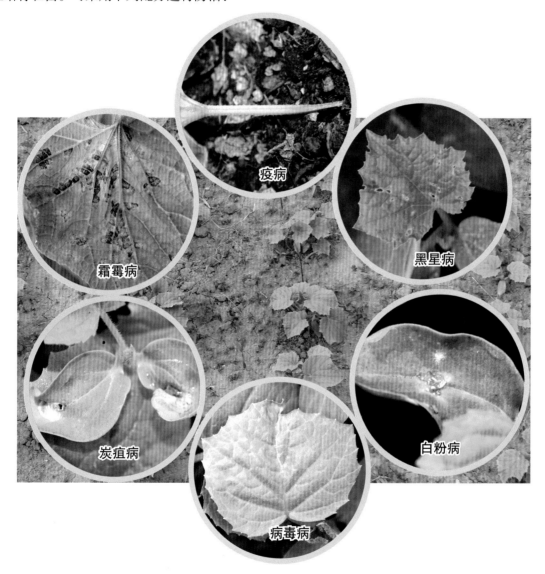

图1-147 黄瓜幼苗期常见病害

40%醚菌酯悬浮剂2 500~3 000倍液+2%宁南霉素水剂300倍液；

1%多氧清水剂300倍液+50%氯溴异氰尿酸可溶性粉剂800~1 000倍液+75%百菌清可湿性粉剂600~800倍液；

69%烯酰·锰锌可湿性粉剂1 000~1 500倍液+24%混脂酸·碱铜水乳剂800~1 000倍液+70%代森锰锌可湿性粉剂600~800倍液；

66.8%丙森·异丙菌胺可湿性粉剂800~1 000倍液+62.25%腈菌唑·代森锰锌可湿性粉剂1 000倍液+10%混合脂肪酸水乳剂100倍液；

对水喷雾，视病情间隔7~10天1次，注意药剂轮换施用。

黄瓜苗期根腐病也有发生，部分地区发生为害严重，发现病情应进行及时防治，防治根腐病，可采用下列杀菌剂进行防治：

5%丙烯酸·恶霉·甲霜水剂800~1 000倍液；

80%多·福·福锌可湿性粉剂500~700倍液；

20%二氯异氰尿酸钠可溶性粉剂400~600倍液；

50%福美双可湿性粉剂500~700倍液；

47%春雷·王铜可湿性粉剂400~600倍液；

70%敌磺钠可溶性粉剂800倍液；

对水灌根或喷淋根部，视病情间隔10天左右1次。

(二)黄瓜移栽定植至开花坐果期病虫害防治技术

黄瓜移栽定植至开花坐果期(图1-148和图1-149)，多种病害开始侵入，有时有些病害开始严重发生，一般说该期是喷药保护、施用植物激素和微肥的重要阶段，是培育壮苗、控制病虫害的关键时期，这一时期经常发生的病虫害有霜霉病、白粉病、疫病、枯萎病、温室白粉虱、美洲斑潜蝇等。在栽培管理过程中应采取农业措施与化学防治相结合的方法进行病害防治。

图1-148　黄瓜定植后

图1-149　黄瓜开花坐果期

注意采用配方施肥技术，补施二氧化碳气肥；黄瓜生长中后期，植株汁液氮糖含量下降时，用0.1%尿素加0.3%磷酸二氢钾或尿素：葡萄糖(或白糖)：水＝(0.5～1)：1：100，或喷施宝1ml对水11～12L，进行叶面喷雾，可提高植株抗病力，3～5天喷1次，连喷4次，防效达90%左右。

生态防治，利用黄瓜与霜霉菌生长发育对环境条件要求不同，采用利于黄瓜生长发育，而不利于病菌生长的方法达到防病目的。上午棚温控制在25～30℃，不超过33℃，湿度降到75%，下午温度降至20～25℃，湿度降至70%左右，夜间控温在15～20℃(下半夜最好控温12～13℃)，实行三段或四段管理，既可满足黄瓜生长发育需要，又可有效地控制霜霉病。具体方法：早晨可适当放风排湿0.5小时，太阳出来后使棚温迅速提升到25～30℃，湿度降到75%左右，实现温湿度双限制而抑制发病，同时满足黄瓜需光条件，增强植株的抗病性。下午温度降至20～25℃，湿度降至70%左右，即实现湿度单限制控制病害，温度利于光合物质的输送和转化。夜间温湿度交替限制控制病害。前半夜相对湿度小于80%，温度控制在15～20℃，利用低温限制病害。有条件的下半夜湿度大于90%，除采取控温10～13℃低温限制发病，抑制黄瓜呼吸消耗外，尽量缩短叶缘吐水及叶面结露持续的时间和数量，以减少发病。

该期黄瓜霜霉病、疫病、灰霉病、白粉病等病害开始发生(图1-150)，施药重点是使用保护剂，预防病害发生。可以用以下保护性杀菌剂进行防治：

图1-150　黄瓜开花坐果期常见病害

560g/L嘧菌·百菌清悬浮剂2 000～3 000倍液；

70%代森联水分散粒剂600～800倍液；

68.75%恶唑菌酮·锰锌水分散粒剂1 000～1 500倍液；

45%代森铵水剂600～800倍液；

52.5%恶酮·霜脲氰水分散粒剂1 000～2 000倍液；

50%克菌丹可湿性粉剂400～600倍液；

77%氢氧化铜可湿性粉剂800倍液；

75%百菌清可湿性粉剂600～800倍液；

对水喷雾，视田间情况隔7～10天1次。

对于温室，还可以采用10%百菌清烟剂500g/亩，熏一夜；也可用5%百菌清粉尘剂1kg/亩，早上或傍晚进行，视田间情况间隔7～10天1次。

田间有黄瓜霜霉病、疫病发病症状时，及时施药防治，以保护剂为主，适量加入治疗剂，可采用下列杀菌剂或配方进行防治：

687.5g/L霜霉威盐酸盐·氟吡菌胺悬浮剂800～1 200倍液；

250g/L吡唑醚菌酯乳油1 500～3 000倍液；

66.8%丙森·异丙菌胺可湿性粉剂600～800倍液；

84.51%霜霉威·乙膦酸盐可溶性水剂600～1 000倍液；

70%呋酰·锰锌可湿性粉剂600～1 000倍液；

440g/L双炔·百菌清悬浮剂600～1 000倍液；

18.7%烯酰·吡唑酯水分散粒剂2 000～3 000倍液；

对水喷雾，视病情间隔5～7天1次。

在温室内施药，还可以用15%百菌清·甲霜灵烟剂250g/亩、或用10%腐霉利烟剂200～250g/亩、45%百菌清烟剂250g/亩+10%腐霉利烟剂每100m³空间用药25～40g、15%百·腐烟剂每100m³用药25～40g。按包装分放5～6处，傍晚闭棚由棚室里面向外逐次点燃后，次日早晨打开棚室，进行正常田间作业。间隔6～7天熏1次，熏蒸次数视病情而定。也可采用粉尘剂防治，发病前用5%百菌清粉尘剂1kg/亩，发病初期，用7%百菌清·甲霜灵粉尘剂1kg/亩、或用10%氟吗啉粉尘剂每亩用1kg喷粉，早上或傍晚进行，隔7天喷1次。

防治枯萎病、根腐病等病害，可采用下列杀菌剂进行防治：

3%恶霉·甲霜水剂600～800倍液；

54.5%恶霉·福可湿性粉剂700倍液；

80%多·福·福锌可湿性粉剂700倍液；

68%恶霉·福美双可湿性粉剂800～1 000倍液；

70%恶霉灵可湿性粉剂2 000倍液+50%福美双可湿性粉剂500倍液；

20%甲基立枯磷乳油800～1 000倍液+70%敌磺钠可溶性粉剂800倍液；

10%多抗霉素可湿性粉剂600～1 000倍液；

80亿/ml地衣芽孢杆菌水剂500～750倍液；

0.5%氨基寡糖素水剂400～600倍液；

在幼苗定植时进行药剂灌根，每株灌对好的药液300～500ml。

这一时期经常发生温室白粉虱、美洲斑潜蝇可以采用以下方法进行防治:

物理防治。黄色对白粉虱成虫有强烈诱集作用,在温室内设置黄板(1m×0.17m纤维板或硬纸板,涂成橙黄色,再涂上一层黏油,每亩32~34块)诱杀成虫效果显著。黄板设置于行间与植株高度相平,黏油(一般使用10号机油加少许黄油调匀)7~10天重涂一次,要防止油滴在作物上造成烧伤(图1-151)。本方法作为综防措施之一,可与释放丽蚜小蜂等协调运用。

图1-151 黄板诱捕温室白粉虱、美洲斑潜蝇、有翅蚜虫

在田间白粉虱、美洲斑潜蝇发生初期,可以用下述配方进行防治:

240g/L螺虫乙酯悬浮剂4 000~5 000倍液+50%灭蝇胺可湿性粉剂3 000倍液;

10%氟啶虫酰胺水分散粒剂3 000倍液+0.8%阿维·印楝素乳油2 000倍液;

10%吡丙·吡虫啉悬浮剂2 000倍液+11%阿维·灭蝇胺悬浮剂3 000倍液;

5%氯氰·吡虫啉乳油2 000~3 000倍液;

0.5%甲氨基阿维菌素苯甲酸盐微乳剂3 000倍液+4.5%高效氯氰菊酯乳油2 000倍液;

对水喷雾,视虫情间隔7~10天喷1次。

防治温室白粉虱、蚜虫、美洲斑潜蝇(图1-152),可采用下列杀虫剂进行防治:

温室白粉虱　　　　　　美洲斑潜蝇

图1-152 温室白粉虱、美洲斑潜蝇

240g/L螺虫乙酯悬浮剂4 000～5 000倍液+50%灭蝇胺可湿性粉剂3 000倍液；

10%氟啶虫酰胺水分散粒剂3 000倍液+0.8%阿维·印楝素乳油2 000倍液；

10%吡丙·吡虫啉悬浮剂1 500～2 500倍液+3.5%溴氰菊酯乳油2 000倍液；

5%氯氰·吡虫啉乳油2 000～3 000倍液；

0.5%甲氨基阿维菌素苯甲酸盐微乳剂3 000倍液+4.5%高效氯氰菊酯乳油2 000倍液；

对水喷雾，视虫情间隔7～10天1次。

为了促使幼苗出苗生长，可以在幼苗灌根或喷洒农药时，与一些杀菌剂混合喷洒植宝素8 000倍液，或用1.5%植病灵乳剂800～1 000倍液，或用爱多收6 000～8 000倍液，或用黄腐酸盐1 000～3 000倍液，或用尿素0.5%＋磷酸二氢钾0.1%～0.2%或用三元复合肥(15-5-15)0.5%等。在幼苗2叶1心时用乙烯利水剂150mg/kg处理幼苗可促进幼苗雌花分化。注意，使用时，一定要严格把握最适药量，以免产生药害。

在保护地内，选用15%异丙威烟剂，用背负式机动发烟器施放烟剂，效果也很好。或用80%敌敌畏乳油与水以1∶1的比例混合后加热熏蒸。

此期黄瓜刚进入结瓜始期，为了提高坐瓜率促进瓜条快速膨大，常用激素处理幼瓜；一般在黄瓜雌花开放当天或开花前用5～20mg/kg 0.1%氯吡脲可溶性液剂浸渍瓜胎(图1－153)，也可在药液中加入0.2%的50%腐霉利可湿性粉剂预防灰霉病的发生。

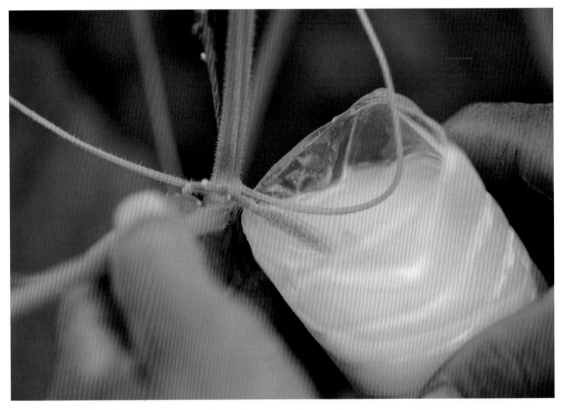

图1－153　氯吡脲处理瓜胎

(三)黄瓜结瓜采收期病虫害防治技术

在黄瓜结瓜采收期(图1-154)，由于生长进入中后期常常多种病害混合发生，黄瓜霜霉病、白粉病、疫病也时常严重发生，炭疽病、蔓枯病、枯萎病(不嫁接的)、病毒病渐重，加上落花落果、化瓜一些生理性病害及缺少微量元素等因素，会显著地影响果实产量与品质，该期是病虫害防治的一个关键时期。

图1-154 黄瓜结瓜采收期

对于霜霉病、疫病、病毒病混发田(图1-155)，可采用下列配方进行防治：

疫病　病毒病　霜霉病

图1-155 黄瓜结果采收期常见病害

687.5g/L霜霉威盐酸盐·氟吡菌胺悬浮剂1 200倍液+2％宁南霉素水剂200～400倍液；

66.8％丙森·异丙菌胺可湿性粉剂600～800倍液+4％嘧肽霉素水剂200～300倍液；

72.2％霜霉威盐酸盐水剂800～1 000倍液+10％氰霜唑悬浮剂2 000～2 500倍液+20％盐酸·乙酸可湿性粉剂500～700倍液；

84.51％霜霉威·乙膦酸盐可溶性水剂600～1 000倍液+3.85％三氮唑·铜·锌水乳剂600～800倍液；

70％呋酰·锰锌可湿性粉剂600～1 000倍液+1.5％硫铜·烷基·烷醇水乳剂1 000倍液；

69％锰锌·烯酰可湿性粉剂1 000～1 500倍液+31％吗啉胍·三氮唑核苷可溶性粉剂800倍液；

440g/L双炔·百菌清悬浮剂600～1 000倍液+3.95％三氮唑核苷·铜·烷醇·锌水剂500～800倍液；

35％烯酰·福美可湿性粉剂1 000～1 500倍液+3％三氮唑核苷水剂600～800倍液；

20％唑菌酯悬浮剂2 000～3 000倍液+7.5％菌毒·吗啉胍水剂500～700倍液；

60％锰锌·氟吗啉可湿性粉剂800～1 000倍液+2.1％烷醇·硫酸铜可湿性粉剂500～700倍液；

60％唑醚·代森联水分散粒剂1 000～2 000倍液+10％混合脂肪酸乳油100～200倍液；

25％烯肟菌酯乳油2 000～3 000倍液+75％百菌清可湿性粉剂600～800倍液+25％吗胍·硫酸锌可溶性

粉剂500～700倍液；

78％代森锰锌·波尔多液可湿性粉剂600倍液+5％菌毒清水剂300倍液；

对水喷雾，视病情间隔7～10天1次。

在田间发现蔓枯病、枯萎病为害症状时要及时施药防治(图1-156)，防治蔓枯病、枯萎病可采用下列杀菌剂或配方进行防治：

图1-156 黄瓜结瓜采收期蔓枯病、枯萎病

3％恶霉·甲霜水剂600～800倍液+325g/L苯甲·嘧菌酯悬浮剂1 500～2 500倍液；

54.5％恶霉·福可湿性粉剂700倍液+40％氟硅唑乳油3 000～5 000倍液；

80％多·福·福锌可湿性粉剂700倍液；

5％水杨菌胺可湿性粉剂300～500倍液+25％咪鲜胺乳油800～1 000倍液；

60％甲硫·福美双可湿性粉剂600～800倍液；

70％恶霉灵可湿性粉剂2 000倍液+2.5％咯菌腈悬浮种衣剂1 000～1 500倍液；

70％甲基硫菌灵可湿性粉剂600倍液+60％琥·乙膦铝可湿性粉剂500倍液；

20％甲基立枯磷乳油800～1 000倍液+70％敌磺钠可溶性粉剂800倍液；

70％福·甲·硫磺可湿性粉剂800～1 000倍液；

10％多抗霉素可湿性粉剂600倍液+40％双胍辛烷苯基磺酸盐可湿性粉剂700倍液；

4％嘧啶核苷类抗菌素水剂600～800倍液；

10％混合氨基酸铜水剂600～800倍液+10％苯醚甲环唑水分散粒剂1 500倍液；

80亿/ml地衣芽孢杆菌水剂500～750倍液；

1％申嗪霉素悬浮剂1 000倍液；

喷雾或灌根，灌根每株用药量300～400ml，视病情间隔7～10天1次；以后视病情变化决定是否用药。在上述药剂中可以加入黄腐酸盐1 000倍液或加3 000～5 000倍液芸苔素内酯可以提高效果。

涂茎防治，发现茎上病斑时，立即用高浓度药液涂茎，可用70％甲基硫菌灵可湿性粉剂50倍液、40％氟硅唑乳油100倍液，用毛笔蘸药涂抹病斑。其他防治方法及防治药剂参考相应病害防治方法。

黄瓜生长进入中后期，此时正是根结线虫为害时期(图1-157)，可采用下列杀虫剂进行防治：

图1-157 黄瓜根结线虫为害状

1.8%阿维菌素乳油2 000倍液；

40%辛硫磷乳油1 500倍液；

对水灌根，视虫情间隔10天1次。

温室黄瓜后期虫害严重，防治温室白粉虱、美洲斑潜蝇、蚜虫注意施用低毒药剂，可采用下列杀虫剂或配方进行防治：

240g/L螺虫乙酯悬浮剂4 000～5 000倍液+50%灭蝇胺可湿性粉剂2 000～3 000倍液；

10%烯啶虫胺水剂3 000～5 000倍液+0.5%甲氨基阿维菌素苯甲酸盐微乳剂2 000倍液；

10%氟啶虫酰胺水分散粒剂3 000～4 000倍液+1.8%阿维菌素乳油2 000～2 500倍液；

5%氯氰·吡虫啉乳油2 000～3 000倍液；

10%吡虫啉可湿性粉剂1 500倍液+50%灭蝇胺可湿性粉剂2 000～3 000倍液；

4.5%高效氯氰菊酯乳油2 000倍液+1%甲氨基阿维菌素苯甲酸盐乳油3 000～4 000倍液；

15%阿维·毒乳油1 000～1 500倍液；

4%氯氰·烟碱水乳剂2 000～3 000倍液；

对水喷雾，视虫情间隔7天1次。

该期的瓜绢螟、黄守瓜为害也较重，可采用下列杀虫剂进行防治：

0.5%甲氨基阿维菌素苯甲酸盐微乳剂2 000～3 000倍液；

1.8%阿维菌素乳油1 500～2 000倍液；

10%醚菊酯悬浮剂2 000～3 000倍液；

200g/L氯虫苯甲酰胺悬浮剂2 500～4 000倍液；

20%高氯·仲丁威乳油2 000～3 000倍液；

15%茚虫威悬浮剂3 500～4 500倍液；

52.25%毒・氯乳油1 500～3 000倍液；

5%虱螨脲乳油1 000～2 000倍液；

0.36%苦参碱水剂1 000～2 000倍液；

20%氰戊菊酯乳油1 000～2 000倍液；

8 000lU/mg苏云金杆菌可湿性粉剂1 000～1 500倍液；

对水喷雾。

第二章 西瓜病虫害防治新技术

西瓜属葫芦科，一年生蔓生草本植物，原产于印度北部。2018年全国播种面积约200万hm²左右，总产量约8 000万t。我国各地均有种植，其中产量排名前十的省（区、市）是河南、山东、安徽、江苏、河北、湖南、新疆、广西、湖北、陕西，主要栽培模式有露地早春茬、露地小拱棚、早春大棚、秋延后大棚、日光温室早春茬、日光温室秋茬等。

西瓜病虫害因发生种类多，为害严重，已成为制约西瓜甜瓜产业健康发展的重要因素之一。目前，国内发现的西瓜病虫害有80多种，其中病害60多种，虫害10种，生理性病害10多种。真菌性病害主要包括枯萎病、炭疽病、蔓枯病、白粉病、霜霉病、疫病等周年常发并造成重大经济损失；细菌性病害主要有细菌性果斑病、角斑病、缘枯病、叶枯病、软腐病等，特别是细菌性果斑病作为毁灭性种传病害，近年来发生加重，严重威胁西瓜甜瓜生产及制种业发展。病毒性病害发生近年呈加重趋势，其中黄瓜绿斑驳花叶病毒（CGMMV）甜瓜黄化斑点病毒（MYSV）和瓜类褪绿黄化病毒（CCYV）为害最为严重；根结线虫病等线虫病害发生也逐年加重；常见害虫有蚜虫、粉虱、蓟马、瓜实蝇、斑潜蝇、瓜绢螟等，这些害虫为害严重并直接或间接加重病害损失。

甜瓜黄化斑点病毒（MYSV）和瓜类褪绿黄化病毒（CCYV）为害最为严重；根结线虫病等线虫病害发生也逐年加重；常见害虫有蚜虫、粉虱、蓟马、瓜实蝇、斑潜蝇、瓜绢螟等，这些害虫危害严重并直接或间接加重病害损失。

一、西瓜病害

1．西瓜蔓枯病

【分布为害】蔓枯病是西瓜的重要病害，分布广泛，一般发病率为10%～30%，严重发生时发病率在80%以上(图2-1)。

图2-1 西瓜蔓枯病田间发病症状

【症　　状】主要为害叶片、蔓、果实。子叶发病时，初呈水渍状小点，渐扩大为黄褐色或青灰色圆形至不规则形斑，后扩展至整个子叶，子叶枯死(图2-2)。幼苗茎部受害，初呈水渍状小斑，后向上、下扩展，并环绕幼茎，引起幼苗枯萎死亡(图2-3)。成株期叶片上形成圆形或椭圆形淡褐色至灰褐色大型病斑，病斑干燥易破裂，其上密集小黑点，潮湿时，病斑遍布全叶，叶片变黑枯死(图2-4至图2-7)。叶柄和茎部先呈油渍状，表皮裂痕，有胶状物流出，稍凹陷，干燥时胶状物变为赤褐色，病斑上出现无数个针头大小的黑点，后期整株枯死(图2-8至图2-10)。果实染病，先出现油渍状小斑点，不久变为暗褐色，中央部位呈褐色枯死状，而后呈星状开裂，内部木栓化。

图2-2　西瓜蔓枯病子叶发病症状

图2-3　西瓜蔓枯病幼苗茎部发病症状

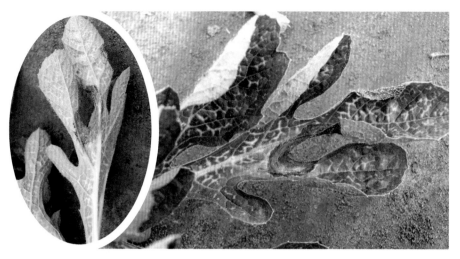

图2-4 黄皮西瓜蔓枯病叶片发病症状

图2-5 西瓜蔓枯病叶片发病初期症状

图2-6 西瓜蔓枯病叶片发病中期症状

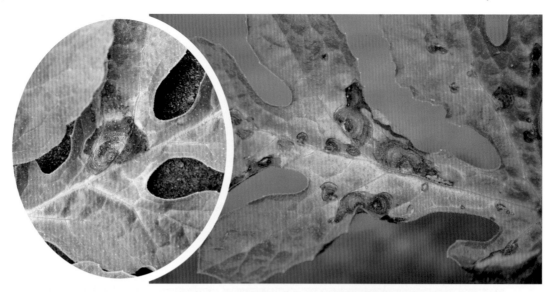

图2-7　西瓜蔓枯病叶片发病后期症状

图2-8　西瓜蔓枯病叶柄发病症状

图2-9　西瓜蔓枯病茎蔓发病初期症状

图2-10　西瓜蔓枯病茎蔓发病后期症状

【病　　　原】*Mycosphaerella melonis* 称瓜类球腔菌，属无性型真菌。分生孢子器叶面生，多为聚生，初埋生后突破表皮外露，球形至扁球形，器壁淡褐色，顶部呈乳状凸起，器孔口明显；分生孢子短圆形至圆柱形，无色透明，两端较圆，正直，初为单胞，后生一隔膜。子囊壳细颈瓶状或球形，单生在叶正面，突出表皮，黑褐色；子囊多棍棒形，无色透明，正直或稍弯；子囊孢子无色透明，短棒状或梭形，一个分隔，上面细胞较宽，顶端较钝，下面的孢子较窄，顶端稍尖，隔膜处缢缩明显。

【发生规律】病菌发病温度范围为5～35℃，在55℃环境下10分钟即可死亡。最适合发病条件为22～26℃，相对湿度85％以上。以分生孢子器及子囊壳随病残体在土壤中越冬，也可附着在种子上，翌年产生分生孢子及子囊壳，借风雨传播，从植株伤口、气孔或水孔侵入，经7～10天后发病，病斑上产生的分生孢子继续传播，引起再侵染，高温多雨季节发病迅速。连作地、排水不良、通风透光不足、偏施氮肥、土壤湿度大或田间积水易发病。种子带菌，种子发芽以后病菌侵害子叶，形成病斑后产生分生孢子再侵染。

【防治方法】拉秧后彻底清除病残落叶，适当增施有机肥。适时浇水、施肥，避免田间积水，保护地浇水后增加通风，发病后打老叶并去除多余的叶和蔓，以利于植株间通风透光。

种子处理。用55℃进行温烫浸种20分钟，或用50％福美双可湿性粉剂按种子重量的0.3％拌种，也可采用2.5％咯菌腈种子处理悬浮剂按种子重量的0.3％进行种子包衣。

生长期，可用0.3％磷酸二氢钾+0.5％尿素或1.8％复硝酚钠水剂2 000～3 000倍液进行叶面喷雾，促进植株生长，增强抵抗力。

田间发病及时施药防治(图2-11)，可采用下列杀菌剂进行防治：

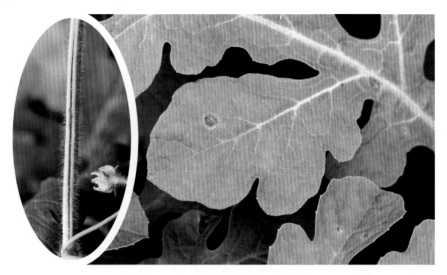

图2-11 西瓜蔓枯病发病初期

40%氟硅唑乳油3 000～5 000倍液+65%代森锌可湿性粉剂600倍液；

325g/L苯甲·嘧菌酯悬浮剂30～50ml/亩；

43%戊唑醇悬浮剂3 000倍液+60%吡唑·代森悬浮剂3 000倍液；

250g/L嘧菌酯悬浮剂1 500～2 000倍液；

25%咪鲜胺乳油800～1 000倍液+75%百菌清可湿性粉剂600倍液；

10%苯醚甲环唑水分散粒剂1 500倍液；

2.5%咯菌腈悬浮种衣剂1 000～1 500倍液；

70%甲基硫菌灵可湿性粉剂600倍液+70%丙森锌可湿性粉剂600倍液；

40%双胍三辛烷基苯磺酸盐可湿性粉剂800～1 000倍液+75%百菌清可湿性粉剂600倍液；

20%丙硫多菌灵悬浮剂1 500～3 000倍液+50%福美双可湿性粉剂500～700倍液；

1%申嗪霉素悬浮剂800～1 000倍液+75%百菌清可湿性粉剂600倍液；

对水喷雾，视病情间隔7～10天喷1次。

还可以用70%甲基硫菌灵可湿性粉剂50倍液、40%氟硅唑乳油100倍液或25%咪鲜胺乳油100倍液，用毛笔蘸药涂抹茎部病斑。

2. 西瓜炭疽病

【分布为害】炭疽病是西瓜的主要病害，分布广泛，保护地、露地发生都较重。一般发病率20%～40%，重病地块或棚室病株率80%，损失可达40%以上。还可在贮藏和运输期间发生，有时发病率可达80%，造成大量烂瓜。

【症　　状】此病全生育期都可发生，可为害叶片、叶柄、茎蔓和瓜果。苗期发病，子叶上出现圆形褐色病斑，边缘有浅绿色晕环(图2-12)。嫩茎染病，病部黑褐色，且至半圆形缢缩，致幼苗猝倒。真叶发病，叶片上初为圆形或纺锤形水渍状斑，后干枯成黑色，边缘有紫黑色晕圈，有时有轮纹，干燥时叶片易穿孔(图2-13至图2-16)。空气潮湿，病斑表面生出粉红色小点。叶柄或茎蔓发病，病斑水渍状，淡黄色长圆形，稍凹陷，后变黑色，环绕茎蔓一周全株即枯死(图2-17)。瓜果染病，初呈水渍状暗绿色凹陷斑，凹陷处常龟裂，潮湿时在病斑中部产生粉红色黏稠物(图2-18和图2-19)。幼瓜被害，果实变黑，腐烂。

图2-12　西瓜炭疽病幼苗子叶发病症状

图2-13　西瓜炭疽病幼苗真叶发病症状

图2-14　西瓜炭疽病叶片发病初期症状

图2-15　西瓜炭疽病叶片发病中期症状

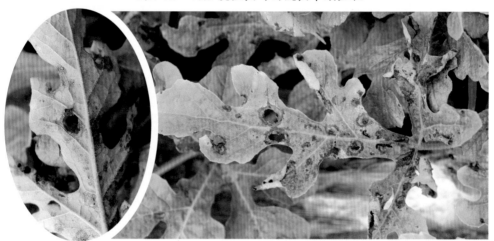

图2-16　西瓜炭疽病叶片发病后期症状

图2-17　西瓜炭疽病茎蔓发病症状

图2-18　西瓜炭疽病果实发病初期症状

图2-19　西瓜炭疽病果实发病后期症状

【病　　原】*Colletotrichum lagenarium* 称葫芦科刺盘孢，属无性型真菌。分生孢子盘聚生，初为埋生，红褐色，后突破表皮呈黑褐色，刚毛散生于分生孢子盘中，暗褐色，顶端色淡，略尖，基部膨大，具2～3个横隔。分生孢子无色，圆筒状，单胞，长圆形。

【发生规律】病菌主要以菌丝体及拟菌核随病残体在土壤中越冬，也可潜伏在种子上越冬。翌年菌丝体产生分生孢子借雨水飞散，形成再侵染源。气温10～30℃均可发病。20～24℃，棚室相对湿度90%～95%，最为适宜，相对湿度低于54%，病轻或不发病。西瓜生长中后期发生较为严重，特别是以6月中旬、7月上旬的梅雨季节发生最重。西瓜生长期多阴雨、地块低洼积水，或棚室内温暖潮湿、重茬种植，过多施用氮肥，排水不良，通风透光差，植株生长衰弱等有利于发病。

【防治方法】施用充分腐熟的有机肥，采用高垄或高畦地膜覆盖栽培。有条件的可应用滴灌、膜下暗灌等节水栽培防病技术。适时浇水施肥，避免雨后田间积水，保护地在发病期适当增加通风时间。

种子处理。选用无病种子或进行种子灭菌，可用55℃温水浸种20～30分钟，再用80%多菌灵可湿性粉剂500～1 000倍液浸种5个小时；或进行药剂拌种，可用种子重量0.3%的50%咪鲜胺锰盐可湿性粉剂、6%氯苯嘧啶醇可湿性粉剂、50%敌菌灵可湿性粉剂、70%甲基硫菌灵可湿性粉剂、25%溴菌腈可湿性粉剂或50%福·异菌可湿性粉剂拌种。

发病初期，可采用下列杀菌剂进行防治：

25%嘧菌酯悬浮剂1 500～2 000倍液；

30%苯噻硫氰乳油1 000～1 500倍液；

25%苯甲·溴菌腈可湿性粉剂60～80g/亩；

5%亚胺唑可湿性粉剂1 000～1 500倍液+75%百菌清可湿性粉剂600倍液；

40%腈菌唑水分散粒剂4 000～6 000倍液+70%代森锰锌可湿性粉剂600～800倍液；

25%咪鲜胺乳油1 000～1 500倍液+75%百菌清可湿性粉剂600倍液；

10%苯醚甲环唑水分散粒剂65～80g/亩+22.7%二氰蒽醌悬浮剂66～88ml/亩；

75%肟菌·戊唑醇水分散粒剂10～15g/亩；

40%多·福·溴菌腈可湿性粉剂800～1 000倍液；

70%福·甲·硫磺可湿性粉剂600～800倍液；

对水喷雾，视病情间隔7～10天1次。

保护地西瓜，发病前期可用45%百菌清烟剂200～250g/亩，傍晚进行，分放4～5个点，先密闭大棚、温室，然后点燃烟熏，隔7天熏1次，连熏4～5次。

田间病株较多时，应加强防治，发病普遍时，可采用下列杀菌剂或配方进行防治：

20%唑菌胺酯水分散粒剂1 000～1 500倍液；

20%硅唑·咪鲜胺水乳剂2 000～3 000倍液；

40%苯醚·咪鲜胺水乳剂8～11ml/亩；

5%亚胺唑可湿性粉剂1 000倍液+70%丙森锌可湿性粉剂700倍液；

12.5%烯唑醇可湿性粉剂2 000～4 000倍液+70%代森联水分散粒剂800倍液；

对水喷雾，视病情间隔7～10天1次。

3. 西瓜枯萎病

【分布为害】枯萎病是西瓜的重要病害，分布广泛，发生普遍，以春茬种植发病较重，尤其是重茬种植发病极为普遍。一般发病率15%～30%，死亡率为10%左右。

【症　　状】此病在西瓜全生育期都可发生。苗期染病，根部变成黄白色，须根少，子叶枯萎，真叶呈现皱缩，枯萎发黄，茎基部变成淡黄色倒伏枯死，剖茎可见维管束变黄(图2-20)。成株期发病，病株生长缓慢，须根小。初期叶片由下向上逐渐萎蔫，似缺水状，早晚可恢复，几天后全株叶片枯死(图2-21和图2-22)。发生严重时，茎蔓基部缢缩，呈锈褐色水渍状，空气湿度高时病茎上可出现水渍状条斑，或出现琥珀色流胶，病部表面产生粉红色霉层。剖开根或茎蔓，可见维管束变褐(图2-23)。发生严重时，全田枯萎死亡(图2-24)。

图2-20　西瓜枯萎病幼苗发病症状

图2-21　西瓜枯萎病田间发病初期症状

图2-22　小西瓜枯萎病田间发病后期症状

图2-23　西瓜枯萎病茎部维管束变褐症状

图2-24　西瓜枯萎病田间发病症状

【病　　　原】*Fusarium oxysporum* f.sp. *cucurmerinum* 称尖镰孢菌西瓜专化型，属无性型真菌。病菌产生大小两种类型分生孢子，大型分生孢子纺锤形或镰刀形，无色透明，顶细胞圆锥形，有的微呈钩状，基部倒圆锥截形或足细胞，具隔膜1～3个。小型分生孢子多生于气生菌丝中，椭圆形或腊肠形，无色透明，无隔膜。厚垣孢子表面光滑，黄褐色。

【发生规律】病菌主要以菌丝、厚垣孢子在土壤中或病残体上越冬，在土壤中可存活6～10年，可通过种子、土壤、肥料、浇水、昆虫进行传播。发病适宜土温为25℃，低于15℃或高于35℃病害受抑制，在40℃以上，几天就可全部死亡。空气相对湿度90%以上易感病。以开花、抽蔓到结果期发病最重。3月份先在苗床内发生，4月下旬苗床内达到发病高峰。地膜覆盖早春移栽西瓜，5月初开始发病，5月下旬进入发病盛期，6月为严重发病期。夏西瓜6月中、下旬开始发病，7月中旬到8月上旬为发病盛期。该病为土传病害，发病程度取决于土壤中可侵染菌量。有机肥不腐熟、土壤过分干旱或质地黏重的酸性土是引起该病发生的主要条件。一般连茬种植，地下害虫多，管理粗放，或潮湿等，病害发生严重。

【防治方法】与其他作物轮作，旱地3～5年，或与水稻轮作1年以上。酸性土壤要多施石灰，以改良土壤。施用充分腐熟肥料，减少根系伤口。小水勤浇，避免大水漫灌，适当多中耕，提高土壤透气性，使根系苗壮，增强抗病力；结瓜期应分期施肥；生长期间，发现病株立即拔除。瓜果收获后，清除田间茎叶及病残烂果。

选用抗病品种。西瓜品种间对枯萎病的抗性差异明显。可以选用大果型京欣二号、京欣三号、京欣四号、西农十号、早花香、郑抗二号，小果型如黄皮京欣一号、京秀、早春红玉、黑美人、郑抗1号、安生3号，无籽西瓜如无籽京欣一号、黑蜜二号、黑优无籽等品种。

利用南瓜砧木嫁接栽培，可以减轻为害，可选用南砧1号、超丰F1、新土佐、野西瓜砧、京欣砧一号等。

种子处理。可以用25g/L咯菌腈种子处理悬浮剂476～588ml/100kg种子，种子包衣，也可以用1%福尔马林药液浸种20～30分钟，或用2%～4%漂白粉液浸种30～60分钟，1%的80%多菌灵盐酸盐超微粉浸种60分钟，3%中生菌素可湿性粉剂600倍液浸种30分钟，捞出后冲净催芽。或用0.10%～0.15%的50%苯菌灵可湿性粉剂拌种；也可采用高温干热消毒法，把相对干燥的种子，放在75℃恒温箱中处理72小时，消毒效果较好。

苗床处理。用70%恶霉灵可湿性粉剂1g/m²加细沙1kg，播种后均匀撒入苗床作盖土，或用70%恶霉灵可湿性粉剂1 000倍液对苗床进行喷施。整地或播种时用50%多菌灵可湿性粉剂1～2.0g/m²+70%敌磺钠可溶性粉剂1.5～3.0g/m²、50%多菌灵可湿性粉剂1～2g/m²+50%福美双可湿性粉剂1.5～2.0g/m²，与细土按1∶100的比例配成药土后撒施于床面。

直播瓜田也可用50%多菌灵可湿性粉剂1kg/亩+40%拌种双粉剂1kg/亩，对入25～30kg细土或粉碎的饼肥，于播种前撒于定植穴内，与土混合后，隔2～3天播种。

对于老瓜区或上茬枯萎病较重的地块，在幼苗定植时或发现零星病株时(图2-25)可采用下列杀菌剂进行防治：

图2-25　西瓜枯萎病幼苗期田间发病症状

54.5%恶霉·福可湿性粉剂700倍液；

80%多·福·福锌可湿性粉剂700倍液；

40%甲硫·福美双可湿性粉剂600~800倍液；

70%恶霉灵可溶粉剂1 400倍液；

50%苯菌灵可湿性粉剂1 000倍液+50%福美双可湿性粉剂500倍液；

70%甲基硫菌灵可湿性粉剂600倍液+60%琥·乙膦铝可湿性粉剂500倍液；

20%甲基立枯磷乳油800~1 000倍液+70%敌磺钠可溶性粉剂800倍液；

70%福·甲·硫磺可湿性粉剂800~1 000倍液；

4%嘧啶核苷类抗菌素水剂400倍液；

对水灌根，每株灌对好的药液0.4~0.5L。视病情间隔10天后再灌1次。

4．西瓜疫病

【分布为害】疫病为西瓜的主要病害之一，在西瓜各产区都有发生，露地西瓜在雨季由疫病导致的烂瓜较多，减产在30%~60%；秋季温室栽培叶片受害最重，为害程度也逐年加重(图2-26)。

【症　　状】幼苗、成株均可发病，为害叶、茎及果实。子叶先出现水浸状暗绿色圆形病斑，中央逐渐变成红褐色。近地面茎基部呈现暗绿色水浸状的软腐，后缢缩或枯死(图2-27)。真叶染病，初生暗绿色水渍状病斑，迅速扩展为圆形或不规则形大斑，湿度大时，腐烂或像开水烫过，干后为淡褐色，干枯易破碎(图2-28和图2-29)。

图2-26　西瓜疫病田间发病症状

茎基部和叶柄染病，呈现纺锤形水渍状暗绿色病斑，病部明显缢缩(图2-30和图2-31)。果实染病，形成暗绿色圆形水渍状凹陷斑，潮湿时迅速扩及全果，导致果实腐烂，表面密生白色菌丝(图2-32)。

图2-27　西瓜苗期疫病发病症状

图2-28　西瓜疫病叶片发病初期症状

图2-29　西瓜疫病叶片发病后期症状

图2-30　西瓜疫病叶柄发病初期症状

图2-31　西瓜疫病叶柄发病后期症状

图2-32　西瓜疫病果实发病症状

【病　　原】*Phytophthora melonis* 称瓜疫霉，属卵菌门真菌。菌丝丝状、无色、多分枝。初生菌丝无隔，老熟菌丝长出瘤状结或不规则球状体，内部充满原生质。孢囊梗直接从菌丝或球状体上长出，平滑，中间偶现单轴分枝，个别形成隔膜。孢子囊顶生，卵圆形或长椭圆形。卵孢子淡黄色或黄褐色。

【发生规律】浙江地区发病高峰期为4—7月，长江中下游地区春、夏两季发病重。以卵孢子及菌丝体在土壤中或粪肥里越冬，随气流、雨水或灌溉水传播，种子虽可带菌，但带菌率不高。发病适温为20～30℃，低于15℃病情发展受到抑制。从毛孔、细胞间隙侵入。在气温适宜的条件下，雨季来的早晚，降雨量、降雨天数的多少，是发病和流行程度的决定因素。多雨高湿利于发病。西瓜生长期多雨、排水不良、空气潮湿发病重。大雨、暴雨或大水漫灌后病害发展蔓延迅速。土壤黏重、植株茂密、田间通风不良发病较重。

【防治方法】与非瓜类作物轮作3年以上；通过嫁接技术提高植株整体抗病性；采用深沟高畦或高垄种植，雨后及时排水。采用配方施肥技术，施足底肥，增施腐熟的有机肥，提高作物抗性。

种子处理。播前用55℃温水浸种15分钟，再用50%福美双可湿性粉剂500倍液浸种6个小时，或用72%霜脲·锰锌可湿性粉剂500倍液浸种1个小时，或用72.2%霜霉威盐酸盐水剂800倍液浸种1个小时，然后再用清水浸种6～8个小时，再催芽播种；或用福尔马林150倍液浸种30分钟，冲洗干净后晾干播种。

发病初期，可采用下列杀菌剂或配方进行防治：

560g/L嘧菌·百菌清悬浮剂2 000～3 000倍液；

30%烯酰·甲霜灵水分散粒剂1 500～2 000倍液；

20%氟吗啉可湿性粉剂600～800倍液+70%代森锰锌可湿性粉剂600～800倍液；

72%丙森·膦酸铝可湿性粉剂800～1 000倍液；

18%霜脲·百菌清悬浮剂1 000～1 500倍液；

76%丙森·霜脲氰可湿性粉剂1 000～1 500倍液；

对水喷雾，视病情间隔7～10天1次。

保护地西瓜栽培，还可以采用15%百·烯酰烟剂每100m³空间用药25～40g熏烟，或用10%百菌清烟剂每100m³空间用药45g熏烟。傍晚进行，分放4～5个点，先密闭大棚、温室，然后点燃烟熏，隔7天熏1次。

田间较多植株发病时要加强防治，发病普遍时，可采用下列杀菌剂进行防治：

687.5g/L霜霉威盐酸盐·氟吡菌胺悬浮剂800～1 200倍液；

60%唑醚·代森联水分散粒剂60～100g/亩；

23.4%双炔酰菌胺悬浮剂20～40ml/亩；

50%锰锌·氟吗啉可湿性粉剂1 000～1 500倍液；

440g/L精甲·百菌清悬浮剂100～150ml/亩；

66.8%丙森·异丙菌胺可湿性粉剂600～800倍液；

70%呋酰·锰锌可湿性粉剂600～1 000倍液；

84.51%霜霉威·乙膦酸盐可溶性水剂600～1 000倍液；

对水喷雾，视病情间隔7～10天1次。

5. 西瓜白粉病

【症　　状】从苗期至采收期均可发生，可为害叶片、叶柄、茎部，其中叶片和茎部最为严重(图2-33)。初期在叶片上产生淡黄色水渍状近圆形斑，随后病斑上产生白色粉状物(即病原菌分生孢子)，病斑逐步向四周扩展成连片的大型白粉斑。严重时病斑上产生黄褐色小粒点，后小粒点变黑，即病原菌的有性子实体(子囊壳)(图2-34至图2-36)。

图2-33　西瓜白粉病田间发病症状

图2-34　西瓜白粉病叶片发病初期症状

图2-35　西瓜白粉病叶片发病中期症状

图2-36　西瓜白粉病叶片发病后期症状

【病　　原】*Sphaerotheca cucurbitae* 称瓜类单丝壳白粉菌，属子囊菌门真菌。分生孢子梗无色，圆柱形，不分枝，其上着生分生孢子。分生孢子长圆形，无色，单胞，串生。闭囊壳褐色，球形，壳内有1倒梨形子囊，内有8个椭圆形的子囊孢子。附属丝无色至淡褐色。

【发生规律】在我国南方瓜类作物可周年栽培，白粉病菌不存在越冬现象；北方保护地栽培西瓜、黄瓜等瓜类的地区，也可以菌丝体和分生孢子在病株上越冬，并不断进行再侵染。次春病菌随雨水、气流传播，不断重复侵染。常年5—6月和9—10月为该病盛发期。一般是秋植瓜发病重于春植瓜，但5—6月份如雨日多，田间湿度大时，春植瓜的发病亦重。该病对温度要求不严格，但湿度在80%以上时最易发病、在多雨季节和浓雾露重的条件下，病害可迅速蔓延，一般10～15天后可普遍发病。田间高温干旱时能抑制该病的发生，病害发展缓慢。如管理粗放、偏施氮肥、灌溉不及时、植株徒长、枝叶郁闭、通透性差的田间，该病最易流行。西瓜不同生育期对白粉病的抵抗能力差异较大，一般是苗期或成株期的嫩叶抗病力较强。

【防治方法】避免过量施用氮肥，增施磷钾肥。实行轮作，加强管理，清除病残组织。

田间发病前，结合其他病害的防治，施用保护剂，可采用下列杀菌剂进行防治：

25%嘧菌酯悬浮剂1 000～2 000倍液；

50%克菌丹可湿性粉剂400～500倍液；

70%丙森锌可湿性粉剂800倍液；

2%嘧啶核苷类抗生素水剂150～300倍液+70%代森联水分散剂600～800倍液；

60%唑醚·代森联水分散粒剂1 000～1 500倍液；

对水喷雾，视病情间隔5～10天喷1次。

田间发现病情应及时施药防治，发病初期(图2-37)，可采用下列杀菌剂进行防治：

图2-37　西瓜白粉病发病初期

2%宁南霉素水剂200～400倍液+70%代森联水分散粒剂600～800倍液；

70%硫磺·甲硫灵可湿性粉剂800～1 000倍液；

30%氟菌唑可湿性粉剂15～18g/亩；

20%烯肟·戊唑醇悬浮剂3 000～4 000倍液；

75%十三吗啉乳油1 500～2 500倍液+70%代森锰锌可湿性粉剂600～800倍液；

25%腈菌唑乳油1 000～2 000倍液+50%克菌丹可湿性粉剂400～500倍液；

70%甲基硫菌灵可湿性粉剂600～800倍液+75%百菌清可湿性粉剂600～800倍液；

对水喷雾，视病情间隔6～7天喷1次。

田间较多植株发病时，发病普遍时(图2-38)，可采用下列杀菌剂进行防治：

图2-38　西瓜白粉病发病普遍时

25%乙嘧酚悬浮剂2 000倍液+80%代森锰锌可湿性粉剂800倍液；

30%醚菌酯悬浮剂2 000～2 500倍液；

40%氟硅唑乳油4 000倍液+75%百菌清可湿性粉剂600倍液；

10%苯醚甲环唑水分散粒剂1 500倍液+75%百菌清可湿性粉剂600倍液；

12.5%烯唑醇可湿性粉剂2 000～4 000倍液+75%百菌清可湿性粉剂600倍液；

10%苯醚菌酯悬浮剂1 000～2 000倍液+50%克菌丹可湿性粉剂400～500倍液；

300g/L醚菌·啶酰菌悬浮剂2 000～3 000倍液；

75%肟菌·戊唑醇水分散粒剂2 000～3 000倍液；

40%硅唑·多菌灵悬浮剂2 000～3 000倍液；

62.25%腈菌唑·代森锰锌可湿性粉剂600倍液；

20%福·腈可湿性粉剂1 000～2 000倍液+75%百菌清可湿性粉剂600倍液；

2%宁南霉素水剂200～400倍液+70%代森联水分散粒剂600～800倍液；

对水喷雾，视病情间隔5～7天喷1次。为了避免病菌产生抗药性，药剂宜交替使用。

6．西瓜叶枯病

【分布为害】叶枯病为西瓜的常见病，分布广泛，发生较普遍，常在夏、秋露地西瓜上发病，春茬西瓜也可发病。一般发病率10%～30%，严重地块病株率达80%以上，使大量叶片枯死，显著影响西瓜生产。

【症　　状】主要为害叶片，幼苗叶片受害，病斑褐色(图2-39)；成株期先在叶背面叶缘或叶脉间出现明显的水浸状褐色斑点，湿度大时导致叶片失水青枯，天气晴朗气温高易形成2～3mm圆形至近圆形褐斑，布满叶面，后融合为大斑，病部变薄，形成叶枯(图2-40至图2-43)。茎蔓染病，产生梭形或椭圆形稍凹陷的褐色病斑。果实染病，在果实上生有四周稍隆起的圆形褐色凹陷斑，可深入果肉，引起果实腐烂。湿度大时病部长出灰黑色至黑色霉层。

【病　　原】*Alternaria cucumerina*称瓜交链孢，属无性型真菌。病菌分生孢子梗深褐色，单生，具分隔，顶端串生分生孢子。分生孢子浅褐色，棒状至椭圆形，具纵横隔膜，顶端喙状细胞较短或不明显(图2-44)。

图2-39　西瓜叶枯病幼苗期叶片发病症状

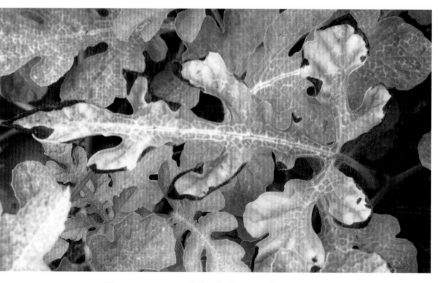

图2-40　西瓜叶枯病叶片发病初期症状

图2-41　西瓜叶枯病叶片发病中期症状

图2-42　西瓜叶枯病叶片发病较严重时叶缘布满病斑

图2-43　西瓜叶枯病叶片发病后期病部枯死

【发生规律】生长期间病菌通过风雨传播，进行多次重复再侵染。种子内外均可带菌；该菌对温湿度要求不严格，气温14～36℃、相对湿度高于80%均可发病；多发生在西瓜坐果后及果实膨大期，植株由营养生长转向生殖生长，此时抗病性弱，这时又需要大肥大水，浇水量大利于病害的发生。雨日多、雨量大、相对湿度高易流行，致使叶片大量死亡，严重影响产量。偏施或重施氮肥及土壤瘠薄，低洼积水，管理粗放，田间郁闭，通透性差，植株抗病力弱发病重。连续天晴、日照时间长，对该病有抑制作用。

【防治方法】与非茄果类、瓜类蔬菜轮作3年以上，选择排水性良好的沙质壤土栽培。选用耐病品种；清除病残体，集中深埋或烧毁，减少病菌源。采用配方施肥技术，避免偏施、过施氮肥。雨后开沟排水，防止湿气滞留。

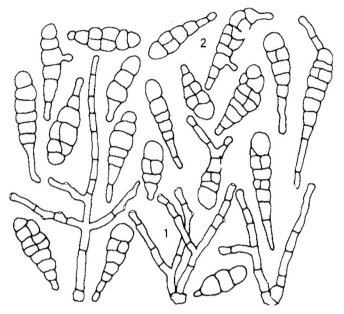

图2-44　西瓜叶枯病病菌
1.分生孢子梗；2.分生孢子

种子处理。用55℃温水进行温烫浸种，再用50%多菌灵可湿性粉剂800～1 000倍液浸种2小时后播种；或用40%福尔马林100倍液浸种30分钟，然后催芽播种。也可用40%拌种双可湿性粉剂+50%异菌脲悬浮剂，按种子重量的0.3%拌种。

发病初期，可采用下列杀菌剂进行防治：

20%唑菌胺酯水分散粒剂1 000～1 500倍液；

25%溴菌腈可湿性粉剂500～1 000倍液+70%代森锰锌可湿性粉剂700倍液；

10%苯醚甲环唑水分散粒剂1 000倍液+75%百菌清可湿性粉剂600～800倍液；

560g/L嘧菌·百菌清悬浮剂800～1 000倍液；

50%异菌脲悬浮剂1 000～2 000倍液；

对水喷雾，视病情间隔7～10天1次。

保护地栽培的西瓜，可以采用45%百菌清烟剂200g/亩。傍晚进行，分放4～5个点，先密闭大棚、温室，然后点燃烟熏，间隔7天熏1次。

7．西瓜病毒病

【分布为害】病毒病为西瓜的重要病害，分布广泛，发生普遍，保护地、露地都可发病，以夏秋露地种植受害严重。一般病株率5%～10%，在一定程度上影响生产，严重时病株率可达30%以上，对西瓜生产影响极大。

【症　　状】主要表现为花叶型和蕨叶型两种。幼苗期形成黄绿相间的花叶状(图2-45)。成株花叶型，新叶出现明显褪绿斑点，后变为系统性斑驳花叶，叶面凹凸不平，叶片变小，畸形，节间缩短，植株矮化，结果少而小，果面上有褪绿色斑驳(图2-46和图2-47)。蕨叶型，新叶狭长，皱缩扭曲，花器不发育，难以坐果(图2-48和图2-49)。果实发病，表面形成浓绿色和浅绿色相间的斑驳，并有不规则突起(图2-50至图2-52)。

图2-45　西瓜病毒病苗期发病症状

图2-46　西瓜病毒病伸蔓期发病症状

图2-47　西瓜花叶病毒病成株期发病症状

图2-48　西瓜蕨叶型病毒病成株期发病症状

图2-49　小西瓜蕨叶型病毒病发病症状

图2-50　绿皮西瓜病毒病果实发病症状

图2-51   花皮西瓜病毒病果实发病症状

图2-52   小西瓜病毒病果实发病症状

【病　　原】甜瓜花叶病毒 Muskmelon mosaic virus (MMV)；黄瓜花叶病毒 Cucumber mosaic virus (CMV)。黄瓜花叶病毒：粒体球形，直径35nm，致死温度为60～70℃，体外存活期3～4天，不耐干燥。甜瓜花叶病毒：形态线状，致死温度为60～62℃，体外存活期3～11天。

【发生规律】黄瓜花叶病毒种子不带毒，蚜虫主要在多年生宿根植物上越冬，每当春季发芽后，开始活动或迁飞，成为传播此病的主要媒介；汁液摩擦也可传毒。发病适温20～25℃，气温高于25℃多表现隐症。甜瓜花叶病毒种子可以带毒，带毒率16%～18%；环境条件与瓜类病毒病发生关系密切，高温、干旱、光照强的条件下，蚜虫发生严重，也有利于病毒的繁殖，且降低了植株的抗病能力，所以发病严重。此外，在杂草多、附近有发病作物、气温高、缺水、缺肥、管理粗放、生长势弱、蚜虫多时的瓜田发病重。北方一般在5月中下旬开始发病，6月上中旬进入发病盛期，幼苗到开花期较感病。浙江及长江中下游地区发病盛期在4—6月和9—11月。

【防治方法】施足基肥，合理追肥，增施磷钾肥，及时浇水防止干旱，合理整枝，提高植株抗病力。注意铲除瓜田内及周围杂草，及时拔除病株。在进行整枝、授粉等田间操作时，要注意尽量减少对植株的损伤。打杈选晴天阳光充足时进行，使伤口尽快干缩。

种子处理。播种前用10%磷酸三钠溶液浸种20分钟，然后催芽、播种。也可将干燥的种子放在72℃的恒温箱中处理72小时以钝化病毒。

注意防治蚜虫和温室白粉虱，具体药剂参照蚜虫等害虫防治部分。

发病前期或发病初期，及时采取预防措施，可采用下列药剂进行防治：

2%宁南霉素水剂200~400倍液；

4%嘧肽霉素水剂200~300倍液；

20%盐酸吗啉胍·乙酸铜可湿性粉剂500~700倍液；

7.5%菌毒·吗啉胍水剂500~700倍液；

2.1%烷醇·硫酸铜可湿性粉剂500~700倍液；

3.85%三氮唑·铜·锌水乳剂600~800倍液；

1.5%硫铜·烷基·烷醇水乳剂1 000倍液；

3.95%三氮唑核苷·铜·烷醇·锌水剂500~800倍液；

25%吗胍·硫酸锌可溶性粉剂500~700倍液；

31%氮苷·吗啉胍可溶性粉剂600~800倍液；

对水喷雾，视病情间隔7~10天喷1次。

8. 西瓜叶斑病

【分布为害】叶斑病主要在露地西瓜上发病，一般病株率20%~30%，对生产有轻度影响，发病重时病株可达60%~80%，部分叶片因病枯死，明显影响产量与品质。

【症　　状】主要为害叶片，初在叶片上出现暗绿色近圆形病斑，略呈水渍状，以后发展成黄褐至灰白色不定形坏死斑，边缘颜色较深，病斑大小差异较大，空气潮湿时病斑上产生灰褐色霉状物，即病菌分生孢子梗和分生孢子。病害严重时叶片上病斑密布，短时期内致使叶片坏死干枯(图2-53和图2-54)。

图2-53　西瓜叶斑病叶片发病初期症状

图2-54　西瓜叶斑病叶片发病后期症状

【病　　原】*Cercospora citrullina* 称瓜类明针尾孢霉，属无性型真菌。病菌子实体多生于叶面，子座小或无，分生孢子梗单生或几根束生，淡褐色，直或略弯，多无弯曲，不分枝，具有多个分隔，顶端平切状。分生孢子针形，无色，基部平切，隔膜多，不明显(图2-55)。

【发生规律】病菌主要以菌丝体随病残组织越冬，亦可在保护地其他瓜类上为害越冬，经气流传播引起发病。越冬病菌在春秋条件适宜时产生分生孢子，借风雨和农事操作等传播，由气孔或直接穿透表皮侵入，发病后产生新的分生孢子进行多次重复侵染。高温高湿有利于发病。西瓜生长期多雨、气温较高，或阴雨天较多发病较重。此外，平畦种植、大水漫灌、植株缺水缺肥、长势衰弱或保护地通风不良等发病较重。

【防治方法】与非瓜类作物实行2年以上的轮作。采用高垄或高畦地膜覆盖栽培；加强管理，雨季做好瓜田排水，促进通风透光，保护地西瓜注意及时放风排湿，创造有利于西瓜生长而不利于病菌生长的环境。施足有机底肥，增施磷钾肥，生长期避免田间积水，严禁大水漫灌。西瓜拉秧后彻底清除病残落叶并带到田外妥善处理，减少田间菌源。

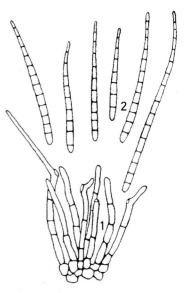

图2-55　西瓜叶斑病病菌
1.分生孢子梗；2.分生孢子

发病初期，可采用下列杀菌剂或配方进行防治：

500g/L异菌脲悬浮剂60～90ml/亩；

10%苯醚甲环唑水分散粒剂1 000～1 500倍液+75%百菌清可湿性粉剂600倍液；

50%乙烯菌核利可湿性粉剂800～1 000倍液+50%克菌丹可湿性粉剂600倍液；

25%嘧菌酯悬浮剂1 000～1 500倍液；

20%苯醚·咪鲜胺微乳剂2 500～3 500倍液；

对水喷雾，视病情间隔7～10天喷1次。

9.西瓜根结线虫病

【症　　状】主要为害根系，以侧根发病较多。在根部上产生许多根瘤状物，根瘤大小不一，表面光滑，初为白色，后变成淡褐色，根结相连成念珠状(图2-56和图2-57)。地上部分，轻微时症状不明显，仅表现叶色变浅，天热时中午萎蔫；发病重时植株矮化，生长不良，叶片萎垂，有时嫩叶畸形，不结瓜或结瓜小，多提早枯死。剖开根结，病组织内可见极小的鸭梨形乳白色线虫。

图2-56　西瓜根结线虫病苗期根部发病症状

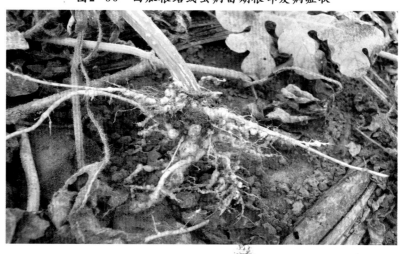

图2-57　西瓜根结线虫病成株期根部发病症状

【病　　原】*Meloidogyne incognita* 称南方根结线虫，属动物界线虫门。病原线虫雌雄异形，幼虫细长蠕虫状。雌虫体白呈卵圆形或鸭梨形，体形不对称，颈部通常向腹面弯曲，排泄孔位于口针基部球处，会阴花纹呈卵圆形或椭圆形，背弓纹明显的高，弓顶平或稍圆，背纹紧密或稀疏，由平滑到波浪形的线纹组成，一些线纹向侧面分叉，但无明显侧线，无翼，无刻点，腹纹较平或圆，光滑。雄虫体细长，虫体透明，交合刺细长，末端尖，弯曲成弓状。二龄幼虫长为375μm，尾长32μm，头部渐细锐圆，尾尖渐尖，中间体段为柱形。

【发生规律】根结线虫多以2龄幼虫或卵随病残体遗留在5～30cm土层中生存1～3年，条件适宜时，越冬卵孵化为幼虫，继续发育后侵入西瓜根部，刺激根部细胞增生，产生新的根结或肿瘤。根结线虫发育到4龄时交尾产卵，雄线虫离开寄主钻入土中后很快死亡。产在根结里的卵孵化后发育至2龄后脱离卵壳，进入土壤中进行再侵染或越冬。在温室或塑料大棚中，单一种植几年西瓜后，根结线虫可逐渐成为优势种。田间发病的初始虫源主要是病土或病苗。南方根结线虫生存最适温度25～30℃，高于40℃、低于5℃都很少活动，55℃经10分钟致死。田间土壤湿度是影响孵化和繁殖的重要条件。土壤湿度适合蔬菜生长，也适于根结线虫活动，雨季有利于孵化和侵染，但在干燥或过湿土壤中，其活动受到抑制。其为害沙土常较黏土重。

【防治方法】根结线虫发生严重田块，实行2年或5年轮作，大葱、韭菜、辣椒是抗耐病菜类，病田种植抗耐病蔬菜可减少损失，降低土壤中线虫量，减轻下茬受害。提倡采用高温闷棚防治保护地根结线虫和土传病害。

物理防治。根结线虫通常在0～60cm的土壤中活动，近年大部分地区在7月或8月采用高温闷棚进行土壤消毒，地表温度最高可达72.2℃，地温49℃以上，可杀死土壤中的根结线虫和土传病害的病原菌，防效可达80%。

可以用10%噻唑膦颗粒剂1 500～2 000g/亩、98%棉隆微粒剂3～5kg/亩、3.2%阿维·辛硫磷颗粒剂4～6kg/亩、5亿活孢子/g淡紫拟青霉颗粒剂3～5kg/亩，处理土壤。

在生长期发病，可以用3%阿维菌素微囊悬浮剂500～700ml/亩，每株灌250ml。视病情间隔7～10天1次，能有效地控制根结线虫病的发生为害。

10. 西瓜细菌性叶斑病

【分布为害】西瓜细菌性叶斑病分布较广，发生亦较普遍，但一般轻度发病，病株率5%～10%，重时病株率可达20%以上，显著影响西瓜生产。

【症　　状】又称西瓜细菌性角斑病。此病全生育期均可发生，叶片、茎蔓和瓜果都可受害。主要在开花坐果期至采收盛期发病最重。苗期染病，子叶上产生褐色圆形至多角形病斑，真叶沿叶缘呈黄褐色至黑褐色坏死干枯，最后瓜苗呈褐色枯死(图2-58)。成株染病，叶片上初生水浸状半透明小点，以后扩大成浅黄色斑，边缘具有黄绿色晕环，最后病斑中央变褐或呈灰白色破裂穿孔，湿度高时叶背溢出乳白色菌液(图2-59和图2-60)。茎蔓染病呈油渍状暗绿色，以后龟裂，溢出白色菌脓。瓜果染病，初出现油渍状黄绿色小点，逐渐变成近圆形红褐色至暗褐色坏死斑，边缘黄绿色油渍状，随病害发展病部凹陷龟裂呈灰褐色，空气潮湿时病部可溢出锈色菌脓(图2-61)。

图2-58　西瓜细菌性叶斑病幼苗子叶发病症状

图2-59 西瓜细菌性叶斑病叶片发病初期症状

图2-60 西瓜细菌性叶斑病叶片发病后期症状

图2-61　西瓜细菌性叶斑病果实发病症状

【病　　原】*Pseudomonas syringae* pv. *lachrymans* 称假单胞杆菌，属细菌。

【发生规律】病菌在种子上或随病残体留在土壤中越冬，成为翌年的初侵染来源。病菌借风雨、昆虫和农事操作进行传播，从寄主的气孔、水孔和伤口侵入。细菌侵入后，初在寄主细胞间隙中，后侵入到细胞内和维管束中，侵入果实的细菌则沿导管进入种子。种子上的病菌可在种皮或种子内部存活1~2年，种子带菌在3%左右，带菌的种子发芽时，病菌在子叶上引起发病。发病适温为24~28℃，最高为39℃，最低4℃，48~50℃经10分钟致死。气温21~28℃，相对湿度85%以上的梅雨季极易造成流行发病，露地栽培比保护地栽培发病严重。低洼地及连作地块发病重。浙江以及长江中下游地区发病盛期是在4—6月和9—11月。

【防治方法】与非葫芦科作物2年以上轮作。选用耐病品种。培育无病种苗，用新的无病土苗床育苗；保护地适时放风，降低棚室湿度，发病后控制灌水，促进根系发育增强抗病能力。露地西瓜推广避雨高垄地膜覆盖栽培，平整土地，完善排灌设施，收获结束后清除病株残体，翻晒土壤等。

种子处理。用60℃温水浸种15分钟，或用3%中生菌素可湿性粉剂500倍液浸种2小时，而后催芽播种。或播种前用40%福尔马林150倍液浸1.5小时，或用50%代森铵水剂500倍液浸种1小时，清水洗净后催芽播种。

发病初期，可采用下列杀菌剂进行防治：

3%中生菌素可湿性粉剂600~800倍液；

20%噻唑锌悬浮剂300~500倍液+12%松脂酸铜乳油600~800倍液；

20%噻菌铜悬浮剂1 000~1 500倍液；

50%氯溴异氰尿酸可溶性粉剂1 500~2 000倍液；

36%三氯异氰尿酸可湿性粉剂1 000~1 500倍液；

45%代森铵水剂400~600倍液；

60%琥·乙膦铝可湿性粉剂500~700倍液；

47%春雷·王铜可湿性粉剂700倍液；

对水喷雾，视病情每5~7天喷1次。

11．西瓜细菌性果腐病

【分布为害】西瓜细菌性果腐病分布较广，各西瓜栽培地均有发生，以南方发病最重；发病轻的可减产20%～30%，严重的可减产40%～80%，有些地块或地区甚至绝收。

【症　状】瓜苗染病沿叶片中脉出现不规则褐色病斑，有的扩展到叶缘，叶背面呈水浸状(图2-62)。果实染病，果表面出现数个几毫米大小灰绿色至暗绿色水浸状斑点，后迅速扩展成大型不规则斑，变褐或龟裂，果实腐烂，并分泌出黏质琥珀色物质(图2-63)，瓜蔓不萎蔫，病瓜周围病叶上出现褐色小斑，病斑通常在叶脉边缘，有时有黄晕，病斑周围呈水浸状。

图2-62　西瓜细菌性果腐病叶片发病症状

图2-63　西瓜细菌性果腐病果实发病症状

【病　　原】*Pseudomonas pseudoalcaligenes* subsp. *citrulli* 称类产碱假单胞西瓜亚种，属细菌。病菌革兰氏阴性菌，菌体短杆状，极生单根鞭毛。

【发生规律】病菌主要在种子和土壤表面的病残体上越冬。带菌种子是病害进行远距离传播的主要途径。病菌在田间借风雨、灌溉水、昆虫及农事操作进行传播，从伤口或气孔侵入。多雨、高湿、大水漫灌易发病，气温24～28℃经1小时，病菌就能侵入潮湿的叶片，潜育期3～7天。

【防治方法】实行轮作，与禾本科等非瓜果类蔬菜进行2年以上的轮作。施用充分腐熟有机肥；采用塑料膜双层覆盖栽培方式，注意通风降湿，西瓜膨大后应进行垫瓜，防止烂瓜。

种子处理。用40%福尔马林150倍液浸种30分钟，清水冲净后浸泡6～8小时，再催芽播种。有些西瓜品种对福尔马林敏感，用前应先试验，以免产生药害；或用新植霉素2 000倍液，浸种1小时，沥去药水再用清水浸6～8小时，冲洗干净后再用清水浸6～8小时，然后再催芽播种。

在发病前或进入雨季时应加强预防，结合其他病害的防治，可采用下列杀菌剂进行防治：

50%氯溴异氰尿酸可溶性粉剂1 500～2 000倍液；

36%三氯异氰尿酸可湿性粉剂1 000～1 500倍液；

45%代森铵水剂400～600倍液；

60%琥·乙膦铝可湿性粉剂500～700倍液；

47%春·氧氯化铜可湿性粉剂700倍液；

86.2%氧化亚铜可湿性粉剂2 000～2 500倍液；

77%氢氧化铜可湿性粉剂800～1 000倍液；

对水喷雾，视病情间隔7～10天1次。

田间发现病株及时施药防治，发病初期，可采用下列杀菌剂进行防治：

3%中生菌素可湿性粉剂600～800倍液；

77%氢氧化铜可湿性粉剂600～800倍液；

20%噻唑锌悬浮剂300~500倍液+12%松脂酸铜乳油600~800倍液；

20%噻菌铜悬浮剂1 000～1 500倍液；

30%琥胶肥酸铜可湿性粉剂500～1 000倍液；

对水喷雾，视病情间隔7～10天1次。

12. 西瓜猝倒病

【症　　状】发病初期在幼苗近地面处的茎基部或根茎部，生出黄色至黄褐色水浸状缢缩病斑，致幼苗猝倒，一拔即断。该病在育苗时或直播地块发展很快，一经染病，叶片尚未凋萎，幼苗即猝倒死亡。湿度大时，在病部或其周围的土壤表面生出一层白色棉絮状白霉(图2-64至图2-66)。

图2-64　西瓜常规育苗猝倒病发病症状

图2-65　西瓜营养钵育苗猝倒病发病症状

图2-66　西瓜无土基质育苗猝倒病发病症状

【病　　原】*Pythium aphanidermatum* 称瓜果腐霉，属卵菌门真菌。菌丝体生长繁茂，呈白色棉絮状；菌丝无色，无隔膜。孢子囊丝状或分枝裂瓣状，或呈不规则膨大。泡囊球形，内含6~26个游动孢子。藏卵器球形，雄器袋状至宽棍状，同丝或异丝生，多为1个。卵孢子球形，平滑。

【发生规律】病菌以卵孢子在12~18cm表土层越冬，并在土中长期存活。翌春，遇有适宜条件萌发产生孢子囊，以游动孢子或直接长出芽管侵入寄主。病菌侵入后，在皮层薄壁细胞中扩展，菌丝蔓延于细胞间或细胞内，后在病组织内形成卵孢子越冬。病菌生长适宜地温15~16℃，温度高于30℃受到抑制；适宜发病地温10℃，低温对寄主生长不利，但病菌尚能活动，尤其是育苗期出现低温、高湿条件，利于发病。此外，在土中营腐生生活的菌丝也可产生孢子囊，以游动孢子侵染瓜苗引起猝倒。当幼苗子叶养分基本用完，新根尚未扎实之前是感病期。该病主要在幼苗长出1~2片真叶期发生，3片真叶后，发病较少。

【防治方法】对苗期病害严重的地区，采用统一育苗、统一供苗的方法。育苗时选用无病新土，不要用带菌的旧苗床土、菜园土或庭院土育苗。加强苗床管理，避免低温、高湿条件出现。

苗床处理。施用25%甲霜灵可湿性粉剂3～5g/m²+50%福美双可湿性粉剂9g/m²、50%拌种双可湿性粉剂7g/m²，对细土4～5kg拌匀，施药前先把苗床底水打好，且一次浇透(根据季节定浇水量)，一般17～20cm深，水渗下后，取1/3充分拌匀的药土撒在畦面上，播种后再把其余2/3药土覆盖在种子上面，即上覆下垫。如覆土厚度不够可补撒药土使其达到适宜厚度，这样种子夹在药土中间，防效明显。也可用20%甲基立枯磷乳油1 000倍液喷淋苗床。

提倡选用营养钵或穴盘育苗等现代育苗方法，可大大减少猝倒病的发生和为害。用营养钵育苗，宽1.2m、深10～15cm、长为15～20m的带埂平畦，营养土需选优质田园土和充分腐熟的牛粪按6：4配制，每立方米营养土中加入复合肥(15-15-15)1kg、草木灰5kg、95%恶霉灵原药50g或54.5%恶霉·福可湿性粉剂100g或70%敌磺钠可溶性粉剂100g或50%福美双可湿性粉剂150g，与营养土充分拌匀后装入营养钵或育苗盘。

种子处理。可用72.2%霜霉威盐酸盐水剂500倍液、或用20%氟吗啉可湿性粉剂600倍液、50%烯酰吗啉可湿性粉剂1 000倍液浸种30分钟；也可用40%拌种双可湿性粉剂按种子重量的0.2%～0.3%拌种。

田间发病时及时施药防治，可采用下列杀菌剂进行防治：

687.5g/L霜霉威盐酸盐·氟吡菌胺悬浮剂800～1 200倍液；

25%吡唑醚菌酯乳油3 000～4 000倍液+70%代森锰锌可湿性粉剂600～800倍液；

69%烯酰·锰锌可湿性粉剂1 000～1 500倍液；

72.2%霜霉威水剂600～800倍液+70%代森联水分散粒剂600～800倍液；

53%精甲霜·锰锌水分散粒剂600～800倍液；

70%丙森锌可湿性粉剂600～800倍液+25%甲霜灵可湿性粉剂600倍液；

70%恶霉灵可湿性粉剂2 000～3 000倍液+25%甲霜灵可湿性粉剂600倍液；

对水喷雾，视病情间隔5～7天喷1次。也可采用以上药剂喷淋苗床，视病情间隔7～10天1次。注意用药剂喷雾后，等苗上药液干后，再撒些细干土，降湿保温。

13. 西瓜立枯病

【症　　状】主要侵害植株根尖及根，初发病时在苗茎基部出现椭圆形褐色病斑，叶片白天萎蔫，晚上恢复，以后病斑逐渐凹陷，发展到绕茎一周时病部缢缩干枯，但病株不易倒伏，呈立枯状(图2-67)。

图2-67　西瓜立枯病幼苗发病症状

【病　　原】*Rhizoctonia solani* 称立枯丝核菌，属无性型真菌。菌丝有隔，初期无色，老熟时浅褐色至黄褐色。菌丝多呈直角分枝，分枝基部稍缢缩。能形成菌核，是由具有桶形细胞的老菌丝交织而成。菌核无定形，浅褐色至黑褐色，表面粗糙，菌核间常有菌丝相连。有性阶段在自然条件下不易见到。

【发生规律】在西瓜苗期发生，病菌在15℃左右的温度环境中繁殖较快，30℃以上繁殖受到抑制。土壤温度10℃左右不利于瓜苗生长，而病菌能活动，因此容易发病。一般在3月下旬、4月上旬，连日阴雨并有寒流，发病较多。多在苗床温度较高或育苗后期发生，阴雨多湿、土壤过黏、重茬发病重。播种过密、间苗不及时、温度过高易诱发本病。

【防治方法】选择地势高、地下水位低、排水良好的地做苗床，选用无病的新土育苗，加强苗床管理及时放风、降湿，避免低温、高湿的环境条件出现，严防瓜苗徒长染病。

种子处理。用2.5%咯菌腈悬浮种衣剂用种子重量0.2%～0.3%拌种；或用2.5%咯菌腈悬浮种衣剂12.5ml，对水50ml，充分混匀后倒在5kg种子上，快速搅拌，直到药液均匀分布在每粒种子上，晾干播种；也可用450g/L克菌丹悬浮种衣剂67.5～78.75g/100kg种子+30g/L苯醚甲环唑悬浮种衣剂6～9ml/100kg种子进行种子包衣或拌种；还可将种子湿润后用种子重量0.3%的75%福・菱可湿性粉剂、20%甲基立枯磷乳油、70%恶霉灵可湿性粉剂拌种。拌种时加入0.01%芸苔素内酯乳油8 000～10 000倍液，有利于抗病壮苗。

土壤处理。用50%多菌灵可湿性粉剂4～6g/m²+50%福美双可湿性粉剂5～8g/m²、或用95%恶霉灵原药2～4g/m²，对水稀释至1 000倍液喷洒苗床，浅耙后播种。也可把70%恶霉灵可湿性粉剂2～4g/m²、70%甲基硫菌灵可湿性粉剂4～6g/m²+50%福美双可湿性粉剂5～8g/m²、50%腐霉利可湿性粉剂4～6g/m²+50%福美双可湿性粉剂5～8g/m²，对细土18kg，待打好底水后取1/3拌好的药土撒在畦面上，播种后把其余2/3药土覆盖在种子上，防效明显。

苗床初现萎蔫症状，且气候有利于发病时，应及时施药，可用以下药剂进行防治：

10%苯醚甲环唑水分散粒剂1 500～2 000倍液+15%恶霉灵水剂300～400倍液；

20%氟酰胺可湿性粉剂600～800倍液+75%百菌清可湿性粉剂600倍液；

30%苯醚甲・丙环乳油3 000倍液+70%代森锰锌可湿性粉剂600～800倍液；

50%异菌脲可湿性粉剂1 000～1 500倍液+70%敌磺钠可溶性粉剂300～500倍液；

20%甲基立枯磷乳油800～1 200倍液+70%代森锰锌可湿性粉剂800倍液；

50%腐霉利可湿性粉剂1 500倍液+70%丙森锌可湿性粉剂600～700倍液；

2.5%咯菌腈悬浮种衣剂1 000～1 500倍液；

喷淋苗床，视病情间隔7～10天1次。

14.西瓜根腐病

【症　　状】主要侵染根及茎部，初呈现水浸状，茎缢缩不明显，病部腐烂处的维管束变褐，不向上发展，有别于枯萎病；后期病部往往变糟，留下丝状维管束(图2-68)。病株地上部初期症状不明显，后叶片中午萎蔫，早晚尚能恢复。严重的则多数不能恢复而枯死。

图2-68　西瓜根腐病发病症状

【病　　原】*Fusarium solani* 称腐皮镰孢菌，属无性型真菌。大型分生孢子新月形、无色，有2～4个横隔膜；小型分生孢子椭圆形、无色。

【发生规律】病菌以菌丝体、厚垣孢子或菌核在土壤中及病残体中越冬。其厚垣孢子可在土中存活5～6年或长达10年，成为主要侵染源，病菌从根部伤口侵入，后在病部产生分生孢子，借雨水或灌溉水传播蔓延，进行再侵染。高温、高湿利其发病，连作地、低洼地、黏土地发病重。

【防治方法】露地可与白菜、葱、蒜等蔬菜实行2年以上轮作，保护地避免连茬，以降低土壤含菌量。及时拔除病株，并在根穴里撒消石灰。采用高畦栽培，防止大水漫灌，雨后排出积水，进行浅中耕，保持底墒和土表干燥。

西瓜定植时，结合其他病害的防治，可以用70％甲基硫菌灵可湿性粉剂1.5～2kg/亩+70％敌磺钠可溶性粉剂2～3kg/亩、或50％多菌灵可湿性粉剂1.5～2kg/亩+50％福美双可湿性粉剂2～3kg/亩，按1：50比例与土配制药土，撒在定植穴中；或用50％苯菌灵可湿性粉剂800倍液、20％甲基立枯磷乳油800倍液灌根，每株灌250ml。

在田间病害开始发生时，要及时施药防治，可采用下列杀菌剂进行防治：

5％丙烯酸·恶霉·甲霜水剂800～1 000倍液；

80％多·福·福锌可湿性粉剂500～700倍液；

54.5％恶霉·福可湿性粉剂700倍液；

68％恶霉·福美双可湿性粉剂800～1 000倍液；

20％二氯异氰尿酸钠可溶性粉剂400～600倍液；

50％福美双可湿性粉剂500～700倍液；

10％多抗霉素可湿性粉剂600～1 000倍液；

灌根，每株灌250ml，视病情间隔7～10天喷1次。

15．西瓜绵疫病

【症　　状】西瓜生长中后期，果实膨大后，由于地面湿度大，靠近地面的果面由于长期受潮湿环境的影响，极易发病。果实上先出现水浸状病斑，而后软腐，湿度大时长出白色绒毛状菌丝，后期病瓜腐烂，有臭味(图2–69)。

图2-69　西瓜绵疫病果实发病症状

【病　　原】*Pythium aphanidermatum* 称瓜果腐霉，属鞭毛菌亚门真菌。菌丝无色、无隔。游动孢子囊呈棒状或丝状，分枝裂瓣状，不规则膨大。藏卵器球形，雄器袋状。卵孢子球形，厚壁，淡黄褐色。

【发生规律】病菌以卵孢子在土壤表层越冬，也可以菌丝体在土中营腐生生活，温湿度适宜时卵孢子萌发或土中菌丝产生孢子囊萌发释放出游动孢子，借浇水或雨水溅射到幼瓜上引起侵染。田间高湿或积水易诱发此病。通常地势低洼、土壤黏重、地下水位高、雨后积水或浇水过多，田间湿度高等均有利于发病。结瓜后雨水较多的年份，以及在田间积水的情况下发病较重。

【防治方法】与禾本科作物轮作3～4年。施用充分腐熟的有机肥。采用高畦栽培，避免大水漫灌，大雨后及时排水，必要时可把瓜垫起。

发病初期，可采用下列杀菌剂进行防治：

687.5g/L霜霉·氟吡胺悬浮剂800～1 200倍液；

60%唑醚·代森水分散粒剂1 000～2 000倍液；

23.4%双炔酰菌胺悬浮剂1 500～2 000倍液；

500g/L氟啶胺悬浮剂2 000～3 000倍液；

50%锰锌·氟吗可湿性粉剂1 000～1 500倍液；

440g/L精甲·百菌悬浮剂1 000～2 000倍液；

25%甲霜·霜霉可湿性粉剂1 500～2 500倍液；

对水喷雾，视病情间隔5～7天喷1次。

16．西瓜褐色腐败病

【症　　状】苗期、成株期均可发生。苗期染病，主要为害根茎部，土表下根茎处产生水浸状病斑，皮层初现暗绿色水浸状斑，后变为黄褐色，逐渐腐烂，后期缢缩或全部腐烂，致全株枯死。成株染病，初生暗绿色水浸状病斑，后变软腐败，病叶下垂，不久变为暗褐色，易干枯脆裂。茎部染病，病部出现暗褐色纺锤形水浸状斑，病情扩展快，茎变细产生灰白色霉层，致病部枯死。蔓的先端最易被侵染，导致侧枝增多，在低洼处的蔓尤为明显。果实染病，初生直径1cm左右的圆形凹陷斑，病部初呈水浸状暗绿色，后变成暗褐色至暗赤色，斑面形成白色紧密的天鹅绒状菌丝层(图2-70)。该病扩展迅速，即使很大的西瓜，也会在2～3天腐败，损失严重。

图2-70　西瓜褐色腐败病果实发病症状

【病　　原】*Phytophthora capsici* 称辣椒疫霉，属卵菌门真菌。菌丝无分隔，无色透明；游动孢子卵形或圆形；厚垣孢子近圆形。

【发生规律】病菌在土壤中主要以卵孢子形式越冬，翌年形成初侵染源。发病后，病斑上生成的分生孢子，借雨水飞散，四处蔓延。高湿条件下发病较重，排水不畅的地块及酸性土壤易发病。果实直接接触地面时也容易发病。

【防治方法】施用充分腐熟有机肥，采用配方施肥技术，减少化肥施用量。前茬收获后及时翻地。雨后及时排水。

在发病初期，可采用下列杀菌剂进行防治：

687.5g/L霜霉威盐酸盐·氟吡菌胺悬浮剂800～1 200倍液；

60%戊唑·丙森锌水分散粒剂900～1500倍液；

84.51%霜霉威·乙膦酸盐可溶性水剂600～1 000倍液；

57%烯酰·丙森锌水分散粒剂2 000～3 000倍液；

76%丙森·霜脲氰可湿性粉剂1 000～1 500倍液；

76%霜·代·乙膦铝可湿性粉剂800～1 000倍液；

对水喷雾，视病情间隔7～10天1次。

保护地西瓜，在发病初期，用45%百菌清烟剂200～250g/亩，在棚内分4～5处放置，暗火点燃，闭棚一夜，次晨通风，视病情间隔7天熏1次。

17．西瓜酸腐病

【症　　状】主要发生在半成熟瓜上，病瓜初呈水渍状，以后软腐，在其表面产生一层紧密的白色霉层，逐渐呈颗粒状，有酸臭味。瓜皮受伤更易受到侵染，病害严重时造成大批瓜果腐烂(图2-71)。

图2-71　西瓜酸腐病果实发病症状

【病　　原】*Oospora* sp. 称卵形孢霉，属无性型真菌。分生孢子串生于分生孢子梗顶端，椭圆形至圆筒形，单细胞，无色。

【发生规律】病菌腐生性较强，以菌丝体在土壤中越冬。分生孢子借气流、雨水或浇水传播，多从西瓜与地面接触处或伤口处侵入。发病后病部产生大量分生孢子，随雨水或浇水传播蔓延，进行再侵染。高温高湿有利于发病，通常结瓜期多雨，天气闷热，田间高湿发病较重。

【防治方法】收获后彻底清除病残组织，带到田外深埋，或集中妥善处理，减少田间菌源。采用高畦或高垄栽培。施足底肥，加强中后期管理，适时浇水追肥，减少生理裂口和机械伤口。雨后及时排出田间积水。发病后及时清除病株，避免大水漫灌。

田间发病时，及时采用下列杀菌剂进行防治：

250g/L嘧菌酯悬浮剂1 500～2 000倍液；

86.2％氧化亚铜可湿性粉剂2 000～2 500倍液；

77％氢氧化铜可湿性粉剂800～1 000倍液；

33.5％喹啉铜悬浮剂800～1 000倍液；

30％壬菌铜微乳剂600～800倍液；

68.75％噁唑菌酮·锰锌水分散粒剂1 000～1 500倍液；

80％代森锌水分散粒剂800～1 000倍液；

70％甲基硫菌灵可湿性粉剂600倍液+60％琥·乙膦铝可湿性粉剂500倍液；

50％氢铜·多菌灵可湿性粉剂600～800倍液；

茎叶喷雾，视病情间隔10天左右1次。

18. 西瓜霜霉病

【症　　状】发病初期，叶面上出现水浸状不规则形病斑，逐渐扩大并变为黄褐色，湿度大时叶片背面长出黑色霉层。发病严重时多数叶片凋枯(图2-72和图2-73)。

图2-72　西瓜霜霉病叶片发病初期症状

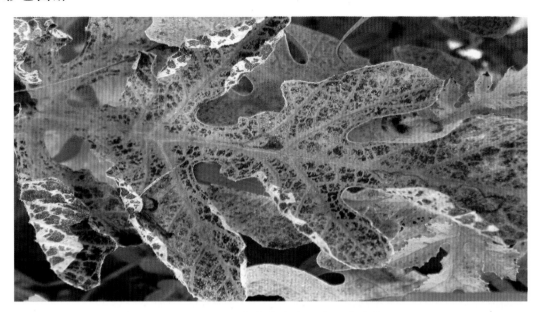

图2-73 西瓜霜霉病叶片发病后期症状

【病　　原】*Pseudoperonospora cubensis* 称古巴假霜霉菌，属卵菌门真菌。孢囊梗自气孔伸出，单生或2~4根束生，无色，基部稍膨大，上部呈3~5次锐角分枝，分枝末端着生一个孢子囊，孢子囊卵形或柠檬形，顶端具乳状凸起，淡褐色，单胞。孢子囊释放出游动孢子1~8个，在水中游动片刻后形成休眠孢子，再产生芽管，从寄主气孔或细胞间隙侵入，在细胞间蔓延，靠吸器伸入细胞内吸取营养。

【发生规律】在北方寒冷地区病菌不能在露地越冬，植株枯萎后即死亡，种子也不带菌。田间病菌主要靠气流传播，从叶片气孔侵入。霜霉病的发生与植株周围的温湿度关系非常密切，病害在田间发生的气温为16℃，适宜流行的气温为20~24℃。高于30℃或低于15℃发病受到抑制。孢子囊萌发要求有水滴，当日平均气温在16℃时，病害开始发生，日平均气温在18~24℃，相对湿度在80%以上时，病害迅速扩展。叶面有水膜时容易侵入。在湿度高、温度较低、通风不良时很易发生，且发展很快。

【防治方法】定植时严格淘汰病苗。选择地势较高、排水良好的地块种植。施足基肥，合理追施氮、磷、钾肥，生长期不要过多地追施氮肥，以提高植株的抗病性。

田间发病时及时进行防治，病害发生初期，可采用下列杀菌剂进行防治：

687.5g/L霜霉威盐酸盐·氟吡菌胺悬浮剂800~1 200倍液；

60%戊唑·丙森锌水分散粒剂900~1 500倍液；

84.51%霜霉威·乙膦酸盐可溶性水剂600~1 000倍液；

70%呋酰·锰锌可湿性粉剂600~1 000倍液；

69%锰锌·烯酰可湿性粉剂1 000~1 500倍液；

440g/L双炔·百菌清悬浮剂600~1 000倍液；

25%烯肟菌酯乳油2 000~3 000倍液+75%百菌清可湿性粉剂600~800倍液；

对水喷雾，视病情间隔5~7天防治1次。

保护地栽培，可用45%百菌清烟剂200g/亩、15%百菌清·甲霜灵烟剂250g/亩，按包装分放5~6处，傍晚闭棚由棚室里面向外逐次点燃后，次日早晨打开棚、室，进行正常田间作业。间隔6~7天熏1次，熏蒸次数视病情而定。也可在发病前采用5%百菌清粉尘剂1kg/亩，发病初期用7%百菌清·甲霜灵粉尘剂1kg/亩，早上或傍晚进行喷粉，视病情间隔7天喷1次。

19．西瓜黏菌病

【症 状】常发生在生长前期茎基部的叶片上，发病初期在叶片上产生淡黄色不规则形至近圆形小斑点，病斑表面较粗糙或略凸起，常呈疮痂状，干燥条件下常形成白色硬壳(图2-74和图2-75)。

图2-74 西瓜黏菌病叶片发病症状

图2-75 西瓜黏菌病叶背发病症状

【病　　原】*Physarum cinereum* (Batsch)Persoon 称西瓜灰绒泡菌，属原生动物界黏菌门。

【发生规律】河南6—8月露地西瓜发生较多较重。整地时施入未充分腐熟的有机肥，长势中等稍弱的田块发病较重。

【防治方法】整地时施用充分腐熟的有机肥作基肥，合理施用氮、磷、钾肥，加强肥水管理，促进植株健壮生长，雨后及时排出田间积水，收获结束后及时清除田间病残体并集中带出田间销毁。

发病初期，及时摘除病叶并用下列药剂进行防治：

70%甲基硫菌灵可湿性粉剂600～800倍液；

50%苯菌灵可湿性粉剂800～1 000倍液+70%代森联水分散粒剂600倍液；

25%溴菌腈可湿性粉剂500～1 000倍液+70%代森锰锌可湿性粉剂700倍液；

25%嘧菌酯悬浮剂1 000～2 000倍液；

30%福·嘧霉可湿性粉剂800～1 000倍液+75%百菌清可湿性粉剂600～800倍液；

对水喷雾，视病情间隔7～10天1次，连续防治2～3次。

二、西瓜生理性病害

1．西瓜化瓜

【症　　状】化瓜主要表现为幼瓜发育一段时间后慢慢停止生长，逐渐褪绿变黄，最后萎缩坏死(图2-76和图2-77)。

图2-76　西瓜化瓜症状

图2-77　温室礼品西瓜化瓜症状

【病　　因】一是开花后雌花未授粉受精。西瓜为雌雄同株异花植物，花期如果遇到阴雨天，花粉就会吸湿破裂；或授粉昆虫较少，雌花不能正常进行授粉，使子房不能正常膨大生长而脱落。二是雌花花器或雄花器不正常。如花器柱头过短，无蜜腺，花药中不产生花粉或雌蕊退化等，都会引起西瓜化瓜现象的发生。三是植株生长过盛或过弱都会引起化瓜。由于植株生长不协调，生成营养物质分配不均匀，使幼瓜得不到足够的营养物质而化瓜。四是花期土壤水分不合理。水分过多，使茎叶旺长，雌花因营养不良而化瓜；水分过少，又导致植株因缺水而落花。五是环境条件不利。花期温度过高或过低，都不利于花粉管伸长，使受精不良，引起落花；光照不足，使光合作用受阻，子房暂时处于营养不良状态而导致化瓜。六是营养生长与生殖生长不协调。营养生长过旺会导致雌花发育不良，而引起化瓜。

【防治方法】由于造成化瓜的原因较复杂，防止化瓜需及时查明化瓜原因有针对性地采取防治措施。

安排好播期，避开不利于西瓜开花坐果的时期；育苗过程中给予幼苗适宜的环境条件促进花芽分化，降低畸形花出现概率。科学施肥浇水。播种前要重施底肥，以有机肥为主，配施速效氮肥、磷肥及钾肥等。抽蔓期施肥，应酌情减少氮肥用量，要掌握施肥原则，并适当控制浇水，使其生长稳健，避免发生旺长。人工辅助授粉。在西瓜花期，于7:00—10:00时把雄花摘下，剥去花冠，用花蕊均匀地涂抹雌花柱头，每朵雄花可抹2～3朵雌花。授粉时，动作要轻，以免损伤柱头。捏茎控旺稳瓜。植株生长过旺的瓜田，在幼瓜正常授粉后，将瓜后茎蔓用力一捏，这样可减少水肥向顶端的输送能力，集中养分供应幼瓜，减少化瓜现象。

2．西瓜裂果

【症　　状】裂果发生在果实膨大期，是果实纵向开裂，大部分是从尾端开始开裂，从而影响其品质和产量(图2-78)。

图2-78　西瓜裂果

【病　　因】一是有可能是品种皮薄，容易造成裂瓜；二是当土壤长期缺水，而后突然浇大水，植株的营养物质向果实输送的过多，此时果肉的生长速度比果皮的生长速度快，也会导致裂瓜。三是果实发育期前期温度较低，而后温度突然升高，促使果实迅速膨大，而造成裂瓜。

【防治方法】选择较耐裂的品种种植。注意水分的管理尤其是进入开花结果期后，浇水不可忽大忽小。保护地栽培注意温度的控制，及时放风降温降湿。

3．西瓜黄带果

【症　　状】将西瓜切开后，会看到果肉的维管束变为黄色发达的纤维质带(图2-79)。

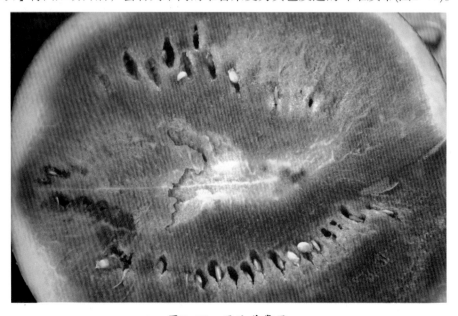

图2-79　西瓜黄带果

【病　　因】植株长势过旺，在果实成熟过程中如果遇到低温或叶片大量受损，从茎叶向果实运送营养物质不足、运输受阻，使果实成熟时仍保留发达的维管束所导致。采用南瓜砧木嫁接的西瓜也容易产生这种现象。土壤中缺钙，高温干旱、土层干燥、缺硼等因素都能影响钙的吸收，都会促进黄带果的增加。有黄带的果实糖度较低，口感差。

【防治方法】整地时可以施入含钙的肥料或施入适量石灰，加强肥水管理，适时适量追肥浇水，可叶面补施钙肥、硼肥；高温季节可适当加大浇水量，促进植株生长。

4．西瓜畸形果

【症　　状】畸形瓜主要表现为大肚瓜、尖嘴瓜、偏头瓜。是由于西瓜在花芽分化期或果实发育过程中，遇到不良环境条件和栽培管理不当容易形成畸形果，严重影响西瓜的品质和经济价值(图2-80至图2-83)。

图2-80　西瓜偏头瓜

图2-81　西瓜大肚瓜

图2-82　西瓜尖嘴瓜

图2-83　礼品西瓜偏头瓜

【病　　因】一是在苗期花芽分化时，养分和水分供应不平衡，影响花芽分化。二是花芽分化时基质中缺少锰、钙等微量元素。三是在开花坐果期过于干旱或授粉不均匀导致产生畸形瓜。在果实发育期间水肥的不平衡也容易引起畸形瓜。

【防治方法】注意育苗基质营养的全面性，补施钙、锰肥；加强苗期管理，注意温湿度的控制，创造有利于花芽分化的条件。开花坐果期注意采用人工辅助授粉，授粉时花粉要均匀涂抹在柱头上，合理施肥浇水。

5. 西瓜脐腐病

【症　　状】在幼瓜膨大期容易发病，有时也会在果肉将要变红时发病，开始果实脐部呈水浸状暗绿色或深灰色，随病情发展很快变为暗褐色，病部瓜皮失水，顶部呈扁平或凹陷状，病斑有时有同心轮纹，果皮和果肉柔韧，一般不腐烂。病斑多为圆形，有时会因果实形状不正使病斑呈边缘平滑的不规则形，空气潮湿时病瓜常被某些真菌所腐生，会出现黑色霉层(图2-84和图2-85)。

图2-84　西瓜脐腐病发病初期

图2-85　西瓜脐腐病发病后期

【病　　因】该病与品种有关，有些品种很容易产生脐腐病。在施用氮肥过多时会影响植株对钙的吸收，也会诱发脐腐病。在果实迅速膨大期天气干旱长期不浇水，造成植株果实与叶片争夺养分，导致果实脐部大量失水，诱发脐腐病。施用激素不合理也会出现脐腐病。

【防治方法】选用脐腐病发病概率小的品种栽培。栽培田在整地时多施有机肥。在果实迅速膨大期适时适量施肥浇水，促进果实发育；有条件的可用0.5%氯化钙或1%过磷酸钙进行叶面喷雾，以补充植株体内钙的含量。合理使用农药避免产生药害。

6．西瓜日灼病

【症　　状】主要发生在夏季露地西瓜生长中后期的果实上，果实被强光照射后，出现白色圆形或椭圆形至不规则形大小不等的白斑，病部上常腐生有杂菌(图2-86和图2-87)。

图2-86　黑皮西瓜日灼

图2-87　西瓜日灼部后期常腐生有杂菌

【病　　因】日灼果是强光直接长时间照射果实所致。

【发病规律】果实日灼斑多发生在朝西南方向的果实上。这是因为在一天中，阳光最强的时间是午后13:00—14:00，此时太阳正处于偏西南方向。日灼斑的产生是由于被阳光直射的部位表皮细胞温度增高，导致细胞死亡。此外水肥不足，导致植株生长过弱，枝叶不能遮挡果实都会增加发病概率。

【防治方法】注意合理密植，栽植密度不能过于稀疏，避免植株生长到高温季节仍不能"封垄"，使果实暴露在强烈的阳光之下。有条件可进行遮阳网覆盖栽培。加强肥水管理，施用过磷酸钙作底肥，防止土壤干旱，促进植株枝叶繁茂。

7．西瓜无头封顶苗

【症　　状】西瓜幼苗生长点退化，不能正常地抽生新叶，只有2片子叶，有的虽能形成1～2片真叶，但叶片萎缩，没有生长点(图2-88)。

图2-88　西瓜无头封顶苗

【病　　因】一是育苗期间温度较低造成，幼苗生长点附有水珠，突然遇到寒流侵袭，造成幼苗生长点分化受到抑制，不能正常生长发育。二是陈种子生活力低。三是药害、肥害、烧苗、病虫害都能导致无头苗的出现。

【防治方法】选用新的发芽势强的种子播种育苗。加强苗床温度管理，及时通风，降低湿度，遇到连续低温期应注意提高棚室温度，晚上可用烟剂进行熏烟以降低棚室湿度。及时防治病虫害；合理使用农药，严格使用方法及使用浓度，不可随意加大用药量，避免药害的产生；施肥过程中应注意肥料施用量，对有些具有刺激性气味的肥料，施用后应注意及时放风。

8．西瓜粗蔓

【症　　状】瓜蔓变粗，顶端膨大有大拇指那样粗，瓜蔓上翘，当天开的雌花至顶端距离长约60cm，不易坐瓜(图2-89)。

图2-89　西瓜粗蔓

【病　　因】水肥不均，前期水肥过多，营养过剩，蔓上又没有坐住瓜，植株养分分配不均造成的。

【防治方法】合理施用氮、磷、钾肥，适时适量追肥浇水，如果发现瓜蔓上翘可以用土块轻压。

三、西瓜虫害

1. 美洲斑潜蝇

【为害特点】美洲斑潜蝇(*Liriomyza sativae*)属双翅目，潜蝇科。以幼虫钻叶为害，在叶片上形成由细变宽的蛇形弯曲隧道，开始为白色，后变成铁锈色，有的在白色隧道内还带有湿黑色细线。幼虫多时叶片在短时间内就被钻花干死(图2-90和图2-91)。

图2-90　美洲斑潜蝇为害西瓜幼苗叶片

图2-91　美洲斑潜蝇为害西瓜成株期叶片

【形态特征】参见番茄虫害——美洲斑潜蝇。

【发生规律】参见番茄虫害——美洲斑潜蝇。

【防治方法】参见番茄虫害——美洲斑潜蝇。

2. 蚜虫

【为害特点】西瓜田蚜虫主要是棉蚜(*Aphis mlossypii*)，属同翅目蚜科。主要以成虫和若虫在叶片背面和嫩梢、嫩茎、花蕾和嫩尖上吸食汁液，分泌蜜露。嫩叶及生长点被害后，叶片卷缩，生长停滞，甚至全株萎蔫死亡(图2-92和图2-93)。成株叶片受害，提前枯黄、落叶，缩短结瓜期，造成减产。此外，还能传播病毒病。

图2-92　西瓜苗期蚜虫为害状

图2-93　西瓜伸蔓期蚜虫为害状

【形态特征】参见黄瓜田虫害——蚜虫。

【发生规律】参见黄瓜田虫害——蚜虫。

【防治方法】参见黄瓜田虫害——蚜虫。

3．朱砂叶螨

【分　　布】朱砂叶螨(*Tetranychus cinnabarinus*)属真螨目叶螨科，是一种广泛分布于世界温带的农林大害虫，在我国各地均有发生。

【为害特点】以若虫和成虫在寄主的叶背面吸取汁液，受害叶初现灰白色，严重时变锈褐色，造成早落叶，果实发育慢，植株枯死(图2-94)。

图2-94　朱砂叶螨为害西瓜

【形态特征】雌成螨体长0.4～0.5mm，椭圆形。体色有红色、锈红色等。体背两侧有大型暗色斑块。体背生长刚毛。4对足略等长。雄成螨体长0.4mm，长圆形，腹末略尖(图2-95)。卵圆球形，体黄绿至橙红色，有光泽。幼螨体近圆形，较透明，足3对，取食后体变绿色。若螨足4对，体色较深，体侧出现明显斑块。

【发生规律】在长江流域一年发生15～18代。以成螨、若螨、卵在寄主的叶片下，土缝里或附近杂草上越冬。每年4—5月迁入菜田，6—9月陆续发生危害，以6—7月发生最重。温湿度与朱砂叶螨数量消长关系密切，尤以温度影响最大，当温度在28℃左右，相对湿度35%～55%，最有利于朱砂叶螨发生，但温度高于34℃，朱砂叶螨停止繁殖，低于20℃，繁殖受抑。朱砂叶螨有孤雌生殖习性，未受精的卵孵化为雄虫。卵孵化时，卵壳开裂，幼虫爬出，先静在叶片上，经蜕皮后进入第1龄虫期。幼虫及前期若虫活动少，后期若虫活跃而贪食，有趋嫩的习性，虫体一般从植株下部向上爬，边为害边上迁。

【防治方法】栽培中选用无螨秧苗。选用早熟品种，避开害螨发生高峰。清除田间杂草。

田间发现为害时(图2-95)，及时采用下列杀虫剂进行防治：

图2-95　朱砂叶螨成虫

30%嘧螨酯悬浮剂2 000～4 000倍液；

20%甲氰菊酯乳油1 000～2 000倍液；

10%浏阳霉素乳油1 000～2 000倍液；

15%哒螨灵乳油1 500～3 000倍液；

5%唑螨酯悬浮剂2 000～3 000倍液；

73%炔螨特乳油2 000～3 000倍液；

20%三唑锡悬浮剂2 000～3 000倍液；

5%噻螨酮乳油1 500～2 000倍液；

50%溴螨酯乳油1 000～2 000倍液；

对水喷雾，视虫情间隔7～10天喷1次，为提高防治效果，可在药液中混加增效剂或洗衣粉等，并采用淋洗式喷药。喷药时，重点喷洒植株上部的幼嫩部位，如嫩叶背面、嫩茎、花器、幼果等。

保护地可用10%哒螨灵烟剂400～600g/亩，熏烟。

4．黄守瓜

【分　　布】黄足黄守瓜（*Aulcophora femoralis chinensis*）和黄足黑守瓜（*Aulcophora lewisii*），均属鞘翅目叶甲科。主要分布于华北、东北、西北、黄河流域及南方各地。长江流域为害较重，河北、河南、山东也常形成灾害。

【为害特点】成虫取食瓜苗的叶和嫩茎，常常引起死苗，也为害花及幼瓜，使叶片残留若干干枯环或半环形食痕或圆形孔洞(图2-96)。

【形态特征】见黄瓜虫害。

【发生规律】每年3—4月开始活动，瓜苗3～4片叶时为害叶片。成虫喜在温暖的晴天活动，一般以

图2-96　黄守瓜为害西瓜叶片状

10:00—15:00活动最烈，阴雨天很少活动或不活动，成虫受惊后即飞离逃逸或假死，耐饥力很强，有趋黄习性。

【防治方法】幼虫发生盛期，可采用以下杀虫剂进行防治：

1.8%阿维菌素乳油2 000～4 000倍液；

0.5%甲氨基阿维菌素苯甲酸盐乳油3 000倍液，对水灌根。

成虫发生初期，可采用以下杀虫剂进行防治：

0.5%甲氨基阿维菌素苯甲酸盐乳油3 000倍液+4.5%高效顺式氯氰菊酯乳油2 000倍液；

100g/L三氟甲吡醚乳油3 000～4 000倍液；

5.1%甲维·虫酰肼乳油3 000～4 000倍液，对水喷雾。

四、西瓜各生育期病虫害防治技术

西瓜在各地均有栽培，栽培模式差异较大。西瓜全生育期80～120天，苗龄一般30～45天。早熟品种从播种到采收一般80～90天，中熟品种一般在90～100天；晚熟品种在100～120天(图2-97)。海南四季均有栽培，北方有大棚和露地栽培，华北"大棚+双拱棚+地膜覆盖"的大棚四膜覆盖栽培形式，使播种、定植期大大提前，成熟期提早到4月底到5月初，比露地栽培提早40～50天，比大棚加地膜提早10天左右，平均亩产量3 000～4 000kg。早春保护地栽培：2月中下旬播种育苗，苗龄35～40天，采用加温方法育苗，4月上中旬定植于温室内，6月初上市。早春露地栽培大多数在3月中旬用阳畦或温室育苗，4月中下旬露地定植，可覆盖地膜，6月中下旬采收上市。

图2-97　西瓜不同品种

从病虫害防治角度考虑西瓜的生育周期大致可分为播种育苗期、移栽伸蔓期、开花坐果期至果实发育期和果实发育后期至采收期4个时期。

(一)西瓜播种育苗期病虫害防治技术

西瓜多为育苗移栽，也有少量为直播田(图2-98)。早春保护地栽培西瓜育苗时期低温、多雨雪天气，易引起病害的发生。西瓜播种育苗期应重点防治猝倒病、立枯病、疫病、枯萎病、炭疽病等苗期病害(图2-99)。蔓枯病也开始零星发生，要加强防治，减少再侵染源；同时要注重通风降湿和防止冻害。

图2-98 西瓜播种育苗期生长情况

立枯病

枯萎病

疫病

猝倒病

炭疽病

图2-99 西瓜苗期常见病害

　　育苗苗床选择避风向阳处建好温室，有条件的最好采用火道加温或采用电热线加温；营养土用充分腐熟的优质有机肥与疏松田土按4∶6混合均匀，每立方米基质内加入充分腐熟鸡粪15kg，过磷酸钙1.5kg，草木灰50kg，或混入三元复合肥(15-15-15)1.5kg。为了预防苗期猝倒病、立枯病、疫病的发生，在每立方米基质中还应加入50％拌种双可湿性粉剂100g、或用50％多菌灵可湿性粉剂50g+25％甲霜灵可湿性粉剂100g+50％福美双可湿性粉剂100g，70％敌磺钠可溶性粉剂200g等药剂，土、药、肥要混匀。

　　也可用50％多菌灵可湿性粉剂50g/m³+25％甲霜灵可湿性粉剂100g/m³+50％福美双可湿性粉剂100g/m³，对水适量，喷淋在基质上混匀后用薄膜覆盖48小时后装营养钵备用。或采用福尔马林消毒，在播种2周前进行，每立方米用100ml福尔马林，加水2～4kg，喷浇在基质上，用塑料膜覆盖4～5天，除去覆盖物，摊开，2周后播种。

　　种子处理。播种前将精选的种子选择晴好天气晒种3～5天。晒种时不能直接在塑料薄膜和水泥场地上晾晒。用温烫浸种法，西瓜种子一般浸8小时左右为宜；浸种时可以与药剂浸种相结合，用70％恶霉灵可湿性粉剂600倍液或50％多菌灵可湿性粉剂800倍液+72.2％霜霉威水剂600倍液，或用50％多菌灵可湿性粉剂800倍液+25％甲霜灵可湿性粉剂500倍液+50％福美双可湿性粉剂500倍液，或用福尔马林浸种15～20分钟，处理后用清水冲洗干净；对于病毒病较重的田块可以混用10％磷酸三钠溶液浸种，一般浸30～50分钟，捞出用清水浸7～11小时催芽，后播种。对于种皮较厚的有籽西瓜种子、无籽西瓜种子在催芽前应将种子破壳以促进种子发芽。也可以用2.5％咯菌腈悬浮种衣剂10ml再加入35％甲霜灵拌种剂2ml，对水180ml，包衣4kg西瓜种子，包衣后，摊开晾干。也可将干燥的种子放在72℃的恒温箱中处理72小时以钝化病毒。

　　出苗后至露心前重点防治猝倒病、苗期疫病(图2-100)，发现病苗及时拔除，应立即用下列杀菌剂进行防治：

图2-100　西瓜猝倒病发病初期症状

69%烯酰·锰锌可湿性粉剂800～1 000倍液；

72.2%霜霉威水剂500～800倍液+75%百菌清可湿性粉剂600倍液；

3%恶霉·甲霜水剂600～800倍液+70%代森锰锌可湿性粉剂800倍液；

23.4%双炔酰菌胺悬浮剂1 500～2 000倍液；

25%甲霜·霜霉威可湿性粉剂1 500～2 500倍液；

84.51%霜霉威·乙膦酸盐可溶性水剂600～1 000倍液；

50%氟吗·乙铝可湿性粉剂800倍液+70%代森锰锌可湿性粉剂800倍液；

对水喷雾，视病情间隔5～7天喷1次，也可采用以上药剂喷淋苗床。注意用药剂浇灌后，等苗上药液干后，再撒些细干土，降湿保温。

在幼苗2叶至4叶期继续防治疫病，此时蔓枯病也会有零星发生，细菌性叶斑病此时也开始为害，可采用以下药剂进行防治：

72.2%霜霉威盐酸盐水剂600～800倍液+60%琥铜·乙铝·锌可湿性粉剂500～700倍液+75%百菌清可湿性粉剂600倍液；

325g/L苯甲·嘧菌悬浮剂1 500～2 500倍液+3%中生菌素可湿性粉剂600～800倍液+70%代森联水分散粒剂700倍液；

20%丙硫多菌灵悬浮剂2 500倍液+88%水合霉素可溶性粉剂1 500～2 000倍液+70%代森联水分散粒剂800倍液；

32.5%嘧菌酯·百菌清悬浮剂1 500～2 000倍液；

对水喷雾，视病情间隔7～10天防治1次。发病严重时也可用上述药剂涂抹病部效果也较好。

这一时期还应加强防冻措施，防止瓜苗受冻害，避免产生畸形花。晴好天气及时通风透光；降雪天气要及时清除大棚上的积雪，确保大棚安全。

(二)西瓜伸蔓期病虫害防治技术

西瓜幼苗团棵伸蔓至坐果节雌花开放，在20～25℃温度条件下，经20～25天，节间伸长，植株匍匐生长，标志着植株开始旺盛生长。此期生长点是生长中心，主蔓、侧蔓间尚无养分的转移(图2-101)。

图2-101　西瓜地爬蔓栽培伸蔓期生长情况

这一时期天气冷暖变化大。要加强田间管理，做好防冻、保暖和降湿工作。遇晴好天气及时通风透光，改善小环境气候条件。

此时主要病害有枯萎病、蔓枯病、疫病、炭疽病等(图2-102)，3月下旬在保护地内害虫也开始为害，可采取诱杀防治。还要重点做好蚜虫、蓟马、蝼蛄等的防治工作。

蔓枯病　　　　疫病　　　　炭疽病

图2-102　西瓜伸蔓期常见病害

防治枯萎病，从伸蔓初期开始防治，同时还应该防治根腐病，可采用下列杀菌剂进行防治：

5%丙烯酸·恶霉·甲霜水剂800~1 000倍液；

30%甲霜·恶霉灵水剂100~130ml/亩；

54.5%恶霉·福可湿性粉剂700倍液；

68%恶霉·福美双可湿性粉剂800~1 000倍液；

20%甲基立枯磷乳油800~1 000倍液+70%敌磺钠可溶性粉剂800倍液；

80亿/ml地衣芽孢杆菌水剂500~700倍液；

对水灌根，每株灌对好的药液400~500ml，间隔7~10天灌1次。

防治炭疽病、叶枯病等，发病初期，可采用下列杀菌剂或配方进行防治：

20%硅唑·咪鲜胺水乳剂2 000~3 000倍液；

40%苯醚·咪鲜胺水乳剂8~11ml/亩；

25%嘧菌酯悬浮剂1 500~2 000倍液+70%甲基硫菌灵可湿性粉剂600~800倍液；

25%溴菌腈可湿性粉剂500倍液+70%代森锰锌可湿性粉剂600~800倍液；

5%亚胺唑可湿性粉剂1 000倍液+75%百菌清可湿性粉剂600倍液；

40%腈菌唑水分散粒剂4 000~6 000倍液+70%代森锰锌可湿性粉剂600~800倍液；

25%咪鲜胺乳油1 000~1 500倍液+70%代森联水分散粒剂800~1 000倍液；

对水喷雾，视病情间隔7~10天1次。

温室也可用5%甲基硫菌灵·乙霉威粉尘剂，傍晚或早上喷，视病情间隔7~10天喷1次。或在发病前用45%百菌清烟剂200~250g/亩，傍晚进行，分放4~5个点，先密闭大棚、温室，然后点燃烟熏，视病情间隔7天熏1次。

防治蔓枯病，发病初期，可采用下列杀菌剂进行防治：

250g/L嘧菌酯悬浮剂1 500~2 000倍液；

25%咪鲜胺乳油800~1 000倍液+70%代森锰锌可湿性粉剂700倍液；

10%苯醚甲环唑水分散粒剂1 500倍液+50%克菌丹可湿性粉剂500倍液；

2.5%咯菌腈悬浮种衣剂1 000~1 500倍液；

40%双胍三辛烷苯基磺酸盐可湿性粉剂1 000倍液+75%百菌清可湿性粉剂600倍液；

1%申嗪霉素悬浮剂800～1 000倍液+75%百菌清可湿性粉剂600倍液；

喷雾，视病情间隔7～10天防治1次。

疫病、霜霉病发病前开始施药，尤其是雨季到来之前先喷1次预防，雨后发现中心病株时拔除，并立即用下列杀菌剂进行防治：

687.5g/L霜霉威盐酸盐·氟吡菌胺悬浮剂800～1 200倍液；

250g/L吡唑醚菌酯乳油1 500～3 000倍液；

66.8%丙森·异丙菌胺可湿性粉剂600～800倍液；

84.51%霜霉威·乙膦酸盐可溶性水剂600～1 000倍液；

70%呋酰·锰锌可湿性粉剂600～1 000倍液；

440g/L双炔·百菌清悬浮剂600～1 000倍液；

560g/L嘧菌·百菌清悬浮剂2 000～3 000倍液；

30%烯酰·甲霜灵水分散粒剂1 500～2 000倍液；

60%锰锌·氟吗啉可湿性粉剂800～1 000倍液；

25%烯肟菌酯乳油2 000～3 000倍液+75%百菌清可湿性粉剂600～800倍液；

18%霜脲·百菌清悬浮剂1 000～1 500倍液；

76%丙森·霜脲氰可湿性粉剂1 000～1 500倍液；

喷雾，视病情间隔7～10天1次。

温室内还可以采用15%百·烯酰烟剂每100m³空间用药25～40g熏烟，或20%百菌清·霜脲烟剂每100m³用药25g熏烟，或用10%百菌清烟剂每100m³空间用药45g熏烟。

防治蚜虫、白粉虱，可采用以下杀虫剂进行防治：

240g/L螺虫乙酯悬浮剂4 000～5 000倍液；

10%烯啶虫胺水剂3 000～5 000倍液；

3%啶虫脒乳油2 000～3 000倍液；

10%吡丙·吡虫啉悬浮剂1 500～2 500倍液；

25%吡虫·仲丁威乳油2 000～3 000倍液；

25%噻虫嗪可湿性粉剂2 000～3 000倍液；

喷雾，因其世代重叠，要连续防治，视虫情间隔7～10天1次。

防治蝼蛄、地老虎等地下害虫，可采用以下方法进行防治：

马粪诱杀。可在田间挖30cm见方、深约20cm的坑，内堆湿润马粪，表面盖草，每天清晨捕杀蝼蛄。

毒饵诱杀。将豆饼或麦麸5kg炒香，或秕谷5kg煮熟晾至半干，再用90%晶体敌百虫150g加水将毒饵拌潮，每亩用毒饵1.5～2.5kg，撒在地里或苗床上，进行诱杀。

也可用50%辛硫磷乳油0.5kg与炒好晾凉的饵料拌混，混拌后适当加些水(以不影响撒施为标准)做成毒饵。毒饵施用1.5～2.5kg/亩。毒饵可直接均匀撒在土表。

毒土。用50%辛硫磷1.0～1.5kg/亩，掺干细土15～30kg充分拌匀，撒于菜田中或开沟施入土壤中。

保护地内由于常年连作，一般枯萎病比较严重；对于采用嫁接栽培的棚室，枯萎病相对会轻些，应重点防治蔓枯病；对于未采用嫁接栽培的重茬地块，此期是防治枯萎病的重要时期，应重点进行防治，防治方法参照上述枯萎病用药；对于未采用嫁接栽培的生茬地块或重茬较轻的地块应采取相应的措施防治。此期美洲斑潜蝇也开始为害应注意防治。

露地栽培，在伸蔓的中后期应注意重点防治蚜虫，避免其传播病毒病，在防治蚜虫的同时最好在药液中加入防治病毒病的药剂进行预防。

(三)西瓜开花坐果期至果实发育期病虫害防治技术

坐果期在26℃温度条件下需5~6天，此期是营养生长和生殖生长的转折期，植株生长量和增长速度仍较旺盛，随着果实的膨大，营养生长由强转弱，而果实生长成为植株生长中心(图2-103和图2-104)。茎叶的生长量显著减少或停滞，这是决定果实膨大的关键时期。

图2-103　西瓜开花坐果期生长情况

图2-104　西瓜果实发育期生长情况

该时期气温回升，雨水多，田间湿度高，各种病虫害进入发病为害高峰期。此期做好炭疽病、疫病、霜霉病、绵疫病、绵腐病、叶枯病、枯萎病、蔓枯病、白粉病、细菌性叶斑病、细菌性果腐病、病毒病、蚜虫、蓟马、美洲斑潜蝇、温室白粉虱、朱砂叶螨、黄足黄守瓜的防治工作(图2-105和图2-106)。

图2-105　西瓜开花结果期常见病害

图2-106　西瓜开花坐果期常见虫害

以防治炭疽病为主兼治蔓枯病的田块，可采用下列杀菌剂进行防治：

20%硅唑·咪鲜水乳剂2 000～3 000倍液；

325g/L苯甲·嘧菌悬浮剂1 500～2 500倍液；

2.5%咯菌腈悬浮种衣剂1 000～1 500倍液+25%嘧菌酯悬浮剂1 500～2 000倍液；

25%溴菌腈可湿性粉剂500倍液+80%代森锌可湿性粉剂600～800倍液；

5%亚胺唑可湿性粉剂1 000倍液+75%百菌清可湿性粉剂600倍液；

40%腈菌唑水分散粒剂4 000～6 000倍液+70%代森锰锌可湿性粉剂600～800倍液；

25%咪鲜胺乳油1 000～1 500倍液+75%百菌清可湿性粉剂600倍液；

10%苯醚甲环唑水分散粒剂1 500倍液+22.7%二氰蒽醌悬浮剂1 000～1 500倍液；

75%肟菌·戊唑醇水分散粒剂2 000～3 000倍液；

70%福·甲·硫磺可湿性粉剂600～800倍液；

50%乙霉·福美双可湿性粉剂600～800倍液；

对水喷雾，视病情间隔7～10天1次。

也可用5%甲基硫菌灵·乙霉威粉尘剂，傍晚或早上喷，隔7天喷1次，连喷4～5次。或在发病前用45%百菌清烟剂200～250g，傍晚进行，分放4～5个点，先密闭大棚、温室，然后点燃烟熏，隔7天熏1次。

防治白粉病，可采用下列杀菌剂进行防治：

25%乙嘧酚悬浮剂800～1 000倍液+75%百菌清可湿性粉剂600倍液；

60%吡唑醚菌酯·代森联水分散粒剂1 500倍液；

5%酰胺唑可湿性粉剂1 500～2 000倍液+70%代森锰锌可湿性粉剂600～800倍液；

62.25%腈菌唑·代森锰锌可湿性粉剂600～800倍液；

10%苯醚菌酯悬浮剂1 000～2 000倍液；

300g/L醚菌·啶酰菌悬浮剂2 000～3 000倍液；

40%硅唑·多菌灵悬浮剂2 000～3 000倍液；

2%宁南霉素水剂200～400倍液+70%代森联水分散粒剂600～800倍液；

对水喷雾，视病情间隔5～7天喷1次。为了避免病菌产生抗药性，药剂宜交替使用。

以防治蔓枯病为主兼治炭疽病的田块，可采用下列杀菌剂进行防治：

32.5%嘧菌酯·百菌清悬浮剂1 500～2 000倍液；

43%戊唑醇悬浮剂4 000倍液+60%吡唑醚菌酯·代森联悬浮剂1 500倍液；

10%苯醚甲环唑水分散粒剂1 500倍液+75%百菌清可湿性粉剂600倍液；

25%嘧菌酯悬浮剂1 500倍液+25%咪鲜胺乳油1 000倍液；

20%硅唑·咪鲜胺水乳剂2 000～3 000倍液；

20%苯醚·咪鲜胺微乳剂2 500～3 500倍液；

5%亚胺唑可湿性粉剂1 000倍液+75%百菌清可湿性粉剂600倍液；

60%甲硫·异菌脲可湿性粉剂1 000～1 500倍液；

对水喷雾，视病情间隔7～10天防治1次。

防治枯萎病、根腐病等，可采用下列杀菌剂进行防治：

3%恶·甲水剂600～800倍液；

30%福·嘧霉可湿性粉剂800～1 000倍液；

80%多·福·福锌可湿性粉剂500～700倍液；

70%恶霉灵可湿性粉剂2 000～3 000倍液；

54.5%恶霉·福可湿性粉剂700～1 000倍液；

50%苯菌灵可湿性粉剂1 000倍液；

4%嘧啶核苷类抗生素水剂500～700倍液；

0.5%OS氨基寡糖水剂500～800倍液；

20%甲基立枯磷乳油800～1 000倍液+70%敌磺钠可溶性粉剂800倍液；

对水灌根，每株灌对好的药液400～500ml，视病情10天后再灌1次。

也可采用下列杀菌剂进行防治：

70%甲基硫菌灵可湿性粉剂600倍液+60%琥·乙膦铝可湿性粉剂500倍液；

50%苯菌灵可湿性粉剂1 000倍液+50%福美双可湿性粉剂500倍液；

80亿/ml地衣芽孢杆菌水剂500～750倍液；

0.5%氨基寡糖素水剂400～600倍液；

10%多抗霉素可湿性粉剂600～1 000倍液；

对水喷雾，视病情间隔7～10天喷1次。

防治叶枯病等(图2-107)，可采用下列杀菌剂进行防治：

图2-107　西瓜叶枯病

560g/L嘧菌·百菌清悬浮剂800～1 000倍液；

50%异菌脲悬浮剂1 000～2 000倍液；

50%福美·异菌可湿性粉剂800～1 000倍液；

对水喷雾，视病情间隔7～10天喷1次。

保护地栽培的西瓜，可以采用45%百菌清烟剂200g/亩熏烟。

防治疫病、霜霉病、绵疫病、绵腐病，可采用下列杀菌剂或配方进行防治：

687.5g/L氟吡菌胺·霜霉威盐酸盐悬浮剂800～1 200倍液；

69%锰锌·烯酰可湿性粉剂1 000倍液；

10%氰霜唑悬浮剂2 000～2 500倍液+75%百菌清可湿性粉剂600倍液；

72.2%霜霉威水剂600倍液+70%代森锰锌可湿性粉剂600倍液；

53%精甲霜·锰锌水分散粒剂600～800倍液；

70%呋酰·锰锌可湿性粉剂600～1 000倍液；

440g/L双炔·百菌清悬浮剂600～1 000倍液；

50%氟吗·锰锌可湿性粉剂500～1 000倍液；

57%烯酰·丙森锌水分散粒剂2 000～3 000倍液；

25%甲霜·霜霉威可湿性粉剂1 500～2 000倍液；

对水喷雾，视病情间隔7～10天1次。

也可以采用15%百·烯酰烟剂每100m³空间用药25～40g，或20%锰锌·霜脲烟剂每100m³用药25g，或用10%百菌清烟剂每100m³空间用药45g熏烟。

防治细菌性叶斑病、细菌性果腐病，可采用下列杀菌剂进行防治：

3%中生菌素可湿性粉剂600～800倍液；

20%噻唑锌悬浮剂300～500倍液+12%松脂酸铜悬浮剂600～800倍液；

20%噻菌铜悬浮剂1 000～1 500倍液；

50%氯溴异氰尿酸可溶性粉剂1 500～2 000倍液；

12%松脂酸铜乳油600～800倍液；

60%琥·乙膦铝可湿性粉剂500～700倍液；

47%春雷·王铜可湿性粉剂700倍液；

77%氢氧化铜可湿性粉剂800～1 000倍液；

对水喷雾，视病情间隔5～7天喷1次。

防治病毒病，可采用下列杀菌剂进行防治：

2%宁南霉素水剂300～500倍液；

4%嘧肽霉素水剂200～300倍液；

0.5%香菇多糖水剂500～800倍液；

24%混脂酸·碱铜水乳剂500～800倍液；

10%混合脂肪酸水乳剂100～300倍液；

7.5%菌毒·吗啉胍水剂500～800倍液；

20%吗啉胍·乙铜可湿性粉剂600倍液；

1.5%硫铜·烷基·烷醇水乳剂800～1 000倍液；

3.95%三氮唑核苷·铜·烷醇·锌水剂500～800倍液；

31%吗啉胍·三氮唑核苷可溶性粉剂800~1 000倍液；

喷雾，视病情间隔7~10天喷1次。

防治蚜虫、温室白粉虱，可采用以下杀虫剂进行防治：

240g/L螺虫乙酯悬浮剂4 000~5 000倍液；

10%烯啶虫胺水剂3 000~5 000倍液；

10%氟啶虫酰胺水分散粒剂3 000~4 000倍液；

10%吡虫啉可湿性粉剂1 500~2 000倍液；

10%吡丙·吡虫啉悬浮剂1 500~2 500倍液；

25%吡虫·仲丁威乳油2 000~3 000倍液；

25%噻虫嗪可湿性粉剂2 000~3 000倍液；

3.2%烟碱川楝素水剂200~300倍液；

0.5%藜芦碱可湿性粉剂2 000~3 000倍液；

喷雾，因其世代重叠，要连续防治，视虫情间隔7~10天1次。

也可选用1%溴氰菊酯烟剂或2.5%氰戊菊酯烟剂，或用10%异·吡烟剂50g/亩，用背负式机动发烟器施放烟剂，效果也很好。或用80%敌敌畏乳油与水以1∶1的比例混合后加热熏蒸。

防治美洲斑潜蝇(图2-108)，可采用下列杀虫剂或配方进行防治：

图2-108　美洲斑潜蝇为害西瓜

0.5%甲氨基阿维菌素苯甲酸盐微乳剂2 000~3 000倍液+4.5%高效氯氰菊酯乳油2 000倍液；

1.8%阿维菌素乳油2 000~2 500倍液；

50%灭蝇胺可湿性粉剂2 000~3 000倍液；

0.8%阿维·印楝素乳油1 500~2 000倍液；

3.3%阿维·联苯菊乳油1 500~3 000倍液；

50%灭蝇·杀单可湿性粉剂2 000～3 000倍液；

对水喷雾防治，因其世代重叠，要连续防治，视虫情间隔7天喷1次。

也可选用1%溴氰菊酯烟剂或2.5%杀灭菊酯烟剂，或用22%敌敌畏烟剂0.5kg/亩或用15%吡·敌畏烟剂200～400g/亩，用背负式机动发烟器施放烟剂，效果也很好。或用80%敌敌畏乳油与水以1∶1的比例混合后加热熏蒸。

防治朱砂叶螨、茶蟥螨，可采用下列杀虫剂进行防治：

15%哒螨灵乳油1 500～3 000倍液；

5%唑螨酯悬浮剂2 000～3 000倍液；

73%炔螨特乳油2 000～3 000倍液；

1.2%烟碱·苦参碱乳油1 000～2 000倍液；

30%嘧螨酯悬浮剂2 000～3 000倍液；

10%浏阳霉素乳油1 000～2 000倍液；

50%溴螨酯乳油1 000～2 000倍液；

对水喷雾，视虫情间隔7～10天喷1次。

防治黄足黄守瓜，可采用下列药剂进行防治：

幼虫发生盛期：

2.5%鱼藤精500～800倍液；

10%高效氯氰菊酯乳油1 500～3 000倍液；

2.5%溴氰菊酯乳油1 500～2 500倍液，灌根。

成虫发生初期：

2.5%溴氰菊酯乳油1 500～2 500倍液；

20%甲氰菊酯乳油1 000～2 000倍液，喷雾。

此期是西瓜生长发育的重要时期，也是病虫为害的高峰期。保护地此期的温度相对较高，田间湿度较大，棚室应注意及时放风排湿，适当控制水肥，促进坐瓜，避免植株长势过旺导致化瓜。棚室内一般少有昆虫，此时应进行人工辅助授粉，并在授粉后用0.1%氯吡脲可溶性液剂5～20mg/kg溶液对瓜胎喷雾(图2-109)，也可在药液中加入0.2%的50%腐霉利可湿性粉剂预防灰霉病的发生。注意温度的变化，适当调节药液浓度，

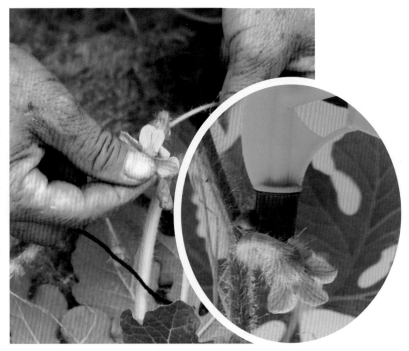

图2-109　药剂处理瓜胎

避免用药量过大造成裂瓜；在幼瓜发育期应适时垫瓜，避免浇水时水与幼瓜的接触，这样可以降低果实疫病的发生概率，在浇水前最好喷1次保护剂；此期还应重点防治叶枯病、炭疽病、枯萎病、蔓枯病、疫病、细菌性叶斑病、细菌性果腐病、温室白粉虱、美洲斑潜蝇等病害。对于需要二茬瓜的地块，应重点防治叶部病害。

露地西瓜在此期雨水逐渐增多，应重点将瓜垫得高点，在下雨前重喷1次保护剂，以减少果实疫病的发生，病毒病的防治在此期仍是个重要时期，此期如果发生病毒病将减产在30%～70%；此期应当注意防治的病虫还有细菌性果腐病、细菌性叶斑病、炭疽病、病毒病、美洲斑潜蝇等病虫害。

(四)西瓜果实发育后期至采收期病虫害防治技术

果实迅速膨大后期至结束，早熟品种13～15天。这时植株总生长量达最大值，植株增长以果重增长为主，是果实生长最快时期；果实定个到成熟采收，一般需5～7天，此期主要是瓜内糖分的积累转化，营养生长基本停止，瓜瓤、种子表现出品种特征(图2-110)。果实成熟为止的结果后期，果实体积增加很少，但果重仍有增加，主要是果实内部发生生化变化，糖分增加。

图2-110 西瓜果实发育后期至采收期生长情况

此期应注意水肥的平衡供应，注意温度变化，遇冷空气应注意保温，不可忽冷忽热，以免产生裂瓜、畸形瓜。

该时期进入高温天气，西瓜病虫害进入为害盛期。做好枯萎病、炭疽病、叶枯病、根结线虫病、裂瓜等病害的防治(图2-111)，特别要加强对朱砂叶螨、瓜绢螟、美洲斑潜蝇、蚜虫、温室白粉虱等害虫的防治(图2-112)。

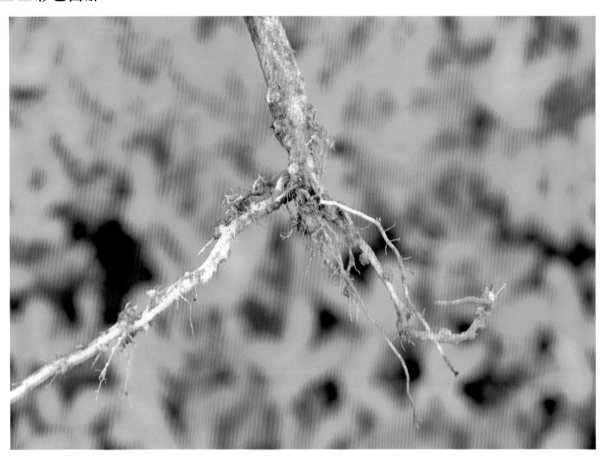

图2-111　西瓜根结线虫病根部发病

朱砂叶螨

美洲斑潜蝇

蚜虫

图2-112　西瓜果实发育后期至采收期常见虫害

此期防治根结线虫病可采用以下药剂进行灌根防治：用1.8%阿维菌素乳油1 000倍液，每株灌250ml，视病情间隔7~10天灌1次，有效地控制根结线虫病的发生为害。

防治瓜绢螟，可采用以下杀虫剂进行防治：

5%丁烯氟虫氰乳油1 000~2 000倍液；

200g/L氯虫苯甲酰胺悬浮剂2 500~4 000倍液；

20%虫酰肼悬浮剂1 500~3 000倍液；

15%茚虫威悬浮剂3 000~4 000倍液；

5%氟啶脲乳油1 000~2 000倍液；

10%溴虫腈悬浮剂1 000~2 000倍液；

5%氟虫脲乳油2 000~3 000倍液；

8 000IU/mg苏云金杆菌可湿性粉剂1 000~1 500倍液，对水喷雾。

此期西瓜果实生长缓慢，基本定型，保护地内应注意水肥管理，不可忽大忽小，以降低裂瓜的产生；此期应注意防治炭疽病、细菌性果腐病、朱砂叶螨、瓜绢螟等病虫害。

露地西瓜也应注意水肥管理，防止裂瓜；也要注意防治细菌性果腐病、炭疽病、叶枯病、朱砂叶螨等病虫害。

第三章　甜瓜病害防治新技术

　　甜瓜属于葫芦科，一年蔓生草本植物，原产于非洲热带沙漠地区。近年来，我国甜瓜种植面积在逐年加大，2018年全国种植面积37.61万hm²左右，总产量1315.93万t。我国主要产区在新疆、河南、山东、河北、黑龙江、内蒙古、辽宁、吉林、湖北、湖南、江苏、安徽等地。栽培模式以露地栽培为主，其次是早春小拱棚、大棚、秋延后大棚、日光温室等。

　　目前，国内发现的甜瓜病虫害有50多种，其中，病害30多种，主要有霜霉病、白粉病、枯萎病、蔓枯病、病毒病、细菌性角斑病等；生理性病害10多种，主要有畸形瓜、脐腐病、裂瓜等；虫害10余种，主要有蚜虫、潜叶蝇、瓜绢螟、温室白粉虱等。常年因病虫害发生为害造成的损失在30%～50%，在部分地块甚至绝收。

1. 甜瓜霜霉病

　　【症　　状】幼苗期和成株期均可发病；主要为害叶片，叶面上产生浅黄色病斑，沿叶脉扩展呈多角形。清晨叶面上有结露或吐水时，病斑呈水浸状，后期病斑变成浅褐色或黄褐色多角形(图3-1至图3-5)。在连续降雨条件下，病斑迅速扩展或融合成大斑块，致叶片上卷或干枯，下部叶片全部干枯。

图3-1　甜瓜霜霉病叶片发病初期症状

图3-2 甜瓜霜霉病叶背发病初期症状

图3-3 甜瓜霜霉病叶片发病中期症状

图3-4 甜瓜霜霉病叶片发病后期症状

图3-5　甜瓜霜霉病田间发病症状

【病　　原】*Pseudoperonospora cubensis* 称古巴假霜霉菌，属卵菌门真菌。孢囊梗自气孔伸出，单生或2～4根束生，无色，基部稍膨大，上部呈3～5次锐角分枝，分枝末端着生一个孢子囊，孢子囊卵形或柠檬形，顶端具乳状凸起，淡褐色，单胞。

【发生规律】以卵孢子在种子或土壤中越冬，翌年条件适宜时借风雨或灌溉水传播。病害在田间发生的气温为16℃，适宜流行的气温为20～24℃。高于30℃或低于15℃发病受到抑制。开花坐果期发病较重。生产上浇水过量或浇水后遇到中到大雨、地下水位高、枝叶密集易发病。

【防治方法】实行轮作，与非瓜类蔬菜实行3年以上轮作。选用抗病品种。雨后及时排水，切忌大水漫灌。合理施肥，及时整蔓，保持通风透光。

生长期做好病害的预防，发病前至发病初期(图3-6)，可采用下列杀菌剂进行防治：

图3-6　甜瓜霜霉病田间发病初期

75％百菌清可湿性粉剂600～800倍液；

60％唑醚·代森联水分散粒剂100～120g/亩；

70％丙森锌可湿性粉剂600～800倍液；

77％氢氧化铜可湿性粉剂1 000～1 500倍液；

50％克菌丹可湿性粉剂600～800倍液；

80％代森锰锌可湿性粉剂800～1 000倍液；

对水喷雾，视病情间隔7～10天1次。

田间发现病情及时施药防治，发病初期，可采用下列杀菌剂或配方进行防治：

560g/L嘧菌·百菌清悬浮剂2 000～3 000倍液；

70％呋酰·锰锌可湿性粉剂600～1 000倍液；

18.7％烯酰·吡唑酯水分散粒剂75～125g/亩；

72％丙森·膦酸铝可湿性粉剂800～1 000倍液；

18％霜脲·百菌清悬浮剂1 000～1 500倍液；

对水喷雾，视病情间隔5～7天1次。

田间较多植株出现霜霉病症状，但在病害前期霉层较少时，应及时进行防治，该期要注意用速效治疗剂，并注意与保护剂合理混用。以避免产生抗药性而降低效果，防止病害进一步加重为害与蔓延。可采用以下杀菌剂进行防治：

687.5g/L霜霉威盐酸盐·氟吡菌胺悬浮剂800～1 200倍液；

250g/L吡唑醚菌酯乳油1 500～3 000倍液；

84.51％霜霉威·乙膦酸盐可溶性水剂600～1 000倍液；

50％烯酰吗啉可湿性粉剂1 000～1 500倍液+75％百菌清可湿性粉剂600～800倍液；

440g/L双炔·百菌清悬浮剂600～1 000倍液；

20％唑菌酯悬浮剂2 000～3 000倍液；

60％唑醚·代森联水分散粒剂100～120g/亩；

20％氟吗啉可湿性粉剂600～800倍液+70％代森锰锌可湿性粉剂600～800倍液；

25％烯肟菌酯乳油2 000～3 000倍液+75％百菌清可湿性粉剂600～800倍液；

对水喷雾，视病情间隔5～7天1次。

2．甜瓜白粉病

【症　　状】苗期和成株期均可发病，主要为害叶片，严重时也可为害叶柄和茎蔓(图3-7)。叶片发病，初期在叶片上出现白色小粉点，后扩展呈白色圆形粉斑，发病严重时多个病斑相互连接，使叶面布满白粉。随病害发展，粉斑颜色逐渐变为灰白色，后期产生黑色小点。最后病叶枯黄坏死(图3-8和图3-9)。叶柄和茎蔓发病与叶片相似，初期产生白色近圆形小斑点，后期严重时白色粉状霉层布满整个叶柄和茎蔓(图3-10)。

【病　　原】*Sphaerotheca cucurbitae* 称瓜类单丝壳白粉菌，属子囊菌门真菌。分生孢子梗无色，圆柱形，不分枝，其上着生分生孢子。分生孢子长圆形，无色，单胞，串生。闭囊壳褐色，球形，壳内有1个倒梨形子囊，内有8个椭圆形的子囊孢子。附属丝无色至淡褐色。

图3-7 甜瓜白粉病田间发病症状

图3-8 甜瓜白粉病叶片发病症状

图3-9 甜瓜白粉病叶片发病后期症状

图3-10　甜瓜白粉病叶柄发病症状

【发生规律】以菌丝体或闭囊壳在病残体上越冬，翌春条件适宜时产生分生孢子，借气流和雨水传播。分生孢子萌发和侵入的适宜湿度为90%～95%，温度范围较宽，无水或低湿条件下均能萌发侵入，即使在干旱条件下白粉病仍可严重发生。

【防治方法】选用抗病品种栽培。合理密植，避免过量施用氮肥，增施磷钾肥。收获后清除病残组织。

发病前期至发病初期，可采用下列杀菌剂进行防治：

2%宁南霉素水剂200～400倍液+70%代森联水分散粒剂600～800倍液；

5%己唑醇悬浮剂1 500～2 500倍液+75%百菌清可湿性粉剂600倍液；

75%十三吗啉乳油1 500～2 500倍液+50%克菌丹可湿性粉剂400～500倍液；

62.25%腈菌唑·代森锰锌可湿性粉剂600倍液；

70%甲基硫菌灵可湿性粉剂600～800倍液+75%百菌清可湿性粉剂600～800倍液；

对水喷雾，视病情间隔7～10天1次。

田间发病普遍时，可采用下列杀菌剂进行防治：

25%乙嘧酚悬浮剂1 500～2 500倍液；

30%醚菌酯悬浮剂2 000～2 500倍液；

10%苯醚菌酯悬浮剂1 000～2 000倍液；

300g/L醚菌·啶酰菌悬浮剂45～60ml/亩；

30%氟菌唑可湿性粉剂2 500～3 500倍液；

12.5%腈菌唑乳油2 000～3 000倍液+75%百菌清可湿性粉剂600～800倍液；

对水喷雾，视病情间隔5～7天1次。

3. 甜瓜炭疽病

【症　　状】甜瓜整个生育期均可发病，叶片、茎蔓、叶柄和果实均可受害。幼苗染病，子叶上形成近圆形黄褐至红褐色坏死斑，边缘有晕圈；幼茎基部出现水浸状坏死斑。成株期染病，叶片病斑呈近圆形至不规则形，黄褐色，边缘水浸状，有时亦有晕圈，后期病斑易破裂(图3-11)。茎和叶柄染病，病斑椭圆形至长圆形，稍凹陷，浅黄褐色(图3-12)。果实染病，病部凹陷开裂，潮湿时可产生粉红色黏稠物(图3-13)。

图3-11　甜瓜炭疽病叶片发病症状

图3-12　甜瓜炭疽病茎蔓发病症状

图3-13　甜瓜炭疽病果实发病症状

【病　　原】*Colletotrichum lagenarium* 称葫芦科刺盘孢，属无性型真菌。分生孢子盘聚生，初为埋生，红褐色，后突破表皮呈黑褐色，刚毛散生于分生孢子盘中，暗褐色，顶端色淡，略尖，基部膨大，具2~3个横隔。分生孢子无色，圆筒状，单胞，长圆形。

【发生规律】以菌丝体随病残体在土壤内越冬，翌年条件适宜时菌丝直接侵入引发病害，病菌借助雨水或灌溉水传播，形成初侵染，发病后又产生分生孢子进行重复侵染。氮肥过多，密度过大时发病重。

【防治方法】防止积水，雨后及时排水，合理密植，及时清除田间杂草。发病期间随时清除病瓜。

发病前，可采用下列杀菌剂进行防治：

25%嘧菌酯悬浮剂1 500～2 500倍液；

50%醚菌酯水分散粒剂3 000～4 000倍液；

70%丙森锌可湿性粉剂600～800倍液；

75%百菌清可湿性粉剂600～800倍液；

80%代森锰锌可湿性粉剂800～1 000倍液；

对水喷雾，视病情间隔7～10天1次。

田间较多株发病时应加强防治，发病初期，可采用下列杀菌剂进行防治：

20%唑菌胺酯水分散粒剂1 000～1 500倍液；

20%苯醚·咪鲜胺微乳剂2 500～3 500倍液；

25%嘧菌酯悬浮剂1 500～2 000倍液；

25%吡唑醚菌酯悬浮剂1 500～2000倍液+70%丙森锌可湿性粉剂600～800倍液；

25%溴菌腈可湿性粉剂500倍液+75%百菌清可湿性粉剂600倍液；

40%腈菌唑水分散粒剂4 000～6 000倍液+70%代森锰锌可湿性粉剂600～800倍液；

25%咪鲜胺乳油1 000～1 500倍液+75%百菌清可湿性粉剂600倍液；

10%苯醚甲环唑水分散粒剂1 500倍液+22.7%二氰蒽醌悬浮剂1 500倍液；

40%多·福·溴菌腈可湿性粉剂800～1 000倍液；

对水喷雾，视病情间隔7天1次。喷药时混入微肥或喷施宝叶肥，效果更佳。

4. 甜瓜蔓枯病

【症　　状】主要为害主蔓和侧蔓，有时也为害叶柄、叶片。叶片受害初期在叶缘出现黄褐色"V"字形病斑，具不明显轮纹，后整个叶片枯死(图3-14至图3-16)。叶柄受害初期出现黄褐色椭圆形至条形病斑，后病部逐渐缢缩，病部以上枝叶枯死(图3-17)。茎蔓发病初期，在蔓节处出现浅黄绿色油渍状斑，常分泌赤褐色胶状物，而后变成黑褐色块状物。后期病斑干枯、凹陷，呈苍白色，易碎烂，其上生出黑色小粒点(图3-18)。果实染病，病斑圆形，初亦呈油渍状，浅褐色略下陷，后变为苍白色，斑上生有很多小黑点，同时出现不规则圆形龟裂斑，湿度大时，病斑不断扩大并腐烂(图3-19)。

图3-14　甜瓜蔓枯病叶片发病症状

图3-15　甜瓜蔓枯病叶片发病后期症状

图3-16　甜瓜蔓枯病心叶发病症状

图3-17　甜瓜蔓枯病叶柄发病症状

图3-18 甜瓜蔓枯病茎蔓发病症状

图3-19 厚皮甜瓜蔓枯病果实发病症状

【病　　原】*Mycosphaerella melonis* 称瓜类球腔菌，属无性型真菌。分生孢子器叶面生，多为聚生，初埋生后突破表皮外露，球形至扁球形，顶部呈乳状凸起，孔口明显；分生孢子短圆形至圆柱形，无色透明，两端较圆，正直，初为单胞，后生1隔膜。子囊壳细颈瓶状或球形，单生在叶正面，突出表皮，黑褐色；子囊多棍棒形，无色透明，正直或稍弯；子囊孢子无色透明，短棒状或梭形，一个分隔，上面细胞较宽，顶端较钝，下面的孢子较窄，顶端稍尖，隔膜处缢缩明显。

【发生规律】病菌以分生孢子随病残体在土壤中越冬，借风雨传播进行再侵染，从茎蔓节间、叶片的水孔或伤口侵入。每年5月下旬至6月上中旬降雨多和降雨量大时病害易流行。连作、密植田瓜蔓重叠郁闭、大水漫灌等情况下发病重。

【防治方法】与非瓜类作物实行2～3年轮作，拉秧后及时清除枯枝落叶及植株病残体，施足充分腐熟的有机肥，适当增施磷肥和钾肥，生长中后期注意适时追肥，避免脱肥。

种子处理。用50~55℃温水浸种15分钟后催芽播种；也可用种子重量0.3%的50%异菌脲悬浮剂拌种。

发病初期，可采用下列杀菌剂进行防治：

40%氟硅唑乳油3 000~5 000倍液+65%代森锌可湿性粉剂600倍液；

325g/L苯甲·嘧菌酯悬浮剂1 500~2 500倍液；

250g/L嘧菌酯悬浮剂1 500~2 000倍液；

25%咪鲜胺乳油800~1 000倍液；

10%苯醚甲环唑水分散粒剂1 500倍液+25%嘧菌酯悬浮剂1 500倍液；

2.5%咯菌腈悬浮种衣剂1 000~1 500倍液；

40%双胍辛烷苯基磺酸盐可湿性粉剂1 000倍液+75%百菌清可湿性粉剂600倍液；

30%琥胶肥酸铜可湿性粉剂500~800倍液+70%代森联水分散粒剂700倍液；

对水喷雾，视病情间隔7~10天1次。重点喷洒植株中下部，病害严重时，可用上述药剂使用量加倍后涂抹病茎。

5. 甜瓜叶枯病

【症　　状】主要为害叶片，先在叶背面叶缘或叶脉间出现明显的水浸状小点，湿度大时导致叶片失水青枯，天气晴朗气温高易形成圆形至近圆形褐斑，布满叶面，后融合为大斑，病部变薄，形成叶枯(图3-20至图3-22)。果实染病，在果面上产生四周稍隆起的圆形褐色凹陷斑，可深入果肉，引起果实腐烂。

图3-20　甜瓜叶枯病叶片发病初期症状

图3-21　甜瓜叶枯病叶片发病后期症状

图3-22　甜瓜叶枯病叶背发病后期症状

【病　　　原】*Alternaria cucumerina* 称瓜交链孢，属无性型真菌。病菌分生孢子梗深褐色，单生，具分隔，顶端串生分生孢子。分生孢子浅褐色，棒状至椭圆形，具纵横隔膜，顶端喙状细胞较短或不明显。

【发生规律】病菌附着在病残体上或种皮内越冬，翌年产生分生孢子通过风雨传播，进行多次重复再侵染。雨日多、雨量大、相对湿度高易流行。偏施或重施氮肥及土壤瘠薄，植株抗病力弱发病重。

【防治方法】清除病残体，集中深埋或烧毁。采用配方施肥技术，避免偏施、过施氮肥。雨后开沟排水，防止湿气滞留。

发病初期，可采用下列杀菌剂进行防治：

50％异菌脲悬浮剂1 000～1 500倍液；

50%腐霉利可湿性粉剂1 000～1 500倍液+80%代森锰锌可湿性粉剂800～1 000倍液；

20%唑菌胺酯水分散粒剂1 000～2 000倍液；

30%醚菌酯悬浮剂2 500～3 000倍液；

50%甲基硫菌灵·硫磺悬浮剂800～1 000倍液+70%代森锰锌可湿性粉剂700倍液；

560g/L嘧菌·百菌清悬浮剂800～1 000倍液；

50%福美双·异菌脲可湿性粉剂800～1 000倍液；

对水喷雾，视病情间隔7～10天1次。

6．甜瓜细菌性角斑病

【症　　状】叶片、茎蔓和瓜果都可受害。苗期染病，子叶和真叶沿叶缘呈黄褐色至黑褐色坏死干枯，最后瓜苗呈褐色枯死。成株染病，叶片上初生水浸状半透明小点，以后扩大成浅黄色斑，边缘具有黄绿色晕环，最后病斑中央变褐或呈灰白色破裂穿孔，湿度高时叶背溢出乳白色菌液(图3-23和图3-24)。茎蔓染病呈油渍状暗绿色，以后龟裂，溢出白色菌脓。瓜果染病，初出现油渍状黄绿色小斑点，逐渐变成近圆形红褐色至暗褐色坏死斑，边缘黄绿色油渍状，随病害发展病部凹陷龟裂呈灰褐色，空气潮湿时病部可溢出白色菌脓(图3-25和图3-26)。

图3-23　甜瓜细菌性角斑病叶片发病症状

图3-24　甜瓜细菌性角斑病叶背发病症状

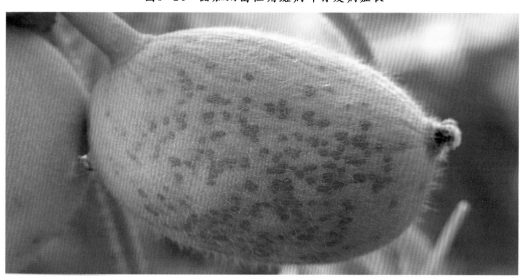

图3-25　厚皮甜瓜细菌性角斑病果实发病初期症状

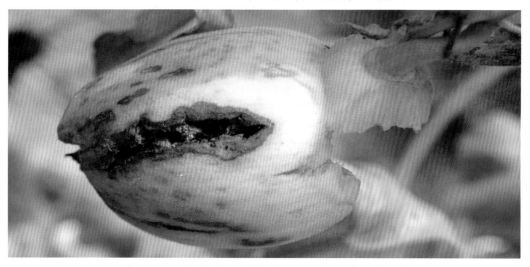

图3-26　厚皮甜瓜细菌性角斑病果实发病后期症状

【病　　原】*Pseudomonas syringae* pv. *lachrymans* 称丁香假单胞菌流泪致病变种，属细菌。菌体短杆状相互呈链状连接，具端生鞭毛1~5根，有荚膜，无芽孢，革兰氏染色阴性。生长最适温度为24~28℃，最高为39℃，最低4℃，48~50℃经10分钟致死。

【发生规律】病原细菌在种子上或随病残体留在土壤中越冬，成为翌年的初侵染来源。借风雨、昆虫和农事操作中人为的接触进行传播，从寄主的气孔、水孔或伤口侵入。低洼地及连作地块发病重。

【防治方法】与非瓜类作物实行2年以上轮作；及时清除病残体并进行深翻；适时整枝，加强通风；推广避雨栽培。

种子处理。用55℃温水浸种15分钟，而后催芽播种。或播种前用40%福尔马林150倍液浸种1.5小时，清水洗净后催芽播种。

注意预防。结合其他病害的防治，在发病前期，可采用下列杀菌剂进行防治：

20%噻菌铜悬浮剂1 000~1 500倍液；

36%三氯异氰尿酸可湿性粉剂1 000~1 500倍液；

45%代森铵水剂400~600倍液；

12%松脂酸铜乳油600~800倍液；

60%琥·乙膦铝可湿性粉剂500~700倍液；

47%春雷·王铜可湿性粉剂700倍液；

对水喷雾，视病情间隔7~10天1次。

田间发现病情后及时施药防治，采用下列杀菌剂进行防治：

3%中生菌素可湿性粉剂600~800倍液；

40%噻唑锌悬浮剂300~500倍液+12%松脂酸铜乳油600~800倍液；

20%噻菌铜悬浮剂1 000~1 500倍液；

对水喷雾，视病情间隔5~7天1次。

7. 甜瓜病毒病

【症　　状】主要有两种表现症状，即花叶型和绿斑驳型。花叶型：多出现明脉、叶脉变色，叶面凹凸不平，黄绿相间。植株节间缩短，矮化(图3-27)。

图3-27　甜瓜花叶病毒病叶片发病症状

图3-28　甜瓜绿斑驳型病毒病叶片发病症状

图3-29　甜瓜病毒病果实发病症状

绿斑驳型：新叶产生黄色小斑点，后变为淡黄色斑纹，绿色部分呈凹凸不平的隆起瘤状，叶片变小，引起植株矮化，叶片斑驳扭曲(图3-28)。果实发病，果面凹凸不平，发病严重的果实畸形(图3-29)。

【病　　原】花叶型由黄瓜花叶病毒 Cucumber mosaic virus（CMV）、甜瓜花叶病毒 Muskmelon mosaic virus（MMV)）侵染所致。黄瓜花叶病毒：粒体球形，直径35nm，致死温度为60～70℃，体外存活期3～4天，不耐干燥。

绿斑驳型由黄瓜绿斑驳花叶病毒Cucumber green mottle mosaic virus（CGMMV）侵染所致。病毒粒体杆状，细胞中病毒粒子排列成结晶形内含体，钝化温度为80～90℃，10分钟。

【发生规律】黄瓜花叶病毒种子不带毒，桃蚜、棉蚜主要在多年生宿根植物上越冬，每当春季发芽后，开始活动或迁飞，成为传播此病主要媒介；汁液摩擦也可传毒。发病适温20～25℃，气温高于25℃多表现隐症。甜瓜花叶病毒可由种子带毒越冬，通过种子、汁液摩擦或传毒媒介昆虫传毒。环境条件与甜瓜病毒病发生关系密切，高温、干旱、光照强的条件下，蚜虫、温室白粉虱发生严重，也有利于病毒的繁殖，且降低了植株的抗病能力，所以发病严重。在杂草多、附近有发病作物、气温高、缺水、缺肥、管理粗放、蚜虫多时发病重。

黄瓜绿斑驳花叶型病毒种子可以带毒，也可在土壤中越冬，成为翌年发病的初侵染源，通过风雨、农事操作等进行多次再侵染，蚜虫不传毒。暴风雨、植株相互碰撞、枝叶摩擦或中耕时造成伤根都容易引起病毒的侵染，田间温度高时发病严重。

【防治方法】在育苗前施足底肥，配制好营养土，力求培育出无病壮苗，以抵抗病毒病的发生。栽培田施足有机肥，增施磷、钾肥，提高抗病力。甜瓜秋延迟栽培要覆盖遮阳网，降低田间温度，以减轻病毒病的发生。经常检查，发现病株要及时拔除销毁。

种子处理。用10%磷酸三钠溶液或1%的高锰酸钾溶液浸种10～15分钟，然后捞出用清水冲洗干净即可播种；或把种子在70℃恒温下处理72小时，以钝化病毒。

蚜虫、温室白粉虱是传播病毒病的主要媒介，所以根治蚜虫、温室白粉虱，减少传播媒介，对防治病毒病有特效。可采用下列杀虫剂进行喷雾防治：

240g/L螺虫乙酯悬浮剂4 000～5 000倍液；

10%烯啶虫胺水剂3 000～5 000倍液；

3%啶虫脒乳油2 000～3 000倍液；

10%氟啶虫酰胺水分散粒剂3 000～4 000倍液；

10%吡丙·吡虫啉悬浮剂1 500～2 500倍液；

25%吡虫·仲丁威乳油2 000～3 000倍液；

25%噻虫嗪可湿性粉剂2 000～3 000倍液；

3.2%烟碱川楝素水剂200～300倍液；

1.3%苦参碱水剂300～500倍液；

发病前，可采用以下药剂进行防治：

2%宁南霉素水剂300～500倍液；

4%嘧肽霉素水剂200～300倍液；

0.5%香菇多糖水剂500～800倍液；

10%混合脂肪酸水乳剂100～300倍液；

7.5%菌毒·吗啉胍水剂500～700倍液；

24%混脂酸·碱铜水乳剂300～500倍液；

50%氯溴异氰尿酸可溶性粉剂800～1 000倍液；

1.5%硫铜·烷基·烷醇水乳剂300～500倍液；

20%吗啉胍·乙铜可湿性粉剂500～800倍液；

40%吗啉胍·羟烯腺·烯腺可溶性粉剂800～1 000倍液；

3.95%三氮唑核苷·铜·烷醇·锌水剂500～800倍液；

31%吗啉胍·三氮唑核苷可溶性粉剂800～1 000倍液；

对水喷雾，视病情间隔5～7天喷1次。于定植后、伸蔓期、开花坐果期早晚各喷1次。

8. 甜瓜枯萎病

【症　状】苗期染病，病苗叶色变浅，逐步萎蔫，最后枯死，剖茎可见维管束变色。成株期发病，植株叶片由下向上萎蔫下垂，部分叶片叶缘变褐或产生褐色坏死斑，最后全株枯死(图3-30)。有时病茎上还出现凹陷坏死条斑，空气潮湿时病部表面产生白色至粉红色霉层，最后病茎基部腐烂纵裂，维管束变褐(图3-31)。根系发病呈水浸状褐色，新根很少或不发新根，发病严重时根系腐烂(图3-32)。

【病　原】*Fusarium oxysporum* f.sp. *melonis*称尖镰孢甜瓜专化型，属无性型真菌。

【发生规律】病菌主要以菌丝体、厚垣孢子在土壤、病残体或未腐熟的菌肥中越冬。条件适宜时病菌通过根部伤口，或直接从根尖分生细胞间侵入，形成初侵染。病菌在土温15～20℃，甜瓜根系生长不良，伤口难于愈合时病菌容易侵入。连茬种植，病菌连续积累病情较重。土壤偏酸、土质黏重、地势低洼积水和施用未腐熟肥料及地下害虫多等都有利于发病。

图3-30　甜瓜枯萎病田间发病症状

图3-31　甜瓜枯萎病茎基部发病症状

图3-32　甜瓜枯萎病根系发病症状

【防治方法】轮作换茬，最好与十字花科、百合科蔬菜轮作。播前平整好土地，施足腐熟的有机肥作基肥，灌足底水，幼苗期适当灌水，生长期浇水时应细流灌溉，严禁漫灌和串灌。追施有机肥，合理搭配氮、磷、钾复合肥，可以增强植株抗病性。

种子处理。用福尔马林150倍液浸种30分钟，捞出后用水冲洗干净，催芽、播种；或用70%甲基硫菌灵可湿性粉剂500倍液、50%多菌灵可湿性粉剂500倍液浸种30分钟。

发病前至初期，可采用下列杀菌剂进行防治：

3%恶霉·甲霜水剂600～800倍液；

54.5%恶霉·福可湿性粉剂700倍液；

70%恶霉灵可湿性粉剂2 000倍液；

浇灌，每株灌250ml药液，视病情间隔7天灌1次。

9. 甜瓜根结线虫病

【症　　状】主要侵入根部为害，在根上形成大小不一的根结，初期为白色，后期变为褐色，为害严重时根结连成念珠状，甚至导致根系腐烂。地上部初期表现不明显，中后期中午温度高时易萎蔫，植株矮小，叶色发黄，影响果实发育，严重时整株枯死(图3-33)。

【病　　原】*Meloidogyne incognita* 称南方根结线虫，属动物界线虫门。详见黄瓜根结线虫病病原。

【发生规律】根结线虫多以2龄幼虫或卵随病残体遗留在5～30cm土层中生存1～3年，条件适宜时，越冬卵孵化为幼虫，继续发育后侵入甜瓜根部，刺激根部细胞增生，产生新的根结或肿瘤。南方根结线虫生存最适温度25～30℃，高于40℃，低于5℃都很少活动，55℃经

图3-33　甜瓜根结线虫病田间发病症状

10分钟致死。常年连作地块，沙土、壤土地块发生较重。

【防治方法】与非瓜类、茄果类蔬菜轮作3年以上，有条件的最好采取水旱轮作。育苗时做好苗床的消毒工作杜绝幼苗带虫。

物理防治。7月至8月采用高温闷棚进行土壤消毒，地表温度最高可达72.2℃，地温49℃以上，也可杀死土壤中的根结线虫和土传病害的病原菌，防效可达80%。

药剂防治。在整地时可用10%噻唑膦颗粒剂2~5kg/亩或用98%棉隆微粒剂3~5kg/亩或用5%阿维菌素颗粒剂3~5kg/亩；在生长过程中应急防治时用1.8%阿维菌素乳油1 000倍液灌根防治，每株灌250ml。

10. 甜瓜细菌性叶枯病

【症　状】主要为害叶片。发病初期，叶片上呈现水浸状褪绿斑，逐渐扩大呈近圆形或多角形，直径1~2mm，周围具褪绿晕圈，病叶背面不易见到菌脓，从而与细菌性角斑病相区别(图3-34和图3-35)。果实发病初期产生水浸状小斑点，后呈白色疮痂状斑，病斑四周有水浸状晕圈(图3-36)。

图3-34　甜瓜细菌性叶枯病叶片发病初期症状

图3-35　甜瓜细菌性叶枯病叶片发病后期症状

图3-36　甜瓜细菌性叶枯病果实发病症状

【病　　　原】*Xanthomonas campestris* pv. *cucurbitae* 属野油菜黄单胞菌瓜叶斑致病变种，属细菌。病菌菌体杆状，两端钝圆，极生单鞭毛，单生、双生或链生。

【发生规律】病菌主要通过种子带菌传播，在土壤中存活十分有限。病菌生长最适温度为25～30℃，36℃仍能生长，40℃以上不能生长，致死温度49℃。保护地内平畦沟灌，无地膜种植发病较重。

【防治方法】实行2～3年轮作。结合深耕，以促进病残体腐烂分解，加速病菌死亡。定植后注意中耕松土，促进根系发育。雨后注意排水。

种子处理。播种前先把种子在清水中预浸10～12小时后，再用1％硫酸铜溶液浸5分钟，捞出后播种。也可用52℃温水浸种30分钟，再移入冷水中冷却后，催芽播种。

发病初期和降雨后，可采用以下杀菌剂进行防治：

88％水合霉素可溶性粉剂1 500～3 000倍液；

3％中生菌素可湿性粉剂800～1 000倍液；

30％琥胶肥酸铜可湿性粉剂1 000～1 500倍液；

20％噻唑锌悬浮剂300～500倍液+12％松脂酸铜乳油600～800倍液；

20％噻菌铜悬浮剂1 000～1 500倍液；

36％三氯异氰尿酸可湿性粉剂1 000～1 500倍液；

45％代森铵水剂400～600倍液；

47％春·氧氯化铜可湿性粉剂700倍液；

对水喷雾，视病情间隔7天1次。

11. 甜瓜灰霉病

【症　　　状】此病可侵染叶片、茎蔓、花和果实，以果实受害为主，初期多从开败的花开始侵染，逐渐向果蒂方向扩展，使果实呈水渍状软腐，在病组织表面产生灰色霉层(图3-37)。叶片发病，一般由脱落的烂花或病卷须附着在叶面引起发病，病斑近圆形或不规则形，边缘明显，表面着生少量灰霉(图3-38和图3-39)。

图3-37 甜瓜灰霉病果实发病症状

图3-38 甜瓜灰霉病叶片上圆形病斑

图3-39 甜瓜灰霉病叶片上"V"字形病斑

【病　　原】*Botrytis cinere* 称灰葡萄孢，属无性型真菌。有性世代为 *Sclerotinia fuckeliana* 称富克尔核盘菌，属子囊菌门真菌。病菌的孢子梗数根丛生，褐色，顶端具1~2次分枝，分枝顶端密生小柄，其上生大量分生孢子。分生孢子圆形至椭圆形，单胞，近无色。

【发生规律】病菌以菌核、分生孢子或菌丝在土壤内及病残体上越冬。分生孢子借气流、浇水或农事操作传播。病菌生长适宜温度为18~24℃，发病温度为4~32℃，最适温度22~25℃，空气湿度达90%以上，植株表面结露易诱发此病。

【防治方法】采用高垄地膜覆盖和搭架栽培，配合滴灌、管灌等节水措施可有效控制病害。加强管理，避免阴雨天浇水，并注意浇水后加大通风，降低空气湿度。及时清除下部败花和老黄脚叶，发现病瓜小心摘除，放入塑料袋内带到棚室外妥善处理。

发病初期，可采用下列杀菌剂进行防治：

50%烟酰胺水分散粒剂1 500~2 000倍液+75%百菌清可湿性粉剂600~800倍液；

50%嘧菌环胺水分散粒剂1 500倍液+70%代森锰锌可湿性粉剂800倍液；

40%嘧霉胺悬浮剂1 000~1 500倍液+50%克菌丹可湿性粉剂400~600倍液；

50%啶酰菌胺水分散粒剂500~1 000倍液+2.5%咯菌腈悬浮剂1 000~1 500倍液；

30%福·嘧霉可湿性粉剂800~1 000倍液+75%百菌清可湿性粉剂600~800倍液；

对水喷雾，视病情间隔7~10天1次。重点喷洒花和幼瓜。

12. 甜瓜软腐病

【症　　状】主要为害果实，有时也为害茎蔓。果实染病，多从生理裂口、伤口或与地面接触处开始侵染。初出现水渍状暗绿色至深绿色病斑，扩大后病部软化，稍凹陷，并逐渐变为黄褐色至暗褐色，病斑周围常形成水渍状晕环，短期内由病部向内腐烂，散发出恶臭味(图3-40和图3-41)。茎蔓多从伤口开始侵染，病部呈暗绿色水渍状软腐，常从病部溢出菌脓，后期病部仅剩维管束组织或腐烂断折，植株病部以上萎蔫枯死。

图3-40　甜瓜软腐病果实发病前期症状

图3-41　甜瓜软腐病果实发病后期症状

【病　　原】*Erwinia carotovora* pv. *carotovora* 称胡萝卜软腐欧氏杆菌胡萝卜软腐致病变种，属细菌。

【发生规律】病菌随病残体在土壤中越冬。条件适宜借雨水、浇水及昆虫传播，由伤口侵入。病菌侵入后分泌果胶酶溶解中胶层，导致细胞组织崩溃离析，细胞内水分外溢，引起果实和茎蔓腐烂。甜瓜生长中后期降雨多，暴晴后遇雨，植株遭受雹灾、虫伤，肥水管理不均，则病害发生严重。

【防治方法】采收结束后及时清除病果和植株病残体，带到田外妥善处理。适时浇水，避免干湿交替，减少生理裂口。及时防治蛀果及蛀叶害虫。雨季避免田间积水，保护地应加强通风，防止棚室内湿度过高。

发病初期，可采用以下杀菌剂进行防治：

3%中生菌素可湿性粉剂600～800倍液；

20%噻唑锌悬浮剂300～500倍液；

12%松脂酸铜乳油600～800倍液；

60%琥·乙膦铝可湿性粉剂500～700倍液；

45%代森铵水剂400～600倍液；

对水喷雾，视病情间隔5～7天喷1次。

13. 甜瓜黑斑病

【症　　状】主要发生在甜瓜生长中后期，为害叶片、茎蔓和果实。下部老叶先发病，叶面病斑近圆形，褐色，具不明显轮纹(图3-42)。果实染病多发生在日灼或其他病斑上，布满黑色霉状物，形成果腐。

图3-42　甜瓜黑斑病叶片发病症状

【病　　　原】*Alternaria alternata* 称链格孢，属无性型真菌。分生孢子梗单生或数根束生，褐色，顶端色淡，基部细胞稍大，不分枝。分生孢子单生或2～3个串生，倒棒状，褐色，有2～9个横隔膜，0～3个纵隔膜，隔膜处缢缩。

【发生规律】病菌以菌丝及分生孢子在病叶组织内外越冬，成为翌年的初侵染源。发病期正值甜瓜增糖期，会影响糖分积累。病害发生程度与湿度密切相关，干旱地区，昼夜温差大，夜间温度低，浇水后的瓜田夜间常会结露6～8小时，此时最易发病。

【防治方法】清除病残组织，减少初侵染来源。采用配方施肥技术，施用充分腐熟的有机肥，注意增施磷、钾肥，以增强甜瓜植株抗病力。

种子处理。播种前，可用40％拌种双粉剂按种子重量0.3％拌种。

在发病初期，可采用以下杀菌剂进行防治：

560g/L嘧菌·百菌清悬浮剂800～1 000倍液；

10％苯醚甲环唑水分散粒剂1 000倍液+70％丙森锌可湿性粉剂600～800倍液；

20％唑菌胺酯水分散粒剂1 000～1 500倍液+75％百菌清可湿性粉剂600～800倍液；

25％溴菌腈可湿性粉剂500～1 000倍液+70％代森锰锌可湿性粉剂700倍液；

50％福美双·异菌脲可湿性粉剂800～1 000倍液；

喷雾，视病情间隔7～10天1次。

第四章　西葫芦病害防治新技术

西葫芦属葫芦科，一年生草本植物，原产于北美洲南部。西葫芦是城乡人民喜食的以食用嫩瓜为主的瓜类蔬菜，其味道清香嫩脆，与黄瓜相比，西葫芦炒食不变味，并且西葫芦农药残留量比黄瓜低得多。西葫芦营养丰富，据测定，每500g嫩瓜中含有钙62mg、磷172mg、铁0.7g、蛋白质2.2g、糖7g、胡萝卜素40mg、硫胺素70mg、核黄素70mg、维生素C4mg、烟酸1.1mg；另外西葫芦较耐低温，植株矮生，适合于保护地栽培。正因为西葫芦有这么多优点，西葫芦种植面积日益增大，已成为北方地区主要的保护地栽培蔬菜，其面积在瓜类蔬菜中仅次于黄瓜。全国播种面积为40万hm²左右，在我国主要产区在河北、河南、山东、湖北、湖南、江苏、安徽等地。主要栽培模式以保护地栽培为主，其次是露地栽培等。

目前，国内发现的西葫芦病虫害有60多种，其中，病害40多种，主要有霜霉病、病毒病、银叶病等；生理性病害10多种，主要有畸形瓜等；虫害10种，主要有温室白粉虱、美洲斑潜蝇等。常年因病虫害发生为害造成的损失达40%～60%，在部分地块甚至绝收。

一、西葫芦病害

1. 西葫芦病毒病

【分布为害】病毒病是西葫芦的主要病害，又称花叶病。分布广泛，各地普遍发生，保护地、露地种植都可受害，一般发病率10%～15%、严重时病株达80%以上，常减产30%～40%，受害果实品质低劣，导致西葫芦提早拉秧甚至毁种。

【症　　状】从幼苗至成株期均可发生。主要有花叶型、黄化皱缩型及两者混合型。花叶型表现嫩叶明脉及褪绿斑点，后呈淡而不均匀的花叶斑驳，严重时顶叶变为鸡爪状，染病早的植株可引起全株萎蔫。黄化皱缩型表现植株上部叶片沿叶脉失绿，叶面出现浓绿色隆起皱纹，继而叶片黄化，皱缩下卷，叶片变小或出现蕨叶、裂片、植株矮化，病株后期扭曲畸形(图4-1至图4-4)；果实小，果面出现花斑，或产生凹凸不平的瘤状物(图4-5)，严重时植株枯死。

图4-1　西葫芦病毒病叶片皱缩型症状

图4-2　西葫芦病毒病叶片鸡爪型症状

图4-3　西葫芦病毒病叶片花叶型症状

图4-4　西葫芦病毒病绿斑花叶型症状

图4-5　西葫芦病毒病果实发病症状

【病　　原】Cucumber mosaic virus（CMV）称黄瓜花叶病毒；Melon mosaic virus（MMV）称甜瓜花叶病毒。黄瓜花叶病毒（CMV）：粒体球形，致死温度为60～70℃，体外存活期3～4天，不耐干燥。甜瓜花叶病毒（MMV）：形态线状，致死温度为60～62℃，体外存活期3～11天。

【发生规律】黄瓜花叶病毒种子不带毒，蚜虫主要在多年生宿根植物上越冬，每当春季发芽后，开始活动或迁飞，成为传播此病主要媒介；汁液摩擦也可传毒。发病适温20～25℃，气温高于25℃多表现隐症。甜瓜花叶病毒种子可以带毒，带毒率16%～18%。环境条件与病毒病发生关系密切，高温、干旱、光照强的条件下，蚜虫发生严重，也有利于病毒的繁殖，且降低了植株的抗病能力，所以发病严重。此外，在杂草多、附近有发病作物、气温高、缺水、缺肥、管理粗放时发病较重。

【防治方法】加强育苗期间的管理，早春育苗要保证床温，促使幼苗健壮生长。适期早定植，定植时淘汰病苗和弱苗。施足底肥，适时追肥，注意磷、钾肥的配合施用，促进根系发育，增强植株抗病性。注意浇水，防止干旱。夏秋季育苗要防止苗床温度过高，应及时浇水降温防止干旱，或在苗床上覆盖遮阳网遮光降温，并注意防治苗床蚜虫，以防蚜虫传毒。

种子处理。播种前用10%磷酸三钠浸种20分钟，然后洗净催芽播种；也可用55℃温水浸种15分钟，或用干种子在70℃恒温下热处理3天。

蚜虫、粉虱是主要传毒媒体，加强药剂防治。

在发病前期加强预防，可选用以下药剂：

2%宁南霉素水剂200～400倍液；

4%嘧肽霉素水剂200～300倍液；

20%盐酸吗啉胍·乙酸铜可湿性粉剂500～700倍液；

2.1%烷醇·硫酸铜可湿性粉剂500～700倍液；

1.5%硫铜·烷基·烷醇水乳剂1 000倍液；

3.95%三氮唑核苷·铜·烷醇·锌水剂500～800倍液；

31%氨苷·吗啉胍可溶性粉剂600~800倍液；

对水喷雾，视病情间隔7~10天1次。

2．西葫芦白粉病

【分布为害】白粉病为西葫芦的主要病害，分布广泛，各地均有发生，春、秋两季发生最普遍，发病率30%~70%，对产量有明显的影响，一般减产10%~20%，严重时可减产50%以上。

【症　　状】苗期至收获期均可发生，主要为害叶片，叶柄和茎也可受害，果实很少受害。发病初期在叶片及幼茎、叶柄上产生白色近圆形小粉点，后向四周扩展成边缘不清晰的白色粉斑，严重时整个叶片布满白粉，后期白粉变为灰白色，在病斑上生出成堆的黄褐色小粒点，后小粒点变黑(图4-6至图4-9)。为害严重时，全田叶片都布满白粉(图4-10)。

图4-6　西葫芦白粉病叶片发病初期症状

图4-7　西葫芦白粉病叶片发病后期症状

图4-8　西葫芦白粉病茎蔓发病症状

图4-9　西葫芦白粉病叶柄发病症状

图4-10　西葫芦白粉病田间发病症状

【病　　原】*Sphaerotheca cucurbitae* 称瓜类单丝壳白粉菌，属子囊菌门真菌。分生孢子梗无色，圆柱形，不分枝，其上着生分生孢子。分生孢子长圆形，无色，单胞，串生。闭囊壳褐色，球形，壳内有1倒梨形子囊，内有8个椭圆形的子囊孢子。附属丝无色至淡褐色。

【发生规律】病菌以闭囊壳随病残体越冬，或在保护地瓜类作物周而复始地侵染。通过叶片表皮侵入，借气流或雨水传播。低湿可萌发，高湿萌发率明显提高。雨后干燥，或少雨但田间湿度大，白粉病流行速度加快。较高的湿度有利于孢子萌发和侵入。高温干燥有利于分生孢子繁殖和病情扩展。高温干旱与高湿交替出现，有利于发病。

【防治方法】培育壮苗，定植时施足底肥，增施磷、钾肥，避免后期脱肥。生长期加强管理，注意通风透光，保护地提倡使用硫磺熏蒸器定期熏蒸预防。

发病初期，可采用下列杀菌剂进行防治：

40%硅唑·多菌灵悬浮剂2 000～3 000倍液；

70%硫磺·甲硫灵可湿性粉剂800～1 000倍液；

30%氟菌唑可湿性粉剂2 500～3 500倍液+75%百菌清可湿性粉剂600～800倍液；

5%烯肟菌胺乳油500～1 000倍液+50%克菌丹可湿性粉剂400～500倍液；

25%肟菌酯悬浮剂2 000倍液+80%代森锰锌可湿性粉剂800倍液；

20%福·腈可湿性粉剂1 000～2 000倍液+75%百菌清可湿性粉剂600倍液；

2%宁南霉素水剂200～400倍液+70%代森联水分散粒剂600～800倍液；

对水喷雾，视病情间隔7～10天1次。

田间较多株发现病情，可采用下列杀菌剂进行防治：

25%乙嘧酚悬浮剂1 500～2 500倍液+70%代森联水分散粒剂600～800倍液；

250g/L吡唑醚菌酯乳油1 500～3 000倍液+75%百菌清可湿性粉剂600倍液；

30%醚菌酯悬浮剂2 000～2 500倍液；

40%氟硅唑乳油4 000倍液+75%百菌清可湿性粉剂600倍液；

10%苯醚甲环唑水分散粒剂1 500倍液+75%百菌清可湿性粉剂600倍液；

10%苯醚菌酯悬浮剂1 000～2 000倍液；

300g/L醚菌·啶酰菌悬浮剂2 000～3 000倍液；

20%烯肟·戊唑醇悬浮剂3 000～4 000倍液；

12.5%腈菌唑乳油2 000～3 000倍液+75%百菌清可湿性粉剂600～800倍液；

75%十三吗啉乳油1 500～2 500倍液+50%克菌丹可湿性粉剂400～600倍液；

40%双胍三辛烷基苯磺酸盐可湿性粉剂1 000～2 000倍液；

对水喷雾，视病情间隔5～7天1次。

3. 西葫芦灰霉病

【分布为害】灰霉病是西葫芦重要的病害，分布广泛，在北方保护地内和南方露地普遍发生，一旦发病，损失较重。一般病瓜率8%～25%，严重时达40%以上。

【症　　状】主要为害瓜条，也为害花、幼瓜、叶和蔓。病菌最初多从开败的花开始侵入，使花腐烂，产生灰色霉层(图4-11)，后由病花向幼瓜发展。染病瓜条初期顶尖褪绿，后呈水渍状软腐、萎缩，其上产生灰色霉层。病花或病瓜接触到健康的茎、花和幼瓜即引起发病而腐烂(图4-12至图4-14)。叶片染病，多从叶缘侵入，病斑多呈"V"形斑(图4-15)，也可从叶柄处发病，湿度大时病斑表面有灰色霉层。

图4-11　西葫芦灰霉病雄花发病症状

图4-12　西葫芦灰霉病瓜条发病初期症状

图4-13　西葫芦灰霉病瓜条发病中期症状

图4-14　西葫芦灰霉病瓜条发病后期症状

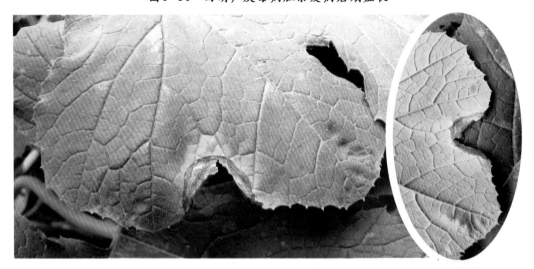

图4-15　西葫芦灰霉病叶片发病症状

【病　　原】*Botrytis cinerea* 称灰葡萄孢，属无性型真菌。有性世代为*Sclerotinia fuckeliana* 称富克尔核盘菌，属子囊菌门真菌。病菌的孢子梗数根丛生，褐色，顶端具1～2次分枝，分枝顶端密生小柄，其上生大量分生孢子。分生孢子圆形至椭圆形，单胞，近无色。

【发生规律】以菌核、分生孢子或菌丝在土壤内及病残体上越冬。分生孢子借气流、浇水或农事操作传播。多从伤口、薄壁组织，尤其易从开败的花、老叶叶缘侵入。高湿、低温、光照不足、植株长势弱时易发病。

【防治方法】前茬拉秧后彻底清除病残落叶及残体，加强管理，避免阴雨天浇水，并注意浇水后加大通风，降低空气湿度。当灰霉病零星发生时，立即摘除染病组织，带出田外或温室大棚外集中深埋。适当控制浇水，露地栽培时，雨后及时排水，降低田间相对湿度。保护地栽培时，要以提高温度、降低湿度为中心，西葫芦叶面不结露或结露时间应尽量短。

花期结合使用促进果实发育的激素蘸花，在配制好的药液中按0.1%加入50%腐霉利可湿性粉剂、50%异菌脲可湿性粉剂等药剂。

发病前注意喷施保护剂，防止病害发生，发病初期，可采用以下杀菌剂进行防治：

30％福·嘧霉可湿性粉剂800～1 200倍液；

50％福·异菌可湿性粉剂800～1 000倍液；

50％多·福·乙可湿性粉剂800～1 500倍液；

28％百·霉威可湿性粉剂800～1 000倍液；

65％甲硫·霉威可湿性粉剂1 000～1 500倍液+75％百菌清可湿性粉剂600～800倍液；

45％噻菌灵悬浮剂800～1 000倍液+70％代森锰锌可湿性粉剂800～1 000倍液；

50％异菌脲可湿性粉剂800～1 000倍液+70％代森联水分散粒剂800～1 000倍液；

2％武夷菌素水剂150～300倍液+75％百菌清可湿性粉剂600～800倍液；

2亿活孢子/g木霉菌可湿性粉剂600～800倍液+70％代森锰锌可湿性粉剂800～1 000倍液；

对水喷雾，视病情间隔7～10天喷1次。

田间普遍发病时，应加强防治，可采用以下杀菌剂进行防治：

50％烟酰胺水分散粒剂1 500～2 500倍液+75％百菌清可湿性粉剂600～800倍液；

50％嘧菌环胺水分散粒剂1 000～1 500倍液+70％代森联水分散粒剂700倍液；

40％嘧霉胺悬浮剂1000~1500倍液+70％代森锰锌可湿性粉剂800倍液；

50％啶酰菌胺水分散粒剂500~1000倍液+50％克菌丹可湿性粉剂600～800倍液；

50％腐霉利可湿性粉剂1 000～2 000倍液+75％百菌清可湿性粉剂600～800倍液；

50％异菌脲可湿性粉剂1 000～1 500倍液+50％乙霉威可湿性粉剂600～800倍液；

40％嘧霉胺悬浮剂1 000～1 500倍液+50％克菌丹可湿性粉剂600～800倍液；

对水喷雾，视病情间隔7天喷1次。重点喷施西葫芦的花和瓜条。为防止产生抗药性提高防效，提倡轮换交替或复配使用。

保护地发病初期采用烟剂，可用10％腐霉利烟剂200～250g/亩、45％百菌清烟剂250g/亩、10％腐霉利烟剂250～400g/亩、15％百·腐烟剂250～400g/亩或3％噻菌灵烟剂300～400g/亩熏烟。

4．西葫芦银叶病

【分布为害】银叶病为西葫芦的重要病害，局部地区发生严重，一旦发病，几乎全部植株都受害，显著影响西葫芦生产。

【症　　状】被害植株生长势弱，株型偏矮，叶片下垂，生长点叶片皱缩，呈半停滞状态，茎部上端节间短缩；茎及幼叶和功能叶叶柄褪绿，叶片叶绿素含量降低，严重阻碍光合作用(图4-16)；叶片初期表现为沿叶脉变为银色或亮白色，以后全叶变为银色，在阳光照耀下闪闪发光，但叶背面叶色正常(图4-17至图4-19)。3～4片叶为敏感期。

图4-16　西葫芦银叶病田间发病症状

图4-17　黄皮西葫芦银叶病叶片发病症状

图4-18　西葫芦银叶病叶片发病较轻时的症状

图4-19　西葫芦银叶病叶片发病较严重时症状

【病　　　原】Whitefly transmitted geminivirus (WTG) 粉虱传双生病毒。

【发生规律】WTG为广泛发生的一类植物单链DNA病毒，在自然条件下均由烟粉虱传播。据初步观察，此病春、秋季都可发生，当受烟粉虱为害后即感染此病，多数棚室发病率很高，受害轻时后期可在一定程度上恢复正常。不同品种发病程度略有差异，早青1号和金皮小西葫芦发生严重。

【防治方法】调整播种育苗期，避开烟粉虱发生的高峰期。秋季是烟粉虱发生的高峰期，西葫芦栽培应避开这一时期。提倡用拱棚进行秋延迟栽培或用冬暖大棚进行秋冬茬栽培。加强苗期管理，把育苗棚和生产棚分开。发生烟粉虱及时用烟剂熏杀，培育无虫苗。育苗前和栽培前要彻底熏杀棚室内的残虫，清除杂草和残株，通风口用尼龙纱网密封，控制外来虫源进入。

烟粉虱是主要的传毒者，应加强田间防治，以防止病毒传染。

发病初期，可采用下列杀菌剂进行防治：

2%宁南霉素水剂200～400倍液；

4%嘧肽霉素水剂200～300倍液；

7.5%菌毒·吗啉胍水剂500～700倍液；

2.1%烷醇·硫酸铜可湿性粉剂500～700倍液；

3.85%三氮唑·铜·锌水乳剂600～800倍液；

3.95%三氮唑核苷·铜·烷醇·锌水剂500～800倍液；

25%吗胍·硫酸锌可溶性粉剂500～700倍液；

对水喷雾，视病情间隔7～10天1次。

5. 西葫芦叶枯病

【症　　　状】此病多在生长中后期发生，一般老叶发病较多。初期在叶缘或叶脉间形成黄褐色坏死小点，周围有黄绿色晕圈，以后变成近圆形小斑，有不明显轮纹，很快数个小斑相互连接成不规则坏死大斑，终致叶片枯死(图4-20和图4-21)。

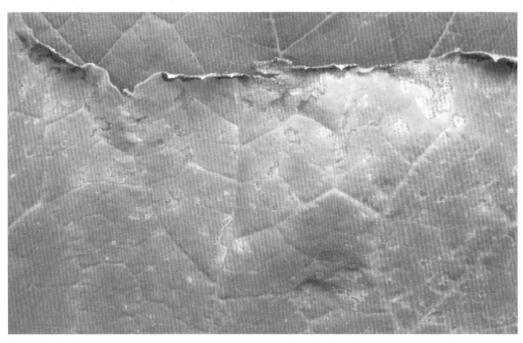

图4-20　西葫芦叶枯病叶片发病初期症状

图4-21   西葫芦叶枯病叶片发病后期症状

【病　　原】*Alternaria cucumerina* 称瓜交链孢，属无性型真菌。病菌分生孢子梗深褐色，单生，具分隔，顶端串生分生孢子。分生孢子浅褐色，棒状至椭圆形，具纵横隔膜，顶端喙状细胞较短或不明显。

【发生规律】病菌随病残体越冬。春季条件适宜时产生分生孢子形成初侵染。发病后病部产生大量分生孢子，借气流和雨水传播，进行多次重复侵染。温暖潮湿有利于发病。西葫芦前期干旱，生长中后期阴雨天气较多，管理粗放，发病较重。

【防治方法】拉秧后彻底清除植株病残落叶，减少田间菌源，重病地块与非瓜类蔬菜轮作。增施有机肥，中后期适当追肥，提高植株抗病能力，浇水后增加通风，严防大水漫灌。

发病初期，可选用下列杀菌剂进行防治：

50％异菌脲可湿性粉剂1 200倍液+50％敌菌灵可湿性粉剂500倍液；

50％乙烯菌核利可湿性粉剂1 500倍液+70％代森锰锌可湿性粉剂800倍液；

560g/L嘧菌·百菌清悬浮剂800～1 200倍液；

保护地种植还可选用5％百菌清粉尘剂1～2kg/亩、5％春雷霉素·氧氯化铜粉尘剂1kg/亩喷粉防治。

6．西葫芦霜霉病

【症　　状】此病各生育期都可发生，以生长中后期较为常见，主要为害叶片。发病初期在叶背面形成水渍状小点，逐渐扩展成多角形水渍状斑，以后长出黑紫色霉层，即病菌的孢囊梗和游动孢子囊。叶正面病斑初期褪绿，逐渐变成灰褐至黄褐色坏死斑，多角形，随病情发展，多个病斑相互连接成不规则大斑，终致叶片枯死(图4-22和图4-23)。

图4-22   西葫芦霜霉病叶片发病症状

图4-23 西葫芦霜霉病叶背发病症状

【病 原】*Pseudoperonospora cubensis* 称古巴假霜霉菌，属卵菌门真菌。孢囊梗自气孔伸出，单生或2~4根束生，无色，基部稍膨大，上部呈3~5次锐角分枝，分枝末端着生一个孢子囊，孢子囊卵形或柠檬形，顶端具乳状突起，淡褐色，单胞。孢子囊释放出游动孢子1~8个，在水中游动片刻后形成休眠孢子，再产生芽管，从寄主气孔或细胞间隙侵入，在细胞间蔓延，靠吸器伸入细胞内吸取营养。

【发生规律】病菌随病叶越冬或越夏，也可在黄瓜、甜瓜等瓜类作物上为害过冬。条件适宜时病菌产生孢子囊借气流传播，形成初侵染。发病后再产生孢子囊飘移扩散，进行再侵染。温暖潮湿有利于发病，叶背结露有利于病菌侵染。病菌发育温度15~30℃，孢子囊形成适宜温度为15~20℃，湿度85%以上，萌发适宜温度为15~22℃。在高湿条件下，20~24℃病害发展迅速而严重。

【防治方法】收获后彻底清除病残落叶，重病区实行与非瓜类蔬菜轮作。注意适当稀植，降低小气候空气湿度。加强管理，阴雨天控制浇水，保护地注意适当增加通风。

在西葫芦霜霉病发病前期或苗期未发病时，主要是用保护剂防止发病，可采用下列杀菌剂进行防治：

560g/L嘧菌·百菌清悬浮剂2 000~3 000倍液；

72%丙森·膦酸铝可湿性粉剂800~1 000倍液；

70%代森联水分散粒剂600~800倍液；

68.75%恶酮·锰锌水分散粒剂800~1 000倍液；

50%克菌丹可湿性粉剂400~600倍液；

对水喷雾，视病情间隔7~10天喷1次。

在田间出现霜霉病症状，但病害较轻时，应及时进行防治，该期要注意用保护剂和治疗剂合理混用。可采用下列杀菌剂或配方进行防治：

25%嘧菌酯悬浮剂1 500～2 500倍液；

50%烯酰吗啉可湿性粉剂1 000～1 500倍液+75%百菌清可湿性粉剂600倍液；

20%氟吗啉可湿性粉剂600～800倍液+70%代森联水分散粒剂800～1 000倍液；

68%精甲霜·锰锌水分散粒剂800～1 000倍液；

72%霜脲氰·代森锰锌可湿性粉剂600～800倍液；

70%丙森锌可湿性粉剂600～800倍液；

对水喷雾，视病情间隔10天喷1次。

在田间普遍出现霜霉病症状，且病害前期霉层较少时，应及时进行防治，该期要注意用速效治疗剂，特别是前期未用过高效治疗剂的，注意和保护剂合理混用，防止病害进一步加重和蔓延。可采用下列杀菌剂进行防治：

25%吡唑醚菌酯乳油1 500～2 000倍液+75%百菌清可湿性粉剂600～800倍液；

687.5g/L氟菌·霜霉威悬浮剂1 500～2 500倍液；

72.2%霜霉威盐酸盐水剂800～1 000倍液+80%代森锰锌可湿性粉剂800～1 000倍液；

60%唑醚·代森联水分散粒剂1 000～2 000倍液；

440g/L精甲·百菌清悬浮剂800～1 500倍液；

69%锰锌·氟吗啉可湿性粉剂800～1 500倍液；

10%氰霜唑悬浮剂1 500～2 500倍液+70%代森锰锌可湿性粉剂600～800倍液；

对水喷雾，视病情间隔5～7天1次。

7．西葫芦软腐病

【症　状】此病主要为害瓜条，病菌多从伤口处侵染，初期呈水渍状灰白色坏死斑，继而软化腐烂，散发出臭味。此病发生后病势发展迅速，瓜条染病后在很短时期内即全部腐烂(图4-24)。染病后空气干燥或条件对病菌极端不利时病部逐渐变褐并失水萎缩。叶柄受害病部呈黄褐色，后期病部缢缩倒伏(图4-25)。根茎部受害，髓组织溃烂，湿度大时，溃烂处流出灰褐色黏稠物，轻碰病株即倒折(图4-26)。

图4-24　西葫芦软腐病果实发病症状

图4-25　西葫芦软腐病叶柄发病症状

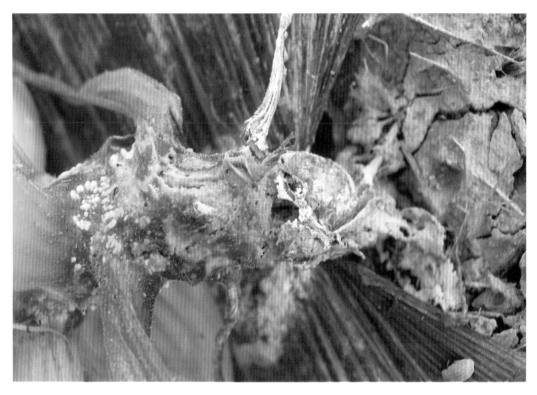

图4-26 西葫芦软腐病根茎部发病症状

【病　　原】*Erwinia carotovora* pv. *carotovra* 称胡萝卜软腐欧氏杆菌胡萝卜致病变种，属细菌。

【发生规律】病原细菌主要随病残体在土壤中越冬。由于该病菌可为害多种蔬菜，田间菌源普遍存在。当条件适宜时病菌借雨水、浇水及昆虫传播，由伤口侵入。高温高湿条件下发病严重。通常，高温条件下病菌繁殖迅速，多雨或高湿有利于病菌传播和侵染，且伤口不易愈合增加了染病概率，伤口越多病害越重。

【防治方法】选择适当的抗病品种。采用黑籽南瓜作砧木进行嫁接栽培，增强抗病性。采用高垄或高畦地膜覆盖栽培，生长期避免大水漫灌，雨后及时排水，避免田间积水。及时防治病虫，避免日灼、肥害和机械伤口、生理裂口。

整地前用生石灰或高锰酸钾进行土壤消毒，每亩用生石灰50～100kg，高锰酸钾2～2.5kg。保护地覆盖棚膜后，用硫磺熏蒸灭菌，每亩用硫磺1～1.5kg。

发现病瓜及时摘除，并及时采用下列杀菌剂进行防治：

3%中生菌素可湿性粉剂600～800倍液；

36%三氯异氰尿酸可湿性粉剂1 000～1 500倍液；

12%松脂酸铜乳油600～800倍液；

77%氢氧化铜可湿性粉剂800～1 000倍液；

喷雾，视病情间隔7～10天防治1次。

8. 西葫芦褐色腐败病

【症　　状】主要侵染瓜条，严重时亦为害叶柄。瓜条染病初期产生水渍状不规则坏死斑(图4-27)，以后迅速发展成不规则大斑，暗绿色至灰褐色，随病害发展病瓜迅速软化腐烂。空气潮湿，病部表面可产生不很明显的稀疏白霉，即病菌的孢囊梗。叶柄受害亦呈水渍状软腐，病部表面产生稀疏白霉。

图4-27　西葫芦褐色腐败病果实发病症状

【病　　原】*Phytophthora* sp. 称疫霉菌，属卵菌门真菌。无性阶段产生孢子囊，无色，单胞，近圆球至椭圆形，顶端有乳状突起，孢子囊萌发产生游动孢子，也可直接萌发产生芽管。卵孢子球形，黄褐色。

【发生规律】病菌以卵孢子随病残组织遗留在土壤中越冬，翌年条件适宜时侵染寄主，在病部产生大量游动孢子，通过浇水或风雨传播，发生再侵染。高温多雨有利于发病。一般地势低洼、排水不良、浇水过多，或地块不平整，长时间连作发病较重。

【防治方法】采用高畦或高垄地膜配合搭架栽培，普通种植必要时把瓜垫起。合理浇水，避免大水漫灌，雨后及时排水，适当增施钾肥，发现病瓜及时清除。

田间发病前或初现病情，应及时进行防治，可采用下列杀菌剂进行防治：

30%醚菌酯悬浮剂2 000～2 500倍液；

25%甲霜灵可湿性粉剂500～800倍液+70%丙森锌可湿性粉剂600～800倍液；

70%锰锌·乙铝可湿性粉剂600～800倍液；

68.75%恶唑菌酮·锰锌水分散粒剂800～1 000倍液；

52.5%恶唑菌酮·霜脲水分散粒剂1 500～2 000倍液；

对水喷雾，视病情间隔7～10天1次。

田间开始发病时，应加强防治，可采用下列杀菌剂进行防治：

60%氟吗·锰锌可湿性粉剂1 000～1 500倍液；

84.51%霜霉威·乙膦酸盐可溶性水剂600～1 000倍液；

70%呋酰·锰锌可湿性粉剂600～1 000倍液；

687.5g/L氟吡菌胺·霜霉威盐酸盐悬浮剂1 000～2 000倍液；

69%锰锌·烯酰可湿性粉剂1 000～1 500倍液；

66.8%丙森·异丙菌胺可湿性粉剂800～1 500倍液；

对水喷雾，视病情间隔5～7天1次。

保护地栽培，还可以选用15%百·烯酰烟剂250~400g/亩、20%百·霜脲烟剂250~300g/亩或用10%百菌清烟剂300~500g/亩。

9．西葫芦疫病

【症　　状】苗期、成株期均可发病。嫩尖和幼茎先呈暗绿色水浸状，很快腐烂而死。成株发病以茎基部、节部或分枝处为主。先出现褐色或暗绿色水浸状病斑，迅速扩展，表面长有稀疏白色霉层，后病部缢缩，皮层软化腐烂，病部以上茎、叶逐渐萎蔫、枯死。叶片发病，多从叶缘或叶柄连接处产生水浸状、暗绿色、不规则形大型病斑。湿度大时，病斑扩展极快，常使叶片全叶腐烂，干燥时，病部呈青白色，易破裂(图4-28)。果实发病，先从花蒂部发病，出现水渍状暗绿色近圆形凹陷的病斑，后果实皱缩腐烂，表面生有稀疏霉层(图4-29)。

图4-28　西葫芦疫病叶片发病症状

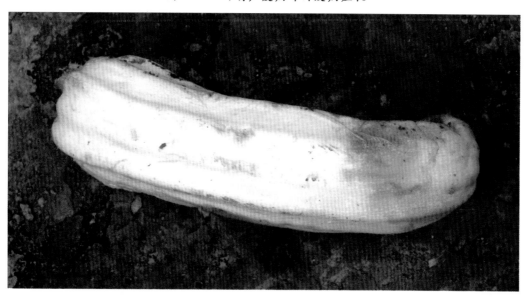

图4-29　西葫芦疫病果实发病症状

【病　　原】*Phytophthora melonis* 称瓜疫霉，属卵菌门真菌。菌丝丝状、无色、多分枝。初生菌丝无隔，老熟菌丝长出瘤状节结或不规则球状体，内部充满原生质。孢囊梗直接从菌丝或球状体上长出，平滑，中间偶现单轴分枝，个别形成隔膜。孢子囊顶生，卵圆形或长椭圆形。卵孢子淡黄色或黄褐色。

【发生规律】病菌随病残体在土壤或粪肥中越冬，翌年，条件适宜时传播到西葫芦上侵染发病。病菌借风雨、灌溉水传播，进行再侵染。条件适宜，病害极易流行。病菌生长发育适温为28～30℃。需要高湿环境，相对湿度90%以上才能产生孢子囊。

【防治方法】施用充分腐熟有机肥，施足基肥，适时适量追肥，避免偏施氮肥，增施磷、钾肥。高畦覆盖地膜栽培，膜下灌水，适当控制灌水，雨后及时排水。保护地注意放风排湿。发现中心病株，及时拔除深埋或烧毁。重病地应与非瓜类蔬菜进行3～5年轮作。

种子处理。可用72.2%霜霉威水剂800倍液浸种30分钟，或用种子重量0.3%的25%甲霜灵可湿性粉剂拌种。

在发病前或初见中心病株时，可采用下列杀菌剂进行防治：

72.2%霜霉威水剂600～800倍液+75%百菌清可湿性粉剂600～800倍液；

72%锰锌·霜脲可湿性粉剂700～900倍液；

10%氰霜唑悬浮剂2 000～2 500倍液+70%代森锰锌可湿性粉剂800～1 000倍液；

70%丙森锌可湿性粉剂600～800倍液；

30%醚菌酯悬浮剂2 000～3 000倍液；

53%甲霜·锰锌可湿性粉剂500～800倍液；

对水喷雾，视病情间隔7～10天1次。

田间较多株开始有病时，可采用下列杀菌剂进行防治：

687.5g/L氟吡菌胺·霜霉威盐酸盐悬浮剂800～1 200倍液；

60%戊唑丙森锌水分散粒剂600～1 000倍液；

60%氟吗·锰锌可湿性粉剂1 000～1 500倍液；

70%呋酰·锰锌可湿性粉剂600～1 000倍液；

69%锰锌·烯酰可湿性粉剂1 000～1 500倍液；

对水喷雾，视病情间隔5～7天1次。

保护地栽培，还可以采用15%百·烯酰烟剂每100m³空间用药25～40g熏烟，或20%百·霜脲烟剂每100m³用药25g熏烟，或用10%百菌清烟剂每100m³空间用药45g熏烟。

10．西葫芦枯萎病

【症　　状】多在结瓜初期开始发生，仅为害根部。发病初期植株外叶片褪绿，逐渐萎蔫坏死，至最后全株萎蔫死亡(图4-30)。发病植株根系初呈黄褐色水渍状坏死，随病害发展维管束由下向上变褐(图4-31)，以后根系腐朽，最后仅剩丝状维管束组织。

图4-30　西葫芦枯萎病地上部发病症状

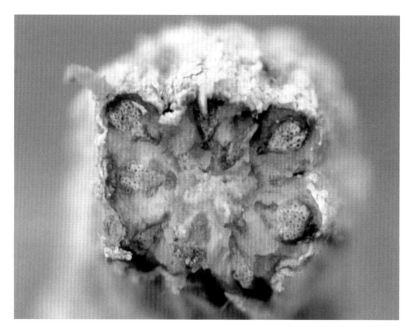

图4-31　西葫芦枯萎病维管束变褐

【病　　原】*Fusarium oxysporum* f.sp. *cucurmerinum* 称尖镰孢菌黄瓜专化型，属无性型真菌。病菌产生大小两种类型分生孢子，大型分生孢子纺锤形或镰刀形，无色透明，顶细胞圆锥形，有的微呈钩状，基部倒圆锥截形或足细胞，具隔膜1~3个。小型分生孢子多生于气生菌丝中，椭圆形或腊肠形，无色透明，无隔膜。厚垣孢子表面光滑，黄褐色。

【发生规律】病菌在土壤中可存活3~5年。条件适宜即引起发病。土壤黏重、低洼、积水、地下害虫严重的地块有利于发病。连作、管理粗放或施肥伤根等，病害发生较重。

【防治方法】重病地块与其他蔬菜轮作。施用充分腐熟的有机肥，避免田间积水，注意防治地下害虫。选择地势高燥，排灌方便的地块种植。

种子处理。用福尔马林药液浸种20~30分钟，或用1%多菌灵盐酸盐超微粉加0.1%平平加浸种60分钟，捞出后冲净催芽；或用2.5%咯菌腈悬浮种衣剂5~7.5ml/100kg种子浸种。

苗床处理。苗床消毒每平方米用70%恶霉灵可湿性粉剂1g对细沙1kg，播种后均匀撒入苗床作盖土，也可以在整地或播种时用50%多菌灵可湿性粉剂1~2g/m²+70%敌磺钠可溶性粉剂1.5~3g/m²、70%甲基硫菌灵可湿性粉剂1~2g/m²+50%福美双可湿性粉剂1.5~2g/m²，与细土按1：100的比例配成药土后撒施于床面。

对于老瓜区或上茬枯萎病较重的地块，应在移植前进行土壤处理，可采用下列杀菌剂进行防治：

70%恶霉灵可湿性粉剂1~2kg/亩+50%多菌灵可湿性粉剂3~5kg/亩；

50%福美双可湿性粉剂3~5kg/亩+70%甲基硫菌灵可湿性粉剂3~5kg/亩；

50%敌菌丹可湿性粉剂3~5kg/亩+50%苯菌灵可湿性粉剂2~3kg/亩；

拌毒土撒施，而后耙地混土。也可以在移植时，把药土撒入穴中，达到省药的目的。

对于新瓜区或枯萎病较轻的地块，可以在移植后采用下列杀菌剂进行防治：

70%恶霉灵可湿性粉剂2 000倍液；

30%福·嘧霉可湿性粉剂800倍液；

50%苯菌灵可湿性粉剂1 000倍液+50%福美双可湿性粉剂500倍液；

20%甲基立枯磷乳油800～1 000倍液+70%敌磺钠可溶性粉剂800倍液；

在幼苗定植时灌根，每株灌对好的药液300～500ml。

发病前期或发病初期，可采用下列杀菌剂进行防治：

70%敌磺钠可溶性粉剂300～500倍液；

70%甲基硫菌灵可湿性粉剂600～800倍液+50%福美双可湿性粉剂300～500倍液；

70%甲基硫菌灵可湿性粉剂600～800倍液+54.5%恶霉·福可湿性粉剂700倍液；

70%甲基硫菌灵可湿性粉剂600～800倍液+70%敌磺钠可溶性粉剂300～500倍液；

50%多菌灵可湿性粉剂400～600倍液+50%福美双可湿性粉剂300～500倍液；

50%多菌灵可湿性粉剂400～600倍液+54.5%恶霉·福可湿性粉剂700倍液；

3%恶霉·甲霜水剂600～800倍液；

54.5%恶霉·福可湿性粉剂700倍液；

68%恶霉·福美双可湿性粉剂800～1 000倍液；

70%恶霉灵可湿性粉剂2 000倍液；

36%三氯异氰尿酸可湿性粉剂800～1 500倍液；

50%氯溴异氰脲酸可溶性粉剂800～1 500倍液；

灌根，视病情间隔7～8天灌1次。

在开花结果期，西葫芦枯萎病发生开始严重，应加强防治，田间发现病株后应及时拔除，并全田施药，可用70%甲基硫菌灵可湿性粉剂600～800倍液+70%敌磺钠可溶性粉剂600倍液、20%甲基立枯磷乳油800～1 000倍液+15%恶霉灵水剂300～400倍液灌根，每株灌200ml，间隔7～10天灌1次，连灌2次，可以控制病情发展。

11．西葫芦炭疽病

【症　　状】主要为害叶片。叶片病斑多从叶缘开始，初呈半圆形至圆形褐色病斑，后向内逐渐扩大并相互连合，致叶缘干枯，干枯部分隐现云纹，与健康部位交接处还可见黄晕(图4-32)。潮湿时病斑表面出现朱红色针头大的小粒点。

【病　　原】*Colletotrichum lagenarium* 称葫芦科刺盘孢，属无性型真菌。分生孢子盘聚生，初为埋生，红褐色，后突破表皮呈黑褐色，刚毛散生于分生孢子盘中，暗褐色，顶端色淡，略尖，基部膨大，具2～3个横隔。分生孢子梗无色，圆筒状，单胞，长圆形。

【发生规律】病菌以菌丝体或菌核在土壤中的病残体上越冬。翌年，遇到适宜条件产生分生孢子，落到植株上发病。种子带菌可存活2年，播种带菌种子，出苗后子叶受

图4-32　西葫芦炭疽病叶片发病症状

侵染。染病后，病部又产生大量分生孢子，借风雨及灌溉水传播，进行重复侵染。地势低洼、排水不良，或氮肥过多、通风不良、重茬地发病重。

【防治方法】加强田间管理，合理密植。施用充分腐熟的有机肥，避免田间积水。选择地势高燥、排灌方便的地块种植。

发病前结合其他病害的防治注意施用保护剂进行预防；加强田间调查，田间出现病情时及时施药防治，可采用下列杀菌剂进行防治：

20％唑菌胺酯水分散粒剂1 000～1 500倍液+70％丙森锌可湿性粉剂700倍液；

20％苯醚·咪鲜胺微乳剂2 500～3 500倍液；

40％多·福·溴菌腈可湿性粉剂800～1 000倍液；

40％腈菌唑水分散粒剂4 000～6 000倍液+70％代森锰锌可湿性粉剂600～800倍液；

25％咪鲜胺乳油1 000～1 500倍液+75％百菌清可湿性粉剂600倍液；

对水喷雾，视病情间隔7～10天1次。

保护地粉尘剂防治，发病初期，可喷5％百菌清粉尘剂1kg/亩，傍晚或早上喷，间隔7天喷1次，连喷4～5次。或在发病前用30％百菌清烟剂200～250g/亩，傍晚进行，分放4～5个点，先密闭大棚、温室，然后点燃烟熏，间隔7天熏1次，连熏4～5次。

12．西葫芦蔓枯病

【症　状】主要为害茎蔓、叶片、果实。茎蔓染病，初在茎基部附近产生长圆形水渍状病斑，后向上下扩展成黄褐色长椭圆形病斑，后扩展至绕茎一周后，病部以上茎蔓枯死(图4-33和图4-34)。叶片染病，始于叶缘，后向叶内扩展成"V"字形黑褐色病斑，后期溃烂。果实染病，初在瓜中部皮层上产生水渍状圆点，后向果实内部深入，引起果实软腐，瓜皮呈黄褐色。

【病　原】*Mycosphaerella melonis* 称瓜类球腔菌，属无性型真菌。分生孢子器叶面生，多为聚生，初埋生后突破表皮外露，球形至扁球形，器壁淡褐色，顶部呈乳状突起，器孔口明显；分生孢子短圆形至圆柱形，无色透明，两端较圆，正直，初为单胞，后生一隔膜。子囊壳细颈瓶状或球形，单生在叶正面，突出表皮，黑褐色；子囊多棍棒形，无色透明，正直或稍弯；子囊孢子无色透明，短棒状或梭形，一个分隔，上面细胞较宽，顶端较钝，下面的孢子较窄，顶端稍尖，隔膜处缢缩明显。

【发生规律】病菌主要以分

图4-33 西葫芦蔓枯病茎基部发病症状　　图4-34 西葫芦蔓枯病植株地上部枯死

生孢子器或子囊壳随病残体在土壤中或棚架及种子上越冬。条件适宜时产生大量分生孢子，借灌溉水、雨水、露水传播，从伤口、自然孔口侵入引起发病。当温度在18~25℃，空气相对湿度在80%以上或土壤持水量过高时发病重，尤其是开始采瓜期，摘除老叶造成伤口过多时，再加上通风不良，常造成该病大流行。

【防治方法】选用抗蔓枯病的品种。提倡与非瓜类作物进行2年以上轮作；前茬收获后及早清园，以减少菌源。

种子处理。可用种子重量0.3%的50%多菌灵可湿性粉剂拌种。

发病初期，可采用下列杀菌剂进行防治：

40%氟硅唑乳油3 000~5 000倍液+65%代森锌可湿性粉剂600倍液；

325g/L苯甲·嘧菌酯悬浮剂1 500~2 500倍液；

250g/L嘧菌酯悬浮剂1 500~2 000倍液；

25%咪鲜胺乳油800~1 000倍液+68.75%噁酮·锰锌水分散粒剂800~1 000倍液；

40%双胍辛烷苯基磺酸盐可湿性粉剂1 000倍液+75%百菌清可湿性粉剂600倍液；

对水喷雾，视病情间隔7~10天防治1次。也可用上述杀菌剂50~100倍液涂抹病部。

13.西葫芦链格孢黑斑病

【症　　状】此病多在生长中后期发生，一般老叶发病较多。初期在叶缘或叶脉间形成黄褐色坏死小点，周围有黄绿色晕圈，以后变成近圆形小斑，有不明显轮纹，很快数个小斑相互连接成不规则坏死大斑，终致叶片枯死(图4-35和图4-36)。

图4-35　西葫芦链格孢黑斑病叶片发病症状

图4-36 西葫芦链格孢黑斑病叶背发病症状

【病　　原】*Alternaria cucumerina* 称瓜链格孢，属无性型真菌。分生孢子梗深褐色，单生，有分隔，顶端串生分生孢子。分生孢子淡褐色，棍棒状或椭圆形，喙状细胞较短，有纵横隔膜。

【发生规律】病菌随病残体越冬。春季条件适宜时产生分生孢子形成初侵染。发病后病部产生大量分生孢子借气流和雨水传播，进行多次重复侵染。温暖潮湿有利于发病。西葫芦前期干旱，生长中后期阴雨天气较多，管理粗放，发病较重。

【防治方法】拉秧后彻底清除植株病残落叶，减少田间菌源，重病地块与非瓜类蔬菜轮作。增施有机肥，中后期适当追肥，提高植株抗病能力，浇水后增加通风，严防大水漫灌。

发病初期，采用下列杀菌剂或配方进行防治：

560g/L嘧菌·百菌清悬浮剂800～1 200倍液；

10%苯醚甲环唑水分散粒剂1 500倍液+75%百菌清可湿性粉剂600倍液；

52.5%异菌·多菌灵可湿性粉剂800～1 000倍液；

对水喷雾，视病情间隔7天1次。

保护地种植还可选用5%百菌清粉尘剂1～2kg/亩、5%春雷·王铜粉尘剂1kg/亩喷粉防治。

14. 西葫芦细菌性叶枯病

【症　　状】主要侵染叶片，病斑初期为水渍状褪绿小点，近圆形，逐渐扩大成近圆形至不规则形浅黄色坏死斑，凹陷。多个病斑相互连接形成大的坏死枯斑，最后整片叶枯黄死亡(图4-37和图4-38)。

图4-37　西葫芦细菌性叶枯病叶片发病初期症状　　　图4-38　西葫芦细菌性叶枯病叶片发病后期症状

【病　　　原】*Xanthomonas campestris* pv. *cucurbitae* 称野油菜黄单胞菌黄瓜叶斑病致病变种，属细菌。

【发生规律】病菌在种子或随病株残体在土壤中越冬。翌年春由雨水或灌溉水溅到茎、叶上发病。菌脓通过雨水、昆虫、农事操作等途径传播。塑料棚低温高湿利于发病。黄河以北地区露地西葫芦，每年7月中旬为发病高峰期，棚、室西葫芦4-5月为发病盛期。

【防治方法】培育无病种苗，用新的无病土苗床育苗；保护地适时放风，降低棚、室湿度，发病后控制灌水，促进根系发育增强抗病能力；露地实施高垄覆膜栽培，平整土地，完善排灌设施，收获结束后清除病株残体，翻晒土壤等。

种子处理。用55℃温水浸种15分钟后，再转入室温水里泡4小时，还可在70℃恒温干热灭菌72小时后再催芽播种。

发病初期，可采用下列杀菌剂进行防治：

88%水合霉素可溶性粉剂1 500～2 000倍液；

3%中生菌素可湿性粉剂800～1 000倍液；

20%噻唑锌悬浮剂300～500倍液+12%松脂酸铜乳油600～800倍液；

20%噻菌铜悬浮剂1 000～1 500倍液；

45%代森铵水剂400～600倍液；

对水喷雾，视病情间隔5～7天喷1次。

15．西葫芦菌核病

【症　　状】主要为害幼瓜及茎蔓，严重时也为害叶片。幼瓜染病，多从开败的残花开始侵染，初呈水渍状腐烂，后长出较浓密的絮状白霉，随病害发展，白霉上散生黑色鼠粪状菌核(图4-39和图4-40)。茎蔓染病，初呈水渍状腐烂，随后病部变褐，长出白色絮状菌丝和黑色鼠粪状菌核，空气干燥时病茎坏死干缩，灰白至灰褐色，最后病部以上茎蔓及叶片枯死。叶片染病呈污绿色水渍状腐烂，病部亦长出白色菌丝和较细小的黑色菌核。

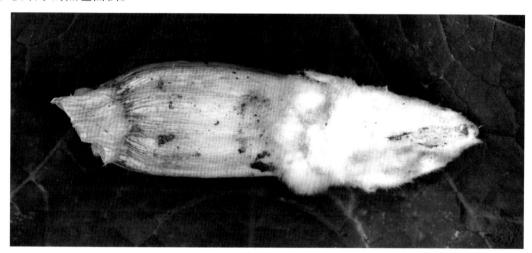

图4-39　西葫芦菌核病果实发病早期症状

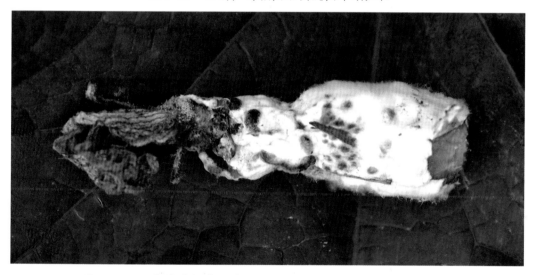

图4-40　西葫芦菌核病发病后期果实上产生白色菌丝及黑色菌核

【病　　原】*Sclerotinia sclerotiorum* 称核盘菌，属子囊菌门真菌。菌核初白色，后表面变黑色鼠粪状，大小不等，由菌丝体扭集在一起形成；子囊盘暗红色或淡红褐色；子囊无色，棍棒状，内生8个无色的子囊孢子，子囊孢子圆形，单胞。

【发生规律】病菌主要以菌核遗落在土壤中越冬或越夏。温湿度适宜时菌核萌发产生子囊盘和子囊孢子。子囊孢子借气流传播形成初侵染，产生菌丝，植株发病后主要通过病健部接触传播蔓延。病菌发育温度0~30℃，适宜温度20℃左右，子囊孢子萌发温度5~35℃，发育适温为5~10℃。菌丝在潮湿、相对湿度85%以上时发育良好，低于75%时明显受抑制。干湿交替有利于菌核形成。3月底开始发病，3—5月为发病高峰。

【防治方法】棚室上午以闷棚提温为主，下午及时通风排湿，早春日均温控制在29～31℃，相对湿度低于65%可减少发病。

种子处理。用52℃温水浸种30分钟，把菌核烫死，然后移入温水中浸种。或用10%盐水漂洗种子2～3次，可除掉混杂在种子里的菌核。或用种子重量0.4%～0.5%的50%异菌脲悬浮剂进行种子包衣。

土壤处理。定植前可用40%五氯硝基苯可湿性粉剂10g/m²或用20%甲基立枯磷乳油1.5～3kg/亩+70%敌磺钠可溶性粉剂2～4kg/亩，拌细干土1kg，撒在土表，或耙入土中，然后播种，或用2.5%咯菌腈悬浮种衣剂5ml/m²混匀后均匀撒在育苗床上。也可选用40%福尔马林每平方米用药20～30ml加水2.5～3L，均匀喷洒于土面上，充分拌匀后堆置，用潮湿的草帘或薄膜覆盖，闷2～3天，充分杀灭病菌，然后揭开覆盖物，把土壤摊开，晾15～20天后，再进行播种或定植。

田间发现病情及时施药防治，发病前期至初期，可采用下列药剂进行防治：

50%乙烯菌核利可湿性粉剂600～800倍液+70%代森锰锌可湿性粉剂600～800倍液；

50%异菌脲悬浮剂800～1 000倍液+50%腐霉利可湿性粉剂1 500倍液；

40%菌核净可湿性粉剂600～800倍液+50%克菌丹可湿性粉剂400～600倍液；

66%甲硫·霉威可湿性粉剂1 000倍液+70%代森锰锌可湿性粉剂600～800倍液；

50%腐霉利可湿性粉剂1 500倍液+36%三氯异氰尿酸可湿性粉剂600～800倍液；

45%噻菌灵悬浮剂800～1 000倍液+50%福美双可湿性粉剂600倍液；

20%甲基立枯磷乳油600～1 000倍液+80%多菌灵可湿性粉剂500倍液；

50%多·菌核可湿性粉剂600～800倍液+50%敌菌灵可湿性粉剂500倍液；

喷雾，视病情间隔7～10天喷1次。

16．西葫芦褐腐病

【症　　状】主要为害幼嫩瓜条，也为害花和叶柄等。病菌多从开败的花或受伤的组织开始侵染，使病部呈水渍状坏死腐烂，在腐烂组织表面形成毛刺状黑色至灰黑色毛状霉层。瓜条受害多从花器侵染，沿脐部向瓜条快速发展致全瓜软腐，病瓜表面长出较厚的毛刺状黑色至灰黑色毛状霉层，烂瓜常具有腥臭味(图4-41至图4-43)。

图4-41　西葫芦褐腐病果实发病初期症状

图4-42　西葫芦褐腐病果实发病中期症状

图4-43　西葫芦褐腐病发病后期果实上长满灰黑色毛状霉层

【病　　原】*Choanephora cucurbitarum* 称瓜笄霉，属接合菌门。分生孢子梗直立，生于寄主表面，无色，无隔膜，基部渐狭，不分枝，顶端膨大成头状泡囊，囊上生许多小枝，小枝末端膨大成小泡囊，囊上生小梗，分生孢子着生于小梗顶端。分生孢子柠檬形、梭形，褐色至棕褐色，单胞，表面有许多纵纹。

【发生规律】病菌为弱寄生菌，腐生性极强，田间自然分布很普遍，可在多种蔬菜的病残体上以菌丝状态腐生生活。孢囊孢子可附着在田间架材和保护地内所有暴露在空中的表面上越冬。当条件适宜时，病菌由伤口或生活力极低的衰弱部位侵入。病菌侵入后分泌一种果胶酶快速分解细胞间质，引起腐烂，产生大量孢子随气流、雨水或浇水传播蔓延，形成多次重复侵染。温暖潮湿有利于发病，病菌生长适宜温度为23～28℃，要求相对湿度在80%以上。田间浇水多，土壤和空气潮湿，病害发生较重。平畦种植、无地膜种植、管理粗放的地块受害重。

【防治方法】种植前彻底清除前茬作物的所有残余组织。采取高垄或高畦地膜覆盖栽培。精心管理，及时小心清除病瓜、病花和衰败的残花等。避免造成各种伤口，减少病菌侵染机会。雨后或浇水后避免田间积水，保护地加强通风降湿，抑制病害发生发展。

发病后，可采用下列杀菌剂进行防治：

50%嘧菌酯水分散粒剂4 000~6 000倍液；

440g/L双炔·百菌清悬浮剂600~1 000倍液；

60%唑醚·代森联水分散粒剂1 000~2 000倍液；

25%烯肟菌酯乳油2 000~3 000倍液+75%百菌清可湿性粉剂600~800倍液；

10%苯醚甲环唑水分散粒剂1 000倍液+75%百菌清可湿性粉剂600~800倍液；

50%福美双·异菌脲可湿性粉剂800~1 000倍液；

喷雾，视病情间隔7~10天1次。

17. 西葫芦曲霉病

【症　　状】主要为害花和果实，受害花器呈湿腐状，湿度大时上生灰黑色霉层，后由果蒂侵染果实造成果肉腐烂，湿度大时病瓜上生深褐色至灰黑色霉层(图4-44)。

图4-44　西葫芦曲霉病果实发病症状

【病　　原】*Aspergillus niger* 称黑曲霉菌，属无性型真菌。分生孢子头球状，褐黑色。分生孢子头褐黑色放射状，分生孢子梗长短不一。顶囊球形，双层小梗。分生孢子褐色球形。

【发生规律】病原菌主要在土壤中或病残体上越冬，翌年条件适宜时，产生分生孢子借助气流传播，从植株表面伤口或表皮直接侵入为害。棚室栽培，经常不及时放风，长期湿度过大，经常大水漫灌，浇水后放风量不够，露地栽培雨水较多，田间经常有积水，发病较多。

【防治方法】选择富含有机质通透性较好的壤土地栽培，保护地栽培，选择晴天浇水，浇水适当加大放风量，露地栽培的，雨后要及时排出田间积水，收获结束后及时将病残体清出田外，并集中销毁。

发现病花病果及时摘除带出田外，并用70%甲基硫菌灵可湿性粉剂0.8~1.5kg/亩与细土或沙拌匀撒施，也可浇水时随水冲施70%甲基硫菌灵可湿性粉剂（1kg/亩）。

18．西葫芦根结线虫病

【症　　状】西葫芦根结线虫病地上部通常无明显症状表现，染病植株和幼苗仅在侧根或须根顶端产生初期乳白色后为黄褐色瘤状根结，或形成肿大根(图4-45)。解剖根结可在病部组织内发现细小乳白色线虫。成株症状多不明显，幼苗染病后根系发育不良，重病苗会萎蔫枯死。

图4-45　西葫芦根结线虫病根部发病症状

【病　　原】*Meloidogyne incognita* 称南方根结线虫，属动物界线虫门。病原线虫雌雄异形，幼虫细长蠕虫状。雌虫体白呈卵圆形或鸭梨形，体形不对称，颈部通常向腹面弯曲，排泄孔位于口针基部球处，会阴花纹呈卵圆形或椭圆形，背弓纹明显的高，弓顶平或稍圆，背纹紧密或稀疏，由平滑到波浪形的线纹组成，一些线纹向侧面分叉，但无明显侧线，无翼，无刻点，腹纹较平或圆，光滑。雄虫细长，虫体透明，交合刺细长，末端尖，弯曲成弓状。二龄幼虫长为375μm，尾长32μm，头部渐细锐圆，尾尖渐尖，中间体段为柱形。

【发生规律】南方根结线虫冬季可在多种蔬菜上为害繁殖越冬。北方菜区，线虫主要以雌成虫在根结内排出的卵囊团随病残体在保护地土壤中越冬。温度回升，越冬卵孵化成幼虫，或部分越冬幼虫继续发育在土壤表层内活动。遇到寄主便从幼根侵入，刺激寄主细胞分裂增生形成巨细胞，过度分裂形成瘤状根结。主要通过病土、病苗、浇水和农具等传播。一般地势高燥、土质疏松，及缺水缺肥的地块发生较重。此外，重茬种植发病较重。

【防治方法】有条件的可对地表灌水10cm，连灌几个月，能在多种蔬菜上起到防治根结线虫作用。

西葫芦定植时，用0.5％阿维菌素颗粒剂3～4kg/亩、5亿活孢子/g淡紫拟青霉颗粒剂3～5kg/亩、35％威百亩水剂4～6kg/亩或10％噻唑膦颗粒剂2kg/亩，与20kg细土充分拌匀，撒在畦面下，再用铁耙将药土与畦面表土层15～20cm充分拌匀，当天定植。

在生长过程中应急防治时，可以用1.8％阿维菌素乳油3 000倍液，每株灌250ml。

二、西葫芦生理性病害

西葫芦畸形瓜

【症　　状】常见的有两种，一种是尖嘴型，果肩部粗大，向果顶部逐渐变细(图4-46)；另一种是大肚形，果肩部较细，果顶部较大(图4-47)。

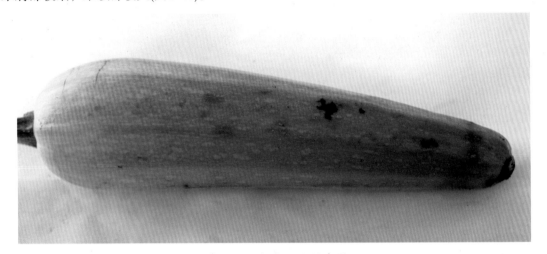

图4-46　西葫芦尖嘴形畸形瓜

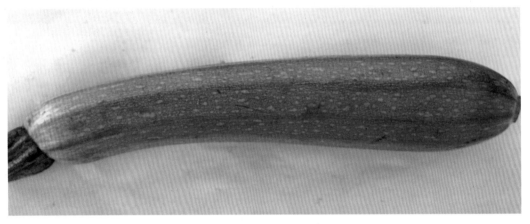

图4-47　西葫芦大肚形畸形瓜

【病　　因】尖嘴形：品种容易出现畸形果，开花时没有授粉，果实虽然坐住了但都是无籽的，缺少了促进营养物质向果实运输的原动力，因而造成果顶部位营养不良，形成尖嘴瓜；肥水供应不足，温度忽高忽低，不稳定，土壤黏重，通透性差，沤根都容易引起尖嘴果的产生。大肚形：授粉受精不完全，只在果顶部位产生种子，而果肩部位没有产生种子；氮肥施用过多，钾肥供应不足，果实发育前期缺水，中后期大肥大水，都易产生大肚果。

【防治方法】选择不容易产生畸形瓜的品种栽培，栽培地块选择有机质含量高、通透性好的壤土；早春栽培应注意温度变化，不可定植过早，棚室栽培如遇连续阴雨雪天应采取增温措施；雌花开放当天及时授粉，花粉要抹均匀，加强肥水管理，合理配合施用氮、磷、钾肥，适时适量追肥浇水。

第五章 南瓜病害防治新技术

南瓜属葫芦科，一年生草本植物，原产于北美、英国和欧洲。据中国园艺学会南瓜分会的初步统计，我国目前的南瓜栽种面积已达100万hm²，产量达4 000万t左右，占世界产量的40%。在我国，主产区分布在陕西、山西、云南、河北、北京、河南、甘肃、新疆、山东和辽宁等地。播种时间南方3月、北方4月，东北寒冷地区以5月初播种为宜。云南、河南、湖北、贵州、河北、山西等地栽培居多，栽培模式以露地栽培为主，其次是保护地栽培等。

目前，国内发现的南瓜病虫害有40多种，其中，病害20多种，主要有白粉病、病毒病、霜霉病等；生理性病害10多种，主要有畸形瓜等；虫害10种，主要有蚜虫、温室白粉虱等。常年因病虫害发生为害造成的损失达30%～60%，部分地块甚至绝收。

1. 南瓜白粉病

【症　　状】主要为害叶片、叶柄或茎；果实受害较少。初在叶片或嫩茎上出现白色小霉点，条件适宜，霉斑迅速扩大，且彼此连片，白粉状物布满整个叶片，致叶片黄枯或卷缩，但不脱落，秋末霉斑变成灰色，其上长出黑色小粒点，即病原菌闭囊壳(图5-1至图5-3)。茎部和叶柄上的症状与叶片相似(图5-4和图5-5)。

图5-1　观赏南瓜白粉病叶片发病症状

图5-2　南瓜白粉病叶片发病初期症状

图5-3　南瓜白粉病叶片发病后期症状

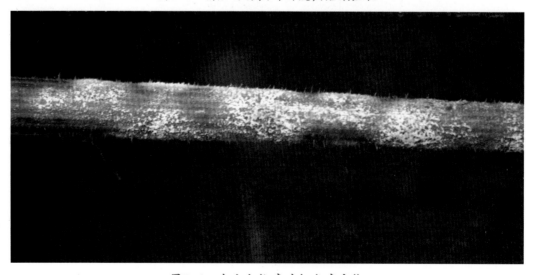

图5-4　南瓜白粉病叶柄发病症状

图5-5　南瓜白粉病茎部发病症状

【病　　原】*Sphaerotheca cucurbitae* 称瓜类单丝壳白粉菌，属子囊菌门真菌。分生孢子梗无色，圆柱形，不分枝，其上着生分生孢子。分生孢子长圆形，无色，单胞，串生。闭囊壳褐色，球形，壳内有1倒梨形子囊，内有8个椭圆形的子囊孢子。附属丝无色至淡褐色。

【发生规律】以闭囊壳随病残体越冬，翌春放射出子囊孢子，进行初侵染。在温暖地区或棚室，病菌主要以菌丝体在寄主上越冬。借风和雨水传播。在高温干旱环境条件下，植株长势弱、密度大时发病重。白粉病始发期在5月下旬至6月上旬，此期气温适宜，早晨露水多，田间湿度大，有利于白粉病发生。进入6月下旬以后，随着气温升高，白粉病处于潜伏期，进入7月中下旬，白粉病迅速扩展蔓延，全田感染。种植过密、偏施氮肥、大水漫灌、植株徒长、湿度较大，都有利于发病。

【防治方法】选用抗病品种；选择通风良好、土质疏松、肥沃，排灌方便的地块种植。适当配合使用磷钾肥，防止脱肥早衰，增强植株抗病性。

发病前期，结合其他病害的防治，可采用下列杀菌剂或配方进行防治：

2%宁南霉素水剂300～500倍液+50%克菌丹可湿性粉剂500倍液；

1%武夷菌素水剂150～300倍液+75%百菌清可湿性粉剂600倍液；

4%嘧啶核苷类抗生素水剂300～500倍液+80%代森锰锌可湿性粉剂800倍液；

70%甲基硫菌灵可湿性粉剂600倍液+70%代森锰锌水分散粒剂800倍液；

对水喷雾，视病情间隔7天1次。

田间发现病情及时施药防治，发病初期，可采用下列杀菌剂进行防治：

25%腈菌唑乳油3 000～4 000倍液+80%代森锰锌可湿性粉剂800倍液；

10%苯醚甲环唑水分散粒剂1 000～1 500倍液+70%代森锰锌可湿性粉剂700倍液；

40%双胍辛烷苯基磺酸盐可湿性粉剂700～1 000倍液+75%百菌清可湿性粉剂800倍液；

25%嘧菌酯悬浮剂1 000～2 000倍液；

30%醚菌酯悬浮剂2 500～3 000倍液；

80％多・福・福锌可湿性粉剂700～1 000倍液；

40％硅唑・多菌灵悬浮剂2 000～3 000倍液；

对水喷雾，视病情间隔7～10天喷1次。

田间较多植株开始发病时，可采用下列杀菌剂进行防治：

25％乙嘧酚悬浮剂1 500～2 500倍液+50％克菌丹可湿性粉剂400～500倍液；

30％醚菌酯悬浮剂2 000～2 500倍液+70％代森锰锌可湿性粉剂600～800倍液；

40％氟硅唑乳油4 000倍液+75％百菌清可湿性粉剂600倍液；

10％苯醚菌酯悬浮剂1 000～2 000倍液+75％百菌清可湿性粉剂600～800倍液；

300g/L醚菌・啶酰菌悬浮剂2 000～3 000倍液；

70％硫磺・甲硫灵可湿性粉剂600～800倍液；

30％氟菌唑可湿性粉剂2 500倍液+80％代森锰锌可湿性粉剂1 000倍液；

对水喷雾，视病情间隔7天喷1次。

2．南瓜病毒病

【症　　状】主要表现在叶片和果实上。叶面出现黄斑或深浅相间斑驳花叶，有时沿叶脉叶绿素浓度增高，形成深绿色相间带，严重的致叶面呈现凹凸不平，脉皱曲变形，新叶和顶部梢叶比老叶的症状明显(图5-6至图5-8)。果实染病出现褪绿斑，或表现为皱缩，或在果面出现斑驳病斑(图5-9和图5-10)。

图5-6　南瓜病毒病田间发病症状

图5-7 南瓜病毒病叶片发病症状

图5-8 蜜本南瓜病毒病叶片发病症状

图5-9 红栗南瓜病毒病果实发育初期发病症状

图5-10　红栗南瓜病毒病果实发病严重时症状

【病　　原】甜瓜花叶病毒Muskmelon mosaic virus（MMV）；南瓜花叶病毒Squash mosaic virus（SqMV），病毒粒体球形。甜瓜花叶病毒：形态线状，致死温度为60~62℃，体外存活期3~11天。南瓜花叶病毒：病毒粒体球形，致死温度为70~80℃，体外存活期28天以上。

【发生规律】甜瓜花叶病毒种子可以带毒，带毒率16%~18%；棉蚜、桃蚜传毒。南瓜花叶病毒可由种子带毒越冬；主要通过汁液摩擦，或黄条叶甲、十一星叶甲等传毒。环境条件与病毒病发生关系密切，高温、干旱、光照强的条件下，蚜虫发生严重，也有利于病毒的繁殖，且降低了植株的抗病能力，所以发病严重。此外，在杂草多、附近有发病作物、气温高、缺水、缺肥、管理粗放发病也重。露地栽培的南瓜一般从6月初开始发病。浙江及长江中下游地区发病盛期在4—6月和9—11月。

【防治方法】从无病株选留种子，防止种子传毒。加强田间管理，培育壮苗，及时追肥、浇水，防止植株早衰。在整枝、绑蔓、摘瓜时要先"健"后"病"，分批作业。清除田间杂草，消灭毒源。及时防治蚜虫、叶甲等。

种子处理。选用无病种子，播种前用10%磷酸三钠浸种20分钟，水洗后播种；也可用0.1%高锰酸钾溶液浸种40分钟后用清水洗后浸种催芽；有条件时，也可将干燥的种子置于70℃恒温箱内，进行干热处理72小时，可钝化种子上所带的病毒。

对南瓜病毒病的防治以预防为主，以防治蚜虫为重点，杀虫剂参见蚜虫防治部分。病毒病发生前或发病初期及时施药，苗期，开始采用下列药剂进行防治：

2%宁南霉素水剂200~400倍液；

4%嘧肽霉素水剂200~300倍液；

20%盐酸吗啉胍·乙酸铜可湿性粉剂500~700倍液；

7.5%菌毒·吗啉胍水剂500~700倍液；

2.1%烷醇·硫酸铜可湿性粉剂500~700倍液；

25％琥铜·吗啉胍可湿性粉剂600～800倍液；

3.85％三氮唑·铜·锌水乳剂600～800倍液；

1.5％硫铜·烷基·烷醇水乳剂1 000倍液；

3.95％三氮唑核苷·铜·烷醇·锌水剂500～800倍液；

25％吗胍·硫酸锌可溶性粉剂500～700倍液；

31％氮苷·吗啉胍可溶性粉剂600～800倍液；

对水喷雾，视病情间隔7～10天喷1次。

3. 南瓜疫病

【症　　状】主要为害茎蔓、叶片和果实。茎蔓染病，病部凹陷，呈水浸状，变细变软，病部以上枯死，病部产生白色霉层。叶片染病，初生圆形暗绿色水浸状病斑，软腐，叶片下垂，干燥时病斑极易破裂(图5-11)。果实染病生暗绿色近圆形水浸状病斑，潮湿时病斑凹陷腐烂，长出一层稀疏的白色霉状物(图5-12)。

图5-11　南瓜疫病叶片发病症状

图5-12　红果南瓜疫病果实发病症状

【病　　　原】*Phytophthora melonis* 称瓜疫霉，属卵菌门真菌。菌丝丝状、无色、多分枝。初生菌丝无隔，老熟菌丝长出瘤状节结或不规则球状体，内部充满原生质。孢囊梗直接从菌丝或球状体上长出，平滑，中间偶现单轴分枝，个别形成隔膜。孢子囊顶生，卵圆形或长椭圆形。卵孢子淡黄色或黄褐色。

【发生规律】以菌丝体、厚垣孢子随病残体在土壤中越冬，种子不带菌。发病适温为20~30℃，低于15℃病情发展受到抑制。从毛孔、细胞间隙侵入。病菌经雨水飞溅或灌溉水传到茎基部或近地面果实上，引起发病。一般雨季或大雨过后天气突然转晴，气温急剧上升时，病害易流行。田间积水，定植过密，通风透光差等不良条件下病情加重。浙江地区发病高峰期为4—7月，长江中下游地区春、夏两季发病重。

【防治方法】苗期控制浇水，结瓜后做到见湿见干，发现疫病后，浇水减到最低量，控制病情发展。但进入结瓜盛期要及时供给所需水量，严禁雨前浇水。发现中心病株，拔除深埋。

种子处理。可用72.2％霜霉威水剂或25％甲霜灵可湿性粉剂800倍液浸种半小时后，再用清水浸种8小时，催芽播种；或用40％福尔马林150倍液浸种30分钟，冲洗干净后晾干播种或催芽。

于发病前施用保护剂，尤其是雨季到来之前加强预防，可用下列保护性杀菌剂进行防治：

25％嘧菌酯悬浮剂1 000~2 000倍液；

30％醚菌酯悬浮剂2 500~3 000倍液；

75％百菌清可湿性粉剂800~1 000倍液；

50％福美双可湿性粉剂600~800倍液；

80％代森锰锌可湿性粉剂800~1 000倍液；

65％福美锌可湿性粉剂600~800倍液；

70％丙森锌可湿性粉剂600倍液；

均匀喷雾，视病情间隔7~10天喷1次。

发病初期，及时施药防治，可采用以下杀菌剂进行防治：

687.5g/L氟吡菌胺·霜霉威盐酸盐悬浮剂1 000~1 500倍液；

60％氟吗·锰锌可湿性粉剂1 000~1 500倍液；

69％锰锌·烯酰可湿性粉剂800~1 000倍液；

84.51％霜霉威·乙膦酸盐可溶性水剂1 000倍液+70％代森联水分散粒剂800倍液；

440g/L双炔·百菌清悬浮剂600~1 000倍液；

75％百菌清可湿性粉剂800倍液；

10％氰霜唑悬浮剂2 000~2 500倍液+75％百菌清可湿性粉剂600倍液；

72.2％霜霉威水剂600倍液+50％克菌丹可湿性粉剂500倍液；

对水喷雾，视病情间隔7~10天1次。

4．南瓜蔓枯病

【症　　　状】主要为害叶片、茎蔓和果实。叶片染病，病斑初褐色，圆形或不规则形，其上微具轮纹(图5-13和图5-14)。茎蔓染病，病斑椭圆形至长梭形，灰褐色，边缘褐色，有时溢出琥珀色的树脂状胶质物，严重时形成蔓枯(图5-15)。果实染病，初形成近圆形灰白色斑，具褐色边缘，发病重时形成不规则褪绿或黄色圆斑，后变灰色至褐色或黑色，最后病菌进入果皮引起干腐。

图5-13　南瓜蔓枯病田间发病症状

图5-14　观赏南瓜蔓枯病叶片发病症状

图5-15　南瓜蔓枯病茎蔓发病症状

【病　　原】*Mycosphaerella melonis* 称瓜类球腔菌，属半知菌门真菌。分生孢子器叶面生，多为聚生，初埋生后突破表皮外露，球形至扁球形，器壁淡褐色，顶部呈乳状突起，器孔口明显；分生孢子短圆形至圆柱形，无色透明，两端较圆，正直，初为单胞，后生1隔膜。子囊壳细颈瓶状或球形，单生在叶正面，突出表皮，黑褐色；子囊多棍棒形，无色透明，正直或稍弯；子囊孢子无色透明，短棒状或梭形，一个分隔，上面细胞较宽，顶端较钝，下面的孢子较窄，顶端稍尖，隔膜处缢缩明显。

【发生规律】以分生孢子器、子囊壳随病残体或在种子上越冬，翌年病菌可穿透表皮直接侵入幼苗，通过浇水和气流传播。病菌喜温暖、高湿的环境条件，温度20～25℃，最高35℃，最低5℃，相对湿度85%以上时发病较重。生长期连作地、平畦栽培、高温、潮湿、多雨、排水不良、密度过大、肥料不足、植株生长衰弱或徒长发病较重。露地栽培时，北方夏、秋季，南方春、夏季发病重。

【防治方法】采用配方施肥技术，施足充分腐熟有机肥。生长期间及时摘除病叶，收获后彻底清除病残体烧毁或深埋。露地栽培避免大水漫灌，雨季加强防涝，降低土壤含水量，发病后适当控制浇水。

种子处理。在播种前先用55℃温水浸种15分钟，捞出后立即投入冷水中浸泡6～8小时，再催芽播种。也可用40%福尔马林100倍液浸种30分钟，用清水冲洗后催芽播种，也可用种子重量0.3%的福美双可湿性粉剂拌种后播种，或用2.5%咯菌腈悬浮种衣剂按种子重量的0.5%拌种。

发病初期，可采用下列杀菌剂进行防治：

25%嘧菌酯悬浮剂1 500～2 000倍液；

40%氟硅唑乳油3 000～4 000倍液+65%代森锌可湿性粉剂500倍液；

50%异菌脲可湿性粉剂1 000～1 500倍液；

325g/L苯甲·嘧菌酯悬浮剂1 500～2 500倍液；

25%咪鲜胺乳油800～1 000倍液+70%代森联水分散粒剂800倍液；

2.5%咯菌腈悬浮种衣剂1 000～1 500倍液；

对水喷雾，视病情10～15天后再喷1次，以后视病情变化决定是否用药。

涂茎防治。发现茎上的病斑后，立即用高浓度药液涂茎上的病斑，可用36%甲基硫菌灵悬浮剂50倍液，40%氟硅唑乳油100倍液，用毛笔蘸药涂抹病斑。

5．南瓜细菌性叶枯病

【症　　状】主要为害叶片。发病初期，叶片上呈现水浸状小斑点，透过阳光可见病斑周围有黄色晕圈。病斑扩大后，中心易破裂，经风吹雨淋，叶面上布满小孔，严重时叶片破碎(图5-16)。

【病　　原】*Xanthomonas campestris* pv. *cucurbitae* 野油菜黄单胞菌瓜叶斑致病变种，属细菌。菌体杆状，两端钝圆，极生单鞭毛，单生或双生，革

图5-16　南瓜细菌性叶枯病叶片发病症状

兰氏染色阴性。

【发生规律】主要通过种子带菌传播蔓延，在土壤中存活能力非常弱，同时，叶色深绿的品种发病重，大棚温室内栽培时比露地发病重。

【防治方法】与非瓜类作物实行2年以上轮作；发病后控制灌水，促进根系发育增强抗病能力。实施高垄覆膜栽培，平整土地，完善排灌设施，收获结束后清除病株残体，翻晒土壤等。

种子处理。用40%福尔马林150倍液浸种1小时、次氯酸钙300倍液浸种30分钟或20%氯溴异氰尿酸钠可溶性粉剂400倍液浸种30分钟，然后用清水冲洗干净，再用清水浸种6~8小时，再催芽播种。

田间发现病情后应及时进行药剂防治，发病初期，可采用下列杀菌剂进行防治：

88%水合霉素可溶性粉剂1 500~3 000倍液；

3%中生菌素可湿性粉剂800~1 000倍液；

20%噻唑锌悬浮剂300~500倍液+12%松脂酸铜乳油600~800倍液；

20%噻菌铜悬浮剂1 000~1 500倍液；

45%代森铵水剂400~600倍液；

对水喷雾，视病情间隔7~10天1次，交替喷施，前密后疏。

6．南瓜绵疫病

【症　　状】主要为害近成熟果实、叶和茎蔓。叶片染病，病斑黄褐色，后生白霉腐烂。茎蔓染病，蔓上病斑暗绿色，呈湿腐状。果实染病，先在近地面处出现水渍状黄褐色病斑，后病部凹陷，其上密生白色棉絮状霉层，最后病部或全果腐烂(图5-17)。

图5-17　南瓜绵疫病果实发病症状

【病　　原】*Phytophthora capsici* 称辣椒疫霉菌，属卵菌门真菌。孢囊梗丝状，分枝顶端生孢子囊，孢子囊卵圆形，顶端有乳头状突起，萌发时释放出许多游动孢子。卵孢子圆球形。

【发生规律】病菌以卵孢子、厚垣孢子在病残体上和土壤中越冬，翌年形成初侵染源。田间通过雨水进行传播。一般6月中下旬开始发病，7月底至8月上旬进入发病盛期。气温高、雨水多发病较重。果实直接接触地面时也容易发病。

【防治方法】定植前施用酵素菌沤制的堆肥或充分腐熟的有机肥，苗期适时中耕松土，以促发根和保墒，甩蔓后及时盘蔓、压蔓；遇有大暴雨后要及时排水。发现病瓜及时摘除，带出田外深埋或沤肥，秋季拉秧后要注意清洁田园，及时耕翻土地。

发病初期，可采用以下杀菌剂进行防治：

687.5g/L霜霉威盐酸盐·氟吡菌胺悬浮剂800～1 200倍液；

60％唑醚·代森联水分散粒剂1 000～2 000倍液；

250g/L双炔酰菌胺悬浮剂1 500～2 000倍液；

50％锰锌·氟吗啉可湿性粉剂1 000～1 500倍液；

440g/L精甲·百菌清悬浮剂1 000～2 000倍液；

52.5％恶酮·霜脲氰水分散粒剂1 000～2 000倍液；

对水喷雾，视病情间隔7～10天1次。

7．南瓜银叶病

【症　　状】叶片初期表现为沿叶脉变为银色或亮白色，以后全叶变为银色，在阳光照耀下闪闪发光，但叶背面叶色正常(图5-18和图5-19)。

图5-18　南瓜银叶病伸蔓期发病症状

图5-19　观赏南瓜银叶病发病症状

【病　　　原】Whitefly transmitted geminivirus （WTG）烟粉虱传双生病毒。病毒粒子为孪生颗粒状，基因组为单链环状DNA。

【发生规律】WTG为广泛发生的一类植物单链DNA病毒，在自然条件下均由烟粉虱传播。此病春、秋季都可发生，受烟粉虱为害后即感染此病，多数棚室发病率很高。

【防治方法】调整播种育苗期，避开烟粉虱发生的高峰期。加强苗期管理，把育苗棚和生产棚分开。清除杂草和残株，通风口用尼龙纱网密封，控制外来虫源进入。

种子处理。把种子在70℃恒温下处理72小时，以钝化病毒病；也可用0.1%高锰酸钾溶液浸种40分钟后用清水洗后浸种催芽，也可用10%磷酸三钠浸种20分钟，用清水冲洗2～3次后晾干备用或催芽播种。

抓好烟粉虱的防治，培育无虫苗。育苗前和栽培前要彻底熏杀棚室内的残虫。南瓜银叶病发病前或发病初期及时施药，以预防为主，可以喷施以下药剂：

2%宁南霉素水剂200～400倍液；

4%嘧肽霉素水剂200～300倍液；

1.5%硫铜·烷基·烷醇水乳剂1 000倍液；

3.95%三氮唑核苷·铜·烷醇·锌水剂500～800倍液；

对水喷雾，视病情间隔7～10天喷1次。

8. 南瓜黑斑病

【症　　　状】主要为害叶片和果实。果实染病初生水渍状小网斑，褐色，后病斑逐渐扩展为深褐色至黑色病斑。叶片染病，病斑生于叶缘或叶面，褐色，病斑圆形或不规则形。重病田，数个病斑连片，叶肉组织枯死，或整叶焦枯，似火烤状，但不脱落(图5-20)。

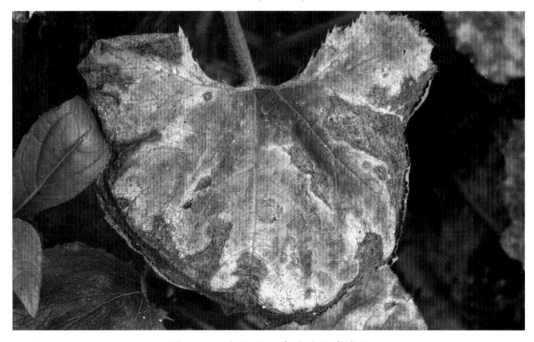

图5-20　南瓜黑斑病叶片发病症状

【病　　　原】*Alternaria cucumerina* 称瓜链格孢，属无性型真菌。分生孢子梗单生或数根束生，褐色，顶端色淡，基部细胞稍大，不分枝。分生孢子单生或2～3个串生，倒棒状，褐色，有2～9个横隔膜，0～3个纵隔膜，隔膜处缢缩。

【发生规律】以菌丝体或分生孢子在病残体上，或以分生孢子在病组织内，或黏附在种子表面越冬，成为翌年初侵染源。在田间借气流或雨水传播，条件适宜时几天即显症。坐瓜后遇高温、高湿该病易流行，田间管理粗放、肥力弱发病重；特别是浇水或风雨过后病情扩展迅速，土壤肥沃，植株健壮发病轻。

【防治方法】轮作倒茬，与非瓜类作物轮作3～5年。选用无病种瓜留种，增施有机肥，提高抗病能力。

种子处理。播前种子消毒用55℃热水浸种15分钟，也可用种子重量0.3%的50%福美双或50%灭菌丹可湿性粉剂拌种。

田间发现病情后及时施药防治，发病初期，可采用下列杀菌剂进行防治：

10%苯醚甲环唑水分散粒剂1 000～1 500倍液；

25%溴菌腈可湿性粉剂500～800倍液+75%百菌清可湿性粉剂600倍液；

20%唑菌胺酯水分散粒剂1 000～1 500倍液；

50%福美双·异菌脲可湿性粉剂800～1 000倍液；

560g/L嘧菌·百菌清悬浮剂800～1 000倍液；

50%甲基硫菌灵·硫磺悬浮剂800～1 000倍液+70%代森锰锌可湿性粉剂700倍液；

对水喷雾，视病情间隔5～7天喷1次。病情严重时，雨后喷药可减轻为害。

9．南瓜猝倒病

【症　　状】幼苗受害，露出土表的茎基部或中部呈水浸状，后变成黄褐色干枯缩为线状，往往子叶尚未凋萎，即突然猝倒，致幼苗贴伏地面(图5-21)。

图5-21　南瓜猝倒病幼苗发病症状

【病　　原】*Pythium aphanidermatum* 称瓜果腐霉，属卵菌门真菌。菌丝体生长繁茂，呈白色棉絮状；菌丝无色，无隔膜。孢子囊丝状或分枝裂瓣状，或呈不规则膨大。泡囊球形，内含6～26个游动孢子。藏卵器球形，雄器袋状至宽棍状，同丝或异丝生，多为1个。卵孢子球形，平滑。

【发生规律】病菌以卵孢子在12～18cm表土层越冬，并在土中长期存活。翌春，遇有适宜条件萌发产生孢子囊，以游动孢子或直接长出芽管侵入寄主。病菌生长适宜地温15～16℃，温度高于30℃受到抑制。低温对寄主生长不利，但病菌尚能活动，尤其是育苗期出现低温、高湿条件，利于发病。当幼苗子叶养分基本用完，新根尚未扎实之前是感病期，主要在幼苗长出1~2片真叶期发病，3片真叶后，发病较少。

【防治方法】选择地势高、地下水位低，排水良好的地做苗床，播前一次灌足底水，出苗后尽量不浇水，必须浇水时一定选择晴天喷洒，不宜大水漫灌。育苗畦(床)及时放风、降湿，严防瓜苗徒长染病。

种子处理。用50%福美双可湿性粉剂、40%拌种双可湿性粉剂拌种，用量为种子重量0.3%~0.4%。

苗床处理。施用50%福美双可湿性粉剂10~20g/m²+25%甲霜灵可湿性粉剂10~20g/m²，对细土4~5kg拌匀，施药前先把苗床底水打好，且一次浇透(根据季节定浇水量)，一般17~20cm深，水渗下后，取1/3充分拌匀的药土撒在畦面上，播种后再把其余2/3药土覆盖在种子上面，即上覆下垫。如覆土厚度不够可补撒药土使其达到适宜厚度，这样种子夹在药土中间，防效明显。

育苗田出苗后，经常调查病情，在发病前期，可以喷施下列杀菌剂进行预防：

70%恶霉灵可湿性粉剂2 000~3 000倍液+68.75%恶唑菌酮·锰锌水分散粒剂800倍；

25%甲霜灵可湿性粉剂600~800倍液+70%代森锰锌可湿性粉剂800倍液；

25%双炔酰菌胺悬浮剂1 000~1 500倍液+75%百菌清可湿性粉剂600倍液；

25%嘧菌酯悬浮剂1 500~2 000倍液；

对水喷淋，每平方米3L，视病情间隔5~7天喷1次。

苗床或直播田发现病苗，要及时拔除，并全田施药防治，田间发病初期可以用下列杀菌剂或配方进行防治：

687.5g/L霜霉威盐酸盐·氟吡菌胺悬浮剂800~1 200倍液；

25%吡唑醚菌酯乳油3 000~4 000倍液+70%代森锰锌可湿性粉剂600~800倍液；

69%烯酰·锰锌可湿性粉剂1 000~1 500倍液+75%百菌清可湿性粉剂600~800倍液；

72.2%霜霉威水剂600~800倍液+70%代森联水分散粒剂600~800倍液；

对水喷雾，视病情间隔7~10天1次。

10．南瓜炭疽病

【症　状】整个生育期均可发病，可为害叶片、叶柄、茎蔓和瓜果。苗期发病，子叶上出现圆形褐色病斑，边缘有浅绿色晕环(图5-22)。成株期发病，叶片上初为圆形或纺锤形水渍状斑，后干枯成黑色，边缘有黄色晕圈，有时有轮纹，病斑扩大后，叶片干燥枯死(图5-23)。叶柄或茎蔓病斑水渍状淡黄色长圆形，稍凹陷，后期变为黑色，环绕茎蔓一周全株即枯死。果实染病，初呈水渍状暗绿色凹陷斑，凹陷处常龟裂，潮湿时在病斑中部产生粉红色黏稠物(图5-24)。

图5-22　南瓜炭疽病子叶发病症状

图5-23　南瓜炭疽病叶片发病症状

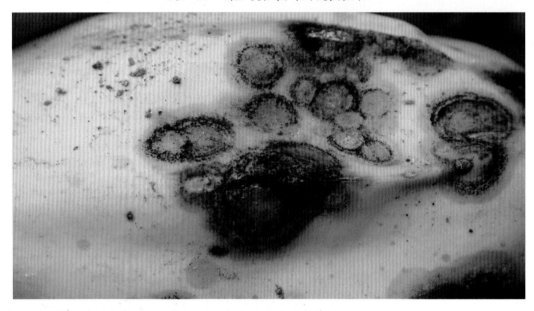

图5-24　南瓜炭疽病果实发病症状

【病　　原】*Colletotrichum lagenarium* 称葫芦科刺盘孢，属无性型真菌。分生孢子盘聚生，初为埋生，红褐色，后突破表皮呈黑褐色，刚毛散生于分生孢子盘中，暗褐色，顶端色淡，略尖，基部膨大，具2～3个横隔。分生孢子梗无色，圆筒状，单胞，长圆形。

【发生规律】主要以菌丝体及菌核随病残体在土壤中越冬，也可潜伏在种子上越冬。翌年菌丝体产生分生孢子借雨水飞散，形成再侵染源。气温10～30℃均可发病。20～24℃，相对湿度90%～95%，最适发病；相对湿度低于54%，病轻或不发病。南瓜生长中后期发生较为严重，多阴雨、地块低洼积水、重茬地种植，施用氮肥过多，通风透光差，植株生长衰弱等有利于发病。

【防治方法】与非瓜类作物轮作3～5年。施用充分腐熟的有机肥，适时浇水施肥，避免雨后田间积水。

种子处理。播种前可用55℃温水浸种20～30分钟，再用30%苯噻硫氰乳油1 000倍液浸种5小时；或用种子重量0.3%的50%咪鲜胺锰盐可湿性粉剂、6%氯苯嘧啶醇可湿性粉剂、50%敌菌灵可湿性粉剂、70%甲基硫菌灵可湿性粉剂、25%溴菌腈可湿性粉剂、50%福·异菌可湿性粉剂进行拌种。

发病初期，可采用下杀菌剂进行防治：

25%咪鲜胺乳油800~1 000倍液+75%百菌清可湿性粉剂600~800倍液；

66.8%丙森·异丙菌胺可湿性粉剂600~800倍液；

40%双胍辛烷苯基磺酸盐可湿性粉剂700~1 000倍液+50%克菌丹可湿性粉剂600倍液；

80%福·福锌可湿性粉剂700~1 000倍液；

40%多·福·溴菌可湿性粉剂800~1 500倍液；

25%嘧菌酯悬浮剂1 000~2 000倍液；

20%唑菌胺酯水分散粒剂1 000~1 500倍液；

20%苯醚·咪鲜胺微乳剂2 500~3 500倍液；

5%亚胺唑可湿性粉剂1 000倍液+75%百菌清可湿性粉剂600倍液；

40%腈菌唑水分散粒剂4 000~6 000倍液+70%代森锰锌可湿性粉剂800倍液；

对水喷雾，视病情间隔7天1次。

11. 南瓜褐斑病

【症　　状】主要发生在生长中后的叶片上，初期产生水渍状褪绿小斑点，后期病斑中部颜色变浅，有时呈灰白色，边缘灰褐色，近圆形至不规则形，干燥时病斑容易破裂，空气湿度大时病部产生灰褐色至灰黑色霉状物(图5-25和图5-26)。

图5-25　南瓜褐斑病叶片发病症状

图5-26　南瓜褐斑病叶背发病症状

【病　　原】*Corynespora cassiicola*称多主棒孢霉，属无性型真菌。菌丝分枝，无色至浅褐色，有隔膜。分生孢子梗多单生，较直立，细长。分生孢子顶生在梗端，倒棒形至圆筒形，单生或串生，直立或略弯曲，基部膨大，较平，顶部钝圆，褐色，厚垣孢子粗缩，深褐色。

【发生规律】病菌主要以菌丝体和分生孢子随病残体越冬，也可在种子上越冬；翌年条件适宜时分生孢子借助气流或雨水传播。保护地栽培，高温高湿，通风不良，露地栽培雨水较多，管理不善，缺肥缺水，长势较差，偏施氮肥，植株徒长，都容易引起发病。

【防治方法】加强肥水管理，合理配合施用氮、磷、钾肥，保护地栽培，选择晴天浇水，浇水后及时放风排湿，露地栽培雨后及时排出田间积水，收获结束后及时清除田间病残体，并集中销毁。

种子处理。种子用50℃温水浸种30分钟；然后用种子重量0.3%的2.5%咯菌腈悬浮种衣剂拌种，晾干后播种。

发病初期，可采用下列药剂进行防治：

250g/L吡唑醚菌酯乳油2 000～3 000倍液；

50%咪鲜胺锰盐可湿性粉剂1 500～2 000倍液+75%百菌清可湿性粉剂600倍液；

60%唑醚·代森联水分散粒剂1 000～2 000倍液；

18.7%烯酰·吡唑酯水分散粒剂2 000～3 000倍液；

20%硅唑·咪鲜胺水乳剂2 000～3 000倍液；

对水喷雾，间隔7天喷1次，连喷2～3次。

12. 南瓜霜霉病

【症　　状】真叶染病，叶缘或叶背面出现水浸状不规则病斑，早晨尤为明显，病斑逐渐扩大，受叶脉限制，呈多角形淡褐色斑块，湿度大时叶背面长出灰黑色霉层(图5-27)。后期病斑破裂或连片，致叶缘卷缩干枯，严重的田块一片枯黄。

图5-27　南瓜霜霉病叶片发病症状

【病　　原】*Pseudoperonospora cubensis* 称古巴假霜霉菌，属卵菌门真菌。孢囊梗自气孔伸出，单生或2～4根束生，无色，基部稍膨大，上部呈3～5次锐角分枝，分枝末端着生一个孢子囊，孢子囊卵形或柠檬形，顶端具乳状突起，淡褐色，单胞。

【发生规律】病菌在保护地内越冬，翌春传播。也可由南方随季风传播而来。夏季可通过气流、雨水传播。病害在田间发生的气温为16℃，适宜流行的气温为20～24℃。高于30℃或低于15℃发病受到抑制。当日平均气温在16℃时，病害开始发生，日平均气温在18～24℃，相对湿度在80%以上时，病害迅速扩展。在多雨、多雾、多露的情况下，病害极易流行。

【防治方法】应选在地势较高、排水良好的地块。底肥施足，合理追施氮、磷、钾肥。雨后适时中耕，以提高地温，降低空气湿度。培育无病壮苗。霜霉病防治应以预防为主。在雨后一定要喷药预防。

发病初期，可以用下列杀菌剂进行防治：

60%唑醚·代森联水分散粒剂1 000～1 500倍液；

440g/L精甲·百菌清悬浮剂800～1 000倍液；

69%锰锌·氟吗啉可湿性粉剂800～1 200倍液；

20%氟吗啉可湿性粉剂600～800倍液+75%百菌清可湿性粉剂600倍液；

72.2%霜霉威盐酸盐水剂800倍液+70%代森锰锌可湿性粉剂800倍液；

68%精甲霜·锰锌水分散粒剂800～1 000倍液；

84.51%霜霉威·乙膦酸盐可溶性水剂600～1 000倍液；

70%呋酰·锰锌可湿性粉剂600～1 000倍液；

66.8%丙森·异丙菌胺可湿性粉剂600～800倍液；

对水喷雾，视病情间隔7～10天1次。

13. 南瓜叶点霉斑点病

【症　　状】发病初期在叶片上产生圆形至多角形，淡黄色小斑块，边缘色稍深，后病斑扩大呈不规则形，褐色斑，有时病斑上生黑色小粒点，后期病斑扩大易穿孔破碎(图5-28和图5-29)。

图5-28　南瓜叶点霉斑点病叶片发病症状

图5-29　南瓜叶点霉斑点病叶背发病症状

【病　　原】*Phyllosticta cucurbitacearum* 称南瓜叶点霉，属无性型真菌。分生孢子器孔口圆形，深褐色，椭圆形至圆柱形，两端钝圆，单胞无色。

【发生规律】病菌主要以载孢体随病残体在土壤中越冬，在南方病原菌可以周年循环重复侵染为害；地势低洼，土壤黏重，栽培密度过大，田间郁闭，通透性差，氮肥施用量过多造成植株疯长，抗病力减弱，均易引起发病。

【防治方法】选择疏松透气性较好的壤土地进行栽培，定植时注意适当稀植，加强肥水管理，促进植株健壮生长，及时打老叶，摘除病叶，增强植株间的通透；收获结束后及时将病残体清出田外并集中销毁。

发病初期，可采用下列药剂进行防治：

250g/L嘧菌酯悬浮剂1 500～2 000倍液；

50%甲基硫菌灵·硫磺悬浮剂800～1 000倍液+70%代森锰锌可湿性粉剂700倍液；

40%多·硫悬浮剂600～800倍液；

80%福美双·福美锌可湿性粉剂600～800倍液+50%多·霉威可湿性粉剂800～1 000倍液；

对水喷雾，视病情间隔7～10天1次，连续2～3次。

14．南瓜褐腐病

【症　　状】主要为害花及幼瓜，以幼瓜受害较重。病菌多侵染开败的花，病花变褐腐烂，其上产生褐色绒霉(图5-30和图5-31)。幼瓜受害多从花蒂部侵入，由瓜尖端向全瓜蔓延，病瓜呈水渍状坏死、变褐，并迅速软腐。空气潮湿，病瓜表面产生灰白色至黑褐色绒毛状霉，并有灰白色至黑褐色毛状物(图5-32)。

图5-30 南瓜褐腐病花器发病初期症状

图5-31 南瓜褐腐病花器发病中后期症状

图5-32　南瓜褐腐病果实发病症状

【病　　原】*Choanephora cucurbitarum* 称瓜笄霉，属接合菌门真菌。分生孢子梗直立，生于寄主表面，无色，无隔膜，基部渐狭，不分枝，顶端膨大成头状泡囊，囊上生许多小枝，小枝末端膨大成小泡囊，囊上生小梗，分生孢子着生于小梗顶端。分生孢子柠檬形、棱形，褐色至棕褐色，单胞，表面有许多纵纹。

【发生规律】病菌主要以菌丝体随病残体在土壤中越冬，也可直接在土壤中越冬。条件适宜开始侵染花和幼瓜，产生大量孢子，借气流和浇水、施肥等传播。病菌腐生性较强，多从较衰弱的组织或受伤的部位侵入。温暖潮湿适宜发病，棚室内浇水过多或田间积水，湿度过高或植株密蔽缺乏光照等病害发生严重。

【防治方法】实行与非瓜类作物2年以上轮作。合理浇水，防止大水漫灌，避免地表长时间积水和浇水后闷棚。坐瓜后及时清除残花、败花和病瓜，带到田外妥善处理。

加强田间病情调查，开花坐果期，可采用以下杀菌剂进行防治：

50%嘧菌酯水分散粒剂4 000～6 000倍液；

25%烯肟菌酯乳油2 000～3 000倍液；

25%吡唑醚菌酯乳油1 000～3 000倍液；

10%苯醚甲环唑水分散粒剂1 500～2 000倍液；

40%腈菌唑水分散粒剂6 000～7 000倍液；

50%异菌脲可湿性粉剂800倍液+65%代森锌可湿性粉剂500倍液；

对水喷雾，视病情间隔7～10天喷1次。

保护地栽培的可采用45%百菌清烟剂200g/亩，熏烟防治。

15．南瓜根腐病

【症　　状】主要为害根及茎部，初期出现水浸状，茎缢缩不明显，病部腐烂处的维管束变褐；后期病部往往变糟，仅留下维管束(图5-33)。病株地上部初期症状不明显，后期叶片中午萎蔫，早晚尚能恢复。严重的则多数不能恢复而枯死(图5-34)。

图5-33　南瓜根腐病茎基部发病症状

图5-34　南瓜根腐病地上部发病症状

【病　　原】*Fusarium solani* 称腐皮镰孢，属无性型真菌。大型分生孢子新月形、无色，有2~4个横隔膜；小型分生孢子椭圆形、无色。

【发生规律】病菌以菌丝体、厚垣孢子或菌核在土壤中及病残体中越冬。其厚垣孢子可在土中存活5~6年，成为主要侵染源，病菌从根部伤口侵入，尔后在病部产生分生孢子，借雨水或灌溉水传播蔓延，进行再侵染。高温、高湿有利于其发病，连作地、低洼地、黏土地发病重。

【防治方法】露地可与白菜、葱、蒜等蔬菜实行2年以上轮作；保护地避免连茬，以降低土壤有益菌含量。采用高畦栽培，防止大水漫灌，雨后排出积水，进行浅中耕，保持底墒和土表干燥。

定植时用70％甲基硫菌灵可湿性粉剂或50％多菌灵可湿性粉剂按1∶50比例配制药土，也可用70％敌磺钠可溶性粉剂配制药土，撒在定植穴中，每亩用药粉1～1.25kg；或用70％甲基硫菌灵可湿性粉剂800～1 000倍液、50％苯菌灵可湿性粉剂800倍液、20％甲基立枯磷乳油800倍液等药剂灌根，每株灌0.25L。

发病时，可采用下列杀菌剂进行防治：

5％丙烯酸·恶霉·甲霜水剂800～1 000倍液；

80％多·福·福锌可湿性粉剂500～700倍液；

20％二氯异氰尿酸钠可溶性粉剂400～600倍液；

3％恶霉·甲霜水剂600～800倍液；

50％异菌脲可湿性粉剂800～1 000倍液；

68％恶霉·福美双可湿性粉剂800～1 000倍液；

10％多抗霉素可湿性粉剂600～1 000倍液；

灌根，每株灌250ml，视病情间隔7～10天1次。

16. 南瓜根结线虫病

【症　　状】主要为害根部，以侧根发病较多。在根部上产生许多根结，根结大小不一，表面光滑，初为白色，后变成淡褐色。根结可以互相连结成念珠状，使一条根甚至大部分根系全变为根结(图5-35)。地上部植株轻者表现不明显，重者生长缓慢，植株发黄矮小，生长不良，植株黄化，萎蔫枯死。根结线虫主要在土壤中生存，常以2龄幼虫或卵随病残体遗留在土壤中越冬，一般可存活1～3年。第二年条件适宜时，越冬卵孵化为幼虫，幼虫继续发育侵入寄主为害。

图5-35　南瓜根结线虫病根部发病症状

【病　　原】*Meloidogyne incognita* 称南方根结线虫，属动物界线虫门。病原线虫雌雄异形，幼虫细长蠕虫状。雌虫体白呈卵圆形或鸭梨形，体形不对称，颈部通常向腹面弯曲，排泄孔位于口针基部球处，会阴花纹呈卵圆形或椭圆形，背弓纹明显的高，弓顶平或稍圆，背纹紧密或稀疏，由平滑到波浪形的线纹组成，一些线纹向侧面分叉，但无明显侧线，无翼，无刻点，腹纹较平或圆，光滑。雄虫细长，虫体透明，交合刺细长，末端尖，弯曲成弓状。二龄幼虫长为375μm，尾长32μm，头部渐细锐圆，尾尖渐尖，中间体段为柱形。

【发生规律】根结线虫多以2龄幼虫或卵随病残体遗留在5~30cm土层中生存1~3年，条件适宜时，越冬卵孵化为幼虫，继续发育后侵入南瓜根部，刺激根部细胞增生，产生新的根结。根结线虫发育到4龄时交尾产卵，雄线虫离开寄主钻入土中后很快死亡。产在根结里的卵孵化后发育至2龄后脱离卵壳，进入土壤中进行再侵染或越冬。田间发病的初始虫源主要是病土或病苗。南方根结线虫生存最适温度25~30℃，高于40℃、低于5℃都很少活动，55℃经10分钟致死。田间土壤湿度是影响孵化和繁殖的重要条件。沙土地常比黏土地发病严重。

【防治方法】根结线虫发生严重田块，实行2~5年轮作，病田种植抗耐病蔬菜可减少损失，降低土壤中线虫量，减轻下茬受害，也可前茬种植万寿菊，然后把万寿菊植株翻入土壤中，可减轻根结线虫为害。提倡采用高温闷棚防治保护地根结线虫和土传病害。

每亩用0.5%阿维菌素颗粒剂3~4kg、20%丙线磷颗粒剂1.5~2kg或35%威百亩水剂4~6kg或10%噻唑膦颗粒剂2kg与20kg细土充分拌匀，撒在畦面下，再用铁耙将药土与畦面表土层15~20cm充分拌匀，当天定植。

在生长期，田间有线虫发生时，可以用1.8%阿维菌素乳油2 000~4 000倍液灌根防治，每株灌250mL。

第六章 冬瓜病害防治新技术

冬瓜属葫芦科,一年蔓生草本植物。全国播种面积为25万hm²左右,总产量为500万t。在我国主要在广东、广西、湖南及长江流域等地栽培较多。栽培模式以露地栽培为主,其次是早春小拱、大棚等。

目前,国内发现的冬瓜病虫害有40多种,其中,病害20多种,主要有霜霉病、白粉病、枯萎病、蔓枯病、病毒病等;生理性病害10多种,主要有畸形瓜、脐腐病等;虫害有10多种,主要有温室白粉虱、美洲斑潜蝇等。常年因病虫害发生为害造成的损失在20%~40%,在部分地块损失达60%~80%。

1. 冬瓜蔓枯病

【分布为害】蔓枯病是冬瓜的常见病害,发病率一般为20%左右,重病田达80%以上,主要引起死秧,尤以秋棚受害严重。

【症　　状】叶片上病斑近圆形或不规则形,有的自叶缘向内呈"V"字形,淡褐色,后期病斑易破碎,常龟裂,干枯后呈黄褐色至红褐色,病斑轮纹不明显,上生许多黑色小点。茎蔓上病斑椭圆形至梭形,油浸状,白色,有时溢出琥珀色的树脂胶状物。病害严重时,茎节变黑,腐烂、易折断,病部以上枝叶萎蔫枯死(图6-1)。

图6-1　冬瓜蔓枯病发病症状

【病　　原】*Mycosphaerella melonis* 称瓜类球腔菌,属无性型真菌。分生孢子器叶面生,多为聚生,初埋生后突破表皮外露,球形至扁球形,器壁淡褐色,顶部呈乳状突起,器孔口明显;分生孢子短圆形至圆柱形，无色透明，两端较圆，正直，初为单胞，后生1隔膜。子囊壳细颈瓶状或球形，单生在叶正面，突出表皮，黑褐色；子囊多棍棒形，无色透明，正直或稍弯；子囊孢子无色透明，短棒状或梭形，一个分隔，上面细胞较宽，顶端较钝，下面的孢子较窄，顶端稍尖，隔膜处缢缩明显。

【发生规律】以分生孢子器或子囊壳随病残体在土中，或附在种子、架杆、温室、大棚棚架上越冬。翌年通过风雨及灌溉水传播，从气孔、水孔或伤口侵入。土壤水分高易发病，连作地、平畦栽培，排水不良，密度过大、肥料不足、植株生长衰弱或徒长，发病重。

【防治方法】采用配方施肥技术，施足充分腐熟有机肥。保护地栽培要注意通风，降低温度，冬瓜生长期间及时摘除病叶，收获后彻底清除病残体烧毁或深埋。

种子处理。种子在播种前先用55℃温水浸种15分钟，捞出后一般浸种2～4小时，再催芽播种。或用50%福美双可湿性粉剂按种子重量的0.3%拌种，也可采用2.5%咯菌腈悬浮种衣剂按种子重量的0.6%进行种子包衣。

发病初期，可采用以下杀菌剂进行防治：

25%嘧菌酯悬浮剂1 500～2 000倍液+25%咪鲜胺乳油1 000～2 000倍液；

32.5%嘧菌酯·百菌清悬浮剂1 500～2 000倍液；

10%苯醚甲环唑水分散粒剂1 000～1 500倍液+70%代森联水分散粒剂800～1 000倍液；

50%苯菌灵可湿性粉剂800～1 000倍液+50%福美双可湿性粉剂500～800倍液；

40%双胍三辛烷基苯磺酸盐可湿性粉剂600～1 000倍液；

50%异菌脲可湿性粉剂1 000～1 500倍液；

70%甲基硫菌灵可湿性粉剂600～800倍液+75%百菌清可湿性粉剂600～800倍液；

对水喷雾，视病情间隔7～10天1次。

涂茎防治。茎上的病斑出现后，立即用高浓度药液涂茎的病斑，可用70%甲基硫菌灵可湿性粉剂300倍液、40%氟硅唑乳油200倍液，用毛笔蘸药涂抹病斑。

2．冬瓜疫病

【分布为害】疫病在全国各地均有不同程度的发生。在夏季雨水较多的南方地区，常造成大面积死秧，可造成20%～60%的减产，有的年份甚至绝收，成为影响产量的重要因素之一。

【症　状】主要为害茎和果实，也可为害叶片。叶片发病，初呈圆形或不规则形暗绿色水浸状病斑，边缘不明显。湿度大时，病斑扩展很快，病叶迅速腐烂(图6-2)。先从近地面茎基部开始，初呈水渍状暗绿色，病部软化缢缩，上部叶片萎蔫下垂，全株枯死。果实发病，先从花蒂部发生，出现水渍状暗绿色近圆形凹陷的病斑，后果实皱缩软腐，表面生有白色稀疏霉状物(图6-3)。

图6-2　冬瓜疫病叶片发病症状

图6-3 冬瓜疫病果实发病症状

【病　　　原】*Phytophthora melonis* 称瓜疫霉，属卵菌门真菌。菌丝丝状、无色、多分枝。初生菌丝无隔，老熟菌丝长出瘤状节结或不规则球状体，内部充满原生质。孢囊梗直接从菌丝或球状体上长出，平滑，中间偶现单轴分枝，个别形成隔膜。孢子囊顶生，卵圆形或长椭圆形。卵孢子淡黄色或黄褐色。

【发生规律】以菌丝体和厚垣孢子、卵孢子随病残体在土壤中或土杂肥中越冬，主要借助流水、灌溉水及雨水溅射而传播，也可借助施肥传播，从伤口或自然孔口侵入致病。发病后病部上产生孢子囊及游动孢子，借助气流及雨水溅射传播进行再侵染，病害得以迅速蔓延。如雨季来得早，雨量大，雨天多，该病易流行。连作、低湿、排水不良、田间郁闭、通透性差，或施用未充分腐熟的有机肥发病重。

【防治方法】采用高畦栽植，避免积水。苗期控制浇水，结瓜后做到见湿见干，发现疫病后，浇水减到最低量，控制病情发展。但进入结瓜盛期要及时供给所需水量，严禁雨前浇水。发现中心病株，拔除深埋。

种子处理。可用72.2%霜霉威水剂或25%甲霜灵可湿性粉剂800倍液浸种30分钟后，再用清水浸种催芽，或用40%拌种双可湿性粉剂按种子重量0.3%拌种。

于发病前开始施药，尤其是雨季到来之前先喷1次预防，雨后发现中心病株时拔除，并采用下列杀菌剂进行防治：

10%氰霜唑悬浮剂2 000～2 500倍液+75%百菌清可湿性粉剂600～800倍液；

72.2%霜霉威水剂600～800倍液+70%代森锰锌可湿性粉剂800～1 000倍液；

72%锰锌·霜脲可湿性粉剂500～800倍液；

25%嘧菌酯悬浮剂1 000～2 000倍液；

30%醚菌酯悬浮剂2 000～3 000倍液；

70%丙森锌可湿性粉剂600～800倍液；

68.75%恶唑菌酮·锰锌水分散粒剂800～1 000倍液；

25%甲霜灵可湿性粉剂600～800倍液+50%克菌丹可湿性粉剂500～800倍液；

喷雾，视病情间隔7～10天1次。

田间发现病情应加强防治，发病期可采用下列杀菌剂进行防治：

687.5g/L氟吡菌胺·霜霉威盐酸盐悬浮剂1 000～2 000倍液；

70%呋酰·锰锌可湿性粉剂600～1 000倍液；

25%双炔酰菌胺悬浮剂1 000～1 500倍液；

69%锰锌·烯酰可湿性粉剂1 000～1 500倍液；

52.5%恶唑菌酮·霜脲氰水分散粒剂1 500～2 000倍液；

68%精甲霜·锰锌水分散粒剂600～800倍液；

66.8%丙森·异丙菌胺可湿性粉剂600～800倍液；

喷雾，视病情间隔5～7天1次。

3．冬瓜枯萎病

【分布为害】枯萎病属世界性病害，国内瓜类主栽区普遍发生。短期连作发病率为5%～10%，长期连作发病率达50%以上，甚至全部发病，引起大面积死秧，一片枯黄，造成严重减产。

【症　　状】苗期发病时幼茎基部变褐缢缩、萎蔫、猝倒。成株发病时，初期下部叶片不变黄即萎蔫，早晚尚可恢复，数天后不能再恢复而萎蔫枯死(图6-4)。潮湿时，茎基部半边茎皮纵裂，常有树脂状胶质溢出，上有粉红色霉状物，最后病部变成丝麻状。撕开根茎病部，维管束变黄褐色(图6-5)。

图6-4　冬瓜枯萎病植株发病症状

图6-5　冬瓜枯萎病茎基部维管束变褐症状

【病　　原】*Fusarium oxysporum* f.sp. *cucurmerinum* 称尖镰孢菌黄瓜专化型，属无性型真菌。病菌产生大小两种类型分生孢子，大型分生孢子纺锤形或镰刀形，无色透明，顶细胞圆锥形，有的微呈钩状，基部倒圆锥截形或足细胞，具隔膜1～3个。小型分生孢子多生于气生菌丝中，椭圆形或腊肠形，无色透明，无隔膜。厚垣孢子表面光滑，黄褐色。

【发生规律】病菌主要以厚垣孢子和菌丝体随寄主病残体在土壤中或以菌丝体潜伏在种子内越冬。远距离传播主要借助带菌种子和带菌肥料，田间近距离传播主要借助灌溉水、流水、风雨、小昆虫及农事操作等，从伤口或不定根处侵入致病。连作，低洼潮湿，水分管理不当或连绵阴雨后转晴，或浇水后遇大雨，或土壤水分忽高忽低，或施用未充分腐熟的土杂肥，皆易诱发本病。

【防治方法】施用充分腐熟肥料，减少伤口。小水勤浇，避免大水漫灌，适当多中耕，提高土壤透气性，使根系苗壮，增强抗病力；结瓜期应分期施肥，冬瓜拉秧时，清除地面病残体。

种子处理。用1%福尔马林浸种20～30分钟，2%～4%漂白粉液浸种30～60分钟，播种前用55℃温水浸种15分钟或70%甲基硫菌灵可湿性粉剂500倍液浸种1小时，再用清水浸种催芽播种。

在幼苗定植时或田间发病初期，可采用下列杀菌剂进行防治：

20%甲基立枯磷乳油800～1 000倍液+70%敌磺钠可溶性粉剂600～800倍液；

50%苯菌灵可湿性粉剂800～1 000倍液+50%福美双可湿性粉剂500～700倍液；

70%甲基硫菌灵可湿性粉剂600～800倍液+60%琥·乙膦铝可湿性粉剂400～600倍液；

50%苯菌灵可湿性粉剂800～1 000倍液+50%福美双可湿性粉剂500～700倍液；

30%福·嘧霉可湿性粉剂800～1 000倍液；

10%多抗霉素可湿性粉剂400～600倍液；

在幼苗定植缓苗后灌根，每株灌对好的药液300～500ml。视病情间隔7～10天灌1次。

4. 冬瓜炭疽病

【症　状】主要为害叶片和果实，有时也为害茎部(图6-6)。叶片被害，病斑呈近圆形或圆形，初为水渍状，后变为黄褐色，边缘有黄色晕圈。严重时，病斑相互连结成不规则的大病斑，致使叶片干枯。潮湿时，病部分泌出粉红色黏稠物质(图6-7至图6-9)。茎蔓发病初期产生圆形至梭形褐色稍凹陷病斑，发病严重时绕茎一周造成病部以上枝叶枯死(图6-10)。果实被害，开始产生水渍状浅绿色的病斑，后变为黑褐色稍凹陷的圆形或近圆形病斑，上生有粉红色黏稠物。

图6-6　冬瓜炭疽病田间发病症状

图6-7 冬瓜炭疽病叶片发病初期症状

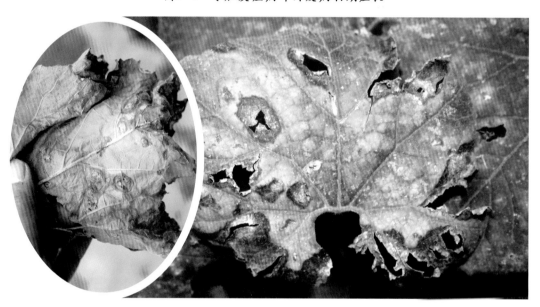

图6-8 冬瓜炭疽病叶片发病后期症状

图6-9 一串铃冬瓜炭疽病叶片发病症状

图6-10 冬瓜炭疽病茎部发病症状

【病　　原】*Colletotrichum lagenarium* 称葫芦科刺盘孢，属无性型真菌。分生孢子盘聚生，初为埋生，红褐色，后突破表皮呈黑褐色，刚毛散生于分生孢子盘中，暗褐色，顶端色淡，略尖，基部膨大，具2～3个横隔。分生孢子梗无色，圆筒状，单胞，长圆形。

【发生规律】主要以菌丝体附着在种子上，或随病残株在土壤中越冬，亦可在温室或塑料大棚骨架上存活。越冬后的病菌产生大量分生孢子，成为初侵染源。通过雨水、灌溉、气流传播，也可以由昆虫携带传播或田间操作时传播。湿度高，叶面结露，病害易流行。氮肥过多、大水漫灌、通风不良，植株衰弱发病重。

【防治方法】田间操作、除病灭虫、绑蔓、采收均应在露水干后进行，减少人为传播蔓延。增施磷钾肥以提高植株抗病力。

种子处理。用50%代森铵水剂500倍液浸种1小时，或用30%苯噻硫氰乳油1 000倍液浸种5小时，清水冲洗干净再浸种催芽播种。也可用50%咪鲜胺锰络化合物可湿性粉剂、6%氯苯嘧啶醇可湿性粉剂、25%溴菌腈可湿性粉剂、30%苯噻硫氰乳油按种子重量0.3%进行拌种。

发病初期，可采用下列杀菌剂进行防治：

20%唑菌胺酯水分散粒剂1 000～1 500倍液；

25%咪鲜胺乳油1 000～1 500倍液+75%百菌清可湿性粉剂600倍液；

20%苯醚·咪鲜胺微乳剂2 500～3 500倍液；

30%苯噻硫氰乳油1 000～1 500倍液+70%代森联水分散粒剂800～1 000倍液；

25%溴菌腈可湿性粉剂500倍液+45%代森铵水剂400～600倍液；

5%亚胺唑可湿性粉剂1 000倍液+75%百菌清可湿性粉剂600倍液；

10%苯醚甲环唑水分散粒剂1 500倍液+22.7%二氰蒽醌悬浮剂1 500倍液；

对水喷雾，视病情间隔7～10天1次。

5.冬瓜白粉病

【症　　状】主要为害叶片，发病初期，在叶片上产生白色近圆形小粉斑，以叶面居多，后扩展成边缘不明显圆形白色粉状斑，严重时整片叶面都是白粉，后呈灰白色，叶片变黄，质脆，失去光合作用，一般不落叶(图6-11)。

图6-11　冬瓜白粉病叶片发病症状

【病　　原】*Sphaerotheca cucurbitae* 称瓜类单丝壳白粉菌，属子囊菌真菌。分生孢子梗无色，圆柱形，不分枝，其上着生分生孢子。分生孢子长圆形，无色，单胞，串生。闭囊壳褐色，球形。附属丝无色至淡褐色。

【发生规律】北方以闭囊壳随病残体在地上或保护地瓜类作物上越冬；南方以菌丝体或分生孢子在寄主上越冬或越夏，成为翌年初侵染源。分生孢子借气流或雨水传播，喜温湿但耐干燥，发病适温20～25℃，相对湿度25%～85%均能发病，但高湿情况下发病较重。高温、高湿又无结露或管理不当，冬瓜生长衰败，则白粉病严重发生。

【防治方法】应选择通风良好，土质疏松、肥沃，排灌方便的地块种植。要适当配合使用磷钾肥，防止脱肥早衰，增强植株抗病性。

发病初期，可采用下列杀菌剂进行防治：

2%嘧啶核苷类抗生素水剂150～300倍液+70%代森联水分散粒剂800～1 000倍液；

30%醚菌酯悬浮剂2 000～2 500倍液；

20%福·腈可湿性粉剂1 500～2 500倍液；

10%苯醚甲环唑水分散粒剂1 000～1 500倍液+75%百菌清可湿性粉剂600～800倍液；

25%腈菌唑乳油1 000～2 000倍液+80%代森锰锌可湿性粉剂800～1 000倍液；

1%武夷菌素水剂150～300倍液+70%代森锰锌可湿性粉剂800～1 000倍液；

2%宁南霉素水剂300～500倍液+50%克菌丹可湿性粉剂400～600倍液；

对水喷雾，视病情间隔7～10天1次。

田间发现病情及时施药防治，发病期可采用下列杀菌剂或配方进行防治：

25%乙嘧酚悬浮剂1 500～2 500倍液+50%克菌丹可湿性粉剂400～500倍液；

30%醚菌酯悬浮剂2 000～2 500倍液+70%代森联水分散粒剂600～800倍液；

10%苯醚菌酯悬浮剂1 000～2 000倍液+75%百菌清可湿性粉剂600倍液；

300g/L醚菌·啶酰菌悬浮剂2 000～3 000倍液；

62.25%腈菌唑·代森锰锌可湿性粉剂600倍液；

70%硫磺·甲硫灵可湿性粉剂800～1 000倍液；

对水喷雾，视病情间隔5～7天1次。

6．冬瓜绵疫病

【症　　状】主要为害近成熟果实、叶和茎蔓。果实染病，先在近地面处出现水渍状黄褐色病斑，后病部凹陷，其上密生白色棉絮状霉层，最后病部或全果腐烂(图6-12)。叶片染病，病斑黄褐色，后生白霉腐烂。茎蔓染病，蔓上病斑绿色，呈湿腐状。

图6-12　冬瓜绵疫病果实发病症状

【病　　原】*Phytophthora capsici* 称辣椒疫霉，属卵菌门真菌。孢囊梗丝状，分枝顶端生孢子囊，孢子囊卵圆形，顶端有乳头状凸起，萌发时释放出许多游动孢子。卵孢子圆球形，淡黄色。厚垣孢子球形，单胞，黄色，壁厚平滑。

【发生规律】病菌以卵孢子、厚垣孢子在病残体上和土壤中越冬。田间通过雨水进行传播。一般6月中下旬开始发病，7月底8月上旬进入发病盛期。气温高、雨水多发病较重。

【防治方法】定植前施用酵素菌沤制的堆肥或充分腐熟的有机肥，苗期适时中耕松土，以促发根和保墒，甩蔓后及时盘蔓、压蔓；遇有大暴雨后要及时排水。发现病瓜及时摘除，携出田外深埋或沤肥，秋季拉秧后要注意清洁田园，及时耕翻土地。

发病初期，可采用以下杀菌剂进行防治：

69％锰锌·烯酰可湿性粉剂1 000～1 500倍液；

50％氟吗·锰锌可湿性粉剂500～1 000倍液；

72.2％霜霉威水剂600～800倍液+75％百菌清可湿性粉剂600～800倍液；

50％氟吗·乙铝可湿性粉剂600～800倍液+70％代森锰锌可湿性粉剂800～1 000倍液；

25％甲霜·霜霉威可湿性粉剂1 500～2 000倍液；

18％霜脲·百菌清悬浮剂1 000～1 500倍液；

25％烯肟菌酯乳油2 000～3 000倍液+75％百菌清可湿性粉剂600～800倍液；

对水喷雾，视病情间隔7～10天1次。

7．冬瓜褐斑病

【症　　状】主要为害叶片、叶柄和茎蔓。叶片染病病斑圆形或不规则形，大小差异较大，小型斑黄褐色，中间稍浅，大型斑深黄褐色。湿度大时，病斑正背两面均可长出灰黑色霉状物，后期病斑融合，致叶片枯死(图6-13和图6-14)。叶柄、茎蔓染病，病斑椭圆形灰褐色，病斑扩展绕茎一周后，致整株枯死。

图6-13　冬瓜褐斑病叶片发病初期症状

图6-14　冬瓜褐斑病叶片发病后期症状

【病　　原】*Corynespora cassiicola* 称多主棒孢霉，属无性型真菌。分生孢子梗多数单生，细长，不分枝，具1～7个隔膜，浅褐至黄褐色。分生孢子顶生，具厚壁，分生孢子基部膨大，倒棍棒形或圆柱形，直立或弯曲，顶部钝圆，有隔膜，隔膜处不缢缩。丝体细长无色，具分枝，有隔膜；分生孢子梗多单生、较直立、细长、褐色、无分枝、有分隔；分生孢子顶生于分生孢子梗上，单生或偶有串生，棍棒状或偶见"Y"字形，直立或稍弯曲，顶端钝圆，基部膨大，浅褐色，有分隔，分隔处不缢缩。厚垣孢子，粗缩，厚壁，深褐色，分隔处缢缩。

【发生规律】病菌以菌丝或分生孢子丛随病残体留在土壤中越冬，翌春条件适宜时产生分生孢子，借气流或雨水传播蔓延，进行初侵染，发病后病部又产生新的分生孢子，进行再侵染。昼夜温差大、植株衰弱、偏施氮肥的棚室易发病，缺少微量元素硼时发病重。

【防治方法】选用抗病品种和无病种子，收获后把病残体集中烧毁或深埋，及时深翻，以减少菌源。施用腐熟的有机肥或生物有机复合肥，采用配方施肥技术，注意搭配磷、钾肥，防止脱肥。

种子处理。可用50℃温水浸种30分钟后按常规浸种方法浸种，稍晾后再催芽播种。

发病初期，可采用以下杀菌剂进行防治：

50%咪鲜胺锰盐可湿性粉剂1 000～2 000倍液+70%代森锰锌可湿性粉剂800～1 000倍液；

28%百·霉威可湿性粉剂600～800倍液；

60%唑醚·代森联水分散粒剂1 000～2 000倍液；

20%苯醚·咪鲜胺微乳剂2 500～3 500倍液；

560g/L嘧菌·百菌清悬浮剂2 000～3 000倍液；

33.5%喹啉铜悬浮剂800～1 000倍液；

对水喷雾，视病情间隔7～10天1次。

8．冬瓜黑斑病

【症　　状】主要为害叶片和果实。果实染病初生水渍状小斑，褐色，后病斑逐渐扩展为深褐色至黑色病斑。叶片染病，病斑生于叶缘或叶面，褐色，不规则形，严重时，致叶大面积变褐干枯(图6-15至图6-18)。

图6-15　冬瓜黑斑病叶片发病症状　　　　图6-16　冬瓜黑斑病叶背发病症状

图6-17　节瓜黑斑病叶片发病症状

图6-18　一串铃冬瓜黑斑病叶片发病症状

【病　　原】*Alternaria cucumerina* 称瓜链格孢，属无性型真菌。分生孢子梗单生或数根束生，褐色，顶端色淡，基部细胞稍大，不分枝。分生孢子单生或2～3个串生，倒棒状，褐色，有2～9个横隔膜，0～3个纵隔膜，隔膜处缢缩。

【发生规律】病菌在土壤中的病残体上越冬，在田间借气流或雨水传播，条件适宜时几天即显症。坐瓜后遇高温、高湿易发病，田间管理粗放、肥力差发病重。

【防治方法】选用无病种瓜留种，增施有机肥，提高抗病能力。

发病初期，可采用下列杀菌剂进行防治：

10%苯醚甲环唑水分散粒剂1 000～1 500倍液+75%百菌清可湿性粉剂600～800倍液；

50%异菌脲可湿性粉剂1 000～1 500倍液；

25％嘧菌酯悬浮剂1 500～2 000倍液；

20％苯霜灵乳油800～1 000倍液+75％百菌清可湿性粉剂600～800倍液；

20％唑菌胺酯水分散粒剂1 000～1 500倍液+50％克菌丹可湿性粉剂400～600倍液；

50％甲基硫菌灵·硫磺悬浮剂800～1 000倍液+70％代森锰锌可湿性粉剂700倍液；

70％丙森·多菌可湿性粉剂600～800倍液；

25％溴菌腈可湿性粉剂500～1 000倍液+70％代森联水分散粒剂700～1 000倍液；

50％福·异菌可湿性粉剂800～1 000倍液；

对水喷雾，视病情间隔7～10天1次。

9.冬瓜病毒病

【症　　状】该病从幼苗至成株期均可发生。主要有花叶型、黄化皱缩型及两者混合型。花叶型：表现明脉及褪绿斑点，后呈淡而不均匀的花叶斑驳，染病早的植株可引起全株萎蔫(图6-19和图6-20)。黄化皱缩型：表现植株上部叶片沿叶脉失绿，叶面出现浓绿色隆起皱纹，继而叶片黄化，皱缩下卷(图6-21)；病株后期扭曲畸形，果实小，果面出现花斑，或产生凹凸不平的瘤状物(图6-22)，严重时植株枯死。

图6-19　冬瓜病毒病花叶型叶片发病症状

图6-20　一串铃冬瓜病毒病花叶型叶片发病症状

图6-21 冬瓜病毒病皱缩型叶片发病症状

图6-22 冬瓜病毒病果实发病症状

【病 原】Cucumber mosaic virus（CMV） 称黄瓜花叶病毒；粒体球形，致死温度为60~70℃，体外存活期3~4天，不耐干燥。Cucumber green mottle mosaic virus（CGMMV） 称黄瓜绿斑驳型病毒。

【发生规律】黄瓜花叶病毒病种子不带毒，病毒可在保护地瓜类、茄果类及其他多种蔬菜和杂草上越冬。翌年通过蚜虫传播，也可通过农事操作接触传播。发病适温20~25℃，气温高于25℃时多表现隐症。高温干旱天气有利于病毒病发生，生长期管理粗放、缺水缺肥、光照强、蚜虫数量多等情况下病害发生严重。

【防治方法】定植时淘汰病苗和弱苗。施足底肥，适时追肥，注意磷、钾肥的配合施用，促进根系发育，增强植株抗病性。注意浇水，防止干旱。

种子处理。播种前，用10%磷酸三钠浸种20分钟，然后洗净按一般浸种方法浸种10~12小时催芽播种；或干种子70℃热处理3天。

蚜虫、白粉虱是主要的传毒载体，加强防治，防治蚜虫，可采用下列杀虫剂进行防治：

240g/L螺虫乙酯悬浮剂4 000～5 000倍液；

10%烯啶虫胺水剂3 000～5 000倍液；

3%啶虫脒乳油2 000～3 000倍液；

10%氟啶虫酰胺水分散粒剂3 000～4 000倍液；

10%氯噻啉可湿性粉剂2 000倍液；

25%吡虫·仲丁威乳油2 000～3 000倍液；

对水喷雾。

对冬瓜病毒病的防治应以预防为主，发病前期至发病初期，可采用下列药剂进行防治：

2%宁南霉素水剂200～400倍液；

4%嘧肽霉素水剂200～300倍液；

20%盐酸吗啉胍·乙酸铜可湿性粉剂500～700倍液；

7.5%菌毒·吗啉胍水剂500～700倍液；

2.1%烷醇·硫酸铜可湿性粉剂500～700倍液；

25%琥铜·吗啉胍可湿性粉剂600～800倍液；

3.85%三氮唑·铜·锌水乳剂600～800倍液；

25%吗胍·硫酸锌可溶性粉剂500～700倍液；

对水喷雾，视病情间隔7～10天喷1次。

10．冬瓜霜霉病

【症　　状】主要为害叶片，叶缘或叶背面出现水浸状不规则病斑，早晨尤为明显，病斑逐渐扩大，受叶脉限制，呈多角形淡褐色斑块，湿度大时叶背面或叶面长出灰黑色霉层(图6-23)。后期病斑破裂或连片，致叶缘卷缩干枯，严重的田块一片枯黄。

图6-23　冬瓜霜霉病叶片发病症状

【病　　原】*Pseudoperonospora cubensis* 称古巴假霜霉菌，属鞭毛菌亚门真菌。孢囊梗自气孔伸出，单生或2~4根束生，无色，基部稍膨大，上部呈3~5次锐角分枝，分枝末端着生一个孢子囊，孢子囊卵形或柠檬形，顶端具乳状凸起，淡褐色，单胞。

【发生规律】病菌在保护地内越冬，翌春传播。也可由南方随季风传播到北方。夏季可通过气流、雨水传播。病害在田间发生的气温为16℃，适宜流行的气温为20~24℃。高于30℃或低于15℃时发病受到抑制。在多雨、多雾、多露的情况下，病害极易流行。

【防治方法】应选在地势较高、排水良好的地块。底肥施足，合理追施氮、磷、钾肥。雨后适时中耕，以提高地温，降低空气湿度。

加强预防，发病前可采用下列杀菌剂进行防治：

250g/L嘧菌酯悬浮剂48~90ml/亩；

52.5%恶酮·霜脲氰水分散粒剂1 500~2 000倍液；

68.75%恶唑菌酮·锰锌水分散粒剂1 000~1 500倍液；

70%丙森锌可湿性粉剂600~800倍液；

70%代森联水分散粒剂600~800倍液；

45%代森铵水剂600~800倍液；

对水喷雾，视病情间隔7~10天1次。

田间发现病情后及时施药防治，发病初期可采用下列杀菌剂进行防治：

687.5g/L氟菌·霜霉威悬浮剂1 500~2 500倍液；

69%烯酰·锰锌可湿性粉剂1 000~1 500倍液；

25%吡唑醚菌酯乳油3 000~4 000倍液+75%百菌清可湿性粉剂600~800倍液；

10%氰霜唑悬浮剂2 000~2 500倍液+70%代森锰锌可湿性粉剂800~1 000倍液；

20%氟吗啉可湿性粉剂800~1 000倍液+70%代森联水分散粒剂600~800倍液；

72.2%霜霉威水剂600~800倍液+80%代森锰锌可湿性粉剂800~1 000倍液；

53%甲霜灵·锰锌可湿性粉剂500~800倍液；

72%霜脲·锰锌可湿性粉剂600~800倍液；

对水喷雾，视病情间隔5~7天1次。

11. 冬瓜黑星病

【症　　状】叶片上产生黄白色圆形小斑点，后穿孔留有黄白色圈(图6-24)。龙头变褐腐烂，造成"秃桩"。茎蔓、瓜条病斑初时污绿色，后变暗褐色，不规则形，凹陷、流胶，俗称"冒油"(图6-25)。潮湿时病斑上密生烟黑色霉层。

图6-24　冬瓜黑星病叶片发病症状

图6-25　冬瓜黑星病茎蔓发病症状

【病　　原】*Cladosporium cucumerinum* 称瓜枝孢霉，属无性型真菌。菌丝白色至灰色，具分隔。分生孢子梗细长，丛生，褐色或淡褐色，形成合轴分枝。分生孢子近梭形至长梭形，串生，有0~2个隔膜，淡褐色，单胞或双胞。

【发生规律】以菌丝体在病残体内于田间或土壤中越冬，成为翌年初侵染源。从叶片、果实、茎蔓的表皮直接穿透，或从气孔和伤口侵入。植株郁蔽，阴雨寡照，病势发展快。春秋气温较低，常有雨或多雾，此时也易发病。冬瓜重茬地块、浇水多和通风不良，发病较重。

【防治方法】施足基肥，增施磷钾肥，培育壮苗，合理密植，适当去除老叶。

种子处理，用冰醋酸100倍液浸种30分钟。

发病初期可采用以下杀菌剂进行防治：

40%氟硅唑乳油4 000~6 000倍液+80%代森锰锌可湿性粉剂800~1 000倍液；

50%异菌脲可湿性粉剂1 000~1 500倍液；

62.25%腈菌唑·代森锰锌可湿性粉剂800~1 000倍液；

50%醚菌酯水分散粒剂3 000~4 000倍液；

560g/L嘧菌·百菌清悬浮剂800~1 000倍液；

1.1%儿茶素可湿性粉剂1 000~2 000倍液；

视病情间隔7~10天喷1次，轮换进行喷雾。

第七章 丝瓜病害防治新技术

　　丝瓜属葫芦科，一年蔓生草本植物。全国播种面积为15万hm²左右，总产量为300万t。在我国，主要在广东、广西、海南等地栽培较多。栽培模式以露地栽培为主，其次是大棚栽培等。

　　目前，国内发现的丝瓜病虫害有40多种，其中，病害20多种，主要有霜霉病、白粉病、枯萎病等；生理性病害10多种，主要有畸形瓜、裂瓜、化瓜等；虫害10多种，主要有温室白粉虱、美洲斑潜蝇等。常年因病虫害发生为害造成的损失达30%～50%，部分地块损失达50%～80%。

1. 丝瓜蔓枯病

　　【症　状】主要为害茎蔓，也可为害叶片和果实。茎蔓上病斑椭圆形或梭形，灰褐色，边缘褐色，有时病部溢出琥珀色胶质物，最终致茎蔓枯死(图7-1)。叶片发病，病斑较大，圆形，叶边缘呈半圆形或"V"字形，褐色或黑褐色，微具轮纹，病斑常破裂(图7-2至图7-4)。果实病斑近圆形或不规则形，边缘褐色，中部灰白色。病斑下面果肉多呈黑色干腐状。

图7-1　丝瓜蔓枯病茎蔓发病症状

图7-2　丝瓜蔓枯病叶片发病症状

图7-3　肉丝瓜蔓枯病叶片发病症状

图7-4　有棱丝瓜蔓枯病叶片发病症状

【病　　原】*Mycosphaerella melonis* 称瓜类球腔菌，属无性型真菌。分生孢子器叶面生，多为聚生，初埋生后突破表皮外露，球形至扁球形，器壁淡褐色，顶部呈乳状凸起，器孔口明显；分生孢子短圆形至圆柱形，无色透明，两端较圆，正直，初为单胞，后生1隔膜。子囊壳细颈瓶状或球形，单生在叶正面，突出表皮，黑褐色；子囊多棍棒形，无色透明，正直或稍弯；子囊孢子无色透明，短棒状或梭形，一个分隔，上面细胞较宽，顶端较钝，下面的孢子较窄，顶端稍尖，隔膜处缢缩明显。

【发生规律】以菌丝体或分生孢子器随病残体在土中越冬，以分生孢子进行初侵染和再侵染，借雨水溅射传播蔓延，发病后田间的分生孢子借风雨及农事操作传播，从气孔、水孔或伤口侵入。温暖多湿天气有利发病。此病多发生在7—8月，偏施氮肥发病重。北方夏、秋季，南方春、夏季流行。连作地、平畦栽培，排水不良、密度过大、肥料不足、植株生长衰弱或徒长，发病重。

【防治方法】重病地应与非瓜类蔬菜进行2年以上轮作。密度不应过大，及时整枝绑蔓，改善株间通风透光条件。避免偏施氮肥，增施磷、钾肥，合理灌水，雨后及时排水。收后彻底清除田间病残体，随之深翻。初见病株及时拔除并深埋，减少田间菌源。

种子处理。用福尔马林100倍液浸种30分钟，用清水冲洗后再用清水浸种催芽播种，也可用2.5%咯菌腈悬浮种衣剂按种子重量的0.5%进行种子包衣。

发病前期，可采用下列杀菌剂进行防治：

70%甲基硫菌灵可湿性粉剂600倍液+70%代森联水分散粒剂800～1 000倍液；

40%双胍辛烷苯基磺酸盐可湿性粉剂1 000倍液+75%百菌清可湿性粉剂600倍液；

20%丙硫多菌灵悬浮剂1 500～3 000倍液+70%代森锰锌可湿性粉剂800倍液；

70%甲硫·福美双可湿性粉剂800～1 000倍液；

70%丙森锌可湿性粉剂600～800倍液+10%苯醚甲环唑水分散粒剂1 000～1 500倍液；

30%琥胶肥酸铜可湿性粉剂500～800倍液；

1%申嗪霉素悬浮剂800～1 000倍液+75%百菌清可湿性粉剂600倍液；

对水喷雾，视病情间隔7～10天1次。

田间发病后及时施药防治，发病初期，可采用下列杀菌剂进行防治：

25%咪鲜胺乳油1 000～2 000倍液+70%代森锰锌可湿性粉剂800～1 000倍液；

50%异菌脲可湿性粉剂800～1 500倍液；

10%苯醚甲环唑水分散粒剂1 000～1 500倍液+50%克菌丹可湿性粉剂500～800倍液；

25%溴菌腈可湿性粉剂500～1 000倍液；

40%氟硅唑乳油3 000～5 000倍液+65%代森锌可湿性粉剂600倍液；

325g/L苯甲·嘧菌酯悬浮剂1 500～2 500倍液；

250g/L嘧菌酯悬浮剂1 500～2 000倍液；

2.5%咯菌腈悬浮种衣剂1 000～1 500倍液；

20%硅唑·咪鲜胺水乳剂2 000～3 000倍液；

对水喷雾，视病情间隔5～7天1次。

2. 丝瓜白粉病

【症　状】主要为害叶片、叶柄或茎；果实受害较少。初在叶片或嫩茎上出现白色小霉点，条件适宜，霉斑迅速扩大，且彼此连片，白粉状物布满整个叶片，致叶片黄枯或卷缩，但不脱落，秋末霉斑变成灰色，其上长出黑色小粒点，即病原菌闭囊壳(图7-5)。

图7-5　丝瓜白粉病叶片发病症状

【病　　原】*Sphaerotheca cucurbitae* 称瓜类单丝壳白粉菌，属子囊菌门真菌。分生孢子梗无色，圆柱形，不分枝，其上着生分生孢子。分生孢子长圆形，无色，单胞，串生。闭囊壳褐色，球形，壳内有1倒梨形子囊，内有8个椭圆形的子囊孢子。附属丝无色至淡褐色。

【发生规律】以闭囊壳随病残体越冬，翌春放射出子囊孢子，进行初侵染。在温暖地区或棚室，病菌主要以菌丝体在寄主上越冬。借风和雨水传播。在高温干旱环境条件下，植株长势弱、密度大时发病重。白粉病始发期在5月下旬至6月上旬，此期气温适宜，早晨露水多，田间湿度大，有利于白粉病发生。进入6月下旬以后，随着气温升高，白粉病处于潜伏期，进入7月中下旬，白粉病迅速扩展蔓延，全田感染。种植过密、偏施氮肥、大水漫灌、植株徒长、湿度较大，都有利于发病。

【防治方法】适当配合使用磷钾肥，防止脱肥早衰，增强植株抗病性。

发病前期，可采用以下杀菌剂进行防治：

75%百菌清可湿性粉剂600～800倍液；

70%代森锰锌可湿性粉剂600～1 000倍液；

25%嘧菌酯悬浮剂1 500～2 500倍液；

70%丙森锌可湿性粉剂600～800倍液；

50%灭菌丹可湿性粉剂200～400倍液；

33.5%喹啉酮悬浮剂800～1 000倍液；

对水喷雾，视病情间隔7～10天1次。

发病初期，可采用下列杀菌剂进行防治：

2%宁南霉素水剂200～400倍液+70%代森联水分散粒剂600～800倍液；

70%硫磺·甲硫灵可湿性粉剂800～1 000倍液；

20%烯肟·戊唑醇悬浮剂3 000～4 000倍液；

75%十三吗啉乳油1 500～2 500倍液+50%克菌丹可湿性粉剂400～500倍液；

0.5%大黄素甲醚水剂1 000～2 000倍液+70%代森联水分散粒剂600～800倍液；

对水喷雾，视病情间隔7～10天1次。

田间发病较多时，应加强防治，发病期，可采用下列杀菌剂或配方进行防治：

25%乙嘧酚悬浮剂1 500～2 500倍液；

30%醚菌酯悬浮剂2 000～2 500倍液；

40%氟硅唑乳油4 000倍液+75%百菌清可湿性粉剂600倍液；

10%苯醚菌酯悬浮剂1 000～2 000倍液+75%百菌清可湿性粉剂600倍液；

62.25%腈菌唑·代森锰锌可湿性粉剂600倍液；

300g/L醚菌·啶酰菌悬浮剂2 000～3 000倍液；

对水喷雾，视病情间隔7～10天1次。

3．丝瓜褐斑病

【症　　状】主要为害叶片。病斑圆形或长形至不规则形，褐色至灰褐色。病斑边缘有时出现褪绿至黄色晕圈，霉层少见。早晨日出或晚上日落时，病斑上可见银灰色光泽(图7-6)。

【病　　原】*Cercospora citrullina* 称瓜类尾孢，属无性型真菌。子座不明显或微小；分生孢子梗单生或束生，褐色，直或弯，不分枝，无膝状节，具隔膜0～4个，顶端平切，孢痕明显；分生孢子鞭形，无色或淡色。

图7-6　丝瓜褐斑病叶片发病症状

【发生规律】以菌丝体或分生孢子丛在土中的病残体上越冬。翌年以分生孢子进行初侵染和再侵染，借气流传播蔓延。温暖高湿，偏施氮肥，或连作地发病重。

【防治方法】实行与非瓜类蔬菜2年以上轮作。施足基肥，结瓜期实行配方施肥，增施磷钾肥，增强植株抗病能力。实行高垄覆膜，疏通排灌水沟，避免积水，雨后浅中耕，防止土壤板结；合理密植，打老叶，促使田间通风透光，降低湿度。

发病前期，可采用以下杀菌剂进行防治：

50％咪鲜胺锰盐可湿性粉剂1 500～2 000倍液+50％灭菌丹可湿性粉剂400～600倍液；

24％腈苯唑悬浮剂1 000～1 500倍液+75％百菌清可湿性粉剂600～800倍液；

40％氟硅唑乳油4 000～6 000倍液+70％代森锰锌可湿性粉剂800倍液；

5％亚胺唑可湿性粉剂600～1 000倍液+75％百菌清可湿性粉剂600～800倍液；

25％溴菌腈可湿性粉剂500～1 000倍液+70％代森联水分散粒剂800倍液；

6％氯苯嘧啶醇可湿性粉剂2 000～4 000倍液+70％代森锰锌可湿性粉剂800～1 000倍液；

25％嘧菌酯悬浮剂1 500～2 500倍液；

对水喷雾，视病情间隔7～10天1次。

4．丝瓜霜霉病

【症　　状】主要为害叶片，发病初期在叶片产生不规则形水渍状小斑块，后受叶脉限制扩大成多角形，黄色至黄褐色斑，湿度大时叶背面生灰黑色至紫黑色霉层，发病严重时整个叶片枯死(图7-7和图7-8)。

【病　　原】*Pseudoperonospora cubensis* 称古巴假霜霉菌，属卵菌门真菌。孢囊梗自气孔伸出，单生或2～4根束生，无色，基部稍膨大，上部呈3～5次锐角分枝，分枝末端着生一个孢子囊，孢子囊卵形或柠檬形，顶端具乳状凸起，淡褐色，单胞。孢子囊释放出游动孢子1～8个，在水中游动片刻后形成休眠孢子，再产生芽管，从寄主气孔或细胞间隙侵入，在细胞间蔓延，靠吸器伸入细胞内吸取营养。

【发生规律】病菌在保护地内越冬，翌春传播。也可由南方随季风传播而来。夏季可通过气流、雨水传播。雨水较多的年份发病较重。

图7-7　丝瓜霜霉病叶片发病症状　　　　图7-8　丝瓜霜霉病叶背发病症状

【防治方法】选择抗病品种栽培，适当稀植，及时整枝，适时打去老叶，有条件可采取防雨棚栽培；收获后及时清除田间病残体，并集中带出田间销毁。

雨后或发病初期，可采用下列药剂进行防治：

687.5g/L霜霉威盐酸盐·氟吡菌胺悬浮剂800～1 200倍液；

250克/升嘧菌酯悬浮剂48～90ml/亩；

66.8%丙森·异丙菌胺可湿性粉剂600～800倍液；

84.51%霜霉威·乙膦酸盐可溶性水剂600～1 000倍液；

70%呋酰·锰锌可湿性粉剂600～1 000倍液；

69%锰锌·烯酰可湿性粉剂1 000～1 500倍液；

25%甲霜·霜霉威可湿性粉剂1 500～2 000倍液；

50%氟吗·乙铝可湿性粉剂600～800倍液+70%代森锰锌可湿性粉剂600～800倍液；

25%烯肟菌酯乳油2 000～3 000倍液+75%百菌清可湿性粉剂600～800倍液；

52.5%恶酮·霜脲氰水分散粒剂1 500～2 000倍液；

76%霜·代·乙膦铝可湿性粉剂800～1 000倍液；

对水喷雾，间隔7～10天1次，连喷3～5次。

5．丝瓜黑斑病

【症　　状】主要为害叶片和果实。果实染病初生水渍状小网斑，褐色，后病斑逐渐扩展为深褐色至黑色病斑。叶片染病，病斑生于叶缘或叶面，褐色，不规则形，严重时，导致叶片大面积变褐干枯(图7-9)。

图7-9　丝瓜黑斑病叶片发病症状

【病　　　原】*Alternaria cucumerina* 称瓜链格孢，属无性型真菌。

【发生规律】以菌丝体或分生孢子在土壤中的病残体上，或以分生孢子在病组织内，或黏附在种子表面越冬，成为翌年初侵染源。在田间借气流或雨水传播，条件适宜时几天即显症。种子带菌是远距离传播的重要途径。结瓜期间遇高温、高湿易发病，田间管理粗放、肥力差发病重。

【防治方法】轮作倒茬，与非瓜类作物实行3年以上轮作。选用无病种瓜留种；翻晒土壤，采取覆膜栽培，施足基肥，增施磷钾肥，提高植株抗病力。雨后及时排水。

发病前期，可采用以下杀菌剂进行防治：

10%苯醚甲环唑水分散粒剂1 000倍液+75%百菌清可湿性粉剂600～800倍液；

20%苯醚·咪鲜胺微乳剂2 500～3 500倍液；

560g/L嘧菌·百菌清悬浮剂800～1 000倍液；

20%唑菌胺酯水分散粒剂1 000～1 500倍液；

25%溴菌腈可湿性粉剂500～1 000倍液+70%代森锰锌可湿性粉剂700倍液；

50%甲基硫菌灵·硫磺悬浮剂800～1 000倍液+70%代森锰锌可湿性粉剂700倍液；

50%异菌脲悬浮剂1 000～2 000倍液；

40%嘧霉胺悬浮剂1 000～1 500倍液+75%百菌清可湿性粉剂600～800倍液；

64%氢铜·福美锌可湿性粉剂600～800倍液；

20%苯霜灵乳油800～1 000倍液+75%百菌清可湿性粉剂600～800倍液；

对水喷雾，视病情间隔7～10天1次。

6. 丝瓜褐腐病

【症　　状】主要为害花和幼瓜。发病初期花和幼瓜呈水浸状湿腐，病花变褐腐败，病菌从花蒂部侵入幼瓜，向瓜上扩展，造成整个幼瓜变褐(图7-10至图7-12)。

图7-10　丝瓜褐腐病果实发病症状

图7-11　肉丝瓜褐腐病果实发病初期症状

图7-12　肉丝瓜褐腐病果实发病后期症状

【病　　原】*Fusarium semitectum* 称半裸镰孢，属无性型真菌。大型分生孢子有2种形态：从气生菌丝上产生的纺锤形，顶胞和基胞均呈楔形，基胞有一凸起；从分生孢子座上产生的呈镰刀状，略弯，顶胞楔形，基胞有足跟或凸起。

【发生规律】病菌以菌丝体或厚垣孢子随病残体或在种子上越冬，翌春产生孢子借风雨传播，侵染幼果，发病后病部长出大量孢子进行再侵染。雨日多的年份发病重。

【防治方法】与非瓜类作物实行3年以上轮作；采用高畦或高垄栽培，覆盖地膜；平整土地、合理浇水，严禁大水漫灌，雨后及时排水，严防湿气滞留；坐果后及时摘除病花、病果集中烧毁。

开花至幼果期，开始发病时可采用下列杀菌剂进行防治：

24%腈苯唑悬浮剂2 500～3 500倍液+75%百菌清可湿性粉剂600倍液；

47%春雷·王铜可湿性粉剂600～800倍液；

78%波·锰锌可湿性粉剂600～800倍液；

50%苯菌灵可湿性粉剂1 000～1 500倍液+70%代森锰锌可湿性粉剂800倍液；

对水喷雾，视病情间隔7～10天1次。

7．丝瓜绵腐病

【症　　状】苗期染病引起猝倒，在幼苗1～2片真叶期侵染基部，呈水浸状，后变为黄褐色干缩猝倒。果实染病，多从贴近地面的部位开始发病，染病的瓜果表皮出现褪绿、渐变黄褐色不定形的病斑，迅速扩展，不久瓜肉也变黄变软而腐烂，随后在腐烂部位长出茂密的白色棉毛状物，并有一股腥臭味(图7-13)。

图7-13　有棱丝瓜绵腐病果实发病症状

【病　　原】*Pythium aphanidermatum* 称瓜果腐霉菌，属卵菌门真菌。菌丝体生长繁茂，呈白色棉絮状；菌丝无色，无隔膜。孢子囊丝状或分枝裂瓣状，或呈不规则膨大。泡囊球形，内含6~26个游动孢子。藏卵器球形，雄器袋状至宽棍状，同丝或异丝生，多为1个。卵孢子球形，平滑。

【发生规律】腐霉菌是一类弱寄生菌，有很强的腐生能力，普遍存在于菜田土壤中、沟水中和病残体中，它的菌丝可长期在土壤中腐生。通过灌溉水和土壤耕作传播。病菌从伤口处侵入，侵入后其破坏力很强，瓜果很快软化腐烂。一般地势低、土质黏重、管理粗放、机械伤、虫伤多的瓜田，病害较重。高温、多雨、闷热、潮湿的天气有利于此病发生。

【防治方法】主要抓好肥水管理，提倡高畦深沟栽培，整治排灌系统，雨后及时清沟排渍，避免大水漫灌；配方施肥，防止偏施或过施氮肥，可减轻发病。

发病初期，可采用以下杀菌剂进行防治：

84.51%霜霉威·乙膦酸盐可溶性水剂600~1 000倍液；

70%呋酰·锰锌可湿性粉剂600~1 000倍液；

72%锰锌·霜脲可湿性粉剂600~800倍液；

35%烯酰·福美双可湿性粉剂1 000~1 500倍液；

25%甲霜·霜霉威可湿性粉剂1 500~2 000倍液；

72%丙森·膦酸铝可湿性粉剂800~1 000倍液；

52.5%恶酮·霜脲氰水分散粒剂1 500~2 000倍液；

76%霜·代·乙膦铝可湿性粉剂800~1 000倍液；

对水喷雾，视病情间隔7~10天1次。注意轮用混用，喷匀喷足。

8．丝瓜细菌性叶枯病

【症　　状】主要侵染叶片，叶片上初现圆形水浸状褪绿小斑，逐渐扩大呈近圆形或多角形的褐色斑，周围具褪绿晕圈(图7-14)。

图7-14 丝瓜细菌性叶枯病叶片发病症状

【病　　原】*Xanthomonas campestris* 称野油菜黄单胞菌黄瓜叶斑病致病变种，属细菌。

【发生规律】主要通过种子带菌传播蔓延。该菌在土壤中存活非常有限。叶色深绿的品种发病重，棚室保护地常较露地发病重。

【防治方法】与非瓜类作物实行2年以上轮作，加强田间管理，生长期及收获后清除病叶，及时深埋。

种子处理。用50℃温水浸种20分钟，或福尔马林150倍液浸种1小时，或次氯酸钙300倍液浸种30分钟，或20％氯异氰尿酸钠可溶性粉剂400倍液浸种30分钟，冲净再用清水浸种催芽。

发病初期，可采用下列杀菌剂进行防治：

3％中生菌素可湿性粉剂800倍液；

20％噻唑锌悬浮剂300～500倍液+12％松脂酸铜乳油600～800倍液；

20％噻菌铜悬浮剂1 000～1 500倍液；

36％三氯异氰尿酸可湿性粉剂1 000～1 500倍液；

对水喷雾，视病情间隔7～10天1次。交替喷施，前密后疏。

9．丝瓜病毒病

【症　　状】幼嫩叶片感病呈浅绿与深绿相间斑驳或褪绿色小环斑。老叶染病现黄色环斑或黄绿相间花叶，叶脉扭缩致叶片歪扭或畸形。发病严重的叶片变硬、发脆，叶缘缺刻加深，后期产生枯死斑(图7-15至图7-17)。果实发病，病果呈螺旋状畸形，或细小扭曲，其上产生褪绿色斑(图7-18)。

图7-15　丝瓜病毒病叶片发病花叶症状

图7-16　肉丝瓜病毒病叶片发病皱缩症状

图7-17　丝瓜病毒病叶片发病疱斑症状

图7-18　丝瓜病毒病果实发病症状

【病　　原】由多种病毒侵染引起。据南京、北京等地鉴定以黄瓜花叶病毒Cucumber mosaic virus（CMV）为主，此外还有甜瓜花叶病毒Muskmelon mosaic virus（MMV）、烟草环斑病毒Tobacco ringspot virus（TRSV）。

【发生规律】黄瓜花叶病毒可在菜田多种寄主或杂草上越冬，在丝瓜生长期间，除蚜虫传毒外，农事操作及汁液接触也可传播蔓延。甜瓜花叶病毒发病适温20～25℃，气温高于25℃时多表现隐症。环境条件与丝瓜病毒病发生关系密切，高温、干旱、光照强的条件下，蚜虫发生严重，也有利于病毒的繁殖，且降低了植株的抗病能力，所以发病严重。此外，在杂草多、附近有发病作物、气温高、缺水、缺肥、管理粗放、蚜虫多时发病亦重。

【防治方法】培育壮苗，适时定植，加强育苗期间的管理，早春育苗要保证床温，促使幼苗健壮生长。适期早定植，定植时淘汰病苗和弱苗。施足底肥，适时追肥，注意磷、钾肥的配合施用，促进根系发育，增强植株抗病性。注意浇水，防止干旱。并注意防治苗床蚜虫，以防蚜虫传播病毒。

种子处理。播种前用10%磷酸三钠浸种20分钟，然后洗净催芽播种；也可用55℃温水浸种15分钟，或干种子70℃热处理3天。

育苗后至定植期及时防治蚜虫和白粉虱，可采用以下杀虫剂进行防治：

10%吡虫啉可湿性粉剂1 500～2 000倍液；

10%烯啶虫胺水剂3 000～5 000倍液；

50%抗蚜威可湿性粉剂1 000～2 000倍液；

10%吡丙·吡虫啉悬浮剂1 500～2 500倍液；

25%噻虫嗪可湿性粉剂2 000～3 000倍液；

3%啶虫脒乳油2 000～3 000倍液；

10%氯噻啉可湿性粉剂2 000倍液，喷雾。

发病前期，可采用下列药剂进行防治：

20%盐酸吗啉胍·乙酸铜可湿性粉剂500～700倍液；

5%菌毒清水剂300～500倍液；

2%宁南霉素水剂200～400倍液；

4%嘧肽霉素水剂200～300倍液；

20%盐酸吗啉胍可湿性粉剂400～600倍液；

3%三氮唑核苷水剂600～800倍液；

7.5%菌毒·吗啉胍水剂500～700倍液；

2.1%烷醇·硫酸铜可湿性粉剂500～700倍液；

31%氮苷·吗啉胍可溶性粉剂600～800倍液；

1.05%氮苷·硫酸铜水剂300～500倍液；

3.85%三氮唑·铜·锌水乳剂600～800倍液；

对水喷雾，视病情间隔5～7天1次。

10．丝瓜根结线虫病

【症　　状】主要发生在侧根或须根上，染病后产生瘤状大小不等的根结。解剖根结，病部组织里有很多细小的乳白色线虫埋于其内(图7-19)。地上部表现症状因发病的轻重程度不同而异，轻病株症状不明显，重病株生育不良，叶片中午萎蔫或逐渐黄枯，植株矮小，影响结实，发病严重时全田枯死。

图7-19　丝瓜根结线虫病根部发病症状

【病　　原】*Meloidogyne incognita* 称南方根结线虫。病原线虫雌雄异形。雌虫体白色呈卵圆形或鸭梨形，体形不对称，颈部通常向腹面弯曲，排泄孔位于口针基部球处，会阴花纹呈卵圆形或椭圆形，背弓纹明显的高，弓顶平或稍圆，背纹紧密或稀疏，由平滑到波浪形的线纹组成，一些线纹向侧面分叉，但无明显侧线，无翼，无刻点，腹纹较平或圆，光滑。雄虫细长，虫体透明，交合刺细长，末端尖，弯曲成弓状。二龄幼虫长为375μm，尾长32μm，头部渐细锐圆，尾尖渐尖，中间体段为柱形。

【发生规律】该虫多在土壤5~30cm处生存，常以卵或2龄幼虫随病残体遗留在土壤中越冬，病土、病苗及灌溉水是主要传播途径。一般可存活1~3年，翌春条件适宜时，由埋藏在寄主根内的雌虫，产出单细胞的卵，卵产下经几小时形成一龄幼虫，脱皮后孵出二龄幼虫，离开卵块的二龄幼虫在土壤中移动寻找根尖，由根冠上方侵入定居在生长锥内，其分泌物刺激导管细胞膨胀，使根形成巨型细胞或虫瘿。雨季有利于孵化和侵染，其为害程度沙土中常较黏土重。

【防治方法】根结线虫发生严重田块，实行2~5年轮作，大葱、韭菜、辣椒是抗耐病菜类，病田种植抗耐病蔬菜可减少损失，降低土壤中线虫量，减轻下茬受害。提倡采用高温闷棚防治保护地根结线虫和土传病害。

定植整地时，每亩用0.5%阿维菌素颗粒剂3~4kg、10%噻唑膦颗粒剂2kg或98%棉隆微粒剂2kg与20kg细土充分拌匀，撒在畦面上，再用铁耙将药土与畦面表土层15~20cm充分拌匀，当天定植。

为害严重的地块，在播种或定植时，穴施或沟施0.5%阿维菌素颗粒剂3~4kg/亩或3%氯唑磷颗粒剂2~3kg/亩或10%克线磷颗粒剂5kg/亩，或10%噻唑膦颗粒剂1.0~1.5kg/亩，具有很好的防治效果。

第八章　苦瓜病害防治新技术

　　苦瓜属葫芦科，一年蔓生草本植物。全国播种面积为20万hm²左右，总产量为460万t。广东、广西、福建、台湾、湖南、四川等省区栽培较普遍。栽培模式以露地栽培为主，其次是大棚温室栽培、与其他蔬菜间作套种等。

　　目前，国内发现的苦瓜病虫害有50多种，其中病害20多种，主要有霜霉病、白粉病、枯萎病等；生理性病害10多种，主要有畸形瓜、化瓜等；虫害10种，主要有瓜绢螟、温室白粉虱等。常年因病虫害发生为害造成的损失达20%～40%，在部分地块损失达50%～70%。

1. 苦瓜枯萎病

　　【症　　状】全生育期均可发病，以结瓜后发病较重。发病初期植株叶片由下向上褪绿，后变黄枯萎，最后枯死(图8-1和图8-2)，剖开茎部可见维管束变褐。有时根茎表面出现浅褐色坏死条斑，潮湿时表面可产生白色至粉红色霉层，后期病部腐烂，仅剩维管束组织（图8-3）。

图8-1　苦瓜枯萎病发病初期症状　　　　　图8-2　苦瓜枯萎病发病后期症状

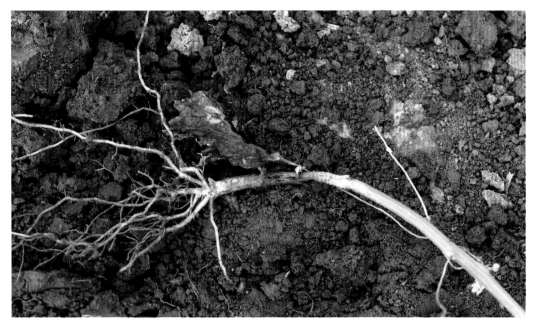

图8-3 苦瓜枯萎病根部发病症状

【病　　原】*Fusarium oxysporum* f.sp. *cucurmerinum* 称尖镰孢菌黄瓜专化型，属无性型真菌。病菌产生大小两种类型分生孢子，大型分生孢子纺锤形或镰刀形，无色透明，顶细胞圆锥形，有的微呈钩状，基部倒圆锥截形或足细胞，具隔膜1~3个。小型分生孢子多生于气生菌丝中，椭圆形或腊肠形，无色透明，无隔膜。厚垣孢子表面光滑，黄褐色。

【发生规律】以厚垣孢子或菌丝体在土壤、肥料中越冬，翌年产生的分生孢子通过灌溉水或雨水传播，从伤口侵入，并进行再侵染。连作，低洼潮湿，水分管理不当或连绵阴雨后转晴，浇水后遇大雨，土壤水分忽高忽低，幼苗老化、连作、施用未充分腐熟的土杂肥，蔬菜根结线虫皆易诱发本病并可以加剧枯萎病的发生。有机肥不腐熟、土壤过分干旱或质地黏重的酸性土是引起该病发生的主要条件。

【防治方法】与其他作物轮作，旱地3~5年，或与水稻轮作1年以上。施用充分腐熟的有机肥。选用无病土育苗，提倡用育苗盘育苗，减少伤根。小水勤浇，避免大水漫灌，适当多中耕，提高土壤透气性，使根系苗壮，增强抗病力；结瓜期应分期施肥，苦瓜拉秧时，清除地面病残体。

种子处理。播种前可用40%福尔马林100倍液浸种30分钟，或用50%多菌灵可湿性粉剂500倍液浸种1小时，然后取出用清水冲洗干净后催芽播种。

发病初期，可采用以下杀菌剂进行防治：

50%苯菌灵可湿性粉剂800~1 000倍液；

54.5%恶霉·福可湿性粉剂700倍液；

80%多·福·福锌可湿性粉剂700倍液；

68%恶霉·福美双可湿性粉剂800~1 000倍液；

70%恶霉灵可湿性粉剂2 000倍液；

50%苯菌灵可湿性粉剂1 000倍液+50%福美双可湿性粉剂500倍液；

10%多抗霉素可湿性粉剂600~1 000倍液；

4%嘧啶核苷类抗菌素水剂600~800倍液；

淋浇或灌根，视病情间隔7~10天1次，每株用药液200~250ml。

2．苦瓜白粉病

【症　　状】主要为害叶片，发生严重时亦为害茎蔓和叶柄。发病初期在叶片正面和背面产生近圆形的白色粉斑(图8-4)，最后粉斑密布，相互连接，导致叶片变黄枯死，全株早衰死亡(图8-5)。

图8-4　苦瓜白粉病叶片发病症状

图8-5　苦瓜白粉病田间发病症状

【病　　　原】*Sphaerotheca cucurbitae* 称瓜类单丝壳白粉菌，属子囊菌门真菌。分生孢子梗无色，圆柱形，不分枝，其上着生分生孢子。分生孢子长圆形，无色，单胞，串生。闭囊壳褐色，球形，壳内有1倒梨形子囊，内有8个椭圆形的子囊孢子。附属丝无色至淡褐色。

【发生规律】以菌丝体或闭囊壳在寄主或病残体上越冬。翌春产生子囊孢子进行初侵染，发病后又产生分生孢子进行再侵染。北方地区苦瓜白粉病发生盛期，主要在4月上中旬至7月下旬和9-11月。田间湿度大，或干湿交替出现则发病重。温暖湿闷、时晴时雨有利于发病。偏施氮肥或肥料不足，植株生长过旺或生长衰弱发病较重。

【防治方法】拉秧后彻底清除病残组织。选择通风良好、土质疏松、肥沃，排灌方便的地块种植。生长期加强管理，适时追肥和浇水，防止脱肥早衰，增强植株抗病性。在降雨后避免田间积水。

苦瓜生长期，结合其他病害的防治施用保护性杀菌剂进行预防，发病前期，可采用以下杀菌剂进行防治：

40%双胍三辛烷基苯磺酸盐可湿性粉剂1 000～2 000倍液；

70%甲基硫菌灵可湿性粉剂600～800倍液+75%百菌清可湿性粉剂600～800倍液；

50%克菌丹可湿性粉剂400～500倍液；

0.5%大黄素甲醚水剂1 000～2 000倍液；

2%武夷菌素水剂300倍液+70%代森联水分散粒剂600～800倍液；

对水喷雾，视病情间隔7～10天1次。

田间发现病害后及时施药防治，发病初期，可采用以下杀菌剂进行防治：

25%乙嘧酚悬浮剂1 500～2 500倍液；

30%醚菌酯悬浮剂2 000～2 500倍液；

40%氟硅唑乳油4 000倍液+75%百菌清可湿性粉剂600倍液；

10%苯醚甲环唑水分散粒剂1 500倍液+75%百菌清可湿性粉剂600倍液；

10%苯醚菌酯悬浮剂1 000～2 000倍液；

62.25%腈菌唑·代森锰锌可湿性粉剂600倍液；

300g/L醚菌·啶酰菌悬浮剂2 000～3 000倍液；

70%硫磺·甲硫灵可湿性粉剂800～1 000倍液；

30%氟菌唑可湿性粉剂2 500～3 500倍液；

75%十三吗啉乳油1 500～2 500倍液+50%克菌丹可湿性粉剂400～500倍液；

2%宁南霉素水剂200～400倍液+70%代森联水分散粒剂600～800倍液；

对水喷雾，视病情间隔5～7天1次。

3．苦瓜蔓枯病

【症　　　状】主要为害叶片、茎蔓和瓜条。叶片染病，初为水渍状小斑点，后变成圆形或不规则形斑，灰褐至黄褐色，有轮纹，其上产生黑色小点。茎蔓染病，病斑多为长条不规则形，浅灰褐色，上生小黑点，多引起茎蔓纵裂，易折断，空气潮湿时形成流胶，有时病株茎蔓上还形成茎瘤。瓜条染病，初为水渍状小圆点，后变成不规则黄褐色木栓化稍凹陷斑，后期产生小黑点，最后瓜条组织变朽，易开裂腐烂(图8-6和图8-7)。

图8-6　苦瓜蔓枯病发病症状

图8-7　苦瓜蔓枯病瓜条发病症状

【病　　原】*Mycosphaerella melonis* 称瓜类球腔菌，属无性型真菌。分生孢子器叶面生，多为聚生，初埋生后突破表皮外露，球形至扁球形，器壁淡褐色，顶部呈乳状凸起，器孔口明显；分生孢子短圆形至圆柱形，无色透明，两端较圆，正直，初为单胞，后生1隔膜。子囊壳细颈瓶状或球形，单生在叶正面，突出表皮，黑褐色；子囊多棍棒形，无色透明，正直或稍弯；子囊孢子无色透明，短棒状或梭形，一个分隔，上面细胞较宽，顶端较钝，下面的孢子较窄，顶端稍尖，隔膜处缢缩明显。

【发生规律】病菌以分生孢子器或子囊壳随病残体在土壤中越冬，也可随种子传播。翌春条件适宜时引起侵染，从气孔、水孔或伤口侵入。病菌喜温暖、高湿的环境条件，温度20～25℃，最高35℃，最低5℃，相对湿度85%以上时发病较重。发病后产生分生孢子，通过浇水、气流等传播，生长期高温、潮湿、多雨，连作地，平畦栽培，排水不良，密度过大，肥料不足，植株生长衰弱或徒长，发病较重。

【防治方法】实行2～3年与非瓜类作物轮作，拉秧后彻底清田。施用充分腐熟的沤肥，适当增施磷肥和钾肥，生长期加强管理，避免田间积水。

种子处理。将种子置于55℃温水中浸种至自然冷却后，再继续浸泡24小时，然后在30～32℃条件下催芽，发芽后播种。或用50%双氧水浸种3小时，然后用清水冲洗干净后播种。

发病前，可采用下列杀菌剂进行防治：

25%嘧菌酯悬浮剂1 500倍液；

70％丙森锌可湿性粉剂500倍液；

75％百菌清可湿性粉剂600倍液；

80％代森锰锌可湿性粉剂800倍液；

对水喷雾，视病情间隔7～10天1次。

田间发现病株及时施药防治，发病初期，可采用下列杀菌剂进行防治：

30％苯噻硫氰乳油2 000～3 000倍液+75％百菌清可湿性粉剂600倍液；

40％氟硅唑乳油3 000～5 000倍液+65％代森锌可湿性粉剂600～800倍液；

25％咪鲜胺乳油800～1 000倍液+70％代森联水分散粒剂700倍液；

2.5％咯菌腈悬浮种衣剂1 000～1 500倍液；

20％丙硫多菌灵悬浮剂1 500～3 000倍液+70％代森锰锌可湿性粉剂800倍液；

1％申嗪霉素悬浮剂800～1 000倍液+75％百菌清可湿性粉剂600倍液；

对水喷雾，视病情间隔5～7天1次。

4．苦瓜炭疽病

【症　　状】主要为害瓜条，亦为害叶片和茎蔓。幼苗多从子叶边缘侵染，形成半圆形凹陷斑。初为浅黄色，后变为红褐色，潮湿时，病部产生粉红色黏稠物。叶片染病，病斑较小，黄褐至棕褐色，圆形或不规则形(图8-8)。蔓染病，病斑黄褐色，梭形或长条形，略下陷，有时龟裂。瓜条染病，初为水渍状，不规则，后凹陷，其上产生粉红色黏稠状物，上生黑色小点，染病瓜条多畸形，易开裂(图8-9)。

图8-8　苦瓜炭疽病叶片发病症状　　　图8-9　苦瓜炭疽病果实发病症状

【病　　原】*Colletotrichum lagenarium* 称葫芦科刺盘孢，属无性型真菌。分生孢子盘聚生，初为埋生，红褐色，后突破表皮呈黑褐色，刚毛散生于分生孢子盘中，暗褐色，顶端色淡，略尖，基部膨大，具2～3个横隔。分生孢子梗无色，圆筒状，单胞，长圆形。

【发生规律】以菌丝体或菌核随病残体在土壤内或附在种子表面越冬，借气流、雨水和昆虫传播。菌丝体可直接侵入幼苗。在高温多雨的6—9月发生严重。田间土壤过湿、植株荫蔽、与瓜类作物连茬种植等有利于发病。

【防治方法】保护地栽培应加强棚室温湿度管理，上午温度控制在30~33℃，下午和晚上适当放风。田间操作，除病灭虫、绑蔓、采收均应在露水落干后进行，减少人为传播蔓延。增施磷钾肥以提高植株抗病力。

种子处理。50%代森铵水剂500倍液浸种1小时，福尔马林100倍液浸种30分钟，50%多菌灵可湿性粉剂500倍液浸种30分钟，清水冲洗干净后催芽。

发病初期，可采用以下药剂进行防治：

20%唑菌胺酯水分散粒剂1 500倍液+70%代森锰锌可湿性粉剂800倍液；

20%苯醚·咪鲜胺微乳剂2 500~3 500倍液；

60%甲硫·异菌脲可湿性粉剂1 000~1 500倍液；

25%咪鲜胺乳油1 000~1 500倍液+75%百菌清可湿性粉剂600倍液；

42%三氯异氰尿酸可湿性粉剂800~1 000倍液；

对水喷雾，视病情间隔7~10天喷1次。

5. 苦瓜叶枯病

【症　　状】主要为害叶片，先在叶背面叶缘或叶脉间出现明显的水浸状小点，湿度大时导致叶片失水青枯，天气晴朗、气温高易形成圆形至近圆形褐斑，布满叶面，后融合为大斑，病部变薄，形成叶枯(图8-10)。

图8-10　苦瓜叶枯病叶片发病症状

【病　　原】*Alternaria cucumerina* 称瓜交链孢，属无性型真菌。

【发生规律】病菌附着在病残体上或种皮内越冬，翌年产生分生孢子通过风雨传播，进行多次重复再侵染。雨日多、雨量大，相对湿度高易流行。偏施或重施氮肥及土壤瘠薄，植株抗病力弱发病重。

【防治方法】清除病残体，集中深埋或烧毁。采用配方施肥技术，避免偏施、过施氮肥。雨后开沟排水，防止湿气滞留。

种子处理。播前种子消毒，用55℃热水浸种15分钟，也可用种子重量0.3％的50％福美双可湿性粉剂或40％灭菌丹可湿性粉剂拌种。

发病前，用下列杀菌剂进行防治：

30％醚菌酯悬浮剂2 500～3 000倍液；

25％嘧菌酯悬浮剂1 500～2 000倍液；

75％百菌清可湿性粉剂600～800倍液；

80％代森锰锌可湿性粉剂800～1 000倍液；

70％氢氧化铜可湿性粉剂800～1 000倍液；

86.2％氧化亚铜可湿性粉剂800～1 000倍液；

对水喷雾，视病情间隔7～10天1次。

田间发现病情时及时施药防治，发病初期，可采用下列药剂进行防治：

10％苯醚甲环唑水分散粒剂1 000～1 500倍液；

50％异菌脲可湿性粉剂1 000～1 500倍液+70％代森锰锌可湿性粉剂800倍液；

560g/L嘧菌·百菌清悬浮剂800～1 000倍液；

20％苯霜灵乳油800～1 000倍液+75％百菌清可湿性粉剂600～800倍液；

对水喷雾，视病情间隔5～7天1次。

6．苦瓜疫病

【症　　状】幼苗期生长点及嫩茎发病，初呈暗绿色水浸状软腐，后干枯萎蔫。成株发病，先从近地面茎基部开始，初呈水渍状暗绿色，病部软化缢缩，上部叶片萎蔫下垂，全株枯死。叶片发病，初呈圆形或不规则形暗绿色水浸状病斑，边缘不明显。湿度大时，病斑扩展很快，病叶迅速腐烂。干燥时，病斑发展较慢，边缘为暗绿色，中部淡褐色，常干枯脆裂(图8-11)。果实发病，先从花蒂部发生，出现水渍状暗绿色近圆形凹陷的病斑，后果实皱缩软腐，表面生有白色稀疏霉状物(图8-12)。

图8-11　苦瓜疫病叶片发病症状

图8-12　苦瓜疫病果实发病症状

【病　　原】*Phytophthora melonis* 称瓜疫霉，属卵菌门真菌。菌丝丝状、无色、多分枝。初生菌丝无隔，老熟菌丝长出瘤状节结或不规则球状体，内部充满原生质。孢囊梗直接从菌丝或球状体上长出，平滑，中间偶现单轴分枝，个别形成隔膜。孢子囊顶生，卵圆形或长椭圆形。卵孢子淡黄色或黄褐色。

【发生规律】病菌以菌丝体和厚壁孢子、卵孢子随病残体在土壤中或土杂肥中越冬，主要借助流水、灌溉水及雨水溅射而传播，也可借助农事操作传播，从伤口或自然孔口侵入致病。发病后病部上产生孢子囊及游动孢子，借助气流及雨水溅射传播进行再侵染，病害得以迅速蔓延。雨季来得早、雨量大、雨天多，病害易流行。连作、低湿、排水不良、田间郁闭、通透性差发病重。

【防治方法】与非瓜类作物实行5年以上轮作，采用高畦栽植，避免积水。苗期控制浇水，结瓜后做到见湿见干，发现疫病后，浇水减到最低量，控制病情发展。但进入结瓜盛期要及时供给所需水量，严禁雨前浇水。发现中心病株，拔除深埋。

种子处理。可用72.2%霜霉威水剂或25%甲霜灵可湿性粉剂800倍液浸种半小时后，再用清水浸种催芽播种。

在发病前注意预防，雨季到来之前先喷1次药预防，可采用下列杀菌剂进行防治：

30%醚菌酯悬浮剂2 000～3 000倍液；

70%丙森锌可湿性粉剂600～800倍液；

75%百菌清可湿性粉剂800～1 000倍液；

50%福美双可湿性粉剂500～800倍液；

对水喷雾，视病情间隔7～10天1次。

田间发现病情时及时施药防治，发病初期，可采用下列杀菌剂进行防治：

66.8%丙森·异丙菌胺可湿性粉剂600～800倍液；

440g/L双炔·百菌清悬浮剂600～1 000倍液；

100g/L氰霜唑悬浮剂2 000～3 000倍液；

72.2%霜霉威水剂600～800倍液+75%百菌清可湿性粉剂600～1 000倍液；

对水喷雾，视病情间隔5～7天1次。

7．苦瓜霜霉病

【症　　状】主要为害叶片。真叶染病，叶缘或叶背面出现水浸状不规则病斑，早晨尤为明显，病斑逐渐扩大，受叶脉限制，呈多角形淡褐色斑块，湿度大时叶背面长出灰黑色霉层。后期病斑破裂或连片，致叶缘卷缩干枯，严重的田块一片枯黄(图8-13和图8-14)。

图8-13　苦瓜霜霉病叶片发病初期症状

图8-14　苦瓜霜霉病叶片发病后期症状

【病　　　原】*Pseudoperonospora cubensis* 称古巴假霜霉菌，属卵菌门真菌。孢囊梗自气孔伸出，单生或2~4根束生，无色，基部稍膨大，上部呈3~5次锐角分枝，分枝末端着生一个孢子囊，孢子囊卵形或柠檬形，顶端具乳状凸起，淡褐色，单胞。

【发生规律】病菌在保护地内越冬，翌春传播。也可由南方随季风传播而来。夏季可通过气流、雨水传播。病害在田间发生的气温为16℃，适宜流行的气温为20~24℃。高于30℃或低于15℃发病受到抑制。相对湿度在80%以上时，病害迅速扩展。在多雨、多雾、多露的情况下，病害极易流行。

【防治方法】应选在地势较高，排水良好的地块。底肥施足，合理追施氮、磷、钾肥。雨后适时中耕，以提高地温，降低空气湿度。

苦瓜生长期，结合其他病害的防治施用保护性杀菌剂进行预防，在霜霉病发病前至发病初期，可采用下列杀菌剂进行防治：

25%嘧菌酯悬浮剂1 500~2 000倍液；

70%丙森锌可湿性粉剂500~800倍液；

77%氢氧化铜可湿性粉剂800~1 000倍液；

80%代森锰锌可湿性粉剂800~1 000倍液；

75%百菌清可湿性粉剂600~800倍液；

70%代森联水分散粒剂600~800倍液；

70%代森锰锌可湿性粉剂600~800倍液；

对水喷雾，视病情间隔7~10天1次。

田间发病后及时施药防治，发病初期，可采用下列杀菌剂进行防治：

687.5g/L氟菌·霜霉威悬浮剂1 500~2 000倍液；

25%吡唑醚菌酯乳油1 500~2 000倍液；

10%氟嘧菌酯乳油2 500~3 000倍液；

72.2%霜霉威盐酸盐水剂600~800倍液+50%克菌丹可湿性粉剂500~700倍液；

70%呋酰·锰锌可湿性粉剂600~1 000倍液；

100g/L氰霜唑悬浮剂1 500~2 500倍液+70%代森联水分散粒剂600倍液；

50%烯酰吗啉可湿性粉剂1 000~1 500倍液+70%丙森锌可湿性粉剂600倍液；

69%锰锌·氟吗啉可湿性粉剂1 000~2 000倍液；

72%霜脲氰·代森锰锌可湿性粉剂500~700倍液；

68%精甲霜·锰锌水分散粒剂800~1 000倍液；

66.8%丙森·异丙菌胺可湿性粉剂800~1 000倍液；

25%烯肟菌酯乳油2 000~3 000倍液；

对水喷雾，视病情间隔5~7天1次。

8. 苦瓜病毒病

【症　　　状】此病在各生育期都发生。幼苗染病，叶片皱缩，生长点畸形，发育速度缓慢，重病苗不到移栽期就逐渐坏死萎蔫。大苗染病，地上部幼嫩部位症状明显，叶片变小、皱缩，节间缩短，植株矮化，有时病株表现花叶，一般不结瓜或结瓜少。中后期染病，植株中上部叶片皱缩，叶色浓淡不均，嫩梢畸形，结瓜小或扭曲，或瓜条上产生不规则凹陷坏死斑。病株往往都提早枯死(图8-15和图8-16)。

图8-15 苦瓜病毒病花叶型症状

图8-16 苦瓜病毒病皱缩型症状

【病　　原】Cucumber mosaic virus（CMV）、Watermelon mosaic virus（WMV），即黄瓜花叶病毒和西瓜花叶病毒单独或复合侵染。

【发生规律】黄瓜花叶病毒种子不带毒，桃蚜、棉蚜主要在多年生宿根植物上越冬，每当春季发芽后，开始活动或迁飞，成为传播此病主要媒介；汁液摩擦也可传毒。发病适温20～25℃，气温高于25℃时多表现隐症。高温干旱有利于发病。管理粗放、杂草多，与瓜类作物邻作，蚜虫数量大，发病严重。此外，田间缺水、缺肥，植株生长衰弱，病害也较重。

【防治方法】及早拔除病株，清除田间杂草。农事操作中，接触过病株的手和农具，应用肥皂水冲洗，注意防止病毒传染。经常检查，发现病株要及时拔除销毁。施足有机肥，增施磷、钾肥，提高抗病力。适当多浇水，增加田间湿度。

苗期注意防治蚜虫。重点喷叶背和生长点部位。可采用以下杀虫剂进行防治：

1%甲氨基阿维菌素苯甲酸盐乳油3 000~4 000倍液+10%高效氯氰菊酯乳油2 500倍液；

2.5%溴氰菊酯乳油2 000~3 000倍液；

10%吡虫啉可湿性粉剂1 500~3 000倍液；

25%噻虫嗪可湿性粉剂2 000~3 000倍液；

3%啶虫脒乳油2 000~3 000倍液；

10%吡丙·吡虫啉悬浮剂1 500~2 000倍液，对水喷雾。

田间注意预防治疗，发病以前，可采用以下药剂进行防治：

2%宁南霉素水剂200~400倍液；

4%嘧肽霉素水剂200~300倍液；

20%盐酸吗啉胍·乙酸铜可湿性粉剂500~700倍液；

5%菌毒清水剂300~500倍液；

20%盐酸吗啉胍可湿性粉剂400~600倍液；

25%琥铜·吗啉胍可湿性粉剂600~800倍液；

1.05%氮苷·硫酸铜水剂300~500倍液；

3.85%三氮唑·铜·锌水乳剂600~800倍液；

对水喷雾，视病情间隔5~7天1次。

9．苦瓜黑斑病

【症　　状】主要为害叶片。病斑近圆形至不规则形，病斑中间灰褐色，边缘黄褐色，后期病斑上生灰褐色至黑褐色霉层；果实发病产生褐色至灰褐色圆形至椭圆形凹陷斑，发病后期病斑上常生有暗褐色至黑色霉层(图8-17)。

图8-17　苦瓜黑斑病果实发病症状

【病　　原】*Alternaria peponicola* 称西葫芦生链格孢，属无性型真菌。

【发生规律】病原菌以菌丝和分生孢子在病残体上越冬，翌年条件适宜时产生分生孢子侵染为害。

雨水较多，连阴雨天多，发病较重。

【防治方法】遇到连阴雨天及时排出田间积水，有条件的可以搭防雨棚，进行避雨栽培，采收结束后及时将病残体清出田间并集中销毁。

种子处理。用55℃温水浸种15分钟，也可采用12.5%咯菌腈悬浮种衣剂进行种子包衣，或用50%腐霉利可湿性粉剂按种子重量的0.3%拌种。

发病初期，可采用下列杀菌剂进行防治：

250g/L嘧菌酯悬浮剂1 500~2 000倍液；

50%腐霉利可湿性粉剂1 000~1 500倍液+70%代森联水分散粒剂600倍液；

50%福美双·异菌脲可湿性粉剂800~1 000倍液；

70%丙森锌可湿性粉剂600~800倍液；

68.75%恶酮·锰锌水分散粒剂800~1 000倍液；

对水喷雾，视病情间隔7~10天1次，连续2~3次。

10．苦瓜绵腐病

【症　状】主要为害瓜条，以成熟瓜受害重。瓜条染病，初为水渍状，很快病部组织软化腐烂，表面产生浓密絮状白霉。高温潮湿，病部迅速扩展致整个瓜条染病腐烂(图8-18)。

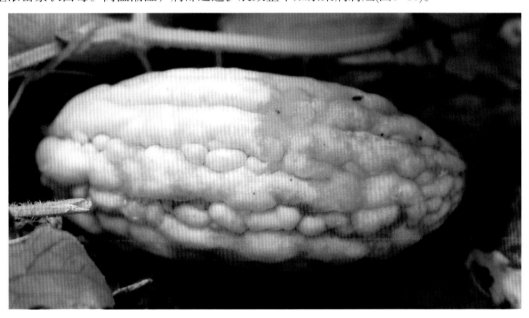

图8-18　苦瓜绵腐病果实发病症状

【病　原】*Pythium aphanidermatum* 称瓜果腐霉菌，属卵菌门真菌。菌丝体生长繁茂，呈白色棉絮状；菌丝无色，无隔膜。孢子囊丝状或分枝裂瓣状，或呈不规则膨大。泡囊球形，内含6~26个游动孢子。藏卵器球形，雄器袋状至宽棍状，同丝或异丝生，多为1个。卵孢子球形，平滑。

【发生规律】病菌以卵孢子在土壤表层越冬，也可以菌丝体在土中营腐生生活，温湿度适宜时卵孢子萌发或土中菌丝产生游动孢子囊并萌发释放出游动孢子，借浇水或雨水溅射到植株或近地面瓜条上引起侵染。病菌对温度要求不严格，10~30℃均可发病，对湿度要求较高，游动孢子囊萌发和释放游动孢子需要有水存在，田间高湿或积水易诱发此病。通常土质黏重，地势低洼，地下水位高，雨后积水，或浇水过多，田间湿度高等均有利于发病。

【防治方法】采用高畦或高垄种植，防止田间积水。提倡地膜覆盖，阻止病菌侵染和降低田间湿度，控制发病。加强管理，及时打掉下部老黄脚叶，增强通风透光性，降低田间湿度。雨后或浇水后避免田间积水。及时摘去靠地面瓜条。

发病初期彻底清除病瓜后，可采用下列杀菌剂进行防治：

69％烯酰·锰锌可湿性粉剂1 000～1 500倍液；

72.2％霜霉威水剂500～800倍液+70％代森联水分散粒剂600～800倍液；

72％霜脲·锰锌可湿性粉剂600～800倍液；

50％氟吗·锰锌可湿性粉剂500～1 000倍液；

对水喷雾，视病情间隔7～10天1次。重点防治植株下部瓜条和地面消毒。

第九章 瓠瓜病害防治新技术

瓠瓜属葫芦科，一年生草本植物。全国播种面积为25万hm²左右，总产量为400万t。在我国广泛分布，以南方最多。栽培模式以露地栽培为主，其次是大棚温室栽培等。

目前，国内发现的瓠瓜病虫害有40多种，其中，病害20多种，主要有白粉病、枯萎病、蔓枯病、病毒病等；生理性病害10多种，主要有畸形瓜等；虫害10种，主要有蚜虫、葫芦夜蛾等。常年因病虫害发生为害造成的损失为30%~50%，部分地块损失达50%~70%。

1. 瓠瓜褐腐病

【症　　状】主要为害花及幼瓜，以幼瓜受害较重。病菌多侵染开败的花，病花变褐腐烂，其上产生褐色绒霉。幼瓜受害多从花蒂部侵入，由瓜尖端向全瓜蔓延，病瓜呈水渍状坏死、变褐，并迅速软腐。空气潮湿，病瓜表面产生灰白色至黑褐色绒毛状霉，并有灰白色至黑褐色霉状物(图9-1至图9-2)。

图9-1　瓠瓜褐腐病幼瓜发病初期症状

图9-2 瓠瓜褐腐病幼瓜发病后期症状

【病　　原】*Choanephora cucurbitarum* 称瓜笄霉，属接合菌门真菌。分生孢子梗直立，生于寄主表面，无色，无隔膜，基部渐狭，不分枝，顶端膨大成头状泡囊，囊上生许多小枝，小枝末端膨大成小泡囊，囊上生小梗，分生孢子着生于小梗顶端。分生孢子柠檬形、棱形，褐色至棕褐色，单胞，表面有许多纵纹。

【发生规律】病菌主要以菌丝体随病残体在土壤中越冬，也可直接在土壤中越冬。条件适宜开始侵染花和幼瓜，产生大量孢子，借气流和浇水、施肥等传播。病菌腐生性较强，多从较衰弱的组织或受伤的部位侵入。温暖潮湿适宜发病，棚室内浇水过多或田间积水，湿度过高或植株密蔽缺乏光照等病害发生严重。

【防治方法】实行与非瓜类作物2年以上轮作。合理浇水，防止大水漫灌，避免地表长时间积水和浇水后闷棚。坐瓜后及时清除残花、败花和病瓜，带到田外妥善处理。

发病前至发病初期，可采用下列杀菌剂进行防治：

50%嘧菌酯水分散粒剂4 000～6 000倍液；

25%烯肟菌酯乳油2 000～3 000倍液；

25%吡唑醚菌酯乳油1 000～3 000倍液；

10%苯醚甲环唑水分散粒剂1 500～2 000倍液；

40%腈菌唑水分散粒剂6 000～7 000倍液；

50%异菌脲可湿性粉剂800倍液；

对水喷雾，视病情间隔7～10天1次。

2. 瓠瓜黑斑病

【症　　状】主要为害叶片。发病初期叶缘或叶脉间出现水浸状小斑点，后扩展为圆形或近圆形。暗褐色，边缘稍隆起，病健交界处明显，病斑上有不大明显的轮纹，病斑融合为大斑，引起叶片枯黄(图9-3和图9-4)。果实发病，初生水渍状暗色斑，后扩展成凹陷斑，引起果实腐烂(图9-5和图9-6)。

图9-3 瓠瓜黑斑病叶片发病初期症状

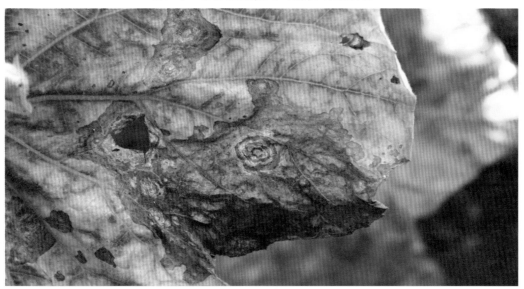

图9-4 瓠瓜黑斑病叶片发病后期症状

图9-5 瓠瓜黑斑病果实发病初期症状

图9-6　钵瓜黑斑病果实发病后期症状

【病　　原】*Alternaria alternata* 称链格孢，属无性型真菌。

【发生规律】病菌以菌丝体随病残体在土壤中或种子上越冬，翌年春天瓠瓜播种出苗后，遇适宜温度、湿度时，借风雨传播即可进行侵染，后病部又产生分生孢子，通过风雨传播，进行多次重复侵染，引起病害不断发展。

【防治方法】轮作倒茬。施足基肥，增施磷钾肥。雨后及时排水，发病后控制灌水。增施有机肥，提高植株抗病力，严防大水漫灌。

在发病前至发病初期，可采用下列杀菌剂进行防治：

50%苯菌灵可湿性粉剂800～1 000倍液+70%代森锰锌可湿性粉剂700倍液；

10%苯醚甲环唑水分散粒剂1 000倍液+75%百菌清可湿性粉剂600～800倍液；

20%唑菌胺酯水分散粒剂1 000～1 500倍液+50%克菌丹可湿性粉剂400～600倍液；

25%溴菌腈可湿性粉剂500～1 000倍液+70%代森锰锌可湿性粉剂700倍液；

50%甲基硫菌灵·硫磺悬浮剂800～1 000倍液+75%百菌清可湿性粉剂600～800倍液；

64%氢铜·福美锌可湿性粉剂1 000倍液；

对水喷雾，视病情间隔5～7天喷1次。

3. 钵瓜褐斑病

【症　　状】主要为害叶片，在叶片上形成较大的黄褐色至棕黄褐色病斑，形状不规则。病斑周围水浸状，后褪绿变薄或出现浅黄色至黄色晕环，严重的病斑融合成片，最后破裂或大片干枯(图9-7)。

【病　　原】*Cercospora citmllina* 称瓜尾孢菌，属无性型真菌。

【发生规律】病菌以分生孢子丛或菌丝体在遗落土中的病残体上越冬，可存活6个月。

图9-7　钵瓜褐斑病叶片发病症状

翌春产生分生孢子，借气流和雨水溅射传播，引起初侵染。发病后病部又产生分生孢子进行多次再侵染，导致病害逐渐扩展蔓延。高湿或通风不良发病重；温差大有利于发病；一般发生于晚秋或者早春时节；氮肥偏多，缺硼时病重。

【防治方法】与非瓜类蔬菜进行2年以上轮作。施用腐熟的有机肥。避免偏施氮肥，增施磷、钾肥，适量施用硼肥。合理灌水，早期摘除病叶。拉秧后，清除田间病残体。

发病前期或发病初期，可采用下列杀菌剂进行防治：

28%百·霉威可湿性粉剂600~800倍液；

50%腐霉利可湿性粉剂800~1 000倍液+50%敌菌灵可湿性粉剂500~800倍液；

70%甲基硫菌灵可湿性粉剂800~1 000倍液+50%福美双可湿性粉剂500~800倍液；

50%噻菌灵悬浮剂800~1 000倍液+70%代森锰锌可湿性粉剂500~800倍液；

50%醚菌酯干悬浮剂2 000~4 000倍液；

50%敌菌灵可湿性粉剂500~800倍液；

对水喷雾，视病情间隔7~10天喷1次。

发病普遍时，可采用下列杀菌剂进行防治：

6%氯苯嘧啶醇可湿性粉剂1 500~2 000倍液+70%代森联水分散粒剂700倍液；

50%异菌脲可湿性粉剂1 000~1 500倍液；

50%咪鲜胺锰可湿性粉剂1 000~2 000倍液；

40%腈菌唑水分散粒剂4 000~6 000倍液；

10%苯醚甲环唑水分散粒剂1 500~2 000倍液；

对水喷雾，视病情间隔5~7天喷1次。

4．瓠瓜蔓枯病

【症　　状】主要为害茎蔓、叶片。叶片上病斑近圆形或不规则形，有的自叶缘向内呈"V"字形，淡褐色，后期病斑易破碎，常龟裂，干枯后呈黄褐色至红褐色，病斑轮纹不明显，上生许多黑色小点(图9-8和图9-9)。蔓上病斑椭圆形至梭形，油浸状，白色，有时溢出琥珀色的树脂胶状物(图9-10)。病害严重时，茎节变黑，腐烂、易折断(图9-11)。

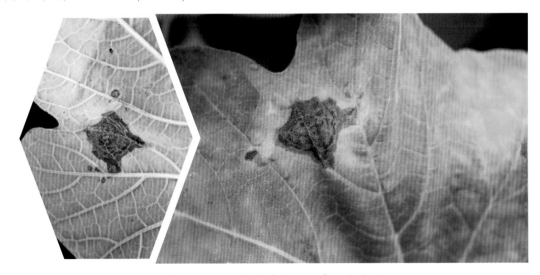

图9-8　瓠瓜蔓枯病叶片发病初期症状

图9-9　钵瓜蔓枯病叶片发病后期症状

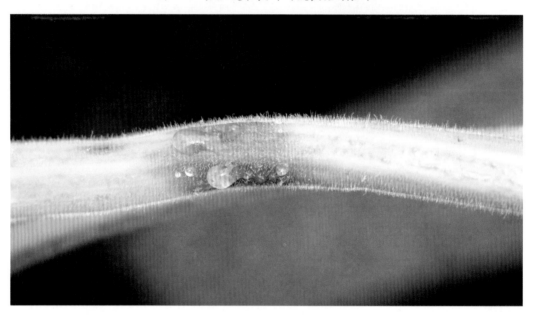

图9-10　钵瓜蔓枯病茎蔓发病初期症状

图9-11　钵瓜蔓枯病茎蔓发病后期症状

【病　　原】*Mycosphaerella melonis* 称瓜类球腔菌，属无性型真菌。分生孢子器叶面生，多为聚生，初埋生后突破表皮外露，球形至扁球形，器壁淡褐色，顶部呈乳状突起，器孔口明显。分生孢子短圆形至圆柱形，无色透明，两端较圆，正直，初为单胞，后生一隔膜。子囊壳细颈瓶状或球形，单生在叶正面，突出表皮，黑褐色；子囊多棍棒形，无色透明，正直或稍弯；子囊孢子无色透明，短棒状或梭形，一个分隔，上面细胞较宽，顶端较钝，下面的孢子较窄，顶端稍尖，隔膜处缢缩明显。

【发生规律】病菌以分生孢子器或子囊壳随病残体在土中，或附在种子、架杆、温室、大棚棚架上越冬。翌年通过风雨及灌溉水传播，从气孔、水孔或伤口侵入。病菌喜温暖、高湿的环境条件，温度20～25℃，相对湿度85%以上时发病较重。连作地、平畦栽培、排水不良、密度过大、肥料不足、植株生长衰弱或徒长，发病重。

【防治方法】采用配方施肥技术，施足充分腐熟有机肥。瓠瓜生长期间及时摘除病叶，收获后彻底清除病残体烧毁或深埋。

种子处理。用40%福尔马林100倍液浸种30分钟，用清水冲洗后再用清水浸种催芽播种，也可用种子重量0.3%的福美双可湿性粉剂拌种后播种，或用2.5%咯菌腈悬浮种衣剂按种子重量的0.5%拌种。

发病初期，可采用下列杀菌剂进行防治：

25%咪鲜胺乳油800～1 000倍液+70%代森联水分散粒剂700～1 000倍液；

10%苯醚甲环唑水分散粒剂1 000～1 500倍液+75%百菌清可湿性粉剂600～800倍液；

40%氟硅唑乳油3 000～5 000倍液+65%代森锌可湿性粉剂600～800倍液；

70%甲基硫菌灵可湿性粉剂600～800倍液+70%丙森锌可湿性粉剂600～800倍液；

40%双胍辛胺可湿性粉剂1 000～2 000倍液+50%敌菌丹可湿性粉剂500～700倍液；

25%嘧菌酯悬浮剂1 500～2 000倍液；

30%琥胶肥酸铜可湿性粉剂500～800倍液+75%百菌清可湿性粉剂600～800倍液；

对水喷雾，视病情间隔7～10天1次。

5．瓠瓜白粉病

【症　　状】主要为害叶片，叶柄、茎次之，果实受害少。发病初期，在叶片上产生白色近圆形小粉斑，以叶面居多，后扩展成边缘不明显圆形白色粉状斑，严重时整片叶布满白粉，后呈灰白色，叶片变黄，质脆，失去光合作用，一般不落叶(图9-12至图9-14)。叶柄、嫩茎上的症状与叶片相似。

图9-12　瓠瓜白粉病叶片发病初期症状

图9-13　瓠瓜白粉病叶片发病中期症状

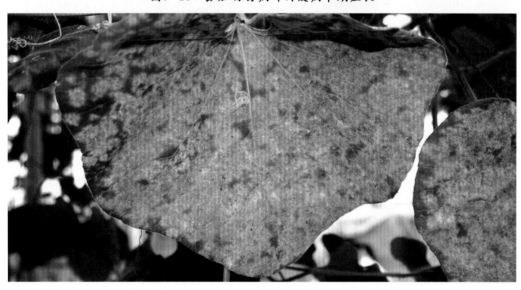

图9-14　瓠瓜白粉病叶片发病后期症状

【病　　原】*Sphaerotheca cucurbitae* 称瓜类单丝壳白粉菌，属子囊菌门真菌。分生孢子梗无色，圆柱形，不分枝，其上着生分生孢子。分生孢子长圆形，无色，单胞，串生。闭囊壳褐色，球形，壳内有1倒梨形子囊，内有8个椭圆形的子囊孢子。附属丝无色至淡褐色。

【发生规律】病菌在北方以闭囊壳随病残体在地上或保护地瓜类上越冬；在南方以菌丝体或分生孢子在寄主上越冬或越夏，成为翌年初侵染源。分生孢子借气流或雨水传播落在叶片上，分生孢子先端产生芽管和吸器从叶片表皮侵入，菌丝体附生在叶片表面。喜温湿但耐干燥，发病适温为20~25℃，相对湿度25%~85%时均能发病，但在高湿情况下发病较重。高温高湿又无结露或管理不当，瓠瓜生长衰败，则白粉病发生严重。

【防治方法】选用抗病品种，选择通风良好，土质疏松、肥沃，排灌方便的地块种植。要适当配合使用磷钾肥，防止脱肥早衰，增强植株抗病性。阴天不浇水，晴天多放风，降低温室或大棚的相对湿度，防止温度过高，以免出现闷热。

在白粉病发病前期或未发病时，主要是用保护剂防止病菌侵染发病，可采用下列杀菌剂进行防治：

0.5%大黄素甲醚水剂1 000～2 000倍液；

75%百菌清可湿性粉剂600～800倍液；

50%克菌丹可湿性粉剂400～500倍液；

80%代森锰锌可湿性粉剂800～1 000倍液；

对水喷雾，视病情间隔7～10天1次。

在瓠瓜田间出现白粉病症状，但病害较轻时，要注意保护剂和治疗剂合理混用，可采用下列杀菌剂进行防治：

62.25%腈菌唑·代森锰锌可湿性粉剂600～800倍液；

25%腈菌唑乳油1 000～2 000倍液+50%克菌丹可湿性粉剂400～500倍液；

30%氟菌唑可湿性粉剂1 500～2 000倍液+75%百菌清可湿性粉剂600倍液；

40%氟硅唑乳油4 000～5 000倍液+70%代森锰锌可湿性粉剂800倍液；

25%乙嘧酚悬浮剂1 500～2 500倍液；

30%醚菌酯悬浮剂2 000～2 500倍液；

40%双胍三辛烷基苯磺酸盐可湿性粉剂1 000～2 000倍液；

对水喷雾，视病情间隔5～7天1次。

6．瓠瓜疫病

【症　　状】叶片发病，初呈圆形或不规则形暗绿色水浸状病斑，边缘不明显。湿度大时，病斑扩展很快，病叶迅速腐烂。干燥时，病斑发展较慢，边缘为暗绿色，中部淡褐色，常干枯脆裂(图9-15)。果实发病，先从花蒂部发生，出现水渍状暗绿色近圆形凹陷的病斑，后果实皱缩软腐，表面生有白色稀疏霉状物。

图9-15　瓠瓜疫病叶片发病症状

【病　　原】*Phytophthora melonis* 称瓜疫霉，属卵菌门真菌。菌丝丝状、无色、多分枝。初生菌丝无隔，老熟菌丝长出瘤状节结或不规则球状体，内部充满原生质。孢囊梗直接从菌丝或球状体上长出，平滑，中间偶现单轴分枝，个别形成隔膜。孢子囊顶生，卵圆形或长椭圆形。卵孢子淡黄色或黄褐色。

【发生规律】病菌以菌丝体和厚垣孢子、卵孢子随病残体在土壤中或土杂肥中越冬，主要借助流水、灌溉水及雨水溅射而传播，也可借助施肥传播，从伤口或自然孔口侵入致病。发病后病部上产生孢子囊及游动孢子，借助气流及雨水溅射传播进行再侵染，病害得以迅速蔓延。如雨季来得早，雨量大，雨天多，该病易流行。

【防治方法】采用高畦栽植，避免积水。苗期控制浇水，结瓜后做到见湿见干，发现疫病后，浇水减到最低量，控制病情发展。但进入结瓜盛期要及时供给所需水量，严禁雨前浇水。发现中心病株，拔除深埋。

于发病前期开始施药，尤其是雨季到来之前先喷1次预防，雨后发现中心病株拔除后，可采用下列杀菌剂进行防治：

69％烯酰·锰锌可湿性粉剂1 000～1 500倍液；

72.2％霜霉威水剂800倍液+70％丙森锌可湿性粉剂800倍液；

50％氟吗·乙铝可湿性粉剂600～800倍液+75％百菌清可湿性粉剂600倍液；

66.8％丙森·异丙菌胺可湿性粉剂600～800倍液；

72％锰锌·霜脲可湿性粉剂700倍液；

53％甲霜·锰锌水分散粒剂600～800倍液；

对水喷雾，视病情间隔7～10天1次。

7．笋瓜枯萎病

【症　　状】病株生长缓慢，须根小。初期叶片由下向上逐渐萎蔫，早晚可恢复，几天后全株叶片枯死(图9-16)。发生严重时，茎蔓基部缢缩，呈锈褐色水渍状，空气湿度高时病茎上可出现琥珀色流胶，病部表面产生粉红色霉层(图9-17)；剖开根或茎蔓，可见维管束变褐。果实发病，果顶变褐色，发病严重时整个果实变褐，湿度大时腐烂(图9-18)。

图9-16　笋瓜枯萎病地上部发病症状

图9-17 瓠瓜枯萎病茎基部发病症状

图9-18 瓠瓜枯萎病果实发病症状

【病　　原】*Fusarium oxysporum* 称尖镰孢菌黄瓜专化型，属无性型真菌。病菌产生大小两种类型分生孢子，大型分生孢子纺锤形或镰刀形，无色透明，顶细胞圆锥形，有的微呈钩状，基部倒圆锥截形，具隔膜1~3个。小型分生孢子多生于气生菌丝中，椭圆形或腊肠形，无色透明，无隔膜。厚垣孢子表面光滑，黄褐色。

【发生规律】病菌主要以菌丝、厚垣孢子在土壤中或病残体上越冬，在土壤中可存活6~10年，可通过种子、土壤、肥料、浇水、昆虫进行传播。发病适宜土温为25℃，低于15℃或高于35℃病害受抑制，在40℃以上，几天就可全部死亡。空气相对湿度90%以上时易感病。以开花、抽蔓到结果期发病最重。发病程度取决于土壤中可侵染菌量。有机肥不腐熟、土壤过分干旱或质地黏重的酸性土是引起该病发生的主要条件。一般连茬种植，地下害虫多，管理粗放，或潮湿等，病害发生严重。

【防治方法】与其他作物轮作，旱地3~5年，或与水稻轮作1年以上。酸性土壤要多施石灰，以改良土壤。施用充分腐熟有机肥。小水勤浇，避免大水漫灌，适当多中耕，提高土壤透气性，使根系苗壮，增强抗病力；结瓜期应分期施肥；在生长期间，发现病株立即拔除。瓜果收获后，清除田间茎叶及病残烂果。

种子处理。用1%福尔马林药液浸种20～30分钟或用2%～4%漂白粉液浸种30～60分钟或用2.5%咯菌腈悬浮种衣剂用种子重量0.6%～0.8%拌种，或用0.1%～0.15%的50%苯菌灵可湿性粉剂拌种。

在幼苗定植时或发现零星病株时，可采用以下杀菌剂进行防治：

20%甲基立枯磷乳油800～1 000倍液+70%敌磺钠可溶性粉剂500～800倍液；

5%丙烯酸·恶霉·甲霜水剂800～1 000倍液；

3%恶·甲水剂600～800倍液；

80%多·福·福锌可湿性粉剂800～1 000倍液；

4%嘧啶核苷类抗生素水剂500～800倍液；

6%春蕾霉素水剂150～300倍液；

0.5%OS氨基寡糖水剂300～500倍液；

0.3%多抗霉素水剂80～100倍液；

灌根，每株灌对好的药液0.4～0.5L，视病情间隔7～10天后再灌1次。

8. 钵瓜炭疽病

【症　状】主要为害叶片，也能为害叶柄、茎、果实。子叶被害，产生半圆形或圆形的褐色病斑，上有淡红色黏稠物，严重时，茎基部呈淡褐色，渐渐萎缩，造成幼苗折倒死亡。真叶被害，病斑呈近圆形或圆形，初为水渍状，后变为黄褐色，边缘有黄色晕圈。严重时，病斑相互连结成不规则的大病斑，致使叶片干枯(图9-19)。潮湿时，病部分泌出粉红色的黏稠物。叶柄、茎部被害，产生稍凹陷呈淡黄褐色的长圆形病斑，严重时病斑连结环绕茎部，致使上面或整株枯死。潮湿时，表面生粉红色的黏质物或有许多小黑点。果实染病，初呈水渍状暗绿色凹陷斑，凹陷处常龟裂(图9-20)。

图9-19　钵瓜炭疽病叶片发病症状

图9-20　瓠瓜炭疽病果实发病症状

【病　　原】*Colletotrichum lagenarium* 称葫芦科刺盘孢，属无性型真菌。分生孢子盘聚生，初为埋生，红褐色，后突破表皮呈黑褐色，刚毛散生于分生孢子盘中，暗褐色，顶端色淡，略尖，基部膨大，具2~3个横隔。分生孢子梗无色，圆筒状，长圆形，单胞。

【发生规律】病菌主要以菌丝体附着在种子上，或随病残株在土壤中越冬，亦可在温室或塑料大棚的骨架上存活。越冬后的病菌产生大量分生孢子，成为初侵染源。通过雨水、灌溉、气流传播，也可以由害虫携带传播或田间工作人员操作时传播。高温、高湿是该病发生流行的主要因素。在适宜温度范围内，空气湿度大，易发病。氮肥过多、大水漫灌、通风不良、植株衰弱发病重。

【防治方法】田间操作，除病灭虫、绑蔓、采收均应在露水落干后进行，减少人为传播蔓延。增施磷、钾肥以提高植株抗病力。

种子处理。用30%苯噻硫氰乳油1 000倍液浸种5个小时；或进行药剂拌种，可用种子重量0.3%的50%咪鲜胺锰络化合物可湿性粉剂、6%氯苯嘧啶醇可湿性粉剂、50%敌菌灵可湿性粉剂、70%甲基硫菌灵可湿性粉剂、25%溴菌腈可湿性粉剂、50%福·异菌可湿性粉剂拌种。

发病初期，可采用下列杀菌剂进行防治：

25%咪鲜胺乳油1 000~1 500倍液+75%百菌清可湿性粉剂600倍液；

10%苯醚甲环唑水分散粒剂1 000~1 500倍液+22.7%二氰蒽醌悬浮剂1 000~1 500倍液；

30%苯噻硫氰乳油1 000~1 500倍液；

25%溴菌腈可湿性粉剂500~800倍液+70%丙森锌可湿性粉剂700倍液；

5%亚胺唑可湿性粉剂1 000~1 500倍液+75%百菌清可湿性粉剂600倍液；

6%氯苯嘧啶醇可湿性粉剂1 000~1 500倍液+70%代森锰锌可湿性粉剂800倍液；

40%多·福·溴菌可湿性粉剂800~1 000倍液；

25%嘧菌酯悬浮剂1 000~2 000倍液；

对水喷雾，视病情间隔7天1次。

9．瓠瓜病毒病

【症　　状】花叶型：为系统侵染，病毒可以到达除生长点以外的任何部位。新叶呈黄绿相间的花叶状，病叶小且皱缩，叶片变厚，严重时叶片反卷；茎部节间缩短，茎畸形，严重时病株叶片枯萎(图9-21)。

图9-21　瓠瓜花叶病毒病叶片发病症状

绿斑驳型：新叶产生黄色小斑点，后变为淡黄色斑纹，绿色部分呈凹凸不平的瘤状隆起，叶片变小，引起植株矮化，叶片斑驳扭曲(图9-22)。果实发病后出现凹凸不平的瘤状物(图9-23)。

图9-22　瓠瓜绿斑驳型病毒病叶片发病症状

图9-23　瓠瓜病毒病果实发病症状

【病　　　原】瓠瓜花叶病毒病主要由黄瓜花叶病毒Cucumber mosaic virus（CMV）侵染引起。黄瓜花叶病毒：粒体球形，致死温度为60～70℃，体外存活期3～4天，不耐干燥。

黄瓜绿斑驳型病毒Cucumber green mottle mosaic virus（CGMMV）侵染所致。病毒粒体杆状，细胞中病毒粒子排列成结晶形内含体，钝化温度为80～90℃，10分钟，体外保毒期1年以上，体外存活期数月至1年。

【发生规律】黄瓜花叶病毒病种子不带毒，桃蚜、棉蚜主要在多年生宿根植物上越冬，每当春季发芽后，开始活动或迁飞，成为传播此病主要媒介；汁液摩擦也可传毒。发病适温为20～25℃，气温高于25℃时多表现隐症。环境条件与瓜类病毒病发生关系密切，在高温、干旱、光照强的条件下，蚜虫发生严重，也有利于病毒的繁殖，且降低了植株的抗病能力，所以发病严重。此外，在杂草多、附近有发病作物、气温高、缺水、缺肥、管理粗放、蚜虫多时发病亦重。

黄瓜绿斑驳型病毒种子可以带毒，也可在土壤中越冬，成为翌年发病的初侵染源，通过风雨、农事操作等进行多次再侵染，蚜虫不传毒。暴风雨、植株相互碰撞、枝叶摩擦或中耕时造成伤根都容易引起病毒的侵染，田间或温室温度高时发病严重。

【防治方法】清除杂草，彻底杀灭白粉虱和蚜虫。在进行嫁接、打杈、绑蔓、掐卷须等田间作业时，尽量减少健病株接触，中耕时减少伤根。农事操作中，接触过病株的手和农具，应用肥皂水冲洗，注意防止病毒传染。经常检查，发现病株要及时拔除销毁。施足有机肥，增施磷、钾肥，提高抗病力。适当多浇水，增加田间湿度。

种子处理。把种子在70℃恒温下处理72小时，以钝化病毒病；也可用0.1%高锰酸钾溶液浸种40分钟后用清水洗后浸种催芽，也可用10%磷酸三钠浸种20分钟，用清水冲洗2～3次后晾干备用，或再用清水浸种后催芽播种。

防治蚜虫，可采用以下杀虫剂进行防治：

10%吡虫啉可湿性粉剂1 500～2 000倍液；

20%高氯·噻嗪酮乳油1 500～2 000倍液；

10%吡丙·吡虫啉悬浮剂1 500～3 000倍液；

3%啶虫脒乳油2 000～3 000倍液，喷雾。

田间以预防为主，发病初期可用下列药剂进行防治：

2%宁南霉素水剂200～400倍液；

4%嘧肽霉素水剂200～300倍液；

2.1%烷醇·硫酸铜可湿性粉剂500～700倍液；

1.5%硫铜·烷基·烷醇水乳剂1 000倍液；

3.95%三氮唑核苷·铜·烷醇·锌水剂500～800倍液；

25%吗胍·硫酸锌可溶性粉剂500～700倍液；

31%氮苷·吗啉胍可溶性粉剂600～800倍液；

50%氯溴异氰尿酸可溶性粉剂800倍液；

对水喷雾，视病情间隔5～7天喷1次。

第十章　蛇瓜病虫害防治新技术

蛇瓜属葫芦科，一年蔓生草本植物。在我国只有零星栽培，近年来在山东省青岛地区种植较多。栽培模式以露地栽培为主。

目前，国内发现的蛇瓜病虫害有30多种，其中，病害20多种，主要有细菌性角斑病、枯萎病、蔓枯病、病毒病、疫病等；生理性病害5种左右，主要有畸形瓜、化瓜等；虫害5种左右，主要有蚜虫、美洲斑潜蝇等。常年因病虫害发生为害造成的损失为20%～30%，部分地块损失达40%～60%。

1. 蛇瓜细菌性角斑病

【症　　状】子叶染病，初呈水浸状近圆形凹陷斑，后微带黄褐色，干枯；真叶受害，初为水渍状浅绿色后变淡褐色，病斑扩大时受叶脉限制呈多角形。后期病斑呈灰白色，易穿孔。湿度大时，病斑上产生白色黏液。干燥时病部开裂，有白色菌脓(图10-1)。茎及瓜条上的病斑初呈水渍状，近圆形，后呈淡灰色，病斑中部常产生裂纹，潮湿时产生菌脓，后期腐烂，有臭味(图10-2)。

图10-1　蛇瓜细菌性角斑病叶片发病症状

图10-2 蛇瓜细菌性角斑病果实发病症状

【病　　原】*Pseudomonas syringae* pv. *lachrymoms* 称丁香假单胞杆菌黄瓜角斑致病变种，属细菌。菌体短杆状相互呈链状连接，具端生鞭毛1～5根，有荚膜，无芽孢，革兰氏染色阴性。生长适应温度为24～28℃，最高为39℃，最低为4℃，48～50℃经10分钟致死。

【发生规律】病菌在种子内外或随病残体在土壤中越冬。翌年春季由雨水或灌溉水溅到茎叶上发病。通过雨水、昆虫、农事操作等途径传播。低温高湿利于发病。在黄河以北地区露地，每年7月中旬为角斑病发病高峰期。

【防治方法】培育无病种苗，用新的无病土苗床育苗；发病后控制灌水，促进根系发育增强抗病能力。实施高垄覆膜栽培，平整土地，完善排灌设施，收获结束后清除病株残体，翻晒土壤等。

种子处理。用新植霉素200mg/kg浸种1小时，沥去药水再用清水浸3小时；或次氯酸钙300倍液，浸种30～60分钟；或40%福尔马林150倍液浸种1.5小时，冲洗干净后再用清水浸种后催芽播种。

发病初期，可采用下列杀菌剂进行防治：

88%水合霉素可溶性粉剂1 500～2 000倍液；

3%中生菌素可湿性粉剂800～1 000倍液；

20%噻唑锌悬浮剂300～500倍液+12%松脂酸铜乳油600～800倍液；

20%噻菌铜悬浮剂1 000～1 500倍液；

50%氯溴异氰尿酸可溶性粉剂1 500～2 000倍液；

对水喷雾，视病情间隔5～7天喷1次。

2．蛇瓜病毒病

【症　　状】染病新叶呈黄绿相间的花叶状，病叶小且皱缩，叶片变厚，严重时叶片反卷(图10-3和图10-4)；茎部节间缩短，茎畸形，严重时病株叶片枯萎；瓜条呈现深绿及浅绿相间的花色，表面凹凸不平，瓜条畸形。重病株簇生小叶，不结瓜，致萎缩枯死。

图10-3 蛇瓜病毒病叶片发病症状

图10-4 蛇瓜病毒病田间发病症状

【病　　原】病原主要是黄瓜花叶病毒Cucumber mosaic virus（CMV）。黄瓜花叶病毒：粒体球形，直径35nm，致死温度为60～70℃，体外存活期3～4天，不耐干燥。

【发生规律】黄瓜花叶病毒种子不带毒；桃蚜、棉蚜主要在多年生宿根植物上越冬，每当春季发芽后，开始活动或迁飞，成为传播此病主要媒介；汁液摩擦也可传毒。发病适温为20～25℃，气温高于25℃时多表现隐症。环境条件与病毒病发生关系密切，高温、干旱、光照强的条件下，蚜虫发生严重，也有利于病毒的繁殖，且降低了植株的抗病能力，所以发病严重。此外，在杂草多、附近有发病作物、气温高、缺水、缺肥、管理粗放、蚜虫多时发病亦重。

【防治方法】清除杂草，彻底杀灭白粉虱和蚜虫。在进行嫁接、打杈、绑蔓、掐卷须等田间作业时，应注意防止病毒传染。经常检查，发现病株要及时拔除烧毁。施足有机肥，增施磷、钾肥，提高抗病力。适当多浇水，增加田间湿度。

种子处理。用55℃温水浸种40分钟，或把种子在70℃恒温下处理72小时，以钝化病毒病；也可用0.1%高锰酸钾溶液浸种40分钟后用清水洗后浸种催芽，也可用10%磷酸三钠浸种20分钟，用清水冲洗2～

3次后晾干备用，或再用清水浸种后催芽播种。

蚜虫是病毒病的主要传播载体，防治蚜虫可采用以下杀虫剂进行防治：

10%吡虫啉可湿性粉剂1 500～2 000倍液；

20%高氯·噻嗪酮乳油1 500～2 500倍液；

10%吡丙·吡虫啉悬浮剂1 500～2 000倍液；

5%氯氟·苯脲乳油2 000～2 500倍液，对水喷雾。

抓好病害的预防，发病初期可采用以下药剂进行预防：

2%宁南霉素水剂200～400倍液；

4%嘧肽霉素水剂200～300倍液；

20%盐酸吗啉胍可湿性粉剂400～600倍液；

7.5%菌毒·吗啉胍水剂500～700倍液；

2.1%烷醇·硫酸铜可湿性粉剂500～700倍液；

25%琥铜·吗啉胍可湿性粉剂600～800倍液；

1.05%氮苷·硫酸铜水剂300～500倍液；

3.85%三氮唑·铜·锌水乳剂600～800倍液；

对水喷雾，视病情间隔5～7天喷1次。

3．蛇瓜叶斑病

【症　　状】主要为害叶片，叶片染病，多在盛瓜期，中、下部叶片先发病，再向上部叶片发展。初期在叶面生出灰褐色小斑点，逐渐扩展成大小不等的圆形或近圆形边缘不整的淡褐色或褐色病斑。后期病斑中部颜色变浅，有时呈灰白色，边缘灰褐色。湿度大时，病斑正、背面均生有稀疏灰褐色霉状物，为病菌的分生孢子梗和分生孢子(图10-5)。

图10-5　蛇瓜叶斑病叶片发病症状

【病　　原】*Phyllosticta cucurbitacearum* 称瓜叶点霉，属无性型真菌。分生孢子器两面生，散生或聚生，突破表皮，近球形至扁球形，器壁浅褐色，膜质，分生孢子器椭圆形，无色透明，多数正直。

【发生规律】病菌以分生孢子或菌丝体在土中或病残体上越冬。翌年产生分生孢子借气流或雨水飞溅传播，进行初次侵染。病部新生的孢子进行再侵染。在生长季节，再侵染多次发生，使病害逐渐蔓延。高湿或通风不良发病重；温差大有利于发病；氮肥偏多，缺硼时病重。

【防治方法】避免偏施氮肥，增施磷、钾肥，适量施用硼肥。合理灌水，保护地放风排湿。早期摘除病叶。

发病初期，可采用以下杀菌剂进行防治：

20%苯醚·咪鲜胺微乳剂2 500～3 500倍液；

40%多·福·溴菌腈可湿性粉剂800～1 000倍液；

30%醚菌酯悬浮剂1 500～2 000倍液；

70%甲基硫菌灵可湿性粉剂800～1 000倍液+75%百菌清可湿性粉剂600～800液；

10%苯醚甲环唑水分散粒剂1 500倍液+75%百菌清可湿性粉剂800倍液；

50%苯菌灵可湿性粉剂1 000倍液+70%代森锰锌可湿性粉剂800倍液；

80%多·福·福锌可湿性粉剂800倍液+70%代森联水分散粒剂700倍液；

6%氯苯嘧啶醇可湿性粉剂1 500～2 000倍液+75%百菌清可湿性粉剂600倍液；

25%溴菌腈可湿性粉剂500～800倍液+70%代森联水分散粒剂700倍液；

28%百·霉威可湿性粉剂600～800倍液；

对水喷雾，视病情间隔7～10天1次。

4．蛇瓜霜霉病

【症　　状】发病初期，叶面上出现水浸状不规则形病斑，逐渐扩大并变为黄褐色，湿度大时叶片背面长出黑色霉层(图10-6和图10-7)。

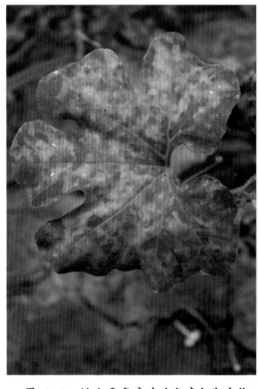 

图10-6　蛇瓜霜霉病叶片发病初期症状　　　图10-7　蛇瓜霜霉病叶片发病后期症状

【病　　　原】*Pseudoperonospora cubensis* 称古巴假霜霉菌，属卵菌门真菌。孢囊梗自气孔伸出，单生或2～4根束生，无色，基部稍膨大，上部呈3～5次锐角分枝，分枝末端着生一个孢子囊，孢子囊卵形或柠檬形，顶端具乳状凸起，淡褐色，单胞。孢子囊释放出游动孢子1～8个，在水中游动片刻后形成休眠孢子，再产生芽管，从寄主气孔或细胞间隙侵入，在细胞间蔓延，靠吸器伸入细胞内吸取营养。

【发生规律】田间病菌主要靠气流传播，从叶片气孔侵入。病害在田间发生的气温为16℃，适宜流行的气温为20～24℃。高于30℃或低于15℃发病受到抑制。日平均气温为18～24℃，相对湿度在80%以上时，病害迅速扩展。在湿度高、温度较低、通风不良时很易发生，且发展很快。

【防治方法】定植时严格淘汰病苗。选择地势较高，排水良好的地块种植。施足基肥，合理追施氮、磷、钾肥，生长期不要过多地追施氮肥，以提高植株的抗病性。

病害发生初期，可采用下列杀菌剂进行防治：

25%双炔酰菌胺悬浮剂1 000～1 500倍液；

687.5g/L霜霉威盐酸盐·氟吡菌胺悬浮剂800～1 200倍液；

72%霜脲氰·代森锰锌可湿性粉剂500～800倍液；

440g/L精甲·百菌清悬浮剂800～1 000倍液；

50%锰锌·氟吗啉可湿性粉剂1 000～1 500倍液；

72.2%霜霉威盐酸盐水剂600～800倍液+70%丙森锌可湿性粉剂600倍液；

53%甲霜·锰锌可湿性粉剂600～800倍液；

对水喷雾，视病情间隔5～7天1次。

5．蛇瓜疫病

【症　　　状】叶片发病，初呈圆形或不规则形、暗绿色水浸状病斑，边缘不明显。湿度大时，病斑扩展很快，病叶迅速腐烂。干燥时，病斑发展较慢，边缘为暗绿色，中部淡褐色，常干枯脆裂(图10-8)。

图10-8　蛇瓜疫病叶片发病症状

【病　　原】*Phytophthora melonis* 称瓜疫霉，属卵菌门真菌。菌丝丝状、无色、多分枝。初生菌丝无隔，老熟菌丝长出瘤状结或不规则球状体，内部充满原生质。孢囊梗直接从菌丝或球状体上长出，平滑，中间偶现单轴分枝，个别形成隔膜。孢子囊顶生，卵圆形或长椭圆形。卵孢子淡黄色或黄褐色。

【发生规律】病菌以菌丝体和厚垣孢子、卵孢子随病残体在土壤中或土杂肥中越冬，主要借助流水、灌溉水及雨水溅射而传播，也可借助施肥传播，从伤口或自然孔口侵入致病。发病后病部上产生孢子囊及游动孢子，借助气流及雨水溅射传播进行再侵染，病害得以迅速蔓延。如雨季来得早，雨量大，雨天多，该病易流行。

【防治方法】采用高畦栽植，避免积水。苗期控制浇水，结瓜后做到见湿见干，发现疫病后，浇水减到最低量，控制病情发展。

发现中心病株拔除后，可采用下列杀菌剂进行防治：

69%烯酰·锰锌可湿性粉剂800～1 000倍液；

72.2%霜霉威水剂600～800倍液+75%百菌清可湿性粉剂600～800倍液；

50%氟吗·乙铝可湿性粉剂500～700倍液；

72%锰锌·霜脲可湿性粉剂500～700倍液；

70%丙森锌可湿性粉剂600倍液；

对水喷雾，视病情间隔7～10天1次。

6. 蛇瓜炭疽病

【症　　状】叶片上病斑呈近圆形或圆形，初为水渍状，后变为黄褐色，边缘有黄色晕圈。严重时，病斑相互连结成大斑，导致叶片干枯死亡。叶柄、茎部被害，产生稍凹陷呈淡黄褐色的长圆形病斑。潮湿时，表面生粉红色的黏质物或有许多小黑点。瓜条染病，初期产生水渍状浅绿色的病斑，后变为黑褐色稍凹陷的圆形或近圆形病斑，上生粉红色黏质物(图10-9)。

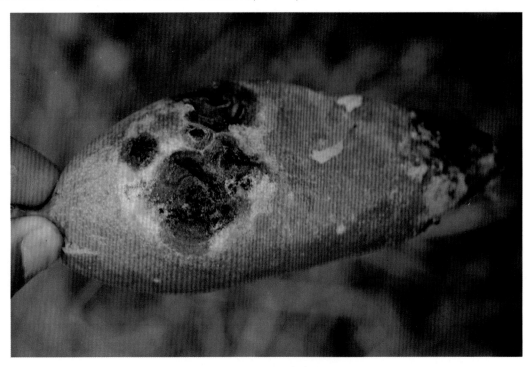

图10-9　蛇瓜炭疽病症状

【病　　　原】*Colletotrichum lagenarium* 称葫芦科刺盘孢，属无性型真菌。分生孢子盘聚生，初为埋生，红褐色，后突破表皮呈黑褐色。

【发生规律】病菌主要以菌丝体附着在种子上，或随病残株在土壤中越冬，亦可在温室或塑料大棚的骨架上存活。通过雨水、灌溉水、气流传播。氮肥施用过多、经常大水漫灌、田间郁闭、通风不良、植株衰弱发病重。

【防治方法】适当稀植，及时整枝打杈，合理配合施用氮、磷、钾肥，加强肥水管理促进植株生长；采收结束后及时清除田间病残体并集中带出田间销毁。

种子处理。用50%代森铵水剂500倍液浸种1小时，或福尔马林100倍液浸种30分钟，或用冰醋酸100倍液浸种20～30分钟，清水冲洗干净后催芽。

发病初期，可采用下列杀菌剂进行防治：

20%唑菌胺酯水分散粒剂1 000～1 500倍液；

20%苯醚·咪鲜胺微乳剂2 500～3 500倍液；

25%咪鲜胺乳油1 000～1 500倍液+75%百菌清可湿性粉剂600倍液；

75%肟菌·戊唑醇水分散粒剂2 000～3 000倍液；

60%甲硫·异菌脲可湿性粉剂1 000～1 500倍液；

30%苯噻硫氰乳油1 000～1 500倍液+66%二氰蒽醌水分散粒剂1 500～2 500倍液；

25%溴菌腈可湿性粉剂500倍液+70%代森锰锌可湿性粉剂600～800倍液；

5%亚胺唑可湿性粉剂1 000倍液+75%百菌清可湿性粉剂600倍液；

对水喷雾，间隔7～10天1次，连续防治2～3次。

第十一章　番茄病虫害防治新技术

番茄属茄科，一年生或多年生草本植物，原产于中美洲和南美洲。番茄是全球消费最多的蔬菜之一，2016年全球产量为1.77亿t，全球的番茄种植面积约为500万hm²。全球最大的番茄产国是中国和印度。2019年全国播种面积约为100万hm²，总产量为5 500万t。我国主要产区在河北、江苏、安徽、山东、河南等地。主要栽培模式有露地早春茬、露地越夏茬、露地秋茬、早春大棚、秋延后大棚、日光温室早春茬、日光温室秋冬茬、日光温室越冬茬、日光温室全年一大茬等。

目前，国内发现的番茄病虫害有100多种，其中，病害60多种，主要有早疫病、晚疫病、灰霉病、根结线虫病等；生理性病害20多种，主要有畸形果、畸形花、网纹果等；虫害20多种，主要有蚜虫、温室白粉虱等。常年因病虫害发生为害造成的损失为30%～80%，部分地块甚至绝收。

一、番茄病害

1. 番茄猝倒病

【分布为害】猝倒病是番茄苗期的主要病害，在全国各地均有分布为害，在冬、春季苗床上发生较为普遍，轻者引起苗床成片死苗缺苗，发病严重时可引起苗床大面积死苗(图11-1)。

图11-1　番茄猝倒病苗床发病症状

【症　　状】主要在子叶至2～3片真叶的幼苗上发病。多在接触地面幼苗茎基部发生，发病初期先出现水渍状病斑，然后变黄褐色，干缩成线状，在子叶尚未出现凋萎前缢缩倒伏。最初发病时，白天凋萎，但夜间仍能恢复，如此2～3天后，才出现猝倒症状。潮湿时被害部位产生白色霉层或腐烂(图11-2和图11-3)。

图11-2　番茄猝倒病幼苗发病初期症状

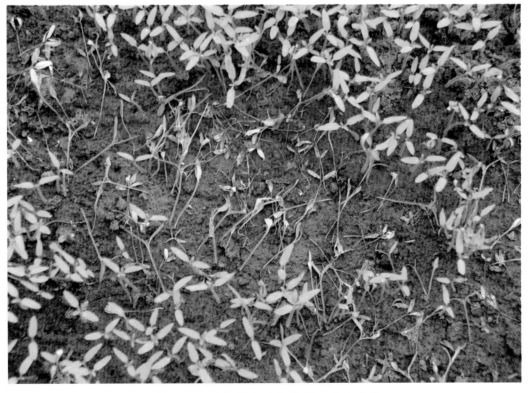

图11-3　番茄猝倒病幼苗发病后期症状

【病　　原】*Pythium aphanidermatum* 称瓜果腐霉，属卵菌门真菌(图11-4)。菌丝丝状，无分隔，菌丝上产生不规则形、瓣状或卵圆形的孢子囊。孢子囊呈姜瓣状或裂瓣状，生于菌丝顶端或中间。孢子囊萌发产生有双鞭毛的游动孢子。

【发生规律】病菌腐生性很强，可在土壤中长期存活。春季条件适宜时，病苗上可产生孢子囊和游动孢子，借雨水、灌溉水、带菌粪肥、农具、种子传播。幼苗多在床温较低时发病，土温15～16℃时病菌繁殖速度很快。苗床土壤高湿极易诱发此病，浇水后积水地块或棚顶滴水处，往往最先形成发病中心。光照不足，幼苗长势弱、纤细、徒长、抗病力下降，也易发病。幼苗子叶中养分快耗尽而新根尚未扎实之前，幼苗营养供应紧张，抗病力最弱，如果此时遇寒流或连续低温阴雨（雪）天气、苗床保温不好、幼苗光合作用弱、呼吸作用增强、消耗加大，病菌乘虚而入，此时就会突发此病。

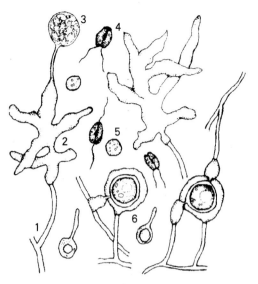

图11-4　番茄猝倒病病菌
1.孢囊梗；2.孢子囊；3.泡囊；
4.游动孢子；5.卵孢子；6.藏卵器

【防治方法】采用新土育苗，苗床要整平、松细。应选择地势较高，地下水位低，排水良好，土质肥沃的地块做苗床。有机肥要充分腐熟，并撒施均匀。加强苗床管理，注意播种密度不可过大，以免引起病害大发生；在棚室内育苗应注意及时放风排湿，注意维护棚膜的透光性，避免光照过弱导致幼苗徒长。苗床内温度应控制在20～30℃，地温保持在16℃以上，注意提高地温，降低土壤湿度。出苗后尽量不浇水，必须浇水时一定选择晴天喷洒，切忌大水漫灌。严冬阴雪天要提温降湿，发病初期可将病苗拔除，中午揭开覆盖物立即将干草木灰与细土混合撒入。

床土处理。常规育苗可用25%甲霜灵可湿性粉剂8～10g/m²+50%多菌灵可湿性粉剂10～20g/m²+50%福美双可湿性粉剂15～20g/m²，还可以兼治多种其他病害；也可以用70%敌磺钠可溶性粉剂36～60g/m²，拌入10～15kg干细土配成药土，施药时先浇透底水，水渗下后，取1/3药土垫底，播种后用剩下的2/3药土覆盖在种子表面，防治效果明显(图11-5)。

提倡选用营养钵或穴盘等现代育苗方法，可大大减少猝倒

图11-5　番茄常规育苗

病的发生和为害。用营养钵育苗，营养土配制需选优质田园土和充分腐熟的圈肥或厩肥或有机肥按7：3配制，每立方米营养土中加入磷酸二铵1kg、草木灰5kg、95%恶霉灵原药50g或54.5%恶霉·福可溶性粉剂10g或70%敌磺钠可溶性粉剂100g，与营养土充分拌匀后装入营养钵或育苗盘。也可取大田土6份和腐熟有机肥4份混合，按50kg营养土加53%精甲霜·锰锌水分散粒剂20g，再加2.5%咯菌腈悬浮种衣剂10ml，混匀后过筛装入营养钵育苗。也可铺在育苗畦上育苗。

种子处理。采用温汤浸种或药剂浸种的方法对种子进行消毒处理，浸种后催芽，催芽不宜过长，以免降低出苗率。用种子重量0.3%的70%敌磺钠可溶性粉剂拌种效果也很好；用2.5%咯菌腈悬浮种衣剂10ml，再加入35%甲霜灵拌种剂2ml，对水180ml，放入4kg番茄种子，拌种后，摊开晾干，可以兼治多种番茄苗期病害。

在发病初期，苗床发现有番茄苗萎蔫、倒伏后(图11-6)，应立即检查病情，并及时喷施杀菌剂，可采用以下杀菌剂进行防治：

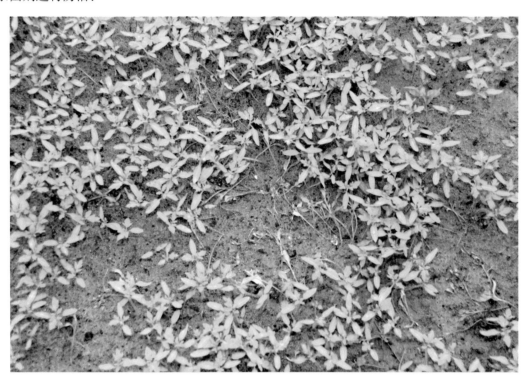

图11-6 苗床发病初期症状

69%烯酰·锰锌可湿性粉剂1 000倍液；

72.2%霜霉威水剂600倍液+70%代森联水分散粒剂600倍液；

72%霜脲·锰锌可湿性粉剂600倍液；

53%精甲霜·锰锌水分散粒剂600~800倍液；

25%甲霜灵可湿性粉剂800倍液+70%代森联水分散粒剂600倍液；

70%丙森锌可湿性粉剂600倍液+10%氟嘧菌酯乳油2 000~3 000倍液；

15%恶霉灵水剂1 000倍液+50%烯酰吗啉可湿性粉剂1 000~1 500倍液；

68.75%恶唑菌酮·锰锌水分散粒剂600倍液；

均匀喷雾，视病情间隔7~10天喷1次。

苗床一旦发现病苗，要及时拔除，并及时喷药防治，可以用下列杀菌剂。

66.8%丙森·异丙菌胺可湿性粉剂600~800倍液；

84.51%霜霉威·乙膦酸盐可溶性水剂600~1 000倍液；

70%呋酰·锰锌可湿性粉剂600~1 000倍液；

35%烯酰·福美双可湿性粉剂1 000~1 500倍液；

3%恶霉·甲霜水剂800倍液+68.75%恶唑菌酮·锰锌水分散粒剂800倍液；

70%恶霉灵可湿性粉剂2 000倍液+70%代森联水分散粒剂600~800倍液；

25%甲霜·霜霉威可湿性粉剂1 500~2 500倍液；

视病情间隔7~10天喷淋苗床一次，每平方米喷施药液2~3 L。注意用药剂浇灌后，等苗上药液干后，撒些草木灰或细干土，降湿保温。

2．番茄灰霉病

【分布为害】番茄灰霉病是番茄上普遍发生的一种重要病害。此病发生时间早、持续时间长，主要为害果实，往往造成极大的损失。发病后一般减产20%~30%，流行年份大量烂果，严重地块可减产50%以上(图11-7和图11-8)。

图11-7　番茄灰霉病田间发病症状

图11-8　番茄灰霉病田间发病严重时症状

【症　　状】番茄苗期、成株期均可发病，为害叶、茎、花序和果实。苗期染病，子叶先端变黄后扩展至幼茎，产生褐色至暗褐色病变，病部缢缩，折断或直立，湿度大时病部表生浓密的灰色霉层，即病原菌的分生孢子梗和分生孢子。真叶染病，产生水渍状白色不定形的病斑，后呈灰褐色水渍状腐烂。幼茎染病亦呈水渍状缢缩，变褐变细，造成幼苗折倒，高湿时亦生灰霉状物。成株叶片染病多自叶尖向内呈"V"字形扩展，初水渍状，后变黄褐色至褐色，具深浅相间的不规则轮纹(图11-9至图11-13)。茎或叶柄上病斑长椭圆形，初灰白色水渍状，后呈黄褐色，有时可见病处因失水而出现裂痕(图11-14至图11-18)。果实染病时，蒂部残存花瓣或脐部残留柱头首先被侵染，并向果面或果柄扩展(图11-19至图11-21)，可导致幼果软腐；而在青果上病斑大且不规则，灰白色水渍状，边缘不明显，果肉软腐，最后果实脱落或失水僵化，病果后期可见灰色霉层(图11-22至图11-24)；有时在青果上出现直径5~10mm的淡绿色至白色圆斑，不凹陷，不腐烂，圆斑中部为浅褐色粉状凸起，俗称"鬼斑状"。以上发病部位在湿度大时均生稀疏至密集的灰色或灰褐色霉层，即灰霉菌分生孢子梗和分生孢子。

图11-9　番茄灰霉病叶片发病初期症状

图11-10　番茄灰霉病叶片发病中期圆形轮纹病斑

图11-11　番茄灰霉病叶片发病后期圆形轮纹病斑

图11-12　番茄灰霉病叶片发病早期"V"字形病斑

图11-13 番茄灰霉病叶片发病后期"V"字形病斑

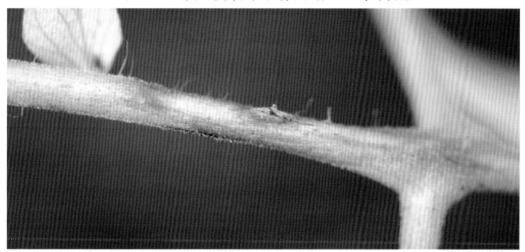

图11-14 番茄灰霉病叶柄发病初期症状

图11-15 番茄灰霉病叶柄发病后期症状

图11-16　番茄灰霉病茎部发病初期症状

图11-17　番茄灰霉病茎部发病中期症状

图11-18　番茄灰霉病茎部发病后期症状

图11-19　番茄灰霉病柱头发病症状

图11-20　番茄灰霉病花柄发病症状

图11-21　番茄灰霉病果柄发病症状

图11-22　番茄灰霉病果实发病初期症状

图11-23　番茄灰霉病果实发病中期症状

图11-24 番茄灰霉病果实发病后期症状

【病　　原】*Botrytis cinerea* 称灰葡萄孢菌，属无性型真菌(图11-25)。菌丝放射状生长，初无色，后呈浅褐色。分生孢子梗分枝或不分枝，多在2/3孢梗以上分枝，可行1~5级亚分枝，和主轴呈较大锐角；分生孢子梗有时膨大，顶端膨大成近球形，多在末级分枝基部产生分隔。分生孢子卵圆形至宽梨形，有时在中间产生一隔膜。新生成的菌核以菌丝形式萌发，越冬后的菌核多以产生分生孢子的方式萌发。该菌寄生性、腐生性都很强。

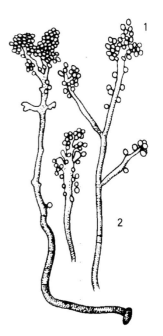

图11-25 番茄灰霉病病菌
1.分生孢子；2.分生孢子梗

【发生规律】以菌核在土壤中或以菌丝及分生孢子在病残体上越冬或越夏。条件适宜时菌核萌发产生菌丝和分生孢子，分生孢子借气流或农事操作传播，经伤口或衰弱的残花侵入，进行初侵染和多次再侵染。花期是侵染的高峰，尤其是在穗果膨大期浇水后，病果大量增加，是烂果高峰期。冬春低温季节或于寒流期间棚室内发生较为严重。密度过大、管理不当、通风不良，都会加快病情的扩展。

对于日光温室内番茄，该病一般在12月至翌年5月发生，气温20℃左右，相对湿度高于90%，低温高湿持续时间长的条件下容易发病。在温度为15~25℃，相对湿度超过85%持续8小时，番茄灰霉病能持续发生。

早春温室番茄，一般年份番茄灰霉病在番茄叶片上表现为明显的始发期、盛发期和末发期3个阶段：定植后3月初至4月上旬是叶部灰霉病的始发期，病情较平稳；4月上旬至4月下旬是叶部灰霉病的上升期，病害扩展迅速；4月下旬至5月下旬进入发病高峰期，但年度间有差异。生产上持续的低温高湿、苗期带病、叶面肥过量施用和植物生长调节剂蘸花等是引起番茄灰霉病发生的重要原因。番茄灰霉病的病果发生期多出现在定植后20~25天，3月底第一穗果开始发病，4月中旬至5月初进入盛发期，以后随温度升高，放风量加大，病情扩展缓慢；第二穗果多在4月上旬末开始发病，4月底至5月初进入发病高峰；第三穗果在第二穗果发病后15天开始发病，病果增至5月初开始下降。

番茄灰霉病大发生的关键因素：一是低温持续时间过长，低温是日光温室番茄灰霉病发生的重要因素，在北方节能日光温室中，温度长期偏低，日均温在20℃以下，持续低温易诱发灰霉病。二是持续高湿是温室番茄灰霉病大发生的关键，北方节能日光温室中湿度居高不下，平均相对湿度都在80%以上，有的甚至接近100%，很易诱发灰霉病。辽宁省农业科学院植物保护研究所研究表明：在一天中，相对湿度大于90%持续8小时以上，灰霉菌就能完成侵染、扩展和繁殖；生产上一天的高湿持续时间都超过12小时，只要有带病幼苗，很易造成番茄灰霉病严重发生或流行(图11-26)。

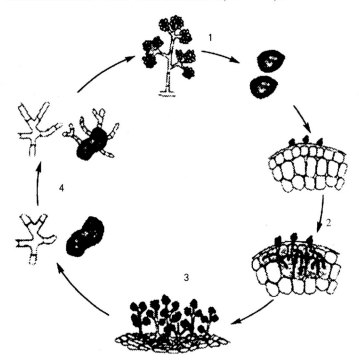

图11-26 番茄灰霉病病害循环
1.分生孢子；2.分生孢子萌发；3.发病植株；4.菌核、菌丝萌发

【防治方法】温度开始升高时及时通风，降低棚内湿度。覆盖大棚、温室的薄膜最好选用紫光膜，早扣棚烤地，保持薄膜清洁。高垄栽培膜下暗灌，加强肥水管理，防止植株早衰。适当控制浇水，发病田减少浇水量，必须浇水时，则应在晴天上午进行，且水量要小。及时摘除病花病叶、病果和病枝，带出田外，集中深埋，切不可乱丢乱放。

大棚采用高温烤棚，7—8月高温季节密闭大棚15~20天，利用太阳能使棚内温度达到50~60℃，进行高温闷棚消毒。

在定植前、缓苗后10天，花期、幼果期、果实膨大期喷洒药剂防治。定植前对幼苗喷洒50%腐霉利可湿性粉剂1 500倍液+75%百菌清可湿性粉剂600倍液。

保护地从定植到盛果期前，番茄处在易感染灰霉病的环境中，通过改变环境因子，如温度、湿度、光照等，进行生态防治。一是低温期采用夜间加温的方法，提高大棚内温度，缩小昼夜温差，减少叶面结露持续时间。二是合理通风降湿，使棚室远离灰霉病的发病条件。提倡采用农用空调器进行升温和排湿。把棚室内相对湿度高于90%持续的时间缩短至6小时以内。白天棚温达33℃时开始放风，使上午温度保持为25~28℃，下午保持20~25℃，相对湿度保持为60%~70%。一般日落后应短时间放风，当温度降至20℃时关闭通风口，使夜温保持15℃左右。早春则根据棚室内温度回升情况，掌握通风时间。控制浇水，采用滴灌或膜下灌水。浇水应在晴天上午进行，浇水后马上关闭通风口，使棚温升到33℃，保持1小时，然后迅速放风排湿；3～4小时后，若棚温降至25℃，可再闭棚升温至33℃持续1小时再放风，这样可有效降低棚内湿度，减少发病。

苗床可以用50%腐霉利可湿性粉剂800～1 500倍液或25%啶菌恶唑乳油1 000倍液，均匀喷施，预防灰霉病的菌核萌发产生分生孢子侵染幼苗。

花期防止落花落果时，常用2,4-D蘸花，结合蘸花加入杀菌剂，在已配好的保花保果药液中，加入0.1%的50%腐霉利可湿性粉剂或50%异菌脲可湿性粉剂，充分混匀后，再进行蘸花或涂抹花梗。也可用2.5%咯菌腈悬浮种衣剂10ml对水2～3kg，摇匀，用毛笔涂抹花柄或用药液蘸花(图11-27)，具有较好的防治效果。

图11-27 番茄抹花与处理后的效果

果实快速膨大期是番茄灰霉病高发期，应注意施药防治，此间如遇有连阴雨，气温低，隔7～10天1次，可有效地防止灰霉病的发生和流行。药剂防治时应注意改进喷药技术，提高防效。每次喷药前把番茄的老叶、黄叶、病叶、病花、病果全部清除，以减少菌源基数，并利于植株下部通风透光(图11-28)。喷药要周到，施药时抓住3个位置：一是中心病株周围，二是植株中下部，三是叶片背面。做到早发现中心病株并及早防治。大棚前檐湿度高，常先发病，应重点喷。要注意保护剂和治疗剂混施，达到预防和治疗的效果，可用以下杀菌剂进行防治：

图11-28 番茄打老叶

50%烟酰胺水分散粒剂1 000~1 500倍液+70%代森联水分散试剂600~800倍液；

50%嘧菌环胺水分散粒剂1 500倍液+70%代森锰锌可湿性粉剂800倍液；

25%啶菌恶唑乳油1 000~2 000倍液+50%克菌丹可湿性粉剂400~600倍液；

50%腐霉利可湿性粉剂1 000~1 500倍液+75%百菌清可湿性粉剂600~800倍液；

2%丙烷脒水剂1 000~1 500倍液+2.5%咯菌腈悬浮种衣剂1 000~1 500倍液；

50%乙烯菌核利水分散粒剂800~1 000倍液+70%代森联水分散粒剂600~800倍液；

40%嘧霉胺悬浮剂1 000~1 500倍液+75%百菌清可湿性粉剂600~800倍液；

50%异菌脲悬浮剂1 000~1 500倍液+25%啶菌恶唑乳油1 000~2 000倍液；

30%福·嘧霉可湿性粉剂800~1 000倍液+75%百菌清可湿性粉剂600~800倍液；

26%嘧胺·乙霉威水分散粒剂1 500~2 000倍液；

50%腐霉·百菌可湿性粉剂800~1 000倍液；

40%嘧霉·百菌可湿性粉剂800~1 000倍液；

30%异菌脲·环己锌乳油900~1 200倍液；

50%异菌·福美双可湿性粉剂800~1 000倍液；

50%多·福·乙可湿性粉剂800~1 000倍液+70%代森联水分散粒剂600~800倍液；

65%甲硫·霉威可湿性粉剂1 000~1 500倍液+70%代森锰锌可湿性粉剂600~800倍液；

21%过氧乙酸水剂1 000~1 500倍液；

2×10^8活孢子/g木霉菌可湿性粉剂600~800倍液；

均匀喷雾防治，视病情间隔7天左右喷1次。在配制药液时，针对病情的发生情况酌情选用药剂，在病害较轻时，注意选用保护剂，少用治疗剂；在病害零星发生时，要注意加入治疗剂。

在温室内，最好选用烟剂，可以用下列药剂进行防治：

20%腐霉·百菌清烟剂200~400g/亩；

3%噻菌灵烟剂250g/亩+10%百菌清烟剂200~400g/亩；

10%腐霉利烟剂300g/亩+10%百菌清烟剂200~400g/亩；

25%甲硫·菌核净烟剂200~300g/亩+10%百菌清烟剂200~400g/亩；

傍晚熏烟，视病间隔7~10天1次(图11-29)。

也可于傍晚用1.5%福·异菌粉尘剂1kg/亩、26.5%甲硫·霉威粉尘剂1kg/亩、3.5%百菌清粉尘剂+10%腐霉利粉尘剂喷粉1kg/亩。视病情间隔7~10天防治1次。

图11-29　应用烟剂防治番茄灰霉病

保护地首选烟雾剂或粉尘剂，可取得事半功倍的效果。生产上日光温室长季节栽培和越冬茬栽培的番茄应于10月中旬至11月注意防治灰霉病。由于灰霉病易产生抗药性，用药时必须注意轮换或交替及混合施用，以利提高防效，防止产生抗药性。

3．番茄晚疫病

【分布为害】晚疫病是番茄上的重要病害，在我国各地露地和保护地栽培的番茄上普遍发生，并造成严重危害。在病害流行年份可减产20%～40%(图11-30和图11-31)。

图11-30　番茄晚疫病穴盘育苗期发病症状

图11-31　番茄晚疫病成株期田间发病症状

【症　　状】番茄幼苗、叶片、茎和果实均可发病，以叶片和处于绿熟期的果实受害最重。幼苗期叶片出现暗绿色水浸状病斑，叶柄处腐烂，病部呈黑褐色。空气湿度大时，病斑边缘产生稀疏的白色霉层，病斑扩大后，叶片逐渐枯死。幼茎基部呈水浸状缢缩，导致幼苗萎蔫或倒伏(图11-32)。成株期多从下部叶片开始发病，叶片表面出现水浸状淡绿色病斑，逐渐变为褐色，空气湿度大时，叶背病斑边缘产生稀疏的白色霉层(图11-33至图11-36)。茎和叶柄的病斑呈水浸状，褐色，凹陷，最后变为黑褐色，逐渐腐烂，引起植株萎蔫(图11-37至图11-39)。果实上的病斑有时有不规则形云纹，最初为暗绿色油渍状，后变为暗褐色至棕褐色，边缘明显，微凹陷。果实质地坚硬，不变软，在潮湿条件下，病斑长有少量白霉(图11-40和图11-41)。

图11-32　番茄晚疫病幼苗发病症状

图11-33　番茄晚疫病叶片发病初期症状

图11-34 番茄晚疫病叶片发病中期症状

图11-35 番茄晚疫病叶背发病中期症状

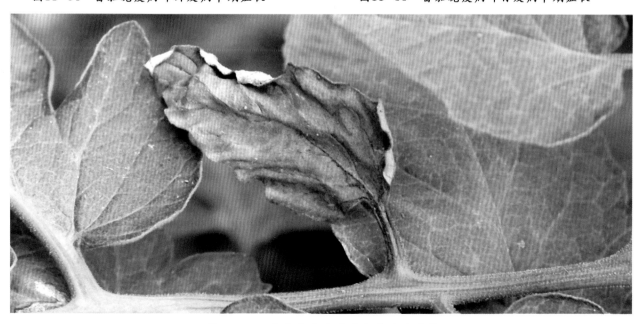

图11-36 番茄晚疫病叶片发病后期症状

图11-37　番茄晚疫病叶柄发病初期症状

图11-38　番茄晚疫病叶柄发病后期症状

图11-39　番茄晚疫病茎部发病症状

图11-40 番茄晚疫病果实发病初期症状

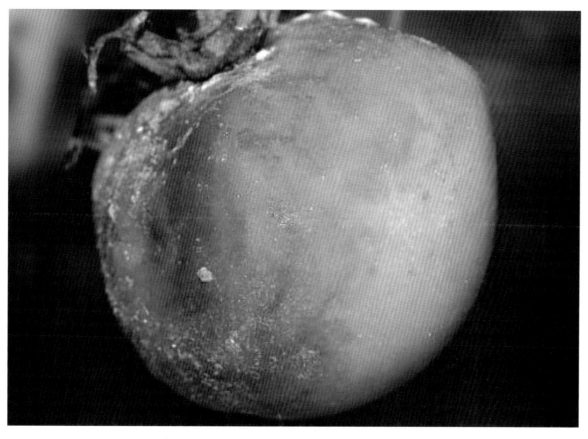

图11-41 番茄晚疫病果实发病后期症状

【病　　原】*Phytophthora infestans* 称致病疫霉，属卵菌门真菌。病菌菌丝无色无隔、较细多核，孢子囊梗无色，常复合分枝，3~5根成丛，从气孔伸出，具节状膨大。该菌菌丝体能产生分枝无限生长的孢囊梗，孢囊梗分枝的顶端产生柠檬形有乳头状凸起的孢子囊，当分枝顶端继续生长时，孢子囊被推向一侧，后脱落。孢囊梗在产生孢子囊处膨大是该菌重要特征(图11-42)。

【发生规律】晚疫病病菌可以在越冬茬或长季栽培的番茄、茄子上或在马铃薯块茎中越冬，也可以卵孢子、厚垣孢子或菌丝体在染病的根或土壤内越冬。春季卵孢子和厚垣孢子萌发产生游动孢子。菌丝体进一步生长产生游动孢子囊并释放出游动孢子。游动孢子在土壤水内到处游动，当接触到感病的番茄寄主时侵染根部。潮湿寒冷的天气菌丝体和游动孢子产生较多，使病害进一步扩展，干旱炎热或过于寒冷的天气，病菌以卵孢子、厚垣孢子或菌丝体存活。当土壤潮湿而温度适宜时，病菌借气流或雨水从番茄的气孔、伤口或表皮直接侵入(图11-43)，也可从茎的伤口、皮孔侵入，在棚中或露地形成中心病株，经多次重复侵染，引起该病流行。

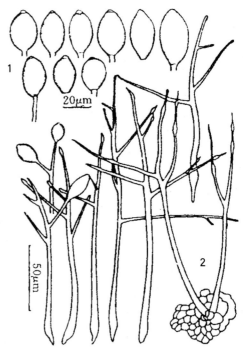

图11-42　番茄晚疫病病菌
1.孢子囊；2.孢子囊梗

图11-43　番茄晚疫病病害循环
1.孢子囊；　2.孢子囊萌发；　3.发病植株；
4.孢子囊和孢囊梗；　5.孢子囊、雄器和藏卵器

番茄晚疫病菌的有性生殖方式是异宗配合，有A₁、A₂两个交配型，交配后产生卵孢子，菌丝发育适温为24℃，孢子囊18～22℃，相对湿度100%条件下经3～10小时成熟。孢子囊萌发方式受温度制约，气温低于21℃时，1～3小时产生孢子囊，温度12℃时产生游动孢子，萌发的适宜温度为12～15℃，萌发后产生芽管侵入寄主；气温21～30℃时，孢子囊可在8～48小时直接萌发产生芽管侵染寄主，不再产生游动孢子。

不同年份不同季节，其流行情况不同。在耕作制度稳定的情况下，其发生为害情况主要受气温、湿度和降雨量的影响。温度适宜，湿度高有利其发生；20～23℃菌丝在寄主体内繁殖速度最快，潜育期最短，日光温室、大棚白天22℃左右，相对湿度高于95%，持续8小时，夜间温度10～13℃，叶面结露或叶缘吐水持续12小时，致病疫霉菌即可完成侵染发病。气温15～20℃，相对湿度超过80%并持续2小时，晚疫病便严重发生。生产上月平均气温16～22℃，最适合该病发生和流行，该病在华北地区一般3月份发生，4月份进入流行期，以叶片和处于绿熟期的果实受害最重。南方春季3-4月苗期为害幼苗，晚茬番茄11月中旬至12月及翌年1月中旬前的结果期为害青果。近年来，随着露地和保护地日光温室、长季节栽培番茄的面积不断扩大，茬次不断增加，各地积累了足够菌源，只要出现浇水过大、排水不良或密度过大，保护地放风不及时或施用氮肥过量，无论是保护地还是露地，无论是反季节的番茄还是长季节栽培的番茄都会发生晚疫病。正常情况下，进入雨季，雨日多、降水量大、持续时间长该病易流行成灾。但在反季节或长季栽培时，只要出现上述发病条件，晚疫病也会大发生或大流行。

【防治方法】选用抗病品种，如金棚一号、粉都78、东圣一号、百利、L-402、中蔬4号、中蔬5号、渝红2号、佳粉17号、中研958等品种。采用营养钵、营养袋或穴盘等培育无病壮苗。加强管理。条件许可时可与非茄科蔬菜实行3～4年轮作。选择地势高燥、排灌方便的地块种植，合理密植。合理施用氮肥，增施钾肥。切忌大水漫灌，雨后及时排水。加强通风透光，保护地栽培时要及时放风，缩短植株叶面结露或出现水膜时间，以减轻发病程度。生产上做到及时整枝打杈，3或4穗果坐稳后，把底部老叶、病叶打去。

采用生态调控技术，生产上针对该病在低温高湿条件下容易流行的特点，通过调控棚室内温湿度，缩短结露持续时间可控制该病发生。11月至翌年2月保护地温度10～25℃，相对湿度在75%～90%时易发病，常采用通风散湿提高棚室温度防止发病。当晴天上午温度升至28～30℃时，进行放风，温度控制在22～25℃，可降低湿度；当温度降至20℃时，要马上关闭通风口，保持夜温不低于15℃，可以大大减少结露量和结露持续时间，就可减轻发病。

种子处理。用55℃温水浸种30分钟，然后再常温浸种5～6小时。

该病发病为害较快，田间发现病株时应及时进行防治，施药时注意治疗剂和保护剂结合施用，以防止病害再侵染。发病初期(图11-44)，可采用以下杀菌剂进行防治：

687.5g/L霜霉威盐酸盐·氟吡菌胺

图11-44 番茄晚疫病田间发病初期症状

悬浮剂800～1 200倍液；

　　250g/L吡唑醚菌酯乳油1 500～3 000倍液；

　　66.8％丙森·异丙菌胺可湿性粉剂600～800倍液；

　　72.2％霜霉威盐酸盐水剂800～1 000倍液+10％氰霜唑悬浮剂2 000～2 500倍液；

　　84.51％霜霉威·乙膦酸盐可溶性水剂600～1 000倍液；

　　70％呋酰·锰锌可湿性粉剂600～1 000倍液；

　　69％锰锌·烯酰可湿性粉剂1 000～1 500倍液；

　　20％唑菌酯悬浮剂2 000～3 000倍液；

　　560g/L嘧菌·百菌清悬浮剂2 000～3 000倍液；

　　60％唑醚·代森联水分散粒剂1 000～2 000倍液；

　　68％精甲霜·锰锌水分散粒剂800～1 000倍液；

　　25％烯肟菌酯乳油2 000～3 000倍液+75％百菌清可湿性粉剂600～800倍液；

　　52.5％恶酮·霜脲氰水分散粒剂1 500～2 000倍液；

　　均匀喷雾，视病情每隔5～7天喷施1次。

　　保护地栽培时，结合其他病害的防治，可以使用45％百菌清烟雾剂250g/亩。在傍晚封闭棚室后施药，将药分放于5～7个燃放点烟熏，也可以喷撒5％百菌清粉剂1kg/亩。视病情间隔7～10天用1次药。

4．番茄早疫病

　　【分布为害】早疫病在全国番茄种植区均有发生，主要为害露地番茄。为害严重时，引起落叶、落果和断枝，一般可减产20％～30％，严重时可高达50％以上(图11-45和图11-46)。

图11-45　番茄早疫病苗期田间发病症状

图11-46　番茄早疫病成株期田间发病症状

【症　　状】主要侵染番茄幼苗和成株的叶、茎、花、果。此病大多在结果初期开始发生，结果盛期发病较重。老叶一般先发病。苗期染病茎部变黑褐色。成株叶片染病，发病初呈针尖大小的黑点，后发展为不断扩展的黑褐色轮纹斑，边缘多具浅绿色或黄色晕环，中部出现同心轮纹，且轮纹表面生毛刺状物，潮湿条件下，病部长出黑色霉物，有的品种病斑周围出现黄绿色晕圈，多个病斑融合造成叶片变黄干枯(图11-47至图11-49)。茎和叶柄受害，茎部多发生在分枝处，产生褐色至深褐色不规则形或椭圆形病斑，稍凹陷，表面生灰黑色霉状物(图11-50至图11-53)。青果染病，始于花萼附近，初为椭圆形或不定形褐色或黑色斑，凹陷，有同心轮纹，后期病部表面密生黑色霉层，即茄链格孢的分生孢子梗和分生孢子(图11-54至图11-56)。

图11-47 番茄早疫病苗期叶片发病症状

图11-48 番茄早疫病成株期叶片发病症状

图11-49 樱桃番茄早疫病叶片发病症状

图11-50 樱桃番茄早疫病苗期茎部发病症状　　　图11-51 番茄早疫病成株茎部发病症状

图11-52 番茄早疫病叶柄发病初期症状

图11-53　番茄早疫病叶柄发病后期症状

图11-54　樱桃番茄早疫病花器发病症状

图11-55　番茄早疫病青果发病症状

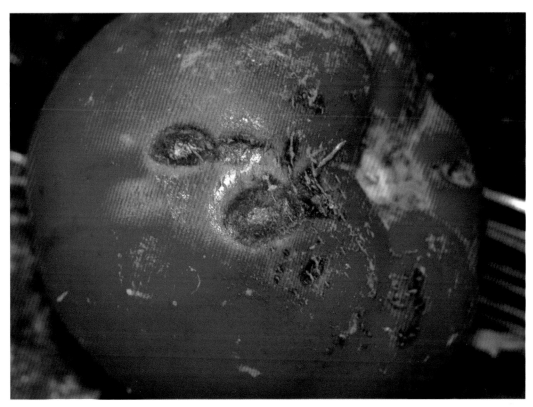

图11-56 番茄早疫病成熟果实发病症状

【病　　原】*Alternaria solani* 称茄链格孢，属无性型真菌 (图11-57)。菌丝状有隔膜。分生孢子梗单生或簇生，圆筒形，有1~7个隔膜，暗褐色，顶生分生孢子。分生孢子棍棒状，顶端有细长的嘴胞，黄褐色，具纵横隔膜。

【发生规律】以菌丝或分生孢子在病残体上或种子越冬，条件适宜时产生分生孢子，从番茄叶片、花、果实等的气孔、皮孔或表皮直接侵入，田间经2~3天潜育后出现病斑，经3~4天又产生分生孢子，通过气流和雨水飞溅传播，进行多次再侵染，导致病害不断蔓延。病菌生长发育温度范围1~45℃，其中以26~28℃温度下最合适。该病潜育期短，分生孢子在26℃水中经1~2小时即萌发侵入，在25℃条件下接菌，24小时后即发病。适宜相对湿度为31%~96%，相对湿度86%~98%萌发率最高。生产上进入结果期的番茄开始进入感病阶段，伴

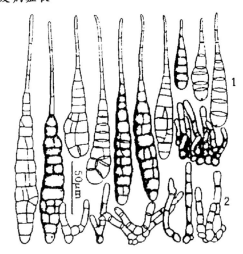

图11-57 番茄早疫病病菌
1.分生孢子；2.分生孢子梗

随雨季的到来，番茄田上空常笼照着大量的分生孢子，每次大暴雨之后，番茄早疫病流行，就形成一个发病高峰，因此每年雨季到来的迟早，雨日及降雨次数的多少，降雨持续时间的长短均影响该病的扩展和流行。此外，大田改种番茄后，常因肥料不足发病重。棚室内湿度较高，日均温度达到15~23℃易于发病。南部地区进入梅雨季节该病发生严重。东北、华北、西北高海拔地区番茄进入盛果期，高温季节中午最高气温37~39℃、夜间25~30℃、雨日多、高湿持续时间长，此病易流行成灾。此外，昼夜温差大、结露频繁的北方，即使不下雨，番茄叶面结露、叶缘吐水持续时间长，也可引起该病流行。

【防治方法】生产上应注意选择抗病品种，如金棚一号、粉都78、春雷等。

施足腐熟的有机肥，合理密植。注意雨后及时排水。与非茄科作物实行2~3年轮作，避免与土豆、辣椒连作。早期及时摘除病叶、病果，并带出田外集中销毁。番茄拉秧后及时清除田间残余植株、落花、落果，结合翻耕土地，搞好田间卫生。

大棚内要注意保温和通风，每次灌水后一定要通风，以降低棚内空气湿度，早春定植时昼夜温差大，相对湿度高，易结露利于此病的发生和蔓延，尤其需要调整好棚内水、气的有机配合，这是防止早疫病的有效手段。

在栽培上，选择适当的播种期，加强田间管理，使植株生长强健，在整枝时应避免与有病植株相互接触，可以减轻病害的发生。要求施足基肥，生长期间应增施磷、钾肥，按N：P：K为1：1：2追施，特别是钾肥应提倡分次施用，分别作基肥和坐果期追肥，一般以每亩20~25kg硫酸钾为宜，以促进植株生长健壮，提高对病害的抗性。

种子处理。种子要用52℃温水浸种30分钟或采用2%武夷霉素浸种，或用种子重量0.4%的50%克菌丹可湿性粉剂拌种。也可用2.5%咯菌腈悬浮种衣剂10ml加水150~200ml，混匀后可拌种3~5kg，包衣晾干后播种，可有效杀死黏附于种子表皮或潜伏在种皮内的病菌。

栽前棚室消毒。连年发病的温室、大棚，在定植前密闭棚室后按每100m³空间用硫磺0.25kg、锯末0.5kg，混匀后分几堆点燃熏烟一夜。或采用45%百菌清烟剂，标准棚每棚100g，或5%百菌清粉尘剂每亩用1 000g喷洒。

在番茄苗期，病害发生前应注意用保护剂，有效预防病害的发生，可以用下列保护剂：

77%氢氧化铜可湿性粉剂800~1 000倍液；

70%代森锰锌可湿性粉剂600~800倍液；

75%百菌清可湿性粉剂600~800倍液；

茎叶均匀喷雾，视天气和番茄生长情况每7~10天喷1次。

保护地栽培时，结合其他病害的预防，可以使用45%百菌清烟雾剂250g/亩。在傍晚封闭棚室后施药，将药分放于5~7个燃放点烟熏，也可以喷撒5%百菌清粉剂1kg/亩。视病情间隔7~10天用1次药。

在田间开始发病，部分叶片或茎秆上有病斑发生时(图11-58)，应及时喷施治疗剂进行防治，以保护剂和治疗剂混用效果最好，可用下列杀菌剂：

10%苯醚甲环唑水分散粒剂1 500倍液+75%百菌清可湿性粉剂600倍液；

40%嘧霉胺悬浮剂1 000~1 500倍液+75%百菌清可湿性粉剂600~800倍液；

50%苯菌灵可湿性粉剂800~1 000倍液+75%百菌清可湿性粉剂600~800倍液；

64%氢铜·福美锌可湿性粉剂600~800倍液；

图11-58　番茄早疫病田间发病症状

50%福美双·异菌脲可湿性粉剂800～1 000倍液；

25%溴菌腈可湿性粉剂500～1 000倍液+70%代森锰锌可湿性粉剂700倍液；

560g/L嘧菌·百菌清悬浮剂800～1 200倍液；

茎叶喷雾，视病情间隔7天喷药1次。为防止产生抗药性提高防效，提倡轮换交替或复配使用。

保护地还可采用烟熏法，于发病初期用45%百菌清烟雾剂250g/亩+10%腐霉利烟雾剂200～400g/亩，隔5～10天烟熏1次。

5.番茄叶霉病

【分布为害】叶霉病在我国大多数番茄产区均有分布，以华北和东北地区受害较重。尤其是保护地栽培番茄为害严重，一般可减产20%～30%(图11-59)。

图11-59　番茄叶霉病田间发病情况

【症　　状】主要为害叶片，严重时也可为害茎、花和果实。叶片发病，初期叶片正面出现不规则形或椭圆形淡黄色褪绿斑，边缘不明显，叶背面出现灰白色至黑褐色茂密的霉层，后期变成紫灰色或深灰色至黑色或黄褐色；湿度大时，叶片表面病斑也可长出霉层(图11-60至图11-63)。随病情扩展，叶片由下向上逐渐卷曲，病株下部叶片先发病，后逐渐向上蔓延，使整株叶片呈黄褐色干枯，发病严重时可引起全株叶片卷曲(图11-64)。病花常在坐果前枯死。茎染病症状常与叶片类似。果实染病，果蒂附近或果面产生圆形至不规则形黑褐色斑块，硬化凹陷。

图11-60　番茄叶霉病叶片发病初期症状

图11-61　番茄叶霉病叶背发病初期症状

图11-62　番茄叶霉病叶片发病后期症状

图11-63　番茄叶霉病叶背发病后期症状

图11-64　番茄叶霉病田间发病症状

【病　　原】*Cladosporium fulvun* 称黄枝孢菌，属无性型真菌(图11-65)。分生孢子梗成束从气孔伸出，稍有分枝，初无色，后呈褐色，有1～10个隔膜，大部分细胞上部偏向一侧膨大。分生孢子串生，孢子链通常分枝，分生孢子圆柱形或椭圆形，初无色，单胞，后变为褐色，中间长出一个隔膜，形成2个细胞。

【发生规律】以菌丝体和分生孢子梗随病残体遗落在土中存活越冬，或以分生孢子黏附在种子上越冬。依靠气流传播，从气孔侵入致病。病菌孢子萌发后一般从寄主叶背气孔侵入，也可从萼片、花梗等部分侵入。

病菌发育温度范围为9～34℃，最适温度为20～25℃。气温低于10℃或高于30℃，病情发展可受到抑制。而光照充足，温室内短期增温至30～36℃，对病害有明显的抑制作用。在10℃时叶霉病潜育期为27天，20～25℃时为13天，30℃以上潜育期延长，不利于病菌扩展。

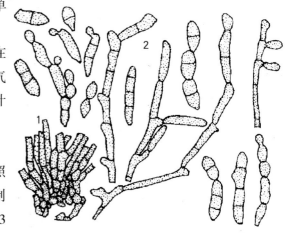

图11-65 番茄叶霉病病菌
1.分生孢子梗；2.分生孢子

湿度是影响发病的主要因素，相对湿度高于90％，有利于病菌繁殖，发病重；相对湿度在80％以下，不利于孢子形成，也不利于侵染及病斑的扩展。

在高温高湿条件下，从开始发病到普遍发生只需要半个月左右。过于密植通风不良，湿度过大，发病严重。阴雨天气或光照弱有利于病菌孢子的萌发和侵染。在温室、大棚环境，尤其是秋大棚，湿度高、光照差，有利于病害的发生。以山东为例，8—9月和10月上旬正是病原生育适温期。所以秋大棚比温室发病重，温室比露地发病重。重点防治环境是秋大棚番茄。以上海为例，5月上旬气温回升快，且晴雨相间，温度和湿度都有利于叶霉病的发生和蔓延。

【防治方法】选用抗病品种，如中杂105、皖粉209、春秀A6、苏粉9号、金粉2号、中研958、朝研219、朝研粉王、合作905、合作919、新改良988、皖粉208、中杂11号、绿亨108、金樽番茄等。提倡采用生态防治方法，重点是控制温、湿度，增加光照，预防高湿低温。加强水分管理，浇水改在上午，苗期浇小水，定植时灌透，开花前不浇，开花时轻浇，结果后重浇，浇水后立即排湿，尽量使叶面不结露或缩短结露时间。露地栽培时，雨后及时排出田间积水。增施充分腐熟的有机肥，避免偏施氮肥，增施磷钾肥，及时追肥，并进行叶面喷肥。定植密度不要过高，及时整枝打杈、绑蔓，植株坐果后适度摘除下部老叶。

种子处理。用52℃温水浸种15分钟或采用2％武夷菌素水剂浸种，或用种子重量0.4％的50％克菌丹可湿性粉剂拌种。也可用2.5％咯菌腈悬浮种衣剂，10ml加水150～200ml，混匀后可拌种3～5kg，包衣后播种，也可以用2％嘧啶核苷类抗生素水剂100倍液浸种3～5小时。

该病易于发生侵染，生产上应结合其他病害的防治，注意施用保护剂，防止病害的侵入，可以用下列保护剂：

77％氢氧化铜可湿性粉剂600～800倍液；

70％代森锰锌可湿性粉剂600～800倍液；

75％百菌清可湿性粉剂600～800倍液；

12％松脂酸铜乳油400倍液；

50％敌菌灵可湿性粉剂500倍液+75％百菌清可湿性粉剂500～800倍液；

均匀喷雾，视天气和番茄生长情况，间隔7~10天喷1次。

保护地栽培时，结合其他病害的预防，可以使用45%百菌清烟雾剂250g/亩。在傍晚封闭棚室后施药，将药分放于5~7个燃放点烟熏，也可以喷撒5%百菌清粉剂1kg/亩。视病情间隔7~10天用1次药。

在田间开始发病时，部分叶片上有病斑和霉层时(图11-66)，应及时喷施治疗剂进行防治。该病发生后，田间易于再侵染，应注意保护剂和治疗剂混用，可用下列杀菌剂：

图11-66　番茄叶霉病发病初期症状

25%啶菌恶唑乳油800倍液+75%百菌清可湿性粉剂500倍液；

40%氟硅唑乳油4 000倍液+75%百菌清可湿性粉剂600倍液；

30%氟菌唑可湿性粉剂1 500~2 000倍液+50%克菌丹可湿性粉剂500倍液；

40%嘧霉胺可湿性粉剂800~1 000倍液+70%代森锰锌可湿性粉剂700倍液；

50%异菌脲悬浮剂1 500倍液；

25%多·福·锌可湿性粉剂1 200~2 200倍液；

50%苯菌灵可湿性粉剂1 000~1 500倍液+75%百菌清可湿性粉剂800倍液；

40%双胍三辛烷基苯磺酸盐可湿性粉剂3 000倍液+75%百菌清可湿性粉剂500倍液；

20%丙硫·多菌灵悬浮剂2000倍液+75%百菌清可湿性粉剂500倍液；

30%醚菌酯悬浮剂2500倍液；

均匀喷雾，视病情间隔7天喷药1次。为防止产生抗药性，提高防效，提倡轮换交替或复配使用。

露地栽培田，发病初期可用下列杀菌剂或配方：

25％甲硫·腈菌唑可湿性粉剂500～800倍液；

40％氟硅唑乳油5 000倍液+75％百菌清可湿性粉剂500～800倍液；

25％嘧菌酯悬浮剂900倍液；

25％啶菌恶唑乳油800倍液+70％代森锰锌可湿性粉剂500～800倍液；

2％春雷霉素水剂500倍液+75％百菌清可湿性粉剂500～800倍液；

20％丙硫·多菌灵悬浮剂2 000倍液+70％代森锰锌可湿性粉剂500～800倍液；

50％克菌丹可湿性粉剂500倍液；

10％多抗霉素可湿性粉剂500倍液+75％百菌清可湿性粉剂500～1 000倍液；

均匀喷雾，视病情间隔7天喷药1次。

6. 番茄煤霉病

【症　　状】主要为害叶片。叶片发病初期两面产生淡黄色圆形至不规则形病斑，后扩展成叶面近圆形至不规则形淡褐色至褐色病斑，叶背病部常产生灰褐色至黑褐色霉层，发病严重时霉层可布满整个叶片，后期病部常破裂穿孔(图11-67至图11-70)。

图11-67　番茄煤霉病叶片发病初期症状

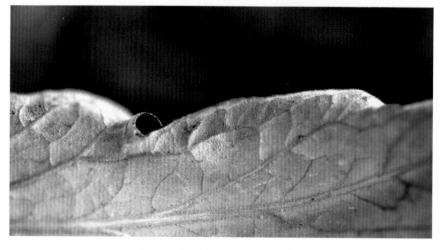

图11-68　番茄煤霉病叶背发病初期症状

图11-69　番茄煤霉病叶片发病中期症状

图11-70　番茄煤霉病叶片发病后期症状

【病　　原】 *Pseudocercospora fuligena* 称煤污假尾孢，属无性型真菌。分生孢子梗2～7枝成束，淡灰褐色。分生孢子倒棒形，基部稍大，末端细小，无色，有多个横隔膜。

【发生规律】 病菌主要菌丝体和分生孢子随病残体在土壤中越冬，翌年条件适宜时产生分生孢子，借助风雨传播为害。地势低洼、土质黏重、栽培密度大、田间郁闭、通透性差、长期闷热、阴雨天多、雨后易积水、田间湿度大发病较重。

【防治方法】与非茄果类蔬菜轮作3年以上。选择地势较平坦不易积水的地块栽培，合理密植，加强肥水管理，促进植株生长，及时整枝打杈，摘除老叶病叶，雨后及时排出田间积水；收获后及时清除田间病残体并集中销毁。

发病初期，可采用下列杀菌剂进行防治：

30%异菌脲·环己锌乳油900～1 200倍液；

20%丙硫·多菌悬浮剂2 000倍液+75%百菌清可湿性粉剂500倍液；

50%苯菌灵可湿性粉剂1 000～1 500倍液+75%百菌清可湿性粉剂800倍液；

25%多·福·锌可湿性粉剂1 200～2 200倍液；

50%甲硫·硫磺悬浮剂800～1 000倍液+70%代森锰锌可湿性粉剂700倍液；

对水喷雾，视病情间隔5～7天1次。

7. 番茄病毒病

【分布为害】番茄病毒病在全国番茄种植区均有发生，一般年份可减产20%～30%，流行年份高达50%～70%，局部地区甚至绝产(图11-71至图11-73)。

图11-71　樱桃番茄病毒病苗期发病症状　　　图11-72　番茄病毒病开花坐果期发病症状

图11-73 番茄病毒病成株期田间发病症状

【症　　状】花叶型：叶片上出现黄绿相间，或深浅相间斑驳，叶脉透明，叶略有皱缩，病株较健株略矮(图11-74)。

图11-74 番茄病毒病花叶型症状

蕨叶型：植株不同程度矮化，由上部叶片开始全部或部分变成线状，中、下部叶片向上微卷，花冠加长增大，形成巨花(图11-75和图11-76)。

图11-75 番茄病毒病蕨叶型叶片发病症状

图11-76 番茄病毒病蕨叶型新叶发病症状

巨芽型：顶部及叶腋长出的芽大量分枝或叶片呈线状、色淡，致芽变大且畸形，病株多不能结果，或呈圆锥形坚硬小果(图11-77)。

图11-77　番茄病毒病巨芽型症状

　　斑萎型：苗期染病，幼叶变为铜色上卷，后形成许多小黑斑，叶背面沿脉呈紫色，有的生长点死掉，茎端形成褐色坏死条斑，病株仅半边生长或完全矮化或落叶呈萎蔫状，发病早的不结果。坐果后染病，果实上出现褪绿环斑，绿果略凸起，轮纹不明显，青果上产生褐色坏死斑，呈瘤状凸起，果实易脱落。成熟果实染病轮纹明显，红黄或红白相间，褪绿斑在全色期明显，严重的全果僵缩，脐部症状与脐腐病相似，但该病果实表皮变褐坏死，有别于脐腐病(图11-78和图11-79)。

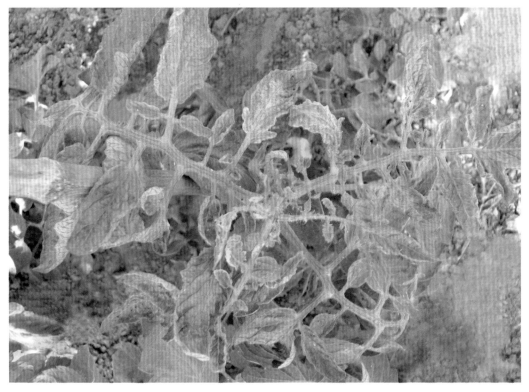

图11-78　番茄病毒病斑萎型叶片发病症状

图11-79 番茄病毒病斑萎型果实发病症状

条斑型：可发生在叶、茎、果上，病斑形状因发生部位不同而异。在叶片上为茶褐色的斑点或云纹，在茎和果上为黑褐色斑块，变色部分仅处在表层组织，不深入茎、果内部，这种类型的症状往往是由烟草花叶病毒及黄瓜花叶病毒或其他1~2种病毒复合侵染引起，在高温与强光照下易发生(图11-80至图11-82)。

图11-80 番茄病毒病条斑型叶片发病症状　　**图11-81 番茄病毒病条斑型茎部发病症状**

图11-82 番茄病毒病条斑型果实发病症状

黄化曲叶型：叶脉间黄化，叶片边缘向上方弯卷，小叶呈球形，扭曲成螺旋状畸形，整个植株萎缩，有时丛生，染病早的，多不能开花结果，发病轻的果实较小，坐果数较少(图11-83至图11-86)。

图11-83 番茄病毒病黄化曲叶型生育前期发病症状

图11-84　番茄病毒病黄化曲叶型生育后期发病轻时症状

图11-85　番茄病毒病黄化曲叶型生育后期发病严重时症状

图11-86 番茄病毒病果实发病症状

【病 原】引起番茄病毒病的毒原有20多种，主要有Tobacco mosaic virus（TMV）称烟草花叶病毒、Cucumber mosaic virus（CMV）称黄瓜花叶病毒、Tobacco leaf curl virus（TLCV）称烟草曲叶病毒、Alfalfa mosaic virus（AMV）称苜蓿花叶病毒、Tomato yellow leafcurl virus（TYLV）称番茄黄化曲叶病毒、Potato virus Y（PVY）称马铃薯Y病毒和Whitefly-transmitted geminiviruses（WTG）称番茄烟粉虱双生病毒等。

【发生规律】番茄病病毒在多年生宿根植物或杂草上越冬，种子也能带毒，成为初侵染源。主要通过汁液接触传染，只要寄主有伤口，即可侵入。附着在番茄种子上的果屑也能带毒。此外土壤中的病残体、田间越冬寄主残体、烤晒后的烟叶、烟丝均可成为该病的初侵染源。黄瓜花叶病毒主要由蚜虫传染，汁液也可传染，冬季病毒多在宿根杂草上越冬，靠春季迁飞的蚜虫传播。番茄病毒病的发生与环境条件关系密切，一般高温干旱天气利于病害发生。此外，施用氮肥过量，植株组织生长柔嫩或土壤瘠薄、板结、黏重以及排水不良发病重。番茄病毒病的毒原种类在一年里往往有周期性的变化，春夏两季烟草花叶病毒比例较大，而秋季黄瓜花叶病毒为主，因此生产上防治时应针对毒源，采取相应的措施，才能收到较满意的效果。5月底和6月上旬为病毒病易感期。果实膨大期缺水干旱，土壤中缺钙、钾等元素，也易于引起发病。

【防治方法】针对当地主要毒原，因地制宜选用抗病品种。近年国内新育成抗病品种如下：①鲜食早熟自封顶型番茄高抗TMV、中抗CMV的品种，有西粉1号、霞粉、粤星、粤宝、多宝、苏抗9号、苏抗11号、东农705、鲁番茄5号、蓉丰3号；高抗TMV的品种，有中杂10号、西粉3号、早丰、浙杂7号、湘番茄1号、皖红1号、合作903、鲁番茄7号、渝抗4号、江苏3号。②鲜食中晚熟无限生长型番茄抗TMV兼抗CMV(中抗)新品种，有中杂12号、中杂11号、中蔬5号、中蔬6号、佳粉15、浦江7号、浦江8号、红牡丹、苏保1号、上海9197、东北农大的9230、浙杂806、江苏2号、皖粉3号。③单抗TMV的品种，有中蔬4号、东农707、辽粉杂1号、陇番7号、春雷2号、T粉92-1、吉粉2号、吉粉3号。新近选育的抗病毒病品种，有中粉1号、星宇201、中杂105、阿乃兹、爱莱克拉、绿亨108金尊、世诚101、金粉2号、盖伦、大唐4号、大唐番茄、朝研粉王、朝研219、朝研粉冠、苏粉8号、皖粉4号、合作905等。

提倡采用防虫网育苗、栽培，防止蚜虫、烟粉虱传毒，尤其是高温干旱年份要注意及时喷药防治蚜虫、烟粉虱，预防TMV侵染。

加强栽培防病措施。适期播种，培育壮苗，苗龄适当，定植时要求带花蕾，但苗不老化；适时早定植，促进早发，利用塑料棚栽培，避开田间发病期；早中耕锄草，及时培土，促进发根，晚打杈，早采收，定植缓苗期喷洒万分之一增产灵可提高对花叶病毒的抵抗力。第一穗坐果后应及时浇水、追肥，促果壮秧，尤其高温干旱季节要勤浇水，注意改善田间小气候。

采用防病毒新技术。①应用弱病毒疫苗N14和卫星病毒S52处理幼苗，提高植株免疫力，兼防烟草花叶病毒和黄瓜花叶病毒；也可将弱毒疫苗稀释100倍，加少量金刚砂，用每平方米2~3kg压力喷枪喷雾。②在定植前后各喷1次24%混脂酸铜水剂700~800倍液或10%混脂酸水乳剂100倍液，能诱导番茄耐病又增产。

定植时不要伤根，在田间操作时不要损伤植株。冬季深翻土壤，适期早种、早栽、保护地覆盖栽培，培育壮苗大苗，使植株早发棵、早成龄，使其在干热季节来临前，即5月底和6月上旬的病毒病感病期，以及定植后勤中耕促进根系发育，及早追足磷肥，打杈时用手推杈，减少伤口，减少汁液传毒，及时消灭蚜虫、粉虱等传毒害虫。

种子处理。可用10%的磷酸三钠溶液浸种20分钟，用清水洗净后再播种；或0.1%高锰酸钾溶液浸种40分钟，水洗后浸种催芽，或将干燥的种子置于70℃恒温箱内进行干热处理72小时。

蚜虫、烟粉虱是番茄病毒病的重要传播者，及时防治害虫，可降低蚜虫传病毒引发病毒病的概率。

在病毒病发病前，也可以施用药剂预防，但一般情况下以提高番茄抗病力为主，发病初期要加强防治(图11-87)，可以用下列药剂或植物生长调节剂配方进行防治：

图11-87　番茄病毒病发病初期症状

3%三氮唑核苷水剂500倍液+0.01%芸苔素内酯乳油2 000~4 000倍液；

2%宁南霉素水剂200~400倍液；

4%嘧肽霉素水剂200~300倍液；

20%盐酸吗啉胍·乙酸铜可湿性粉剂500~700倍液；

2.1%烷醇·硫酸铜可湿性粉剂500~700倍液；

25%琥铜·吗啉胍可湿性粉剂600~800倍液；

3.85%三氮唑·铜·锌水乳剂600~800倍液；

1.5%硫铜·烷基·烷醇水乳剂1 000倍液；

3.95%三氮唑核苷·铜·烷醇·锌水剂500~800倍液；

25%吗胍·硫酸锌可溶性粉剂500~700倍液；

31%氮苷·吗啉胍可溶性粉剂600~800倍液；

1.05%氮苷·硫酸铜水剂300~500倍液；

20%盐酸吗啉呱可湿性粉剂400~600倍液；

3%三氮唑核苷水剂600~800倍液；

50%氯溴异氰尿酸可溶性粉剂800倍液；

18%腐殖·吗啉胍可湿性粉剂600倍液；

均匀喷雾，从幼苗开始，每隔5~7天喷1次。

此外，喷施1%过磷酸钙、1%硝酸钾做根外追肥，均可提高耐病性。也可以加入杀虫剂防治蚜虫、白粉虱侵染。

8. 番茄根结线虫病

【分布为害】近几年来，我国保护地蔬菜面积不断扩大，长季栽培、反季栽培面积增长迅速，致使番茄连作频繁，据内蒙古、黑龙江、山东、江苏、辽宁、河北、河南及北京郊区调查，现在根结线虫的为害已成为保护地栽培中的突出问题。轻者减产20%~30%，严重的减产50%以上，甚至成为保护地蔬菜生产上的毁灭性病害(图11-88)。

图11-88 番茄根结线虫病田间成株期发病症状

【症　状】主要为害根部。病部产生大小不一、形状不定的肥肿、畸形瘤状结。剖开根结有乳白色线虫，多在根结上部产生新根，再侵染后又形成根结状肿瘤。发病轻时，地上部症状不明显，发病严重时植株矮小，发育不良，叶片变黄，结果小。高温干旱时病株出现萎蔫或提前枯死(图11-89至图11-91)。

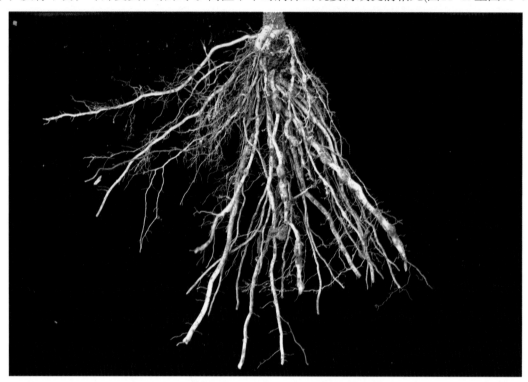

图11-89　番茄根结线虫病根部发病初期症状

图11-90　番茄根结线虫病根部发病后期症状

图11-91　番茄根结线虫病苗期发病症状

【病　　原】*Meloidogyne incognita* 称南方根结线虫，属动物界线虫门(图11-92)。病原线虫雌雄异形，幼虫细长蠕虫状。雌虫体白呈卵圆形或鸭梨形，体形不对称，颈部通常向腹面弯曲，排泄孔位于口针基部球处，会阴花纹呈卵圆形或椭圆形，背弓纹明显的高，弓顶平或稍圆，背纹紧密或稀疏，由平滑到波浪形的线纹组成，一些线纹向侧面分叉，但无明显侧线，无翼，无刻点，腹纹较平或圆，光滑。雄虫细长，虫体透明，交合刺细长，末端尖，弯曲成弓状。南方根结线虫有4个生理小种，小种具有寄主专化性，而且不同小种对同一植株(品种)的致病力也不同。

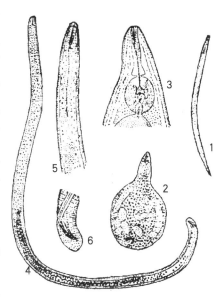

图11-92　番茄根结线虫
1.二龄幼虫；　2.雌虫；　3.雌虫前端；
4.雄虫；　5.雄虫前端；　6.雄虫尾部

【发生规律】根结线虫多以2龄幼虫或卵随病残体遗留在5～30cm土层中，生存1～3年，条件适宜时，越冬卵孵化为幼虫，继续发育后侵入番茄根部，刺激根部细胞增生，产生新的根结或肿瘤。根结线虫发育到4龄时交尾产卵，雄线虫离开寄主钻入土中后很快死亡。产在根结里的卵孵化后发育至2龄后脱离卵壳，进入土壤中进行再侵染或越冬。田间发病的初始虫源主要是病土或病苗。根结线虫生存最适温度25～30℃，高于40℃、低于5℃都很少活动，55℃经10分钟致死。田间土壤湿度是影响孵化和繁殖的重要条件。土壤湿度适合蔬菜生长，也适于根结线虫活动，雨季有利于孵化和侵染，但在干燥或过湿土壤中，其活动受到抑制。沙土地常较黏土田块发生严重。

【防治方法】提倡采用高温闷棚防治保护地根结线虫和其他土传病害。近年中国大部分地区提出在7月或8月采用高温闷棚进行土壤消毒，地表温度最高可达72.2℃，地温49℃以上，也可杀死土壤中的根结线虫和土传病害的病原菌，防效可达80%，适合我国国情。

轮作。提倡水旱轮作效果好，最好与禾本科作物轮作。

提倡采用高抗根结线虫的品种，如耐莫尼塔、罗蔓和以色列的FA-593、FA-1420等，其他抗病品种有仙客1号、仙客2号、佳红6号、春雪红、1415番茄、新试抗线1号、新试抗线2号、M158等。

　　采用营养钵和穴盘无土育苗。采用无土育苗是防治根结线虫的一种重要措施，能防止番茄苗早期受到根结线虫为害，且秧苗质量好于常规土壤育苗。

　　根结线虫为害严重的地区也可采用嫁接的方法防治番茄根结线虫病，且可兼防番茄枯萎病、根腐病、青枯病等。方法是选用抗根结线虫病的砧木，如用托鲁巴姆或从意大利引进的番茄抗性砧木SIS-1或用河南农业职业学院培育的线绝1号、3号番茄砧木嫁接，接穗选用当地主栽的番茄品种，采用靠接法或插接法进行嫁接，可有效地防治根结线虫等土传病害发生(图11-93和图11-94)。嫁接后尽快把嫁接苗栽入事先准备好的营养钵中，移入大棚或温室内，2～3天内保持较高的温度和湿度，并适当遮光，避免阳光直射。嫁接后10天，将嫁接部位上方砧木的茎及下方接穗的茎切断一半，3～4天再将其全部切断。

图11-93　未嫁接番茄与嫁接番茄田间长势对比

图11-94　未嫁接番茄与嫁接番茄对根结线虫病抗病性的对比

可用35%威百亩水剂4~6kg/亩或用10%噻唑膦颗粒剂2~5kg/亩或用98%棉隆微粒剂3~5kg/亩或用3.2%阿维·辛硫磷颗粒剂4~6kg/亩或用5亿活孢子/g淡紫拟青霉颗粒剂3~5kg/亩处理土壤。

也可以每平方米用1.8%阿维菌素乳油1ml,稀释2000~3000倍液,用喷雾器喷雾,然后用钉耙混土,该法对根结线虫有良好的效果。阿维菌素对作物很安全,使用后可很快移栽,并且使用不受季节的限制。或在定植前3天灌根线酊,灌在已挖好的苗埯内,每100ml药对水75kg,每穴0.5kg。或定植后小苗期需要分3次灌根,方法是每次用100ml药对水225kg,灌450棵苗,灌后发现植株打蔫时,应及时灌水即缓解,对植株无影响。对已出现根结的大苗可灌两次:第1次灌时用100ml根线酊,对水150kg再加入赤霉素125ml,灌300株;第2次药量同第1次,不加赤霉素,灌300株。最好在阴天或晴天下午进行。

根结线虫一旦传入,很难根治。因此,防止根结线虫的传入极为重要。由于种苗移栽、大水漫灌、农事操作是根结线虫传播的重要途径,建议从培育无病种苗入手,在温室中安装滴灌设备,在温室门口放置消毒液,进入温室前消毒或换鞋。这些措施将有效地防止根结线虫的传播和蔓延。

9. 番茄腐烂茎线虫病

【症　　状】主要为害茎部,发病初期植株生长势较弱,叶片皱缩,生长点晴天中午易萎蔫,发病严重时整株萎蔫,易落花落果或果实较小、发育不良;剖开病茎,茎部呈糟糠状腐烂或干腐(图11-95至图11-98)。

图11-95　番茄腐烂茎线虫病植株发病初期症状

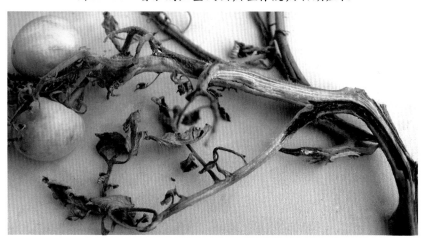

图11-96　番茄腐烂茎线虫病植株发病后期症状

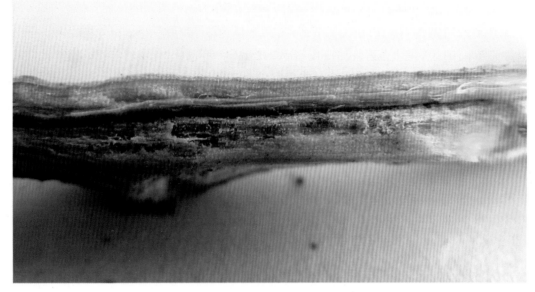

图11-97　番茄腐烂茎线虫病茎部发病初期症状

图11-98　番茄腐烂茎线虫病茎部发病后期症状

【病　　　原】*Ditylenchus destructor* 称马铃薯腐烂线虫，属植物寄生线虫。成熟的雌虫和雄虫都是细长蠕虫形，雌虫较雄虫大。雌虫的阴门大约位于虫体后部的3/4处，雄虫的孢片不包住整个尾部。食道属垫刃型，口针细小，有基部球。雌虫单卵巢，前伸，无曲折。雌虫体宽。卵长约大于体宽，卵宽约为卵长的一半。雄虫具一睾丸，它的前端起始位置与卵巢相似。雄虫有一对交合刺，略弯曲，后部较宽，末端尖，在每个交合刺的宽大处有两个指状凸起。

【发生规律】腐烂茎线虫是一种迁移性植物内寄生线虫，主要为害番茄茎部。线虫多以成虫或幼虫在土壤中越冬。在田间缺少寄主植物时，易在土壤中的杂草和真菌寄主上存活。在田间土壤中能存活3～5年；生育最适温度为20～27℃。腐烂茎线虫不耐干燥，在相对湿度低于40%的情况下难以生存。对低温忍耐力强，高于35℃则不活动。腐烂茎线虫主要通过土壤进行传播，在田间还可以通过农事操作和灌溉水传播。

【防治方法】与烟草、水稻、棉花、高粱等作物轮作2～3年。收获后及时清除田间病残体，并带出棚外集中销毁。

育苗时进行土壤处理，避免幼苗带虫；在番茄定植前整地时，可在犁地前撒施10%噻唑膦颗粒剂2～4kg/亩、98%棉隆颗粒剂2～4kg/亩，也可将上述药剂施于垄下，以防治土壤中的腐烂茎线虫。

定植后发病，可采用1.8%阿维菌素乳油1 500倍液喷淋茎基部或灌根防治。

10．番茄枯萎病

【症　　状】枯萎病是一种重要的土传病害。多在开花结果期发病，在盛果期枯死。先从下部叶片开始发黄枯死，依次向上蔓延，有时植株一侧叶片发黄，另一侧为正常绿色，发病严重时整株叶片枯死，但不脱落。叶片黄褐，潮湿时茎部贴地表处，产生粉红色霉，剖开茎部维管束变黄褐(图11-99和图11-100)，无乳白色黏液流出，有别于青枯病。

图11-99　番茄枯萎病田间发病症状

图11-100　番茄枯萎病根茎部维管束褐变症状

【病　　原】*Fusarium oxysporum* f.sp. *lycoersici*　称尖镰孢菌番茄专化型，属无性型真菌(图11-101)。分生孢子有大小两型：大型分生孢子镰刀形或长纺锤形，顶端和尾部稍弯曲，具3~5个隔膜，3隔的居多；小型分生孢子长椭圆形或卵形，无色，单胞；厚垣孢子圆形或椭圆形，黄褐色，单胞，顶生或间生于菌丝之上。

图11-101　番茄枯萎病病菌的分生孢子、分生孢子梗、厚垣孢子

【发生规律】以菌丝体或厚垣孢子随病残体在土壤中或附着在种子上越冬，营腐生生活。带菌种子进行远距离传病。生产上播种带菌的种子，出苗后即发病。多在分苗、定植时从根系伤口、自然裂口、根毛侵入，到达维管束。高温高湿有利于病害发生。土壤偏酸、地下害虫多、土壤板结、土层浅、发病重。番茄连茬年限多，施用未腐熟粪肥，或追肥不当烧根，植株生长衰弱，抗病力降低，病情加重。春播早番茄病轻，晚播的病重。21℃以下或33℃以上病情扩展缓慢。

【防治方法】实行3年以上轮作，施用腐熟的有机肥或酵素菌沤制的堆肥或生物活性有机肥，采用配方施肥技术，适当增施钾肥，提高植株抗病力。发现零星病株，要及时拔除，定植穴填入生石灰覆土踏实，杀菌消毒。

种子处理。播前用52℃温水浸种30分钟，或用0.1%升汞浸种3分钟，再用清水洗涤干净催芽播种；也可用种子重量0.3%的70%敌磺钠可溶性粉剂拌种后再播种。

土壤处理。常规育苗采用新土育苗或床土消毒。每平方米床面用35%福·甲可湿性粉剂8～10g，加干土4～5kg拌匀，先将1/3药土撒在畦面上，然后播种，再把其余药土覆在种子上。提倡采用营养钵或穴盘育苗，营养土配好后，每立方米营养土中喷入30%恶霉灵水剂150ml或70%敌磺钠可溶性粉剂200g，充分拌匀后，装入营养钵或穴盘育苗。

发病初期，可以采用以下杀菌剂进行防治：

68%恶霉·福美双可湿性粉剂800～1 000倍液；

3%恶霉·甲霜水剂600倍液；

70%恶霉灵可湿性粉剂2 000倍液；

30%福·嘧霉可湿性粉剂800倍液；

向茎基部喷淋或浇灌，每株灌药液300～500ml，视病情间隔7～10天灌1次。

发病较普遍时，可采用以下杀菌剂进行防治：

54.5%恶霉·福可湿性粉剂700倍液；

70%敌磺钠可溶性粉剂500倍液；

浇灌根部，每株灌药液300～500ml，视病情间隔5天灌1次。

11．番茄斑枯病

【症　　状】主要为害番茄的叶片、茎和花萼，尤其在开花结果期的叶片上发生最多，果实很少受害。接近地面的老叶先发病，逐渐蔓延到上部叶片。初发病时，叶片背面出现水浸状小圆斑，不久叶片正面出现近圆形的褪绿斑，边缘深褐色，中央灰白色，凹陷，密生黑色小粒点。发病严重时，叶片逐渐枯黄，植株早衰，造成早期落叶(图11-102)。茎部病斑椭圆形，稍隆起。病斑中间灰白色，边缘暗褐色(图11-103)。果实染病，病部灰白色，边缘暗褐色，呈圆形隆起，类似鱼眼状(图11-104)。

图11-102　番茄斑枯病叶片发病症状

图11-103　番茄斑枯病茎部发病症状

图11-104　番茄斑枯病果实发病症状

【病　　　原】*Septoria lycopaersici* 称番茄壳针孢，属无性型真菌。分生孢子器生在叶两面，散生或聚生，初埋生，后突破表皮，孔口外露，球形至近球形。

【发生规律】以菌丝体和分生孢子器在土中的病残体或种子上越冬。借雨水溅到番茄叶片上，所以接近地面的叶片首先发病。斑枯病常在初夏发生，到果实采收的中后期蔓延很快。温暖潮湿和阳光不足的阴天，有利于斑枯病的发生。遇阴雨天气，同时土壤缺肥、植株生长衰弱，病害容易流行。

【防治方法】番茄采收后，要彻底清除田间病株残余物和田边杂草，集中沤肥，经高温发酵和充分腐熟后方能施入田内。

结合其他病害的防治，视田间番茄生长情况和病害发生条件，注意喷施保护剂。

田间发现病斑时，及时施药防治，可采用以下药剂进行防治：

50％异菌脲悬浮剂800～1 000倍液+65％代森锌可湿性粉剂500～600倍液；

50％腐霉利可湿性粉剂1 000倍液+70％代森联水分散粒剂800倍液；

40%氟硅唑乳油4 000倍液+75%百菌清可湿性粉剂600～1 000倍液；

70%甲基硫菌灵可湿性粉剂700倍液+70%代森锰锌可湿性粉剂800～1 000倍液；

10%苯醚甲环唑水分散粒剂2 000倍液+65%代森锌可湿性粉剂800～1 000倍液；

均匀喷雾，视病情间隔7～10天喷1次。

12．番茄细菌性溃疡病

【分布为害】番茄细菌性溃疡病在全国番茄种植区均有零星发生，造成部分植株枯死，对番茄生产影响严重。

【症　　状】全生育期均可发病。幼苗染病，真叶从下向上打蔫，叶柄或胚轴上产生凹陷坏死斑，横剖病茎可见维管束变褐，髓部出现空洞。成株期染病常从植株下部叶片边缘枯萎，逐渐向上卷起，随后全叶发病，叶片青褐色，皱缩，干枯，垂悬于茎上而不脱落，似干旱缺水枯死状。茎部出现褪绿条斑，有时呈溃疡状。茎维管束褐变，后期下陷或开裂，茎略变粗，生出许多疣刺或不定根。湿度大时，有污白色菌脓溢出(图11-105)；果实发病产生疣状凸起(图11-106)。

图11-105　番茄细菌性溃疡病植株发病症状

图11-106 樱桃番茄细菌性溃疡病果实发病症状

【病　　原】*Clavibacter michiganense* subsp. *michiganense* 称密执安棒杆菌密执安亚种，属细菌。菌体短杆状或棍棒形，无鞭毛。在523琼脂培养基上培养96小时后，长出直径1mm的小菌落，1周后菌落圆形，略凸起，全缘不透明，黏稠状。

【发生规律】病菌在种子内外或附着于病残体上越冬。种子带菌是远距离传播的主要途径。田间主要靠雨水及灌溉水传播。此外，整枝、绑架、摘果等农事操作时也可接触传播。病菌可从各种伤口侵入、气孔或水孔侵入。高湿、大雾、重露、多雨等因素有利病害发生，尤其是暴风雨后病害明显加重。在长时间降雨之后发病严重。露地栽培田，6月下旬病害开始猛增，7月中旬达到高峰，以后随雨水减少而逐渐减少。在气温较低的地方，则从7月上中旬开始发生。

【防治方法】生产上提倡与非茄科蔬菜进行3年以上轮作，采用高垄或高畦栽培。7~8月进行高温闷棚。对生产用种严格检疫，不使用带病种子。选用野生番茄为砧木进行嫁接栽培。及时中耕培土，早搭架。农事操作要在田间露水干后进行。发现病株及时拔除深埋或烧毁，并用生石灰对病穴进行消毒。补施石灰50~75kg，调节土壤pH值，采用测土配方施肥，适当稀植，单蔓整枝，每亩定植2 500~3 000株，通风透光，相对湿度低，农事操作露水干后进行。

种子处理。可用55℃温水浸种15分钟；或进行干热灭菌，将干种子放在干燥箱中，在70℃下保温72小时或者在80℃下保温24小时，或用1.05%次氯酸钠浸种20~40分钟，浸种后用清水冲洗掉药液，催芽播种。

发病初期，特别是暴风雨后及时施药防治，可以施用下列杀菌剂进行防治：

3%中生菌素可湿性粉剂600~800倍液；

20%噻唑锌悬浮剂300~500倍液+12%松脂酸铜乳油600~800倍液；

20%噻菌铜悬浮剂1 000~1 500倍液；

50%氯溴异氰尿酸可溶性粉剂1 500~2 000倍液；

36%三氯异氰尿酸可湿性粉剂1 000~1 500倍液；

均匀喷雾。在番茄定植后，视病情每间隔7~10天喷1次进行保护防治。

第一穗果膨大初期，进入发病高峰期，生产上应注意及时施药防治，可以用下列杀菌剂进行防治：

20%二氯异氰脲酸钠可溶性粉剂1 500倍液；

50%氯溴异氰尿酸可溶性粉剂1 500倍液；

进行全株喷淋，也可以灌根，每株浇灌对好的药液0.3L，视病情间隔5～7天1次。以灌根防治为主，喷雾防治只起辅助作用。

13．番茄细菌性髓部坏死病

【分布为害】番茄细菌性髓部坏死病在全国番茄种植区均有发生，造成部分植株枯死，对番茄生产影响严重。

【症　　状】系统性侵染病害，主要为害茎和分枝，叶和果也可被害，一般在番茄结果期表现症状。初病期植株上中部叶片开始失水萎蔫，部分复叶的少数小叶片边缘褪绿。与此同时，茎部长出凸起的不定根，尚无明显的病变。后在长出凸起的不定根的上、下方，出现褐色至黑褐色斑块，病斑表皮质硬。纵剖病茎，可见髓部发生病变，病变部分超过茎外表变褐的长度，呈褐色至黑褐色；茎外表褐变处的髓部先坏死，干缩中空，并逐渐向茎上下延伸。染病株从萎蔫到全株枯死，病程约20天(图11-107至图11-113)。

图11-107　番茄细菌性髓部坏死病田间发病初期症状　　图11-108　番茄细菌性髓部坏死病田间发病后期症状

图11-109 番茄细菌性髓部坏死病叶片发病症状 图11-110 番茄细菌性髓部坏死病茎部发病症状

图11-111 番茄细菌性髓部坏死病髓部发病症状

图11-112 番茄细菌性髓部坏死病发病初期茎纵剖面

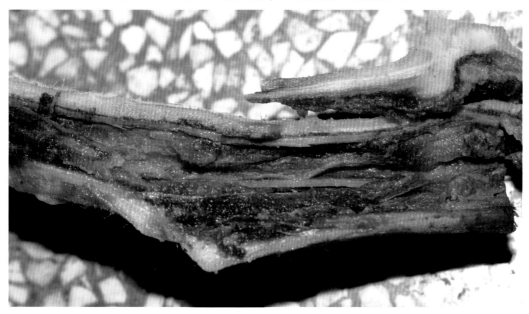

图11-113 番茄细菌性髓部坏死病发病后期茎纵剖面

【病　　原】*Pseudomonas corrugata* 称皱纹假单胞菌，属细菌。菌体杆状，多根极生鞭毛，革兰氏染色阴性，好气性，非荧光假单胞菌。菌落起皱，淡黄色，有时中心绿色。不能水解果胶酶。

【发生规律】病菌随病残体在土壤中越冬。寄主植物除番茄外，还可侵染紫花苜蓿。病菌借助雨水、灌溉水传播，农事操作也能传播病菌。病菌主要由伤口侵入。棚栽番茄多于3月下旬开始发病，至4月番茄青果生长期发病逐渐严重。露地番茄于6月上旬青果生长期发病。病菌在夜温低、湿度大的条件下繁殖较快，雨季最易发病。偏施氮肥，茎柔嫩，植株易受病菌侵染而发病。4—7月遇高温多雨，田间病害发展很快，条件适宜时易大面积流行。连作地、排水不良、氮肥过量的地块发病重。

【防治方法】注意与非茄科作物进行2～3年轮作。加强水肥管理，高垄覆盖地膜栽培。合理施肥，施足粪肥，增施磷、钾肥，不要偏施、过施氮肥，保持植株生长健壮。合理浇水，雨后及时排水，防止田间积水，避免田间湿气滞留。保护地栽培时注意降低棚室内空气湿度，浇水后及时排出湿气。不要在阴雨天整枝打杈，防其传染。清洁田园，发现病叶及时摘除，收获后清洁田园，深翻土壤。

田间发现病斑，气候条件适于发病时及时进行施药防治，发病初期重点施用保护性杀菌剂，可采用以下杀菌剂进行防治：

　　3%中生菌素可湿性粉剂600～800倍液；

　　20%噻唑锌悬浮剂300～500倍液+12%松脂酸铜乳油600～800倍液；

　　20%噻菌铜悬浮剂1 000～1 500倍液；

　　47%春雷·王铜可湿性粉剂700倍液；

　　2%春雷霉素可湿性粉剂300～500倍液；

　　均匀喷雾，视病情间隔7～10天1次。

　　第一穗果膨大初期，气候条件适宜时，多进入发病高峰期，应注意防治，可用下列杀菌剂进行防治：

　　50%氯溴异氰尿酸可溶性粉剂1 500～2 000倍液；

　　20%噻唑锌悬浮剂300～500倍液；

　　3%中生菌素可湿性粉剂600～1 000倍液；

　　进行全株喷淋，也可以灌根，每株浇灌对好的药液0.3L，视病情间隔5～7天1次(图11-114)。以灌根防治为主，喷雾防治只起辅助作用。

图11-114　在番茄第一穗果膨大初期开始进行灌根防治

14. 番茄茎基腐病

　　【症　　状】茎基腐病多在进入结果期时发病，仅为害茎基部。发病初期，茎基部皮层外部无明显病变，而后茎基部皮层逐渐变为淡褐色至黑褐色，绕茎基部一圈，病部失水变干缩(图11-115)。病部以上叶片变黄，萎蔫。后期叶片变为黄褐色，枯死多残留在枝上不脱落。根部及根系不腐烂。后期，病部表面常形成黑褐色大小不一的菌核，有别于早疫病。

图11-115 番茄茎基腐病发病症状

【病　　原】*Rhizoctonia solani* 称立枯丝核菌，属无性型真菌。菌丝发达，分枝与母枝成锐角，分枝处缢缩，离此不远可见隔膜，以菌丝与基质相连，褐色。在PDA培养基上菌丝淡黄褐色，菌丝体棉絮状或蛛丝状。

【发生规律】该病系土传病害，病菌以菌丝体和菌核随病残体在土壤中存活和越冬。菌丝生长最适温32℃，最高36℃，最低4℃。近年山东秋季定植后7～10天至第1穗果开花结果期普遍发病，轻的病株率10％～20％，重的可引起整棚毁种。在30～34℃高温条件下，湿度大时病株易折倒。定植后露地番茄遇阴雨天气，光照不足或温差大，植株生长衰弱易发病，秋延后番茄、秋冬番茄或越冬大棚番茄和长季节、反季栽培的番茄发病重。主要原因：一是定植前土壤未消毒或消毒不彻底；大棚内土壤连茬种植茄果类致使病菌在土壤中积累，一旦出现发病条件立刻发病；二是越冬大棚番茄定植期过早，苗期地温过高，大水漫灌后，根系透气性降低，病菌侵入植株茎基部而发病；三是植株生长势弱，土传病害的病菌有了可乘之机。

【防治方法】适期育苗，并加强苗床管理。及时通风降湿，注意防病和炼苗，避免弱苗、病苗或苗龄过长。清除棚内病残体及杂草。增施有机肥，改善土壤结构。施用腐熟的有机肥作底肥，增施磷、钾肥。种植不可过密，雨后及时排出积水，及时清除病株集中烧毁。采用遮阳网遮阴，白天温度控制在25～28℃，不要超过30℃，科学放风，避免高温高湿条件长期存在。

种子处理。先把种子在凉水中浸泡10分钟，捞出后置入50℃温水中浸种30分钟；也可用50％恶霉灵可湿性粉剂600倍液浸种30分钟后催芽播种。还可用0.5％氨基寡糖素水剂300倍液浸种2小时，捞出后再浸入水中3～4小时。

苗床处理。采用营养钵或穴盘育苗，每平方米营养土中加入40％福美双可湿性粉剂5～10g，对水均匀喷入营养土中，也可加入70％敌磺钠可溶性粉剂200g，或用40％五氯硝基苯可湿性粉剂150g，充分拌匀装营养钵或穴盘后播种。

常规育苗，深翻土壤，搞好土壤消毒。每亩用50％多菌灵可湿性粉剂3kg、70％敌磺钠可溶性粉剂1kg、40％五氯硝基苯与25％福美双1：1混拌细土12.5kg，配成药土，播前把1/3的药土撒入畦面播种，播后将剩余药土盖种，防治土壤带菌。

秋番茄、秋冬番茄不要盲目早栽，定植后发现下部叶变黄，茎基部呈水渍状应马上扒开植株基部地膜和表土散湿，使其通风良好。定植期过早或定植后气温偏高应推迟覆膜时间，避免高温高湿条件出现。

在田间发现病株后，及时进行防治，发病初期可以用以下杀菌剂进行防治：

0.5%氨基寡糖素水剂600倍液；

70%甲基硫菌灵可湿性粉剂800～1 000倍液+50%腐霉利可湿性粉剂1 000～1 200倍液；

采用喷淋或浇灌的方式，每株250ml药液，7～10天1次。以灌根效果最好，喷雾防治效果不理想。还可用40%五氯硝基苯粉剂200倍液+50%福美双可湿性粉剂200倍液涂抹发病茎基部。40%拌种双粉剂150g/亩，拌适量细土，施于病株茎基部，覆盖病部。

15. 番茄煤污病

【症　　状】主要为害叶片、叶柄、茎及果实。叶片染病背面生淡黄绿色近圆形或不定形病斑，边缘不明显，斑面上生褐色绒毛状霉，即病菌分生孢子梗及分生孢子。霉层扩展迅速，可覆盖整个叶背，叶正面出现淡黄色至黄色周缘不明显的斑块，后期病斑褐色，发病严重的，病叶枯萎，叶柄、茎和果实也常长出褐色毛状霉层(此病主要是由温室白粉虱传播)(图11-116和图11-117)。

图11-116　番茄煤污病叶片发病症状

图11-117　番茄煤污病果实发病症状

【病　　　原】*Cercospora fuligena* 称煤污假尾孢，属无性型真菌。出芽短梗霉菌丛主要生于叶面，霉层可厚到成片揭下来。严重影响光合作用，造成早期落叶。该菌在MEA培养基上24℃培养7天，墨绿色至黑色。菌丝初无色，薄壁，后期变成褐色，壁厚，分隔处缢缩。褐色菌丝常可断裂成菌丝段。分生孢子梗分化不明显，在菌丝上突出的小齿，即产孢细胞顶端产生分生孢子。产孢细胞位置不定，为内壁芽生瓶梗式产孢。分生孢子形态变化大，多呈长椭圆形、长筒形，两端钝圆，单胞无色，还可芽殖产生次生分生孢子。厚垣孢子椭圆形，两端钝圆，深褐色，1~2个细胞。

【发生规律】病菌在土壤内及植物残体上越冬，环境条件适宜时产生分生孢子，借风雨及蚜虫、白粉虱等传播、蔓延。光照弱、湿度大的棚室发病重，多从植株下部叶片开始发病。高温高湿，遇雨或连阴雨天气，特别是阵雨转晴，或气温高、田间湿度大，易导致病害流行。

【防治方法】保护地栽培时，注意改变棚室小气候，提高其透光性和保温性。露地栽培时，注意雨后及时排水，防止湿气滞留。

重点防治蚜虫、温室白粉虱等害虫。

发病初期，可以采用以下杀菌剂进行防治：

10%苯醚甲环唑水分散粒剂1 000倍液；

50%苯菌灵可湿性粉剂1 000倍液+75%百菌清可湿性粉剂500~800倍液；

70%甲基硫菌灵可湿性粉剂500~800倍液+75%百菌清可湿性粉剂500~800倍液；

均匀喷雾，视病情间隔7天左右喷药1次。采收前3天停止用药。

16．番茄黑斑病

【症　　　状】番茄黑斑病各地均有发生，有时为害较重。主要为害果实，近成熟的果实最易发病。果实染病时，果面上产生一个或几个病斑，大小不等，圆形或椭圆形，灰褐色或淡褐色，稍凹陷，边缘整齐。湿度大时病斑上生出黑褐色霉状物。后期病果腐烂(图11-118至图11-120)。

【病　　　原】*Alternaria melongenaeo* 称茄斑链格孢，属无性型真菌。分生孢子梗2至数根束生，暗褐色，顶端色淡，基部稍大，隔膜颇多，不分枝。

【发生规律】病菌以菌丝体或分生孢子随病残体在土壤中越冬。田间病菌靠分生孢子传播、初侵染和再侵染，依靠气流传播，从伤口侵入致病。病菌腐生性较强，通常是在植株生长衰弱、抵抗力降低时才侵染，而且多从伤口侵入。病菌喜温暖湿润环境，在23~25℃、相对湿度85%以上的条件下容易发病。故高温多雨的年份和季节有利于发病。种植地低洼、管理粗放、肥水不足、植株生长衰弱的易发病。

【防治方法】采用高垄并覆地膜栽

图11-118　番茄黑斑病果实发病初期症状

图11-119　番茄黑斑病果实发病中期症状

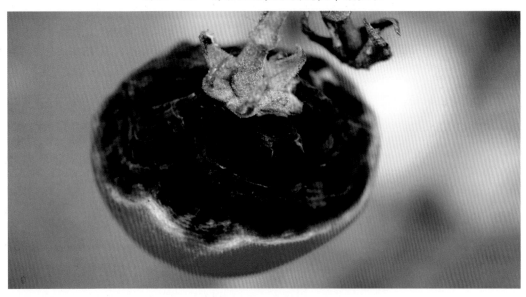

图11-120　番茄黑斑病果实发病后期症状

培，密度要适宜。加强水肥管理，施足粪肥，适时追肥，注意氮、磷、钾肥的配施，均匀浇水，防止湿度过大，合理留果，保持植株健壮，防止早衰，这样可减轻病害。及时发现并摘除病果，带到田外深埋。适时采收，精细采收。收获后彻底清除病残体，并随之深翻土壤。

种子处理。播前种子消毒用55℃热水浸种15分钟，也可用种子重量0.3％的50％福美双拌种。

番茄坐果后开始发病，结合其他病害的预防，可以喷施以下保护剂：

64％氢铜·福美锌可湿性粉剂1 000倍液；

70％丙森锌可湿性粉剂600～800倍液；

50％克菌丹可湿性粉剂400～600倍液；

均匀喷雾，视病情间隔7～15天1次。

发病初期，可以采用以下杀菌剂进行防治：

10%苯醚甲环唑水分散粒剂1 500倍液+70%代森锰锌可湿性粉剂800～1 000倍液；

560g/L嘧菌·百菌清悬浮剂800～1 000倍液；

20%唑菌胺酯水分散粒剂1 000～1 500倍液；

25%溴菌腈可湿性粉剂500～1 000倍液+70%代森锰锌可湿性粉剂700倍液；

50%甲硫·硫磺悬浮剂800～1 000倍液+70%代森锰锌可湿性粉剂700倍液；

50%福美·异菌可湿性粉剂800～1 000倍液；

50%甲·米·多可湿性粉剂1 500～2 000倍液+70%代森联水分散粒剂800倍液；

60%琥铜·锌·乙铝可湿性粉剂600～800倍液+75%百菌清可湿性粉剂600～800倍液；

均匀喷雾，视病情间隔7～15天1次。

17. 番茄圆纹病

【症　　状】主要为害叶片和果实，叶片发病初时产生淡褐色至灰褐色斑点，逐渐扩展成圆形或近圆形病斑，褐色，病斑稍具轮纹，但轮纹平滑。后期病斑上生不明显小黑点。病重时叶片早枯(图11-121)。果实染病初生淡褐色后转褐色凹陷斑，扩大后可发展到果面的1/3，病斑不软腐，略收缩干皱，具轮纹，湿度大时，可长出白色菌丝层，后病斑渐变黑褐色，表面生许多小黑点，病斑下果肉紫褐色，有的与腐生菌混生致果实腐烂(图11-122)。

图11-121　番茄圆纹病叶片发病症状

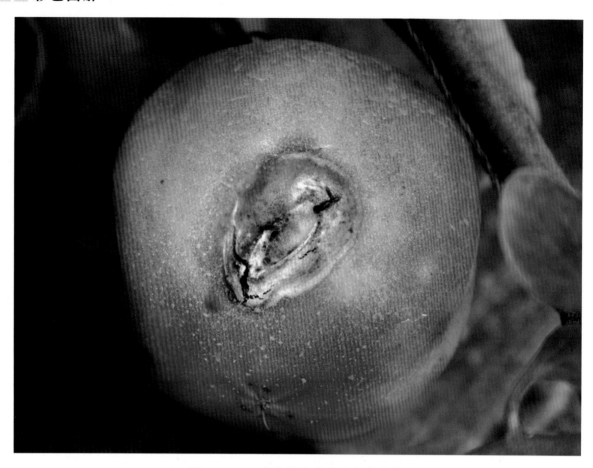

图11-122　番茄圆纹病果实发病症状

【病　　原】*Phoma destructiva* 称实腐茎点霉，属无性型真菌。菌落变化大，常具稀疏气生菌丝体，暗褐色，具灰色至灰白色斑块，常呈扇状，背面暗褐色。载孢体散生或聚生，初埋生，后突破表皮，球形或扁球形，器壁褐色，膜质，孔口圆形，深褐色。

【发生规律】病菌以分生孢子器随病残体在土壤中越冬。翌年分生孢子器散出分生孢子引起初侵染，植株发病后病部又产生分生孢子，借风雨传播，不断再侵染。温度20~23℃、相对湿度85%以上适于发病。植株衰弱时发病重。

【防治方法】发病地与非茄科蔬菜进行2~3年轮作。施足基肥，及时追肥。盛果期叶面喷施叶面肥，防止植株早衰。适当控制灌水，防止地面过湿，株间滞留湿气。保护地做好放风排湿。及时摘除初发病株病叶并深埋。收获后彻底清除田间病残株，并随之深翻土壤。

发病初期，可以采用以下杀菌剂进行防治：

70%甲基硫菌灵可湿性粉剂600~1 000倍液+75%百菌清可湿性粉剂800~1 000倍液；

25%嘧菌酯悬浮剂1 500倍液；

均匀喷雾，视病情间隔10天左右1次。

18. 番茄灰叶斑病

【症　　状】只为害叶片，发病初期叶面布满暗绿色圆形或近圆形的小斑点，后在叶脉之间向四周扩展呈不规则，中部逐渐褪绿，变为灰白色至灰褐色，病斑稍凹陷，多较小，变薄，后期易破裂、穿孔(图11-123和图11-124)。

图11-123 番茄灰叶斑病叶片发病症状

图11-124 番茄灰叶斑病叶背发病症状

【病　　　原】*Stemphylium solani* 称茄匍柄霉，属无性型真菌。分生孢子梗单生或数根簇生，顶端较宽或膨大，基部细胞膨大，榄褐色，具隔膜。分生孢子椭圆形至长方形，褐色，表面具微疣，两端钝圆，具纵横隔，分隔处缢缩，无喙或具短喙，基部细胞具明显加厚的脐点。

【发生规律】病菌可随病残体在土壤中越冬或潜伏在种子上越冬。翌年温湿度适宜时产生分生孢子进行初侵染。分生孢子借助风雨传播，温暖潮湿的阴雨天及结露持续时间长是发病的重要条件。一般土壤肥力不足，植株生长衰弱的情况下发病重。

【防治方法】加强田间管理，增施有机肥及磷钾肥。喷洒叶面肥，增强植株抗病力。消灭侵染源，收获后及时清除病残体，集中焚烧。棚室浇水改在上午，进入雨季适当浇水，注意通风，防止棚内湿度过高，减少叶面结露持续的时间。

番茄生长期，结合其他病害的防治，注意喷施保护剂，可以用下列保护剂：

68.75%恶唑菌酮·锰锌水分散粒剂1 000～1 500倍液；

70%代森联水分散粒剂600～800倍液；

45%代森铵水剂600～800倍液；

均匀喷雾，注意喷透喷匀，视田间病情间隔7天左右1次。

田间发现病情后及时防治，发病初期可以采用以下杀菌剂进行防治：

47%春雷·王铜可湿性粉剂700倍液；

50%异菌脲可湿性粉剂1 500倍液；

10%苯醚甲环唑水分散粒剂2 000倍液+70%代森锰锌可湿性粉剂600～1 000倍液；

均匀喷雾，视病情间隔7天左右1次。喷药后及时补施硫酸钾效果更明显。

19．番茄茎枯病

【症　　状】主要为害茎和果实，也可为害叶和叶柄。茎部出现伤口易染病，病斑初呈椭圆形或梭形、褐色、凹陷溃疡斑，后沿茎向上下扩展到整株，严重的病部变为深褐色干腐状(图11-125和图11-126)。果实染病，初为灰白色小斑块，后随病斑扩大凹陷，颜色变深变暗，在发病部位长出黑霉，引起果腐。

图11-125　樱桃番茄茎枯病茎部发病初期症状

图11-126　番茄茎枯病茎部发病后期症状

【病　　原】*Alternaria alternata* 称链格孢，属无性型真菌。分生孢子梗簇生，暗褐色；分生孢子倒棒状或圆筒状，淡黄色，具纵隔1～6个。

【发生规律】病菌随病残体在土壤中越冬，借风、雨传播蔓延，由伤口侵入。高湿多雨或多露时易发病。

【防治方法】收获后及时清洁田园，清除病残体，并集中销毁。

田间发现病斑时，及时施药防治，发病初期可以采用以下杀菌剂进行防治：

50％异菌脲悬浮剂1 000倍液；

10％苯醚甲环唑水分散粒剂1 500倍液+75％百菌清可湿性粉剂600倍液；

250g/L嘧菌酯悬浮剂2 000倍液；

52.5％异菌·多菌灵可湿性粉剂800倍液+70％代森锰锌可湿性粉剂600～1 000倍液；

均匀喷雾，视病情间隔7天喷1次。为防止产生抗药性，提高防效，提倡轮换交替或复配使用。

对茎部病斑可先刮除，再用稀释10倍的2％嘧啶核苷类抗生素水剂药液涂抹，或80％乙蒜素乳油或70％甲基硫菌灵可湿性粉剂500倍液涂刷，有较好的治疗效果。

20. 番茄疫霉根腐病

【症　　状】初发病时主根根端、须根及次生根产生水渍状淡褐色腐烂，后茎基部现褐色病斑，发病重的病部绕茎基部或根一周时，造成地上部植株萎蔫。纵剖根部和茎基部，可见有的病株维管束从地面数厘米至几十厘米的一段变为褐色，最后根茎腐烂，不长新根(图11-127至图11-129)。

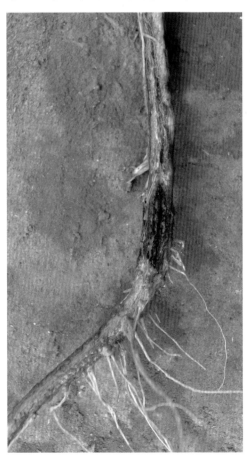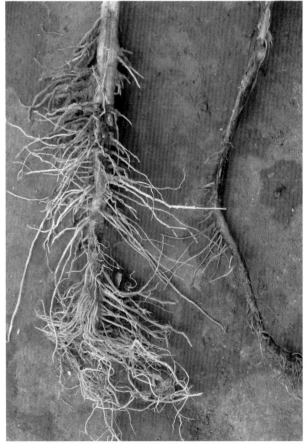

图11-127　番茄疫霉根腐病根部发病症状　　图11-128　番茄疫霉根腐病正常株与病株根系比较

图11-129　番茄疫霉根腐病茎基部维管束变褐

【病　　原】Pytophthora nicotianae 称烟草疫霉，属卵菌门真菌。气生菌丝旺盛。孢子囊梗单合轴分枝。孢子囊卵圆形。孢子囊具乳突，顶生，常不对称。孢囊柄短。厚垣孢子有或无，顶生或间生。

【发生规律】病菌以菌丝体和卵孢子随病残体在土壤中越冬。病菌在田间主要借雨水、灌溉水传播。病菌发育温度范围为5~30℃，适温为20~25℃。主要通过伤口侵入，地温低、湿度大持续时间长或定植过早易发病，棚室遇有连阴雨或大水漫灌后，造成棚内高湿持续时间长或通风不良易发病，土温25~30℃、浇水过大发病重。

【防治方法】做好苗床土壤消毒工作，培育无病壮苗。平整土地，做好排灌系统，高畦栽培。重病地与非茄果类、瓜类蔬菜进行3年轮作。加强水肥管理，适时适量灌水，浇小水，切忌大水漫灌，雨后及时排水。浇水后及雨后适时中耕松土，施用充分腐熟的粪肥，增施磷、钾肥，避免肥料施用不当烧伤根系。初见发病植株及时拔除烧毁。

提倡土壤用氰氮化钙高温高湿消毒，每亩用量60~80kg。

种子处理。每5kg种子用25%甲霜灵可湿性粉剂10g，先用0.1kg水稀释药液，然后均匀拌种子。

发病初期，可采用以下杀菌剂进行防治：

250g/L双炔酰菌胺悬浮剂1 500~2 000倍液；

500g/L氟啶胺悬浮剂2 000~3 000倍液；

50%锰锌·氟吗啉可湿性粉剂1 000~1 500倍液；

440g/L精甲·百菌清悬浮剂1 000~2 000倍液；

25%甲霜·霜霉威可湿性粉剂1 500~2 500倍液；

72%霜脲·锰锌可湿性粉剂800~1 500倍液；

喷植株茎基部和地面，发病重直接用配好的药液浇灌，视病情间隔7~10天1次。

21．番茄细菌性软腐病

【症　　状】主要为害茎和果实。茎发病多出现在生长期，近地面茎部先出现水渍状污绿色斑块，后扩大为圆形或不规则形褐斑，病斑周围显浅色窄晕环，病部微隆起。导致髓部腐烂，终致茎枝干缩中空，病茎枝上端的叶片变色、萎垂。果实感病主要在成熟期，多自果实的虫伤、日灼伤处开始发病。初期病斑为圆形褪绿小白点，继变为污褐色斑。随果实着色，扩展到全果，但外皮仍保持完整，内部果肉腐烂水溶，恶臭(图11-130)。

图11-130　番茄细菌性软腐病果实发病症状

【病　　　原】*Erwinia carotovora* subsp. *carotovora* 称胡萝卜软腐欧文氏杆菌胡萝卜致病变种，属细菌。

【发生规律】病菌随病残体在土壤中越冬，借雨水、灌溉水及昆虫传播，由伤口侵入，伤口多时发病重。病菌侵入后，分泌果胶酶溶解中胶层，导致细胞解离，细胞内水分外溢，而引起病部组织腐烂。雨水、露水对病菌传播、侵入具有重要作用，阴雨天或露水未落干时整枝打杈，或虫伤多发病重。种植地连作、地势低洼、土质黏重、雨后积水或大水漫灌均易诱发本病，久旱遇大雨也可加重发病，伤口多，易发病。尤其是棉铃虫为害番茄果实，很易诱发软腐病。

【防治方法】避免连作，收获后及早清理病残物，深翻晒土，整治排灌系统，高畦深沟。有条件的地方，结合防治绵疫病、晚疫病等病害，进行地膜覆盖栽培。勿施用未充分腐熟的粪肥，浅灌勤灌，严防大水漫灌或串灌。避免阴雨天或露水未干时进行整枝打杈，做好果实遮蔽防止日灼。

防治害虫蛀果，加强防治棉铃虫。

发病初期，可采用以下杀菌剂进行防治(露地栽培在雨前、雨后重点喷果1次)：

3％中生菌素可湿性粉剂600～800倍液；

20％噻唑锌悬浮剂300～500倍液+12％松脂酸铜乳油600～800倍液；

均匀喷雾，视病情间隔7天1次。

发病普遍时，可采用88％春雷·喹啉铜悬浮剂1 000～1 500倍液，喷雾进行防治。视病情间隔7天1次。果实染病后及时摘除销毁。

22. 番茄绵疫病

【症　　状】主要为害果实，也为害叶片。先在近果顶或果肩部出现表面光滑的淡褐色斑，有时长有少许白霉，后逐渐形成同心轮纹状斑，渐变为深褐色，皮下果肉也变褐。湿度大时，病部长出白色霉状物，病果多保持原状，不软化，易脱落(图11-131)。

图11-131　番茄绵疫病果实发病症状

【病　　原】*Pytophthora parasitica* 称寄生疫霉，*P. capsici* 称辣椒疫霉，*P. melongenae* 称茄疫霉，均属卵菌门真菌。疫霉菌在固体培养基上气生菌丝旺盛，粗细不匀，菌丝膨大体上有多条放射状菌丝。孢囊梗简单合轴分枝。

【发生规律】病菌以卵孢子或厚垣孢子随病残体遗落在土中存活越冬，借助雨水或灌溉水传播，成为翌年病害初侵染源，发病后，病部产生的孢子囊和游动孢子作为再次侵染源。低洼地、土质黏重地块发病重。高温多雨的7—8月，连阴雨后转晴，可迅速蔓延，常造成暴发性为害。

【防治方法】注意轮作，选择3年未种过茄科蔬菜、地势高、排水良好、沙壤土地块。定植前精细整地，沟渠通畅，做到深开沟、高培土、降低土壤含水量。及时整枝打杈，摘掉老叶，使果实四周空气流通。采用地膜覆盖栽培，避免病原菌通过灌溉水或雨水返溅到植株下部叶片或果实上。及时摘除病果、深埋或烧毁。

发病初期，采用以下杀菌剂进行防治：

66.8%丙森·异丙菌胺可湿性粉剂700倍液；

69%锰锌·烯酰可湿性粉剂700倍液；

72.2%霜霉威水剂800倍液+70%代森锰锌可湿性粉剂800~1 000倍液；

25%烯肟菌酯乳油900倍液+75%百菌清可湿性粉剂500倍液；

25%嘧菌酯悬浮剂800倍液；

60%氟吗·锰锌可湿性粉剂800倍液；

35%福·烯酰可湿性粉剂600倍液；

10%氰霜唑悬浮剂1 000倍液+70%代森锰锌可湿性粉剂800~1 000倍液；

64%恶霜·锰锌可湿性粉剂700倍液；

53%精甲霜·锰锌水分散粒剂500倍液；

72%锰锌·霜脲可湿性粉剂600倍液；

均匀喷雾，视病情间隔7～10天1次，重点保护果穗，适当兼顾地面，喷药后6小时内遇雨须补喷。

23．番茄疮痂病

【症　　状】主要为害茎、叶和果实。近地面老叶先发病，初在叶背出现水浸状小斑，逐渐扩展近圆形或连结成不规则形黄褐色病斑，粗糙不平，病斑周围有褪绿晕圈，后期干枯质脆。茎部先出现水浸状褪绿斑点，后上下扩展呈长椭圆形、中央稍凹陷的黑褐色病斑(图11-132)；病果表面出现水浸状褪绿斑点，逐渐扩展，初期有油浸亮光，后呈黄褐色或黑褐色木栓化、近圆形粗糙枯死斑，易落果(图11-133和图11-134)。

图11-132　番茄疮痂病茎部发病症状

图11-133　番茄疮痂病果实发病初期症状

图11-134 番茄疮痂病果实发病后期症状

【病　　原】*Xanthomonas campestris* pv. *vesicatoria* 称野油菜黄单胞菌辣椒斑点病致病变种，属细菌。菌体短杆状，两端钝圆，端部具1根鞭毛，革兰氏染色阴性。

【发生规律】病菌随病残体在田间或附着种子上越冬，翌年借风雨、昆虫传播到叶、茎或果实上，从伤口或气孔侵入为害。侵染叶片潜育期3～6天，侵染果实潜育期5～6天。高温、高湿、阴雨天发病重。管理粗放，植株衰弱，虫害造成伤口多，发病重。

【防治方法】重病田实行2～3年轮作。加强管理，及时整枝打杈，适时防虫。

种子处理。用1％次氯酸钠溶液浸种20～30分钟，再用清水冲洗干净后按常规浸种法浸种催芽；或种子经55℃温水浸15分钟移入常温水中浸4～6小时后，催芽，播种。

发病初期，可采用以下杀菌剂进行防治：

25％络氨铜水剂500倍液；

47％春雷·王铜可湿性粉剂600倍液；

77％氢氧化铜可湿性粉剂1 000倍液；

50％琥胶肥酸铜可湿性粉剂500倍液；

均匀喷雾，视病情间隔7～10天1次。

发病普遍时，可采用以下杀菌剂进行防治：

3％春雷霉素可溶性粉剂300～400倍液；

3％中生菌素可湿性粉剂600～800倍液；

20％噻唑锌悬浮剂300～500倍液+12％松脂酸铜乳油600～800倍液；

均匀喷雾，视病情间隔7天1次。

24. 番茄酸腐病

【症　　状】目前只在少数地区发生。只为害果实，且多是过熟果实，尤其是有伤口的果实。病部软化，表皮稍变褐，湿腐微皱，有细裂纹。湿度大时病部表面生稀疏白霉。最后病果淌水、腐败，具酸臭味(图11-135)。

图11-135 番茄酸腐病果实发病症状

【病　　　原】*Oospora lactis* var. *parasidca* 称寄生酸腐节卵孢，属无性型真菌。菌丝匍匐状，分隔，与分生孢子梗近似。分生孢子梗短，不分枝，无色或近无色。分生孢子串生在梗顶端，椭圆形或卵圆形，无色无隔膜，两端平切。

【发生规律】病菌以菌丝体在土壤中越冬或以分生孢子附着在温室、大棚构架或器皿上越冬。分生孢子借助气流传播，多从伤口或生活力衰弱部位侵入引起发病。病菌腐生性较强，采收后堆放或贮运过程中与健果接触，可传染蔓延。温度23～28℃，棚室相对湿度85%以上利于发病。伤口多或大量贮运时易发病。

【防治方法】在棚室内栽培番茄时，采用高畦覆盖地膜栽培方式，注意通风降湿。露地栽培时，雨后及时排水，降低田间湿度。果实成熟时及时、精细采收，避免果实产生伤口。防治棉铃虫等钻蛀性害虫，在钻果前将其消灭。收获后剔除伤果、病果。

发病初期，可采用以下杀菌剂进行防治：

50%异菌脲悬浮剂800～1 500倍液；

25%嘧菌酯悬浮剂1 500倍液；

10%苯醚甲环唑水分散粒剂1 500倍液+70%代森锰锌可湿性粉剂600～1 000倍液；

均匀喷雾，视病情间隔10天左右1次。

25. 番茄青枯病

【分布为害】番茄青枯病零星发生，造成部分植株枯死，个别地区发生严重。

【症　　　状】青枯病是一种会导致全株萎蔫的细菌性病害，多在开花结果期开始发病。先是顶端叶片萎蔫下垂，后下部叶片凋萎，中部叶片最后凋萎。也有一侧叶片先萎蔫或整株叶片同时萎蔫的。发病初期，病株白天萎蔫，傍晚复原，病叶变浅。发病后，如气温较低、连阴雨或土壤含水量较高时，病株可持续1周后枯死，但叶片仍保持绿色或稍淡，故称青枯病(图11-136)。

图11-136　番茄青枯病植株发病症状

【病　　原】*Ralstonia solanacearum* 称青枯劳尔氏菌，属细菌。菌体短杆状单细胞，两端圆，单生或双生，极生鞭毛1～3根，在琼脂培养基上菌落网形或不正形，稍隆起，污白色或暗色至黑褐色，平滑具亮光。

【发生规律】病菌主要随病残体留在田间越冬，成为该病主要初侵染源。病菌主要通过雨水和灌溉水传播，果及肥料也可带菌，病菌从植物根部或茎部的伤口侵入，也可直接从没有受伤的次生根的根冠部侵入，在植株体内的维管束组织中扩展，造成导管堵塞及细胞中毒致叶片萎蔫。病菌生长温度10～40℃，适温为30～37℃。成株期遇高温高湿，微酸性土壤pH值6.6，地温20℃左右，出现发病中心，土温25℃，进入发病高峰。高温高湿有利于发病。植株生长不良，久雨或大雨后转晴发病重。一般连阴雨或降大雨后暴晴，土温随气温急剧回升会引致病害流行。

【防治方法】生产上注意实行与十字花科或禾本科作物4年以上轮作。合理施用氮肥，增施钾肥，施用充分腐熟的有机肥或草木灰。培育壮苗，发病重的地块可采用嫁接防病。采用高垄栽培，避免大水漫灌。及时清除病株并烧毁，然后在病穴处撒生石灰消毒。

田间发现病株后及时施药防治，发病初期，可采用以下杀菌剂进行防治：

3%中生菌素可湿性粉剂800～1 000倍液；

50%氯溴异氰尿酸可溶性粉剂1 000倍液；

14%络氨铜水剂300～500倍液；

20%噻菌铜悬浮剂500～800倍液；

1×10^9CFU/ml荧光假单胞杆菌水剂100～300倍液；

1×10^9CFU/g枯草芽孢杆菌可湿性粉剂600倍液；

灌根处理，首次用药应在发病前10天，每株灌药液300～500ml。视病情间隔10天1次。

26．番茄红粉病

【分布为害】番茄的一般病害，在露地和棚室内均有发生，夏秋季发生较多。近年来发病程度有所上升。

【症　　状】主要为害果实。刚着色的果实或成熟果实均可发病，发病初期常从果实蒂部出现褐色水浸状斑，发病后期病斑褐色至深褐色，湿度大时病部常产生白色霉层，后变成浅粉红色 (图11-137)。

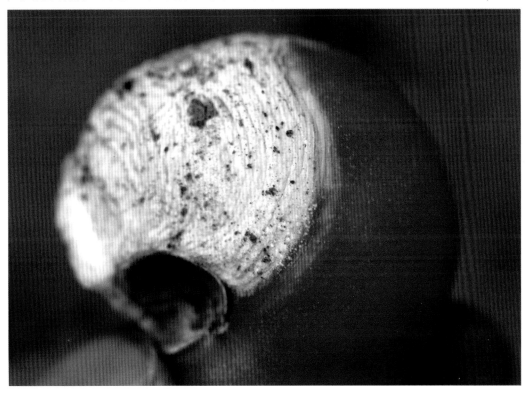

图11-137　番茄红粉病果实发病症状

【病　　原】*Trichothecium roseurn* (Pers.) Link 称粉红单端孢，属无性型真菌。菌落初白色，后渐变成粉红色；分生孢子梗无色，直立不分枝，偶尔具1~2个隔膜，顶端有时稍大；分生孢子顶生，单独形成，孢基具一扁乳头状突起，顶端簇生分生孢子；分生孢子倒洋梨形，双胞，隔膜处略缢缩，分生孢子初期无色，后期浅粉红色。

【发生规律】病菌常以菌丝体随病残体在土壤中越冬，翌年春季条件适宜时病菌产生分生孢子，传播到番茄果实上，主要由伤口侵入，发病后病部产生分生孢子，借助风雨或灌溉水传播进行再侵染。发病适温25~30℃，湿度85%以上有利于发病。生产上种植密度过大、田间郁闭、偏施氮肥植株徒长、长势过弱、灌水过多、田间或棚室内湿度过大、放风不及时均易发病。

【防治方法】选择地势较平，不易积水的壤土地栽培；合理密植，避免田间郁闭，及时整枝、打杈，生长中后期适时适量打老叶，以增加通透性；棚室栽培加强通风排湿；发现病果及时摘除，装入塑料袋内，带出棚外，集中烧毁或深埋。采收结束后及时清除田间病残体集中带出棚外销毁。

发病前至发病初期，可采用以下药剂进行防治：

20%噻菌铜悬浮剂600倍液；

50%多菌灵可湿性粉剂500倍液；

40%多·硫悬浮剂600倍液；

均匀喷雾，视病情每间隔5~7天喷施1次，连喷2~3次。

27. 番茄芝麻斑病

【症　　状】主要侵染叶片，也侵染叶柄、果梗及果实。叶片发病，初生灰褐色近圆形至多角形小病斑，病部变薄凹陷，具光亮，叶片背面更明显。病斑有时出现轮纹，湿度大时长出深褐色霉状物(图11-138和图11-139)；叶柄、果梗发病，病斑灰褐色略凹陷，湿度大时长出黑色霉层；病斑大小不同。

图11-138　番茄芝麻斑病叶片发病症状

图11-139　番茄芝麻斑病叶背发病症状

【病　　原】*Helminithosporium carposaprum* 称番茄长蠕孢，属无性型真菌。菌丝无色，或黄褐色至褐色。分生孢子梗丛生，细长，梗基部几节稍膨大。分生孢子长圆筒形或棍棒状，淡黄褐色，着生在孢子梗顶部呈串状，萌发时芽管从孢子两端伸出。

【发生规律】主要以菌丝体随病残体田间土壤中越冬。翌年条件适宜时产生分生孢子，借助气流、雨水传播，发病适温为25～30℃。种植地块地势低洼、容易积水，栽培密度过大，田间郁闭，通透性差，氮肥施用过多，徒长或旺长，田间管理粗放，植株生长过弱，雨水过多或棚室内湿度过大发病较重。

【防治方法】选择地势较平，不易积水的壤土地栽培；合理密植，及时整枝、打杈，适时适量打老叶；加强肥水管理，注意氮、磷、钾肥的合理施用，以促进植株健壮生长；棚室栽培加强通风排湿；采收结束后及时清除田间病残体并集中带出棚外销毁。

发病前至发病初期，可采用下列杀菌剂进行防治：

70％甲基硫菌灵可湿性粉剂800～1 000倍液＋70％代森锰锌可湿性粉剂700倍液；

40％多·硫悬浮剂600～800倍液；

25％嘧菌酯悬浮剂1 000～2 000倍液；

77％氢氧化铜可湿性粉剂800倍液；

对水喷雾，每7～10天喷1次，连喷2～3次。

28、番茄灰斑病

【症　　状】主要为害叶片、果实。叶片发病初期出现褐色小斑点，后扩展为椭圆形或近圆形大斑，病斑上着生小黑点，呈轮纹状排列，边缘稍暗，易破裂或脱落(图11-140和图11-141)。茎部发病多从中上部的枝杈处开始发生，发病初期为暗绿色水渍状小斑点，后变黄褐色至灰褐色不规则形斑，边缘褐色，其上生有小黑点，轮纹不明显，易折断或半边枯死。发病严重的茎髓部腐烂。果实发病蒂部出现水渍状黄褐色凹陷斑，并轮生深褐色小点，发病后期果实易腐烂。

图11-140　番茄灰斑病叶片发病症状

图11-141　番茄灰斑病叶背发病症状

【病　　原】*Ascochyta lycopersici* 称番茄壳二孢，属无性型真菌。分生孢子器深褐色，球形具孔口，先产生于寄主表皮下后露出叶面。分生孢子亚圆形，双细胞，分隔处缢缩。

【发生规律】病菌主要以分生孢子器随病残体在土壤内及地表越冬，翌年条件适宜时遇雨或灌溉水释放分生孢子，并靠雨水和气流传播；棚室栽培在室温稳定在20℃以上时发病；生产上栽培密度过大，田间郁闭，棚室内湿度较大，放风不及时均易发病。

【防治方法】与非茄果类蔬菜轮作2～3年；适当降低栽培密度，棚室栽培浇过水后注意及时放风排湿，以降低室内湿度，收获结束后及时清除田间病残体，并集中带出棚外销毁。

发病初期，可采用下列杀菌剂进行防治：

50%异菌脲悬浮剂1 500倍液；

70%甲基硫菌灵可湿性粉剂500～800倍液+75%百菌清可湿性粉剂600倍液；

45%噻菌灵可湿性粉剂600～800倍液+70%代森锰锌可湿性粉剂800倍液；

40%多·硫悬浮剂600～800倍液；

对水喷雾，间隔7～10天喷1次，连续2～3次。

保护地可采用5%春雷·王铜粉尘剂1～1.5kg/亩喷粉防治。

29. 番茄炭疽病

【症　　状】病菌具有潜伏侵染特性，未着色的果实染病后并不显出症状，直至果实成熟时才表现症状。发病初期果实表面产生水浸状透明小斑点，很快扩展成圆形或近圆形病斑，黑色，稍微凹陷，略具同心轮纹，其上密生小黑点，即病菌分生孢子盘。湿度大时，病斑表面密生针头大朱红色液质小点。后期果实腐烂、脱落(图11-142和图11-143)。

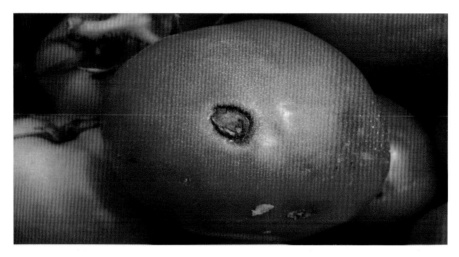

图11-142 番茄炭疽病果实发病初期症状

图11-143 番茄炭疽病果实发病后期症状

【病　　原】*Colletotrichum coccodes* 称番茄刺盘孢，属无性型真菌。

【发生规律】病菌随病残体在土壤中越冬，也可潜伏在种子上，发芽后直接侵染幼苗。借风雨或灌溉水传播蔓延，由伤口或直接穿透表皮侵入。低温、多雨、多露、重雾利于发病。重茬地、地势低注、排水不良易发病；成熟果易发病。

【防治方法】使用无病种子，播种前进行种子消毒，用55℃温水浸种15分钟。保护地栽培时避免高温、高湿条件出现，露地栽培时注意雨后及时排水。及时清除病残果。

田间发现病斑时，及时施药防治，番茄绿果期应注意施用保护剂，发病初期，可采用以下杀菌剂进行防治：

32%苯醚·嘧菌酯悬浮剂1 500~2 000倍液；

20%唑菌胺酯水分散粒剂1 000~1 500倍液；

20%苯醚·咪鲜胺微乳剂2 500~3 500倍液；

25%溴菌腈可湿性粉剂500倍液+45%代森铵水剂200~400倍液；

10%苯醚甲环唑水分散粒剂1 500倍液+22.7%二氰蒽醌悬浮剂1 500倍液；

70%福·甲·硫磺可湿性粉剂600~800倍液；

均匀喷雾，视病情间隔7天喷药1次。

30．番茄白粉病

【症　状】通常发生在番茄生长的中后期(图11-144)。病害发生在叶片、叶柄、茎及果实上。叶片染病，主要为害中部和下部叶片，初在叶面出现褪绿色小点，后扩大为不规则形粉斑，表面生白色絮状物，是病菌的菌丝、分生孢子梗及分生孢子。起初霉层稀疏，渐增多呈毡状，病斑扩大连片或覆盖全叶面。有时粉斑也可发生于叶背面，其正面为边缘不明显的黄绿色斑，后期病叶变褐枯死(图11-145和图11-146)。叶柄、茎、果实染病时，病部表面也产生白粉状霉斑。

图11-144　番茄白粉病植株发病症状　　图11-145　番茄白粉病叶片发病初期症状

图11-146　番茄白粉病叶片发病后期症状

【病　　原】*Leveillula taurica* 称鞑靼内丝白粉菌。属子囊菌门真菌。菌丝内生。分生孢子棍棒状，单个顶生于从气孔伸出的分生孢子梗顶端，无色。有性态闭囊壳埋生在菌丝中，近球形；附属丝丝状与菌丝交织，不规则分枝；壳内含子囊15～35个，近卵形，内含2个子囊孢子。

【发生规律】病菌以闭囊壳随病残体在田间越冬，北方主要在冬作番茄上越冬。翌年条件适宜时，闭囊壳散出的子囊孢子靠气流传播蔓延，寄主病部产生分生孢子后通过气流进行重复侵染。常年种植番茄的地方，病菌无明显越冬现象。病菌发育的适宜温度为15～30℃。在25～28℃和干燥条件下该病易于发生流行。在湿润的环境下病情会受到抑制。番茄大棚栽培末期和9—10月秋季避雨栽培时，中下部叶片易发病。

【防治方法】注意选用抗病品种。严格控制空气湿度，防止形成干燥的环境，及时浇水。清洁田园。收获后及时清除病残体，减少菌源，集中深埋或销毁。

田间发现病情时及时施药防治，发病初期可采用以下杀菌剂进行防治：

25%乙嘧酚悬浮剂1 500～2 500倍液+50%克菌丹可湿性粉剂400～600倍液；

30%醚菌酯悬浮剂2 000～2 500倍液+75%百菌清可湿性粉剂600～800倍液；

10%苯醚菌酯悬浮剂1 000～2 000倍液+50%克菌丹可湿性粉剂400～500倍液；

2%宁南霉素水剂200～400倍液+70%代森联水分散粒剂600～800倍液；

300g/L醚菌·啶酰菌悬浮剂2 000～3 000倍液；

62.25%腈菌唑·代森锰锌可湿性粉剂600倍液；

0.5%大黄素甲醚水剂1 500倍液+80%代森锰锌可湿性粉剂1 000倍液；

均匀喷雾，视病情间隔7天喷药1次。

发病较重，已经产生抗药性的地区，可喷40%氟硅唑乳油4000～5 000倍液或10%苯醚甲环唑水分散粒剂1 000～1 500倍液。

保护地可用10%多·百粉尘剂1kg/亩喷粉，或用45%百菌清烟剂300g/亩，暗火点燃熏一夜。

31. 番茄细菌性斑疹病

【症　　状】主要为害叶、茎、花、叶柄和果实，尤以叶缘及未成熟果实受害明显。叶片染病，产生深褐色至黑色斑点，四周常具黄色晕圈(11-147)。叶柄和茎染病，产生黑色斑点(图11-148)。幼嫩绿果染病，初现稍隆起的小斑点，果实近成熟时，围绕斑点的组织仍保持较长时间绿色，这一点有别于其他各种细菌性的斑点病害。

图11-147　番茄细菌性斑疹病叶片发病症状

图11-148　番茄细菌性斑疹病茎部发病症状

【病　　原】*Pseudomonas syringae* 称丁香假单胞菌，属细菌。

【发生规律】病菌可在种子、病残体及土壤里越冬，田间通过雨水飞溅、昆虫或整枝、打杈、采收等农事操作进行传播。田间可以发生多次再侵染。种子带菌也可以造成远距离传播。潮湿、冷凉条件和低温多雨及喷灌有利于发病，一般采用喷灌的地区比滴灌或沟灌地区发病重。

【防治方法】选用耐病品种。干旱地区采用滴灌，避免使用喷灌方式。田间收获后，及时清除病残体，集中销毁，并深翻土壤，减少初侵染来源。

种子处理。可采用温汤浸种的方法进行种子消毒，用55℃温水浸种30分钟，然后催芽播种。

田间发现病株时及时施药防治，发病初期，可采用以下杀菌剂进行防治：

3%中生菌素可湿性粉剂600～800倍液；

20%噻唑锌悬浮剂300～500倍液+12%松脂酸铜乳油600～800倍液；

20%噻菌铜悬浮剂1 000～1 500倍液；

47%春雷·王铜可湿性粉剂700倍液；

50%琥胶肥酸铜可湿性粉剂500～700倍液；

均匀喷雾，视病情每7～10天喷药1次。

32．番茄黄萎病

【症　　状】多发生于番茄生长中后期，最初下部叶片萎蔫、上卷，叶缘及叶脉间的叶肉组织黄褐色，上部幼叶以小叶脉为中心变黄，形成明显的楔形黄斑，以后逐渐扩大到整个叶片，最后病叶变褐枯死，但叶柄的绿色仍可保持较长的时间。发病重的结果小或不能结果。剖开病株茎部，导管变褐色，根部导管变色部明显(图11-149和图11-150)。

图11-149　番茄黄萎病地上部发病症状

图11-150　番茄黄萎病病茎发病症状

【病　　原】*Verticillium dahilae* 称大丽花轮枝孢，属无性型真菌。菌丝体无色或褐色，有隔膜。分生孢子梗直立，孢子梗上有1～5个轮枝层，每层有2～3枝轮枝。

【发生规律】病菌以菌丝体、微菌核随病残体在土壤中越冬并长期存活，借风雨、流水或农具传播。气温低，定植时根部有伤口易发病，地势低洼、灌水不当，连作地发病重。

【防治方法】培育嫁接苗，可减轻病害。发病田与非茄科作物进行4年轮作，与葱蒜类蔬菜轮作或与粮食作物轮作效果好。

苗床处理。采用营养钵或穴盘育苗的，每平方米营养土中加入50%多菌灵可湿性粉剂5～10g+40%五氯硝基苯可湿性粉剂30～50g，对水均匀喷入营养土中，也可加入70%敌磺钠可溶性粉剂20g，充分拌匀，装营养钵或穴盘后播种。

常规育苗，深翻土壤，搞好土壤消毒。每亩用50%多菌灵可湿性粉剂3kg+70%敌磺钠可溶性粉剂1kg或加入40%五氯硝基苯与福美双1∶1用1kg混拌细土12.5kg，配成药土，播前把1/3的药土撒入畦面播种，播后将剩余药土盖种，防止土壤带菌。

在田间发现病株后，及时进行防治，发病初期可以用以下杀菌剂进行防治：

10亿芽孢/g枯草芽孢杆菌可湿性粉剂300～400倍液；

80%多·福·锌可湿性粉剂800倍液+20%二氯异氰尿酸钠可溶性粉剂400倍液；

50%琥胶肥酸铜可湿性粉剂350倍液+50%克菌丹可湿性粉剂400～500倍液；

喷淋或浇灌，每株250ml药液。以灌根效果最好，喷雾防治效果不理想。

33．番茄菌核病

【分布为害】番茄菌核病在全国番茄种植区均有发生，以温室番茄发病较重。

【症　　状】主要为害叶片、果实和茎。叶片受害多从叶缘开始，病部起初呈水浸状，淡绿色，湿度大时长出少量白霉，后病斑颜色转为灰褐色，蔓延速度快，致全叶腐烂枯死。果实及果柄染病，始于果柄，并向果面蔓延，致未成熟果实似水烫过，受害果实上可产生白霉，后在霉层上可产生黑色菌核(图11-151和图11-152)。茎染病多由叶片蔓延所致，病斑灰白色稍凹陷，边缘水浸状，病部表面往往生白霉，霉层聚集后，在茎表面生黑色菌核，后期表皮纵裂，严重时植株枯死。病害后期髓部形成大量的菌核(图11-153)。

图11-151　番茄菌核病果实发病症状

图11-152 番茄菌核病果实发病严重时症状

图11-153 番茄菌核病茎部发病后产生菌核

【病　　原】*Sclerotinia sclerotiorum* 称核盘孢，属子囊菌门真菌。菌核球形至豆瓣形或鼠粪状，可生子囊盘1~20个，一般5~10个。子囊盘杯形，展开后盘形，盘浅棕色，内部较深。子囊圆筒形或棍棒状，内含8个子囊孢子。子囊孢子椭圆形或梭形，单胞，无色。菌核由菌丝组成，外层系皮层，内层为细胞结合很紧的拟薄壁组织，中央为菌丝不紧密的疏丝组织。

【发生规律】以菌核在土中或混在种子表皮越冬或越夏。北方菌核多在3—5月萌发；子囊孢子落在衰老的叶及尚未脱落的花瓣上，萌发后产出芽管，芽管与寄主接触处膨大，形成附着器，再从附着器下边生出很细的侵入丝，穿过寄主的角质层侵入。该菌在寄主内分泌果胶酶，致病部组织腐烂，后病菌侵染力明显增强，田间再侵染由病叶与健叶接触进行。此外，此病还能以菌丝通过染有菌核病的灰菜、马齿苋等杂草传播到附近的番茄植株上。子囊孢子萌发温度0~35℃，适温5~10℃；菌丝0~30℃均可生长，适温为20℃；菌核萌发适温15℃，在50~65℃下5分钟致死。菌核无休眠期，抗逆力很强，温度18~22℃，有光照及足够水分条件，菌核即萌发，产生菌丝体或子囊盘。湿度是子囊孢子萌发和菌丝生长的限制因子，相对湿度高于85%时子囊孢子方可萌发，也利于菌丝生长发育。因此，此病在早春或晚秋保护地容易发生和流行。

【防治方法】深翻土地，使菌核不能萌发。实行轮作，培育无病苗。及时摘除老叶、病叶，清除田间杂草，注意通风排湿，降低田间湿度，减少病害传播蔓延。

苗床处理。用50%腐霉利可湿性粉剂或25%乙霉威可湿性粉剂8g/m²，加10kg细土，播种时下铺1/3上铺2/3。

田间发现病斑时，及时施药防治，发病初期可采用以下杀菌剂进行防治：

50%乙烯菌核利可湿性粉剂800倍液+70%代森锰锌可湿性粉剂600～800倍液；

50%异菌脲悬浮剂800～1 000倍液+25%戊菌隆可湿性粉剂600～1 000倍液；

40%菌核净可湿性粉剂600～800倍液；

66%甲硫·霉威可湿性粉剂1 500倍液+70%代森锰锌可湿性粉剂600～800倍液；

50%腐霉利可湿性粉剂1 500倍液+36%三氯异氰尿酸可湿性粉剂600～800倍液；

45%噻菌灵悬浮剂800～1 000倍液+50%福美双可湿性粉剂600倍液；

50%多·菌核可湿性粉剂600～800倍液+50%敌菌灵可湿性粉剂500倍液；

均匀喷雾，在发病初期先摘除病残体并销毁，每亩施药液60～70L，视病情间隔7～10天防治1次。

棚室可采用烟雾法或粉尘法施药，于发病初期(图11-154)，用10%百·腐烟剂250～300g/亩，10%腐霉利烟剂250～300g/亩熏一夜，也可于傍晚喷撒5%百菌清粉尘剂，视病情间隔7～9天再喷撒1次。

图11-154　番茄菌核病植株田间发病症状

二、番茄生理性病害

1. 番茄畸形花

【症　　状】主要有两种类型，一种畸形花有2～4个雌蕊，具有多个柱头。另一种畸形花雌蕊更多，且排列成扁柱状或带状，这种现象通常被称为雌蕊"带化"(图11-155和图11-156)。畸形花如不及时摘除，往往结出畸形果。

图11-155　番茄轻度畸形花

图11-156　番茄严重畸形花

【病　　因】主要是花芽分化期间夜温低所致。花芽分化，尤其第一花序上的花在花芽分化时夜温低于10℃，容易形成畸形花。另外，强光、营养过剩，也会形成畸形花。

【防治方法】环境调控。花芽分化期，苗床温度白天应控制在24～25℃，夜间15～17℃。生长期间保证光照充足，湿度适宜，避免土壤过干或过湿。

抑制徒长。有的种植者往往采取降温(尤其是降低夜温)的办法抑制幼苗徒长，但这样会产生大量畸形花。因此，最好采用"少控温、多控水"的办法。

科学施肥。确保苗床氮肥充足，但不过多；磷、钾肥及钙、硼等微量元素肥料适量。田间有少量畸形花出现时，可以及时喷施叶面肥。也可以在幼苗期或初花期喷施0.01%芸薹素内酯乳油2 000～4 000倍液或2%胺鲜酯水剂1 000～2 000倍液，也可以喷施20%萘乙酸粉剂1 000～2 000倍液+85%赤霉素粉剂10 000～20 000倍液，以调节生理平衡，促进花正常发育，保证果实健康生长。

2. 番茄畸形果

【症　　状】番茄畸形果也称变形果，以冬季保护地番茄发生较多。一般正常的果实为球形或扁球形，4~6个心室，放射状排列。而畸形果各式各样，田间经常见到的畸形果有纵沟果、扁圆果、椭圆果、偏心果、指突果、桃形果、豆形果、乱形果、菊形果，以及其他奇形怪状的果实。形成畸形果的花、萼片和花瓣数量较多，子房形状不正(图11-157至图11-161)。

图11-157　番茄畸形果

图11-158　番茄畸形果

图11-159　番茄畸形果

图11-160　番茄畸形果

图11-161　樱桃番茄畸形果

【病　　因】番茄畸形果的发生主要是由于环境条件不适宜。其中，扁圆果、椭圆果、偏心果、双(多)圆心果等畸形果发生的直接原因是在花芽分化及花芽发育时，营养土中化肥过多，造成土壤中速效养分含量过高，根系吸收的大量养分积累在生长点处，肥水过于充足，超过了花芽正常分化与发育需要量，致使花器畸形，番茄心室数量增多，而生长又不整齐，从而产生上述畸形果。如遇上低温，即夜温低于8℃、白天温度低于20℃时，且地温低、呼吸消耗少时，更会加重病情。

指突果是在子房发育初期，由于营养物质分配失去平衡，而促使正常心皮分化出独立的心皮原基而产生的。

桃形果是由于植株老化，营养物质生产不足引起心室减少，子房畸形发育而成。使用2，4-D等激素蘸花时，浓度过高，会加剧病情，增多桃形果数量和严重程度。有人认为，番茄的花向下开放，蘸花或喷花后，多余的生长素液滴残留在花的幼小子房尖端，使果实不同部位发育不均，引起子房畸形发育，形成桃形果。

豆形果是因为营养条件差，本来要落掉的花虽经蘸花处理抑制了离层形成，勉强坐果，但因得到的光合产物少，长不起来或停止生长，从而形成豆形果。

菊形果系心室数目多，施用氮、磷肥过量或缺钙、缺硼时易产生。

【防治方法】选择耐低温、弱光性强、果实高桩形、皮厚、心室数变化较小的品种；避免选用果实扁平、皮薄、心室变化较大易发生畸形果的品种。目前，常用的品种有L-402、金棚一号、东圣一号、春雷等，均属于畸形果"低发型"品种，产生裂果的量也少。

加强温度管理。幼苗花芽分化期，尤其是2~5片真叶展开期，即第一、第二花序上的花芽发育阶段，正处于低夜温诱发畸形果发生的敏感期，应确保这一时期的夜温不低于12℃，一般夜温控制在12~16℃，白天温度25~28℃，以利于花芽分化。

定植后，白天温度保持在25~28℃，夜晚16~20℃。定植时间不宜过早，一般要在最低地温持续高于10℃以上时再定植。定植过早，温度忽高忽低，或夜温过低，温差过大，皆可阻碍根系正常吸收硼、钙，易产生畸形果，同时也容易产生裂果。

加强水肥管理。避免苗期营养过剩，每10m²的苗床施70~80kg优质土杂肥，0.4~0.5kg复合肥即可。如果苗期氮素营养过多，特别是在低温条件下，植物生长受到抑制，使输送和储藏到花芽的养分增多，细胞分裂旺盛，形成更多的心室，从而形成较多的畸形果。

育苗期间，避免土壤过干过湿，在适宜的温度条件下，土壤过干导致幼苗生长缓慢，花芽处积累大量物质，使子房心室数增加，而在低温条件下过湿可能会影响幼苗对钙的吸收，两者皆可导致畸形果的大量发生。因此，在低温季节育苗，应尽量减少浇水量，而在适温或高温的条件下育苗，应尽量多浇水。

定植时浇足、浇透定植水，缓苗后浇一遍小水，开花坐果前，再浇一遍小水(俗称跑马水)，第一穗果鸡蛋大小时，再浇坐果水，以后保持不干不湿，避免灌水过多。

定植后采取配方施肥技术，避免偏施、过施氮肥，适量增施磷、钾肥。适时喷施宝多收、叶面宝、光合微肥、0.5%尿素+0.3%磷酸二氢钾等叶面肥或含硼、钙的复合微肥。

正确进行激素处理，慎重使用生长调节剂，在苗期特别是花芽分化期间(2~6片叶)，应尽量避免使用矮壮素、乙烯利等可以促进番茄产生畸形果的植物生长调节剂。

定植后，为促进坐果，要对番茄的花进行激素处理，处理时要掌握正确的方法，尤其要注意处理第一花序的药剂浓度。由于环境原因，第一穗果畸形果发生率高，且第一花序耐药性差，因此，在适宜的温度下，应使用低浓度药液蘸花，蘸花应在晴天10:00以前或15:00以后，植株无露水，棚内温度为18~20℃时进行。蘸花常用的生长调节剂有2,4-D(10~20ml/L)、番茄丰产剂2号(10ml装，加水稀释50~70倍)。不能重复蘸花。花蕾和未完全开放的花不能蘸。蘸花后，要及时增加肥、水，以保证果实正常生长发育。在加强通风、适当控湿的基础上，喷施15%多效唑可湿性粉剂1 500~2 000倍液，控制徒长，这样既可提高幼苗质量，又不影响花芽分化。

疏花疏果。发生畸形果后要及时摘除，以利正常花、果的发育。一般花序的第一朵花易产生"鬼花"(即重合花)，应结合蘸花把其疏掉，可减少畸形果的产生。

3．番茄空洞果

【症　　状】也叫空心果，主要表现是果实的胎座发育不充分、种子少或无种子、种子周围果胶汁少，果肉不饱满而出现的果皮与胎座分离的空腔现象。外表上，果实带棱、不充实、重量轻，食时味淡无汁，甚至无酸味，品质差(图11-162至图11-165)。

图11-162 番茄轻微空洞果

图11-163 番茄严重空洞果

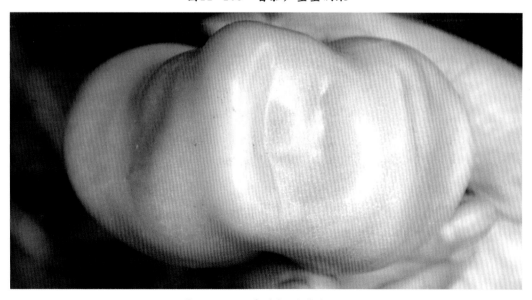

图11-164 番茄较严重空洞果

图11-165　番茄空洞果剖面

【病　　因】空洞果是果肉部与果腔部生长速度不协调，果肉部生长过快，而果腔部生长慢，形成空洞。造成空洞果的主要原因是受精不良，即花粉形成时遇到弱光、低温或高温等不利环境，使花粉不饱满、花粉少或花药不能正常开放散粉，导致不能正常授粉，无法形成种子，因此不能坐果，即使坐果也难于肥大。生产上通常要对这些花进行药剂处理，促进坐果及果实肥大，但由于不能形成种子，胶状物部分不发达，因此易形成空洞果。尤其是用2,4-D或番茄灵抹、蘸花时，浓度过大，处理时花蕾幼小，重复处理时很容易产生空洞果。

另外，当番茄叶片面积较小时，上部果实得不到充足的营养，也可能出现空洞果。同一花序的果，先开的花与后开的花相互争夺营养物质，迟开的花就容易出现空洞果。氮素肥料施用过多，空洞果发生也多。春露地番茄4穗以上因下部果实大量坐住，上部果实营养不足而形成空洞果，大果型品种如金棚一号、佳粉10号等，营养不足更易形成空洞果。

在环境条件中，光照不足影响最大。光照不足伴随高夜温，空洞果发生增多。这是因为在这样的条件下，花粉中难于形成淀粉粒，花粉发育不良。棚室秋冬季节栽培时，果实膨大期处于冬季弱光时期，空洞果发生多。温度超过33℃、受精不良、夜温高、呼吸作用快，消耗大，易产生空洞果。

【防治方法】选择不易出现空洞果的品种。一般心皮数多的品种，空心果发生率较低。定植时剔除小苗，适龄苗定植后，避免偏施氮肥，注意氮、磷、钾肥配合施用。增施二氧化碳气肥。初期肥水宜少，后期应稍多。正确使用生长调节剂，蘸花时，要求花瓣已经伸长，呈喇叭口状，不可过小。此外，配制2,4-D或防落素时，浓度要准确，不要重复蘸花，蘸花的药液用量也不宜过多。育苗和结果期间要特别注意防止昼夜温度过高，做好光温调控，创造适合果实发育的良好条件。育苗期遇阴天弱光时，白天宜适当提温，夜间温度控制在17℃左右。在第一花穗花芽分化前后，要通过调温，避免持续10℃以下的低温出现，开花期要避免35℃以上高温对受精的为害，促进胎座部的正常发育。摘心不宜过早，过早容易使养分分配不协调，营养不足，产生空洞果。提倡喷洒0.01%芸薹素内酯乳油2 000～4 000倍液或2%胺鲜酯水剂1 000～2 000倍液或1.8%复硝酚钠液剂3 000倍液或于番茄定植后开花前及结果期喷施富尔655液肥300倍液，植株生长旺盛，番茄可提早成熟。

4．番茄脐腐病

【症　　状】脐腐病也叫顶腐病，又叫蒂腐病、黑膏药，果实膨大期发病较多。在果实乒乓球至鸡蛋大小的幼果期发病，有时也会在果实将要变红时发病，开始果实顶部(脐部)呈水浸状暗绿色或深灰色，随病情发展很快变为暗褐色，病部果肉失水，顶部呈扁平或凹陷状，病斑有时有同心轮纹，果皮和果肉柔韧，一般不腐烂。病斑多为圆形，有时会因果实形状不正使病斑呈边缘平滑的不规则形，空气潮湿时病果常被某些真菌所腐生，发病处长出黑霉(图11-166至图11-168)。

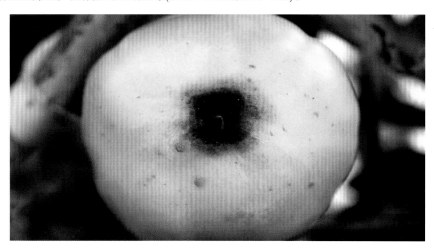

图11-166　番茄脐腐病果实发病初期症状

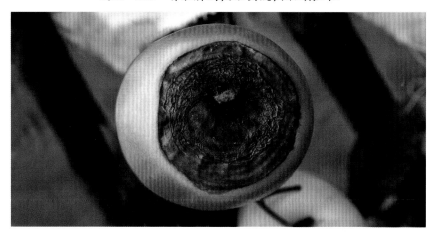

图11-167　番茄脐腐病果实发病后期症状

图11-168　番茄脐腐病病果纵剖面

【病　　因】一种被普遍接受的观点认为发病的根本原因是缺钙。一般认为果实中钙的浓度低于0.08%(以干重计)时就往往发生此病。植株缺钙不一定土壤中缺钙，有时土壤黏重、瘠薄的石灰质性土壤也易产生脐腐病。土壤盐基含量低，酸化，尤其是沙性较强的土壤供钙不足。在盐渍化土壤上，虽然土壤含钙量较高，但因土壤可溶性盐类浓度高，根系对钙的吸收受阻，也会缺钙。另外，施用铵态氮肥或钾肥过多时也会阻碍植株对钙的吸收。在土壤干旱，空气干燥，连续高温时易出现大量的脐腐果。

另一种观点认为发病的主要原因是水分供应失调。干旱条件下供水不足，或忽旱忽湿，使番茄根系吸水受阻，由于蒸腾量大，果实中原有的水分被叶片夺走，导致果实大量失水，果肉坏死，导致发病。多雨天以后突然干旱或较长时间湿润后缺水，氮肥过量，植株徒长，土层浅根系发育不良，均可促使发病。

【防治方法】选用抗病品种。果实较尖或果皮光滑的品种较为抗病，如金棚一号、东圣一号等。采用地膜栽培。覆地膜栽培番茄，可提高地温，促进根系发育，增强吸水能力，并使土壤均衡供水和防止钙的淋溶。使用遮阳网覆盖，科学施肥。在沙性较强的土壤上每茬都应多施腐熟鸡粪，如土壤出现酸化现象，应施用一定的石灰，避免一次性大量施用铵态氮肥和钾肥。均衡供水，土壤湿度不能剧烈变化，否则容易引起脐腐病和裂果。在多雨年份，平时要适当多浇水，以防下雨时土壤水分突然升高。雨后及时排水，防止田间长时间积水。

叶面补钙。应以预防为主，进入结果期后，就开始连续喷施绿芬威3号等钙肥，每7~10天1次，可避免发生脐腐病。发病后再喷施钙肥效果较差。也可喷0.1%~0.3%的氯化钙或硝酸钙水溶液，这两种钙肥价格低廉，但不易被植株吸收，防治此病的效果相对较差。

也可以用美林高效钙，在番茄幼果坐果后一周到一个月内喷施为宜，先把喷雾器加15kg水，然后把美林高效钙袋内的小包（5g）助剂溶于水中，再加入50g美林高效钙溶解后，喷施在果实上，喷至滴水为止。一般在幼果坐果后一周开始喷施，视病情间隔7天喷一次，基本上可控制脐腐病。

5．番茄木栓化硬皮果

【症　　状】植株中上部容易出现木栓化硬皮果。病果小且果形不正，表面产生块状木栓化褐色斑，严重时斑块连接成大片，并产生深浅不等的龟裂，病部果皮变硬(图11-169)。

图11-169　番茄木栓化硬皮果

【病　　因】由植株缺硼引发。土壤酸化，硼被大量淋失，或施用过量石灰都易引起硼缺乏。土壤干旱，有机肥施用少，也容易导致缺硼。钾肥施用过量，可抑制对硼的吸收。在高温条件下植株生长加快，因硼在植株体内移动性较差，往往不能及时、充分地分配到急需部位，也会造成植株局部缺硼。

【防治方法】施用硼肥，土壤缺硼，应在基肥中适当增施含硼肥料。出现缺硼症状时，应及时叶面喷布0.1%~0.2%硼砂溶液，7~10天1次，连喷2~3次。也可每亩撒施或随水追施硼砂0.5~0.8kg。

增施有机肥料，有机肥中营养元素较为齐全，尤其要多施用腐熟厩肥。厩肥中含硼较多，而且可使土壤肥沃，能增强土壤保水能力，缓解干旱为害，促进根系扩展，并可促进植株对硼的吸收。

改良土壤，要预防保护地内土壤酸化或碱化。一旦土壤出现酸化或碱化，要加以改良，将土壤酸碱度调节至中性或稍偏酸性。改良沙质土壤可用掺入黏质土壤的方法加以改良。

合理灌溉，保证植株的水分供应，防止土壤干旱或过湿，否则会影响根系对硼的吸收。

6. 番茄2,4-D药害

【症　　状】2,4-D药害主要表现在果实上，果实顶端出现乳突，俗称"桃形果"或"尖头果"(图11-170)。叶片受害表现为叶片向下弯曲、僵硬、细长，小叶不能展开，纵向皱缩，叶缘扭曲畸形(图11-171)。受害茎蔓凸起，颜色变浅。生产中，浓度偏高，涂抹花梗后，在涂抹处会出现褪绿斑痕，即通常所说的"烧花"，这些花大多会过早脱落。

图11-170　番茄果实2,4-D药害

图11-171　番茄生长点的2,4-D药害

【病　　因】低温季节栽培番茄，为促进坐果，往往用2，4-D处理番茄的花，但如果抹花不当，就会造成药害。主要原因是所使用2，4-D药液浓度不当。果实产生药害，一是2，4-D浓度过高；二是重复抹花；三是不管什么时间处理花序均采用相同的浓度，不是随着温度的升高而相应降低浓度。叶片、茎蔓产生药害，是2，4-D直接蘸、滴到嫩枝或嫩叶上所致。有时附近田块施用2，4-D飘移过来，或用喷洒过2，4-D而没有洗净的喷雾器喷农药、叶面肥，均能造成番茄2，4-D药害。

【防治方法】处理浓度要适宜。适宜的2，4-D浓度为10～20ml/L。随着气温增高，降低浓度。高温季节采用浓度低限，低温季节采用浓度高限。由于高浓度的2，4-D会杀死双子叶植物，使用时要严格掌握浓度，避免药害。以日光温室冬春茬番茄为例，通常第一花序使用的2，4-D浓度是20ml/L，第二花序是15ml/L，第三花序是10ml/L。目前市场上销售的农用2，4-D主要是经过处理后的低浓度小瓶装药液，使用时只需按说明的对水量对水即可。药品商店出售的粉状2，4-D未经过处理，不溶于水，并且浓度较高，用起来也困难，普通菜农不宜选用。一旦发生因2，4-D浓度过高引起的药害，可通过浇大水，增加施肥量，促进植株生长的方法缓解。

处理方法要合理。由于2，4-D会对番茄的叶片产生为害，使叶片皱缩，颜色加深，出现条形蕨叶，生长缓慢，所以只能处理花朵。常用的处理方法为涂抹花梗法和蘸花法。

采用涂抹花梗的处理方法时，先在配好的药液中加入少量红色(或其他颜色)的颜料作标记，然后用毛笔蘸药，在花柄的弯节处轻轻涂抹一层2，4-D药液，也可涂抹在花朵的柱头上。这种方法要一朵、一朵地涂抹，缺点是费工，同一花穗内的果实生长不整齐，第一个果很大，以后依次减少，成熟期不一致。因此，效果不十分令人满意。要掌握好抹花时机，初花期花数少，可隔天1次，盛花期花数多，要每天1次。对当天开的花也要注意，处理早了易形成僵果，处理晚了易形成裂果。

蘸花法是把开放的花轻轻按入2，4-D药液中，让整个花朵均匀地蘸上2，4-D药液。这种方法处理后容易引起果实尖顶，形成桃形果，此法多在劳力不足的情况下采用，效果不如涂抹花梗法好。

为防止2，4-D液滴到嫩枝或嫩叶上，严禁用2，4-D喷花。

对同一朵花不要作重复处理，重复处理同一朵花，会因花上的2，4-D药量过大而发生"烧花"。为避免重复处理，在配制好的2，4-D药液中，要加入广告色等带有颜色的指示剂，以便在处理番茄花后，在处理部位留下标记。选用指示剂时要注意，不要选用碱性或酸性较强的材料，以免涂抹后腐蚀花朵，造成落花。为慎重起见，最好先进行预备试验，确信其不会对番茄花产生为害后，再正式使用。

处理的时期要适宜，适宜的处理时期是花开放前后各1天。花蕾过小，耐药性较差，容易烧伤花蕾；处理过晚，花已开放多时，保花效果不理想，一般抹花时间最迟不要超过开花后48小时。

使用替代药剂，与其他保花保果药剂相比，使用2，4-D最容易出现畸形果，因此，目前生产上为提高效率，可用微型喷雾器直接向花序上喷洒其他更安全的保花保果剂，可选用番茄灵(防落素)，浓度25～50ml/L，低温时用40～50ml/L，高温时用25～30ml/L。也可用番茄丰产剂2号50倍液喷花，更安全。

7．番茄筋腐果

【症　　状】番茄筋腐果又称条腐果、带腐果，俗称"黑筋""乌心果"等，各地普遍发生，且日趋严重。多发生在植株下部的果实上，从幼果期开始发病，到果实膨大期，果面着色不匀，进而出现局部褐变，切开果实，可看到果皮内的维管束呈黑褐色或茶褐色。横切后可见果肉维管束组织呈黑褐色。发病较轻的果实，部分维管束变褐坏死，果实外形没有变化，但维管束褐变部位不转红；发病较重的果实，果肉维管束全部呈黑褐色(图11-172)。病果胎座组织发育不良，部分果实伴有空腔发生，严重时发病部位呈淡褐色，表面变硬凹凸不平，不堪食用，症状与番茄晚疫病类似。除轻微发病的果实外，均无商品价值。发病植株的茎、叶没有明显症状。

图11-172　番茄筋腐果

【病　　因】番茄筋腐果病因十分复杂，至今尚有许多不明之处，有待进一步研究。综合分析认为，番茄植株体内碳水化合物不足和"碳氮比"下降，引起代谢失调，致使维管束木质化，是发病的直接原因。不良环境，如光照不足、气温偏低或过高、连阴天、高湿、空气不流通、二氧化碳不足、昼夜温差小、夜间温度偏高、地温低、土壤湿度过大或过小等，均会造成植株体内碳水化合物不足。有机肥施用较少，偏施、过施氮肥，特别是铵态氮过剩时，缺钾、缺硼、钙等微量元素，植株对土壤养分的吸收不平衡，也会使植株体内"碳氮比"下降。另外，浇水过多，土壤潮湿，通透性不好，均会妨碍番茄植株根系吸收营养，导致植株体内养分失去平衡，阻碍铁的吸收和转移，也是产生褐色筋腐果的原因。

【防治方法】生产上应注意选择适宜品种。不同品种筋腐病发生轻重不同。

改善环境条件，提高管理水平，促进光合产物的积累；采用透光性能好的薄膜。适当稀植，防止栽培过密，增加行间透光率，改善光照条件。保持适宜的土壤湿度，要小水勤浇，不要大水漫灌，雨后及时排水。增施二氧化碳气肥，最大限度地提高光合作用。适当降低夜温，促进光合产物的运输和积累。棚室栽培时，使用无滴膜，及时清除膜面灰尘。阴雨天不浇水，晴天上午浇水，采用膜下暗灌或微滴灌，忌大水漫灌。

科学施肥，采取配方施肥，根据番茄对氮、磷、钾、钙、镁的吸收比率，以及各种肥料在不同土壤上的吸收速率施肥，保证各种元素的比例协调，改善土壤营养状况。避免偏施、过施氮肥，多施用腐熟有机肥，改善土壤理化性质。

当第1穗果正在膨大，第2穗果有核桃大小时，既要满足第2穗果对养分的需要，又要供应第3穗开花坐果对养分的需要，达到番茄需肥高峰期，因此第1次追肥应在第1穗果开始膨大至核桃大小时，每亩施硝铵15~20kg、过磷酸钙25~30kg或三元复合肥25kg。第2、第3穗果膨大到核桃大时也要追肥浇水，一般清水、肥水相间，每6～7天浇1次，以保持土壤湿润。大番茄3～5穗果打顶，可防止筋腐病发生。

坐果后，每10～15天喷施1次复合肥，或喷施叶面肥。发病重的温室注意轮作换茬，这有利于缓和土壤养分的失衡状况，促进蔬菜对养分的平衡吸收。在日照较短、气温低的12月至翌年2月，适时喷洒1%糖液或0.2%～0.3%磷酸二氢钾，或喷施复合肥，15～20天1次，连续喷2～3次。

膨果期追肥可考虑用磷酸二氢钾1.5kg/亩，随水冲施。

及时中耕松土，尤其是冬季低温期，有利于增强土壤通透性，防止土壤板结引起筋腐病的发生。

8．番茄同心圆状纹裂果

【症　　状】番茄同心圆状纹裂果表现为以果蒂为中心，在附近果面上发生同心圆状断断续续的微细裂纹，严重时呈环状开裂，多在果实成熟前出现(图11-173)。

图11-173　番茄同心圆状纹裂果

【病　　因】同心圆状纹裂果的发生是由于果肉膨大，果皮老化(木栓化)，植株吸水后，不能与果肉的膨大速度相适应，果肉会将果皮胀破，从而形成同心轮纹。

【防治方法】参照番茄畸形果。

9．番茄混合状纹裂果

【症　　状】混合状纹裂果是指放射状纹裂和同心圆状纹裂同时出现，混合发生，或开裂成不规则形裂口的果实(图11-174)。

图11-174　番茄混合状纹裂果

【病　　因】混合状纹裂果的发生是上述原因的一种或多种共同作用造成的。另外，正常的接近成熟的果实，虽然果皮未老化，在遇到大雨或浇大水后，果内水分变化过于剧烈，果皮也会开裂，形成混合状纹裂果。

【防治方法】参照番茄畸形果。

10．番茄日灼

【症　　状】主要发生在果实上。果实受害部位呈圆形至不规则形，透明革质，后变白色至黄褐色，有时出现皱纹，受害部位干缩变硬后凹陷，果肉变成褐色块状。日灼部位易感染杂菌，常长出黑色霉层(图11-175和图11-176)。

图11-175　番茄日灼

图11-176　樱桃番茄日灼

【病　　因】在高温季节或高温条件下，由于强光直射，番茄果实局部温度过高，部分组织烫伤、枯死，而产生日灼病。夏季栽培枝叶较稀的品种，栽培密度过稀，叶片不能遮住果实，果实大量暴露在外边都易诱发日灼。

【防治方法】秋冬季节栽培时应选枝叶适中、叶片中小型的品种栽培，夏季应选择枝叶较多、叶片较大的品种栽培；也可以与高秆作物间作套种以利为其遮阴；春秋保护地栽培在晴天中午应注意加大放风量，以降低田间温度，避免果实局部温度过高，造成日灼，夏季栽培应加盖遮阳网；适时适量浇水可以有效降低田间温度，果实发育期遇连阴、骤晴天气注意加大放风量或适当遮阴；适时适量整枝打杈，避免过量整枝使果实大面积暴露在阳光下，引起日灼。

11. 番茄生理性卷叶

【症　　状】番茄在生长期至采收期均可发生，以果实发育期发生最重，轻者下部叶片向内稍卷，严重时全株叶片卷曲呈筒状，致使果实直接暴露于阳光下易诱发日灼(图11-177)。

图11-177 番茄生理性卷叶

【病　　因】有些品种很容易产生卷叶；在生长旺盛期或夏季栽培过程中温度过高，土壤干旱缺水，植株结果过多营养消耗过多，均易引起卷叶。

【防治方法】选择不易产生卷叶的品种栽培，生长旺盛期加强肥水管理，避免缺水缺肥，夏季注意勤浇水，避免土壤长期缺水；采用遮阳网覆盖栽培，适量整枝打杈可减少卷叶发生。

12．番茄冻害

【症　　状】多发生在春茬番茄栽培早期和秋茬番茄栽培后期。植株遭受低温冻害，生理代谢失调，生长发育受阻。因受害程度和受害时间不同，症状也有差异，一般表现为叶片扭曲、叶面出现淡褐色或白色斑点、叶缘干枯等，严重时整株枯死(图11-178和图11-179)。

图11-178　番茄低温冻害果实症状

图11-179　番茄低温冻害田间症状

【病　　因】番茄在气温高于10℃时就能生长，13℃以上能正常坐果，生产上白天温度达到24～26℃，夜温13℃可充分发育。但生产中气温低于13℃生长发育迟缓，低于10℃茎叶生长停滞，长时间低于6℃植株将会因冷害死亡，-3～-1℃受冻，植株迅速死亡，如植株生长势弱或养分消耗过多，2℃时也会受冻。

【防治方法】选用耐低温弱光品种，如金棚一号、东圣一号、L402、佳粉17号等。

培育壮苗。采用营养钵育苗，黑色塑料营养钵具有白天吸热、夜间保温护根的作用。在外界温度为-10℃，苗床温度6～7℃时，营养钵内温度在10℃左右，幼苗能缓慢生长，不受冻害。进行低温锻炼，增强体内抗寒能力，往往会收到良好的效果。

浇足防冻水。水分比空气的贮热能力强，散热慢，在降温前选晴朗天气浇足水可预防冻害。

叶面喷肥。低温逆境下，根系吸收能力差，叶面上喷光合微肥，可补充因根系吸收营养不足而造成的缺素症。叶面喷米醋，可抑菌驱虫。米醋与白糖或用0.5%尿素+0.3磷酸二氢钾混用，可增加叶肉含糖量，提高叶片硬度，提高抗寒性。喷醋的浓度为100～300倍液。注意，低温季节不要使用生长素类生长调节剂，以防降低抗寒性。

喷抗寒剂。目前市场出售植物抗寒剂、低温保护剂、防冻剂等叶面喷肥，都属于生长调节剂一类物质，其有增加幼苗抗性、保苗促长的作用，可以应用。

此外，于傍晚喷巴姆兰丰收液膜250倍液，或27%高脂膜乳剂80～100倍液也有较好的防冻作用。

温室栽培时，可用薄膜、草帘、保温被、地膜、纸被、无纺布等多种材料进行多层组合覆盖，从而达到保温目的。不同保温材料增温效果不同，每增加一层薄膜覆盖可提高2～3℃，减少热损耗30%～50%，覆盖二层薄膜可提高温度6℃左右。露地栽培时，早期采用地膜"近地面覆盖"的形式覆盖幼苗，使整株幼苗处于地膜之下，以此取代普通的地面地膜覆盖形式，投资不增加，效果很好。

在寒流来临时，仅靠温室和多层覆盖条件仍不能满足番茄对温度的需求时，就应该立即采取加温采暖。一般多用火道加温、电加温线、小型水暖锅炉等手段补充热量。但是，不能明火熏烟，防止烟气熏苗，同时应当注意人身安全。如果有地热、电厂废热水等条件的地区，可输管道利用这些热源提高土壤温度。有的地区用沼气加温也是可行的。

三、番茄虫害

1．棉铃虫

【分　　布】棉铃虫(*Helicoverpa armigera*)，属鳞翅目夜蛾科的钻蛀性害虫，杂食性，主要为害棉花，也为害番茄等很多蔬菜作物。我国各地均有，以华北及新疆、云南等地发生量大，为害严重。

【为害特点】棉铃虫是茄果类蔬菜的重要害虫。以幼虫蛀食蕾、花、果为主，也为害嫩茎、叶和芽。花蕾受害时，苞叶张开，变成黄绿色，2～3天后脱落。幼果常被吃空或引起腐烂而脱落，成果虽然只被蛀食部分果肉，但因蛀孔在蒂部，便于雨水、病菌流入引起腐烂，所以果实大量被蛀，导致果实腐烂脱落，造成减产(图11-180和图11-181)。

图11-180　棉铃虫为害番茄叶片

图11-181　棉铃虫为害番茄果实

【形态特征】见第一卷农作物——棉铃虫。

【发生规律】全国各地均有发生。长江以北地区4代，华南和长江以南地区5～6代，云南地区7代。以蛹在土壤中越冬。5月中旬开始羽化，5月下旬为羽化盛期。第一代卵最早在5月中旬出现，5月下旬为产卵盛期。5月下旬至6月下旬为第一代幼虫为害期。6月下旬至7月上旬为第二代产卵盛期，7月为第二代幼虫为害期。8月上中旬为第二代成虫盛发期，8月上旬至9月上旬为第三代幼虫为害期，部分第三代幼虫老熟后化蛹，于8月下旬至9月上旬羽化，产第四代卵，所孵幼虫于10月上中旬老熟，全部入土化蛹越冬。成虫交配和产卵多在夜间进行，卵散产于植株的嫩梢、嫩叶、茎上，每头雌虫产卵100～200粒，产卵期7～13天。卵发育历期因温度不同而不同。初孵幼虫仅能将嫩叶尖及小蕾啃食成凹点，2～3龄时吐丝下垂，蛀害蕾、花、果，一头幼虫可为害3～5个果。在北方，湿度对幼虫发育的影响更显著，当月雨量在100mm以上，相对湿度60％以上时，为害较重；当降雨量为200mm，相对湿度70％以上，则为害严重。但雨水过多，土壤板结，不利于幼虫入土化蛹并会提高蛹的死亡率。此外，暴雨可冲刷棉铃虫卵，亦有抑制作用。成虫需取食蜜源植物作为补充营养，第一代成虫发生期与茄科、瓜类等蔬菜、作物花期相遇，加之气温适宜，产卵量大增，使第二代棉铃虫成为为害最严重的世代。

【防治方法】冬前翻耕土地，浇水淹地，减少越冬虫源。根据虫情测报，在棉铃虫产卵盛期，结合整枝，摘除虫卵烧毁。

当百株卵量达20～30粒时即应开始用药，如百株幼虫超过5头，应继续用药。一般在果实开始膨大时开始用药。成虫产卵高峰后3～4天，喷洒Bt乳剂、HD-1苏云金杆菌或核型多角体病毒，或25％灭幼脲悬乳剂600倍液，连续喷洒2次，使幼虫感病而死亡，防治效果最佳。

也可采用以下杀虫剂进行防治：

200g/L虫酰肼悬浮剂2 000～3 000倍液；

5％氯虫苯甲酰胺悬浮剂2 000～3 000倍液；

0.5％甲氨基阿维菌素苯甲酸盐乳油3 000倍液+4.5％氯氰菊酯乳油2 000倍液；

15％茚虫威悬浮剂3 000～4 000倍液；

10％醚菊酯悬浮剂2 000～3 000倍液；

5％氟铃脲乳油1 000～2 000倍液；

20％高氯·仲丁威乳油2 000～3 000倍液；

1.2％烟碱·苦参碱乳油800～1 500倍液；

15 000IU/mg苏云金杆菌水分散粒剂1 000～1 500倍液；

10 000PIB/mg菜青虫颗粒体病毒·16 000IU/mg苏云金秆菌可湿性粉剂600～800倍液；

0.5％藜芦碱可溶性液剂1 000～2 000倍液；

均匀喷雾，视虫情间隔7～10天1次。

2．美洲斑潜蝇

【分　　布】美洲斑潜蝇(*Liriomyza sativae*)属双翅目潜蝇科，俗称蔬菜斑潜蝇。美洲斑潜蝇原分布在世界30多个国家，现已传播到我国。

【为害特点】以幼虫钻叶为害，在叶片上形成由细变宽的蛇形弯曲隧道，开始为白色，后变成铁锈色，有的在白色隧道内还带有湿黑色细线。幼虫多时叶片在短时间内就被钻花干死(图11-182和图11-183)。

图11-182　美洲斑潜蝇为害番茄幼苗

图11-183　美洲斑潜蝇为害番茄植株

【形态特征】成虫体小，淡灰黑色，虫体结实。体长1.3～2.3mm，翅展1.3～2.3mm，雌虫较雄虫体稍长。小盾片鲜黄色，外顶鬃着生在黑色区域；前盾片和盾片亮黑色，内顶鬃常着生在黄色区域(图11-184)。卵很小，米色，轻微半透明，产在植物叶片内，田间很难见到。幼虫乳白色至黄色无头蛆，最长可达3mm。有一对形似圆锥的后气门。每侧后气门开口于3个气孔(图11-185)，锥突端部有1孔。蛹椭圆形，腹面稍扁平，长2mm左右，橙黄至金黄色(图11-186)。

图11-184　美洲斑潜蝇成虫

图11-185　美洲斑潜蝇幼虫

图11-186　美洲斑潜蝇蛹

　　【发生规律】发生期为4—11月，发生盛期有2个，即5月中旬至6月和9月至10月中旬。美洲斑潜蝇为杂食性，为害大。

　　【防治方法】早春和秋季蔬菜种植前，彻底清除菜田内外杂草、残株、败叶，并集中烧毁，减少虫源。种植前深翻菜地每亩施3%米尔乐颗粒剂1.5～2.0kg毒杀蛹。发生盛期，中耕松土灭蝇。

　　黄板诱杀，在田间插立或在植株顶部悬挂黄色诱虫板，进行诱杀，15～20张/亩(图11-187)。

图11-187　利用黄板诱杀美洲斑潜蝇

要抓住子叶期和第一片真叶期，以及幼虫食叶初期、叶片上虫体长约1mm时打药。防治成虫，宜在早上或傍晚成虫大量出现时喷药。重点喷田边植株和中下部叶片。成虫大量出现时，在田间每亩放置15张诱蝇纸(杀虫剂浸泡过的纸)，每隔2~4天换纸1次，进行诱杀。

准确掌握发生期。一般在成虫发生高峰期4~7天开始药剂防治，或叶片受害率达10%~20%时防治。在作物生育期上要从苗期开始，晨露干后至11:00最佳。

在田间叶片开始受害，田间成虫飞行较多，产卵盛期，可以用以下杀虫剂：

5%甲氨基阿维菌素苯甲酸盐水分散粒剂4~6g/亩

2.5%溴氰菊酯乳油2 000~2 500倍液；

16%高氯·杀虫单微乳剂1 000倍液；

20%阿维·杀虫单微乳剂1 500倍液；

对水均匀喷雾，视虫情7~10天1次，番茄采收前7天停止施药。

在田间叶片较多受害，幼虫发生盛行期，可以用以下杀虫剂进行防治：

50%灭蝇胺可湿性粉剂2 000~3 000倍液；

50%毒·灭蝇可湿性粉剂2 000~3 000倍液；

11%阿维·灭蝇胺悬浮剂3 000~4 000倍液；

0.5%甲氨基阿维菌素苯甲酸盐微乳剂3 000倍液+4.5%氯氰菊酯乳油2 000倍液；

均匀喷雾，因其世代重叠，要连续防治，视虫情5~7天1次，番茄采收前3天停止施药。

在保护地内选用10%氰戊菊酯烟剂或用22%敌敌畏烟剂每亩0.5kg或用15%吡·敌畏烟剂200~400g/亩，用背负式机动发烟器施放烟剂，效果更好。或用80%敌敌畏乳油与水以1:1的比例混合后加热熏蒸。

3. 温室白粉虱

【分　　布】温室白粉虱(Trialeurodes vapotariorum)属同翅目粉虱科。温室白粉虱是保护地栽培中的一种极为普遍的害虫，几乎可为害所有蔬菜。

【为害特点】温室白粉虱成虫和若虫吸食植物汁液，被害叶片褪绿、变黄、萎蔫，甚至全株死亡。此外，尚能分泌大量蜜露，污染叶片和果实，导致煤污病的发生，造成减产并降低蔬菜商品价值(图11-188和图11-189)。白粉虱亦可传播病毒病。

图11-188　温室白粉虱为害番茄叶片

图11-189 温室白粉虱诱发的煤污病叶片发病症状

【形态特征】成虫体长1.0～1.5mm，淡黄色，翅面覆盖白蜡粉，俗称"小白蛾子"。卵长约0.2mm，侧面观为长椭圆形，基部有卵柄，从叶背的气孔插入植物组织中。1龄若虫体长约0.29mm，长椭圆形；2龄若虫体长约0.37mm；3龄若虫体长约0.51mm，淡绿色或黄绿色，足和触角退化，紧贴在叶片上；4龄若虫又称伪蛹，体长0.7～0.8mm，椭圆形，初期体扁平，逐渐加厚呈蛋糕状(侧面观)，中央略高，黄褐色(图11-190)。

图11-190 温室白粉虱若虫和成虫

【发生规律】在温室条件下每年可发生10余代，以各虫态在温室越冬并继续为害。成虫喜欢黄瓜、茄子、番茄、菜豆等蔬菜，群居于嫩叶叶背和产卵，在寄主植物打顶以前，成虫总是随着植株的生长不断追逐顶部嫩叶，因此在作物上自上而下白粉虱的分布为：新产的绿卵、变黑的卵、幼龄若虫、老龄若虫、伪蛹。新羽化成虫产的卵以卵柄从气孔插入叶片组织中，与寄主植物保持水分平衡，极不易脱落。若虫孵化后3天内在叶背可做短距离游走，当口器插入叶组织后就失去了爬行的机能，开始营固着生活。

温室白粉虱在我国北方冬季野外条件下不能存活，通常要在温室作物上继续繁殖为害，无滞育或休眠现象。翌年通过菜苗定植移栽时转入大棚或露地，或乘温室开窗通风时迁飞至露地。因此，白粉虱在发生地区的蔓延，人为因素起着重要作用。白粉虱的种群数量，由春至秋持续发展，夏季的高温多雨抑制作用不明显，到秋季数量达到高峰，集中为害瓜类、豆类和茄果类蔬菜。在北方，由于温室和露地蔬菜生产紧密衔接和相互交替，可使白粉虱周年发生。7—8月间虫口密度较大，8—9月为害严重。10月下旬后，气温下降，虫口数量逐渐减少，并开始向温室内迁移为害或越冬。

【防治方法】对白粉虱的防治应以农业防治为基础，加强栽培管理，培育出"无虫苗"为主要措施，合理使用化学农药，积极开展生物防治和物理防治。

提倡温室第一茬种植白粉虱不喜食的芹菜、蒜黄等较耐低温的蔬菜，由于减少了番茄的种植面积，不利于白粉虱的发生。育苗前彻底熏杀残余的白粉虱，清理杂草和残株，以及在通风口增设尼龙纱等，控制外来虫源，培育出"无虫苗"。避免黄瓜、番茄、菜豆混栽，以免为白粉虱创造良好的生活环境，加重为害。

生物防治。可人工繁殖释放丽蚜小蜂，当温室番茄上白粉虱成虫在0.5头/株以下时，按15头/株的量释放丽蚜小蜂成蜂，每隔2周1次，共3次，寄生蜂可在温室内建立种群并能有效地控制白粉虱为害。

物理防治。黄色对白粉虱成虫有强烈诱集作用，在温室内设置黄板(1m×0.17m纤维板或硬纸板，涂成橙黄色，再涂上一层黏油，每亩32～34块)诱杀成虫效果显著。黄板设置于行间与植株高度相平，黏油(一般使用10号机油加少许黄油调匀)7～10天重涂一次，要防止油滴在作物上造成烧伤。该方法作为综防措施之一，可与释放丽蚜小蜂等协调运用。

在白粉虱开始发生时，可用下列杀虫剂进行防治：

240g/L螺虫乙酯悬浮剂4 000～5 000倍液；

25%噻虫嗪水分散粒剂2 000～3 000倍液；

50%噻虫胺水分散粒剂2 000～3 000倍液；

25%噻嗪酮可湿性粉剂1 000～2 000倍液；

10%氯噻啉可湿性粉剂2 000倍液；

10%吡虫啉可湿性粉剂1 500倍液；

10%吡丙·醚乳油1 000～2 000倍液；

20%溴虫氰悬浮剂1 000～2 000倍液；

5%高氯·啶虫脒可湿性粉剂2 000～3 000倍液；

0.5%楝素乳油1 000～2 000倍液；

均匀喷雾，因其世代重叠，要连续防治，视虫情间隔7天左右1次。

在保护地内，可以选用10%氰戊菊酯烟剂，用背负式机动发烟器施放烟剂，效果很好。

4．烟粉虱

【分　　布】*Bemisia tabaci* 属同翅目粉虱科。分布在中国、日本、马来西亚、印度、非洲、北美、澳大利亚等国或地区。

【为害特点】成、若虫刺吸植物汁液，受害叶褪绿萎蔫或枯死，使植物生理紊乱，并能传播病毒病，诱发煤污病(图11-191)。

图11-191　由烟粉虱传播的黄化曲叶病毒病

【形态特征】成虫体翅覆盖白蜡粉，虫体淡黄色至白色，复眼红色，前翅脉仅1条，不分叉，左右翅合拢呈屋脊状(图11-192)。卵有光泽，呈上尖下钝的长梨形，底部有小柄支撑于叶面，卵散产，初产时淡黄绿色，孵化前转至深褐色，但不变黑(图11-193)。若虫长椭圆形，淡绿色至黄白色(图11-194)。伪蛹实为第4龄若虫，处于3龄若虫蜕皮之内，蛹壳椭圆形，黄色，扁平，背面中央隆起，周缘薄，无周缘蜡丝(图11-195)。

图11-192　烟粉虱成虫

图11-193　烟粉虱卵

图11-194　烟粉虱若虫

图11-195　烟粉虱伪蛹

【发生规律】亚热带每年发生10～12个重叠世代，几乎月月出现一次种群高峰，每代15～40天，夏季卵期3天，冬季33天。若虫3龄，9～84天，伪蛹2～8天。成虫产卵期2～18天。每雌产卵120粒左右。卵多产在植株中部嫩叶上。成虫喜欢无风温暖天气，有趋黄性，气温低于12℃停止发育，14.5℃开始产卵，气温21～33℃，随气温升高，产卵量增加，高于40℃成虫死亡。相对湿度低于60%成虫停止产卵或死去。暴风雨能抑制其大发生，非灌溉区或浇水次数少的番茄受害重。

【防治方法】培育无虫苗，育苗时要把苗床和生产温室分开，育苗前先彻底消毒，幼苗上有虫时在定植前清理干净，做到用做定植的番茄苗无虫。注意安排茬口、合理布局，在温室、大棚内，黄瓜、番茄、茄子、辣椒、菜豆等不要混栽，有条件的可与芹菜、韭菜、蒜、蒜黄等间作套种，以防粉虱传播蔓延。

其他防治方法可以参照白粉虱。

四、番茄各生育期病虫害防治技术

番茄周年种植，分为保护地、露地栽培。保护地又分为日光温室和早春、延秋大棚。各地气候条件、生产条件和管理方式不同，病虫草害的发生情况差异较大，一定要结合本地情况分析总结病虫草害的发生情况，制定病虫草害的防治计划，适时进行田间调查，及时采取防治措施，有效控制病虫草的为害。

(一)番茄育苗期病虫害防治技术

在番茄苗期，病虫害严重地影响着番茄出苗或小苗的正常生长，如猝倒病、炭疽病、灰霉病、晚疫病等；也有一些病害，是通过种子传播的，如菌核病、枯萎病、早疫病等；另外，病毒病也可以在苗期发生，有时也有一些地下害虫为害。因此，播种育苗期是防治病虫害、培育壮苗、保证番茄生长的一个重要时期，生产上经常需要使用多种杀菌剂、杀虫剂、植物激素等(图11-196和图11-197)。

图11-196　番茄无土穴盘育苗期生长情况

图11-197 番茄常规育苗期生长情况

育苗场地的选择，应注意选择地势较高、地下水位低、排水良好、土质肥沃的地块做苗床。采用新土育苗，苗床要整平、松细。肥料要充分腐熟，并撒施均匀。最好在棚室中育苗，应注意及时放风排湿，注意维护棚膜的透光性，避免光照过弱导致幼苗徒长。加强苗床管理，在棚室育苗，苗床内温度应控制在20～30℃，地温保持在16℃以上，注意提高地温，降低土壤湿度。出苗后尽量不浇水，必须浇水时一定选择晴天喷洒，切忌大水漫灌。严冬阴雪天要提温降湿，发病初期可将病苗拔除，中午揭开覆盖物立即将干草木灰与细土混合撒入。注意播种密度不可过稠，以免引起病害大发生。高温季节育苗加盖防虫网，以防蚜虫、白粉虱的侵入为害。

常规育苗，可以结合建床，进行土壤药剂处理。选择药剂时要针对本地情况，调查发病种类，可选用如下药剂：

以福尔马林消毒，在播种2周前进行，每平方米用30ml福尔马林，加水2～4kg，喷浇在床土上，用塑料膜覆盖4～5天，除去覆盖物，耙平土地，放气2周后播种；

70%五氯硝基苯可湿性粉剂与50%福美双可湿性粉剂1∶1混合，每平方米施药8g；

25%甲霜灵可湿性粉剂4g加70%代森锰锌可湿性粉剂5g或50%福美双可湿性粉剂5g，掺细土4～5kg，待苗床平整、浇水后，将1/3的药土撒于地表，播种后再把剩余的药土覆盖在种子上面。对于大棚也可以用硫黄熏蒸，开棚放风后播种。

对于经常发生地下害虫、线虫病的苗床、田块，可用下列药剂进行防治：

1.8%阿维菌素乳油2 000～3 000倍液，用喷雾器喷雾，然后用钉耙混土；

35%威百亩水剂4～6L/亩；

3%辛硫磷颗粒剂3kg/亩；

10%噻唑膦颗粒剂1.5～2kg/亩；

98%棉隆微粒剂2～3kg/亩；

处理土壤，可与上述杀菌剂一同施用。

营养钵育苗或穴盘育苗的，每立方米营养土，用福尔马林200～300ml，加清水30L均匀喷洒到营养土上，也可在每立方米营养土中加入50%多菌灵可湿性粉剂200g+40%五氯硝基苯可湿性粉剂250g。然后堆积成一堆，用塑料薄膜盖起来，闷2～3天，可充分杀灭病菌，然后撤下薄膜，把营养土摊开，经过2～3周晾晒，药味全部散尽后再堆起来准备育苗时应用。

品种选择，选择抗病优良品种栽培。主栽品种有金棚一号、奇兵一号、东圣一号、圣果一号、金棚创世纪、M158、春雷、粉都78、新星二号、粉都丽人2号、大唐番茄、胜美番茄、世纪星、朝研219、苏抗5号、皖红4号、阿乃兹番茄、绿亨108金樽、仙客1号、苏保1号、西粉1号、蜀早3号、渝抗4号、浙粉202、浙杂203、R-188、齐尔蔓、百利、L-402、中蔬4号、中蔬5号、渝红2号、佳粉17号、中研958等，以及以色列海泽拉公司的189、1420、870、516、1319。

种子处理，播种前可用50%克菌丹可湿性粉剂500倍液；70%恶霉灵可湿性粉剂600倍液；3%恶霉·甲霜水剂400倍液；25%甲霜灵可湿性粉剂500倍液+50%福美双可湿性粉剂500倍液，对于病毒病较重的田块可以混用10%磷酸三钠溶液浸种，一般浸30～50分钟，捞出用清水浸泡3～4小时，催芽播种。也可以用2.5%咯菌腈悬浮剂10ml+35%甲霜灵拌种剂2ml，对水180ml，包衣4kg番茄，包衣后，摊开晾干；70%甲基硫菌灵可湿性粉剂；50%多菌灵可湿性粉剂+72%霜脲·锰锌可湿性粉剂按种子重量的0.3%拌种，摊开晾干后播种，对苗期猝倒病效果较好；95%恶霉灵精品，1kg种子用0.5～1.0g与80%多·福·福锌可湿性粉剂4g混合拌种。

番茄出苗后至1叶1心前，重点防治猝倒病、立枯病，田间发现病株或番茄萎缩症状时，应及时喷药防治，可选用以下杀菌剂：

25%吡唑醚菌酯乳油3 000～4 000倍液+70%代森锰锌可湿性粉剂600～800倍液；

69%烯酰·锰锌可湿性粉剂1 000～1 500倍液+20%甲基立枯磷乳油800～1 000倍液；

72.2%霜霉威水剂600～800倍液+30%苯醚甲·丙环乳油3 000～3 500倍液；

72%霜脲·锰锌可湿性粉剂600～800倍液+75%百菌清可湿性粉剂600～800倍液；

70%丙森锌可湿性粉剂600～800倍液+20%氟酰胺可湿性粉剂600～800倍液；

3%恶霉·甲霜水剂800倍液+68.75%恶唑菌酮·锰锌水分散粒剂1 000倍液；

70%恶霉灵可湿性粉剂2 000倍液+70%敌磺钠可溶性粉剂800倍液；

均匀喷雾，从出苗后开始喷药，视病情间隔5～7天喷1次。

番茄2～4叶后，应以防治番茄猝倒病为主，考虑兼治其他病害，苗床一旦发现病苗，要及时拔除，用以下杀菌剂进行防治：

72.2%霜霉威水剂800～1 000倍液+70%代森锰锌可湿性粉剂500～800倍液，每平方米2～3L；

69%烯酰·锰锌可湿性粉剂800～1 500倍，每平方米2～3L；

50%腐霉利可湿性粉剂800～1 000倍液+72%霜脲·锰锌可湿性粉剂700～800倍液，每平方米2～3L；

3%恶霉·甲霜水剂500～1 000倍液+68.75%恶唑菌酮·锰锌水分散粒剂600～1 000倍液；

15%恶霉灵水剂1 000倍液+70%代森联水分散粒剂600～1 000倍液；

30%恶霉灵水剂1 000～2 000倍液+68.75%恶唑菌酮·锰锌水分散粒剂600～1 000倍液；

喷淋苗床视病情间隔7～10天1次，与喷雾防治相结合。注意用药剂喷淋后，等苗上药液干后，撒些草木灰或细干土，降湿保温。

幼苗2～7叶期，应注意防治晚疫病、早疫病、病毒病、根结线虫病、白粉虱、美洲斑潜蝇。

高温季节育苗，对有根结线虫病史的地区，最好采用无土基质育苗，因此期是根结线虫高发时期。如果采用营养钵育苗方法育苗的，在幼苗3～5叶期用1.8%阿维菌素乳油2 000～3 000倍液灌根，防止根结线虫病的发生；如果已发生根结线虫病，隔5～7天再灌1次。但应注意的是，施药时如果温度超过35℃，浇过药液后，要用清水冲洗幼苗叶片上的药液，避免产生药害。如果采用育苗畦育苗，在分苗时应用清水将根部冲洗一下，防止携带病虫，如果根上有根瘤应把根瘤去掉后再移栽。

在番茄苗期，有时番茄晚疫病、早疫病、病毒病、白粉虱、美洲斑潜蝇会同时发生，可以采用以下配方进行防治：

68.75%恶唑菌酮·锰锌水分散粒剂800倍液 + 2%宁南霉素水剂300倍液 + 3.3%阿维·联苯乳油1 500倍液；

10%苯醚甲环唑水分散粒剂1 000～2 000倍液 + 72.2%霜霉威盐酸盐水剂800～1 000倍液 + 31%吗啉胍·三氮唑核苷可溶性粉剂400～600倍液 + 1%甲氨基阿维菌素苯甲酸盐乳油2 000～3 000倍液；

70%丙森锌可湿性粉剂700倍液 + 80%乙蒜素乳油1 000～2000倍液 + 40%吗啉胍·羟烯腺·烯腺可溶性粉剂800倍液；

30%醚菌酯悬浮剂2 000～3 000倍液 + 7.5%菌毒·吗啉胍水剂500～800倍液 + 10%吡虫啉可湿性粉剂1 500～2 000倍液 + 50%灭蝇胺悬浮剂3 000～4 000倍液；

78%代森锰锌·波尔多液可湿性粉剂600～800倍液 + 4%嘧肽霉素水剂300倍液 + 3.5%氟腈·溴乳油1 500～2 000倍液；

均匀喷雾，视病虫害发生情况间隔7～10天1次。

为了促使幼苗生长，可以在幼苗灌根或喷洒农药时，与一些杀菌剂混合喷洒植保素8 000倍液，或用1.5%植病灵乳剂800～1 000倍液，或用爱多收6 000～8 000倍液，或用黄腐酸盐1 000～3 000倍液，或用尿素0.5% + 磷酸二氢钾0.1%～0.2%或用三元复合肥(15 – 15 – 15)0.5%等。高温季节育苗，为防止幼苗徒长，在幼苗2～3片真叶时可以喷15%多效唑可湿性粉剂1 500倍液，整个苗期根据实际情况，可喷2次左右，其间隔期以1个月为宜，间隔期太短施药对幼苗抑制作用太强，严重影响苗期生长发育，不容易恢复；使用时，一定要严格把握最适药量，以免产生药害。

(二)番茄开花坐果期病虫害防治技术

移植缓苗后到开花结果期，植株生长旺盛，多种病害开始侵染，部分害虫开始发生，一般该期是喷药保护、预防病虫的关键时期，也是使用植物激素、微肥，调控生长，保证早熟与丰产的最佳时期，生产上需要多种农药混合使用(图11–198)。

这一时期经常发生的病害有病毒病、早疫病、晚疫病、细菌性髓部坏死病等。施药重点是使用好保护剂，预防病害的发生。

常用的药剂有：

68%精甲霜·锰锌水分散粒剂800～1 000倍液；

25%嘧菌酯悬浮剂1 500～2 000倍液；

69%烯酰·锰锌可湿性粉剂800～1 000倍液；

图11–198　番茄开花坐果期生长情况

66.8%丙森·异丙菌胺可湿性粉剂1 500倍液；

50%福美双可湿性粉剂500～800倍液+70%代森联水分散粒剂500倍液；

20%吗啉胍·乙铜可湿性粉剂500～800倍液+68.75%恶唑菌酮·锰锌水分散粒剂800～1 000倍液；

31%吗啉胍·三氮唑核苷可溶性粉剂800倍液+68.75%恶唑菌酮·锰锌水分散粒剂800倍液；

24%混脂酸·碱铜水乳剂800倍液+68.75%恶唑菌酮·锰锌水分散粒剂800～1 000倍液；

40%吗啉胍·羟烯腺·烯腺可溶性粉剂800～1 000倍液+68.75%恶唑菌酮·锰锌水分散粒剂800倍液；

5%菌毒清水剂200～300倍液+68.75%恶唑菌酮·锰锌水分散粒剂800倍液；

0.5%菇类蛋白多糖水剂500～800倍+70%代森联水分散粒剂500倍液；

20%吗啉胍·乙铜可湿性粉剂500～800倍液+75%百菌清可湿性粉剂500倍液；

68.75%恶唑菌酮·锰锌水分散粒剂800～1 000倍液+7.5%菌毒·吗啉胍水剂500倍液；

30%醚菌酯悬浮剂2 000～3 000倍液+2%宁南霉素水剂300～500倍液；

70%丙森锌可湿性粉剂700倍液+3.95%三氮唑核苷·铜·烷醇·锌水剂500～800倍液；

喷雾，视病情间隔7～10天1次。

对于大棚，还可以用10%百菌清烟剂400～800g/亩，熏一夜。

本期为预防病害、提高植物抗病性，也可以喷施1.5%植病灵乳剂1 000倍液，对于旱情较重、蚜虫、白粉虱发生较多的田块，可以在使用杀菌剂时混用一些杀虫剂，还可以配合使用黄腐酸盐3 000倍液，也可以用下列药剂：

240g/L螺虫乙酯悬浮剂4 000～5 000倍液；

10%烯啶虫胺水剂3 000～5 000倍液；

3%啶虫脒乳油2 000～3 000倍液；

10%吡虫啉可湿性粉剂1 500～2 000倍液；

10%吡丙·吡虫啉悬浮剂1 500～2 500倍液；

25%噻虫嗪可湿性粉剂2 000～3 000倍液；

0.5%藜芦碱可湿性粉剂2 000～3 000倍液；

5%鱼藤酮微乳剂600～800倍液；

喷雾，视虫情间隔7～10天喷1次。

为了保证植株生长健壮，尽早开花结果可以混合使用些植物激素。当植株出现徒长时，可喷施15%多效唑可湿性粉剂1 500倍液；能抑制顶端生长，集中开花，早熟增产；使用0.04%芸薹素内酯乳油2 000～4 000倍液、1.8%复硝酚钠水剂5 000倍液、8%胺鲜酯水剂2 000～4 000倍液，可促进幼苗粗壮，叶色浓绿，提高抗病性。

（三）番茄盛果期病虫害防治技术

番茄进入开花结果期，长势开始变弱，生理性落花落果现象普遍，加上多种病虫的为害，直接影响着果实的产量与品质。为了确保丰收，生产上经常使用多种类型农药进行合理混用。

番茄进入开花结果期以后，许多病害开始发生流行。青枯病、细菌性髓部坏死病、病毒病、枯萎病、灰霉病、菌核病、早疫病、晚疫病等时常严重发生。

对于青枯病、细菌性髓部坏死病、病毒病、枯萎病混合严重发生时，可以用：

1.05%氮苷·硫酸铜水剂300～500倍液+10%嘧啶核苷类抗生素水剂300～500倍液；

4%嘧肽霉素水剂200～300倍液+14%络氨铜水剂300～500倍液；

0.5%葡聚烯糖粉剂500～800倍液+30%琥胶肥酸铜悬浮剂500～600倍液；

0.5%香菇多糖水剂300～500倍液+20%噻菌铜悬浮剂500～800倍液；

10%盐酸吗啉胍可溶性粉剂400～600倍液；

25%琥铜·吗啉胍可湿性粉剂600～800倍液+20%喹菌铜可湿性粉剂1 000倍液；

7.5%菌毒·吗啉胍水剂500～800倍液+3%中生菌素可湿性粉剂600～800倍液；

30%壬基酚磺酸铜水乳剂600～800倍液+10亿/ml荧光假单胞杆菌水剂100～300倍液；

10亿孢子/g枯草芽孢杆菌可湿性粉剂600倍液+3%三氮唑核苷水剂500～800倍液；

31%氮苷·吗啉胍可溶性粉剂800倍液+1.5%植病灵乳剂1 000倍液；

喷雾防治，并配以黄腐酸盐3 000倍液；也可灌根，首次用药应在发病前10天每株灌对好的药液300～500ml。视病情间隔7～10天1次。

当灰霉病、菌核病、早疫病等混合发生时，可以使用：

50%烟酰胺水分散粒剂1 000～1 500倍液+70%丙森锌可湿性粉剂800倍液；

50%嘧菌环胺水分散粒剂1 500倍液+68.75%恶酮·锰锌水分散粒剂1 000倍液；

25%啶菌恶唑乳油1 000～2 000倍液+50%克菌丹可湿性粉剂400～600倍液；

2%丙烷脒水剂1 000～1 500倍液+2.5%咯菌腈悬浮剂1 000～1 500倍液；

50%乙烯菌核利水分散粒剂800～1 000倍液+70%代森联水分散粒剂600～800倍液；

50%异菌脲悬浮剂1 000～1 500倍液+25%啶菌恶唑乳油1 000～2 000倍液；

30%福·嘧霉可湿性粉剂800～1 000倍液+77%氢氧化铜可湿性粉剂800倍液；

50%腐霉·百菌可湿性粉剂800～1 000倍液；

30%异菌脲·环己锌乳油900～1 200倍液；

50%异菌·福美双可湿性粉剂800～1 000倍液；

50%多·福·乙可湿性粉剂800～1 000倍液+70%代森联水分散粒剂600～800倍液；

65%甲硫·霉威可湿性粉剂1 000～1 500倍液+70%代森锰锌可湿性粉剂600～800倍液；

喷雾防治，视病情间隔7～10天喷1次；对于大棚，可以用10%腐霉利烟剂200～300g/亩、45%百菌清烟剂200～300g/亩，二者轮换使用，每次熏上一夜。

对于番茄晚疫病发生较重的田块，结合其他病害的预防，可以使用下列药剂：

687.5g/L氟菌·霜霉威悬浮剂1 000～1 500倍液；

68%精甲霜·锰锌水分散粒剂1 000～1 500倍液；

60%唑醚·代森联水分散粒剂1 500倍液；

440g/L精甲·百菌清悬浮剂800～1 000倍液；

25%甲霜·霜霉威可湿性粉剂800倍液；

69%锰锌·氟吗啉可湿性粉剂1 000倍液；

72.2%霜霉威水剂800倍液+70%代森联水分散粒剂600倍液；

100g/L氰霜唑悬浮剂1 500倍液+75%百菌清可湿性粉剂600倍液；

70%丙森锌可湿性粉剂600～800倍液；

250g/L嘧菌酯悬浮剂1 500～2 000倍液；

50%烯酰吗啉可湿性粉剂1 500倍液+70%代森联水分散粒剂800倍液；

64%恶霜·锰锌可湿性粉剂600～800倍液；

53%甲霜·锰锌水分散粒剂600～800倍液；

72%霜脲·锰锌可湿性粉剂600～800倍液；

对水喷雾，视病情间隔5～7天喷1次。

露地栽培可以用下列杀菌剂或配方进行防治：

687.5g/L霜霉威盐酸盐·氟吡菌胺悬浮剂800～1 200倍液；

60%唑醚·代森联水分散粒剂1 000～2 000倍液；

250g/L双炔酰菌胺悬浮剂1 500～2 000倍液；

雨季，在雨前雨后进行茎叶喷雾防治(重点喷果)，视病情间隔7～10天喷1次。

保护地栽培时还可以使用45%百菌清烟雾剂250g/亩。

傍晚封闭棚室，将药分放于5～7个燃放点，烟熏过夜或喷撒5%百菌清粉剂1kg/亩。间隔7～10天用1次药，最好与喷雾防治交替进行。

为防止由生理性病害、灰霉病为害等造成的落花落果，可以用防落素15～30mg/kg或2，4-D 10～25mg/kg溶液加50%腐霉利可湿性粉剂800～1 000倍液或加入2.5%咯菌腈悬浮剂300～500倍液，也可以加入少量磷酸二氢钾浸花，每朵花浸一次，效果较为理想。但要注意不能触及枝叶，特别是幼芽，也要避免重复浸花。

第十二章　辣椒病虫害防治新技术

　　辣椒属茄科，一年生或多年生草本植物，原产于中南美洲热带地区。中国是世界第一大辣椒（含甜椒）生产国与消费国，播种面积约占世界辣椒播种面积的40%，2017年，全国播种面积159.3万hm²左右，总产量为3 400万t。干辣椒种植区域集中在山东、河南、河北、新疆、湖南、湖北、四川、重庆、贵州等省(区、市)，生产方式以露地种植为主，鲜食辣椒主要产区有海南、广东、云南、四川、重庆、山东、河南、辽宁等省(市)，夏秋季节生产以露地种植为主，冬季生产以设施种植为主。主要栽培模式有露地早春茬、露地越夏茬、露地秋茬、早春大棚、秋延后大棚、日光温室早春茬、日光温室秋冬茬等。

　　目前，国内发现的辣椒病虫害有110多种，其中，病害60多种，主要有病毒病、疫病、灰霉病、疮痂病等；生理性病害有20多种，主要有落花落叶、日灼、脐腐病等。虫害10多种，主要有蚜虫、温室白粉虱、美洲斑潜蝇、烟青虫等。常年因病虫害造成的损失达40%~80%，在部分地块甚至绝收。

一、辣椒病害

1. 辣椒病毒病

　　【症　　状】症状最常见的有两大类型，一为斑驳花叶型，植株矮化，叶片呈黄绿相间的斑驳花叶，叶脉上有时有褐色坏死斑点，主茎和枝条上有褐色坏死条斑，以致整株死亡。二为叶片畸形和丛枝型，叶片畸形丛生，叶脉褪绿，出现斑驳，花叶，叶片增厚，变窄呈线状，茎节间缩短，有时枝条丛生，后期植株矮化，果实上呈现深绿和浅绿相间的花斑，有疣状突起，病果畸形，易脱落(图12-1至图12-9)。

图12-1　辣椒病毒病花叶型症状

图12-2　甜椒病毒病花叶型症状

图12-3　辣椒病毒病斑驳型症状

图12-4 辣椒病毒病皱缩型症状

图12-5 辣椒病毒病田间植株发病症状

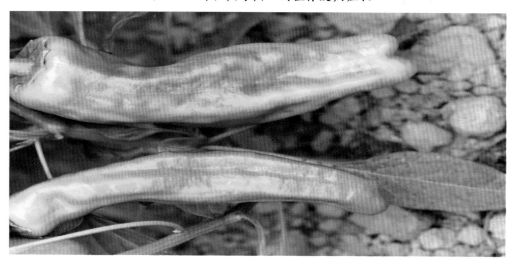

图12-6 牛角椒病毒病果实发病症状

图12-7 羊角椒病毒病果实发病症状

图12-8 线椒病毒病果实发病症状

图12-9 甜椒病毒病果实发病症状

【病　　原】主要有 Cucumber mosaic virus（CMV）称黄瓜花叶病毒；Potato virus X（PVX）称马铃薯X病毒；Tobacco mosaic virus（TMV）称烟草花叶病毒；Potato virus Y（PVY）称马铃薯Y病毒等。

【发生规律】辣椒病毒病传播途径主要可分为虫传和接触传染两大类。可借虫传的病毒主要有黄瓜花叶病毒、马铃薯Y病毒，其发生与蚜虫和蓟马的发生情况关系密切，特别遇高温干旱天气，不仅可促进蚜虫传毒，还会降低寄主的抗病性。传播辣椒病毒病的蓟马有茶黄蓟马和棕榈蓟马。烟草花叶病毒靠接触及伤口传播，通过整枝打杈等农事操作传染，还可在病残体和多种作物上越冬，种子也可带毒。5月底和6月上旬为病毒病易感期。地势低洼、容易积水。果实膨大期缺水干旱，土壤中缺钙、钾等元素，定植晚、连作地易发病。

【防治方法】选用抗病品种。辣椒抗病品种有辣优9号、江苏4号、抗椒2号、津福9号、汴椒红果王、湘运3号、京辣2号、农大082、新辣10号、洛椒7号、线椒2001、神洲红、汴椒一号等品种。整地前把枯枝落叶全部清净，并用84消毒液150倍液或50%氯溴异氰尿酸1 000倍液消毒。采用高畦、双行密植法，覆盖地膜，以促进辣椒根系发育。未覆盖地膜者，生长前期要多中耕，少浇水，以提高地温，增强植株抗性。夏季高温干旱，傍晚浇水，降低地温。雨季及时排水，防止地面积水，以保护根系。

种子处理。把种子放入55℃热水中，浸泡15分钟并搅拌，再用30℃温水浸泡10小时，捞出放入10%磷酸三钠溶液中浸泡20分钟或1%高锰酸钾溶液浸泡30分钟。也可以将干种子放入72℃的恒温箱中处理72小时以钝化病毒。

田间注意防治蚜虫，防止病害的传播侵染，可以用：

10%吡虫啉可湿性粉剂1 500倍液；

3%啶虫脒乳油2 000倍液；

田间铺银灰色塑料薄膜，以驱避蚜虫。分苗和定植前，喷洒1次0.1%～0.3%硫酸锌溶液或5%菌毒清可湿性粉剂500倍液，预防病毒病发生为害。

田间发现病株后(图12-10)，应及时拔除病株，防止传播发病，并及时施药预防治疗，发病初期可采用以下药剂进行防治：

4%嘧肽霉素水剂200～300倍液；

0.05%核苷酸水剂500倍液；

1.5%硫铜·烷基·烷醇乳油600～800倍液；

3%三氮唑核苷水剂500倍液；

2%宁南霉素水剂150～250倍液；

7.5%菌毒·吗啉胍水剂400～500倍液；

5%氨基寡糖素水剂300～500倍液；

31%氮苷·吗啉胍可溶性粉剂800倍液；

1.05%氮苷·硫酸铜水剂300倍液；

0.5%香菇多糖水剂300倍液；

25%吗胍·硫酸锌可溶性粉剂500倍液；

18%腐殖·吗啉胍可湿性粉剂600倍液；

对水喷雾，从幼苗开始，视病情间隔5～7天喷1次。此

图12-10　辣椒病毒病田间发病初期

外，喷施α－萘乙酸20mg/kg及1%过磷酸钙、1%硝酸钾做根外追肥，均可提高抗病性。可将上述杀菌剂与杀虫剂混用，以达到病虫兼治的效果。

2.辣椒疫病

【症　　状】疫病是辣椒的一种毁灭性病害，苗期和成株期均可发病。幼苗茎基部呈水浸状暗褐色缢缩，造成幼苗折倒和湿腐，而后枯萎死亡(图12-11)。成株发病时，病叶上有淡绿色近圆形斑点，扩大后边缘呈黄绿色，中间暗褐色，湿度大时可见白霉，叶片软腐脱落(图12-12)。茎部发病多在茎基部和枝杈处，最初产生水浸状暗绿色病斑，后扩展成不规则形黑褐色斑，绕茎一周后病斑处的皮层腐烂，缢缩，与周围健康组织分界明显。染病部位以上的叶片由下向上逐渐枯萎死亡。逐渐扩展成黑褐色条斑，病部易缢缩，植株折倒(图12-13和图12-14)。病果的果蒂部有水浸状暗绿斑，潮湿时长有白色霉状物，病部呈褐色，腐烂脱落，干燥后成为褐色僵果(图12-15至图12-17)。根系被侵染后变褐色，皮层腐烂导致植株青枯死亡。

图12-11　辣椒疫病育苗期发病症状

图12-12　辣椒疫病叶片发病症状

图12-13　甜椒疫病茎部发病初期症状

图12-14 甜椒疫病茎部发病后期症状

图12-15 牛角椒疫病果实发病症状

图12-16 羊角椒疫病果实发病症状

图12-17 甜椒疫病果实发病症状

【病　　原】*Phytophthora capsici* 称辣椒疫霉菌，属鞭毛菌亚门真菌(图12-18)。孢囊梗丝状，分枝顶端生孢子囊，孢子囊卵圆形，顶端有乳头状凸起，萌发时释放出许多游动孢子。卵孢子圆球形，淡黄色。厚垣孢子球形，单胞，黄色，壁厚平滑。

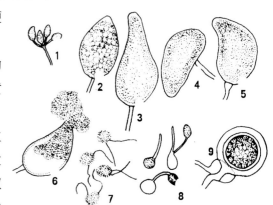

图12-18 辣椒疫病病菌
1.孢子梗和孢子囊；2～5.孢子囊；
6.孢子囊释放游动孢子；7.游动孢子；
8.休止孢子萌发；9.藏卵器

【发生规律】病菌随病残体在土壤中及种子上越冬，次年借雨水、灌溉水或农事活动传到茎基部及近地面果实上发病。病部产生孢子囊，经风雨、气流重复侵染。露地辣椒5月上旬开始发病，6月上旬遇到高温高湿或雨后暴晴天气发病快而重。定植后气温高，雨水多，温室内湿度大，或浇过大水的保护地，疫病发生均严重。发病中心出现后几天内大片植株萎蔫或死亡，尤其是平畦栽植、密植、管理粗放的连作地发病更重。在适宜的环境条件下，灌水方式、灌水量、灌水时间与辣椒疫病的发生有直接关系，大水漫灌，容易暴发流行，浇小水或滴灌发病轻。高温季节中午灌水比早晚灌水发病重，大雨前或久旱猛灌发病重。

【防治方法】选用抗耐疫病的新品种：中椒6号、沈研9号、翠玉甜椒、安椒15号、京发大椒、特抗1号、航椒2号、新尖椒1号辣椒、辣优8号、椒优9号、湘研9号、湘研20号、亨椒1号、京椒3号。实行轮作，深耕晒地，清除田间病残体。施足底肥，合理密植，采用高畦或高垄栽培方式，及时排出积水。温室栽培时要加强温度、湿度和放风管理。注意发现病株后立即拔除，带到田外深埋。保护地栽培时要注意避免出现高温高湿环境。

种子处理。用55℃温水浸种15分钟，或用种子重量0.3%的53%甲霜灵·锰锌可湿性粉剂、3.5%咯菌·精甲霜悬浮种衣剂拌种后播种，或用1%硫酸铜液浸种5分钟，取出拌少量石灰或草木灰中和酸度，也可用68%精甲霜·锰锌水分散粒剂600倍液浸种半小时或用69%烯酰·锰锌可湿性粉剂600倍液或25%甲霜灵可湿性粉剂400倍液浸种10小时，冲净后催芽。

辣椒疫病在苗床也有发病，结合其他病害防治进行苗床处理，采用传统方法育苗的，每平方米苗床可用53%甲霜灵·锰锌可湿性粉剂8~10g，或69%锰锌·烯酰可湿性粉剂5~6g，或70%敌磺钠可溶性粉剂8~10g，加细土15kg混拌均匀，先浇好底水，待水渗下后，取1/3拌好的药土撒在畦面上，播种后再把余下的2/3药土覆在种子上面。苗床条件差较有利于发病，特别是遇低温、阴天多雨时经常发生，应注意防治，可以用10%氰霜唑悬浮剂2 000倍液+70%丙森锌可湿性粉剂800~1 000倍液喷施，视病情间隔10天喷1次。浇水时，也可以用96%硫酸铜晶体2.5~3.0kg/亩或70%敌磺钠可溶性粉剂1kg/亩，随水冲施。

定植缓苗后、开花结果初期(图12-19)，特别是雨季，阴雨连绵天气发病严重，应注意预防病害发生，结合其他病害的防治用好保护剂，也可以适量加入低量的治疗剂，可采用以下杀菌剂或配方进行防治：

图12-19　辣椒开花结果初期(疫病易发生的生育时期)

560g/L嘧菌·百菌清悬浮剂2 000~3 000倍液；

72%丙森·膦酸铝可湿性粉剂800~1 000倍液；

52.5%恶酮·霜脲氰水分散粒剂1 500~2 000倍液；

75%百·福·福锌可湿性粉剂800~1 000倍液；

50%琥铜·甲霜灵可湿性粉剂800~1 000倍液；

72%甲霜·百菌清可湿性粉剂600~800倍液；

60%锰锌·氟吗啉可湿性粉剂800~1 000倍液；

70%丙森锌可湿性粉剂600~800倍液+50%烯酰吗啉可湿性粉剂1 000~2 000倍液；

均匀喷雾，视病情间隔5~7天喷1次。尤其要注意雨前雨后立即喷药。注意各种药剂交替使用。

对于保护地辣椒田，也可用45%百菌清烟雾剂250g/亩，在傍晚封闭棚室后施药，将药分放于5~7个燃放点烟熏，也可以喷撒5%百菌清粉剂1kg/亩。视病情间隔7~10天用1次药。

在坐果、采收期，特别是遇阴雨天气，病害发生普遍而且严重(图12-20)，防治比较困难，应抓紧防治，可采用以下杀菌剂进行防治：

图12-20 辣椒疫病成株期田间发病症状

687.5g/L霜霉威盐酸盐·氟吡菌胺悬浮剂800～1 200倍液；

250g/L吡唑醚菌酯乳油1 500～3 000倍液；

66.8%丙森·异丙菌胺可湿性粉剂600～800倍液；

60%唑醚·代森联水分散粒剂1 000～2 000倍液；

72.2%霜霉威盐酸盐水剂800～1 000倍液+10%氰霜唑悬浮剂2 000～2 500倍液；

84.51%霜霉威·乙膦酸盐可溶性水剂600～1 000倍液；

70%呋酰·锰锌可湿性粉剂600～1 000倍液；

20%唑菌酯悬浮剂2 000～3 000倍液；

18.7%烯酰·吡唑酯水分散粒剂2 000～3 000倍液；

60%氟吗·锰锌可湿性粉剂1 000～1 500倍液；

50%氟吗·乙铝可湿性粉剂600～800倍液；

均匀喷药，视病情间隔5～7天1次。以避免病害的发生流行，保护地可用15%百·烯酰烟剂300g/亩或20%锰锌·霜脲烟剂250g/亩烟熏。也可用5%锰锌·霜脲粉剂1kg/亩或5%百菌清粉尘剂1kg/亩喷粉。

3. 辣椒疮痂病

【症　　状】辣椒疮痂病又称细菌性斑点病。可为害叶片、叶柄、茎蔓、果实及果梗。幼苗期发病，先在子叶上产生银白色小斑点，进而呈水浸状，最后发展为暗色凹陷斑(图12-21)。成株期叶片上初生水浸状黄绿色小斑，扩大后边缘深褐色至灰色，中间灰白色，四周常有黄晕圈，严重的病叶，叶缘、叶尖变黄干枯，破裂，最后脱落(图12-22至图12-26)。果梗、茎蔓及叶柄上病斑为水浸状不规则条斑，以后边缘暗褐色，中间灰白色隆起，纵裂，呈疮痂状(图12-27和图12-28)。果实上的病斑为暗褐色隆起的小点，后期木栓化，或呈疱疹状，逐渐扩大为黑色疮痂，潮湿时，疮痂中间有菌液溢出(图12-29和图12-30)。

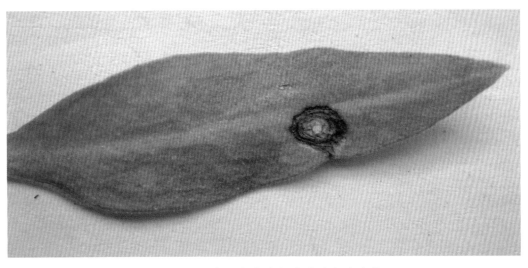

图12-21　辣椒疮痂病幼苗子叶发病症状

图12-22　辣椒疮痂病成株期田间发病症状

图12-23　辣椒疮痂病成株期叶片发病初期症状

图12-24　辣椒疮痂病成株期叶片发病后期症状

图12-25　三樱椒疮痂病叶片发病症状

图12-26　辣椒疮痂病叶柄发病症状

图12-27　辣椒疮痂病枝条发病症状

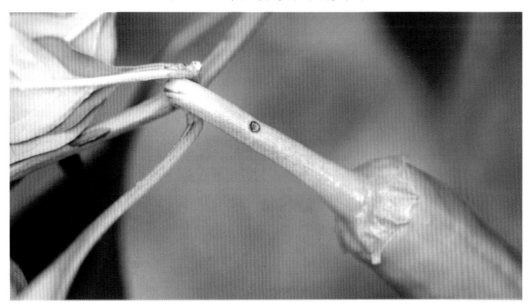

图12-28　羊角椒疮痂病果柄发病症状

图12-29　羊角椒疮痂病果实发病症状

图12-30 牛角椒疮痂病果实发病症状

【病　　原】*Xanthomonas campestris* pv. *vesicatoria* 称野油菜黄单胞杆菌辣椒斑点病致病变种。属细菌，菌体杆状，两端钝圆，具极生单鞭毛，能游动(图12-31)。菌体排列链状，有荚膜，革兰氏阴性，具有好气性。

图12-31 辣椒疮痂病病原菌

【发生规律】病原细菌主要在种子表面越冬，也可随病残体在田间越冬。旺长期易发生，病菌从叶片上的气孔侵入，潜育期3～5天；在潮湿情况下，病斑上产生的灰白色菌脓借雨水飞溅及昆虫作近距离传播。发病适温27～30℃，高温高湿条件时病害发生严重，多发生于7—8月，尤其在暴风雨过后，容易形成发病高峰。高湿持续时间长，叶面结露对该病发生和流行至关重要。

【防治方法】实行2～3年轮作。结合深耕，以促进病残体腐烂分解，加速病菌死亡；定植以后注意中耕松土，促进根系发育，雨后注意排水。

种子处理。播种前先把种子在清水中预浸10～12小时后，再用1%硫酸铜溶液浸5分钟，捞出后播种。也可以先在55℃温水中浸种15分钟，再进行一般浸种，然后催芽播种。

该病施药预防效果不佳，要注意田间发病情况，及时识别和药剂防治。发病初期，特别是遇持续阴天降雨后及时喷洒药剂，可采用以下杀菌剂进行防治：

30%琥胶肥酸铜可湿性粉剂800～1 000倍液；

3%中生菌素可湿性粉剂600～800倍液；

20%噻唑锌悬浮剂300～500倍液+12%松脂酸铜悬浮剂600～800倍液；

20%噻菌铜悬浮剂1 000～1 500倍液；

20%喹菌铜水剂1 000～1 500倍液；

50%氯溴异氰尿酸可溶性粉剂1 500～2 000倍液；

45%代森铵水剂400～600倍液；

60%琥·乙膦铝可湿性粉剂500～700倍液；

47％春雷·王铜可湿性粉剂700倍液；

均匀喷雾，视病情间隔5～10天喷1次。

4．辣椒炭疽病

【症　　状】常见的辣椒炭疽病主要有3种。①黑点炭疽病：主要为害果实，也可为害叶片。叶片被害时，初为水渍状褪绿斑点，渐成圆形病斑，中央灰白，长有轮纹状排列的黑色小粒点，边缘褐色(图12-32和图12-33)。果实被害时，病斑长圆形或不规则形、凹陷、呈褐色水渍状，有不规则形隆起，呈轮纹状排列的黑色小粒点，湿度大时，边缘出现软腐状，干燥时病斑干缩呈膜状，易破裂(图12-34和图12-35)。②黑色炭疽病：主要为害果实，初期在果实上产生水浸状浅褐色至褐色，圆形至椭圆形斑点，后扩大椭圆形至不规则形凹陷斑，上生黑色小粒点呈同心轮纹状排列，后期患病斑常穿孔(图12-36)。③红色炭疽病：主要为害果实，发病初期在果实上产生浅褐色至黄褐色水浸状小斑点，后扩展成圆形至椭圆形凹陷斑，病斑生橙色至橙红色小粒点，呈不明显轮纹状排列(图12-37和图12-38)。

图12-32　辣椒炭疽病叶片发病症状

图12-33　三樱椒炭疽病叶片发病症状

图12-34 黑点炭疽病果实发病早期症状

图12-35 辣椒黑点炭疽病果实发病后期症状

图12-36 辣椒黑色炭疽病果实发病症状

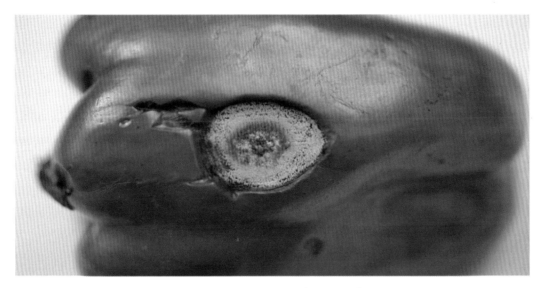

图12-37　甜椒红色炭疽病果实发病症状

图12-38　辣椒红色炭疽病果实发病症状

【病　　原】黑点炭疽病的病原为*Colletotrichum capisci*，称辣椒刺盘孢，属半知菌亚门真菌(图12-39)。载孢体盘状，多聚生，初埋生后突破表皮，黑色，顶端不规则开裂。刚毛散生在载孢体中，数量较多，暗褐色，顶端色浅，较尖，2～4个隔膜。分生孢子梗分枝，有隔膜，无色。分生孢子镰刀形，顶端尖，基部钝，单胞无色，内含油球。附着胞棒状，网球形褐色。黑色炭疽病病原为*Colletotrichum coccodes*，称果腐刺盘孢，属半知菌亚门真菌。分生孢子盘生暗褐色刚毛，分生孢子长椭圆形。红色炭疽病病原为*Colletotrichum gloeosporioides*，称盘长孢状刺盘孢，属半知菌亚门真菌。分生孢子盘无刚毛，分生孢子椭圆形。

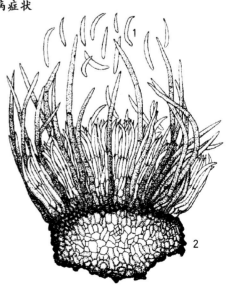

图12-39　辣椒炭疽病病菌
1.分生孢子；2.分生孢子盘

【发生规律】以菌丝体潜伏于种子内，或以分生孢子附着于种子表面，或以拟菌核和分生孢子盘在病株残体上越冬。翌年产生分生孢子，借助风雨传播，由寄主伤口和表皮直接侵入，借助气流、昆虫、育苗和农事操作传播并在田间反复侵染。适宜发病温度12～33℃，27℃最适；孢子萌发要求相对湿度在95%以上；温度适宜，相对湿度87%～95%，该病潜育期3天；湿度低，潜育期长，相对湿度低于54%则不发病。露地栽培时多从6月上中旬进入结果期后开始发病。高温多雨或高温高湿、积水过多、田间郁闭、长势衰弱、密度过大、氮肥过多发生较重。

【防治方法】发病严重的地块实行与瓜、豆类蔬菜轮作2～3年。定植前深翻土地，多施优质腐熟有机肥，增施磷、钾肥，提高植株抗病能力。避免栽植过密，采用高畦栽培、地膜覆盖，促进辣椒根系生长。未盖地膜的，生长前期要多中耕，少浇水，以提高地温，增强植株抗性。夏季高温干旱，适宜傍晚浇水，降低地温。雨季及时排水，防止地面积水，以保护根系。适时采收，发现病果及时摘除。

种子处理。可用55℃温水浸种15分钟，室温一般浸种6～8小时后催芽播种；或用70%异菌脲·锰锌可湿性粉剂600～800倍液浸种半小时，带药催芽或直接播种；也可用冷水浸种10～12小时后，再用1%硫酸铜溶液浸种5分钟，取出后加上适量消石灰或草木灰拌种，立即播种；或用50%多菌灵可湿性粉剂500倍液浸种半小时，清水冲洗，催芽播种；或用次氯酸钠溶液浸种，在浸种前先用0.2%～0.5%的碱液清洗种子，再用清水浸种8～12小时，捞出后置于配好的1%次氯酸钠溶液中浸5～10分钟，冲洗干净后催芽播种。也可播种前用占种子重量0.3%的50%福美双可湿性粉剂或50%克菌丹可湿性粉剂拌种，或每5kg种子用2.5%咯菌腈悬浮种衣剂10ml，先以0.1kg水稀释药液，而后拌均匀种子，晾干后播种。

辣椒苗期发病(图12-40)，应及时施药进行治疗，可采用以下杀菌剂进行防治：

图12-40　辣椒炭疽病苗期田间发病症状

25%嘧菌酯悬浮剂1 000～2 000倍液；

30%醚菌酯悬浮剂1 500～2 500倍液；

68.75%恶唑菌酮·锰锌水分散粒剂800倍液；

50%异菌脲悬浮剂1 500倍液；

50%福·异菌可湿性粉剂800倍液；

70%甲基硫菌灵可湿性粉剂500倍液+68.75%恶唑菌酮·锰锌水分散粒剂800倍液；

50%腐霉利可湿性粉剂1 000倍液+65%代森锌可湿性粉剂500倍液；

均匀喷雾，视病情间隔5~7天1次。

在辣椒生长期，结合其他病害的防治，注意喷施保护剂加以预防，可以用下列保护性杀菌剂：

40%福·福锌可湿性粉剂800~1 000倍液；

70%甲硫·福美双可湿性粉剂800~1 000倍液；

42%三氯异氰尿酸可湿性粉剂800~1 000倍液；

47%春雷·王铜可湿性粉剂600~800倍液；

70%丙森锌可湿性粉剂600~800倍液；

45%代森铵水剂200~400倍液；

80%代森锌可湿性粉剂600~800倍液；

25%络氨铜水剂400~600倍液；

均匀喷雾，视病情间隔5~10天1次。

温室内还可以用45%百菌清烟剂200g/亩，按包装分放5~6处，傍晚闭棚。由棚室里向外逐次点燃后，次日早晨打开棚室，进行正常田间作业。视病情5~10天施药1次。

在田间发现病株后(图12-41)，发病初期摘除病叶病果，及时施用杀菌剂，施药时应注意保护剂和治疗剂混合施用。可用以下杀菌剂：

图12-41　辣椒炭疽病田间发病

20%唑菌胺酯水分散粒剂1 000~1 500倍液；

20%硅唑·咪鲜胺水乳剂2 000~3 000倍液；

25%溴菌腈可湿性粉剂500倍液+70%代森锰锌可湿性粉剂600~800倍液；

5％亚胺唑可湿性粉剂1 000倍液+75％百菌清可湿性粉剂600倍液；

10％苯醚甲环唑水分散粒剂1 500倍液+22.7％二氰蒽醌悬浮剂1 500倍液；

75％肟菌·戊唑醇水分散粒剂2 000～3 000倍液；

25％咪鲜·多菌灵可湿性粉剂1 500～2 500倍液；

40％多·福·溴菌腈可湿性粉剂800～1 000倍液；

60％甲硫·异菌脲可湿性粉剂1 000～1 500倍液；

均匀喷雾，视病情间隔7～10天1次。

发病盛期(图12-42)，应及时施用杀菌药剂进行治疗，施药时应注意保护剂和治疗剂混合施用。可用以下药剂或配方：

图12-42　辣椒炭疽病田间普遍发病

10％苯醚甲环唑水分散粒剂1 000～1 500倍液+68.75％噁唑菌酮·锰锌水分散粒剂800倍液；

40％腈菌唑水分散粒剂6 000～7 000倍液+75％百菌清可湿性粉剂600～800倍液；

25％丙环唑乳油3 000～5 000倍液(不可随意加大用药量，避免产生药害)+70％代森锰锌可湿性粉剂600～800倍液；

25％咪鲜胺乳油1 500～2 500倍液+65％代森锌可湿性粉剂500～800倍液；

30％氟菌唑可湿性粉剂2 000倍液+75％百菌清可湿性粉剂600～800倍液；

均匀喷雾，视病情间隔7～10天1次。

5．辣椒枯萎病

【症　　状】辣椒枯萎病是系统侵染性病害。初期与地面接触的茎基部皮层呈水浸状腐烂，地上部茎叶迅速凋萎。有时病情只在茎的一侧发展，形成条状坏死区，后期全株枯死(图12-43和图12-44)。地下根系呈水浸状软腐，纵剖茎基部，可见维管束变为褐色(图12-45)。湿度大时，病部常产生白色或蓝绿色的霉状物。

图12-43　辣椒枯萎病幼苗发病症状　　　　图12-44　辣椒枯萎病成株发病症状

图12-45　辣椒枯萎病茎部维管束褐变症状

【病　　原】*Fusarium oxysporum* f.sp. *vasinfectum* 称尖镰孢萎蔫专化型，属半知菌亚门真菌。大型分生孢子镰刀形，多有3个隔膜；小型分生孢子多为单细胞，卵圆形；厚垣孢子单细胞，近圆形。

【发生规律】以厚垣孢子在土壤中越冬。通过灌溉水传播，从茎基部或根部的伤口、根毛侵入，致使叶片枯萎，田间积水，偏施氮肥的地块发病重。病菌发育适温24～28℃，最高37℃，最低17℃。在适宜条件下，发病后15天即有死株出现，潮湿，特别是雨后积水条件下发病重。

【防治方法】选择抗病品种。选择排水良好的壤土或沙壤土地块栽培，避免大水漫灌，雨后及时排水。加强田间管理与非茄科作物轮作。

加强土壤消毒。可以有效防止枯萎病的发生为害。结合整地，可以全田撒施50%多菌灵可湿性粉剂1.5～2kg/亩+50%福美双可湿性粉剂3～5kg/亩+60%五氯硝基苯粉剂3～5kg/亩或70%甲基硫菌灵可湿性粉剂3～5kg/亩+70%敌磺钠可溶性粉剂3～5kg/亩，拌土撒施，而后结合整地混入土中，进行土壤消毒灭菌。定植前两天用50%多菌灵可湿性粉剂600～700倍液+45%代森铵水剂200～400倍液、70%甲基硫菌灵可湿性粉剂800～1 500倍液+50%福美双可湿性粉剂500～1 000倍液灌根或对移栽穴喷药。或移栽时用70%敌磺钠可溶性粉剂800倍或25.9%硫酸四氨络合锌水剂600倍液浸根10～15分钟后移栽。

该病发生后难于防治，田间发现病株后应及时拔除(图12-46)，发病初期可采用以下杀菌剂进行防治：

图12-46　辣椒枯萎病田间发病症状

54.5%恶霉·福可湿性粉剂700倍液；

35%苯甲·嘧菌酯悬浮剂800～1 000倍液；

68%恶霉·福美双可湿性粉剂800～1 000倍液；

70%恶霉灵可湿性粉剂2 000倍液；

50%苯菌灵可湿性粉剂1 000倍液+50%福美双可湿性粉剂500倍液；

70%甲基硫菌灵可湿性粉剂600倍液+60%琥·乙膦铝可湿性粉剂500倍液；

6%春雷霉素可湿性粉剂300～600倍液；

10%多抗霉素可湿性粉剂600～1 000倍液；

56%甲硫·恶霉灵可湿性粉剂600～800倍液；

4%嘧啶核苷类抗菌素水剂600～800倍液；

8×10^9CFU/ml地衣芽孢杆菌水剂500~750倍液；

0.5%氨基寡糖素水剂400~600倍液；

对茎基部喷淋或浇灌，每株用药液300~500ml，视病情间隔5~10天用1次，可以有效控制病害的发展。

6．辣椒灰霉病

【症　　状】可侵染幼苗及成株，幼苗染病时子叶变黄，而幼茎缢缩，病部易折断，致使幼苗枯死。成株染病，叶片呈"V"字形褐色病斑，湿度大时产生灰色霉状物(图12-47)。茎染病时，出现水浸状不规则条斑，逐渐变为灰白色或褐色，病斑绕茎一周，其上端枝叶萎蔫死亡，潮湿时其上长有霉状物，状如枯萎病(图12-48)。花器或果实染病，呈水浸状，有时病部密生灰色霉层(图12-49)。

图12-47　辣椒灰霉病叶片发病症状

图12-48　辣椒灰霉病茎部发病症状

图12-49　辣椒灰霉病果实发病症状

【病　　原】*Botrytis cinerea* 称灰葡萄孢菌，属半知菌亚门真菌(图12-50)。分生孢子梗丛生，褐色，有隔，顶部有分枝，上着生分生孢子。分生孢子圆形，单胞，无色。

【发生规律】以菌核遗留在土壤中，或以菌丝、分生孢子在病残体上越冬，在田间借助气流、雨水及农事操作传播蔓延。病菌发育适温23℃，最高31℃，最低2℃。一般12月至翌年5月连续湿度90%以上的多湿状态易发病。大棚持续较高相对湿度是造成灰霉病发生和蔓延的主导因素，尤其在春季连阴雨天气多的年份，气温偏低，放风不及时，棚内湿度大，致灰霉病发生和蔓延。此外，植株密度过大、生长旺盛、管理不当都会加快此病扩展。光照充足对该病蔓延有抑制作用。

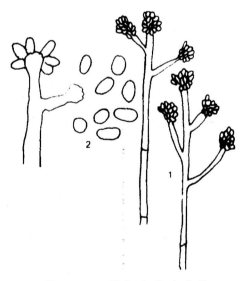

图12-50　辣椒灰霉病病菌
1.分生孢子梗；2.分生孢子

【防治方法】保护地栽培时，应采用高畦栽培，并覆盖地膜，以提高地温，降低湿度。发病初期适当控水。发病后及时摘除感病花器病果、病叶和侧枝，集中烧毁或深埋。

苗床幼苗发病时，可以用50%腐霉利可湿性粉剂1 000～1 500倍液或25%啶菌恶唑乳油1 000～2 000倍液，预防灰霉菌的菌核萌发产生的孢子侵染幼苗。

如果是保护地栽培，在蘸(抹)花时带药，在已配好的保花坐果的植物生长调节剂药液中，加入0.1％的50％腐霉利可湿性粉剂，充分混匀后，再进行蘸花或涂抹花梗。也可用2.5％咯菌腈悬浮种剂10ml，对水2～3kg，摇匀，用毛笔涂抹花柄或用药液蘸花，可以有效防治花期灰霉病的发生为害。

在浇催果水前1天，这时果实正处在快速膨大期(图12-51)，喷药后可在果实表面产生保护药膜，防止病菌侵染果实。其间如遇有连阴雨，气温低，视病情间隔5～7天1次，可有效地防止灰霉病的发生和流行。应注意喷施保护性杀菌剂：

图12-51　辣椒果实快速膨大期

68.75％恶唑菌酮·锰锌水分散粒剂1 000～1 500倍液；

70％代森联水分散粒剂600～800倍液；

64％氢铜·福美锌可湿性粉剂600～800倍液；

50％克菌丹可湿性粉剂400～600倍液；

77％氢氧化铜可湿性粉剂800～1 000倍液；

33.5％喹啉铜悬浮剂800～1 000倍液；

均匀喷雾，视辣椒生长情况和病情间隔7～10天喷药防治。及时整枝打杈，把辣椒的老叶、黄叶、病叶、病花、病果全部清除，以减少菌源基数，并利于植株下部通风透光。

一般在门椒开花结果后进入发病期(图12-52)，应及时观察天气，查看病情，及时施药防治。注意保护剂和治疗剂混合施用，一般地块可采用以下药剂进行防治：

40％啶菌·福美双悬浮剂1 000倍液+75％百菌清可湿性粉剂600～1 000倍液；

50％异菌脲悬浮剂800～1 000倍液+25％啶菌恶唑乳油1 000～2 000倍液；

50％腐霉利可湿性粉剂800～1 500倍液+65％代森锌可湿性粉剂600～800倍液；

40％嘧霉胺悬浮剂800～1 500倍液+70％代森锰锌可湿性粉剂600～1 000倍液；

图12-52 辣椒灰霉病开花结果期

50％嘧酯菌胺水分散粒剂800～1 000倍液+70％代森联水分散粒剂600～800倍液；

40％嘧霉·百菌清可湿性粉剂800～1 200倍液；

50％异菌·福美双可湿性粉剂600～800倍液；

50％腐霉·百菌清可湿性粉剂600～800倍液；

0.5％小檗碱水剂600倍液+70％代森联水分散粒剂600倍液；

65％甲硫·霉威可湿性粉剂800～1 500倍液+75％百菌清可湿性粉剂600～1 000倍液；

45％噻菌灵悬浮剂600～1 000倍液+70％代森联水分散粒剂600～800倍液；

均匀喷雾，视病情间隔7天左右喷1次。喷药要周到，抓住3个位置：一是中心病株周围，二是植株中下部，三是叶背及花器。做到早发现中心病株及早防治。日光温室前檐湿度高，常先发病，应重点喷药防护。

在田间温度20～23℃、持续低温多雨时，田间易于发病，特别是在辣椒结果期田间较多发病时，应及时进行喷药治疗，注意加入适量保护剂而防止再侵染，可采用以下杀菌剂进行防治：

50％烟酰胺水分散粒剂1 000～1 500倍液+70％代森联水分散粒剂600～800倍液；

30％福·嘧霉可湿性粉剂1 000倍液+75％百菌清可湿性粉剂600～800倍液；

50％腐霉利可湿性粉剂1 000～1 500倍液+75％百菌清可湿性粉剂600～800倍液；

50％腐霉利可湿性粉剂800～1 500倍液+80％代森锰锌可湿性粉剂600～800倍液；

26％嘧胺·乙霉威水分散粒剂1 500～2 000倍液；

30％嘧霉·多菌灵悬浮剂1 000～2 000倍液；

50％腐霉·百菌可湿性粉剂800～1 000倍液；

30％异菌脲·环己锌乳油900～1 200倍液；

对上述杀菌剂产生抗药性的地区，选用25％啶菌恶唑乳油1 000倍液、40％嘧霉胺悬浮剂1 000～2 000倍液、50％嘧菌环胺水分散粒剂800～1 000倍液等药剂，均匀喷雾。视病情间隔5天左右喷1次。

保护地内可以用45％百菌清烟剂200g/亩+3％噻菌灵烟雾剂250g/亩、10％腐霉利烟剂300～450g/亩、20％腐霉·百菌清烟剂200～250g/亩、15％百·异菌烟剂200～300g/亩，按包装分放5～6处，傍晚闭棚，由棚室里面向外逐次点燃后，次日早晨打开棚室，进行正常田间作业。视病情5～10天施药1次。也可用5％百菌清粉尘剂或10％腐霉利粉尘剂喷粉1kg/亩，视病情间隔7～10天防治1次。

7．辣椒软腐病

【症　　状】主要为害果实，果实染病，初生水渍状暗绿色斑，迅速扩展，整个果皮变白绿色，软腐，果实内部组织腐烂，病果呈一大水泡状。果皮破裂后，内部液体流出，仅存皱缩的表皮。有时病斑可不达全果，病部表皮皱缩，边缘稍凹陷，病健交界处有一不明显的绿缘。病果可脱落或失水以后仅留下灰白色果皮僵化挂于枝上，软腐病果有异味(图12-53至图12-56)。

图12-53　辣椒软腐病果实发病初期症状

图12-54　辣椒软腐病果实发病后期症状

图12-55　牛角椒软腐病果实发病症状

图12-56　甜椒软腐病果实发病症状

【病　　原】*Erwinia carotovora* subsp. *carotovora* 称胡萝卜软腐欧文氏菌胡萝卜致病变种，属细菌。菌体杆状，周生2~8根鞭毛，不产生芽孢，无荚膜，革兰氏染色阴性。

【发生规律】病菌随病株残体在土壤中越冬，通过风雨和昆虫传播，从伤口侵入，湿度大时病害重。6—8月阴天多雨，天气闷热时，病害容易流行。重茬地、排水不良、种植过密、蛀食性害虫为害严重时发病加重。

【防治方法】培育壮苗，适时定植，合理密植，进行地膜覆盖。雨后要及时排出田间积水，及时摘除病果并携出田外深埋。保护地栽培时要注意通风，降低空气湿度。及时防治蛀果害虫，也可以减少发病为害。

田间发病后及时施药防治，特别是雨后要及时喷药，可以施用以下杀菌剂进行防治：

3%中生菌素可溶液剂200~300倍液；

40%琥·铝·甲霜灵可湿性粉剂1 000~1 500倍液；

45%代森铵水剂400~600倍液；

2%春雷霉素可湿性粉剂300~500倍液；

均匀喷雾，视病情间隔7~10天1次。

8．辣椒黑霉病

【症　　状】主要为害果实，一般先从果实顶部发病，也可从果面开始发病。发病初期病部颜色变浅，无光泽，果面逐渐收缩，后期病部有茂密的黑绿色霉层(图12-57至图12-59)。

图12-57　辣椒黑霉病果实发病初期症状　　　　图12-58　辣椒黑霉病果实发病后期症状

图12-59　甜椒黑霉病果实发病症状

【病　　原】*Stemphylium botryosum* 称匐柄霉，属半知菌亚门真菌。

【发生规律】病菌随病残体在土壤中越冬，翌年产生分生孢子进行再侵染。病菌喜高温、高湿条件，多在果实即将成熟或成熟时发病。湿度高时叶片也会发病。

【防治方法】采用测土配方施肥技术，施用腐熟有机肥4 000kg/亩，适时追肥，增强抗病力。

种子处理。可以用种子重量0.3％的50％异菌脲悬浮剂拌种。

在发病前期，可采用以下杀菌剂或配方进行防治：

50％甲硫·硫磺悬浮剂800～1 000倍液+70％丙森锌可湿性粉剂600～800倍液；

64％氢铜·福美锌可湿性粉剂1 000倍液；

50％腐霉利可湿性粉剂1 000倍液+70％代森锰锌可湿性粉剂800～1 000倍液；

50％异菌脲悬浮剂1 500倍液；

均匀喷雾，视病情间隔7天左右喷1次。

棚室栽培的要做好通风散湿，防止发病条件出现，并于坐果后发病前采用粉尘法或烟雾法杀菌。粉尘法，于傍晚喷撒5％百菌清粉尘剂，每亩1kg。烟雾法，于傍晚点燃45％百菌清烟剂，每亩200～250g，间隔7～9天1次，视病情连续或交替轮换使用。

9．辣椒黑斑病

【症　　状】主要侵染果实，多侵染日灼果、脐腐病病果和过度成熟的各色彩椒果实。发病初期果实表面的病斑呈淡褐色，椭圆形或不规则形，稍凹，后期病部密生黑色霉层。发病重时，一个果实上生有几个病斑，或病斑连片愈合成更大的病斑，其上密生黑色霉层。病菌常扩展到果实内部，致种子变褐、变黑，不能使用(图12-60)。

图12-60　辣椒黑斑病果实发病症状

【病　　原】*Alternaria melongenae* 称茄斑链格孢，属半知菌亚门真菌。

【发生规律】病菌以菌丝体随病残体在土壤中越冬，或以分生孢子在病组织外，或附着在种子表面越冬，条件适宜时为害果实引起发病。病部产生分生孢子借风雨传播，进行再侵染。病菌多由伤口侵入，果实被阳光灼伤所形成的伤口最易被病菌利用，成为主要侵入场所。病菌喜高温、高湿条件，温度为23～26℃，相对湿度80％以上时有利于发病。

【防治方法】地膜覆盖栽培时密度要适宜。加强肥水管理，促进植株健壮生长。防治其他病虫害，减少日灼果产生，防止黑斑病病菌借机侵染。及时摘除病果。收获后彻底清除田间病残体并深翻土壤。

结合其他病害的防治，在田间发病初期及时施药防治，注意治疗剂和保护剂的混用，防止病害的再侵染。发病初期可采用以下药剂进行防治：

68.75％恶唑菌酮·代森锰锌水分散粒剂1 000～1 500倍液；

20％唑菌胺酯水分散粒剂1 000～2 000倍液+75％百菌清可湿性粉剂800～1 000倍液；

50％腐霉利可湿性粉剂1 000倍液+70％代森锰锌可湿性粉剂800～1 000倍液；

均匀喷雾，视病情间隔7天左右喷1次。

在田间发病较多时，要适当加大治疗剂的用量，可采用以下杀菌剂或配方进行防治：

560g/L嘧菌·百菌清悬浮剂600～1 000倍液；

50％异菌脲悬浮剂1 000～1 500倍液；

40％氟硅唑乳油3 000～5 000倍液+70％代森锰锌可湿性粉剂600～1 000倍液；

25％嘧菌酯悬浮剂1 000～2 000倍液；

70％丙森·多菌灵可湿性粉剂600倍液；

10％苯醚甲环唑水分散粒剂1 500倍液+70％丙森锌可湿性粉剂500倍液；

25％溴菌腈可湿性粉剂500～1 000倍液+50％克菌丹可湿性粉剂400～600倍液；

50％甲硫·硫磺悬浮剂800～1 000倍液+70％代森锰锌可湿性粉剂700倍液；

均匀喷雾，视病情间隔7天左右喷1次。

10．辣椒褐斑病

【症　状】主要为害叶片，在叶片上形成圆形或近圆形病斑，发病初期病斑呈褐色，随病斑发展逐渐变为灰褐色，表面稍隆起，周缘有黄色晕圈，病斑中央有一个浅灰色中心，四周黑褐色，严重时病叶变黄脱落(图12-61至图12-63)。茎部也可染病，症状类似。

图12-61　辣椒褐斑病叶片发病初期症状

图12-62　辣椒褐斑病叶背发病初期症状

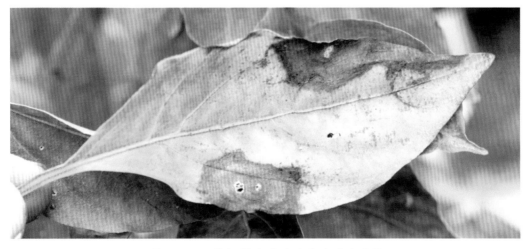

图12-63　辣椒褐斑病叶片发病后期症状

【病　　原】*Cercospora capsici* 称辣椒尾孢菌，属半知菌亚门真菌(图12-64)。分生孢子梗2～20根束生，榄褐色。尖端色较淡，无分枝，具1～3个隔膜；分生孢子无色。

【发生规律】病菌可在种子上越冬，或以菌丝体在蔬菜病残体上，或以菌丝在病叶上越冬，成为翌年初侵染源。病害常开始于苗床中。生长发育适温20～25℃，高温高湿持续时间长，有利于该病发生和蔓延。

【防治方法】要注意采收后彻底清除病残株及落叶，集中烧毁；与非茄科蔬菜实行2年以上轮作。

种子处理。播种前用55～60℃温水浸种15分钟，或用50%多菌灵可湿性粉剂500倍液浸种20分钟后冲净催芽，也可用种子重量0.3%的50%多菌灵可湿性粉剂拌种。

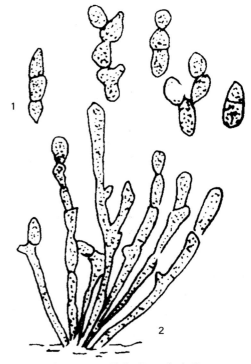

图12-64　辣椒褐斑病病菌
1.分生孢子；2.分生孢子梗

发病初期，可以用以下杀菌剂进行防治：

70%甲基硫菌灵可湿性粉剂800倍液+70%代森锰锌可湿性粉剂600～800倍液；

50%异菌脲悬浮剂800～1 000倍液；

50%多·霉威可湿性粉剂800倍 液+65%福美锌可湿性粉剂600～800倍液；

40%氟硅唑乳油3 000～5 000倍液+75%百菌清可湿性粉剂600～800倍液；

50%腐霉利可湿性粉剂1 000倍液+75%百菌清可湿性粉剂500倍液；

40%嘧霉胺可湿性粉剂600倍液+80%代森锌可湿性粉剂500～700倍液；

25%咪鲜胺乳油1 000倍液+50%克菌丹可湿性粉剂400～500倍液；

560g/L嘧菌·百菌清悬浮剂800～1 200倍液；

30%异菌脲·环己锌乳油900～1 200倍液；

20%苯醚·咪鲜胺微乳剂2 500～3 500倍液；

70%福·甲·硫磺可湿性粉剂600～800倍液；

47%春雷霉素·王铜可湿性粉剂600～800倍液；

对水均匀喷雾，视病情间隔7～10天1次。

保护地栽培时，定植前常用硫磺熏蒸消毒，杀死棚内残留病菌。每100m³空间用硫磺0.25kg、锯末0.5kg混合后分几堆点燃熏蒸一夜；45%百菌清烟雾剂400～600g/亩，15%腐霉利烟剂300g/亩熏一夜。

11. 辣椒根腐病

【症　　状】辣椒根腐病有多种表现症状，但通常病部仅局限于根部和茎基部。植株发育不良，较矮小。中后期病株白天萎蔫，傍晚至次日清晨尚可恢复，反复十几日后植株枯死。病株茎基部及根部皮层变为褐色至深褐色，呈湿腐状。最后手触病根皮层脱落或剥离露出暗色木质部，剖开病部维管束褐变，湿度大时病部可见略带粉红的白色菌丝(图12-65)。

【病　　原】*Fusarium solani* 称腐皮镰孢霉，属半知菌亚门真菌。

【发生规律】以菌丝体和厚垣孢子在发病组织或遗落土中的病残体上越冬，病菌的厚垣孢子可在土中存活5~6年甚至更长。翌年产生分生孢子，借雨水溅射传播，从伤口侵入致病，发病部位不断产生分生孢子进行再侵染，分生孢子可借雨水或灌溉水传播蔓延。阴湿多雨、地势低洼，发病严重。早春和初夏阴雨连绵、高温、高湿、昼暖夜凉的天气有利于发病。种植地低洼积水，田间郁闭高湿，茎节受蝼蛄为害伤口多，或施用未充分腐熟的土杂肥，会加重病情。

【防治方法】采取高畦(垄)栽培，避免大水漫灌，雨后及时排水，防止田间积水。灌水和雨后及时中耕松土，增强土壤通透性，促进根部伤口愈合和根系发育。

图12-65　辣椒根腐病根部发病症状

种子处理。可用55℃温水浸种15分钟后，室温浸种，然后催芽播种；也可用次氯酸钠浸种，浸种前先用0.2%~0.5%的碱液清洗种子，再用清水浸种8~12小时，捞出后置于配好的1%次氯酸钠溶液中浸5~10分钟，冲洗干净后催芽播种。还可用2.5%咯菌腈悬浮剂按种子重量0.2%~0.3%拌种，晾干后播种。

发病初期及时施药防治，可采用以下杀菌剂或配方进行防治：

70%甲基硫菌灵可湿性粉剂500~800倍液+75%百菌清可湿性粉剂600~800倍液；

25%嘧菌酯悬浮剂1 000~3 000倍液；

10%苯醚甲环唑水分散粒剂1 500~2 000倍液+70%代森锰锌可湿性粉剂600~800倍液；

50%氯溴异氰尿酸可溶性粉剂1 000倍液+50%克菌丹可湿性粉剂400~500倍液；

均匀喷雾，视病情间隔7~10天1次。

在田间发病较多时，要适当加大治疗剂的用量，也可以用以下杀菌剂或配方进行防治：

5%丙烯酸·恶霉·甲霜水剂800~1 000倍液；

80%多·福·福锌可湿性粉剂500~700倍液；

20%二氯异氰尿酸钠可溶性粉剂400~600倍液+50%福美双可湿性粉剂500~700倍液；

70%甲基硫菌灵可湿性粉剂600倍液+60%琥·乙膦铝可湿性粉剂500倍液；

4%嘧啶核苷类抗菌素水剂600~800倍液；

80亿/ml地衣芽孢杆菌水剂500~750倍液；

灌根防治，视病情间隔10天左右1次。

12. 辣椒细菌性叶斑病

【症　　状】主要为害叶片，成株叶片发病，初呈黄绿色不规则小斑点，扩大后变为红褐色、深褐色至铁锈色病斑，病斑膜质，形状不规则。扩展速度很快，严重时植株大部分叶片脱落。病健交界处明显，但不隆起，区别于辣椒疮痂病(图12-66)。

图12-66 辣椒细菌性叶斑病叶片发病症状

【病　　原】*Pseudomonas syringae* 称丁香假单胞杆菌，属细菌。菌体短杆状，两端钝圆，具1~3根单极生或双极生鞭毛。

【发生规律】病菌在病残体上越冬，借风雨或灌溉水传播，从叶片伤口处侵入。东北及华北通常6月开始发生，当气温在25~28℃，空气相对湿度在90%以上的7—8月高温多雨季节易流行。9月气温降低，病害蔓延停止。地势低洼、管理不善、肥料缺乏、植株衰弱或偏施氮肥而使植株徒长，发病严重。

【防治方法】应避免连作，与非茄科蔬菜或十字花科蔬菜轮作2~3年。前茬蔬菜收获后及时彻底地清除病菌残留体，结合深耕晒垡，促使病菌残留体腐解，加速病菌死亡。采用高垄或高畦栽培，覆盖地膜。雨季注意排水，避免大水漫灌。收获后及时清除病残体或及时深翻。

种子处理，播前用种子重量0.3%的50%琥胶肥酸铜可湿性粉剂，或3%中生菌素可湿性粉剂拌种。

田间发现病株为害应及时施药，在发病初期可采用以下药剂进行防治：

47%春雷·王铜可湿性粉剂500~600倍液；

80%王铜水分散粒剂600~800倍液；

14%络氨铜水剂300~500倍液；

50%氯溴异氰尿酸可溶性粉剂600~1 000倍液；

20%噻菌茂可湿性粉剂800~1 000倍液；

12%松脂酸铜悬浮剂600~800倍液；

45%代森铵水剂400~600倍液；

20%喹菌铜水剂1 000~1 500倍液；

20%噻唑锌悬浮剂600~800倍液；

20%噻森铜悬浮剂500~700倍液；

对水喷雾，视病情间隔7~10天1次。

13. 辣椒叶枯病

【症　　状】在苗期及成株期均可发生，主要为害叶片，有时为害叶柄及茎。叶片发病初呈散生的褐色小点，迅速扩大后为圆形或不规则形病斑，中间灰白色，边缘暗褐色，病斑中央坏死处常脱落穿孔，病叶易脱落(图12-67和图12-68)。病害一般由下部向上扩展，病斑越多，落叶越严重，严重时整株叶片脱光成秃枝(图12-69)。

图12-67　辣椒叶枯病叶片发病初期症状

图12-68　辣椒叶枯病叶片发病后期病部常破裂穿孔

图12-69　辣椒叶枯病植株发病症状

【病　　原】*Stemphylium solani* 称茄匐柄霉，属半知菌亚门真菌。菌丝无色，具隔，分枝；分生孢子梗褐色，具隔，顶端稍膨大，单生或丛生；分生孢子褐色，壁砖状分隔，拟椭圆形，顶端无喙状细胞，中部横隔处稍缢缩。

【发生规律】病菌以菌丝体或分生孢子随病株残体遗落在土中或附着在种子上越冬，以分生孢子进行初侵染和再侵染，借气流再传播。6月中下旬为发病高峰期，高温高湿，通风不良，偏施氮肥，植株前期生长过旺，田间积水等条件下易发病。

【防治方法】实行轮作，与玉米、花生、棉花、豆类或十字花科作物等实行2年以上轮作。及时清除病残体。培养壮苗，应使用腐熟的有机肥配制营养土，育苗过程中注意通风，严格控制苗床的温湿度。加强管理，合理施用氮肥，增施磷钾肥，定植后注意中耕松土，雨季及时排水。

种子处理。用50%苯菌灵可湿性粉剂1 000倍液+50%福美双可湿性粉剂600倍液，浸种半小时再清水浸种8小时后催芽或直播；或每50kg种子用2.5%咯菌腈悬浮种衣剂50ml，以0.25～0.5kg水稀释药液后均匀拌和种子，晾干后播种。

发病初期，可采用以下杀菌剂进行防治：

68.75%恶唑菌酮·锰锌水分散粒剂800倍液；

66.8%丙森·异丙菌胺可湿性粉剂700倍液；

560g/L嘧菌·百菌清悬浮剂800～1 200倍液；

64%氢铜·福美锌可湿性粉剂600～800倍液；

70%丙森·多菌可湿性粉剂600～800倍液；

47%春雷·王铜可湿性粉剂700倍液；

10%苯醚甲环唑水分散粒剂2 000倍液+70%代森联水分散粒剂600倍液；

均匀喷雾，视病情间隔7～10天1次。

14．辣椒白粉病

【症　　状】主要为害叶片，初期在叶片的正面或背面长出圆形白粉状霉斑，逐渐扩大，不久连成一片。发病后期整个叶片布满白粉，后变为灰白色，叶片背面发病更重些，最终导致全叶变黄，叶片大量脱落形成光秆，严重影响产量和品质。染病部位的白粉状物是病菌分生孢子梗及分生孢子(图12-70)。

图12-70　辣椒白粉病叶片发病症状

【病　　原】*Leveillula taurica* 称内丝白粉菌，属子囊菌亚门真菌。无性阶段为*Oidiopsis taurica*，称辣椒拟粉孢霉，属半知菌亚门真菌。分生孢子梗散生，从气孔伸出，无色、细长。分生孢子单生，单胞，无色，透明，倒棒状或烛焰形。

【发生规律】病菌可在温室内存活和越冬，越冬后产生分生孢子，借气流传播。分生孢子形成和萌发适温15～30℃，侵入和发病适温15～18℃。一般25～28℃和稍干燥条件下该病易流行。分生孢子萌发一定要有水滴存在。近年随保护地发展及长季节栽培辣椒的增加，白粉病发生相当频繁。一般以生长中后期发病较多，露地多在8月中下旬至9月上旬天气干旱时易流行。一直延续到10月中下旬。11月上旬天气虽较干燥，但白粉病常猖獗发生，无论是管理粗放的地块，还是生产条件较好的地块，都很重。

【防治方法】选用抗病品种。选择地势较高、通风、排水良好地种植。增施磷、钾肥，生长期避免氮肥过多。对保护地要注意控制温湿度，防止棚室湿度过低和空气干燥。

辣椒进入坐果以后，白粉病有零星出现时，大雾或连阴雨天过后经常会大发生，在正常年份发病前

15天左右，关键是雨、雾天气一出现就开始喷药防治，效果较好。

可采用下列杀菌剂进行防治：

40％醚菌酯悬浮剂2 000～3 000倍液；

62.25％腈菌唑·代森锰锌可湿性粉剂800倍液；

12.5％腈菌唑乳油1 500～2 000倍液+75％百菌清可湿性粉剂600倍液；

对水喷雾，视病情间隔7天用1次。

保护地可用45％百菌清烟剂350g/亩熏烟或5％百菌清粉尘剂1kg/亩喷粉，进行预防。

白粉病发病中期至后期(叶片出现白色粉状霉层时至叶面布满白色粉状物)，应选用内吸性好的杀菌剂并与保护性杀菌剂配合使用，防止病害为害健株。

可用以下杀菌剂进行防治：

62.25％腈菌唑·代森锰锌可湿性粉剂600倍液；

25％乙嘧酚悬浮剂1 500～2 500倍液；

30％醚菌酯悬浮剂2 000～2 500倍液；

10％苯醚菌酯悬浮剂1 000～2 000倍液；

2％宁南霉素水剂200～400倍液+70％代森联水分散粒剂600～800倍液；

300g/L醚菌·啶酰菌悬浮剂2 000～3 000倍液；

40％氟硅唑乳油3 000～5 000倍液+70％代森联水分散粒剂800倍液；

30％氟菌唑可湿性粉剂2 000～3 000倍液+75％百菌清可湿性粉剂500倍液；

45％噻菌灵悬浮剂1 000～2 000倍液+70％代森联水分散粒剂800倍液；

对水喷雾，视病情间隔7天喷1次。

注意事项：铜制剂使用浓度过大会引起落花，三唑类农药用量过大会抑制植株生长，常量使用对植株无明显影响，因此在使用时应注意使用浓度，不可随意加大用药量。

15．辣椒白星病

【症　状】主要为害叶片，苗期、成株期均可发病。病斑初期表现为圆形或近圆形边缘呈深褐色的小斑点，稍隆起，中央白色或灰白色；后期病斑上散生黑色小点，即病菌分生孢子器，有时病斑穿孔，发病严重时叶片脱落(图12-71和图12-72)。

图12-71　辣椒白星病叶片发病症状

图12-72　辣椒白星病叶片发病后期易穿孔

【病　　原】*Phyllosticta capsici* 称辣椒叶点霉，属半知菌亚门真菌。分生孢子器黑褐色，近球形，孢子器内生卵圆形、单胞、无色的分生孢子。

【发生规律】病菌以分生孢子在病残体上或种子上越冬。翌年条件适宜时侵染叶片并繁殖，借助风雨传播，进行再侵染。气温25～28℃，相对湿度高于85％，易发病。叶面有水滴对该病发生特别重要，利于病菌从分生孢子器中涌出，且分生孢子萌发及侵入均需有水滴存在。生产上雨日多，植株生长衰弱发病重。此病在高温高湿条件下易发生。

【防治方法】收获后及时清除病残体，集中烧毁，减少初侵染源。施用充分腐熟的有机肥，注意增施磷、钾肥。培育壮苗，适时定植，密度不宜过大。

发病初期，可以采用以下杀菌剂进行防治：

50％嘧菌酯水分散粒剂4 000～6 000倍液；

50％甲基硫菌灵悬浮剂500～800倍液+70％代森锰锌可湿性粉剂600～800倍液；

25％啶氧菌酯悬浮剂1 000倍液+65％代森锌可湿性粉剂600倍液；

50％腐霉利可湿性粉剂1 000倍液+75％百菌清可湿性粉剂600倍液；

50％异菌脲悬浮剂1 000倍液；

均匀喷雾，视病情每7～10天1次。

16．辣椒绵腐病

【症　　状】主要为害果实。果实发病，发病初期产生水浸状斑点，随病情发展迅速扩展成褐色水浸状大型病斑，重时病部可延及半个甚至整个果实，呈湿腐状，潮湿时病部长出白色絮状霉层(图12-73和图12-74)。

图12-73　辣椒绵腐病果实发病症状　　图12-74　甜椒绵腐病果实发病症状

【病　　原】*Pythium aphanidermatum*称瓜果腐霉，属鞭毛菌亚门真菌，菌丝丝状，无隔膜；孢囊梗无色，丝状；孢子囊顶生，单胞，卵圆形；厚垣孢子黄色，单胞，球形，壁厚，平滑；卵孢子球形。

【发生规律】病菌以卵孢子在土壤中越冬，也可以菌丝体在土中营腐生生活。病菌随雨水或灌溉水传播，由伤口或穿透表皮直接侵入。夏季遇雨水多或连续阴雨天气，病害就易发生和发展。

【防治方法】选择地势高、地下水位低、排水良好的地做苗床，播前一次灌足底水，出苗后尽量不浇水，不宜大水漫灌。育苗畦(床)及时放风、降湿，严防幼苗徒长染病。密度要适宜，及时适度摘除植株下部老叶，改善株间通风透光条件。果实成熟及时采收，尤其是近地面果实要及早采收。发现病果及时摘除、深埋或烧毁。

床土处理。每平方米苗床施用50%拌种双粉剂7g、40%五氯硝基苯粉剂9g、25%甲霜灵可湿性粉剂9g对细土4~5kg拌匀，施药前先把苗床底水打好，且一次浇透，一般17~20cm深，水渗下后，取1/3充分拌匀的药土撒在畦面上，播种后再把其余2/3药土覆盖在种子上面，即上覆下垫。

发病初期，可采用下列杀菌剂进行防治：

687.5g/L霜霉威盐酸盐·氟吡菌胺悬浮剂800~1 200倍液；

50%锰锌·氟吗啉可湿性粉剂1 000~1 500倍液；

52.5%恶酮·霜脲氰水分散粒剂1 000~2 000倍液；

72%甲霜·百菌清可湿性粉剂600~800倍液；

60%琥·铝·甲霜灵可湿性粉剂600~800倍液；

喷雾，视病情间隔7~10天1次。

17. 辣椒白绢病

【症　　状】茎基部和根部被害，初期表现为水浸状褐色斑，然后扩展至绕茎一周，生出白色绢状菌丝体，集结成束向茎上呈辐射状延伸，顶端整齐，病健部分界明显，病部以上叶片迅速萎蔫，叶色变黄，最后根茎部褐腐，全株枯死。后期在根茎部先生出白色、后茶褐色菜籽状小菌核，高湿时病根部产生稀疏白色菌丝体，扩展到根际土表，也产生褐色小菌核(图12-75至图12-77)。

图12-75　辣椒白绢病植株发病症状

图12-76　辣椒白绢病根茎部发病初期症状

图12-77　辣椒白绢病根茎部发病后期症状

【病　　　原】*Sclerotium rolfsii* 称齐整小核菌，属无性型真菌。有性阶段为 *Athelia rolfsii*，称罗氏阿太菌，属担子菌亚门真菌。菌丝无色，具隔膜；小菌核黄褐色圆形或椭圆形。担子无色，单胞，棍棒状。

【发生规律】病菌以菌核或菌丝体随病残体在土中越冬，或菌核混在种子上越冬。翌年，由越冬病菌长出的菌丝成为初侵染源，从根茎部直接侵入或从伤口侵入。发病的根茎部产生的菌丝会蔓延至邻近植株，也可借助雨水、农事操作传播蔓延。病菌生长温度为8～40℃，适温28～32℃，最佳空气相对湿度为100%。在6—7月高温多雨或时晴时雨，发病严重。气温降低，发病减少。酸性土壤、连作地、种植密度高时，发病重。

【防治方法】注意在发病重的田块，实行水旱轮作，也可与十字花科或禾本科作物轮作3～4年。定植地深翻土壤，南方酸性土壤可施石灰100～150kg，翻入土中。高温灭菌暴晒处理，于辣椒定植前40天大水浇透以后，用透明地膜密闭覆盖畦面。施用腐熟有机肥，适当追施硝酸铵。定植时把混合好的木霉菌(木霉菌：草木灰：有机质=1：10：40)撒在植株茎基部的四周，同时覆盖稻草以保证木霉菌生长所需要的湿度，木霉菌在辣椒全生育期只用1次。也可在定植的辣椒成活后，用1.5亿活孢子1g木霉菌可湿性粉剂，每亩用制剂200～300g对水喷雾。及时拔除病株，集中深埋或烧毁，并向病穴内撒施石灰粉。

发病初期，可采用以下杀菌剂进行防治：

25%丙环唑微乳剂3 000倍液；

50%异菌脲悬浮剂1 000倍液；

20%甲基立枯磷乳油800倍液；

50%腐霉利可湿性粉剂1 000倍液；

30%苯醚甲·丙环唑乳油3 000～5 000倍液；

对水喷雾或灌根，视病情间隔10～15天1次。也可用20%甲基立枯磷乳油1份，加细土100～200份，撒在病部根茎处。

18. 辣椒菌核病

【症　　　状】苗期染病，茎基部初呈水浸状浅褐色斑，后变为棕褐色，迅速环腐，幼苗猝倒。湿度大时长出白色棉絮状菌丝或软腐，干燥后呈灰白色，病苗呈立枯状死亡。成株染病，主要发生在距地面5～22cm处茎部或茎分杈处，病部出现水浸状淡褐色病斑，病部往往有褐色斑纹，病斑绕茎一周后引起上面的枝干枯死，湿度大时，病部表面生有白色棉絮状菌丝体。发病后期，在病茎表面和髓部产生黑色菌核，菌核鼠粪状，球形或不规则形。干燥时，植株表皮破裂，纤维束外露似麻状，个别出现长4～13cm灰褐色轮纹斑(图12-78)。花、叶、果柄染病亦呈水浸状软腐，致使叶片脱落。果实染病，果面先变为褐色，呈水浸状腐烂，逐渐向全果扩展，有的先从脐部开始向果蒂蔓延，最后扩展到整个果实并导致果实腐烂，表面长有白色棉絮状菌丝体，发病后期，其上结成黑色不规则形菌核(图12-79)。

【病　　　原】*Sclerotinia sclerotiorum* 称核盘菌，属子囊菌亚门真菌。菌核鼠粪状，或圆柱形，或不规则形，内部白色，外部黑色，萌发时产生子囊盘1～50个，一般4～10个；子囊盘初呈杯状，淡黄褐色，盘下具长柄。子囊排列在子囊盘表面，内含梭形或圆形，单胞，无色的子囊孢子。

【发生规律】病菌主要以菌核落在土壤中或混杂在种子中越夏或越冬，第二年温湿度适宜时，菌核萌发产生子囊盘和子囊孢子，子囊孢子借气流传播到植株上进行初侵染，病菌由伤口侵入或直接侵入。田间的再侵染，主要通过病健株或病健花果的接触，也可通过田间染病杂草与健株接触传染。该菌发育适温20℃，最高不能超过30℃，孢子萌发适温5～10℃，最高35℃，最低5℃。菌丝喜潮湿，相对湿度高于85%时发育好，湿度低于70%，病菌发育明显受到抑制。菌核在干燥土壤中存活3年以上，在潮湿土壤中则只能存活1年。北方，菌核在冬末春初萌发，成为北方冬春保护地茄科、葫芦科等多种蔬菜毁灭性病害。

图12-78　辣椒菌核病茎部发病症状

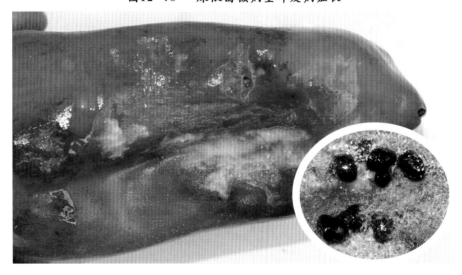

图12-79　辣椒菌核病果实发病症状

【防治方法】应加强与禾本科作物实行3~5年轮作。清除混在种子中的菌核，防止把菌核带入苗床。深翻土地，覆盖地膜，防止菌核萌发出土。对已出土的子囊盘要及时铲除，严防蔓延。控制塑料大棚温、湿度，及时放风排湿，是尤其关键的措施。采用滴灌或暗灌的形式浇水，以降低棚内湿度。在气温较低时，特别是春季寒流侵袭前，要及时覆膜，或在棚室四周盖草帘，防止植株受冻。发现病株及时拔除或剪去病枝，带到棚外集中烧毁或深埋。

种子处理。用10%盐水漂洗种子2~3次，可除掉混杂在种子里的菌核。或用52℃温水浸种30分钟，把菌核烫死，后移入温水中浸种。也可将种子装入干净的瓶中，再按种子重量0.4%~0.5%的量加入50%多菌灵可湿性粉剂，或50%异菌脲悬浮剂，或60%多菌灵盐酸盐可溶性粉剂塞好瓶口，平放于地面用脚来回滚动数次，使药粉均匀黏附在种子表面后播种。

土壤处理。用40%五氯硝基苯可湿性粉剂10g/m²+50%多菌灵可湿性粉剂2~3g/m²、50%福美双可湿性粉剂3~5g/m²+70%甲基硫菌灵可湿性粉剂2~3g/m²，拌细干土1kg，撒在土表，或耙入土中，然后播种，或用2.5%咯菌腈悬浮种衣剂5ml/m²混匀后均匀撒在育苗床上。也可选用40%福尔马林每平方米用药20~30ml加水2.5~3L，均匀喷洒于土面上，充分拌匀后堆置，用潮湿的草帘或薄膜覆盖，闷2~3天，充分杀灭病菌，然后揭开覆盖物，把土壤摊开，晾15~20天待药气散发后，再进行播种。还可以采用生物酿热的方法进行土壤消毒，具体做法，在7—8月高温季节和保护地空闲时间进行，每亩撒施碎稻草500kg、石灰100kg，然后深翻地50cm。

在辣椒结果盛期，发病开始并逐渐加重，应用以下药剂进行防治：

50%异菌脲悬浮剂800~1 000倍液；

70%代森锰锌可湿性粉剂600~800倍液；

40%菌核净可湿性粉剂600~800倍液+50%克菌丹可湿性粉剂400~600倍液；

30%异菌脲·环己锌乳油900~1 200倍液；

66%甲硫·霉威可湿性粉剂1 500倍液+70%代森锰锌可湿性粉剂800倍液；

50%腐霉利·多菌灵可湿性粉剂1 000倍液+50%克菌丹可湿性粉剂400~600倍液；

50%腐霉利可湿性粉剂800~1 500倍液+36%三氯异氰尿酸可湿性粉剂600~800倍液；

45%噻菌灵悬浮剂800~1 000倍液+50%福美双可湿性粉剂600倍液；

20%甲基立枯磷乳油600~1 000倍液；

50%多·菌核可湿性粉剂600~800倍液+50%敌菌灵可湿性粉剂500倍液；

对水喷雾，重点喷根茎和周围地面，每亩喷对好的药液60L，视病情间隔5~10天1次。病情严重时除正常喷雾外，还可把上述杀菌剂对成50倍液，涂抹茎上发病部位，不仅能控制病情扩展，还有治疗作用。

保护地还可用10%百·菌核烟剂，每亩1次300g熏治，或用10%腐霉利烟剂加45%百菌清烟剂，每亩每次250g，视病情间隔10天左右1次。粉尘法，喷撒5%百菌清粉尘剂1kg/亩。

19．辣椒黄萎病

【症　　状】多发生在辣椒生长中后期，初发病时，接近地面的叶片首先下垂，叶缘或叶尖逐渐变黄，发干或变褐，叶脉间的叶肉组织变黄。随后，植株发育受阻，茎基部的木质维管束组织变褐，然后沿茎上部扩展至枝条下端，最后致全株萎蔫、叶片枯死脱落。该病扩展较慢，通常只造成病株矮化、节间缩短、生长停滞(图12-80)。

图12-80　辣椒黄萎病田间发病症状

【病　　　原】*Verticillium dahliae* 称大丽花轮枝孢，属半知菌亚门真菌。菌丝体无色或褐色；分生孢子梗直立，有1～5个轮枝层；分生孢子卵圆形或椭圆形，单胞，无色透明。

【发生规律】该病是典型的土传病害，病菌在土壤中可存活6～8年，病菌以休眠菌丝、厚垣孢子和菌核随病残体在土壤中过冬，来年借风、雨、流水、人畜及农具传播。从根部的伤口，或直接从幼根表皮或根毛侵入，后在维管束内繁殖，并扩展到枝叶。苗期和定植后环境气温低于15℃的持续时间长时易发病。

【防治方法】应与禾本科实行4年以上的轮作，有条件的实行水旱轮作。选用抗病品种。黄萎病是典型的土传病害，施用充分腐熟有机肥，提倡施用酵素菌沤制的堆肥或充分腐熟的有机肥。适时定植，当10cm深处地温稳定在15℃以上时再开始定植，避免用过冷的井水浇灌。选择晴天浇水，生长期宜勤浇小水，保持地面湿润。

土壤处理。用98％棉隆颗粒剂10～30g/m² 与15kg过筛细干土充分拌匀，撒在畦面上，后耙入土中，深约15cm，拌后耙平浇水，覆地膜，使其发挥熏蒸作用，10天后揭膜散气，再隔10天后播种或分苗，否则会产生药害。定植田用50％多菌灵可湿性粉剂2～4kg/亩+50％福美双可湿性粉剂3～5kg/亩+40％五氯硝基苯粉剂5～8kg/亩，而后进行混土，进行土壤消毒。苗期或定植后用70％甲基硫菌灵可湿性粉剂600～700倍液+70％敌磺钠可溶性粉剂500～600倍液喷淋根茎处或灌根，对幼苗进行消毒。

田间发现病株后及时进行防治，发病初期采用以下杀菌剂进行防治：

80％多·福·锌可湿性粉剂800倍液；

20％二氯异氰尿酸钠可溶性粉剂400倍液；

70%甲基硫菌灵可湿性粉剂500～600倍液+50%克菌丹可湿性粉剂400～500倍液；

50%琥胶肥酸铜可湿性粉剂350倍液；

5%丙烯酸·恶霉·甲霜水剂800～1 000倍液；

灌根，每株灌药液0.5L，视病情间隔7～10天1次。

20．辣椒斑枯病

【症　　状】辣椒斑枯病主要为害叶片，在叶片上呈现白色至浅灰黄色圆形或近圆形斑点，边缘明显，病斑中央具许多小黑点(图12-81)，即病原菌的分生孢子器。

图12-81　辣椒斑枯病叶片发病症状

【病　　原】*Septoria lycopersici* 称番茄壳针孢，属半知菌亚门真菌。

【发生规律】病菌以菌丝体和分生孢子器在病残体、多年生茄科杂草上或附着在种子上越冬，成为翌年初侵染源。一般分生孢子器吸水后，器内胶质物溶解，分生孢子借风雨传播后被雨水返溅到辣椒植株上，从气孔侵入，后在病部产生分生孢子器及分生孢子，扩大为害。病菌发育适温22～26℃，12℃以下或28℃以上发育不良。高湿条件有利于分生孢子从器内溢出，适宜相对湿度92%～94%，若湿度达不到则不发病。如遇多雨天气，特别是雨后转晴，辣椒植株生长衰弱、肥料不足时容易发病。

【防治方法】苗床用新土或2年内未种过茄科蔬菜的阳畦或地块育苗，定植田实行3～4年轮作。从无病株上留种，并用52℃温水浸种30分钟，取出晾干而后催芽播种。选用抗病品种。高畦栽培，适当密植，注意田间排水降湿。加强田间管理，合理施肥，增施磷、钾肥。避免种植过密，保持田间通风透光及地面干燥。采收后把病残物深埋或烧毁。

田间发现病株及时施药防治，发病初期可采用以下杀菌剂进行防治：

50%异菌脲悬浮剂1 000倍液；

250g/L嘧菌酯悬浮剂1 500～2 000倍液；

40%双胍辛烷苯基磺酸盐可湿性粉剂1 000倍液+75%百菌清可湿性粉剂600倍液；

50％腐霉利可湿性粉剂1 000倍液+70％代森锰锌可湿性粉剂800～1 000倍液；

50％氟硅唑乳油4 000～6 000倍液+65％福美锌可湿性粉剂500倍液；

10％苯醚甲环唑水分散粒剂2 000倍液+70％代森联干悬浮剂800～1 000倍液；

均匀喷雾，视病情间隔7～10天1次。

21．辣椒褐腐病

【症　　状】主要为害花器、果实及植株顶端生长点，染病组织由褐转黑，脱落或掉到枝上。湿度大时病部密生白色或灰白色的毛状物，顶生肉眼可见的大头针状、球状体，即孢囊梗或孢子囊。果实染病，变褐软腐，果梗呈灰白色或褐色(图12-82)。

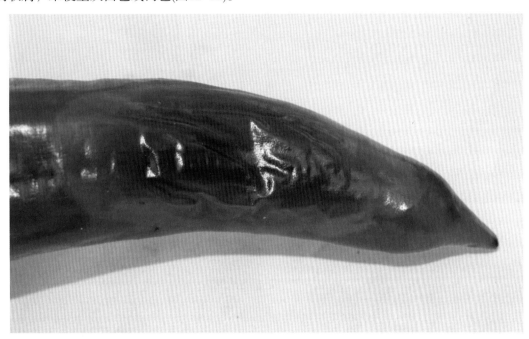

图12-82　辣椒褐腐病果实发病症状

【病　　原】*Choamephora manshurica* 称茄笄霉，属接合菌亚门真菌。大小孢子囊都产生，多生在同一菌丝上，大孢子囊生在直立不分枝的孢囊梗顶端；分生孢子梗直立；主轴顶端呈双叉状分枝，孢囊孢子两端各具一束纤毛。

【发生规律】病菌随病残体在土壤中越冬。该菌腐生性强，只能借助风雨或昆虫从伤口侵入生活力衰弱的花和果实。

【防治方法】与瓜类作物实行3年以上轮作。坐果后及时摘除残花病果，集中深埋或烧毁。采用高畦栽培，合理密植，注意通风，雨后及时排水，严禁大水漫灌。

发病初期，可采用以下杀菌剂或配方进行防治：

70％甲基硫菌灵可湿性粉剂800倍液+75％百菌清可湿性粉剂600～800倍液；

50％嘧菌酯水分散粒剂4 000～6 000倍液；

25％啶氧菌酯悬浮剂3 000～5 000倍液+70％代森锰锌可湿性粉剂800～1 000倍液；

10％苯醚甲环唑水分散粒剂1 500～2 000倍液+70％代森联水分散粒剂800～1 000倍液；

50％苯菌灵可湿性粉剂1 500倍液+65％代森锌可湿性粉剂500倍液；

喷雾，视病情间隔7～10天1次。

22. 辣椒霜霉病

【症　　状】主要为害叶片、叶柄及嫩茎。叶片染病，初现浅绿色不规则形病斑，叶背面有稀疏的白色霜霉层，病叶变脆并向上卷，后期叶片易脱落。叶柄、嫩茎染病，呈褐色水渍状，病部也出现白色稀疏的霉层(图12-83和图12-84)。

图12-83　辣椒霜霉病叶片发病症状

图12-84　辣椒霜霉病发病严重时叶片枯死

【病　　原】*Peronospora capsiei*称辣椒霜霉，属鞭毛菌亚门真菌。

【发生规律】病菌以卵孢子越冬。该病菌潜入期较短，在条件适宜时只需3～5天产生游动孢子，借风雨传播，在生长季节可进行反复再侵染，导致大流行。病菌适宜温度为20～24℃，相对湿度要求在85％以上。阴雨天气多，或灌水过多或排水不及时，田间发病均重。

【防治方法】选用抗耐病品种，实施2年以上轮作。收获后彻底清除田间病残体，集中深埋或烧毁，并及时深翻。通过调控棚室内温湿度，缩短结露持续时间可控制该病发生。11月至翌年2月保护地温度10～25℃，湿度在75％～90％时易发病，常采用通风散湿提高棚室温度防止发病，当晴天上午温度升至28～30℃时，进行放风，温度控制在22～25℃，可降低湿度，当温度降至20℃时，要马上关闭通风口，保持夜温不低于15℃，可以大大减少结露量和结露持续时间，就可减轻发病。

结合其他病害的防治注意喷施保护剂进行预防。田间发病后及时进行防治，在发病初期田间出现发病中心时，可采用以下杀菌剂进行防治：

50％锰锌·氟吗啉可湿性粉剂2 000倍液；

68％精甲霜·锰锌水分散粒剂800～1 000倍液；

60％唑醚·代森联水分散粒剂2 000倍液；

25％吡唑醚菌酯乳油3 000～4 000倍液+70％代森联水分散粒剂500倍液；

53％甲霜·锰锌水分散粒剂600～800倍液；

20％苯霜灵乳油300倍液+75％百菌清可湿性粉剂600～1 000倍液；

72％霜脲·锰锌可湿性粉剂800倍液；

72.2％霜霉威水剂800倍液+70％代森锰锌可湿性粉剂600～1 000倍液；

25.75％多抗·福美双可湿性粉剂1 000～1 500倍液；

60％琥·铝·甲霜灵可湿性粉剂600～800倍液；

75％百·福·福锌可湿性粉剂800～1 000倍液；

对水喷雾，视病情间隔5～7天喷1次。

发病普遍时，可采用下列杀菌剂进行防治：

50％烯酰吗啉可湿性粉剂2 000倍液+70％代森联水分散粒剂500倍液；

687.5g/L氟菌·霜霉威悬浮剂1 000倍液+70％代森锰锌可湿性粉剂600倍液；

25％甲霜·霜霉威可湿性粉剂700倍液+75％百菌清可湿性粉剂500倍液；

100g/L氰霜唑悬浮剂1 000倍液+50％克菌丹可湿性粉剂800倍液；

72％霜脲·锰锌可湿性粉剂500倍液；

70％丙森锌可湿性粉剂500倍液；

60％唑醚·代森联水分散粒剂1 000～2 000倍液；

84.51％霜霉威·乙膦酸盐可溶性水剂600～1 000倍液；

70％呋酰·锰锌可湿性粉剂600～1 000倍液；

雨季，在下雨前进行茎叶喷雾防治(重点喷果)，视病情间隔7～10天喷1次。

保护地栽培时还可以使用45％百菌清烟雾剂250g/亩或20％百·福烟剂250～300g/亩或20％锰锌·霜脲烟剂250～300g/亩。

傍晚封闭棚室，将药分放于5～7个燃放点，烟熏过夜或喷撒5％百菌清粉剂1kg/亩。间隔7～10天用1次药，最好与喷雾防治交替进行。

23．辣椒猝倒病

【症　　状】幼苗子叶期或真叶尚未展开之前，是幼苗最易感病的关键时期。幼苗出土后，在近地面茎基部出现水渍状病斑，随即变黄、缢缩、凹陷，叶子还未凋萎即猝倒，用手轻提极易从病斑处脱落，地面潮湿时病部可见白色棉毛状霉层(图12-85和图12-86)。早春在育苗床或在穴盘育苗上，引起烂种。

图12-85　辣椒猝倒病发病初期幼苗倒伏症状

图12-86　辣椒猝倒病发病后期病株枯死症状

【病　　原】*Pythium aphanidermatum* 称瓜果腐霉，属鞭毛菌亚门真菌。菌丝无隔膜；孢子囊呈姜瓣状或裂瓣状，生于菌丝顶端或中间。老熟菌丝上产生藏卵器和雄器，藏卵器内有一个卵孢子。

【发生规律】该病属土传性病害，病菌在土壤或病残体中过冬，病原菌潜伏在种子内部。病菌借雨水、灌溉水传播。土温较低(低于15～16℃)时发病迅速，土壤湿度高，光照不足，幼苗长势弱，抗病力下降易发病。在幼苗子叶中养分快耗尽而新根尚未扎实之前，由于营养供应紧张，造成抗病力减弱，如果此时遇寒流或连续低温阴雨(雪)天气，而苗床保温不好，会突发此病。猝倒病多在幼苗长出1～2片真叶前发生，3片真叶后发病较少。

【防治方法】该病的防治应以农业措施为主，与非茄科作物实行2～3年轮作；苗床应选择地势高燥、避风向阳、排灌方便、土壤肥沃、透气性好的无病地块。为防止苗床带入病菌，应施用腐熟的农家肥。

辣椒多采用育苗移栽方式，苗床发病严重，苗床处理是防病的重点。可按每平方米苗床30%多·福可湿性粉剂4g+25%甲霜灵可湿性粉剂9g或50%拌种双粉剂7g、35%福·甲可湿性粉剂2～3g+25%甲霜灵可湿性粉剂9g加细土15～20kg，拌匀，播种时下铺上盖，将种子夹在药土中间，防效明显。穴盘或营养钵育苗时，每立方米营养土加入30%恶霉灵水剂150ml或54.5%恶霉·福可湿性粉剂10g，充分拌匀后装入穴盘或营养钵进行育苗。也可用50kg苗床土加53%精甲霜·锰锌水分散粒剂20g+2.5%咯菌腈悬浮剂10ml，拌匀后过筛装营养钵或撒在苗床上进行育苗，还可以防治其他苗期病害。

种子处理。用53%精甲霜·锰锌水分散粒剂600～800倍液或72.2%霜霉威水剂800～1 000倍液或72%锰锌·霜脲可湿性粉剂600～800倍液浸种半小时，再用清水浸种8小时后催芽或直播；也可用35%甲霜灵拌种剂或3.5%咯菌·精甲霜悬浮种衣剂按种子重量的0.6%拌种。

苗床发现病株，应及时拔除，并及时施药防治，可以用下列杀菌剂：

25%吡唑醚菌酯乳油2 000～3 000倍液+75%百菌清可湿性粉剂600～1 000倍液；

69%烯酰·锰锌可湿性粉剂1 000倍液；

72.2%霜霉威水剂400倍液+70%代森锰锌可湿性粉剂600～1 000倍液；

53%精甲霜·锰锌可湿性粉剂600～800倍液；

3%恶霉·甲霜水剂800倍液+65%代森锌可湿性粉剂600倍液；

72%锰锌·霜脲可湿性粉剂600～800倍液；

60%锰锌·氟吗啉可湿性粉剂800～1 000倍液；

76%霜·代·乙膦铝可湿性粉剂800～1 000倍液；

15%恶霉灵水剂800倍液+50%甲霜灵可湿性粉剂600～1 000倍液；

均匀喷雾，视病情间隔7～10天喷1次。

24．辣椒立枯病

【症　　状】立枯病是辣椒苗期的主要病害之一，小苗和大苗均能发病，但一般多发生在育苗的中后期。发病时病苗茎基部产生椭圆形暗褐色病斑，早期病苗白天萎蔫，夜间恢复，随后病斑逐渐凹陷，并扩大绕茎一周，有的木质部暴露在外，最后病茎缢缩、植株死亡(图12-87)。

图12-87　辣椒立枯病发病症状

【病　　原】*Rhizoctonia solani* 称立枯丝核菌，属半知菌亚门真菌。

【发生规律】以菌丝体或菌核残留在土壤和病残体中越冬，一般在土壤中能存活2～3年。菌丝能直接侵入寄主，也可通过雨水、流水、农具、带菌农家肥等传播蔓延。病部可见蛛丝状褐色霉层。病菌生长适温17～28℃，地温16～20℃适宜发病，播种过密、土壤忽干忽湿、间苗不及时或幼苗徒长、造成通风不良、湿度过高易诱发本病。

【防治方法】加强苗床管理。采用无病土或基质育苗。施用腐熟有机肥，增施磷钾肥，防止土壤忽干忽湿，减少伤根。注意合理放风，防止苗床或育苗盘高温高湿条件出现。

种子处理。用2.5%咯菌腈悬浮种衣剂12.5ml，对水50ml，充分混匀后倒在5kg种子上，快速搅拌，直到药液均匀分布在每粒种子上，晾干播种。也可用3.5%咯菌·精甲霜悬浮种衣剂每50kg种子用药200～400ml，对水1～2L，快速搅拌，使药液拌到种子上；也可用450g/L克菌丹悬浮种衣剂67.5～78.75g/100kg种子+30g/L苯醚甲环唑悬浮种衣剂6～9ml/100kg种子进行种子包衣或拌种。还可将种子湿润后用种子重量0.3%的75%福·萎可湿性粉剂或20%甲基立枯磷乳油或70%恶霉灵可湿性粉剂拌种。拌种时加入0.01%芸苔素内酯乳油8 000～10 000倍液，有利于抗病壮苗。

土壤处理。用50%多菌灵可湿性粉剂4～6g/m^2+50%福美双可湿性粉剂5～8g/m^{2}或用95%恶霉灵原药2～4g/m^2，对水稀释至1 000倍液喷洒苗床，浅耙后播种。也可用70%恶霉灵可湿性粉剂2～4g/m^2、70%甲基硫菌灵可湿性粉剂4～6g/m^2+50%福美双可湿性粉剂5～8g/m^2、50%腐霉利可湿性粉剂4～6g/m^2+50%福美双可湿性粉剂5～8g/m^2，对细土18kg，待灌好底水后取1/3拌好的药土撒在畦面上，播种后把其余2/3药土覆盖在种子上，防效明显。

苗期管理。苗期喷洒0.01%芸薹素内酯乳油8 000～10 000倍液或0.1%～0.2%磷酸二氢钾，增强抗病力。

苗床初现萎蔫症状，且气候有利于发病时，应及时施药，并注意保护剂和治疗药剂混用，以防止病害扩展。发病初期，可用以下杀菌剂进行防治：

30%苯醚甲·丙环乳油3 000倍液+70%代森锰锌可湿性粉剂600～800倍液；

75%百菌清可湿性粉剂500～1 000倍液；

20%氟酰胺可湿性粉剂600倍液+65%福美锌可湿性粉剂600～800倍液；

50%腐霉利可湿性粉剂1 500倍液+70%丙森锌可湿性粉剂600～700倍液；

10%多抗霉素可湿性粉剂600倍液+75%百菌清可湿性粉剂500～1 000倍液；

均匀喷雾，视病情间隔7～10天喷1次。

在田间发病较多，应注意及时施药防治，防止死苗，可用以下杀菌剂进行防治：

5%丙烯酸·恶霉·甲霜水剂800～1 000倍液；

20%二氯异氰尿酸钠可溶性粉剂400～600倍液；

20%甲基立枯磷乳油800～1 500倍液+0.5%氨基寡糖水剂500倍液；

50%异菌脲可湿性粉剂800～1 000倍液；

灌根或喷淋，视病情间隔5～7天1次。

二、辣椒生理性病害

1. 辣椒日灼病

【症　　状】主要发生在果实上，果实被强烈阳光照射后，出现白色圆形或近圆形小斑，经阳光晒烤后，果皮变薄，呈白色革质状，日灼斑不断扩大。日灼斑有时破裂，或因腐生病菌感染而长出黑色或粉色霉层，有时软化腐烂(图12-88)。

图12-88　辣椒日灼病果实受害症状

【病　　因】日灼果是强光直接照射果实所致。

【发生规律】果实日灼斑多发生在朝西南方向的果实上。这是因为在一天中，阳光最强的时间是午后13:00—14:00时，此时太阳正处于偏西南方向。日灼斑的产生是由于被阳光直射的部位表皮细胞温度增高，导致细胞死亡。有时果实日灼斑发生在果实其他部位，这往往是因雨后果实上有水珠，天气突然放晴，日光分外强烈，果实上水珠如同透镜一样，汇聚阳光，导致日灼，这种日灼斑一般较小。

【防治方法】注意合理密植，栽植密度不能过于稀疏，避免植株生长到高温季节仍不能"封垄"，使果实暴露在强烈的阳光之下。可采取一穴双株方式，使叶片互相遮阴，避免阳光直射果实。间作，可与高棵植物(如玉米)间作，利用玉米给辣椒遮光。遮光防雨，保护地辣椒在高温季节的中午前后或降雨期间盖棚膜遮阳避雨，可减少发病。有条件可进行遮阳网覆盖栽培。加强肥水管理，施用过磷酸钙作底肥，防止土壤干旱，促进植株枝叶繁茂。

防治病虫害，及时防治病毒病、炭疽病、细菌性疮痂病、红蜘蛛等病虫害，防止植株早期落叶，以减少日灼果发生。可以施用0.01%芸苔素内酯乳油4 000～6 000倍液以提高辣椒抗逆能力。

2．辣椒脐腐病

【症　　状】果实顶部(脐部)呈水浸状，病部暗绿色或深灰色，随病情发展很快变为暗褐色，果肉失水，顶部凹陷，一般不腐烂，空气潮湿时病果常被某些真菌所腐生(图12-89)。

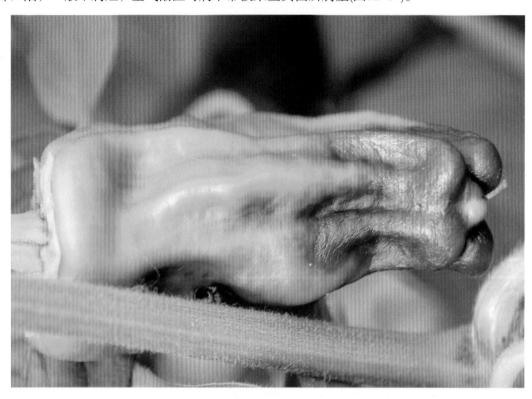

图12-89　辣椒脐腐病果实受害症状

【病　　因】一种被普遍接受的观点认为，发病的根本原因是缺钙。土壤盐基含量低，酸化，尤其是沙性较大的土壤供钙不足。在盐渍化土壤上，虽然土壤含钙量较多，但因土壤可溶性盐类浓度高，根系对钙的吸收受阻，也会缺钙。施用铵态氮肥或钾肥过多时也会阻碍植株对钙的吸收。在土壤干旱，空气干燥，连续高温时易出现大量的脐腐果。另一种观点认为，发病的主要原因是水分供应失调。干旱条件下供水不足，或忽旱忽湿，使辣椒根系吸水受阻，由于蒸腾量大，果实中原有的水分被叶片夺走，导致果实大量失水，果肉坏死，导致发病。

【发生规律】该病通常是由于果实形成前缺钙而造成。当土壤水分过湿或过干，氮素过高，或种植期间损伤根部均可造成脐腐病的发生。一般土壤钙含量在0.2％以下时，也易发生脐腐。

【防治方法】用地膜覆盖可保持土壤水分相对稳定，并能减少土壤中钙质等养分的淋失。栽培上要掌握适时灌水，尤应在结果后及时均匀浇水，防止高温为害。浇水应在9:00—12:00时进行，避免在干旱高温的中午浇水。

科学施肥。在沙性较强的土壤上每茬都应多施腐熟鸡粪，如果土壤出现酸化现象，应施用一定量的石灰，避免一次性大量施用铵态氮肥和钾肥。

均衡供水。土壤湿度不能剧烈变化，否则容易引起脐腐病和裂果。在多雨年份，平时要适当多浇水，以防下雨时土壤水分突然升高。雨后及时排水，防止田间长时间积水。

叶面补钙。进入结果期后，每7天喷1次0.1％～0.3％的氯化钙或硝酸钙水溶液。也可连续喷施绿芬威3号等钙肥，效果很好，可避免发生脐腐病。

三、辣椒虫害

1．烟青虫

【分　　布】烟青虫[*Helicoverpa assulta*（Guenee）]，属鳞翅目夜蛾科，是蔬菜上蛀食性害虫。全国各地均有分布。大发生年份，蛀果率可高达30%～50%。

【为害特点】主要以幼虫蛀食果实为主，也可为害嫩茎、叶片和芽；蕾、花受害可引起大量落蕾、落花；幼虫钻入果实内蛀食果肉，造成果实腐烂和大量落果，易诱发软腐病(图12-90至图12-92)。

图12-90　烟青虫为害三樱椒

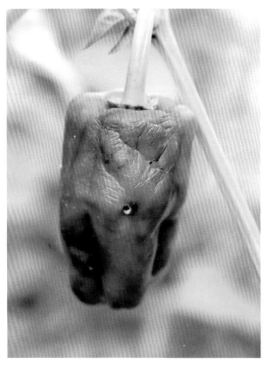

图12-91　烟青虫为害甜椒

图12-92　烟青虫为害辣椒

【形态特征】成虫黄褐色(体长14~18mm，翅展27~35mm)，前翅长度短于体长，翅上肾状纹、环状纹和各条横线较清晰。卵稍扁，淡黄色，纵棱1长1短，呈双序式，卵孔明显。幼虫体色变化大，有绿色、灰褐色、绿褐色等多种。幼虫两根前胸侧毛(L1、L2)的连线远离前胸气门下端；体表小刺较短。老熟幼虫绿褐色，长约40mm，体表较光滑，体背有白色点线，各节有瘤状凸起，上生黑色短毛(图12-93)。蛹体前段显得粗短，气门小而低，很少凸起。

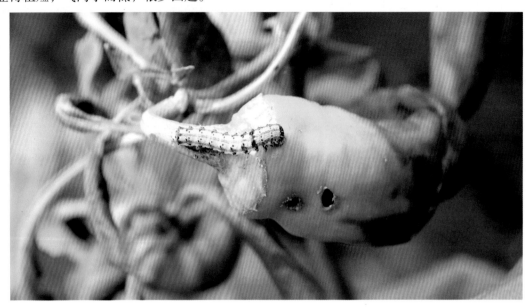

图12-93 烟青虫幼虫

【发生规律】在东北地区一年发生2代，华北3~4代，西北、云贵、华中地区及上海年发生4~5代。卵期3~4天，幼虫期12~23天，蛹期14~18天，成虫期5~7天。以蛹在土中越冬。前期成虫卵散产于植株上中部叶片背面的叶脉处，后期产在萼片和果实上。幼虫昼伏夜出。

【防治方法】及时整枝打杈，把嫩叶、嫩枝上的卵及幼虫一起带出田外销毁；收获结束后深耕土壤，破坏土中蛹室，增加蛹的死亡率。

生物防治。成虫产卵高峰后3~4天，喷洒Bt乳剂、HD-1苏云金杆菌或核型多角体病毒，或25%灭幼脲悬乳剂600倍液，连续喷洒2次，防治效果最佳。

物理防治。用黑光灯、杨柳诱杀，将杨柳枝剪下0.7~1m长，每6大根捆成一把，上部捆紧，下部绑30cm长的木棒，用90%杀螟松乳油500~800倍液或80%敌敌畏乳油1 000倍液喷洒，用药时间掌握在幼虫未蛀入果实以前进行，每隔7~10天喷1次。还可施放赤眼蜂或草蛉，对于烟青虫的卵和幼虫密度减退有效，防治效果好。

在辣椒田烟青虫的防治上主要还是化学药剂防治。生产上应在烟青虫发生前期密切调查，当百株卵量达20~30粒时即应开始用药，如百株幼虫超过5头，应继续用药。一般在果实开始膨大时开始用药，可采用以下杀虫剂进行防治：

14%氯虫·高氯氟微囊悬浮剂15~20ml/亩；

4.5%高效氯氰菊酯乳油35~50ml/亩；

1%甲氨基阿维菌素苯甲酸盐微乳剂5~10ml/亩；

6 000IU/ml苏云金杆菌可湿性粉剂100~150ml/亩；

均匀喷雾，视虫情每周1次，连续防治3~4次。

2．茶黄螨

【为害特点】茶黄螨(*Polyphago tarsonemus* Latus)以刺吸式口器吸取植物汁液为害。可为害叶片、新梢、花蕾和果实。叶片受害后，变厚变小变硬，叶反面茶锈色，油渍状，叶缘向背面卷曲，嫩茎呈锈色，梢顶端枯死，花蕾畸形，不能开花。果实受害后，果面黄褐色粗糙，果皮龟裂，种子外落，严重时呈馒头开花状(图12-94和图12-95)。具趋嫩性。茶黄螨喜欢在植株的幼嫩部位取食，受害症状在顶部的生长点显现，中下部没症状(图12-96)。

图12-94　茶黄螨为害辣椒果实　　　　　　　图12-95　茶黄螨为害三樱椒果实

图12-96　茶黄螨为害辣椒植株

【形态特征】雌螨体躯阔卵形，腹部末端平截，淡黄至橙黄色，半透明，有光泽。身体分节不明显，体背部有1条纵向白带。足较短，4对，第4对足纤细，其跗节末端有端毛和亚端毛。腹部后足体部有4对刚毛。假气门器官向后端扩展。雄螨近六角形，腹部末端圆锥形。前足体3～4对刚毛，腹面后足体有4对刚毛。足较长而粗壮，第三、四对足的基节相连，第四对足胫跗节细长，向内侧弯曲，远端1/3处有1根特别长的鞭毛，爪退化为纽扣状。卵椭圆形，无色透明。卵表面有纵向排列的5～6行白色瘤状凸起。幼螨近椭圆形，淡绿色。足3对，体背有1条白色纵带，腹末端有1对刚毛。若螨是一静止阶段，外面罩有幼螨的表皮。

【发生规律】每年可发生几十代，主要在棚室中的植株上或在土壤中越冬。棚室中全年均有发生，而露地菜则以6—9月受害较重。生长迅速，在18～20℃下，7～10天可发育1代，在28～30℃下，4～5天发生1代。生长的最适温度为16～23℃，相对湿度为80%～90%。以两性生殖为主，也可进行孤雌生殖，但未受精的卵孵化率低，且均为雄性。单雌产卵量为百余粒，卵多散产于嫩叶背面和果实的凹陷处。成螨活动能力强，靠爬迁或自然力扩散蔓延。大雨对其有冲刷作用。

【防治方法】茄果类蔬菜与韭菜、生菜、小白菜、油菜、香菜等耐寒叶菜类轮作能减轻为害。选光照条件好、地势高燥、排水良好的地块。合理密植，高畦宽窄行栽培。施用腐熟有机肥，追施氮、磷、钾速效肥，控制好浇水量，雨后加强排水、浅锄。及时整枝、合理疏密。合理施肥，盛花盛果前不施过量化肥，尤其是氮肥，避免植株生长过旺。加强田间管理，培育壮苗壮秧，适当增加通风透光量，防止徒长、疯长，有效降低田间空气相对湿度，从生态上打破茶黄螨发生的气候规律，减轻为害程度。

清除渠埂和田园周围的杂草，前茬蔬菜收获后要及早拉秧，彻底清除田间的落果、落叶和残枝，并集中焚烧。同时深翻耕地，消灭虫源，压低越冬螨虫口基数。

加强冬春季节温室大棚内的药剂杀螨工作。

保护天敌，避免使用高效、剧毒等对天敌杀伤力大的农药，以保护天敌，维护生态平衡，可用人工繁殖的植绥螨向田间释放，可有效控制茶黄螨为害。

田间发现为害时，及时施药控制，田间卷叶株率达到0.5%时就要喷药控制，可采用下列杀虫剂进行防治：

15%哒螨灵乳油1 500～3 000倍液；

5%唑螨酯悬浮剂2 000～3 000倍液；

5%噻螨酮乳油2 000～3 000倍液；

30%嘧螨酯悬浮剂2 000～3 000倍液；

43%联苯菊酯悬浮剂20～30ml/亩；

对水喷雾，为提高防治效果，可在药液中混加增效剂或洗衣粉等，并采用淋洗式喷药。喷药时，重点喷洒植株上部的幼嫩部位，如嫩叶背面、嫩茎、花器、幼果等。

保护地可用10%哒螨灵烟剂400～600g/亩，熏烟。

3．神泽氏叶螨

【分　　布】神泽氏叶螨(*Tetranychus kanzawai* Kishida) 属蜱螨目叶螨科。主要分布在辽宁、山东、陕西、湖南、浙江、福建等地。

【为害特点】成螨、若螨主要在叶背面栖息为害，叶片受害后常出现褪绿小斑点，发生严重时整个叶片变黄，导致叶片脱落(图12-97)。

图12-97 神泽氏叶螨为害辣椒

【形态特征】雌成螨体长0.52mm，宽0.31mm。宽椭圆形，红色。须肢端感器柱形，其长为宽的1.5倍。气门沟末端呈"U"形弯曲。后半体背表皮纹构成菱形图案，具13对细长的背毛，毛长于横列间距。雄成螨体长0.34mm，宽0.16mm。须肢端感器长约为宽的2倍。刺状毛稍长于端感器(图12-98)。

图12-98 神泽氏叶螨

【发生规律】北方地区一般每年发生10余代，多以雌虫在缝隙或杂草丛中越冬。5月下旬开始发生为害，夏季发生最严重，冬季主要在豆科植物、杂草等植物近地面叶片上栖息，发育适温15～30℃，卵期5～10天，从幼螨发育到成螨5～10天。土壤较干旱，经常缺肥缺水，夏季降雨较少发生较严重。

【防治方法】合理密植，加强肥水管理，夏季栽培在少雨月份适当加大浇水量；收获后及时清除田间残枝败叶，集中烧毁或深埋，深翻土壤。

生物防治。可释放捕食螨、塔六点蓟马、钝绥螨、食螨瓢虫、中华草蛉、小花蝽等天敌。

在叶螨发生中期可采用下列药剂：

20%甲氰菊酯乳油1 000～2 000倍液；

1.8%阿维菌素乳油2 000～4 000倍液；

15%哒螨灵乳油1 500～3 000倍液；

5%唑螨酯悬浮剂2 000～3 000倍液；

73%炔螨特乳油2 000～3 000倍液；

20%三唑锡悬浮剂2 000～3 000倍液；

对水喷雾防治，重点喷洒植株上部的幼嫩部位，如嫩叶背面、嫩茎、花器、幼果等。

4．蚜虫

【分　　布】辣椒田蚜虫以棉蚜为主，棉蚜(*Aphis gossypii* Glover)属同翅目蚜科，在北方发生比较普遍。在新疆、宁夏和东北沈阳以北地区发生较多。

【为害特点】喜在叶面上刺吸植物汁液，造成叶片卷缩变形，植株生长不良，影响生长，并因大量排泄蜜露、蜕皮而污染叶面。并能传播病毒病，造成的损失远远大于蚜虫的直接为害(图12-99)。

图12-99　蚜虫为害辣椒植株症状

【形态特征】见农作物卷。

【发生规律】辽河流域每年发生10～20代，黄河流域、长江及华南棉区20～30代。北方棉区以卵在植株近地面根茎凹陷处、叶柄基部和叶片上越冬。翌年春季越冬寄主发芽后，越冬卵孵化为干母，孤雌生殖2～3代后，产生有翅胎生雌蚜，4—5月迁飞为害。随后繁殖，5—6月进入为害高峰期，6月下旬后蚜量减少，但干旱年份为害期多延长。10月中下旬产生有翅的性母，迁回越冬寄主。一般以春、秋季为害较重，温暖地区全年可以孤雌胎生繁殖。

【防治方法】蔬菜收获后，及时处理残败叶，清除田间、地边杂草。

发生期及时施药防治，在辣椒苗期，蚜虫发生较少时，可采用持效期较长的药剂以控制蚜虫的为害，可以采用以下杀虫剂进行防治：

10%溴氰虫酰胺悬浮剂30～40ml/亩；

14%氯虫·高氯氟微囊悬浮剂15～20ml/亩；

1.5%苦参碱可溶液剂30～40ml/亩；

10%烯啶虫胺水剂3 000～5 000倍液；

3%啶虫脒乳油2 000～3 000倍液；

10%氟啶虫酰胺水分散粒剂3 000～4 000倍液；

10%吡虫啉可湿性粉剂1 500～2 000倍液；

25%噻虫嗪可湿性粉剂2 000～3 000倍液；

均匀喷雾，视虫情间隔7～10天1次。

在辣椒结果期，田间蚜虫发生较重时，可施用速效性较好、持效期较短的药剂来防治蚜虫，可以采用以下杀虫剂进行防治：

2.5%高效氯氟氰菊酯乳油1 000～2 000倍液；

2.5%溴氰菊酯乳油1 000～2 500倍液；

4.5%高效氯氰菊酯乳油2 000～3 000倍液；

均匀喷雾，视虫情间隔5～7天1次。

5. 温室白粉虱

【分　布】温室白粉虱(*Trialeurodes vapotariorum*)属同翅目粉虱科。温室白粉虱是保护地栽培中的一种极为普遍的害虫，几乎可为害所有蔬菜。

【为害特点】温室白粉虱成虫和若虫吸食植物汁液，被害叶片褪绿、变黄、萎蔫，甚至全株死亡。此外，尚能分泌大量蜜露，污染叶片和果实，导致煤污病的发生，造成减产并降低蔬菜商品价值(图12-100)。白粉虱亦可传播病毒病。

图12-100　温室白粉虱为害辣椒叶片

【形态特征】见番茄田——温室白粉虱。

【发生规律】在温室条件下每年可发生10余代，以各虫态在温室越冬并继续为害。成虫喜欢黄瓜、茄子、番茄、菜豆等蔬菜，群居于嫩叶叶背和产卵，在寄主植物打顶以前，成虫总是随着植株的生长不断追逐顶部嫩叶，因此在作物上自上而下白粉虱的分布：新产的绿卵、变黑的卵、幼龄若虫、老龄若虫、伪蛹。新羽化成虫产的卵以卵柄从气孔插入叶片组织中，与寄主植物保持水分平衡，极不易脱落。若虫孵化后3天内在叶背可做短距离游走，当口器插入叶组织后就失去了爬行的机能，开始营固着生活。

温室白粉虱在我国北方冬季野外条件下不能存活，通常要在温室作物上继续繁殖为害，无滞育或休眠现象。翌年通过菜苗定植移栽时转入大棚或露地，或乘温室开窗通风时迁飞至露地。因此，白粉虱在发生地区的蔓延，人为因素起着重要作用。白粉虱的种群数量，由春至秋持续发展，夏季的高温多雨抑制作用不明显，到秋季数量达到高峰，集中为害瓜类、豆类和茄果类蔬菜。在北方，由于温室和露地蔬菜生产紧密衔接和相互交替，可使白粉虱周年发生。7—8月虫口密度较大，8—9月间为害严重。10月下旬后，气温下降，虫口数量逐渐减少，并开始向温室内迁移为害或越冬。

【防治方法】对白粉虱的防治应以农业防治为基础，加强栽培管理，培育出"无虫苗"为主要措施，合理使用化学农药，积极开展生物防治和物理防治。

提倡温室第一茬种植白粉虱不喜食的芹菜、蒜黄等较耐低温的蔬菜，而减少辣椒的种植面积，这样不仅不利于白粉虱的发生，还能大大节省能源。育苗前彻底熏杀残余的白粉虱，清理杂草和残株，以及在通风口增设尼龙纱等，控制外来虫源，培育出"无虫苗"。避免黄瓜、番茄、辣椒混栽，以免为白粉虱创造良好的生活环境，加重为害。

生物防治。可人工繁殖释放丽蚜小蜂，当温室番茄上白粉虱成虫在0.5头/株以下时，按15头/株的量释放丽蚜小蜂成蜂，每隔2周1次，共3次，寄生蜂可在温室内建立种群并能有效地控制白粉虱为害。

物理防治。黄色对白粉虱成虫有强烈诱集作用，在温室内设置黄板（1m×0.17m）纤维板或硬纸板，涂成橙黄色，再涂上一层黏油，每亩32～34块诱杀成虫效果显著。黄板设置于行间与植株高度相平，黏油(一般使用10号机油加少许黄油调匀)7～10天重涂一次，要防止油滴在作物上造成烧伤。该方法作为综防措施之一，可与释放丽蚜小蜂等协调运用。

在田间发生初期及时防治，可用下列杀虫剂进行防治：

10%溴氰虫酰胺悬浮剂40～50ml/亩；

10%烯啶虫胺水剂3 000～5 000倍液；

10%氟啶虫酰胺水分散粒剂3 000～4 000倍液；

25%噻虫嗪水分散粒剂3 000～4 000倍液；

22%噻虫·高氯氟悬浮剂2 000～3 000倍液；

10%吡虫啉可湿性粉剂1 500倍液；

20%高氯·噻嗪酮乳油1 000～1 500倍液；

10%吡丙·吡虫啉悬浮剂1 000～1 500倍液；

均匀喷雾，因其世代重叠，要连续防治，视虫情间隔7天左右1次，虫情严重时可选用2.5%联苯菊酯乳油3 000倍液与25%噻虫嗪可湿性粉剂2 000倍液混合喷雾防治。

在保护地内选用10%氰戊菊酯烟剂，或用22%敌敌畏烟剂每亩0.5kg或用15%吡·敌畏烟剂200～400g/亩，用背负式机动发烟器施放烟剂，效果也很好。或用80%敌敌畏乳油与水以1∶1的比例混合后加热熏蒸。

四、辣椒各生育期病虫害防治技术

辣椒周年种植、品种繁多、栽培模式多样，各地生产条件和管理方式也各不相同，一定要结合本地情况分析总结病虫害的发生情况，制定病虫害的防治计划，适时进行田间调查，及时采取防治措施，有效控制病虫的为害。

(一)辣椒苗期病虫害防治技术

在辣椒幼苗期，有些病害严重影响出苗或小苗的正常生长，如猝倒病、炭疽病、灰霉病、疫病等；也有一些病害，是通过种子传播的，如菌核病、黄萎病、枯萎病等；另外，如病毒病等也可以在苗期发生，有时也有一些地下害虫为害。因此，播种期、幼苗期是防治病虫害、培育壮苗、保证生产的一个重要时期，生产上经常使用多种杀菌剂、杀虫剂、除草剂、植物激素等混用(图12-101)。

图12-101　辣椒苗期生长情况

辣椒多数是育苗移栽。最好在棚室中育苗，高温季节育苗加盖防虫网，以防蚜虫、白粉虱的侵入为害。

常规育苗，可以结合建床，进行土壤药剂处理。选择药剂时要针对本地情况，调查发病种类，可选用如下措施：

用福尔马林消毒，在播种2周前进行，每平方米用30ml福尔马林，加水2~4kg，喷浇在床土上，用塑料膜覆盖4~5天，除去覆盖物，耙平土地，放气2周后播种；或用70%五氯硝基苯粉剂与50%福美双可湿性粉剂1∶1混合，每平方米施药8g；或每平方米施用25%甲霜灵可湿性粉剂4g+50%福美双可湿性粉剂5g+50%多菌灵可湿性粉剂5g、70%敌磺钠可溶性粉剂5g+50%甲基立枯磷可湿性粉剂5~8g+50%多菌灵可湿性粉剂5~6g、70%恶霉灵可湿性粉剂5~6g+50%多菌灵可湿性粉剂5~8g+25%甲霜灵可湿性粉剂5~8g，掺细土4~5kg，待苗床平整、浇水后，将1/3的药土撒于地表，播种后再把剩余的药土覆盖在种子上面。

对于经常发生地下害虫、线虫病的苗床、田块，每平方米可用1.8%阿维菌素乳油1ml，稀释2 000～3 000倍液，用喷雾器喷雾，然后用钉耙混土；也可用10%噻唑膦颗粒剂1.5～2kg/亩、98%棉隆微粒剂3～5kg/亩处理土壤。可与上述杀菌剂一同施用。

营养钵育苗或穴盘育苗的，可以每立方米营养土，用福尔马林200～300ml，加清水30L均匀喷洒到营养土上，然后堆积成一堆，用塑料薄膜盖起来，闷2～3天，可充分杀灭病菌，然后撤下薄膜，把营养土摊开，经过2～3周晾晒，药味全部散尽后再堆起来准备育苗时应用。也可在每立方米营养土中加入50%多菌灵可湿性粉剂200g+50%五氯硝基苯粉剂250g+25%甲霜灵可湿性粉剂300～400g。

选择抗病优良品种。主栽品种有中椒5号、中椒6号、中椒11号、中椒12号、京辣2号、京辣3号、沈研9号、翠玉甜椒、安椒15号、京发大椒、特抗1号、亨椒1号、京椒3、京甜5号、甜杂三号、领航者、墨秀大椒、墨玉五号、金富大椒、金富早椒8号、金富6号、新农研22、航椒2号、新尖椒1号、辣优8号、椒优9号、湘研9号、湘研20号、斯妮娅、科曼、斯特郎、长胜、福斯特、HA－421、考曼奇、爵士等。

种子处理。播种前可用50%多菌灵可湿性粉剂500倍液+50%克菌丹可湿性粉剂500倍液、70%甲基硫菌灵可湿性粉剂500倍液+3%恶霉·甲霜水剂400倍液、40%拌种双可湿性粉剂+50%甲基立枯磷可湿性粉剂+72.2%霜霉威水剂600倍液、25%甲霜灵可湿性粉剂500倍液+50%福美双可湿性粉剂500倍液，对于病毒病较重的田块可以混用10%磷酸三钠溶液浸种，一般浸30～50分钟，捞出用清水浸3～4小时催芽，后播种。也可以用2.5%咯菌腈悬浮剂10ml+35%甲霜灵拌种剂2ml，对水180ml，包衣4kg种子，包衣后，摊开晾干。也可以用70%甲基硫菌灵可湿性粉剂或用50%多菌灵可湿性粉剂+72%霜脲·锰锌可湿性粉剂按种子重量的0.3%拌种，摊开晾干后播种，对苗期猝倒病效果较好，还可用95%恶霉灵精品0.5～1.0g与80%多·福·福锌可湿性粉剂4g混合拌种1kg。

苗床育苗，辣椒出苗后至1叶1心前，重点防治猝倒病，并考虑防治立枯病、疫病等病害(图12-102)，田间如有发病应及时防治，注意治疗剂和保护剂合理混用，可选用以下药剂进行防治：

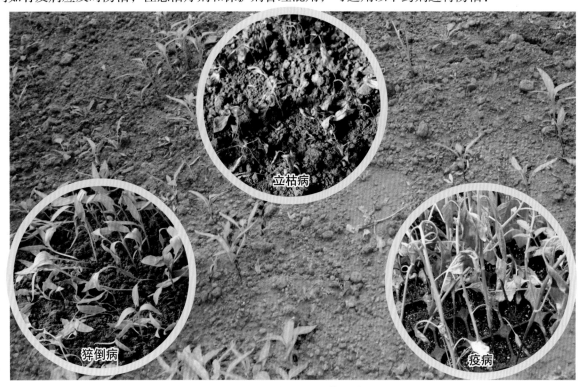

图12-102 辣椒苗期常见病害

72％霜脲·锰锌可湿性粉剂600～800倍液+50％腐霉利可湿性粉剂1 000～2 000倍液；

69％烯酰·锰锌可湿性粉剂1 000倍液+50％苯菌灵可湿性粉剂1 000～1 500倍液；

53％精甲霜·锰锌水分散粒剂500倍液；

25％嘧菌脂悬浮剂2 000倍液；

50％醚菌酯水分散粒剂4 000～6 000倍液；

25％吡唑醚菌酯乳油2 000～3 000倍液+70％代森联水分散粒剂600～800倍液；

70％丙森锌可湿性粉剂600倍液；

50％氟啶胺悬浮剂2 000～3 000倍液；

70％恶霉灵可湿性粉剂2 000倍液+68.75％恶唑菌酮·锰锌水分散粒剂600倍液；

均匀喷雾，从出苗后开始喷药，视病情间隔5～7天喷1次。

苗床育苗，辣椒出苗后，经常发生猝倒病、立枯病、疫病等病害，苗床一旦发现病苗，要及时拔除，然后用以下杀菌剂及时防治：

72.2％霜霉威水剂800倍液+50％腐霉利可湿性粉剂1 000～2 000倍液+70％代森锰锌可湿性粉剂700倍液；

30％苯酯·丙环乳油3 000～3 500倍液+69％烯酰·锰锌可湿性粉剂1 500倍液；

30％恶霉·甲霜水剂500倍液+68.75％恶唑菌酮·锰锌水分散粒剂600倍液；

30％恶霉灵水剂600倍液+68.75％恶唑菌酮·锰锌水分散粒剂600倍液；

视病情间隔7～10天喷淋苗床一次，与喷雾防治相结合。注意用药剂喷淋后，等苗上药液干后，再撒些草木灰或细干土，降湿保温。

幼苗2～7叶期，应注意防治疫病、病毒病、根结线虫病、蚜虫、白粉虱、美洲斑潜蝇。

高温季节育苗，对有根结线虫病史的地区，最好采用无土基质育苗，因此期是根结线虫高发时期。如果采用营养钵育苗方法育苗的，在幼苗3至5叶期用20％噻唑膦750～1 000ml/亩灌根，防止根结线虫病的发生；如果已发生根结线虫病，隔5～7天再灌1次，但应注意，施药时如果温度超过35℃，浇过药液后，要用清水冲洗幼苗叶片上的药液避免产生药害。如果采用育苗畦育苗，在分苗时应用清水将根部冲洗一下，防止携带病虫，如果根上有根瘤应把根瘤去掉后再倒栽。

在苗期还应及时防治病毒病(露地多保护地少)、白粉虱(图12-103)、美洲斑潜蝇等苗期病虫害，以保证壮苗。可以采用以下药剂进行防治：

图12-103　白粉虱为害辣椒叶片症状

4%嘧肽霉素水剂200~250倍液+3.3%阿维·联苯菊乳油1 500倍液；

1.05%氨苷·硫酸铜水剂300~500倍液+1.8%阿维菌素乳油2 000~4 000倍液；

2%宁南霉素水剂400~800倍液+10%高效氯氰菊酯乳油2 500倍液+1%甲氨基阿维菌素苯甲酸盐乳油2 000~3 000倍液；

20%盐酸吗啉胍可湿性粉剂300~400倍液+31%氨苷·吗啉可溶性粉剂800倍液+0.5%甲氨基阿维菌素苯甲酸盐微乳剂3 000倍液；

30%醚菌酯悬浮剂2 000倍液+7.5%菌毒·吗啉胍水剂500倍液+10%吡虫啉可湿性粉剂1 500倍液+50%灭蝇胺悬浮剂3 000倍液；

78%代森锰锌·波尔多液可湿性粉剂600倍液+10%混合脂肪酸乳油100~200倍液+3.5%氟腈·溴乳油1 500倍液；

均匀喷雾，这几个配方最好轮换使用，视病情间隔7~10天1次。

为了促使幼苗生长，可以在幼苗灌根或喷洒农药时，与一些杀菌剂混合喷洒植宝7 500~8 000倍液，或用1.5%硫铜·烷基·烷醇水乳剂1 000倍液，或用爱多收6 000~8 000倍液，或用黄腐酸盐1 000~3 000倍液，或用尿素0.5%+磷酸二氢钾0.1%~0.2%或用三元复合肥(15－15－15)0.5%等。

(二)辣椒开花坐果期病虫害防治技术

移植缓苗后到开花结果期，植株生长旺盛，多种病害开始侵染，部分害虫开始发生，一般该期是喷药保护、预防病虫的关键时期，也是使用植物激素、微肥，调控生长，是保证优质与丰产的最佳时期，生产上需要多种农药合理使用(图12-104)。

图12-104 辣椒开花坐果期生长情况

这一时期经常发生的病害有病毒病、早疫病、疫病、根腐病、青枯病等(图12-105)。施药重点是使用好保护剂，预防病害的发生。

图12-105　辣椒开花坐果期常见病害

防治病毒病、早疫病、疫病可采用以下药剂进行防治：

20％盐酸·乙酸可湿性粉剂700倍液+440g/L双炔·百菌悬浮剂1 000倍液；

2.1％烷醇·硫酸铜可湿性粉剂500倍液+57％烯酰·丙森水分散粒剂2 000倍液；

25％琥铜·吗啉可湿性粉剂600倍液+66.8％丙森·异丙可湿性粉剂1 000倍液；

3.85％三氮·铜·锌水乳剂600倍液+52.5％恶酮·霜脲水分散粒剂2 000倍液；

1.5％硫铜·烷基·烷醇水乳剂1 000倍液+40％氧氯·霜脲可湿性粉剂1 000倍液；

3.95％三氮·铜·烷醇·锌水剂500倍液+76％霜·代·乙腈可湿性粉剂1 000倍液；

25％吗胍·硫酸锌可溶性粉剂500倍液+58％甲霜·福美锌可湿性粉剂1 000倍液；

31％氮苷·吗啉胍可溶性粉剂600倍液+50％琥铜·甲霜灵可湿性粉剂1 000倍液；

1.05％氮苷·硫酸铜水剂400倍液+250g/L嘧菌酯悬浮剂1 500倍液；

5％菌毒清水剂500倍液+64％氢铜·福美锌可湿性粉剂1 000倍液；

3％三氮唑核苷水剂600倍液+60％琥铜·锌·乙铝可湿性粉剂800倍液；

均匀喷雾，视辣椒生长情况和病情间隔7～14天1次。

防治根腐病、青枯病可用以下杀菌剂进行防治：

20％二氯异氰尿酸可溶性粉剂300～400倍液；

25％溴菌腈可湿性粉剂600～1 000倍液+20％叶枯唑可湿性粉剂600～800倍液；

50%多菌灵可湿性粉剂600~800倍液；

35%福·甲可湿性粉剂800倍液+50%噻菌灵悬浮剂800~1 000倍液；

50%福美双可湿性粉剂1 000倍液+12%松脂酸铜悬浮剂600~800倍液；

3 000亿个/g荧光假单胞菌粉剂500倍液；

70%敌磺钠可溶性粉剂800倍液+20%噻菌铜悬浮剂500倍液；

5%丙烯酸·恶霉·甲霜水剂1 000倍液+84%王铜水分散粒剂1 000倍液；

灌根防治，视病情间隔10天左右1次。

保护地栽培，应注意防治灰霉病、菌核病(图12-106)，一般在门椒开花时为防治适期，可采用以下杀菌剂或配方进行防治：

图12-106　辣椒灰霉病

50%腐霉·百菌清可湿性粉剂800~1 000倍液；

40%嘧霉·百菌清可湿性粉剂800倍液；

65%甲硫·霉威可湿性粉剂1 500倍液+75%百菌清可湿性粉剂600~800倍液；

40%啶菌·福美双悬乳剂1 000倍液+70%代森锰锌可湿性粉剂600~800倍液；

50%异菌脲悬浮剂1 000~1 500倍液；

25%啶菌恶唑乳油1 000倍液+50%克菌丹可湿性粉剂400~600倍液；

30%福·嘧霉可湿性粉剂800倍液+75%百菌清可湿性粉剂600~800倍液；

50%腐霉利可湿性粉剂1 500倍液+70%丙森锌可湿性粉剂600~800倍液；

40%嘧霉胺悬浮剂1 500倍液+65%代森锌可湿性粉剂600倍液；

1.5亿活孢子/g木霉菌可湿性粉剂，每亩用制剂250g对水70kg喷雾；

均匀喷雾，视病情每间隔7天左右喷1次。

保护地栽培时灰霉病、菌核病等病情较重时(图12-107)，可采用以下杀菌剂进行防治：

图12-107 辣椒灰霉病严重

50%腐霉利可湿性粉剂600～1 000倍液+75%百菌清可湿性粉剂600～800倍液；

50%异菌脲悬浮剂1 000倍液；

66%甲硫·霉威可湿性粉剂1 500倍液+70%代森锰锌可湿性粉剂800倍液；

40%嘧霉胺悬浮剂800～1 200倍液+50%克菌丹可湿性粉剂300～500倍液；

40%菌核净可湿性粉剂500～600倍液+50%敌菌灵可湿性粉剂500倍液；

50%烟酰胺水分散粒剂800～1 500倍液+70%代森联水分散粒剂600倍液；

对水喷雾，视病情间隔5～10天喷1次。

保护地内可以用45%百菌清烟剂200g/亩、3%噻菌灵烟剂250g/亩、10%腐霉利烟剂300～450g/亩、20%腐霉·百菌清烟剂200～250g/亩、15%多·腐烟剂340～400g/亩或15%百·异菌烟剂200～300g/亩按包装放5～6处，傍晚闭棚，由棚室里面向外逐次点燃后，次日早晨打开棚室，进行正常田间作业。5～10天施药1次，视发病情况而定。也可用5%百菌清粉尘剂或10%腐霉利粉尘剂喷粉1kg/亩。视病情间隔7～10天防治1次。

这个时期白粉虱时有发生，可以在使用杀菌剂时混用一些杀虫剂，可以用下列药剂：

10%溴氰虫酰胺悬浮剂40～50ml/亩；

10%吡丙醚乳油1 000～2 000倍液；

10%烯啶虫胺水剂3 000～5 000倍液；

25%噻虫嗪水分散粒剂2 000～4 000倍液；

50%噻虫胺水分散粒剂2 000～3 000倍液；

均匀喷雾，根据情况连续防治2～3次。

为了控制生长，可以在旺盛生长期喷施15%多效唑可湿性粉剂1 500～3 000倍液，对水均匀喷雾，视辣椒长势调节用量，药量过大会抑制生长。

为了辣椒健壮生长，促进生长，减少花、果的脱落，可以用20%赤霉素可溶性粉剂1 500～2 500倍液喷施茎叶喷雾，该药是多效唑、矮壮素等生长抑制剂的拮抗剂，不能同期施用。

对于天气不稳，有少量辣椒病毒病症状的田块，结合喷施其他农药时可以适量加入0.01%芸薹素内酯可溶性液剂0.03～0.06mg/kg、或8%胺鲜酯可溶性粉剂1 000～2 000倍液、0.000 1%羟烯腺·烯腺可湿性粉剂20～40g/亩，对水40kg，茎叶喷雾。

为了保证植株生长健壮，尽早开花结果可以混合使用些植物激素。这一时期可以使用的植物叶面肥：0.004%芸薹素内酯乳油2 000～4 000倍液、1.8%复硝酚钠水剂5 000倍液、8%胺鲜酯可溶性粉剂2 000～4 000倍液，还可以喷施1.5%硫铜·烷基·烷醇水乳剂1 000倍液。对于旱情较重、蚜虫、白粉虱发生较多的田块，还可以配合使用黄腐酸盐1 000～3 000倍液。

（三）辣椒结果期病虫害防治技术

辣椒进入开花结果期，长势开始变弱，生理性落花落果现象普遍，加上多种病虫的为害，直接影响着果实的产量与品质。为了确保丰收，生产上经常使用多种类型农药，合理混用较为重要。

辣椒进入开花结果期以后，许多病害开始发生流行。青枯病、根腐病、病毒病、枯萎病、灰霉病、菌核病、早疫病、疫病、炭疽病、疮痂病等时常严重发生(图12-108)。

图12-108　辣椒结果期常见病害

对于青枯病、根腐病、病毒病、枯萎病混合严重发生时，可以用下列药剂：

1.05%氨苷·硫酸铜水剂300～500倍液+80%多·福·福锌可湿性粉剂500～700倍液；

0.5%香菇多糖蛋白水剂300～500倍液+14%络氨铜水剂300～500倍液+84%王铜水分散粒剂800～1 000倍液；

0.5%葡聚烯糖粉剂500～800倍液+30%琥胶肥酸铜悬浮剂500～800倍液；

0.5%菇类蛋白多糖水剂300～500倍液+20%噻菌铜悬浮剂500～800倍液；

10%盐酸吗啉胍可溶性粉剂400～500倍液；

25%琥铜·吗啉胍可湿性粉剂400～600倍液+20%喹菌铜可湿性粉剂800～1 200倍液；

2%宁南霉素水剂800倍液+12%松脂酸铜悬浮剂600～800倍液；

7.5%菌毒·吗啉胍水剂300～500倍液+3%中生菌素可湿性粉剂600～800倍液；

30%壬基酚磺酸铜水乳剂600倍液+1×10⁹CFU/ml荧光假单胞杆菌水剂1 000倍液；

1×10⁹CFU/g枯草芽孢杆菌可湿性粉剂600～1 000倍液+3%三氮唑核苷水剂500倍液+84%王铜水分散粒剂800～1 000倍液；

31%氨苷·吗啉胍可溶性粉剂800倍液+1.5%植病灵乳剂1 000倍液+45%代森铵水剂400～600倍液；

均匀喷雾，并配以黄腐酸盐1 000～3 000倍液；也可灌根，首次用药应在发病前10天，每株灌对好的药液300～500ml。视病情间隔10天1次。

当灰霉病、菌核病、早疫病等混合发生时，可以使用下列药剂：

2%丙烷脒水剂900倍液+2.5%咯菌腈悬浮剂1 000倍液；

50%异菌脲悬浮剂800～1 000倍液；

20%丙环唑微乳剂2 000～3 000倍液+75%百菌清可湿性粉剂600～800倍液；

50%腐霉利可湿性粉剂800～1 500倍液+70%代森锰锌可湿性粉剂600～800倍液；

25%啶菌恶唑乳油700～1 500倍液；

50%腐霉·百菌清可湿性粉剂800～1 000倍液；

50%异菌·福美双可湿性粉剂800～1 000倍液；

40%嘧霉·百菌清可湿性粉剂800～1 000倍液；

40%啶菌·福美双悬乳剂800～1 000倍液；

25%腐霉·福美双可湿性粉剂600～1 000倍液；

均匀喷雾，视病情间隔5～10天喷1次。

对于棚室可以施用45%百菌清烟剂200～300g/亩、3%噻菌灵烟剂250g/亩、10%腐霉利烟剂300～450g/亩、20%腐霉·百菌清烟剂200～250g/亩、25%甲硫·菌核净烟剂200～300g/亩、15%多·腐烟剂340～400g/亩、15%百·异菌烟剂200～300g/亩，轮换使用，每次熏上一夜。视病情间隔7～10天防治1次。

对于辣椒疫病发生较重的田块，结合其他病害的预防，可以使用下列药剂：

687.5g/L霜霉威盐酸盐·氟吡菌胺悬浮剂800～1 200倍液；

250g/L吡唑醚菌酯乳油1 500～3 000倍液；

66.8%丙森·异丙菌胺可湿性粉剂600～800倍液；

84.51%霜霉威·乙膦酸盐可溶性水剂600～1 000倍液；

50%烯酰吗啉可湿性粉剂1 000～1 500倍液+75%百菌清可湿性粉剂600～800倍液；

70%呋酰·锰锌可湿性粉剂600～1 000倍液；

35%烯酰·福美双可湿性粉剂1 000~1 500倍液；

20%唑菌酯悬浮剂2 000~3 000倍液；

25%甲霜·霜霉威可湿性粉剂1 500~2 000倍液；

60%锰锌·氟吗啉可湿性粉剂800~1 000倍液；

60%唑醚·代森联水分散粒剂1 000~2 000倍液；

18.7%烯酰·吡唑酯水分散粒剂2 000~3 000倍液；

25%烯肟菌酯乳油2 000~3 000倍液+75%百菌清可湿性粉剂600~800倍液；

76%霜·代·乙膦铝可湿性粉剂800~1 000倍液；

均匀喷雾，视病情间隔5~7天喷1次。在下雨前和雨后进行茎叶喷雾防治，重点喷果及枝干，正常天气7~10天喷1次。

保护地栽培时还可以使用45%百菌清烟雾剂250g/亩。傍晚封闭棚室，将药分放于5~7个燃放点，烟熏过夜或喷撒5%百菌清粉剂1kg/亩。间隔7~10天用1次药，最好与喷雾防治交替进行。

为防止由生理性病害、灰霉病等造成的落花落果，可以用防落素15~30mg/kg或2，4-D 10~25mg/kg溶液加50%腐霉利可湿性粉剂800~1 000倍液或加入2.5%咯菌腈悬浮剂300倍液，也可以加入少量磷酸二氢钾浸花，每朵花浸一次，效果较为理想。但要注意不能触及枝叶，特别是幼芽，也要避免重复点花。

第十三章 茄子病虫害防治新技术

茄子属茄科，一年生草本植物，原产于印度。2014年全国播种面积近100万hm²，总产量2 895.80万t。我国主要产区在河北、辽宁、黑龙江、江苏、浙江、安徽、江西、山东、河南、湖北、湖南、广东、四川等地。主要栽培模式有露地早春茬、露地越夏茬、露地秋茬、早春大棚、日光温室早春茬等。

目前，国内发现的茄子病虫害有80多种，其中，病害50多种，主要有褐纹病、黄萎病、灰霉病、根结线虫病、枯萎病、根腐病、绵疫病、赤星病等；生理性病害20多种，主要有畸形果、畸形花、缺素症等；虫害10种，主要有蚜虫、温室白粉虱、美洲斑潜蝇、棉铃虫、茄二十八星瓢虫等。常年因病虫害发生为害造成的损失达20%～70%，在部分地块甚至绝收。

一、茄子病害

1. 茄子绵疫病

【分布为害】绵疫病是茄子三大病害之一。在全国各茄子生产地区均有发生，以华北、华东、华南等省区最常见；常年造成的损失为20%～30%，尤其多雨年份为害更为严重。

【症　　状】主要为害果实、叶、茎、花器等部位。幼苗期叶片发病同成株期叶片发病症状(图13-1)。茎基部呈水浸状，发展很快，常引发猝倒，致使幼苗枯死。成株期叶片感病，产生水浸状不规则形病斑，具有轮纹，褐色或紫褐色，潮湿时病斑上长出少量白霉(图13-2和图13-3)。茎部受害呈水浸状缢缩，有时折断，并长有白霉(图13-4)。果实受害最重，开始出现水浸状圆形斑点，稍凹陷，黑褐色。病部果肉呈黑褐色腐烂状，在高湿条件下病部表面长有白色絮状菌丝，病果易脱落或干瘪收缩成僵果(图13-5至图13-8)。

图13-1　茄子绵疫病幼苗叶片发病症状

图13-2 茄子绵疫病叶片发病初期症状

图13-3 茄子绵疫病叶片发病后期症状

图13-4 茄子绵疫病茎部发病症状

图13-5　茄子绵疫病果实发病初期症状

图13-6　茄子绵疫病果实发病中期症状

图13-7　茄子绵疫病果实发病后期空气
湿度大时病果上长满白色菌丝

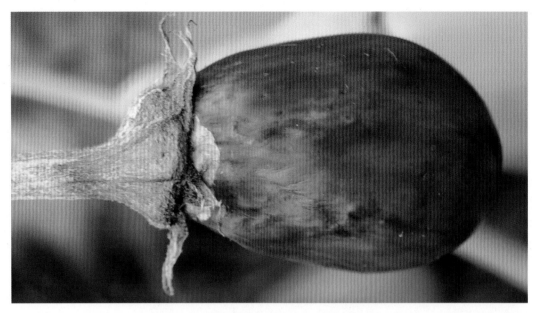

图13-8 茄子绵疫病果实发病后期症状

【病　　原】*Phytophthora parasitica* 称寄生疫霉，属卵菌门真菌
(图13-9)。菌丝白色，无隔。孢囊梗大部分不分枝，基部有不规则弯
曲或短的分枝。孢子囊单胞，圆形，顶端有乳头状凸起。卵孢子圆
形，壁厚，表面光滑，无色至褐色。

【发生规律】以卵孢子在土壤中病株残留组织上越冬。卵孢子经
雨水溅到植株体上后直接侵入表皮。借雨水或灌溉水传播，使病害扩
大蔓延。茄子盛果期7—8月，降雨早、次数多、雨量大、且连续阴
雨，则发病早而重。地势低洼、排水不良、土壤黏重、管理粗放、偏
施氮肥、过度密植、连茬栽培等，也会加剧病害蔓延。

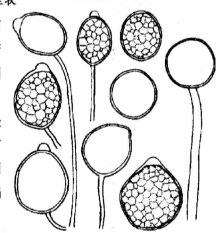

图13-9 茄子绵疫病病菌
分生孢子梗和分生孢子

【防治方法】选用抗病品种。如湘茄4号、杂圆茄1号、航茄1
号、兴城紫圆茄、贵州冬茄、济南早小长茄、丰研1号、青选4号、洛
阳早青茄、西杂3号等。

与非茄科、葫芦科作物实行2年以上轮作。选择高低适中、排灌方便的田块，秋冬深翻，施足酵素菌
沤制的堆肥或腐熟的有机肥，采用高垄或半高垄栽植；合理密植，改善通风透气条件。及时中耕、整
枝，摘除病果、病叶；采用地膜覆盖，增施磷、钾肥等，雨后及时排出积水。施足腐熟有机肥，预防高
温高湿。增施磷、钾肥，及时整枝，适时采收，发现病果、病叶及时摘除，集中深埋。

培育无病苗。取大田土与腐熟有机肥按6∶4混匀，过筛。用50kg苗床土加入68％精甲霜·锰锌水分
散粒剂20g和2.5％咯菌腈悬浮种衣剂10ml，拌匀，装入营养钵或铺在育苗畦上，可防止苗期带病。

种子处理。用35％精甲霜灵悬浮种衣剂2ml，对水150～200ml，包衣4kg茄种。也可用68％精甲霜·锰
锌水分散粒剂600～800倍液浸种30分钟后催芽。

防治时期要早，重点保护植株下部茄果，可选用下列杀菌剂或配方进行防治：

440g/L双炔·百菌清悬浮剂600～1 000倍液；

560g/L嘧菌·百菌清悬浮剂2 000～3 000倍液；

75％百·福·福锌可湿性粉剂800～1 000倍液；

75%乙铝·百菌清可湿性粉剂600～800倍液；

86.2%氧化亚铜可湿性粉剂2 000～2 500倍液；

78%波尔·锰锌可湿性粉剂800～1 000倍液；

20%二氯异氰尿酸钠可溶性粉剂1 000～1 500倍液；

喷雾防治，视病情间隔7～10天喷1次。

保护地栽培时还可以使用45%百菌清烟雾剂250g/亩，傍晚封闭棚室，将药分放于5～7个燃放点，烟熏过夜；或喷撒5%百菌清粉剂1kg/亩。间隔7～10天用1次药，最好与喷雾防治交替进行。

田间发病后(图13-10)，在摘除病果、病叶基础上，要及时进行防治，可用下列杀菌剂进行防治：

图13-10 茄子绵疫病发病初期

66.8%丙森·异丙菌胺可湿性粉剂600～800倍液；

250g/L吡唑醚菌酯乳油1 500～3 000倍液；

72.2%霜霉威盐酸盐水剂800～1 000倍液+10%氰霜唑悬浮剂2 000～2 500倍液；

50%烯酰吗啉可湿性粉剂1 000～1 500倍液+75%百菌清可湿性粉剂600～800倍液；

52.5%恶酮·霜脲氰水分散粒剂1 500～2 000倍液；

喷雾防治，视病情间隔7天喷1次。

田间发病较普遍时(图13-11)，可用下列杀菌剂或配方进行防治：

图13-11 茄子绵疫病田间发病症状

687.5g/L霜霉威盐酸盐·氟吡菌胺悬浮剂800～1 200倍液；

60%唑醚·代森联水分散粒剂1 000～2 000倍液；

84.51%霜霉·乙膦可溶性水剂1 000倍液+70%代森联水分散粒剂600～800倍液；

20%唑菌酯悬浮剂2 000～3 000倍液+75%百菌清可湿性粉剂600～800倍液；

对水喷雾，视病情间隔5～7天喷1次。

露地栽培可用下列杀菌剂或配方进行防治：

25%吡唑醚菌酯乳油3 000～4 000倍液；

72%霜脲·锰锌可湿性粉剂600～800倍液；

69%烯酰·锰锌可湿性粉剂1 000～1 500倍液；

100g/L氰霜唑悬浮剂2 000～2 500倍液+70%丙森锌可湿性粉剂600～800倍液；

对水喷雾，喷药要均匀周到，重点保护茄子果实及枝。视病情间隔7天左右喷1次。

2. 茄子褐纹病

【分布为害】茄子褐纹病是茄子三大病害之一。茄子褐纹病是一种世界性病害，我国以广东、广西、海南等地发生严重，其他茄子栽培地区也有不同程度的为害。常年造成的损失在20%～30%，发病严重年份可减产50%以上。

【症　　状】幼苗受害，茎基部出现凹陷褐色病斑，上生黑色小粒点，造成幼苗猝倒或立枯。成株期受害，先在下部叶片上出现苍白色圆形斑点，而后扩大为近圆形，边缘褐色，中间浅褐色或灰白色，有轮纹，后期病斑上轮生大量小黑点(图13-12)。茎

图13-12 茄子褐纹病叶片发病症状

部产生水浸状梭形病斑，其上散生小黑点，后期表皮开裂，露出木质部，易折断(图13-13)。果实表面产生椭圆形凹陷斑，深褐色，并不断扩大，其上布满同心轮纹状排列的小黑点，天气潮湿时病果极易腐烂，病果脱落或干腐(图13-14和图13-15)。

图13-13　茄子褐纹病茎部发病症状

图13-14　茄子褐纹病果实发病初期症状

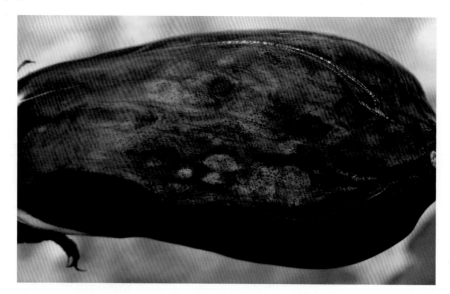

图13-15　茄子褐纹病果实发病后期症状

【病　原】*Phomopsis vexans* 称茄褐纹拟点霉，属无性型真菌(图13-16)。分生孢子器寄生在寄主表皮下，球形，孔口凸出，黑色。分生孢子有两种，在叶片上分生孢子椭圆形，单胞，无色，内有两个油球；在茎秆上线形，单胞，无色，稍弯曲。

【发生规律】以菌丝体和分生孢子器在土表病残体上越冬，或以菌丝潜伏在种皮内，或以分生孢子附着在种子上越冬，一般存活2年。翌年，带菌种子引起幼苗发病，土壤带菌引起茎基部溃疡。越冬病菌产生分生孢子进行初侵染，后病部又产生分生孢子，通过风、雨及昆虫进行传播和重复侵染，条件适宜可引起流行。北方7—8月为发病期，南方6—8月的高温多雨季节，相对湿度高于80%，连续阴雨，高温高湿条件下病害容易流行。植株生长衰弱，

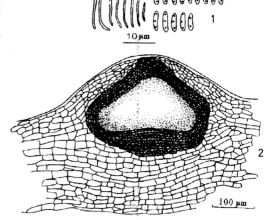

图13-16　茄子褐纹病病菌
1.分生孢子；2.分生孢子器

多年连作、通风不良、土壤黏重、排水不良、管理粗放、幼苗瘦弱、偏施氮肥时发病严重。

【防治方法】选用抗病品种。一般长茄比圆茄抗病，青茄比紫茄抗病。尽可能早播种，早定植，使茄子生育期提前，要多施腐熟优质有机肥，及时追肥，提高植株抗性。夏季高温干旱，适宜在傍晚浇水，以降低地温。雨季及时排水，防止地面积水，以保护根系。适时采收，发现病叶、病果及时摘除。

种子处理。用50%苯菌灵可湿性粉剂+50%福美双可湿性粉剂各一份与干细土3份混匀后，用种子重量的0.1%拌种；或用2.5%咯菌腈悬浮种衣剂10ml加35%精甲霜灵种衣剂2ml，对水180ml，包衣4kg种子；还可用80%乙蒜素乳油2 000倍液浸种30分钟，0.1%硫酸铜溶液浸种5分钟，或0.1%升汞浸种5分钟，或1%高锰酸钾液浸种30分钟，或300倍福尔马林液浸种15分钟，浸种后捞出，用清水反复冲洗后催芽播种。也可用30%苯噻硫氰乳油2 000倍液浸种6小时，带药催芽或用50~60℃温水浸种15分钟。

采用营养钵育苗，每50kg营养土中加50%多菌灵可湿性粉剂10~20g+50%福美双可湿性粉剂20g，拌匀，装入营养钵或铺在育苗畦上，培育无病苗。

在茄子苗期要加强预防，苗期或定植前(图13-17)可用下列杀菌剂进行防治：

图13-17　茄子苗期生长情况

25%嘧菌酯悬浮剂1 500~2 000倍液；

30%醚菌酯悬浮剂1 000~2 000倍液；

70%丙森锌可湿性粉剂600~800倍液；

77%氢氧化铜可湿性粉剂600~800倍液；

86.2%氧化亚铜可湿性粉剂2 000~2 500倍液；

68.75%恶唑菌酮·锰锌水分散粒剂1 000~1 500倍液；

喷雾，视病情间隔7~15天1次，交替喷施。

进入结果期在发病前或发病初期(图13-18)，可用下列杀菌剂进行防治：

图13-18　茄子褐纹病发病初期

20％苯醚·咪鲜胺微乳剂2 500～3 500倍液；

20％硅唑·咪鲜胺水乳剂2 000～3 000倍液；

560g/L嘧菌·百菌清悬浮剂2 000～3 000倍液；

50％甲硫·硫磺悬浮剂800～1 000倍液+70％代森锰锌可湿性粉剂700倍液；

50％福美双·异菌脲可湿性粉剂800～1 000倍液；

64％氢铜·福美锌可湿性粉剂1 000倍液；

50％腐霉利可湿性粉剂1 000倍液+36％三氯异氰尿酸可湿性粉剂800倍液；

对水喷雾，视病情间隔7～10天喷1次。

保护地栽培可采用10％百菌清烟剂或20％腐霉利烟剂，每亩用药300～400g，视病情间隔5～7天用1次。

3. 茄子黄萎病

【分布为害】黄萎病是茄子三大病害之一。它是一种世界性病害，近几年来，逐年加重，一直被视为不治之症，防治困难较大。一般年份减产30％～40％，发病重的年份减产可达70％以上，严重的甚至绝收。

【症　　状】茄子黄萎病苗期发病少，多在门茄开花坐果后发病最重。多自下而上或从一侧向全株发展(图13-19)。发病初期叶片边缘和叶脉间褪绿变黄，逐渐发展到全叶。晴天的中午病叶失水萎蔫，下午或夜间恢复正常，随着病情的发展不能恢复正常，病叶由黄变褐，严重时病叶萎垂脱落(图13-20和图13-21)。茎部维管束变成褐色(图13-22)，有时全株发病，有时半边发病，植株明显矮化(图13-23)。

图13-19　茄子黄萎病叶片发病初期症状

图13-20　茄子黄萎病叶片发病中期症状

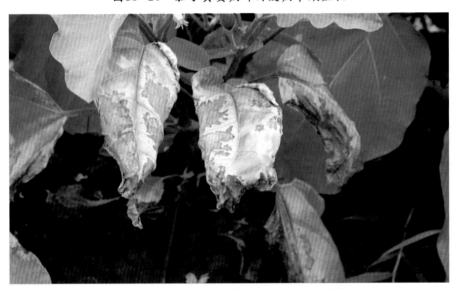

图13-21　茄子黄萎病叶片发病后期症状

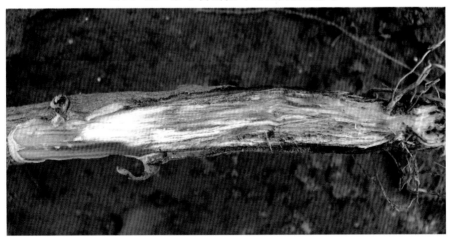

图13-22　茄子黄萎病维管束褐变症状

图13-23　茄子黄萎病田间发病症状

【病　　原】*Vertillium dahliae* 称大丽轮枝孢，属无性型真菌(图13-24)。菌丝体初无色，老熟时变褐色，有隔膜。分生孢子梗无色纤细，基部略膨大。分生孢子单胞，无色，椭圆形。

【发生规律】病菌随病残体在土壤中或附在种子上越冬，成为翌年的初侵染源。病菌在土壤中可活6~8年。借风、雨、流水、人畜、农具传播发病，翌年病菌从根部的伤口或直接从幼根表皮及根毛侵入，后在维管束内繁殖，并扩展到枝叶，病菌当年不重复侵染。病菌发育适温19~24℃，最高30℃，最低5℃；菌丝、菌核60℃经10分钟致死。一般气温低，定植时根部形成伤口愈合慢，利于病菌侵入，茄子定植至开花期，日温低于15℃，持续时间长，植株发病重，地势低洼，施用未腐熟肥料，灌水不当，连作地块，发病重。

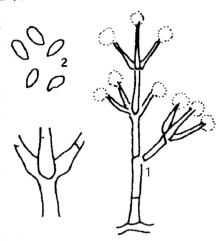

图13-24　茄子黄萎病病菌
1.分生孢子梗；2.分生孢子

【防治方法】定植田于前茬收获后进行高温闷棚处理。施用充分腐熟有机肥料，茄子坐果后，适时追施三元复合肥2~3次。培育壮苗，适时定植，合理灌水及中耕，保持土表湿润不龟裂为宜。雨后或灌水后要及时中耕。前期中耕为增加土温，可稍深些；后期中耕以保墒防裂为目的，要浅，要细，尽量少伤根。与非茄科作物实行4年以上轮作，如与葱蒜类轮作效果较好，尤其与水稻轮作1年即可奏效。

选用抗病品种。如长茄1号、齐杂茄3号、湘茄4号、辽茄3号、齐茄1号、丰研1号、海茄、湘杂7号、齐杂茄2号、沈茄2号、浙茄28、航茄1号、金刚茄子、京茄2号、龙杂茄5号、杂圆茄1号，引进品种有郎高、瑞马、安德利等。

种子处理。可用种子重量0.2%的80%福美双可湿性粉剂或50%克菌丹可湿性粉剂+0.2%~0.3%的50%多菌灵可湿性粉剂拌种。

土壤处理。在整地时每亩撒施50%多菌灵可湿性粉剂2~3kg+50%福美双可湿性粉剂2~3kg、70%敌磺钠可溶性粉剂3kg、多·地混剂2kg(50%多菌灵可湿性粉剂1份+20%地茂散可湿性粉剂0.5份混合而成)，或用99.5%氯化苦液剂20～30kg/亩，耙入土中消毒。

定植时，每亩用50%多菌灵可湿性粉剂2kg+50%福美双可湿性粉剂2～3kg与50kg细干土混匀，进行定植穴内消毒。也可将茄苗用0.1%苯菌灵药液浸苗30分钟，定植后用50%多菌灵可湿性粉剂400～600倍液灌根，每株灌药液300ml，有良好的防治效果。也可施用70%甲基硫菌灵可湿性粉剂500倍液+70%敌磺钠可溶性粉剂500倍液喷淋茎基部。

提倡采用嫁接防治黄萎病兼治多种土传病害。砧木选用托鲁巴姆、精选"超托鲁巴姆"及野茄2号等，接穗选择耐寒、耐弱光、抗病品种，如天津快圆茄、二苠茄，北京6叶茄、7叶茄等。北方砧木在8月中下旬播种，接穗在9月上中旬播种，9月底嫁接，10月中旬定植，翌年1月下旬开始采收，7月进行剪枝再生，促其二次结果，到10月下旬拉秧，此为秋、冬、春、夏周年生产。接口愈合期白天保持25～26℃，夜间20～22℃，浇水要充分，全部遮光，盖严密闭，第5天开始见散射光，以后逐渐撤掉草帘、纸被，嫁接后6～7天不通风，每天中午喷雾1～2次，保持空气湿度在95%以上，7天后开始通风，光照恢复正常。嫁接后第2天、第9天各喷1次1%白糖+0.5%尿素+50%多菌灵·乙霉威可湿性粉剂500倍液。接口愈合后去掉砧木萌叶，白天保持20～25℃，夜间13～15℃，保湿，接后20天去掉嫁接夹，定植前7天，进行低温锻炼，达到嫁接壮苗指标定植。生产上栽培这种茄苗就可有效地控制黄萎病、枯萎病、疫病等土传病害，增产20%～30%。

适时定植，在10cm深处地温15℃以上开始定植，最好铺光解地膜，避免用过冷井水浇灌；选择晴天合理灌溉，注意提高地温，茄子生长期间宜勤浇小水，保持地面湿润；门茄采收后，开始追肥或喷施叶面宝、植保素、复硝酚钠等，如用喷施宝1ml对水12L，0.3%过磷酸钙也可。

开花坐果期(图13-25)，结合其他病害的防治，喷施杀菌剂进行预防，可以用下列杀菌剂或配方进行防治：

图13-25　茄子开花坐果期生长情况

50%琥胶肥酸铜可湿性粉剂350倍液；

20%二氯异氰尿酸钠可溶性粉剂400倍液；

80%多·福·锌可湿性粉剂800倍液+1.05%氨苷·硫酸铜水剂300~500倍液+88%水合霉素可溶性粉剂800~1 000倍液；

0.5%葡聚烯糖粉剂500~800倍液+30%琥胶肥酸铜悬浮剂500~800倍液；

0.5%菇类蛋白多糖水剂300~500倍液+20%噻菌铜悬浮剂500~800倍液；

80%乙蒜素乳油1 000~1 500倍液；

均匀喷雾，视病情间隔7~15天1次。

进入结果期后(图13-26)，茄子长势变弱，病害开始发生，应密切观察病害的发生情况，及时进行防治，可用下列杀菌剂进行防治：

图13-26　黄萎病发病初期症状

50%苯菌灵可湿性粉剂1 000~1 500倍液；

50%多菌灵可湿性粉剂800~1 000倍液+50%福美双可湿性粉剂800~1 000倍液；

70%甲基硫菌灵可湿性粉剂800~1 000倍液+70%敌磺钠可溶性粉剂300~500倍液；

5%丙烯酸·恶霉·甲霜水剂800~1 000倍液；

68%恶霉·福美双可湿性粉剂800~1 000倍液；

2%嘧啶核苷类抗生素水剂200倍液+1%申嗪霉素悬浮剂500~1 000倍液；

36%三氯异氰尿酸可湿性粉剂300~500倍液；

80%乙蒜素乳油1 000倍液；

对水灌根，每株灌对好的药液100ml，视病情间隔5~7天灌1次。发病后及时拔除病株烧毁，并撒上石灰，以防止再侵染为害。

4．茄子枯萎病

【分布为害】枯萎病是茄子的主要病害之一。茄子枯萎病在部分老菜区发生较重，随着保护地栽培面积的扩大，近年来有加重发病的趋势。

【症　　状】发病初期，病株叶片自下而上逐渐变黄枯萎，病症多表现下部叶片，有时同一叶片仅半边变黄，另一半健全如常；主要是叶脉变黄，最后整个叶片枯黄，叶片不脱落(图13-27)。剥开病茎维管束呈褐色(图13-28)。

图13-27　茄子枯萎病发病症状

图13-28　茄子枯萎病茎部维管束褐变

土壤处理。常规育苗采用新土育苗或床土消毒。每平方米床面用35%福·甲可湿性粉剂8~10g，加干土4~5kg拌匀，先将1/3药土撒在畦面上，然后播种，再把其余药土覆在种子上。提倡采用营养钵或穴盘育苗，营养土配好后，每立方米营养土中喷入30%恶霉灵水剂150ml或70%敌磺钠可溶性粉剂200g，并加上50%多菌灵可湿性粉剂200g，充分拌匀后，装入营养钵或穴盘育苗；还可以每立方米营养土，用福尔马林200~300ml，加清水30L均匀喷洒到营养土上，然后堆积成一堆，用塑料薄膜盖起来，闷2~3天，然后撤下薄膜，把营养土摊开，经过2~3周晾晒，药味全部散尽后再堆起来准备育苗时应用。

在茄子开花结果前，结合其他病害的防治，可用下列杀菌剂进行防治：

50%琥胶肥酸铜可湿性粉剂500~700倍液；

50%苯菌灵可湿性粉剂1 000倍液+50%福美双可湿性粉剂500倍液；

10%双效灵水剂300倍液+1.05%氮苷·硫酸铜水剂300~500倍液+88%水合霉素可溶性粉剂800~1 000倍液；

30%多·福可湿性粉剂800~1 000倍液；

80%多·福·福锌可湿性粉剂800~1 000倍液；

70%恶霉灵可湿性粉剂800~1 000倍液；

30%福·嘧霉可湿性粉剂800~1 000倍液；

80%乙蒜素乳油1 000~1 500倍液；

均匀喷雾防治，视病情间隔7~15天1次。

在田间发现病株，应及时拔除，并进行全田施药，可用下列杀菌剂进行防治：

14%络氨铜水剂300~400倍液；

54.5%恶霉·福可湿性粉剂700倍液；

68%恶霉·福美双可湿性粉剂800~1 000倍液；

向茎基部喷淋或浇灌，每株灌药液300~500ml，视病情间隔7天灌1次。

5. 茄子病毒病

【症　　状】茄子病毒病近年来发生较重，以保护地最为常见。其症状类型复杂，常见的有：①花叶型：整株发病，叶片黄绿相间，形成斑驳花叶，老叶产生圆形或不规则形暗绿色斑纹，心叶稍显黄色；②坏死斑点型：病株上位叶片出现局部侵染性紫褐色坏死斑，大小0.5~1mm，有时呈轮点状坏死，叶面皱缩，呈高低不平萎缩状(图13-29至图13-31)。

图13-29　茄子病毒病叶片发病初期症状　　图13-30　茄子病毒病叶片发病后期症状

图13-31　茄子病毒病植株发病症状

【病　　原】Tobacco mosaic virus（TMV）烟草花叶病毒、Cucumber mosaic virus（CMV）黄瓜花叶病毒、Broad bean wilt virus（BBWV）蚕豆萎蔫病毒、Potato virus X（PVX）马铃薯X病毒。

【发生规律】病毒由接触摩擦（TMV）传毒和蚜虫传毒（CMV），BBWV主要靠蚜虫和汁液摩擦传毒。烟草花叶病毒（TMV）在多种植物上越冬，种子也带毒，成为初侵染源。主要通过汁液接触传染，只要寄主有伤口，即可侵入。附着在茄子种子上的果屑也能带毒。此外土壤中的病残体、田间越冬寄主残体、烤晒后的烟叶、烟丝均可成为该病的初侵染源。黄瓜花叶病毒（CMV）主要由蚜虫传染，汁液也可传染，冬季病毒多在宿根杂草上越冬，靠春季迁飞的蚜虫传播。茄子病毒病的发生与环境条件关系密切，一般高温干旱天气利于病害发生。此外，施用过量的氮肥，植株组织生长柔嫩或土壤瘠薄、板结、黏重以及排水不良发病重。茄子病毒的毒源种类在一年里往往有周期性的变化，春夏两季烟草花叶病毒（TMV）比例较大，而秋季黄瓜花叶病毒（CMV）为主，因此生产上防治时应针对毒源，采取相应的措施，才能收到较满意的效果。

【防治方法】选用抗耐病毒病的茄子品种或选无病株留种。加强肥水管理，铲除田间杂草，提高寄主抗病力。

种子处理。可用10%的磷酸三钠溶液浸种20分钟，而后用清水洗净后再播种；或将种子用冷水浸泡4～6小时，再用1.5%植病灵乳剂1 000倍液浸10分钟，捞出直接播种；或0.1%高锰酸钾溶液浸种40分钟清水洗后浸种催芽，或将干燥的种子置于70℃恒温箱内进行干热处理72小时。

提倡采用防虫网育苗、栽培，防止蚜虫、白粉虱传毒，尤其是高温干旱年份要注意及时喷药防治或在塑料大棚悬挂银灰膜条，或畦面铺盖灰色尼龙纱，驱避蚜虫、白粉虱，减少传毒介体，预防TMV侵染。

加强栽培防病措施，适期播种，培育壮苗，苗龄适当，定植时要求带花蕾，但苗不老化；适时早定植，促进早发，利用塑料棚栽培，避开田间发病期；早中耕锄草，及时培土，促进发根。定植缓苗期喷洒万分之一增产灵可提高对花叶病毒的抵抗力。门茄坐果期应及时浇水，坐果后浇水要注意加稀粪和化肥，促果壮秧，尤其高温干旱季节要勤浇水，注意改善田间小气候。

采用防病毒新技术。①应用弱病毒疫苗N14处理幼苗，提高植株免疫力，兼防烟草花叶病毒和黄瓜花叶病毒。也可将弱毒疫苗稀释100倍，加少量金刚砂，用每平方米2～3kg压力喷枪喷雾；②在定植前后各喷1次24%混脂酸铜水剂700～800倍液或10%混合脂肪酸水乳剂100倍液，能诱导茄子耐病又增产。

定植时不要伤根，在田间操作时不要损伤植株。冬季深翻土壤，适期早种、早栽、保护地覆盖栽培，培育壮苗大苗，使植株早发棵、早成龄，使其在干热季节来临前，即5月底和6月上旬的病毒病易感期，让果实大部分坐住的避病措施，以及定植后勤中耕促进根系发达，及早追足磷肥，打杈时用手推杈，减少伤口，减少汁液传毒，及时消灭蚜虫、粉虱等传毒害虫。发病前进行预防，露地茄子在缓苗后可用下列药剂或配方进行预防：

2%宁南霉素水剂200～400倍液；

4%嘧肽霉素水剂200～300倍液；

20%盐酸吗啉胍·乙酸铜可湿性粉剂500～700倍液；

2.1%烷醇·硫酸铜可湿性粉剂500～700倍液；

25%琥铜·吗啉胍可湿性粉剂600～800倍液；

3.85%三氮唑·铜·锌水乳剂600～800倍液；

1.5%硫铜·烷基·烷醇水乳剂1 000倍液；

3.95%三氮唑核苷·铜·烷醇·锌水剂500～800倍液；

25%吗胍·硫酸锌可溶性粉剂500～700倍液；

31%氮苷·吗啉胍可溶性粉剂600～800倍液；

1.05%氮苷·硫酸铜水剂300～500倍液；

喷雾防治，从幼苗开始，视茄子长势和病情每隔5～7天喷1次。此外喷施α-萘乙酸20mg/kg、增产灵50～100mg/kg及1%过磷酸钙、1%硝酸钾溶液做根外追肥，均可提高耐病性。

6. 茄子灰霉病

【症　　状】主要发生于成株期，花、叶片、茎枝和果实均可受害，尤其以门茄和对茄受害最重。在花器和果实上产生水浸状褐色病斑，扩大后呈暗褐色，凹陷腐烂，表面产生不规则轮纹状的灰色霉层。叶片发病，多在叶面或叶缘产生近圆形至不规则形或"V"字形病斑，斑上有褐色与浅褐色相间的轮纹型病斑，湿度大时病斑上密布灰色霉层(图13-32)。发病后期，如果条件适宜，病斑连片，致使整个叶片干枯。茎染病，初生水浸状不规则形病斑，灰白色或褐色，病斑可绕茎枝一周，其上部枝叶萎蔫枯死，病部表面密生灰白色霉状物(图13-33和图13-34)。花器被害后萎蔫枯死，湿度大时均生稀疏至密集的灰色或灰褐色霉(图13-35和图13-36)。果实发病，蒂部残存花瓣或脐部残留柱头首先被侵染，并向果面或果柄扩展，可导致幼果软腐，最后果实脱落或失水僵化，湿度大时均生稀疏至密集的灰色或灰褐色霉(图13-37至图13-39)。

图13-32　茄子灰霉病叶片发病症状

图13-33　茄子灰霉病茎部发病初期症状

图13-34　茄子灰霉病茎部发病后期症状

图13-35　茄子灰霉病雌花柱头发病症状

图13-36　茄子灰霉病花器发病症状

图13-37　茄子灰霉病幼果发病症状

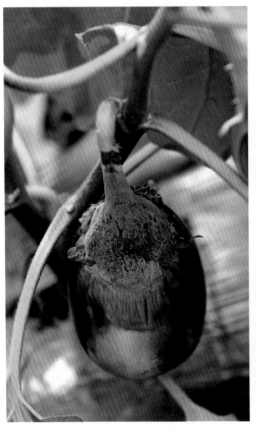

图13-38　茄子灰霉病果实发病症状

图13-39　白色线茄灰霉病果实发病症状

【病　　　原】*Botrytis cinerea* 称灰葡萄孢菌，属无性型真菌。菌丝放射状生长，初无色，后呈浅褐色。分生孢子梗分枝或不分枝，多在2/3孢梗以上分枝，可行1～5级亚分枝，和主轴呈较大锐角；分生孢子梗有时膨大，顶端膨大成近球形，多在末级分枝基部产生分隔。分生孢子卵圆形至宽梨形，有时在中间产生一隔膜。新生成的菌核以菌丝形式萌发。该菌寄生性、腐生性都很强。

【发生规律】病菌以菌丝体或分生孢子随病残体在土壤中越冬，也可以菌核的形式在土壤中越冬，成为次年的初侵染源。经5～7天潜育发病后，病部又产生新的分生孢子，随气流、浇水、农事操作等传播蔓延，形成再侵染。多在开花后侵染花瓣，再侵入果实引发病害，也能由果蒂部侵入。茄子灰霉病菌喜低温高湿。持续较高的空气相对湿度是造成灰霉病发生和蔓延的主导因素。光照不足气温较低(16～20℃)，湿度大，结露持续时间长，非常适合灰霉病的发生。所以，春季如遇连续阴雨天气，气温偏低，温室大棚放风不及时，湿度大，保护地连作多年，种植密度大，有机肥不足，氮肥偏多，灰霉病便容易流行。植株长势衰弱时病情加重。

【防治方法】选用耐低温弱光茄子品种：如黑丽人长茄、西安绿茄、HA-1726、黑美长茄、引茄1号、六叶茄、京茄一号、新优美长茄、黑龙、迎春1号、春晓、紫龙4号、紫龙3号等。

加强生态防治。上午棚温升到30℃时开始放风，中午和下午继续放风，保持棚温23℃左右，降低湿度，当棚温降到20℃时闭合通风口，使夜间温度保持在15℃左右，阴天也要通风，通过温湿度调节降低叶片和果实结露量和结露持续时间，预防灰霉病的发生。

实行苗床消毒，培育无病壮苗，加强光温、肥水调节等苗期管理工作。大田栽培施用充分腐熟的优质有机肥，增施磷、钾肥，以提高植株抗病能力。采用高垄栽培，覆盖地膜，以降低温室及大田湿度，阻挡土壤中病菌向地上部传播。注意清洁田园，当灰霉病有零星发生时，及时摘除病果、病叶，带出田外或温室大棚外集中做深埋处理。

低温季节，如需使用坐果激素，可在配制好的防落素、2，4-D、保果宁等激素溶液中按0.5%的比例加入50%腐霉利可湿性粉剂或50%异菌脲悬浮剂，或1%的40%嘧霉胺可湿性粉剂或50%乙烯菌核利水分散粒剂；可在蘸花(浸蘸整朵花)药液中加入2.5%咯菌腈悬浮剂200倍液浸蘸茄子花朵，对茄子果实灰霉病有较好的防治效果，对花的安全性极好，不会影响坐果。

在茄子生育期，加强预防。结合其他病害的防治，可以选用下列杀菌剂：

75%百菌清可湿性粉剂600～800倍液；

70%代森锰锌可湿性粉剂600～800倍液；

65%代森锌可湿性粉剂600倍液；

喷雾防治，视病情间隔5～10天喷1次。

保护地内可以用45%百菌清烟剂200g/亩，按包装分放5～6处，傍晚闭棚，由棚室里面向外逐次点燃后，次日早晨打开棚室，进行正常田间作业。5～10天施药1次，视发病情况而定。也可用5%百菌清粉尘剂喷粉1kg/亩。每隔7～10天防治1次。

药剂防治时注意改进喷药技术，提高防效。每次喷药前把茄子的老叶、黄叶、病叶、病花、病果全部清除，以减少菌源基数，并利于植株下部通风透光。喷药要周到，抓住3个位置：一是中心病株周围，二是植株中下部，三是花器。做到早发现中心病株及早防治。日光温室前檐湿度高，常先发病，应重点喷。在发病前可选用下列杀菌剂进行防治：

50%腐霉·百菌可湿性粉剂800～1 000倍液；

40%嘧霉·百菌可湿性粉剂800～1 000倍液；

30%异菌脲·环己锌乳油900～1 200倍液；

25%嘧菌酯悬浮剂1 500～2 000倍液；

50%乙烯菌核利水分散粒剂800～1 000倍液+70%代森联水分散粒剂600～800倍液；

喷雾防治，视病情间隔7～10天喷1次。

田间开始发病，但为害较轻时，可选用下列杀菌剂进行防治：

50%腐霉利可湿性粉剂1 000～1 500倍液+75%百菌清可湿性粉剂600～800倍液；

2%丙烷脒水剂1 000～1 500倍液+2.5%咯菌腈悬浮剂1 000～1 500倍液；

50%异菌脲悬浮剂1 000～1 500倍液；

50%多·福·乙可湿性粉剂800～1 000倍液；

65%甲硫·霉威可湿性粉剂1 000～1 500倍液+70%代森锰锌可湿性粉剂600～800倍液；

50%多·乙可湿性粉剂800～1 000倍液+45%代森铵水剂300～500倍液；

喷雾防治，视病情间隔7天喷1次。

在田间病害发生普遍时，可选用下列杀菌剂进行防治：

50%烟酰胺水分散粒剂1 000～1 500倍液+70%代森联水分散粒剂600～800倍液；

50%嘧菌环胺水分散粒剂1 500倍液+70%代森锰锌可湿性粉剂600～800倍液；

50%腐霉利可湿性粉剂1 000～1 500倍液+75%百菌清可湿性粉剂600～800倍液；

2%丙烷脒水剂1 000倍液；

40%嘧霉胺悬浮剂1 000～1 500倍液+75%百菌清可湿性粉剂600～800倍液；

50%异菌脲悬浮剂1 000倍液；

喷雾防治，视病情间隔5～7天喷1次。

对于保护地，可以选用下列药剂：

3%噻菌灵烟剂200～300g/亩；

10%腐霉利烟剂300～450g/亩；

20%腐霉·百菌清烟剂200～300g/亩；

25%甲硫·菌核净烟剂200～300g/亩；

15%多·腐烟剂300～400g/亩；

15%百·异菌烟剂200～300g/亩；

傍晚熏烟，视病情间隔7～10天用1次。

也可选用1.5%福·异菌粉尘剂每亩次1～2kg、26.5%甲硫·霉威粉尘剂每亩次1kg、3.5%百菌清粉尘剂+10%腐霉利粉尘剂喷粉1～2kg/亩。视病情间隔7～10天防治1次。

保护地首选烟剂或粉尘剂，可取得事半功倍的效果。生产上日光温室长季栽培和越冬茬栽培的茄子应于10月中旬至11月注意防治灰霉病。由于灰霉病易产生抗药性，用药时必须注意轮换或交替及混合施用，以利提高防效，防止产生抗药性。

7．茄子早疫病

【症　　状】主要为害叶片，也为害茎和果实。叶片发病，产生病斑圆形或近圆形至不规则形，边缘褐色，中部灰白色，具有同心轮纹。湿度大时，病部长出微细的灰黑色霉状物，后期病斑中部脆裂，发病严重时病叶脱落(图13-40和图13-41)。茎部症状同叶片。果实发病,产生圆形或近圆形凹陷斑,初期果肉褐色,后长出黑绿色霉层。

图13-40 茄子早疫病幼苗发病症状　　图13-41 茄子早疫病成株期叶片发病症状

【病　　原】*Alternaria solani* 称茄链格孢,属无性型真菌。菌丝状有隔膜。分生孢子梗单生或簇生,圆筒形,有1~7个隔膜。暗褐色,顶生分生孢子。分生孢子棍棒状,顶端有细长的嘴孢,黄褐色,具纵横隔膜。

【发生规律】病菌以菌丝体在病残体内或潜伏在种皮下越冬。苗期和成株期均可发病;条件适宜时产生分生孢子,从气孔、皮孔或表皮直接侵入,田间经2~3天潜育后出现病斑,经3~4天又产生分生孢子,通过气流和雨水飞溅传播,进行多次再侵染,致病害不断扩大。病菌生长发育温限1~45℃,26~28℃最适。该病潜育期短,分生孢子在26℃水中经1~2小时即萌发侵入,在25℃条件下接菌,24小时后即发病。适宜相对湿度为31%~96%,相对湿度86%~98%萌发率最高。生产上进入结果期的茄子开始进入感病阶段,伴随雨季的到来,每次大暴雨之后,茄子早疫病流行,就形成一个发病高峰,因此每年雨季到来的迟早,雨日及降雨次数的多少,降雨持续时间的长短均影响该病的扩展和流行。此外,大田改种茄子后,常因肥料不足发病重。棚室内湿度容易满足,日均温达到15~23℃即可发病。露地茄子进入盛果期,正值8月高温季节中午最高气温37~39℃、夜间25~30℃、雨日多、高湿持续时间长,此病易流行成灾,此外日夜温差大、结露频繁的北方,即使不下雨,茄子叶面结露、叶缘吐水持续时间长能满足发病需要,也可引起该病流行。

【防治方法】施足腐熟的有机底肥,合理密植。棚室栽培时注意通风透光,降低湿度。露地栽培时,注意雨后及时排水。清除病残体,与豆科、十字花科蔬菜进行2~3年轮作,同时,避免与土豆、辣椒连作。早期及时摘除病叶、病果,带出田外集中销毁。茄子拉秧后及时清除田间残余植株、落花、落果，结合翻耕土地，搞好田间卫生。

大棚内要注意保温和通风，每次浇水后一定要通风，以降低棚内空气湿度，尤其是早春定植时昼夜温差大，相对湿度高，易结露，利于此病的发生和蔓延，故调整好棚内的水、气有机配合是防止早疫病的有效手段。

在栽培上，选择适当的播种期（根据当地的上市行情，把握好产值与产量的协调），加强田间管理，使植株生长强健，在整枝时应避免与有病植株相互接触，可以减轻病害的发生。施足基肥，生长期间应增施磷、钾肥，肥料比例按N∶P∶K=1∶1∶2追施，特别是钾肥应提倡分次施用，分别作基肥和坐果期追肥，一般以每亩20～25kg硫酸钾为宜。以促进植株生长健壮，提高对病害的抗性。

种子处理。可用52℃温水浸种30分钟或采用1％武夷菌素水剂200倍液浸种或2％嘧啶核苷类抗生素水剂100倍液浸种5～12小时；或4％嘧啶核苷类抗生素瓜菜烟草型200倍液浸种3～6小时，可有效杀死粘附于种子表皮或潜伏在种皮内病菌；或用种子重量0.4％的50％克菌丹可湿性粉剂拌种；也可用2.5％咯菌腈悬浮种衣剂，使用浓度为10ml加水150～200ml，混匀后可拌种3～5kg，包衣晾干后播种；也可用种子重量0.4％的50％异菌脲悬浮剂+75％百菌清可湿性粉剂拌种，可把药和种子放入瓶子中盖好后滚动拌匀，晾干后播种。

栽前棚室消毒。连年发病的温室、大棚，在定植前密闭棚室后按每100m³空间用硫磺0.25kg、锯末0.5kg，混匀后分几堆点燃熏烟一夜。

在田间发现病株时要及时施药防治，发病初期可用下列杀菌剂或配方进行防治：

50％福美双·异菌脲可湿性粉剂800～1 000倍液；

10％苯醚甲环唑水分散粒剂1 500倍液+75％百菌清可湿性粉剂600倍液；

52.5％异菌·多菌灵可湿性粉剂800～1 000倍液；

70％丙森锌可湿性粉剂600～800倍液；

47％春雷霉素·王铜可湿性粉剂600～800倍液；

64％氢铜·福美锌可湿性粉剂600～800倍液；

75％肟菌·戊唑醇水分散粒剂2 000～3 500倍液；

68.75％恶酮·锰锌水分散粒剂800～1 000倍液；

0.3％檗·酮·苦参碱水剂800～1 000倍液；

对水喷雾防治，视病情间隔7～10天喷1次。

在田间开始发病时，用下列杀菌剂及时进行防治：

50％苯菌灵可湿性粉剂800倍液+75％百菌清可湿性粉剂600～800倍液；

10％苯醚甲环唑水分散粒剂1 000倍液+75％百菌清可湿性粉剂600～800倍液；

50％腐霉利可湿性粉剂800～1 200倍液+50％克菌丹可湿性粉剂400～500倍液；

40％氟硅唑乳油2 000～4 000倍液+65％福美锌可湿性粉剂600～800倍液；

20％唑菌胺酯水分散粒剂1 000～1 500倍液；

对水喷雾防治，视病情间隔7～10天喷1次。

在田间发病较普遍时，用下列杀菌剂进行防治：

52.5％异菌·多菌可湿性粉剂800～1 000倍液；

50％异菌脲悬浮剂800～1 000倍液；

10%氟嘧菌酯乳油1 500～3 000倍液+2%春雷霉素水剂300～500倍液；

3%多抗霉素水剂300～500倍液+30%醚菌酯悬浮剂1 000～2 000倍液；

喷雾防治，视病情间隔5～7天喷1次。为防止产生抗药性提高防效，提倡轮换交替或复配使用。

对茎部病斑可先刮除，再用稀释10倍的2%嘧啶核苷类抗生素药液涂抹，或70%甲基硫菌灵可湿性粉剂500倍液，或用77%氢氧化铜可湿性粉剂600倍液，也可用25%甲霜灵可湿性粉剂600倍液涂刷，有较好的治疗效果。

保护地可采用45%百菌清烟剂200g/亩，还可选用5%百菌清粉尘剂或用10%百·异菌粉尘剂1kg/亩，视病情间隔9天喷撒一次。

8. 茄子褐色圆星病

【症　　状】叶片上病斑圆形或近圆形，初期病斑褐色或红褐色，病斑扩展后，中间褪为灰褐色，病斑中部有时破裂，边缘仍为褐色或红褐色，病斑上可见灰色霉层，即病原菌的繁殖体。为害严重时，病斑连片，叶片易破碎或早落(图13-42和图13-43)。

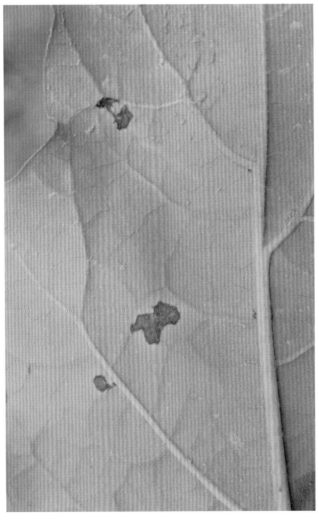

图13-42　茄子褐色圆星病叶片发病症状　　　　图13-43　茄子褐色圆星病叶背发病症状

【病　　原】*Cercospora solani melongenae* 称茄尾孢，属无性型真菌(图13-44)。分生孢子梗丛生，暗褐色，直立或稍弯，0～1个隔膜。分生孢子鞭状，倒棍棒状或圆柱状，淡色，直或稍弯，有1～10个隔膜。

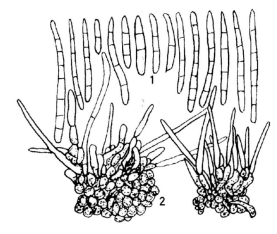

图13-44　茄子褐色圆星病病菌
1.分生孢子；2.子座及分生孢子梗

【发生规律】以分生孢子或菌丝体在被害部越冬，翌年在菌丝块上产出分生孢子，借气流或雨水溅射传播蔓延。北方见于7—8月，南方全年都能发生。温暖多湿的天气或低洼潮湿、株间郁闭易发病。品种间抗性有差异。

【防治方法】加强肥水管理，合理密植，雨季及时排出田间积水。增施磷钾肥，提高植株抗病能力。

及时喷药预防，发病初期可采用下列杀菌剂进行防治：

560g/L嘧菌·百菌清悬浮剂800～1 000倍液；

50%甲基·硫磺悬浮剂800～1 000倍液+70%代森锰锌可湿性粉剂700倍液；

50%苯菌灵可湿性粉剂800～1 000倍液+70%代森联水分散粒剂600倍液；

64%氢铜·福美锌可湿性粉剂1 000倍液；

60%琥铜·锌·乙铝可湿性粉剂600～800倍液+75%百菌清可湿性粉剂600～800倍液；

喷雾防治，视病情隔7～10天1次。由于茄子叶片表皮毛多，为增加药液展着性，应加入0.1%青油或0.1%～0.2%洗衣粉，或混入27%高脂膜乳剂100～300倍液，雾滴宜细，确保喷匀喷足。

9. 茄子黑枯病

【症　　状】茄子叶、茎、果实均可感染黑枯病。叶染病，初生灰紫黑色圆形小点，后扩大成圆形或不规则形病斑，周缘紫黑色，内部浅些，有时形成轮纹，导致早期落叶(图13-45和图13-46)。茎部染病，初呈淡褐色，后呈干腐状凹陷，表面密生黑色霉层。果实染病产生有紫色边缘的褐斑。

图13-45　茄子黑枯病叶片发病初期症状　　**图13-46　茄子黑枯病叶片发病后期症状**

【病　　原】*Corynespora melongenae* 称茄棒孢菌，属无性型真菌。

【发生规律】以菌丝体或分生孢子附在寄主的茎、叶、果或种子上越冬，成为翌年初侵染源。该菌在6～30℃均能发育，发病适温20～25℃。

【防治方法】加强田间管理，苗床要注意放风，田间切忌灌水过量，雨季要注意排水降湿。

种子处理。播种前用55℃温水浸种15分钟或52℃温水浸种30分钟，再放入冷水中冷却后催芽。

田间发现病株时及时施药防治，发病初期可用下列杀菌剂进行防治：

20%硅唑·咪鲜胺水乳剂2 000～3 000倍液；

20%苯醚·咪鲜胺微乳剂2 500～3 500倍液；

250g/L吡唑醚菌酯乳油1 500～3 000倍液；

25%咪鲜胺乳油1 000～1 500倍液+75%百菌清可湿性粉剂600倍液；

50%腐霉·多菌灵可湿性粉剂800～1 000倍液+70%代森联水分散粒剂600～800倍液；

76%丙森·霜脲氰可湿性粉剂1 000～1 500倍液；

均匀喷雾，视病情每隔7天1次。

10. 茄子叶霉病

【症　　状】主要为害叶片和果实。叶片染病，出现边缘不明显的褪绿斑点，病斑背面长有灰绿色霉层，致使叶片过早脱落(图13-47和图13-48)。果实染病，病部呈黑色，革质，多从果柄蔓延下来，果实呈现白色斑块，成熟果实的病斑为黄色，下陷，后期逐渐变为黑色，最后果实成为僵果。

图13-47　茄子叶霉病叶片发病初期症状　　　　图13-48　茄子叶霉病叶片发病后期症状

【病　　　原】*Fulvia fulva* 称褐孢霉，属半知菌亚门真菌(图13-49)。分生孢子梗成束从气孔伸出，稍有分枝，初无色，后呈褐色，有1~10个隔膜，节部稍膨大。分生孢子长椭圆形，初无色，单胞，后变褐色，中间长出1个隔膜，成为2个细胞。

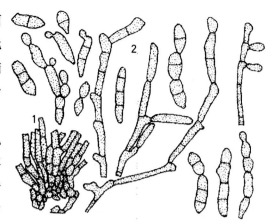

图13-49　茄子叶霉病病菌
1.分生孢子梗；2.分生孢子

【发生规律】病菌以菌丝或菌丝体在病残体内越冬，也可以分生孢子附着于种子表面或菌丝潜伏于种皮越冬。翌年从田间病残体上越冬后的菌丝体产生分生孢子，通过气流传播，引起初次侵染。另外，播种带病的种子也可引起田间初次发病。25℃时经10~15天潜育即发病，以后又产生分生孢子进行再侵染。温度低于10℃或高于35℃病情趋于停滞。生产上该病多发生在春保护地茄子生长中后期。温室内空气流通不良，湿度过大，常诱致病害的严重发生。阴雨天气或光照弱有利于病菌孢子的萌发和侵染。定植过密、株间郁闭、田间有白粉虱为害等易诱发此病。

【防治方法】选育抗病品种，实行与非茄科作物进行2年以上轮作。

定植前1周选晴天的中午密闭棚室，用硫磺粉熏蒸，每立方米用3g硫磺粉加7g锯末混匀后点燃熏1天(保护地内注意不能有明火，避免引起火灾)。

生态防治。重点是控制温、湿度，增加光照，预防高湿低温。加强水分管理，浇水改在上午，苗期浇小水，定植时灌透，开花前不浇，开花时轻浇，结果后重浇，浇水后立即排湿，尽量使叶面不结露或缩短结露时间。露地栽培时，雨后及时排出田间积水。增施充分腐熟的有机肥，避免偏施氮肥，增施磷、钾肥，及时追肥，并进行叶面喷肥。定植密度不要过高，及时整枝打杈、绑蔓，植株坐果后适度摘除下部老叶。

保护地茄子应加强温湿度管理，适时通风散湿，一般上午浇水，同时应注意放风排湿。茄子结果后及时整枝打杈，增加通透性，增施钾肥、硼肥、钙肥等，提高抗病力。收获后及时清除病残体，集中深埋或烧毁。栽植密度应适宜。

种子处理。播种前将种子在阳光下晒2~3天(注意不能直接放在水泥地上，以免降低种子发芽率)，然后用55℃温水浸25分钟，晾干后播种。

播种前，种子还可用2%武夷菌素水剂浸种，或用种子重量0.4%的50%克菌丹可湿性粉剂拌种。也可用2.5%咯菌腈悬浮种衣剂10ml加水150~200ml，混匀后可拌种3~5kg，包衣后播种。或2%嘧啶核苷类抗生素水剂100倍液浸种5~12小时。

发病初期，可采用以下杀菌剂进行防治：

30%醚菌酯悬浮剂2 500倍液+75%百菌清可湿性粉剂500倍液；

25%啶菌噁唑乳油800倍液+75%百菌清可湿性粉剂500倍液；

20%丙硫·多菌灵悬浮剂2 000倍液+75%百菌清可湿性粉剂500倍液；

30%氟菌唑可湿性粉剂1 500~2 000倍液+75%百菌清可湿性粉剂800倍液；

40%嘧霉胺可湿性粉剂800~1 000倍液+70%代森锰锌可湿性粉剂700倍液；

50%异菌脲悬浮剂1 500倍液；

25%多·福·锌可湿性粉剂1 200～2 200倍液；

50%苯菌灵可湿性粉剂1 000～1 500倍液+75%百菌清可湿性粉剂800倍液；

40%双胍三辛烷基苯磺酸盐可湿性粉剂3 000倍液+75%百菌清可湿性粉剂500倍液；

对水喷雾防治，视病情间隔7天1次。在喷药时，要注意喷布均匀，重点是叶背和地面。

露地栽培发病初期，可采用下列杀菌剂或配方进行防治：

25%戊唑醇水乳剂3 000倍液+70%代森锰锌可湿性粉剂800倍液；

40%氟硅唑乳油4 000～6 000倍液+75%百菌清可湿性粉剂600倍液；

30%氟菌唑可湿性粉剂1 500～2 000倍液+70%代森锰锌可湿性粉剂800倍液；

50%咪鲜胺锰盐可湿性粉剂1 500～2 000倍液+70%代森联水分散粒剂800倍液；

对水茎叶喷雾，视病情间隔5～7天1次。

保护地可用45%百菌清烟雾剂，每亩用药250～300g熏一夜，或喷撒5%百菌清粉尘剂，次日清晨通风。

11．茄子煤污病

【症　　状】叶片发病背面生淡黄绿色近圆形至不定形边缘不明显病斑，斑面生褐色毛状霉。严重时，可覆盖整个叶片，叶柄或茎也常长出褐色毛状霉层 (图13-50)。

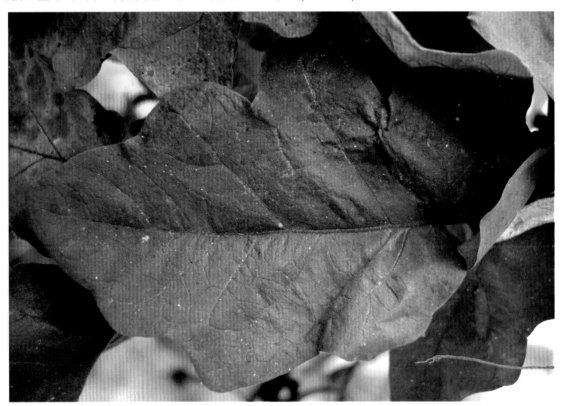

图13-50　茄子煤污病病叶

【病　　原】*Aureobasidium pullulans* 称出芽短梗霉，属半知亚门真菌。分生孢子梗分化不明显，在菌丝上凸出的小齿，即产孢细胞顶端产生分生孢子。产孢细胞位置不定，为内壁芽生瓶梗式产孢。分生孢子形态变化大，多呈长椭圆形、长筒形，两端钝圆，单胞无色，还可芽殖产生次生分生孢子。厚垣孢子椭圆形，两端钝圆，深褐色，1～2个细胞。

【发生规律】病菌常在土壤内及植株残体上越冬，环境条件适宜时产生分生孢子，借风雨及蚜虫、白粉虱等传播、蔓延。光照弱、湿度大的棚室发病重。

【防治方法】保护地栽培时，注意改变棚室小气候，提高其透光性和保温性。露地栽培时，注意雨后及时排水，防止湿气滞留。

发现有温室白粉虱、蚜虫为害可采用下列药剂：

10%烯啶虫胺水剂2 000～4 000倍液；

10%吡虫啉可湿性粉剂1 500倍液；

3%啶虫脒乳油1 000～2 000倍液；

10%氯噻啉可湿性粉剂2 000倍液；

10%吡丙·吡虫啉悬浮剂1 500倍液；

均匀喷雾，视虫情10～15天再喷1次。

发病初期，可以采用以下杀菌剂进行防治：

10%苯醚甲环唑水分散粒剂1 000倍液；

50%苯菌灵可湿性粉剂1 000倍液+75%百菌清可湿性粉剂500倍液；

50%异菌脲可湿性粉剂800～1 000倍液+75%百菌清可湿性粉剂500倍液；

70%甲基硫菌灵可湿性粉剂500倍液+75%百菌清可湿性粉剂500倍液；

均匀喷雾茎叶，每隔7天左右喷药1次，视病情防治2～3次。

12. 茄子根腐病

【症　　状】主要侵染茄子根部和茎基部。幼苗染病，幼苗萎蔫，根部变褐腐烂(图13-51)。成株期染病，发病初期，植株叶片白天萎蔫，早晚尚可恢复，随病情发展，叶片恢复能力降低，最后失去恢复能力。根、茎基部表皮变为褐色，继而根系腐烂，木质部外露，植株枯萎死亡(图13-52和图13-53)。

图13-51　茄子根腐病苗期根部发病症状

图13-52　茄子根腐病成株期发病初期症状

图13-53　茄子根腐病成株期发病后期症状

【病　　原】*Fusarium solani* 称腐皮镰孢，属半知菌亚门真菌。

【发生规律】病菌厚垣孢子在土壤中能够存活5～6年甚至以上，为主要侵染来源。病菌从植株根部伤口侵入，借雨水或灌溉水传播蔓延。高温高湿的条件有利于发病，连作地、低洼地及黏土地发病严重。

【防治方法】与十字花科蔬菜、葱蒜类蔬菜实行2～3年轮作。实行高垄(畦)栽培，高垄(畦)栽培可避免雨后或灌溉后根系长期浸泡在水里，并可提高地温，促进根系发育，提高抗病力。降低土壤湿度，雨后要及时排出田间积水，避免土壤过湿。

种子处理，用3.5%咯菌·精甲霜悬浮种衣剂按种子重量的0.3%拌种，晾干后播种。

定植时用50%苯菌灵可湿性粉剂、70%敌磺钠可溶性粉剂与适量细土拌匀，撒入定植穴中。

田间发现病株时要及时拔除，并及时进行施药防治，可用下列杀菌剂进行防治：

5%丙烯酸·恶霉·甲霜水剂800～1 000倍液；

54.5%恶霉·福可湿性粉剂700倍液；

80%多·福·福锌可湿性粉剂500～700倍液；

20%二氯异氰尿酸钠可溶性粉剂400～600倍液；

20%甲基立枯磷乳油800～1 000倍液+70%敌磺钠可溶性粉剂800倍液；

灌根防治，每株灌药液0.2～0.3kg，视病情间隔7～10天灌1次。

13．茄子赤星病

【症　　状】赤星病主要为害叶片。发病初期叶片褪绿，产生苍白色至灰褐色小斑点，后扩展成中心暗褐色至红褐色、边缘褐色的圆形斑，其上丛生很多黑色小点，即病菌的分生孢子器。后期病斑相互融合成不规则形大斑，易破裂穿孔(图13-54)。

图13-54　茄子赤星病叶片发病症状

【病　　原】*Septoria melongenae* 称茄壳针孢，属无性型真菌。分生孢子器黑色扁球形，埋生；分生孢子无色多胞，细状或圆筒形，弯曲。

【发生规律】病菌以菌丝体和分生孢子的形式随病残体留在土壤中越冬，翌年春季条件适宜时产生分生孢子，借风雨传播蔓延，引起初侵染和再侵染。温暖潮湿，连阴雨天气多的年份或地区易发病。

【防治方法】实行2～3年以上轮作。茄子采收后，要彻底清除田间病株残余物和田边杂草，集中沤肥，经高温发酵和充分腐熟后方能施入田内。培育壮苗，施足基肥，促进早长早发，把茄子的采收盛期提前到病害流行季节之前。选用早熟品种，可避开发病盛期，如济南94-1早长茄、金园早茄1号、济丰3号大长茄、紫长茄8591等。

种子处理。播种前进行种子消毒，用55℃温水浸种15分钟，晾干后播种，或采用50％苯菌灵可湿性粉剂+50％福美双可湿性粉剂各1份，细土3份混匀后，按种子重量0.3％混合物拌种。

苗床处理。苗床需每年换新土，播种时，每平方米用40％多·福可湿性粉剂4g，或50％五氯·福美双粉剂8～10g拌细土2kg制成药土，取1/3撒在畦面，然后播种，播种后将其余药土覆盖在种子上面，即"下铺上盖"，使种子夹在药土中间，效果很好。

加强栽培管理，培育壮苗。施足基肥，促进早长早发，把茄子的采收盛期提前在病害流行季节之前均可有效地防治此病。

发病初期，可用下列杀菌剂或配方进行防治：

325g/L苯甲·嘧菌酯悬浮剂1 500～2 500倍液；

80％福美双·福美锌可湿性粉剂800倍液+50％多·霉威可湿性粉剂1 000倍液；

50％腐霉·百菌可湿性粉剂800～1 000倍液；

30％异菌脲·环己锌乳油900～1 200倍液；

50％多·福·乙可湿性粉剂1 000倍液+70％代森联水分散粒剂600～800倍液；

对水喷雾，视病情间隔7～10天喷1次。

田间发病较多时，要适当加大药量，可用下列杀菌剂或配方进行防治：

50％腐霉利可湿性粉剂800～1 000倍液+70％代森锰锌可湿性粉剂800～1 000倍液；

40％氟硅唑乳油4 000～6 000倍液+75％百菌清可湿性粉剂800～1 000倍液；

10％苯醚甲环唑水分散粒剂1 000倍液+70％代森锰锌可湿性粉剂800～1 000倍液；

70％甲基硫菌灵可湿性粉剂600倍液+70％代森联水分散粒剂800～1 000倍液；

对水喷雾，视病情间隔7天喷1次。

14．茄子炭疽病

【症　　状】主要为害果实，以近成熟和成熟果实发病为多。果实发病，初时在果实表面产生近圆形、椭圆形或不规则形黑褐色、稍凹陷的病斑。病斑不断扩大，或病斑汇合可形成大型病斑，有时扩及半个果实。后期病部表面密生黑色小点，潮湿时溢出赭红色黏质物。病部皮下的果肉微呈褐色，干腐状，严重时可导致整个果实腐烂(图13-55和图13-56)。此病与茄子褐纹病的主要区别在于其病征明显，偏黑褐色至黑色，严重时导致整个果实腐烂。叶片受害产生不规则形病斑，边缘深褐色，中间灰褐色至浅褐色，后期病斑上长出黑色小粒点。

【病　　原】*Colletotrichum capsici* 称辣椒刺盘孢，属半知菌亚门真菌。分生孢子盘中混生有黑色刚毛，刺毛状。分生孢子新月形，单胞无色。

图13-55 茄子炭疽病果实发病症状

图13-56 茄子炭疽病果实发病严重时病斑布满整个果实

【发生规律】病菌以菌丝体和分生孢子盘随病残体在土壤中越冬，也可以分生孢子附着在种子表面越冬。翌年由越冬分生孢子盘产生分生孢子，借雨水溅射传播至植株下部果实上引起发病，播种带菌种子萌发时就可侵染幼苗使其发病。果实发病后，病部产生大量分生孢子，借风、雨、昆虫传播或摘果时人为传播，进行反复再侵染。温暖高湿环境下易于发病，病害多在7—8月发生和流行。田间郁闭、采摘不及时、地势低洼、雨后地面积水、氮肥过多时发病重。

【防治方法】发病地与非茄科蔬菜进行2~3年轮作。使用无病种子，培育壮苗，适时定植，避免植株定植过密。合理施肥，避免偏施氮肥，增施磷、钾肥。适时适量灌水，雨后及时排水。保护地栽培时避免高温高湿条件出现。及时清除病残果。

种子处理。播种前用55℃温水浸种15分钟，再用清水浸种7~8小时。

田间发病初期，应及时用下列杀菌剂或配方进行防治：

25％溴菌腈可湿性粉剂500倍液+70％代森联水分散粒剂800倍液；

10％苯醚甲环唑水分散粒剂1 500倍液+22.7％二氰蒽醌悬浮剂1 000~1 500倍液；

40％多·福·溴菌腈可湿性粉剂800~1 000倍液；

70％福·甲·硫磺可湿性粉剂600~800倍液；

对水喷雾，视病情间隔7~10天喷药1次。

田间病害发生期，要适当加大药量，可用下列杀菌剂或配方进行防治：

20％唑菌胺酯水分散粒剂1 500倍液+70％代森锰锌可湿性粉剂600~800倍液；

20％苯醚·咪鲜胺微乳剂2 500~3 500倍液；

30％苯噻硫氰乳油1 000~1 500倍液+70％丙森锌可湿性粉剂700倍液；

对水喷雾，视病情间隔7~10天喷药1次。

15．茄子白粉病

【症　　状】主要为害叶片。叶面初现不定形褪绿小黄斑，后叶面出现不定形白色小霉斑，边缘界限不明晰，霉斑近乎放射状扩展。随着病情的进一步发展，霉斑数量增多，斑面上粉状物日益明显而呈白粉斑，粉斑相互连合成白粉状斑块，严重时叶片正反面均可被粉状物所覆盖，外观好像被撒上一薄层面粉(图13-57至图13-59)。

图13-57　茄子白粉病叶片发病初期症状

图13-58　茄子白粉病叶片发病中期症状

图13-59　茄子白粉病叶片发病后期症状

【病　　原】*Sphaerotheca fuliginea* 称单丝壳白粉菌，属子囊菌门真菌。分生孢子串生在直立的分生孢子梗上。闭囊壳扁球形，暗褐色，表面生5～10根丝状附属丝，褐色，有间隔膜。子囊扁椭圆形或近球形，无色透明。

【发生规律】病菌以闭囊壳在温室蔬菜上或土壤中越冬，借风和雨水传播。在高温高湿或干旱环境条件下易发生，发病适温20～25℃，相对湿度25％～85％。

【防治方法】注意选用抗病品种。合理密植，避免过量施用氮肥，增施磷钾肥，防止徒长。环境调控，注意通风透光，降低空气湿度。

发病初期，可用下列杀菌剂进行防治：

300g/L醚菌·啶酰菌悬浮剂3 000倍液+80%代森锰锌可湿性粉剂1 000倍液；

40%氟硅唑·多菌灵悬浮剂2 000～3 000倍液；

70%硫磺·甲硫灵可湿性粉剂800～1 000倍液；

40%双胍三辛烷基苯磺酸盐可湿性粉剂2 000倍液+50%克菌丹可湿性粉剂500倍液；

5%烯肟菌胺乳油500～1 000倍液+50%灭菌丹可湿性粉剂400～600倍液

75%十三吗啉乳油1 500～2 500倍液+75%百菌清可湿性粉剂600倍液；

20%福·腈可湿性粉剂1 000～2 000倍液+75%百菌清可湿性粉剂600倍液；

0.5%大黄素甲醚水剂1 000～2 000倍液+75%百菌清可湿性粉剂600～800倍液；

2%宁南霉素水剂200～400倍液+70%代森联水分散粒剂600～800倍液；

2%嘧啶核苷类抗生素水剂150～300倍液+70%代森联水分散粒剂600～800倍液；

2%武夷菌素水剂300倍液+70%代森联水分散粒剂600～800倍液；

对水喷雾，视病情间隔7～10天喷药1次。

发病普遍时，可用下列杀菌剂进行防治：

25%乙嘧酚悬浮剂1 500～2 500倍液+70%代森联水分散粒剂600～800倍液；

30%醚菌酯悬浮剂2 000～2 500倍液+75%百菌清可湿性粉剂600～800倍液；

10%苯醚菌酯悬浮剂1 000～2 000倍液+50%克菌丹可湿性粉剂400～500倍液；

62.25%腈菌唑·代森锰锌可湿性粉剂600倍液；

2%宁南霉素水剂200～400倍液+70%代森联水分散粒剂600～800倍液；

喷雾防治，视病情间隔7～10天喷药1次。茄子叶片表皮毛多，为增加药剂黏着性和展着性，喷药时可加入0.1%～0.2%的洗衣粉或混入27%高脂膜乳剂300倍液，雾点宜细，喷匀喷足。视病情间隔5～7天喷药1次。

保护地可用10%多·百粉尘剂1kg/亩，或45%百菌清烟剂200g/亩，暗火点燃熏一夜。

16．茄子根结线虫病

【分布为害】根结线虫病为世界性病害之一。在我国北方的沙土地、壤土地比南方的黏土地发病严重，在同一地区也有部分地块发病严重的现象；一般发病地块可减产20%左右，发病严重的地块减产达50%以上。

【症　　状】主要为害根部。病部产生大小不一、形状不定的肥肿、畸形瘤状结。剖开根结有乳白色线虫，多在根结上部产生新根，再侵染后又形成根结状肿瘤。发病轻时，地上部症状不明显，发病严重时植株矮小，发育不良，叶片变黄，结果小。高温干旱时病株出现萎蔫或提前枯死(图13-60)。

【病　　原】*Meloidogyne incognita* 称南方根结线虫，属动物界线虫门。病原线虫雌雄异形，幼虫细长蠕虫状。雌虫体白呈卵圆形或鸭梨形，体形不对称，颈部通常向腹面弯曲，排泄孔位于口针基部球处，会阴花纹呈卵圆形或椭圆形，背弓纹明显的高，弓顶平或稍圆，背纹紧密或稀疏，由平滑到波浪形的线纹组成，一些线纹向侧面分叉，但无明显侧线，无翼，无刻点，腹纹较平或圆，光滑。雄虫体细长，虫体透明，交合刺细长，末端尖，弯曲成弓状。二龄幼虫长为375微米，尾长32微米，头部渐细锐圆，尾尖渐尖，中间体段为柱形。

图13-60　茄子根结线虫病根部发病症状

【发生规律】根结线虫多以2龄幼虫或卵随病残体遗留在5～30cm土层中生存1～3年，条件适宜时，越冬卵孵化为幼虫，继续发育后侵入茄子根部，刺激根部细胞增生，产生新的根结或肿瘤。根结线虫发育到4龄时交尾产卵，雄线虫离开寄主钻入土中后很快死亡。产在根结里的卵孵化后发育至2龄后脱离卵壳，进入土壤中进行再侵染或越冬。在温室或塑料大棚中，单一种植几年茄子后，根结线虫可逐渐成为优势种。田间发病的初始虫源主要是病土或病苗。南方根结线虫生存最适温度为25～30℃，高于40℃、低于5℃都很少活动，55℃经10分钟致死。田间土壤湿度是影响孵化和繁殖的重要条件。土壤湿度适合蔬菜生长，也适于根结线虫活动，雨季有利于孵化和侵染，但在干燥或过湿土壤中，其活动受到抑制。其为害沙土常较黏土重。

【防治方法】提倡采用高温闷棚防治保护地根结线虫和土传病害。在7月或8月，采用高温闷棚进行土壤消毒，地表温度最高可达72.2℃，地温49℃以上，可杀死土壤中的根结线虫和土传病害的病原菌。

提倡水旱轮作效果好，最好与禾本科作物轮作。与感根结线虫病的黄瓜、甜瓜轮作，可起到减轻下茬损失、控制下茬根结线虫的作用。

采用营养钵和穴盘无土育苗。采用无土育苗是防治根结线虫的一种重要措施，能防止茄子早期受根结线虫为害，且秧苗质量好于常规土壤育苗。

根结线虫为害严重的地区也可采用嫁接的方法防治茄子根结线虫病，且可兼防茄子枯萎病、根腐病、青枯病等。嫁接后尽快把嫁接苗栽入事先准备好的营养钵中，移入大棚或温室内，2～3天内保持较高的温度和湿度，并适当遮光，避免阳光直射。嫁接后10天，将嫁接部位上方砧木的茎及下方接穗的茎切断一半，3～4天再将其全部切断。

茄子定植前处理土壤，用0.5%阿维菌素颗粒剂3～4kg/亩或10%噻唑磷颗粒剂2kg/亩，加入高效土壤菌虫通杀处理剂2kg与20kg细土充分拌匀，撒在畦面下，再用铁耙将药土与畦面表土层15～20cm充分拌匀，当天定植。也可以每平方米用1.8%阿维菌素乳油1ml，稀释2 000倍液，用喷雾器喷雾，然后用钉耙混土，该法对根结线虫有良好的效果。阿维菌素对作物很安全，使用后可很快移栽，并且使用不受季节的限制。

对未进行消毒且病重的地块，可用35%威百亩水剂4～6L/亩，或用10%噻唑膦颗粒剂1.5～2.0kg/亩，埋入根部。

17. 茄子黑斑病

【症　　状】茄子黑斑病主要为害茄子叶片，有时果实也会受害。在茄子中下部老叶上生圆形或不规则形病斑，病斑多在两条叶脉之间，湿度大时其上布满黑色霉层。发病重时，叶片早枯(图13-61和图13-62)。为害果实，病斑近圆形，直径5～10mm，有的直径达15mm以上，病斑淡褐色至褐色，稍凹陷，斑面轮纹多不明显。潮湿时斑面被黑色霉层所覆盖，病斑融合时果面出现大黑斑，病斑下面的果肉变褐呈干腐状，严重时黑斑密布，果实不能食用。

图13-61　茄子黑斑病叶片发病症状

图13-62　茄子黑斑病叶片发病严重时叶片上布满病斑

【病　　原】*Alternaria melongenae* 称茄斑链格孢，属无性型真菌。分生孢子梗2至数根束生，暗褐色，顶端色淡，基部稍大，间隔膜颇多，不分枝。

【发生规律】病菌以菌丝体或分生孢子随病残体在土壤中或种皮内外越冬。当病菌的分生孢子落到茄子叶片上后，可从叶片上的气孔口或直接穿过茄子表皮侵入，借气流、雨水传播，进行多次再侵染，导致病情加重。病菌发育温限1～45℃，最适26～28℃。茄子生长发育旺盛期一般看不到病斑，到生育中后期的雨季，肥料不足、生长衰弱易发病，雨日多、持续时间长发病重。

【防治方法】施足腐熟的有机底肥，合理密植。棚室栽培时注意通风透光，降低湿度。露地栽培时，注意雨后及时排水。与非茄科作物实行2～3年轮作，同时，避免与马铃薯、辣椒连作。早期及时摘除病叶、病果，带出田外集中销毁。茄子拉秧后及时清除田间残余植株、落花、落果，结合翻耕土地，搞好田间卫生。

保护地要注意保温和通风，每次洒水后一定要通风，以降低棚内空气湿度，尤其是早春定植时昼夜温差大，相对湿度高，易结露利于此病的发生和蔓延，故调整好棚内的水、气有机配合是防止茄子黑斑病的有效手段。

在栽培上，选择适当的播种期，加强田间管理，使植株生长强健，在整枝时应避免与有病植株相互接触，可以减轻病害的发生。要求施足基肥，生长期间应增施磷、钾肥，肥料比例按N：P：K为1：1：2追施肥，特别是钾肥应提倡分次施用，分别作基肥和坐果期追肥，一般以每亩20～25kg硫酸钾为宜。以促进植株生长健壮，提高对病害的抗性。

种子处理。种子要用52℃温水浸种30分钟，或采用2%武夷霉素水剂浸种，或用种子重量0.4%的50%克菌丹可湿性粉剂+50%异菌脲悬浮剂拌种；也可用2.5%咯菌腈悬浮种衣剂，使用浓度为10ml加水150～200ml，混匀后可拌种3～5kg，包衣晾干后播种；或2%嘧啶核苷类抗生素100倍液浸种5～12小时，可有效杀死黏附于种子表皮或潜伏在种皮内病菌。

栽前棚室消毒。连年发病的温室、大棚，在定植前密闭棚室后按每100m³空间用硫磺0.25kg，锯末0.5kg，混匀后分几堆点燃熏烟一夜。

发病初期开始用药，可用下列杀菌剂进行防治：

50%福美双·异菌脲可湿性粉剂800～1 000倍液；

50%苯菌灵可湿性粉剂800～1 000倍液+70%代森联水分散粒剂600倍液；

64%氢铜·福美锌可湿性粉剂1 000倍液；

20%嘧霉胺悬浮剂800～1 000倍液；

25%溴菌腈可湿性粉剂500～1 000倍液+70%代森锰锌可湿性粉剂700倍液；

对水喷雾，视病情间隔7～10天喷1次。

田间发病盛期，可用下列杀菌剂或配方进行防治：

10%氟嘧菌酯乳油2 000～4 000倍液+50%克菌丹可湿性粉剂600～800倍液；

20%唑菌胺酯水分散粒剂800～1 000倍液+70%丙森锌可湿性粉剂600～800倍液；

10%苯醚甲环唑水分散粒剂1 000倍液+75%百菌清可湿性粉剂600～800倍液；

40%氟硅唑乳油4 000～6 000倍液；

对水喷雾，视病情间隔7～10天喷1次。

保护地还可选用粉尘法，每亩施用10%福·异菌粉尘剂或5%百菌清粉尘剂1kg。也可用45%百菌清烟剂每100m³用药25～40g，傍晚点燃后熏一夜，次晨通风。

18．茄子白绢病

【症　　状】茄子白绢病主要为害茎基部。病部初呈褐色腐烂，并产生白色具光泽的绢丝状菌丝体及黄褐色油菜籽状的小菌核，严重时叶柄、叶片凋萎，最后干枯脱落或整株枯死(图13-63)。

【病　　原】*Sclerotium rolfsii* 称齐整小核菌。病菌除形成菌核外，在湿热环境下尚能产生担子和担孢子，但担孢子传病作用不大。菌核初为白色，后逐渐变为淡黄色、栗褐色至茶褐色，表面平滑，球形或近球形，与油菜籽十分相似。担子无色，单胞，棍棒状，其上对生4个小梗。小梗无色，单胞，其顶端着生担孢子。担孢子无色，单胞，倒卵形，肉眼观察如白粉状。

【发生规律】主要以菌核或菌丝体在土壤中越冬，条件适宜时菌核萌发产生菌丝，从寄主茎基部或根部侵入，潜

图13-63　茄子白绢病茎部发病症状

育期3~10天，出现中心病株后，地表菌丝向四周蔓延。病菌发育最适温度为32~33℃，最高40℃，最低8℃。耐酸碱度范围为pH值1.9~8.4，最适pH值5.9。发病适温30℃，高温及时晴时雨天气有利于菌核萌发。连作地、酸性土或沙性地发病重。在夏季灌水条件下，菌核经3~4个月就死亡。该病在高温高湿的6—7月易发病。

【防治方法】发现病株及时拔除，集中深埋或烧毁，条件允许的可进行深耕，把病菌翻入土层深处。发病重的田块可实行水旱轮作，也可与禾本科作物进行轮作。施用腐熟有机肥。南方发病重的田块，每亩施石灰100kg，把土壤酸碱度调到中性。

苗床处理。可用50%多菌灵可湿性粉剂10g+50%福美双可湿性粉剂10g+40%五氯硝基苯粉剂10g加细干土500g混匀，播种时底部先垫1/3药土，另2/3药土覆盖在种子上面。

发病初期，可用下列杀菌剂进行防治：

25%丙环唑微乳剂3 000~4 000倍液；

30%异菌脲·环己锌乳油900~1 200倍液；

50%腐霉·多菌灵可湿性粉剂800~1 000倍液；

20%甲基立枯磷乳油800倍液；

灌根或淋施茎基部，视病情间隔7~10天施1次。

19．茄子菌核病

【症　　状】整个生育期均可发病。苗期多于茎基部发病，最初病部呈褐色水浸状，空气潮湿时很快长出白色绵絮状菌丝，发生软腐，但无臭味，菌丝中混生黑色小菌核，干燥时病部变灰白色。成株期茎基部或侧枝发病，产生水浸状褐色病斑，并逐渐变为灰白色，稍凹陷，湿度大时病部长出白絮状菌丝，皮层发生湿腐，表皮和髓部长出黑色小菌核，干燥后髓部变空，病部表皮易破裂，维管束外露呈麻状，致植株枯死(图13-64)；叶片受害也先呈水浸状，后变为褐色网斑，有时具轮纹，发病部位长出白色

菌丝，干燥后斑面易破；花蕾及花受害，出现水渍状湿腐，最终导致脱落；果柄受害导致果实脱落；果实受害顶部或向阳面初现水渍状斑，后期变成褐色湿腐，稍凹陷，病斑表面长出白色菌丝体，后期形成菌核。

图13-64　茄子菌核病发病症状

【病　　原】*Sclerotinia sclerotiorum* 称核盘菌。菌核黑色，圆形或不规则形，鼠粪状。由暗色的皮层和无色的髓部构成。每个菌核可产生1~9个子囊盘。子囊盘盘状，初淡黄褐色，后变褐色，有多数平行排列的子囊和侧丝。子囊圆筒形，无色。子囊孢子单胞，椭圆形至梭形。

【发生规律】主要以菌核在田间土壤中越冬。翌春茄子定植后菌核萌发，抽出子囊盘即散发子囊孢子，随气流传到寄主上，由伤口或自然孔口侵入。在棚内病株与健株、病枝与健枝接触，或病花、病果软腐后落在健部均可引致发病，成为再侵染的一个途径。该菌孢子萌发以温度16~20℃，相对湿度95%~100%为适宜。棚内低温、高湿条件下发病重，早春有3天以上连阴雨或低温侵袭，病情加重。

【防治方法】实行轮作，培育无病苗。覆盖地膜可阻止病菌的子囊盘出土，减少菌源。注意通风以降低棚内湿度，寒流侵袭时要注意加温防寒以防植株受冻，诱发染病。发现病株及时拔除，带到棚外销毁。

大田处理。每亩用50%乙烯菌核利干悬浮剂3~5kg，与干土适量充分混匀撒于畦面，然后耙入土中，可减少初侵染源。

苗床处理。用50%腐霉利可湿性粉剂或25%乙霉威可湿性粉剂8g/m²，加10kg细土，播种时下铺1/3，上盖2/3。

茄子进入结果期后发病较多，应注意加强预防，可用下列杀菌剂进行防治：

45%噻菌灵悬浮剂800~1 000倍液+50%福美双可湿性粉剂600倍液；

50%多·菌核可湿性粉剂600~800倍液+50%敌菌灵可湿性粉剂500倍液；

43%戊唑醇悬浮剂4 000~5 000倍液；

4%嘧啶核苷类抗生素水剂500倍液；

对水喷雾，视病情间隔10～15天1次，轮换或交替使用。

田间发病后要适当加大剂量，可用下列杀菌剂或配方进行防治：

50％乙烯菌核利干悬浮剂600～800倍液+70％代森锰锌可湿性粉剂600～800倍液；

25％咪鲜胺乳油800～1 000倍液+36％三氯异氰尿酸可湿性粉剂600～800倍液；

40％菌核净可湿性粉剂600～800倍液+50％克菌丹可湿性粉剂400～600倍液

66％甲硫·霉威可湿性粉剂1 500倍液+70％代森锰锌可湿性粉剂800倍液；

50％腐霉利·多菌灵可湿性粉剂1 000倍液；

30％嘧霉·多菌灵悬浮剂1 000～2 000倍液；

对水喷雾，视病情间隔7～10天1次，轮换或交替使用。病情严重时除正常喷雾外，还可把上述杀菌剂对成50倍液，涂抹茎蔓病部，不仅可控制扩展，还有治疗作用。使用腐霉利药剂时，应在采收前5天停止用药。

棚室地面出现子囊盘时，采用熏烟法，用10％腐霉利烟剂，或45％百菌清烟剂，每亩每次250g，熏一夜，视病情间隔8～10天1次，连续或与其他方法交替防治。粉尘法，喷撒5％百菌清粉尘剂，每亩每次1kg。

20. 茄子褐轮纹病

【症　　状】茄子褐轮纹病又称茄子轮纹灰心病。主要为害叶片，初生褐色至暗褐色圆形病斑，直径2～15mm，具同心轮纹，后期中心变成灰白色，病斑易破裂或穿孔(图13-65)。

图13-65　茄子褐轮纹病叶片发病症状

【病　　原】*Ascochyta melongenae* 称茄壳二孢，属无性型真菌。分生孢子器初生寄主表皮下，后突破表皮外露，球形，褐色。分生孢子圆柱形，直或稍弯，无色透明，双胞。

【发生规律】病菌以分生孢子器和分生孢子在病残体上越夏或越冬。翌春气温上升，空气湿度升高时，分生孢子器从孔口溢出大量分生孢子侵染叶片，随后进行多次再侵染。一般春夏阴湿田块易发病。

【防治方法】使用无病种子。注意田间湿度，雨后及时排水和通风，低洼地块，湿度大，不要定植过密。在常发病地块，应实行2～3年轮作。

发病初期及时施药防治，可用下列杀菌剂或配方进行防治：

25%嘧菌酯悬浮剂2 000～2 500倍液；

10%氟嘧菌酯乳油1 500～3 000倍液；

25%吡唑醚菌酯乳油2 000～3 000倍液；

10%苯醚甲环唑水分散粒剂1 500～2 000倍液；

24%腈苯唑悬浮剂2 500～3 200倍液；

50%咪鲜胺锰盐可湿性粉剂1 500～2 000倍液；

70%甲基硫菌灵可湿性粉剂800～1 000倍液+75%百菌清可湿性粉剂600～800倍液；

喷雾，视病情间隔7～10天1次。

棚室保护地可用45%百菌清烟剂熏烟，每亩用量为250g，视病情间隔7～10天1次。使用百菌清药剂防治时，应在采收前7天停止用药，使用其他杀菌剂时，应在采收前3天停止用药。

21. 茄子根霉果腐病

【症　　状】主要为害果实，产生水浸状褐色病斑，很快扩展，使整个果实颜色变为暗褐色，软化腐烂。湿度大时病部表面产生灰白色、顶端带有灰黑色头状物的毛状霉。病果在发病后期大多脱落，个别果实缩成僵果留挂枝头(图13-66至图13-68)。

图13-66　茄子根霉果腐病果实发病症状　　　图13-67　白茄子根霉果腐病果实发病初期症状

图13-68　白茄子根霉果腐病果实发病后期症状

【病　　原】*Rhizopus stolnifer* 称匍枝根霉，异名*Rhizopus nigricans*，属接合菌门真菌。孢囊梗直立，2～4根簇生，暗褐色，顶端单生孢子囊。孢子囊球形或近球形，暗绿色至褐色。孢囊孢子数量多，单胞，近球形或卵形，暗色。接合孢子球形，黑色，表面粗糙。

【发生规律】病菌分布非常普遍，可在多汁蔬菜的残体上以菌丝状态营腐生生活，只能由伤口或生活力极度衰弱的部位侵入。23～28℃，相对湿度80％以上适于发病。保护地栽培时，如果浇水次数过多、水量过大或放风排湿不及时发病严重。在果实有伤口或果实过熟未能及时采收的情况下易发病。

【防治方法】棚室栽培时及早覆盖薄膜，高温烤棚。定植前用硫磺熏蒸进行设施消毒。培育壮苗，适时定植，密度要适宜。及时整枝并适当摘除下部老叶，避免偏施氮肥和大水漫灌，及时放风排湿。注意防治其他病虫害，防止日灼果、裂果的发生，减少伤口。果实成熟后要适时采收。

加强田间调查，发病初期及时防治，可用下列杀菌剂进行防治：

30％苯噻硫氰乳油1 000倍液+70％代森锰锌可湿性粉剂700倍液；

64％氢铜·福美锌可湿性粉剂1 000倍液，

60％琥铜·锌·乙铝可湿性粉剂600～800倍液+75％百菌清可湿性粉剂600～800倍液；

47％春雷霉素·王铜可湿性粉剂600～800倍液；

对水喷雾，视病情间隔7天喷药1次。

22．茄子细菌性褐斑病

【症　　状】主要为害叶片和花蕾，也可为害茎和果实。叶片受害，多始于叶缘，初期产生2～5mm不规则形褐色小斑点，后扩大，融合成大病斑，严重时病叶卷曲，最后干枯脱落(图13-69)。花蕾染病，先在萼片上产生灰色病斑，后扩展到整个花器或花梗，导致花蕾干枯。嫩枝受害，从花梗扩展传来，病部变灰、腐烂，导致病部以上枝叶凋萎。

【病　　原】*Pseudomonas cichorii* 称菊苣假单胞菌，属细菌。菌体杆状，具多极生鞭毛根，能产生荧光色素，氧化酶反应阳性，生长温度30℃以下，41℃不生长。

【发生规律】病菌在土壤中越冬，主要通过水滴溅射传播，病原细菌从水孔或伤口侵入。发病适温

图13-69　茄子细菌性褐斑病叶片发病症状

17~23℃，生产上该病多发生在低温期。

【防治方法】与非茄科作物实行3年以上轮作。棚室栽培时要注意提高棚温和地温，避免低温高湿条件出现。浇水时要防止水滴溅射，以减少传播。

发病初期，可用下列杀菌剂进行防治：

60%琥·乙膦铝可湿性粉剂500~700倍液；

14%络氨铜水剂200~400倍液；

12%松脂酸铜悬浮剂600~800倍液；

2%春雷霉素可湿性粉剂300~500倍液；

20%噻菌铜悬浮剂1 000~1 500倍液；

36%三氯异氰尿酸可湿性粉剂1 000~1 500倍液；

喷雾，视病情间隔7~10天1次。

田间发病较多时，可用下列杀菌剂或配方进行防治：

84%王铜水分散粒剂1 500~2 000倍液；

3%中生菌素可湿性粉剂600~800倍液；

30%琥胶肥酸铜可湿性粉剂600~800倍液；

20%噻唑锌悬浮剂300~500倍液+12%松脂酸铜乳油600~800倍液；

对水喷雾，视病情间隔7~10天1次。

23．茄子猝倒病

【分布为害】猝倒病是茄子幼苗期的重要病害之一。在全国各地均有分布，在冬春季苗床上发生较为普遍，常引起苗床大面积死苗。

【症　　状】该病是茄科蔬菜幼苗期最常见的一种病害。染病幼苗近地面处的嫩茎出现淡褐色、不定形的水渍状病斑，病部很快缢缩，幼苗倒伏，此时子叶尚保持青绿，潮湿时病部或土面会长出稀疏的白色棉絮状物，幼苗逐渐干枯死亡(图13-70)。田间常成片发病。

图13-70　茄子猝倒病幼苗发病症状

【病　　　原】*Pythium aphanidermatum* 称瓜果腐霉菌，属卵菌门真菌。菌丝体丝状，无分间隔，菌丝上产生不规则形、瓣状或卵圆形的孢子囊。孢子囊萌发产生有双鞭毛的游动孢子。病菌的有性繁殖产生圆球形、厚壁的卵孢子。

【发生规律】病菌腐生性很强，可在土壤中长期存活。病苗上可产生孢子囊和游动孢子，借雨水、灌溉水传播。土温较低(低于15～16℃)时发病迅速。土壤含水量较高时极易诱发此病，光照不足，幼苗长势弱，抗病力下降，也易发病。幼苗子叶中养分快耗尽而新根尚未扎实之前，幼苗营养供应紧张，抗病力最弱，如果此时遇寒流或连续低温阴雨(雪)天气会突发此病。

【防治方法】苗床要整平，床土松细。肥料要充分腐熟，并撒施均匀。苗床内温度应控制在20～30℃，地温保持在16℃以上，注意提高地温，降低土壤湿度，防止出现10℃以下的低温和高湿环境。缺水时可在晴天喷洒，切忌大水漫灌。及时检查苗床，发现病苗立即拔除。床土过湿时，可撒不带病菌的干松的营养土，以控制症状蔓延。

种子处理。可以用80%乙蒜素乳油6 000～8 000倍液浸种，或用25%甲霜灵可湿性粉剂500倍液+50%福美双可湿性粉剂500倍液浸泡半小时，带药液催芽或直播。若经常发生猝倒病的菜地可用35%甲霜灵拌种剂，按种子重量0.2%～0.3%的用药量拌种后播种。

床土处理。72%霜霉威盐酸盐水剂4～6ml/m²苗床浇灌，每平方米苗床用95%恶霉灵原药1g，对水成3 000倍液喷洒苗床。也可按每平方米苗床用50%福美双可湿性粉剂4～8g+25%甲霜灵可湿性粉剂4～8g，拌细土15～20kg，施药时先浇透底水，水渗下后，取1/3药土垫底，播种后用剩下的2/3药土覆盖在种子表面，防治效果明显。

加强苗床管理，播后在苗床上搭小拱棚，防雨保湿。播后至出苗期白天苗床温度28～30℃，夜间

24~25℃，80%幼芽顶土时撒去地膜，并防止营养钵表土龟裂和子叶顶帽出土。齐苗至2片真叶期适当降低苗床温度，白天22~28℃，夜间15~18℃，防止徒长，并注意清除病苗。必要时在子叶展开和第1片真叶展开前向营养钵覆1~2次细潮土，厚约0.5cm。3~4片真叶期把营养钵挪稀，白天22~30℃，夜间保持15~18℃，不干不浇水，干时浇小水，并注意通风散湿。严冬阴雪天要提温降湿，发病初期可将病苗清除，中午揭开覆盖物，露水干后用草木灰与细土混合撒入。

茄子出苗后易发生病害，应注意施药进行预防，发病初期及时施药防治，可用下列杀菌剂或配方进行防治：

66.8%丙森·异丙菌胺可湿性粉剂600~800倍液；

84.51%霜霉·乙膦铝可溶性水剂1 000倍液+10%氰霜唑悬浮剂2 500倍液；

70%呋酰·锰锌可湿性粉剂600~1 000倍液；

50%氟吗·锰锌可湿性粉剂500~1 000倍液；

35%烯酰·福美双可湿性粉剂1 000~1 500倍液；

18.7%烯酰·吡唑酯水分散粒剂2 000~3 000倍液；

72%丙森·膦酸铝可湿性粉剂800~1 000倍液；

18%霜脲·百菌清悬浮剂1 000~1 500倍液；

喷雾防治，视病情间隔7~10天喷1次。

在茄子出苗后，注意进行病害的调查，苗床一旦发现病苗，要及时拔除，可以用下列杀菌剂或配方进行防治：

250g/L吡唑醚菌酯乳油3 000倍液+68.75%恶唑·锰锌水分散粒剂1 000倍液；

50%烯酰吗啉可湿性粉剂1 000~1 500倍液+75%百菌清可湿性粉剂600~800倍液；

57%烯酰·丙森锌水分散粒剂2 000~3 000倍液；

20%唑菌酯悬浮剂2 000~3 000倍液+70%代森联水分散粒剂600~800倍液

50%烯酰·乙膦铝可湿性粉剂2 000倍液+70%代森锰锌可湿性粉剂800倍液

50%氟吗·乙膦铝可湿性粉剂600~800倍液+70%代森锰锌可湿性粉剂600~800倍液；

喷雾防治，视病情间隔7~10天喷淋苗床1次，至真叶长出、幼茎木栓化为止。

24. 茄子立枯病

【分布为害】立枯病是茄子育苗期的重要病害之一。在全国各茄子栽培地区均有发生，以早春苗床上发生较为普遍，常导致幼苗立枯而死。

【症　　状】苗期发病，一般多发生于育苗的中后期，在病苗的茎基部生有椭圆形暗褐色病斑，严重时病斑扩展绕茎一周，失水后病部逐渐凹陷，干腐缢缩，初期大苗白天萎蔫夜间恢复，后期茎叶萎垂枯死。病苗枯死立而不倒，故称立枯病(图13-71)。潮湿时生淡褐色蛛丝状的霉层，拔起病苗丝状物与土块相连。

【病　　原】*Rhizoctonia solani* 称立枯丝核菌，属无性型真菌。菌丝发达褐色，分枝处缢缩，离此不远可见间隔膜，以菌丝与基质相连，褐色。在PDA培养基上，菌丛淡黄褐色，菌丝体棉絮状或蛛丝状。部分菌丝细胞膨大成酒坛状相互交织纠结形成各种形状菌核。菌核初白色，后变成不同程度褐色，菌核切面呈薄壁组织状，不产生无性孢子。

【发生规律】以菌丝体或菌核在土壤中越冬，且可在土壤中腐生2~3年。菌丝能直接侵入寄主，通

图13-71　茄子立枯病苗期发病症状

过流水、农具传播。播种过密、间苗不及时、湿度过高易诱发本病。病菌发育适温为17～28℃，最适宜温度为24℃左右，在12℃以下、30℃以上时受抑制。该菌喜湿耐旱，温度高湿度大时幼苗徒长易发病，育苗期间温度忽高忽低，光照弱，通风不良，幼苗生长衰弱易发病。相对湿度高于85%时菌丝才能侵入寄主。

【防治方法】提倡用营养钵育苗，使用腐熟的有机肥。春季育苗，播种后一般不浇水，可采用撒施细湿土的方法保持土壤湿度，若湿度过高可撒施草木灰降湿，注意提高地温。夏季育苗可采取遮阴措施，防止出现高温高湿条件。苗期喷0.1%～0.2%磷酸二氢钾，可增强抗病能力。

种子处理。用种子重量0.2%的40%拌种双可湿性粉剂拌种，也可用3.5%咯菌腈·甲霜灵悬浮种衣剂拌种，种子用药4～8ml/kg，对水100ml混匀后倒在种子上，迅速搅拌至药液均匀分布到每粒种子上。

土壤处理。苗床上可用40%拌种双可湿性粉剂8g/m²，30%多·福可湿性粉剂10～15g/m²，与适量细土混匀撒施。也可把1g/m²95%恶霉灵精品对细土15～20kg，将1/3施在苗床内，余下2/3播种后盖在种子上。

出苗后加强病虫害发生情况调查，在发病初期注意预防，可用下列杀菌剂或配方进行防治：

50%腐霉利可湿性粉剂1 000～1 500倍液+75%百菌清可湿性粉剂600～800倍液；

30%苯醚甲·丙环乳油3 000～3 500倍液；

70%代森锰锌可湿性粉剂600～800倍液；

20%氟酰胺可湿性粉剂600～800倍液；

喷雾防治，视病情间隔7～10天喷1次。

苗床发现病株后，发病初期拔除病株，还可用下列杀菌剂进行防治：

30%苯醚甲·丙环乳油2 000～3 000倍液；

70%甲基硫菌灵可湿性粉剂600～800倍液；

5%井冈霉素水剂1 000～1 500倍液；

灌根或喷淋，视病情间隔5～7天1次。喷药时注意喷洒茎基部及其周围地面。

二、茄子生理性病害

1. 茄子沤根

【症　　状】不产生新根和不定根，根皮呈铁锈色，而后腐烂，地上部萎蔫，容易拔起，叶片黄化、枯焦(图13-72)。

图13-72　茄子沤根

【病　　因】地温低于12℃持续时间较长，且浇水过量或遇连阴雨天，苗床温度过低，幼苗萎蔫，萎蔫持续时间长等，均易发生沤根。

【防治方法】加强苗期温度管理，利用电热温床或酿热温床育苗，保证苗床温度在16℃以上，不能低于12℃。避免苗床过湿，正确掌握揭膜、放风时间及通风量。发现茄子幼苗沤根后覆盖干土或用小耙松土，降低土壤湿度。定植早期也会发生沤根，这多是定植过早、地温过低、浇水过多造成的。

2. 茄子畸形花

【症　　状】主要现象有两种类型：一种畸形花有2～4个雌蕊，具有多个柱头；另一种畸形花雌蕊更多，且排列成扁柱状或带状，这种现象通常被称为雌蕊"带化"(图13-73)。畸形花如不及时摘除，往往结出畸形果。

【病　　因】主要是花芽分化期间夜温低所致。花芽分化，尤其第一花序上的花在花芽分化时夜温低于15℃，容易形成畸形花。另外，强光、营养过剩也会导致畸形花。

【防治方法】环境调控。花芽分化期，苗床温度白天应控制在24～25℃，夜间15～17℃。生长期间保证光照充足，湿度适宜，避免土壤过干或过湿。

图13-73　茄子畸形花

抑制徒长。有的种植者往往采取降温(尤其是降低夜温)的办法抑制幼苗徒长，但这样会产生大量畸形花。因此，最好采用"稍控温、多控水"的办法。

科学施肥。确保苗床氮肥充足，但不过多；磷、钾肥及钙、硼等微量元素肥料适量。

3．茄子畸形果

【症　　状】畸形果各式各样，田间经常见到的畸形果有扁平果、弯曲果等。形成畸形果的花器往往也畸形，子房形状不正(图13-74和13-75)。

图13-74　白茄子畸形果

图13-75　白茄子畸形果

【病　　因】畸形果发生的主要原因是在花芽分化及花芽发育时，水肥过量，或氮肥过多，或花芽分化时期缺肥缺水，苗期遇到长期低温寡照天气均易导致花芽分化不正常而产生畸形果；坐果激素使用不当也易产生畸形果。

【防治方法】选择耐低温、弱光性强的品种栽培。加强温度管理。幼苗花芽分化期，注意温度变化不可过大，遇有连续阴雨天注意保温，必要时应进行加温；合理施肥，不可偏施氮肥，适时适量浇水。加强水肥管理。合理使用坐果激素，不可随意加大用药量。

4．茄子裂果

【症　　状】茄子裂果常常纵裂，严重影响产量和果实质量(图13-76和图13-77)。

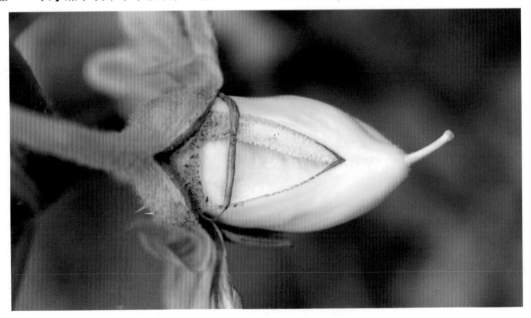

图13-76　茄子果实发育初期裂果

图13-77 茄子裂果

【病　　因】裂果的产生主要是受高温、强光和干旱等环境因素影响。当久旱后突然浇水过多或遇到大雨，植株迅速吸水，使果肉迅速膨大，果皮发育速度跟不上果肉膨大速度而将果皮胀裂。或在叶面上喷施农药、营养液时，近乎僵化的果实突然得到水分之后容易发生裂果。激素使用不当也容易产生裂果。

【防治方法】水肥管理。深翻地，增施有机肥，使根系健壮生长。合理浇水，避免水分的忽干忽湿，特别应防止久旱后浇水过多。露地栽培时，注意灌水，避免突然下雨时土壤湿度剧烈变化，雨后及时排水。合理使用激素。

5. 茄子果实着色不良

【症　　状】通常茄子是黑紫色的，但着色不良果为淡紫色至黄紫色，个别果实甚至接近绿色。茄子着色不良分为整个果皮颜色变浅和斑驳状着色不良两种类型。在保护地中多发生着色不良果(图13-78和图13-79)。茄子的颜色是衡量茄子商品价值的重要指标，因此着色不良果的商品性较低。

【病　　因】茄子果实着色受光照影

图13-78 紫线茄果实着色不良

图13-79　紫圆茄果实着色不良

响很大。坐果后用不透光的黑袋子套住果实，最后会长成白茄，这证明茄子果实着色需要光照。因此坐果后如果花瓣还附着在果实上，则不见光的地方着色不良，果面颜色斑驳。植株冠层内侧的果实，因叶片遮光而形成半面着色不良果。

栽培过程中，薄膜上覆盖灰尘，内表面附着水滴，透光率下降，而且冬天温室内植株受光时间短，透光量更低，因此，茄子在越冬栽培中，尤其在日照少的地区，着色不良果发生严重。

茄子果实基部与顶部颜色深浅不一。基部的细胞为新生细胞，容易着色，但因受光时间短，所以靠近果蒂部分颜色却较浅。在短日照下栽培的茄子每天受光时间缩短，颜色稍浅，如果遮住直射光，只留散射光，则茄子虽能着色，但颜色极淡。光照中光质对果实着色影响很大，果实着色需要接受近紫外线的充分照射。保护地栽培时，塑料薄膜的种类对果实着色影响很大，有的薄膜对果实着色有明显的抑制作用。

低温对果实着色影响不太大，高温干燥下，营养不良，容易产生果皮缺乏光泽的"乌皮果"。

茄子果实着色好坏存在品种间差异，即使通常着色良好的品种，但在不良条件下也表现着色不良。

【防治方法】提高棚室薄膜紫外线透光率：紫外线是影响茄子着色的重要因素，普通的聚乙烯或聚氯乙烯薄膜的紫外线透过率低，不能满足茄子的着色需要，应选用紫外线透过率较高的专用薄膜，目前市场上有称作"茄子专用膜""紫光膜"的专用薄膜出售。在薄膜使用过程中，要经常擦洗，保持清洁。每年应更换新膜，否则会得不偿失。

加强栽培管理，注意栽植密度、整枝方法、摘叶程度，必须让果实充分照光。应该保证坐果节位下有3片真叶，侧枝及时摘心。在人力允许的情况下，尽可能进行摘叶。但应注意，摘叶多果实颜色虽好，却容易减产，因此应适度摘叶。坐果后及时摘除花瓣能预防灰霉病发生，促进果实着色。

三、茄子虫害

1．茄二十八星瓢虫

【分　　布】茄二十八星瓢虫(*Henosepilachna vigintiocto xpunctata*) 属鞘翅目瓢虫科。在我国主要分布在河北、河南、江苏、安徽、江西、云南、江浙、两广等地。

【为害特点】主要为害茄子叶片和果实。成虫和若虫在叶背面剥食叶肉，形成许多独特的不规则的半透明的细凹纹，有时也会将叶吃成空洞或仅留叶脉(图13-80)，严重时整株死亡。被害果实常开裂，内部组织僵硬且有苦味，产量和品质下降(图13-81)。

图13-80　茄二十八星瓢虫为害紫茄子叶片　　图13-81　茄二十八星瓢虫为害茄子果实

【形态特征】成虫体半球形，赤褐色，体表密生黄褐色细毛。前胸背板前缘凹陷，中央有一较大的剑状斑纹，两侧各有2个黑色小斑。两鞘翅上各有14个黑斑，鞘翅基部3个黑斑，后方的4个黑斑在一条直线上。两鞘翅会合处的黑斑不互相接触(图13-82)。蛹椭圆形，淡黄色，背面有稀疏细毛及黑色斑纹(图13-83)。幼虫体淡黄褐色，长椭圆状，背面隆起，各节具黑色枝刺(图13-84)。卵纵立，鲜黄色，有纵纹。

图13-82　茄二十八星瓢虫成虫

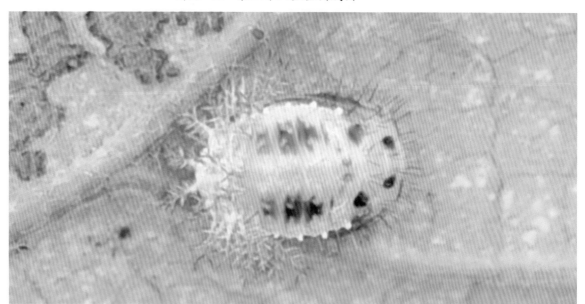

图13-83　茄二十八星瓢虫蛹

图13-84　茄二十八星瓢虫幼虫

【发生规律】该虫在华北一年发生2代，江南地区4代，以成虫群集越冬。一般于5月开始活动，为害马铃薯或苗床中的茄子、番茄、青椒等。6月上中旬为产卵盛期，6月下旬至7月上旬为第1代幼虫为害期，7月中下旬为化蛹盛期，7月底8月初为第1代成虫羽化盛期，8月中旬为第2代幼虫为害盛期，8月下旬开始化蛹，羽化的成虫自9月中旬开始寻求越冬场所，10月上旬开始越冬。

【防治方法】消灭植株残体、杂草等处的越冬虫源，人工摘除卵块。

要抓住幼虫分散前的有利时机及时施药，可采用下列杀虫剂进行防治：

0.5%甲氨基阿维菌素苯甲酸盐乳油3 000倍液+4.5%顺式氯氰菊酯乳油2 000倍液；

2.5%溴氰菊酯乳油1 500~2 500倍液；

20%甲氰菊酯乳油1 000~2 000倍液；

4.5%高效氯氰菊酯乳油20~40ml/亩；

3.2%甲维盐·氯氰微乳剂3 000~4 000倍液；

1.7%阿维·氯氟氰可溶性液剂2 000~3 000倍液；

对水喷雾，视虫情间隔7~10天喷1次。

2. 茶黄螨

【为害特点】茶黄螨(*Polyphago tarsonemus* Latus)以刺吸式口器吸取植物汁液为害。可为害叶片、新梢、花蕾和果实。叶片受害后，变厚变小变硬，叶反面茶锈色，油渍状，叶缘向背面卷曲，嫩茎呈锈色，梢颈端枯死，花蕾畸形，不能开花。果实受害后，果面黄褐色粗糙，果皮龟裂，种子外落，严重时呈馒头开花状(图13-85)。具趋嫩性。茶黄螨喜欢在植株的幼嫩部位取食，受害症状在顶部的生长点显现，中下部没症状；病毒病除在顶部为害外，有时全株表现症状。

图13-85　茶黄螨为害茄子果实症状

【形态特征】同辣椒虫害—茶黄螨。

【发生规律】每年可发生几十代，主要在棚室中的植株上或在土壤中越冬。棚室中全年均有发生，而露地菜则以6—9月受害较重。生长迅速，在18~20℃下，7~10天可发育1代，在28~30℃下，4~5天发生1代。生长的最适温度为16~23℃，相对湿度为80%~90%。以两性生殖为主，也可进行孤雌生殖，但未受精的卵孵化率低，且均为雄性。单雌产卵量为百余粒，卵多散产于嫩叶背面和果实的凹陷处。成螨活动能力强，靠爬迁或自然力扩散蔓延。大雨对其有冲刷作用。

【防治方法】茄果类蔬菜与韭菜、莴苣、小白菜、油菜、芫荽等耐寒叶菜类轮作能减轻为害。选光照条件好、地势高燥、排水良好的地块。合理密植、高畦宽窄行栽培。施用腐熟有机肥，追施氮、磷、钾速效肥，控制好浇水量，雨后加强排水、浅锄。及时整枝、合理疏密。合理施肥，盛花盛果前不过量施化肥，尤其是氮肥，避免植株生长过旺。加强田间管理，培育壮苗壮秧，适当增加通风透光量，防止徒长、疯长，有效降低田间空气相对湿度，从生态上打破茶黄螨发生的气候规律，减轻为害程度。

清除渠埂和田园周围的杂草，前茬蔬菜收获后要及早拉秧，彻底清除田间的落果、落叶和残枝，并集中焚烧。同时深翻耕地，消灭虫源，压低越冬螨虫口基数。

加强冬春季节温室大棚内的药剂杀螨工作。在春季控制白天的室温和棚温30℃以上，以减少露地蔬菜的茶黄螨来源。

天敌防治，避免使用高效、剧毒等对天敌杀伤力大的农药，以保护天敌，维护生态平衡，可用人工繁殖的植绥螨向田间释放，可有效控制茶黄螨为害。

田间发现为害时，及时施药控制，田间虫株率达到0.5%时就要喷药控制，可采用下列杀虫剂进行防治：

240g/L 虫螨腈悬浮剂 20～30ml/亩；

0.5%藜芦碱可溶液剂120～140ml/亩；

15%哒螨灵乳油1 500～3 000倍液；

5%唑螨酯悬浮剂2 000～3 000倍液；

73%炔螨特乳油2 000～3 000倍液；

5%噻螨酮乳油2 000～3 000倍液；

30%嘧螨酯悬浮剂2 000～3 000倍液；

50%溴螨酯乳油1 000～2 000倍液；

对水喷雾，为提高防治效果，可在药液中混加增效剂或洗衣粉等，并采用淋洗式喷药。喷药时，重点喷洒植株上部的幼嫩部位，如嫩叶背面、嫩茎、花器、幼果等。

保护地可用10%哒螨灵烟剂400～600g/亩，熏烟。

3. 西花蓟马

【分　　布】为害茄子的蓟马主要是西花蓟马(*Frankliniella occidentalis*)，属缨翅目蓟马科。该虫原产于北美洲，自20世纪80年代后，西花蓟马分布遍及美洲、欧洲、亚洲、非洲和大洋洲。

【为害特点】主要以幼虫取食叶肉为害，造成叶片上产生白色缺刻，为害严重时造成畸形，此虫还能传播病毒病(图13-86)。

【形态特征】成虫，雄性体长0.9～1.3mm，雌性略大，长1.3～1.8mm。触角8节。身体颜色从红黄到棕褐色，

图13-86　西花蓟马为害茄子叶片症状

腹节黄色，通常有灰色边缘。头、胸两侧常有灰斑。翅发育完全，边缘有灰色至黑色缨毛，在翅折叠时，可在腹中部下端形成一条黑线(图13-87)。卵长0.2mm，白色，肾形。若虫，1龄若虫无色透明，2龄若虫黄色至金黄色。蛹为伪蛹，白色。

【发生规律】西花蓟马寄主范围较广，适应能力较强；一年可发生10～15代。在北方冬季主要以成虫在温室内越冬；在南方温度较适宜可全年发生为害，无明显越冬现象。远距离传播主要靠种苗、土壤、农具调运等。

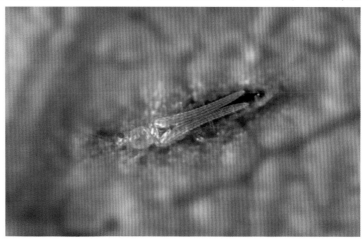

图13-87　西花蓟马

【防治方法】加强肥水管理，促进植株生长。定植前彻底消除田间植株残体及杂草；收获后及时清除田间病残体并集中带出田外销毁。

在幼虫盛发期，可采用下列杀虫剂进行防治：

240g/L虫螨腈悬浮剂20～30ml/亩；

25g/L多杀霉素悬浮剂67～100ml/亩；

0.5%藜芦碱可溶液剂70～80ml/亩；

60g/L乙基多杀霉素悬浮剂10～20ml/亩；

240g/L螺虫乙酯悬浮剂4 000～5 000倍液；

10%吡虫啉可湿性粉剂1 500～2 000倍液；

25%噻虫嗪可湿性粉剂2 000～3 000倍液；

3%啶虫脒乳油2 000～3 000倍液；

对水喷雾，视虫情间隔7～15天1次，连续2～3次。

四、茄子各生育期病虫害防治技术

茄子在温室和露地可以周年种植，品种繁多，各地栽培模式多种多样，各地生产条件、环境条件和管理方式也各不相同，病虫害的发生情况差异较大，要根据本地情况制定病虫害的防治计划，适时调查病虫害的适宜发生条件和发生情况，及时采取防治措施，有效控制病虫的为害。

(一)茄子苗期病虫害防治技术

在茄子苗期(图13-88和图13-89)，有些病害严重影响出苗或幼苗的正常生长，如猝倒病、立枯病、炭疽病、灰霉病、绵疫病等；也有一些病害，是通过种子传播的，如菌核病、黄萎病、枯萎病、褐纹病等；另外，病毒病也可以在苗期侵染发生，个别田块未能精细选地、粪肥未能充分腐熟时地下害虫为害严重。因此，育苗期、幼苗期是防治病虫草害、培育壮苗、保证生产的一个重要时期，生产上经常使用多种杀菌剂、杀虫剂、除草剂、植物激素等。

图13-88 茄子出苗后生长情况

图13-89 茄子苗期生长情况

对于育苗田，可以结合平整土地，进行土壤药剂处理。选择药剂时要针对本地情况，调查发病种类，并参考前文病虫害的防治技术，科学地选用药剂及处理方法。

苗床用福尔马林消毒，在播种2周前进行，每平方米用30ml福尔马林，加水2～4kg，喷浇在床土上，用塑料膜覆盖4～5天，除去覆盖物，耙平土地，放气2周后播种；或用70％五氯硝基苯可湿性粉剂与50％福美双可湿性粉剂1∶1混合，每平方米施药8g，或用25％甲霜灵可湿性粉剂4g+50％多菌灵可湿性粉剂5g+70％敌磺钠可溶性粉剂5g，掺细土4～5kg，待苗床平整、浇水后，将1/3的药土撒于地表，播种后再把剩余的药土覆盖在种子上面。对于大棚也可以用硫磺熏蒸，开棚晾风后播种。

对于经常发生地下害虫、线虫病的田块，每平方米可用1.8％阿维菌素乳油1ml，稀释2 000～3 000倍液，用喷雾器喷雾，然后用钉耙混土；也可用35％威百亩水剂4～6kg/亩、或10％噻唑膦颗粒剂1.5～2kg/亩处理土壤。可与上述杀菌剂一同施用。

营养钵育苗或穴盘育苗的，每立方米营养土可以用福尔马林200～300ml，加清水30L均匀喷洒到营养土上，然后堆积成一堆，用塑料薄膜盖起来，闷2～3天，可充分杀灭病菌，然后撤下薄膜，把营养土摊开，经过2～3周晾晒，药味全部散尽后再堆起来准备育苗时应用。也可在每立方米营养土中加入50％多菌灵可湿性粉剂200g+25％甲霜灵可湿性粉剂200g+50％福美双可湿性粉剂250g。

品种选择。湘茄4号、杂圆茄1号、承茄1号、航茄1号、兴城紫圆茄、贵州冬茄、济南早小长茄、竹丝茄、青选4号、洛阳早青茄、新乡早青茄、西杂3号、长茄1号、9808茄子、齐杂茄3号、湘茄4号、辽茄3号、齐茄1号、丰研1号、海茄、湘杂7号、齐杂茄2号、沈茄2号、浙茄28、富农长茄、金刚茄子、京茄2号、龙杂茄5号；引进品种有：郎高、瑞马、安德利等。

种子处理，可用种子重量0.4％的70％甲基硫菌灵可湿性粉剂+0.4％的25％甲霜灵可湿性粉剂+0.3％的50％福美双可湿性粉剂拌种，或50％多菌灵可湿性粉剂800倍液+25％甲霜灵可湿性粉剂800倍液+50％福美双可湿性粉剂800倍液浸种；对于病毒病较重的田块可以混用10％磷酸三钠溶液浸种，一般浸30～50分钟，捞出催芽，最好在播种前以黄腐酸盐拌种。

出苗后至1叶1心前重点防治猝倒病，兼治立枯病等病害(图13-90)，可采用下列杀菌剂或配方进行防治：

图13-90 茄子苗期病害

25％嘧菌酯悬浮剂1 500～2 500倍液；

50％嘧菌酯水分散粒剂3 000～5 000倍液；

25％烯肟菌酯乳油2 000～3 000倍液；

70％恶霉灵可湿性粉剂800～1 000倍液+68.75％恶唑菌酮·锰锌水分散粒剂800倍液；

25％吡唑醚菌酯乳油1 500～2 000倍液+70％代森联水分散粒剂800倍液；

40％氟硅唑乳油4 000～6 000倍液+72％霜脲·锰锌可湿性粉剂600～800倍液；

10％苯醚甲环唑水分散粒剂1 500～2 000倍液+69％烯酰·锰锌可湿性粉剂1 000～1 500倍液；

53%精甲霜·锰锌水分散粒剂600～800倍液+40%腈菌唑水分散粒剂6 000～7 000倍液；

25%丙环唑乳油3 000～4 000倍液+72.2%霜霉威水剂800～1 000倍液+70%丙森锌可湿性粉剂600倍液；

喷雾，从出苗后开始喷药，视病情间隔5～7天喷1次。

加强田间管理，苗床开始发生猝倒病、立枯病等病害时，及时施药防治，并及时拔除病苗，可采用下列杀菌剂或配方进行防治：

50%恶霜灵可湿性粉剂2 000倍液+60%噻菌灵可湿性粉剂600～800倍液+96%恶霉灵可湿性粉剂1 500～3 000倍液；

3%恶霉·甲霜水剂600～800倍液+68.75%恶唑菌酮·锰锌水分散粒剂800倍液；

50%烯酰吗啉可湿性粉剂1 000～1 500倍液+10%苯醚甲环唑水分散粒剂1 500～2 000倍液+50%福美双可湿性粉剂600～800倍液；

25%甲霜灵可湿性粉剂600～800倍液+40%腈菌唑水分散粒剂 6 000～7 000倍液+50%灭菌丹可湿性粉剂400～600倍液；

25%丙环唑乳油3 000～4 000倍液+72.2%霜霉威水剂800～1 000倍液+70%丙森锌可湿性粉剂600倍液；

72.2%霜霉威水剂700倍液+70%代森锰锌可湿性粉剂600倍液；

50%异菌脲可湿性粉剂1 000～1 500倍液+20%苯霜灵乳油600倍液+75%百菌清可湿性粉剂600～800倍液；

视病情间隔7～10天喷施苗床一次，每平方米用药液2～3L。注意用药剂喷淋后，等苗上药液干后，再撒些草木灰或细干土，降湿保温。

幼苗2～7叶期，应注意防治立枯病、灰霉病、褐纹病、黑斑病、病毒病、根结线虫病、白粉虱、美洲斑潜蝇(图13-91)。

图13-91　茄子2～7叶期常见病虫害

　　高温季节育苗，对有根结线虫病史的地区，最好采用无土基质育苗，因此期是根结线虫高发时期。如果采用营养钵育苗方法育苗的，在幼苗3～5叶期用75%噻唑膦乳油200～267ml/亩灌根，防止根结线虫病的发生；如果已发生根结线虫病，间隔5～7天再灌1次，但应注意的是，施药时如果温度超过35℃，浇过药液后，要用清水冲洗幼苗叶片上的药液避免产生药害。如果采用育苗畦育苗，在分苗时应用清水将根部冲洗一下，防止携带病虫，如果根上有根瘤应把根瘤去掉后再移栽。

　　防治立枯病、褐纹病、病毒病、白粉虱、美洲斑潜蝇。露地栽培还应重视蚜虫的防治，可以采用以下药剂进行防治：

　　68.75%恶唑菌酮·锰锌水分散粒剂800倍液+2%宁南霉素水剂300～500倍液+3.3%阿维·联苯菊乳油1 500～2 000倍液；

　　10%苯醚甲环唑水分散粒剂1 500～2 000倍液+72.2%霜霉威盐酸盐水剂800倍液+31%吗啉胍·三氮唑核苷可溶性粉剂500～600倍液+10%高效氯氰菊酯乳油2 500倍液+1%甲氨基阿维菌素苯甲酸盐乳油3 000～4 000倍液；

　　325g/L苯甲·嘧菌酯悬浮剂1 500～2 500倍液+40%吗啉胍·羟烯腺·烯腺可溶性粉剂800倍液+48%毒死蜱乳油1 500倍液；

　　30%醚菌酯悬浮剂2 000倍液+7.5%菌毒·吗啉胍水剂500倍液+10%吡虫啉可湿性粉剂1 500～2 000倍液+50%灭蝇胺悬浮剂3 000～4 000倍液；

　　70%丙森锌可湿性粉剂600倍液+3.95%三氮唑核苷·铜·烷醇·锌水剂500～800倍液+3.5%氟腈·溴乳油1 500～3 000倍液；

　　对水喷雾，视病虫发生情况选择以上配方，这几个配方最好间隔7～10天轮换使用。

　　为了促使幼苗健壮生长，可以在幼苗灌根或喷洒农药时，与一些杀菌剂混合喷洒植宝素8 000倍液、0.01%芸苔素内酯可溶性粉剂4 000～8 000倍液、黄腐酸盐1 000～3 000倍液、1.5%硫铜·烷基·烷醇水乳剂1 000倍液、尿素0.5%+磷酸二氢钾0.1%～0.2%或三元复合肥(15－15－15)0.5%等。高温季节育苗，为了防止幼苗徒长，在幼苗2～3片真叶时喷施15%多效唑可湿性粉剂1 500倍液，整个苗期根据实际情况，可喷2次左右，其间隔期以1个月为宜，间隔期太短施药对幼苗抑制作用太强，严重影响生长发育，不容易恢复；注意使用时，一定要严格把握最适药量，以免产生药害。

(二)茄子开花坐果期病虫害防治技术

　　移植缓苗后到开花结果期(图13-92)，茄子生长旺盛，多种病害开始侵染，部分病虫害开始发生，一般说该期是喷药保护、预防病虫的关键时期，也是使用植物激素、微肥，调控生长，保证早熟与丰产的最佳时期，生产上需要多种农药混合使用。

　　这一时期经常发生的病害有病毒病、褐纹病、绵疫病、枯萎病、

图13-92　茄子开花坐果期生长情况

黄萎病、炭疽病等(图13-93)。施药重点是使用好保护剂，预防病害的发生。

图13-93　茄子开花坐果期常见病害

可以选用如下保护剂或配方：

77%氢氧化铜可湿性粉剂500～800倍液；

20%吗啉胍·乙铜可湿性粉剂500～800倍液；

31%吗啉胍·三氮唑核苷可溶性粉剂500～800倍液；

24%混脂酸·碱铜水乳剂800倍液；

40%吗啉胍·羟烯腺·烯腺可溶性粉剂800倍液；

5%菌毒清水剂200～400倍液+70%代森锰锌可湿性粉剂600～1 000倍液；

0.5%香菇多糖水剂500倍+75%百菌清可湿性粉剂600～1 000倍液；

20%吗啉胍·乙铜可湿性粉剂500倍液+50%福美双可湿性粉剂500～800倍液；

7.5%菌毒·吗啉胍水剂500倍液+65%代森锌可湿性粉剂600～800倍液；

68.75%恶唑菌酮·锰锌水分散粒剂800～1 000倍液；

30%醚菌酯悬浮剂2 000倍液+2%宁南霉素水剂300倍液；

70%丙森锌可湿性粉剂700倍液+20%叶枯唑可湿性粉剂600倍液+3.95%三氮唑核苷·铜·烷醇·锌水剂500倍液；

根据当地生产情况和发病情况，合理选用上述配方，均匀喷施，间隔7～15天喷1次。

对于大棚还可以用10%百菌清烟剂，每亩800～1 000g，熏一夜。也可以使用一些保护剂与治疗剂的复配制剂，如70%甲基硫菌灵可湿性粉剂800～900倍液，每间隔7～15天喷1次。本期为预防病害，提高植物抗病性，也可以喷施1.5%硫铜·烷基·烷醇水乳剂1 000倍液，对于旱情较重的田块，还可以配合使用黄腐酸盐1 000～3 000倍液。

此期害虫主要有二十八星瓢虫、茶黄螨(图13-94)等，可采用下列杀虫剂进行防治：

图13-94　茄子开花坐果期虫害

0.5%甲氨基阿维菌素苯甲酸盐微乳剂2 000～3 000倍液+20%甲氰菊酯乳油1 500～3 000倍液；

5.7%氟氯氰菊酯乳油1 500～3 000倍液；

喷雾，视虫情间隔7～10天喷1次。

该期还是白粉虱、蚜虫、美洲斑潜蝇为害的高峰期，可采用以下药剂进行防治：

0.5%甲氨基阿维菌素苯甲酸盐微乳剂3 000倍液+4.5%高效氯氰菊酯乳油2 000倍液；

240g/L螺虫乙酯悬浮剂4 000～5 000倍液+50%灭蝇胺可湿性粉剂2 000～3 000倍液；

11%阿维·灭蝇胺悬浮剂3 000～4 000倍液；

1.8%阿维·啶虫脒微乳剂3 000～4 000倍液；

10%烯啶虫胺水剂3 000～5 000倍液+20%氰戊菊酯乳油1 000～1 500倍液；

3%啶虫脒乳油2 000～3 000倍液+10%氯氰菊酯乳油1 000～2 000倍液；

10%氟啶虫酰胺水分散粒剂3 000倍液+2.5%氯氟氰菊酯乳油2 000倍液；

10%吡虫啉可湿性粉剂1 500～2 000倍液+20%甲氰菊酯乳油2 000～3 000倍液；

3%高氯·甲维盐乳油2 500～3 500倍液；

喷雾，视虫情间隔10天喷1次。

为了保证茄子生长健壮，尽早开花结果可以混合使用些植物激素。

当茄子出现徒长时，为了控制生长，可以在旺盛生长期喷施15%多效唑可湿性粉剂1 500～2 000倍液40kg/亩，视茄子长势调节用量，药量过大会抑制生长。该药能抑制顶端生长，集中开花，早熟增产。

为了茄子健壮生长，促进生长，减少花果的脱落，可以用20%赤霉素可溶性粉剂1 500～2 500倍液茎叶喷雾，该药是多效唑、矮壮素等生长抑制剂的拮抗剂，不能同期施用。

对于天气不稳，有少量茄子病毒病症状的田块，特别是温室或早春、晚秋茄子，结合喷施其他农药时可以适量加入0.01%芸薹素内酯可溶性液剂0.03～0.06mg/kg、8%胺鲜酯可溶性粉剂1 000～2 000倍液或0.000 1%羟烯腺·烯腺可湿性粉剂20～40g/亩对水40kg，茎叶喷雾。

这一时期可以使用的植物叶面肥有0.004%芸薹素内酯乳油2 000～4 000倍液、1.8%复硝酚钠水剂5 000倍液。还可以喷施1.5%硫铜·烷基·烷醇水乳剂1 000倍液，对于旱情较重，蚜虫、白粉虱发生较多的田块，还可以配合使用黄腐酸盐1 000～3 000倍液。

(三)茄子开花结果期病虫害防治技术

茄子进入开花结果期(图13-95)，长势开始变弱，生理性落花落果现象普遍，加上多种病虫的为害，直接影响着果实的产量与品质。为了确保丰收，生产上经常使用多种类型农药，合理混用较为重要。下面具体介绍一些适于复配、防治有关病虫的适宜药剂。

图13-95　茄子开花结果期情况

茄子进入开花结果期以后，许多病害开始发生流行。病毒病、黄萎病、枯萎病、灰霉病、褐纹病、绵疫病等时常严重发生(图13-96)，要及时施药防治。

黄萎病　　灰霉病　　绵疫病　　病毒病

图13-96　茄子开花结果期常见病害

对于病毒病、黄枯萎病混合严重发生时，可采用下列杀菌剂进行防治：

2%宁南霉素水剂200～400倍液+54.5%恶霉·福可湿性粉剂700倍液；

20%盐酸·乙酸可湿性粉剂500倍液+68%恶霉·福美可湿性粉剂1 000倍液；

2.1%烷醇·硫酸铜可湿性粉剂500～700倍液+50%苯菌灵可湿性粉剂1 000倍液；

3.85%三氮唑·铜·锌水乳剂600倍液+4%嘧啶核苷类抗菌素水剂600倍液；

并配以黄腐酸盐1 000～3 000倍液灌根，每株灌药液300～400ml，或喷雾处理，每亩用药液40～50kg。

对于以病毒病为主，并考虑防治其他病害时，可采用下列杀菌剂进行防治：

1.05%氮苷·硫酸铜水剂300～500倍液+10%双效灵水剂300倍液；

0.5%香菇多糖水剂300～500倍液+14%络氨铜水剂300～500倍液；

0.5%葡聚烯糖可湿性粉剂500～800倍液+30%琥胶肥酸铜悬浮剂500～800倍液；

2.1%烷醇·硫酸铜可湿性粉剂500～700倍液+12%松脂酸铜悬浮剂600～800倍液；

10%盐酸吗啉胍可溶性粉剂400～500倍液+72%农用硫酸链霉素可溶性粉剂3 000倍液；

25%琥铜·吗啉胍可湿性粉剂400～600倍液+20%噻菌铜可湿性粉剂800～1 200倍液；

2%宁南霉素水剂300～500倍液+30%琥胶肥酸铜悬浮剂500～800倍液；

7.5%菌毒·吗啉胍水剂300～500倍液+3%中生菌素可湿性粉剂600～800倍液；

喷雾，视病情间隔7～10天喷1次。

当灰霉病、炭疽病、褐纹病等混合发生时，可采用以下药剂或配方进行防治：

50%腐霉利可湿性粉剂1 000～1 500倍液+70%代森联水分散粒剂600～800倍液；

50%异菌脲悬浮剂1 000～2 000倍液；

25%嘧菌酯悬浮剂1 000～2 000倍液；

10%苯醚甲环唑水分散粒剂1 500倍液+75%百菌清可湿性粉剂600～800倍液；

25%腈菌唑悬浮剂1 000～2 000倍液+70%代森锰锌可湿性粉剂600～800倍液；

25%咪鲜胺乳油800～1 000倍液+75%百菌清可湿性粉剂600～800倍液；

25%溴菌腈可湿性粉剂500～1 000倍液+70%代森锰锌可湿性粉剂600～800倍液；

50%苯菌灵可湿性粉剂800～1 000倍液+70%代森联水分散粒剂600～800倍液；

70%甲基硫菌灵可湿性粉剂800～1 000倍液+70%代森锰锌可湿性粉剂600～800倍液；

喷雾，视病情间隔7～10天喷1次；对于大棚可以用10%腐霉利烟剂200～300g/亩、45%百菌清烟剂200～300g/亩，二者连续使用或轮换使用，每次熏上一夜。

茄子绵疫病是茄子的重要病害，田间发现病株时应及时进行防治，发病前期可采用下列杀菌剂或配方进行防治：

560g/L嘧菌·百菌清悬浮剂2 000～3 000倍液；

60%锰锌·氟吗啉可湿性粉剂800～1 000倍液；

50%烯酰·乙膦铝可湿性粉剂1 000～2 000倍液；

18.7%烯酰·吡唑酯水分散粒剂2 000～3 000倍液；

25%烯肟菌酯乳油2 000～3 000倍液+75%百菌清可湿性粉剂600～800倍液；

18%霜脲·百菌清悬浮剂1 000～1 500倍液；

76%霜·代·乙膦铝可湿性粉剂800～1 000倍液；

对水喷雾，视病情间隔7～10天喷1次。

田间茄子绵疫病发生较多时，应及时防治并加大药量，可采用下列杀菌剂进行防治：

687.5g/L霜霉威盐酸盐·氟吡菌胺悬浮剂800～1 200倍液；

66.8%丙森·异丙菌胺可湿性粉剂600～800倍液；

84.51%霜霉威·乙膦酸盐可溶性水剂600～1 000倍液；

50%烯酰吗啉可湿性粉剂1 000～1 500倍液+75%百菌清可湿性粉剂600～800倍液；

70%呋酰·锰锌可湿性粉剂600～1 000倍液；

440g/L双炔·百菌清悬浮剂600～1 000倍液；

20%唑菌酯悬浮剂2 000～3 000倍液+70%代森联水分散粒剂600～800倍液；

72%霜脲·锰锌可湿性粉剂600～800倍液；

60%唑醚·代森联水分散粒剂1 000～2 000倍液；

18.7%烯酰·吡唑酯水分散粒剂2 000～3 000倍液；

均匀喷雾，视病情间隔7～10天喷施1次。

这时期害虫主要有棉铃虫、烟青虫、茶黄螨、斑须蝽、茄黄斑螟等。还应注意美洲斑潜蝇、白粉虱的防治(图13-97)。

图13-97 茄子开花结果期常见虫害

对于棉铃虫、烟青虫，可采用下列杀虫剂进行防治：

200g/L虫酰肼悬浮剂2 000～3 000倍液；

5%氯虫苯甲酰胺悬浮剂2 000～3 000倍液；

0.5%甲氨基阿维菌素苯甲酸盐微乳剂2 000～3 000倍液；

15%茚虫威悬浮剂3 000～4 000倍液；

20%虫酰肼悬浮剂1 500～3 000倍液；

10%醚菊酯悬浮剂2 000～3 000倍液；

25%除虫脲可湿性粉剂2 000～3 000倍液；

1.8%阿维菌素乳油4 000倍液+4.5%高效顺式氯氰菊酯乳油2 000倍液；

1.7%阿维·氯氟氰可溶性液剂2 000～3 000倍液；

2.5%甲维·氟啶脲乳油2 000～3 000倍液；

2.5%阿维·氟铃脲乳油2 000～3 000倍液；

对水喷雾，视虫情间隔7～10天喷1次。

对于茶黄螨，可采用以下杀虫剂进行防治：

73%炔螨特乳油2 000～3 000倍液；

1.2%烟碱·苦参碱乳油1 000～2 000倍液；

5%噻螨酮乳油2 000～3 000倍液；

30%嘧螨酯悬浮剂2 000～3 000倍液；

50%溴螨酯乳油1 000～2 000倍液；

对水喷雾，视虫情间隔7～10天喷1次。

为防止由生理性病害、灰霉病为害等造成的落花落果，可以用防落素15～30mg/kg或2，4-D 10～25mg/kg加50%腐霉利可湿性粉剂300～500倍液加70%代森联水分散粒剂600～800倍液，也可以加入少量磷酸二氢钾浸花，每朵花浸一次，效果较为理想。但要注意不能触及枝叶，特别是幼芽，也要避免重复点花。这一时期，为了保证后期健壮生长，多结优质果实，可以混合喷施些叶面肥，如爱多收8 000～10 000倍液，或植物多效生长素3 000～4 000倍液，或叶面宝8 000～10 000倍液等，于开花结果期喷洒，间隔1周再喷1次，可以获得较好效果。

第十四章　大白菜病虫害防治新技术

　　大白菜属十字花科，一年生或二年生草本植物，原产于我国北方。全国播种面积为269万hm²左右，总产量为10 197.4万t。我国大白菜在各地均有栽培，主要产区在山东、河南、河北、山西等地。主要栽培模式以露地栽培为主，其次是早春大棚、日光温室等。

　　目前，国内发现的大白菜病虫害有50多种，其中病害30多种，主要有猝倒病、霜霉病、病毒病、黑斑病、细菌性软腐病等；生理性病害有10多种，主要有干烧心、先期抽薹等；虫害有10余种，主要有菜青虫、小菜蛾等。常年因病虫害发生为害造成的损失达30%～80%，部分严重地块甚至绝收。

一、大白菜病害

1. 大白菜猝倒病

　　【症　　状】幼苗受害，露出土表的茎基部或中部呈水浸状，后变成黄褐色干枯，往往子叶尚未凋萎，即猝倒，致使幼苗倒伏(图14-1和图14-2)。

图14-1　大白菜猝倒病苗期发病初期症状

图14-2　大白菜猝倒病苗期发病后期症状

【病　　　原】*Pythium aphanidermatum* 称瓜果腐霉，属鞭毛菌亚门真菌。

【发生规律】病菌以卵孢子在12～18cm表土层越冬，并在土中长期存活。翌春，遇有适宜条件萌发产生孢子囊，以游动孢子或直接长出芽管侵入寄主。病菌侵入后，在皮层薄壁细胞中扩展，菌丝蔓延于细胞间或细胞内，后在病组织内形成卵孢子越冬。病菌生长适宜地温15～16℃，温度高于30℃受到抑制；适宜发病地温10℃，低温对寄主生长不利，但病菌尚能活动，尤其是育苗期出现低温、高湿条件，利于发病。该病主要在幼苗长出1～2片真叶期发生，3片真叶后，发病较少。

【防治方法】选择地势高、地下水位低、排水良好的地块做苗床，播前一次灌足底水，出苗后尽量不浇水，必须浇水时一定选择晴天浇小水，不宜大水漫灌。

种子处理。用种子重量0.3％～0.4％的50％福美双可湿性粉剂、65％代森锌可湿性粉剂或40％拌种双可湿性粉剂，加上种子重量0.3％～0.4％的50％甲霜灵可湿性粉剂拌种。

田间发现病情时及时施药防治，发病初期，可采用下列杀菌剂或配方进行防治：

560g/L嘧菌·百菌清悬浮剂2 000～3 000倍液；

25％吡唑醚菌酯乳油3 000～4 000倍液+70％代森锰锌可湿性粉剂600～800倍液；

69％烯酰·锰锌可湿性粉剂1 000～1 500倍液+75％百菌清可湿性粉剂600～800倍液；

72.2％霜霉威水剂600～800倍液+70％代森联水分散粒剂600～800倍液；

70％呋酰·锰锌可湿性粉剂600～1 000倍液；

50％氟吗·锰锌可湿性粉剂500～1 000倍液；

66.8％丙森·异丙可湿性粉剂800～1 000倍液；

25％甲霜·霜霉威可湿性粉剂1 500～2 000倍液；

18.7％烯酰·吡唑酯水分散粒剂2 000～3 000倍液；

对水喷淋幼苗，视病情间隔7～10天喷1次。

2．大白菜霜霉病

【分布为害】在我国各白菜产区均有发生，在黄河以北和长江流域地区为害较重。常发生在早春和湿度较大的秋季；一般年份大白菜霜霉病为害造成的损失为15%～30%，发病严重的年份损失可达50%～60%(图14-3)。

图14-3　大白菜霜霉病田间发病症状

【症　状】各生育期均有为害，主要为害叶片。子叶发病时，叶背出现白色霉层，小苗真叶正面无明显症状，严重时幼苗枯死。成株期，叶正面出现灰白色、淡黄色或黄绿色边缘不明显的病斑，后扩大为黄褐色病斑，受叶脉限制而呈多角形或不规则形，叶背密生白色霉层。病斑多时相互连接，使病叶局部或整叶枯死(图14-4至图14-8)。

图14-4　大白菜霜霉病叶片发病初期症状

图14-5 大白菜霜霉病叶背发病初期症状

图14-6 大白菜霜霉病叶片发病中期症状

图14-7 大白菜霜霉病叶背发病中期症状

图14-8　大白菜霜霉病叶片发病后期症状

【病　　原】*Peronospora parasitica* 称寄生霜霉，属鞭毛菌亚门真菌(图14-9)。菌丝无色，不具隔膜，吸器圆形至梨形或棍棒状。孢囊梗单生或2~4根束生，无色，无分隔，主干基部稍膨大。孢子囊无色，单胞，长圆形至卵圆形。卵孢子球形，单胞，黄褐色，表面光滑，胞壁厚，表面皱缩或光滑。

【发生规律】以卵孢子在病残组织里、土壤中或附着在种子上越冬，或以菌丝体在留种株上越冬。翌春由卵孢子或休眠菌丝产生的孢子囊萌发芽管。经气孔或表皮细胞间侵入春菜寄主，春菜收后，病菌以卵孢子在田间休眠两个月后侵入秋菜。病害发生的适温为16~20℃，相对湿度70%左右。大白菜进入莲座期以后，随着植株迅速生长，外叶开始衰老，如遇气温偏高，或阴雨较多，光照不足，雾多，露水重，病害发生较重。在生产中，播种过早、密度过大、田间通透性差、植株疯长或生长期严重缺肥等都会加重病情。

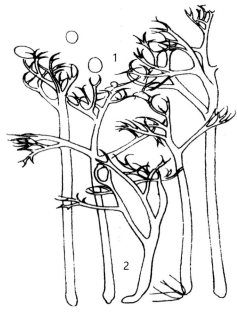

图14-9　大白菜霜霉病病菌
1.孢子囊；　2.孢子囊梗

【防治方法】适期播种，适当稀植；施足底肥，增施磷、钾肥。早间苗，晚定苗，适度蹲苗。小水勤灌，雨后及时排水。清除病苗，收获后及时清除田间病残体并带出田外集中深埋或烧毁。

种子处理，可采用温水浸种2小时，再用72.2%霜霉威盐酸盐水剂500倍液浸种1小时；或用53%甲霜灵·锰锌水分散粒剂、3.5%咯菌·精甲霜悬浮种衣剂、25%甲霜灵可湿性粉剂按种子重量的0.3%拌种。

加强田间管理和预防，发病前期或发病初期(图14-10)，可选用下列杀菌剂进行防治：

图14-10　大白菜霜霉病发病初期

560g/L嘧菌·百菌清悬浮剂2 000～3 000倍液；

72%锰锌·霜脲可湿性粉剂600～800倍液；

60%琥·铝·甲霜灵可湿性粉剂600～800倍液；

47%代锌·甲霜灵可湿性粉剂600～800倍液；

72%甲霜·百菌清可湿性粉剂600～800倍液；

76%丙森·霜脲氰可湿性粉剂1 000～1 500倍液；

18%霜脲·百菌清悬浮剂1 000～1 500倍液；

50%氟吗·乙铝可湿性粉剂800倍液+70%代森锰锌可湿性粉剂800倍液；

均匀喷雾，视病间隔7～15天1次。

田间开始发病时(图14-11)及时施药防治，可选用下列杀菌剂进行防治：

图14-11　大白菜霜霉病发病中期症状

57%烯酰·丙森锌水分散粒剂2 000 ~ 3 000倍液；

20%唑菌酯悬浮剂2 000 ~ 3 000倍液；

66.8%丙森·异丙可湿性粉剂800 ~ 1 000倍液；

52.5%恶酮·霜脲氰水分散粒剂1 500 ~ 2 000倍液；

75%百·福·福锌可湿性粉剂800 ~ 1 000倍液；

对水均匀喷雾，视病情间隔7 ~ 10天1次。

在田间发病较多时应加大剂量加强防治，发病较普遍时，可选用下列杀菌剂或配方进行防治：

687.5g/L霜霉威盐酸盐·氟吡菌胺悬浮剂800 ~ 1 200倍液；

84.51%霜霉威·乙膦酸盐可溶性水剂1 000倍液+10%氰霜唑悬浮剂2 500倍液；

35%烯酰·福美双可湿性粉剂1 000 ~ 1 500倍液；

70%呋酰·锰锌可湿性粉剂600 ~ 1 000倍液；

440g/L双炔·百菌清悬浮剂600 ~ 1 000倍液；

均匀喷雾，视病情间隔7 ~ 10天喷1次。

3. 大白菜软腐病

【分布为害】20世纪50年代初开始有发病记载，80年代以来白菜软腐病有加重发生的趋势；现在大白菜软腐病在全国各白菜产区均有不同程度的为害，其中，黄河以北地区发病最为严重，一般年份发病减产20%左右，发病严重时减产可达50%以上。

【症　　状】苗期(图14-12)、莲座期、包心期均可发病。以莲座期至包心期发病为主(图14-13)，病部软腐，有臭味。发病初时外叶萎蔫，继之叶柄基部腐烂，病叶瘫倒，露出叶球(图14-14和图14-15)。也有的茎基部腐烂并延及心髓，充满黄色黏稠物(图14-16)。也有少数菜株外叶湿腐，干燥时烂叶干枯呈薄纸状紧裹住叶球(图14-17)，或叶球内外叶良好，只是中间菜叶自边缘向内腐烂。为害严重时，全田腐烂(图14-18和图14-19)。

图14-12　大白菜苗期软腐病发病症状

图14-13　大白菜软腐病莲座期发病症状

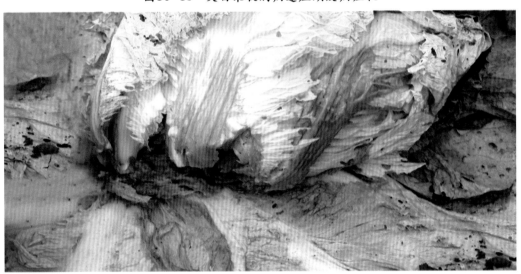

图14-14　大白菜软腐病成株期叶柄基部发病症状

图14-15　大白菜软腐病成株期发病症状

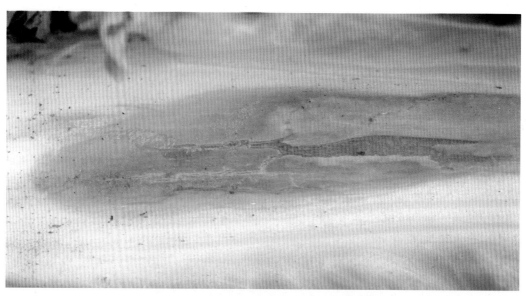

图14-16　大白菜软腐病发病部位的菌脓

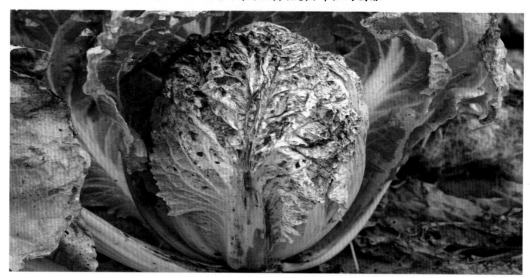

图14-17　大白菜软腐病发病后期干燥时症状

图14-18　大白菜软腐病田间发病症状

图14-19 大白菜软腐病田间发病后期

【病　　原】*Erwinia carotovora* pv. *carotovora* 称胡萝卜软腐欧文氏菌胡萝卜致病变种，属细菌(图14-20)。在培养基上的菌落灰白色，圆形或不定形；菌体短杆状，周生鞭毛2～8根，无荚膜，不产生芽孢，革兰氏染色阴性。

【发生规律】在北方病原菌在病残体、土壤、未腐熟的农家肥中越冬，成为重要的初侵染菌源。通过雨水、灌溉水、肥料、土壤、昆虫等多种途径传播，由伤口或自然裂口侵入，不断发生再侵染(图14-21)。南方温暖的菜区，主要在十字花科蔬菜上终年交替发病，无明显休眠期。有时病菌在生长期从根部侵入，进入导管后潜伏为害，当外界环境条件不适宜白菜生长时病菌开始迅速侵染为害，造成植株大量萎蔫死亡。播种期较早的一般发病较重，施用未腐熟的肥料、高温多雨、地势低洼、排水不良、土质黏重、发病后大水漫灌、肥水不足、植株长势较弱、地下害虫多都会加重病情。

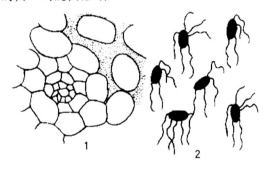

图14-20 大白菜软腐病病菌
1.被害组织；2.病原细菌

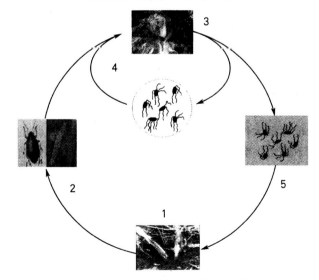

图14-21 大白菜软腐病病害循环
1.病菌在病残体上越冬；
2.病原细菌的传播媒介昆虫和雨水；3.病株；4.再侵染；5.细菌

【防治方法】病田避免连作，可与豆类、麦类、水稻等作物轮作。清除田间病残体，精细翻耕整地，暴晒土壤，促进病残体分解。适时播种，适期定苗；增施基肥，及时追肥。采用高垄栽培，这样不易积水，土壤中氧气充足，有利于根系和叶柄基部愈伤组织形成，可减少病菌侵染。雨后及时排水，发现病株后及时清除，病穴撒石灰进行消毒。

选用抗病品种进行栽培，一般早熟白帮类型的品种容易感病，青帮类型的品种抗病性较强；直筒类型的品种比卵圆类型、平头类型的品种抗病性强。

种子处理，播种前可用3%中生菌素可湿性粉剂按种子重量的1%拌种。

大白菜软腐病是白菜田常发性病害，应加强预防，在发病前(图14-22)开始选用下列杀菌剂进行预防：

图14-22　大白菜软腐病发病前生长情况

20%噻菌铜水剂800～1 000倍液；

86.2%氧化亚铜可湿性粉剂2 000～2 500倍液；

47%王铜可湿性粉剂600～800倍液；

30%琥胶肥酸铜可湿性粉剂400～600倍液；

77%氢氧化铜可湿性粉剂800～1 000倍液；

14%络氨铜水剂200～400倍液；

均匀喷雾，视病情间隔7～15天喷1次。重点喷洒病株基部及地表，使药液流入菜心效果为好。

田间发现病情应及时进行施药防治，发病初期(图14-23)可选用下列杀菌剂进行防治：

3%中生菌素可湿性粉剂600～800倍液；

图14-23 大白菜软腐病发病初期

20%噻菌铜悬浮剂1 000～1 500倍液；

36%三氯异氰尿酸可湿性粉剂1 000～1 500倍液；

12%松脂酸铜乳油600～800倍液；

47%春·王铜可湿性粉剂700倍液；

60%琥·乙膦铝可湿性粉剂500～700倍液；

均匀喷雾，视病情间隔7～10天喷1次。重点喷洒病株基部及地表，使药液流入菜心效果为好。

田间发病较多时，应适当加大药量、选用高效药剂加强防治，发病较普遍时可采用下列杀菌剂进行防治：

45%春雷·喹啉铜悬浮剂1 000～1 500倍液；

20%噻唑锌悬浮剂300～500倍液+12%松脂酸铜乳油600～800倍液；

均匀喷雾，视病情间隔5～7天喷1次。重点喷洒病株基部及地表，使药液流入菜心效果为好。

4．大白菜细菌性角斑病

【分布为害】细菌性角斑病是20世纪80年代末期新发现的叶部病害；在我国内蒙古、吉林、河北、河南、天津、北京等地均有不同程度的为害。为害严重的年份部分地块会减产20%～30%。

【症　　状】主要发生在苗期至包心初期。初在叶背出现水渍状凹陷斑，后呈不规则角斑，病斑大小不一，叶片病斑铁锈色或灰褐色油渍状，湿度大时，叶背病斑溢出乳白色菌浓；干燥时，开裂或穿孔(图14-24至图14-26)。

【病　　原】*Pseudomonas syringae* pv. *syringae* 称丁香假单胞菌，属细菌。菌体短杆状，极生1～4根鞭毛，革兰氏染色阴性。

【发生规律】病原菌在病残体、土壤、未腐熟的农家肥中越冬，成为重要的初侵染菌源。通过雨水、灌溉水、肥料、土壤、昆虫等多种途径传播，由伤口或自然孔口侵入，不断发生再侵染。发病适温为25～27℃。施用未腐熟的有机肥、苗期至莲座期连续高温阴雨、地势低洼、排水不良、土质黏重、发病后大水漫灌、水肥不足、植株长势差、地下害虫多都会加重病情。

图14-24　大白菜细菌性角斑病发病初期症状

图14-25　大白菜细菌性角斑病发病中期症状

图14-26　大白菜细菌性角斑病发病后期症状

【防治方法】可与豆类、麦类、水稻等作物轮作。适时播种。增施基肥，及时追肥。采用高垄栽培。雨后及时排水。收获后及时清除田间病残体，精细翻耕整地，暴晒土壤，促进病残体分解。

种子处理。播种前可用3%中生菌素可湿性粉剂按种子重量的1%拌种。

发病前至发病初期，加强预防性防治，可采用下列杀菌剂进行防治：

12%松脂酸铜乳油600~800倍液；

50%氯溴异氰尿酸可溶性粉剂1 500~2 000倍液；

14%络氨铜水剂200~400倍液；

均匀喷雾，视病情间隔7~15天喷1次。

田间发现病情后应加强防治，发病普遍时，可选用下列杀菌剂进行防治：

3%中生菌素可湿性粉剂600~800倍液；

50%琥胶肥酸铜可湿性粉剂500~700倍液；

50%琥铜·甲霜灵可湿性粉剂500~1 000倍液；

均匀喷雾，视病情间隔5~7天喷1次。

5. 大白菜病毒病

【分布为害】病毒病在我国各蔬菜产区普遍发生，为害严重。以夏秋季节发病较重。一般年份发病造成的损失可达10%~30%，发病较重的年份造成的损失达80%以上，有的地块甚至绝收。

【症　　状】苗期被害，叶片出现明脉和沿叶脉褪绿，后变为淡绿与浓绿相间的花叶，叶片皱缩不平，心叶扭曲，生长缓慢。成株期被害，叶片皱缩、凹凸不平，呈黄绿相间的花叶，在叶脉上也有褐色的坏死斑点或条纹，严重时，植株停止生长，矮化，不包心，病叶僵硬扭曲(图14-27至图14-31)。

图14-27　大白菜病毒病花叶型症状

图14-28　大白菜病毒病皱缩型症状

图14-29　小白菜病毒病发病症状

图14-30　大白菜病毒病叶脉发病症状

图14-31 大白菜病毒病整株发病症状

【病　　　原】Turnip mosaic virus（TuMV）称芜菁花叶病毒，Cucumber mosaic virus（CMV）称黄瓜花叶病毒，Tobacco mosaic virus（TMV）称烟草花叶病毒，均为病毒。

【发生规律】在北方地区病毒在窖藏的白菜、甘蓝的留种株上越冬，或在田间的寄主植物活体上越冬，还可在越冬菠菜和多年生杂草的宿根上越冬。翌年春天，主要靠蚜虫把病毒传到春季种植的大白菜上引起发病(图14-32)。在南方全年栽培十字花科蔬菜的地区，病毒可以不间断地从病株上传到健株上不断进行重复侵染为害。我国东北地区7月下旬至8月上旬，黄河流域以北8月中旬，新疆和甘肃的6—8月期间如果降雨较少，长期高温干旱发病就会较重。

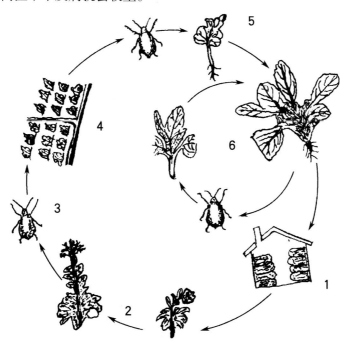

图14-32 大白菜病毒病病害循环
1.贮窖越冬；2.春季发病；3.蚜虫传播；
4.菜田发病；5.秋苗发病；6.秋菜上再侵染

苗期6片真叶以前容易发病受害，受害越早，发病越重。秋季播种过早、管理粗放、缺水、缺肥、植株旺长或长势较弱的田块发病重。

【防治方法】选用抗病品种栽培。彻底清除田边地头的杂草；施用充分腐熟的粪肥作为底肥，根据当地气候适时播种。深耕细作，发现病株及时拔除。苗期采取小水勤灌，一般是"三水齐苗，五水定棵"，可减轻病毒病发生。在天旱时，不要过分蹲苗。有条件的可采取防虫网室栽培。

防治该病的关键是控制蚜虫的为害，可采用下列杀虫剂进行防治：

240g/L螺虫乙酯悬浮剂4 000～5 000倍液；

10%烯啶虫胺水剂3 000～5 000倍液；

10%氟啶虫酰胺水分散粒剂3 000～4 000倍液；

10%吡丙·吡虫啉悬浮剂1 500～2 500倍液；

对水均匀喷雾。

在病毒病发病前至发病初期，可采用下列药剂进行防治：

2.1%烷醇·硫酸铜可湿性粉剂500～700倍液；

25%琥铜·吗啉胍可湿性粉剂600～800倍液；

3.85%三氮唑·铜·锌水乳剂600～800倍液；

2%宁南霉素水剂200～400倍液；

5%氨基寡糖素水剂300～500倍液；

7.5%菌毒·吗啉胍水剂500～700倍液；

1.5%硫铜·烷基·烷醇水乳剂1 000倍液；

3.95%三氮唑核苷·铜·烷醇·锌水剂500～800倍液；

1.05%氮苷·硫酸铜水剂300～500倍液；

均匀喷雾，视病情间隔5～7天喷1次。

6. 大白菜黑腐病

【分布为害】黑腐病在我国各十字花科蔬菜产区均有发生，在保护地、露地都可发病，以夏秋高温多雨季节发病较重。

【症　　状】各个时期都会发病。幼苗子叶发病，边缘水浸状，根髓部变黑，迅速枯死。成株期从叶片边缘出现病变，逐渐向内扩展，形成"V"字形黑褐色病斑，周围变黄，与健部界线不明显。病斑内网状叶脉变为褐色或黑色(图14-33至图14-35)。叶柄发病，沿维管束向上发展，可形成褐色干腐，叶片歪向一侧，半边叶片发黄。严重发病株多数叶片枯死或折倒(图14-36)。

【病　　原】*Xanthomonas campestris* pv. *campestris*称野油菜黄单胞杆菌野油菜黑腐致病变

图14-33　大白菜黑腐病叶片发病初期症状

图14-34 大白菜黑腐病叶片发病中后期症状

图14 35 大白菜黑腐病叶背发病中后期症状

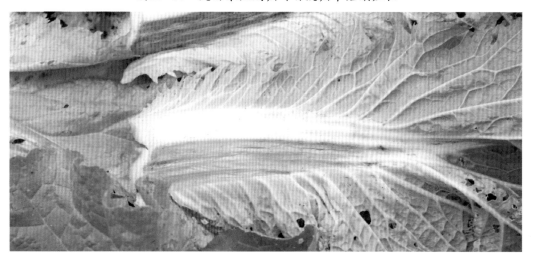

图14-36 大白菜黑腐病叶柄发病症状

种，属细菌。菌体杆状，极生单鞭毛，无芽孢，有荚膜，单生或链生，革兰氏染色阴性。

【发生规律】病原细菌在种子和田间的病株残体上越冬，也可在采种株或越冬蔬菜上越冬。带菌种子是最重要的初侵染来源。春季通过雨水、灌溉水、昆虫或农事操作传播到叶片上，经由叶缘的水孔、叶片的伤口、虫伤口侵入。最适发病环境为温度20~30℃，相对湿度90%以上；最适感病的生育期为莲座期到包心期。暴风雨后往往大发生。易于积水的低洼地块和灌水过多的地块、连作、施用未腐熟农家肥、种植过密、叶面结露时间长、叶缘吐水、管理粗放、植株徒长或早衰，以及虫害严重发生等情况下，发病较重。上海及长江中下游地区大白菜黑腐病的发病盛期在5—11月。

【防治方法】与非十字花科作物实行2~3年轮作。清洁田园，及时清除病残体，秋后深翻，施用腐熟的农家肥。选用抗病品种栽培，适时播种，合理密植。及时防虫，减少传菌介体。合理灌水，雨后及时排水，降低田间湿度。减少农事操作造成的伤口。

种子处理。播种前可用30%琥胶肥酸铜可湿性粉剂600~800倍液、14%络氨铜水剂300倍液浸种15~20分钟，捞出后用清水洗净，晾干后播种。

发病前期至初期，应加强预防，可选用下列杀菌剂进行防治：

20%喹菌酮水剂1 000~1 500倍液；

50%氯溴异氰尿酸可溶性粉剂1 500~2 000倍液；

14%络氨铜水剂200~400倍液；

12%松脂酸铜乳油600~800倍液；

60%琥·乙膦铝可湿性粉剂500~700倍液；

47%春·王铜可湿性粉剂700倍液；

2%春雷霉素可湿性粉剂300~500倍液；

对水喷雾，视病情间隔7~14天1次。

田间发现病情时应加强防治，田间发病较普遍时，可选用下列杀菌剂进行防治：

6%春雷霉素可溶性粉剂300~5 000倍液；

3%中生菌素可湿性粉剂600~800倍液；

20%噻唑锌悬浮剂300~500倍液+12%松脂酸铜乳油600~800倍液；

20%噻菌铜悬浮剂1 000~1 500倍液；

对水均匀喷雾，视病情间隔7~10天喷1次。各种药剂应交替施用。

7．大白菜黑斑病

【分布为害】全国各白菜产区均有不同程度的发生，西南、华北地区近年来为害呈上升趋势，南方秋季多雨季节发病最为严重；白菜黑斑病已成为白菜生产上的重要病害。一般发病年份可减产10%~20%，发病严重的年份可减产30%~40%。

【症　　状】黑斑病在大白菜外叶发病最为严重，球叶次之，心叶最轻；下部老叶发病早且重。叶片上的病斑圆形，褐色或深褐色，有明显的同心轮纹，周缘有时有黄色晕圈，在高温高湿的条件下病部穿孔，发病严重的，致半叶或整叶枯死(图14-37至图14-42)。叶柄上病斑成纵条状，暗褐色，稍凹陷(图14-43)。潮湿时病斑上产生黑色霉状物。

【病　　原】*Alternaria brassicae* 称芸薹链格孢，属半知菌亚门真菌(图14-44)。分生孢子梗褐色，不常分枝。分生孢子单生，孢身具5~12个横隔膜，若干纵隔膜，灰榄褐色，喙具1~6个横隔膜，孢身至喙

图14-37　大白菜黑斑病叶片发病初期症状

图14-38　大白菜黑斑病叶背发病初期症状

图14-39　大白菜黑斑病叶片发病中期症状

图14-40　大白菜黑斑病叶背发病中期症状

图14-41　大白菜黑斑病叶片发病后期症状

图14-42　大白菜黑斑病叶背发病后期症状

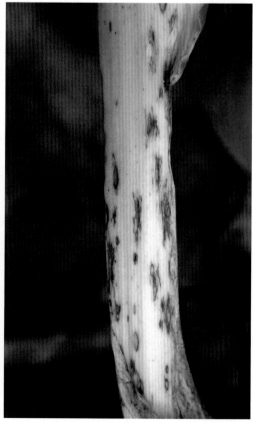

图14-43　大白菜黑斑病叶柄发病症状

渐细。

【发生规律】以菌丝体或分生孢子在病残体、种子上或冬贮菜上越冬。翌年产生出孢子从气孔或直接穿透表皮侵入，借助风雨传播。该病菌在10～35℃均能正常生长发育，最适温度为17～25℃。华北地区秋季初发期在8月下旬至9月上旬，病害流行于9月下旬至10月上旬，一般10月中旬以后发病比较平缓。病害流行与9月下旬至10月上旬降雨天数有关，特别是连续阴雨天气，发病会加重。山东省一般在9—10月开始发病。广东省可周年发生为害。一般播种较早的发病较重，播种晚的发病轻。种植密度过大，地势低洼，经常大水漫灌，管理粗放，缺水缺肥，植株长势差，抗病力弱，连续阴雨或大雾，发病较重。

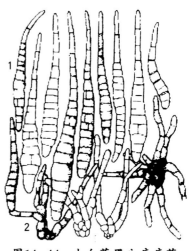

图14-44 大白菜黑斑病病菌
1.分生孢子；2.分生孢子梗

【防治方法】可与豆科、瓜类、茄果类作物轮作2～3年。按大白菜生长需要，配方施肥，多施腐熟的优质有机肥，并增施磷、钾肥。合理灌水，苗期小水勤灌，莲座期适当控水，包心期水肥供应充足。大白菜收获后及时清除田园病残体，及时带出田外深埋或烧毁，减少田间病源。

种子处理，播种前进行种子处理可减少田间发病率。用50%异菌脲可湿性粉剂、50%腐霉利可湿性粉剂或50%多菌灵可湿性粉剂，加上50%福美双可湿性粉剂，可以按种子重量的0.2%～0.3%拌种。

加强田间调查，在大白菜黑斑病发病前至发病初期(图14-45)，可选用下列杀菌剂进行预防：

图14-45 大白菜黑斑病发病初期

25%溴菌腈可湿性粉剂500～1 000倍液+70%代森锰锌可湿性粉剂700倍液；

50%甲基·硫磺悬浮剂800～1 000倍液+70%代森锰锌可湿性粉剂700倍液；

50%腐霉利可湿性粉剂1 000～1 500倍液+50%克菌丹可湿性粉剂400～600倍液；

50％福美双·异菌脲可湿性粉剂800～1 000倍液；

70％丙森·多菌可湿性粉剂600～800倍液；

50％苯菌灵可湿性粉剂1 000倍液+70％丙森锌可湿性粉剂600～800倍液；

64％氢铜·福美锌可湿性粉剂1 000倍液；

50％甲·米·多可湿性粉剂1 500～2 000倍液+70％代森联水分散粒剂800倍液；

47％春雷·王铜可湿性粉剂600～800倍液+70％代森联水分散粒剂800倍液；

均匀喷雾，视病情间隔7～10天喷1次。

田间较多株发病时，应选择高效品种加强防治；发病较普遍时(图14-46)，可选用下列杀菌剂进行防治：

图14-46　大白菜黑斑病发病普遍时症状

50％苯菌灵可湿性粉剂800～1 000倍液+75％百菌清可湿性粉剂600～800倍液；

10％苯醚甲环唑水分散粒剂1 000倍液+75％百菌清可湿性粉剂600～800倍液；

560g/L嘧菌·百菌清悬浮剂800～1 000倍液；

20％唑菌胺酯水分散粒剂1 000～1 500倍液；

75％肟菌·戊唑醇水分散粒剂2 000～3 500倍液；

对水均匀喷雾，视病情间隔5～7天喷1次。

8．大白菜炭疽病

【分布为害】白菜炭疽病是白菜叶部主要病害之一。各地均有不同程度的发生，其中，以长江流域受害最重，一般发病田块可减产20％～30％，部分地块发病严重的可减产40％～50％。

【症　　状】叶片染病，病斑中央白色，边缘褐色水渍状近圆形，稍凹陷，后期病斑白色至灰白色半透明纸状，易破裂穿孔(图14-47至图14-49)。叶柄或叶脉染病，多形成椭圆形或梭形病斑，显著凹陷，黄褐至灰褐色，边缘色深，有的向两端开裂(图14-50)。病害严重时整片叶和整个叶柄病斑密布，相互形成不规则大斑，短期内使叶片萎黄枯死(图14-51)。

图14-47 大白菜炭疽病叶片发病初期症状

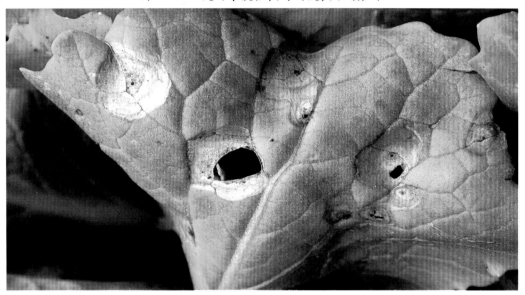

图14-48 大白菜炭疽病叶片发病后期症状

图14-49 大白菜炭疽病叶片发病严重时病斑穿孔

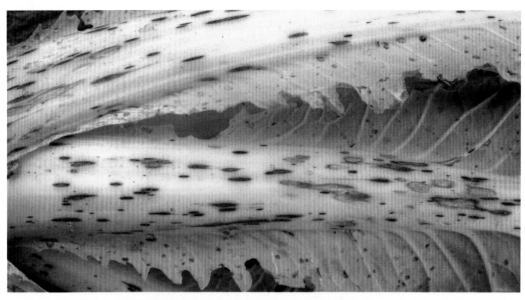

图14-50　大白菜炭疽病叶柄发病症状

图14-51　大白菜炭疽病田间发病症状

【病　　　原】*Colletotrichum higginsianum* 称希金斯刺盘孢，属无性型门真菌(图14-52)。菌丝无色透明，有隔膜。分生孢子盘很小，散生，子座暗褐色。刚毛散生于分生孢子盘中，具1~3个隔膜，基部膨大，色深，顶端较尖，色淡，正直或微弯。分生孢子梗无色单胞，倒锥形，顶端较狭。分生孢子无色，单胞，圆柱形至梭形，或星月形，两端钝圆，内含颗粒物。

【发生规律】以菌丝体随病残体在土壤中越冬，种子也能带菌。在田间经雨滴飞溅和风雨传播，从伤口或直接穿透表皮侵入。湖南省8—9月开始发病；广东7—9月开始发病；在常年平均温度为25~28℃时发病不重，在此期间如果气温回升快温度又高，雨水较多会导致病害大流行。一般播种较早的白菜，种植过密过大，地势

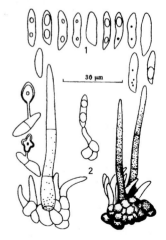

图14-52　大白菜炭疽病病菌
1.分生孢子；　2.分生孢子梗及刚毛

低洼，田间积水，田间通风透光性差，管理粗放，植株生长衰弱的地块发病较重。

【防治方法】重病地与非十字花科蔬菜进行2年以上轮作，有条件的可进行水旱轮作。适时晚播，选留植株长势较好、叶色较绿的苗定苗，剔除病弱苗；施足充分腐熟的有机肥，增施磷、钾肥，合理灌水，连续阴雨天注意排出田间积水。收后及时清除田间病残体，深翻，利用冬季闲时冻晒土壤。

种子处理。用25％溴菌腈可湿性粉剂或50％咪鲜胺锰盐可湿性粉剂按种子重量0.3％～0.4％拌种。

发病前加强预防，可采用下列杀菌剂或配方进行预防：

25％咪鲜胺乳油1 000～1 500倍液+75％百菌清可湿性粉剂600倍液；

10％苯醚甲环唑水分散粒剂1 500倍液+22.7％二氰蒽醌悬浮剂1 500倍液；

75％肟菌·戊唑醇水分散粒剂2 000～3 000倍液；

40％多·福·溴菌腈可湿性粉剂800～1 000倍液；

70％福·甲·硫磺可湿性粉剂600～800倍液；

对水均匀喷雾，视病情间隔7～15天喷1次。

田间发现病情及时进行防治，发病初期可选用下列杀菌剂或配方进行防治：

20％唑菌胺酯水分散粒剂1 000～1 500倍液+25％嘧菌酯悬浮剂1 500～2 000倍液；

20％硅唑·咪鲜胺水乳剂2 000～3 000倍液；

30％苯噻硫氰乳油1 000～1 500倍液+70％代森锰锌可湿性粉剂600～800倍液；

25％溴菌腈可湿性粉剂500倍液+70％代森联水分散粒剂800～1 000倍液；

5％亚胺唑可湿性粉剂1 000倍液+75％百菌清可湿性粉剂600倍液；

40％腈菌唑水分散粒剂4 000～6 000倍液+70％代森锰锌可湿性粉剂600～800倍液；

对水均匀喷雾，视病情间隔5～7天喷1次。

9. 大白菜根肿病

【分布为害】根肿病在世界各国均有发生，尤其是在欧洲各国发病普遍严重。在我国广东、广西、福建、云南、四川、江西、浙江、江苏、安徽、山东、湖南、湖北、辽宁、黑龙江等地均有分布为害，其中，以南方白菜产区发病严重。一般发病田块可减产10％，部分地块发病严重的可减产30％以上。

【症　状】苗期受害，严重时幼苗枯死。成株期，植株矮小，生长缓慢，基部叶片逐渐变黄萎蔫失水，严重时枯萎死亡。主、侧根和须根形成大小不等的肿瘤，初期肿瘤表面开始光滑，后变粗糙，进而龟裂(图14-53)。

图14-53　大白菜根肿病根部发病症状

【病　　原】*Plasmodiophora brassicae* 称芸薹根肿菌，属鞭毛菌门真菌(图14-54)。休眠孢子囊球形、单胞、无色或略带灰色，在寄主细胞内密集呈鱼卵块状。休眠孢子囊萌发产生游动孢子。游动孢子具有双鞭毛，能在水中作短距离游动，静止后呈变形体状。

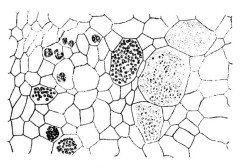

图14-54　大白菜根肿病病菌为害组织状

【发生规律】以休眠孢子囊在土壤中或黏附在种子上越冬，下年条件适宜时萌发产生游动孢子侵入寄主；在田间主要靠雨水、灌溉水、昆虫和农具传播，远距离传播则主要靠大白菜病根或带菌泥土的转运。最适宜的发病温度为18～25℃，土壤含水量为80％～90％；高于30℃不发病(图14-55)。土壤偏酸，连作地块，地势低洼，生长期间连续阴雨天多，施用氮肥过多，长势过弱，发病较重。

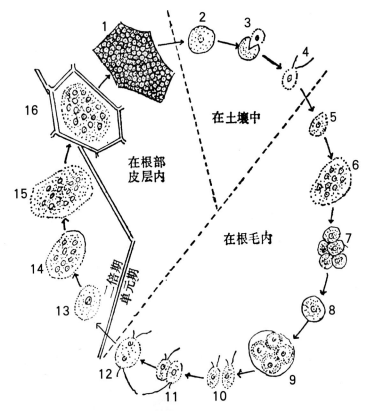

图14-55　大白菜根肿病病害循环
1.寄主细胞内的休眠孢子；2.休眠孢子；3.萌发；
4.游动孢子；5.变形菌胞；6.单倍原生质团；7.配子囊(多个)；
8.配子(单个)；9.配子分化；10.配子；11.配子配合；12.质配；
13.核配；14.双倍原质团；15.无核期；16.减数分裂后的原质团

【防治方法】重病地要和非十字花科蔬菜实行6年以上轮作。尽量不在低洼地或排水不良的地块栽培大白菜，采用高畦或高垄栽培。比较黏重的酸性土壤应适量施用石灰，将土壤酸碱度调节至微碱性，可大大降低发病率。施用充分腐熟的有机肥作基肥，注意氮、磷、钾肥的配合施用，不可偏施氮肥，避免植株旺长或徒长降低抗病能力。采收结束后及时清除田间病残体，铲除田间及周围杂草，带出田外集中销毁。

土壤处理。在播种时可用20％五氯硝基苯粉剂1～2kg/亩，处理定植穴内土壤。

白菜苗期，根据病害发生情况及时施药，开始可采用下列杀菌剂进行防治：

15%恶霉灵水剂500倍液；

25%甲霜灵可湿性粉剂600~800倍液+40%五氯硝基苯粉剂300~500倍液；

72.2%霜霉威水剂600~800倍液+70%敌磺钠可溶性粉剂400~600倍液；

灌根防治，视病情间隔7~10天灌1次，每穴250~500ml。

10. 大白菜白斑病

【分布为害】白菜白斑病主要分布在我国北部较冷凉地区和南方山区，其他白菜产区也有发生；常造成叶片干枯，严重影响产量和品质。

【症　　状】主要为害叶片，发病初期，叶片上产生灰褐色的小斑点，后来扩展成圆形、近圆形或卵圆形的病斑，中央部分由灰褐色变为灰白色，在病斑周围有污绿色晕圈(图14-56)。在潮湿的条件下，病斑背面长有稀疏的淡灰色霉状物。后期病斑呈半透明状，组织变薄，容易破裂穿孔。发病严重时，病斑往往连成片，呈不规则形的大斑，最后叶片干枯。

图14-56　大白菜白斑病叶片发病症状

【病　　原】*Cercosporella albomaculans* 称白斑小尾孢，属无性型真菌(图14-57)。菌丝无色，有隔膜，分生孢子梗束生，无色，正直或弯曲，顶端圆截形，着生一个分生孢子，分生孢子线形，无色透明，基部稍膨大，圆形，顶端稍尖，直或稍弯，有1~4个横隔。

【发生规律】主要以菌丝或菌丝体附在地表的病叶上生存或以分生孢子黏附在种子上越冬，翌年借雨水飞溅传播到白菜叶片上，孢子发芽后从气孔侵入，引起初侵染。借风雨传播进行多次再侵染。5~28℃均可发病，发病最适温度范围为11~23℃。在北方菜区，一般发生在8—10月，在长江中下游及湖泊附近菜区，春秋两季均可发生，尤以多雨的秋季发病重。一般播种早，连作年限长，地势低洼，基肥不足或生长期缺肥，植株长势弱，生育中后期遇连续阴雨或暴雨的发病重。

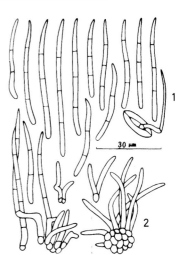

图14-57　大白菜白斑病病菌
1.分生孢子；2.分生孢子梗

【防治方法】发病严重的地块可与小麦、豆类、茄果类、瓜类蔬菜轮作3年以上。选择地势较高、排水良好的地块种植。要注意平整土地，适期晚播，密度适宜，收获后深翻土地，施足腐熟的有机肥，增施磷、钾肥。雨后排水，及时清除病叶，收获后清除田间病残体并深翻土壤。

种子处理。用50%多菌灵可湿性粉剂500倍液浸种1小时后捞出，用清水洗净后播种。

发病前期加强预防，结合其他病害的防治可采用下列杀菌剂进行防治：

560g/L嘧菌·百菌清悬浮剂2 000～3 000倍液；

68.75%恶唑菌酮·锰锌水分散粒剂1 000～1 500倍液；

对水均匀喷雾，视病情间隔7～15天喷1次。

田间发病后及时进行防治，发病期可采用下列杀菌剂或配方进行防治：

50%异菌脲可湿性粉剂1 000～1 500倍液+75%百菌清可湿性粉剂600～800倍液；

25%嘧菌酯悬浮剂1 000～1 500倍液；

25%丙环唑乳油3 000～4 000倍液；

25%溴菌腈可湿性粉剂500～800倍液+75%百菌清可湿性粉剂600倍液；

50%多·霉威可湿性粉剂800～1 000倍液+70%代森锰锌可湿性粉剂600～800倍液；

65%甲硫·霉威可湿性粉剂800～1 000倍液；

70%锰锌·乙铝可湿性粉剂600～800倍液；

40%多·硫悬浮剂600～800倍液；

50%苯菌灵可湿性粉剂800～1 000倍液+70%代森锰锌可湿性粉剂600～800倍液；

均匀喷雾，视病情间隔5～7天喷1次。

11．大白菜细菌性黑斑病

【症　　状】主要为害叶片、茎，有时也为害种荚。叶片发病，初期在叶片上产生暗绿色水浸状小斑点，后变为浅黑色至黑褐色，有的病斑沿叶脉发展，病斑中央颜色较深且油光发亮，多个病斑常常连成不规则形大斑，发病严重时叶脉变成褐色，叶片扭曲变形、变黄脱落。茎和种荚发病，常产生深褐色不规则条斑(图14-58)。

【病　　原】*Pseudomonas syringae* pv. *maculicola*称丁香假单胞菌斑点致病变种，属细菌。菌体杆状或链状，无芽孢，极生鞭毛1～5根，革兰氏染色阴性。

【发生规律】病原菌主要在种子上越冬，或随病残体在土壤中越冬。翌年条件适宜时开始侵染为害。雨水较多年份，田间郁闭，通透性差，雨后田间易积水的发病较重。

【防治方法】合理密植，加强肥水管理，促进植株健壮生长，雨后及时排出田间积水。

图14-58　大白菜细菌性黑斑病叶片发病症状

种子处理。播种前可用12%松脂酸铜悬浮剂、3%中生菌素可湿性粉剂按种子重量的0.3%拌种。

发病初期可采用下列药剂进行防治：

27%春雷·溴菌腈可湿性粉剂500～1 000倍液；

3%中生菌素可湿性粉剂600～800倍液；

20%噻唑锌悬浮剂300～500倍液+12%松脂酸铜乳油600～800倍液；

20%噻菌铜悬浮剂1 000～1 500倍液；

20%喹菌铜水剂1 000～1 500倍液；

14%络氨铜水剂200～400倍液；

60%琥·乙膦铝可湿性粉剂500～700倍液；

47%春雷·王铜可湿性粉剂700倍液；

对水喷雾，视病情间隔7～15天1次，连续2～3次。

12．大白菜褐腐病

【症　　状】主要为害叶片，常在接近地面的叶柄外侧产生褐色至黑褐色凹陷斑，边缘不明显，湿度大时常产生褐色至黄褐色蛛丝状菌丝及菌核，严重时叶柄基部腐烂或发黄脱落(图14-59和图14-60)。

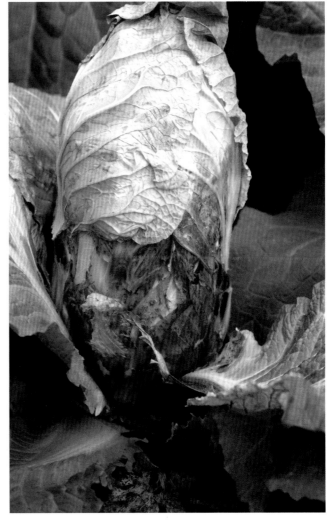

图14-59　大白菜褐腐病叶片发病初期症状　　　图14-60　大白菜褐腐病叶片发病后期症状

【病　　原】*Rhizoctonia solani* 称立枯丝核菌，属无性型真菌。幼嫩菌丝无色，老熟时呈黄褐色，分枝处缢缩，离分枝不远处具隔膜；菌核不定形，初白色，后变浅褐至暗褐色，稍扁平，馒头状，表面粗糙似海绵状，分不明显的内外两层，内层系活细胞层，外层为死细胞腔。

【发生规律】病菌主要以菌核随病残体在土壤中越冬，翌年条件适宜时病菌从根部的气孔、伤口或表皮直接侵入，引起发病。栽培密度过大，田间通透性差，连续阴雨天多，雨后经常积水易引起发病。

【防治方法】有条件的可与水稻进行水旱轮作，以消灭土壤中的菌核；合理密植，遇连续阴雨天及时排出田间积水，收获结束后及时清除田间病残体并集中销毁。

发病初期，可采用下列药剂进行防治：

30%苯醚甲·丙环乳油3 000～3 500倍液；

70%恶霉灵可湿性粉剂3 000倍液+68.75%恶唑菌酮·锰锌水分散粒剂1 000倍液；

20%氟酰胺可湿性粉剂600～800倍液+50%克菌丹可湿性粉剂400～500倍液；

10%苯醚甲环唑水分散粒剂700～1 000倍液+75%百菌清可湿性粉剂600倍液；

20%甲基立枯磷乳油800～1 000倍液+70%敌磺钠可溶性粉剂800倍液；

对水喷雾，视病情间隔7～15天1次，连续2～3次。

二、大白菜生理性病害

1．大白菜干烧心病

【分布为害】大白菜干烧心在各地均有不同程度的发生，主要发生在北方和南方土壤中可吸收利用的钙含量较少的地区。是近年来贮藏期常发生的一种生理性病害，常引起白菜叶球腐烂。一般发病率在10%～30%，个别地块发病率较高。

【症　　状】结球初期发病，嫩叶边缘呈水渍状、半透明，脱水后萎蔫呈白色带状。结球后发病，植株外观正常，剥检叶球可见内叶叶缘部分变干黄化，叶肉呈干纸状的带状病斑或不规则病斑，有时病斑扩展，叶组织呈水渍状，叶脉淡黄褐色，病处汁液发黏，无臭味。病健部界限较为清晰，有时出现干腐或湿腐。贮藏期易诱发细菌感染，后干心变腐烂(图14-61)。

【病　　因】是钙素缺

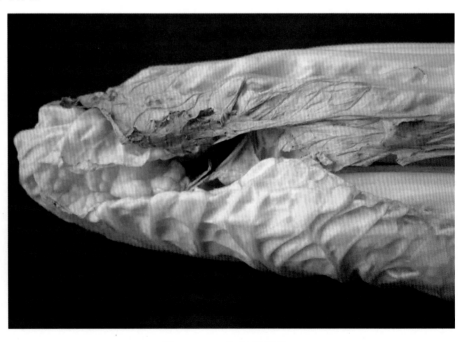

图14-61　大白菜干烧心

乏引起的生理病害，称为球叶缺钙症。大白菜结球期生长量约占植株总量的70%，对钙素反应最敏感。当环境条件不适宜，造成土壤中可溶性钙的含量下降，植株对钙的吸收和运输受阻；而钙素在菜株内移动性差，外叶积累的钙不能被心叶所利用，致使叶球缺钙而显症。在干旱年份蹲苗过度，使土壤缺水，不施或少施农家肥，过量施氮素化肥，用污水或咸水灌溉；菜田过量施用炉灰等肥料，使土壤板结紧实等发生都比较严重。

【防治方法】选土壤肥沃含盐量低的园田，常年发病的低洼盐碱地，未改造之前不能种大白菜。

合理施肥，增施农家肥，对长期使用氨态氮的土壤，要深耕施足基肥，改善土壤结构，提高保水保肥能力。控制氮素化肥用量，根据土壤肥力一般掌握在每亩40～60kg为宜；同时要增施磷钾肥，做到三要素配合使用。

科学灌水，播种前应浇透水，苗期提倡小水勤浇，莲座期依天气、墒情和植株长势适度蹲苗，天气干旱时也可不蹲苗。蹲苗后应浇足水，包心期保持地面湿润。灌水后及时中耕，防止土壤板结、盐碱上升。避免用污水和咸水浇田。

补施钙素，酸性土壤可适当增施石灰，调节酸碱度成中性，以利于根系对钙的吸收。从大白菜莲座中期开始对心叶喷施0.7%氯化钙加萘乙酸50mg/kg混合液或1%过磷酸钙水浸液+0.7%硫酸锰，每7～10天1次，明显改善。

2. 大白菜先期抽薹

【症　　状】在生长前中期，白菜不结球而直接抽薹开花的现象(图14-62)。

图14-62　大白菜先期抽薹

【病　　因】早春栽培时播种过早，在苗期长时间低温使植株通过低温春化，导致抽薹开花。

【防治方法】进行早熟栽培时，应适期播种，选择前期耐低温能力比较强的品种栽培；育苗时应在温度能够人为调控的棚室进行育苗，苗期如遇连续低温天气应注意保温。

三、大白菜虫害

1．菜青虫

【分　　布】菜青虫(*Pieris rapae*)，成虫为菜粉蝶，属鳞翅目粉蝶科。分布广泛，以华北、华中、西北和西南地区受害最重。为寡食性害虫，是十字花科蔬菜的重要害虫。

【为害特点】1~2龄幼虫在叶背啃食叶肉，留下一层薄而透明的表皮，3龄以上的幼虫食量明显增加，把叶片吃成孔洞或缺刻，严重时吃光叶片，仅剩叶脉和叶柄，影响植株生长发育和包心(图14-63)。如果幼虫被包进球里，虫在叶球里取食，同时还排泄粪便污染菜心，致使蔬菜商品价值降低。

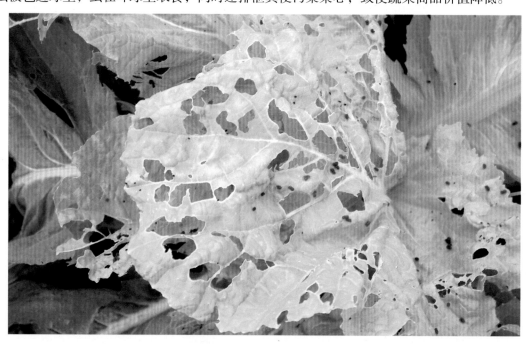

图14-63　菜青虫为害白菜

【形态特征】成虫为白色中型的蝴蝶。雌虫前翅前缘和基部大部分为灰黑色，翅的顶角有1个三角形黑斑，中央外侧有2个显著的黑色圆斑。雄虫前翅颜色比较白，翅的顶角处的三角形黑斑颜色浅而且也比较小(图14-64)。卵直立，似瓶状，高约1mm，初产时乳白色，后变为橙黄色，表面具纵脊和横格。幼虫共5龄，青绿色，背线淡黄色，腹面绿白色，体表密布有细小黑色毛瘤(图14-65)。蛹纺锤形，两头尖细，中间膨大有棱角凸起，初蛹多为绿色，以后有灰黄、青绿、灰褐、淡褐、灰绿等色(图14-66)。

【发生规律】菜粉蝶一年发生多代。由北向南每年发生的代数逐渐增加。黑龙江一年发生3~4代，辽宁、北京等地4~5代，上海、南京、江苏、浙江、湖北等地一年发生5~8代，杭州、武汉、长沙等地8~9代，均以蛹越冬。越冬场所多在秋菜田附近。越冬蛹羽化时间，江南各地于翌年早春2—4月，华北4—5月，东北5—6月。菜粉蝶虫口数量随温度的升高而逐渐上升，菜青虫发育最适温度为20~25℃，当

图14-64　菜青虫成虫

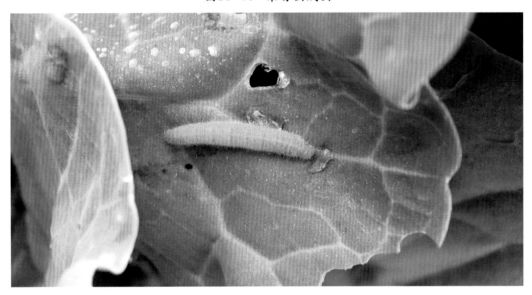

图14-65　菜青虫幼虫

图14-66　菜青虫蛹

温度高达32℃时，幼虫开始出现死亡；发生盛期东北地区为7—9月、华北地区5—6月和8—9月(由于高温多湿、天敌增加等因素，虫口迅速下降，到秋季又回升)、江南各地3—6月和9—10月为害最重。

成虫白天露水干后活动，以晴朗无风的中午最活跃。卵多产在叶片背面，每雌虫可产卵10～100多粒；卵期3～8天。幼虫多在清晨孵化；幼虫共5龄，1～3龄幼虫食量较小，主要啃食叶肉为主，4～5龄进入暴食期，此时幼虫开始大量蚕食叶片，食量约占幼虫期总食量的80%。老熟幼虫主要在叶片背面化蛹作茧。

【防治方法】及时清除残枝老叶，并深翻土壤，避免十字花科蔬菜连作、间作套种。与薄荷或番茄间作或套种可驱避菜粉蝶产卵，减少为害。避免十字花科蔬菜单一品种的大面积种植。进行地膜覆盖栽培，提前早春定植期，提早收获，就可避开第2代幼虫为害。

生物防治。保护蜘蛛、瓢虫等天敌；也可释放天敌昆虫，寄生卵的有广赤眼蜂；寄生幼虫的有微红绒茧蜂；寄生蛹的有凤蝶金小蜂。

物理防治。可采用频振式杀虫灯来防治，能够很好地杀灭成虫、降低田间虫口密度，控制其为害蔬菜。还可用胶板诱虫。有条件的可采用防虫网隔离栽培。

在卵孵化盛期至幼虫2龄之间可采用苏云杆菌、颗粒体病毒、多角体病毒等生物农药进行防治。还可采用昆虫生长调节剂，抑制昆虫几丁质的合成等安全杀虫剂都可达良好的效果。

防治时期应掌握在卵孵化盛期至幼虫2龄前，可采用下列杀虫剂进行防治：

10%高效氯氰菊酯可湿性粉剂8～11g/亩；

0.5%苦参碱水剂60～90ml/亩；

25g/L溴氰菊酯30～40ml/亩；

0.5%甲氨基阿维菌素苯甲酸盐微乳剂2 000～3 000倍液；

15%茚虫威悬浮剂3 000～4 000倍液；

10%醚菊酯悬浮剂2 000～3 000倍液；

1.8%阿维菌素乳油2 000～3 000倍液；

25%除虫脲可湿性粉剂2 000～3 000倍液；

1.7%阿维·高氯氟氰可溶性液剂2 000～3 000倍液；

2%阿维·苏云菌可湿性粉剂2 000～3 000倍液；

对水喷雾，间隔10～15天喷1次。注意上述药剂应进行轮换施用，以减缓抗药性的产生。

2. 小菜蛾

【分　　布】小菜蛾(Plutella xylostella)，属鳞翅目菜蛾科，在我国各地均有分布，是南方各省发生最普遍、最严重的害虫之一。近年来，小菜蛾抗药性增强，为害日趋严重。

【为害特点】以幼虫剥食或蚕食叶片造成为害，初龄幼虫啃食叶肉，残留表皮，在菜叶上形成一个个透明斑；3～4龄幼虫将叶食成孔洞和缺刻，严重时叶片呈网状(图14-67)。

【形态特征】成虫体长6～7mm，翅展12～16mm，触角前伸，两翅合拢后在体背具3个相连的土黄色斜方块，前翅缘毛长并翘起如鸡尾，触角丝状，褐色有白纹，静止时向前伸。雌虫较雄虫肥大(图14-68)。卵椭圆形，稍扁平，淡黄色(图14-69)。幼虫刚孵化时为深褐色，后变为绿色，性情活泼。雄虫在腹部第6～7节背面具一对黄色性腺。末龄幼虫体长10～12mm，纺锤形，体上生稀疏长而黑的刚毛。头部黄褐色，前胸背板上有淡褐色无毛的小点组成两个"U"字形纹(图14-70)。蛹长5～8mm，在灰白色网状茧

图14-67　小菜蛾为害状

图14-68　小菜蛾成虫

图14-69　小菜蛾卵

图14-70　小菜蛾幼虫

中，茧呈纺锤形，体色变化较大，呈绿、黑、灰黑、黄白色等(图14-71)。

图14-71 小菜蛾蛹

【发生规律】在东北一年发生3～4代，华北5～6代，长江流域9～14代，以蛹或成虫在植株上越冬，翌年在田间发现越冬代成虫。在北方5—6月及8—9月呈现两个发生高峰，以春季为害重。成虫昼伏夜出，黄昏后开始活动、交配、产卵，以午夜为最多。成虫产卵对甘蓝、花椰菜、大白菜等有较强的趋性，卵常产于叶背面靠近主脉处有凹陷的地方。成虫飞翔能力不强，但可借风力进行远距离传播。幼虫共4龄，发育适温为20～26℃，幼虫期12～27天，幼虫活泼，受惊吐丝下坠；老熟幼虫在被害叶背或老叶上吐丝作茧化蛹，也可在叶柄叶腋及杂草上作茧化蛹，蛹期约9天。小菜蛾抗逆性强，长期施用一种农药很容易产生抗药性，给防治带来很多不便。在十字花科蔬菜连作的地区，小菜蛾常泛滥成灾。

【防治方法】合理安排茬口，常年发生严重地区，尽量避免小范围内十字花科蔬菜周年连作。收获后及时清除残枝落叶，并带出田外深埋或烧毁，深翻土壤，可消灭大量虫源，减轻为害。

生物防治。保护菜田中的天敌种群，发挥自然天敌控制作用至关重要。小菜蛾天敌主要有小黑蚁、草间小黑蛛、丁纹豹蛛、瓢虫、黑带食蚜蝇、菜蛾啮小蜂、菜蛾绒茧蜂，还有蛙、蟾蜍等，也采用性诱剂来诱杀雄性成虫(图14-72)。

图14-72 大白菜田性诱剂诱杀小菜蛾成虫

物理防治，成虫有较强的趋光性，在成虫盛发期可以在田间装一个振频式杀虫灯(图14-73)，来诱杀成虫，降低田间虫口密度。建议采用防虫网栽培。

小菜蛾发生为害严重，各代之间界限不明确，应加强田间调查，最好掌握在卵孵化盛期至幼虫3龄期前施药，此时小菜蛾抗药性最弱，可选用下列杀虫剂或配方进行防治：

22%氰氟虫腙悬浮剂2 000～3 000倍液；

50%虫螨腈水分散粒剂10～15g/亩；

24%甲氧虫酰肼悬浮剂2 000～4 000倍液；

100g/L三氟甲吡醚乳油3 000～4 000倍液；

3%高氯·甲维盐乳油2 500～3 500倍液；

5.1%甲维·虫酰肼乳油3 000～4 000倍液；

60g/L乙基多杀菌素悬浮剂1 000～2 000倍液；

图14-73 振频式杀虫灯诱杀小菜蛾成虫

10%多杀霉素水分散粒剂10～20g/亩；

对水喷雾，视虫情间隔7～10天1次。目前，小菜蛾对大多数农药已产生了抗药性，施药时应注意农药轮换施用，或杀虫剂混用以提高其药效。

3．斑缘豆粉蝶

【分　　布】斑缘豆粉蝶(Colias erate)，属鳞翅目粉蝶科。在我国广大地区都有分布，在国外主要分布在印度、日本、欧洲东部等地。

【为害特点】以幼虫取食叶片为害，初龄取食叶片成小孔状，长大以后取食成缺刻，直至食尽，仅剩叶柄。

【形态特征】成虫为中型黄蝶，雄虫翅黄色，前翅顶角有一群黑斑，其中杂有黄斑，近前缘中央有黑斑一个；后翅外缘有成列黑斑，中室端有一橙黄色圆斑；前、后翅反面均橙黄色，后翅圆斑银色，周围褐色(图14-74)。雌虫有两种类型，一种类型与雄虫同色，另一种类型底色为白色。卵纺锤形。幼虫体绿色，多黑色短毛，毛基呈黑色小隆起，气门线黄白色(图14-75)。蛹前端凸起短，腹面隆起不高。

【发生规律】华北地区一年发生4～6代。以蛹越冬，翌年羽化。春末夏初(5—6月)和秋季(9—10月)2次发生高峰。幼虫老熟后在枝茎、叶柄等处化蛹。

【防治方法】及时清除残枝老叶，并深翻土壤。采用防虫网栽培。

图14-74　斑缘豆粉蝶成虫

图14-75　斑缘豆粉蝶幼虫

幼虫为害初期，可采用下列杀虫剂进行防治：

5%氟啶脲乳油1 000～2 000倍液；

10%联苯菊酯乳油1 000～2 000倍液；

2.5%氟氯氰菊酯乳油2 000～4 000倍液；

对水喷雾，视虫情间隔7～15天再喷1次。

4．菜叶蜂

【分　　布】菜叶蜂(*Athalia rosae japonensis*)，属膜翅目叶蜂科，分布在全国各地。

【为害特点】幼虫为害叶片成孔洞或缺刻，为害留种株的花和嫩荚，虫口密度大时，仅几天即可造成严重损失。

【形态特征】成虫头部和中、后胸背面两侧为黑色，其余橙蓝色，翅基半部黄褐色，向外渐淡至翅尖透明，前缘有一黑带与翅痣相连。蛹头部黑色，蛹体初为黄白色，后转橙色。幼虫头部黑色，胴部蓝黑色，各体节具很多皱纹及许多小凸起(图14-76)。卵近圆形，卵壳光滑，初产时乳白色，后变淡黄色。

【发生规律】在北方每年发生5代，以蛹在土中茧内越冬。第1代5月上旬至6月中旬，第2代6月上旬至7月中旬，第3代7月上旬至8月下旬，第4代8月中旬至10月中旬。老熟幼虫入土筑茧化蛹越冬，每年春、秋呈两个发生高峰，以秋季8—9月最为严重。成虫在晴朗高温的白天极为活跃，交配产卵，卵产入叶缘组织内呈小隆起，常在叶缘产成一排。幼虫共5龄，发育历期10～12天。幼虫早晚活动取食，有假死性。

图14-76　菜叶蜂幼虫

【防治方法】蔬菜收获后及时中耕、除草，使虫茧暴露或破坏，能减少虫源。

在幼虫发生初期，可采用下列杀虫剂进行防治：

5.1%甲维·虫酰肼乳油3 000～4 000倍液；

1.8%阿维·鱼藤酮乳油2 000～3 000倍液；

0.5%藜芦碱醇溶液1 000～2 000倍液；

对水喷雾，间隔7～10天1次。

5．小猿叶虫

【分　　布】小猿叶虫(*Phaedon brassicae*)属鞘翅目叶甲科。在全国除新疆、西藏外各地均有分布。

【为害特点】以成虫和幼虫取食叶片为主，且群集为害，将叶片取食成孔洞或缺刻，严重时仅留叶脉、叶片成网状，造成减产。

【形态特征】成虫体长2.8～4.0mm，宽2.1～2.8mm，近圆形，蓝黑色，有明显金属光泽，头小，深嵌入前胸，不能飞行(图14-77)。蛹体长约4mm，近半球形，黄色，腹部各节没有成丛的刚毛，尾端没有叉状凸起。末龄幼虫体长6～7mm，灰黑色，各体节有黑色肉瘤8个，在腹部每侧呈4个纵行。卵椭圆形，长1.2～1.8mm，黄色。

图14-77 小猿叶虫

【发生规律】长江流域一年发生3代，以成虫越冬，在广东每年发生5代左右，无明显越冬现象。在南方2月底3月初成虫开始活动。成虫无飞翔能力，靠爬行迁移取食。3月中旬产卵，卵散产于叶基部或幼根上，以叶柄上最多，3月底孵化，幼虫集中取食，昼夜活动，以晚上最多，4月为害最重，4月下旬作蛹羽化。5月中旬气温升高，成虫蛰伏越夏，8月下旬气温下降，又开始活动，9月上旬产卵，9—11月虫口密度又迅速上升，12月中下旬以成虫越冬。

【防治方法】秋翻土壤，清除田间残株败叶，铲除田间及周边杂草，消灭越冬虫源。

土壤处理。对虫量较多的田间用5％辛硫磷颗粒剂每亩3kg或50％辛硫磷乳油1 000倍液处理土壤，对幼虫和蛹均有很好的防治效果。

在成虫、幼虫盛发期，可采用下列杀虫剂进行防治：

24％甲氧虫酰肼悬浮剂2 000～3 000倍液；

5％氟虫脲乳油1 000～2 000倍液；

20％虫酰肼悬浮剂1 500～3 000倍液；

50％丙溴磷乳油1 000～2 000倍液；

对水喷雾，视虫情间隔7～10天1次。

6.蚜虫

【分　布】萝卜蚜(*Lipaphis erysimi*)，属同翅目蚜科，在全国分布很广。

【为害特点】常群集在叶背和嫩茎上，以刺吸口器吸食植物汁液(图14-78)；常造成植株严重缺水和营养不良。幼叶被害，常卷曲皱缩，叶片产生褪绿斑点，叶片发黄，影响正常生长；还是病毒病的主要传毒媒介。

图14-78　蚜虫为害白菜

【形态特征】有翅胎生雌蚜体长1.6～1.8mm，头部及胸部均黑色，腹部黄绿色至绿色，第1、2节背面及腹管后各有2条淡黑色横带，有时身上覆有稀少白色蜡粉。复眼赤褐色，触角第3～5节均有感觉孔，但不排成一列。额瘤不显著。腹管较短，约与触角第5节等长，中后部稍膨大，末端稍有缢缩；无翅胎生雌蚜体长约1.8mm，全身黄绿色，稍覆白色蜡粉。触角无感觉孔(图14-79)，额瘤及腹管似有翅蚜。

图14-79　蚜虫

【发生规律】北方地区每年发生十余代，在南方达数十代；萝卜蚜没有木本寄主，在北方可在秋白菜上产卵越冬；在南方可全年孤雌胎生，连续繁殖。翌年3—4月卵孵化为干母，在越冬寄主上繁殖几代后，产生有翅蚜，向其他蔬菜上转移，扩大为害。到晚秋，部分产生性蚜，交配产卵越冬。萝卜蚜适应范围广，较低温度时，萝卜蚜发育也较快。因此秋季发生为害较为严重。

【防治方法】蔬菜收获后，及时处理残株败叶，铲除杂草并带出田外集中处理。

生物防治。保护天敌昆虫如瓢虫、蚜茧蜂、食蚜蝇、草蛉等。

物理防治。萝卜蚜对黄色有强烈诱集作用，可以在田间设置黄板诱杀。

萝卜蚜发生较多时，可采用下列杀虫剂进行防治：

240g/L螺虫乙酯悬浮剂4 000~5 000倍液；

10%烯啶虫胺水剂3 000~5 000倍液；

10%氟啶虫酰胺水分散粒剂3 000~4 000倍液；

10%吡虫啉可湿性粉剂1 500~2 000倍液；

50%抗蚜威可湿性粉剂1 000~2 000倍液；

25%吡虫·仲丁威乳油2 000~3 000倍液；

25%噻虫嗪可湿性粉剂2 000~3 000倍液；

5%啶虫脒乳剂5~7ml/亩；

2.5%高效氯氟氰菊酯可湿性粉剂20~30g/亩；

对水喷雾，视虫情间隔7天左右1次。

7．蛴螬

【分　　布】蛴螬，属鞘翅目金龟甲总科。分布于全国各地，为害蔬菜的主要有大黑鳃金龟、暗黑鳃金龟、铜绿金龟子、黑绒金龟子。

【为害特点】幼虫主要咬断幼苗根茎造成幼苗死亡，常造成缺苗断垄(图14-80)。

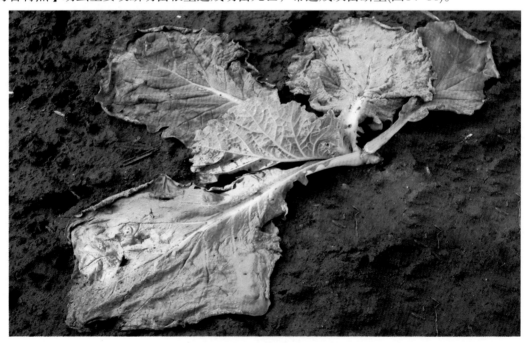

图14-80　蛴螬为害状

【形态特征】参见农作物卷。

【发生规律】一般一年发生1~2代，或2~3年发生1代。蛴螬共3龄；1~2龄期较短，3龄期最长。蛴螬终生栖居土中。在一年中活动最适的土温平均为13~18℃，高于23℃，逐渐向深土层转移，至秋季土温下降后再移向土壤上层。因此蛴螬在春秋两季为害最重。

【防治方法】大面积秋耕，并随犁拾虫；施用充分腐熟的有机肥。

土壤处理。用50%辛硫磷乳油200~250g/亩拌成毒土顺垄条施或混入有机肥结合整地施入。

每亩用50%辛硫磷乳油150~200g拌谷子等饵料5kg左右，撒于田间诱杀。

生长期发生为害时，可采用下列杀虫剂进行防治：

50%辛硫磷乳油1 000~2 000倍液；

1.8%阿维菌素乳油2 500~4 000倍液；

8．同型巴蜗牛

【分　　布】同型巴蜗牛(*Bradybaena similaris*)，腹足纲，柄眼目，巴蜗牛科。分布于我国黄河流域、长江流域及华南各地。

【为害特点】初孵幼螺取食叶肉，留下表皮，稍大个体则用齿舌将叶、茎秆磨成小孔或将其吃断，严重者将苗咬断，造成缺苗。

【形态特征】成虫体形与颜色多变，扁球形，成虫爬行时体长约33mm，体外一扁圆形螺壳，具5~6个螺层，顶部螺层增长稍慢，略膨胀，螺旋部低矮，体部螺层生长迅速，膨大快。头发达，上有2对可翻转缩回的触角。壳面红褐色至黄褐色，具细致而稠密生长线(图14-81)。

图14-81　同型巴蜗牛成虫

【发生规律】一年发生1代，以成虫、幼虫在菜田、绿肥田、灌木丛及作物根部、草堆石块下及房前屋后等潮湿阴暗处越冬，壳口有白膜封闭。翌年3月初逐渐开始取食，4—5月成贝交配产卵，为害多种植物幼苗。夏季干旱或遇不良气候条件，便隐蔽起来，常常分泌黏液形成蜡状膜将口封住，暂时不吃不动。干旱季节过后，又恢复活动继续为害，最后转入越冬状态。每年以4—5月和9月的产卵量较大。11月下旬进入越冬状态。

【防治方法】采用清洁田园、铲除杂草、及时中耕、排干积水等措施。秋季耕翻，使部分越冬成虫、幼虫暴露于地面冻死或被天敌啄食，卵被晒爆裂。用树叶、杂草、菜叶等在菜田做诱集堆，天亮前集中捕捉。在沟边、地头或作物间撒石灰带，用生石灰50~75kg/亩，保苗效果良好。

一般每亩用6%四聚乙醛颗粒剂0.5~0.7kg与10~15kg细干土混合或6%聚酯·甲奈威颗粒0.6~0.75kg/亩，均匀撒施，或与豆饼粉或玉米粉等混合做成毒饵，于傍晚施于田间垄上诱杀。当清晨蜗牛未潜入土时，用氨水70~100倍液，或1%食盐水喷洒防治。

四、大白菜各生育期病虫害防治技术

大白菜现已成为一种广泛栽培蔬菜。已培育出春、夏、秋各种生态型，早、中、晚熟配套品种，基本实现周年供应市场。大白菜从播种到商品采收，早熟品种在65天左右，中熟品种在70~85天，晚熟品种在85天以上。全国秋季大白菜的播种面积目前是最大的；在高寒地区播种期一般在7月中下旬；华北地区在8月上中旬；长江中下游地区在8月下旬；华南冬暖地区多在9—10月播种。

大白菜的生育周期大致可分为发芽期、幼苗期、莲座期、结球期、休眠期、返青抽薹期、开花期、结荚期。按照常规栽培及病虫害防治习惯，我们可将大白菜生育期分为：苗期、莲座期、结球期。

(一)大白菜苗期病虫害防治技术

大白菜多为直播，苗期主要有地下害虫和大白菜猝倒病、立枯病为害；苗后也有霜霉病、病毒病、炭疽病、萝卜蚜、菜青虫、小菜蛾发生为害(图14-82和图14-83)，常常造成缺苗断垄，应加强施药防治，减轻病虫为害。

图14-82　大白菜苗期

图14-83　大白菜苗期常见病害

根据栽培时期和地区环境条件，合理选用品种。如果进行春季提前栽培的，应选择前期耐低温能力比较强的品种栽培；育苗时应在温度能够人为调控的棚室进行育苗，苗期如遇连续低温天气应注意保温，避免幼苗通过春化而不结球影响产量。

种子处理。防治苗期猝倒病、立枯病、黑腐病、炭疽病等，可用50%福美双可湿性粉剂、65%代森锌可湿性粉剂或40%拌种双可湿性粉剂，按种子重量0.3%～0.4%拌种。也可用种子重量0.3%的45%代森铵水剂300倍液浸种20分钟，浸种后用水充分冲洗后晾干播种；对于老菜区，可以用种子重量0.3%～0.4%的50%福美双可湿性粉剂加上0.3%～0.4%的25%甲霜灵可湿性粉剂，再加上0.4%的25%溴菌腈可湿性粉剂或50%咪鲜胺锰盐可湿性粉剂拌种。拌种时加入0.01%芸薹素内酯可溶性液剂4 000倍液，可以促进种子发芽生长，提高抗病性。

土壤处理。播前使用硫酸铜3～5kg/亩或用50%福美双可湿性粉剂2～3kg/亩、70%敌磺钠可溶性粉剂2～3kg/亩或70%五氯硝基苯可湿性粉剂2～3kg/亩，加细土50kg拌成药土，播前沟施或穴施。对于经常发生地下害虫的地块，可用90%晶体敌百虫100～150g，对少量水后拌细土15～20kg，制成毒土，均匀撒在播种沟内；也可用3%辛硫磷颗粒剂3～5kg/亩或用5%丙硫克百威颗粒剂1.3～2kg/亩施于垄下。

大白菜出苗后，易发生猝倒病、立枯病、霜霉病，应加强预防和防治，发病前可采用下列杀菌剂进行预防：

30%苯醚甲·丙环乳油3 000～3 500倍液+40%三乙膦酸铝可湿性粉剂250倍液；

70%恶霉灵可湿性粉剂2 000～3 000倍液+25%甲霜灵可湿性粉剂600～800倍液；

20%氟酰胺可湿性粉剂600～800倍液+20%氟吗啉可湿性粉剂600～800倍液；

20%灭锈胺悬浮剂1 000～1 500倍液+70%丙森锌可湿性粉剂600～800倍液；

80%多·福·福锌可湿性粉剂500～700倍液；

560g/L嘧菌·百菌清悬浮剂2 000~3 000倍液；

对水均匀喷雾，视病情间隔7~15天1次。田间发现有其他病害发生为害时及时进行相应的防治。

大白菜苗期，防治蚜虫、菜青虫、小菜蛾，可采用下列杀虫剂或配方进行防治：

240g/L螺虫乙酯悬浮剂4 000倍液+0.5%甲氨基阿维菌素苯甲酸盐微乳剂3 000倍液；

10%烯啶虫胺水剂3 000~5 000倍液+15%茚虫威悬浮剂3 000~4 000倍液；

3%啶虫脒乳油2 000~3 000倍液+1.2%烟碱·苦参碱乳油800~1 500倍液；

10%氟啶虫酰胺水分散粒剂4 000倍液+200g/L虫酰肼悬浮剂3 000倍液；

10%吡丙·吡虫啉悬浮剂2 500倍液+22%氰氟虫腙悬浮剂3 000倍液；

25%噻虫嗪可湿性粉剂2 000~3 000倍液+0.5%藜芦碱可溶性液剂1 000~2 000倍液；

对水喷雾，视虫情间隔10~15天喷1次。注意药剂应进行轮换施用以减缓抗药性的产生。

(二)大白菜莲座期病虫害防治技术

莲座期是指从第一个叶环(团棵)结束到第三个叶环的叶子完全长出，植株开始出现包心(图14-84至图14-85)。在此期白菜常发的病害有霜霉病、黑腐病、病毒病、根肿病、炭疽病、白斑病、褐斑病、软腐病等，常发生的虫害有菜青虫、小菜蛾、云斑粉蝶、斑缘豆粉蝶、菜叶蜂、萝卜蚜、小猿叶虫、同型巴蜗牛等(图14-86)，需要尽早地施药预防，减轻后期为害。因此，莲座期是病虫害防治的关键时期，同时也是保证高产的一个重要时期。

图14-84 大白菜莲座初期

图14-85 大白菜莲座后期

图14-86 大白菜莲座期常见病虫害

对于以防治大白菜霜霉病为主时，可采用下列杀菌剂或配方进行防治：

18.7%烯酰·吡唑酯水分散粒剂2 000~3 000倍液；

68%精甲霜·锰锌水分散粒剂800~1 000倍液；

50%氟吗·乙铝可湿性粉剂600~800倍液+70%代森锰锌可湿性粉剂600~800倍液；

72%丙森·膦酸铝可湿性粉剂800~1 000倍液；

52.5%恶酮·霜脲氰水分散粒剂1 500~2 000倍液；

40%氧氯·霜脲氰可湿性粉剂800~1 000倍液；

76%霜·代·乙膦铝可湿性粉剂800~1 000倍液；

均匀喷雾，视病情间隔7~10天1次。

进入莲座期后应加强田间病害调查，田间大白菜黑腐病、软腐病或根肿病发生为害时，发病前期至初期，可采用下列杀菌剂进行防治：

3%中生菌素可湿性粉剂600~800倍液；

20%叶枯唑可湿性粉剂600~800倍液；

20%噻唑锌悬浮剂300~500倍液+12%松脂酸铜悬浮剂600~800倍液；

20%噻菌铜悬浮剂1 000~1 500倍液；

45%代森铵水剂400~600倍液；

47%春雷·王铜可湿性粉剂700倍液；

对水喷雾，视病情间隔7~14天1次。

加强病毒病调查，病毒病发病前至发病初期及时施药防治，可采用下列杀菌剂进行防治：

2%宁南霉素水剂200~400倍液；

4%嘧肽霉素水剂200~300倍液；

2.1%烷醇·硫酸铜可湿性粉剂500~700倍液；

1.05%氮苷·硫酸铜水剂300~500倍液；

3.95%三氮唑核苷·铜·烷醇·锌水剂500~800倍液；

均匀喷雾，视病情间隔5~7天喷1次。

田间有炭疽病、白斑病、褐斑病等发生为害时，发病初期可采用下列杀菌剂进行防治：

70%甲基硫菌灵可湿性粉剂600~800倍液+75%百菌清可湿性粉剂600~800倍液；

50%异菌脲可湿性粉剂800~1 200倍液；

50%苯菌灵可湿性粉剂1 000倍液+70%代森锰锌可湿性粉剂600~800倍液；

50%多·霉威可湿性粉剂800~1 000倍液+70%代森锰锌可湿性粉剂600~800倍液；

65%甲硫·霉威可湿性粉剂800~1 000倍液；

50%敌菌灵可湿性粉剂600~800倍液+40%氟硅唑乳油4 000~6 000倍液；均匀喷雾，视病情间隔7~10天喷1次。

防治菜青虫、小菜蛾等鳞翅目害虫，应掌握在卵孵化盛期至幼虫3龄前，可采用下列杀虫剂进行防治：

0.5%甲氨基阿维菌素苯甲酸盐微乳剂2 000~3 000倍液；

15%茚虫威悬浮剂3 000~4 000倍液；

1.8%阿维菌素乳油2 000~3 000倍液；

2%阿维·苏云菌可湿性粉剂2 000~3 000倍液；

10 000PIB/mg菜青虫颗粒体病毒·16 000IU/mg苏可湿性粉剂600~800倍液；

对水喷雾，视虫情间隔10~15天喷1次。注意上述药剂应进行轮换施用，以减缓抗药性的产生。

防治白菜田蚜虫、白粉虱等同翅目害虫，应在发生较多时，采用下列杀虫剂进行防治：

240g/L螺虫乙酯悬浮剂4 000~5 000倍液；

10%氟啶虫酰胺水分散粒剂3 000~4 000倍液；

10%烯啶虫胺水剂3 000~5 000倍液；

25%吡虫·仲丁威乳油2 000~3 000倍液；

对水喷雾，视虫情间隔7~14天喷1次。

防治小猿叶虫在成虫、幼虫盛发期，可采用下列杀虫剂进行防治：

24%甲氧虫酰肼悬浮剂2 000~3 000倍液；

5%氟虫脲乳油1 000~2 000倍液；

20%虫酰肼悬浮剂1 500~3 000倍液；

20%除虫脲悬浮剂1 000~2 000倍液；

对水喷雾，视虫情间隔7~10天1次。

防治同型巴蜗牛，可用6%四聚乙醛颗粒剂0.5~0.7kg，6%聚酯甲奈威颗粒剂与10~15kg细干土混合，均匀撒施，或与豆饼粉或玉米粉等混合作成毒饵，于傍晚施于田间垄上诱杀。

在大白菜莲座期后，叶面喷施0.01%芸薹素内酯可溶性液剂4 000~8 000倍液、8%胺鲜酯可溶性粉剂4 000~8 000倍液、0.5%氨基寡糖素水剂500~800倍液，隔7~15天，再喷施1~2次，可以提高大白菜的抗病能力，促进生长；叶面喷施2.5%赤霉酸·复硝酚钾水剂1 000~2 000倍液、3.8%苄氨基嘌呤·赤霉酸乳油2 000~4 000倍液或40%羟烯·吗啉胍可溶性粉剂2 000~4 000倍液，可以有效促进大白菜生长，并促进结球。

(三)大白菜结球期病虫害防治技术

结球期是指从莲座期结束至叶球充分膨大直到收获为止(图14-87和图14-88)。此期是大白菜迅速生长期。这一时期的病害发生严重的有霜霉病、黑斑病、炭疽病、菌核病、黑腐病、软腐病、细菌性角斑病等；此期常发生的害虫有菜青虫、小菜蛾、云斑粉蝶等(图14-89)。

该期大白菜霜霉病发生较重，应加强防治，同时考虑对其他病害的预防，可采用下列杀菌剂进行防治：

25%吡唑醚菌酯乳油1 500~2 000倍液；

66.8%丙森·异丙菌胺可湿性粉剂600~800倍液；

687.5g/L氟吡菌胺·霜霉威盐酸盐悬浮剂1 500倍液；

60%氟吗·锰锌可湿性粉剂1 000~1 500倍液；

68%精甲霜·锰锌水分散粒剂800~1 000倍液；

50%烯酰吗啉可湿性粉剂1 000~1 500倍液+75%百菌清可湿性粉剂600~800倍液；

72.2%霜霉威盐酸盐水剂800~1 000倍液+10%氰霜唑悬浮剂2 000~2 500倍液；

25%烯肟菌酯乳油800~1 200倍液+75%百菌清可湿性粉剂600~800倍液；

图14-87　大白菜结球初期

图14-88　大白菜结球后期

图14-89　大白菜结球期常见病虫害

25%嘧菌酯悬浮剂1 500～2 000倍液；

均匀喷雾，视病情间隔7～10天喷1次。

防治黑斑病、炭疽病等，在发病较普遍时，可采用下列杀菌剂或配方进行防治：

20%唑菌胺酯水分散粒剂1 000～1 500倍液；

10%苯醚甲环唑水分散粒剂1 000～1 500倍液+75%百菌清可湿性粉剂600～800倍液；

50%腐霉利可湿性粉剂1 000～1 500倍液+70%代森锰锌可湿性粉剂600～800倍液；

50%异菌脲可湿性粉剂1 000～1 500倍液；

50%福美双·异菌脲可湿粉剂800～1 000倍液；

10%苯醚甲环唑水分散性粒剂1 000～1 500倍液+75%百菌清可湿性粉剂600～800倍液；

40%腈菌唑水分散粒剂4 000～6 000倍液+70%代森锰锌可湿性粉剂600～800倍液；

25%咪鲜胺乳油1 000～1 500倍液+70%代森锰锌可湿性粉剂800倍液；

均匀喷雾，间隔7～10天喷1次。

大白菜菌核病发病前至发病初期，可采用下列杀菌剂或配方进行防治：

50%腐霉利可湿性粉剂1 000倍液+75%百菌清可湿性粉剂600～800倍液；

50%乙烯菌核利可湿性粉剂600～800倍液+70%代森锰锌可湿性粉剂600～800倍液；

50%异菌脲可湿性粉剂1 000～1 500倍液；

40%菌核净可湿性粉剂600～800倍液；

66%甲硫·霉威可湿性粉剂1 500倍液+70%代森锰锌可湿性粉剂800倍液；

50%多·菌核可湿性粉剂600～800倍液+50%敌菌灵可湿性粉剂500倍液；

均匀喷雾，视病情间隔7天1次。重点喷植株基部和地面。

防治大白菜软腐病、黑腐病、细菌性角斑病，在发病较普遍时，可采用下列杀菌剂进行防治：

6%春雷霉素300～500倍液；

3%中生菌素可湿性粉剂600～800倍液；

20%噻唑锌悬浮剂300～500倍液+12%松脂酸铜悬浮剂600～800倍液；

20%噻菌铜悬浮剂1 000～1 500倍液；

2%春雷霉素可湿性粉剂300～500倍液；

均匀喷雾，视病情间隔7～14天喷1次。重点喷洒病株基部及地表，使药液流入菜心效果为好。

防治菜青虫、云斑粉蝶等，在卵孵化盛期至幼虫3龄前，可采用下列杀虫剂进行防治：

0.5%甲氨基阿维菌素苯甲酸盐乳油2 000～3 000倍液+4.5%高效顺式氯氰菊酯乳油1 000～2 000倍液；

24%甲氧虫酰肼悬浮剂2 000～4 000倍液；

5%氯虫苯甲酰胺悬浮剂2 000～3 000倍液；

5%高氯·甲维盐微乳剂3 000～4 500倍液；

3.6%苏云·虫酰肼可湿性粉剂2 000～3 000倍液；

对水喷雾，视虫情间隔10～15天喷1次。

防治小菜蛾、斑缘豆粉蝶等，在卵孵化盛期至幼虫2龄期前，可选用下列杀虫剂进行防治：

22%氰氟虫腙悬浮剂2 000～3 000倍液；

100g/L三氟甲吡醚乳油3 000～4 000倍液；

20.5%甲维·丁醚脲悬浮剂3 000～4 000倍液；

10%二氯苯醚菊酯4 000～5 000倍液；

5.1%甲维·虫酰肼乳油3 000～4 000倍液；

对水喷雾，视虫情间隔7～14天1次。

第十五章　上海青病害防治新技术

上海青属十字花科，一年生或二年生草本植物，原产于中国。全国各地均有栽培。栽培模式以露地栽培为主，其次为保护地栽培等。

目前，国内发现的上海青病虫害有30多种，其中，病害20多种，主要有霜霉病、黑斑病、黑腐病等；生理性病害10多种，主要有先期抽薹等；虫害10种，主要有菜青虫、小菜蛾等。常年因病虫害发生为害造成的损失达20%~50%。

1. 上海青霜霉病

【症　　状】叶片发病，叶面出现灰黄色病斑，后扩大为黄褐色病斑，受叶脉限制而呈多角形或不规则形，叶背密生白色霉层(图15-1和图15-2)。

图15-1　上海青霜霉病叶片发病症状　　　　　图15-2　上海青霜霉病叶背发病症状

【病　　原】*Peronospora parasitica* 称寄生霜霉，属鞭毛菌亚门真菌。菌丝无色，不具隔膜，吸器圆形至梨形或棍棒状。孢囊梗单生或2~4根束生，无色，无分隔，主干基部稍膨大。孢子囊无色，单胞，长圆形至卵圆形。卵孢子球形，单胞，黄褐色，表面光滑，胞壁厚，表面皱缩或光滑。

【发生规律】以卵孢子在病残组织里、土壤中或附着在种子上越冬，或以菌丝体在留种株上越冬。翌春由卵孢子或休眠菌丝产生的孢子囊萌发芽管进行侵染为害。病害发生的适温为16～20℃，相对湿度70%左右。在生产中，播种过早、密度过大、田间通透性差、阴雨天多、雨后田间易积水、偏施氮肥植株徒长或生长期严重缺肥等都能加重病情。

【防治方法】适期播种，注意播种密度；施足底肥，合理施用氮、磷、钾肥。小水勤灌，雨后及时排水。发现病株及时清除田间病残体并带出田外集中深埋或烧毁。

种子处理。可用72.2%霜霉威盐酸盐水剂500倍液浸种1小时；或用53%甲霜灵·锰锌水分散粒剂按种子重量的0.3%拌种。

田间发病时及时施药防治，可采用下列杀菌剂或配方进行防治：

687.5g/L霜霉威盐酸盐·氟吡菌胺悬浮剂800～1 200倍液；

84.51%霜霉威·乙膦酸盐可溶性水剂600～1 000倍液；

50%烯酰吗啉可湿性粉剂1 000～1 500倍液+75%百菌清可湿性粉剂600～800倍液；

70%呋酰·锰锌可湿性粉剂600～1 000倍液；

440g/L双炔·百菌清悬浮剂600～1 000倍液；

25%甲霜·霜霉威可湿性粉剂1 500～2 000倍液；

50%烯酰·乙膦铝可湿性粉剂1 000～2 000倍液；

18%霜脲·百菌清悬浮剂1 000～1 500倍液；

均匀喷雾，视病情间隔5～7天喷1次。

2. 上海青黑斑病

【症　　状】主要为害叶片，也可为害叶柄；叶片上的病斑圆形，褐色或深褐色，有明显的同心轮纹，周缘有时有黄色晕圈，在高温条件下病部易穿孔，发病严重时，叶片上布满病斑(图15-3和图15-4)。叶柄上病斑成纵条状，暗褐色，稍凹陷。潮湿时病斑上产生黑色霉状物。

图15-3　上海青黑斑病叶片发病初期症状

图15-4　上海青黑斑病叶片发病后期症状

【病　　原】*Alternaria brassicae* 称芸薹链格孢，属半知菌亚门真菌。分生孢子梗褐色，不常分枝。分生孢子单生，孢身具5～12个横隔膜，若干纵隔膜，灰榄褐色，喙具1～6个横隔膜，孢身至喙渐细。

【发生规律】以菌丝体或分生孢子在病残体或种子上或冬贮菜上越冬。翌年产生孢子从气孔或直接穿透表皮侵入，借助风雨传播。该病菌在10～35℃均能正常生长发育，最适温度为17～25℃。一般播种较早、种植密度过大、地势低洼、易积水、经常大水漫灌、管理粗放、缺水缺肥、植株长势差、抗病力弱、连续阴雨或雾多雾重，发病较重。

【防治方法】合理安排播种期；按上海青生长需要，配方施肥，多施腐熟的优质有机肥，并增施磷、钾肥。合理灌水，收获后及时清除田园病残体，及时带出田外深埋或烧毁，减少田间病源。

种子处理。播种前进行种子处理可减少田间发病率。用50％异菌脲可湿性粉剂按种子重量的0.2％～0.3％拌种。

发病前至发病初期，可采用下列杀菌剂进行防治：

50％苯菌灵可湿性粉剂1 000倍液+68.75％恶酮·锰锌水分散粒剂1 000倍液；

64％氢铜·福美锌可湿性粉剂1 000倍液；

70％丙森·多菌可湿性粉剂600～800倍液；

47％春雷·王铜可湿性粉剂600～800倍液+70％代森联水分散粒剂800倍液；

60％琥铜·锌·乙铝可湿性粉剂600～800倍液+75％百菌清可湿性粉剂600～800倍液；

均匀喷雾，视病情间隔7～15天喷1次。

发病较普遍时，可采用下列杀菌剂或配方进行防治：

50％乙烯菌核利可湿性粉剂600～800倍液+75％百菌清可湿性粉剂600～800倍液；

20％唑菌胺酯水分散粒剂1 000～1 500倍液+80％代森锌可湿性粉剂600～800倍液；

10％苯醚甲环唑水分散粒剂1 000～1 500倍液+75％百菌清可湿性粉剂600～800倍液；

50％异菌脲可湿性粉剂1 000～1 500倍液；

50％福美双·异菌脲可湿性粉剂800～1 000倍液；

均匀喷雾，视病情间隔5～7天喷1次。

3．上海青黑腐病

【症　　状】多从叶片边缘开始发病，逐渐向内扩展，形成"V"字形黑褐色病斑，周围变黄，与健部界线不明显。病斑内网状叶脉变为褐色或黑色(图15-5和图15-6)。叶柄发病，沿维管束向上发展，可形成褐色干腐，叶片歪向一侧，半边叶片发黄。严重发病株多数叶片枯死或折倒。

图15-5　上海青黑腐病叶片发病初期症状

图15-6　上海青黑腐病叶片发病后期症状

【病　　原】*Xanthomonas campestris* pv. *campestris* 称野油菜黄单胞杆菌野油菜致病变种，属细菌。菌体杆状，极生单鞭毛，无芽孢，有荚膜，单生或链生，革兰氏染色阴性。

【发生规律】病原细菌随种子和田间的病株残体越冬，也可在采种株或越冬蔬菜上越冬。带菌种子是最重要的初侵染来源。春季通过雨水、灌溉水、昆虫或农事操作传播带到叶片上，经由叶缘的水孔、叶片的伤口、虫伤口侵入。灌水过多的地块、连作地块、施用未腐熟农家肥、种植过密、叶面结露时间长、管理粗放、植株徒长或早衰等情况，发病较重。

【防治方法】与非十字花科作物实行2~3年轮作。施用腐熟的农家肥。适时播种，合理密植。合理灌水，雨后及时排水，降低田间湿度。栽培季节结束后，清洁田园，及时清除病残体。

种子处理。播种前，可用72%农用硫酸链霉素可溶性粉剂3 000~4 000倍液浸种15~20分钟，捞出后用清水洗净，晾干后播种。

发病初期，可采用下列杀菌剂进行防治：

47%春雷·王铜可湿性粉剂700倍液；

12%松脂酸铜乳油600~800倍液；

60%琥·乙膦铝可湿性粉剂500~700倍液；

对水喷雾，视病情间隔7~14天1次。

发病普遍时可采用下列杀菌剂进行防治：

6%春雷霉素3 000~5 000倍液；

3%中生菌素可湿性粉剂600~800倍液；

20%噻唑锌悬浮剂300~500倍液+12%松脂酸铜乳油600~800倍液；

20%噻菌铜悬浮剂1 000~1 500倍液；均匀喷雾，视病情间隔7~10天喷1次。

4. 上海青软腐病

【症　　状】发病初期外叶萎蔫，继之叶柄基部腐烂，病叶瘫倒(图15-7)。也有的茎基部腐烂并延及心髓，充满黄色黏稠物(图15-8)。

图15-7　上海青软腐病叶柄发病症状

图15-8　上海青软腐病茎基部发病症状

【病　　原】*Erwinia carotovora* pv. *carotovora* 称胡萝卜软腐欧文氏菌胡萝卜软腐致病变种，属细菌。

【发生规律】在北方，病原菌在病残体、土壤、未腐熟的农家肥中越冬，成为重要的初侵染菌源。通过雨水、灌溉水、肥料、土壤、昆虫等多种途径传播，由伤口或自然裂口侵入，不断发生再侵染。播种较早的发病较重，施用未腐熟的肥料、高温多雨、地势低洼、排水不良、土质黏重、发病后大水漫灌、肥水不足、植株长势较弱、地下害虫多都会加重病情。

【防治方法】精细翻耕整地，暴晒土壤，促进病残体分解。适时播种，适期定苗；增施基肥，及时追肥。采用高垄栽培；雨后及时排水，发现病株后及时清除，病穴撒石灰进行消毒。栽培季节结束后清除田间病残体。

发病期加强防治，可采用下列杀菌剂进行防治：

6%春雷霉素水剂300~500倍液；

3%中生菌素可湿性粉剂600~800倍液；

30%琥胶肥酸铜可湿性粉剂500~1 000倍液；

20%噻唑锌悬浮剂600~800倍液；

20%喹菌铜水剂1 000~1 500倍液；

50%氯溴异氰尿酸可溶性粉剂1 500~2 000倍液；

均匀喷雾，视病情间隔5~7天喷1次。

5. 上海青病毒病

【症　　状】叶片皱缩、凹凸不平，呈黄绿相间或银白条斑相间的花叶，有时叶片扭曲；在叶柄上也有褐色的坏死斑点或条纹(图15-9至图15-11)。

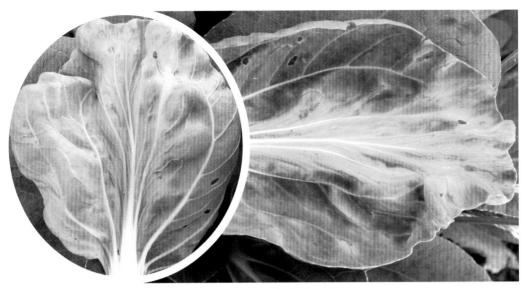

图15-9　上海青病毒病花叶型

图15-10　上海青病毒病皱缩型

图15-11　上海青病毒病曲叶型

【病　　原】Turnip mosaic virus（TuMV）称芜菁花叶病毒；Cucumber mosaic virus（CMV）称黄瓜花叶病毒；Tobacco mosaic virus（TMV）称烟草花叶病毒。

【发生规律】在北方地区病毒在窖藏的白菜、甘蓝的留种株上越冬，或在田间的寄主植物活体上越冬，还可在越冬菠菜和多年生杂草的宿根上越冬。翌年春天，主要靠蚜虫把病毒传到春季种植的上海青上引起发病。播种过早、管理粗放、缺水、缺肥植株旺长或长势较弱的田块发病重。

【防治方法】彻底清除田边地头的杂草；根据当地气候适时播种。深耕细作，发现病株及时拔除。苗期采取小水勤灌，可减轻病毒病发生。有条件的可采取防虫网室栽培。

防治该病的关键是控制蚜虫的为害，发现蚜虫及时防治。

在病毒病发病前至发病初期，可采用下列药剂进行防治：

2％宁南霉素水剂200～400倍液；

5％氨基寡糖素水剂300～500倍液；

7.5％菌毒·吗啉胍水剂500～700倍液；

3.85％三氮唑·铜·锌水乳剂600～800倍液；

1.5％硫铜·烷基·烷醇水乳剂1 000倍液；

31％氮苷·吗啉胍可溶性粉剂600～800倍液；

均匀喷雾，视病情间隔5～7天喷1次。

6．上海青白斑病

【症　　状】主要为害叶片，发病初期，叶片上产生灰褐色的小斑点(图15-12)，后期病斑呈半透明状，组织变薄，容易破裂穿孔。发病严重时，病斑往往连成片，呈不规则形的大斑，最后叶片干枯。

图15-12　上海青白斑病叶片发病症状

【病　　原】*Cercosporella albomaculans* 称白斑小尾孢，属半知菌亚门真菌。菌丝无色，有隔膜，分生孢子梗束生，无色，正直或弯曲，顶端圆截形，着生一个分生孢子，分生孢子线形，无色透明，基部稍膨大，圆形，顶端稍尖，直或稍弯，有1～4个横隔。

【发生规律】主要以菌丝或菌丝体附在地表的病叶上生存或以分生孢子黏附在种子上越冬，翌年借雨水飞溅传播到上海青叶片上，孢子发芽后从气孔侵入，引致初侵染。借风雨传播进行多次再侵染。5~28℃均可发病，最适发病温度范围11~23℃。一般发生在8—10月，一般播种早、地势低洼、基肥不足或生长期缺肥、植株长势弱、遇连续阴雨或暴雨发病重。

【防治方法】与非十字花科蔬菜轮作3年以上。选择地势较高、排水良好的地块种植。要注意平整土地，适期晚播；施足充分腐熟后的有机肥，增施磷、钾肥。雨后及时排水，及时清除病叶，收获后清除田间病残体并深翻土壤。

发病前至发病初期，可采用下列杀菌剂进行防治：

70%甲基硫菌灵可湿性粉剂600~800倍液+75%百菌清可湿性粉剂600~800倍液；

50%苯菌灵可湿性粉剂800~1 000倍液+70%代森锰锌可湿性粉剂600~800倍液；

77%氢氧化铜可湿性粉剂600~800倍液；

均匀喷雾，视病情间隔7~10天喷1次。

发病较普遍时，可采用下列杀菌剂进行防治：

560g/L嘧菌·百菌清悬浮剂800~1 200倍液；

50%异菌·福美双可湿性粉剂800~1 000倍液；

64%氢铜·福美锌可湿性粉剂600~800倍液；

均匀喷雾，视病情间隔5~7天喷1次。

7．上海青细菌性叶斑病

【症　　状】主要为害叶片，叶片发病初期在叶背产生水渍状小斑点，发病后期在叶面上产生黄褐色至灰褐色近圆形或不规则形斑块，边缘较明显呈水渍状，天气干燥时易穿孔 (图15-13)。

图15-13　上海青细菌性叶斑病为害叶片症状

【病　　原】*Pseudomonas cichorii* 称菊苣假单胞菌，属细菌。

【发生规律】病原菌主要随病残体在土壤中越冬，也可以附着在种子上越冬，翌年条件适宜时借助风雨、灌溉水及害虫传播。栽培中雨水较多，栽培密度较大，管理粗放水肥不足，经常缺肥缺水，植株长势差发病较重。

【防治方法】注意播种密度，不可随意加大播种量或定植密度，加强肥水管理，合理配合施用氮、磷、钾肥，雨后及时排出田间积水，收获后及时清除田间病残体，并带出田间集中销毁。

发病初期，可采用下杀菌剂进行防治：

6%春雷霉素300～500倍液；

3%中生菌素可湿性粉剂600～800倍液；

30%琥胶肥酸铜可湿性粉剂500～1 000倍液；

47%春雷·王铜可湿性粉剂700倍液；

20%噻唑锌悬浮剂600～800倍液；

25%络氨铜水剂400～600倍液；

45%代森铵水剂200～400倍液；

喷雾，视病情间隔7～14天1次，连续2～3次。

8. 上海青炭疽病

【症　　状】主要为害叶片，有时也为害叶柄。叶片发病初期在叶片上产生中间白色，边缘褐色近圆形凹陷斑，发病后期病斑白色或灰白色半透明，天气干燥时易穿孔(图15-14)。叶柄发病常形成长椭圆形或梭形，黄褐色至灰褐色，边缘色稍深凹陷斑，后期病斑常向两侧开裂。

【病　　原】*Colletotrichum higginsianum* 称希金斯刺盘孢，属于无性型真菌。

图15-14　上海青炭疽病叶片发病症状

【发生规律】病菌主要以菌丝体随病残体在土壤中越冬，病菌也可以在种子上越冬。翌年条件适宜时在田间通过风雨传播，从伤口或直接穿透表皮侵入。南方常在6—9月发病。种植密度过大，田间郁闭通透性差，雨水较多年份，雨后易积水，经常缺肥缺水植株长势差，发病较重。

【防治方法】种植密度要合理，加强肥水管理，促进植株健壮生长，雨后及时清除田间积水，收获后及时清除田间病残体，并带出田间集中销毁。

种子处理。用25%溴菌腈可湿性粉剂或50%咪鲜胺锰盐可湿性粉剂按种子重量0.3%～0.4%拌种，也可采用2.5%咯菌腈悬浮种衣剂进行种子包衣。

发病初期，可采用下列杀菌剂进行防治：

20%唑菌胺酯水分散粒剂1 000～1 500倍液+80%代森锌可湿性粉剂600～800倍液；

20%苯醚·咪鲜胺微乳剂2 500～3 500倍液；

50%醚菌酯干悬浮剂3 000倍液+70%丙森锌可湿性粉剂600～800倍液；

30%苯噻硫氰乳油1 000～1 500倍液+70%代森联水分散粒剂800～1 000倍液；

5%亚胺唑可湿性粉剂1 000倍液+66%二氰蒽醌水分散粒剂1 500～2 500倍液；

40%多·福·溴菌腈可湿性粉剂800～1 000倍液；

对水喷雾，视病情间隔7～10天1次，连续2～3次。

第十六章　菜薹病害防治新技术

　　菜薹属十字花科，一年生或二年生草本植物，起源于中国南部。在中国主要分布在广东、广西、湖北以及台湾、香港和澳门等地，其他地区也有少量栽培。栽培模式以露地栽培为主，其次为保护地栽培。

　　目前，国内发现的菜薹病虫害有30多种，其中，病害10多种，主要有霜霉病、黑斑病等；生理性病害10多种；虫害10种，主要有菜青虫、小菜蛾等。常年因病虫害发生为害造成的损失达20%～40%。

1. 菜薹霜霉病

　　【症　　状】叶正面出现灰白色、淡黄色或黄绿色边缘不明显的病斑(图16-1)，后扩大为黄褐色病斑，受叶脉限制而呈多角形或不规则形，叶背密生白色霉层(图16-2)。

　　【病　　原】*Peronospora parasitica* 称寄生霜霉，属鞭毛菌亚门真菌。

　　【发生规律】以卵孢子在病残组织里、土壤中或附着在种子上越冬或以菌丝体在留种株上越冬。翌春由卵孢子或休眠菌丝产生的孢子囊萌发芽管。经气孔或表皮细胞间侵入春菜寄主，春菜收后，病菌以卵孢子在田间休眠两个月后侵入秋菜。播种密度过大、田间通透性差、田间易积水、植株长势差、缺肥缺水等都会加重病情。

图16-1　菜薹霜霉病叶片发病初期症状

图16-2　菜薹霜霉病叶片发病后期症状

【防治方法】适期播种，适当稀植；施足底肥，增施磷、钾肥。发现病株及时清除病苗，栽培季节结束后及时清除田间病残体并带出田外集中深埋或烧毁。

发病初期，可采用下列杀菌剂进行防治：

25%吡唑醚菌酯乳油1 500～2 000倍液；

687.5g/L氟吡菌胺·霜霉威盐酸盐悬浮剂1 000～1 500倍液；

66.8%丙森·异丙菌胺可湿性粉剂600～800倍液；

50%烯酰吗啉可湿性粉剂1 000～1 500倍液+75%百菌清可湿性粉剂600～800倍液；

560g/L嘧菌·百菌清悬浮剂2 000～3 000倍液；

70%呋酰·锰锌可湿性粉剂600～1 000倍液；

440g/L双炔·百菌清悬浮剂600～1 000倍液；

18%霜脲·百菌清悬浮剂1 000～1 500倍液；

30%烯酰·甲霜灵水分散粒剂1 500～2 000倍液；

52.5%恶酮·霜脲氰水分散粒剂1 500～2 000倍液；

均匀喷雾，视病情间隔7～10天喷1次。

2．菜薹黑斑病

【症　　状】下部老叶先发病。发病初期叶片上出现黄褐色或深褐色圆形病斑，具有明显的同心轮纹，周缘有时有黄晕圈，易穿孔；发病严重的，致半叶或整叶枯死(图16-3和图16-4)。叶柄、茎部及果荚上病斑成纵条状，暗褐色，稍凹陷；严重时病斑上有黑色霉层(图16-5至图16-7)。

【病　　原】*Alternaria brassicae* 称芸薹链格孢，属半知菌亚门真菌。

【发生规律】以菌丝体或分生孢子在病残体或种子上或冬贮菜上越冬。翌年产生出孢子从气孔或直接穿透表皮侵入，借助风雨传播。种植密度过大，地势低洼，易积水，经常大水漫灌，管理粗放，植株长势差，抗性弱，连续阴雨或大雾，发病都重。

【防治方法】与非十字花科蔬菜轮作2～3年。根据菜薹生长需要，合理配方施肥，施足腐熟的优质有机肥，并增施磷、钾肥。菜薹收获后及时清除田园病残体及时带出田外深埋或烧毁，减少田间病源。

发病前至发病初期加强预防，可采用下列杀菌剂进行预防：

图16-3 菜薹黑斑病叶片发病初期症状

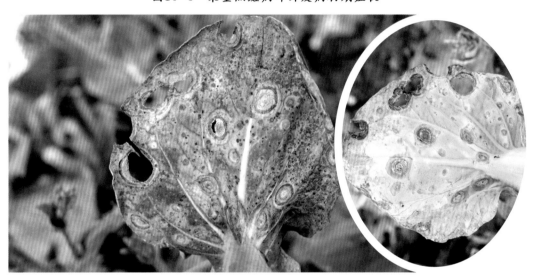

图16-4 菜薹黑斑病叶片发病后期症状

图16-5 菜薹黑斑病叶柄发病症状

图16-6　菜薹黑斑病茎部发病症状

图16-7　菜薹黑斑病种荚发病症状

10%苯醚甲环唑水分散粒剂1 000倍液+75%百菌清可湿性粉剂600～800倍液；

560g/L嘧菌·百菌清悬浮剂800～1 000倍液；

20%唑菌胺酯水分散粒剂1 000～1 500倍液+70%代森联水分散粒剂800倍液；

25%溴菌腈可湿性粉剂500～1 000倍液+50%克菌丹可湿性粉剂400～600倍液；

50%甲基·硫磺悬浮剂800～1 000倍液+70%代森锰锌可湿性粉剂700倍液；

50%腐霉利可湿性粉剂1 000～1 500倍液+70%代森联水分散粒剂600倍液；

50%福美双·异菌脲可湿性粉剂800～1 000倍液；

50%甲·米·多可湿性粉剂1 500～2 000倍液+70%代森联水分散粒剂800倍液；

均匀喷雾，视病情间隔5～7天喷1次。

3．菜薹黑腐病

【症　　状】叶片发病多从边缘出现向内扩展 "V" 字形黑褐色病斑，周围变黄，与健部界线不明显；病斑内网状叶脉变为褐色或黑色(图16-8和图16-9)。叶柄发病出现褐色干腐，叶片歪向一侧，半边叶片发黄。严重发病株多数叶片枯死或折倒。

图16-8　菜薹黑腐病叶片发病初期症状

图16-9　菜薹黑腐病叶片发病后期症状

【病　　原】*Xanthomonas campestris* pv. *campestris* 称野油菜黄单胞杆菌野油菜致病变种，属细菌。菌体杆状，极生单鞭毛，无芽孢，有荚膜，单生或链生，革兰氏染色阴性。

【发生规律】病原细菌随种子和田间的病株残体越冬，也可在采种株或越冬蔬菜上越冬。带菌种子是最重要的初侵染来源。通过雨水、灌溉水、昆虫或农事操作传播到叶片上，经由叶缘的水孔、叶片的伤口、虫伤口侵入。连作地块、种植密度过大、田间通透性差、叶面结露时间长、叶缘吐水、管理粗放、植株长势差等发病较重。

【防治方法】与非十字花科作物实行2～3年轮作。施足充分腐熟的有机肥。选用抗病品种栽培，适时播种，合理密植。小水勤灌，雨后及时排水，降低田间湿度。栽培季节结束后及时清除田间病残体。

发病前期至初期，可采用下列杀菌剂进行防治：

6%春雷霉素可溶液剂300～500倍液；

3%中生菌素可湿性粉剂600～800倍液；

30%琥胶肥酸铜可湿性粉剂500～1 000倍液；

20%噻唑锌悬浮剂300～500倍液+12%松脂酸铜悬浮剂600～800倍液；

20%噻菌铜悬浮剂1 000～1 500倍液；

40%琥·铝·甲霜灵可湿性粉剂1 000～1 500倍；

47%春雷·王铜可湿性粉剂700倍液；

均匀喷雾，视病情间隔5～7天喷1次。各种药剂应交替施用。

4．菜薹病毒病

【症　　状】叶片皱缩不平，心叶扭曲，呈黄绿相间的花叶，有时与银白条斑相间，生长缓慢；在叶脉上有时出现褐色的坏死斑点或条纹；严重时，植株停止生长，矮化，病叶僵硬扭曲(图16-10和图16-11)。

图16-10　菜薹病毒病叶片发病症状　　　　图16-11　菜薹病毒病心叶发病症状

【病　　原】Turnip mosaic virus(TuMV)称芜菁花叶病毒，Cucumber mosaic virus(CMV)称黄瓜花叶病毒；Tobacco mosaic virus(TMV)称烟草花叶病毒。

【发生规律】在田间的寄主植物活体上越冬，还可在越冬菠菜和多年生杂草的宿根上越冬。翌年春天，主要靠蚜虫传播引起发病。播种过早、管理粗放、长期缺水、缺肥、植株旺长或长势较弱、蚜虫较多的地块发病重。

【防治方法】选用抗病品种栽培。彻底清除田边地头的杂草；施用充分腐熟的有机肥作为底肥；深耕细作，发现病株及时拔除。发现蚜虫及时防治，有条件的可采取防虫网室栽培。

在病毒病发病前或发病初期，可采用下列药剂进行防治：

2%宁南霉素水剂200～400倍液；

5%氨基寡糖素水剂300～500倍液；

2.1%烷醇·硫酸铜可湿性粉剂500～700倍液；

25%琥铜·吗啉胍可湿性粉剂600～800倍液；

3.95%三氮唑核苷·铜·烷醇·锌水剂500～800倍液；

25%吗胍·硫酸锌可溶性粉剂500～700倍液；

均匀喷雾，视病情间隔5～7天喷1次。

5. 菜薹白斑病

【症　　状】主要为害叶片，发病初期，叶片上产生灰褐色的小斑点，后来扩展成圆形至卵圆形的病斑，中央部分由灰褐色变为灰白色；后期病斑呈半透明状，组织变薄，容易破裂穿孔(图16-12和图16-13)。

图16-12　菜薹白斑病叶片发病症状　　　　图16-13　菜薹白斑病叶片发病严重时症状

【病　　原】*Cercosporella albomaculans* 称白斑小尾孢，属半知菌亚门真菌。

【发生规律】主要以菌丝或菌丝体附在地表的病叶上生存或以分生孢子黏附在种子上越冬，翌年借雨水飞溅传播到白菜叶片上，孢子发芽后从气孔侵入，引致初侵染。地势低洼，生长期间缺水缺肥，植株长势弱，生育中后期遇连续阴雨或暴雨发病重。

【防治方法】选择地势较高、排水良好的地块种植；要注意平整土地，施是经腐熟的有机肥，合理配合施用氮、磷、钾肥；雨后及时排水；栽培季节结束后及时清除田间病残体并深翻土壤。

发病前至发病初期，可采用下列杀菌剂或配方进行防治：

77%氢氧化铜可湿性粉剂600～800倍液；

47%王铜可湿性粉剂600～800倍液；

70%甲基硫菌灵可湿性粉剂600～800倍液+75%百菌清可湿性粉剂600～800倍液；

均匀喷雾，视病情间隔7～10天喷1次。

发病较普遍时，可采用下列杀菌剂或配方进行防治：

50%异菌脲可湿性粉剂1 000～1 500倍液；

25%嘧菌酯悬浮剂1 000～1 500倍液；

50%多·霉威可湿性粉剂800～1 000倍液+70%代森锰锌可湿性粉剂600～800倍液；

均匀喷雾，视病情间隔5～7天喷1次。

6．菜薹细菌性软腐病

【症　　状】多从茎部的伤口发病，发病初期出现褐色水浸状软腐，发病后期茎部软腐溃烂 (图16-14)。

图16-14　菜薹细菌性软腐病茎部发病症状

【病　　原】*Erwinia carotovora* pv. *carotovora* 称胡萝卜软腐欧文氏菌胡萝卜致病变种，属细菌。

【发生规律】病原菌在带菌的病残体、土壤、未腐熟的农家肥中越冬，成为重要的初侵染菌源。通过雨水、灌溉水、肥料、土壤、昆虫等多种途径传播，由伤口或自然裂口侵入，不断发生再侵染。土质黏重，雨水较多，雨后易积水，机械损伤都会加重病情。

【防治方法】与非十字花科作物实行2～3年轮作。施足充分腐熟的有机肥。小水勤灌，雨后及时排水，降低田间湿度。

发病前期至初期，可采用下列杀菌剂进行防治：

40%噻菌铜悬浮剂600～1 000倍液；

30%琥胶肥酸铜可湿性粉剂500～1 000倍液；

3%中生菌素可湿性粉剂600~800倍液；

20%噻菌铜悬浮剂1 000~1 500倍液；

对水均匀喷雾，视病情间隔5~7天喷1次。各种药剂应交替施用。

7．菜薹细菌性叶斑病

【症　　状】叶片发病，初期在叶背面出现油浸状小斑点，随后病斑扩展成圆形至不规则形褐色至灰褐色病斑；发病严重时多个病斑合成大斑，导致叶片枯死(图16-15)。

图16-15　菜薹细菌性叶斑病叶片发病症状

【病　　原】*Pseudomonas cichoriio* 称菊苣假单胞菌，属细菌。

【发生规律】病原细菌在种子和田间的病株残体中越冬，带菌种子是最重要的初侵染来源。通过雨水、农事操作传播。连作地块、种植密度大、田间通透性差、结露时间长等都会加重病情。

【防治方法】与非十字花科作物实行2~3年轮作。施足充分腐熟的有机肥。合理密植，小水勤灌，雨后及时排水，降低田间湿度。

发病前期至初期，可采用下列杀菌进行防治：

3%中生菌素可湿性粉剂600~800倍液；

30%琥胶肥酸铜可湿性粉剂500~1 000倍液；

均匀喷雾，视病情间隔5~7天喷1次。各种药剂应交替施用。

8．菜薹炭疽病

【症　　状】主要为害叶片，严重时也为害叶柄和茎。叶片发病初期产生近圆形中间白色边缘褐色水浸状凹陷斑，后期病斑白色至灰白色半透明，常穿孔开裂。叶柄或茎发病常产生黄褐至灰褐色椭圆形或梭形凹陷斑，病斑边缘色深，病部常开裂(图16-16)。

【病　　原】*Colletotrichum higginsianum* 称希金斯刺盘孢，属半知菌亚门真菌。菌丝无色透明，有隔膜。分生孢子盘很小，散生，子座暗褐色。分生孢子无色，单胞，圆柱形至梭形，或星月形，两端钝圆，内含颗粒物。

【发生规律】病原菌主要以菌丝体随病残体在土壤中越冬，种子也能带菌。翌年条件适宜时在田间经风雨传播，从伤口或直接穿透表皮侵入。种植密度过大、田间通风透光性差、地势低洼、田间易积

图16-16　莱薹炭疽病茎部发病症状

水、管理粗放、植株生长较弱均易引起发病。

【防治方法】与非十字花科蔬菜轮作3～5年。施足充分腐熟的有机肥，加强肥水管理，增施磷、钾肥，合理灌溉，及时排出田间积水。收获后及时清除田间病残体。

种子处理。用25％溴菌腈可湿性粉剂或50％咪鲜胺锰盐可湿性粉剂按种子重量0.3％～0.4％拌种；也可采用12.5％咯菌腈悬浮种衣剂进行种子包衣。

发病前至发病初期，可采用下列杀菌剂进行防治：

20％唑菌胺酯水分散粒剂1 000～1 500倍液+70％丙森锌可湿性粉剂600～800倍液；

20％硅唑·咪鲜胺水乳剂2 000～3 000倍液；

25％溴菌腈可湿性粉剂500倍液+66％二氰蒽醌水分散粒剂1 500～2 500倍液；

5％亚胺唑可湿性粉剂1 000倍液+75％百菌清可湿性粉剂600倍液；

40％腈菌唑水分散粒剂4 000～6 000倍液+70％代森锰锌可湿性粉剂600～800倍液；

25％咪鲜·多菌可湿性粉剂2 500倍液+70％代森联水分散粒剂800倍液；

40％多·福·溴菌腈可湿性粉剂800～1 000倍液；

60％甲硫·异菌脲可湿性粉剂1 000～1 500倍液；

70％福·甲·硫磺可湿性粉剂600～800倍液；

70％甲硫·福美双可湿性粉剂800～1 000倍液；

对水喷雾，视病情间隔7～10天1次，连续2～3次。

第十七章 乌塌菜病害防治新技术

乌塌菜属十字花科，一年或二年生草本植物，原产于中国。分布在我国长江流域。主要栽培模式以露地栽培为主。

目前，国内发现的乌塌菜病虫害有30多种，其中，病害10多种，主要有霜霉病、黑腐病等；生理性病害10多种；虫害10种，主要有菜青虫、小菜蛾等。常年因病虫害发生为害造成的损失达20%～50%。

1. 乌塌菜霜霉病

【症　　状】叶正面出现灰白色、淡黄色或黄绿色边缘不明显的病斑，后扩大为黄褐色病斑，受叶脉限制而呈多角形或不规则形，叶背密生白色霉层，发病严重时多个病斑汇合成大斑导致叶片干枯死亡(图17-1至图17-3)。

图17-1　乌塌菜霜霉病叶片发病症状　　　　图17-2　乌塌菜霜霉病叶背发病症状

图17-3 乌塌菜霜霉病田间发病症状

【病　　原】*Peronospora parasitica* 称寄生霜霉，属鞭毛菌亚门真菌。

【发生规律】以卵孢子在病残组织里、土壤中或附着在种子上越冬，或以菌丝体在留种株上越冬。翌春由卵孢子或休眠菌丝产生的孢子囊萌发芽管。经气孔或表皮细胞间侵入春菜寄主，春菜收后，病菌以卵孢子在田间休眠两个月后侵入秋菜。生长期间如遇阴雨天较多，光照不足，雾多，播种密度过大，田间郁闭，水肥不足，植株长势差都会诱发病害的发生。

【防治方法】适期播种，适当稀植；合理配合施用氮、磷、钾肥。雨后及时排水。清除病苗，收获后及时清除田间病残体并带出田外集中深埋或烧毁。

发病前期至发病初期，可采用下列杀菌剂进行防治：

72%丙森·膦酸铝可湿性粉剂800~1 000倍液；

18%霜脲·百菌清悬浮剂1 000~1 500倍液；

52.5%恶酮·霜脲氰水分散粒剂1 500~2 000倍液；

76%霜·代·乙膦铝可湿性粉剂800~1 000倍液；

均匀喷雾，视病情间隔7~10天1次。

田间发病普遍时，可采用下列杀菌剂进行防治：

66.8%丙森·异丙菌胺可湿性粉剂600~800倍液；

84.51%霜霉威·乙膦酸盐可溶性水剂600~1 000倍液；

70%呋酰·锰锌可湿性粉剂600~1 000倍液；

440g/L双炔·百菌清悬浮剂600~1 000倍液；

57%烯酰·丙森锌水分散粒剂2 000~3 000倍液；

均匀喷雾，视病情间隔7~10天喷1次。

2．乌塌菜黑腐病

【症　　状】从叶片边缘出现 "V" 字形黑褐色病斑，周围变黄，与健部界线明显。病斑内网状叶脉变为褐色或黑色(图17–4)。

图17–4　乌塌菜黑腐病发病症状

【病　　原】*Xanthomonas campestris* pv. *campestris* 称野油菜黄单胞杆菌野油菜致病变种，属细菌。

【发生规律】病原细菌随种子和田间的病株残体越冬，也可在采种株或越冬蔬菜上越冬。带菌种子是最重要的初侵染来源。春季通过雨水、灌溉水、昆虫或农事操作传播带到叶片上，经由叶缘的水孔、叶片的伤口、虫伤侵入。连作地块、容易积水的低洼地块和灌水过多的地块、施用未腐熟农家肥、种植过密、叶面结露时间长、管理粗放、植株徒长或早衰等发病较重。

【防治方法】与非十字花科作物实行2～3年轮作。清洁田园，及时清除病残体，秋后深翻，施用腐熟的农家肥。选用抗病品种栽培，适时播种，合理密植。及时防虫，减少传菌介体。合理灌水，雨后及时排水，降低田间湿度。减少农事操作造成的伤口。

发病前期至初期，可采用下列杀菌剂进行防治：

20％噻菌铜悬浮剂1 000～1 500倍液；

60％琥·乙膦铝可湿性粉剂500～700倍液；

2％春雷霉素可湿性粉剂300～500倍液；

对水喷雾，视病情间隔7～14天1次。

田间发病普遍时应加强防治，可采用下列杀菌剂进行防治：

3％中生菌素可湿性粉剂600～800倍液；

30％琥胶肥酸铜可湿性粉剂500～1000倍液；

20％噻唑锌悬浮剂600～800倍液；

47％春雷·王铜可湿性粉剂600～800倍液；

均匀喷雾，视病情间隔7～10天喷1次。各种药剂应交替施用。

3．乌塌菜软腐病

【症　　状】发病初期外叶萎蔫，慢慢叶柄基部腐烂，病叶瘫倒。有时从茎基部腐烂并延及心髓，充满黄色黏稠物(图17-5)。

图17-5　乌塌菜软腐病发病症状

【病　　原】*Erwinia carotovora* pv. *carotovora* 称胡萝卜软腐欧文氏菌胡萝卜软腐致病变种，属细菌。

【发生规律】在北方病原菌在病残体、土壤、未腐熟的农家肥中越冬，成为重要的初侵染菌源。通过雨水、灌溉水、肥料、土壤、昆虫等多种途径传播，由伤口或自然裂口侵入，不断发生再侵染。播种期较早、高温多雨、地势低洼、易积水、土质黏重、肥水不足、植株长势差等都会加重病情。

【防治方法】适时播种；增施基肥，及时追肥。雨后及时排水，发现病株后及时清除，病穴撒石灰进行消毒。栽培季节结束后及时清除田间病残体，精细翻耕整地，暴晒土壤，促进病残体分解。

发病前，采用下列杀菌剂进行预防：

47%春雷·王铜可湿性粉剂700～1 000倍液；

20%噻菌铜水剂800～1 000倍液；

86.2%氧化亚铜可湿性粉剂2 000～2 500倍液；

77%氢氧化铜可湿性粉剂800～1 000倍液；

36%三氯异氰尿酸可湿性粉剂1 000～1 500倍液；

均匀喷雾，视病情间隔7～15天喷1次。

发病初期，可采用下列杀菌剂进行防治：

20%噻唑锌悬浮剂600～800倍液；

30%琥胶肥酸铜可湿性粉剂500～1000倍液；

3%中生菌素可湿性粉剂600～800倍液；

20%噻菌铜悬浮剂1 000～1 500倍液；

均匀喷雾，视病情间隔5～7天喷1次。

第十八章　甘蓝病虫害防治新技术

　　甘蓝属十字花科，一年生或二年生草本植物，原产于地中海北岸。2019年，我国结球甘蓝种植面积在40万hm²以上（不包括台湾），占全国蔬菜种植面积的25%~30%，是东北、西北、华北等冷凉地区春、夏、秋季栽培的主要蔬菜，在南方秋、冬、春季也有大面积栽培。南方地区结球甘蓝种植面积较大的是四川省，其次是安徽、江苏、湖南和云南；北方地区结球甘蓝种植面积较大的是河北、山东、河南等地。栽培模式以露地栽培为主，多数地区选用适宜的品种实行排开播种、分期收获，在蔬菜周年供应中占重要地位。

　　目前，国内发现的甘蓝病虫害40多种，其中，病害20多种，主要有霜霉病、黑斑病、黑腐病等；生理性病害10多种，主要有干烧心等；虫害10多种，主要有菜青虫、小菜蛾等。常年因病虫害发生为害造成的损失达20%～60%。

一、甘蓝病害

1．甘蓝霜霉病

　　【分布为害】霜霉病是甘蓝的重要病害之一，在各地都有普遍发生。每年因甘蓝霜霉病为害造成的损失一般为10%～15%，发病严重时损失可达30%。

　　【症　　状】主要为害叶片，初期在叶面出现淡绿或黄色斑点，扩大后为黄色或黄褐色，受叶脉限制而呈多角形或不规则形。空气潮湿时，在相应的叶背面布满白色至灰白色霜状霉层。严重时也为害叶球(图18-1至图18-4)。

图18-1　甘蓝霜霉病苗期叶片发病症状

图18-2 甘蓝霜霉病叶片发病初期症状

图18-3 甘蓝霜霉病叶片发病中后期症状

图18-4 紫甘蓝霜霉病发病症状

【病　　原】*Peronospora parasitica* 称寄生霜霉，属卵菌门真菌。菌丝无色，不具隔膜，吸器圆形至梨形或棍棒状。孢囊梗单生或2~4根束生，无色，无分隔，主干基部稍膨大。孢子囊无色，单胞，长圆形至卵圆形。卵孢子球形，单胞，黄褐色，表面光滑，胞壁厚，表面皱缩或光滑。

【发生规律】以卵孢子在病残组织里、土壤中或附着在种子上越冬，或以菌丝体在留种株上越冬。翌春由卵孢子或休眠菌丝产生的孢子囊萌发芽管。经气孔或表皮细胞间侵入春菜寄主，春菜收后，病菌以卵孢子在田间休眠两个月后侵入秋菜。借助风雨传播，使病害扩大和蔓延。气温忽高忽低，日夜温差大，白天光照不足，多雨露天气，霜霉病最易流行。菜地土壤黏重，低洼积水，大水漫灌，连作菜田和生长前期病毒病较重的地块，霜霉病为害重。安徽省该病在春季3—5月和秋季9—11月都可发生，但以春季为害最重。

【防治方法】与非十字花科蔬菜轮作2~3年，有条件的可以进行水旱轮作。适期播种，施足底肥，增施有机肥，合理配合施用氮、磷、钾肥。早间苗，晚定苗，适度蹲苗。小水勤灌，雨后及时排水。清除病苗，把病叶、病株清除出田外深埋或烧毁。

种子处理。可用72.2%霜霉威盐酸盐水剂600倍液浸种30分钟、或用50%烯酰吗啉可湿性粉剂1 000倍液浸种30分钟；也可用53%甲霜灵·锰锌可湿性粉剂或25%甲霜灵可湿性粉剂、64%恶霜灵·代森锰锌可湿性粉剂、50%福美双可湿性粉剂按种子重量的0.4%拌种。

发病初期，可用下列杀菌剂或配方进行防治：

70%呋酰·锰锌可湿性粉剂600~1 000倍液；

57%烯酰·丙森锌水分散粒剂2 000~3 000倍液；

25%甲霜·霜霉威可湿性粉剂1 500~2 000倍液；

76%丙森·霜脲氰可湿性粉剂1 000~1 500倍液；

52.5%恶酮·霜脲氰水分散粒剂1 500~2 000倍液；

76%霜·代·乙膦铝可湿性粉剂800~1 000倍液；

75%百·福·福锌可湿性粉剂800~1 000倍液；

喷雾，视病情间隔7~10天喷1次。

发病普遍时，可用下列杀菌剂或配方进行防治：

687.5g/L霜霉威盐酸盐·氟吡菌胺悬浮剂1 000倍液；

50%烯酰吗啉可湿性粉剂1 000~1 500倍液+75%百菌清可湿性粉剂600倍液；

25%吡唑醚菌酯乳油1 500~2 000倍液；

25%烯肟菌酯乳油800~1 200倍液+75%百菌清可湿性粉剂600倍液；

66.8%丙森·异丙菌胺可湿性粉剂600~800倍液；

喷雾，视病情间隔5~7天喷1次。

2．甘蓝软腐病

【分布为害】软腐病是甘蓝的重要病害之一，在我国分布广泛，发生较普遍。一般减产20%~30%，严重地块减产40%~60%(图18-5)。

【症　　状】主要发生在生长后期，多从外叶叶柄或茎基部开始侵染，形成暗褐色水渍状不规则形病斑，迅速发展使根茎和叶柄、叶球腐烂变软、倒塌，有时在茎基部能看到乳白色菌脓，并散发出恶臭气味。有时病菌从叶柄伤口处侵染，沿顶部从外叶向心叶腐烂(图18-6至图18-8)。

图18-5　甘蓝软腐病田间发病症状

图18-6　甘蓝软腐病茎基部发病初期症状

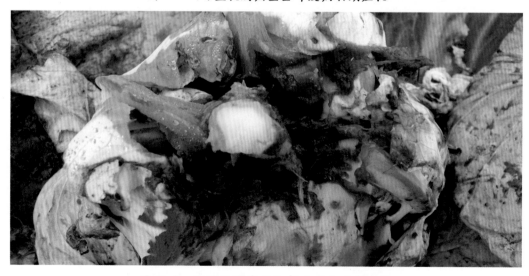

图18-7　甘蓝软腐病茎基部发病中后期症状

图18-8　甘蓝软腐病叶球发病症状

【病　　原】*Erwinia carotovora* pv. *carotovora* 称胡萝卜软腐欧文氏菌胡萝卜致病变种，属细菌。在培养基上的菌落灰白色，圆形或不定形；菌体短杆状，周生鞭毛2~8根，无荚膜，不产生芽孢，革兰氏染色阴性。

【发生规律】病菌在南方温暖地区，没有明显的越冬期，在田间循环传播蔓延。在北方病菌随带菌的病残体、土壤、未腐熟的农家肥越冬，成为重要的初侵染菌源。通过雨水、灌溉水、肥料、土壤、昆虫等多种途径传播，由伤口或自然裂口侵入，不断发生再侵染。高温多雨有利于软腐病发生。高垄栽培不易积水，土壤中氧气充足，有利于根系和叶柄基部愈伤组织形成，可减少病菌侵染。生产上重茬严重、地势低洼、土壤黏重、蹲苗过度、氮肥施用过多、植株徒长、旺长、栽培密度过大、田间郁闭通透性差、经常大水漫灌或长期干旱突遇大雨、叶面结露时间较长、地下害虫多等发病较重。

【防治方法】病田避免连作，最好能与非十字花科蔬菜或豆类、麦类、水稻等作物进行2~3年的轮作。栽培季节结束后及时清除田间病残体，精细翻耕整地，暴晒土壤，促进病残体分解。雨后及时排水，增施有机肥，及时追肥。发现病株后及时拔除，病穴撒石灰消毒。

种子处理。播种前，可用3%中生菌素可湿性粉剂按种子重量的0.3%拌种。

发病前期，可采用下列杀菌剂进行防治：

86.2%氧化亚铜可湿性粉剂2 000~2 500倍液；

77%氢氧化铜可湿性粉剂800~1 000倍液；

45%代森铵水剂400~600倍液；

12%松脂酸铜悬浮剂600~800倍液；

25%络氨铜水剂400~600倍液；

均匀喷雾，视病情间隔7~10天喷1次。重点喷洒病株基部及地表，使药液流入菜心效果为好。

发病初期，可采用下列杀菌剂进行防治：

20%噻菌铜悬浮剂1 000~1 500倍液；

50%氯溴异氰尿酸可溶性粉剂1 500~2 000倍液；

60%琥·乙膦铝可湿性粉剂500~700倍液；

40%琥·铝·甲霜灵可湿性粉剂1 000~1 500倍液；

47%春雷·王铜可湿性粉剂700倍液；

均匀喷雾，视病情间隔7～10天喷1次。重点喷洒病株基部及地表，使药液流入菜心效果为好。

田间较多株发病时，应注意加强防治，可采用下列杀菌剂进行防治：

20%噻唑锌悬浮剂600～800倍液；

84%王铜水分散粒剂800～1 000倍液；

对水喷雾，视病情间隔5～7天喷1次。

3．甘蓝病毒病

【症　　状】苗期叶脉附近的叶肉黄化，并沿叶脉扩展。有的叶片上出现圆形褪绿黄斑或褪绿小斑点，后变为浓淡相间的绿色斑驳。成株发病，嫩叶表现浓淡不均斑驳，老叶背面有黑褐色坏死环斑。有时叶片皱缩，质硬而脆，新叶明脉(图18-9至图18-12)。

图18-9　甘蓝病毒病幼苗发病症状

图18-10　甘蓝病毒病花叶型发病症状

图18-11 甘蓝病毒病皱缩型发病症状

图18-12 紫甘蓝病毒病

【病　原】Turnip mosaic virus (TuMV)称芜菁花叶病毒；Cucumber mosaic virus (CMV)称黄瓜花叶病毒；Tobacco mosaic virus (TMV)称烟草花叶病毒。

【发生规律】病毒在窖藏的白菜、甘蓝的留种株上越冬，或在田间的寄主植物活体上越冬，还可在越冬菠菜和多年生杂草的宿根上越冬。翌年春天，主要靠蚜虫把病毒传到春季种植的十字花科蔬菜上。一般高温干旱利于发病，苗期，6片真叶以前容易受害发病，被害越早，发病越重。上海及长江中下游地区病毒病主要发生在春季4—6月，秋季9—12月。下半年发生比上半年严重。连作地块，与十字花科蔬菜邻作，播种较早的秋季、地势低洼、排水不良、管理粗放、缺水、氮肥施用过多的地块发病较重。

【防治方法】栽培季节结束后彻底清除田间病残体及田边地头的杂草，深耕细作。施用充分腐熟的有机肥作为底肥，精耕细作；根据当地气候适时播种。苗期采取小水勤灌，可减轻病毒病发生。在干旱时，不要过分蹲苗。生长期间发现病株及时拔除并将病株带出田外。

苗期5~6叶期，注意防治蚜虫，可采用下列杀虫剂进行防治：

240g/L螺虫乙酯悬浮剂4 000～5 000倍液；

10%氟啶虫酰胺水分散粒剂3 000～4 000倍液；

50%抗蚜威可湿性粉剂1 000～2 000倍液；

25%吡虫·仲丁威乳油2 000～3 000倍液；

10%氯噻啉可湿性粉剂2 000倍液，喷雾。

在田间未发病时，注意施用药剂进行预防，发病前期或发病初期，可采用下列药剂进行防治：

2%宁南霉素水剂200～400倍液；

80%盐酸吗啉胍可湿性粉剂600～800倍液；

20%盐酸吗啉胍·乙酸铜可湿性粉剂500～700倍液；

7.5%菌毒·吗啉胍水剂500～700倍液；

2.1%烷醇·硫酸铜可湿性粉剂500～700倍液；

25%琥铜·吗啉胍可湿性粉剂600～800倍液；

3.85%三氮唑·铜·锌水乳剂600～800倍液；

3.95%三氮唑核苷·铜·烷醇·锌水剂500～800倍液；

25%吗胍·硫酸锌可溶性粉剂500～700倍液；

31%氮苷·吗啉胍可溶性粉剂600～800倍液；

对水喷雾，视病情间隔5～7天喷1次。

4．甘蓝黑腐病

【症　　状】幼苗子叶呈水浸状，逐渐枯死或蔓延至真叶，使真叶的叶脉上出现小黑点或细黑条。成株期多为害叶片，呈"V"字形病斑，淡褐色，边缘常有黄色晕圈，病部叶脉坏死变黑。向两侧或内部扩展，致周围叶肉变黄或枯死(图18-13至图18-17)。

图18-13　甘蓝黑腐病叶片发病初期症状

图18-14　甘蓝黑腐病叶片发病中期症状

图18-15　甘蓝黑腐病叶片发病后期症状

图18-16　甘蓝黑腐病叶柄发病症状

图18-17　甘蓝黑腐病田间发病症状

【病　　原】*Xanthomonas campestris* pv. *campestris* 称野油菜黄单胞杆菌野油菜致病变种，属细菌。菌体杆状，极生单鞭毛，无芽孢，有荚膜，单生或链生，革兰氏染色阴性。

【发生规律】病原细菌随种子和田间的病株残体越冬，也可在采种株或冬菜上越冬。在种子上存活28个月左右，带菌种子是最重要的初侵染来源。春季通过雨水、灌溉水、昆虫或农事操作传播带到叶片上，经由叶缘的水孔、叶片的伤口、虫伤口侵入。最适感病的生育期为莲座期到包心期。连作地块；施用未腐熟农家肥；暴风雨频繁，易于积水的低洼地块，灌水过多；田间郁闭通风透光性差，叶面结露多且结露时间长；肥水管理不当，导致植株徒长或早衰；害虫严重发生等情况下，都会加重病情。

【防治方法】与非十字花科蔬菜轮作。栽培结束后及时清除田间病残体，秋后深翻；施用腐熟的农家肥。适时播种，合理密植。及时治虫，减少传菌介体。合理灌水、雨后及时排水、降低田间湿度、减少农事操作造成的伤口。

种子处理。播种前，可用30%琥胶肥酸铜可湿性粉剂600～700倍液、14%络氨铜水剂300倍液、45%代森铵水剂300倍液浸种15～20分钟，后用清水洗净，晾干后播种。

发病初期及时施药防治，可采用下列杀菌剂进行防治：

47%王铜可湿性粉剂800～1 000倍液；

2%春雷霉素可湿性粉剂300～500倍液；

3%中生菌素可湿性粉剂600～800倍液；

60%琥·乙膦铝可湿性粉剂500～700倍液；

30%琥胶肥酸铜可湿性粉剂600～700倍液；

20%噻唑锌悬浮剂600～800倍液；

36%三氯异氰尿酸可湿性粉剂1 000～1 500倍液；

对水喷雾，视病情间隔7～10天喷1次。

田间发病普遍时要加强防治，可采用下列杀菌剂：

77％氢氧化铜可湿性粉剂600～800倍液；

20％噻唑锌悬浮剂300～500倍液+12％松脂酸铜悬浮剂600倍液；

47％春雷·王铜可湿性粉剂700倍液；

对水喷雾，视病情间隔5～7天喷1次。

5．甘蓝黑斑病

【症　　状】主要为害叶片，发病初期在叶面产生水渍状小点，逐渐变成灰褐色近圆形小斑，边缘常具暗褐色环线，以后向外发展形成浅色或浸润状暗绿色晕环，随病害发展，病斑呈同心轮纹，最后发展略凹陷较大型斑。空气潮湿，病斑两面产生轮纹状的灰黑色霉状物。病害严重时，叶片枯萎死亡(图18-18至图18-20)。

图18-18　甘蓝黑斑病幼苗叶片发病症状

图18-19　甘蓝黑斑病叶片发病症状

图18-20　甘蓝黑斑病叶柄病发病症状

【病　　原】*Alternaria brassicae* 称芸薹链格孢，属无性型真菌。分生孢子梗棕褐色，不常分枝。分生孢子单生，孢身具5~12个横隔膜，若干纵隔膜，灰榄褐色，喙具1~6个横隔膜，孢身至喙渐细。

【发生规律】以菌丝体或分生孢子在病残体或种子上或冬贮菜上越冬。翌年产生孢子从气孔或直接穿透表皮侵入，借助风雨传播。在春夏季，侵染油菜、菜心、小白菜、甘蓝等蔬菜，后传播到秋菜上为害或形成灾害。病菌在水中可存活1个月，在土壤中可存活3个月，在土表层可存活1年。秋菜初发期在8月下旬至9月上旬。病害流行与9月下旬至10月上旬阴雨天关系较大，此期如果连阴天较多，雨水较大病害就有可能流行。一般在甘蓝生长中后期，田间通透性差、地势低洼、容易积水、管理粗放、缺水缺肥、植株长势差、抗病力弱、发病重。山东4—5月和9—10月多雨季节都比较容易发生。

【防治方法】适期播种，适当稀植，应选择地势较高不易积水的地块种植，施用腐熟的优质有机肥，生长期间注意配合施用磷、钾肥，适时适量灌水，雨后及时排出田间积水；收获结束后及时清除田间病残体并带出田外深埋或烧毁。

种子处理。用50%异菌脲可湿性粉剂、50%腐霉利可湿性粉剂、50%福美双可湿性粉剂按种子重量的0.2%~0.3%拌种。

发病初期，可用下列杀菌剂或配方进行防治：

64%恶霜·锰锌可湿性粉剂500~700倍液；

50%福·异菌可湿性粉剂700~1 000倍液；

70%丙森·多菌可湿性粉剂600~800倍液；

10%苯醚甲环唑水分散粒剂1 000倍液+75%百菌清可湿性粉剂600~800倍液；

47%春雷·王铜可湿性粉剂600~800倍液；

50%琥胶肥酸铜可湿性粉剂500~600倍液+45%代森铵水剂400~600倍液；

50%苯菌灵可湿性粉剂800~1 000倍液+70%代森联水分散粒剂800倍液；

对水喷雾，视病情间隔7~10天喷1次。

发病普遍时，可用下列杀菌剂或配方进行防治：

560g/L嘧菌·百菌清悬浮剂800~1 000倍液；

20%唑菌胺酯水分散粒剂1 000~1 500倍液+50%克菌丹可湿性粉剂400~600倍液；

25%溴菌腈可湿性粉剂1 000倍液+68.75%恶酮·锰锌水分散粒剂800~1 000倍液；

50%甲基·硫磺悬浮剂800~1 000倍液+70%代森锰锌可湿性粉剂700倍液；

64%氢铜·福美锌可湿性粉剂1 000倍液；

30%异菌脲·环己锌乳油900~1 200倍液；

50%甲·米·多可湿性粉剂1 500~2 000倍液+70%代森联水分散粒剂800倍液；

60%琥铜·锌·乙铝可湿性粉剂600~800倍液+75%百菌清可湿性粉剂600~800倍液；

对水喷雾，视病情间隔5~7天喷1次。

6. 甘蓝褐斑病

【症　　状】主要为害叶片。叶片发病，初生水浸状圆形或近圆形小斑点，逐渐扩展后呈浅黄白色，高湿条件下为褐色，近圆形或不规则形病斑，病斑大小不等(图18-21)。有些病斑受叶脉限制，病斑边缘为一凸起的褐色环带，整个病斑好像隆起凸出叶表。

图18-21　甘蓝褐斑病叶片发病症状

【病　　原】*Cercospora brassicicola* 称芸薹生尾孢霉，属无性型真菌。分生孢子梗褐色，直立，无分隔。分生孢子无色，直或弯曲，针形或鞭状。

【发生规律】病菌主要以菌丝体在病残体上或随病残体在土壤中越冬，也可随种子越冬和传播。翌年越冬菌侵染白菜叶片引起发病，发病后病部产生分生孢子借气流传播，进行再侵染。带菌种子可随调运做远距离传播。病菌喜温湿条件，一般重茬地、田间郁闭、通透性差、偏施氮肥、地势低洼、土质黏重、光照不足、排水不良等发病重。

【防治方法】重病地进行2年以上轮作。选择地势平坦、土质肥沃、排水良好的地块种植。收后深翻土壤。高畦或高垄栽培，适期晚播，避开高温多雨季节。合理施肥，注意排出田间积水。

种子处理。可用种子重量0.4%的50%多菌灵可湿性粉剂、50%敌菌灵可湿性粉剂、50%乙烯菌核利水分散粒剂拌种。

发病初期，可采用下列杀菌剂或配方进行防治：

80%福美双·福美锌可湿性粉剂800倍液+50%多·霉威可湿性粉剂1 000倍液；

40%氟硅唑乳油4 000~6 000倍液+50%敌菌灵可湿性粉剂600~800倍液；

70%甲基硫菌灵可湿性粉剂600~800倍液+70%代森锰锌可湿性粉剂600~800倍液；

对水均匀喷雾，视病情间隔7~10天喷1次。

发病较普遍时，可采用下列杀菌剂进行防治：

20%苯醚·咪鲜胺微乳剂2 500~3 500倍液；

50%乙烯菌核利水分散粒剂800~1 000倍液+70%代森联水分散粒剂600~800倍液；

25%嘧菌酯悬浮剂1 500~2 000倍液；

均匀喷雾，视病情间隔5~7天喷1次。

7．甘蓝菌核病

【症　　状】主要发生在生长中后期，常从叶片茎基部或叶柄基部开始发病，病部常腐烂，表面长出白色棉絮状菌丝体，后期菌丝体凝结形成黑色菌核(图18-22至图18-26)。

图18-22　甘蓝菌核病叶片发病症状

图18-23　甘蓝菌核病叶球发病症状

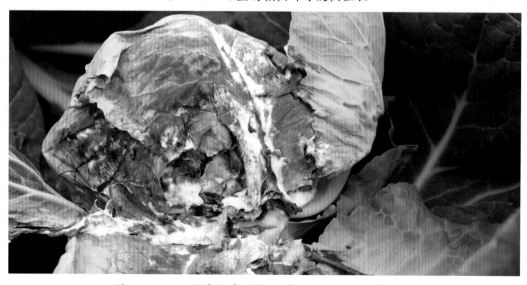

图18-24　甘蓝菌核病叶球发病后期症状及病部菌核

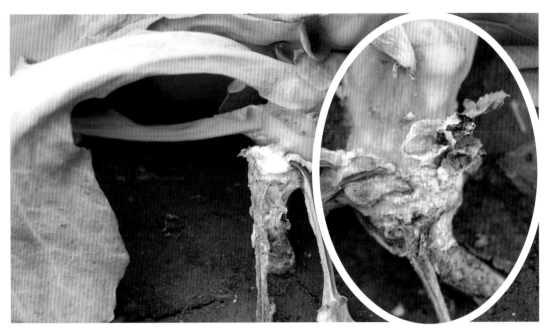

图18-25 甘蓝菌核病茎部发病症状

图18-26 抱子甘蓝菌核病发病症状

【病　　原】*Sclerotinia sclerotiorum* 称核盘菌，属子囊菌门真菌。

【发生规律】病原菌主要以菌核随病残体在土壤中越冬或以菌核混在种子间越冬。翌年条件适宜时菌核萌发，产生子囊盘放射出子囊孢子，病菌借助气流传播，侵染为害。发病最适温度为20～25℃。地势低洼、排水不良、种植密度过大、田间通透性差、连续阴雨天多、雨后易积水发病较重。

【防治方法】选择地势较平坦、通透性好、不易积水的地块栽培，注意定植密度不可过密，加强肥水管理，促进植株生长，雨后及时排出田间积水，收获后及时清除田间病残体，并带出田间集中销毁。

发病初期，可采用下列杀菌剂进行防治：

50%乙烯菌核利水分散粒剂600～800倍液+70%代森锰锌可湿性粉剂600～800倍液；

50%异菌脲悬浮剂800～1 000倍液+40%腐霉利悬浮剂300～500倍液；

40%菌核净可湿性粉剂600～800倍液+50%克菌丹可湿性粉剂400～600倍液；

66%甲硫·霉威可湿性粉剂1 500倍液+70%代森锰锌可湿性粉剂600～800倍液；

50%腐霉利可湿性粉剂1 500倍液+36%三氯异氰尿酸可湿性粉剂600～800倍液；

50%多·菌核可湿性粉剂600～800倍液+50%敌菌灵可湿性粉剂500倍液；

均匀喷雾，视病情间隔7～10天1次。

8．甘蓝炭疽病

【症　　状】叶片发病初期在叶片上产生水浸状褐色小斑点，后扩展成中间白色或灰白色，边缘褐色或深褐色略凹陷斑，常具有黄晕圈，天气干燥时病斑常开裂穿孔(图18-27)。叶柄发病常产生椭圆形或梭形褐色凹陷斑(图18-28)。

图18-27　甘蓝炭疽病叶片发病症状

图18-28　甘蓝炭疽病叶柄发病症状

【病　　原】*Colletotrichum higginsianum* 称希金斯刺盘孢，属无性型真菌。菌丝无色透明，有隔膜。分生孢子盘很小，散生，子座暗褐色。分生孢子无色，单胞，圆柱形至梭形，或星月形，两端钝圆，内含颗粒物。

【发生规律】病菌主要以菌丝随病残体在土壤中越冬，也可在种子上越冬。翌年条件适宜时在田间通过风雨传播，从伤口或直接穿透表皮侵入。田间定植密度过大、通透性差、雨水较多、雨后易积水、管理粗放、经常缺肥、缺水、植株长势较弱发病重。

【防治方法】适当稀植，雨后及时排出田间积水，加强肥水管理促进植株健壮生长，收获后及时清除田间病残体并集中带出田间销毁。

种子处理。用50%咪鲜胺锰盐可湿性粉剂按种子重量0.3%～0.4%拌种，也可以采用2.5%咯菌腈浮种衣剂进行种子包衣。

发病前至发病初期，可采用下列杀菌剂进行防治：

20%唑菌胺酯水分散粒剂1 000～1 500倍液+25%嘧菌酯悬浮剂1 500～2 000倍液；

20%苯醚·咪鲜胺微乳剂2 500～3 500倍液；

40%醚菌酯悬浮剂3 000倍液+70%代森锰锌可湿性粉剂600～800倍液；

30%苯噻硫氰乳油1 000～1 500倍液+70%代森联水分散粒剂800～1 000倍液；

25%咪鲜·多菌灵可湿性粉剂1 500～2 500倍液；

40%多·福·溴菌腈可湿性粉剂800～1 000倍液；

60%甲硫·异菌脲可湿性粉剂1 000～1 500倍液；

对水喷雾，视病情间隔7～10天1次，连续2～3次。

9. 甘蓝细菌性黑斑病

【症　　状】主要为害叶片，叶片初生油浸状小斑点，扩展后呈不规则形或圆形，褐色或黑褐色，边缘紫褐色。病重时病斑可联合成不整齐的大斑，引起叶片枯黄、脱落(图18-29和图18-30)。

图18-29　甘蓝细菌性黑斑病叶片发病初期症状

图18-30　甘蓝细菌性黑斑病叶片发病后期症状

【病　　原】*Pseudomonas syringae* pv. *moulicola* 称丁香假单胞菌叶斑病致病变种，属细菌。

【发生规律】病菌在种子上或土壤及病残体上越冬，借风雨、灌溉水传播，由气孔或伤口侵入。在土壤中可存活1年以上。病菌喜高温(25~27℃)、高湿条件，发病要求叶片有水滴存在；一般早春多雨或梅雨来的早、地势低洼、水肥不合理造成植株徒长、旺长或生长过弱、田间湿度过大、多雾、叶片露水较多较重。

【防治方法】重病地与非十字花科蔬菜进行2年以上轮作。施足基肥，氮、磷、钾肥合理配施，避免偏施氮肥。均匀灌水，小水浅灌。发现病株及时拔除。收后彻底清除田间病残体，集中深埋或烧毁。

种子处理。可用种子重量0.4%的50%琥胶肥酸铜可湿性粉剂拌种。

发病初期，可采用下列杀菌剂进行防治：

3%中生菌素可湿性粉剂600~800倍液；

2%春雷霉素可湿性粉剂300~500倍液；

60%琥·乙膦铝可湿性粉剂500~700倍液；

47%王铜可湿性粉剂600~800倍液；

30%琥胶肥酸铜可湿性粉剂400~600倍液；

77%氢氧化铜可湿性粉剂800~1 000倍液；

对水喷雾，视病情间隔7~10天喷1次。

发病普遍时，可采用下列杀菌剂进行防治：

33%中生·喹啉铜悬浮剂800~1 000倍液；

20%噻唑锌悬浮剂600~800倍液；

12%松脂酸铜悬浮剂600~800倍液；

对水喷雾，视病情间隔5~7天喷1次。

10．甘蓝缘枯病

【症　　状】主要在生长中后期发生，以包心期发病较重。腐烂部位由暗褐色水渍状变为黑褐色，表面干燥呈薄皮状。腐烂部位无霉层。叶球的腐烂主要限于表面叶片，腐烂扩散覆盖叶球以后，内部开始软腐，但无软腐病的恶臭(图18-31和图18-32)。

图18-31　甘蓝缘枯病发病症状

图18-32　抱子甘蓝缘枯病发病症状

【病　　原】*Pseudomonas marginalis* pv. *marginalis* 称边缘假单胞菌边缘致病变种，属细菌。病菌菌体短杆状，无芽孢，极生1～6根鞭毛。革兰氏染色阴性。

【发生规律】病菌随病残体在土壤中越冬，也可随种子带菌成为田间发病的初侵染源。病菌从叶缘水孔等自然孔口侵入，发病后病部产生细菌借风雨、浇水和农事操作等传播蔓延，进行再侵染。温暖潮湿有利于发病，叶面结露和叶缘吐水是病菌活动、侵染和蔓延的重要条件。在春秋甘蓝种植期间，连续阴雨天多、雾多雾重、田间植株郁闭、通透性差、昼夜温差大、结露时间长等有利于发病。

【防治方法】重病地块与非十字花科蔬菜轮作。适期播种，合理密植；生长期间氮磷钾肥合理配合施用，不可单施氮肥以免徒长降低抗病能力。发病后适当控制浇水，改进浇水方法，禁止大水漫灌。保护地种植应加强通风排湿，减少叶面结露。收获后及时彻底清除田间病残落叶，集中堆沤或深埋。

种子处理。可用种子重量0.3%的47%春雷霉素·王铜可湿性粉剂或用3%中生菌素可湿性粉剂拌种，或用40%福尔马林150倍液浸种1.5小时后，洗净催芽播种。

发病初期，将病株拔除并配合采用下列杀菌剂进行防治：

2%春雷霉素可湿性粉剂300～500倍液；

3%中生菌素可湿性粉剂600～800倍液；

12%松脂酸铜悬浮剂600～800倍液；

36%三氯异氰尿酸可湿性粉剂1 000～1 500倍液；

47%春雷·王铜可湿性粉剂700倍液；

对水喷雾，视病情隔7～10天1次。

发病普遍时，采用下列杀菌剂进行防治：

2%春雷霉素可湿性粉剂300～500倍液；

20%噻唑锌悬浮剂300～500倍液+12%松脂酸铜悬浮剂600倍液；

20%噻菌铜悬浮剂600倍液；

30%琥胶肥酸铜可湿性粉剂600倍液；

12%松脂酸铜悬浮剂600～800倍液；

对水喷雾，视病情间隔5～7天1次。

11．甘蓝黑胫病

【症　　状】叶及幼茎上产生圆形至椭圆形病斑，初时褐色，后变灰白色，其上散生许多小黑点。重病苗很快死亡。轻病苗移栽后病斑沿茎基部上下蔓延，呈长条状紫黑色病斑，严重时皮层腐朽，露出木质部，后期病部产生许多小黑点。成株期发病，植株叶片萎黄，老叶和成熟叶片上产生不规则形灰褐色病斑，其上散生许多小黑点。发病重时，植株枯死，自土中拔出病株，可见根部须根大部分或全部朽坏，茎基和根的皮层重者完全腐朽，露出黑色的木质部，轻者则生稍凹陷的灰褐色病斑，其上散生小黑点，为害严重时全株枯死(图18-33)。

图18-33　甘蓝黑胫病生长前期发病症状

【病　　原】*Phoma lingam* 称黑胫茎点霉，属无性型真菌。分生孢子器球形至扁球形，无喙，埋生于寄主表皮下，褐色，器壁炭质，有孔口。分生孢子无色透明，椭圆形至圆柱形，内含1～2个油球或多个油球。

【发生规律】主要以菌丝体在种子、土壤或粪肥中的病残体上、或十字花科蔬菜种株、或田间野生寄主植物上越冬。翌年产生分生孢子，借雨水、昆虫传播，从植株的气孔、皮孔或伤口侵入。播种带菌种子，病菌可直接侵染幼苗子叶及幼茎。发病后，病部产生新的分生孢子，可传播蔓延再侵染为害。病菌喜高温、高湿条件。此病害潜育期仅5～6天即可发病。育苗期灌水多湿度大，病害尤重。此外，连作地块、地势低洼、土质黏重、早春多雨、田间易积水、苗期光照不足、播种密度过大、通透性差、秋季雨天较多、雾多雾重、寒流来得早、氮肥施用过多、造成植株徒长都能加重发病。

【防治方法】重病地与非十字花科蔬菜进行3年以上轮作或进行水旱轮作。选择地势较高的壤土或沙壤土进行高畦覆地膜栽培，施用腐熟粪肥，合理施用化肥；适时播种，合理密植，精细栽培，尽量减少伤根。避免大水漫灌，注意雨后排水。定植时严格剔除病苗。及时发现并拔除病苗。收获后彻底清除田间病残体，并深翻土壤。

床土处理。每平方米用70％甲基硫菌灵可湿性粉剂5g或50％福美双可湿性粉剂10g或70％敌磺钠可溶性粉剂10g，与10～15kg干细土拌成药土，1/3药土均匀撒施在备好的苗床表面，2/3药土覆盖种子。也可用98％恶霉灵可湿性粉剂3 000倍液或用50％福美双可湿性粉剂700倍液喷浇苗床。

种子处理。可用种子重量0.4％的50％福美双可湿性粉剂拌种。也可用种子重量0.3％～0.4％的50％异菌脲可湿性粉剂或70％甲基硫菌灵可湿性粉剂拌种。

发病前期，可采用下列杀菌剂进行防治：

54.5％恶霉·福可湿性粉剂700倍液；

68％恶霉·福美双可湿性粉剂800～1 000倍液；

4％嘧啶核苷类抗菌素水剂600～800倍液；

80亿/ml地衣芽孢杆菌水剂500～750倍液；

对水喷雾，视病情间隔7～10天防治1次。

发病初期，可采用下列杀菌剂或配方进行防治：

5％丙烯酸·恶霉·甲霜水剂800～1 000倍液；

5％水杨菌胺可湿性粉剂300～500倍液；

80％多·福·福锌可湿性粉剂500～700倍液；

70％福·甲·硫磺可湿性粉剂800～1 000倍液；

对水喷雾，视病情间隔5～7天防治1次。

二、甘蓝生理性病害

1．甘蓝裂球

【症　　状】最常见的是叶球顶部开裂，有时侧面也开裂。多为一条线开裂，也有纵横交叉开裂。开裂程度不同，轻者仅叶球外面几层叶片开裂，重者开裂可深至短缩茎(图18-34和图18-35)。

图18-34　轻微甘蓝裂球

图18-35　较严重甘蓝裂球

【病　　因】叶球开裂的主要原因是由细胞吸水过多胀裂所致。若土壤水分不足，结球小，而且不紧实。但结球后，叶球组织脆嫩，细胞柔韧性小，一旦土壤水分过多，就易造成叶球开裂；裂球跟品种有很大关系。

【防治方法】选择地势平坦、排灌方便、土质肥沃的土壤种植甘蓝。选择不易裂球的品种，甘蓝品种间裂球情况不一样，一般尖头品种裂球较少，而圆头型、平头型品种裂球较多。加强水肥管理，施足基肥，多施有机肥，增强土壤保水、保肥能力，以缓冲土壤中水分过多、过少和剧烈变化对植株的影响。甘蓝需水量较大，整个生长期要多次浇水。浇水要适量，以土壤湿润为标准，避免大水漫灌，浇水后地面不应存有积水。雨后排出田间积水，特别是甘蓝结球后遇到大雨，地面积水，易产生大量裂球。适时收获，过熟的叶球容易开裂。

2．甘蓝先期抽薹

【症　　状】早春栽培的甘蓝出现未结球而直接开花的现象称为先期抽薹(图18-36)。

图18-36　甘蓝先期抽薹

【病　　因】不同品种间存在较大的差异；冬性强的品种抽薹比例较小；同一品种播种期越早，通过春化的概率越多，抽薹的概率越大；早春早熟栽培时，定植过早，定植后遇倒春寒；育苗期间遇连续低温天气，都容易诱导幼苗花芽化分，造成先期抽薹。

【防治方法】选择冬性比较强的品种进行栽培；适期播种，早春早熟栽培的应在温度能够人为控制的棚室内进行育苗，遇低温时期应注意保温，避免温度过低，幼苗通过低温春化而抽薹开花；根据天气状况适期定植。

三、甘蓝虫害

1. 菜青虫

【分　　布】菜青虫(*Pieris rapae*)成虫为菜粉蝶,属鳞翅目粉蝶科。分布广泛,以华北、华中、西北和西南地区受害最重。为寡食性害虫,是十字花科蔬菜的重要害虫。

【为害特点】1～2龄幼虫在叶背啃食叶肉,留下一层薄而透明的表皮,3龄以上的幼虫食量明显增加,把叶片吃成孔洞或缺刻,严重时吃光叶片,仅剩叶脉和叶柄,影响植株生长发育和包心(图18-37和图18-38)。如果幼虫被包进叶球里,虫在叶球里取食,同时还排泄粪便污染菜心,致使蔬菜商品价值降低。

图18-37　菜青虫为害甘蓝

图18-38　菜青虫为害球茎甘蓝

【形态特征】参见大白菜虫害——菜青虫。

【发生规律】参见大白菜虫害——菜青虫。

【防治方法】参见大白菜虫害——菜青虫。

2．小菜蛾

【分　　布】小菜蛾(*Plutella xylostella*)，属鳞翅目菜蛾科。在我国各地均有分布，是南方各省发生最普遍、最严重的害虫之一。近年来，小菜蛾抗药性增强，为害日趋严重。

【为害特点】以幼虫剥食或蚕食叶片造成为害，初龄幼虫啃食叶肉，残留表皮，在菜叶上形成一个个透明斑；3～4龄幼虫将叶食成孔洞和缺刻，严重时叶片呈网状(图18-39)。

图18-39　小菜蛾为害甘蓝状

【形态特征】参见大白菜虫害——小菜蛾。

【发生规律】参见大白菜虫害——小菜蛾。

【防治方法】参见大白菜虫害——小菜蛾。

3．甘蓝夜蛾

【分　　布】甘蓝夜蛾(*Mamestra brassicae*)，属鳞翅目夜蛾科。分布于欧洲及印度、朝鲜、中国等国家。在我国的黑龙江、吉林、宁夏、内蒙古、河北、河南、山西、山东、江苏、浙江、广西、四川等地均有发生。常成点片发生，可造成减产10%～50%。

【为害特点】初孵幼虫群集在叶背啃食叶片，残留表皮。稍大渐分散，被食叶片呈小孔、缺刻状(图18-40)。大龄幼虫可钻入叶球为害，并排泄大量虫粪，使叶球内因污染引起腐烂。

【形态特征】成虫体灰褐色。前翅中部近前线有一个明显的灰黑色环状纹，一个灰白色肾状纹，外缘有7个黑点，前缘近端部有等距离的白点3个；后翅外缘有1个小黑斑(图18-41)。卵半球形，表面具放射状的纵脊和横格。初产时黄白色，孵化前变紫黑色。幼虫头部黄褐色，胸腹部背面黑褐色，腹面淡灰褐色，前胸背板梯形，各节背面具黑色倒"八"字纹(图18-42)。蛹赤褐色至棕褐色，臀棘较长，末端着生2根长刺，刺的末端膨大呈球形。

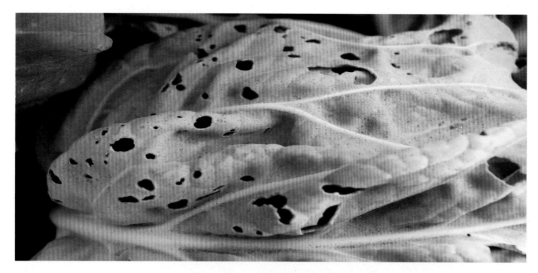

图18-40　甘蓝夜蛾为害甘蓝

图18-41　甘蓝夜蛾成虫

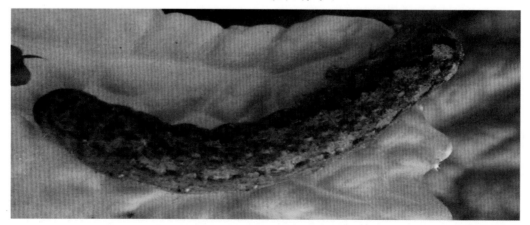

图18-42　甘蓝夜蛾幼虫

【发生规律】在呼和浩特地区每年发生2代，华北地区每年发生3代，以蛹在土中越冬。翌年5月中下旬羽化成虫。每年以第1代幼虫和第3代幼虫为害较重，是发生为害盛期。第1代幼虫6月上旬至7月上旬出现，第3代幼虫8月下旬至10月上旬出现。在辽宁为5月中旬至6月中旬；在山东为5月上旬至6月上旬和9月中旬至10月上旬为害重。成虫对糖醋味有趋性。卵多产在生长茂密的植株叶背，初孵幼虫群集叶背为害后分散，4龄后昼伏夜出，食物缺乏时有成群迁移习性。幼虫老熟后入土结茧化蛹。甘蓝夜蛾的发生往往出现间歇性暴发和局部暴发。

【防治方法】有条件可以用防虫网进行栽培。生长期间结合管理，人工摘除卵块和初孵幼虫为害叶片，集中处理。栽培结束后及时进行秋耕、冬耕可杀死部分越冬蛹。

糖醋液诱杀。可采用糖∶醋∶水为6∶3∶1的比例，再加入少量的敌百虫。

低龄幼虫抗药力差，可于3龄以前，选用下列杀虫剂或配方进行防治：

0.5%甲氨基阿维菌素苯甲酸盐乳油2 000~3 000倍液+4.5%高效顺式氯氰菊酯乳油1 000~2 000倍液；

200g/L氯虫苯甲酰胺悬浮剂2 500~4 000倍液；

22%氰氟虫腙悬浮剂2 000~3 000倍液；

15%茚虫威悬浮剂3 000~4 000倍液；

5.1%甲维·虫酰肼乳油3 000~4 000倍液；

25%灭幼脲胶悬剂2 000~3 000倍液；

100g/L三氟甲吡醚乳油3 000~4 000倍液；

1.8%阿维菌素乳油2 000~3 000倍液；

60g/L乙基多杀菌素悬浮剂1 000~2 000倍液；

10 000PIB/mg菜青虫颗粒体病毒·16 000IU/mg苏可湿性粉剂600~800倍液；

对水喷雾，视虫情间隔10~15天喷1次。

4．甘蓝蚜

【分　　布】甘蓝蚜(*Brevicoryne brassicae*)属同翅目蚜科。在北方发生比较普遍。在新疆、宁夏和辽宁沈阳以北地区发生较多。

【为害特点】喜在叶面光滑、蜡质较多的十字花科蔬菜上刺吸植物汁液，造成叶片卷缩变形，植株生长不良，影响包心，并因大量排泄蜜露、蜕皮而污染叶面(图18-43)，并能传播病毒病，造成的损失远远大于蚜虫的直接为害。

图18-43　甘蓝蚜为害甘蓝

【形态特征】有翅胎生雌蚜：头、胸部黑色；腹部黄绿色，有数条不明显的暗绿色横带，两侧各有5个黑点；全体覆有明显的白色蜡粉；无额瘤，腹管远比触角第5节短，中部膨大。无翅胎生雌蚜：体暗绿色，腹背各节有断续暗带，全体有明显白色蜡粉；触角无感觉圈，无额疣，腹管似有翅型。

【发生规律】在北方地区每年发生8~20代，以卵在植株近地面根茎凹陷处、叶柄基部和叶片上越冬。在4月下旬孵化，5月中旬产生有翅蚜，5月下旬至6月初陆续迁飞到春夏十字花科蔬菜及春油菜上大量繁殖为害。甘蓝蚜一般以春秋季为害较重，温暖地区全年可以孤雌胎生繁殖。

【防治方法】蔬菜收获后，及时处理残株败叶，铲除杂草并带出田外集中处理。保护天敌昆虫。在田间设置黄板诱杀。

可采用下列杀虫剂进行防治：

240g/L螺虫乙酯悬浮剂4 000~5 000倍液；

10%烯啶虫胺水剂3 000~5 000倍液；

3%啶虫脒乳油2 000~3 000倍液；

10%氟啶虫酰胺水分散粒剂3 000~4 000倍液；

10%吡虫啉可湿性粉剂1 500~2 000倍液；

50%抗蚜威可湿性粉剂1 000~2 000倍液；

10%吡丙·吡虫啉悬浮剂1 500~2 500倍液；

25%吡虫·仲丁威乳油2 000~3 000倍液；

25%噻虫嗪可湿性粉剂2 000~3 000倍液；

10%氯噻啉可湿性粉剂2 000倍液；

5%氯氰·吡虫啉乳油2 000~3 000倍液；

4%氯氰·烟碱水乳剂2 000~3 000倍液；

3.2%烟碱·川楝素水剂200~300倍液；

0.5%藜芦碱可湿性粉剂2 000~3 000倍液；

1.3%苦参碱水剂300~500倍液；

5%鱼藤酮微乳剂600~800倍液；

对水喷雾，视虫情间隔7~10天1次。

第十九章 花椰菜病害防治新技术

花椰菜属十字花科，一年或二年生草本植物，原产于地中海北岸。花椰菜，人们常常称作菜花、花菜、椰花菜、甘蓝花，其中最常用的名字是菜花。全国播种面积为65万hm²左右，总产量为2 123.5万t。在我国主要产区分布在河北、山西、山东、河南、湖北等地。栽培模式以露地栽培为主，其次为中小拱棚栽培等。

目前，国内发现的花椰菜病虫害有40多种，其中，病害20多种，主要有霜霉病、黑斑病、黑腐病等；生理性病害有10多种，主要有先期抽薹等。常年因病虫害发生为害造成的损失达20%~50%。

一、花椰菜病害

1.花椰菜黑腐病

【分布为害】黑腐病是花椰菜的主要病害之一。在我国各十字花科蔬菜产地都有不同程度的发生；一般发病年份可减产20%~30%，有的年份减产达50%~60%。

【症　　状】主要为害叶片，花球或茎部。子叶染病呈水浸状，后迅速枯死。真叶染病，叶片边缘呈"V"字形病斑，边缘常具黄色晕圈，病斑向两侧或内部扩展，致周围叶肉变黄或枯死(图19-1至图19-4)。病菌进入茎部维管束后，逐渐蔓延到茎部或叶脉及叶柄处，引起植株萎蔫，至萎蔫不再复原，剖开茎部，可见维管束全部变为黑色或腐烂，但不臭，干燥条件下茎部黑心或呈干腐状(图19-5)。湿度大时，病部腐烂。

【病　　原】*Xanthomonas campestris* pv. *campestris* 称野油菜黄单胞杆菌野油菜致病变种，属细菌。菌体杆状，极生单鞭毛，无芽孢，有荚膜，单生或链生，革兰氏染色阴性。

【发生规律】病原细菌可在种子内或随病残体在土壤中越冬，从水孔或伤口侵入；种子可以

图19-1　花椰菜黑腐病叶片发病初期症状

图19-2 花椰菜黑腐病叶片发病中期症状

图19-3 花椰菜黑腐病叶片发病后期症状

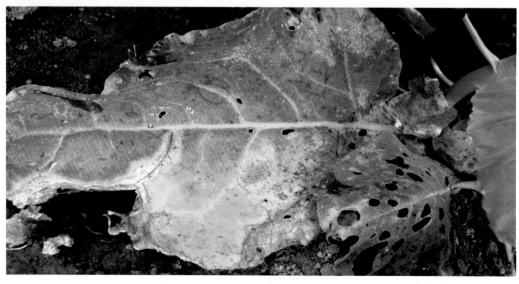

图19-4 花椰菜黑腐病叶片发病症状

图19-5　花椰菜黑腐病茎基部发病症状

带菌，病菌在种子上可以存活28个月左右，是病害远距离传播的主要方式之一。大多数在莲座期至结球期开始发病；病菌借雨水、灌溉水、农具传播，使用带菌种子、带菌菜苗可远距离传播。高温、高湿多雨，叶面结露、叶缘吐水，均有利于发病；地势低洼，排水不良，经常大水漫灌，种植过早，与十字花科蔬菜常年连作；施用未腐熟的有机肥，偏施氮肥，长势差或旺长徒长，中耕时伤根，虫害较多较重的地块发病也重；尤其是暴风雨后，病害极易流行。厦门地区在10月开始发病；浙江及长江中下游地区一般10—12月为发病盛期，上海地区主要发生在5—11月。

【防治方法】重茬地块与非十字花科蔬菜进行2年以上轮作。选择地势较高，不易积水的地块栽培；适时、适期播种，加强肥水管理，适度蹲苗，氮、磷、钾肥合理施用，不可偏施氮肥，以免植株徒长，降低抗病能力；及时防治害虫，避免造成植株过多伤口引起发病。

种子处理。用3%中生菌素可湿性粉剂800倍液浸种30分钟，洗净晾干后便可播种。

发病前至发病初期，可采用下列杀菌剂进行防治：

20%噻菌铜悬浮剂1 000～1 500倍液；

45%代森铵水剂400～600倍液；

12%松脂酸铜悬浮剂600～800倍液；

60%琥·乙膦铝可湿性粉剂500～700倍液；

47%春雷·王铜可湿性粉剂700倍液；

对水喷雾，视病情间隔7～10天喷1次。

发病普遍时，可采用下列杀菌剂进行防治：

77%氢氧化铜可湿性粉剂800～1 000倍液；

20%噻唑锌悬浮剂600～1 000倍液；

3%中生菌素可湿性粉剂800倍液；

12%松脂酸铜悬浮剂600～800倍液；

对水喷雾，视病情间隔5～7天喷1次。

2. 花椰菜霜霉病

【症　　状】主要为害叶片。多在植株下部叶片发病，出现黄色病斑，潮湿条件下病斑边缘不明显，而在干燥条件下明显。病斑因受叶脉限制也呈多角形或不规则形。湿度大时病斑背面可见稀疏的白色霉状物。病重时病斑连片，造成叶片枯黄而死(图19-6至图19-9)。

图19-6　花椰菜霜霉病叶片发病初期症状

图19-7　花椰菜霜霉病叶片发病中期症状　　图19-8　花椰菜霜霉病叶背发病中期症状

图19-9 花椰菜霜霉病叶片发病后期症状

【病　　原】*Peronospora parasitica* 称寄生霜霉菌，属卵菌门真菌。

【发生规律】以卵孢子在病残体或土壤中，或以菌丝体在采种株上越冬。借风雨传播，从气孔或细胞间隙侵入。该病害主要发生在气温较低的早春和晚秋，尤其在10～20℃的低温多雨条件下为害严重。地势较低，易积水的地块、土质黏重、肥力较差的发病较重；日常管理粗放、施肥浇水不合理、植株疯长或生长期严重缺肥、田间湿度大、杂草丛生、田间郁蔽不通风、阴雨较多、光照不足、雾多、露水重等都能加重病情。

【防治方法】适期播种，施足底肥，增施磷、钾肥。田间密度要合理，早间苗，晚定苗，适度蹲苗。小水勤浇，不可经常大水漫灌，雨后及时排出田间积水。清除病苗，栽培季节结束后及时把病叶、病株清除出田外深埋或烧毁。

发病前至发病初期加强预防，可采用下列杀菌剂进行防治：

25%甲霜·霜霉威可湿性粉剂1 500～2 000倍液；

50%烯酰·乙膦铝可湿性粉剂1 000～2 000倍液；

40%氧氯·霜脲氰可湿性粉剂800～1 000倍液；

76%霜·代·乙膦铝可湿性粉剂800～1 000倍液；

72%甲霜·百菌清可湿性粉剂600～800倍液；

对水喷雾，视病情间隔7～10天喷1次。

发病普遍时，可采用下列杀菌剂或配方进行防治：

687.5g/L霜霉威盐酸盐·氟吡菌胺悬浮剂800～1 200倍液；

250g/L吡唑醚菌酯乳油1 500～3 000倍液；

66.8%丙森·异丙菌胺可湿性粉剂600～800倍液；

84.51%霜霉威·乙膦酸盐可溶性水剂600～1 000倍液；

70%呋酰·锰锌可湿性粉剂600～1 000倍液；

69%锰锌·烯酰可湿性粉剂1 000～1 500倍液；

440g/L双炔·百菌清悬浮剂600~1 000倍液；

50%氟吗·锰锌可湿性粉剂500~1 000倍液；

560g/L嘧菌·百菌清悬浮剂2 000~3 000倍液；

对水喷雾，视病情间隔5~7天喷1次。

3．花椰菜黑斑病

【症　　状】主要为害叶片。初时叶片上产生黑色小斑点，扩展后成为灰褐色圆形病斑，轮纹不明显。湿度大时，病斑上产生较多黑色霉。发病严重时，叶片上布满病斑，有时病斑汇合成大斑，致使叶片变黄早枯(图19-10至图19-13)。茎、叶柄也会发病，病斑黑褐色、长条状，生有黑色霉层。

图19-10　花椰菜黑斑病苗期叶片发病症状

图19-11　花椰菜黑斑病叶片发病初期症状

图19-12 花椰菜黑斑病叶片发病后期症状

图19-13 花椰菜黑斑病叶片发病症状

【病　　原】*Alternaria brassicae* 称芸薹链格孢，属无性型真菌。分生孢子梗褐色，不常分枝。分生孢子单生，孢身具5～12个横隔膜，若干纵隔膜，灰榄褐色，喙具1～6个横隔膜，孢身至喙渐细。

【发生规律】以菌丝体或分生孢子在病残体或种子上或冬贮菜上越冬。翌年产生孢子从气孔或直接穿透表皮侵入，借助风雨传播。在春夏季，侵染油菜、菜心、小白菜、甘蓝等十字花科蔬菜，后传播到秋菜上为害或形成灾害。病情的轻重和发生早晚与降雨的迟早、雨量的多少成正相关，春季和秋季雨水较多，田间湿度大，病害即有可能流行。播种早、密度大、地势低洼、雨后易积水、管理粗放、缺水缺肥、植株长势差、偏施氮肥、植株徒长旺长、导致植株抗病力弱、一般发病重。秋菜初发期在8月下旬至9月上旬。在上海及长江中下游地区花椰菜黑斑病可周年发生。

【防治方法】选择地势较高、不易积水的地块进行栽培，适时适期播种，合理密植；施用腐熟的优质有机肥，氮、磷、钾肥合理配合施用，适时适量浇水施肥；雨后及时排出田间积水；栽培季节结束后将病残体及时清除出田外深埋或烧毁。

种子处理。用50%异菌脲可湿性粉剂、50%腐霉利可湿性粉剂、2.5%咯菌腈悬浮种衣剂按种子重量的0.2%～0.3%拌种。

在发病前至发病初期，可采用下列杀菌剂进行防治：

70%丙森·多菌可湿性粉剂600～800倍液；

50%苯菌灵可湿性粉剂800～1 000倍液+70%代森联水分散粒剂600倍液；

64%氢铜·福美锌可湿性粉剂1 000倍液；

50%甲·米·多可湿性粉剂1 500～2 000倍液+50%克菌丹可湿性粉剂400～600倍液；

60%琥铜·锌·乙铝可湿性粉剂800倍液+68.75%噁酮·锰锌水分散粒剂800倍液；

0.3%檗·酮·苦参碱水剂400～600倍液+70%丙森锌可湿性粉剂600～800倍液；

47%春雷·王铜可湿性粉剂600～800倍液；

24%混脂酸·碱铜水乳剂800倍液；

对水喷雾，视病情间隔7～10天喷1次。

发病普遍时，可采用下列杀菌剂或配方进行防治：

10%苯醚甲环唑水分散粒剂1 000倍液+75%百菌清可湿性粉剂600～800倍液；

20%唑菌胺酯水分散粒剂1 500倍液+250g/L嘧菌酯悬浮剂1 500～2 000倍液；

25%溴菌腈可湿性粉剂500～1 000倍液+70%代森锰锌可湿性粉剂700倍液；

50%甲基·硫磺悬浮剂800～1 000倍液+70%代森锰锌可湿性粉剂700倍液；

50%福美双·异菌脲可湿性粉剂800～1 000倍液；

70%丙森·多菌可湿性粉剂600～800倍液；

对水喷雾，视病情间隔5～7天喷1次。

4．花椰菜细菌性软腐病

【症　　状】在生长中后期，特别是花球形成增长期间，植株老叶发黄萎垂叶柄基部出现黑色湿腐条斑，茎基部出现湿润状淡褐色病斑，中下部包叶在中午似失水状萎蔫，初期早晚尚可恢复，反复数天萎蔫加重就不再能恢复，茎基部的病斑不断扩大逐渐变软腐烂，压之呈黏滑稀泥状(图19-14)；腐烂部位逐渐向上扩展致使部分或整个花球软腐(图19-15和图19-16)。腐烂组织会发出难闻的恶臭。

【病　　原】*Erwinia carotovora* pv. *carotovora* 称胡萝卜欧氏杆菌胡萝卜软腐致病变种，属细菌。菌体短杆状，周生数根鞭毛，革兰氏染色阴性。

【发生规律】病菌可在窖藏种株、土壤、病残体上越冬；在南方温暖的菜区，主要在十字花科蔬菜上终年交替发病，无明显休眠期。借雨水、灌溉水、带菌粪肥、昆虫等传播，从自然裂口、虫伤口、病痕及机械伤口等处侵入。病菌发育适温25～30℃，喜高湿环境，不耐强光和干燥。一般播种期较早的发病重，施用未腐熟的有机肥、高温多雨、地势低洼、排水不良、土质黏重、经常大水漫灌、肥水不足、植株长势弱、虫害多都会加重病情。

【防治方法】栽培季节结束后及早翻地、晒田。选择地势较高、不易积水的地块进行高垄覆盖地膜栽培。施足充分腐熟的有机肥，适时、适量追肥，勤浇小水，避免大水漫灌，雨后及时排出田间积水。注意防治地蛆、黄条跳甲等害虫。

图19-14　花椰菜细菌性软腐病茎部发病症状

图19-15　花椰菜细菌性软腐病花球发病症状

图19-16　青花菜细菌性软腐病花球发病症状

发病前期至发病期，可用下列杀菌剂进行防治：

40%春雷·喹啉铜悬浮剂500~1 000倍液；

3%中生菌素可湿性粉剂600~800倍液；

20%琥胶肥酸铜可湿性粉剂600~800倍液；

20%噻唑锌悬浮剂300~500倍液+12%松脂酸铜悬浮剂600~800倍液；

20%噻菌铜悬浮剂1 000~1 500倍液；

对水喷雾，视病情间隔5~7天喷1次。

5.花椰菜黑胫病

【症　　状】主要为害幼苗的子叶和茎，形成灰白色圆形或椭圆形病斑，上面散生黑色小粒点，严重时导致死苗。发病较轻的幼苗定植后，主、侧根产生紫黑色条形斑，或引起主、侧根腐朽，致地上部枯萎或死亡(图19-17和图19-18)。

【病　　原】*Phoma lingam* 称黑胫茎点霉，属无性型真菌。分生孢子器埋生寄主表皮下，深黑褐

图19-17　花椰菜黑胫病茎部发病症状

图19-18　花椰菜黑胫病地上部发病症状

色。分生孢子长圆形，无色透明，内含2油球。

【发生规律】以菌丝体在种子、土壤中越冬。菌丝体在土中可存活2～3年，分生孢子靠雨水或昆虫传播蔓延。播种带病的种子，出苗时病菌直接侵染子叶而发病。育苗期湿度大，定植后多雨或雨后高温，雾多、雾重，虫害较多该病易流行。浙江及长江中下游地区主要发生在11月至翌年3月。

【防治方法】与非十字花科蔬菜进行2年以上轮作；育苗期注意苗床见干见湿，不可浇水过大，避免造成苗床湿度过大，诱发病害的发生；及时防治害虫。

种子处理。用种子重量0.4%的50%琥胶肥酸铜可湿性粉剂，或50%福美双可湿性粉剂拌种。

床土处理。每平方米苗床用40%五氯硝基苯粉剂8g与40%福美双可湿性粉剂8g等量混合或用70%敌磺钠可溶性粉剂10g拌入40kg细土，将1/3药土撒在畦面上，播种后再把其余2/3药土覆在种子上，防治效果很好。

发病前至发病初期，可采用下列杀菌剂或配方进行防治：

80%多·福·福锌可湿性粉剂500～700倍液；

70%恶霉灵可湿性粉剂2 000倍液+ 68.75%恶唑菌酮·锰锌水分散粒剂800倍液；

54.5%恶霉·福可湿性粉剂700倍液；

5%水杨菌胺可湿性粉剂300～500倍液；

20%甲基立枯磷乳油800～1 000倍液+70%敌磺钠可溶性粉剂800倍液；

对水喷雾或灌根，视病情间隔7～10天1次。

6. 花椰菜细菌性黑斑病

【症　　状】叶片染病，病斑最初大量出现在叶背面，每个斑点发生在气孔处，初生大量小的具淡褐色紫边缘的小斑，坏死斑融合后形成大的不整齐的坏死斑(图19-19)。为害叶脉，致使叶片生长变缓，叶面皱缩，湿度大时形成油浸状斑点，褐色或深褐色，扩大后成为黑褐色，不规则形或多角形；发病严重时，全株叶片的叶肉脱落，只剩叶梗和主叶脉，导致植株死亡。

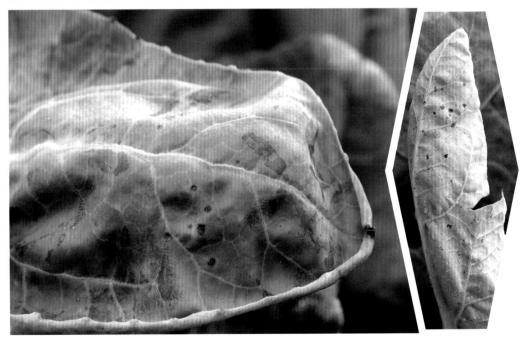

图19-19　花椰菜细菌性黑斑病叶片发病症状

【病　　原】*Pseudomonas syringae* pv. *maculicola* 称丁香假单胞菌叶斑病致病型，属细菌。菌体短杆状，两端圆，具1~5根极生鞭毛。

【发生规律】病菌在种子上或土壤及病残体上越冬，借风雨、灌溉水传播，由气孔或伤口侵入。病菌喜高温高湿条件，发病要求叶片有水滴存在，一般暴雨后极易发病，而且病情重。

【防治方法】施足粪肥，氮、磷、钾肥合理配施，避免偏施氮肥。均匀灌水，小水浅灌。发现初始病株及时拔除。收获后彻底清除田间病残体，集中深埋或烧毁。

种子处理。使用无病种子，一般种子要做消毒处理，可用种子重量0.4%的50%琥胶肥酸铜可湿性粉剂拌种。

发病初期，可采用下列杀菌剂进行防治：

80%王铜水分散粒剂1 000~1 500倍液；

3%中生菌素可湿性粉剂600~800倍液；

20%噻唑锌悬浮剂300~500倍液+12%松脂酸铜悬浮剂600~800倍液；

20%噻菌铜悬浮剂1 000~1 500倍液；

对水喷雾，视病情间隔7~10天1次。

7．花椰菜病毒病

【症　　状】主要为害叶片，出现花叶、斑驳、明脉、畸形等症状(图19-20)。侵染叶片首先出现明脉，后发展为斑驳，叶背沿叶脉产生疣状凸起，病株矮化不明显。

图19-20　花椰菜病毒病发病症状

【病　　原】芜菁花叶病毒Turnip mosaic virus (TuMV)，花椰菜花叶病毒Cauliflower mosaic virus (CaMV)。

【发生规律】在田间主要由桃蚜和菜缢管蚜进行非持久性传毒和汁液接触传毒，种子不能传毒；在冷凉条件下表现比较明显。在新疆和甘肃6—8月、黄河流域以北8月中下旬、东北7月下旬至8月上旬的降雨天数是秋花椰菜病毒病发生流行的决定因素，其间如果遇到高温干旱天气，发生就会严重。此外，播种过早、土温高、土壤湿度过低、与其他十字花科蔬菜病田邻作、前期肥水不足、幼苗长势较弱、蚜虫、叶蝉较重，发病都会加重。

【防治方法】合理间作、轮作；适时适期播种，避开蚜虫高发期；施足充分腐熟的有机肥，合理施用氮、磷、钾肥，苗期勤浇小水；发现病苗及时拔除；及时防治田间蚜虫，苗期提前喷施药剂防治病毒病。

发病前至发病初期，可采用下列药剂进行防治：

2％宁南霉素水剂200～400倍液；

5％氨基寡糖素水剂300～500倍液；

20％盐酸吗啉胍·乙酸铜可湿性粉剂500～700倍液；

2.1％烷醇·硫酸铜可湿性粉剂500～700倍液；

3.85％三氮唑·铜·锌水乳剂600～800倍液；

3.95％三氮唑核苷·铜·烷醇·锌水剂500～800倍液；

25％吗胍·硫酸锌可溶性粉剂500～700倍液；

31％氮苷·吗啉胍可溶性粉剂600～800倍液；

1.05％氮苷·硫酸铜水剂300～500倍液；

3％三氮唑核苷水剂600～800倍液；

50％氯溴异氰尿酸可溶性粉剂800倍液；

对水喷雾，视病情间隔5～7天防治1次。采收前5天停止用药。要特别注意防治蚜虫。

8．花椰菜环斑病

【症　状】主要为害叶片，叶片发病产生近圆形至圆形中间灰白色，边缘褐色至紫褐色病斑，病斑四周常有黄晕圈，发病后期病斑上生黑色小粒点(图19-21)。

图19-21　花椰菜环斑病叶片发病症状

【病　　　原】*Phyllosticta brassicae*(Currey)Westenddorp 称芸薹叶点霉，属无性型真菌。分生孢子器生在叶面，近球形。分生孢子椭圆至卵圆形，单胞无色。

【发生规律】病菌主要以分生孢子器随病残体在土壤中越冬，翌年条件适宜时产生分生孢子借助风雨传播，从叶片气孔或伤口侵入为害。连阴雨天多，田间易积水，露水较多、田间郁闭、通透性差，易发病。

【防治方法】雨后及时清除田间积水，加强肥水管理，收获结束后及时清除田间病残体，并集中带田间外销毁。

发病初期，可采用下列杀菌剂进行防治：

560g/L嘧菌·百菌清悬浮剂800~1 200倍液；

47%春雷霉素·王铜可湿性粉剂600~800倍液；

25%多·福·锌可湿性粉剂1 200~2 200倍液；

64%氢铜·福美锌可湿性粉剂1 000倍液；

70%甲基硫菌灵可湿性粉剂600~800倍液+75%百菌清可湿性粉剂600~800倍液；

对水喷雾，视病情间隔7~10天1次，连续2~3次。

9．花椰菜菌核病

【症　　　状】苗期发病，常发生于茎基部近地面处，发病初期地上部萎蔫，茎基部出现水浸状不规则形斑，发病后期茎基部湿腐出现白色菌丝，后白色菌丝扭结成黑色菌核，地上部枯死(图19-22)。花球发病多从花梗基部发病，扩展至整个花球。病部腐烂，表面长出白色棉絮状菌丝体，后凝结形成黑色菌核(图19-23和图19-24)。

图19-22　花椰菜菌核病苗期发病症状

图19-23　青花菜菌核病花球上布满白色菌丝

图19-24　青花菜菌核病花球上的白色菌丝扭结成黑色菌核

【病　　原】*Sclerotinia sclerotiorum* 称核盘菌，属子囊菌门真菌。

【发生规律】以菌核在土壤中或混在种子间越冬。在春秋两季多雨潮湿，菌核萌发，产生子囊盘放射出子囊孢子，病菌借气流传播，病健株接触也能传播。寒流来得早、持续低温时间长、连续阴雨天多、地势低洼易积水、排水不良、经常大水漫灌、田间种植密度过大、田间郁闭、通风透光性差、氮肥施用过多都会加重病情。

【防治方法】与禾本科作物进行2年以上的轮作，最好水旱轮作。精选种子，清除混杂在种子间的菌核，适时适期播种，定植密度要合理。选用地势较高的不易积水的地块种植，雨后及时排出田间积水；施用充分腐熟的有机肥，合理施用氮、磷、钾肥。收获后及时清除田间病残体，深翻土壤。

发病前至发病初期，可采用下列杀菌剂或配方进行防治：

50%乙烯菌核利可湿性粉剂600～800倍液+70%代森锰锌可湿性粉剂600～800倍液；

40%菌核净可湿性粉剂600～800倍液+50%克菌丹可湿性粉剂400～600倍液；

66%甲硫·霉威可湿性粉剂1 500倍液+70%代森锰锌可湿性粉剂600～800倍液；

50%腐霉·多菌可湿性粉剂1 000倍液+36%三氯异氰尿酸可湿性粉剂800倍液；

50%多·菌核可湿性粉剂600～800倍液+50%敌菌灵可湿性粉剂500倍液；

均匀喷雾，视病情间隔5～7天1次。重点喷植株基部和地面。

二、花椰菜生理性病害

1. 花椰菜缺硼

【症　　状】表现为茎部或花梗内部空洞、开裂，导致花球生长不良(图19-25)。

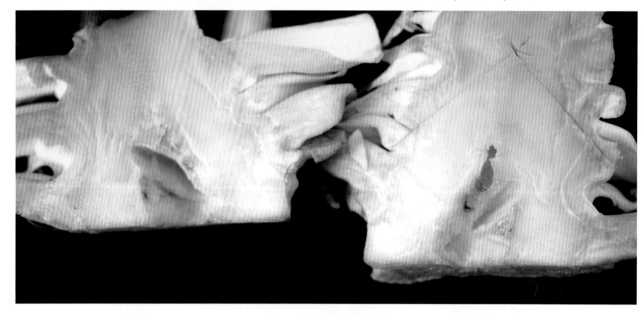

图19-25　花椰菜缺硼

【防治方法】整地时可每亩补施硼砂1kg，生长季节可喷0.3%硼砂溶液；适时适期播种，尽量避开长期低温时节；注意化肥合理施用，不可过多偏施碱性肥料，注意调节土壤pH值，不可盲目过量施用石灰。

2. 花椰菜先期抽薹

【症　　状】早春栽培的花椰菜出现未结球而直接开花或花球未完全长成就开始抽薹开花的现象(图19-26至图19-28)。

【病　　因】不同品种间存在较大的差异；同一品种播种期越早，抽薹的概率越大；早春早熟栽培时，定植过早，定植后遇倒春寒；育苗期间遇连续低温天气，易造成幼苗先期抽薹。

【防治方法】选择冬性比较强的品种进行栽培；适期播种，早春早熟栽培的应在温度能够人为控制的棚室内进行育苗，遇低温时期应注意保温，避免温度过低；根据天气状况适期定植。

图19-26　花椰菜先期抽薹

图19-27　花椰菜先期抽薹　　　　　图19-28　花椰菜先期抽薹

3．花椰菜紫花球

【症　　状】花球发育期间，花球表面变为紫色或紫黄色的现象(图19-29)。

图19-29　花椰菜紫花球

　　【病　　因】花球迅速发育期温度突然降低。秋季定植较晚，结球期温度较低也容易出现紫球。有些品种在结球后期容易出现紫花球现象。

　　【防治方法】适期播种，早春栽培注意预防倒春寒，晚秋栽培不可播种过晚以免晚秋低温影响花球正常发育。

第二十章　萝卜病虫害防治新技术

萝卜属十字花科，一年或二年生草本，原产于我国和地中海沿岸。全国播种面积为121.89万hm²左右，总产量为3 880.9万t。我国主要产区分布在河北、山西、辽宁、吉林、黑龙江等地。栽培模式以露地栽培为主，少有保护地栽培。

目前，国内发现的萝卜病虫害有40多种，其中，病害20多种，主要有霜霉病、细菌性软腐病、黑腐病等；生理性病害10多种，主要有先期抽薹、畸形根等；虫害10种，主要有蚜虫、地种蝇等。常年因病虫害发生为害造成的损失在30%～60%，在部分地块甚至绝收。

一、萝卜病害

1. 萝卜霜霉病

【分布为害】我国各萝卜产区均有发生，在黄河以北和长江流域地区秋季发病较重；每年因霜霉病造成的减产在20%～60%。

【症　　状】病叶初时产生水浸状、不规则的褪绿斑点，扩大成多角形或不规则形的黄褐色病斑。湿度大时，叶背面病斑上长出白色霉层。发病严重时，病斑连片，叶片变黄、干枯(图20-1至图20-7)。

图20-1　红皮萝卜霜霉病叶片发病症状

图20-2　樱桃萝卜霜霉病叶片发病症状

图20-3　萝卜霜霉病叶片发病初期症状

图20-4　萝卜霜霉病叶背发病初期症状

图20-5　萝卜霜霉病叶片发病中期症状

图20-6　萝卜霜霉病叶片发病后期症状

图20-7　萝卜霜霉病湿度较大时叶片正面产生的白色霉层

【病　　原】*Peronospora parasitica* 称寄生霜霉，属卵菌门真菌。菌丝无色，不具隔膜，吸器圆形至梨形或棍棒状。孢囊梗单生或2～4根束生，无色，无分隔，主干基部稍膨大。孢子囊无色，单胞，长圆形至卵圆形。卵孢子球形，单胞，黄褐色，表面光滑，胞壁厚，表面皱缩或光滑。

【发生规律】以卵孢子在病残组织里、土壤中或附着在种子上越冬，或以菌丝体在留种株上越冬。翌春由卵孢子或休眠菌丝产生的孢子囊萌发芽管。经气孔或表皮细胞间侵入春菜寄主，春菜收后，病菌以卵孢子在田间休眠两个月后侵入秋菜。借助风雨传播，使病害扩大和蔓延。一般播种较早，播种密度较大，土壤黏重，地势低洼，雨后易积水，田间通透性差，气温忽高忽低，昼夜温差大，白天光照不足，经常大水漫灌或浇水过勤，浇水过量，氮肥施用过多造成植株徒长或旺长，导致抗病能力降低，霜霉病最易流行。长江流域4—5月开始流行，河南省8—10月发病较重。

【防治方法】适期播种，注意定植密度，施足充分腐熟的有机肥，合理配合施用氮、磷、钾肥；早间苗，晚定苗，适度蹲苗。生长期间注意小水勤灌，不可经常大水漫灌；雨后及时排出田间积水。栽培结束后及时把病叶、病株清除出田外深埋或烧毁。

加强田间调查，发病初期是防治的关键时期，可采用下列杀菌剂或配方进行防治：

52.5%噁酮·霜脲氰水分散粒剂1 500～2 000倍液；

72%丙森·膦酸铝可湿性粉剂800～1 000倍液；

18%霜脲·百菌清悬浮剂1 000～1 500倍液；

76%丙森·霜脲氰可湿性粉剂1 000～1 500倍液；

76%霜·代·乙膦铝可湿性粉剂800～1 000倍液；

75%百·福·福锌可湿性粉剂800～1 000倍液；

42%琥铜·霜脲氰可湿性粉剂800～1 000倍液；

对水喷雾，视病情间隔7～10天喷1次。

田间较多发病时应加强防治，发病普遍时，可采用下列杀菌剂或配方进行防治：

687.5g/L霜霉威盐酸盐·氟吡菌胺悬浮剂800～1 200倍液；

66.8%丙森·异丙菌胺可湿性粉剂600～800倍液；

84.51%霜霉·乙膦可溶性水剂1 000倍液+70%代森联水分散粒剂600～800倍液；

70%呋酰·锰锌可湿性粉剂600～1 000倍液；

72%霜脲·锰锌可湿性粉剂600～800倍液；

50%烯酰吗啉可湿性粉剂1 000～1 500倍液+75%百菌清可湿性粉剂600～800倍液；

对水喷雾，视病情间隔5～7天喷1次。

2. 萝卜软腐病

【分布为害】软腐病在全国各萝卜产区均有分布，以黄河以北地区发病严重；每年因软腐病造成的损失在30%～60%，发病严重的年份或地区减产可达80%以上，有些地块甚至绝收。

【症　　状】多为害根茎部(图20-8)，根部染病常始于根尖，初呈褐色水浸状软腐，使根部软腐溃烂成一团。叶柄或叶片染病，呈水浸状软腐(图20-9和图20-10)。干旱时停止扩展，根头簇生新叶。病健部界限分明，常有褐色汁液渗出，致整个萝卜变褐软腐(图20-11至图20-13)。

【病　　原】*Erwinia carotovora* pv. *carotovora* 称胡萝卜软腐欧文氏菌胡萝卜致病变种，属细菌。在培养基上的菌落灰白色，圆形或不定形；菌体短杆状，周生鞭毛2～8根，无荚膜，不产生芽孢，革兰氏染色阴性。

图20-8　萝卜软腐病根茎部发病症状

图20-9　萝卜软腐病叶片发病症状

图20-10　萝卜软腐病叶柄发病症状

图20-11　萝卜软腐病根茎膨大期发病症状

图20-12　萝卜软腐病发病严重时整个萝卜腐烂

图20-13　白皮萝卜软腐病发病症状

【发生规律】病原菌随带菌的病残体、土壤、未腐熟的农家肥中越冬，成为重要的初侵染菌源。通过雨水、灌溉水、肥料、土壤、昆虫等多种途径传播，由伤口或自然裂口侵入，不断发生再侵染。高温多雨有利于软腐病发生。常年在同一地块栽培十字花科蔬菜、平畦栽培、土质黏重、雨后易积、根茎生长发育期间雨水较多、机械损伤、虫害较多都会加重病情。

【防治方法】合理轮作倒茬，避免十字花科蔬菜连作。施足充分腐熟的有机肥，合理施用氮、磷、钾肥，及时追肥；雨后及时排水。发现病株后及时拔除，病穴撒石灰消毒。收获后及时清除田间病残体，精细翻耕整地，暴晒土壤，促进病残体分解。

发病初期，可采用下列杀菌剂进行防治：

30%琥胶肥酸铜可湿性粉剂600～800倍液；

3%中生菌素可湿性粉剂500～800倍液；

20%噻唑锌悬浮剂600～800倍液；

对水喷雾，视病情间隔5～7天1次。

萝卜软腐病发病后期防治的效果较差，一般以发病前预防为主。

3．萝卜病毒病

【分布为害】病毒病在我国各萝卜产区普遍发生，为害严重，是夏秋季萝卜生产中的一大难题。一般减产在20%～50%，严重时减产可达80%以上。

【症　　状】萝卜多整株发病，叶片出现叶色不均匀，深绿和浅绿相间，有时发生畸形，有的沿叶脉产生凸起(图20-14)。

图20-14　萝卜病毒病发病症状

【病　　原】Turnip mosaic virus(TuMV)称芜菁花叶病毒；Cucumber mosaic virus(CMV)称黄瓜花叶病毒，Tobacco mosaic virus(TMV)称烟草花叶病毒。

【发生规律】病毒在窖藏的白菜、甘蓝的留种株上越冬，或在田间的寄主植物活体上越冬，还可在越冬菠菜和多年生的杂草宿根上越冬。翌年春天，主要靠蚜虫把病毒传到春季种植的十字花科蔬菜上。一般高温干旱利于发病，被害越早，发病越重；播种早的秋萝卜发病重，经常与十字花科蔬菜邻作或连作，管理粗放、缺水、缺肥，蚜虫、粉虱为害严重的田块，干旱少雨的年份，发病重。

【防治方法】施用充分腐熟的粪肥作为底肥，根据当地气候适时播种。苗期采取小水勤灌，一般是"三水齐苗，五水定棵"，可减轻病毒病发生。在天旱时，不要过分蹲苗。深耕细作，彻底清除田边地头的杂草，发现病株及时拔除。栽培季节结束后及时清理田间病残体；生长期间发现蚜虫、粉虱及时喷药防治。

发现有蚜虫、粉虱，可采用下列杀虫剂进行防治：

240g/L螺虫乙酯悬浮剂4 000～5 000倍液；

10％烯啶虫胺水剂3 000～5 000倍液；

10％氟啶虫酰胺水分散粒剂3 000～4 000倍液；

10％吡虫啉可湿性粉剂1 500～2 000倍液；

50％抗蚜威可湿性粉剂1 000～2 000倍液；

22％噻虫·高氯氟悬浮剂2 000～3 000倍液；

2％香菇多糖水剂200～300倍液；

在萝卜5～6叶期，可采用下列杀菌剂进行防治：

2％宁南霉素水剂200～400倍液；

4％嘧肽霉素水剂200～300倍液；

20％盐酸吗啉胍·乙酸铜可湿性粉剂500～700倍液；

1.05％氮苷·硫酸铜水剂300～500倍液；

3.85％三氮唑·铜·锌水乳剂600～800倍液；

2.1％烷醇·硫酸铜可湿性粉剂500～700倍液；

1.5％硫铜·烷基·烷醇水乳剂1 000倍液；

3.95％三氮唑核苷·铜·烷醇·锌水剂500～800倍液；

31％吗啉胍·三氮唑核苷可溶性粉剂800倍液；

对水喷雾，视病情间隔5～7天喷1次。

4．萝卜黑腐病

【分布为害】黑腐病在全国各萝卜产区广泛分布，发生较普遍，保护地、露地都可发病，以夏秋高温多雨季发病较重，一般减产在20％～50％，发病严重的年份减产60％以上。

【症　　状】叶片受害，叶缘产生"V"字形病斑，灰色至淡褐色，边缘常有黄色晕圈，叶脉坏死变黑(图20-15至图20-17)。根茎受害，部分表皮变为黑色，或不变色，内部组织干腐，维管束变黑，髓部组织也呈黑色干腐状，甚至空心(图20-18)。

图20-15　樱桃萝卜黑腐病叶片发病症状

图20-16　萝卜黑腐病叶片发病初期症状

图20-17　萝卜黑腐病叶片发病后期症状

图20-18　萝卜黑腐病髓部组织黑腐症状

【病　　原】*Xanthomonas campestris* pv. *campestris* 称野油菜黄单胞杆菌野油菜致病变种，属细菌。菌体杆状，极生单鞭毛，无芽孢，有荚膜，菌体单生或链生，革兰氏染色阴性。

【发生规律】病原细菌随种子和田间的病株残体越冬，也可在采种株或冬菜上越冬。带菌种子是最重要的初侵染来源。春季通过雨水、灌溉水、昆虫或农事操作传播带到叶片上，经由叶缘的水孔、叶片的伤口、虫伤口侵入。一般播种较早，土质偏酸，常年同一地块栽培十字花科蔬菜，地势低洼易积水，栽培密度大，田间通透性差；偏施氮肥植株长势过弱，经常有暴风雨，以及害虫发生严重，病情都会加重。

【防治方法】施用腐熟的农家肥。适时播种，合理密植。及时防治害虫，减少传菌介体。合理灌水，雨后及时排水，降低田间湿度。减少农事操作造成的伤口。栽培季节结束后及时清除病残体，秋后深翻。

种子处理。播种前，可用30%琥胶肥酸铜可湿性粉剂600~700倍液浸种15~20分钟，然后用清水洗净，晾干后播种。

发病初期，可采用下列杀菌剂进行防治：

3%中生菌素可湿性粉剂600~800倍液；

30%琥胶肥酸铜可湿性粉剂600~800倍液；

20%噻唑锌悬浮剂300~500倍液+12%松脂酸铜悬浮剂600~800倍液；

20%噻菌铜悬浮剂1 000~1 500倍液；

12%松脂酸铜悬浮剂600~800倍液；

喷雾，视病情间隔5~7天喷1次。

5. 萝卜炭疽病

【分布为害】炭疽病分布广泛，长江流域发病较重。一般病株率10%~30%，重病地块常达50%以上。

【症　　状】主要为害叶片，也可为害茎，叶片病斑水浸状斑点，不规则、深褐色的较大斑(图20-19)。后开裂或穿孔，叶片黄枯。叶柄病斑近圆形至梭形，颜色稍深，凹陷(图20-20)。

【病　　原】*Colletotrichum higginsianum* 称希金斯刺盘孢，属无性型真菌。菌丝无色透明，有隔膜。分生孢子盘很小，散生，子座暗褐色。刚毛散生于分生孢子盘中，具1~3个隔膜，基部膨大，色深，顶端较尖，色淡，正直或微弯。分生孢子梗无色单胞，倒锥形，顶端较狭。分生孢子无色，单胞，圆柱形至梭形或星月形，两端钝圆，内含颗粒物。

图20-19　萝卜炭疽病叶片发病症状

图20-20　萝卜炭疽病叶柄发病症状

【发生规律】以菌丝体随病残体在土壤中越冬，种子也能带菌。在田间经雨滴飞溅和风雨传播，从伤口或直接穿透表皮侵入，在北方早熟萝卜先发病。7—9月高温多雨或降雨次数多发病较重。一般播种较早的萝卜，种植密度过大或地势低洼，通风透光差的田块发病重；田间雨后易积水，管理粗放，植株生长衰弱的地块发病也重。

【防治方法】重病地块与非十字花科蔬菜进行2年以上轮作。适时晚播，施足充分腐熟的有机肥，合理配合施肥，增施磷、钾肥，合理灌水，雨后及时排水。收获后及时清除田间病残体。

种子处理。用种子重量0.3%～0.4%的50%多菌灵可湿性粉剂、25%溴菌腈可湿性粉剂或50%咪鲜胺锰盐可湿性粉剂拌种。

发病前加强预防，可采用下列杀菌剂进行防治：

25%溴菌腈可湿性粉剂500倍液+70%代森联水分散粒剂800倍液；

40%多·福·溴菌腈可湿性粉剂800～1 000倍液；

60%甲硫·异菌脲可湿性粉剂1 000～1 500倍液；

70%福·甲·硫磺可湿性粉剂600～800倍液；

5%亚胺唑可湿性粉剂1 000倍液+75%百菌清可湿性粉剂600倍液；

对水喷雾，视病情间隔7～10天防治1次。

田间发病后及时施药防治，发病时，可采用下列杀菌剂或配方进行防治：

20%唑菌胺酯水分散粒剂1 000～1 500倍液；

25%咪鲜胺乳油1 000～1 500倍液+70%代森锰锌可湿性粉剂600～800倍液；

40%腈菌唑水分散粒剂4 000～6 000倍液+70%代森锰锌可湿性粉剂600～800倍液；

对水喷雾，视病情间隔5～7天防治1次。

6. 萝卜黑斑病

【分布为害】近年为害呈上升趋势，成为萝卜生产上的重要病害；分布广泛，发生较普遍，以秋季多雨发病严重。一般减产20%～50%。

【症　　状】主要为害叶片，叶片上的病斑圆形、深褐色，常有明显的同心轮纹，周缘稍具黄色晕圈。严重时，病斑多个汇合连成片，病斑上生黑色霉层，最后干枯脱落(图20-21和图20-22)。

图20-21　红皮萝卜黑斑病叶片发病症状

图20-22　萝卜黑斑病叶片发病症状

【病　　原】*Alternaria brassicae* 称芸薹链格孢，属无性型真菌。分生孢子梗褐色，不常分枝。分生孢子单生，孢身具5~12个横隔膜，若干纵隔膜，灰褐色。

【发生规律】以菌丝体或分生孢子在病残体或种子上或冬贮菜上越冬，翌年产生孢子从气孔或直接穿透表皮侵入，借助风雨传播。在春夏季，侵染油菜、菜心、小白菜、甘蓝等十字花科蔬菜，后传播到秋菜上为害。秋菜初发期在8月下旬至9月上旬。9月下旬至10月上旬连阴雨，病害即有可能流行。播种较早的易发病；种植密度过大，田间通透性差，土质黏重，地势低洼，经常大水漫灌，管理粗放，缺水缺肥，植株长势差、早衰，抗病能力差，连续阴雨天，雾大、雾多等发病重。

【防治方法】选择地势较高，不易积水的地块栽培；施用充分腐熟的优质有机肥，并增施磷、钾肥，适时适量浇水；收获后及时清除田间病残体并带出田外深埋或烧毁。

种子处理。用50%异菌脲可湿性粉剂或用50%腐霉利可湿性粉剂或用2.5%咯菌腈悬浮种衣剂按种子重量的0.2%～0.3%拌种。

发病前至发病初期，可采用下列杀菌剂进行防治：

50%甲·米·多可湿性粉剂1 500～2 000倍液+70%代森联水分散粒剂800倍液；

60%琥铜·锌·乙铝可湿性粉剂600～800倍液+75%百菌清可湿性粉剂600～800倍液；

64%氢铜·福美锌可湿性粉剂1 000倍液；

50%甲基·硫磺悬浮剂800～1 000倍液+70%代森锰锌可湿性粉剂700倍液；

对水喷雾，视病情间隔7～10天喷1次。

发病普遍时，可采用下列杀菌剂或配方进行防治：

20%唑菌胺酯水分散粒剂1 000～1 500倍液；

10%苯醚甲环唑水分散粒剂1 000～1 500倍液+75%百菌清可湿性粉剂600～800倍液；

50%异菌脲可湿性粉剂1 000～1 500倍液；

50%福美双·异菌脲可湿性粉剂800～1 000倍液；

对水喷雾，视病情间隔5～7天喷1次。

7．萝卜白斑病

【症　　状】主要为害叶片，发病初期，叶面散出灰褐色圆形斑点，很快扩大成圆形、近圆形至卵圆形病斑，颜色由灰褐色渐转为灰白色或枯白色，边缘叶色深。潮湿时，病斑背面产生稀疏的淡灰色霉状物。发病严重的，病斑连片，导致叶片失水枯萎(图20-23)。

图20-23　萝卜白斑病叶片发病症状

【病　　原】*Cercosporella albomaculans* 称白斑小尾孢，属无性型真菌。菌丝无色，有隔膜，分生孢子梗束生，无色，正直或弯曲，顶端圆截形，着生一个分生孢子，分生孢子线形，无色透明，基部稍膨大，圆形，顶端稍尖，分生孢子直或稍弯，有1～4个横隔。

【发生规律】主要以菌丝或菌丝块在病叶上生存或以分生孢子黏附在种子上越冬，翌年借雨水飞溅传播到叶片上，孢子发芽后从气孔侵入引致初侵染。借风雨传播进行多次再侵染。在北方菜区，本病盛发于8—10月，长江中下游及湖泊附近菜区，春秋两季均可发生，尤以多雨的秋季发病重。连作年限长，播种早，地势低洼，田间易积水，基肥不足或生长期缺肥缺水，植株长势衰弱，生长中后期遇连续阴雨天或暴雨发病重。

【防治方法】与非十字花科蔬菜轮作2年以上。选择地势较高、排水良好的地块种植。平整土地，施足充分腐熟后的有机肥，增施磷、钾肥；适期晚播，密度适宜，雨后注意排水；收获后及时清除田间病残体并深翻土壤。

种子处理。可用50%多菌灵可湿性粉剂500倍液或用70%甲基硫菌灵可湿性粉剂600倍液浸种1小时后捞出，用清水洗净后播种。

发病初期，可采用下列杀菌剂进行防治：

25%嘧菌酯悬浮剂1 000～1 500倍液；

50%多·霉威可湿性粉剂800～1 000倍液+70%代森锰锌可湿性粉剂600～800倍液；

65%甲硫·霉威可湿性粉剂800～1 000倍液；

70%甲基硫菌灵可湿性粉剂600～800倍液+75%百菌清可湿性粉剂600～800倍液；

50%苯菌灵可湿性粉剂800～1 000倍液+70%代森锰锌可湿性粉剂600～800倍液；

对水喷雾，视病情间隔7～10天喷1次。

发病普遍时，可采用下列杀菌剂进行防治：

50%异菌脲可湿性粉剂1 000～1 500倍液；

20%丙环唑微乳剂3 000～4 000倍液；

10%苯醚甲环唑水分散粒剂2 000倍液+75%百菌清可湿性粉剂600倍液；

对水喷雾，视病情间隔5～7天喷1次。

8. 萝卜细菌性黑斑病

【症　　状】叶片发病，初期在叶片上出现水浸状不规则形病斑，后期病斑呈浅褐色或黑褐色。发病严重时叶片枯死(图20-24和图20-25)。

图20-24　萝卜细菌性黑斑病叶片发病初期症状

图20-25 萝卜细菌性黑斑病叶片发病后期症状

【病　　原】*Pseudomonas syringae* pv. *maculicola* 称丁香假单胞菌斑点致病变种，属细菌。

【发生规律】病菌在土中、病残体及种子内越冬。病菌在土壤中能存活1年以上，田间主要借助灌溉水传播。连作地块，土质偏酸性，地势低，雨后易积水；缺肥缺水，长势较差；多雨的年份发病都较重。

【防治方法】与非十字花科蔬菜轮作2年以上。选择地势较高、排水良好的地块种植。调节土壤酸碱度；施足充分腐熟后的有机肥，增施磷、钾肥；雨后注意排水；收获后及时清除田间病残体并深翻土壤。

发病初期，可采用下列杀菌剂进行防治：

20%噻唑锌悬浮剂300~500倍液+12%松脂酸铜悬浮剂600~800倍液；

20%噻菌铜悬浮剂1 000~1 500倍液；

14%络氨铜水剂200~400倍液；

12%松脂酸铜悬浮剂600~800倍液；

47%春雷·王铜可湿性粉剂700倍液；

对水喷雾，视病情间隔7~10天喷1次。

田间发现病情应注意加强防治，发病普遍时，可采用下列杀菌剂进行防治：

50%春雷·王铜可湿性粉剂1 000~1 500倍液；

3%中生菌素可湿性粉剂600~800倍液；

对水喷雾，视病情间隔5~7天喷1次。

9. 萝卜根结线虫病

【症　　状】主要为害根系，以侧根发病为主。在根部上产生许多根瘤状物，根瘤大小不一，表面光滑，初为白色，后变成淡褐色，根结相连成念珠状(图20-26)。地上部分，轻微时症状不明显，仅表现叶色变浅，天热时中午萎蔫；发病重时植株矮化，生长不良，叶片萎垂。

图20-26　萝卜根结线虫病根部发病症状

【病　　原】*Meloidogyne incognita* 称南方根结线虫，属动物界线虫门。

【发生规律】根结线虫多以2龄幼虫或卵随病残体遗留在5～30cm土层中生存1～3年，条件适宜时，越冬卵孵化为幼虫，继续发育后侵入根部，刺激根部细胞增生，产生新的根结或肿瘤。田间发病的初始虫源主要是病土或病苗。土壤湿度适合蔬菜生长，也适于根结线虫活动，雨季有利于孵化和侵染，但在干燥或过湿土壤中，其活动受到抑制。

【防治方法】实行2～5年轮作，大葱、韭菜、辣椒是抗耐病菜类，病田种植抗耐病蔬菜可减少损失，降低土壤中线虫量，减轻下茬受害。

用0.5%阿维菌素颗粒剂3～4kg/亩、35%威百亩水剂4～6kg/亩、10%噻唑磷颗粒剂2kg/亩与20kg细土充分拌匀，撒在畦面下，再用铁耙将药土与畦面表土层15～20cm充分拌匀，当天定植。

在生长过程中发病为害，可以用1.8%阿维菌素乳油1 000倍液灌根，每株灌250ml。视病情间隔7～10天灌1次。能有效地控制根结线虫病的发生为害。

二、萝卜生理性病害

1. 萝卜裂根

【症　　状】在生长的中后期出现根部开裂的现象。裂口大小不等、多雨季节常诱发开裂部位感染细菌性软腐病，导致伤口腐烂(图20-27)。

【病　　因】在生长发育前受到不良环境的影响生长较慢，中后期突然气温回升，雨量突然增加，根内生长速度过快，根表皮生长速度跟不上根内生长速度而导致的裂根；水肥供应不均匀，忽多忽少也容易导致裂根。

【防治方法】选择抗耐裂的品种进行栽培，选择土质疏松的地块进行栽培；适时适量追肥浇水，不可忽多忽少；尤其是根茎迅速膨大期特别应注意水肥的均衡供应。

图20-27　萝卜裂根

2．萝卜畸形根

【症　　状】在生产上出现的弯曲变形或生长成2～5条根的都是畸形根。对其商品价值影响较大（图20-28）。

图20-28　萝卜畸形根

【病　　因】生活力较弱的陈种子，土质黏重的地块，土壤中有较坚硬的石块等不利于根系向下生长的物质；施用未腐熟的有机肥，地下害虫较多等都会导致畸形根的发生。

【防治方法】选择新采收的种子进行种植；选择疏松耕层较好的地块栽培；施用充分腐熟的有机肥作基肥；生长的过程中及时防治地下害虫。

三、萝卜虫害

1．蚜虫

【为害特点】萝卜蚜(*Lipaphis erysimi*)以成蚜和若蚜常集结在嫩叶上刺吸汁液，造成幼叶畸形卷缩，生长不良(图20−29)。

图20−29　萝卜蚜虫为害

【形态特征】参见大白菜虫害——蚜虫。

【发生规律】年发生代数，华北10～20代，长江流域30代左右，华南可发生40多代，世代重叠。在北方可在秋白菜上产卵越冬；在南方可全年孤雌胎生，连续繁殖。翌年3—4月卵孵化为干母，在越冬寄主上繁殖几代后，产生有翅蚜，向其他蔬菜上转移，扩大为害。到晚秋，部分产生性蚜，交配产卵越冬。在长江流域每年的春秋两季是发生高峰。萝卜蚜适应范围广，较低温度时，萝卜蚜发育也较快。田间杂草较多，天气干旱的年份发生严重。

【防治方法】适时适期播种，合理配方施肥，天气干旱时注意防治蚜虫。有条件的可以进行防虫网覆盖栽培。栽培结束后，及时处理田间残株败叶，铲除杂草并带出田外集中处理。

生物防治。保护天敌昆虫如瓢虫、蚜茧蜂、食蚜蝇、草蛉等。

物理防治。萝卜蚜对黄色有强烈趋性，可以在田间设置黄板诱杀。

萝卜蚜发生时，可采用下列杀虫剂进行防治：

70%吡虫啉水分散粒剂1.5～2g/亩；

1.8%阿维·吡虫啉可湿性粉剂30～50g/亩；

240g/L螺虫乙酯悬浮剂4 000～5 000倍液；

10%烯啶虫胺水剂3 000～5 000倍液；

10%氟啶虫酰胺水分散粒剂3 000～4 000倍液；

50%抗蚜威可湿性粉剂1 000～2 000倍液；

5%氯氰·吡虫啉乳油2 000～3 000倍液；

22%噻虫·高氯氟悬浮剂2 000～3 000倍液；

对水喷雾，视虫情间隔7～10天喷1次。

2．地种蝇

【分布为害】萝卜地种蝇(*Delia floralis*)为北方秋菜的重要害虫。以幼虫为害萝卜根表皮，造成许多弯曲的沟道，还可蛀入内部窜成孔道，引起腐烂，丧失食用价值。

【形态特征】雄成虫体暗灰褐色(图20-30)。头部两复眼较接近，胸背面有3条黑色纵纹，腹部背中央有1条黑色纵纹。雌虫全体黄褐色，胸、腹背面均无斑纹。卵乳白色，长椭圆形，稍弯曲，表面有网状纹。幼虫称蛆，幼虫老熟时体乳白色，头部退化，仅有1对黑色口钩(图20-31)。蛹椭圆形，红褐色或黄褐色。

图20-30　萝卜地种蝇成虫

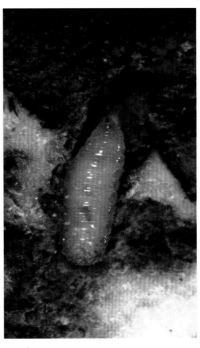
图20-31　萝卜地种蝇幼虫

【发生规律】在北方菜区每年发生1代，以蛹在土中越冬。翌年成虫出现的早晚因地区而异。成虫8月中下旬羽化。成虫盛发期哈尔滨多在8月上中旬，沈阳地区多在8月下旬至9月上旬。幼虫为害盛期在9—10月，10月中下旬入土化蛹。成虫白天活动，多在日出或日落前后或阴雨天活动、取食。

【防治方法】勤灌溉，必要时可大水漫灌，能阻止种蝇产卵、抑制根蛆活动及淹死部分幼虫。采收后及时翻耕土地，可杀死部分越冬蛹。

在播种时用3%辛硫磷颗粒剂1.5～3.0kg/亩均匀撒在地面，将其犁入土中再播种。

成虫羽化盛期，可采用下列杀虫剂进行防治：

15%阿维·毒乳油1 500～3 000倍液；

16%高氯·杀虫单微乳剂1 000～3 000倍液；

40%阿维·敌畏乳油1 500～3 000倍液；

对水喷雾防治。

也可采用下列杀虫剂进行防治：

40%辛硫磷乳油1 000～1 500倍液；

对水灌根防治幼虫。

第二十一章 胡萝卜病害防治新技术

胡萝卜属伞形科，二年生草本，原产亚洲西南部。全国播种面积在45万hm²左右，总产量在1 500万t。我国主要产区在山东、河南、浙江、云南等地。栽培模式以露地栽培为主。

目前，国内发现的胡萝卜病虫害有40多种，其中，病害20多种，主要有白粉病、细菌性软腐病等；生理性病害10多种，主要有先期抽薹、畸形根等；虫害10种，主要有蚜虫、地蛆等。常年因病虫害发生为害造成的损失在20%~50%。

1. 胡萝卜黑斑病

【症　　状】叶片受害多从叶尖或叶缘侵入，出现不规则形深褐色至黑色斑，周围组织略褪色，湿度大时病斑上长出黑色霉层，发生严重时，病斑融合，叶缘上卷，叶片早枯(图21-1)。茎染病，病斑长圆形黑褐色、稍凹陷。

图21-1　胡萝卜黑斑病叶片发病症状

【病　　原】*Alternaria dauci* 称胡萝卜链格孢，属无性型真菌。分生孢子梗短且色深。分生孢子倒棍棒形，壁砖状分隔，具横隔膜5~11个，纵隔膜1~3个。

【发生规律】以菌丝或分生孢子在种子或病残体上越冬，翌年环境条件适宜时，病菌产生分生孢子借助气流进行传播为害。土质黏重，秋季雨水多，易积水；栽培密度大，田间通透性差，水肥供应不足，植株长势弱等都易引起植株发病。

【防治方法】与非伞形花科及非十字花科蔬菜轮作2年以上。选择地势较高、不易积水、土质疏松的地块栽培；合理密植，施足充分腐熟的有机肥，适时适量追肥浇水。

种子处理。播种前，用种子重量0.3%的50%福美双可湿性粉剂或40%拌种双可湿性粉剂加上0.3%的50%异菌脲可湿性粉剂拌种；也可以用2.5%咯菌腈悬浮种衣剂进行种子包衣。

田间发病后及时进行防治，发病初期，可采用下列杀菌剂进行防治：

20%唑菌胺酯水分散粒剂1 000～1 500倍液+50%克菌丹可湿性粉剂600倍液；

25%溴菌腈可湿性粉剂500～1 000倍液+70%丙森锌可湿性粉剂600～800倍液；

50%甲基·硫磺悬浮剂800～1 000倍液+70%代森锰锌可湿性粉剂700倍液；

50%甲·咪·多可湿性粉剂1 500～2 000倍液+70%代森联水分散粒剂800倍液；

对水喷雾，视病情间隔7～10天喷1次。

2. 胡萝卜细菌性软腐病

【症　　状】主要为害肉质根。地下部肉质根多从近地表根头部发病，以后逐渐向上向下蔓延扩大，病斑形状不定，周缘明显或不明显，褐色，水浸状湿腐。地上部茎叶在慢性发病时，黄化后逐渐萎蔫；急性发病时，则整株突然萎蔫干枯。随病部扩展，肉质根组织变灰褐色软化腐烂，外溢黏稠汁液，散发出臭味。严重时整个肉质根腐烂(图21-2和图21-3)。

图21-2　胡萝卜细菌性软腐病茎基部发病症状　　　　图21-3　胡萝卜细菌性软腐病肉质根发病症状

【病　　原】*Erwinia carotovora* pv. *carotovora* 称胡萝卜软腐欧文氏菌胡萝卜致病变种，属细菌。

【发生规律】病菌在病根组织内或随病残体遗落在土壤中，或在未腐熟的土杂肥内存活越冬。借灌溉水及雨水溅射传播，主要由伤口侵入。高温、多雨、低洼排水不良地发病重。特别在暴风雨后，或土壤长期干旱突灌大水，易发病，地下害虫多等都能导致病害的发生。

【防治方法】病田避免连作。精细翻耕整地，暴晒土壤，促进病残体分解。增施基肥，及时追肥。采用高垄栽培。雨后及时排水，发现病株后及时清除，病穴撒石灰进行消毒。

种子处理。播种前，可用3%中生菌素可湿性粉剂按种子重量的1%拌种。

田间发病后及时施药进行防治，发病前至发病初期，开始采用下列杀菌剂进行防治：

84%王铜水分散粒剂1 500~2 000倍液；

2%春雷霉素可湿性粉剂300~500倍液；

3%中生菌素可湿性粉剂600~800倍液；

30%琥胶肥酸铜可湿性粉剂600~800倍液；

20%噻唑锌悬浮剂300~500倍液+12%松脂酸铜悬浮剂600~800倍液；

20%噻菌铜悬浮剂1 000~1 500倍液；

14%络氨铜水剂200~400倍液；

均匀喷雾，视病情间隔5~7天喷1次。

3．胡萝卜链格孢黑腐病

【症　　状】主要为害肉质根、叶片、叶柄及茎。叶片上病斑暗褐色，严重时叶片枯死。叶柄上病斑长条状(图21-4)。茎上病斑多为梭形至长条形，边缘不明显。湿度大时病斑表面密生黑色霉层。肉质根上形成不规则形或圆形稍凹陷黑色斑，严重时深达内部，使肉质根变黑腐烂(图21-5)。

图21-4　胡萝卜链格孢黑腐病叶片发病症状

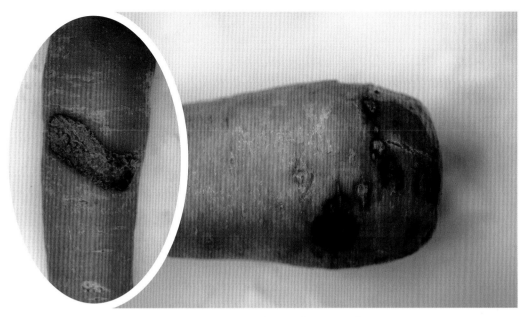

图21-5　胡萝卜链格孢黑腐病根茎发病症状

【病　　原】*Alternaria radicina* 称胡萝卜黑腐链格孢菌，属无性型真菌。分生孢子梗褐色单生或数根束生，膝曲状，深棕色。分生孢子深褐色，串生，卵形或椭圆形至倒棒状，无喙。

【发生规律】以菌丝体或分生孢子随病残体残留在土表越冬，生长期分生孢子借风雨传播，进行再侵染，扩大为害。秋播胡萝卜，9—10月在肉质根开始膨大期间，病菌从伤口侵入。秋季及初冬天气温暖、多雨、多雾、湿度大及植株过密时有利于发病，在生长中、后期，肉质根膨大过程中，如地下害虫为害严重，农事操作造成的机械损伤，也有利于发病。

【防治方法】对于常发病的地块与非伞形花科蔬菜和非十字花科蔬菜轮作2年以上；注意水肥的均衡供应，生长中后期注意及时防治害虫，农事操作应注意避免造成伤口。

种子处理。播种前，用种子重量0.3%的50%福美双可湿性粉剂或40%拌种双可湿性粉剂加上种子重量0.3%的50%异菌脲可湿性粉剂拌种。

发病初期，可采用下列杀菌剂或配方进行防治：

10%苯醚甲环唑水分散粒剂1 000倍液+75%百菌清可湿性粉剂800倍液；

25%溴菌腈可湿性粉剂500～1 000倍液+70%代森锰锌可湿性粉剂700倍液；

50%福美双·异菌脲可湿性粉剂800～1 000倍液；

对水喷雾，视病情间隔7～10天喷1次。

4．胡萝卜白粉病

【症　　状】叶片的叶背和叶柄生成白色或灰白色粉状斑点，不久，叶表面和叶柄表面布满灰白色霉层(图21-6)。严重时，下部叶片变黄而枯萎，叶片和叶柄上出现小黑点(子囊壳)。

【病　　原】*Erysiphe heracle* 称白粉菌，属子囊菌门真菌。

【发生规律】病菌在温室蔬菜上或土壤中越冬，借风和雨水传播。在高温高湿或干旱环境条件下易发生，发病适温20～25℃，相对湿度25%～85%，但是以高湿条件下发病重。春播栽培发生于6—7月，夏播栽培发生于10—11月。栽培密度大，经常高温，雨水少发病就重。

【防治方法】合理密植，避免过量施用氮肥，增施磷、钾肥，防止徒长。注意田间通风透光。

图21-6　胡萝卜白粉病叶片发病症状

发病初期，可采用下列杀菌剂或配方进行防治：

25%乙嘧酚悬浮剂1 500~2 500倍液+70%丙森锌可湿性粉剂600~800倍液；

10%苯醚菌酯悬浮剂1 000~2 000倍液+75%百菌清可湿性粉剂600~800倍液；

2%宁南霉素水剂200~400倍液+70%代森联水分散粒剂600~800倍液；

300g/L醚菌·啶酰菌悬浮剂2 000~3 000倍液；

70%硫磺·甲硫灵可湿性粉剂800~1 000倍液；

62.25%腈菌唑·代森锰锌可湿性粉剂600倍液；

2%嘧啶核苷类抗生素水剂150~300倍液+70%代森联水分散粒剂600~800倍液；

对水喷雾，视病情间隔7~10天喷1次。

5. 胡萝卜根结线虫病

【症　　状】发病轻时，地上部无明显症状。发病重时，拔起植株，可见肉质根变小、畸形，须根很多，其上有许多葫芦状根结(图21-7和图21-8)。地上部表现生长不良、矮小、黄化、萎蔫，似缺肥水或枯萎病症状，严重时植株枯死。

【病　　原】*Meloidogyne incognita* 称南方根结线虫。病原线虫雌雄异形，幼虫细长蠕虫状。雄成虫线状，尾端稍圆，无色透明。雌成虫梨形，埋生于寄主组织内。

【发生规律】根结线虫多以2龄幼虫或卵随病残体遗留在5~30cm土层中生存1~3年，条件适宜时，越冬卵孵化为幼虫，继续发育后侵入根部，刺激根部细胞增生，产生新的根结或肿瘤。田间发病的初始虫源主要是病土或病苗。土壤湿度适合蔬菜生长，也适于根结线虫活动，雨季有利于孵化和侵染，但在干燥或过湿土壤中，其活动受到抑制。

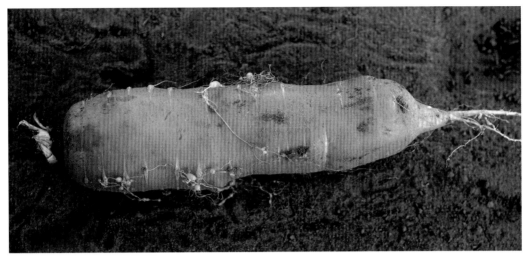

图21-7　胡萝卜根结线虫病较轻病株

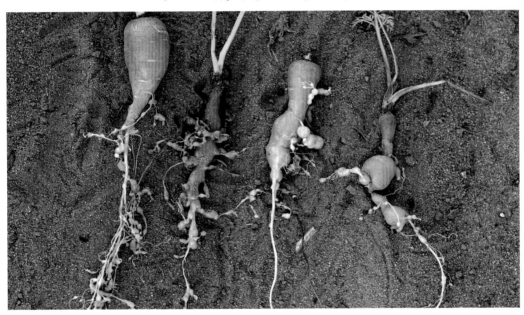

图21-8　胡萝卜根结线虫病较重病株

【防治方法】合理轮作，病田彻底处理病残体，集中烧毁或深埋。根结线虫多分布在3～9cm表土层，深翻可减轻为害。

在整地时，可用35％威百亩水剂4～6kg/亩，或10％噻唑膦颗粒剂2～5kg/亩，或98％棉隆微粒剂3～5kg/亩，或3.2％阿维·辛硫磷颗粒剂4～6kg/亩，或5亿活孢子/g淡紫拟青霉颗粒剂3～5kg/亩处理土壤。

在生长过程中发病可以用1.8％阿维菌素乳油1 000倍液灌根，每株灌250ml。视病情间隔7～10天灌1次，能有效地控制根结线虫病的发生为害。并应加强田间管理，合理施肥或灌水以增强寄主抵抗力。

第二十二章　豇豆病虫害防治新技术

　　豇豆属豆科，一年生草本植物，是重要蔬菜品种，原产于非洲。全国播种面积在34万hm²左右，总产量约725万t。我国主要产区分布在河北、河南、浙江、江苏、广西、四川等地。豇豆栽培以露地栽培为主，也有日光温室栽培、早春简易覆盖栽培等。

　　目前，国内发现的豇豆病虫害有40多种，其中病害30多种，主要有锈病、根腐病、枯萎病、炭疽病等；虫害10种，主要有豆荚螟、蚜虫、美洲斑潜蝇等。常年因病虫害发生为害造成的损失在30%～80%。

一、豇豆病害

1．豇豆枯萎病

　　【分布为害】枯萎病是豇豆重要的病害之一，全国各地均有发生，20世纪70年代以来日渐加重，造成大片死秧。

　　【症　　状】根系发育不良，根部皮层腐烂，新根很少或没有。剖开根茎部或茎部，可见到维管束变黄褐色至黑褐色。常发生在开花结荚期，病株初期出现萎蔫状，开始早晚可恢复正常，后期枯死；下部叶片先变黄，然后逐渐向上发展；叶脉两侧变为黄色至黄褐色，叶脉呈褐色，严重时，全叶枯焦脱落(图22-1和图22-2)。

图22-1　豇豆枯萎病叶片发病症状

图22-2 豇豆枯萎病田间发病症状

【病　　　原】*Fusarium oxysporum* f.sp. *tracheiphilium* 称尖镰刀菌嗜导管专化型，属无性型真菌(图22-3)。子座和菌丝初为白色，后为褐色，棉絮状。分生孢子有两种，大型分生孢子无色，圆筒形至纺锤形或镰刀形，顶端细胞尖细，基部细胞有小突起，多具2~3个隔膜；小型分生孢子无色，卵形或椭圆形，单胞；厚垣孢子无色或黄褐色，球形，单生或串生。

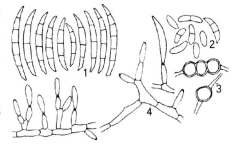

图22-3 豇豆枯萎病病菌
1.大型分生孢子；2.小型分生孢子；
3.厚垣孢子；4.产孢细胞

【发生规律】以菌丝体在病残体、土壤和带菌肥料中越冬，种子也能带菌。成为翌年初侵染源。通过伤口或根毛顶端细胞侵入，主要靠水流进行短距离传播，扩大为害。春播豇豆一般在6月中旬、7月上旬为发病高峰期。低洼地、肥料不足，又缺磷钾肥，土质黏重，土壤偏酸和施未腐熟肥料发病重。

【防治方法】与其他非豆类蔬菜轮作，旱地3~5年，或与水稻轮作1年以上。施足充分腐熟的优质有机肥，增施磷、钾肥。低洼地可采取高垄或半高垄地膜覆盖栽培，防止大水漫灌，雨后及时排水，田间不能积水。

种子处理。福尔马林药液浸种20~30分钟或80%乙蒜素乳油2 000~4 000倍液浸种30~60分钟，或用种子重量0.3%的50%福美双可湿性粉剂+50%多菌灵可湿性粉剂拌种。

田间发现有个别病株时及时施药防治，可采用下列杀菌剂或配方进行防治：

54.5%恶霉·福可湿性粉剂700倍液；

30%福·嘧霉可湿性粉剂800倍液+70%甲基硫菌灵可湿性粉剂800～1 000倍液；

80%多·福·福锌可湿性粉剂700倍液；

5%水杨菌胺可湿性粉剂300～500倍液；

70%恶霉灵可湿性粉剂2 000倍液；

50%苯菌灵可湿性粉剂1 000倍液+50%福美双可湿性粉剂500倍液；

70%福·甲·硫磺可湿性粉剂800～1 000倍液；

4%嘧啶核苷类抗菌素水剂600～800倍液；

80亿/ml地衣芽孢杆菌水剂500～750倍液；

灌根，每穴灌对好的药液300ml，视病情间隔7～10天灌1次。

2. 豇豆锈病

【分布为害】锈病是豇豆生长中后期的重要病害，全国各地均有发生，发病严重时可达100%，严重影响品质。

【症　　状】主要为害叶片，严重时也可为害茎、蔓、叶柄及荚。叶片染病，初现褪绿小黄斑，后中央稍凸起，呈黄褐色近圆形疱斑，周围有黄色晕圈，后表皮破裂，散出红褐色粉末，即夏孢子。四周生紫黑色疱斑，即冬孢子堆。后期叶片布满锈褐色病斑，叶片枯黄脱落(图22-4)。茎染病，症状与叶片相似。荚染病形成凸出表皮疱斑，表皮破裂后，散出褐色粉状物(图22-5)。

图22-4　豇豆锈病叶片发病症状

图22-5　豇豆锈病豆荚发病症状

【病　　　原】*Uromyces appendiculatus* 称疣顶单胞锈菌，属担子菌门真菌(图22-6)。夏孢子单胞，椭圆至长圆或卵圆形，浅黄或橘黄色，表面有稀疏微刺，具芽孔1~3个。冬孢子单胞，长圆至椭圆形，褐色，顶端有较透明乳突，下端具无色透明长柄，孢壁深褐色，表面光滑。

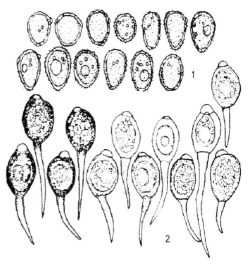

图22-6　锈病病菌
1.夏孢子；2.冬孢子

【发生规律】以冬孢子在病残体上越冬，温暖地区以夏孢子越冬。翌春冬孢子萌发时产生担子和担孢子，借气流传播，从叶片气孔直接侵入。华北地区主要发生在夏秋两季，长江中下游地区发病盛期在5—10月，华南地区发病盛期在4—7月。进入开花结荚期，气温20℃左右，高湿，昼夜温差大及结露持续时间长此病易流行，秋播豆类及连作地发病重。夏季高温、多雨时发病重。

【防治方法】春播宜早，清洁田园，深翻土壤，采用配方施肥技术，适当密植，及时整枝，雨后及时排水。

结合其他病害的防治加强预防，发病前，可采用以下杀菌剂进行防治：

70%代森锰锌可湿性粉剂600~800倍液；

75%百菌清可湿性粉剂600~800倍液；

65%代森锌可湿性粉剂500~700倍液；

70%丙森锌可湿性粉剂600~800倍液；

68.75%恶唑菌酮·锰锌水分散粒剂800倍液；

对水喷雾，视病情间隔7~10天喷1次。

田间发现病情及时施药防治，发病初期，可采用以下杀菌剂进行防治：

20%唑菌胺酯水分散粒剂1 000~2 000倍液+70%丙森锌可湿性粉剂600~800倍液；

12.5%烯唑醇可湿性粉剂2 000~3 000倍液+50%克菌丹可湿性粉剂400~600倍液；

30%氟菌唑可湿性粉剂2 000~3 000倍液+70%代森锰锌可湿性粉剂600~800倍液；

24%腈苯唑悬浮剂2 000~3 000倍液+75%百菌清可湿性粉剂600~800倍液；

40%氟硅唑乳油3 000~5 000倍液+70%代森锰锌可湿性粉剂600~800倍液；

25%啶氧菌酯悬浮剂1 500~2 500倍液+68.75%恶唑菌酮·锰锌水分散粒剂800倍液；

40%醚菌酯悬浮剂3 000~4 000倍液；

对水喷雾，视病情间隔7~10天1次。

3.豇豆煤霉病

【症　　　状】叶片发病初期在叶片上产生赤红色至紫褐色小斑点，后扩大成近圆形至多角形浅褐色病斑，发病后期湿度大时常在叶背病斑处生灰黑色霉层。发病严重时叶片易枯死脱落，严重影响产量(图22-7和图22-8)。

【病　　　原】*Pseudocercospora cruenta* 称菜豆假尾孢，属无性型真菌。分生孢子梗丛生，丝状；分生孢子倒棍棒形，直立至中部弯曲。

【发生规律】病菌以菌丝块在病残体上越冬，翌年条件适宜时产生分生孢子，借助气流传播侵染为

图22-7　豇豆煤霉病叶片发病初期症状

图22-8　豇豆煤霉病叶片发病后期症状

害。播种较晚，多雨年份，雨后田间易积水，雾多雾重的年份发病重。

【防治方法】适期播种，播种密度不可过大；加强肥水管理，促进植株健壮生长，雨后及时清除田间积水；收获结束后及时清除田间病残体并集中带出田间销毁。

发病初期，可采用下列杀菌剂进行防治：

50%异菌脲悬浮剂1 000～1 500倍液；

40%嘧霉·百菌可湿性粉剂800～1 000倍液；

50%多·福·乙可湿性粉剂800～1 000倍液+70%代森联水分散粒剂600～800倍液；

70%甲基硫菌灵可湿性粉剂800～1 000倍液+70%代森锰锌可湿性粉剂700倍液；

80%多·福·福锌可湿性粉剂500～700倍液；

对水喷雾，视病情间隔7～10天1次。

4. 豇豆炭疽病

【分布为害】炭疽病是豆类蔬菜生产中的重要病害，国内各产区均有发生，特别是潮湿多雨的地区，为害严重。

【症　　状】主要为害叶、茎、荚。叶片病斑发生在叶面上，后扩展成多角形小斑，红褐色，边缘颜色较深，后期易破裂(图22-9)。叶柄和茎上的病斑与子叶上的病斑相似，叶柄受害后，可造成叶片萎蔫。豆荚上最初产生褐色小点，圆形或长圆形，中间黑褐色或黑色，边缘淡褐色至粉红色(图22-10)。潮湿时，常溢出粉红色黏稠物。

图22-9　豇豆炭疽病叶片发病症状

图22-10　豇豆炭疽病豆荚发病症状

【病　　原】*Colletotrichum truncatum* 称豆刺盘孢，属无性型真菌 (图22-11)。分生孢子盘黑色，圆形或近圆形。分生孢子梗短小，单胞，无色。分生孢子圆形或卵圆形，单胞，无色，两端较圆，或一端稍狭，孢子内含1～2个近透明的油滴。

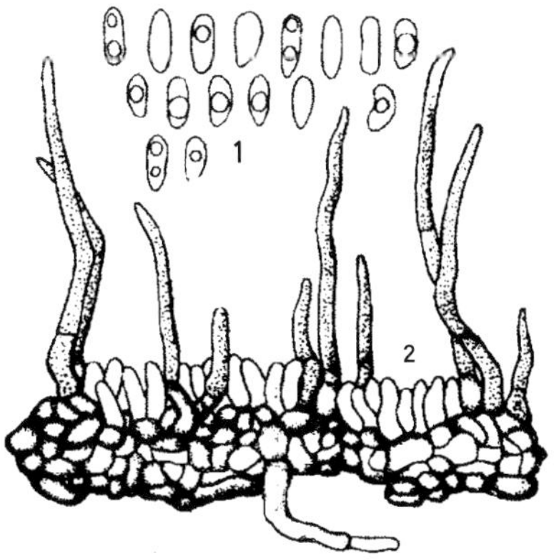

【发生规律】以菌丝体潜伏在病残体、种子内和附在种子上越冬，播种带菌种子，幼苗即可染病，借雨水、昆虫传播。翌春产生分生孢子，通过雨水飞溅进行初侵染，从伤口或直接侵入，并进行再侵染。长江中下游地区发病盛期为4—5月，8月中下旬至11月上旬，秋季闷热多雨发病重。气温较低、湿度高、地势低洼、通风不良、栽培过密、土壤黏重、氮肥过量等因素会加重病情。

图22-11　豇豆炭疽病病菌
1.分生孢子；2.分生孢子盘

【防治方法】深翻土地，增施磷、钾肥，及时拔除田间病苗，雨后及时中耕，施肥后培土，注意排涝，降低土壤含水量。进行地膜覆盖栽培，可防止或减轻土壤病菌传播，降低空气湿度。

种子处理。播种前,用40%福尔马林200倍液浸种30分钟或50%代森铵水剂400倍液浸种1小时,捞出用清水洗净晾干播种。或用种子重量0.3%的50%多菌灵可湿性粉剂、50%福美双可湿性粉剂拌种后播种。

发病前加强预防,可采用下列杀菌剂进行防治:

70%丙森锌可湿性粉剂800倍液;

75%百菌清可湿性粉剂600~800倍液;

70%代森锰锌可湿性粉剂500~800倍液;

50%克菌丹可湿性粉剂500倍液;

65%代森锌可湿性粉剂500~700倍液;

对水喷雾,视病情间隔7~10天喷1次。

田间发现病情及时施药防治,发病初期,可采用下列杀菌剂进行防治:

20%硅唑·咪鲜胺水乳剂2 000~3 000倍液;

20%苯醚·咪鲜胺微乳剂2 500~3 500倍液;

80%福·福锌可湿性粉剂800~1 500倍液;

70%福·甲·硫磺可湿性粉剂600~800倍液;

20%唑菌胺酯水分散粒剂1 000~1 500倍液+70%丙森锌可湿性粉剂700倍液;

5%亚胺唑可湿性粉剂1 000倍液+75%百菌清可湿性粉剂600倍液;

对水喷雾,视病情间隔7~10天喷1次。喷药要周到,特别注意叶背面,喷药后遇雨应及时补喷,施药时注意保护剂与治疗剂的混用和轮用。

5. 豇豆细菌性疫病

【分布为害】细菌性疫病是豆科蔬菜常见病害。东北各省、河南、湖北、湖南、江苏、浙江等地均有发生。

【症　　状】苗期和成株期均可染病,主要侵染叶、茎蔓、豆荚和种子。幼苗期子叶呈红褐色溃疡状,或在叶柄基部产生水浸状斑,扩大后为红褐色,病斑绕茎扩展,幼苗即折断干枯。成株期叶片染病,始于叶尖或叶缘,初呈暗绿色油浸状小斑点,后扩展为不规则形褐斑,周围有黄色晕圈(图22-12),湿度大时,溢出黄色菌脓,严重时病斑相互愈合,以致全叶枯凋,病部脆硬易破,最后叶片干枯。茎蔓染病,初生油浸状小斑,稍凹陷,红褐色,绕茎一周后,致上部茎叶枯萎。豆荚染病,初生暗绿色油渍状小斑,后扩大为稍凹陷的圆形至不规则形褐斑,严重时豆荚皱缩。

图22-12　豇豆细菌性疫病发病症状

【病　　原】*Xanthomonas campestris* pv. *vignicola* 称野油菜黄单胞菌豇豆致病变种，属细菌(图22-13)。菌体短杆状，极生1根鞭毛，有荚膜，革兰氏染色阴性。

图22-13　豇豆细菌性疫病病菌

【发生规律】病原细菌在种子内或黏附在种皮上越冬，病菌在种子内能存活3年；借风、雨、昆虫传播，从寄生气孔、水孔、虫口侵入。主要发病盛期在4—11月。早春温度高、多雨时发病重，秋季多雨、多露发病重。栽培管理不当，大水漫灌，或肥力不足或偏施氮肥，造成长势差或徒长，都易加重发病。

【防治方法】与非豆类蔬菜进行3年以上的轮作；收获后清除病残体及田间四周的杂草；深翻土壤，合理密植，增加田间通风透光性，避免田间积水，不可大水漫灌。

种子处理。可用高锰酸钾1 000倍液浸种10～15分钟洗净后播种。

发病初期，可采用下列杀菌剂进行防治：

84%水合水分散粒剂1 500～2 000倍液；

3%中生菌素可湿性粉剂600～800倍液；

4%春雷霉素水剂300～500倍液；

20%噻唑锌悬浮剂300～500倍液+12%松脂酸铜乳油600～800倍液；

20%噻菌铜悬浮剂1 000～1 500倍液；

14%络氨铜水剂200～400倍液；

47%春雷·王铜可湿性粉剂700倍液；喷雾，视病情间隔7～10天1次。

6.豇豆病毒病

【症　　状】主要表现在叶片上，嫩叶初呈明脉、失绿或皱缩，新长出的嫩叶呈花叶，浓绿色部分凹凸不平，叶片向下弯曲或叶肉、叶脉坏死。有些品种感病后变为畸形。病株矮缩或不矮缩，开花迟或落花。病株生长不良、矮化、花器变形、结荚少，有的病株黄化(图22-14)。

图22-14　豇豆病毒病发病不同类型症状

【病　　原】常见的有4种：①Cucumber mosaic virus（CMV），黄瓜花叶病毒：粒体球形，直径35nm，病毒汁液稀释限点为1∶（1 000~10 000），致死温度为60~70℃，体外存活期3~4天，不耐干燥。②Tobacco mosaic virus（TMV），烟草花叶病毒：病毒粒体杆状，约280nm×15nm，致死温度为90~93℃，稀释限点为1∶1 000 000，体外存活期72~96小时。③Bean common mosaic virus（BCMV），豇豆普通花叶病毒；④Bean yellow mosaic virus（BYMV），豇豆黄花叶病毒。

【发生规律】豇豆普通花叶病毒引起的花叶病主要靠种子传毒，此外也可通过桃蚜、菜缢管蚜、棉蚜及豆蚜等传毒；烟草花叶病毒可通过种子传播，种子带毒率17%，豇豆黄花叶病毒和黄瓜花叶病毒病株初侵染源主要来自越冬寄主，在田间也可通过桃蚜和棉蚜传播。当春季发芽后，开始活动或迁飞，成为传播此病主要媒介；汁液摩擦也可传毒。发病适温20~25℃，气温高于25℃多表现隐症。土壤中缺肥、植株生长期长期缺水，蚜虫发生多，发病重。

【防治方法】适期早播早收，避开发病高峰，减少种子带毒率。夏播豇豆宜选择较凉爽地种植，或与小白菜等间、套种，适当密播。苗期进行浅中耕，使土壤通气良好。施肥量要轻，及时搭架引蔓，开花结荚期适量浇水、注意防涝，增强作物抗病力。有条件时可覆盖防虫网。

蚜虫是病毒病的主要传播媒介，积极防治蚜虫是预防病毒病的有效方法。

加强豇豆病毒病的预防，发病初期，可采用下列杀菌剂进行防治：

2%宁南霉素水剂200~400倍液；

5%氨基寡糖素水剂300~500倍液；

20%盐酸吗啉胍·乙酸铜可湿性粉剂500~700倍液；

3.85%三氮唑·铜·锌水乳剂600~800倍液；

1.5%硫铜·烷基·烷醇水乳剂1 000倍液；

3.95%三氮唑核苷·铜·烷醇·锌水剂500~800倍液；

31%氮苷·吗啉胍可溶性粉剂600~800倍液；

1.05%氮苷·硫酸铜水剂300~500倍液；

对水喷雾，视病情间隔5天喷1次。

7. 豇豆根腐病

【症　　状】主要为害根部和茎基部，病部产生褐色或黑色斑点，病株易拔出，纵剖病根，维管束呈红褐色，病情扩展后向茎部延伸，主根全部染病后，地上部茎叶萎蔫或枯死(图22-15)。湿度大时，病部产生粉红色霉状孢子。

图22-15　豇豆根腐病根部发病症状

【病　　　原】*Fusarium solani* 称腐皮镰孢，属无性型真菌(图22-16)。菌丝具隔膜。分生孢子分大小两型：大型分生孢子无色，纺锤形，具横隔膜3~4个，最多8个；小型分生孢子椭圆形，有时具一个隔膜。

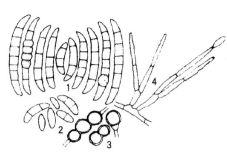

图22-16　豇豆根腐病病菌
1.大型分生孢子；2.小型分生孢子；
3.厚垣孢子；4.产孢细胞

【发生规律】病菌在病残体中存活，腐生性很强，可在土中存活10年或者更长时间。借助农具、雨水和灌溉水进行传播。从根部或茎基部伤口侵入。高温、高湿条件有利于发病，特别是在土壤含水量高时有利于病菌传播和侵入。地下害虫多，根系虫伤多，也有利于病菌侵入，连作地块发病重。

【防治方法】采用深沟高垄、地膜覆盖栽培，生长期合理运用肥水，不能大水漫灌，浇水后及时浅耕、灭草、培土，以促进发根。注意排出田间积水，及时清除田间病株残体，发现病株及时拔除，并向四周撒石灰消毒。

病害发生初期，可采用以下杀菌剂进行防治：

80%多·福·福锌可湿性粉剂500~700倍液；

20%二氯异氰尿酸钠可溶性粉剂400~600倍液；

50%福美双可湿性粉剂500~700倍液+50%异菌脲可湿性粉剂800~1 000倍液；

80亿/ml地衣芽孢杆菌水剂500~750倍液；

灌根，每株灌250ml药液，视病情间隔10天再灌1次。

8. 豇豆褐斑病

【症　　　状】叶片正、背面产生近圆形或不规则形褐色斑，边缘赤褐色，外缘有黄色晕圈，后期病斑中部变为灰白色至灰褐色(图22-17)，叶背病斑颜色稍深，边缘仍为赤褐色。湿度大时，叶背面病斑产生灰黑色霉状物。

图22-17　豇豆褐斑病叶片发病症状

【病　　原】*Pseudocercospora cruenta*称假尾孢菌，属无性型真菌。分生孢子器球形，褐色或黄褐色。分生孢子无色，长椭圆形或圆筒形，双细胞。

【发生规律】以菌丝体在病残体中越冬，靠气流传播，从植株表皮侵入；最适发病温度20～25℃，相对湿度85%；高温多雨天气，种植过密，通风不良，土壤含水量高，偏施氮肥，地块发病较严重。

【防治方法】与非豆类蔬菜实行2年轮作。合理密植，增施磷钾肥，栽培结束后及时清洁田园。

发病初期，可采用以下杀菌剂进行防治：

10%苯醚甲环唑水分散粒剂1 500～2 000倍液+70%代森锰锌可湿性粉剂500～800倍液；

24%腈苯唑悬浮剂2 500～3 200倍液+50%克菌丹可湿性粉剂500倍液；

40%腈菌唑水分散粒剂6 000～7 000倍液+70%代森锰锌可湿性粉剂500～800倍液；

70%甲基硫菌灵可湿性粉剂500～700倍液+70%代森锰锌可湿性粉剂800倍液；

50%腐霉利可湿性粉剂1 000～1 500倍液+70%丙森锌可湿性粉剂800倍液；

50%苯菌灵可湿性粉剂1 000～1 500倍液+50%克菌丹可湿性粉剂500倍液；

对水喷雾，视病情间隔7～10天1次。

9. 豇豆红斑病

【症　　状】叶片上的病斑近圆形至不规则形，有时受叶脉限制沿脉扩展，红色或红褐色，发病后期病部常密生灰色霉层。叶柄及茎部发病产生边缘灰褐色至黑褐色、中间褐色至深褐色病斑。严重的侵染豆荚，形成较大红褐色斑，病斑中心黑褐色，后期密生灰黑色霉层(图22-18)。

图22-18　豇豆红斑病叶片发病症状

【病　　原】*Cercospora canescens* 称变灰尾孢，属无性型真菌。分生孢子梗束生，丝状，末端膝状弯曲，顶部平截，橄榄色。分生孢子线状或近棒状，直或稍弯，近无色，顶端渐细而略尖锐，基部则较宽而钝圆，但脐痕明显，具隔膜5～11个。

【发生规律】以菌丝体和分生孢子在种子或病残体中越冬，成为翌年初侵染源。生长季节为害叶片，经分生孢子多次再侵染，病原菌大量积累，遇有适宜条件即流行。高温、高湿有利于该病发生和流行，尤以秋季多雨，连作地发病重。

【防治方法】选无病株留种，发病地收获后进行深耕，有条件的实行轮作。

发病初期，可采用下列杀菌剂进行防治：

28%百·霉威可湿性粉剂600～800倍液；

25%咪鲜胺乳油800～1 000倍液+75%百菌清可湿性粉剂600倍液；

70%甲基硫菌灵可湿性粉剂500～800倍液+70%代森锰锌可湿性粉剂800倍液；

50%苯菌灵可湿性粉剂800～1 500倍液+70%代森联水分颗粒剂800倍液；

80%福美双·福美锌可湿性粉剂800～1 000倍液+ 2%嘧啶核苷类抗生素水剂300～500倍液；

25%嘧菌酯悬浮剂1 500～2 000倍液；

对水喷雾，视病情间隔7～10天喷1次。

10.豇豆白粉病

【症　　状】主要为害叶片，首先在叶面出现黄褐色斑点，后扩大呈紫褐色斑，其上覆盖一层稀薄的白粉，后期病斑沿叶脉发展，白粉布满全叶(图22-19)，严重的叶片背面也可表现症状，导致叶片枯黄，引起大量落叶。

图22-19　豇豆白粉病叶片发病症状

【病　　原】 *Sphaerotheca astragali* 称菜豆单囊壳，属子囊菌门真菌(图22-20)。子囊果褐色，散生或聚生，球形，附属丝5~7根，丝状，弯曲；子囊卵形至椭圆形。

【发生规律】病菌多以菌丝体在多年生植株体内或以闭囊壳在病株残体上越冬，翌年春季产生子囊孢子，进行初侵染。最适发病环境为温度20~30℃，相对湿度40%~95%，最适感病生育期为开花结荚中后期。发病潜育期3~7天。叶片发病后，在感病部位再产生分生孢子，然后以分生孢子进行再侵染，并以此种方式在生长季节辗转侵染，至秋后，再产生子囊孢子或以菌丝体越冬。一般情况下，干旱年份或日夜温度差别大而叶面易于结露的年份，发病重；早春温度偏高、多雨或梅雨期多雨的易发病；秋季多雨、高温的易发病；连作地、排水不良、邻近重病田、种植过密、通风透光差、肥力不足早衰的易发病。上海地区豇豆白粉病的主要发病盛期一般在5—11月。

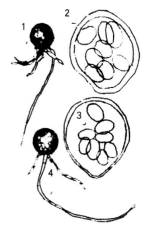

图22-20　豇豆白粉病病菌
1.子囊果；2.子囊；
3.子囊孢子；4.附属丝

【防治方法】选用抗病品种。收获后及时清除病株残体，集中烧毁或深埋。增施腐熟的有机肥，加强管理，提高抗病能力。

发病初期(图22-21)，可采用以下杀菌剂或配方进行防治：

图22-21　豇豆白粉病田间发病初期症状

0.4%蛇床子素可溶液剂600~800倍液；

25%乙嘧酚悬浮剂1 500~2 500倍液+50%灭菌丹可湿性粉剂400~600倍液；

30%醚菌酯悬浮剂2 000~2 500倍液+50%克菌丹可湿性粉剂400~500倍液；

10%苯醚菌酯悬浮剂2 000倍液+80%代森锰锌可湿性粉剂800倍液；

2%宁南霉素水剂200~400倍液+70%代森联水分散粒剂600~800倍液；

300g/L醚菌·啶酰菌悬浮剂2 000~3 000倍液；

62.25%腈菌唑·代森锰锌可湿性粉剂600倍液；

20%福·腈可湿性粉剂1 000~2 000倍液+75%百菌清可湿性粉剂600倍液；

75%十三吗啉乳油1 500~2 500倍液+50%克菌丹可湿性粉剂400~500倍液；

对水喷雾，视病情间隔7~10天喷药1次。

11．豇豆黑斑病

【症　　状】主要为害叶片，初生针头大的淡黄色斑点，逐渐扩大为圆形、不规则形病斑。病斑边缘齐整，周边带淡黄色，斑面呈褐色至赤褐色，其上遍布暗褐色至黑褐色霉层。病叶前端斑块多，有时连片，造成叶片枯焦(图22-22)。

图22-22　豇豆黑斑病叶片发病症状

【病　　原】*Alternaria atrans* 称黑链格孢(图22-23)和 *A. longirostrata* 称长喙生链格孢(图22-24)，均属无性型真菌。前者分生孢子梗单生或2~3根丛生，淡褐色，顶端色淡，不分枝，基部稍膨大。分生孢子多为单生，呈倒棍棒状，褐色，嘴孢稍长，色淡，不分枝，隔膜有缢缩。后者分生孢子梗多3~6根丛生，暗褐色，顶端色淡，不分枝，基部稍膨大。分生孢子串生，少数单生，椭圆形至倒棍棒形，暗褐色，嘴孢无或有，但较短，不分枝，色淡。

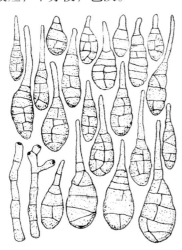

图22-23　黑链格孢
分生孢子梗和分生孢子

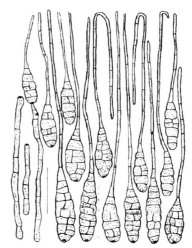

图22-24　长喙链格孢
分生孢子梗和分生孢子

【发生规律】病菌以菌丝体和分生孢子在病部或随病残体遗落在土中越冬。第2年产生分生孢子借气流、风雨传播，从寄主表皮气孔或直接穿透表皮侵入。南方冬天温暖地区，病菌在寄主上辗转传播为害，不存在越冬现象。在温暖高湿条件下发病较重。秋季多雨、多雾、重露有利于病害发生。管理粗放的地块，排水不良，肥水缺乏导致植株长势衰弱，密度过大等，均易加重病情。

【防治方法】与非豆科植物进行2年以上轮作。合理密植，高垄栽培，合理施肥，适度灌水，雨后及时排水。栽培结束后及时清除病残体，集中销毁，减少菌源。

发病初期，可采用下列杀菌剂或配方进行防治：

10%苯醚甲环唑水分散粒剂1 000倍液+75%百菌清可湿性粉剂600~800倍液；

20%唑菌胺酯水分散粒剂1 000~1 500倍液；

25%溴菌腈可湿性粉剂500~1 000倍液+70%代森锰锌可湿性粉剂700倍液；

75%肟菌·戊唑醇水分散粒剂2 000~3 500倍液；

50%甲基·硫磺悬浮剂800~1 000倍液+70%代森锰锌可湿性粉剂700倍液；

50%腐霉利可湿性粉剂1 000~1 500倍液+70%代森联水分散粒剂600倍液；

50%福美双·异菌脲可湿性粉剂800~1 000倍液；

64%氢铜·福美锌可湿性粉剂1 000倍液；

20%苯霜灵乳油800~1 000倍液+75%百菌清可湿性粉剂600~800倍液；

60%琥铜·锌·乙铝可湿性粉剂600~800倍液+75%百菌清可湿性粉剂600~800倍液；

对水喷雾，视病情间隔7~10天喷1次。

12. 豇豆轮纹病

【症　　状】主要为害叶片、茎及荚果。叶片初生浓紫色小斑，后扩大为近圆形褐色斑，斑面具明显赤褐色同心轮纹(图22-25)，潮湿时生暗色霉状物。茎部初生浓褐色不正形条斑，后绕茎扩展，病部以上的茎枯死。荚上病斑紫褐色，具轮纹，病斑数量多时荚呈赤褐色。

图22-25　豇豆轮纹病叶片发病症状

【病　　原】*Cercospora vignicola* 称豇豆尾孢菌，属无性型真菌(图22-26)。分生孢子梗丛生，线状，不分枝，暗褐色，具1~7个隔膜。分生孢子倒棍棒状，淡色至淡褐色，具2~12个隔膜。

【发生规律】北方地区以菌丝体和分生孢子梗随病残体遗落土中，也可种子内或粘附在种子表面越冬或越夏。由风雨传播，进行初侵染和再侵染。在南方冬季温暖地区，周年种植豇豆的地块，病菌以分生孢子辗转传播为害，无明显越冬或越夏期。高温高湿、早春气温回升早、夏秋连阴雨多、栽植密度过大、通风透光性差、连作低洼地发病较严重。

【防治方法】重病地块在生长季节结束时应彻底收集病残体烧毁，并深耕晒土，有条件时实行3年以上轮作。

种子处理。用种子重量0.3%的50%多菌灵可湿性粉剂拌种，或福尔马林200倍液浸种30分钟。

发病初期及时施药防治，可采用下列杀菌剂进行防治：

50%福·异菌脲可湿性粉剂800~1 000倍液；

50%苯菌灵可湿性粉剂1 000~1 500倍液+70%代森锰锌可湿性粉剂700~1 000倍液；

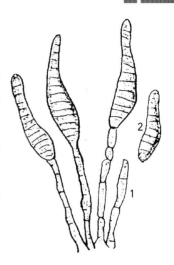

图22-26 豇豆轮纹病病菌
1.分生孢子梗；2.分生孢子

70%甲基硫菌灵可湿性粉剂800~1 200倍液+75%百菌清可湿性粉剂600~800倍液；

10%苯醚甲环唑水分散粒剂1 500~2 000倍液+50%克菌丹可湿性粉剂500倍液；

40%腈菌唑水分散粒剂6 000~7 000倍液+70%代森锰锌可湿性粉剂500~800倍液；

25%联苯三唑醇可湿性粉剂800~1 200倍液+65%代森锌可湿性粉剂500~700倍液；

560g/L嘧菌·百菌清悬浮剂800~1 200倍液；

64%氢铜·福美锌可湿性粉剂600~800倍液；

20%苯醚·咪鲜胺微乳剂2 500~3 500倍液；

20%福·腈可湿性粉剂1 000~2 000倍液+75%百菌清可湿性粉剂600倍液；

对水喷雾，视病情间隔7~10天喷1次。

13．豇豆立枯病

【症　　状】主要为害茎枝蔓及茎基部。病部初现淡褐色椭圆形或梭形小斑，后绕茎蔓扩展，造成茎蔓成段变黄褐色至黄白色干枯，后期患部表面出现散生或聚生的小黑粒。茎基部染病可致苗枯，中上部枝蔓染病导致蔓枯，致植株长势逐渐衰退，影响开花结荚(图22-27)。

图22-27 豇豆立枯病幼苗根部发病症状

【病　　原】*Rhizoctonia solani*称立枯丝核菌，属无性型真菌。菌丝有隔，初期无色，老熟时浅褐色至黄褐色。菌丝多呈直角分枝，分枝基部稍溢缩。能形成菌核，是由具有桶形细胞的老菌丝交织而成。菌核无定形，浅褐色至黑褐色，表面粗糙，菌核间常有菌丝相连。有性阶段在自然条件下不易见到。

【发生规律】病菌以菌丝体和分生孢子器随病残体遗落在土中越冬。以分生孢子器产生的分生孢子作为初侵染源与再侵染源接种体，通过雨水溅射而传播，从伤口或表皮侵入致病。高温多雨潮湿天气或种植地通透性差、缺肥都易发病。

【防治方法】选择排水良好高燥地块育苗，苗床选用无病土。

发病初期，可采用下列杀菌剂或配方进行防治：

30%苯醚甲·丙环乳油3 500～4 000倍液；

70%恶霉灵可湿性粉剂2 000～3 000倍液；

20%氟酰胺可湿性粉剂600～1 000倍液；

15%恶霉灵水剂500～700倍液+25%咪鲜胺乳油800～1 000倍液；

20%甲基立枯磷乳油800～1 200倍液+70%敌磺钠可溶性粉剂800倍液；

对水灌根，视病情间隔7～10天1次。

14. 豇豆疫病

【症　　状】叶片发病初期出现水渍状、暗绿色斑，后扩展为近圆形至不规则形、淡褐色病斑，边缘不明显，高湿时长出稀疏白霉(图22-28)。

图22-28　豇豆疫病叶片发病症状

【病　　原】*Phytophthora vignae*称豇豆疫霉，属卵菌门真菌。

【发生规律】病菌以卵孢子、厚垣孢子随病残体在土中或种子上越冬。翌年春初侵染由越冬病菌借助风雨、灌溉水及雨水溅射而传播，从伤口或自然孔口侵入致病。病菌发育的温度范围为8～38℃，最适宜的温度为28～32℃，在5—6月多雨季节疫病易发生流行。如果雨季来得早，雨量大，雨天多，该病易流行。浇水过多，土质黏重，不利于根系发育，抗病力降低，发病重。施用未腐熟的有机肥，重茬连作，发病重。连作、低温、排水不良、田间郁闭、通透性差或施用未充分腐熟的有机肥发病重。

【防治方法】与非豆类作物实行3年以上轮作，覆盖地膜阻挡土壤中病菌溅附到植株上，减少侵染机会。采用高畦栽植，避免积水。苗期控制浇水，结荚后做到见湿见干。发现中心病株，拔除深埋。

种子处理。用72.2%霜霉威水剂或25%甲霜灵可湿性粉剂800倍液浸种半小时后用清水浸种催芽，或用3.5%咯菌·精甲霜悬浮种衣剂每50kg种子用药300ml，对水1~2L，快速搅拌，使药液拌到种子上，然后摊开晾干后再播种。

及时调查病害情况，发现病情及时施药，发病前期开始施药，尤其是雨季到来之前先喷1次预防，雨后发现中心病株拔除后，可采用以下杀菌剂进行防治：

66.8%丙森·异丙菌胺可湿性粉剂600~800倍液；

84.51%霜霉威·乙膦酸盐可溶性水剂600~1 000倍液；

50%烯酰吗啉可湿性粉剂1 000~1 500倍液+75%百菌清可湿性粉剂600~800倍液；

440g/L双炔·百菌清悬浮剂600~1 000倍液；

72%霜脲·锰锌可湿性粉剂600~800倍液；

25%甲霜·霜霉威可湿性粉剂1 500~2 000倍液；

18.7%烯酰·吡唑酯水分散粒剂2 000~3 000倍液；

25%烯肟菌酯乳油2 000~3 000倍液+75%百菌清可湿性粉剂600~800倍液；

72%丙森·膦酸铝可湿性粉剂800~1 000倍液；

对水喷雾，视病情间隔7~10天1次。

15．豇豆茎枯病

【症　　状】主要为害茎蔓、近地面的茎基部，苗期染病，幼苗茎基部变褐、萎蔫或枯死；成株发病初呈褐色水浸状，后环绕茎一周变为黑色斑块，病斑上生黑色菌核；造成病部以上植株萎蔫，严重时整株枯死(图22-29)。

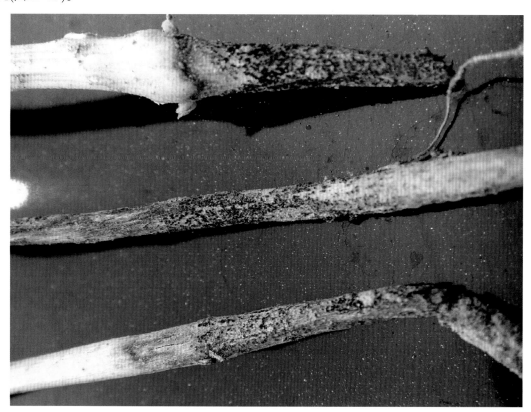

图22-29　豇豆茎枯病茎部发病症状

【病　　原】*Macrophomina phaseolina* 称菜豆壳球孢，属无性型真菌。

【发生规律】病菌以菌丝或菌核随病残体在土壤中越冬，翌年春天条件适宜时，产生分生孢子，借风雨溅射传播进行初侵染和再侵染，引起植株发病。常年连作，土壤黏重，雨后易积水，种植密度大，田间通透性差，氮肥施用过多，生长过嫩，肥力不足，植株长势弱抗性差发病重。

【防治方法】与非豆类蔬菜轮作2年以上，有条件的最好水旱轮作。选用抗病品种，适时早播；施用充分腐熟的有机肥做基肥；采用配方施肥技术，适当增施磷钾肥，加强田间管理，增强植株抗病能力；雨后及时排出田间积水，收获后及时清除田间病残体，并集中销毁。

种子处理。用40%福尔马林200倍液浸30分钟，然后用清水冲洗晾干后播种。也可用种子重量0.3%的50%福美双可湿性粉剂或0.2%的50%多菌灵可湿性粉剂拌种。

发病初期，可采用下列杀菌剂进行防治：

560g/L嘧菌·百菌清悬浮剂2 000～3 000倍液；

64%氢铜·福美锌可湿性粉剂600～800倍液；

75%甲硫·锰锌可湿性粉剂800～1 500倍液；

40%双胍辛烷苯基磺酸盐可湿性粉剂1 000倍液+70%代森锰锌可湿性粉剂800倍液；

2%嘧啶核苷类抗生素水剂150～300倍液+70%代森联水分颗粒剂600～800倍液；

1%申嗪霉素悬浮剂800～1 000倍液+75%百菌清可湿性粉剂600倍液；

对水喷雾，视病情间隔7～10天喷1次。

二、豇豆虫害

1. 豆荚野螟

【分　　布】豆荚野螟(*Maruca testulalis*)又称豆野螟、豇豆荚螟，属鳞翅目螟蛾科，主要以幼虫为害扁豆、豇豆、四季豆、大豆等；豆荚野螟是豆类蔬菜的重要害虫，在我国各地普遍发生。

【为害特点】主要蛀食花器、鲜荚和种子，初孵幼虫即蛀入花蕾为害，引起落花落蕾；有时蛀食茎秆、端梢，卷食叶片，造成落荚，产生蛀孔并排出粪便，严重影响品质(图22-30)。

【形态特征】成虫体灰褐色，触角丝状，黄褐色。前翅暗褐色，中央有两个白色透明斑，后翅白色透明，近外缘

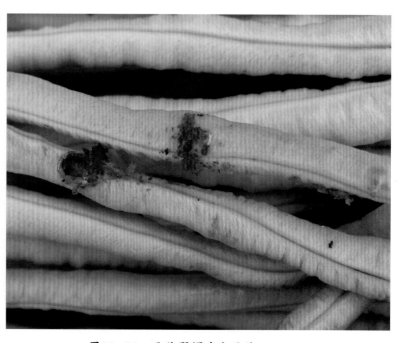

图22-30　豆荚野螟为害豆荚

处暗褐色(图22-31)。幼虫老熟时体长14~18mm，黄绿色至粉红色。头部及前胸背板褐色，中、后胸背板上每节前排有黑褐色毛疣4个，各生细长刚毛2根，后排有褐斑2个。腹部各节背面毛片位置同中、后胸。腹足趾钩双序缺环(图22-32)。卵呈椭圆形，扁平。长约0.6mm，宽为0.4mm。初产时淡黄绿色，半透明，后呈淡褐色，将孵化时呈褐色，能透见幼虫。蛹体长约13mm。初化时为黄绿色，后变黄褐色。头顶凸出。复眼初为浅褐后变红褐色。翅芽伸至第4腹节后缘，将羽化时能透见前翅斑纹。蛹体被白色薄丝茧。

图22-31 豆荚野螟成虫

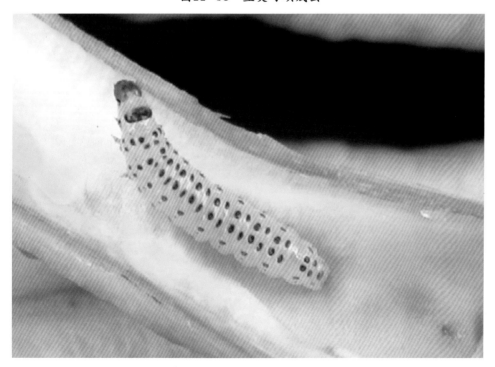

图22-32 豆荚野螟幼虫

【发生规律】在西北、华北发生3~4代，华东、华中5~6代；在华南无明显的越冬现象。以老熟幼虫或蛹在土中越冬。田间以6月中旬至8月下旬为害最严重。成虫有趋光性，白天潜伏在茂密的豆株叶背，受惊吓后可作短距离飞翔。在河南为害期为5—10月，以扁豆和豇豆受害最重。豆野螟喜高温潮湿，最适宜气候条件为温度25～30℃，相对湿度80％左右，7—8月高温多雨，虫量大，为害重。

【防治方法】及时清除田间落花、落荚，摘除被蛀豆荚或被害叶片。应用频振式杀虫灯诱杀成虫。

要抓住"治花不治荚"，始花至盛花期，低龄幼虫阶段(3龄前)是防治的最佳时期。喷药时间宜选在8:00之前；可采用下列杀虫剂或配方进行防治：

0.5％甲氨基阿维菌素苯甲酸盐微乳剂2 000～3 000倍液+4.5％高效顺式氯氰菊酯乳油1 000～2 000倍液；

25％乙基多杀菌素水分散粒剂12～14g/亩；

30％茚虫威水分散粒剂6～9g/亩；

14％氯虫·高氯氟微囊悬浮剂15～20ml/亩；

10％溴氰虫酰胺可分散油悬浮剂14～18ml/亩；

1％甲氨基阿微菌素苯甲酸盐微乳剂18～24ml/亩；

4.5％高效氯氰菊酯乳油30～40ml/亩；

5％氯虫苯甲酰胺悬浮剂30～60ml/亩；

2％阿维·苏云菌可湿性粉剂2 000～3 000倍液；

2.5％甲维·氟啶脲乳油2 000～3 000倍液；

对水喷雾，从5月中旬至10月，始花期开始用药，视虫情间隔5～7天1次。

2．豆蚜

【分布为害】豆蚜(*Aphis craccivora*)属同翅目蚜科，在北方发生比较普遍。新疆、宁夏和辽宁沈阳以北地区发生较多。

【为害特点】常在叶面上刺吸植物汁液，造成叶片卷缩变形，植株生长不良，影响生长，并因大量排泄蜜露污染叶面。并能传播病毒病，造成的损失远远大于蚜虫的直接为害(图22-33)。

图22-33　蚜虫为害豇豆豆荚

【形态特征】若蚜，共分4龄，呈灰紫色至黑褐色。有翅胎生雌蚜：体长0.5～1.8mm，体黑绿色或黑褐色，具光泽。触角6节，第一、第二节黑褐色，第三至第六节黄白色，节间褐色，第三节有感觉圈4～7个，排列成行。无翅胎生雌蚜：体长0.8～2.4mm，体肥胖黑色、浓紫色、少数墨绿色，具光泽，体披均匀蜡粉。中额瘤和额瘤稍隆。触角6节，比体短，第一、第二节和第五节末端及第六节黑色，余黄白色。腹部第一至第六节背面有一大型灰色隆板，腹管黑色，长圆形，有瓦纹。尾片黑色，圆锥形，具微刺组成的瓦纹，两侧各具长毛3根。在适宜的环境条件下，每头雌蚜寿命可长达10天以上，平均胎生若蚜100多头(图22-34)。

图22-34 蚜虫为害豇豆

【发生规律】辽河流域一年发生10～20代，黄河流域、长江及华南棉区20～30代。冬季以成蚜、若蚜在蚕豆、冬豌豆或紫云英等豆科植物心叶或叶背处越冬。适宜豆蚜生长、发育、繁殖温度范围为8～35℃；最适环境温度为22～26℃，相对湿度60%～70%。5—6月进入为害高峰期，6月下旬后蚜量减少，但干旱年份为害期多延长。10—11月，随着气温下降和寄主植物的衰老，又产生有翅蚜迁向紫云英、蚕豆等冬寄主上繁殖并在其上越冬。豆蚜对黄色有较强的趋性，对银灰色有忌避习性，且具较强的迁飞和扩散能力。

【防治方法】蔬菜收获后，及时处理残败叶，清除田间、地边杂草。

发生初期，可采用下列杀虫剂进行防治：

10%溴氰虫酰胺可分散油悬浮剂33.3～40ml/亩；

1.5%苦参碱可溶液剂30～40ml/亩；

40g/L螺虫乙酯悬浮剂4 000～5 000倍液；

10%烯啶虫胺水剂3 000～5 000倍液；

10%氟啶虫酰胺水分散粒剂3 000～4 000倍液；

25%吡虫·仲丁威乳油2 000～3 000倍液；

5%氯氰·吡虫啉乳油2 000～3 000倍液；

22%噻虫·高氯氟悬浮剂2 000～3 000倍液；

2.5%溴氰·仲丁威乳油2 000～3 000倍液；

3.3%阿维·联苯菊乳油1 000～2 000倍液；

对水喷雾，视虫情间隔7~10天1次。

3．美洲斑潜蝇

【分　　布】美洲斑潜蝇(*Liriomyza sativae*)属双翅目潜蝇科。美洲斑潜蝇原分布在世界30多个国家，现已传播到我国。

【为害特点】以幼虫钻叶为害，在叶片上形成由细变宽的蛇形弯曲隧道，初期为白色，后期变成铁锈色(图22-35)。幼虫多时叶片在短时间内就被钻空干枯死亡。

图22-35　美洲斑潜蝇为害豇豆叶片

【形态特征】见番茄田——美洲斑潜蝇。

【发生规律】雌成虫产卵有趋嫩性，将产卵器刺入叶肉，形成筒形刺伤点，卵散产于筒形刺伤点内。雄成虫不刺伤叶片，但在雌成虫造成的刺伤点取食。美洲斑潜蝇在叶片外部或土表化蛹。高温干旱对化蛹均不利；化蛹后7~14天羽化；成虫羽化时间在上午，羽化高峰在10∶00前。羽化后24小时内即可交配产卵。成虫有趋光、趋密和趋绿性，对黄色有强烈的趋性。幼虫于早晨露干后至11∶00前在叶片上活动最盛。美洲斑潜蝇飞行能力有限，自然扩散能力弱，主要靠卵和幼虫随寄主植物或栽培土壤、交通工具等远距离传播。发生期为4—11月，发生盛期有2个，即5月中旬至6月和9月至10月中旬。

【防治方法】早春和秋季蔬菜种植前，彻底清除菜田内外杂草、残株、败叶，并集中烧毁，减少虫源。种植前深翻菜地，活埋地面上的蛹。发生盛期，中耕松土灭蝇。

黄板诱杀。在田间插立或在植株顶部悬挂黄色诱虫板，进行诱杀，15~20张/亩。

防治幼虫。要抓住豆类蔬菜子叶期和第一片真叶期，以及幼虫食叶初期、叶上虫体长约1mm时打药。防治成虫，宜在早上或傍晚成虫大量出现时喷药。重点喷田边植株和中下部叶片。成虫大量出现时，在田间每亩放置15张诱蝇纸(杀虫剂浸泡过的纸)，每隔2~4天换纸1次，进行诱杀。

准确掌握发生期。一般在成虫发生高峰期后4~7天开始药剂防治，或叶片受害率达10%~20%时防治。在早晨露水干后至11∶00最佳。可采用下列杀虫剂或配方进行防治：

0.5%甲氨基阿维菌素苯甲酸盐微乳剂2 000~3 000倍液+4.5%高效氯氰菊酯乳油2 000倍液；

10%溴氰虫酰胺可分散油悬浮剂14～18ml/亩；

50%灭蝇胺可湿性粉剂2 000～3 000倍液；

60g/L乙基多杀菌素悬浮剂50～58ml/亩；

50%灭蝇・杀单可湿性粉剂2 000～3 000倍液；

11%阿维・灭蝇胺悬浮剂3 000～4 000倍液；

20%阿维・杀虫单微乳剂1 500倍液；

33g/L阿维・联苯菊乳油1 500～3 000倍液；

对水喷雾，因其世代重叠，要连续防治，视虫情间隔7～10天喷1次。

三、豇豆各生育期病虫害防治技术

豇豆在全国各地普遍栽培。生育期的长短，因品种、栽培地区和季节的不同差异较大，蔓生品种一般120～150天，矮生品种90～100天。豇豆主要作露地栽培，设施栽培较少，华北地区和东北地区大多数一年栽培一茬，4月中下旬至6月中下旬播种，7—10月采收；华南地区可在生长期内分期播种，以延长供应期。

豇豆的生育周期大致可分为播种出苗期、苗期、抽蔓期、开花结果期。

（一）豇豆播种出苗期病虫害防治技术

豇豆以直播为主，也有育苗移栽田，播种出苗期较长、环境条件相对较差(图22-36)，病害经常严重发生，影响齐苗壮苗。在豇豆播种出苗期经常发生的病害有豇豆立枯病、根腐病、炭疽病、疫病等；对于老菜区，还经常发生蛴螬、金针虫、蝼蛄等地下害虫，可以进行土壤处理。

图22-36　豇豆播种出苗期

种子处理。可以有效消除种子带菌，减轻苗期病害，可用50%克菌丹可湿性粉剂500倍液、80%乙蒜素乳油3 000～5 000倍液、72.2%霜霉威水剂600倍液+50%多菌灵可湿性粉剂800倍液、3%恶霉·甲霜水剂400倍液+20%甲基立枯磷乳油800倍液，或用40%福尔马林浸种15～20分钟，处理后用清水冲洗干净；对于病毒病较重的田块可以混用10%磷酸三钠溶液浸种，一般浸30～50分钟。也可以用2.5%咯菌腈悬浮剂10ml再加入35%甲霜灵拌种剂2ml，对水180ml，包衣5kg豇豆，包衣后，摊开晾干。也可用70%甲基硫菌灵可湿性粉剂，或50%多菌灵可湿性粉剂加上25%甲霜灵可湿性粉剂加上50%福美双可湿性粉剂按种子重量的0.3%拌种，摊开晾干后播种。

为了防治地下害虫、线虫的为害，拌种时可以加入杀虫剂，如用种子重量0.2%～0.3%的50%辛硫磷乳油。在整地时可用0.5%阿维菌素颗粒剂3～4kg/亩、10%噻唑膦颗粒剂1.5～2.0kg/亩，撒入土表，浅耙混入土中。

在豇豆幼苗期，田间发现炭疽病、立枯病、根腐病、褐斑病等病害，应及时进行防治，可采用下列杀菌剂进行防治：

325g/L苯甲·嘧菌酯悬浮剂40～60ml/亩；

10%苯醚甲环唑水分散粒剂1 000～1 500倍液；

25%咪鲜胺乳油1 000～1 500倍液+75%百菌清可湿性粉剂600倍液；

40%多·福·溴菌可湿性粉剂800～1 500倍液；

25%溴菌腈可湿性粉剂500～1 000倍液+70%丙森锌可湿性粉剂800倍液；

50%腐霉利可湿性粉剂1 000～1 500倍液+50%福美双可湿性粉剂600～800倍液；

50%异菌脲可湿性粉剂1 000～1 500倍液；

70%甲基硫菌灵可湿性粉剂800～1 000倍液+70%敌磺钠可溶性粉剂800倍液；

50%甲基立枯磷可湿性粉剂800倍液+75%百菌清可湿性粉剂600～800倍液；

24%腈苯唑悬浮剂2 000～3 000倍液+50%克菌丹可湿性粉剂500倍液；

对水喷雾，视病情间隔7～10天喷1次。

在豇豆幼苗期，田间发现豇豆疫病，可采用下列杀菌剂进行防治：

66.8%丙森·异丙菌胺可湿性粉剂600～800倍液；

50%锰锌·氟吗啉可湿性粉剂1 000～1 500倍液；

440g/L精甲·百菌清悬浮剂1 000～2 000倍液；

52.5%恶酮·霜脲氰水分散粒剂1 000～2 000倍液；

50%氟吗·锰锌可湿性粉剂500～1 000倍液；

35%烯酰·福美双可湿性粉剂1 000～1 500倍液；

76%丙森·霜脲氰可湿性粉剂1 000～1 500倍液；

76%霜·代·乙膦铝可湿性粉剂800～1 000倍液；

对水喷雾，视病情间隔7～10天1次。

(二)豇豆苗期病虫害防治技术

豇豆苗期经常发生病虫的为害，常见病害有立枯病、根腐病、疫病、锈病、病毒病等，虫害有温室白粉虱、蚜虫、美洲斑潜蝇等；也有一些病害通过种子、土壤传播，如枯萎病、疫病、黑星病等；病毒病，需要尽早施药预防；对于苗期发生地下害虫、线虫病的田块，还需要进行土壤处理(图22-37)。

图22-37　豇豆苗期常见病虫害

豇豆苗期，易处于低温或高湿状态，易发生豇豆疫病，应注意加强防治。防治豇豆疫病参照上个生育期疫病防治药剂进行防治。

豇豆苗期，经常发生立枯病，可采用下列杀菌剂或配方进行防治：

30%苯醚甲·丙环乳油3 000～3 500倍液；

70%恶霉灵可湿性粉剂3 000倍液+68.75%恶唑菌酮·锰锌水分散粒剂1 000倍液；

20%氟酰胺可湿性粉剂600～800倍液；

20%灭锈胺悬浮剂1 000～1 500倍液；

80%多·福·福锌可湿性粉剂500～700倍液；

80亿/ml地衣芽孢杆菌水剂500～750倍液；

对水灌根，每株灌250ml药液，视病情间隔5～7天灌1次。

豇豆苗期，经常发生枯萎病，可采用下列杀菌剂或配方进行防治：

3%恶霉·甲霜水剂600～800倍液；

54.5%恶霉·福可湿性粉剂700倍液；

30%福·嘧霉可湿性粉剂800倍液；

80%多·福·福锌可湿性粉剂700倍液；

5%水杨菌胺可湿性粉剂300～500倍液；

60%甲硫·福美双可湿性粉剂600～800倍液；

70%甲基硫菌灵可湿性粉剂600倍液+60%琥・乙膦铝可湿性粉剂500倍液；

对水全田喷洒或重点喷施茎基部，视病情间隔5～10天1次。

加强田间调查，田间发现炭疽病、黑星病等，可采用下列杀菌剂或配方进行防治：

40%氟硅唑乳油3 000～5 000倍液+70%代森锰锌可湿性粉剂800倍液；

62.25%腈菌唑・代森锰锌可湿性粉剂700～1 000倍液；

5%亚胺唑可湿性粉剂1 000～2 000倍液+75%百菌清可湿性粉剂800倍液；

30%福・嘧霉可湿性粉剂800～1 000倍液+70%代森锰锌可湿性粉剂800倍液；

325g/L苯甲・嘧菌酯悬浮剂40～60ml/亩；

50%敌菌丹可湿性粉剂500～800倍液；

50%苯菌灵可湿性粉剂1 000～1 500倍液+75%百菌清可湿性粉800倍液；

2%武夷菌素水剂150～300倍液+70%代森联水分散粒剂700倍液；

对水喷雾，视病情间隔7～10天1次。

豇豆苗期是病毒病严重发生时期，应加强蚜虫防治和病毒病的预防，病毒病发生前期，可采用下列杀菌剂进行防治：

2%宁南霉素水剂200～400倍液；

5%氨基寡糖素水剂300～500倍液；

20%盐酸吗啉胍・乙酸铜可湿性粉剂500～700倍液；

1.5%硫铜・烷基・烷醇水乳剂1 000倍液；

3.95%三氮唑核苷・铜・烷醇・锌水剂500～800倍液；

25%吗胍・硫酸锌可溶性粉剂500～700倍液；

31%氮苷・吗啉胍可溶性粉剂600～800倍液；

1.05%氮苷・硫酸铜水剂300～500倍液；

喷雾，视病情间隔5～7天喷1次。

豇豆苗期蚜虫和白粉虱经常严重发生，可采用下列杀虫剂进行防治：

240g/L螺虫乙酯悬浮剂4 000～5 000倍液；

10%烯啶虫胺水剂3 000～5 000倍液；

10%氟啶虫酰胺水分散粒剂3 000～4 000倍液；

10%吡虫啉可湿性粉剂1 500～2 000倍液；

20%高氯・噻嗪酮乳油1 500～3 000倍液；

25%吡虫・仲丁威乳油2 000～3 000倍液；

25%噻虫嗪可湿性粉剂2 000～3 000倍液；

10%氯噻啉可湿性粉剂2 000倍液；

4%氯氰・烟碱水乳剂2 000～3 000倍液；

2.5%溴氰・仲丁威乳油2 000～3 000倍液；

对水喷雾，视虫情间隔7～10天1次。

田间发现美洲斑潜蝇和南美洲斑潜蝇发生为害，应及时防治，可采用下列杀虫剂或配方进行防治：

0.5%甲氨基阿维菌素苯甲酸盐微乳剂2 000～3 000倍液+4.5%高效氯氰菊酯乳油2 000倍液；

50%灭蝇胺可湿性粉剂2 000～3 000倍液；

20%阿维·杀虫单微乳剂1 500倍液；

50%灭蝇·杀单可湿性粉剂2 000～3 000倍液；

50%毒·灭蝇可湿性粉剂2 000～3 000倍液；

0.8%阿维·印楝素乳油1 500～2 000倍液；

15%阿维·毒乳油1 500～3 000倍液；

3.3%阿维·联苯菊乳油1 500～3 000倍液；

16%高氯·杀虫单微乳剂1 000～3 000倍液；

喷雾，因其世代重叠，要连续防治，视虫情间隔7～14天喷1次。

防治根结线虫病，可采用20%噻唑膦水乳剂750～1 000ml/亩对水灌根，每株灌250ml，进行防治。

(三)豇豆伸蔓期病虫害防治技术

伸蔓期经常发生的病害有白粉病、锈病、疫病、枯萎病、病毒病、炭疽病等；虫害有白粉虱、蚜虫、美洲斑潜蝇等(图22-38)。

图22-38　豇豆伸蔓期常见病虫害

防治疫病、枯萎病、病毒病、炭疽病、白粉虱、蚜虫、美洲斑潜蝇可采用上个生育时期相对应的药剂进行防治。

防治锈病、白粉病，可采用下列杀菌剂进行防治：

62.25%腈菌·锰锌可湿性粉剂800~1 000倍液；

40%氟硅唑乳油4 000~6 000倍液+75%百菌清可湿性粉剂600倍液；

40%腈菌唑可湿性粉剂3 000~5 000倍液+70%代森锰锌可湿性粉剂800倍液；

25%乙嘧酚悬浮剂800~1 000倍液+70%代森联水分散粒剂800倍液；

20%烯肟菌胺·戊唑醇悬浮剂3 000~4 000倍液；

30%醚菌酯悬浮剂2 000~3 000倍液；

2%宁南霉素水剂300~500倍液+70%代森锰锌可湿性粉剂800倍液；

20%唑菌胺酯水分散粒剂1 000~2 000倍液；

30%苯醚甲·丙环乳油3 000~4 000倍液；

30%氟菌唑可湿性粉剂2 500~3 500倍液；

300g/L醚菌·啶酰菌悬浮剂2 000~3 000倍液；

10%苯醚菌酯悬浮剂1 000~2 000倍液；

70%硫磺·甲硫灵可湿性粉剂800~1 000倍液；

对水喷雾，视病情间隔7~10天1次。

(四)豇豆开花结荚期病虫害防治技术

这一时期经常发生的病害有角斑病、白粉病、锈病、疫病、灰霉病、菌核病、轮纹病、褐斑病、红斑病、黑斑病、枯萎病、病毒病、炭疽病、细菌性角斑病、根结线虫病等；虫害有豆荚野螟、棉铃虫、白粉虱、蚜虫、美洲斑潜蝇等(图22-39)。

图22-39 豇豆开花结荚期常见病虫害

防治锈病、白粉病、疫病、枯萎病、病毒病、炭疽病、白粉虱、蚜虫、美洲斑潜蝇，可采用上个生育时期相对应的药剂进行防治。

防治灰霉病、菌核病，可采用下列杀菌剂进行防治：

50%烟酰胺水分散粒剂1 000~1 500倍液；

50%嘧菌环胺水分散粒剂1 500倍液+40%菌核净可湿性粉剂600~800倍液；

50%腐霉利可湿性粉剂1 000~1 500倍液+50%克菌丹可湿性粉剂400~600倍液；

50%乙烯菌核利水分散粒剂800~1 000倍液；

30%异菌脲·环己锌乳油900~1 200倍液；

66%甲硫·霉威可湿性粉剂1 000倍液+70%代森锰锌可湿性粉剂600~800倍液；

对水喷雾，视病情间隔7天喷1次。为防止产生抗药性提高防效，提倡轮换交替或复配使用。

防治细菌性疫病、细菌性叶斑病、细菌性角斑病，可采用下列杀菌剂进行防治：

30%琥胶肥酸铜可湿性粉剂600~800倍液；

3%中生菌素可湿性粉剂600~800倍液；

6%春雷霉素可溶液剂300~500倍液；

20%噻唑锌悬浮剂300~500倍液+12%松脂酸铜乳油600~800倍液；

20%噻菌铜悬浮剂1 000~1 500倍液；

50%氯溴异氰尿酸可溶性粉剂1 500~2 000倍液；

45%代森铵水剂400~600倍液；

60%琥·乙膦铝可湿性粉剂500~700倍液；

77%氢氧化铜可湿性粉剂800~1 000倍液；

对水喷雾，视病情间隔7~10天1次。

防治炭疽病、轮纹病、褐斑病、红斑病、黑斑病等病害，可采用下列杀菌剂进行防治：

50%福·异菌脲可湿性粉剂800~1 000倍液；

78%波·锰锌可湿性粉剂700~1 000倍液；

50%苯菌灵可湿性粉剂800~1 000倍液+75%百菌清可湿性粉剂600倍液；

77%氢氧化铜可湿性粉剂500~1 000倍液；

28%百·霉威可湿性粉剂600~800倍液；

25%咪鲜胺乳油800~1 000倍液+75%百菌清可湿性粉剂600倍液；

80%福美双·福美锌可湿性粉剂800~1 000倍液+2%嘧啶核苷类抗生素水剂300~500倍液；

50%咪鲜胺锰络化合物可湿性粉剂800~1 500倍液；

20%苯醚·咪鲜胺微乳剂2 500~3 500倍液；

70%福·甲·硫磺可湿性粉剂600~800倍液；

40%多·福·溴菌腈可湿性粉剂800~1 000倍液；

560g/L嘧菌·百菌清悬浮剂800~1 200倍液；

40%腈菌唑水分散粒剂4 000~6 000倍液；

10%苯醚甲环唑水分散粒剂1 500倍液；

25%溴菌腈可湿性粉剂500~800倍液+75%百菌清可湿性粉剂500~800倍液；

12.5％烯唑醇可湿性粉剂3 000～4 000倍液+70％代森锰锌可湿性粉剂500～800倍液；

43％戊唑醇悬浮剂3 000～4 000倍液+70％代森联水分散粒剂500～800倍液；

25％啶氧菌酯悬浮剂800～1 000倍液；

2％嘧啶核苷类抗生素水剂200～500倍液+50％克菌丹可湿性粉剂500倍液；

对水喷雾，视病情间隔7～10天1次。

防治豆荚野螟、棉铃虫等，可采用下列杀虫剂进行防治：

0.5％甲氨基阿维菌素苯甲酸盐乳油2 000～3 000倍液+4.5％高效顺式氯氰菊酯乳油1 000～2 000倍液；

200g/L氯虫苯甲酰胺悬浮剂2 500～4 000倍液；

20％虫酰肼悬浮剂1 500～3 000倍液；

15％茚虫威悬浮剂2 000～3 000倍液；

5％丁烯氟虫腈悬浮剂2 000～3 000倍液；

5％氟啶脲乳油1 000～2 000倍液；

4.5％高效氯氰菊酯乳油800～1 000倍液；

2.5％溴氰菊酯乳油1 500～2 000倍液；

20％氰戊菊酯乳油800～1 000倍液；

对水喷雾。始花期开始用药，间隔5～7天1次，一般用药1～2次。

第二十三章 菜豆病害防治新技术

菜豆属豆科，一年生草本植物，原产于南美洲。全国播种面积在59万hm²左右，总产量约1326万t。我国主要产区分布在河北、河南、湖北、广西、广东、江苏、福建、四川、山东、吉林、辽宁、黑龙江等地；主要栽培模式以露地栽培为主，其次是日光温室栽培、早春简易覆盖栽培等。

目前，国内发现的菜豆病虫害有50多种，其中病害20多种，主要有炭疽病、锈病、角斑病、枯萎病等；生理性病害10多种，主要有落花、落荚等；虫害10余种，主要有豆荚螟、蚜虫、美洲斑潜蝇等。常年因病虫害发生为害造成的损失在20%～70%，重者可致绝收。

1. 菜豆枯萎病

【症　状】主要发生在开花结荚期；下部叶片先变黄，然后逐渐向上发展。叶脉两侧变黄至黄褐色，叶脉呈褐色，严重时，全叶枯焦脱落；剖开根茎部可见到维管束变黄褐色至黑褐色(图23-1和图23-2)。

图23-1　菜豆枯萎病田间发病初期症状

图23-2　菜豆枯萎病田间发病后期症状

【病　　原】*Fusarium phaseoli* f.sp. *oxysporum*称豆尖孢镰刀菌，属无性型真菌。子座和菌丝初为白色，后为褐色，棉絮状。分生孢子有两种，大型分生孢子无色，圆筒形至纺锤形或镰刀形，顶端细胞尖细，基部细胞有小凸起，多具2~3个隔膜；小型分生孢子无色，卵形或椭圆形，单胞；厚垣孢子无色或黄褐色，球形，单生或串生。

【发生规律】以菌丝体在病残体、土壤和带菌肥料中越冬，种子也能带菌，成为翌年初侵染源。通过伤口或根毛顶端细胞侵入，主要靠水流进行短距离传播，扩大为害。当日均气温在20℃以上时，田间开始出现发病植株，当日均气温升至24~28℃时，田间发病严重。春播菜豆一般在6月中旬，7月上旬为发病高峰期。华东地区4月上中旬开始发病，5月中下旬发病最重。如果结荚期遇连续阴雨后突然暴晴或时晴时雨的天气，病害发展较快。低洼地、肥料不足、又缺磷钾肥、土质黏重、土壤偏酸、施用未腐熟肥料、施用氮肥过多、造成植株徒长、密度过大、田间通透性差、重茬严重、发病较重。

【防治方法】施足充分腐熟的优质有机肥，增施磷、钾肥。低洼地可采取高垄地膜覆盖栽培，防止大水漫灌，雨后及时排水，田间不能积水。

种子处理。用种子重量0.3%的50%多菌灵可湿性粉剂加上0.3%的50%福美双可湿性粉剂拌种。

田间有发病症状时及时施药防治，发病初期，可采用下列杀菌剂进行防治：

50%福美双可湿性粉剂500~600倍液+70%甲基硫菌灵可湿性粉剂800~1 000倍液；

30%福·嘧霉可湿性粉剂800倍液；

70%恶霉灵可湿性粉剂2 000倍液；

70%福·甲·硫磺可湿性粉剂800~1 000倍液；

4%嘧啶核苷类抗菌素水剂600~800倍液；

灌根，每株灌300ml，视病情间隔5~7天灌1次。

2．菜豆锈病

【分布为害】锈病是菜豆生长中后期的重要病害，全国各地均有发生，发病严重时可达100%，严重影响品质。

【症　　状】主要为害叶片，有时也可为害茎、蔓、叶柄及荚。叶片染病，初现褪绿小黄斑，后中央稍凸起，呈黄褐色近圆形疱斑，周围有黄色晕圈，后表皮破裂，散出红褐色粉末，即夏孢子(图23-3)。荚染病形成凸出表皮疱斑，表皮破裂后，散出褐色粉状物(图23-4)。

图23-3　菜豆锈病叶片发病症状

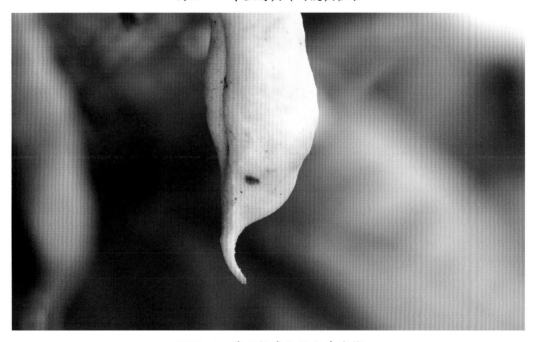

图23-4　菜豆锈病豆荚发病症状

【病　　原】*Uromyces appendiculatus* 称疣顶单胞锈菌，属担子菌门真菌。夏孢子单胞，椭圆至长圆或卵圆形，浅黄或橘黄色，表面有稀疏微刺，具芽孔1～3个。冬孢子单胞，长圆至椭圆形，褐色，顶端有较透明乳突，下端具无色透明长柄，孢壁深褐色，表面光滑。

【发生规律】以冬孢子在病残体上越冬，温暖地区以夏孢子越冬。翌年春季孢子萌发时产生担子和担孢子，借气流传播，从叶片气孔直接侵入。华北地区主要发生在夏秋两季，长江中下游地区发病盛期在5—10月，华南地区发病盛期在4—7月。在广州地区春季种植的比秋季种植的发病严重。进入开花结荚期，气温20℃左右，高湿，昼夜温差大及结露持续时间长此病易流行。夏季高温、多雨、土壤黏重、土质偏酸、重茬严重、田间病残体多、氮肥施用过多、植株徒长或生长过弱发病较为严重。

【防治方法】春播宜早，清洁田园，深翻土壤，采用配方施肥技术，适当密植，及时整枝，雨后及时排水。

发病初期，可采用下列杀菌剂或配方进行防治：

12%苯甲·氟酰胺悬浮剂40～67ml/亩；

10%苯醚甲环唑水分散粒剂50～83g/亩；

20%唑菌胺酯水分散粒剂1 000～2 000倍液；

12.5%烯唑醇可湿性粉剂2 000～3 000倍液+70%代森锰锌可湿性粉剂800倍液；

30%氟菌唑可湿性粉剂2 000～3 000倍液+70%代森锰锌可湿性粉剂600～800倍液；

24%腈苯唑悬浮剂2 000～3 000倍液+75%百菌清可湿性粉剂600～800倍液；

40%氟硅唑乳油3 000～5 000倍液+70%代森锰锌可湿性粉剂600～800倍液；

25%啶氧菌酯悬浮剂1 500～2 500倍液+75%百菌清可湿性粉剂600～800倍液；

对水喷雾，视病情间隔7～10天1次。

3．菜豆炭疽病

【分布为害】炭疽病是豆科蔬菜生产中的重要病害，国内各产区均有发生，特别是潮湿多雨的地区，为害严重。

【症　　状】整个生育期都可以发病，叶、叶柄、荚都可被侵染。幼苗发病，子叶上出现红褐色近圆形病斑，边缘隆起，内部凹陷。叶片病斑发生在叶面上，后扩展成多角形小斑，红褐色，边缘颜色较深，后期易破裂(图23-5)。叶柄、豆荚发病最初产生褐色小点，圆形或长圆形，中间黑褐色或黑色，边缘淡褐色至粉红色。潮湿时，常溢出粉红色黏稠物(图23-6)。

图23-5　菜豆炭疽病叶片发病症状

图23-6 菜豆炭疽病豆荚发病症状

【病　　原】*Colletotrichum lindemuthianum* 称菜豆刺盘孢，属无性型真菌。分生孢子盘黑色，圆形或近圆形。分生孢子梗短小，单胞，无色。分生孢子圆形或卵圆形，单胞，无色，两端较圆，或一端稍狭，孢子内含1～2个近透明的油滴。

【发生规律】以菌丝体潜伏在种子内和附在种子上越冬，播种带菌种子，幼苗即可染病，借雨水、昆虫传播。翌春产生分生孢子，通过雨水飞溅进行初侵染，从伤口或直接侵入，并进行再侵染。气温较低、湿度高、地势低洼、通风不良、栽培过密、土壤黏重、氮肥过量等因素都会导致病情加重。

【防治方法】深翻土地，增施磷、钾肥，及时拔除田间病苗，雨后及时中耕，施肥后培土，注意排涝，降低土壤含水量。进行地膜覆盖栽培，可防止或减轻土壤病菌传播，降低空气湿度。

种子处理。播种前，用福尔马林200倍液或50％多菌灵可湿性粉剂600倍液浸种30分钟；或50％代森铵水剂400倍液浸种1小时，捞出用清水洗净晾干待播；或用种子重量0.3％的50％多菌灵可湿性粉剂+50％福美双可湿性粉剂拌种后播种。

田间发现病害及时进行药剂防治，发病初期，可采用下列杀菌剂或配方进行防治：

20％唑菌胺酯水分散粒剂1 500倍液+70％代森联水分散粒剂800～1 000倍液；

10％苯醚甲环唑水分散粒剂1 500倍液+22.7％二氰蒽醌悬浮剂1 000～1 500倍液；

20％硅唑·咪鲜胺水乳剂2 000～3 000倍液；

20％苯醚·咪鲜胺微乳剂2 500～3 500倍液；

25％溴菌腈可湿性粉剂500倍液+70％代森锰锌可湿性粉剂600～800倍液；

40％多·福·溴菌腈可湿性粉剂800～1 000倍液；

5％亚胺唑可湿性粉剂1000倍液+75％百菌清可湿性粉剂600倍液；

60％甲硫·异菌脲可湿性粉剂1 000～1 500倍液；

对水喷雾，视病情间隔5～7天喷1次。喷药要周到，特别注意叶背面，喷药后遇雨应及时补喷。

4. 菜豆细菌性疫病

【分布为害】细菌性疫病是豆科蔬菜常见病害。东北各省、河南、湖北、湖南、江苏、浙江等省均有发生。

【症　　状】主要为害叶、豆荚和种子。叶片染病，在叶尖或叶缘出现暗绿色油渍状小斑点，后扩展为不规则形褐斑，周围有黄色晕圈，湿度大时，溢出黄色菌脓，严重时病斑相互愈合，以致全叶枯凋，病部脆硬易破，最后叶片干枯(图23-7和图23-8)。豆荚染病，初生暗绿色油渍状小斑，后扩大为稍凹陷的圆形至不规则形褐斑，严重时豆荚皱缩。

图23-7　菜豆细菌性疫病叶片发病初期症状

图23-8　菜豆细菌性疫病叶片发病后期症状

【病　　原】*Xanthomonas campestris* pv. *phaseoli* 称野油菜黄单胞菌菜豆致病变种，属细菌。菌体短杆状，极生1根鞭毛，有荚膜，革兰氏染色阴性。

【发生规律】病原细菌在种子内或黏附在种皮上越冬，借风、雨、昆虫传播，从寄生气孔、水孔、虫口侵入。早春温度高、雨水多时发病重，秋季多雨、露水较多持续时间长发病重。栽培管理不当、大水漫灌、肥力不足、偏施氮肥、造成长势差或徒长，都容易加重发病。

【防治方法】收获后清除病残体，深翻土壤，合理密植，增加植株通风透光度，避免田间积水，不可大水漫灌。

发病初期可采用下列杀菌剂进行防治：

84%王铜水分散粒剂1 500～2 000倍液；

3%中生菌素可湿性粉剂600～800倍液；

20%噻唑锌悬浮剂300～500倍液+12%松脂酸铜乳油600～800倍液；

喷雾，视病情间隔7～10天1次。

5．菜豆病毒病

【症　　状】主要表现在叶片上，嫩叶初呈明脉、失绿或皱缩，新长出的嫩叶呈花叶。浓绿色部分凸起或凹下呈袋状，叶片向下弯曲。有些品种感病后变为畸形。病株矮缩或不矮缩，开花迟或落花(图23-9)。

图23-9　菜豆病毒病发病不同类型症状

【病　　原】Cucumber mosaic virus (CMV)，黄瓜花叶病毒：粒体球形，直径35nm，病毒汁液稀释限点为1：（1 000～10 000），致死温度为60～70℃，体外存活期3～4天，不耐干燥。

Tomato aspermy virus (TAV)，番茄不孕病毒，也能引起花叶类型病毒病。

【发生规律】花叶病毒可通过种子传播，黄瓜花叶病毒和番茄不孕病毒病株初侵染源主要来自越冬寄主，在田间也可通过桃蚜和棉蚜传播。当春季发芽后，开始活动或迁飞，成为传播此病主要媒介；汁液摩擦也可传毒。发病适温20～25℃，气温高于25℃多表现隐症。土壤中缺肥、植株生长期长期缺水，蚜虫发生多，发病重。

【防治方法】适期早播早收，避开发病高峰，减少种子带毒率。适当密播。苗期进行浅中耕，使土壤通气良好。合理施肥，及时搭架引蔓，开花结荚期适量浇水、注意防涝，增强作物抗病力。

蚜虫是病毒病的主要传播媒介，积极防治蚜虫是预防病毒病的有效方法。有条件时可覆盖防虫网。

防治蚜虫，可采用下列杀虫剂进行防治：

240g/L螺虫乙酯悬浮剂4 000～5 000倍液；

10％烯啶虫胺水剂3 000～5 000倍液；

10％氟啶虫酰胺水分散粒剂3 000～4 000倍液；

10％吡虫啉可湿性粉剂1 500～2 000倍液；

50％抗蚜威可湿性粉剂1 000～2 000倍液；

25％吡虫·仲丁威乳油2 000～3 000倍液；

10％氯噻啉可湿性粉剂2 000倍液；

喷雾，视虫情间隔7～14天喷1次。

加强预防，田间发病初期或发病前，可采用下列杀菌剂进行防治：

2％宁南霉素水剂200～400倍液；

20％盐酸吗啉胍可湿性粉剂500～800倍液；

7.5％菌毒·吗啉胍水剂500～700倍液；

2.1％烷醇·硫酸铜可湿性粉剂500～700倍液；

3.95％三氮唑核苷·铜·烷醇·锌水剂500～800倍液；

31％氮苷·吗啉胍可溶性粉剂600～800倍液；

喷雾，视病情间隔5～7天喷1次。

6.菜豆根腐病

【症　　状】主要为害根部和茎基部，病部产生褐色或黑色斑点，病株易拔出，纵剖病根，维管束呈红褐色，病情扩展后向茎部延伸，主根全部染病后，地上部茎叶萎蔫或枯死(图23-10和图23-11)。

图23-10　菜豆根腐病田间发病症状　　　图23-11　菜豆根腐病根部发病症状

【病　　原】*Fusarium solani* 称腐皮镰孢，属无性型真菌。菌丝具隔膜。分生孢子分大小两型：大型分生孢子无色，纺锤形，具横隔膜3～4个，最多8个；小型分生孢子椭圆形，有时具一个隔膜；厚垣孢子单生或串生，着生于菌丝顶端或节间。

【发生规律】病菌主要以菌丝体和厚垣孢子在土壤病残体中存活，腐生性很强，可在土中存活10年或者更长时间。借助农具、雨水和灌溉水进行传播。从根茎基部伤口侵入。发病适温24～28℃，相对湿度80%。高温、高湿条件有利于发病，特别是在土壤含水量高时有利于病菌传播和侵入。地下害虫多、根系伤口多，也有利于病菌侵入，引起发病；地势低洼、排水不良、土质黏重、尤其是连作地块发病较重。

【防治方法】采用深沟高垄、地膜覆盖栽培，生长期合理运用肥水，不能大水漫灌，浇水后及时浅耕、灭草、培土，以促进发根。注意排出田间积水，及时清除田间病株残体，发现病株及时拔除，并向四周撒石灰消毒。

土壤处理。苗床消毒可选用95%恶霉灵原药50g/m²、54.5%恶霉·福可湿性粉剂10g/m²、50%苯菌灵可湿性粉剂5g/m²+70%敌磺钠可溶性粉剂8g/m²消毒。

田间发病后及时防治，发病初期，可采用下列杀菌剂或配方进行防治：

5%丙烯酸·恶霉·甲霜水剂800～1 000倍液；

80%多·福·福锌可湿性粉剂500～700倍液；

20%二氯异氰尿酸钠可溶性粉剂400～600倍液；

54.5%恶霉·福可湿性粉剂700倍液；

20%甲基立枯磷乳油800～1 000倍液+70%敌磺钠可溶性粉剂800倍液；

70%福·甲·硫磺可湿性粉剂800～1 000倍液；

灌根，每株灌250ml药液，视病情间隔5～7天灌1次。

7．菜豆褐斑病

【症　　状】叶片正、背面产生近圆形或不规则形褐色斑，边缘赤褐色，后期病斑中部变为灰白色至灰褐色，叶背病斑颜色稍深，边缘仍为赤褐色。湿度大时，叶背面病斑产生灰黑色霉状物(图23-12)。

图23-12　菜豆褐斑病叶片发病症状

【病　　原】*Pseudocercospora cruenta* 称菜豆假尾孢菌，属无性型真菌。分生孢子器球形，褐色或黄褐色。分生孢子无色，长椭圆形或圆筒形，双细胞。

【发生规律】北方病菌主要以菌丝体在病残体中越冬，翌年春产生分生孢子，靠气流传播引起初侵染，从植株表皮侵入；在南方病菌分生孢子辗转传播蔓延进行初侵染和再侵染。高温雨季、连作地、种植过密、通风不良、土壤含水量高、偏施氮肥的地块发病重。

【防治方法】与非豆类蔬菜实行2年轮作。合理密植，增施钾肥，清洁田园。

田间发现病情后及时施药防治，发病初期，可采用下列杀菌剂进行防治：

10%苯醚甲环唑水分散粒剂2 000～3 000倍液；

50%咪鲜胺锰盐可湿性粉剂800～1 000倍液；

50%苯菌灵可湿性粉剂800～1 000倍液+75%百菌清可湿性粉剂600倍液；

70%甲基硫菌灵可湿性粉剂500～700倍液+70%代森锰锌可湿性粉剂800倍液；

6%氯苯嘧啶醇可湿性粉剂2 000～3 000倍液+75%百菌清可湿性粉剂600倍液；

喷雾，视病情间隔7～10天1次。

8. 菜豆黑斑病

【症　　状】主要为害叶片，病斑圆形至不规则形病斑。病斑边缘齐整，周边有紫红色至暗褐色晕圈，斑面呈褐色至赤褐色，湿度大时其上遍布暗褐色至黑褐色霉层(图23-13)。

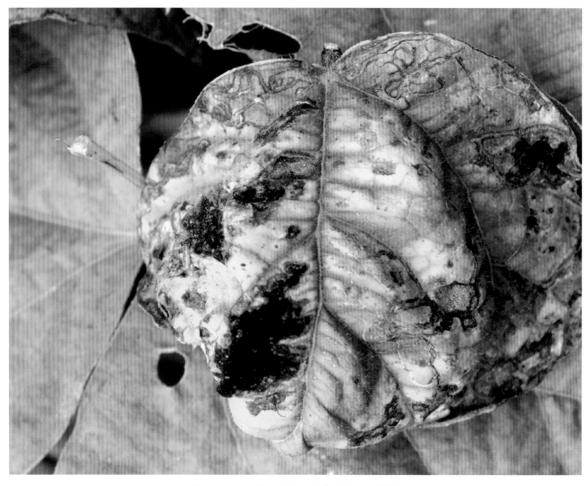

图23-13　菜豆黑斑病叶片发病症状

【病　　原】*Alternaria atrans* 称黑链格孢，*A.longirostrata* 称长喙生链格孢，均属无性型真菌。前者分生孢子梗单生或2～3根丛生，淡褐色，顶端色淡，不分枝，基部稍膨大。分生孢子多为单生，呈倒棍棒状，褐色，嘴孢稍长，色淡，不分枝，隔膜有缢缩。后者分生孢子梗多3～6根丛生，暗褐色，顶端色淡，不分枝，基部稍膨大。分生孢子串生，少数单生，椭圆形至倒棍棒形，暗褐色，嘴孢无或有，但较短，不分枝，色淡。

【发生规律】病菌以菌丝体和分生孢子在病部或随病残体遗落在土中越冬。翌年产生分生孢子借风雨传播，从寄主表皮气孔或直接穿透表皮侵入。在温暖高湿条件下发病较重。秋季多雨、多雾、重露利于病害发生。管理粗放、排水不良、肥水缺乏导致植株长势衰弱、密度过大，都能加重病害。

【防治方法】与非豆科植物进行2年以上轮作。合理密植，高垄栽培，合理施肥，适度灌水，雨后及时排水。保护地注意放风排湿。及时清除病残体，集中销毁，减少菌源。

发病初期，可采用下列杀菌剂进行防治：

10%苯醚甲环唑水分散粒剂1 000倍液+75%百菌清可湿性粉剂600～800倍液；

560g/L嘧菌·百菌清悬浮剂800～1 000倍液；

20%唑菌胺酯水分散粒剂1 500倍液+50%克菌丹可湿性粉剂400～600倍液；

25%溴菌腈可湿性粉剂500～1 000倍液+70%代森锰锌可湿性粉剂700倍液；

64%氢铜·福美锌可湿性粉剂1 000倍液；

20%苯霜灵乳油800～1000倍液+75%百菌清可湿性粉剂600～800倍液；

50%甲·咪·多可湿性粉剂1 500～2 000倍液+70%代森联水分散粒剂800倍液；

60%琥铜·锌·乙铝可湿性粉剂600～800倍液+75%百菌清可湿性粉剂600～800倍液；

对水喷雾，视病情间隔7～10天喷1次。

9．菜豆轮纹病

【症　　状】主要为害叶片及荚果。叶片初生紫色小斑，后扩大为近圆形褐色斑，斑面具赤褐色同心轮纹，潮湿时生暗色霉状物(图23-14)。荚上病斑紫褐色，具轮纹，病斑数量多时荚呈赤褐色。

图23-14　菜豆轮纹病叶片发病症状

【病　　原】*Cercospora vignicola* 称豇豆尾孢菌，属无性型真菌。分生孢子梗丛生，线状，不分枝，暗褐色，具1～7个隔膜。分生孢子倒棍棒状，淡色至淡褐色，具2～12个隔膜。

【发生规律】以菌丝体和分生孢子梗随病残体遗落土中越冬或越夏，也可在种子内或黏附在种子表面越冬或越夏。由风雨传播，进行初侵染和再侵染。在南方病菌的分生孢子辗转传播为害，无明显越冬或越夏期。高温多湿的天气及栽植过密，通风差及连作低洼地、氮肥施用过量、植株长势过旺、或肥料施用量小、造成植株生长过弱、抵抗力下降，发病重。

【防治方法】有条件时实行轮作。生长季节结束时彻底收集病残物烧毁，并深耕晒土。

种子处理。用种子重量0.3%的40%福尔马林200倍液浸种30分钟。

发病初期，可采用下列杀菌剂进行防治：

50%福·异菌脲可湿性粉剂800～1 000倍液；

70%甲基硫菌灵可湿性粉剂500～800倍液+75%百菌清可湿性粉剂600倍液；

25%嘧菌酯悬浮剂1 500～2 000倍液；

对水喷雾，视病情间隔7～10天1次。

10. 菜豆灰霉病

【症　　状】叶、花及荚均可染病。叶片染病，形成较大的轮纹斑，后期易破裂(图23-15)。

有时也发生在茎蔓分枝处，病部形成凹陷水浸斑，后萎蔫，潮湿时病部密生灰霉。花和荚果染病先侵染败落的花，后扩展到荚果，病斑初淡褐至褐色，表面生灰白色至灰黑色霉层(图23-16)。

图23-15　菜豆灰霉病叶片发病症状

图23-16　菜豆灰霉病豆荚发病症状

【病　　原】*Botrytis cinerea*称灰葡萄孢，属无性型真菌。有性世代为*Sclerotinia fuckeliana*，称富克尔核盘菌，属子囊菌门真菌。病菌的孢子梗数根丛生，褐色，顶端具1~2次分枝，分枝顶端密生小柄，其上生大量分生孢子。分生孢子圆形至椭圆形，单胞，近无色。

【发生规律】以菌丝、菌核或分生孢子越夏或越冬。翌春条件适宜时长出菌丝直接侵入植株，借雨水溅射传播。发病适温为20℃。败落的病花和腐烂的病荚、病叶，如果落在健康部位可引起该部位发病。叶面结露易发病。种植密度过大、田间通风透光性差、氮肥施用太多、徒长、缺肥、高湿、多雨都易发病。

【防治方法】保护地种植的菜豆，早上要先放风排湿，然后上午闭棚增温，下午放风，透光降湿，防止叶面结露；及时摘除病叶、病花、病果及黄叶，保持棚室干净，通风透光。多施充分腐熟的有机肥，增施磷钾肥。

发病初期，可采用下列杀菌剂进行防治：

50%烟酰胺水分散粒剂1 000~1 500倍液+70%代森联水分散粒剂600~800倍液；

50%嘧菌环胺水分散粒剂1 500倍液+70%代森锰锌可湿性粉剂600~800倍液；

2%丙烷脒水剂1 000~1 500倍液+2.5%咯菌腈悬浮剂1 000~1 500倍液；

50%乙烯菌核利水分散粒剂800~1 000倍液+70%代森联水分散粒剂600~800倍液；

30%福·嘧霉可湿性粉剂800~1 000倍液+75%百菌清可湿性粉剂600~800倍液；

26%嘧胺·乙霉威水分散粒剂1 500~2 000倍液；

50%腐霉·百菌可湿性粉剂800~1 000倍液；

30%异菌脲·环己锌乳油900~1 200倍液；

50%多·乙可湿性粉剂800~1 000倍液+45%代森铵水剂300~500倍液；

对水喷雾，视病情间隔7~10天喷1次。

保护地发病初期采用烟雾法，用10%腐霉利烟剂200~250g/亩、45%百菌清烟剂250g/亩或15%百腐烟剂每100m³用药25~40g熏烟。

11．菜豆细菌性晕疫病

【症　　状】主要为害叶片，初期在上部叶片或新叶上出现不规则水浸状斑点，后在斑周围出现黄晕圈，病斑上常有菌脓溢出；易穿孔或皱缩畸形(图23-17)。

【病　　原】*Pseudomona syringae* pv. *phaseolicola*称丁香假单胞杆菌菜豆晕疫病致病变种，属细菌。

图23-17　菜豆细菌性晕疫病叶片发病症状

【发生规律】主要通过种子传播。生长季节主要通过气孔或机械伤口侵入。在16~20℃较低温度下，潜育期2~3天，发病较重；在28~32℃高温条件下，潜育期长达6~10天，发病较轻，晕圈消失，病菌转移到植株体内为害。阴雨或降雨天气多、栽培管理不当、大水漫灌、肥力不足或偏施氮肥造成长势差或徒长，都易加重发病。

【防治方法】严格检疫，防止种子带菌传播蔓延。合理密植，合理施肥浇水。

种子处理。可用88%水合霉素可溶性粉剂1 000倍液浸种2小时，洗净后播种。

发病初期，可采用下列杀菌剂进行防治：

84%王铜水分散粒剂1 500~2 000倍液；

20%噻唑锌悬浮剂600~1 000倍液；

3%中生菌素可湿性粉剂600~800倍液；

20%噻菌铜悬浮剂1 000~1 500倍液；

12%松脂酸铜乳油600~800倍液；

77%氢氧化铜可湿性粉剂800~1 000倍液；

对水喷雾，视病情间隔7~10天1次。

第二十四章　芹菜病害防治新技术

　　芹菜属伞形花科，二年生草本。全国芹菜面积一直比较稳定在55万hm²左右，总产量约2 000万t。我国主要产区在山东、河北、河南、湖北、安徽、福建、江西、湖南等地。主要栽培模式有露地春茬、大棚秋茬、日光温室秋冬茬等。

　　目前，国内发现的芹菜病虫害有40多种，其中病害20多种，主要有叶斑病、斑枯病、灰霉病等；生理性病害10多种，主要有先期抽薹等；虫害10种，主要有蚜虫、美洲斑潜蝇等。常年因病虫害发生为害造成的损失在20%～50%。

一、芹菜病害

1．芹菜斑枯病

　　【分　　布】芹菜斑枯病南北方保护地、露地普遍发生。近年河北、内蒙古、甘肃等芹菜产区，斑枯病暴发流行，一般减产30%～40%，严重的可减产50%～80%，严重影响品质及产量(图24-1)。

图24-1　芹菜斑枯病田间发病症状

【症　　状】主要为害叶片，叶柄和茎也可受害。叶片发病，从下部的老叶开始，初为淡褐色油渍状小斑点，后期逐渐扩大，中部呈褐色坏死，外缘多为深红褐色且明显，中间散生少量小黑点。病斑外常具一圈黄色晕环(图24-2至图24-5)。叶柄或茎部发病，病斑初为水渍状小点，褐色，后扩展为长圆形淡褐色稍凹陷的病斑，中部散生黑色小点(图24-6至图24-8)。严重时叶枯，茎秆腐烂。

图24-2　芹菜斑枯病叶片发病初期症状

图24-3　芹菜斑枯病叶片发病中期症状

图24-4　芹菜斑枯病叶片发病后期症状

图24-5 西芹斑枯病发病症状

图24-6 芹菜斑枯病叶柄发病初期症状

图24-7 芹菜斑枯病叶柄发病中期症状

图24-8　芹菜斑枯病叶柄发病后期症状

【病　原】*Septoria apiicola* 称芹菜壳针孢，属无性型真菌(图24-9)。分生孢子器球形，生于寄主表皮下，大斑型多散生，孔口直径较小，小斑型多丛生，孔口直径较大。分生孢子针形，无色透明，直或微弯，顶端稍尖，基部略钝，0～7个分隔，多为3个。

【发生规律】以菌丝体潜伏在种皮内或在病残体及病株上越冬。种皮内的病菌可存活1年左右。附着在种皮上的病菌可存活2年以上，病斑上的分生孢子可存活8～11个月；条件适宜时病菌产生分生孢子，通过风、雨、农事操作传播，进行初次侵染。带菌种子可作远距离传播。华南地区以大斑型为主，东北、华北地区以小斑型为主；上海、浙江及长江中下游地区春季3—5月，秋冬季10—12月为发病盛期；河南常发生

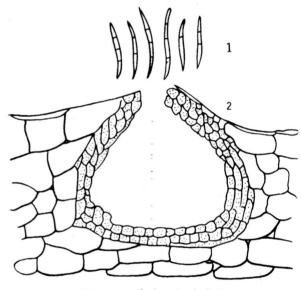

图24-9　芹菜斑枯病病菌
1.分生孢子；2.分生孢子器

在6月和晚秋多雨时期，尤其以梅雨季节为多。连作地块、地势低洼、排水不良易积水、定植密度过大、田间通透性差、肥水不足造成植株长势过弱；生长期间多阴雨或昼夜温差大，夜间结露多、时间长，或大雾发病较重。

【防治方法】与非伞形花科蔬菜轮作2～3年；选择地势较高不易积水的地块种植；合理密植，西芹应适当稀植；施足充分腐熟的有机肥做基肥，生长期间注意肥水的合理施用；雨后及时排出田间积水；保护地注意通风排湿，减少夜间结露，禁止大水漫灌。发病初期及时清除病叶、病茎等，带到田外集中深埋销毁，以减少菌源。收获后彻底清除田间病残体。

种子处理。可用55℃温水浸种15分钟，边浸边搅拌，其后用凉水冷却，待晾干后播种。也可用100倍2%嘧啶核苷类抗生素水剂浸种4～6小时或用2.5%咯菌腈悬浮种衣剂进行种子包衣。

发病前至发病初期(图24-10)，可采用下列杀菌剂进行防治：

图24-10 芹菜斑枯病发病初期

70％丙森锌可湿性粉剂600～800倍液；

64％氢铜·福美锌可湿性粉剂600～800倍液；

50％甲基·硫磺悬浮剂800～1 000倍液+70％代森锰锌可湿性粉剂700倍液；

60％琥铜·锌·乙铝可湿性粉剂600～800倍液+75％百菌清可湿性粉剂600～800倍液；

47％春雷霉素·王铜可湿性粉剂600～800倍液；

对水喷雾，视病情间隔7～10天喷1次。

保护地，选用45％百菌清烟剂熏烟250g/亩，也可喷撒5％百菌清粉尘剂1kg/亩。

田间普遍发病时(图24-11)，可采用下列杀菌剂进行防治：

图24-11 芹菜斑枯病发病普遍时

40%氟硅唑乳油4 000～6 000倍液+75%百菌清可湿性粉剂600倍液；

10%苯醚甲环唑水分散粒剂35～45g/亩+25%咪鲜胺乳油50～70ml/亩；

72%丙森·膦酸铝可湿性粉剂800～1 000倍液；

76%丙森·霜脲氰可湿性粉剂1 000～1 500倍液；

30%异菌脲·环己锌乳油900～1 200倍液；

325g/L苯甲·嘧菌酯悬浮剂1 500～2 500倍液；

对水喷雾，视病情间隔5～7天喷1次。

保护地选用15%百·腐烟剂250～400g/亩或3%噻菌灵烟剂300～400g/亩熏烟，也可喷撒5%百菌清粉尘剂1kg/亩。

2. 芹菜早疫病

【分布为害】早疫病分布广泛，发生普遍，保护地、露地均有发生。一般病株率为20%～30%，严重时发病率高达60%～100%，病株多数叶片因病坏死甚至全株枯死，显著影响产量与品质。

【症　　状】主要为害叶片、叶柄和茎。发病初期，叶片上出现黄绿色水浸状病斑，扩大后为圆形或不规则形，褐色，内部病组织多呈薄纸状，周缘深褐色，稍隆起，外围有黄色晕圈。严重时病斑扩大汇合成斑块，终致叶片枯死(图24-12至图24-14)。茎或叶柄上病斑椭圆形，暗褐色，稍凹陷(图24-15和图24-16)。发病严重的全株倒伏。

图24-12　芹菜早疫病叶片发病初期症状

图24-13　芹菜早疫病叶片发病中期症状

图24-14　芹菜早疫病叶片发病后期症状

图24-15　芹菜早疫病叶柄发病初期症状

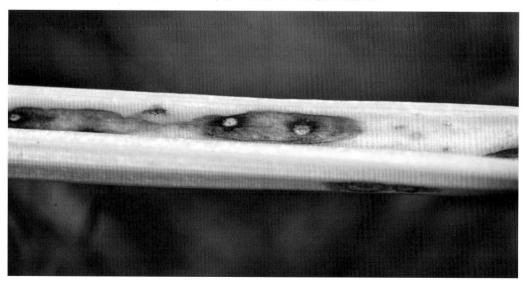

图24-16　芹菜早疫病叶柄发病后期症状

【病　　　原】*Cercospora apii* 称芹菜尾孢霉，属无性型真菌 (图24-17)。子实体叶两面生，子座较小，暗褐色，分生孢子梗束生，褐色，顶端色淡，近截形，多不分枝，多具膝状弯曲，其上孢痕明显。分生孢子无色，鞭状，正直或略弯，顶端较尖，向下逐渐膨大，基部近截形。

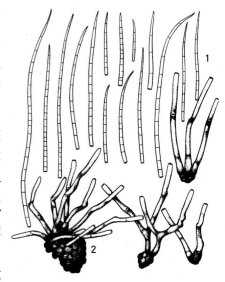

图24-17　芹菜早疫病病菌
1.分生孢子；2.子座及分生孢子梗

【发生规律】病菌以菌丝体随种子、病残体或在保护地内越冬。春季条件适宜时产生分生孢子，通过气流、雨水或浇水及农事操作传播。由气孔或直接穿透表皮侵入。上海及长江中下游地区5—11月为发病盛期。连作地块种植、地势低洼、土质黏重、雨后易积水、种植密度大、田间通透性差、氮肥施用过多造成植株旺长或徒长降低了抗病能力都能加重病情。

【防治方法】与非伞形花科蔬菜轮作2年以上；选择地势较高不易积水的壤土地块进行栽培；注意种植密度不可过大，合理配方施肥，生长期间加强肥水管理促进植株生长。收获后及时清洁田园病残体。

种子处理。用50℃温水浸种30分钟，也可用种子重量0.4%的70%代森锰锌可湿性粉剂拌种。

发病初期(图24-18)，可采用下列杀菌剂进行防治：

图24-18　芹菜早疫病发病初期

70%丙森锌可湿性粉剂600~800倍液；

77%氢氧化铜可湿性粉剂800~1 000倍液；

86.2%氧化亚铜可湿性粉剂2 000~2 500倍液；

560g/L嘧菌·百菌清悬浮剂800~1 200倍液；

64%氢铜·福美锌可湿性粉剂600~800倍液；

68.75%恶酮·锰锌水分散粒剂800~1 000倍液；

50%克菌丹可湿性粉剂400~600倍液；

对水喷雾，视病情间隔7~10天左右喷1次。

保护地条件下，可选用5%百菌清粉尘剂1kg/亩喷粉，或用45%百菌清烟剂熏烟每次250g/亩。

田间发病普遍时(图24-19)，可采用下列杀菌剂进行防治：

图24-19　芹菜早疫病发病普遍时

10%苯醚甲环唑水分散粒剂1 000~1 500倍液+70%代森联水分散粒剂800倍液；

50%腐霉利可湿性粉剂800~1 500倍液+65%代森锌可湿性粉剂600倍液；

50%异菌脲可湿性粉剂800~1 000倍液+70%代森联水分散粒剂800倍液；

50%乙烯菌核利可湿性粉剂1 000~1 500倍液+75%百菌清可湿性粉剂800倍液；

60%氯苯嘧啶醇可湿性粉剂1 500~2 000倍液+70%代森锰锌可湿性粉剂800倍液；

47%春雷·王铜可湿性粉剂500~800倍液；

对水喷雾，视病情间隔5~7天1次。

保护地条件下，可选用5%异菌脲粉尘剂1kg/亩喷粉。

3.芹菜菌核病

【症　　状】为害芹菜茎、叶。受害部初呈褐色水浸状，湿度大时形成软腐，表面生出白色菌丝，后形成鼠粪状黑色菌核(图24-20至图24-23)。

图24-20　芹菜菌核病发病初期症状

图24-21　芹菜菌核病发病中期症状

图24-22　芹菜菌核病发病后期症状

图24-23　芹菜菌核病心叶发病症状

【病　　原】*Sclerotinia sclerotiorum* 称核盘菌，属子囊菌门真菌。由菌核生出1~9个盘状子囊盘，初为淡黄褐色，后变褐色，生有很多平行排列的子囊及侧丝。子囊椭圆形或棍棒形，无色。子囊孢子单胞，椭圆形，排成一行。

【发生规律】以菌核在土壤中或混在种子中越冬，成为翌年初侵染源，子囊孢子借风雨传播，侵染老叶，田间再侵染多通过菌丝进行，菌丝的侵染和蔓延有两个途径：一是脱落的带病菌组织与叶片、茎接触菌丝蔓延；二是病叶与健叶、茎秆直接接触，病叶上的菌丝直接蔓延使其发病。菌核萌发温度范围5~20℃，最适温度为15℃，相对湿度85%以上，利于该病发生和流行。保护地内天津地区11月中下旬至翌年3月发病；河南一般在12月至翌年3月；上海及长江中下游地区春季发生在2—6月，秋季发生在10—12月。连作地块，土质黏重，地势低洼，排水不良易积水，种植密度过大，田间通透性差；肥水不均匀，导致植株徒长、旺长或长势过弱抗病能力低；早春低温、连续阴雨时间长、晚秋低温、寒流来得早、雾多雾重、保护地内长期湿度过大发病较重。

【防治方法】与非伞形花科蔬菜轮作2~3年；选择地势平坦不易积水的壤土地块栽培；合理密植，西芹应适当稀植；保护地采用地膜覆盖，阻挡子囊盘出土，减轻发病；发现病株及时清除田间病残体；收获后及时深翻或灌水浸泡或闭棚7~10天，利用高温杀灭表层菌核。

种子处理。播前用，10%盐水选种，除去菌核后再用清水冲洗干净，晾干播种。

发病前至发病初期(图24-24)，可采用下列杀菌剂或配方进行防治：

图24-24　芹菜菌核病发病初期

40%菌核净可湿性粉剂600~800倍液+50%克菌丹可湿性粉剂400~600倍液；

45%噻菌灵悬浮剂800~1 000倍液+50%福美双可湿性粉剂600倍液；

66%甲硫·霉威可湿性粉剂800~1 200倍液+70%百菌清可湿性粉剂的600~800倍液；

20%甲基立枯磷乳油600~1 000倍液+50%多菌灵可湿性粉剂500~800倍液；

对水喷雾，视病情间隔7~10天喷1次。

保护地栽培，可用45%百菌清烟雾剂200~400g/亩、15%百·腐烟剂200~400g/亩熏烟。也可用5%百菌清粉尘剂1kg/亩喷粉防治。视病情间隔7~10天1次。

田间发病时及时进行防治，发病普遍时，可采用下列药剂配方进行防治：

50%乙烯菌核利可湿性粉剂600~800倍液+50%克菌丹可湿性粉剂400~600倍液；

30%异菌脲·环己锌乳油900～1 200倍液+25%戊菌隆可湿性粉剂600～1 000倍液；

40%菌核净可湿性粉剂600～800倍液+70%代森联水分散粒剂600～800倍液；

66%甲硫·霉威可湿性粉剂1 500倍液+36%三氯异氰尿酸可湿性粉剂600～800倍液；

50%多·菌核可湿性粉剂600～800倍液+50%敌菌灵可湿性粉剂500倍液；

对水喷雾，视病情间隔7～10天喷1次。

保护地栽培，可用10%腐霉利烟雾剂300～400g/亩+45%百菌清烟雾剂200～400g/亩、3%噻菌灵烟剂300～400g/亩、15%百·腐烟剂200～400g/亩熏烟。也可用5%百菌清粉尘剂1kg/亩喷粉防治。视病情间隔5～7天1次。

4. 芹菜软腐病

【症　　状】苗期至成株期均可发病(图24-25)，主要发生于叶柄基部。叶柄基部先出现水浸状、淡褐色纺锤形或不规则形的凹陷斑，后迅速向内部发展，湿度大时，病部扩展成湿腐状，薄壁细胞组织解体，仅剩下维管束变黑发臭(图24-26至图24-29)。

图24-25　芹菜软腐病苗期发病症状

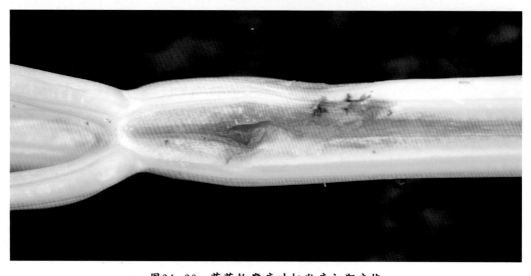

图24-26　芹菜软腐病叶柄发病初期症状

图24-27 芹菜软腐病叶柄发病后期症状

图24-28 芹菜软腐病整株发病初期症状

【病 原】*Erwinia carotovora* pv.*carotovora*称胡萝卜软腐欧氏杆菌胡萝卜软腐致病型，属细菌性病害。

【发生规律】病原细菌随病残体在土壤中或留种株或保护地的植株上越冬，借雨水或灌溉水、昆虫传播，从伤口侵入。芹菜成株期至采收期易感病。最适发病温度为25~32℃。上海及长江中下游地区主要发生在5—11月。春、夏、秋季温度高，多雨时发病重。连作地块、地势低易积水、基肥不足、秋季播种过早、种植密度过大、田间通透性差、水肥不均植株长势差，害虫多发病较重。

【防治方法】病田避免连作，可与麦类、水稻等作物轮作2~3年。选择地势平坦的地块种植，避免因早播造成的感病阶段与雨季相遇。注意种植密度，施足基肥，合理肥水管理；收获后清除田间病残体，精细翻耕整地，暴晒土壤，促进病残体分解。

种子处理。播种前可用3%中生菌素可湿性粉剂500倍液浸种30分钟，后用清水清洗催芽。

发病初期，可采用下列杀菌剂进行防治：

图24-29 芹菜软腐病整株发病后期症状

50％氯溴异氰尿酸可溶性粉剂1 500～2 000倍液；

12％松脂酸铜悬浮剂600～800倍液；

60％琥·乙膦铝可湿性粉剂500～700倍液；

77％氢氧化铜可湿性粉剂800～1 000倍液；

47％春雷·王铜可湿性粉剂700倍液；

对水喷雾，视病情间隔7～10天1次。

田间发病普遍时，可采用下列杀菌剂进行防治：

84％王铜水分散粒剂1 500～2 000倍液；

3％中生菌素可湿性粉剂500～800倍液；

20％噻唑锌悬浮剂300～500倍液+12％松脂酸铜悬浮剂600～800倍液；

20％噻菌铜悬浮剂1 000～1 500倍液；

50％氯溴异氰尿酸可溶性粉剂1 500～2 000倍液；

36％三氯异氰尿酸可湿性粉剂1 000～1 500倍液；

对水喷雾，视病情间隔7～10天1次。重点喷洒病株基部及地表，使药液流入菜心效果为好。

5．芹菜灰霉病

【症　　状】苗期发病，多从幼苗根茎部发病，呈水浸状坏死斑，表面密生灰色霉层。成株期发病，多从植株的心叶或下部有伤口的叶片、叶柄或枯黄衰弱外叶先发病，初为水浸状，后病部软化、腐烂或萎蔫，病部长出灰色霉层(图24-30至图24-33)。

图24-30　芹菜灰霉病叶片发病初期症状

图24-31 芹菜灰霉病叶片发病中期症状

图24-32 芹菜灰霉病叶片发病后期症状

图24-33 大叶芹灰霉病叶片发病症状

【病　　原】*Botrytis cinerea* 称灰葡萄孢，属无性型真菌。

【发生规律】以菌核在土壤中或以菌丝及分生孢子在病残体上越冬或越夏。翌春条件适宜时菌核萌发，产生菌丝体和分生孢子梗及分生孢子。借气流、雨水或露珠及农事操作进行传播，从伤口或衰老的器官及枯死的组织上侵入。发病适温为20～23℃，相对湿度持续90%以上的高湿条件易发病。保护地内河南从12月至翌年3月发病，浙江及长江中下游地区2—4月发病。早春低温寡照、阴雨天多；保护地内放风不及时、长期低温高湿、种植密度过大、植株徒长或长势过差、光照不足等发病重。

【防治方法】与非伞形花科蔬菜轮作2年以上。施足充分腐熟的有机肥，合理施肥浇水，促其生长健壮，增强抗病力。保护地栽培及时放风排湿，发现病株及时摘除病叶。

发病初期(图24-34)，可采用下列杀菌剂或配方进行防治：

图24-34　芹菜灰霉病发病初期症状

50%腐霉·百菌可湿性粉剂800～1 000倍液；

40%嘧霉·百菌可湿性粉剂800～1 000倍液；

50%多·福·乙可湿性粉剂800～1 000倍液+70%代森联水分散粒剂600～800倍液；

65%甲硫·霉威可湿性粉剂1 000～1 500倍液+70%代森锰锌可湿性粉剂600～800倍液；

50%多·乙可湿性粉剂800～1 000倍液+45%代森铵水剂300～500倍液；

30%福·嘧霉可湿性粉剂800～1 000倍液+75%百菌清可湿性粉剂600～800倍液；

对水喷雾，视病情间隔7～10天喷1次。

做好病情调查，发病普遍时(图24-35)，可采用下列杀菌剂进行防治：

图24-35　芹菜灰霉病发病普遍时

50%嘧菌环胺水分散粒剂1 000～1 500倍液+70%代森锰锌可湿性粉剂600～800倍液；

50%烟酰胺水分散粒剂1 000～1 500倍液+70%代森联水分散粒剂600～800倍液；

25%啶菌恶唑乳油1 000～2 000倍液+50%克菌丹可湿性粉剂400～600倍液；

50%腐霉利可湿性粉剂1 000～1 500倍液+75%百菌清可湿性粉剂600～800倍液；

50%异菌脲悬浮剂1 000～1 500倍液；

2%丙烷脒水剂1 000～1 500倍液+2.5%咯菌腈悬浮剂1 000～1 500倍液；

40%嘧霉胺悬浮剂1 000～1 500倍液+75%百菌清可湿性粉剂600～800倍液；

对水喷雾，视病情间隔5～7天喷1次。为防止产生抗药性提高防效，提倡轮换交替或复配使用。

保护地发病初期，采用10%腐霉利烟剂300～450g/亩、3%噻菌灵烟雾剂200～300g/亩、20%腐霉·百菌清烟剂200～300g/亩或15%百·异菌烟剂200～300g/亩。粉尘法于傍晚喷撒10%氟吗啉粉尘剂1kg/亩+5%百菌清粉尘剂1kg/亩，视病情间隔7～10天1次。也可采用1.5%福·异菌粉尘剂1～2kg/亩、26.5%甲硫·霉威粉尘剂1kg/亩或3.5%百菌清粉尘剂+10%腐霉利粉尘剂1～2kg/亩喷粉，视病情间隔7～10天1次。

6．芹菜病毒病

【症　　状】为系统性病害。全株发病，病叶表现为明脉和黄、绿、白相间的斑驳，并出现褐色枯死斑或病叶上出现黄色病斑，全株黄化。严重时，卷曲，植株矮化，心叶节间缩短，叶片皱缩畸形，扭曲甚至枯死(图24-36)。

图24-36 芹菜病毒病发病不同类型症状

【病　　原】主要由黄瓜花叶病毒Cucumber mosaic virus (CMV)和芹菜花叶病毒Celery mosaic virus (CeMV)侵染引起。

【发生规律】病毒在温室蔬菜、越冬芹菜及杂草等植株上越冬。病毒在田间主要通过蚜虫传播，也可通过农事操作传毒。发病适宜温度为20～35℃。浙江及长江中下游地区春季主要发生在5—6月和秋季10—11月。上海地区在5月中下旬至6月上中旬传播发病；下半年发病一般比上半年发病重。早春及秋季温度偏高、雨水少、蚜虫发生严重；地势低洼、常年连作地块、在生产中管理跟不上、经常缺水缺肥导致植株长势较弱，抗病能力降低，易诱发病害的发生。

【防治方法】采取轮作方法减少减轻病害的发生；基肥施足充分腐熟的有机肥；生长期间加强水肥管理，提高植株抗病力，以减轻为害。春季栽培时，采取早育苗，简易覆盖或棚室栽培，以提早收获，也可以采用防虫网覆盖栽培。高温干旱时期应搭棚遮阳。及时拔除田间病苗。

发现蚜虫及时防治，避免传播病毒。

在发病前至发病初期，可采用下列杀菌剂进行防治：

2%宁南霉素水剂200～400倍液；

20%盐酸吗啉胍可湿性粉剂600～800倍液；

20%盐酸吗啉胍·乙酸铜可湿性粉剂500～700倍液；

7.5%菌毒·吗啉胍水剂500～700倍液；

2.1%烷醇·硫酸铜可湿性粉剂500～700倍液；

3.85%三氮唑·铜·锌水乳剂600～800倍液；

3.95%三氮唑核苷·铜·烷醇·锌水剂500～800倍液；

25%吗胍·硫酸锌可溶性粉剂500～700倍液；

31%氮苷·吗啉胍可溶性粉剂600～800倍液；

1.05%氮苷·硫酸铜水剂300～500倍液；

对水喷雾，视病情间隔5～7天喷1次。

7．芹菜黑腐病

【症　　状】主要为害根茎部和叶柄基部，多在近地面处染病，有时也侵染根。染病后受害部位先变为灰褐色，扩展后变成暗绿色至黑褐色，后破裂露出皮下染病组织变黑腐烂，尤以根冠部易腐烂，叶下垂，呈枯萎状，腐烂处很少向上或向下扩展，病部生出许多小黑点，即病原菌的分生孢子器。严重的外叶腐烂脱落(图24-37和图24-38)。

图24-37　芹菜黑腐病发病症状

图24-38　芹菜黑腐病发病症状

【病　　原】*Phoma apiicola* 称芹菜生茎点霉，属无性型真菌。

【发生规律】主要以菌丝附在病残体或种子上越冬。翌年播种带病的种子，出苗后即猝倒枯死，病部产生分生孢子借风雨或灌溉水传播，孢子萌发后产生芽管从寄主表皮侵入进行再侵染。生产上移栽病苗易引起该病流行。病菌生长发育和分生孢子萌发温度为5～30℃，最适温度为16～18℃。连作地，播种带菌种子、种植密度大、氮肥施用过多造成植株生长过嫩、降低抗病能力等都容易发病。

【防治方法】与非伞形花科蔬菜轮作2～3年。开好排水沟，避免畦沟积水；合理施肥浇水，夏季采用遮阳网覆盖。

发病初期，可采用下列杀菌剂进行防治：

32.5%嘧菌酯·百菌清悬浮剂1 500～2 000倍液；

64%氢铜·福美锌可湿性粉剂1 000倍液；

60%琥铜·锌·乙铝可湿性粉剂600～800倍液+75%百菌清可湿性粉剂600～800倍液；

47%春雷霉素·王铜可湿性粉剂600～800倍液；

68.75%恶唑菌酮·锰锌水分散粒剂800倍液；

50%克菌丹可湿性粉剂400～600倍液；

对水喷雾，视病情间隔7～10天喷1次。

保护地内可用45%百菌清烟雾剂250g/亩，于傍晚关闭大棚进行熏烟。

8. 芹菜黄萎病

【症　　状】植株生长缓慢，逐渐黄化，叶片暗淡无光，严重时叶片与叶脉黄绿相间，剖开病茎维管束呈褐色，根系腐烂导致整株枯死(图24-39)。

图24-39　芹菜黄萎病维管束发病症状

【病　　原】*Verticillium albo-atrum* 称黑白轮枝孢，属无性型真菌。菌丝细长，初无色，有分隔，后膨胀变褐加粗。

【发生规律】病菌随病残体在土壤中成为翌年的初侵染源。翌年条件适宜时借风、雨、流水、人畜、农具传播发病，病菌从根部的伤口或直接从幼根表皮及根毛侵入，后在维管束内繁殖，并扩展到枝叶。

连作地块、地势低洼、低温持续时间长、施用未充分腐熟的有机肥，植株发病重。

【防治方法】与葱蒜类蔬菜或水稻轮作4年以上；定植田于前茬收获后进行高温闷棚处理。选择较平坦的地块种植；施用充分腐熟有机肥料，培育壮苗、适时定植，合理灌水及中耕。

土壤处理。定植时，每亩用50%多菌灵可湿性粉剂2kg+50%福美双可湿性粉剂2~3kg与50kg细干土混匀，进行定植穴内消毒。定植缓苗后用70%甲基硫菌灵可湿性粉剂500倍液+70%敌磺钠可溶性粉剂500倍液喷淋茎基部。

发病前至发病初期，可用下列杀菌剂或配方进行防治：

50%福美双可湿性粉剂500~600倍液+70%甲基硫菌灵可湿性粉剂800~1 000倍液；

80%多·福·锌可湿性粉剂800倍液；

50%苯菌灵可湿性粉剂1 000倍液+50%福美双可湿性粉剂500倍液；

20%二氯异氰尿酸钠可溶性粉剂400倍液；

灌根，每株灌对好的药液100ml，视病情间隔5~7天1次。

9．芹菜根结线虫病

【症　状】主要发生在根部，须根或侧根染病后产生瘤状大小不等的根结。解剖根结，病部组织里有很多细小的乳白色线虫埋于其内。地上部发病重时叶片中午萎蔫或逐渐枯黄，植株矮小，发病严重时，全田枯死(图24-40和图24-41)。

图24-40　芹菜根结线虫病发病初期症状

图24-41　芹菜根结线虫病发病后期症状

【病　　原】*Meloidogyne incognita* 称南方根结线虫，属动物界线虫门。

【发生规律】根结线虫多以2龄幼虫或卵随病残体遗留在土层5~30cm中，能够存活1~3年；条件适宜时，越冬卵孵化为幼虫，继续发育后侵入根部为害，刺激根部细胞增生，产生新的根结。在保护地生产中，长年种植单一蔬菜，会促使根结线虫成为优势种。田间发病的初始虫源主要是病土或病苗。南方根结线虫生存最适温度25~30℃，高于40℃、低于5℃都很少活动。常年连作地块、沙质土壤、雨水多发病重。

【防治方法】病田种植大葱、韭菜、辣椒等抗耐病菜类可减少损失，降低土壤中线虫量，减轻下茬受害。

提倡采用高温闷棚防治保护地根结线虫和土传病害。根结线虫通常在0~30cm的土壤中活动，可以在7月或8月采用高温闷棚进行土壤消毒，地表温度最高可达72.2℃，地温49℃以上，也可杀死土壤中的根结线虫和土传病害的病原菌。

土壤处理。用0.5%阿维菌素颗粒剂3~4kg/亩、或98%棉隆微粒剂2~5kg/亩。

在生长期发病，可用1.8%阿维菌素乳油2 000~3 000倍液灌根，每株灌250ml。

二、芹菜生理性病害

1.芹菜空心

【症　　状】从叶柄基部向上逐渐形成空心，空心部位呈白色棉絮状，木栓化组织增生(图24-42)，严重影响品质和产量。

图24-42　芹菜空心

【病　　因】沙土地发病多且重，生长期间经常缺肥缺水，温度不稳定忽高忽低，喷施赤霉素过量也易引起空心。

【防治方法】选择理化性质比较好的壤土栽培，施足充分腐熟的有机肥，生长期间适时适量浇水施肥；保护地栽培应注意温度变化不可忽高忽低；喷施赤霉素后，应加大肥水管理以满足植株生长需要。

2．芹菜心腐病

【症　　状】发病初期心叶枯焦褐变，发病严重时心枯死，高湿的条件下极易受细菌感染导致心叶腐烂(图24-43)。

【病　　因】土壤中缺钙；土壤中缺硼会导致植株对钙吸收困难；土壤中盐的浓度太大，在干燥的条件下氮肥施用过多都会影响植株对钙吸收。

【防治方法】在整地时多施钙肥，在生长期间可采用0.5％氯化钙进行叶面喷雾防治，注意水分的供应，避免出现过度干旱导致植株萎蔫。

3．芹菜低温冻害

【症　　状】早春栽培及秋季露地栽培生长后期均可能发生冻害，受害轻的叶片叶缘发白干枯，受害重的叶片像水烫过一样，瘫倒在地(图24-44至图24-46)。

图24-43　芹菜心腐病

图24-44　芹菜轻度低温冻害

图24-45　芹菜较重低温冻害

图24-46 芹菜低温冻害田间发生情况

【病　　因】生长期间遇连续低温，或突然降温，植株都会发生冻害。

【防治方法】合理配合施用氮、磷、钾肥，促进根系发育，增强抗寒力。中耕培土，疏松土壤，提高地温。秋季露地栽培遇温度突变可临时用秸秆、树叶、谷壳、草木灰覆盖。适期采收。入冬前喷施0.01%芸薹素内酯乳油6 000～8 000倍液，可以有效提高芹菜耐寒能力。

4. 芹菜先期抽薹

【症　　状】在芹菜生长前期，芹菜叶柄刚开始发育或开始发育而没有长成时抽薹开花(图24-47和图24-48)。

图24-47 芹菜先期抽薹

图24-48　芹菜先期抽薹

【病　　因】幼苗在2～3叶时遇到长期低温通过春化而抽薹。

【防治方法】选择耐低温能力比较强的品种栽培；育苗时应在温度能够人为调控的棚室进行育苗，苗期如遇连续低温天气应注意保温，避免幼苗通过春化。

第二十五章 菠菜病虫害防治新技术

　　菠菜具有很高的营养价值，富含 β-胡萝卜素、叶酸、叶黄素、B族维生素、维生素 K、维生素 E 和维生素 C，也含有丰富的钙、磷、钠、铁和钾等矿物质元素。新鲜叶片中还含有丰富的抗氧化剂，是吸收氧自由基能力最高的蔬菜之一。菠菜是营养比较全面的蔬菜种类之一，具有降脂、降糖、抗氧化、抗癌等作用，被列入健康饮食菜单。2016年全球60多个国家和地区菠菜总产量达2 669万t。中国是世界上第一大菠菜生产和消费国，栽培面积约为73万hm²，总产量约为2 448万t，占世界总产量的91%。我国菠菜各地均有栽培，主要产区在河北、浙江、山东、河南、湖北等地。栽培模式以露地栽培为主，其次是拱棚、日光温室等。

　　目前，国内发现的菠菜病虫害有30多种，其中病害10多种，主要有霜霉病、病毒病、根结线虫病等；生理性病害10多种，主要有先期抽薹等；虫害10余种，主要有潜叶蝇、蚜虫等。常年因病虫害发生为害造成的损失在10%～30%。

一、菠菜病害

1. 菠菜霜霉病

　　【症　　状】主要为害叶片。病斑从植株下部向上扩展。病斑初呈淡黄色，扩大后呈不规则形，边缘不明显，叶背病斑上产生灰白色霉层，后变灰紫色。发生严重时，病斑互相连结成片，后期变黄褐色枯斑。湿度大时变褐，腐烂，严重的整株叶片变黄枯死(图25-1至图25-4)。

图25-1　菠菜霜霉病苗期发病症状

图25-2　菠菜霜霉病叶片发病初期症状

图25-3　菠菜霜霉病叶片发病后期症状

图25-4　菠菜霜霉病田间发病症状

【病　　原】*Peronospora spinaciae* 称菠菜霜霉菌，属鞭毛菌亚门真菌(图25-5)。孢囊梗从气孔伸出，末端小梗短而尖，无色，主轴无隔。孢子囊卵形，顶生，无乳状凸，半透明，单胞。卵孢子球形，具厚膜，黄褐色。

【发生规律】以菌丝在越冬菜株上和种子上或以卵孢子在病残体内越冬。翌年春季条件适宜时产生分生孢子，借气流、雨水、农具、昆虫及农事操作传播蔓延，进行重复侵染。菠菜霜霉病发病最适生育时期是5片叶以上时；发病高峰期为春季3—4月和秋季9—12月；一般春季雨水较少较小发病轻，秋季雨水多且雨水重发病就重。常年连作地块，与其他常发霜霉病蔬菜邻作或连作；地势低洼、易积水、播种密度过大、田间郁闭、通透性差发病较重。

【防治方法】与茄果类等非绿叶菜类蔬菜轮作2～3年；施足充分腐熟的有机肥，适时播种，合理密植；适量浇水，雨后及时排水，降低田间湿度；铲除田间和地边杂草；收获后及时清除田间病残体。

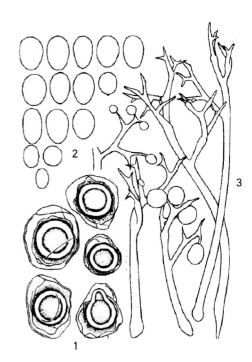

图25-5　菠菜霜霉病病菌
1.卵孢子；2.孢子囊；3.孢子囊梗

田间发现病情时及时进行防治，发病初期，可采用下列杀菌剂进行防治：

560g/L嘧菌·百菌清悬浮剂2 000～3 000倍液；

52.5%恶酮·霜脲氰水分散粒剂1 500～2 000倍液；

76%霜·代·乙膦铝可湿性粉剂800～1 000倍液；

70%丙森锌可湿性粉剂600～800倍液；

72%甲霜·百菌清可湿性粉剂600～800倍液；

对水喷雾，视病情间隔7～10天喷1次。

田间较多株发病时，应加强防治，可采用下列杀菌剂或配方进行防治：

722g/L霜霉威盐酸盐水剂90～120ml/亩；

250g/L吡唑醚菌酯乳油1 500～3 000倍液；

66.8%丙森·异丙菌胺可湿性粉剂600～800倍液；

84.51%霜霉威·乙膦酸盐可溶性水剂600～1 000倍液；

50%烯酰吗啉可湿性粉剂1 000～1 500倍液+75%百菌清可湿性粉剂600～800倍液；

440g/L双炔·百菌清悬浮剂600～1 000倍液；

68%精甲霜·锰锌水分散粒剂800～1 000倍液；

25%烯肟菌酯乳油2 000～3 000倍液+75%百菌清可湿性粉剂600～800倍液；

对水喷雾，视病情间隔5～7天喷1次。农药要交替施用，防止产生抗药性。

2．菠菜炭疽病

【症　　状】叶片发病初期产生浅黄色水浸状小斑点，后扩展成圆形至椭圆形、黄褐色至灰褐色，病斑周围有晕圈，中间常生有小黑点(图25-6)。

图25-6　菠菜炭疽病叶片发病症状

【病　　原】*Colletotrichum spinaciae* 称菠菜炭疽菌，属无性型真菌。

【发生规律】病菌主要以菌丝在病残组织上或黏附在种子表面越冬。翌年条件适宜时产生分生孢子借助气流、风雨传播为害。栽培地块地势较低洼，播种密度较大，雨水较多，雨后易积水，管理粗放，植株长势差发病重。

【防治方法】与其他蔬菜轮作2年以上。选择地势较平坦不易积水的地块栽培，加强肥水管理，促进植株生长，雨后及时排出田间积水；收获后及时清除田间病残体并集中带出田外销毁。

发病初期，可采用下列杀菌剂进行防治：

20%唑菌胺酯水分散粒剂1 000～1 500倍液+70%丙森锌可湿性粉剂600～800倍液；

20%苯醚·咪鲜胺微乳剂2 500～3 500倍液；

5%亚胺唑可湿性粉剂1 000倍液+75%百菌清可湿性粉剂600倍液；

40%多·福·溴菌腈可湿性粉剂800～1 000倍液；

25%咪鲜胺乳油1 000～1 500倍液+66%二氰蒽醌水分散粒剂1 500～2 500倍液；

70%甲硫·福美双可湿性粉剂800～1 000倍液；

对水喷雾，视病情间隔7～10天1次。

3．菠菜病毒病

【症　　状】苗期染病，在心叶上表现为明脉或黄绿相间的斑纹，后变为淡绿与浓绿相间的花叶状，严重时心叶扭曲，皱缩、萎缩，病苗矮小。成株期染病，多表现花叶或心叶萎缩，老叶提早枯死脱落或植株卷缩成球状(图25-7)。

图25-7　菠菜病毒病发病不同类型症状

【病　　　原】病原为黄瓜花叶病毒 Cucumber mosaic virus (CMV)，芜菁花叶病毒 Turnip mosaic virus (TuMV)，甜菜花叶病毒 Beet mosaic virus (BMV)。

【发生规律】病毒在菠菜及菜田杂草上越冬，种子也能带毒；由桃蚜、萝卜蚜、豆蚜、棉蚜等进行传播。发病盛期在3—5月和9—12月。在南方引起病毒病的毒源主要是芜菁花叶病毒，其次是黄瓜花叶病毒和甜菜花叶病毒。春秋干旱、邻作田块有瓜类或十字花科蔬菜的地块发病较重。早春温度偏高、蚜虫为害较重，春季播种的菠菜中后期发病重。秋季播种过早、管理粗放、缺肥缺水、氮肥施用过多造成植株徒长或旺长发病重。

【防治方法】最好不在周边种植有瓜类蔬菜和十字花科蔬菜的地块种植。施足充分腐熟的有机肥，适期播种，生长期间增施磷、钾肥，合理灌溉，增强寄主抗病力。春、秋干旱时注意多浇水，降低发病率。发现病株及时拔除。收获后栽培前彻底清除田间及周边杂草。

发现蚜虫，及时采用下列杀虫剂进行防治：

240g/L螺虫乙酯悬浮剂4 000～5 000倍液；

10%烯啶虫胺水剂3 000～5 000倍液；

10%氟啶虫酰胺水分散粒剂3 000～4 000倍液；

25%吡虫·仲丁威乳油2 000～3 000倍液；

25%噻虫嗪水分散粒剂6～8g/亩；

10%氯噻啉可湿性粉剂2 000倍液；

10%吡虫啉可湿性粉剂20～30g/亩；

4%氯氰·烟碱水乳剂2 000～3 000倍液；

发病前至发病初期，可采用下列药剂进行防治：

2%宁南霉素水剂200～400倍液；

20%盐酸吗啉胍可湿性粉剂600～800倍液；

20%盐酸吗啉胍·乙酸铜可湿性粉剂500～700倍液；

7.5%菌毒·吗啉胍水剂500～700倍液；

2.1%烷醇·硫酸铜可湿性粉剂500～700倍液；

1.5%硫铜·烷基·烷醇水乳剂1 000倍液；

3.95%三氮唑核苷·铜·烷醇·锌水剂500～800倍液；

25%吗胍·硫酸锌可溶性粉剂500～700倍液；

31%氮苷·吗啉胍可溶性粉剂600～800倍液；

3%三氮唑核苷水剂600～800倍液；

10%混合脂肪酸乳油100～200倍液；

对水喷雾，视病情间隔5～7天喷1次。

4．菠菜根结线虫病

【症　　状】发病轻时，地上部无明显症状。发病重时，拔起植株，细观根部，可见肉质根变小、畸形，其上有许多瘤状根结(图25-8)。地上部表现生长不良、矮小、黄化、萎蔫，似缺肥水或枯萎病症状，严重时植株枯死(图25-9)。

图25-8　菠菜根结线虫病根部发病症状

图25-9　菠菜根结线虫病地上部发病症状

【病　　　原】*Meloidogyne incognita* 称南方根结线虫，属动物界线虫门。病原线虫雌雄异形，幼虫细长蠕虫状。雄成虫线状，尾端稍圆，无色透明。雌成虫梨形，埋生于寄主组织内。

【发生规律】常以卵囊或2龄幼虫随病残体遗留在5～30cm土层中越冬，能够存活1～3年，翌年条件适宜时，越冬卵孵化为幼虫，继续发育并侵入寄主，刺激根部细胞增生，形成根结。田间发病的初始虫源主要是病土或病苗。南方根结线虫生存最适温度25～30℃，高于40℃、低于5℃都很少活动，55℃经10分钟致死。其为害沙土常较黏土重。连作地块、地势高燥、土壤质地疏松、盐分低的土壤适宜线虫活动，有利于发病。

【防治方法】与葱蒜类蔬菜轮作。根结线虫多分布在3～9cm表土层，深翻可减轻为害。病田彻底清除田间病残体，集中烧毁或深埋。

土壤处理。在播种前撒施0.5%阿维菌素颗粒剂3～4kg/亩或98%棉隆颗粒剂2～5kg/亩。

菠菜生长期间发生线虫，可用1.8%阿维菌素乳油1 000～2 000倍液灌根，并应加强田间管理。合理施肥或灌水以增强寄主抵抗力。

5．菠菜茎枯病

【症　　　状】主要为害茎部，发病初期在茎部产生梭形至不规则形灰色条斑，病斑边缘黑褐色，后期病斑上常产生黑色小点。发病严重时病斑绕茎一周，导致病部以上枯死(图25-10)。

图25-10　菠菜茎枯病发病症状

【病　　　原】*Phoma spinaciae* 称菠菜茎点霉，属无性型真菌。

【发生规律】病菌主要以菌丝体或分生孢子器随病残体在土壤中越冬。翌年条件适宜时产生分生孢子进行侵染为害。生长后期雨水较多发病较重。

【防治方法】加强肥水管理，促进植株生长，增强抗病能力，雨后及时排出田间积水，收获结束后及时清除田间病残体并集中带出田外销毁。

发病初期，可采用下列杀菌剂进行防治：

40%双胍三辛烷基苯磺酸盐可湿性粉剂3 000倍液+75%百菌清可湿性粉剂500倍液；

25%嘧菌酯悬浮剂1 000～2 000倍液；

77%氢氧化铜可湿性粉剂800~1 000倍液；

86.2%氧化亚铜可湿性粉剂2 000~2 500倍液；

20%喹菌铜水剂1 000~1 500倍液；

对水喷雾，视病情间隔7~10天1次。

6．菠菜心腐病

【症　　状】发病植株茎基部呈黄褐色，缢缩导致植株倒伏，湿度大时心叶坏死，发病严重时植株枯死腐烂(图25-11)。

图25-11　菠菜心腐病发病症状

【病　　原】*Phoma tabifica* 称甜菜茎点霉，属无性型真菌。

【发生规律】病菌主要菌丝体和分生孢子器随病残体在土壤中越冬。翌年条件适宜时产生分生孢子借风雨传播为害。地势低洼、种植密度大、雨水较多、雨后易积水、管理粗放、缺肥缺水、长势较差发病较重。

【防治方法】其他蔬菜轮作2年以上。选择地势较平坦不易积水的地块栽培，多雨年份适当减小播种密度，加强肥水管理促进植株健壮生长，雨后及时排出田间积水；收获结束后及时清出田间病残体并带出田外集中销毁。

发病初期，可采用下列杀菌剂进行防治：

50%异菌·福美双可湿性粉剂800~1 000倍液；

30%福·嘧霉可湿性粉剂800~1 000倍液+75%百菌清可湿性粉剂600~800倍液；

64%氢铜·福美锌可湿性粉剂600~800倍液；

50%多·福·乙可湿性粉剂800~1 000倍液+70%代森联水分散粒剂600~800倍液；

对水喷雾，视病情间隔7~10天1次。

7．菠菜猝倒病

【症　　状】发病初期在幼苗近地面处的茎基部或根茎部，产生黄色至黄褐色水浸状缢缩病斑，后导致幼苗倒伏死亡，一拔即断(图25-12)。

图25-12 菠菜猝倒病发病症状

【病　　　原】*Pythium aphanidermatum* 称瓜果腐霉，属卵菌门真菌。菌丝体生长繁茂，呈白色棉絮状；菌丝无色，无隔膜。孢子囊丝状或分枝裂瓣状，或呈不规则膨大。泡囊球形，内含6~26个游动孢子。藏卵器球形，雄器袋状至宽棍状，同丝或异丝生，多为1个。卵孢子球形，平滑。

【发生规律】病菌以卵孢子在12~18cm表土层越冬，并在土中长期存活。翌年春季条件适宜时萌发产生孢子囊，以游动孢子或直接长出芽管侵入寄主。适宜发病地温为10℃。幼苗子叶养分基本用完，新根尚未扎好之前是感病期。该病主要在幼苗1~2片真叶期发生。

【防治方法】与其他蔬菜轮作3年以上，有条件的可以采取水旱轮作。栽培地块选择地势较高、不易积水、疏松透气性好的地块，加强肥水管理促进植株生长；收获结束后及时清除田间病残体，并集中带出田外销毁，深翻土壤。

土壤处理。播种前可用50%福美·多菌可湿性粉剂0.5~1.0kg/亩、40%五氯硝基苯粉剂1.0kg/亩或50%福美双可湿性粉剂1.0~1.5kg/亩处理土壤。

发病初期，可采用下列杀菌剂进行防治：

18.7%烯酰·吡唑酯水分散粒剂2 000~3 000倍液；

69%烯酰·锰锌可湿性粉剂1 000~1 500倍液；

84.51%霜霉威·乙膦酸盐可溶性水剂600~1 000倍液；

66.8%丙森·异丙可湿性粉剂800~1 000倍液；

50%氟吗·锰锌可湿性粉剂500~1 000倍液；

72%丙森·膦酸铝可湿性粉剂800~1 000倍液；

3%恶霉·甲霜水剂600~800倍液+68.75%恶唑菌酮·锰锌水分散粒剂800~1 000倍液；

对水喷雾，视病情间隔5~7天喷1次。

二、菠菜虫害

1. 蚜虫

【为害特点】主要以成虫和若虫在叶片背面和嫩茎上吸食汁液，分泌蜜露。造成叶片卷缩，生长停滞(图25-13)。

【形态特征】参见黄瓜虫害—蚜虫。

【发生规律】华北地区每年发生10多代，长江流域20~30代。在具备蚜虫繁殖的温度条件下，南方北方均可周年发生。蚜虫对黄色有较强的趋性，对银灰色有忌避习性。

【防治方法】防治应以农业防治为基础，加强栽培管理，培育出"无虫苗"为主要措施，合理使用化学农药，积极开展物理防治。

发现蚜虫为害时，可采用下列杀虫剂进行防治：

5%啶虫脒乳油30~50ml/亩；

10%吡虫啉可湿性粉剂1 500~2 000倍液；

50%抗蚜威可湿性粉剂1 000~2 000倍液；

25%噻虫嗪可湿性粉剂2 000~3 000倍液；

50%吡蚜铜可湿性粉剂6~10g/亩；

对水喷雾，视虫情间隔7~15天1次。

图25-13　蚜虫为害菠菜

2. 菠菜潜叶蝇

【分　　布】菠菜潜叶蝇(*Pegomya exilis*)，属双翅目花蝇科。主要发生在北方，长江以南发生为害较少。

【为害特点】主要以幼虫钻入叶片组织内，取食叶肉，残留上、下表皮，出现半透明的泡状隧道，透过表皮可见里面的幼虫及虫粪(图25-14)。

图25-14　菠菜潜叶蝇田间为害状

【形态特征】成虫为蝇子，头半圆形。雌虫额带宽，黄褐色，腹部较粗，单眼黄色。雄虫额带狭，暗褐色，单眼鲜红色(图25-15)。雌雄虫前翅均黄褐色，其上有各色闪光，翅脉黄色。足的腿节和胫节黄色，跗黑色。卵长椭圆形，白色，表面有不规则纹。幼虫，老熟时全体白色或黄白色，多皱纹(图25-16)。蛹为伪蛹，红褐色或黑褐色(图25-17)。

图25-15　菠菜潜叶蝇成虫

图25-16　菠菜潜叶蝇幼虫

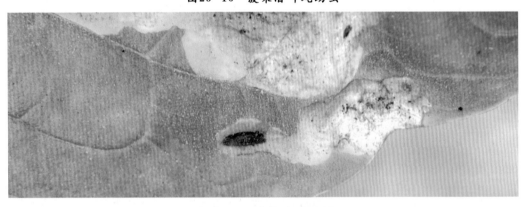

图25-17　菠菜潜叶蝇蛹

【发生规律】在华北地区每年可发生3～4代，主要以蛹在土壤中越冬。翌年5月中下旬越冬代成虫开始羽化产卵，幼虫孵化后很快钻入叶内为害，6月上中旬是为害盛期。幼虫老熟后脱离叶片入土化蛹，7—9月是第2～3代幼虫期。全年以春季第一代幼虫为害严重。

大面积连片种植菠菜，温暖潮湿的年份发生较重。

【防治方法】避免大面积种植菠菜，加强肥水管理，雨后及时排出田间积水；收获结束后及时清除田间病残体并集中带出田外销毁。

发现有虫为害，可采用下列药剂进行防治：

5%阿维·高氯可湿性粉剂2 000～3 000倍液；

15%高氯·毒死蜱乳油2 000～3 000倍液；

4.5%高效氯氰菊酯乳油2 000倍液+0.5%甲氨基阿维菌素苯甲酸盐微乳剂2 000～3 000倍液；

对水喷雾，视虫情间隔7～10天1次。

3．蛴 螬

【分布为害】蛴螬，属鞘翅目金龟甲总科。分布于全国各地。幼虫主要咬断植株根茎造成植株死亡，常造成田间断垄(图25-18)。

图25-18　蛴螬为害菠菜根部症状

【形态特征】见农作物卷。

【发生规律】一般1年发生1～2代，或2～3年发生1代。蛴螬共3龄，1～2龄期较短，3龄期最长。蛴螬终生栖居土中。在一年中活动最适的土温平均为13～18℃，高于23℃，逐渐向深土层转移，至秋季土温下降后再移向土壤上层。因此蛴螬在春秋两季为害最为严重。

【防治方法】土壤处理。用50%辛硫磷乳油200～250g/亩拌成毒土，或用5%二嗪磷颗粒剂2.5～3kg/亩顺垄条施或混入有机肥结合整地施入。

生长期发现为害时，可采用下列杀虫剂进行防治：

50%辛硫磷乳油1 000～2 000倍液；

1.8%阿维菌素乳油2 000～3 000倍液；

对水灌根。

第二十六章 莴苣病虫害防治新技术

莴苣又称生菜，属菊科，一年生或二年生蔬菜。原产欧洲地中海沿岸，由野生种经人类长期栽培驯化，茎叶上的毛刺消失，引起苦味的莴苣素减少。莴苣是历史悠久的一种蔬菜。全国播种面积在20万hm^2左右，总产量在503.7万t。莴苣喜欢凉爽气候，东北、内蒙古、青海等高寒地区为春播夏收；西南山区、华北平原、江淮之间为春播夏收或秋播冬收；长江以南各地秋冬播春收或秋播冬收。由于目前保护设施的大力发展，冬季利用日光温室、春季利用大棚中拱棚、夏季利用遮阳网栽培，使莴苣的播种期已经没有严格的界限，与露地生产相配合，使莴苣可以达到周年供应。我国莴苣各地均有栽培，主要产区分布在江苏、浙江、福建、山东、河南、湖北等地。主要栽培模式有日光温室栽培、大小拱棚栽培、露地栽培等。

目前，国内发现的莴苣病害有20多种，主要有菌核病、灰霉病、霜霉病。常年因病害发生为害造成的损失在15%～30%。

一、莴苣病害

1. 莴苣菌核病

【分布为害】菌核病是保护地莴苣十分重要的病害，该病为冬春季莴苣损失最为严重的病害，全生育期均可发生，以包心后发病最重。一般发病率10%～30%，严重棚室发病率可达80%以上，直接引起植株腐烂或坏死，对产量影响极大(图26-1)。

图26-1 莴苣菌核病田间发病症状

【症　　状】主要为害茎根部，最初病部为黄褐色水渍状，逐渐扩展至整个根茎部发病，使其腐烂或沿叶帮向上发展引起烂帮和烂叶，最后植株萎蔫死亡。保护地内湿度偏高时病部产生浓密絮状菌丝团，后期转变成黑色鼠粪状菌核(图26-2至图26-4)。

图26-2　莴苣菌核病茎基部发病初期症状

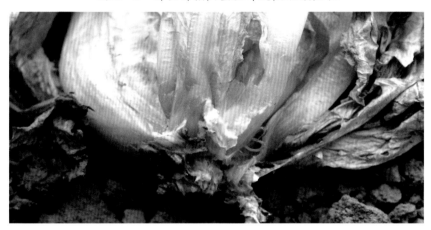

图26-3　莴苣菌核病茎基部发病中期症状

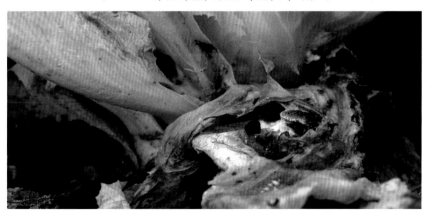

图26-4　莴苣菌核病茎基部发病后期症状

【病　　原】*Sclerotinia sclerotiorum* 称核盘菌，属子囊菌门真菌。菌核初为白色，后表面变黑，由菌丝扭集形成。菌核在适宜条件下萌发产生浅褐色子囊盘。子囊盘杯状或盘状，成熟后变成暗红色，盘中产生许多子囊和侧丝，子囊内的子囊孢子呈椭圆形，单胞，子囊无色，棍棒状，内生8个无色子囊孢子。子囊孢子椭圆形，单细胞。

【发生规律】以菌核和病残体遗留在土壤中越冬。北方地区3—4月气温回升到5~20℃，只要土壤湿润，菌核就萌发产生子囊盘和子囊孢子引起初侵染。菌核形成和萌发的适宜温度分别为20℃和10℃左右，土壤湿润时发病重。空气相对湿度达85%以上病害发生重。上海及长江中下游地区菌核病主要发生在3—6月和9—11月；成株期发病最重。连作地块、地势低洼、种植密度过大、田间通透性差、雨水较多、雨后田间易积水、保护地内放风不及时、湿度过大、偏施氮肥徒长或旺长易发病。

【防治方法】轮作倒茬。合理种植，合理配合施用氮、磷、钾肥，雨后及时排出田间积水，保护地适时放风排湿，促进植株生长。收获后彻底清除病残落叶，进行50~60cm深翻，将菌核埋入土壤深层，使其不能萌发或子囊盘不能出土。

田间发现病情，及时采用下列杀菌剂进行防治：

50%乙烯菌核利可湿性粉剂600~800倍液+70%代森锰锌可湿性粉剂600~800倍液；

50%异菌脲悬浮剂800~1 000倍液+40%多菌灵可湿性粉剂800~1 000倍液；

40%菌核净可湿性粉剂600~800倍液+50%克菌丹可湿性粉剂400~600倍液；

50%腐霉·多菌可湿性粉剂1 000倍液+68.75%恶酮·锰锌水分散粒剂1 000倍液；

50%腐霉利可湿性粉剂1 500倍液+36%三氯异氰尿酸可湿性粉剂800倍液；

50%多·菌核可湿性粉剂600~800倍液+50%敌菌灵可湿性粉剂500倍液；

30%异菌脲·环己锌乳油900~1 200倍液；

均匀茎叶喷雾，视病情间隔7~10天1次。

保护地栽培，可采用10%百·腐烟剂250~300g/亩或10%腐霉利烟剂250~300g/亩熏一夜。

2. 莴苣褐斑病

【分布为害】莴苣褐斑病分布较广，多在秋季露地发生，春季和保护地也偶有发病。一般病株率在10%左右，重病地块发病率可达30%左右，在一定程度上影响莴苣的产量与质量。

【症　　状】叶斑表现两种症状：一种是初呈水浸状，后逐渐扩大为圆形至不规则形、褐色至暗灰色中间白色病斑，易穿孔；另一种是深褐色病斑，边缘不规则，外围具水浸状晕圈。潮湿时斑面上生暗灰色霉状物，严重时病斑互相融合，致叶片变褐干枯(图26-5)。

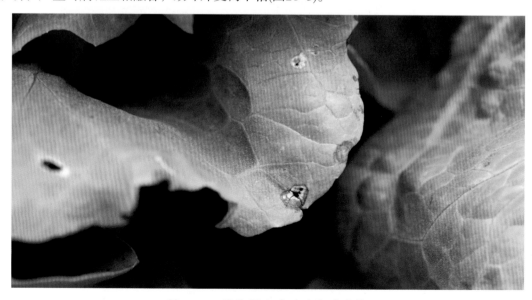

图26-5　莴苣褐斑病叶片发病症状

【病　　原】*Cercospra longissima* 称莴苣褐斑尾孢，属无性型真菌。病菌子实体散生于叶片两面，子座不发达，由几个褐色细胞组成。分生孢子梗多散生，少数几根至十多根束生，棕褐色，顶端色较浅，也较狭，不分枝，近截形，具0～4个膝状节，孢痕明显，具1～6个隔膜。分生孢子针状或倒棍棒形，无色，直或弯，基部平截，顶端渐细，具3～19个隔膜。

【发生规律】病菌以菌丝体和分生孢子在病残体上越冬。条件适宜时以分生孢子进行初次侵染，借气流和雨水溅射传播蔓延。温暖潮湿适宜发病，秋季多雨、多露或多雾均有利于发病。植株生长衰弱、缺肥或偏施氮肥、生长过旺等，病害发生较重。

【防治方法】重病地块实行与非菊科蔬菜轮作。注意田间卫生，结合采摘叶片收集病残体携出田外销毁。在栽培田周围挖排水沟，避免田间积水。合理配方施肥，避免偏施氮肥，使植株健壮生长，增强抵抗力。

田间发现病情及时进行防治，发病初期，可采用下列杀菌剂进行防治：

77％氢氧化铜可湿性粉剂800～1 000倍液；

25％嘧菌酯悬浮剂1 500～2 000倍液；

50％异菌脲可湿性粉剂1 000～1 500倍液；

50％腐霉利可湿性粉剂1 000～1 500倍液+75％百菌清可湿性粉剂600～800倍液；

50％咪鲜胺锰盐可湿性粉剂1 000～2 000倍液；

均匀喷雾，视病情间隔7～10天喷药1次。

保护地选用5％百菌清粉尘剂1kg/亩或5％春雷·王铜粉尘剂1kg/亩喷粉；也可采用10％腐霉利烟剂300～450g/亩、或15％多·腐烟剂300～400g/亩、15％百·异菌烟剂200～300g/亩，傍晚熏烟，视病情间隔7～10天1次。

3. 莴苣灰霉病

【症　　状】苗期发病时受害茎、叶呈水浸状腐烂。成株发病，一般从近地面的叶片开始，初呈水浸状，不规则形病斑，后扩大而呈褐色。病叶基部呈红褐色，形状、大小不等。茎基部被害状与叶柄基部相似，严重时，从基部向上溃烂，地上部茎叶凋萎，整株死亡。潮湿环境下，病部生出灰褐或灰绿色霉层(图26-6和图26-7)。天气干燥，病株逐渐干枯死亡，霉层由白变灰变绿。

图26-6　莴苣灰霉病叶片发病症状

图26-7　结球莴苣灰霉病发病症状

【病　　原】*Botrytis cinerea* 称灰葡萄孢霉，属无性型真菌。病菌分生孢子梗单生或丛生，浅褐色，有隔膜，基部略膨大，顶端具1~2次分枝，分枝顶端产生小柄，其上着生大量分生孢子。分生孢子圆形至椭圆形，单细胞，近无色。

【发生规律】病菌以菌核或分生孢子在病残体或土壤内越冬。主要通过气流传播，也可通过不腐熟的沤肥或浇水扩散。上海及长江中下游地区主要发生在3—7月和9—11月。植株叶面有水滴，植株有伤口、衰弱易染病，特别是春末夏初受较高温度影响或早春受低温侵袭后，植株生长衰弱，特别是相对湿度达94%以上、保护地栽培放风不及时、通风换气不良、种植密度过大、缺肥缺水、经常大水漫灌发病重。

【防治方法】选用健康株留种。加强管理，增加通风，尽量降低空气湿度。一旦发现病株、病叶，小心地清除，带出棚外销毁。合理施肥浇水，保护地栽培及时放风排湿，小水勤浇，不可经常大水漫灌。

发病初期及时施药防治，可采用下列杀菌剂进行防治：

50%烟酰胺水分散粒剂1 000~1 500倍液+70%代森联水分散粒剂600~800倍液；

50%嘧菌环胺水分散粒剂1 500倍液+70%代森锰锌可湿性粉剂600~800倍液；

50%腐霉·多菌灵可湿性粉剂800~1 000倍液+75%百菌清可湿性粉剂600~800倍液；

30%福·嘧霉可湿性粉剂800~1 000倍液+50%克菌丹可湿性粉剂400~600倍液；

26%嘧胺·乙霉威水分散粒剂1 500~2 000倍液；

50%异菌脲悬浮剂1 000~1 500倍液；

30%异菌脲·环己锌乳油900~1 200倍液；

50%多·福·乙可湿性粉剂800~1 000倍液+70%代森联水分散粒剂600~800倍液；

65%甲硫·霉威可湿性粉剂1 000~1 500倍液+70%代森锰锌可湿性粉剂600~800倍液；

均匀喷雾，视病情间隔7~10天喷1次。

保护地栽培，可用20%腐霉·百菌清烟剂200~300g/亩、25%甲硫·菌核净烟剂200~300g/亩、15%百·异菌烟剂200~300g/亩或15%多·腐烟剂300~400g/亩，傍晚熏烟，间隔7~10天1次。

4．莴苣霜霉病

【症　　状】幼苗、成株均可发病，以成株受害重，主要为害叶片。病情由植株下部叶片向上蔓延，最初叶上生淡黄色近圆形或多角形病斑。潮湿时，叶背病斑长出白霉，有时白霉会蔓延到叶片正面，后期病斑枯死变为黄褐色并连接成片，致全叶干枯(图26-8至图26-10)。

图26-8　莴苣霜霉病叶片发病症状　　图26-9　莴苣霜霉病叶背发病症状

图26-10　结球莴苣霜霉病叶片发病症状

【病　　原】*Bremia lactucae* 称莴苣盘梗霉，属卵菌门真菌。孢囊梗自气孔伸出，单生或2~6根束生，无色，个别有分隔，主干基部稍膨大，4~6次二杈对称分枝，主干和分枝呈锐角，孢囊梗顶端分枝扩展成小碟状。孢子囊卵形至椭圆形，无色，无乳状凸起。

【发生规律】病菌以菌丝体在种子内或以卵孢子随病残体在土壤中越冬，借风雨或昆虫传播，病菌从莴苣表皮或气孔侵入。上海及长江中下游地区主要发生在3—5月和9—11月。田间种植过密、定植后浇水过早和过大、田间积水、空气湿度高、夜间结露时间长或春末夏初或秋季连续阴雨，病害发生严重。连作地块、地势低洼、雨后易积水、种植密度过大、田间通透性差、氮肥施用过多、徒长或旺长降低了植株的抗病性，都容易发病。

【防治方法】轮作倒茬；选择地势较高不易积水的地块栽培；采用高畦、高垄地膜覆盖栽培，适当稀植，浇小水，严禁大水漫灌，雨后及时排水，保护地雨天注意防漏，有条件的地区采用滴灌栽培技术可较好地控制病害。收获后和种植前彻底清除病残落叶集中妥善处理，沤肥必须经过高温发酵灭菌。

田间发现病情后及时施药防治，发病初期，可采用下列杀菌剂进行防治：

25%吡唑醚菌酯悬浮剂30～40g/亩；

80%烯酰吗啉水分散粒剂25～35g/亩；

440g/L双炔·百菌清悬浮剂600～1 000倍液；

57%烯酰·丙森锌水分散粒剂2 000～3 000倍液；

66.8%丙森·异丙可湿性粉剂800～1 000倍液；

18.7%烯酰·吡唑酯水分散粒剂2 000～3 000倍液；

20%氟吗啉可湿性粉剂600～800倍液+70%代森锰锌可湿性粉剂600～800倍液；

52.5%恶酮·霜脲氰水分散粒剂1 500～2 000倍液；

76%霜·代·乙膦铝可湿性粉剂800～1 000倍液；

72%甲霜·百菌清可湿性粉剂600～800倍液；

70%丙森锌可湿性粉剂600～800倍液；

均匀喷雾，视病情间隔7～10天喷1次。

5. 莴苣软腐病

【症　　状】常在结球莴苣生长中后期或结球期开始发生，多从植株基部伤口处开始侵染，初呈水浸半透明状，以后病部扩大成不规则形，水渍状，充满浅灰褐色黏稠物，并释放出恶臭气味，随病情发展病害沿基部向上快速扩展，使菜球腐烂(图26-11和图26-12)。有时病菌也从外叶叶缘和叶球的顶部开始侵染，引起腐烂。

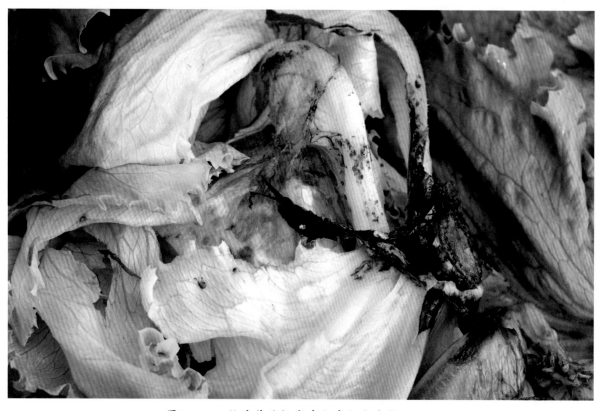

图26-11　结球莴苣软腐病发病初期症状

图26-12 莴苣软腐病发病后期症状

【病　　原】*Erwinia carotovora* pv. *carotovora* 称胡萝卜欧氏杆菌胡萝卜软腐致病变亚种，属细菌。病菌菌体杆状，两端钝圆，2~5根周生鞭毛。

【发生规律】病菌随病残体留在土中越冬，通过雨水、灌溉水、肥料、土壤、昆虫等多种途径传播，从伤口侵入。多雨条件下易发病。连作田、土质黏重、低洼易积水、施用未腐熟的肥料、肥水不足、植株长势较弱；高温多雨发病重。

【防治方法】重病田应与禾本科作物实行2~3年轮作。及早翻耕整地，适期播种，使感病期避开高温和雨季。严禁大水漫灌，病害流行期应控制浇水。避免施用未腐熟的有机肥。发现病株拔除深埋或烧毁，收获后彻底清除田间病残体，并随之深翻土壤。

田间发现病情后及时施药防治，发病前至发病初期，可采用下列杀菌剂进行防治：

84%王铜水分散粒剂1 500~2 000倍液；

20%噻唑锌悬浮剂600~800倍液；

3%中生菌素可湿性粉剂600~800倍液；

30%琥胶肥酸铜可湿性粉剂600~800倍液；

36%三氯异氰尿酸可湿性粉剂1 000~1 500倍液；

47%春雷·王铜可湿性粉剂700~1 000倍液；

86.2%氧化亚铜可湿性粉剂2 000~2 500倍液；

20%喹菌铜水剂1 000~1 500倍液；

均匀喷雾，视病情间隔5~7天喷1次。

6. 莴苣锈病

【症　　状】在叶片上形成浅黄色至橘红色的孢子器，叶背产生隆起的小疱，表皮破裂后散出黑色粉末，导致叶片枯黄死亡(图26-13)。

图26-13 莴苣锈病叶片发病症状

【病　　　原】*Puccinia minussensis* 称柄锈菌，属担子菌亚门真菌。

【发生规律】以冬孢子在病残体上越冬，温暖地区以夏孢子越冬。翌春冬孢子萌发时产生担子和担孢子，借气流传播，从叶片气孔直接侵入。

【防治方法】适当密植，雨后及时排出田间积水；收获后及时清除田间病残体。

田间发现病情后及时施药防治，发病前，可采用以下杀菌剂进行防治：

20%唑菌胺酯水分散粒剂1 000~2 000倍液；

6%氯苯嘧啶醇可湿性粉剂2 000~3 000倍液+75%百菌清可湿性粉剂600倍液；

30%氟菌唑可湿性粉剂2 000~3 000倍液+70%代森锰锌可湿性粉剂600~800倍液；

24%腈苯唑悬浮剂2 000~3 000倍液+68.75%恶唑菌酮·锰锌水分散粒剂800倍液；

25%啶氧菌酯悬浮剂1 500~2 500倍液+75%百菌清可湿性粉剂600~800倍液；

40%醚菌酯悬浮剂3 000~4 000倍液；

20%硅唑·咪鲜胺水乳剂2 000~3 000倍液；

均匀喷雾，视病情间隔7~10天1次。

二、莴苣虫害

蚜　虫

【分　　　布】莴苣指管蚜(*Dactynotus formosanus*)属同翅目蚜科。主要分布在华东、华南、华北等地。

【为害特点】主要以成蚜、若蚜群集在心叶、叶背刺吸取食，致使叶片畸形扭曲(图26-14)。

图26-14　莴苣指管蚜为害莴苣

【形态特征】无翅胎生雌蚜体表光滑，红褐色至紫红色。触角第3节具凸起的次生感觉圈。腹部毛基斑黑色。腹管前后有大型黑色斑。腹管长管状，黑色；尾片长锥形。有翅胎生雄蚜体色与无翅胎生雌蚜相似。头部黑色，胸部黑色，腹部色较淡。

【发生规律】在北方每年发生10～20代，主要以卵在杂草上越冬。早春条件适宜时卵孵化成干母，在春季至秋季发生，有翅和无翅胎生雌蚜进行传播和大量繁殖，群集在嫩梢、心叶、花序和叶背栖息、取食。4月中旬、9月下旬为发生为害高峰期。10月下旬发生有翅雄蚜和雌性蚜，交尾后产卵越冬。

【防治方法】栽培前彻底清除田间地头杂草，加强肥水管理，收获后及时清除田间病残体并集中带出田外销毁。

发现有虫为害，及时用下列杀虫剂进行防治：

240g/L螺虫乙酯悬浮剂4 000～5 000倍液；

10%烯啶虫胺水剂3 000～5 000倍液；

10%氟啶虫酰胺水分散粒剂3 000～4 000倍液；

10%吡虫啉可湿性粉剂1 500～2 000倍液；

25%吡虫·仲丁威乳油2 000～3 000倍液；

5%氯氰·吡虫啉乳油2 000～3 000倍液；

22%噻虫·高氯氟悬浮剂2 000～3 000倍液；

对水喷雾，视虫情间隔7～10天1次。

第二十七章　花叶莴苣病害防治新技术

花叶莴苣属菊科，一、二年生草本植物。原产于亚洲西部和地中海沿岸，现全国各地均有栽培。目前，国内发现的花叶莴苣病害有10多种，主要有褐腐病、菌核病、软腐病等。

1. 花叶莴苣褐腐病

【症　　状】主要为害根、茎及近地面的叶柄。常导致根系腐烂，造成地上部植株萎蔫；根茎及近地面叶柄发病，初期呈水浸状，后逐渐扩大，导致整个叶片腐烂，湿度大时病部可见稀疏白色菌丝(图27-1)。

图27-1　花叶莴苣褐腐病发病症状

【病　　原】*Rhizoctonia solani* 称立枯丝核菌，属无性型真菌。菌丝发达褐色，分枝与母枝成锐角，分枝处缢缩，离此不远可见隔膜，以菌丝与基质相连，褐色。

【发生规律】病菌主要以菌丝体或菌核在土壤中越冬。翌年条件适宜时菌丝能直接侵入寄主为害。地势低洼、土质黏重、雨水较多、雨后易积水。

【防治方法】选择地势较平坦疏松透气性好的地块栽培。雨后及时排出田间积水，保护地栽培及时放风排湿；收获结束后及时清出田间病残体并集中带出田外销毁。

发病初期，可采用下列杀菌剂进行防治：

30%苯醚甲·丙环乳油3 000~3 500倍液；

40%多·福·溴菌可湿性粉剂800~1 500倍液；

70%恶霉灵可湿性粉剂2 000~3 000倍液+68.75%恶唑菌酮·锰锌水分散粒剂800~1 000倍液；

20%甲基立枯磷乳油800~1 000倍液+70%敌磺钠可溶性粉剂800倍液；

5%丙烯酸·恶霉·甲霜水剂800~1 000倍液；

对水喷雾，视病情间隔7~10天喷1次。

2．花叶莴苣菌核病

【症　　状】主要为害叶片，新叶呈水浸状，后向叶柄处扩展，湿度大时整个新叶湿腐，病部产生白色菌丝后变为黑色菌核(图27-2)。

图27-2　花叶莴苣菌核病症状

【病　　原】*Sclerotinia sclerotiorum* 称核盘菌，属子囊菌门真菌。菌核初为白色，后表面变黑，由菌丝扭集形成。菌核在适宜条件下萌发产生浅褐色子囊盘。子囊盘杯状或盘状，成熟后变成暗红色，盘中产生许多子囊和侧丝，子囊内的子囊孢子呈椭圆形，单胞，子囊无色，棍棒状，内生8个无色子囊孢子。子囊孢子椭圆形，单细胞。

【发生规律】病菌主要以菌核随病残体在土壤中越冬。翌年条件适宜时菌核萌发产生子囊盘和子囊孢子侵染为害。连作地块、地势低洼、种植密度过大、田间通透性差、雨水较多、雨后田间易积水、保护地内放风不及时发病较重。

【防治方法】与其他蔬菜轮作3年以上。选择地势较平坦疏松透气的地块栽培。施足充分腐熟的有机肥，加强肥水管理，合理配合施用氮、磷、钾肥，雨后及时排出田间积水，保护地适时放风排湿；收获后彻底清除田间病残体并集中带出田外销毁，深翻土壤。

发病初期，可采用下列杀菌剂进行防治：

50%乙烯菌核利干悬浮剂800倍液+75%百菌清可湿性粉剂500~1 000倍液；

50%腐霉利可湿性粉剂1 000倍液+70%代森联水分散粒剂600~800倍液；

40%菌核净可湿性粉剂600倍液+75%百菌清可湿性粉剂500~800倍液；

20%甲基立枯磷乳油800倍液+70%代森锰锌可湿性粉剂600~800倍液；

66%甲硫·霉威可湿性粉剂1 000倍液+70%代森联水分散粒剂600~800倍液；

对水喷雾，视病情间隔7~10天1次。

保护地栽培，可采用10%百·腐烟剂250~300g/亩或10%腐霉利烟剂250~300g/亩熏烟。

3. 花叶莴苣软腐病

【症　　状】常在生长中后期发生，多从植株基部伤口处开始侵染，发病初期呈水浸状半透明，后逐渐向茎部扩展，导致整个叶片腐烂，具有臭味，发病严重时致使植株萎蔫枯死（图27-3）。

图27-3　花叶莴苣软腐病发病症状

【病　　原】*Erwinia carotovora* subsp. *carotovora* 称欧氏杆菌胡萝卜软腐亚种，属细菌。病菌菌体杆状，两端钝圆，2~5根周生鞭毛。

【发生规律】病菌主要随病残体在土壤中越冬，翌年条件适宜时通过雨水、灌溉水、肥料、土壤、昆虫等传播，从伤口侵入。连作地块、地势低洼、土质黏重、雨后易积水、施用未腐熟的肥料、管理粗放、植株长势差发病重。

【防治方法】与禾本科作物轮作3年以上。选择地势较平坦，疏松透气性好的地块栽培，施用充分腐熟的有机肥，加强肥水管理，促进植株生长，雨后及时排出田间积水；收获后彻底清除田间病残体并集中带出田外销毁。

发病前至发病初期，可采用下列杀菌剂进行防治：

84%王铜水分散粒剂1 500~2 000倍液；

20%噻唑锌悬浮剂600~800倍液；

3%中生菌素可湿性粉剂600~800倍液；

30%琥胶肥酸铜可湿性粉剂600~800倍液；

20%喹菌铜水剂1 000~1 500倍液；

对水喷雾，视病情间隔5~7天1次。

第二十八章　长叶莴苣病害防治新技术

　　长叶莴苣又称油麦菜，属菊科，原产地中海沿岸。全国播种面积20.3万hm²左右，总产量在526.8万t。我国长叶莴苣各地均有栽培，主要产区在河北、江苏、山东、河南、湖北等地。主要栽培模式有露地栽培、大小拱棚栽培、日光温室栽培等。

　　目前，国内发现的长叶莴苣病害有20多种，主要有霜霉病、病毒病、根结线虫病等。常年因病害发生为害造成的损失在20%~40%。

1. 长叶莴苣霜霉病

　　【分布为害】霜霉病多在春季和秋季发生，以春末和秋季发生最普遍，南方露地种植亦普遍发生，常造成一定程度为害，病害严重时损失可达20%~40%。

　　【症　　状】幼苗、成株均可发病，以成株受害重，主要为害叶片。病情由植株下部叶片向上蔓延，最初叶上生淡黄色近圆形或多角形病斑。潮湿时，叶背病斑长出白霉，有时白霉会蔓延到叶片正面，后期病斑枯死变为黄褐色并连接成片，致全叶干枯(图28-1至图28-5)。

图28-1　长叶莴苣霜霉病叶片发病初期症状

图28-2 长叶莴苣霜霉病叶片发病中期症状

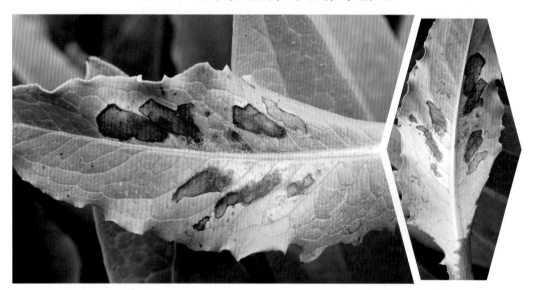

图28-3 长叶莴苣霜霉病叶片发病后期症状

图28-4 长叶莴苣霜霉病发病严重时叶片正面产生白色霉层

图28-5　长叶莴苣霜霉病田间发病症状

【病　　原】*Bremia lactucae* 称莴苣盘梗霉，属卵菌门真菌。病菌孢囊梗自气孔伸出，单生或2～6根束生，无色，个别有分隔，主干基部稍膨大，4～6次二权对称分枝，主干和分枝呈锐角，孢囊梗顶端分枝扩展成小碟状，边缘长出3～5根小梗，每一小梗上着生一个孢子囊。孢子囊卵形至椭圆形，无色，无乳状凸起。

【发生规律】病菌在北方以菌丝体在种子内或秋播长叶莴苣上，也有以卵孢子随病残体在土壤中越冬，在南方气温高的地区病菌无明显越冬现象，翌年条件适宜时产出孢子囊，借风雨或昆虫传播。地势低洼、土质黏重、种植密度过大、田间通透性差、经常大水漫灌、田间管理粗放、偏施氮肥、植株徒长、夜间结露时间长或春末夏初或秋季连续阴雨均可发病。

【防治方法】选择土质较好的地块进行栽培；采用高畦、高垄或地膜覆盖栽培，适当稀植，勤浇小水，严禁大水漫灌，雨后及时排出田间积水，合理施用氮、磷、钾肥，保护地雨天注意防漏。收获后和种植前彻底清除病残落叶集中处理。

发病初期，可采用下列杀菌剂进行防治：

40%醚菌酯悬浮剂3 000～4 000倍液；

72%霜脲·锰锌可湿性粉剂600～800倍液；

25%甲霜铜可湿性粉剂400～600倍液+70%丙森锌可湿性粉剂600～800倍液；

50%烯酰吗啉可湿性粉剂1 000～1 500倍液+70%代森锰锌可湿性粉剂600～800倍液；

50%甲呋酰胺可湿性粉剂800～1 000倍液+75%百菌清可湿性粉剂600～800倍液；

72.2%霜霉威盐酸盐水剂800～1 000倍液+70%代森锰锌可湿性粉剂600～800倍液；

64%恶霜·锰锌可湿性粉剂500倍液；

均匀喷雾防治，视病情间隔7～10天喷药1次。

田间发病较多时要加强防治，发病普遍时，可采用下列杀菌剂进行防治：

66.8%丙森·异丙菌胺可湿性粉剂600～800倍液；

84.51%霜霉威·乙膦酸盐可溶性水剂600～1 000倍液；

440g/L双炔·百菌清悬浮剂600～1 000倍液；

57%烯酰·丙森锌水分散粒剂2 000～3 000倍液；

50%烯酰·乙膦铝可湿性粉剂1 000～2 000倍液；

18%霜脲·百菌清悬浮剂1 000～1 500倍液；

76%丙森·霜脲氰可湿性粉剂1 000～1 500倍液；

76%霜·代·乙膦铝可湿性粉剂800～1 000倍液；

均匀喷雾，视病情间隔5～7天喷药1次。

2. 长叶莴苣褐斑病

【分布为害】长叶莴苣褐斑病分布广泛，发生较普遍，保护地、露地都可发病。一般病株率为10%～20%，重病地块或棚室病株率达50%以上，显著影响产量和品质。

【症　　状】主要侵害叶片，初生红褐色小点，后发展成近圆形至不规则形病斑，浅黄褐至浅红褐色，略具同心轮纹，中心灰白色，随病害发展病斑破裂穿孔。空气潮湿，病斑上产生灰褐色较稀疏绒霉，即病菌分生孢子梗和分生孢子。病害严重时叶片上病斑密布，相互连接成片，短期内致叶片黄化坏死（图28-6至图28-9）。

图28-6　长叶莴苣褐斑病叶片发病初期症状

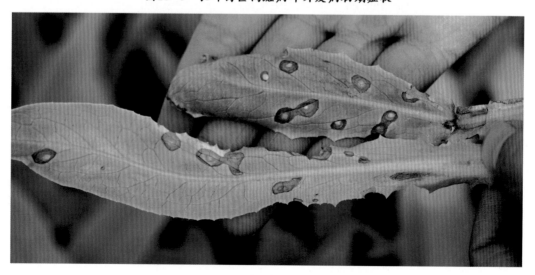

图28-7　长叶莴苣褐斑病叶片发病中期症状

图28-8　长叶莴苣褐斑病叶片发病后期症状

图28-9　长叶莴苣褐斑病田间发病症状

【病　　　原】*Cercospora longissima* 称莴苣褐斑尾孢霉，属无性型真菌。

【发生规律】病菌以菌丝体和分生孢子在病残体上越冬。条件适宜时以分生孢子进行初次侵染，借气流和雨水溅射传播蔓延。温暖潮湿适宜发病，种植密度过大，田间通透性差，秋季多雨、多露或多雾均有利于发病。植株生长衰弱、缺肥或偏施氮肥、徒长或生长过旺，病害发生较重。

【防治方法】发病地块与非菊科蔬菜轮作2年以上。发现病叶及时采摘收集带出田外销毁。在栽培田周围挖排水沟，雨后及时排出田间积水。合理配方施肥，适时喷施植宝素，使植株健壮生长，增强抵抗力。

发病初期，可采用下列杀菌剂进行防治：

560g/L嘧菌·百菌清悬浮剂800～1 000倍液；

50％甲基·硫磺悬浮剂800～1 000倍液+70％代森锰锌可湿性粉剂700倍液；

70％丙森·多菌可湿性粉剂600～800倍液；

64％氢铜·福美锌可湿性粉剂1 000倍液；

对水喷雾，视病情间隔7～10天喷药1次。

保护地选用5％百菌清粉尘剂1kg/亩喷粉；也可采用10％百菌清烟剂200～300g/亩，傍晚熏烟，视病情间隔7～10天1次。

田间发病后及时进行防治，发病普遍时，可采用下列杀菌剂进行防治：

10%苯醚甲环唑水分散粒剂1 500～2 000倍液；

40%氟硅唑乳油4 000～6 000倍液；

25%丙环唑乳油2 000～3 000倍液；

50%咪鲜胺锰盐可湿性粉剂1 000～2 000倍液；

50%异菌脲可湿性粉剂1 000～1 500倍液；

50%腐霉利可湿性粉剂1 000～1 500倍液+75%百菌清可湿性粉剂600～800倍液；

6%氯苯嘧啶醇可湿性粉剂1 000～2 000倍液+70%代森锰锌可湿性粉剂800倍液；

对水喷雾，视病情间隔5～7天喷药1次。

保护地，选用5%春雷·王铜粉尘剂1kg/亩或6.5%甲基硫菌灵·乙霉威粉尘剂1kg/亩喷粉；也可采用10%腐霉利烟剂300～450g/亩、20%腐霉·百菌清烟剂200～300g/亩或15%百·异菌烟剂200～300g/亩，傍晚熏烟，视病情间隔7～10天1次。

3．长叶莴苣病毒病

【分布为害】长叶莴苣病毒病分布广泛，发生普遍，种植地区都有发病。一般地块出现零星病株，重时病株率可达20%，明显影响长叶莴苣的产量和品质。

【症　　状】全生育期都可发病，以苗期发病对生产影响大。病苗真叶初出现淡绿至黄白色不规则斑驳，叶缘不整齐，以后明脉并逐渐表现花叶或黄绿相间斑驳或出现不规则褐色坏死斑点。成株染病多表现皱缩花叶，有的细脉变褐，叶缘下卷。有的叶脉变褐或产生褐色坏死斑，病株明显矮化(图28-10和图28-11)。

图28-10　长叶莴苣病毒病幼苗发病症状

图28-11　长叶莴苣病毒病成株发病症状

【病　　原】莴苣花叶病毒Lettuce mosaic virus(LMV)、蒲公英花叶病毒Dandelion yellow mosaic virus(DaYMV)和黄瓜花叶病毒Cucumber mosaic virus(CMV)。

【发生规律】此病毒源主要来自于邻近田间带毒的莴苣、菠菜等，种子也可直接带毒。种子带毒，苗期即可发病，田间主要通过蚜虫传播，汁液接触摩擦也可传染。桃蚜传毒率最高，萝卜蚜、瓜蚜也可传毒。病毒发生与发展和天气直接相关，高温干旱病害较重，一般平均气温18℃以上和长时间缺水，病害发展迅速，病情也较重。

【防治方法】加强管理，夏秋季种植更应注意采取降温措施。因地制宜调节播期，做到适期播种。苗期注意小水勤浇，避免过分蹲苗。注意适期喷施叶面肥，促进植株早生长快发棵。

蚜虫是主要的传毒媒介，消灭蚜虫可减轻病情。发现蚜虫为害，可采用下列杀虫剂进行防治：

10%烯啶虫胺水剂3 000～5 000倍液；

10%吡虫啉可湿性粉剂1 500～2 000倍液；

3%啶虫脒乳油2 000～3 000倍液；

50%噻虫胺水分散粒剂2 000～3 000倍液；

25%吡虫·仲丁威乳油2 000～3 000倍液；

25%噻虫嗪可湿性粉剂2 000～3 000倍液；

10%氯噻啉可湿性粉剂2 000倍液；

5%氯氰·吡虫啉乳油2 000～3 000倍液；

22%噻虫·高氯氟悬浮剂2 000～3 000倍液；

4%氯氰·烟碱水乳剂2 000～3 000倍液；

均匀喷雾，视虫情间隔7～15天喷1次。

田间发现病情及时施药预防，发病前至发病初期，可采用下列药剂进行防治：

5%氨基寡糖素水剂300～500倍液；

3.85%三氮唑·铜·锌水乳剂600～800倍液；

1.05%氮苷·硫酸铜水剂300～500倍液；

25％吗胍·硫酸锌可溶性粉剂500～700倍液；

2％宁南霉素水剂200～400倍液；

7.5％菌毒·吗啉胍水剂500倍液；

2.1％烷醇·硫酸铜可湿性粉剂500～700倍液；

20％吗啉胍·乙铜可湿性粉剂600～800倍液；

3.95％三氮唑核苷·铜·烷醇·锌水剂500～800倍液；

对水喷雾，间隔5～7天喷1次。

4.长叶莴苣根结线虫病

【症　状】发病轻时，地上部无明显症状；发病重时，拔起植株，可见肉质根变小、畸形，须根上有许多葫芦状根结(图28-12)。地上部表现生长不良、矮小、黄化、萎蔫，似缺肥水或枯萎病症状，严重时植株枯死。

图28-12　长叶莴苣根结线虫病发病症状

【病　原】*Meloidogyne incognita* 称南方根结线虫。病原线虫雌雄异形，幼虫细长蠕虫状。雄成虫线状，尾端稍圆，无色透明。雌成虫梨形，埋生于寄主组织内。

【发生规律】常以卵囊和根组织中的卵或2龄幼虫随病残体遗留土壤中越冬，翌年条件适宜时，越冬卵孵化为幼虫，继续发育并侵入寄主，刺激根部细胞增生，形成根结。病原成虫传播靠病土、病苗及灌溉水。地势高、土壤质地疏松、盐分低的土壤适宜线虫活动、有利于发病，连作地发病重。

【防治方法】选用无病土育苗，合理轮作。彻底处理病残体，集中烧毁或深埋。根结线虫多分布在3～9cm表土层，深翻可减轻为害。

土壤处理。在播种前撒施0.5％阿维菌素颗粒剂3～4kg/亩、35％威百亩水剂4～6kg/亩、10％噻唑膦颗粒剂2～5kg/亩、或98％棉隆颗粒剂2～5kg/亩，浅耙混入土中。

长叶莴苣生长期间发生线虫，可用40％灭线磷乳油1 000倍液或1.8％阿维菌素乳油2 000～3 000倍液灌根，并应加强田间管理。合理施肥或灌水以增强寄主抵抗力。

5.长叶莴苣灰霉病

【症　状】主要为害叶片，发病初期在叶片边缘出现水浸状近圆形或不规则形斑，湿度大时整个叶片湿腐，上生灰白色霉层；温度高或天气突晴病部干燥枯死(图28-13)。

图28-13 长叶莴苣灰霉病叶片发病症状

【病　　原】*Botrytis cinerea* 称灰葡萄孢，属无性型真菌。病菌的孢子梗数根丛生，褐色，顶端具1~2次分枝，分枝顶端密生小柄，其上生大量分生孢子。分生孢子圆形至椭圆形，单胞，近无色。

【发生规律】病菌以菌丝体或分生孢子及菌核附着在病残体上，或遗留在土壤中越冬。越冬的分生孢子随气流、雨水及农事操作进行传播蔓延。放风不及时发病重。

【防治方法】保护地栽培，适时放风，降低棚室内湿度，减少棚顶及叶面结露和叶缘吐水。及时摘除病叶，保持田间通风透光。

长叶莴苣灰霉病发病前至发病初期，可采用下列杀菌剂进行防治：

30%福·嘧霉可湿性粉剂800~1 200倍液；

28%百·霉威可湿性粉剂800~1 000倍液；

40%双胍辛烷苯基磺酸盐可湿性粉剂800~1 000倍液+75%百菌清可湿性粉剂600倍液；

65%甲硫·霉威可湿性粉剂1 000~1 500倍液+75%百菌清可湿性粉剂800倍液；

45%噻菌灵悬浮剂1 000~1 500倍液+70%代森锰锌可湿性粉剂600~800倍液；

2亿活孢子/g木霉菌可湿性粉剂600倍液+75%百菌清可湿性粉剂800倍液；

对水喷雾，视病情间隔7~10天喷1次。

田间发病较多时要加强防治，可采用下列杀菌剂进行防治：

50%烟酰胺水分散粒剂1 500~2 500倍液+50%腐霉利可湿性粉剂800~1 000倍液；

50%嘧菌环胺水分散粒剂1 000~1 500倍液+50%乙烯菌核利可湿性粉剂800~1 000倍液；

2%丙烷脒水剂1 000~1 500倍液+2.5%咯菌腈悬浮剂1 000~1 500倍液；

26%嘧胺·乙霉威水分散粒剂2 000倍液+70%代森锰锌可湿性粉剂800倍液；

50%腐霉·多菌灵可湿性粉剂800~1 000倍液+70%代森联水分散粒剂600~800倍液；

50%异菌·福美双可湿性粉剂800~1 000倍液；

对水喷雾，视病情间隔5~7天喷1次。为防止产生抗药性提高防效，提倡轮换交替或复配使用。

保护地发病初期，采用10%腐霉利烟剂200~250g/亩+45%百菌清烟剂250g/亩，15%百·腐烟剂200~350g/亩或3%噻菌灵烟剂300~400g/亩熏烟。

6. 长叶莴苣菌核病

【症　　状】为塑料大棚、日光温室长叶莴苣常发病害。主要为害叶柄、茎；在近地面的茎部及叶柄上产生褪色水浸状斑，后逐渐扩大并软腐，长出白色棉毛状菌丝，后菌丝扭结成黑色菌核，病部以上茎叶萎蔫枯死(图28-14至图28-17)。

图28-14　长叶莴苣菌核病茎基部发病初期症状　　图28-15　长叶莴苣菌核病茎基部发病中期症状

图28-16　长叶莴苣菌核病茎基部发病后期症状

图28-17　长叶莴苣菌核病田间发病症状

【病　　　原】*Sclerotinia sclerotiorum* 称核盘菌，属子囊菌门真菌。

【发生规律】病菌以菌核随病残体遗落在土壤中，或混杂在种子中越冬。翌年条件适宜时，释放子囊孢子，成为当年的初次侵染源。长叶莴苣菌核病只要土壤湿润，平均气温5～30℃、相对湿度85％以上，均可发病。保护地放风不及时、经常大水浸灌、均容易诱发此病。

【防治方法】进行水旱轮作，或夏季把发病田灌水浸泡半个月，或收获后及时深翻，深度要求达到20cm以上，将菌核埋入深层，抑制子囊盘出土。

发病初期，可采用下列配方进行防治：

50％乙烯菌核利可湿性粉剂600～800倍液+70％代森锰锌可湿性粉剂600～800倍液；

50％多·菌核可湿性粉剂600～800倍液+50％敌菌灵可湿性粉剂500倍液；

50％腐霉利·多菌灵可湿性粉剂1 000倍液+5％菌毒清水剂200～400倍液；

对水喷雾，视病情间隔7～10天喷1次。

7. 长叶莴苣黑斑病

【症　　　状】主要为害叶片，在叶片上形成圆形至近圆形褐色至深褐色病斑，具有轮纹(图28-18至图28-21)。叶柄发病产生浅褐色至褐色椭圆形至不规则形斑(图28-22)，茎部发病与叶柄相同(图28-23)。

图28-18　长叶莴苣黑斑病叶片发病初期症状

图28-19　长叶莴苣黑斑病叶背发病初期症状

图28-20　长叶莴苣黑斑病叶片发病中期症状

图28-21　长叶莴苣黑斑病叶片发病后期症状

图28-22 长叶莴苣黑斑病叶柄发病症状

图28-23 长叶莴苣黑斑病茎部发病症状

【病　　原】*Alternaria atternata* 称链格孢，属无性型真菌。

【发生规律】以菌丝体或分生孢子在病残体上，或以分生孢子在病组织内，或黏附在种子表面越冬。借气流或雨水传播，成为翌年初侵染源。遇高温、高湿易流行，特别是经常大水漫灌或连阴雨天后扩展迅速，缺肥缺水，植株长势差发病重。

【防治方法】施足充分腐熟的有机肥，增施磷钾肥，适时适量浇水。棚室栽培在温度允许条件下，延长放风时间，降低棚内湿度，发病后控制灌水。

发病初期，可采用下列杀菌剂进行防治：

25%嘧菌酯悬浮剂1 500～2 500倍液；

50%福·异菌可湿性粉剂800倍液；

25%啶氧菌酯悬浮剂800～1 000倍液；

50%噻菌灵悬浮剂800～1 000倍液+70%代森锰锌可湿性粉剂500～800倍液；

对水喷雾，视病情间隔7～10天喷1次。

田间病株较多时要加强防治，可采用下列杀菌剂进行防治：

10%苯醚甲环唑水分散粒剂1 000倍液+75%百菌清可湿性粉剂600～800倍液；

560g/L嘧菌·百菌清悬浮剂800~1 000倍液；

20％唑菌胺酯水分散粒剂1 000~1 500倍液+50％克菌丹可湿性粉剂600倍液；

25％溴菌腈可湿性粉剂500~1 000倍液+70％代森锰锌可湿性粉剂700倍液；

50％福美双·异菌脲可湿性粉剂800~1 000倍液；

64％氢铜·福美锌可湿性粉剂1 000倍液；

对水喷雾，视病情间隔5~7天喷1次。

8．长叶莴苣锈病

【症　　状】主要为害叶片，在叶片上形成浅黄色至橘红色的孢子器，叶背产生隆起的的小疱，表皮破裂后散出黑色粉末，导致叶片枯黄死亡(图28-24)。

图28-24　长叶莴苣锈病叶片发病症状

【病　　原】*Puccinia minussensis* 称柄锈菌，属担子菌门真菌。

【发生规律】以冬孢子在病残体上越冬，温暖地区以夏孢子越冬。翌春冬孢子萌发时产生担子和担孢子，借气流传播，从叶片气孔直接侵入。昼夜温差大及结露持续时间长此病易流行，夏季高温、多雨发病重。

【防治方法】清洁田园，深翻土壤，适当密植，雨后及时排水。

田间发现病情及时进行防治，发病初期，可采用以下杀菌剂进行防治：

20％唑菌胺酯水分散粒剂1 000~2 000倍液；

6％氯苯嘧啶醇可湿性粉剂2 000~3 000倍液+75％百菌清可湿性粉剂600倍液；

12.5％烯唑醇可湿性粉剂2 000~3 000倍液+70％代森锰锌可湿性粉剂800倍液；

30％氟菌唑可湿性粉剂2 000~3 000倍液+70％代森锰锌可湿性粉剂800倍液；

24％腈苯唑悬浮剂2 000~3 000倍液+75％百菌清可湿性粉剂600倍液；

均匀喷雾，视病情间隔5~7天1次。

9．长叶莴苣细菌性叶斑病

【症　　状】主要为害叶片，发病初期在叶片上产生橘红色圆形至近圆形斑点，后期发展成近圆形至不规则形橘红色至暗褐色坏死斑，稍凹陷易穿孔(图28-25)。

图28-25　长叶莴苣细菌性叶斑病叶片发病症状

【病　　原】*Pseudomonas fluorescens* 称假单胞杆菌荧光假单胞杆菌，属细菌。

【发生规律】在种子上或随病残体留在土壤中越冬，成为翌年的初侵染来源。病菌借风雨、昆虫和农事操作进行传播，从寄主的气孔、水孔和伤口侵入。低洼地及连作地块发病重。

【防治方法】与非菊科作物2年以上轮作。保护地适时放风，降低棚室湿度，发病后控制灌水，促进根系发育增强抗病能力。收获结束后清除病株残体，翻晒土壤。

种子处理。用3%中生菌素可湿性粉剂500倍液浸种2小时。

发病初期，可采用下列杀菌剂进行防治：

80%工铜水分散粒剂1 500~2 000倍液；

3%中生菌素可湿性粉剂500~800倍液；

20%噻唑锌悬浮剂300~500倍液+12%松脂酸铜乳油600~800倍液；

20%噻菌铜悬浮剂1 000~1 500倍液；

47%春雷·王铜可湿性粉剂700倍液；

对水喷雾，视病情每5~7天喷1次。

第二十九章 莴笋病害防治新技术

莴笋属菊科，一、二年生草本植物，原产于地中海沿岸，在我国各地均有栽培。主要栽培模式有露地栽培、大棚栽培、日光温室栽培等。

目前，国内发现的莴笋病虫害有30多种，其中病害20多种，主要有霜霉病、菌核病、灰霉病、白绢病等；虫害10多种，主要有潜叶蝇、蚜虫等，常年因病虫害发生为害造成的损失在15%~30%。

1. 莴笋霜霉病

【症　　状】全国所有种植区几乎都有发生，严重时大量叶片枯黄、坏死，削弱植株的长势，引起减产。该病主要为害叶片，从幼苗至成株期都可发生，以生长中后期发生较重。植株的下部叶片先发病，开始叶面出现水浸状小点，逐渐发展为淡黄色近圆形病斑，逐渐扩大成不定形。或因受叶脉限制而呈多角形，后来病斑颜色转为黄褐色，潮湿时病斑背面可长出稀疏的霜状霉层。许多病斑相连可使叶片干枯、死亡(图29-1至图29-5)。

图29-1　莴笋霜霉病叶片发病初期症状

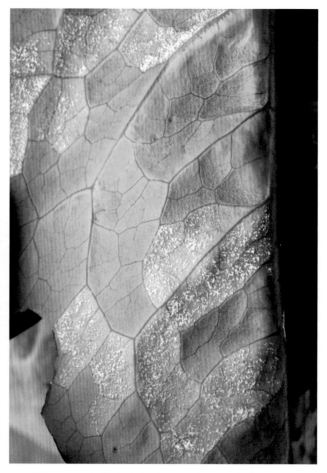

图29-2　莴笋霜霉病叶背发病初期症状

图29-3 莴笋霜霉病叶片发病后期症状

图29-4 莴笋霜霉病叶背发病后期症状

图29-5 紫叶莴笋霜霉病叶片发病症状

【病　　原】*Bremia lactucae* 称莴笋盘梗霉，属卵菌门真菌(图29-6)。孢囊梗自气孔伸出，单生或2~6根束生，无色，无分隔，主干基部稍膨大，叉状对称分枝4~6次，主干和分枝呈锐角，孢囊梗顶端分枝扩展成小碟状，边缘长出3~5条小短梗，每一小柄长一个孢子囊。孢子囊单胞，无色，卵形或椭圆形，无乳状凸起，孢子囊萌发产生游动孢子。

【发生规律】病菌主要以菌丝体或卵孢子随病残体在土壤中越冬；翌年条件适宜时，病菌产生孢子囊，借助风雨、气流、昆虫传播，引起初侵染。孢子萌发适温6~10℃，侵染适温15~17℃。低温高湿是发病的必要条件。浙江及长江中下游地区主要发生在3—5月和10—11月。一般栽植过密，田间通透性差，春秋季阴雨连绵，雨后易积水，经常大水漫灌，管理粗放，缺肥缺水植株生长势较弱或氮肥施用过多造成植株徒长或旺长，均可诱发病害引起流行。

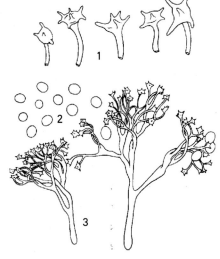

图29-6　莴笋霜霉病病菌
1.盘梗；2.孢子囊；3.孢子囊梗

【防治方法】与非菊科蔬菜轮作2年以上；合理密植，加强栽培管理，合理施用氮、磷、钾肥；提高和平整畦面以利排水降湿，小水勤浇；发病初期及时清除病叶；收获后及时清除田间病残体，深耕晒田。

田间发现病情后及时防治，发病初期，可采用下列杀菌剂进行防治：

52.5%恶酮·霜脲氰水分散粒剂1 500~2 000倍液；

35%烯酰·福美双可湿性粉剂1 000~1 500倍液；

72%丙森·膦酸铝可湿性粉剂800~1 000倍液；

均匀喷雾，视病情间隔7~10天喷1次。

田间发病普遍时，可采用下列杀菌剂进行防治：

25%双炔酰菌胺悬浮剂1 000~1 500倍液；

687.5g/L霜霉威盐酸盐·氟吡菌胺悬浮剂800~1 200倍液；

60%氟吗·锰锌可湿性粉剂1 000~1 500倍液；

25%吡唑醚菌酯乳油1 500~2 000倍液；

66.8%丙森·异丙菌胺可湿性粉剂600~800倍液；

72.2%霜霉威盐酸盐水剂800~1 000倍液+75%百菌清可湿性粉剂600倍液；

70%呋酰·锰锌可湿性粉剂600~1 000倍液；

69%锰锌·烯酰可湿性粉剂1 000~1 500倍液；

均匀喷雾，视病情间隔5~7天喷1次。

保护地栽培，可用10%百菌清烟剂300~400g/亩、45%百菌清烟剂200g/亩+10%霜脲氰烟剂200g/亩、15%百菌清·甲霜灵烟剂250g/亩。

2. 莴笋菌核病

【分布为害】菌核病为莴笋的重要病害，零星分布，通常病株率5%以下，轻度影响茎用莴笋生产，严重地块或棚室发病率可达20%以上，显著影响莴笋的产量和质量。

【症　　状】主要为害寄主根茎部，多在莴笋生长中后期发病，植株染病后外叶逐渐褪绿变黄，最后萎蔫枯死。病部多呈水渍状软腐，在病组织表面产生浓密白色霉层，最后形成黑色鼠粪状菌核(图29-7至图29-11)。常造成植株成片坏死瘫倒。

图29-7 莴笋菌核病叶片发病症状

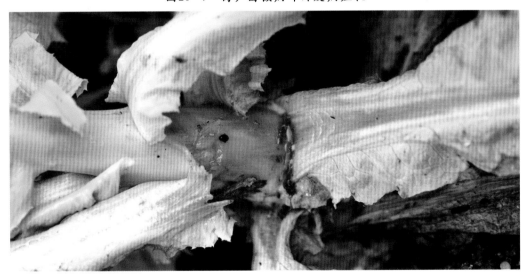

图29-8 莴笋菌核病茎基部发病初期呈水浸状

图29-9 莴笋菌核病茎基部发病中期茎部出现大量白色菌丝

图29-10　莴笋菌核病茎基部发病后期症状　　　图29-11　紫叶莴笋菌核病发病症状

【病　　　原】*Sclerotinia sclerotiorum* 称核盘菌，属子囊菌门真菌。菌核内部白色，表面黑色。子囊盘初呈乳白色小芽状，后展开成盘状，褐色或暗褐色。子囊棍棒状；子囊孢子椭圆形，单胞，无色。

【发生规律】病菌以菌核在土壤中或残余组织内越冬或越夏，菌核在潮湿土壤中存活1年左右，在干燥土壤中可达3年以上。在适宜条件下，病菌通过气流、雨水或农具传播。病菌喜温暖潮湿的环境，适宜发病的温度范围5～24℃；最适发病环境温度为20℃左右，相对湿度85%以上；最适感病期在根茎膨大期到采收期。当温度超过25℃发病受抑制，一般常发生在3—4月和10—11月。连作地块，地势低雨后易积水，种植密度大，田间通风透光性差，管理粗放，氮肥施用过多，植株徒长或旺长发病都重。

【防治方法】与非菊科蔬菜轮作2年以上；合理密植，采取地膜覆盖或采用黑色地膜覆盖栽培。合理配合施用氮、磷、钾肥，中耕保墒防湿，及时打老叶、病叶，携出田外销毁；收获后及时清除田间病残体，集中销毁。

种子处理。从无病株留种，若种子混有菌核，可用过筛法或10%食盐水浸种汰除，清水洗净后播种。

田间发病初期，可采用下列杀菌剂或配方进行防治：

50%乙烯菌核利可湿性粉剂800～1 000倍液+25%溴菌腈可湿性粉剂600倍液；

45%噻菌灵悬浮剂800～1 000倍液+50%福美双可湿性粉剂600倍液；

50%腐霉利可湿性粉剂800～1 500倍液+36%三氯异氰尿酸可湿性粉剂600～800倍液；

66%甲硫·霉威可湿性粉剂800～1 200倍液+50%克菌丹可湿性粉剂300～500倍液；

35%菌核净悬浮剂700倍液+70%敌磺钠可溶性粉剂500～600倍液；

50%腐霉利·多菌灵可湿性粉剂1 000倍液+50%克菌丹可湿性粉剂400～600倍液；

50%多·菌核可湿性粉剂600～800倍液+50%敌菌灵可湿性粉剂500倍液；

均匀喷雾，视病情间隔7～10天喷1次。

保护地栽培，可用10%百菌清烟剂300～400g/亩、10%腐霉利烟剂200～300g/亩或15%百·腐烟剂300～400g/亩熏烟。

3．莴笋白绢病

【症　　状】主要为害叶片、叶柄、茎部。叶柄发病初期产生水浸状病斑，并不断扩展，湿度大时病部湿腐，并长出白色菌丝体，后产生红褐色球形菌核；茎部发病与叶柄发病相同(图29-12和图29-13)。

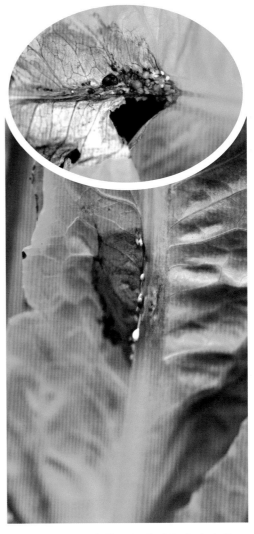

图29-12　莴笋白绢病叶片发病症状　　　　图29-13　莴笋白绢病叶柄发病症状

【病　　原】*Sclerotium rolfsii* 称齐整小菌核，属无性型真菌。有性态为*Corticium rolfsii* ，称罗尔伏革菌，属担子菌门真菌。菌丝无色或色浅，具隔膜，菌丝体在寄主上呈白色，辐射状，边缘明显，有光泽菌丝体扭集在一起形成萝卜籽样小菌核。菌核初为白色，后变为红褐色，表面光滑，球形或近球形，似油菜籽。担子单胞，无色，棍棒状，其上着生4个无色的小梗，顶端着生担孢子。担孢子单胞，无色，倒卵形。

【发生规律】病菌主要以菌核或菌丝体随病残体在土壤中越冬，翌年条件适宜时菌核萌发产生菌丝，从植株茎基部或根部侵入为害。高温或时晴时雨利于菌核萌发。连作地、酸性土或沙性地发病重。

【防治方法】加强肥水管理，发现病株及时拔除，集中销毁。调节土壤酸碱度，调到中性为宜，施用充分腐熟有机肥；收获结束后及时清除田间病残体并集中带出田外销毁。

叶片发病初期，及时摘去病叶并用20%甲基立枯磷乳油800～1 000倍液，对水喷雾，视病情间隔7～10天1次，防治2～3次，进行防治；

茎基部发病初期，可采用下列杀菌剂进行防治：

40％五氯硝基苯可湿性粉剂500～1 000g/亩；

50％甲基立枯磷可湿性粉剂500g/亩；

与细土50～100kg混匀，撒在病部根茎处。

也可采用下列杀菌剂进行防治：

23％噻氟菌胺悬浮剂2 000～3 000倍液；

50％克菌丹可湿性粉剂300～500倍液；

70％敌磺钠可溶性粉剂800倍液；

50％代森铵水剂800～1 000倍液；

浇灌根茎部，每株灌300ml稀释药液，视病情间隔7～10天再灌1次。

4. 莴笋褐斑病

【分布为害】褐斑病为莴笋的常见病害，在局部地区分布。一般病株率为10％～20％，对生产无明显影响，重病地块发病率可达30％左右，可轻度影响莴笋生产。

【症　　状】主要侵害叶片。初在叶片上出现浅褐色小点，逐渐转变成褐色近圆形至不规则形坏死斑，边缘水渍状，中心有灰白色小斑，病斑易穿孔。潮湿时病斑表面产生稀疏灰褐色霉层，即病菌分生孢子梗和分生孢子。严重时叶片上病斑密布，多个病斑扩大汇合形成大型坏死斑，致叶片枯死或腐烂(图29-14)。

图29-14　莴笋褐斑病叶片发病症状

【病　　原】*Cercospora longissima* 称莴笋褐斑尾孢霉，属无性型真菌(图29-15)。病菌子实体叶两面生，分生孢子梗散生，多根束生，榄褐色，顶端色较浅，渐狭，不分枝，近截形，具0～4个膝状节，具明显孢痕，1～6个隔膜。分生孢子针状或鞭状，无色，直或弯，基部平切，顶端渐细，具多个隔膜。

【发生规律】病菌以菌丝体和分生孢子随病残体越冬。条件适宜时以分生孢子进行初次侵染，发病后产生分生孢子借气流和雨水溅射传播蔓延。温暖潮湿适宜发病，多阴雨、多露或多雾有利于发病。植株生长衰弱、缺肥或偏施氮肥、生长过旺发病较重。

【防治方法】合理配方施肥，加强肥水管理促进植株健壮生长，雨后及时排出田间积水，收获后及时清除田间病残体，并集中带到田外销毁。

发病初期，可采用下列杀菌剂或配方进行防治：

40％醚菌酯悬浮剂3 000～4 000倍液；

50％腐霉利可湿性粉剂1 000～1 500倍液+75％百菌清可湿性粉剂600～800倍液；

50％咪鲜胺锰盐可湿性粉剂1 000～2 000倍液+70％代森锰锌可湿性粉剂800倍液；

50％乙烯菌核利可湿性粉剂800～1 000倍液+70％代森联水分散粒剂800倍液；

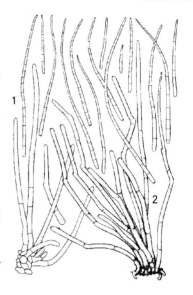

图29-15　莴笋褐斑病病菌
1.分生孢子；2.分生孢子梗

50％多·福·乙可湿性粉剂800～1 000倍液+70％代森联水分散粒剂600～800倍液；

64％氢铜·福美锌可湿性粉剂600～800倍液；

47％春雷·王铜可湿性粉剂600～800倍液；

均匀喷雾，视病情间隔5～7天喷1次。

保护地，选用5％百菌清粉尘剂1kg/亩、5％春雷·王铜粉尘剂1kg/亩或6.5％甲基硫菌灵·乙霉威粉尘剂1kg/亩喷粉防治，视病情间隔7～15天1次。

5．莴笋黑斑病

【分布为害】黑斑病是莴笋的常见病害，又名轮纹病、叶枯病，分布较广，种植地区都可发生，通常病情很轻，对生产无明显影响，严重时发病率可达60％以上，在一定程度上影响产品质量。

【症　　状】此病主要为害叶片，在叶片上形成圆形至近圆形黄褐色至褐色病斑，在不同条件下病斑大小差异较大，具有同心轮纹。空气潮湿时病斑易穿孔，通常在田间病斑表面看不到霉状物，后期病斑布满全叶(图29-16和图29-17)。

图29-16　莴笋黑斑病叶片发病初期症状

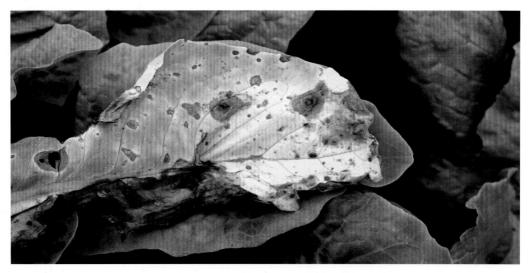

图29-17 莴笋黑斑病叶片发病后期症状

【病 原】*Stemphylium chisha* 称微疣匍柄霉，属无性型真菌。病菌分生孢子梗单生或2～5根，束生，浅褐色，顶端色稍淡，基部细胞稍大，顶端常较宽或膨大，呈截形，具1～6个横隔膜。分生孢子椭圆形至卵形，单生，淡褐色至褐色，无喙胞，具纵横隔膜，分隔处缢缩，成熟后表面具微疣。

【发生规律】病菌可在土壤中随病残体或种子越冬。温湿度适宜时产生分生孢子进行初侵染，发病后孢子通过风雨传播，进行再侵染。上海及长江中下游地区主要发生在3—5月和9—11月。常年连作，地势较低，雨后易积水，经常大水漫灌，温暖潮湿，结露持续时间长，偏施氮肥，植株生长过旺或徒长，土壤肥力不足，植株生长衰弱发病重。

【防治方法】重病地与其他科蔬菜进行2年以上轮作。施足充分腐熟的有机肥，注意氮、磷、钾肥的配合施用，适时适量浇水施肥，增强植株抗病能力。

发病初期，可采用下列杀菌剂进行防治：

10%苯醚甲环唑水分散粒剂1 500倍液+75%百菌清可湿性粉剂600倍液；

25%腈菌唑乳油1 000～2 000倍液+70%代森锰锌可湿性粉剂700倍液；

25%咪鲜胺乳油800～1 000倍液+75%百菌清可湿性粉剂600倍液；

25%溴菌腈可湿性粉剂500～1 000倍液+75%百菌清可湿性粉剂600倍液；

560g/L嘧菌·百菌清悬浮剂800～1 000倍液；

25%嘧菌酯悬浮剂1 000～2 000倍液；

77%氢氧化铜可湿性粉剂800倍液；

47%春雷·王铜可湿性粉剂600～800倍液；

50%异菌脲悬浮剂1 000～2 000倍液；

均匀喷雾，视病情间隔7～10天喷药1次。

6. 莴笋灰霉病

【分布为害】灰霉病是莴笋的常见病害，分布较广，种植地区都有发生。保护地、露地都可发病，以长江流域冬、春季和北方温室发病较重，明显影响莴笋生产。

【症 状】此病在各生育期都可发生，苗期发病，叶和幼茎呈水浸状腐烂，在病部产生灰色霉层。定植后发病多始于近地面的叶片和茎基部，受害部位初呈水渍状不规则形，扩大后呈褐色，病叶基部呈红褐色，形状各异，大小不等(图29-18)。茎基部被害状与叶柄基本相似，病斑绕茎一周即腐烂，随后地上部茎叶凋萎。空气潮湿，叶和茎腐烂部均密生灰色霉层，即病菌分生孢子梗和分生孢子。病害多由下向上发展，可引致整株腐烂(图29-19)。

图29-18　莴笋灰霉病叶片发病症状　　　　　图29-19　莴笋灰霉病茎部发病症状

【病　　　原】*Botrytis cinerea* 称灰葡萄孢，属无性型真菌。

【发生规律】病菌以菌核或分生孢子在病残体或土壤内越冬。主要通过气流传播，也可通过不腐熟的沤肥或浇水扩散。上海及长江中下游地区主要发生在3—7月和9—11月；植株叶面有水滴，植株有伤口、衰弱易染病，特别是春末夏初，受较高温度影响或早春受低温侵袭后，植株生长衰弱，相对湿度达94%以上，发病较普遍。连作地块，地势低洼雨后易积水，栽培密度过大，田间通透性差发病都重。

【防治方法】与非菊科蔬菜轮作2年以上；合理密植，采用小高垄、地膜覆盖和滴灌技术。发病初期要加强管理，增加通风，尽量降低空气湿度。一旦发现病株、病叶，及时清除，并带出田外集中销毁。

发病初期，可采用下列杀菌剂或配方进行防治：

50%乙烯菌核利水分散粒剂800~1 000倍液+65%代森锌可湿性粉剂400~600倍液；

50%腐霉·百菌可湿性粉剂800~1 000倍液；

50%异菌脲可湿性粉剂1 000~1 500倍液；

50%嘧菌环胺水分散粒剂1 000~1 500倍液+70%代森锰锌可湿性粉剂600~800倍液；

50%烟酰胺水分散粒剂1 000~1 500倍液+70%代森联水分散粒剂600~800倍液；

2%丙烷脒水剂1 000~1 500倍液+2.5%咯菌腈悬浮剂1 000~1 500倍液；

25%啶菌恶唑乳油1 000~2 000倍液+50%克菌丹可湿性粉剂400~600倍液；

30%福·嘧霉可湿性粉剂800~1 000倍液+75%百菌清可湿性粉剂600~800倍液；

均匀喷雾，视病情间隔7～10天喷药1次。

保护地，用3％噻菌灵烟雾剂200～300g/亩、10％腐霉利烟剂300～450g/亩、20％腐霉·百菌清烟剂200～300g/亩或15％百·异菌烟剂200～300g/亩；视病情间隔7～10天1次。

也可于傍晚用1.5％福·异菌粉尘剂1～2kg/亩、26.5％甲硫·霉威粉尘剂1kg/亩或3.5％百菌清粉尘剂+10％腐霉利粉尘剂1～2kg/亩喷粉。

7. 莴笋锈病

【症　　状】主要为害叶片。叶片发病在叶片上产生淡黄色至橘红色的小斑点，叶背产生隆起的小疱斑，后期表皮破裂后散出黑色粉末，为害严重时叶片枯死(图29-20)。

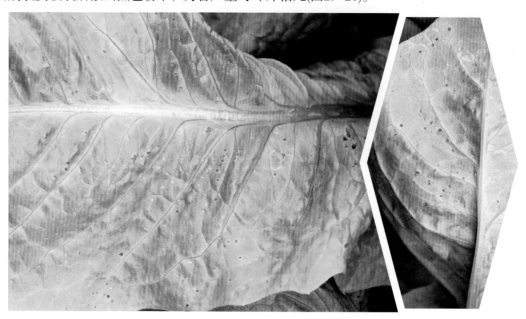

图29-20　莴笋锈病叶片发病症状

【病　　原】*Puccinia minussensis* 称柄锈菌，属担子菌门真菌。

【发生规律】病菌主要以冬孢子随病残体在土壤中越冬，在南方温暖地区主要以夏孢子越冬。翌年条件适宜时冬孢子萌发产生担子和担孢子，借风雨传播为害。栽培地块地势低洼易积水，栽培密度大，雨水较多，管理粗放，植株长势差发病重。

【防治方法】选择地势较平坦不易积水的地块栽培，保护地栽培应适当稀植，加强肥水管理，促进植株生长，雨后及时排出田间积水；收获结束后及时清出田间病残体并集中带出田外销毁。

发病前至发病初期，可采用以下杀菌剂进行防治：

20％唑菌胺酯水分散粒剂2 000倍液+68.75％恶唑·锰锌水分散粒剂800倍液；

12.5％烯唑醇可湿性粉剂2 000～3 000倍液+70％代森锰锌可湿性粉剂800倍液；

24％腈苯唑悬浮剂2 000～3 000倍液+70％丙森锌可湿性粉剂600～800倍液；

25％啶氧菌酯悬浮剂1 500～2 500倍液+75％百菌清可湿性粉剂600～800倍液；

喷雾，视病情间隔7～10天1次。

8. 莴笋炭疽病

【症　　状】主要为害叶片，有时也为害叶柄。叶片发病初期在叶片上产生水浸状近圆形至不规则形黄褐色至褐色病斑，后扩展成椭圆形至不规则形褐色至灰褐色病斑，湿度大时病部易穿孔(图29-21)；叶柄发病产生椭圆形至梭形黄褐色凹陷斑，湿度大时病部易湿腐(图29-22)。

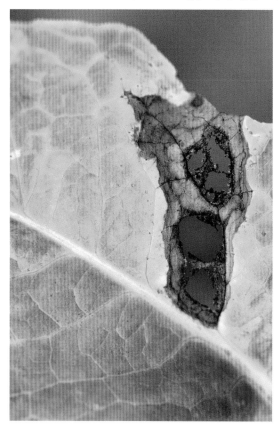

图29-21　莴笋炭疽病叶片发病症状　　　　图29-22　莴笋炭疽病叶柄发病症状

【病　　原】*Colletotrichum corda* 称刺盘孢，属无性型真菌。分生孢子梗无色至褐色，具隔膜，基部分枝，光滑；产孢细胞圆柱形，无色，光滑，有限生长；分生孢子短圆柱形或镰刀形，无色，单胞，薄壁，表面光滑，有时含油球，顶端钝圆。

【发生规律】病菌主要以菌丝体及拟菌核随病残体在土壤中越冬，也可潜伏在种子上越冬。翌年条件适宜时菌丝体产生分生孢子借风雨传播。生长期间阴雨天多，地块低洼易积水，或棚室内温暖潮湿、重茬种植，施用氮肥过多，田间郁闭，通风透光差，植株生长衰弱等发病重。

【防治方法】选择地势较平坦、土质疏松的地块栽培。施足充分腐熟的有机肥，加强肥水管理，促进植株健壮生长，雨后及时排出田间积水，保护地栽培及时放风排湿；收获结束后及时清出田间病残体并集中带出田外销毁。

种子处理。播种前可用55℃温水浸种20～30分钟，再用30%苯噻硫氰乳油1 000倍液浸种5小时；也可用种子重量0.3%的50%咪鲜胺锰盐可湿性粉剂或50%敌菌灵可湿性粉剂或70%甲基硫菌灵可湿性粉剂拌种。

发病初期，可采用下列杀菌剂进行防治：

20%唑菌胺酯水分散粒剂1 500倍液+70%代森锰锌可湿性粉剂600～800倍液；

20%苯醚·咪鲜胺微乳剂2 500～3 500倍液；

40%腈菌唑水分散粒剂4 000～6 000倍液+70%代森锰锌可湿性粉剂600～800倍液；

25%咪鲜胺乳油1 000～1 500倍液+75%百菌清可湿性粉剂600倍液；

40%多·福·溴菌腈可湿性粉剂800~1 000倍液；

70%甲硫·福美双可湿性粉剂800~1 000倍液；

对水喷雾，视病情间隔7~10天1次。

9. 莴笋褐腐病

【症　状】主要为害叶片。叶片发病初期在叶缘出现坏死小褐斑，后逐渐向叶内扩展成不规则形深褐色病斑，湿度大时导致叶片腐烂(图29-23)。

【病　原】*Thanatephorus cucumeris* 称瓜亡革菌，属担子菌门真菌。

【发生规律】病菌主要以菌丝体或菌核在土壤中越冬，病菌可在土壤中腐生2~3年。翌年条件适宜时菌丝能直接侵入寄主，通过流水、农具传播。地势低洼，土质黏重，雨水较多，雨后易积水，栽培密度大，保护地栽培放风不及时发病较重。

【防治方法】选择地势较平坦、疏松透气性好的地块栽培。保护地栽培适当稀植，加强肥水管理，促进植株生长，雨后及时排出田间积水，保护地栽培及时放风排湿；收获结束后及时清出田间病残体并集中带出田外销毁，深翻土壤。

发病初期，可采用下列杀菌剂进行防治：

30%苯醚甲·丙环乳油3 000~3 500倍液；

20%氟酰胺可湿性粉剂600~800倍液+75%百菌清可湿性粉剂600倍液；

20%灭锈胺悬浮剂1 500倍液+70%代森锰锌可湿性粉剂600~800倍液；

70%恶霉灵可湿性粉剂3 000倍液+68.75%恶唑·锰锌水分散粒剂1 000倍液；

47%春雷·王铜可湿性粉剂700倍液；

对水喷雾，视病情间隔7~10天喷药1次。

图29-23　莴笋褐腐病叶片发病症状

第三十章 蕹菜病害防治新技术

蕹菜属旋花科，一年生或多年生草本植物。原产于我国热带多雨地区。全国播种面积在18.9万hm²左右，总产量在1 326.3万t。我国主要产区分布在河北、山东、河南、湖北、湖南、广东、四川等地。主要栽培模式有露地栽培、大棚栽培、日光温室栽培等。

目前，国内发现的蕹菜病害有20多种，主要有白锈病、轮斑病、褐斑病等，常年因病害发生为害造成的损失在10%～30%。

1. 蕹菜白锈病

【分布为害】白锈病为蕹菜的主要病害，分布广泛，发生普遍。发病重时病株率可达80%以上，严重影响蕹菜品质。

【症　　状】主要为害叶片，也能为害嫩茎和叶柄。叶片受害，叶正面初出现淡黄色至黄绿色斑点，后扩大，边缘不明显(图30-1)，逐渐变褐，叶背形成白色隆起状疱斑，近圆形或不规则形，后期疱斑破裂，散出白色粉状物(图30-2)。病害严重时，病斑密布连片，致叶片畸形或枯黄脱落。叶柄和嫩茎受害，症状与叶片相似。

图30-1　蕹菜白锈病叶片发病症状

图30-2　蕹菜白锈病叶背发病症状

【病　　原】*Albugo ipomoeae-aquaticae*称蕹菜白锈菌，属卵菌门真菌(图30-3)。孢子囊梗棍棒状，无色，不分枝。孢子囊椭圆形至扁椭圆形，无色，串生。藏卵器表面皱缩，淡黄褐色。卵孢子近球形，表面平滑，无色至淡黄色。

【发生规律】以卵孢子随病残体在田间越冬，翌春温、湿度适宜时，卵孢子或菌丝产生的孢子囊，借助风雨传播，扩大再侵染。发病部位多在上梢和幼嫩组织，老叶和下部组织不易感染。主要发病盛期在5-10月。春季多雨，秋季持续高温闷热多雨发病重。常年连作、地势较低、排水不良、雨后易积水、种植密度大、田间通透性差发病重。

【防治方法】与非旋花科作物轮作2年以上。加强田间通风排水，降低空气湿度。合理配合施用氮、磷、钾肥，改善田间通透条件，及时采收，防止植株组织过老。发现病叶及时摘除，避免或减少越冬菌源。

发病前注意施药预防保护，可采用下列杀菌剂进行防治：

50%嘧菌酯水分散粒剂22～33g/亩；

40%醚菌酯悬浮剂3 000～4 000倍液；

560g/L嘧菌·百菌清悬浮剂800～1 000倍液；

50%克菌丹可湿性粉剂400～600倍液；

发病初期，可采用下列杀菌剂进行防治：

69%烯酰吗啉·锰锌可湿性粉剂1 000倍液；

72%霜脲·锰锌可湿性粉剂600～800倍液；

53%甲霜灵·锰锌水分散粒剂500～800倍液；

50%甲霜·铜可湿性粉剂600～800倍液；

64%恶霜·锰锌可湿性粉剂500～700倍液；

对水喷雾，视病情间隔7～10天喷1次。

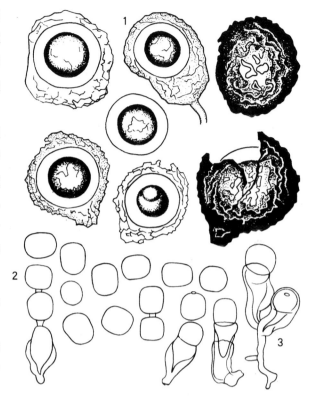

图30-3　蕹菜白锈病病菌
1.卵孢子；2.孢子囊；3.孢子囊梗

2．蕹菜轮斑病

【分布为害】轮斑病为蕹菜的主要病害，分布广泛，发生普遍。一般病株率为10%～40%，重病地高达80%以上，严重影响蕹菜品质。

【症　　状】主要为害叶片，也可为害叶柄和嫩茎。叶片染病，初期在叶片上产生褐色小斑点，扩大后呈圆形、椭圆形斑，浅褐色至红褐色，具有明显的同心轮纹，后期在病斑上产生稀疏小黑点。发病严重时，叶片上多个病斑可汇合成不规则形大斑，空气干燥，病斑易破裂穿孔，终致病叶坏死干枯(图30-4和30-5)。

图30-4　蕹菜轮斑病叶片发病初期症状

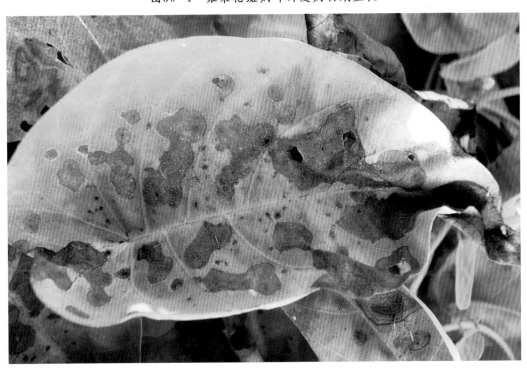

图30-5　蕹菜轮斑病叶片发病后期症状

　　【病　　　原】*Phyllosticta ipomoeae* 称蕹菜叶点霉，属无性型真菌。分生孢子器球形至扁球形，器壁膜质。分生孢子卵圆形至肾形，无色，单胞，多具有2个油球。

　　【发生规律】以分生孢子器随病残体在田间越冬。翌春条件适宜时随雨水溅射传播，形成初侵染，后又产生分生孢子进行多次侵染。南方常在6月开始发病。生长期间阴雨天多、田间种植密度过大，管理粗放，缺肥缺水，土壤贫瘠，植株生长衰弱发病较重。

　　【防治方法】重病地块与其他蔬菜进行轮作。增施充分腐熟有机肥，注意配合施用磷、钾肥。生长期加强管理，适时适量浇水施肥。收获后彻底清除病残体，减少田间菌源。

发病初期,可采用下列杀菌剂进行防治:

40%氟硅唑乳油4 000~6 000倍液+70%代森锰锌可湿性粉剂800倍液;

30%苯噻硫氰乳油1 500~2 000倍液+75%百菌清可湿性粉剂600~800倍液;

50%异菌脲可湿性粉剂800~1 500倍液+50%敌菌灵可湿性粉剂400~600倍液;

10%苯醚甲环唑水分散粒剂1 000~2 000倍液;

20%苯醚·咪鲜胺微乳剂2 500~3 500倍液;

64%氢铜·福美锌可湿性粉剂1 000倍液;

60%琥铜·锌·乙铝可湿性粉剂600~800倍液+75%百菌清可湿性粉剂600~800倍液;

50%甲硫·锰锌可湿性粉剂1 000~1 500倍液;

对水喷雾,视病情间隔7~10天防治1次。

保护地可用45%百菌清烟剂250g/亩、15%百·腐烟剂250~400g/亩或3%噻菌灵烟剂300~400g/亩熏烟,视病情间隔7~10天1次。

3．蕹菜褐斑病

【症　　状】主要为害叶片。叶片染病,初期为黄褐色小点,后扩大成边缘暗褐色、中央灰白至黄褐色、圆形或椭圆形的坏死病斑,边缘有浅黄绿色晕圈,边缘明显。空气潮湿,表面产生稀疏绒状霉层,严重时病斑密布相连,致病叶枯黄坏死(图30-6和图30-7)。

图30-6　蕹菜褐斑病叶片发病初期症状

图30-7　蕹菜褐斑病叶片发病后期症状

【病　　原】*Cercospora ipomoeae* 称蕹菜尾孢霉，属无性型真菌。分生孢子梗3～8根束生，直或稍弯曲，淡褐色，具明显孢痕。分生孢子针形，无色，基部平切，直或稍弯曲，具6～18个隔膜。

【发生规律】以菌丝体在病残体内越冬，翌年条件适宜时产生分生孢子，借气流传播，由气孔侵入，进行再侵染。一般连作地块，地势低，雨后易积水，种植密度过大，田间通透性差，秋季雨水较多，保护地放风不及时，空气湿度大，经常大水漫灌发病重。

【防治方法】重病地块实行与非旋花科蔬菜轮作2年以上。在栽培田周围挖排水沟，避免田间雨后积水。合理配方施肥，促使植株健壮生长，增强抵抗力。及时摘除病叶带出田外集中销毁。

发病初期，可采用下列杀菌剂或配方进行防治：

50%乙烯菌核利可湿性粉剂800～1 000倍液+70%代森锰锌可湿性粉剂800倍液；

25%咪鲜胺乳油1 000～1 500倍液+75%百菌清可湿性粉剂600倍液；

60%甲硫·异菌脲可湿性粉剂1 000～1 500倍液；

20%硅唑·咪鲜胺水乳剂2 000～3 000倍液；

40%多·福·溴菌腈可湿性粉剂800～1 000倍液；

25%嘧菌酯悬浮剂1 500～2 000倍液；

对水喷雾，视病情间隔7～10天喷药1次。采收前5～7天停止用药。

4．蕹菜根结线虫病

【症　　状】主要侵害根系，从侧根和细根侵入，形成乳白色、球形、葫芦形或链珠状根结，主根呈粗细不均匀肿胀(图30-8)。剖开根结或肿根可见乳白色梨形线虫雌虫。后期病根变褐，逐渐坏死腐烂。发病轻时地上部症状不明显，为害严重时地上部显著矮化畸形，逐渐萎蔫死亡。

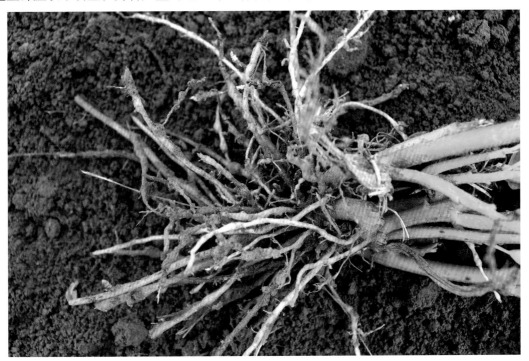

图30-8　蕹菜根结线虫病根部发病症状

【病　　原】*Meloidogyne incognita* 称南方根结线虫。虫体较小，雌成虫呈鸭梨形，乳白色，有环纹。雄成虫线状，尾端稍圆，无色透明。

【发生规律】在土中残根生存，通过灌溉水和病土、病苗传播。条件适宜时，越冬卵孵化为幼虫，继续发育后侵入根部，产生新的根结。土壤湿度适合蔬菜生长，也适于根结线虫活动，雨季有利于孵化和侵染，但在干燥或过湿土壤中，其活动受到抑制。沙质土壤比黏土地发病重。

【防治方法】实行与葱、蒜、辣椒等抗耐病蔬菜轮作，降低土壤中线虫数量。收获后彻底清除病根，深翻土壤，长时间灌水。北方可进行表土层换土，经严冬可冻死大量虫卵。

土壤处理。播种前15～20天选用98%棉隆颗粒剂5～7kg/亩或0.5%阿维菌素颗粒剂3～4kg/亩、35%威百亩水剂4～6kg/亩、5%丁硫克百威颗粒剂3kg/亩、10%噻唑膦颗粒剂2kg/亩沟施于20cm土层内。还可选用3%氯唑膦颗粒剂1～1.5kg/亩，拌少量细土均匀施于定植沟穴内。

在生长过程中发现为害，可以用40%灭线磷乳油1 000倍液或1.8%阿维菌素乳油1 000倍液灌根，每株灌250ml。视病情间隔7～10天1次，能有效地控制根结线虫病的发生为害。

5. 蕹菜炭疽病

【症　　状】主要为害叶片，茎部也可受害。叶片发病多从叶尖或叶缘开始，半圆形或不定形，褐色，发病与健康部位界限明晰，斑面微具轮纹，并可见小黑点病症，病斑相互连合，病部易破裂或部分脱落，终致叶片枯黄，不能食用(图30-9)。茎部病斑近椭圆形至梭形，褐色，稍下陷。

图30-9　蕹菜炭疽病叶片发病症状

【病　　原】*Colletotrichum* sp. 称刺盘孢，属无性型真菌。

【发病规律】以菌丝体和分生孢子盘随病残体遗落在土中存活越冬，分生孢子盘产生的分生孢子作为初侵染与再侵染源，借助雨水溅射而传播，从伤口或表皮侵入致病。高温多雨的季节及天气有利于发病。偏施氮肥，植株生长过旺，株间郁闭的田块和植株易发病。

【防治方法】发病严重地区宜选用早熟抗病良种。加强肥水管理。避免过施偏施氮肥，适时喷施叶面肥，促植株早生快发；适时采摘以改善株间通透性。水栽的宜管好水层，适时排水落田换水；旱栽的适度浇水，做到干湿适宜，增强植株根系活力。

发病初期，可采用下列杀菌剂或配方进行防治：

25％咪鲜胺乳油1 000～1 500倍液+75％百菌清可湿性粉剂600倍液；

20％唑菌胺酯水分散粒剂1 500倍液+66％二氰蒽醌水分散粒剂2 500倍液；

25％溴菌腈可湿性粉剂500倍液+70％代森锰锌可湿性粉剂600～800倍液；

20％硅唑·咪鲜胺水乳剂2 000～3 000倍液；

20％苯醚·咪鲜胺微乳剂2 500～3 500倍液；

40％多·福·溴菌腈可湿性粉剂800～1 000倍液；

70％福·甲·硫磺可湿性粉剂600～800倍液；

均匀喷雾，视病情间隔7～10天防治1次。

第三十一章 苋菜病害防治新技术

苋菜属苋科，一年生草本植物。原产于中国、印度、美洲。现全国各地均有栽培。

目前，国内发现的苋菜病害有10多种，主要有褐斑病、炭疽病、黑斑病、白锈病、病毒病、疫病等。

1．苋菜褐斑病

【症　　状】叶片发病初期产生圆形或不规则形，黄褐色或褐色病斑，后期病斑中间常呈灰色至灰白色，病健部分界明显，病部常产生黑色小粒点(图31-1)。

图31-1　苋菜褐斑病叶片发病症状

【病　　原】*Phyllosticta amaranthi* 称苋叶点霉，属无性型真菌。

【发生规律】病原菌主要以菌丝体、分生孢子器在土壤中越冬，翌年条件适宜时病菌产生分生孢子借风雨气流传播；栽培地块地势低洼，土质黏重，雨水较多，雨后易积水，管理粗放，偏施氮肥，植株徒长均易发病。

【防治方法】选择地势较平坦不易积水的壤土地栽培，加强肥水管理，施足充分腐熟的有机肥，合理配合施用氮、磷、钾肥，促进植株健壮生长，雨后及时排出田间积水，保护地栽培，及时放风排湿；收获结束后及时清除田间病残体并集中带出田外销毁。

发病前至发病初期，可采用下列杀菌剂进行防治：

25％溴菌腈可湿性粉剂500倍液；

25％咪鲜胺乳油1 000～1 500倍液+70％代森锰锌可湿性粉剂800倍液

25％腈菌唑悬浮剂1 000～2 000倍液+75％百菌清可湿性粉剂600倍液；

70％甲基硫菌灵可湿性粉剂600～800倍液+75％百菌清可湿性粉剂600～800倍液；

70％丙森锌可湿性粉剂600～800倍液；

对水喷雾，视病情间隔7～10天1次，连续2～3次。

2．苋菜炭疽病

【症　　状】叶片发病初期，产生水浸状小斑点，后发展成圆形或椭圆形至不规则形边缘褐色，中间灰白色病斑，严重时病斑融合成大斑，导致叶片枯死，病部常生黑色小粒点(图31-2)；茎部发病产生褐色至灰褐色椭圆形凹陷斑。

图31-2　苋菜炭疽病叶片发病症状

【病　　原】*Colletotrichum erumpens* 称溃突刺盘孢，属无性型真菌。

【发生规律】病原菌以菌丝体或分生孢子随病残体在土壤中越冬，也可以在种子上越冬。翌年条件适宜时产生分生孢子，借雨水气流传播为害。栽培密度较大，田间郁闭，通透性差，雨水较多，雨后易积水，管理粗放，保护地栽培放风不及时，田间湿度较大，发病较重。

【防治方法】选择土质较疏松，通透性较好的壤土地栽培，合理密植，加强肥水管理，保护地栽培及时放风排湿；收获后及时清出田间病残体并集中带出田外销毁。

种子处理。播种前，可采用2.5%咯菌腈悬浮种衣剂进行种子包衣，也可用10%苯醚甲环唑水分散粒剂2 000倍液浸种30分钟。

发病前至发病初期，可采用下列杀菌剂进行防治：

25%咪鲜胺乳油1 000～1 500倍液+75%百菌清可湿性粉剂600倍液；

10%苯醚甲环唑水分散粒剂1 000～1 500倍液；

25%溴菌腈可湿性粉剂500倍液；

5%亚胺唑可湿性粉剂1 000倍液+75%百菌清可湿性粉剂600倍液；

25%腈菌唑悬浮剂1 000～2 000倍液+75%百菌清可湿性粉剂600倍液；

20%唑菌胺酯水分散粒剂1 000～1 500倍液；

对水喷雾，视病情间隔7～15天1次，连续2～3次。

3．苋菜黑斑病

【症　　状】叶片发病初期产生褐色水浸状小斑点，后成圆形至不规则形褐色至黑褐色，病斑上有不明显轮纹，湿度大时病部常生黑色霉状物，发病严重时致叶片枯死(图31–3)。

图31–3　苋菜黑斑病叶片发病症状

【病　　原】*Alternaria amaranthi* 称苋链格孢，属无性型真菌。

【发生规律】病菌主要以菌丝体和分生孢子丛随病残体在土壤中越冬，翌年条件适宜时产生分生孢子借助风雨传播、侵染、为害；露地栽培常发生在多雨季节，保护地栽培发病多是由于播种密度过大，田间郁闭，通透性差，放风不及时空气湿度大，经常大水漫灌等。

【防治方法】露地栽培多雨季节注意及时排出田间积水，适当稀植，保护地栽培加强肥水管理，及时放风排湿，浇水后加大放风量，适时采收；收获结束后及时清出田间病残体并集中带出田外销毁。

发病前至发病初期，可采用下列杀菌剂进行防治：

250g/L嘧菌酯悬浮剂1 500～2 000倍液；

560g/L嘧菌·百菌清悬浮剂800～1 000倍液；

50%腐霉利可湿性粉剂1 000～1 500倍液+70%代森联水分散粒剂600倍液；

10%苯醚甲环唑水分散粒剂1 000倍液+75%百菌清可湿性粉剂600～800倍液；

70%丙森锌可湿性粉剂600～800倍液；

70%甲基硫菌灵可湿性粉剂800～1 000倍液+70%代森锰锌可湿性粉剂700倍液；

对水喷雾，视病情间隔7～15天1次，连续2～3次。

4．苋菜白锈病

【症　　状】叶片发病初期产生淡黄色至黄绿色斑点，后扩大，边缘不明显，叶背产生圆形至不规则形白色疱斑，后期疱斑破裂，散出白色粉状物(图31–4)。

图31-4 苋菜白锈病叶片发病症状

【病　　原】*Albugo bliti* 称苋菜白锈菌，属卵菌门真菌。

【发生规律】病菌主要以卵孢子随病残体在土壤中越冬，翌年条件适宜时产生分生孢子囊或直接侵染为害。常年连作、地势较低，排水不良，雨后易积水，种植密度大，田间通透性差，管理粗放，保护地栽培放风不及时，经常大水漫灌发病重。

【防治方法】选择地势较平坦，不易积水的地块栽培，加强肥水管理，促进植株健壮生长，多雨季节，雨后及时排出田间积水，保护地栽培，适当稀植，浇水后加大放风量。收获结束后及时清出田间病残体并集中带出田外销毁。

发病前至发病初期，可采用下列杀菌剂进行防治：

69%烯酰吗啉·锰锌可湿性粉剂1 000倍液；

72%霜脲·锰锌可湿性粉剂600～800倍液；

53%甲霜灵·锰锌可湿性粉剂500～800倍液；

50%甲霜·铜可湿性粉剂600～800倍液；

560g/L嘧菌·百菌清悬浮剂800～1 000倍液；

对水喷雾，视病情间隔7～10天喷1次。

5. 苋菜病毒病

【症　　状】发病植株矮化畸形，叶片呈黄绿相间，有时出现坏死斑，发病严重时叶片及生长点扭曲、皱缩(图31-5)。

图31-5 苋菜病毒病叶片发病症状

【病　　　原】Gomphrena virus (Gov)千日红病毒，Cucumber mosaic virus(CMV)黄瓜花叶病毒，两种均属病毒。

【发生规律】在南方两种病毒主要在活体寄主上存活并辗转为害；在北方多由其他作物上的病毒通过蚜虫传播而来。蚜虫较多，少雨年份，管理粗放，经常缺肥缺水，田间杂草较多发病较重。

【防治方法】栽培前清除杂草，彻底杀灭白粉虱和蚜虫。施足有机肥，增施磷、钾肥，提高抗病力。适当多浇水，增加田间湿度。收获结束后及时清出田间病残体及杂草并集中带出田外销毁。

注意防治蚜虫。

发病前，可采用下列杀菌剂进行防治：

2%宁南霉素水剂200～400倍液；

5%氨基寡糖素水剂300～500倍液；

20%盐酸吗啉胍·乙酸铜可湿性粉剂500～700倍液；

20%盐酸吗啉胍可湿性粉剂400～600倍液；

2.1%烷醇·硫酸铜可湿性粉剂500～700倍液；

25%琥铜·吗啉胍可湿性粉剂600～800倍液；

对水喷雾，间隔5～7天喷1次。

6. 苋菜疫病

【症　　　状】叶片发病初期产生圆形至不规则形水浸状斑，后扩展成椭圆形至不规则形浅褐色斑，边缘有水浸状晕圈，发病严重时叶柄、叶片及心叶褪绿枯死，茎基部发病初期产生椭圆形水浸状斑，后向上下扩展，病部呈湿腐状，病株易倒伏，常造成病部以上枯死(图31-6)。

图31-6 苋菜疫病叶片发病症状

【病　　原】*Phytophthora nicotianae* 称烟草疫霉，属卵菌门真菌。

【发生规律】病原菌主要以卵孢子和厚垣孢子随病残体在土壤中越冬，翌年条件适宜时借助风雨气流传播为害。棚室栽培土质黏重，易积水，播种密度较大，管理粗放，经常大水漫灌，放风不及时，放风量较小，露地栽培，雨水较多，发病较重。

【防治方法】选择土质较疏松的壤土地栽培，施足充分腐熟的有机肥，保护地栽培注意播种密度不可太大，加强肥水管理，促进植株生长，增强抗病能力，浇大水时选择晴天，浇水后加大放风量；露地栽培，雨后及时排出田间积水，收获后及时清出田间病残体并集中带出田外销毁。

发病前至发病初期，可采用下列杀菌剂进行防治：

687.5g/L霜霉威盐酸盐·氟吡菌胺悬浮剂800~1 200倍液；

25%双炔酰菌胺悬浮剂1 000~1 500倍液；

25%吡唑醚菌酯乳油1 500~2 000倍液；

40%醚菌酯悬浮剂3 000~4 000倍液；

66.8%丙森·异丙菌胺可湿性粉剂600~800倍液；

68%精甲霜·锰锌水分散粒剂800~1 000倍液；

20%氟吗啉可湿性粉剂600~800倍液+70%代森锰锌可湿性粉剂600~800倍液；

70%丙森锌可湿性粉剂600~800倍液；

对水喷雾，视病情间隔7~10天1次，连续2~3次。

第三十二章　落葵病害防治新技术

　　落葵属落葵科，一年生或多年生草本植物，原产亚洲热带地区。我国主要产区在长江中下游以南地区栽培，北方栽培较少。主要栽培模式有露地栽培、日光温室栽培等。

　　目前，国内发现的落葵病害有20多种，主要有蛇眼病、黑斑病、炭疽病等；常年因病虫害发生为害造成的损失在20%～40%。

1. 落葵蛇眼病

　　【症　　状】主要为害叶片。叶片染病，从植株的下部叶片开始向上发展。发病初期在叶片上产生水浸状小点，扩大后形成白色圆形小斑，边缘紫褐色，中央黄白色，明显凹陷，质薄，易破裂穿孔，后期在病斑上产生黑色小粒点。严重时叶片上遍布病斑，易枯黄脱落(图32-1和图32-2)。

图32-1　落葵蛇眼病叶片发病初期症状

　　【病　　原】*Pseudocercospora baselloe* 称落葵假尾孢，属无性型真菌。分生孢子器球形，初埋生于寄主组织内，以后孔口外露，壁薄，浅褐色。分生孢子卵圆形至长卵形，单胞，浅色。

　　【发生规律】以菌丝体和分生孢子器随病残体越冬，翌年条件适宜时分生孢子借雨水溅射传播，进行初侵染和再侵染，从叶片表皮直接侵入。种子亦可带菌，

图32-2　落葵蛇眼病叶片发病后期症状

引起幼苗发病。发病适温为15～32℃；浙江主要发生在4—10月；成株期发病最重；通常田间连作，天气温暖多湿，阴雨较多，地势较低，易积水，管理较差缺肥缺水，植株生长势弱发病严重。

【防治方法】与其他科蔬菜轮作2年以上；施足充分腐熟的有机肥，增施磷、钾肥；合理密植，雨后及时排出田间积水。收获后及时彻底清除病残体，减少菌源。

种子处理。可用种子重量0.3%的50%异菌脲可湿性粉剂、70%甲基硫菌灵可湿性粉剂拌种，或用2.5%咯菌腈悬浮种衣剂进行种子包衣；也可用福尔马林100倍液浸种0.5～1.0小时后用清水冲洗干净后播种。

发病初期，可采用下列杀菌剂或配方进行防治：

50%醚菌酯干悬浮剂3 000～4 000倍液；

50%乙烯菌核利可湿性粉剂800～1 000倍液+70%丙森锌可湿性粉剂600～800倍液；

50%异菌脲可湿性粉剂1 000～1 500倍液；

50%腐霉利可湿性粉剂1 000～1 500倍液+50%克菌丹可湿性粉剂400～600倍液；

30%异菌脲·环己锌乳油900～1 200倍液；

30%嘧霉·福美双悬浮剂800～1 000倍液；

65%甲硫·霉威可湿性粉剂1 000～1 500倍液+70%代森锰锌可湿性粉剂600～800倍液；

64%氢铜·福美锌可湿性粉剂600～800倍液；

对水喷雾，视病情间隔7～10天1次。

2．落葵黑斑病

【症　　状】主要为害叶片，发病初期在叶片上出现灰褐色坏死小斑点，扩大后呈近圆形灰白至灰褐色坏死斑，稍凹陷，有不明显轮纹，其上产生灰黑色霉层。发病严重时叶片上病斑密布，相互连结成不规则形大斑，致叶片坏死(图32-3和图32-4)。

图32-3　落葵黑斑病叶片发病初期症状

图32-4　落葵黑斑病叶片发病后期症状

【病　　原】*Alternaria tenuis* 称细交链孢霉，属无性型真菌。分生孢子梗直立，分枝或不分枝，淡褐色，有弯曲，顶端常膨大，具多个孢子痕。分生孢子链生，椭圆形至棍棒状，有喙或无喙，淡褐色。

【发生规律】以菌丝体和分生孢子随病残体在土中越冬。翌春分生孢子借助雨水、气流传播，进行初侵染和再侵染。成熟的老叶易发病。一般常年连作地块，周边蔬菜上有菌源，种植密度大，田间通透性差，地势低，雨水较多，雨后易积水，经常缺水缺肥，植株长势差发病重。

【防治方法】与其他蔬菜轮作2年以上；选择地势较平坦，不易积水的地块栽培，合理密植，雨后及时排出田间积水，施足充分腐熟的有机肥，加强肥水管理，适时追肥，增施磷、钾肥；收获后及时清除田间病残体，并集中销毁。

在发病初期，可选用下列杀菌剂进行防治：

50%乙烯菌核利可湿性粉剂800~1 000倍液+70%代森联水分散粒剂800倍液；

25%腈菌唑乳油1 000~2 000倍液+70%代森锰锌可湿性粉剂800倍液；

25%咪鲜胺乳油800~1 000倍液+75%百菌清可湿性粉剂600倍液；

25%溴菌腈可湿性粉剂500~800倍液+70%代森锰锌可湿性粉剂800倍液；

560g/L嘧菌·百菌清悬浮剂800~1 000倍液+0.5%香菇多糖水剂500倍液；

47%春雷·王铜可湿性粉剂600~800倍液；

50%异菌脲可湿性粉剂1 000~1 500倍液；

10%苯醚甲环唑水分散粒剂1 500倍液；

对水喷雾，视病情间隔7~10天左右1次。

3. 落葵炭疽病

【症　　状】叶片、叶柄、茎均可发病；叶片发病在叶片上产生褐色至深褐色圆形至不规则形病斑；四周有不明显浅褐色轮纹，后病斑中间部位变为灰白色稍下陷；叶柄及茎上的病斑梭形至椭圆形暗褐色，稍凹陷(图32-5)。

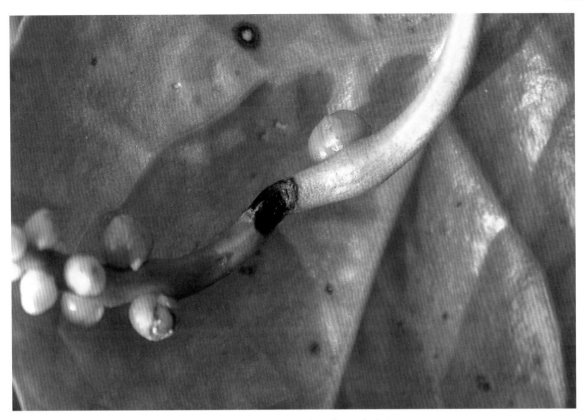

图32-5 落葵炭疽病茎部发病症状

【病　　原】*Colletotrichum* sp. 称刺盘孢，属无性型真菌。

【发生规律】病菌主要以菌丝体随病残体在土壤中或病株上越冬，也可附着在种子上；越冬后的病菌产生大量分生孢子，通过雨水、灌溉、气流传播，成为初侵染源。种植密度大，田间通风不良，高温高湿，叶面结露时间长，氮肥施用过多植株徒长或旺长，缺肥缺水，植株衰弱，经常大水漫灌发病重。

【防治方法】合理密植，合理配合施用氮、磷、钾肥，加强田间管理，适时适量浇水施肥，小水勤浇。

发病前，可采用下列杀菌剂进行防治：

20％唑菌胺酯水分散粒剂1 500倍液+70％丙森锌可湿性粉剂600～800倍液；

25％溴菌腈可湿性粉剂500倍液+70％代森锰锌可湿性粉剂600～800倍液；

25％咪鲜胺乳油1 000～1 500倍液+75％百菌清可湿性粉剂600倍液；

10％苯醚甲环唑水分散粒剂1 500倍液+22.7％二氰蒽醌悬浮剂1 500倍液；

5％亚胺唑可湿性粉剂1 000～1 500倍液+70％丙森锌可湿性粉剂700倍液；

20％硅唑·咪鲜胺水乳剂2 000～3 000倍液；

40％多·福·溴菌腈可湿性粉剂800～1 000倍液；

70％福·甲·硫磺可湿性粉剂600～800倍液；

47％春雷·王铜可湿性粉剂600～800倍液；

对水喷雾，视病情间隔7～10天1次。

4.落葵紫斑病

【症　　状】主要为害叶片，初期在叶片上产生圆形至不规则形边缘紫褐色病斑，后期病斑易穿孔破裂(图32-6)。

图32-6　落葵紫斑病叶片发病症状

【病　　原】*Ramalaria* sp. 称柱隔孢菌，属无性型真菌。

【发生规律】南方菜区该病终年存在，病部产生分生孢子借风雨或水滴溅射辗转传播。不存在越冬问题；北方以菌丝体和分生孢子器随病残体遗落土壤中越冬。翌年以分生孢子进行初侵染，病部产生的孢子又借气流及雨水溅射传播进行再侵染。

【防治方法】选择地势较平坦的地块栽培，雨后及时排出田间积水，收获后及时清除田间病残体并集中销毁。

发病初期，可采用下列杀菌剂或配方进行防治：

56%嘧菌·百菌清悬浮剂800～1 000倍液；

25%嘧菌酯悬浮剂1 500～2 000倍液；

50%咪鲜胺锰盐可湿性粉剂1 000～1 500倍液；

45%噻菌灵可湿性粉剂800～1 000倍液+75%百菌清可湿性粉剂600倍液；

50%异菌脲可湿性粉剂800～1 500倍液；

对水喷雾，视病情间隔7～10天喷1次。

5. 落葵根结线虫病

【症　　状】主要发生在根部，须根或侧根染病后产生瘤状大小不等的根结(图32-7)。地上部植株生长不良，叶片中午萎蔫或逐渐黄枯，植株矮小，发病严重时枯死。

【病　　原】*Meloidogyne incognita* 称南方根结线虫，属动物界线虫门。

【发生规律】根结线虫多以2龄幼虫或卵随病残体遗留在土层中，条件适宜时，越冬卵孵化为幼虫，继续发育后侵入落葵根部，产生新的根结或肿瘤。土壤湿度适合蔬菜生长，也适于根结线虫活动，雨季有利于孵化和侵染，但在干燥或过湿土壤中，其活动受到抑制。沙土比黏土发病重。

【防治方法】与大葱、韭菜、辣椒等抗耐病菜类轮作2年以上；根结线虫通常在0～30cm的土壤中活

图32-7　落葵根结线虫病根部发病症状

动，在7月或8月采用高温闷棚进行土壤消毒。

土壤处理。用0.5%阿维菌素颗粒剂3～4kg/亩或10%噻唑膦颗粒剂2kg/亩与20kg细土充分拌匀，撒在畦面下。

在生长过程中发生为害时可以用1.8%阿维菌素乳油2 000～3 000倍液灌根。

第三十三章　茴香病害防治新技术

　　茴香，又名小茴香，属伞形科，一二年生草本植物。原产于地中海沿岸及西亚，是一种多用途的芳香植物，嫩茎、嫩叶作为蔬菜食用，果实种子可以用作香料。在中国各地均有栽培。据统计，全国年种植面积约为7 000hm²，年产量2 000万t。

　　目前，国内发现的茴香病害有10多种，主要有菌核病、根腐病、软腐病、病毒病等。

1．茴香菌核病

　　【症　　状】主要为害近地面叶柄及茎部，发病部位产生褐色水浸状不规则形斑，后病部湿腐，病部以上组织常萎蔫，严重时地上部枯死；湿度大时病部产生白色菌丝，后白色菌丝扭结成黑色菌核(图33-1）。

图33-1　茴香菌核病发病症状

　　【病　　原】*Sclerotinia sclerotiorum* 称核盘菌，属子囊菌亚门真菌。

　　【发生规律】病原菌主要以菌核在土壤中或混在种子中越冬，翌年条件适宜时子囊孢子借风雨传播。保护地天津地区11月中下旬至翌年3月发病；河南一般在12月至翌年3月；上海及长江中下游地区春季发生在2—6月，秋季发生在10—12月。连作地块，土质黏重，地势低洼，排水不良易积水，种植密度过大，田间通透性差；肥水不均匀，导致植株徒长、旺长或长势过弱抗病能力低；早春低温，连续阴雨时间长，保护地内长期湿度过大发病较重。

　　【防治方法】与非伞形花科蔬菜轮作2～3年，有条件可进行水旱轮作。选择地势平坦不易积水的壤土地栽培；加强肥水管理促进植株健壮生长，增强抗病能力，保护地栽培及时放风排湿，低温季节栽培尽量少浇水，避免大水漫灌。发病株及时清除田间。夏季收获后及时深翻或灌水浸泡或闭棚7～10天，利用高温杀灭表层菌核。

种子处理。播前用10%盐水选种，除去菌核后再用清水冲洗干净，晾干播种。

发病前至发病初期，可采用下列杀菌剂进行防治：

50%乙烯菌核利可湿性粉剂800～1 000倍液+25%溴菌清可湿性粉剂600倍液；

50%腐霉·多菌可湿性粉剂1 000倍液+70%百菌清可湿性粉剂的600～800倍液；

50%腐霉利可湿性粉剂800～1 500倍液+36%三氯异氰尿酸可湿性粉剂600～800倍液；

40%菌核净可湿性粉剂600～800倍液+50%克菌丹可湿性粉剂400～600倍液；

对水喷雾，视病情间隔7～10天喷1次。

2．茴香根腐病

【症　　状】发病初期外叶萎蔫发黄，后整株叶片都萎蔫，拔出病株可见根部有大量褐色坏死斑，发病严重的根部变成黑色腐烂，地上部组织枯死(图33-2)。

图33-2　茴香根腐病地上部发病症状

【病　　原】*Fusarium oxysporum* 称尖镰孢菌，属无性型真菌。

【发生规律】病原菌主要以菌丝体或厚垣孢子随病残体在土壤中或附着在种子上越冬。翌年条件适宜时侵染为害。连作时间长、土壤偏酸、地下害虫多、土壤板结，施用未腐熟粪肥，或追肥不当烧根，植株生长衰弱发病较重。

【防治方法】与非伞形花科蔬菜轮作3年以上。施用充分腐熟的有机肥做基肥，采用配方施肥技术，合理配合施用氮、磷、钾肥，提高植株抗病力。发现病株及时拔除。收获结束后及时清除田间病残体并集中带出田外销毁。

发病前至发病初期，可以采用以下杀菌剂进行防治：

80%乙蒜素乳油2 000倍液；

70%恶霉灵可湿性粉剂2 000倍液；

54.5%恶霉·福可湿性粉剂700倍液；

80％多·福·福锌可湿性粉剂700倍液；

70％敌磺钠可溶性粉剂500倍液；

向茎基部喷淋或灌根，视病情间隔5～7天1次。

3. 茴香软腐病

【症　　状】主要为害叶柄和茎基部，发病初期产生水浸状小斑点，后扩展成褐色不规则形稍凹陷斑，发病严重时病部腐烂，并有恶臭味(图33-3)。

图33-3　茴香软腐病发病症状

【病　　原】*Erwinia carotovora* pv. *carotovora* 称胡萝卜软腐欧文氏菌胡萝卜致病变种，属细菌。

【发生规律】病原菌随病残体遗落在土壤中越冬，翌年条件适宜时借灌溉水及雨水溅射传播为害。长期高温，连续阴雨天多，雨后田间易积水，长势较差，虫害多发病重。

【防治方法】精细翻耕整地，暴晒土壤，促进病残体分解。增施充分腐熟的有机肥，及时追肥浇水促进植株生长。雨后及时排水，发现病株后及时清除，病穴撒石灰进行消毒；收获结束后及时清除田间病残体并集中带出田外销毁。

发病前至发病初期，采用下列杀菌剂进行防治：

88％水合霉素可溶性粉剂1 500～2 000倍液；

2％春雷霉素可湿性粉剂300～500倍液；

3％中生菌素可湿性粉剂600～800倍液；

20％叶枯唑可湿性粉剂600～800倍液；

20％喹菌铜水剂1 000～1 500倍液；

20％噻唑锌悬浮剂600～800倍液；

12％松脂酸铜悬浮剂600～800倍液；

对水喷雾，视病情间隔5～7天喷1次。

4．茴香病毒病

【症　　状】全株发病，病叶表现为明脉和黄、绿、白相间的斑驳，并出现褐色枯死斑或病叶上出现黄色病斑。严重时，植株矮化卷曲，叶片畸形扭曲，甚至枯死(图33-4）。

图33-4　茴香病毒病叶片发病症状

【病　　原】主要由芹菜花叶病毒(Celery mosaic virus，CeMV)和黄瓜花叶病毒(CMV)侵染引起。

【发生规律】病毒可在越冬栽培芹菜及杂草等植株上越冬。翌年条件适宜时通过农事操作、蚜虫传播。一般下半年发病比上半年发病重。地势低洼，常年连作地块，早春及秋季温度偏高，雨水偏少，蚜虫发生严重，管理粗放，经常缺水缺肥导致植株长势较弱抗病力差，发病较重。

【防治方法】与非伞形花科蔬菜轮作3年以上。施足充分腐熟的有机肥；加强水肥管理，提高植株抗病力，有条件的也可在防虫网室中栽培。及时拔除田间病苗。收获结束后及时清除田间病残体并集中带出田外销毁。

发现蚜虫及时防治，避免传播病毒。

发病前，可采用下列杀菌剂进行防治：

2％宁南霉素水剂200～400倍液；

5％氨基寡糖素水剂300～500倍液；

20％盐酸吗啉胍·乙酸铜可湿性粉剂500～700倍液；

1.5％硫铜·烷基·烷醇水乳剂1 000倍液；

3.95％三氮唑核苷·铜·烷醇·锌水剂500～800倍液；

3％三氮唑核苷水剂600～800倍液；

2.1％烷醇·硫酸铜可湿性粉剂500～700倍液；

25％琥铜·吗啉胍可湿性粉剂600～800倍液；

3.85％三氮唑·铜·锌水乳剂500～700倍液；

对水喷雾，视病情间隔5～7天喷1次。

5．茴香菟丝子为害

【症　　状】菟丝子缠绕在植株的茎叶上，其吸器伸入植株茎或叶柄组织内，吸取水分和养分，致使叶片变黄、凋萎，严重时植株成片死亡(图33-5)。

图33-5　菟丝子为害茴香

【病　　原】有两种，*Cuscuta chinensis* 称中国菟丝子和*C.australis* 称南方菟丝子。中国菟丝子茎细弱，黄化，无叶绿素，其茎与寄主的茎接触后产生吸器，附着在寄主表面吸收营养，花白色，花柱2条，头状，尊片具脊，脊纵行，使萼片现出棱角。南方菟丝子藤线状，右旋缠绕，幼嫩部分初黄色，后渐变花白色，蒴果扁球形，吸器卵圆形，与中国菟丝子很相似。两者主要区别：南方菟丝子尊片背面光滑无脊，雄蕊着生于2个花冠裂开间曲处，蒴果成熟后，花冠仅包住蒴果下半部，破裂时呈不规则开裂；中国菟丝子尊片背面具纵脊，雄蕊与花冠裂开互生，蒴果成熟后被花冠全部包住，破裂时呈周裂。

【发病条件】菟丝子种子可混杂在寄主种子内及随有机肥在土壤中越冬。其种子外壳坚硬，经1~3年才发芽，在田间可沿畦埂地边蔓延，遇合适寄主即缠茎寄生为害。

【防治方法】精选种子，防止菟丝子种子混入。深翻土壤抑制菟丝子种子萌发；摘除菟丝子藤蔓，带出田外烧毁或深埋。掌握在菟丝子幼苗未长出缠绕茎以前锄灭。

推行厩肥经高温发酵处理，使菟丝子种子失去发芽力或沤烂。生物防治喷洒鲁保1号生物制剂，使用浓度要求每毫升水中含活孢数不少于3 000万个，每亩2~2.5 L，于雨后或傍晚及阴天喷洒，间隔7天1次，连续防治2~3次。在喷药前，如能破坏菟丝子茎蔓，人为制造伤口，防效可明显提高。

第三十四章　芫荽病害防治新技术

芫荽，最早叫胡荽、香菜，属伞形科，一、二年生草本植物。原产于地中海沿岸及中亚，现中国各地均有栽培。

目前，国内发现的芫荽病害有10多种，主要有立枯病、菌核病、病毒病、叶斑病等。

1. 芫荽立枯病

【症　　状】发病植株茎基部生有椭圆形暗褐色病斑，严重时病斑扩展绕茎一周，失水后病部逐渐凹陷缢缩，后期茎叶枯死(图34-1)。

图34-1　芫荽立枯病幼苗发病症状

【病　　原】*Rhizoctonia solani* 称立枯丝核菌，属无性型真菌。

【发生规律】病菌主要以菌丝体或菌核在土壤中越冬，翌年条件适宜时菌丝能直接侵入寄主，通过流水、农具传播。播种过密，温度忽高忽低，光照弱，通风不良，湿度过高，易诱发本病。

【防治方法】播种后一般不浇水，可采用撒施细湿土的方法保持土壤湿度，若湿度过高，可撒施草木灰降湿，注意提高地温。苗期喷0.1%～0.2%磷酸二氢钾，可增强抗病能力。收获结束后及时清出田间病残体并集中带出田外销毁。

出苗后至发病初期，可用下列杀菌剂进行防治：

20%灭锈胺悬浮剂800～1 000倍液+70%代森锰锌可湿性粉剂600～800倍液；

20%氟酰胺可湿性粉剂600～800倍液；

30%恶霉·甲霜水剂400～600倍液；

20%甲基立枯磷乳油800～1 200倍液；

喷淋植株，间隔5～7天1次。

2.芫荽菌核病

【症　　状】茎部发病初期呈褐色水浸状，湿度大时软腐，表面生出白色菌丝，后形成鼠粪状黑色菌核(图34-2)。

图34-2　芫荽菌核病田间发病症状

【病　　原】*Sclerotinia sclerotiorum* 称核盘菌，属子囊菌门真菌。

【发生规律】病原菌主要以菌核在土壤中或混在种子中越冬，翌年条件适宜时子囊孢子借风雨传播侵染为害。菌核萌发适温5~20℃。连作地块，土质黏重，地势低洼，排水不良易积水，播种密度大，田间通透性差，雾多发病较重。

【防治方法】与非伞形花科蔬菜轮作2~3年，有条件的可进行水旱轮作。选择地势平坦不易积水的壤土地栽培；合理密植；加强肥水管理促进植株生长，增强抗病性。收获后及时深翻或灌水浸泡或闭棚7~10天，利用高温杀灭表层菌核。

发病前至发病初期，可采用下列杀菌剂进行防治：

50％乙烯菌核利可湿性粉剂800~1 000倍液+25％溴菌清可湿性粉剂600倍液；

40％菌核净可湿性粉剂600~800倍液+50％克菌丹可湿性粉剂400~600倍液；

50％腐霉·多菌可湿性粉剂1 000倍液+70％百菌清可湿性粉剂的600~800倍液；

66％甲硫·霉威可湿性粉剂1 000~1 500倍液+70％代森锰锌可湿性粉剂的800倍液；

对水喷雾，视病情间隔7~10天喷1次。

3．芫荽病毒病

【症　　状】整株均可发病，叶片呈黄绿相间的花叶，发病严重时心叶皱缩畸形，植株矮化(图34-3)。

图34-3　芫荽病毒病

【病　　原】Potato virus Y (PVY) 称马铃薯Y病毒，Cucumber mosaic virus (CMV)称黄瓜花叶病毒，均属病毒。

【发生规律】黄瓜花叶病毒病种子不带毒，主要随桃蚜、棉蚜在多年生宿根植物上越冬，每当春季发芽后，开始活动或迁飞，成为传播此病主要媒介；汁液摩擦也可传毒。发病适温20～25℃，气温高于25℃多表现隐症。马铃薯Y病毒：主要靠汁液摩擦传毒，切刀、农机具、衣物和动物皮毛均可成为传毒的介体。高温、干旱、光照强、杂草多、附近有发病作物、缺水、缺肥、管理粗放、蚜虫多时发病重。

【防治方法】播种前清除田间地头杂草，彻底杀灭白粉虱和蚜虫。有条件的可在防虫网室内栽培，施足充分腐熟的有机肥，增施磷、钾肥，加强肥水管理，促进植株生长，提高抗病能力。夏季高温季节适当多浇水。收获结束后及时清出田间病残体并集中带出田外销毁。

生长期间注意防治蚜虫。

发病前至初期，可采用下列杀菌剂进行防治：

2％宁南霉素水剂200～400倍液；

20％盐酸吗啉胍可湿性粉剂500～700倍液；

20％盐酸吗啉胍·乙酸铜可湿性粉剂500～700倍液；

2.1％烷醇·硫酸铜可湿性粉剂500～700倍液；

3.85％三氮唑·铜·锌水乳剂600～800倍液；

对水喷雾，间隔5～7天喷1次。

4．芫荽叶斑病

【症　　状】叶片发病初期产生褐色圆形至不规则形斑，病健部分界明显，后中间呈灰白色，发病严重时病斑合成大斑导致叶片枯死(图34-4)。

图34-4　芫荽叶斑病叶片发病症状

【病　　原】*Cercospora apii* 称芹菜尾孢霉，属无性型真菌。

【发生规律】病原菌主要以菌丝体随种子、病残体在土壤中越冬。春季条件适宜时产生分生孢子，借气流、雨水或浇水及农事操作传播。连作地块、地势低洼、土质黏重、雨后易积水、种植密度大、田间通透性差、氮肥施用过多造成植株旺长或徒长降低了抗病能力都能加重病情。

【防治方法】与非伞形花科蔬菜轮作2年以上；选择地势较高，不易积水的地块进行栽培；合理配方施肥，生长期间加强肥水管理促进植株生长。收获后及时清洁田园病残体并集中带出田外销毁。

发病前至发病初期，可采用下列杀菌剂进行防治：

10％苯醚甲环唑水分散粒剂1 000～1 500倍液+70％代森联水分散粒剂800倍液；

50％腐霉利可湿性粉剂800～1 500倍液+65％代森锌可湿性粉剂600倍液；

50％异菌脲可湿性粉剂800～1 000倍液+70％代森联水分散粒剂800倍液；

70％丙森锌可湿性粉剂600～800倍液；

对水喷雾，视病情间隔5～7天1次。

第三十五章 大葱、洋葱、香葱病虫害防治新技术

大葱属百合科，二年生草本，原产于中亚高山地区和我国西北高原。全国播种面积在54万hm²左右，总产量在1762.8万t，出口6万t。我国主要产区分布在山东、河南、河北、天津、山西、内蒙古、辽宁、吉林、黑龙江等地。主要栽培模式是露地栽培。

目前，国内发现的大葱病虫害有40多种，其中病害20多种，主要有霜霉病、紫斑病、疫病等；生理性病害10多种；虫害10多种。常年因病虫害发生为害造成的损失在20%～50%。

一、大葱、洋葱、香葱病害

1. 葱霜霉病

【症　状】主要为害叶及花梗，也可侵染洋葱鳞茎。叶片染病，从中下部叶片开始，病部以上渐干枯下垂(图35-1至图35-3)。花梗染病，初生黄白色或乳黄色较大侵染斑，纺锤形或椭圆形，其上产生白霉，后期变为淡黄色或暗紫色(图35-4)。假茎染病多破裂，弯曲。鳞茎受害，地上部生长不良，叶色淡，无光泽，叶片畸形或扭曲，植株矮缩，表面产生白色霉层，扩大后软化易折断。

图35-1　大葱霜霉病叶片发病初期症状

图35-2　大葱霜霉病叶片发病中期症状

图35-3　大葱霜霉病叶片发病后期症状

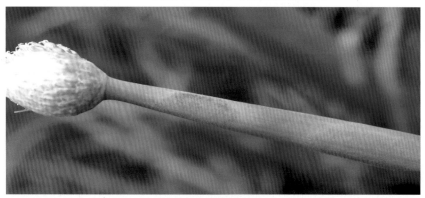

图35-4　大葱霜霉病花梗发病症状

【病　　原】*Peronospora schleidenii* 称葱霜霉菌，属卵菌门真菌。孢囊梗单生或丛生，顶端有3～6次二叉状分枝，无色，无隔膜。孢子囊单胞，卵圆形，淡褐色。卵孢子球形，具厚膜，呈黄褐色。

【发生规律】以卵孢子在寄主或种子上或土壤中越冬，翌年条件适宜时萌发，从植株的气孔侵入。借风、雨、昆虫等传播，进行再侵染。成株期至采收期发病最重。浙江及长江中下游地区主要发生在3—5月和9—11月；东北地区4月中旬至5月上旬开始发病。一般连作地块、土质黏重、地势低洼、雨后易积水、种植密度过大、田间通透性差、早春、梅雨季节、秋季雨水较多发病重。

【防治方法】与非百合科蔬菜轮作2～3年。选择地势较高、不易积水的地块种植，施足充分腐熟的有机肥，合理密植，适时施肥、浇水，促进植株健壮生长，小水勤浇，严防大水漫灌，雨后及时排出田间积水；收获后及时清除田间病残体，并集中销毁。

发病初期，可采用下列杀菌剂进行防治：

560g/L嘧菌·百菌清悬浮剂2 000～3 000倍液；

60%锰锌·氟吗啉可湿性粉剂800～1 000倍液；

68%精甲霜·锰锌水分散粒剂800～1 000倍液；

72%丙森·膦酸铝可湿性粉剂800～1 000倍液；

52.5%恶酮·霜脲氰水分散粒剂1 500～2 000倍液；

对水喷雾，视病情间隔7～10天喷1次。

发病普遍时，可采用下列杀菌剂进行防治：

687.5g/L霜霉威盐酸盐·氟吡菌胺悬浮剂800～1 200倍液；

250g/L吡唑醚菌酯乳油1 500～3 000倍液；

60%唑醚·代森联水分散粒剂1 000～2 000倍液；

66.8%丙森·异丙菌胺可湿性粉剂600～800倍液；

50%烯酰吗啉可湿性粉剂1 000～1 500倍液+75%百菌清可湿性粉剂600～800倍液；

70%呋酰·锰锌可湿性粉剂600～1 000倍液；

440g/L双炔·百菌清悬浮剂600～1 000倍液；

18.7%烯酰·吡唑酯水分散粒剂2 000～3 000倍液；

25%烯肟菌酯乳油2 000～3 000倍液+75%百菌清可湿性粉剂600～800倍液；

76%丙森·霜脲氰可湿性粉剂1 000～1 500倍液；

50%氟吗·乙铝可湿性粉剂600～800倍液+70%代森锰锌可湿性粉剂600～800倍液；

对水喷雾，视病情间隔5～7天喷1次。

2．葱紫斑病

【症　　状】主要为害叶和花梗，叶片和花梗染病，初呈水渍状白色小点，后变淡褐色圆形或纺锤形稍凹陷斑，继续扩大呈褐色或暗紫色，周围有黄色晕圈。湿度大时，病部长出同心轮纹状排列的深褐色霉状物，病害严重时，致全叶变黄枯死或折断(图35-5和图35-6)。鳞茎染病，多发生在鳞茎颈部，造成软腐和皱缩，茎内组织深黄色。

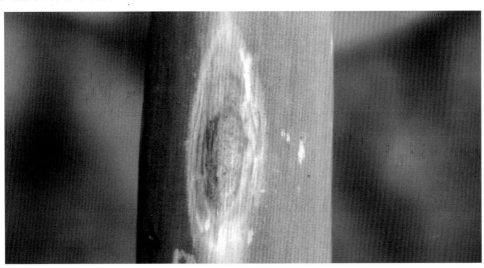

图35-5　大葱紫斑病叶片发病初期症状

图35-6　大葱紫斑病叶片发病后期症状

【病　　　原】*Alternaria porri* 称葱链格孢，属无性型真菌。分生孢子梗淡褐色，单生或5~10根束生，有隔膜2~3个，不分枝或分枝少；分生孢子褐色，长棍棒状，具横隔膜5~15个，纵隔膜1~6个；喙孢较长，有时分枝，具隔膜0~7个。

【发生规律】以菌丝体在寄主体内或随病残体在土壤中越冬，温暖地区以分生孢子在葱类植物上辗转为害；翌年条件适宜时产出分生孢子，借气流或雨水传播，经气孔、伤口或直接穿透表皮侵入。生长中后期发病严重。浙江及长江中下游地区主要发生在4—7月和9—11月。常年连作，沙土地，播种过早，种植过密，田间郁闭，管理粗放，经常缺肥缺水，植株生长过弱，葱蓟马为害重发病重。

【防治方法】与非百合科蔬菜轮作2年以上。施足充分腐熟的有机肥，适期播种，合理密植；注意及时防治蓟马；加强田间管理，适时适量施肥浇水；雨后及时排出田间积水。适时收获，低温贮藏，防止病害在贮藏期继续蔓延。收获后及时清洁田园。

种子处理。鳞茎可用40~45℃温水浸1.5小时，也可用40%福尔马林300倍液浸3小时，浸后及时洗净，或用30%苯噻硫氰乳油1 000倍液浸种3~6小时。

发病前至发病初期，以预防为主，可采用下列杀菌剂进行防治：

60%琥铜·锌·乙铝可湿性粉剂600~800倍液+75%百菌清可湿性粉剂600~800倍液；

70%丙森锌可湿性粉剂600~800倍液；

50%克菌丹可湿性粉剂400~600倍液；

64%氢铜·福美锌可湿性粉剂1 000倍液；

47%春雷霉素·王铜可湿性粉剂600~800倍液；

均匀喷雾，视病情间隔7~10天喷1次。

发病普遍时，可采用下列杀菌剂或配方进行防治：

50%腐霉利可湿性粉剂1 000~1 500倍液+70%代森联水分散粒剂600倍液；

50%异菌脲悬浮剂1 000~2 000倍液；

10%苯醚甲环唑水分散粒剂1 000倍液+75%百菌清可湿性粉剂600~800倍液；

50%甲·米·多可湿性粉剂1 500~2 000倍液+70%代森联水分散粒剂800倍液；

25%溴菌腈可湿性粉剂500~1 000倍液+75%百菌清可湿性粉剂600倍液；

25%腈菌唑乳油1 000~2 000倍液+70%代森锰锌可湿性粉剂700倍液；

25%咪鲜胺乳油800~1 000倍液+75%百菌清可湿性粉剂600倍液；

均匀喷雾，视病情间隔5~7天喷1次。

3．葱灰霉病

【症　　状】被害叶片上初生白色至浅灰褐色的小斑点，后斑点逐渐扩大，相互融合成椭圆形眼状梭形大斑(图35-7)。鳞茎发病，湿度大时，病斑密生灰褐色绒毛状霉层或霉烂、发黏、发黑(图35-8)。

图35-7　大葱灰霉病叶片发病症状

图35-8　洋葱灰霉病鳞茎发病症状

【病　　原】*Botrytis squamosa* 称葱鳞葡萄孢，属无性型真菌。分生孢子梗从叶组织内伸出，密集或丛生，直立，淡灰色至暗褐色，具0~7个分隔，基部稍膨大，分枝处正常或缢缩，分枝末端呈头状膨大，其上着生短而透明的小梗及分生孢子。分生孢子卵圆至梨形，光滑，透明，浅灰至灰褐色。

【发生规律】以菌丝、分生孢子或菌核越冬和越夏。翌年条件适宜时，菌核萌发产生菌丝体，又产生分生孢子，菌丝、分生孢子随气流、雨水、浇水传播，病菌从气孔或伤口等侵入叶片，引起发病。成株期发病最重。浙江及长江中下游地区主要发生在3—5月。地势低洼、土质黏重、阴雨连绵、雨后易积水、种植密度过大、偏施氮肥、植株徒长或旺长、降低了植株的抗病能力均能引起发病。

【防治方法】选择地势平坦，疏松透气性好的壤土地进行栽培；合理密植，加强肥水管理，合理配合施用氮、磷、钾肥，增强植株抗病能力，雨后及时排出田间积水；收获后及时清除田间病残体，并集中销毁。

发病初期，可采用下列杀菌剂进行防治：

50%腐霉·百菌可湿性粉剂800~1 000倍液；

50%多·福·乙可湿性粉剂800~1 000倍液+70%代森水分散粒剂600~800倍液；

50%多·乙可湿性粉剂800~1 000倍液+45%代森铵水剂300~500倍液；

30%福·嘧霉可湿性粉剂1 000倍液+75%百菌清可湿性粉剂600~800倍液；

均匀喷雾，视病情间隔7~10天喷1次。

发病普遍时，可采用下列杀菌剂进行防治：

50%烟酰胺水分散粒剂1 000~1 500倍液+70%代森联水分散粒剂600~800倍液；

50%嘧菌环胺水分散粒剂1 500倍液+70%代森锰锌可湿性粉剂600~800倍液；

50%腐霉利可湿性粉剂1 000~1 500倍液+75%百菌清可湿性粉剂600~800倍液；

40%嘧霉胺悬浮剂1 000~1 500倍液+75%百菌清可湿性粉剂600~800倍液；

30%福·嘧霉可湿性粉剂1 000倍液+75%百菌清可湿性粉剂600~800倍液；

40%嘧霉·百菌可湿性粉剂800~1 000倍液；

30%异菌脲·环己锌乳油900~1 200倍液；

65%甲硫·霉威可湿性粉剂1 000~1 500倍液+70%代森锰锌可湿性粉剂600~800倍液；

均匀喷雾，视病情间隔5~7天施喷1次。

4．葱病毒病

【症　　状】叶片上出现长短不一的黄绿相间的斑驳或黄色条斑，叶片扭曲变细，叶尖逐渐黄化；发病严重时，生长受抑制或停止生长，植株矮小，叶片黄化无光泽，最后全株萎缩枯死(图35-9)。

图35-9　葱病毒病发病不同类型症状

【病　　原】洋葱矮化病毒 Onion yellow dwarf virus (OYDV)、大蒜花叶病毒 Garlic mosaic virus (GMV) 及大蒜潜隐病毒 Garlic latent virus (GLV)。

【发生规律】病毒主要吸附在鳞茎上或随病残体在田间越冬。在田间主要靠多种蚜虫以非持久性方式或汁液摩擦接种传毒。与百合科蔬菜邻作，雨水较少，长期高温干旱，常缺肥缺水，植株长势差抗病能力低，蚜虫、蓟马为害严重都会加重病情。

【防治方法】精选葱秧，剔除病株，不要在葱类采种田或栽植地附近育苗及邻作。加强水肥管理，增施有机肥，适时追肥浇水，喷施植物生长调节剂，增强抗病力。管理过程中尽量避免接触病株，防止人为传播。

发现蚜虫、蓟马为害及时防治。

发病前至发病初期，可采用下列药剂进行防治：

2％宁南霉素水剂200～400倍液；

5％氨基寡糖素水剂300～500倍液；

20％盐酸吗啉胍·乙酸铜可湿性粉剂500～700倍液；

2.1％烷醇·硫酸铜可湿性粉剂500～700倍液；

25％琥铜·吗啉胍可湿性粉剂600～800倍液；

3.85％三氮唑·铜·锌水乳剂600～800倍液；

1.5％硫铜·烷基·烷醇水乳剂1 000倍液；

3.95％三氮唑核苷·铜·烷醇·锌水剂500～800倍液；

25％吗胍·硫酸锌可溶性粉剂500～700倍液；

1.05％氮苷·硫酸铜水剂300～500倍液；

均匀喷雾，视病情间隔7～10天喷1次。

5．葱黑霉病

【症　　状】主要为害叶和花茎。叶片染病出现褪绿长圆斑，初黄白色，迅速向上下扩展，变为黑褐色，边缘具黄色晕圈，病情扩展，斑与斑连片后仍保持椭圆形，病斑上略现轮纹，层次分明。后期病斑上密生黑短绒层，即病菌分生孢子梗和分生孢子，发病严重的叶片变黄枯死或茎部折断，采种株易发病(图35-10)。

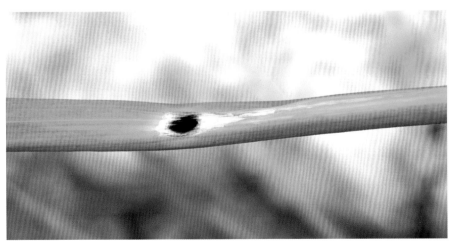

图35-10　葱黑霉病叶片发病症状

【病　　原】*Stemphylium botryosum* 称匐柄霉，属无性型真菌。有性阶段 *Pleospora herbarum* 称枯叶格孢腔菌，属子囊菌门真菌。匐柄霉的分生孢子梗单生或束生，顶端孢痕明显，褐色。分生孢子着生在梗顶端或分枝上，褐色，两端钝圆，略呈卵圆形，具纵横隔膜，隔膜处缢缩，有时隔斜生，表皮具细刺，无喙孢。枯叶格孢腔菌子囊座近球形，黑色；子囊圆筒形；子囊孢子多胞，椭圆形，具纵隔0~7个，横隔3~7个，黄褐色。

【发生规律】病菌以子囊座随病残体在土中越冬，以子囊孢子进行初侵染，靠分生孢子进行再侵染，借雨水、气流传播。在温暖地区，病菌有性阶段不常见，靠分生孢子辗转为害。该菌系弱寄生菌，长势弱的植株及冻害或管理不善易发病。生长中后期发病最重。浙江及长江中下游地区主要发生在5—6月和9—10月。常年连作，种植株密度过大，田间通透性差，管理粗放，偏施氮肥，植株徒长或旺长，阴雨天多，且雨水较大发病重。

【防治方法】与非百合科蔬菜轮作2年以上；合理密植，加强田间管理，合理配合施用氮、磷、钾肥，雨后及时排出田间积水；收获后及时清除田间病残体。

发病前至发病初期，可采用下列杀菌剂进行防治：

70%丙森锌可湿性粉剂600~800倍液；

50%克菌丹可湿性粉剂400~600倍液；

68.75%恶酮·锰锌水分散粒剂800~1 000倍液；

20%苯霜灵乳油800~1 000倍液+75%百菌清可湿性粉剂600~800倍液；

560g/L嘧菌·百菌清悬浮剂800~1 000倍液；

77%氢氧化铜可湿性粉剂800倍液；

均匀喷雾，视病情间隔7~10天喷1次。

发病普遍时，可采用下列杀菌剂进行防治：

20%唑菌胺酯水分散粒剂1 000~1 500倍液；

50%腐霉利可湿性粉剂1 000~1 500倍液+70%代森联水分散粒剂600倍液；

50%异菌脲可湿性粉剂1 000~2 000倍液；

10%苯醚甲环唑水分散粒剂1 000倍液+75%百菌清可湿性粉剂600~800倍液；

25%溴菌腈可湿性粉剂500~1 000倍液+75%百菌清可湿性粉剂600倍液；

25%腈菌唑乳油1 000~2 000倍液+70%代森锰锌可湿性粉剂700倍液；

25%咪鲜胺乳油800~1 000倍液+75%百菌清可湿性粉剂600倍液；

47%春雷·王铜可湿性粉剂600~800倍液；

喷雾，视病情间隔5~7天喷1次。

6. 葱疫病

【症　　状】叶片、花梗染病初现青白色不明显斑点，扩大后成为灰白色斑，致叶片枯萎。阴雨连绵或湿度大时，病部长出白色绵毛状霉；天气干燥时，白霉消失，撕开表皮可见绵毛状白色菌丝体(图35-11至图35-13)。

【病　　原】*Phytophthora nicotianae* 称烟草疫霉，属卵菌门真菌。孢囊梗由气孔伸出，梗长多为100μm。梗上孢子囊单生，长椭圆形，顶端乳头状凸起明显。卵孢子淡黄色，球形。厚垣孢子微黄色圆球形。

图35-11　葱疫病叶片发病初期症状　　图35-12　葱疫病叶片发病后期症状

图35-13　洋葱疫病植株发病症状

【发生规律】以卵孢子、厚垣孢子或菌丝体在病残体内越冬，翌年条件适宜时产生孢子囊及游动孢子，借风雨传播，孢子萌发后产出芽管，穿透寄主表皮直接侵入，后病部又产生孢子囊进行再侵染，扩大为害。病菌适宜高温高湿的环境，适宜发病的温度为12～36℃，相对湿度在90％以上，成株期至采收期发病最重。浙江及长江中下游地区主要发生在5—7月。地势低洼，田间易积水，阴雨连绵；种植密度大，田间通透性差，管理粗放，偏施氮肥，植株徒长，或经常缺肥、缺水，植株长势较弱，抗病能力低发病重。

【防治方法】与非百合科蔬菜轮作2年以上。选择排水良好的地块栽植，合理密植，雨后及时排出积水，加强栽培管理，合理采用配方施肥，增强寄主抗病力。收获后及时清除田间病残体。

发病初期，可采用下列杀菌剂进行防治：

560g/L嘧菌·百菌清悬浮剂2 000～3 000倍液；

57%烯酰·丙森锌水分散粒剂2 000～3 000倍液；

25%甲霜·霜霉威可湿性粉剂1 500～2 000倍液；

72%锰锌·霜脲可湿性粉剂600～800倍液；

25%烯肟菌酯乳油2 000～3 000倍液+75%百菌清可湿性粉剂600～800倍液；

72%丙森·膦酸铝可湿性粉剂800～1 000倍液；

52.5%恶酮·霜脲氰水分散粒剂1 500～2 000倍液；

76%霜·代·乙膦铝可湿性粉剂800～1 000倍液；

对水喷雾，视病情间隔7～10天喷1次。

发病普遍时，可采用下列杀菌剂进行防治：

687.5g/L氟菌·霜霉威悬浮剂80～100ml/亩；

25%吡唑醚菌酯乳油1 500～2 000倍液；

66.8%丙森·异丙菌胺可湿性粉剂600～800倍液；

25%双炔酰菌胺悬浮剂1 000～1 500倍液；

69%锰锌·烯酰可湿性粉剂1 000～1 500倍液；

72.2%霜霉威盐酸盐水剂800～1 000倍液+75%百菌清可湿性粉剂600～800倍液；

60%氟吗·锰锌可湿性粉剂1 000～1 500倍液；

84.51%霜霉威·乙膦酸盐可溶性水剂600～1 000倍液；

70%呋酰·锰锌可湿性粉剂600～1 000倍液；

53%甲霜·锰锌水分散粒剂600～800倍液；

均匀喷雾，视病情间隔5～7天喷施1次。

二、大葱、洋葱、香葱虫害

1. 葱蓟马

【分布为害】葱蓟马(*Thrips tabaci*)，以成虫和幼虫刺吸叶片，在叶片上产生灰白色斑纹，严重时叶片畸形，卷曲，表面弯成一舟形(图35-14)。

图35-14　葱蓟马为害大葱叶片

【形态特征】成虫黄白色至深褐色(图35-15)，复眼红色，触角7节。翅细长透明，淡黄色。卵初产时肾形，后期逐渐变为卵圆形。若虫共4龄，体浅黄色或橙黄色。伪蛹：形态与幼虫相似，但翅芽明显，触角伸向头胸部背面。

图35-15 葱蓟马成虫

【发生规律】华北地区一年发生3～4代，山东6～10代，长江流域每年发生8～10代，华南地区20代以上。以成虫越冬为主，也可以若虫在葱、蒜叶鞘内侧、土块下、土缝内或枯枝落叶中越冬。南方地区和保护地内无越冬现象。华北地区4-5月和10-11月发生较重，长江中下游地区盛发期是4-5月。高温高湿不利于其发生为害，雨水较多也能降低虫口密度，田间干旱，经常不浇水或浇水较少的地块发生偏重。

【防治方法】种植前彻底消除田间植株残体及杂草，加强肥水管理，在高温季节适当加大浇水量。

在若虫盛发期，可采用下列杀虫剂进行防治：

2%噻虫嗪颗粒1 200～1 800g/亩沟施；

25%噻虫嗪水分散粒剂10～20g/亩；

50%杀虫环可溶粉剂35～40g/亩；

70%啶虫脒水分散粒剂32.8～4.2g/亩；

10%溴氰虫酰胺可分散油悬浮剂18～24ml/亩；

对水喷雾。施药时适量加入中性洗衣粉或1%洗涤剂，以增强药液的展着性。视虫情间隔7～10天喷药1次。

2．潜叶蝇

【分布为害】潜叶蝇(*Liriomyza chinensis*)，幼虫在叶内潜食叶肉，形成灰白色蜿蜒潜道，粪便也排在潜道内，潜道不规则，随虫龄增长而加宽，虫害严重时潜道彼此串通，遍及全叶，致使叶片枯黄(图35-16)。

【形态特征】参见大蒜虫害——潜叶蝇。

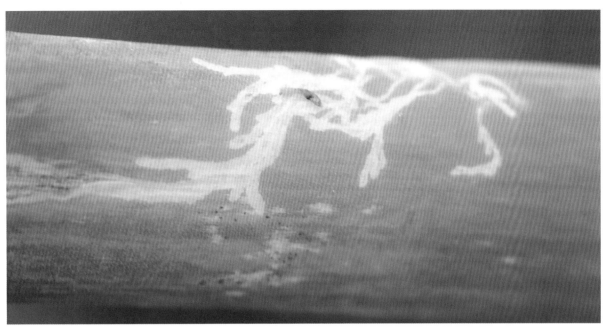

图35-16 潜叶蝇为害大葱

【发生规律】参见大蒜虫害——潜叶蝇。

【防治方法】参见大蒜虫害——潜叶蝇。

3. 地种蝇

【分布为害】地种蝇(*Delia antiqia*)以幼虫在地下钻蛀鳞茎部分或地下根茎，造成地下部分腐烂发霉，地上部分萎蔫，叶端枯黄或全株叶片变黄(图35-17和图35-18)。

图35-17 葱地种蝇为害大葱

图35-18 地种蝇为害洋葱

【形态特征】参见大蒜——地种蝇。

【发生规律】参见大蒜——地种蝇。

【防治方法】参见大蒜——地种蝇。

4．甜菜夜蛾

【分布为害】甜菜夜蛾(*Laphygma exigua*)，初孵幼虫食叶肉，留下表皮，3龄后吃成孔洞或缺刻(图35-19)。

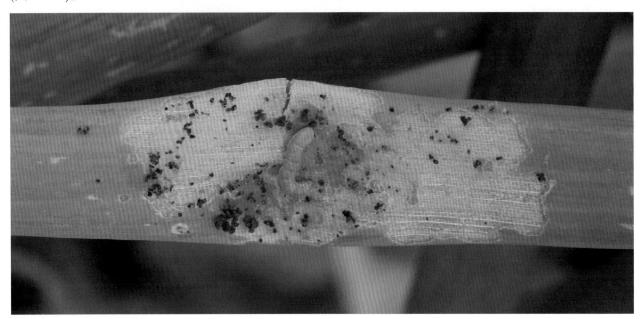

图35-19　甜菜夜蛾为害大葱

【形态特征】参见甘蓝——甜菜夜蛾。

【发生规律】参见甘蓝——甜菜夜蛾。

【防治方法】及时清除地埂、地头、地沟、渠背及撂荒地杂草。生长期间发现虫卵和幼虫及时摘除并带出田外集中销毁。晚秋或初冬翻耕土壤，消灭越冬蛹。有条件的可以采用防虫网进行栽培。

在幼虫2龄期以前，可用下列杀虫剂进行防治：

5g/甲氨基阿维菌素苯甲酸盐微乳剂2~3ml/亩；

15％茚虫威悬浮剂15~20g/亩；

0.5％苦参碱水剂80~90ml/亩；

10％溴氰虫酰胺可分散油悬浮剂18~24ml/亩；

16 000IU/mg苏云金杆菌可湿性粉剂75~100g/亩；

34％乙多·甲氧虫悬浮剂20~24ml/亩；

对水喷雾。视虫情间隔7~10天1次。

第三十六章 大蒜病虫害防治新技术

大蒜属百合科，多年生草本植物，原产地在西亚和中亚。联合国粮食及农业组织数据显示，2017年世界大蒜产量2816.41万t，中国大蒜面积54万hm²，中国大蒜产量2221.70万t，占比78.88%。我国大蒜各地均有栽培，我国大蒜的主要产地分布在山东、河南、江苏、河北、湖北、四川等地。

目前，国内发现的大蒜病虫害有50多种，其中病害30多种，主要有大蒜紫斑病、锈病、大蒜叶枯病、大蒜锈病等；生理性病害10多种，主要有黄叶、干尖等；虫害10余种，主要有地蛆、美洲斑潜蝇等。常年因病虫害发生为害造成的损失在20%~60%。

一、大蒜病害

1．大蒜叶枯病

【分布为害】叶枯病是大蒜的主要病害之一，各大蒜产区均有发生；对大蒜产量、质量影响极大，发病后如不及时防治，一般减产50%~60%，严重地块减产70%~80%。

【症   状】主要为害叶或花梗。叶片染病，初呈花白色小圆点，后扩大呈条斑形至椭圆形灰白色或灰褐色病斑，其上产生黑色霉状物，发病严重时病叶枯死(图36-1至图36-3)。花梗染病，易从病部折断，最后在病部散生许多黑色小粒点(图36-4)。

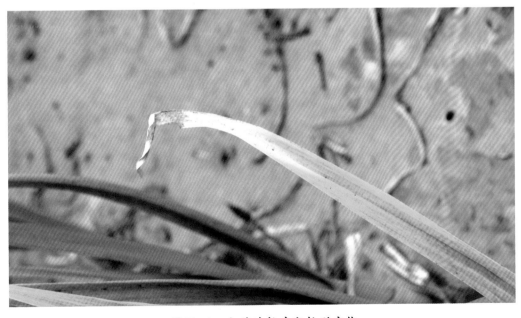

图36-1 大蒜叶枯病尖枯型症状

图36-2　大蒜叶枯病条斑型症状

图36-3　大蒜叶枯病紫斑型症状

图36-4　大蒜叶枯病花梗发病症状

【病　　原】*Pleospora herbarum* 称枯叶格孢腔菌，属子囊菌门真菌。无性阶段为 *Stemphylium botryosum* 称匍柄霉，属无性型真菌(图36-5)。分生孢子梗3~5根丛生，由气孔伸出，稍弯曲，暗色，具4~7个隔膜。分生孢子灰色或暗黄褐色，单生，卵形至椭圆形，表面有疣状小点。子囊壳球形，内生棍棒形的子囊。子囊孢子椭圆形，黄褐色，有纵横分隔。

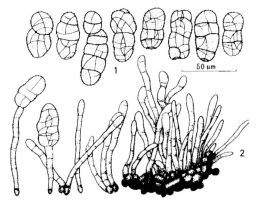

图36-5　大蒜叶枯病病菌
1.分生孢子；　　2.分生孢子梗

【发生规律】以菌丝体或子囊座随病残体遗落土中越冬，翌年条件适宜时散发出子囊孢子引起初侵染，后病部产出分生孢子进行再侵染。大蒜出苗后，借气流和雨滴飞溅传播侵染发病。北方主要发生在10—11月和年后3—5月；在南方主要发生在梅雨季节，云南大理常发生在11月初至12月中旬和翌年1月初至2月底。成株期发病最为严重。地势较低，雨后易积水，管理水平差经常缺肥缺水，植株长势较弱，偏施氮肥植株徒长或旺长，降低了植株的抗病能力，阴雨连绵，雨水较多，雾多雾重，露水重发病都重。种植过早，冬前苗子大，年前发病重。

【防治方法】提倡收前选株，收时选头，播前选瓣。合理轮作倒茬，能破坏病原菌的生存环境，减少菌源积累。选择地势平坦，土层深厚，耕作层松软，土壤肥力高，保肥、保水性能强的地块。施足充分腐熟的有机肥，苗期以控为主，适当蹲苗，培育壮苗。后以促为主，抽薹分瓣后加强肥水管理，雨后及时排水，避免大水漫灌，尽量降低田间湿度。

在大蒜重茬栽培地区，特别是叶枯病重发区，当大蒜苗期病株率达1%时，应及时防治发病田块；当植株上部病叶率达5%时，应全面喷药防治。发病初期，可采用下列杀菌剂进行防治：

560g/L嘧菌·百菌清悬浮剂800~1 000倍液；

77%氢氧化铜可湿性粉剂800~1 000倍液；

30%王铜悬浮剂600~800倍液；

50%硫菌灵可湿性粉剂500~700倍液+65%代森锌可湿性粉剂600~800倍液；

50%克菌丹可湿性粉剂400~500倍液；

14%络氨铜水剂300~500倍液；

对水喷雾，视病情间隔7~10天施喷1次。

发病普遍时，可采用下列杀菌剂进行防治：

20%苯醚·咪鲜胺微乳剂2 500~3 500倍液；

30%福·嘧霉可湿性粉剂800~1 000倍液+75%百菌清可湿性粉剂600~800倍液；

25%咪鲜·多菌灵可湿性粉剂1 500~2 500倍液；

50%多·福·乙可湿性粉剂800~1 000倍液+70%代森联水分散粒剂600~800倍液；

30%异菌脲·环己锌乳油900~1 200倍液；

对水喷雾，视病情间隔5~7天施喷1次，交替施药，效果较好，发病初期注意保护剂和治疗剂混用。

2．大蒜紫斑病

【症　　状】主要为害叶和花梗，贮藏期为害鳞茎。田间发病多开始于叶尖或花梗中部，初呈稍凹陷白色小斑点，中央微紫色，扩大后病斑呈纺锤形或椭圆形，黄褐色甚至紫色，病斑多具有同心轮纹，湿度大时，病部长出黑色霉状物，即病菌分生孢子梗和分生孢子(图36-6和图36-7)。贮藏期鳞茎染病后颈部变为深黄色或黄褐色软腐状。

图36-6　大蒜紫斑病叶片发病症状

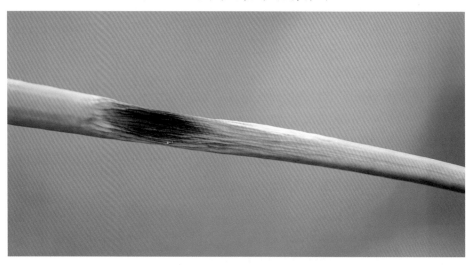

图36-7　大蒜紫斑病蒜薹发病症状

　　【病　　　原】*Alternaria porri* 称葱链格孢，属无性型真菌。分生孢子梗淡褐色，单生或5~10根束生，有隔膜2~3个，不分枝或分枝少，其上着生一个分生孢子；分生孢子褐色，长棍棒状，具横隔膜5~15个，纵隔膜1~6个；嘴孢较长，有时分枝，具隔膜0~7个。

　　【发生规律】病菌以菌丝体附着在寄主或病残体上越冬，翌年条件适宜时产生分生孢子，主要借气流和雨水传播。孢子萌发和侵入时，需要有露珠和雨水，所以阴雨多湿、温暖的夏季发病严重。分生孢子在高湿条件下形成。孢子萌发和侵入需露珠或雨水。发病适温25~27℃，低于12℃时不发病。主要发生在生长中后期。一般温暖、多雨或多湿的夏季发病重。连作地块，地势低，雨后易积水，土质黏重，种植密度大，田间通透性差，连续阴雨天多，管理粗放发病重。

【防治方法】与非百合科、茄果类、瓜类蔬菜轮作2年以上。加强田间管理，施足底肥，增强抗病力。选用无病种子，必要时可用福尔马林300倍液浸种3小时，浸后及时洗净。适时收获，低温贮藏，防止病害在贮藏期继续蔓延。

大蒜返青至发病初期，可采用下列杀菌剂进行防治：

25%嘧菌酯悬浮剂1 500～2 500倍液；

77%氢氧化铜可湿性粉剂800倍液；

50%福·异菌可湿性粉剂800倍液；

25%啶氧菌酯悬浮剂800～1 000倍液+75%百菌清可湿性粉剂600～800倍液；

50%噻菌灵悬浮剂800～1 000倍液+70%代森锰锌可湿性粉剂800倍液；

560g/L嘧菌·百菌清悬浮剂800～1 000倍液；

70%甲基硫菌灵可湿性粉剂800～1 000倍液+70%丙森锌可湿性粉剂600～800倍液；

2%嘧啶核苷类抗生素水剂200～500倍液+50%克菌丹可湿性粉剂500倍液；

喷雾，视病情间隔7～10天喷施1次。

田间发生普遍时，可采用下列杀菌剂进行防治：

10%苯醚甲环唑水分散粒剂1 000倍液+70%丙森锌可湿性粉剂600～800倍液；

20%唑菌胺酯水分散粒剂1 000～1 500倍液；

25%溴菌腈可湿性粉剂500～1 000倍液+50%克菌丹可湿性粉剂400～600倍液；

50%甲基·硫磺悬浮剂800～1 000倍液+70%代森锰锌可湿性粉剂700倍液；

50%腐霉利可湿性粉剂1 000～1 500倍液+70%代森联水分散粒剂600倍液；

50%福美双·异菌脲可湿性粉剂800～1 000倍液；

60%琥铜·锌·乙铝可湿性粉剂600～800倍液+75%百菌清可湿性粉剂600～800倍液；

70%丙森·多菌可湿性粉剂600～800倍液；

喷雾，视病情间隔5～7天喷施1次。

3．大蒜锈病

【症　　状】主要为害叶片和假茎。病部初为椭圆形褪绿斑，后在表皮下出现圆形或椭圆形稍凸起的夏孢子堆，表皮破裂后散出橙黄色粉状物，即夏孢子；病斑周围有黄色晕圈，发病严重时，病斑连片致全叶黄枯，植株提前枯死。后期在未破裂的夏孢子堆上产出表皮不破裂的黑色冬孢子堆(图36-8至图36-10)。

【病　　原】*Puccinia allii* 称葱柄锈菌，属担子菌门真菌。夏孢子单胞，球形或椭圆形，表面有细疣。冬孢子长椭圆形或卵圆形，淡褐色，表面平滑，有1个隔膜和无色的小柄。

【发生规律】病菌多以夏孢子在大蒜病组织上越冬。翌年入夏条件适宜时形成多次再侵染，正值蒜头形成或膨大期，为害严重。蒜收获后侵染葱或其他植物，气温高时则以菌丝在病组织内越夏。常发生在3—5月和10—11月，早春多雨时发病重。地势较低，雨后易积水，管理粗放，经常缺肥缺水，植株长势差发病重。

【防治方法】选择地势较平，不易积水的地块栽培；加强栽培管理，合理配方施肥；适时喷施叶面肥，促使植株稳生稳长，增强植株抗病能力；收获后及时清除田间病残体，并集中销毁。

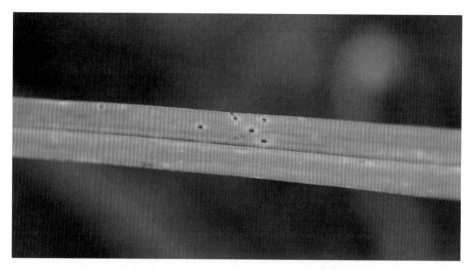

图36-8 大蒜锈病叶片发病初期症状

图36-9 大蒜锈病叶片发病中期症状

图36-10 大蒜锈病叶片发病后期症状

结合其他病害的防治，注意施药进行预防，发病前，可采用下列杀菌剂进行防治：

560g/L嘧菌·百菌清悬浮剂800～1 200倍液；

68.75%恶酮·锰锌水分散粒剂800～1 000倍液；

20%福·腈可湿性粉剂1 000～2 000倍液+75%百菌清可湿性粉剂600倍液；

47%春雷·王铜可湿性粉剂600～800倍液；

50%氢铜·多菌灵可湿性粉剂600～800倍液；

80%代森锰锌可湿性粉剂800～1 000倍液；

50%灭菌丹可湿性粉剂400～600倍液；

喷雾，视病情间隔7～10天喷施1次。

田间发现病情及时进行施药防治，发病初期，可采用以下杀菌剂进行防治：

20%唑菌胺酯水分散粒剂1 000～2 000倍液；

12.5%烯唑醇可湿性粉剂2 000～3 000倍液+70%代森锰锌可湿性粉剂800倍液；

30%氟菌唑可湿性粉剂2 000～3 000倍液+70%代森锰锌可湿性粉剂600～800倍液；

24%腈苯唑悬浮剂2 000～3 000倍液+75%百菌清可湿性粉剂600～800倍液；

40%氟硅唑乳油3 000～5 000倍液+70%代森锰锌可湿性粉剂600～800倍液；

25%啶氧菌酯悬浮剂1 500～2 500倍液+75%百菌清可湿性粉剂600～800倍液；

喷雾，视病情间隔5～7天喷施1次。

4．大蒜病毒病

【症　　状】发病初期，沿叶脉出现断续黄条点，后变成黄绿相间的条纹，植株矮化，心叶被邻近叶片包住，呈卷曲状畸形，不能伸出，有时在叶片上出现黄白色与绿色相间的条斑，有时出现整株黄化矮缩(图36-11至图36-13)；茎部受害，节间缩短，条状花茎状(图36-14)。

图36-11　大蒜病毒病花叶型

图36-12 大蒜病毒病条纹型

图36-13 大蒜病毒病黄化矮缩型

【病　　原】大蒜花叶病毒 Garlic mosaic virus(GMV)，大蒜潜隐病毒 Garlic latent virus(GLV)。

【发生规律】播种带毒鳞茎，出苗后即染病。田间主要通过桃蚜、葱蚜等进行非持久性传毒，以汁液摩擦传毒。常发生在4—6月和9—11月。管理粗放，缺肥缺水，植株长势差，天气干旱，长时间未下雨，蚜虫发生量大及与其他百合科植物连作或邻作发生严重。

【防治方法】避免与大葱、韭菜等百合科植物邻作或连作，减少田间自然传播。加强大蒜的田间管理，合理配方施肥，避免早衰，提高植株抗病能力。

及时防治蚜虫，防止病毒的重复感染，此外还可挂银灰膜条避蚜或用黄板诱杀蚜虫。

发病前至发病初期，可采用下列杀菌剂进行防治：

2%宁南霉素水剂200～400倍液；

5%氨基寡糖素水剂300～500倍液；

7.5%菌毒·吗啉胍水剂500～700倍液；

2.1%烷醇·硫酸铜可湿性粉剂500～700倍液；

3.85%三氮唑·铜·锌水乳剂600～800倍液；

3.95%三氮唑核苷·铜·烷醇·锌水剂500～800倍液；

25%吗胍·硫酸锌可溶性粉剂500～700倍液；

1.05%氮苷·硫酸铜水剂300～500倍液；

20%盐酸吗啉胍可湿性粉剂400～600倍液；

3%三氮唑核苷水剂600～800倍液；

对水喷雾，视病情间隔5～7天喷1次。

图36-14　大蒜病毒病假茎发病症状

也可用0.5%菇类蛋白多糖水剂250倍液灌根，每株灌对好的药液50～100ml，视病情隔10～15天1次，必要时喷淋与灌根结合，效果更好。

5．大蒜菌核病

【症　　状】该病主要为害大蒜假茎基部和鳞茎，发病初期病部呈水渍状，后来病斑变暗色或灰白色，溃疡腐烂，并发出强烈的蒜臭味。湿度大时，表面长出白色毛状的菌丝。大蒜叶鞘腐烂后，上部叶片萎蔫，逐渐黄化枯死，蒜根须、根盘腐烂，蒜头散瓣。一般在5月上旬，病部形成不规则的鼠粪状黑褐色菌核(图36-15至图36-17)。

【病　　原】*Sclerotinia allii* 称葱核盘菌，属子囊菌门真菌。菌核形成于寄主表皮下，片状至不规则形，萌发时产生4～5个子囊盘。子囊筒状，内含8个子囊孢子。子囊孢子长椭圆形，单胞，无色。

【发生规律】主要以菌核遗留在土壤中或混在蒜种和病残体上越夏或越冬。混杂在大蒜种和病残体上的菌核则随着播种、施肥落入土中。一般在春季2月下旬以后，土壤中的菌核陆续产生子囊盘，子囊孢子成熟后从子囊中射出，侵入假茎基部形成菌丝体。在其代谢过程中产生果胶酶，溶解寄主细胞的中胶层，使病茎腐烂，以后菌丝体从病部向周边扩展蔓延，最后在病组织上形成菌核，随收获落入土中或留

图36-15　大蒜菌核病发病早期症状

图36-16　大蒜菌核病田间发病症状

图36-17 大蒜菌核病发病后期症状

在蒜头上成为翌年的侵染源。病菌喜低温高湿，一般温度在15～20℃、相对湿度在85%以上，有利于菌核的萌发和菌丝的生长、侵入。多数菌核年后萌发，当2月下旬至3月上旬平均气温超过6℃时，土壤中菌核就陆续产生子囊盘，4月上旬气温上升到13～14℃时，形成第一个侵染高峰。常年连作地块，地势较低，土质黏重，雨后易积水，春季阴雨天气多，管理粗放，植株长势差发病都重。

【防治方法】与非百合科蔬菜轮作2年以上。选取健康无病的大蒜留种。多施充分腐熟的有机肥，适时播种，合理密植，加强肥水管理。收获时清除大蒜病株残体，带出田外深埋。

播种时，选用70%甲基硫菌灵可湿性粉剂按种子重量的0.3%对水适量均匀喷布种子，闷种5小时，晾干后播种。

田间发现病情及时施药防治，发病前期，可采用下列杀菌剂进行防治：

50%乙烯菌核利可湿性粉剂600～800倍液+70%代森锰锌可湿性粉剂600～800倍液；

40%菌核净可湿性粉剂600～800倍液+50%克菌丹可湿性粉剂400～600倍液；

66%甲硫·霉威可湿性粉剂1 500倍液+70%代森锰锌可湿性粉剂600～800倍液；

50%腐霉利·多菌灵可湿性粉剂1 000倍液+43%戊唑醇悬浮剂4 000～5 000倍液；

45%噻菌灵悬浮剂800～1 000倍液+50%福美双可湿性粉剂600倍液；

50%多·菌核可湿性粉剂600～800倍液+50%敌菌灵可湿性粉剂500倍液；

50%多·福·乙可湿性粉剂800～1 000倍液+70%代森联水分散粒剂600～800倍液；

对水喷雾，施药时重喷茎基部，视病情间隔7～10天喷施1次。

6．大蒜白腐病

【分布为害】大蒜白腐病是大蒜生长期间最容易发生的病害之一，各大蒜栽培地区均有发生，特别是在春季发生最为严重，病株率达10%～20%，严重的地块达35%左右。

【症　　状】主要为害叶片、叶鞘和鳞茎。叶片发病，外叶叶尖条状发黄，逐渐向叶鞘、内叶发展，后期整株发黄枯死，常造成田间成片死亡。鳞茎发病，病部表皮表现水浸状病斑，长有灰白色菌丝层，病部呈白色腐烂，并产生黑色小菌核，鳞茎变黑、腐烂。地下部分靠近须根的地方先发病，病部呈湿润状，后向上发展并产生大量的白色菌丝(图36-18和图36-19)。

图36-18　大蒜白腐病茎基部发病症状

图36-19　大蒜白腐病田间发病症状

【病　　原】*Sclerotium cepiuorum* 称白腐小核菌，属无性型真菌。

【发生规律】在大蒜鳞茎上越冬，种植带病的鳞茎是田间发病的主要初侵染源；也可以以菌核在土壤中越冬，翌年条件适宜时长出菌丝借灌溉、雨水传播蔓延。病菌生长适宜温度20℃以下，低温高湿发病快而严重，植株生长不良，连作地块，土质黏重，排水不良，雨后易积水，管理粗放，缺水缺肥，植株长势差发病重。

【防治方法】与非葱、蒜类作物实施3～4年轮作。选择地势平坦不易积水的地块栽培，加强肥水管理，早春及时追肥，提高蒜株抗病力。发现病株，及时清除；收获后及时清洁田园。

种子处理。蒜种用70%甲基硫菌灵可湿性粉剂把蒜种处理后再播种。具体方法是将0.5kg药剂对水3～5kg，把50kg蒜种拌匀，晾干后播种，可有效地切断初侵染途径。

发病初期，可采用下列杀菌剂进行防治：

50%乙烯菌核利水分散粒剂800~1 000倍液；

30%异菌脲·环己锌乳油900~1 200倍液；

50%腐霉利可湿性粉剂1 000~1 500倍液；

2%丙烷脒水剂1 000~1 500倍液；

50%多·福·乙可湿性粉剂800~1 000倍液；

65%甲硫·霉威可湿性粉剂1 000~1 500倍液；

40%嘧霉胺悬浮剂1 000~1 500倍液；

25%啶菌恶唑乳油1 000~2 000倍液；

20%甲基立枯磷乳油800~1 000倍液；

灌淋根茎，视病情间隔7~10天1次。采收前3天停止用药。

贮藏期也可喷洒50%多菌灵可湿性粉剂500倍液、50%异菌脲可湿性粉剂800倍液。

7．大蒜细菌性软腐病

【症　　状】主要为害叶片，一般从下部叶片开始发病，发病初期从叶缘或中脉出现黄白色条斑，湿度大时病部呈黄褐色至褐色湿腐，最后导致全株枯死(图36-20和图36-21)。

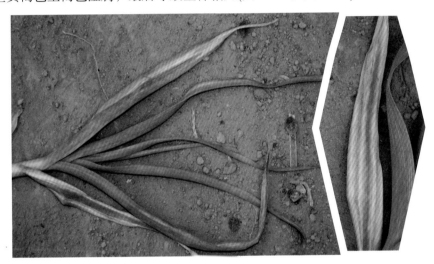

图36-20　大蒜细菌性软腐病发病初期症状

图36-21　大蒜细菌性软腐病发病后期症状

【病　　原】*Erwinia carotovora* pv. *carotovora* 称胡萝卜软腐欧氏杆菌胡萝卜软腐致病型，属细菌。

【发生规律】病菌在病残体上越冬，翌年条件适宜时开始发病；尤其连作地块，播种较早，土质黏重，种植密度过大，田间通透性差，连阴雨天较多，雨后易积水，氮肥施用过多植株生长过旺发病重；天气干旱少雨时可缓解病情。

【防治方法】与非百合科蔬菜轮作3年以上；选择地势平坦不易积水的壤土地进行栽培，合理密植，雨后及时排出田间积水，合理配合施用氮、磷、钾肥，促进植株健壮生长。收获后及时清除田间病残体，并集中销毁。

发病前至发病初期，可采用下列杀菌剂进行防治：

50％氯溴异氰尿酸可溶性粉剂1 500～2 000倍液；

36％三氯异氰尿酸可湿性粉剂1 000～1 500倍液；

12％松脂酸铜乳油600～800倍液；

86.2％氧化亚铜可湿性粉剂2 000～2 500倍液；

20％喹菌铜水剂1 000～1 500倍液；

对水喷雾，视病情间隔7～10天喷施1次。

发病普遍时，可采用下列杀菌剂进行防治：

88％水合霉素可溶性粉剂1 500～3 000倍液；

3％中生菌素可湿性粉剂600～800倍液；

20％噻唑锌悬浮剂300～500倍液；

20％噻菌铜悬浮剂1 000～1 500倍液；

对水喷雾，视病情间隔5～7天喷施1次。

8．大蒜疫病

【症　　状】主要为害叶片，发病初期在叶尖或叶片中部出现白色至黄色水浸状斑，湿度大时病斑扩展很快，后导致半个叶片至整个叶片枯死(图36-22和图36-23)。

图36-22　大蒜疫病叶片发病症状

图36-23　大蒜疫病田间发病症状

【病　　　原】*Phytophthora porri* 称葱疫霉，属卵菌门真菌。

【发生规律】病菌以菌丝体和厚垣孢子、卵孢子随病残体在土壤中或土杂肥中越冬，翌年条件适宜时产生分生孢子借助流水、灌溉水及雨水传播。发病后病部上产生孢子囊及游动孢子，借助气流及雨水溅射传播进行再侵染。连作地块、土质黏重，排水不良，易积水，施用未腐熟的有机肥，种植密度过大，田间郁闭，长期低温、阴雨连绵发病较重。

【防治方法】与非百合科蔬菜轮作2年以上；选择地势较平不易积水的地块栽培；覆盖地膜阻挡土壤中病菌溅到植株上，减少侵染机会。采用高畦栽培，避免积水。收获后及时清除田间病残体。

发病初期，可采用下列杀菌剂进行防治：

560g/L嘧菌·百菌清悬浮剂2 000～3 000倍液；

72%丙森·膦酸铝可湿性粉剂800～1 000倍液；

72%锰锌·霜脲可湿性粉剂600～800倍液；

对水喷雾，视病情间隔7～10天喷施1次。

发病普遍时，可采用下列杀菌剂进行防治：

66.8%丙森·异丙菌胺可湿性粉剂600～800倍液；

72.2%霜霉威盐酸盐水剂800～1 000倍液+10%氰霜唑悬浮剂2 000～2 500倍液；

50%烯酰吗啉可湿性粉剂1 000～1 500倍液+75%百菌清可湿性粉剂600～800倍液；

440g/L双炔·百菌清悬浮剂600～1 000倍液；

25%烯肟菌酯乳油2 000～3 000倍液+75%百菌清可湿性粉剂600～800倍液；

35%烯酰·福美双可湿性粉剂1 000～1 500倍液；

52.5%恶酮·霜脲氰水分散粒剂1 500～2 000倍液；

76%霜·代·乙膦铝可湿性粉剂800～1 000倍液；

对水喷雾，视病情间隔5～7天喷施1次。

9. 大蒜灰霉病

【症　　状】主要为害叶片，初期在叶尖两侧产生褪绿小白斑，后扩展成长形至梭形斑，发病严重时叶片枯黄，湿度大时叶片腐烂致死(图36-24)。

图36-24　大蒜灰霉病叶片发病症状

【病　　原】*Botrytis squamosa* 称葱鳞葡萄孢，属无性型真菌。

【发生规律】病菌以菌丝体或分生孢子及菌核附着在病残体上，或遗留在土壤中越冬。翌年条件适宜时越冬的分生孢子随气流、雨水及农事操作进行传播。连阴天多，气温低，保护地内湿度大，结露持续时间长，放风不及时发病严重。

【防治方法】生长前期及发病后，适当控制浇水，加强管理。

发病初期，可采用下列杀菌剂进行防治：

30%福·嘧霉可湿性粉剂800~1 000倍液+75%百菌清可湿性粉剂600~800倍液；

50%多·福·乙可湿性粉剂800~1 000倍液+70%代森联水分散粒剂600~800倍液；

65%甲硫·霉威可湿性粉剂1 000~1 500倍液+70%代森锰锌可湿性粉剂600~800倍液；

50%异菌·福美双可湿性粉剂800~1 000倍液；

26%嘧胺·乙霉威水分散粒剂1 500~2 000倍液；

2亿活孢子/g木霉菌可湿性粉剂600~800倍液；

对水喷雾，视病情每间隔7~10天喷施1次。

发病普遍时，可采用下列杀菌剂进行防治：

50%烟酰胺水分散粒剂1 500~2 500倍液；

50%嘧菌环胺水分散粒剂1 000~1 500倍液；

30%异菌脲·环己锌乳油900~1 200倍液；

2%丙烷脒水剂1 000~1 500倍液+2.5%咯菌腈悬浮剂1 000~1 500倍液；

50%乙烯菌核利水分散粒剂800~1 000倍液+70%代森联水分散粒剂600~800倍液；

30%嘧霉·多菌灵悬浮剂1 000倍液+50%克菌丹可湿性粉剂400~600倍液；

50%腐霉·百菌可湿性粉剂800~1 000倍液；

对水喷雾，视病情间隔5~7天喷施1次。为防止产生抗药性，提高防效，提倡轮换交替或复配使用。

10. 大蒜根结线虫病

【症　　状】主要为害根部，须根或侧根染病后产生瘤状大小不等的根结(图36-25)。地上部叶片中午萎蔫或逐渐黄枯，植株矮小，发病严重时枯死。

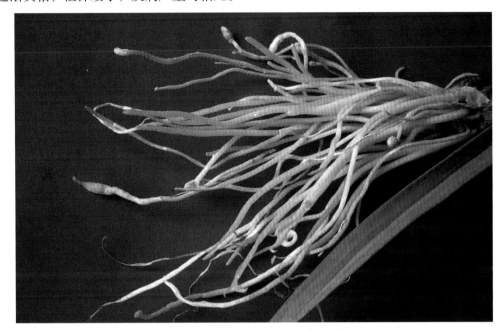

图36-25　大蒜根结线虫病根部发病症状

【病　　原】*Meloidogyne incognita*称南方根结线虫，属动物界线虫门。

【发生规律】根结线虫多以2龄幼虫或卵随病残体在土壤中越冬；翌年条件适宜时越冬卵孵化为幼虫，继续发育后侵入大蒜根部，刺激根部细胞增生，产生新的根结或肿瘤。

【防治方法】与水稻进行2~3年的轮作，可以杀死土壤中的根结线虫。

土壤处理。在整地时可以撒施0.5%阿维菌素颗粒剂3~4kg/亩、10%噻唑膦颗粒剂2~5kg/亩、98%棉隆微粒剂3~5kg/亩，施药后混土。

在生长期，发现线虫为害，可以用1.8%阿维菌素乳油2 000~3 000倍液灌根，每株灌30~60ml，也可以结合灌水冲施。

二、大蒜虫害

地种蝇

【分布为害】地种蝇(*Delia antiqua*)为北方秋菜的重要害虫。以幼虫为害大蒜茎基部，引起植株腐烂、叶片严重时成片死亡(图36-26)。

【形态特征】雄成虫体暗灰褐色。头部两复眼较接近，胸背面有3条黑色纵纹，腹部背中央有1条黑色纵纹。雌虫全体黄褐色，胸、腹背面均无斑纹(图36-27)。卵乳白色，长椭圆形，稍弯曲，表面有网状纹(图36-28)。幼虫称蛆，幼虫老熟时体乳白色，头部退化，仅有1对黑色口钩(图36-29)。蛹椭圆形，红褐色或黄褐色(图36-30)。

图36-26 地种蝇为害大蒜

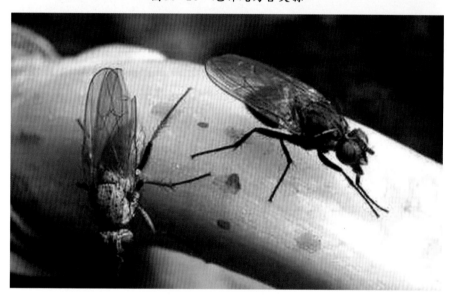

图36-27 地种蝇成虫

图36-28 地种蝇卵

图36-29　地种蝇幼虫　　　　图36-30　地种蝇蛹

【发生规律】在北方每年发生1代，以蛹在土中越冬。第二年成虫出现的早晚因地区而异。成虫8月中下旬羽化。成虫盛发期哈尔滨多在8月上中旬，沈阳地区多在8月下旬至9月上旬。幼虫为害盛期在9—10月，10月中下旬入土化蛹。成虫白天活动，多在日出或日落前后、或阴雨天活动、取食。

【防治方法】勤灌溉，必要时可大水漫灌，能阻止种蝇产卵，抑制根蛆活动及淹死部分幼虫。采收后及时耕翻土地，可减少部分越冬蛹。

采用糖、醋液诱杀成虫，配制方法：红糖0.5kg、醋0.25kg、酒0.25kg、清水0.5kg加敌百虫适量，放在田间进行诱杀。

在播种前，用3%毒·磷颗粒剂3～4kg/亩、3%辛硫磷颗粒剂1.5～3kg/亩，均匀撒在地面，将其犁入土中后再播种。

成虫羽化产卵盛期，可采用下列杀虫剂进行防治：

0.5%甲氨基阿维菌素苯甲酸盐微乳剂2 000～3 000倍液；

1.8%阿维菌素乳油2 000～4 000倍液；

1.7%阿维·高氯氟氰可溶性液剂2 000～3 000倍液；

2.5%氯氟氰菊酯乳油1 000～2 000倍液；

对水均匀喷雾。

成虫羽化产卵盛期，或幼虫开始为害时，也可采用下列药剂：

0.06%噻虫胺颗粒剂35～40ml/亩撒施；

70%辛硫磷乳油351～560ml/亩；

25%马拉·辛硫磷乳油750～1 000ml/亩；

对水灌根，防治幼虫。

三、大蒜各生育期病虫害防治技术

大蒜属百合科，原产地在西亚和中亚。我国栽培的大蒜主要有两种：白皮蒜、紫皮蒜。大蒜从播种到采收220~250天，全国秋大蒜栽培面积最大。目前，主要的栽培茬次是露地秋茬，也有少量保护地栽培。

大蒜的生育周期大致可分为萌芽期、幼苗期、花芽和鳞茎分化期、蒜薹伸长期、鳞芽膨大期、生理休眠期。

按照常规栽培及病虫害防治，我们可将大蒜生育期分为播种萌芽幼苗期、花芽和鳞芽分化蒜薹伸长期、鳞芽膨大期。

（一）大蒜播种萌芽幼苗期病虫害防治技术

这一时期是指从播种后到花芽鳞芽开始分化。此期是防治病虫害的关键时期。主要防治葱地种蝇等地下害虫，常发生的病害有病毒病、叶枯病、灰霉病等(图36-31)，药剂拌种可以减少地下害虫及其他苗期害虫的为害。还可以通过施用激素和微肥，培育壮苗，增强植株的抗病力。

图36-31　大蒜幼苗期常见病害

种子处理。防治地下害虫可以用50%辛硫磷乳油0.5kg加水20~25kg，拌种250~300kg。防治病害可用70%甲基硫菌灵可湿性粉剂或50%多菌灵可湿性粉剂0.5kg对水3~5kg，与50kg蒜种拌匀，晾干后播种。

土壤处理。防治地下害虫可用0.06%噻虫胺颗粒剂35~40kg/亩，对少量水后拌细土15~20kg，制成毒土，均匀撒在播种沟内；也可选用5％阿维菌素颗粒剂3～5kg/亩、3％辛硫磷颗粒剂3～5kg/亩施于垄下。

此期是地种蝇发生为害的盛期，发现有幼虫为害，立即采用下列杀虫剂进行防治：

1.8％阿维菌素乳油2 000～4 000倍液；

20％菊·马乳油3 000～4 000倍液；

90％晶体敌百虫1 000～2 000倍液；

70％辛硫磷乳油500～800倍液；

灌根，视虫情间隔7～10天1次。

防治病毒病，可采用下列药剂进行防治：

2％宁南霉素水剂200～400倍液；

5％氨基寡糖素水剂300～500倍液；

20％盐酸吗啉胍·乙酸铜可湿性粉剂500～700倍液；

2.1％烷醇·硫酸铜可湿性粉剂500～700倍液；

1.5％硫铜·烷基·烷醇水乳剂1 000倍液；

3.95％三氮唑核苷·铜·烷醇·锌水剂500～800倍液；

对水喷雾，视病情间隔5～7天喷1次。

防治叶枯病、紫斑病等，可采用下列杀菌剂进行防治：

560g/L嘧菌·百菌清悬浮剂800～1 000倍液；

77％氢氧化铜可湿性粉剂800～1 000倍液；

30％王铜悬浮剂600～800倍液；

60％琥·乙膦铝可湿性粉剂500～700倍液；

50％硫菌灵可湿性粉剂500～700倍液+65％代森锌可湿性粉剂600～800倍液；

50％克菌丹可湿性粉剂400～500倍液；

14％络氨铜水剂300～500倍液；

对水喷雾，视病情间隔7～10天喷1次，

（二）大蒜花芽和鳞芽分化蒜薹伸长期病虫害防治技术

这一时期是指从花芽和鳞芽开始分化到收蒜薹。常发生的病害有大蒜叶枯病、大蒜紫斑病、大蒜锈病、大蒜病毒病、大蒜菌核病、大蒜白腐病、大蒜干腐病、大蒜细菌性软腐病、大蒜疫病、大蒜灰霉病、大蒜根结线虫病等，常见虫害有地蛆、潜叶蝇等(图36-32)，应及时防治，避免造成不必要的损失。

防治叶枯病，可采用下列杀菌剂进行防治：

50％异菌脲可湿性粉剂1 000～1 500倍液；

50％腐霉利可湿性粉剂800～1 000倍液+75％百菌清可湿性粉剂600～800倍液；

20％丙硫咪唑悬浮剂1 000～1 500倍液+70％代森联水分散粒剂800倍液；

10％苯醚甲环唑水分散粒剂1 000～1 500倍液+70％代森锰锌可湿性粉剂800倍液；

50％咪鲜胺锰盐可湿性粉剂1 500～2 000倍液+70％代森联水分散粒剂800倍液；

对水喷雾，视病情间隔5～7天喷1次。

防治大蒜紫斑病，可采用下列杀菌剂进行防治：

50％异菌脲可湿性粉剂1 000～1 500倍液；

图36-32　大蒜花芽和鳞芽分化蒜薹伸长期常见病虫害

10%苯醚甲环唑水分散粒剂1 500倍液+75%百菌清可湿性粉剂600～800倍液；

12.5%烯唑醇可湿性粉剂3 000～4 000倍液+70%代森锰锌可湿性粉剂800倍液；

2%嘧啶核苷类抗生素水剂200～500倍液+50%克菌丹可湿性粉剂500倍液；

25%嘧菌酯悬浮剂1 500～2 500倍液；

50%福·异菌可湿性粉剂800倍液；

77%氢氧化铜可湿性粉剂800倍液；

70%丙森锌可湿性粉剂600～800倍液；

对水喷雾，视病情间隔7～10天喷1次。

防治锈病，可采用下列杀菌剂进行防治：

24%腈苯唑悬浮剂2 000～3 000倍液+75%百菌清可湿性粉剂600～800倍液；

40%醚菌酯悬浮剂3 000～4 000倍液；

25%嘧菌酯悬浮剂1 000～2 000倍液；

65%代森锌可湿性粉剂500～700倍液；

70%丙森锌可湿性粉剂600～800倍液；

68.75%恶唑菌酮·锰锌水分散粒剂800倍液；

对水喷雾，视病情间隔7～10天1次。

防治病毒病，可采用下列药剂进行防治：

2%宁南霉素水剂200～400倍液；

5%氨基寡糖素水剂200～300倍液；

7.5%菌毒·吗啉胍水剂500~700倍液；

2.1%烷醇·硫酸铜可湿性粉剂500~700倍液；

1.5%硫铜·烷基·烷醇水乳剂1 000倍液；

3.95%三氮唑核苷·铜·烷醇·锌水剂500~800倍液；

25%吗胍·硫酸锌可溶性粉剂500~700倍液；

1.05%氮苷·硫酸铜水剂300~500倍液；

3%三氮唑核苷水剂600~800倍液；

10%混合脂肪酸乳油100~200倍液；

对水喷雾，视病情间隔5~7天喷1次。

防治白腐病，可采用下列杀菌剂进行防治：

50%乙烯菌核利水分散粒剂800~1 000倍液；

30%异菌脲·环己锌乳油900~1 200倍液；

50%腐霉利可湿性粉剂1 000~1 500倍液；

2%丙烷脒水剂1 000~1 500倍液；

50%多·福·乙可湿性粉剂800~1 000倍液；

65%甲硫·霉威可湿性粉剂1 000~1 500倍液；

40%嘧霉胺悬浮剂1 000~1 500倍液；

25%啶菌恶唑乳油1 000~2 000倍液；

20%甲基立枯磷乳油800~1 000倍液、

灌淋根茎，视病情间隔7~10天喷1次。采收前3天停止用药。

预防干腐病，可采用下列杀菌剂进行防治：

5%丙烯酸·恶霉·甲霜水剂800~1 000倍液；

80%多·福·福锌可湿性粉剂500~700倍液；

20%二氯异氰尿酸钠可溶性粉剂400~600倍液；

4%嘧啶核苷类抗菌素水剂600~800倍液；

10%多抗霉素可湿性粉剂600~1 000倍液；

灌根，每株灌250ml，视病情间隔7~10天喷1次。

防治细菌性软腐病，可采用下列杀菌剂进行防治：

84%王铜水分散粒剂1 500~2 000倍液；

3%中生菌素可湿性粉剂600~800倍液；

20%噻唑锌悬浮剂300~500倍液；

20%噻菌铜悬浮剂1 000~1 500倍液；

20%喹菌铜水剂1 000~1 500倍液；

50%氯溴异氰尿酸可溶性粉剂1 500~2 000倍液；

12%松脂酸铜悬浮剂600~800倍液；

对水喷雾，视病情间隔5~7天喷1次。

防治大蒜疫病，可采用下列杀菌剂进行防治：

687.5g/L氟吡菌胺·霜霉威盐酸盐悬浮剂800~1 200倍液；

84.51%霜霉威·乙膦酸盐可溶性水剂800~1 000倍液；

69%烯酰·锰锌可湿性粉剂1 000~1 500倍液；

60%氟吗·锰锌可湿性粉剂1 000~1 500倍液；

72.2%霜霉威水剂800倍液+70%代森锰锌可湿性粉剂600~1 000倍液；

66.8%丙森·异丙菌胺可湿性粉剂600~800倍液；

70%呋酰·锰锌可湿性粉剂600~800倍液；

72%锰锌·霜脲可湿性粉剂700~1 000倍液；

70%丙森锌可湿性粉剂600~800倍液；

对水喷雾，视病情间隔5~7天喷1次。

防治灰霉病、菌核病等，可采用下列杀菌剂进行防治：

50%烟酰胺水分散粒剂1 500~2 500倍液；

50%嘧菌环胺水分散粒剂1 000~1 500倍液+50%乙烯菌核利可湿性粉剂800~1 000倍液；

2%丙烷脒水剂800倍液+25%啶菌恶唑乳油1 000~2 000倍液；

50%腐霉利可湿性粉剂1 000~2 000倍液+75%百菌清可湿性粉剂600倍液；

40%嘧霉胺悬浮剂1 000~1 500倍液+50%灭菌丹可湿性粉剂400~600倍液；

50%异菌脲可湿性粉剂1 000~1 500倍液+50%乙霉威可湿性粉剂1 000~1 500倍液；

30%福·嘧霉可湿性粉剂800~1 200倍液；

28%百·霉威可湿性粉剂800~1 000倍液；

40%双胍辛烷苯基磺酸盐可湿性粉剂800~1 000倍液+75%百菌清可湿性粉剂600倍液；

对水喷雾，视病情间隔5~7天喷1次。

防治根结线虫病，可采用下列药剂进行防治：

1.8%阿维菌素乳油3 000倍液；

40%辛硫磷乳油500~800倍液；

灌根，视病情间隔7~10天灌1次，每株灌250ml。

防治地蛆，可采用下列杀虫剂进行防治：

1.8%阿维菌素乳油2 000~4 000倍液；

20%菊·马乳油3 000~4 000倍液；

90%晶体敌百虫1 000~2 000倍液；

40%辛硫磷乳油500~800倍液；

灌根，防治幼虫。

防治潜叶蝇，可采用下列杀虫剂进行防治：

0.5%甲氨基阿维菌素苯甲酸盐微乳剂3 000倍液+4.5%高效氯氰菊酯乳油2 000倍液；

50%灭蝇胺可湿性粉剂2 000~3 000倍液；

50%毒·灭蝇可湿性粉剂2 000~3 000倍液；

11%阿维·灭蝇胺悬浮剂3 000~4 000倍液；

15%阿维·毒乳油1 500~3 000倍液；

16%高氯·杀虫单微乳剂1 000~3 000倍液；

5%阿维·高氯可湿性粉剂2 000~3 000倍液；

对水喷雾，视虫情间隔7~15天喷1次。

（三）大蒜鳞芽膨大期病虫害防治技术

这一时期是指从鳞芽分化到收获。常发生的病害有大蒜疫病、大蒜锈病、大蒜紫斑病、大蒜叶枯病等(图36-33)；应注意防治，以减少损失。

图36-33　大蒜鳞芽膨大期常见病害

防治叶枯病，可采用下列杀菌剂进行防治：

50％异菌脲可湿性粉剂1 000～1 500倍液；

50％腐霉利可湿性粉剂800～1 000倍液+75％百菌清可湿性粉剂600～800倍液；

10％苯醚甲环唑水分散粒剂1 000～1 500倍液+70％代森锰锌可湿性粉剂800倍液；

50％咪鲜胺锰盐可湿性粉剂1 500～2 000倍液+70％代森联水分散粒剂800倍液；

对水喷雾，视病情间隔5～7天喷1次。

防治紫斑病，可采用下列杀菌剂进行防治：

50％异菌脲可湿性粉剂1 000～1 500倍液；

50％腐霉利可湿性粉剂1 000～1 500倍液+70％代森锰锌可湿性粉剂800倍液；

50％咪鲜胺锰盐可湿性粉剂800～1 500倍液+75％百菌清可湿性粉剂600～800倍液；

40％腈菌唑水分散粒剂4 000～6 000倍液+75％百菌清可湿性粉剂600～800倍液；

24％腈苯唑悬浮剂2 000～3 000倍液+70％代森联水分散粒剂800倍液；

10％苯醚甲环唑水分散粒剂1 500倍液+75％百菌清可湿性粉剂600～800倍液；

12.5％烯唑醇可湿性粉剂3 000～4 000倍液+70％代森锰锌可湿性粉剂800倍液；

43％戊唑醇悬浮剂3 000～4 000倍液+70％代森联水分散粒剂800倍液；

对水喷雾，视病情间隔5～7天喷1次。

防治锈病，可采用下列杀菌剂进行防治：

20％唑菌胺酯水分散粒剂1 000～2 000倍液；

12.5％烯唑醇可湿性粉剂2 000～3 000倍液+70％代森锰锌可湿性粉剂800倍液；

30％氟菌唑可湿性粉剂2 000～3 000倍液+70％代森联水分散粒剂800倍液；

24％腈苯唑悬浮剂2 000～3 000倍液+75％百菌清可湿性粉剂600～800倍液；

40％氟硅唑乳油3 000～5 000倍液+70％代森锰锌可湿性粉剂800倍液；

25％啶氧菌酯悬浮剂1 500～2 500倍液+75％百菌清可湿性粉剂600～800倍液；

对水喷雾，视病情间隔5～7天1次。

防治疫病，可采用下列杀菌剂进行防治：

66.8％丙森·异丙菌胺可湿性粉剂600～800倍液；

84.51％霜霉威·乙膦酸盐可溶性水剂1 000倍液+10％氰霜唑悬浮剂2 000倍液；

50％烯酰吗啉可湿性粉剂1 000～1 500倍液+75％百菌清可湿性粉剂600～800倍液；

440g/L双炔·百菌清悬浮剂600～1 000倍液；

35％烯酰·福美双可湿性粉剂1 000～1 500倍液；

68％精甲霜·锰锌水分散粒剂800～1 000倍液；

20％唑菌酯悬浮剂2 000～3 000倍液+70％代森锰锌可湿性粉剂600～800倍液；

76％丙森·霜脲氰可湿性粉剂1 000～1 500倍液；

对水喷雾，视病情间隔5～7天1次。

第三十七章 韭菜病害防治新技术

韭菜属百合科，多年生宿根，原产于中国。全国播种面积在37.45万hm²左右，总产量约1202.7万t。我国韭菜各地均有栽培，主要产地分布在山东、河南、河北、江苏、安徽、江西等地。栽培模式以露地栽培为主，其次是小拱棚、大棚、日光温室等。

目前，国内发现的韭菜病虫害有30多种，其中病害20多种，主要有疫病、灰霉病、绵疫病等；生理性病害10多种，主要有黄叶、干尖等；虫害10余种，主要有地蛆等。常年因病虫害发生为害造成的损失在20%～50%。

一、韭菜病害

1. 韭菜疫病

【症　　状】主要为害叶片、叶鞘、根部和花茎等部位，引起腐烂。叶片多由中、下部开始发病，出现边缘不明显的暗绿色水浸状病斑，扩大后可达到一半以上。病部组织失水后缢缩，呈蜂腰状，叶片黄化萎蔫(图37-1和图37-2)。花茎受害，产生褐色病斑，后期萎垂(图37-3)。湿度大时病部软腐，上生稀疏的灰白色霉状物。鳞茎受害时呈浅褐色至暗褐色水浸状腐烂，纵切可见内部变褐。根部受害，根毛减少，后变褐腐烂。

图37-1　韭菜疫病叶片发病初期症状

图37-2 韭菜疫病叶片发病后期症状

图37-3 韭菜疫病花茎发病症状

【病 原】*Phytophthora nicotianae* 称烟草疫霉，属卵菌门真菌(图37-4)。孢子梗从气孔伸出，无色，无隔，细长，不分枝。孢子囊倒洋梨形、圆形至卵圆形，偶具乳头状凸起。卵孢子球形，淡黄色。

【发生规律】以菌丝体和厚垣孢子在病株地下部分或在土壤中越冬。翌春条件适宜时产生孢子囊和游动孢子形成初侵染。借风雨和浇水传播蔓延，进行重复侵染。成株期至采收期发病最重。华北地区主要发生在7—8月，浙江及长江中下游地区主要发生在5—9月。夏季高温高湿是露地韭菜疫病的主要流行时期，夏季多雨年份常常发生大流行。常年连作地块，土质黏重，雨后易积水，种植密度大，田间通透性差；管理粗放，水肥不足，植株长势差，偏施氮肥植株徒长或旺长导致抗病能力下降发病都重。

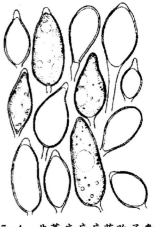

图37-4 韭菜疫病病菌孢子囊

【防治方法】与非百合科蔬菜轮作2～3年。选择地势较平坦、不易积水的地块进行栽培；合理密植，加强肥水管理，合理配方施肥，避免偏施氮肥，促进植株健壮生长；生长期间雨后及时排出积水。收获后及时彻底清除病残体，集中深埋或妥善处理。

发病前至发病初期，可采用下列杀菌剂进行防治：

72%锰锌·霜脲可湿性粉剂600～800倍液；

72%丙森·膦酸铝可湿性粉剂800～1 000倍液；

52.5%恶酮·霜脲氰水分散粒剂1 500～2 000倍液；

40%王铜·霜脲氰可湿性粉剂800～1 000倍液；

75%百·福·福锌可湿性粉剂800～1 000倍液；

60%琥·铝·甲霜灵可湿性粉剂600～800倍液；

70%丙森锌可湿性粉剂600～800倍液；

均匀喷雾，视病情间隔7～10天喷1次。

发病普遍时，可采用下列杀菌剂进行防治：

687.5g/L氟菌·霜霉威悬浮剂1 500～2 000倍液；

25%双炔酰菌胺悬浮剂1 000～1 500倍液+70%代森联水分散粒剂800倍液；

25%吡唑醚菌酯乳油1 500～2 000倍液+75%百菌清可湿性粉剂600倍液；

50%烯酰吗啉可湿性粉剂1 000～1 500倍液+70%丙森锌可湿性粉剂600倍液；

69%锰锌·氟吗啉可湿性粉剂1 000～2 000倍液；

68%精甲霜·锰锌水分散粒剂1 000～2 000倍液；

72.2%霜霉威盐酸盐水剂600～800倍液+50%克菌丹可湿性粉剂500～700倍液；

100g/L氰霜唑悬浮剂1 500～2 500倍液+70%代森联水分散粒剂800倍液；

60%唑醚·代森联水分散粒剂1 500～2 000倍液；

10%氟嘧菌酯乳油2 500～3 000倍液；

均匀喷雾，或用上述药剂灌根，每墩灌100～200ml，视病情间隔5～7天1次。

保护地栽培可采用45%百菌清烟剂200g/亩+10%霜脲氰烟剂200g/亩、15%百菌清·甲霜灵烟剂250g/亩熏烟，视病情间隔5～7天熏1次。

2. 韭菜灰霉病

【症　　状】主要为害叶片。被害叶片上初生白色至浅灰褐色的小斑点，后斑点逐渐扩大，相互融合成椭圆形眼状梭形大斑，直至半叶或全叶腐烂(图37-5)。湿度大时，病斑可密生灰褐色绒毛状霉层或霉烂、发黏、发黑。

图37-5　韭菜灰霉病叶片发病症状

【病　　　原】*Botrytis squamosa* 称葱鳞葡萄孢，属无性型真菌(图37-6)。分生孢子梗从叶组织内伸出，密集或丛生，直立，淡灰色至暗褐色，具0～7个分隔，基部稍膨大，分枝处正常或缢缩，分枝末端呈头状膨大，其上着生短而透明的小梗及分生孢子。分生孢子卵圆至梨形，光滑，透明，浅灰至灰褐色。

【发生规律】以菌丝、分生孢子或菌核越冬和越夏。翌年条件适宜时，菌核萌发产生菌丝体，又产生分生孢子，或由菌丝、分生孢子随气流、雨水、灌溉水传播引起发病。最适发病温度为15～21℃，相对湿度在80%以上。成株期发病最重。浙江及长江中下游地区露地栽培的韭菜灰霉病主要发生在3—5月。地势较低，田间易积水，种植密度过大，田间通透性差，早春低温高湿，管理粗放，偏施氮肥造成植株徒长或旺长，经常大水漫灌都能引起发病且发病较重。

【防治方法】选择地势平坦不易积水的地块栽培；合理密植，加强管理，增施腐熟的有机肥，合理配合施用氮、磷、钾肥，防止偏施氮肥。小水勤浇，保护地栽培及时放风排湿，收割后不要及时浇水，可在地面上撒施一薄层草木灰，中耕培土要细致，避免损伤叶片。及时收割韭菜，彻底清除病、残叶，减少菌源。

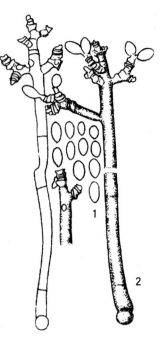

图37-6　韭菜灰霉病病菌
1.分生孢子；2.分生孢子梗

在冬、春季节的头刀韭菜株高4～7cm时，二刀韭菜在收割后6～8天时，及时采用药剂防治。可采用下列杀菌剂进行防治：

28%百·霉威可湿性粉剂800～1 000倍液；

40%双胍辛烷苯基磺酸盐可湿性粉剂800～1 000倍液+75%百菌清可湿性粉剂600倍液；

45%噻菌灵悬浮剂1 000～1 500倍液+70%代森锰锌可湿性粉剂600～800倍液；

50%多·福·乙可湿性粉剂800～1 000倍液+70%代森联水分散粒剂600～800倍液；

65%甲硫·霉威可湿性粉剂1 000～1 500倍液+70%代森锰锌可湿性粉剂600～800倍液；

50%多·乙可湿性粉剂800～1 000倍液+45%代森铵水剂300～500倍液；

30%福·嘧霉可湿性粉剂800～1 000倍液+75%百菌清可湿性粉剂600～800倍液；

均匀喷雾，视病情间隔7～10天喷1次。

田间发病普遍时，可采用下列杀菌剂进行防治：

50%烟酰胺水分散粒剂1 000～1 500倍液+70%代森联水分散粒剂600～800倍液；

50%嘧菌环胺水分散粒剂1 000～1 500倍液+70%代森锰锌可湿性粉剂600～800倍液；

30%异菌脲·环己锌乳油900～1 200倍液；

50%异菌脲悬浮剂1 000～1 500倍液+25%啶菌恶唑乳油1 000～2 000倍液；

50%腐霉利可湿性粉剂1 000～1 500倍液+75%百菌清可湿性粉剂600～800倍液；

2%丙烷脒水剂1 000～1 500倍液+50%克菌丹可湿性粉剂400～600倍液；

40%嘧霉胺悬浮剂1 000～1 500倍液+75%百菌清可湿性粉剂600～800倍液；

50%乙烯菌核利水分散粒剂800～1 000倍液+70%代森联水分散粒剂600～800倍液；

均匀喷雾，视病情间隔5～7天喷1次。

3．韭菜绵疫病

【症　　状】染病植株叶片上初现水渍状暗绿色病变，当病斑扩展至半张叶片大小时，叶片变黄下垂软腐。湿度大时病部长出白色棉絮状物(图37-7)；假茎受害后呈浅褐色软腐，叶鞘易脱落，潮湿时病部长出白色稀疏霉层；鳞茎染病时，根盘呈水浸状，后变褐腐烂；根部染病呈暗褐色，难发新根。

图37-7　韭菜绵疫病田间发病症状

【病　　原】*Phylophthora cinnamomi* Rands 称樟疫霉，属卵菌门真菌。菌丝较直，有大量菌丝膨大体；孢囊梗不分枝。孢子囊卵形至椭圆形，无乳凸，顶端平展或稍加厚。游动孢子肾形。休眠孢子球形；厚垣孢子球形，顶生。藏卵器球形，雄器矩形，单胞或双胞。卵孢子球形。

【发生规律】病菌以卵孢子和厚垣孢子在土壤中或在病株上越冬，翌年条件适宜时卵孢子遇水产生孢子囊和游动孢子，通过灌溉水或雨水传播到韭菜上，长出芽管、产生附着器和侵入丝穿透韭菜表皮进入体内，遇有高温高湿条件，病部产生大量孢子囊，借风雨或灌溉水传播蔓延，进行多次重复侵染。北京地区7月下旬至8月上旬为发病盛期，甘肃保护地栽培常发生在12月下旬至翌年3月中旬。地势较低，易积水，种植密度大，田间通透性差，连续阴雨天多；保护地栽培放风不及时湿度过大，昼夜温差大，叶缘吐水严重，经常大水漫灌发病重。

【防治方法】严格挑选育苗地和栽植地，要求土层深厚肥沃，排灌方便、3年内未种过百合科蔬菜，高燥地块，苗床应冬耕施肥，栽植地要求深耕，施用充分腐熟有机肥做基肥，雨后及时排水。合理密植，幼苗期浇小水，勤浇水。夏季雨水多时须控制浇水，定植翌年以后可多次收割，3年以上的韭株要及时剔根培土，防其徒长或倒伏。

发病前期，注意施用保护剂以防止病害侵染发病可采用下列杀菌剂进行防治：

40％醚菌酯悬浮剂3 000～4 000倍液；

25％嘧菌酯悬浮剂1 500～2 000倍液；

68.75％恶唑菌酮·锰锌水分散粒剂1 000～1 500倍液；

75％百菌清可湿性粉剂600～800倍液；

70％代森锰锌可湿性粉剂800倍液；

77%氢氧化铜可湿性粉剂800～1 000倍液；

50%克菌丹可湿性粉剂400～600倍液；

均匀喷雾，视病情间隔7～10天1次。

发病初期，可采用下列杀菌剂进行防治：

72%锰锌·霜脲可湿性粉剂700～1 000倍液；

70%丙森锌可湿性粉剂600～800倍液；

50%氟吗·乙铝可湿性粉剂600～800倍液；

64%恶霜·锰锌可湿性粉剂500倍液；

60%琥·乙膦铝可湿性粉剂500倍液；

均匀喷雾，视病情间隔7～10天1次。

发病普遍时，可采用下列杀菌剂进行防治：

687.5g/L氟吡菌胺·霜霉威盐酸盐悬浮剂800～1 200倍液；

84.51%霜霉威·乙膦酸盐可溶性水剂800～1 000倍液；

25%吡唑醚菌酯乳油1 500～2 000倍液；

69%烯酰·锰锌可湿性粉剂1 000～1 500倍液；

60%氟吗·锰锌可湿性粉剂1 000～1 500倍液；

25%烯肟菌酯乳油2 000～3 000倍液+70%代森联水分散粒剂800倍液；

10%氰霜唑悬浮剂2 000倍液+75%百菌清可湿性粉剂600～800倍液；

72.2%霜霉威水剂800倍液+70%代森锰锌可湿性粉剂600～1 000倍液；

66.8%丙森·异丙菌胺可湿性粉剂600～800倍液；

70%呋酰·锰锌可湿性粉剂600～800倍液；

均匀喷雾，视病情间隔5～7天喷1次。

4．韭菜黄叶病

【症　状】主要为害叶片，发病初期从叶尖、叶缘产生向叶中脉扩展的纵向半个叶片变黄或整叶变黄(图37-8)，后期病斑变成深黄色水渍状，逐渐坏死，造成整叶枯死。

【病　原】*Erwinia-herbicola* var. *ananas* 称草生欧文氏菌菠萝致病变种，属细菌。菌体短杆状，两端圆，周生鞭毛，革兰氏阴性，厌氧条件下能生长。

图37-8　韭菜黄叶病发病症状

【发生规律】病菌随病残体在土壤中越冬，翌年条件适宜时在韭菜田通过灌溉水或雨水飞溅传播，病原细菌主要从伤口侵入。田间低洼易涝、雨日多湿度大，种植密度大，田间通透性差，管理粗放，植株长势差都能引起发病。

【防治方法】选择地势较平坦不易积水的地块栽培；培养壮苗，适时定植，合理密植，加强水肥管理，雨后及时排水，严防湿气滞留。

发病前至发病初期，可采用下列杀菌剂进行防治：

84%王铜水分散粒剂1 000~1 500倍液；

6%春雷霉素可溶液剂500~800倍液；

20%噻唑锌悬浮剂300~500倍液+12%松脂酸铜悬浮剂600~800倍液；

20%噻菌铜悬浮剂1 000~1 500倍液；

50%氯溴异氰尿酸可溶性粉剂1 500~2 000倍液；

77%氢氧化铜可湿性粉剂800~1 000倍液；

均匀喷雾，视病情间隔5~7天喷1次。

二、韭菜生理性病害

韭菜生理性黄叶和干尖

【症　　状】生理黄叶：心叶或外叶褪绿(图37-9)，后叶尖开始变成茶褐色，后渐枯死，致叶片变白或叶尖枯黄变褐。干尖：叶尖干枯，像失水状(图37-10)，后期全叶干枯。

图37-9　韭菜生理性黄叶症状

图37-10　韭菜干尖田间症状

【病　　因】病因较复杂，一是长期大量施用粪肥和硫酸铵、过磷酸钙等肥料，易导致土壤酸化，造成酸性为害；二是土壤已经酸化，亚硝酸积累过多，产生亚硝酸气体为害，致叶尖变白枯死；三是棚室栽培韭菜遇有低温冷害或冻害，造成韭菜干尖或烂叶，有时天气连阴骤晴或高温后冷空气突然侵入，叶尖枯黄；四是微量元素过剩或缺乏。

【防治方法】选用优良品种和耐风雨品种。施用酵素菌沤制的堆肥，采用配方施肥技术，科学施用硫酸铵、尿素、碳酸氢铵，不宜一次施用过量，也可用1％尿素+0.3％磷酸二氢钾叶面喷雾，促进植株生长，提倡喷洒芸薹素内酯植物生长调节剂3 000倍液或10％宝力丰韭菜烂根灵600倍液。加强棚室温湿度管理，棚温不要高于35℃或低于5℃，生产上遇有高温要及时放风、浇水、降温，否则容易发生烧叶。

第三十八章 马铃薯病虫害防治新技术

马铃薯属茄科，一年生草本植物，马铃薯原产于南美洲。中国是世界上马铃薯第一生产大国，2018年，全国土豆种植面积约490.22万hm²，产量约1 804.88万t。我国马铃薯各地均有栽培，目前马铃薯面积最大的是内蒙古，其次是贵州、黑龙江、甘肃等，河北、山西、湖北、湖南、重庆、四川、云南、陕西等地均有栽培。主要栽培模式是露地栽培。

目前，国内发现的马铃薯病虫害有50多种，其中，病害30多种，主要有晚疫病、早疫病、病毒病、叶枯病、环腐病、青枯病、枯萎病等；生理性病害10多种，主要有黑心、缺氮、缺磷、缺钾等；虫害有10余种，主要有二十八星瓢虫、美洲斑潜蝇等。常年因病虫害发生为害造成的损失在20%～60%，部分严重地块甚至绝收。

一、马铃薯病害

1. 马铃薯晚疫病

【分布为害】各地普遍发生，为害严重。晚疫病以往多在保护地发生，但近几年特别是多雨年份一年四季都能发生，发生严重时，叶片萎蔫，整株死亡(图38-1)。

图38-1 马铃薯晚疫病田间发病症状

【症　　状】多从下部叶片开始，叶尖或叶缘产生近圆形或不定形病斑，水渍状，绿褐色小斑点，边缘有灰绿色晕环，边缘分界不明晰，湿度大时外缘出现一圈白霉。天气干燥时病部变褐干枯，如薄纸状，质脆易裂。叶柄染病，多形成不规则褐色条斑，严重发病的植株叶片萎垂、卷曲，终致全株黑腐(图38-2至图38-4)。块茎染病，表面呈现黑褐色大斑块，皮下薯肉亦呈褐色，逐渐扩大腐烂。

图38-2　马铃薯晚疫病叶片发病初期症状　　　图38-3　马铃薯晚疫病叶片发病中期症状

图38-4　马铃薯晚疫病叶片发病后期症状

【病　　原】 *Phytophthora infestans* 称致病疫霉，属卵菌门真菌(图38-5)。病菌菌丝无色无隔、较细多核，孢囊梗无色，3～5根成丛从气孔伸出，顶生孢子囊卵形或近圆形。

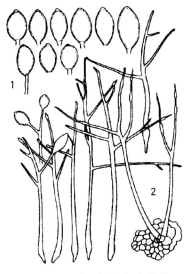

图38-5　马铃薯晚疫病病菌
1.孢子囊；2.孢子囊梗

【发生规律】病菌以菌丝体在病薯内越冬、越夏，成为田间初侵染源，带菌种薯及遗留土中的病薯萌芽时，病菌即开始活动，逐步向植株地上茎叶发展，成为中心病株。其上产生孢子囊，经气流传播进行再侵染，也可随雨水进入土壤，通过伤口、皮孔和芽眼侵入块茎，以菌丝体在块茎内越冬(图38-6)。病菌喜欢冷凉高湿的环境，适宜发病温度为10～30℃，最适发病温度白天在22℃左右，夜间在10～13℃，相对湿度在95%以上。上海及长江中下游地区主要发生在4—6月。地势低洼，土质黏重，易积水，种植密度过大，田间通透性差，管理粗放，植株长势弱，阴雨连绵，空气潮湿，温暖多雾，病害发生重。

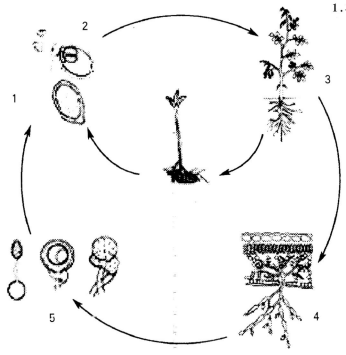

图38-6　马铃薯晚疫病病害循环
1.孢子囊；2.孢子囊萌发；3.染病植株；4.孢子囊及孢子囊梗；
5.孢子囊、雄器和藏卵器

【防治方法】选择地势高燥、排灌方便的地块种植；选择抗病品种进行栽培，合理密植。加强肥水管理，合理配合施用氮、磷、钾肥。切忌大水漫灌，雨后及时排水。加强通风透光。

田间发病前至发病初期，可采用下列杀菌剂进行防治：

72%锰锌·霜脲可湿性粉剂600～800倍液；

72%丙森·膦酸铝可湿性粉剂800～1 000倍液；

18%霜脲·百菌清悬浮剂1 000～1 500倍液；

52.5%恶酮·霜脲氰水分散粒剂1 500～2 000倍液；

70%乙铝·锰锌可湿性粉剂600～800倍液；

76%霜·代·乙膦铝可湿性粉剂800～1 000倍液；

75%百·福·福锌可湿性粉剂800～1 000倍液；

58%甲霜·福美锌可湿性粉剂1 000～2 000倍液；

68.75%恶唑菌酮·锰锌水分散粒剂1 000～1 500倍液；

70%丙森锌可湿性粉剂600～800倍液；

均匀喷雾，视病情每间隔5～7天喷1次。

发病普遍时，可采用下列杀菌剂进行防治：

687.5g/L霜霉威盐酸盐·氟吡菌胺悬浮剂800～1 200倍液；

25%双炔酰菌胺悬浮剂1 000～1 500倍液；

60%氟吗·锰锌可湿性粉剂1 000～1 500倍液；

68%精甲霜·锰锌水分散粒剂800～1 000倍液；

25%吡唑醚菌酯乳油1 500～2 000倍液；

69%锰锌·烯酰可湿性粉剂1 000～1 500倍液；

66.8%丙森·异丙菌胺可湿性粉剂600～800倍液；

72.2%霜霉威盐酸盐水剂800～1 000倍液+10%氰霜唑悬浮剂2 000～2 500倍液；

84.51%霜霉威·乙膦酸盐可溶性水剂600～1 000倍液；

70%呋酰·锰锌可湿性粉剂600～1 000倍液；

25%烯肟菌酯乳油2 000～3 000倍液+75%百菌清可湿性粉剂600～800倍液；

100g/L氰霜唑悬浮剂1 000～1 500倍液+70%代森锰锌可湿性粉剂800倍液；

20%苯霜灵乳油300倍液+75%百菌清可湿性粉剂600～800倍液；

均匀喷雾，视病情间隔5～7天喷1次。

2. 马铃薯早疫病

【分布为害】马铃薯早疫病在各栽培地区均有发生，北京、河北、山西等海拔较高的地区发生严重，一般造成的减产在15%～30%。

【症　　状】多从下部老叶开始，叶片病斑近圆形，黑褐色，有同心轮纹，潮湿时斑面出现黑霉。发生严重时，病斑互相连合成黑色斑块，致叶片干枯脱落(图38-7和图38-8)。块茎染病，表面出现暗褐色近圆形至不定形病斑，稍凹陷，边缘明显，病斑下薯肉组织亦变成褐色干腐。

图38-7　马铃薯早疫病叶片发病初期症状

图38-8　马铃薯早疫病叶片发病后期症状

【病　　　原】*Alternaria solani* 称茄链格孢，属无性型真菌(图38-9)。菌丝丝状有隔膜。分生孢子梗单生或簇生，圆筒形，有1~7个隔膜，暗褐色，顶生分生孢子。分生孢子长棍棒状，顶端有细长的嘴胞，黄褐色，具纵横隔膜。

【发生规律】病菌以分生孢子和菌丝体在土壤或种薯上越冬，条件适宜时以分生孢子借风雨传播，从气孔、皮孔、伤口或表皮侵入，引起发病。叶面湿润时，降落在叶片上的孢子萌发，由气孔和伤口侵入，几天后形成新病斑，新病斑上又产生分生孢子，分散传播；在一个生长季节可以进行多次反复侵染。雨水可以促进分生孢子的产生。生长前期雨水较多，病害发生的早且重。一般下部老叶先发病，幼嫩叶片衰老后才发病。高温多雨特别是高湿是诱发本病的重要因素，常年连作重茬地、地势低洼地块、土壤较瘠薄、种植密度过大，田间通透性差，经常大水漫灌，浇水过多发病较重。

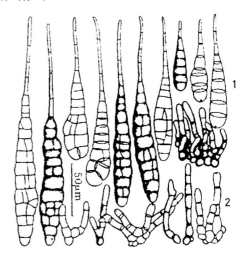

图38-9　马铃薯早疫病病菌
1.分生孢子；2.分生孢子梗

【防治方法】与非茄科蔬菜轮作2年以上；选择地势较平坦不易积水的地块栽培；施足充分腐熟的有机肥，合理密植。加强肥水管理，注意雨后及时排出田间积水。早期及时摘除病叶，带出田外集中销毁。拉秧后及时清除田间病残体。

发病初期，可采用下列杀菌剂进行防治：

560g/L嘧菌·百菌清悬浮剂800~1 200倍液；

50%异菌脲可湿性粉剂1 000~2 000倍液；

10%苯醚甲环唑水分散粒剂1 500倍液+70%丙森锌可湿性粉剂600~800倍液；

64%氢铜·福美锌可湿性粉剂600~800倍液；

75%肟菌·戊唑醇水分散粒剂2 000~3 500倍液；

50％甲·咪·多可湿性粉剂1 500～2 000倍液+70％代森联水分散粒剂800倍液；

60％琥铜·锌·乙铝可湿性粉剂600～800倍液+75％百菌清可湿性粉剂600～800倍液；

均匀茎叶喷雾，视病情间隔7～10天喷1次。

发病普遍时，可采用下列杀菌剂或配方进行防治：

20％唑菌胺酯水分散粒剂1 000～1 500倍液；

25％溴菌腈可湿性粉剂500～1 000倍液+50％克菌丹可湿性粉剂400～600倍液；

20％苯霜灵乳油800～1 000倍液+75％百菌清可湿性粉剂600～800倍液；

50％甲基·硫磺悬浮剂800～1 000倍液+70％代森锰锌可湿性粉剂700倍液；

50％福美双·异菌脲可湿性粉剂800～1 000倍液；

70％丙森·多菌可湿性粉剂600～800倍液；

对水喷雾，视病情间隔7～10天喷1次。

3．马铃薯环腐病

【分布为害】马铃薯环腐病是一种系统性病害，在整个生长期及贮藏期均可发生。20世纪60年代在北方马铃薯栽培区开始蔓延为害，70年代发病尤为严重。

【症　　状】属细菌性病害，全株侵染。地上部染病分枯斑和萎蔫两种类型。枯斑型多在植株基部复叶的顶上先发病，叶尖和叶缘及叶脉呈绿色，叶肉为黄绿或灰绿色，具明显斑驳，且叶尖干枯或向内纵卷，病情向上扩展，致全株枯死；萎蔫型初期则从顶端复叶开始萎蔫，叶缘稍内卷，似缺水状，病情向下扩展，全株叶片开始褪绿，内卷下垂，终致植株倒伏枯死(图38-10)。块茎发病切开可见维管束变为乳黄色至黑褐色，皮层内现环形或弧形坏死(图38-11和图38-12)。

图38-10　马铃薯环腐病植株发病症状

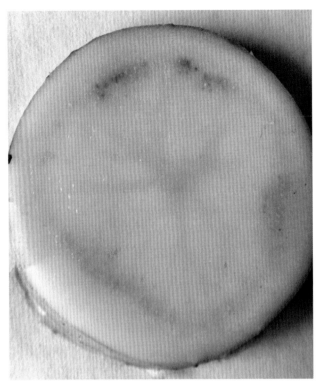 

图38-11　马铃薯环腐病薯块发病初期症状　　　图38-12　马铃薯环腐病薯块发病后产生的菌脓

【病　　原】*Clavibacter michiganense* subsp. *sepedonicun* 称密执安棒杆菌马铃薯环腐致病变种，属细菌。菌体短杆状，无鞭毛，单生或偶而成双，不形成荚膜及芽孢，好气性，革兰氏染色阳性。

【发生规律】病原细菌在种薯中越冬，也可随病残体在土壤中越冬，成为翌年初侵染源。病薯播下后，一部分出土的病芽病菌沿维管束上升至茎中部或沿茎进入新结薯块而发病。病菌通过切刀带菌传染。在田间通过伤口侵入，借助雨水或灌溉水传播。病菌在土壤中仅能存活很短时间，土壤一般不传病，但在土壤中残存的病块茎和病残体内存活时间较长，地温在18~22℃时最适发病，地温超过31℃，高温干燥时发病受到抑制。常年连作地块，土质黏重，雨后易积水，种植密度大，田间通透性差，地下害虫为害严重发病较重。

【防治方法】与非茄科蔬菜轮作2年以上；选择抗病品种进行栽培，选择透气性较好的壤土进行种植，合理密植，结合中耕培土，及时拔除病株，携出田外集中处理，病穴处撒生石灰消毒。收获后及时清除田间病残体，并集中销毁。

种薯处理。播前淘汰病薯，把种薯先放在室内堆放5~6天，进行晾种，不断剔除烂薯，使田间环腐病大为减少；切刀应用75%酒精消毒，切块后的种薯用新植霉素5 000倍液或47%春雷·王铜可湿性粉剂500倍液浸泡30分钟，或用50mg/kg硫酸铜稀释液浸泡10分钟。

4．马铃薯病毒病

【分布为害】马铃薯病毒病是马铃薯生产上最严重的病害之一，遍布于世界各产区，此病在我国普遍发生，除了一些高海拔冷凉山区发生较轻，已成为我国马铃薯减产的主要原因，其中尤以河西及中部地区发生最重，受害轻的减产30%~40%，严重的可减产80%~90%。

【症　　状】普通花叶型：叶片沿叶脉出现深绿色与淡黄色相间的轻花叶斑驳，叶片有一定程度的皱缩。有些品种仅表现轻花叶，有的品种植株显著矮化，全株发生坏死性叶斑，整个植株自上而下枯死，块茎变小，内部有坏死斑(图38-13)。黄化卷叶型：病株叶缘向上翻卷，叶片黄绿色，严重时叶片卷成筒，但不表现皱缩，叶质厚而脆，易折断。重病株矮小，个别的早期枯死(图38-14)。皱缩花叶型：条斑花叶与普遍花叶复合侵染症状为皱缩花叶，叶片变小，顶端严重皱缩，植株显著矮小，呈绣球状，不开花，多早期枯死，块茎极小(图38-15)。

图38-13　马铃薯病毒病普通花叶型

图38-14　马铃薯病毒病黄化卷叶型

图38-15　马铃薯病毒病皱缩花叶型

【病　　原】马铃薯X病毒Potato virus X（PVX），马铃薯S病毒Potato virus S（PVS），马铃薯A病毒Potato virus A（PVA），马铃薯Y病毒Potato virus Y（PVY），马铃薯卷叶病毒Potato leafroll virus（PLV）。

【发生规律】马铃薯普通花叶病：主要靠汁液摩擦传毒，切刀、农机具、衣物和动物皮毛均可成为传毒的介体。据报道，特殊的蚱蜢和绿丛螽斯能传毒，菟丝子、马铃薯癌肿病菌也能传毒，种子偶有带毒现象，蚜虫不能传毒，病毒还可在一些杂草体内及栽培作物(番茄等)上越冬，成为初次侵染来源。马铃薯重花叶病：可通过汁液摩擦传毒，还可通过约15种蚜虫以非持久方式传播，主要是桃蚜，另外有马铃薯长管蚜、棉蚜等。初侵染来源除带病种薯外，一些带病植物也是初侵染来源。马铃薯黄化卷叶病：不能由汁液传染，可由十几种蚜虫传播，其中以桃蚜为主，蚜虫传毒是持久性的，循回期在半天以上，可终身带毒，但不能卵传。菟丝子也可传毒，初侵染主要来源是带病薯块。马铃薯的多种病毒都可由蚜虫传播，有利于蚜虫生长、发育、繁殖的环境条件，就有利病害的发生。

【防治方法】采用无毒种薯，在无霜期短的地区，可将正常的春播推迟到夏播(6月下旬至7月上中旬播种)；在无霜期长的地区，一年种两茬马铃薯，即春秋两季播种，以秋播马铃薯作种用，及早拔除病株；实行精耕细作，高垄栽培，及时培土；加强水肥管理，避免偏施过施氮肥，增施磷钾肥；注意中耕除草；控制秋水，严防大水漫灌；收获后及时清除病残体，并集中销毁。

热处理可使卷叶病毒失去活性，种薯在35℃的温度下处理56天或36℃下处理39天，可除去种薯内所带病毒，采用变温处理，特别是处理切块比整薯更有效。

出苗后，可采用下列杀虫剂防治蚜虫：

240g/L螺虫乙酯悬浮剂4 000～5 000倍液；

10%烯啶虫胺水剂3 000～5 000倍液；

30%吡虫啉微乳剂10～20ml/亩；

3%啶虫脒乳油2 000～3 000倍液；

25%噻虫嗪可湿性粉剂2 000～3 000倍液；

对水喷雾，视虫情间隔7～10天喷1次。

发病前至发病初期，可采用下列药剂进行防治：

2%宁南霉素水剂200～400倍液；

5%氨基寡糖素水剂300～500倍液；

20%盐酸吗啉胍·乙酸铜可湿性粉剂500～700倍液；

7.5%菌毒·吗啉胍水剂500～700倍液；

2.1%烷醇·硫酸铜可湿性粉剂500～700倍液；

3.85%三氮唑·铜·锌水乳剂600～800倍液；

3.95%三氮唑核苷·铜·烷醇·锌水剂500～800倍液；

1.05%氮苷·硫酸铜水剂300～500倍液；

20%盐酸吗啉呱可湿性粉剂400～600倍液；

5%菌毒清水剂300～500倍液；

3%三氮唑核苷水剂600～800倍液；

对水喷雾，视病情间隔5～7天喷1次。

5．马铃薯小叶病

【症　　状】从植株心叶长出的复叶开始变小，新长出的叶柄向上直立，小叶常呈畸形；主要有3种症状。花叶型：严重时叶片皱缩，全株矮化，有时伴有叶脉透明(图38-16)；坏死型：叶、叶脉、叶柄及枝条、茎部都可出现褐色坏死斑，病斑发展连接成坏死条斑，严重时全叶枯死或萎蔫脱落(图38-17)；卷叶型：叶片沿主脉或自边缘向内翻转，变硬、革质化，严重时每张小叶呈筒状(图38-18)。

图38-16　马铃薯小叶病黄绿相间斑驳花叶型

图38-17　马铃薯小叶病坏死型

图38-18　马铃薯小叶病卷叶型

【病　　原】Potato virus M(PVM) 称马铃薯M病毒。

【发生规律】通过蚜虫及汁液摩擦传毒。田间管理条件差，蚜虫发生量大发病重。25℃以上高温会降低寄主对病毒的抵抗力，也有利于传毒媒介蚜虫的繁殖、迁飞或传病，从而利于该病扩展，加重受害程度，一般冷凉山区栽植的马铃薯发病轻。品种抗病性及栽培措施都会影响本病的发生程度。

【防治方法】采用无毒种薯，并通过各种检测方法淘汰病薯，推广茎尖组织脱毒。改进栽培措施，及早拔除病株；实行精耕细作，高垄栽培，及时培土；避免偏施过施氮肥，增施磷钾肥；注意中耕除草；控制秋水，严防大水漫灌。

发现有蚜虫为害及时防治。

发病前至发病初期，可采用下列药剂进行防治：

5%菌毒清水剂300~500倍液；

2%宁南霉素水剂200~400倍液；

5%氨基寡糖素水剂200~300倍液；

20%盐酸吗啉胍可湿性粉剂300~500倍液；

20%盐酸吗啉胍·乙酸铜可湿性粉剂500~700倍液；

7.5%菌毒·吗啉胍水剂500~700倍液；

2.1%烷醇·硫酸铜可湿性粉剂500~700倍液；

25%琥铜·吗啉胍可湿性粉剂600~800倍液；

1.05%氮苷·硫酸铜水剂300~500倍液；

3.85%三氮唑·铜·锌水乳剂600~800倍液；

对水喷雾，视病情间隔5~7天喷1次。

6．马铃薯疮痂病

【分布为害】马铃薯疮痂病是马铃薯的重要病害之一，全国各马铃薯栽培地都有发生，对马铃薯的品质有很大的影响；一般减产10%~30%，部分地块减产40%以上。

【症　　状】主要侵染块茎，先在表皮产生浅棕褐色的小凸起，然后形成直径约0.5cm的圆斑，并在病斑表面形成凸起型或凹陷型硬痂。病斑仅限于表皮，不深入薯内(图38-19)。

图38-19　马铃薯疮痂病薯块发病症状

【病　　原】*Streptomyces scabies* 称疮痂链霉菌，属放线菌。

【发生规律】病菌在土壤中腐生，或在病薯上越冬。病土、带菌肥料和病薯是主要初侵染源，从皮孔和伤口侵入后染病。由于种薯可以带菌传病，无病地或未种过马铃薯的田块，播种带病种薯后就可能发病。最适发病温度为25～30℃。雨量多、夏季较凉爽的年份，高温干燥天气，酸性的沙壤土发病重。地下害虫严重的地块发病也重。

【防治方法】与非茄科蔬菜轮作2年以上；选择保水性好的土地种植，增施充分腐熟的有机肥。加强水肥管理，保持土壤湿润，可减轻发病。及时防治地下害虫。施用酸性肥料以提高土壤酸度。收获后及时清除田间病残体，并集中销毁。

选用无病薯块留种，种薯用40％福尔马林200倍液浸种2小时，浸种后再切成块，否则容易发生药害。

秋收后摊晒块茎，剔除病烂薯，喷洒50％多菌灵可湿性粉剂800倍液，晾干入窖，可防烂窖；春季要晒种催芽，淘汰病、烂薯，可有效减少病害的发生。

7. 马铃薯炭疽病

【分布为害】为北方二季作地区秋季马铃薯的重要病害之一；一般地块减产在10％～30％，发病严重的地块可减产40％～60％。

【症　　状】主要为害叶片，在叶片上形成近圆形或不定形的赤褐色至褐色坏死斑，后转变为灰褐色，边缘明显，相互汇合形成大的坏死斑(图38-20)。为害严重时也可侵染块茎，引起植株萎蔫和块茎腐烂。

图38-20　马铃薯炭疽病叶片发病症状

【病　　原】*Colletotrichum coccodes* 称球炭疽菌，属无性型真菌。在寄主上形成球形至不规则形黑色菌核。分生孢子盘黑褐色聚生在菌核上，刚毛黑褐色且硬，顶端较尖，有隔膜1～3个，聚生在分生孢子盘中央。分生孢子梗圆筒形，有时稍弯或有分枝，偶生隔膜，无色或浅褐色。分生孢子圆柱形，单胞无色，内含物颗粒状。

【发生规律】主要以菌丝体在种子里或病残体上越冬，翌年条件适宜时产生分生孢子，借雨水飞溅传播蔓延。孢子萌发产出芽管，经伤口或直接侵入。生长后期，病斑上产生的粉红色黏稠物内含大量分生孢子，通过雨水溅射传到健薯上，进行再侵染。由于种薯可以带菌，无病地块或从未种过马铃薯的田块，播种带病的种薯后就可能发病。高温、高湿条件下发病重。马铃薯生长中后期雨水较多，雨后易积水，田间管理粗放，缺肥缺水植株长势较差发病重。

【防治方法】平整土地，多施充分腐熟的有机肥，加强田间管理，适时适量浇水施肥，促进植株健壮生长，收获后及时清除田间病残体，并集中销毁。

发病初期，可采用下列杀菌剂进行防治：

20%唑菌胺酯水分散粒剂1 000~1 500倍液+70%丙森锌可湿性粉剂600~800倍液；

25%吡唑醚菌酯悬浮剂1 000~1 500倍液+70%代森联水分散粒剂800倍液；

25%溴菌腈可湿性粉剂500倍液+70%代森锰锌可湿性粉剂800倍液；

5%亚胺唑可湿性粉剂1 000倍液+75%百菌清可湿性粉剂600~800倍液；

25%咪鲜胺乳油1 000~1 500倍液+70%代森锰锌可湿性粉剂800倍液；

25%腈菌唑悬浮剂1 000~2 000倍液+75%百菌清可湿性粉剂600~800倍液；

10%苯醚甲环唑水分散粒剂1 000~1 500倍液+22.7%二氰蒽醌悬浮剂1 000~1 500倍液；

47%春雷·王铜可湿性粉剂600~800倍液；

对水喷雾，视病情间隔7~10天喷1次。

8. 马铃薯叶枯病

【分布为害】叶枯病在部分地区发生分布，通常病株率为5%~10%，对生产无明显影响，少数地块发病较重。病株达30%以上，部分叶片因病枯死，轻度影响产量。

【症　　状】主要为害叶片，多是生长中后期下部衰老叶片先发病。初形成绿褐色坏死斑点，以后逐渐发展成近圆形至"V"字形灰褐色至红褐色大型坏死斑，具不明显轮纹，外缘常褪绿黄化，最后致病叶坏死枯焦，有时可在病斑上产生少许暗褐色小点，即病菌的分生孢子器。有时可侵染茎蔓，形成不定形灰褐色坏死斑，后期在病部可产生褐色小粒点(图38-21和图38-22)。

图38-21　马铃薯叶枯病叶片发病初期症状

图38-22 马铃薯叶枯病叶片发病后期症状

【病　　　原】*Macrophomina phaseoli* 称大茎点菌，属无性型真菌。病菌在叶片上不常产生分生孢子器。分生孢子器近球形，散生于寄主表皮下，有孔口。分生孢子长椭圆形至近圆筒形，单胞，无色。微菌核，其表面光滑，近圆形。

【发生规律】病菌以菌核或以菌丝随病残组织在土壤中越冬，也可在其他寄主残体上越冬。翌年条件适宜时通过雨水把地面病菌冲溅到叶片或茎蔓上引起发病。以后在病部产生菌核或分生孢子器借雨水扩散，进行再侵染。温暖高湿有利于发病。地势较低，土壤贫瘠，雨后易积水，种植密度过大，田间通透性差；管理粗放，缺肥缺水植株长势差发病重。

【防治方法】选择较肥沃的地块种植，施足充分腐熟的有机肥；掌握适宜的种植密度。加强肥水管理，适当配合施用磷、钾肥，适时浇水和追肥，防止植株早衰。收获后及时清除田间病残体，并集中销毁。

发病初期，可采用下列杀菌剂进行防治：

560g/L嘧菌·百菌清悬浮剂2 000～3 000倍液；

50％腐霉·多菌灵可湿性粉剂800～1 000倍液+50％克菌丹可湿性粉剂400～600倍液；

60％琥铜·锌·乙铝可湿性粉剂600～800倍液+75％百菌清可湿性粉剂600～800倍液；

68.75％恶酮·锰锌水分散粒剂800～1 000倍液；

30％福·嘧霉可湿性粉剂800～1 000倍液+70％代森联水分散粒剂600～800倍液；

30％异菌脲·环己锌乳油900～1 200倍液；

64％氢铜·福美锌可湿性粉剂1 000倍液；

77％硫酸铜钙可湿性粉剂800～1 000倍液；

对水喷雾，视病情间隔7～10天喷1次。

9．马铃薯黑胫病

【分布为害】马铃薯黑胫病又称黑脚病，在东北、西北、华北地区均有发生。近年来，南方和西南栽培区有加重趋势，多雨年份可造成严重减产，不但造成缺苗断垄，而且引起贮藏期的烂窖。

【症　　状】主要侵染根茎部和薯块，从苗期到生育期均可发病。受害植株的茎呈现一种典型的黑褐色腐烂。幼苗发病，植株矮小，节间缩短，叶片上卷，叶色褪绿，茎基部组织变黑腐烂。早期病株萎蔫枯死，不结薯。发病晚和轻的植株，只有部分枝叶发病，症状不明显。块茎发病始于脐部，可以向茎上方扩展几厘米或扩展至全茎，病部黑褐色，横切可见维管束呈黑褐色。用手压挤皮肉不分离，湿度大时，薯块黑褐色腐烂发臭，区别于青枯病等(图38-23)。

图38-23　马铃薯黑胫病地上部及根部发病症状

【病　　原】*Erwinia carotovora* subsp. *atrosepeica* 称胡萝卜软腐欧氏杆菌马铃薯黑胫病亚种，属细菌。菌体杆状，单细胞，极少双连，周生鞭毛能运动，革兰氏染色阴性，无荚膜、芽孢。

【发生规律】病菌在块茎或在田间未完全腐烂的病薯上越冬。带病种薯是主要传播源，线虫、根蛆、雨水、灌溉水等也可传播。发病适温为23~27℃，高温、高湿有利于发病。病菌在土壤中可以存活，在低温多湿条件下存活时间稍长。在西北马铃薯栽培地区，阴湿的山区，二阴山区发病较重，半干旱区和干旱区发病较轻，山原地区发病稍轻，川区发病重。贮藏期间温度高，湿度大，通风不良发病都重。在土壤黏重、排水不良、种植密度较大、田间通透性差、管理粗放、植株生长不良、地下害虫多时易发病。

【防治方法】选用抗病品种，选择地势高、排水良好的地块种植，播种、耕地、除草和收获期都要避免损伤种薯，及时拔除病株，减少病害扩大传播。清除病株残体，避免昆虫从侵染源传播病菌。注意农具和容器的清洁，必要时用次氯酸钠和漂白粉或福尔马林消毒处理，防止传染。施磷、钾肥料，提高抗病力。适时早播，促使早出苗。

选用无病种薯，建立无病留种田，生产健康种薯。种薯切块时淘汰病薯。切刀可用沸水消毒；或把刀浸在5%石碳酸液或0.1%米苏液中消毒。种薯用0.01%~0.05%的溴硝丙二醇溶液浸泡15~20分钟，或用0.05%~0.1%的春雷霉素溶液浸种30分钟，或用0.2%高锰酸钾溶液浸种20~30分钟。捞出晾干后播种。

种薯入窖前要严格挑选，先在温度为10~13℃的通风条件放置10天左右，入窖后要加强管理，贮藏期间也要加强通风换气，窖温控制在1~4℃，防止窖温过高、湿度过大。

可在发病初期，采用下列杀菌剂进行防治：

3%中生菌素可湿性粉剂600～800倍液；

30%琥胶肥酸铜可湿性粉剂600～800倍液；

20%噻唑锌悬浮剂300～500倍液+12%松脂酸铜悬浮剂600～800倍液；

20%噻菌铜悬浮剂1 000～1 500倍液；

20%喹菌铜水剂1 000～1 500倍液；

45%代森铵水剂400～600倍液；

灌根，视病情间隔5～7天灌1次。

10．马铃薯粉痂病

【症　　状】主要为害块茎及根部；初在表皮上出现针头大的褐色小斑，后小斑逐渐隆起、膨大，成为大小不等的"疱斑"，随病情的发展，"疱斑"表皮破裂，反卷，皮下组织呈现橘红色，散出大量深褐色粉状物(图38-24)。根部染病，于根的一侧长出豆粒大小单生或聚生的瘤状物。

图38-24　马铃薯粉痂病块茎发病症状

【病　　原】*Spongospora subterranea* 称粉痂菌，属卵菌门真菌。

【发生规律】病菌以休眠孢子囊球在种薯内或随病残体在土壤中越冬，病薯和病土成为翌年本病的初侵染源，当条件适宜时，萌发产生游动孢子从根毛、皮孔或伤口侵入寄主。病菌的远距离传播靠种薯的调运；田间近距离的传播则靠病土、病肥、灌溉水等。一般雨量多、夏季较凉爽的年份易发病。本病发生的轻重主要取决于初侵染源及初侵染病原菌的数量。

【防治方法】与非茄科蔬菜轮作3年以上；严格执行检疫制度，选用无病的种薯进行栽培。

种薯处理。可用2%盐酸溶液或40%福尔马林200倍液浸种5分钟，也可用40%福尔马林200倍液将种薯浸湿，再用塑料布盖严闷2小时，晾干播种。

施足充分腐熟的有机肥，多施草木灰，调节土壤酸碱度值。提倡采用高畦栽培，加强田间管理，适时适量浇水施肥，避免大水漫灌，防止病菌传播蔓延。

11. 马铃薯青枯病

【症　　状】为系统性侵染病害，发病初期植株下部叶片先萎蔫后全株下垂，开始早晚恢复，持续4~5天后，全株茎叶全部萎蔫死亡，但仍保持青绿色，叶片不凋落，横剖可见维管束变褐(图38-25)。

【病　　原】*Ralstonia solanacearum* 称青枯劳尔氏菌，属细菌。

【发生规律】病菌随病残组织在土壤中越冬，侵入薯块的病菌在窖里越冬，病菌通过灌溉水或雨水传播，从茎基部或根部伤口侵入。最适发病温度为30~37℃。田间土壤含水量高、连阴雨或大雨后转晴气温急剧升高发病重。种植带病种薯，连作地，地势低洼，土壤偏酸，田间易积水，通透性差易发病。

【防治方法】与非茄科蔬菜轮作3年以上，最好与禾本科进行水旱轮作；选用抗青枯病品种进行栽培；采用高畦栽培，避免大水漫灌。防止从病区

图38-25　马铃薯青枯病发病症状

调种薯，种薯最好用实生苗小整薯留种。种薯切块时，严格剔除维管束变褐的病薯，所用切刀一定要切一个薯块换一次刀，换下的刀放在5%来苏儿或0.1%高锰酸钾溶液中消毒，两把刀轮换消毒使用。

发病前至发病初期，可采用下列杀菌剂进行防治：

88%水合霉素可溶性粉剂1 500~2 000倍液；

30%琥胶肥酸铜可湿性粉剂600~800倍液；

3%中生菌素可湿性粉剂600~800倍液；

20%噻唑锌悬浮剂300~500倍液；

2%春雷霉素可湿性粉剂300~500倍液；

36%三氯异氰尿酸可湿性粉剂1 000~1 500倍液；

12%松脂酸铜悬浮剂600~800倍液；

77%氢氧化铜可湿性粉剂800~1 000倍液；

灌根，每株灌药液0.3~0.5L，视病情间隔5~7天灌1次。

12. 马铃薯软腐病

【症　　状】下部老叶先发病，叶片出现不规则暗褐色病斑，湿度大时腐烂。茎部发病，茎内髓组织腐烂，病茎上部枝叶萎蔫下垂，叶片变黄。块茎发病多由皮层伤口引起，初呈水浸状，后薯块腐烂(图38-26)。

图38-26　马铃薯软腐病发病症状

【病　　　原】*Erwinia carotovora* subsp. *carotora* 称胡萝卜软腐欧氏杆菌胡萝卜致病变种，属细菌。

【发生规律】病原菌在病残体上或土壤中越冬，经伤口或自然裂口侵入，借雨水飞溅或昆虫传播蔓延。贮窖温度在5~30℃时均可发病，以15~20℃为适宜条件，而25~30℃的较高温度且伴以潮湿条件下，易于引起薯块腐烂。贮藏初期，薯块生活力和呼吸能力较强，往往会因通风不良，加重薯块的腐烂。

【防治方法】加强管理，注意通风透光和降低田间湿度。及时拔除病株，并用石灰消毒以减少田间初侵染和再侵染源；避免大水漫灌。

发病前至发病初期，可采用下列杀菌剂进行防治：

88%水合霉素可溶性粉剂1 500~2 000倍液；

2%春雷霉素可湿性粉剂300~500倍液；

3%中生菌素可湿性粉剂600~800倍液；

60%琥·乙膦铝可湿性粉剂500~700倍液；

36%三氯异氰尿酸可湿性粉剂1 000~1 500倍液；

86.2%氧化亚铜可湿性粉剂2 000~2 500倍液；

50%琥胶肥酸铜可湿性粉剂500~700倍液；

对水喷雾，视病情间隔5~7天喷1次。

13. 马铃薯枯萎病

【症　　　状】为系统侵染性病害，发病初期地上部出现萎蔫，剖开病茎，薯块维管束变褐，湿度大时，病部常产生白色至粉红色菌丝(图38-27)。

【病　　　原】*Fusarium oxysporum* 称尖镰孢菌，属无性型真菌。

【发病规律】病菌以菌丝体或厚垣孢子随病残体在土壤中或在带菌的病薯上越冬。翌年条件适宜时病部产生分生孢子借雨水或灌溉水传播，从伤口侵入。地势较低，土质黏重，雨后易积水，种植密度过

图38-27　马铃薯枯萎病地上部及根部发病症状

大，田间通透性差，管理粗放，缺肥缺水植株长势差发病重。

　　【防治方法】与禾本科作物轮作2年以上；选择地势较平坦、不易积水的地块进行栽培，合理密植，加强肥水管理促进植株健壮生长，雨后及时排出田间积水；收获后及时清除田间病残体。

　　发病前至发病初期，可采用下列杀菌剂进行防治：

　　5%丙烯酸·恶霉·甲霜水剂800～1 000倍液；

　　80%多·福·福锌可湿性粉剂500～700倍液；

　　5%水杨菌胺可湿性粉剂300～500倍液；

　　50%苯菌灵可湿性粉剂1 000倍液+50%福美双可湿性粉剂500倍液；

　　70%福·甲·硫磺可湿性粉剂800～1 000倍液；

　　灌根，每株灌药液300～500ml，视病情间隔5～7天灌1次。

二、马铃薯虫害

1．茄二十八星瓢虫

　　【分布为害】茄二十八星瓢虫(*Henosepilachna vigintioctopunctata*)属鞘翅目瓢虫科。主要为害叶片。成虫和若虫在叶背面剥食叶肉，形成许多独特的不规则的半透明的细凹纹，有时也会将叶吃成空洞或仅留叶脉(图38-28)，严重时整株死亡。

图38-28　茄二十八星瓢虫为害马铃薯叶片

【形态特征】参见茄子虫害——茄二十八星瓢虫。

【发生规律】在华北一年发生2代，江南地区4代，以成虫群集越冬。一般于5月开始活动。6月上中旬为产卵盛期，6月下旬至7月上旬为第1代幼虫为害期，7月中下旬为化蛹盛期，7月底8月初为第1代成虫羽化盛期，8月中旬为第2代幼虫为害盛期，8月下旬开始化蛹，羽化的成虫自9月中旬开始寻求越冬场所，10月上旬开始越冬。

【防治方法】消灭植株残体、杂草等处的越冬虫源，人工摘除卵块。

要抓住幼虫分散前的有利时机及时施药，可采用下列杀虫剂进行防治：

4.5%高效氯氰菊酯乳油22~24ml/亩；

2.5%溴氰菊酯乳油1 500~2 500倍液；

20%甲氰菊酯乳油1 000~2 000倍液；

5.7%氟氯氰菊酯乳油1 500~3 000倍液；

10%联苯菊酯乳油2 000~3 000倍液；

对水喷雾，视虫情间隔7~10天喷1次。

2．金针虫

【为害特点】为多食性地下害虫，主要为害幼苗和幼芽，能咬断刚出土的幼苗，也可钻入幼苗根茎部取食为害，造成缺苗断垄。结薯期幼虫常在薯块上取食，造成大量孔洞(图38-29)。

【形态特征】细胸金针虫，成虫黄褐色，体中部与前后部宽度相似，体形细长，密生灰色短毛，有光泽。卵乳白色，近似椭圆形。幼虫淡黄褐色，细长，圆筒形，胴部背面中央无纵沟，尾节圆锥形，背面基部两侧各有褐色圆斑一个，并有4条深褐色纵沟(图38-30)。蛹乳白色，近似长纺锤形。

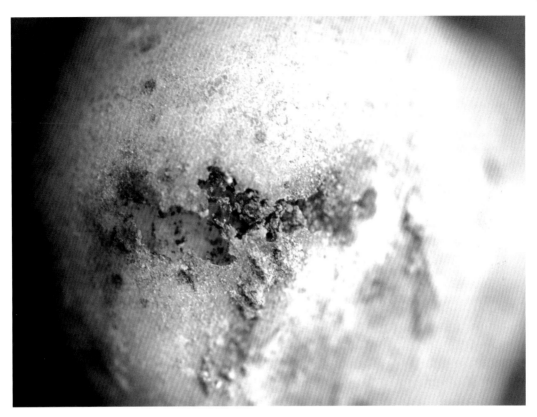

图38-29　金针虫为害马铃薯薯块

图38-30　细胸金针虫幼虫

沟金针虫，成虫深栗褐色，扁平，密生金黄色细毛，体中部最宽，前后两端较狭(图38-31)。卵乳白色，近似椭圆形。幼虫黄褐色，体形扁平，较宽，胴部背面中央有一明显的纵沟，尾节粗短，深褐色无斑纹(图38-32)。蛹细长，乳白色，近似长纺锤形。

图38-31 沟金针虫成虫

图38-32 沟金针虫幼虫

【发生规律】细胸金针虫，主要以幼虫在土壤中越冬，可入土达40cm深。翌春上升到表土层为害，6月可见成虫，产卵于土中。幼虫极为活跃，在土中钻动很快。细胸金针虫多两年完成一代，也有一年或3~4年完成一代的。以成虫和幼虫在土中20~40cm处越冬，翌年3月上中旬开始出土为害，4—5月为害最重，成虫期较长，有世代重叠现象。成虫在3月开始出土活动，交配后将卵产在3~7cm土中，卵期19~36天。沟金针虫3年完成1代。幼虫期长，老熟幼虫于8月下旬往16~20cm深的土层内作土室化蛹，蛹期12~20天，成虫羽化后在原蛹室越冬。翌年春天开始活动，4—5月为活动盛期。成虫在夜晚活动、交配，产卵于3~7cm深的土层中，卵期35天。成虫具假死性。幼虫于3月下旬10cm地温5.7~6.7℃时开始活动，4月是为害盛期。夏季温度高，沟金针虫垂直向土壤深层移动，秋季又重新上升为害。

【防治方法】深翻土地，破坏沟金针虫的生活环境。在沟金针虫为害盛期多浇水可使其下移，减轻为害。

播种时，用5%辛硫磷颗粒剂1.5~2.0kg/亩拌细干土100kg，撒施在播种沟(穴)中，然后播种。

发现有虫为害时，可采用下列杀虫剂进行防治：

1.8%阿维菌素乳油2 000~4 000倍液；

50%辛硫磷乳油800~1 500倍液，灌根。

三、马铃薯各生育期病虫害防治技术

马铃薯属茄科，一年生草本植物，原产于南美洲。主要栽培模式为露地栽培，一般春播夏收，或春播秋收。马铃薯的发芽期在20~25天，幼苗期在15~20天，发棵期在25~30天，结薯期在30~50天，休眠期因品种不同而有所差异。按照病虫害防治习惯将马铃薯的生育周期分为：发芽幼苗期、发棵期、结薯期。马铃薯栽培过程中病虫害发生较重，必须根据马铃薯的栽培特点和气候条件，制定病虫害的防治计划，通过农业措施和化学药剂控制病虫草害的为害，保证马铃薯的丰收。

(一)马铃薯发芽幼苗期病虫害防治技术

此期主要是指从块茎上的幼芽萌动到团棵(图38-33)。在这一时期有些病害严重影响出苗或小苗的正常生长，如病毒病、早疫病、晚疫病、疮痂病、茎基腐病、越冬蚜虫、美洲斑潜蝇等(图38-34)。因此，播种期、幼苗期是防治病虫害、培育壮苗、保证生产的一个重要时期，生产上经常使用杀菌剂、杀虫剂、除草剂、植物激素等。

图38-33　马铃薯幼苗期

图38-34　马铃薯幼苗期常见病害

　　播前准备。深翻土地24~25cm，再整平。若播前墒情不足，应提前10天灌水补墒。提前20天左右按每亩600~1 000kg厩肥在向阳处密封堆好，充分腐熟后混匀，深翻土地时施入并翻入土壤。

　　种薯处理。先在40~50℃的温水中预浸1分钟，然后放入60℃温水中(种薯与温水的比例为1∶4)浸泡15分钟，再用40%福尔马林溶液稀释200倍液或用35%甲霜灵拌种剂400倍液，喷洒种薯表面或浸种5分钟，加盖塑料薄膜闷种2小时后摊开晾干；或用72.2%霜霉威盐酸盐水剂或72%霜脲·锰锌可湿性粉剂800倍液浸泡15分钟后晾干播种。

　　防治病毒病、小叶病，可采用下列药剂进行防治：

　　2%宁南霉素水剂200~400倍液；

　　5%菌毒清水剂300~500倍液；

　　20%盐酸吗啉胍·乙酸铜可湿性粉剂500~700倍液；

　　7.5%菌毒·吗啉胍水剂500~700倍液；

　　2.1%烷醇·硫酸铜可湿性粉剂500~700倍液；

　　25%吗胍·硫酸锌可溶性粉剂500~700倍液；

　　31%氮苷·吗啉胍可溶性粉剂600~800倍液；

　　1.05%氮苷·硫酸铜水剂300~500倍液；

　　3.85%三氮唑·铜·锌水乳剂600~800倍液；

　　1.5%硫铜·烷基·烷醇水乳剂1 000倍液；

　　3.95%三氮唑核苷·铜·烷醇·锌水剂500~800倍液；

　　对水喷雾，视病情间隔5~7天喷1次。

　　防治早疫病、炭疽病等，可采用下列杀菌剂进行防治：

　　560g/L嘧菌酯·百菌清悬浮剂800~1 200倍液；

25%嘧菌酯悬浮剂1 500~2 000倍液；

52.5%异菌·多菌灵可湿性粉剂800~1 200倍液；

20%苯醚·咪鲜胺微乳剂2 500~3 500倍液；

5%亚胺唑可湿性粉剂1 000倍液+75%百菌清可湿性粉剂600倍液；

10%苯醚甲环唑水分散粒剂1 500倍液+22.7%二氰蒽醌悬浮剂1 000~1 500倍液；

40%多·福·溴菌腈可湿性粉剂800~1 000倍液；

70%福·甲·硫磺可湿性粉剂600~800倍液；

75%肟菌·戊唑醇水分散粒剂2 000~3 000倍液；

80%福·福锌可湿性粉剂800~1 500倍液；

均匀茎叶喷雾，视病情间隔7~10天喷1次。

防治晚疫病等，可采用下列杀菌剂进行防治：

70%呋酰·锰锌可湿性粉剂600~1 000倍液；

100g/L氰霜唑悬浮剂2 000~3 000倍液；

72%锰锌·霜脲可湿性粉剂600~800倍液；

25%嘧菌酯悬浮剂1 500~2 000倍液；

68%精甲霜·锰锌水分散粒剂800~1 000倍液；

25%烯肟菌酯乳油2 000~3 000倍液+75%百菌清可湿性粉剂600~800倍液；

72%丙森·膦酸铝可湿性粉剂800~1 000倍液；

52.5%恶酮·霜脲氰水分散粒剂1 500~2 000倍液；

76%霜·代·乙膦铝可湿性粉剂800~1 000倍液；

60%琥·铝·甲霜灵可湿性粉剂600~800倍液；

均匀喷雾，视病情每间隔5~7天喷1次。

防治茎基腐病、干腐病等，可采用下列杀菌剂进行防治：

30%苯醚甲·丙环乳油3 000~3 500倍液；

23%噻氟菌胺悬浮剂2 000倍液+75%百菌清可湿性粉剂600倍液；

20%氟酰胺可湿性粉剂600~800倍液；

喷雾，视病情间隔7~10天喷1次。

防治蚜虫、粉虱等，可采用下列杀虫剂进行防治：

240g/L螺虫乙酯悬浮剂4 000~5 000倍液；

10%烯啶虫胺水剂3 000~5 000倍液；

10%氟啶虫酰胺水分散粒剂3 000~4 000倍液；

10%吡丙·吡虫啉悬浮剂1 500~2 500倍液；

25%噻虫嗪可湿性粉剂2 000~3 000倍液；

对水喷雾，视虫情间隔7~10天喷1次。

（二）马铃薯发棵期病虫害防治技术

这一时期主要是指从团棵开始到现蕾(图38-35)。此期，常发生的病害有早疫病、晚疫病、叶枯病、癌肿病、炭疽病、疮痂病、黑胫病、青枯病、早死病、病毒病等(图38-36)；常发生的虫害有茄二十八星

图38-35　马铃薯发棵期

图38-36　马铃薯发棵期常见病虫害

瓢虫、美洲斑潜蝇等；应加强防治，此期也是马铃薯获得高产的重要时期。

防治早疫病、炭疽病、叶枯病等，可采用下列杀菌剂进行防治：

50%乙烯菌核利可湿性粉剂600~800倍液+70%代森锰锌可湿性粉剂600~800倍液；

20%唑菌胺酯水分散粒剂1 000～1 500倍液+70%代森联水分散粒剂800倍液；

10%苯醚甲环唑水分散粒剂1 000～1 500倍液+75%百菌清可湿性粉剂600～800倍液；

50%腐霉利可湿性粉剂1 000～1 500倍液+70%代森锰锌可湿性粉剂600～800倍液；

50%异菌脲可湿性粉剂1 000～1 500倍液；

50%福美双·异菌脲可湿性粉剂800～1 000倍液；

对水喷雾，视病情间隔7～10天喷1次。

防治晚疫病等，可采用下列杀菌剂进行防治：

40%氟吡菌胺·烯酰吗啉40～60ml/亩；

687.5g/L霜霉威盐酸盐·氟吡菌胺悬浮剂800～1 200倍液；

25%双炔酰菌胺悬浮剂1 000～1 500倍液；

60%氟菌·锰锌可湿性粉剂70～85g/亩；

25%吡唑醚菌酯乳油1 500～2 000倍液；

69%烯酰·锰锌可湿性粉剂100～130g/亩；

66.8%丙森·异丙菌胺可湿性粉剂600～800倍液；

72.2%霜霉威盐酸盐水剂800倍液+10%氰霜唑悬浮剂2 000～2 500倍液；

70%呋酰·锰锌可湿性粉剂600～1 000倍液；

20%苯霜灵乳油300倍液+75%百菌清可湿性粉剂600～800倍液；

均匀喷雾，视病情间隔5～7天喷1次。

对于以防治叶枯病为主，兼治早疫病等病害，可采用下列杀菌剂进行防治：

25%嘧菌酯悬浮剂1 500～2 000倍液；

50%异菌脲可湿性粉剂1 000～2 000倍液；

50%腐霉利可湿性粉剂1 000～1 500倍液+70%代森联水分散粒剂600倍液；

50%苯菌灵可湿性粉剂800～1 000倍液+70%代森联水分散粒剂600倍液；

64%氢铜·福美锌可湿性粉剂1 000倍液；

对水喷雾，视病情隔7～10天喷1次。

对于以防治炭疽病为主，兼治早疫病的可采用下列杀菌剂进行防治：

20%唑菌胺酯水分散粒剂1 000～1 500倍液+70%丙森锌可湿性粉剂600～800倍液；

25%溴菌腈可湿性粉剂500倍液+70%代森锰锌可湿性粉剂800倍液；

5%亚胺唑可湿性粉剂1 000倍液+75%百菌清可湿性粉剂600倍液；

25%咪鲜胺乳油1 000～1 500倍液+70%代森锰锌可湿性粉剂800倍液；

对水喷雾，视病情间隔7～10天喷1次。

防治癌肿病等，可采用下列杀菌剂进行防治：

60%氟菌·锰锌可湿性粉剂70～85g/亩；

69%精甲霜·锰锌水分散粒剂800～1 000倍液；

69%烯酰·锰锌可湿性粉剂100～130g/亩；

72%霜脲·锰锌可湿性粉剂107～150g/亩；

40%三乙膦酸铝可湿性粉剂250倍液+68.75%恶唑菌酮·锰锌水分散粒剂800倍液；

对水喷雾，视病情间隔7～10天1次。

防治黑胫病、环腐病等，可采用下列杀菌剂进行防治：

77%氢氧化铜可湿性粉剂600~800倍液；

86.2%氧化亚铜可湿性粉剂2 000~2 500倍液；

47%王铜可湿性粉剂600~800倍液；

12%松脂酸铜悬浮剂600~800倍液；

25%络氨铜水剂400~600倍液；

45%代森铵水剂200~400倍液；

灌根，视病情间隔5~7天灌1次。

防治青枯病、软腐病等，可采用下列杀菌剂进行防治：

12%松脂酸铜悬浮剂600~800倍液；

3%中生菌素可湿性粉剂600~800倍液；

灌根，每株灌药液0.3~0.5L，视病情间隔5~7天灌1次。

防治病毒病、小叶病，可采用下列药剂进行防治：

2%宁南霉素水剂200~400倍液；

5%氨基寡糖素水剂300~500倍液；

25%琥铜·吗啉胍可湿性粉剂600~800倍液；

3.85%三氮唑·铜·锌水乳剂600~800倍液；

1.5%硫铜·烷基·烷醇水乳剂1 000倍液；

3.95%三氮唑核苷·铜·烷醇·锌水剂500~800倍液；

25%吗胍·硫酸锌可溶性粉剂500~700倍液；

对水喷雾，视病情间隔5~7天喷1次。

防治枯萎病、黄萎病等，可采用下列杀菌剂进行防治：

5%丙烯酸·恶霉·甲霜水剂800~1 000倍液；

3%恶霉·甲霜水剂500倍液；

80%多·福·福锌可湿性粉剂700倍液；

70%恶霉灵可湿性粉剂2 000倍液；

54.5%恶霉·福可湿性粉剂700倍液；

30%福·嘧霉可湿性粉剂800倍液；

20%甲基立枯磷乳油800~1 000倍液+70%敌磺钠可溶性粉剂800倍液；

灌根，每株灌药液300~500ml，视病情间隔5~7天灌1次。

防治茄二十八星瓢虫、马铃薯甲虫等，可采用下列杀虫剂进行防治：

2.5%溴氰菊酯乳油1 500~2 500倍液；

20%甲氰菊酯乳油1 000~2 000倍液；

1.8%阿维菌素乳油2 500~4 000倍液；

30%多噻烷乳油750~1 000倍液；

75%硫双威可湿性粉剂1 000~2 000倍液；

1.7%阿维·高氯氟氰可溶性液剂2 000~3 000倍液；

15%阿维·毒乳油1 000~2 000倍液；

50%丙溴磷乳油1 000~2 000倍液；

对水喷雾，视虫情间隔7~10天喷1次。

防治美洲斑潜蝇、蚜虫等，可采用下列杀虫剂或配方进行防治：

0.5%甲氨基阿维菌素苯甲酸盐微乳剂3 000倍液+4.5%高效氯氰菊酯乳油2 000倍液；

240g/L螺虫乙酯悬浮剂4 000~5 000倍液+50%灭蝇胺可湿性粉剂2 000~3 000倍液；

10%烯啶虫胺水剂3 000~5 000倍液+1.8%阿维菌素乳油2 000~2 500倍液；

10%氟啶虫酰胺水分散粒剂3 000~4 000倍液+20%甲氰菊酯乳油2 000~3 000倍液；

5%阿维·高氯可湿性粉剂2 000~3 000倍液；

4%氯氰·烟碱水乳剂2 000~3 000倍液；

对水喷雾，因其世代重叠，要连续防治，视虫情间隔7~10天喷1次。

（三）马铃薯结薯期病虫害防治技术

此期主要是指从现蕾到茎叶变黄败秧(图38-37)。这一时期常发生的病害有软腐病、粉痂病、环腐病、早疫病、晚疫病等，常发生的虫害有茄二十八星瓢虫、美洲斑潜蝇等。

图38-37　马铃薯结薯期

防治软腐病、青枯病、黑胫病，可采用下列杀菌剂进行防治：

6%春雷霉素可湿性粉剂37~47g/亩；

3%中生菌素可湿性粉剂600~800倍液；

20%噻唑锌悬浮剂300~500倍液+12%松脂酸铜悬浮剂600~800倍液；

20%噻菌铜悬浮剂1 000~1 500倍液；

20%喹菌铜水剂1 000~1 500倍液；

灌根，视病情间隔5~7天灌1次。

防治早疫病、叶枯病等，可采用下列杀菌剂进行防治：

25%溴菌腈可湿性粉剂500~1 000倍液+50%克菌丹可湿性粉剂400~600倍液；

10%苯醚甲环唑水分散粒剂1 500倍液+68.75%恶酮·锰锌水分散粒剂1 000倍液；

50%甲基·硫磺悬浮剂800~1 000倍液+70%代森锰锌可湿性粉剂700倍液；

52.5%异菌·多菌灵可湿性粉剂800~1 000倍液；

50%甲·米·多可湿性粉剂1 500~2 000倍液+70%代森联水分散粒剂800倍液；

64%氢铜·福美锌可湿性粉剂600~800倍液；

70%丙森·多菌可湿性粉剂600~800倍液；

对水喷雾，视病情间隔7~10天喷1次。

防治晚疫病、癌肿病等，可采用下列杀菌剂进行防治：

60%氟菌·锰锌可湿性粉剂70~85g/亩；

68%精甲霜·锰锌水分散粒剂800~1 000倍液；

25%吡唑醚菌酯乳油1 500~2 000倍液；

72.2%霜霉威盐酸盐水剂800倍液+10%氰霜唑悬浮剂2 000~2 500倍液；

70%呋酰·锰锌可湿性粉剂600~1 000倍液；

50%烯酰吗啉可湿性粉剂1 000~1 500倍液+75%百菌清可湿性粉剂600~800倍液；

66.8%丙森·异丙菌胺可湿性粉剂600~800倍液；

50%氟吗·乙铝可湿性粉剂600~800倍液+70%代森锰锌可湿性粉剂600~800倍液；

对水均匀喷雾，视病情间隔5~7天喷1次。

防治茄二十八星瓢虫、美洲斑潜蝇可参照上一生育期用药。

第三十九章　姜病害防治新技术

生姜作为食材和药材，用途非常广泛，既是一种调味品，又集食用、药用于为一体，对人体有着较好的保健作用。

姜属姜科，多年生草本植物。中国是世界上生姜栽培面积最大且生产总量最多的国家，作为常见的调味植物，生姜在我国的种植面积十分广泛，其中，南方主要以广东、浙江、湖南、安徽和四川等地种植为主，北方则主要以山东省种植面积最大。2018年中国生姜种植面积达29.9万hm²，2018年中国生姜产量约1 237万t，我国生姜产量呈现逐年上升态势。主要栽培模式是露地栽培。目前，国内发现的姜病害有20多种，主要有细菌性叶枯病、炭疽病、病毒病、枯萎病、眼斑病等。常年因病虫害发生为害造成的损失在20%～50%。

1. 姜细菌性叶枯病

【症　　状】叶片发病，沿叶缘、叶脉扩展，初期出现淡褐色略透明水浸状斑点，后变为深褐色斑，边缘清晰(图39-1和图39-2)。根茎部发病初期出现黄褐色水浸状斑块，逐渐从外向内软化腐烂。

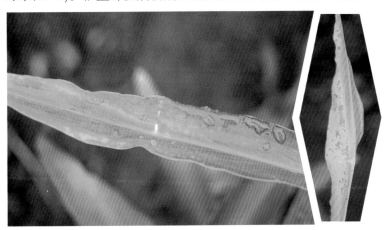

图39-1　姜细菌性叶枯病叶片发病初期症状

图39-2　姜细菌性叶枯病叶片发病后期症状

【病　　原】*Xanthomonas campestris* pv. *zingibericola* 称野油菜黄单胞杆菌姜致病变种，属细菌。

【发生规律】病菌主要随病残体在土壤中越冬。带菌种姜是田间重要初侵染源，并可随种姜进行远距离传播。在田间病菌可借雨水、灌溉水及地下害虫传播。病菌喜高温高湿，土温28～30℃，土壤湿度高易发病。阴雨天多发病严重，尤其在暴风雨后病情明显加重。

【防治方法】与非薯芋类蔬菜轮作2～3年。选择地势较高，雨后不易积水，通风性良好，土质肥沃地块种植。严格挑选种姜，剔除病姜。施足充分腐熟的有机肥，增施磷、钾肥。

严防病田的灌溉水流入无病田。雨后及时排出田间积水。发现病株及时拔除，病穴用石灰消毒。及时防治地下害虫。收获后及时清除田间病残体，并集中销毁。

发病前至发病初期，可采用下列杀菌剂进行防治：

20%噻菌铜悬浮剂1 000～1 500倍液；

20%喹菌铜水剂1 000～1 500倍液；

50%氯溴异氰尿酸可溶性粉剂1 500～2 000倍液；

12%松脂酸铜悬浮剂600～800倍液；

46%氢氧化铜水分散粒剂1 000～1 500倍液；

均匀喷雾，视病情间隔7～10天喷1次。

发病普遍时，可采用下列杀菌剂进行防治：

20%噻唑锌悬浮剂600～800倍液；

3%中生菌素可湿性粉剂600～800倍液；

60%琥·乙膦铝可湿性粉剂500～700倍液；

均匀喷雾，视病情间隔5～7天喷1次。

2．姜炭疽病

【症　　状】主要为害叶片，发病初期从叶尖或叶缘出现褐色水浸状小斑，后向下、向内扩展成圆形或梭形至不规则形褐斑，病斑上有明显或不明显云纹，发病严重时多个病斑连成大斑块导致叶片干枯(图39-3和图39-4)。

图39-3　姜炭疽病叶片发病初期症状

图39-4　姜炭疽病叶片发病后期症状

【病　　原】*Colletotrichum capisci* 称辣椒刺盘孢，属无性型真菌。

【发生规律】病菌以菌丝体和分生孢子盘在病部或随病残体在土壤中越冬，在南方，分生孢子在田间寄主作物上辗转为害，只要遇到合适寄主便可侵染，无明显的越冬期。病菌分生孢子在田间借风雨、昆虫传播。常年连作地块，种植过密，田间通透性差，管理粗放发病重。

【防治方法】与非姜科蔬菜轮作3年以上；施足充分腐熟的有机肥，密度要适宜，避免栽植过密；高畦栽培，加强肥水管理，增施磷、钾肥，促进植株健壮生长；雨后及时排出田间积水，发现病叶及时摘除并带出田间；收获后彻底清除病残体集中烧毁。

发病初期至发病前，可采用下列杀菌剂进行防治：

20%唑菌胺酯水分散粒剂1 000~1 500倍液；

20%硅唑·咪鲜胺水乳剂2 000~3 000倍液；

20%苯醚·咪鲜胺微乳剂2 500~3 500倍液；

30%苯噻硫氰乳油1 500倍液+22.7%二氰蒽醌悬浮剂1 000~1 500倍液；

25%咪鲜胺乳油1 000~1 500倍液+75%百菌清可湿性粉剂600倍液；

40%多·福·溴菌腈可湿性粉剂800~1 000倍液；

均匀喷雾，视病情间隔5~7天1次。

3. 姜瘟病

【症　　状】姜瘟病为系统侵染性病害。主要为害地下茎及根部，常从茎基部开始发病，病部初呈暗紫色，后呈黄褐色水浸状，病姜内部组织软化腐烂，挤压病部流出污白色汁液，有臭味；剖开病姜可见维管束呈褐色(图39-5和图39-6)。地上部初期姜蔫，随病情的发展逐渐枯死(图39-7)。

【病　　原】*Ralstonia solanacearum* 称茄青枯劳尔氏菌，属细菌。菌体短杆状单细胞，两端圆，单生或双生，极生鞭毛

图39-5　姜瘟病茎秆发病症状

图39-6　姜瘟病块茎发病症状　　　图39-7　姜瘟病田间发病症状

1～3根，在琼脂培养基上菌落网形或不正形，稍隆起，污白色或暗色至黑褐色，平滑具亮光。

【发生规律】病原菌在姜根茎内或土壤中越冬，带菌姜种是主要初侵染源，借灌溉水、地面流水、地下害虫和雨水溅射传播蔓延，并可借姜种调运作远距离传播。在山东地区每年6—9月，每降大雨后一周左右，田间出现一次发病高峰。连年重茬，栽培地块土质黏重，栽培密度较大，田间郁闭通透性差，生长期连续阴雨天多，雨后田间易积水，管理粗放，缺肥缺水，植株长势差，抗病力弱，偏施氮肥植株徒长、旺长发病较重。

【防治方法】与其他蔬菜轮作3年以上。选择土质较疏松透气的壤土地沙土地栽培，合理密植，加强肥水管理，施足充分腐熟的有机肥，合理配合施用氮、磷、钾肥，适时适量浇水，促进植株生长，增强抗病能力，雨后及时排出田间积水；收获后及时清出田间病残体并集中带出田外销毁。

播种前，可用88%水合霉素可溶性粉剂1 500倍液浸种姜30分钟。

生长期发现有地下害虫为害及时防治。

发病前至发病初期，可采用下列杀菌剂进行防治：

84%王铜水分散粒剂1 500～2 000倍液；

3%中生菌素可湿性粉剂600～800倍液；

20%噻唑锌悬浮剂300～500倍液+12%松脂酸铜悬浮剂600～800倍液；

60%琥·乙膦铝可湿性粉剂500～700倍液；

36%三氯异氰尿酸可湿性粉剂1 000～1 500倍液；

2%春雷霉素可湿性粉剂300～500倍液；

50%琥胶肥酸铜可湿性粉剂500～700倍液；

12%松脂酸铜悬浮剂600~800倍液；

20%喹菌铜水剂1 000~1 500倍液；

喷淋茎基部或灌根，视病情间隔7~10天1次。

4. 姜枯萎病

【症　　状】主要为害地下块茎导致块茎变褐腐烂，从土中挖出病块茎，其表面常长有菌丝体。地上部叶片常发黄枯萎死亡(图39-8)。

图39-8　姜枯萎病发病症状

【病　　原】*Fusarium solani* 称腐皮镰孢，属无性型真菌。

【发生规律】病菌以菌丝体和厚垣孢子随病残体在土壤中越冬，翌年条件适宜时产生的分生孢子，借雨水溅射和灌溉水传播。由伤口侵入，进行再侵染。常年连作，地势低洼，排水不良，土质黏重；施用未腐熟的有机肥，雨后易积水发病都重。

【防治方法】与非薯芋类蔬菜轮作3年以上。选地势较平坦、排水良好地块种植；施足充分腐熟的有机肥，加强肥水管理，并适当增施磷、钾肥，促进植株健壮生长，雨后及时排出田间积水；收获后及时清除田间病残体。

发病初期，可采用下列杀菌剂或配方进行防治：

5%丙烯酸·恶霉·甲霜水剂800~1 000倍液；

80%多·福·福锌可湿性粉剂500~700倍液；

3%恶霉·甲霜水剂600~800倍液；

70%恶霉灵可湿性粉剂2 000倍液；

4%嘧啶核苷类抗菌素水剂600~800倍液；

灌根，每株灌药液200~300ml，视病情间隔7~10天灌1次。

5. 姜叶斑病

【症　　状】主要为害叶片，叶片上病斑呈不规则形，中间灰白色，边缘褐色，发病严重时多个病斑融合成大斑，导致叶片干枯死亡(图39-9至图39-11)。

图39-9　姜叶斑病叶片发病初期症状

图39-10　姜叶斑病叶片发病中期症状

图39-11　姜叶斑病叶片发病后期症状

【病　　　原】*Alternaria* sp.称链格孢，属无性型真菌。

【发生规律】病菌在病部或病残体中越冬，条件适宜时病菌借气流或雨水传播，进行侵染；温暖多雨的季节发病重，种植密度过大，田间通透性差，管理粗放发病重。

【防治方法】合理密植，加强肥水管理，雨后及时排出田间病残体，增施充分熟腐的有机肥，合理配合施用氮、磷、钾肥。

发病初期，可采用下列杀菌剂进行防治：

52.5%异菌·多菌可湿性粉剂800～1 000倍液；

50%甲基·硫磺悬浮剂800～1 000倍液+70%代森锰锌可湿性粉剂700倍液；

64%氢铜·福美锌可湿性粉剂1 000倍液；

10%氟嘧菌酯乳油1 500～3 000倍液+2%春雷霉素水剂300～500倍液；

10%苯醚甲环唑水分散粒剂1 000倍液+75%百菌清可湿性粉剂600～800倍液；

50%腐霉利可湿性粉剂800～1 200倍液+50%克菌丹可湿性粉剂400～500倍液；

对水喷雾，视病情间隔7～10天喷1次。

6．姜叶枯病

【症　　　状】主要为害叶片，发病初期在叶片上产生黄褐色小斑点，逐渐向整个叶片扩展，易穿孔，发病严重时叶片变成褐色枯死(图39-12和图39-13)。

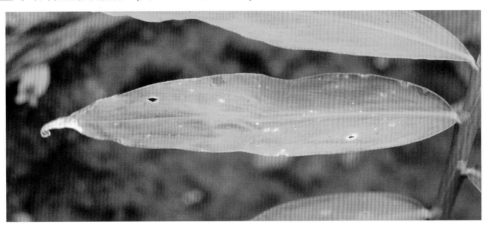

图39-12　姜叶枯病叶片发病初期症状

图39-13　姜叶枯病叶片发病后期症状

【病　　原】*Mycosphaerella zingiberi* 称姜球腔菌，属子囊菌门真菌。

【发生规律】病菌以菌丝体和子囊座在病残叶上越冬，翌年条件适宜时产生子囊孢子，借风雨、昆虫和农事操作传播蔓延。高温季节遇连续阴雨天多或雾重发病重。此外，地势低，种植密度过大，田间通透性差，氮肥施用量过多发病都重。

【防治方法】与非薯芋类蔬菜轮作2年以上；选地势较高地块种植，精细翻耕土地，高垄栽培。施用充分腐熟的有机肥作基肥，增施磷、钾肥，雨后及时清除田间积水，收获后及时清除田间病残体并集中带出田外销毁。

发病初期，可采用下列杀菌剂或配方进行防治：

52.5%异菌·多菌可湿性粉剂800～1 000倍液；

68.75%恶酮·锰锌水分散粒剂800～1 000倍液；

10%苯醚甲环唑水分散粒剂1 000～1 500倍液+45%代森铵水剂400～600倍液；

喷雾，视病情间隔7～10天喷1次。

7．姜腐霉根腐病

【症　　状】发病初期可见近地面茎叶处出现黄褐色病斑，后软化腐烂，导致地上部叶片黄化凋萎枯死(图39-14)。

【病　　原】*Pythium myriotylum* 称群结腐霉，属卵菌门真菌。

【发生规律】病菌以菌丝体在种姜或在病残体上越冬，病姜种、病残体是此病的初侵染源。条件适宜时产生游动孢子借雨水和灌溉水传播。一般雨水较多，温暖潮湿的季节发病较重；常年连作地块，土质黏重，种植密度过大，田间通透性差，管理粗放，经常大水漫灌发病较重。

图39-14　姜腐霉根腐病发病症状

【防治方法】与非薯芋类蔬菜轮作3年以上；选择地势平坦、土质较疏松的壤土地栽培，合理密植，加强肥水管理，增施磷、钾肥，促进植株健壮生长，雨后及时排出田间积水，收获后及时清除田间病残体。

发病前至发病初期，可采用下列杀菌剂进行防治：

84.51%霜霉威·乙膦酸盐可溶性水剂600～1 000倍液；

72%丙森·膦酸铝可湿性粉剂800～1 000倍液；

76%霜·代·乙膦铝可湿性粉剂800～1 000倍液；

50%氟吗·乙铝可湿性粉剂600～800倍液；

80%三乙膦酸铝水分散粒剂800～1 000倍液；

20%二氯异氰尿酸钠可溶性粉剂1 000～1 500倍液；

灌根，视病情间隔5～7天灌1次。

第四十章 芋病害防治新技术

芋属天南星科，多年生草本植物。芋，又称芋头、芋魁、青芋、土芝、毛芋，俗称芋苏，是热带地区广泛栽培的作物。世界芋头种植面积以非洲最大，其次是亚洲和大洋洲。世界总种植面积145万hm²。中国芋头总产量位列第二，单产位列第三，种植面积位列第四，中国种植面积有十几万公顷。

目前，国内发现的芋病虫害有20多种，其中，病害10多种，主要有疫病、灰斑病、炭疽病、污斑病等；虫害10种左右。

1. 芋疫病

【症　　状】主要为害叶片，发病严重时也可为害叶柄。叶片发病初期产生圆形黄褐色斑，后扩展成圆形至不规则形浅褐色边缘有深绿色水浸状圈，病斑上常具有轮纹，湿度大时病部产生褐色水滴状物；叶柄发病产生褐色至深褐色不规则形病斑，发病严重时叶柄腐烂(图40-1)。

图40-1　芋疫病叶片发病症状

【病　　原】*Phytophthora colocasiae* 称芋疫霉，属卵菌门真菌。

【发生规律】病原菌主要以菌丝体在病芋内或随病残体在土壤中越冬，翌年条件适宜时开始侵染为害。栽培地块地势低洼，土质黏重，雨后易积水，种植密度大，田间通透性差，管理粗放，植株长势差，连阴雨天多发病较重。

【防治方法】选择地势较高、排灌方便的地块栽培；合理密植，加强肥水管理，合理配合施用氮、磷、钾肥；雨后及时排出田间积水；收获结束后及时清除田间病残体并集中带出田外销毁。

发病前至发病初期，可采用下列杀菌剂进行防治：

687.5g/L霜霉威盐酸盐·氟吡菌胺悬浮剂800～1 200倍液；

25%双炔酰菌胺悬浮剂1 000～1 500倍液；

68%精甲霜·锰锌水分散粒剂800~1 000倍液；

25%吡唑醚菌酯乳油1 500~2 000倍液；

69%锰锌·烯酰可湿性粉剂1 000~1 500倍液；

66.8%丙森·异丙菌胺可湿性粉剂600~800倍液；

72.2%霜霉威盐酸盐水剂800~1 000倍液+75%百菌清可湿性粉剂600~800倍液；

84.51%霜霉威·乙膦酸盐可溶性水剂600~1 000倍液；

100g/L氰霜唑悬浮剂1 000~1 500倍液+70%代森锰锌可湿性粉剂800倍液；

72%霜脲·锰锌可湿性粉剂600~800倍液；

40%醚菌酯悬浮剂3 000~4 000倍液；

均匀喷雾，视病情每间隔5~7天喷1次。

2．芋污斑病

【症　　状】主要为害叶片。发病初期产生黄色小斑点，后扩展成浅褐色至深褐色圆形至不规则形斑，发病严重时病斑布满整个叶片，导致叶片枯死(图40-2)。

图40-2　芋污斑病叶片发病症状

【病　　原】*Clsdosporiun colocaiae* 称芋枝孢，属无性型真菌。

【发生规律】在北方病原菌主要以菌丝体和分生孢子在病残体上越冬，翌年条件适宜时以分生孢子侵染为害，借风雨气流传播；在南方病原菌在寄主植物上辗转为害无明显越冬现象；栽培密度大，田间通透性差，管理粗放，氮肥施用过多，植株徒长、旺长，雨水较多，田间湿度大发病较严重。

【防治方法】合理密植，多雨季节栽培适当稀植，合理配合施用氮、磷、钾肥，加强肥水管理，促进植株生长，雨后及时排出田间积水；收获结束后及时清除田间病残体并集中带出田外销毁。

发病初期，可采用下列杀菌剂进行防治：

250g/L嘧菌酯悬浮剂1 500~2 000倍液；

70%丙森锌可湿性粉剂600~800倍液；

68.75%恶酮·锰锌水分散粒剂800~1 000倍液；

75%百菌清可湿性粉剂600倍液；

70％代森锰锌可湿性粉剂600～800倍液；

70％代森联水分散粒剂800～1 000倍液；

86.2％氧化亚铜可湿性粉剂2 000～2 500倍液；

77％氢氧化铜可湿性粉剂800倍液；

对水喷雾，视病情间隔5～7天喷1次。

3．芋灰斑病

【症　　状】叶片发病初期产生圆形至不规则形淡褐色病斑，后扩展成中间灰白色边缘黄褐色至深褐色，发病严重时病斑易破裂穿孔(图40-3)。

图40-3　芋灰斑病叶片发病症状

【病　　原】*Crcospora caladii* 称芋尾孢，属无性型真菌。

【发生规律】病原菌主要以菌丝体和分生孢子座在病残体上或随病残体在土壤中越冬，翌年条件适宜时以分生孢子侵染为害，借风雨传播；高温多雨季节，种植密度大，田间郁闭，通透性差，雨后田间易积水发病较重。

【防治方法】多雨季节适当稀植，加强肥水管理，雨后及时排出田间积水，收获结束后及时清除田间病残体并集中带出田外销毁。

发病初期，可采用下列杀菌剂进行防治：

250g/L嘧菌酯悬浮剂1 500～2 000倍液；

70％甲基硫菌灵可湿性粉剂800～1 000倍液+70％代森锰锌可湿性粉剂700倍液；

50％甲基硫菌灵·硫磺悬浮剂800～1 000倍液+70％代森锰锌可湿性粉剂700倍液；

50％苯菌灵可湿性粉剂800～1 000倍液+70％代森联水分散粒剂600倍液；

20％丙硫·多菌灵悬浮剂2 000倍液+75％百菌清可湿性粉剂600倍液；

50％克菌丹可湿性粉剂600～800倍液；

对水喷雾，视病情间隔5天1次。

4. 芋炭疽病

【症　　状】主要为害叶片。叶片发病产生圆形至不规则形淡褐色至深褐病斑，病斑四周常具有黄晕圈，干燥时病斑易破裂穿孔(图40-4)。

图40-4　芋炭疽病叶片发病症状

【病　　原】*Colletotrichum capsici* 称辣椒刺盘孢，属无性型真菌。

【发生规律】病原菌主要以菌丝体潜伏在种球内，或以分生孢子附着于种球表面，或以拟菌核和分生孢子盘在病株残体上越冬。翌年产生分生孢子，借助风雨传播。适宜发病温度12～33℃，其中27℃最适；多从6月上中旬开始发病。高温多雨或高温高湿、积水过多、田间郁闭、长势衰弱、密度过大、氮肥过多发病较重。

【防治方法】发病地块可与瓜、豆类蔬菜轮作2～3年。定植前深翻土地，多施优质腐熟有机肥，增施磷、钾肥，提高植株抗病能力。雨后及时排出田间积水，收获结束后及时清除田间病残体并集中带出田外销毁。

发病初期，可采用下列杀菌剂进行防治：

50%咪鲜胺锰盐可湿性粉剂1 000倍液+68.75%恶唑菌酮·锰锌水分散粒剂800倍液；

10%苯醚甲环唑水分散粒剂1 000～1 500倍液+22.7%二氰蒽醌悬浮剂1 000～1 500倍液；

25%溴菌腈可湿性粉剂500倍液；

5%亚胺唑可湿性粉剂1 000倍液+75%百菌清可湿性粉剂600倍液；

40%腈菌唑水分散粒剂4 000～6 000倍液+70%代森锰锌可湿性粉剂600～800倍液；

70%甲基硫菌灵可湿性粉剂500倍液+68.75%恶唑菌酮·锰锌水分散粒剂800倍液；

对水喷雾，视病情间隔5～7天1次。

第四十一章 莲藕病害防治新技术

莲藕属睡莲科，多年生宿根植物，原产于印度。全国播种面积在50万～70万hm²，总产量在3 000万t～3 500万t。我国莲藕各地均有栽培，主要产区在湖北、安徽、江苏、江西、山东、河南、湖南、四川等地。主要栽培模式是露地栽培，少有保护地栽培。目前，国内发现的莲藕病害有20多种，主要有病毒病、腐败病、褐斑病、褐纹病、炭疽病等。常年因病虫害发生为害造成的损失在20%～50%。

1. 莲藕病毒病

【症　　状】病株叶片变小，有的病叶呈浓绿斑驳，皱缩；有的叶片局部褪绿黄化畸形皱缩；有的病叶包卷不易展开(图41-1)。

图41-1　莲藕病毒病发病症状

【病　　原】Cucumber mosaic virus (CMV)称黄瓜花叶病毒。

【发生规律】传播途径主要靠虫传；与蚜虫发生情况关系密切，特别遇高温干旱天气，不仅可促进蚜虫传毒，还会降低寄主的抗病性。种子也可带毒。

【防治方法】发现有蚜虫为害及时防治。

发病前至发病初期，可采用下列杀菌剂进行防治：

2%宁南霉素水剂200～400倍液；

4%嘧肽霉素水剂200～300倍液；

3.85%三氮唑·铜·锌水乳剂600～800倍液；

1.5%硫铜·烷基·烷醇水乳剂1 000倍液；

3.95%三氮唑核苷·铜·烷醇·锌水剂500～800倍液；

31%氮苷·吗啉胍可溶性粉剂600～800倍液；

茎叶喷雾，从幼苗开始，每间隔5～7天喷1次。

2．莲藕腐败病

【症　　状】地下茎受害，初期症状不明显，后随病情扩展，维管束变色并逐渐扩大，由种藕延及当年新生的地下茎，严重时地下茎呈褐色至紫黑色腐败，不能食用。地上部初叶色变淡，后变褐干枯或卷曲。发病严重时，全田一片枯黄，似火烧状(图41-2和图41-3)。

图41-2　莲藕腐败病叶片发病初期症状

图41-3　莲藕腐败病叶片发病后期症状

【病　　原】*Fusarium oxysporum* 称尖镰孢菌，属无性型真菌。

【发生规律】病菌以菌丝体及厚垣孢子随同病残体遗留在土壤中越冬，种藕也可带菌，成为翌年田间发病的初侵染源。病菌从种藕的伤口侵入。在江西，从5月中旬开始发病，6月中下旬为发病高峰期，7月中旬以后发病减轻。

【防治方法】种植抗病品种；重病地块与蔬菜轮作2年以上；加强肥水管理，适时适量追肥；按莲藕不同生育阶段需要管好水层，做到深浅适宜，以水调温调肥，防止因水温过高或长期深灌加重发病。

发病初期，用下列杀菌剂进行防治：

68%精甲霜·锰锌水分散粒剂800～1 000倍液；

440g/L精甲·百菌清悬浮剂800～1 000倍液；

50%琥胶肥酸铜可湿性粉剂350～600倍液；

30%噻森铜悬浮剂500～700倍液；

60%琥铜·锌·乙铝可湿性粉剂600～800倍液；

47%春雷·王铜可湿性粉剂600～800倍液；

均匀喷雾，视病情间隔5～7天喷1次。

3. 莲藕褐斑病

【症　　状】叶片发病，初在叶片上产生绿褐色小点，后扩展成红褐色至暗褐色圆形至不规则形坏死病斑，周围具有黄色晕圈，后期病斑常相互汇合成大的斑块，致病部变褐干枯(图41-4)。

图41-4　莲藕褐斑病叶片发病症状

【病　　原】*Corynespora cassiicola* 称山扁豆生棒孢，属无性型真菌。

【发生规律】病菌以菌丝体和分生孢子座在病残体上越冬，条件适宜时以分生孢子进行初次侵染，病害由气流或借风雨传播。一般在高温多雨特别是雨后病害发生严重。

【防治方法】合理密植，管好水肥，培育壮藕，增强抗病力；暴风雨来临前灌深水减少风害；收获后将藕叶和病残体收集烧毁。

发病初期，可采用下列杀菌剂进行防治：

60%唑醚·代森联水分散粒剂1 000～2 000倍液；

20%硅唑·咪鲜胺水乳剂2 000～3 000倍液；

20%苯醚·咪鲜胺微乳剂2 500～3 500倍液；

25%咪鲜胺乳油1 000～1 500倍液+75%百菌清可湿性粉剂600倍液；

560g/L嘧菌·百菌清悬浮剂2 000～3 000倍液；

250g/L吡唑醚菌酯乳油1 500～3 000倍液；

喷雾，视病情间隔7～10天喷1次。

4．莲藕褐纹病

【症　　状】发病初期叶片出现圆形黄褐色小斑点，扩大后形成圆形至不规则形黄色至褐色病斑，后期多个病斑相连，导致整个叶片枯黄死亡(图41-5)。

图41-5　莲藕褐纹病田间发病症状

【病　　原】*Alternaria nelumbii* 称莲链格孢，属无性型真菌。

【发生规律】病原菌孢子随病叶残体在藕田越冬，翌年春季条件适宜时产生分生孢子，并借风雨传播。温度越高，降雨越多，发病越重；浮叶发病重，离叶发病轻，深水田发病重，浅水田发病轻。

【防治方法】有条件的最好实行2年以上的轮作；适时播种，合理密植，改善通风透光条件，施足腐熟有机肥，增施钾肥；在莲藕生长中后期随时将病叶清除销毁，但需注意不要折断叶柄，以免雨水或塘水灌入叶柄通气孔，引起地下茎腐烂。收获莲藕前采摘病叶，带出藕田集中深埋或烧掉，以减少翌年的初侵染源。

发病初期，可采用下列杀菌剂进行防治：

10%苯醚甲环唑水分散粒剂1 000倍液+75%百菌清可湿性粉剂600～800倍液；

25%溴菌腈可湿性粉剂500～1 000倍液+70%代森锰锌可湿性粉剂700倍液；

50%甲基硫菌灵·硫磺悬浮剂800～1 000倍液+70%代森联水分散粒剂600倍液；

64%氢铜·福美锌可湿性粉剂1 000倍液；

对水喷雾，视病情间隔7～10天喷1次。

5.莲藕炭疽病

【症　　状】主要为害叶片，叶片发病呈圆形至不规则形褐色至红褐色小斑，病斑中部褐色至灰褐色稍下陷。在叶柄上，多表现近梭形或短条状的稍凹陷褐色至红褐色斑(图41-6)。

图41-6　莲藕炭疽病叶片发病症状

【病　　原】*Colletotrichum gloeosporioides* 称胶胞炭疽菌，属无性型真菌。

【发生规律】病菌以菌丝体和分生孢子盘随病残体遗落在藕塘中存活越冬，也可在田间病株上越冬。病菌分生孢子盘上产生的分生孢子借助风雨传播，进行初侵染与再侵染。雨水频繁的年份和季节有利于发病，氮肥偏施过施，植株体内游离氨态氮过多，抗病力降低而易感病。

【防治方法】与其他作物轮作2年以上；种植抗病品种；加强栽培管理；适期栽种，注意有机肥与化肥相结合，氮肥与磷钾肥相结合施用；按藕株不同生育期管好水层，适时换水，深浅适度，以水调温调肥促植株壮而不过旺，增强抗病力，减轻发病；田间发现病株及时拔除，收获后清除莲塘病残组织，减少翌年菌源。

发病初期，可采用下列杀菌剂进行防治：

20%唑菌胺酯水分散粒剂1 000～1 500倍液+25%嘧菌酯悬浮剂1 500～2 000倍液；

20%苯醚·咪鲜胺微乳剂2 500～3 500倍液；

25%咪鲜胺乳油1 000～1 500倍液+75%百菌清可湿性粉剂600倍液；

70%福·甲·硫磺可湿性粉剂600～800倍液；

对水喷雾，视病情间隔7～10天喷1次。

6.莲藕假尾孢褐斑病

【症　　状】主要为害叶片，病斑圆形或近圆形，淡褐色，边缘深褐色至紫褐色，发病严重时病斑融合成大斑块，造成病叶干枯(图41-7)。

图41-7　莲藕假尾孢褐斑病叶片发病症状

【病　　原】*Pseudocercospora nymphaeacea* 称睡莲假尾孢菌，属无性型真菌。

【发生规律】病菌以菌丝体及分生孢子随病残体遗落在藕塘中越冬，条件适宜时以分生孢子靠风雨传播，从伤口、自然孔口或直接侵入。雨水频繁的年份或季节，偏施氮肥的植株易发病。

【防治方法】发病田块与其他作物进行2~3年轮作；种植抗病品种；合理密植，注意通风透气；多施用充分腐熟的有机肥，避免偏施氮肥，提高植株抗病力；发现病株及时拔除，收获后清除病残组织，减少来年菌源。

发病初期，用25%丙环唑乳油与土按1∶1 000施于根部，间隔5天1次。

7. 莲藕小菌核叶腐病

【症　　状】浮贴在水面的叶片常发病。叶片发病产生褐色至黑褐色不规则形病斑，发病后期病部产生白色球状菌丝团，后白色菌丝团形成褐色至深褐球形菌核，发病严重时整个叶片变褐腐烂(图41-8)。

图41-8　莲藕小菌核叶腐病叶片发病症状

【病　　原】*Sclerotium hydrophilum* 称喜水小核菌，属无性型真菌。菌核球形、椭圆形至洋梨形，初白色，后变黄褐色或黑色，表面粗糙，内层无色至浅黄色，结构疏松。

【发病规律】病原菌主要以菌核随病残体在土壤中越冬，翌年条件适宜时产生菌丝侵染为害叶片。叶片浮在水面较多的藕田发病较多，连续阴雨天多，田间郁闭，通透性差发病较重。

【防治方法】适当稀植，注意田间水位，避免叶片长时间浮在水面上。收获结束后及时清除田间病残体并集中带出田外销毁。

发病前至发病初期，可采用下列杀菌剂进行防治：

50%乙烯菌核利可湿性粉剂800～1 000倍液+25%溴菌腈可湿性粉剂600倍液；

66%甲硫·霉威可湿性粉剂800～1 200倍液+50%克菌丹可湿性粉剂300～500倍液；

50%腐霉利·多菌灵可湿性粉剂1 000倍液+5%菌毒清水剂200～400倍液；

50%腐霉利可湿性粉剂800～1 500倍液+36%三氯异氰尿酸可湿性粉剂600～800倍液；

50%异菌脲可湿性粉剂800～1 000倍液+25%戊菌隆可湿性粉剂600～1 000倍液；

35%菌核净悬浮剂700倍液+70%敌磺钠可溶性粉剂500～600倍液；

50%多·菌核可湿性粉剂600～800倍液+50%敌菌灵可湿性粉剂500倍液；

对水喷雾，视病情间隔7～10天1次。

第四十二章　茭白病害防治新技术

　　茭白属禾本科，多年生宿根性水生草本植物。南方栽培面积较大，北方少有栽培。

　　茭白，又名篙芭、孤、菱笋，是我国重要的水生蔬菜之一，栽培面积仅次于莲藕。我国茭白的栽培，春秋战国时期即已记载，目前，世界仍只有我国对茭白进行大面积栽培。我国茭白的主要产区分布在淮河流域以南地区(华北地区零星栽培，东北有野生资源)，尤其以长江中下游地区栽培面积最大，栽培技术水平最高，品种最多。双季茭白的栽培集中在江苏、浙江、上海。近年，安徽、湖北、湖南也大量引种栽培双季茭白，而单季茭白在全国各地都有栽培。

　　目前，国内发现的茭白病害有20多种，主要有锈病、胡麻斑病、白叶枯病等。

1．茭白锈病

　　【症　　状】叶片发病产生黄色至黄褐色隆起的疮斑，发病后期病斑破裂散出锈色粉状物(图42-1)。

图42-1　茭白锈病叶片发病症状

　　【病　　原】*Uromyces coronatus* 称茭白单胞锈菌，属担子菌门真菌。

　　【发生规律】病原菌主要以冬孢子在病株残体上越冬，翌年条件适宜时侵染为害。在南方5月中旬至9月以夏孢子在茭白上进行重复侵染为害。夏季高湿，昼夜温差大及结露持续时间长，栽培密度大，田间通透性差，管理粗放发病较重。

　　【防治方法】合理密植，加强肥水管理，促进植株生长，适时适量追肥；收获结束后及时清除田间病残体并集中带出田外销毁。

　　发病初期，可采用下列杀菌剂进行防治：

　　20％唑菌胺酯水分散粒剂1 000～2 000倍液；

　　12.5％烯唑醇可湿性粉剂2 000～3 000倍液+70％代森锰锌可湿性粉剂600～800倍液；

30%氟菌唑可湿性粉剂2 000~3 000倍液+70%代森锰锌可湿性粉剂600~800倍液；

24%腈苯唑悬浮剂2 000~3 000倍液+75%百菌清可湿性粉剂600~800倍液；

40%醚菌酯悬浮剂3 000~4 000倍液；

25%嘧菌酯悬浮剂1 000~2 000倍液；

对水喷雾，视病情间隔5~7天1次。

2．茭白胡麻斑病

【症　　状】叶片发病产生黄褐色小斑点，病斑常具有黄晕圈，后扩展成褐色长圆形，发病严重时病斑布满整个叶片，导致叶片枯死(图42-2)。

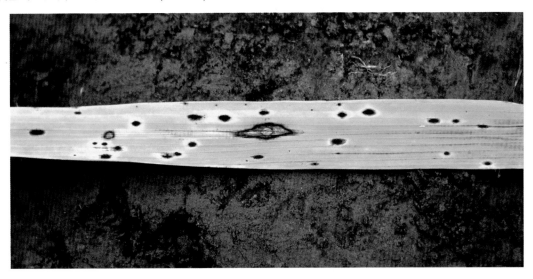

图42-2　茭白胡麻斑病叶片发病症状

【病　　原】*Bipolaris zizaniae* 称茭白离蠕孢菌，属无性型真菌。

【发生规律】病原菌主要以菌丝体和分生孢子在病残体上越冬，翌年条件适宜时产生分生孢子借风雨传播为害。在南方5月中旬至7月上旬，8月中旬后发病较重。连续阴雨天多、栽培密度大、管理粗放、植株长势差发病较重。

【防治方法】适当稀植，加强肥水管理，促进植株生长，收获结束后及时清除田间病残体并集中带出田外销毁。

发病初期，可采用下列杀菌剂进行防治：

30%苯醚甲·丙环乳油3 000~3 500倍液；

25%咪鲜胺乳油1 000~1 500倍液+70%代森锰锌可湿性粉剂800倍液；

12.5%烯唑醇可湿性粉剂2 000~4 000倍液+75%百菌清可湿性粉剂600倍液；

50%异菌脲可湿性粉剂1 000~2 000倍液；

25%丙环唑乳油3 000~4 000倍液；

40%多·硫悬浮剂600~800倍液；

对水喷雾，视病情间隔5~7天1次。

第四十三章　慈姑病害防治新技术

慈姑属泽泻科，多年生宿根性草本植物，原产于中国；中国的慈姑栽培主要集中在长江流域以南各地，如江苏、浙江、广西、广东等地栽培面积较大。

目前，国内发现的慈姑病害有10多种，主要有斑纹病、褐斑病、叶斑病、叶柄基腐病等。

1. 慈姑斑纹病

【症　　状】叶片发病产生不规则形黄褐色至浅褐色病斑，微具轮纹，病健部分界明显，病斑四周常具有黄晕圈，发病严重时叶片上布满病斑致叶片枯死；叶柄发病产生长条形褐色病斑(图43-1)。

图43-1　慈姑斑纹病叶片发病症状

【病　　原】*Cercospora sagittariae* 称慈姑尾孢菌，属无性型真菌。分生孢子梗数根丛生，挺直，末端稍弯曲，褐色，近基部具1~2个分隔；分生孢子鞭状或针状，具5~7个分隔，无色。

【发生规律】病原菌主要以菌丝体和分生孢子座在病部越冬，翌年条件适宜时以分生孢子进行侵染为害。栽培密度大，田间郁闭，通透性差，夏季高温多雨，管理粗放，施用氮肥过多，造成植株徒长或旺长，植株长势差发病较重。

【防治方法】高温多雨季节栽培适当稀植，加强肥水管理，促进植株生长，收获结束后及时清除田间病残体并集中带出田外销毁。

发病初期，可采用下列杀菌剂进行防治：

64%氢铜·福美锌可湿性粉剂600~800倍液；

47%王铜可湿性粉剂600~800倍液；

40%多·硫悬浮剂600~800倍液；

68.75%恶唑菌酮·锰锌水分散粒剂1 000~1 500倍液；

86.2%氧化亚铜可湿性粉剂2 000~2 500倍液；

77%氢氧化铜可湿性粉剂800倍液；

对水喷雾，视病情间隔7~10天喷1次。

2. 慈姑褐斑病

【症　　状】叶片发病初期产生圆形暗褐色斑，后扩展成中间灰白色，边缘暗褐色，发病严重时病斑连成大斑块导致叶片枯死；叶柄发病产生暗褐色梭形凹陷斑，发病严重时病斑绕茎一周致叶柄倒伏(图43-2)。

图43-2　慈姑褐斑病叶片发病症状

【病　　原】*Ramularia sagittariae* 称慈姑座精孢，属无性型真菌。分生孢子梗由气孔伸出，数枝丛生；分生孢子圆柱形或短棒形，单胞或双胞，无色。

【发生规律】病原菌以菌丝体或分生孢子座在种球或病残体上越冬，翌年条件适宜时以分生孢子借气流、雨水溅射传播为害。栽培密度大，施用氮肥过量，连续高温多雨天多发病较重。

【防治方法】适当稀植，加强肥水管理，合理配合施用氮、磷、钾肥，促进植株健壮生长；收获结束后及时清除田间病残体并集中带出田外销毁。

发病初期，可采用下列杀菌剂进行防治：

40%多·硫悬浮剂600~800倍液；

68.75%恶唑菌酮·锰锌水分散粒剂1 000~1 500倍液；

86.2%氧化亚铜可湿性粉剂2 000~2 500倍液；

77%氢氧化铜可湿性粉剂800倍液；

对水喷雾，视病情间隔7~10天喷1次。

3. 慈姑叶斑病

【症　　状】叶片发病产生深褐色圆形小斑点，有时病斑四周有黄晕圈，发病严重时病斑布满整个叶片导致叶片枯死；叶柄、茎部发病与叶片相似(图43-3)。

图43-3　慈姑叶斑病叶片发病症状

【病　　原】*Cylindrocarpon chiayiense* 称柱孢菌，属无性型真菌。

【发生规律】病原菌主要以菌丝体、分生孢子在病残体上越冬，翌年条件适宜时产生分生孢子借风雨传播。栽培过密，施用氮肥过量，高温多雨天多发病重。

【防治方法】加强肥水管理，合理配合施用氮、磷、钾肥；收获结束后及时清除田间病残体并集中带出田外销毁。

发病初期，可采用下列杀菌剂进行防治：

30%苯醚甲·丙环乳油3 000～3 500倍液；

70%甲基硫菌灵可湿性粉剂600～800倍液+75%百菌清可湿性粉剂600～800倍液；

30%福·嘧霉可湿性粉剂800～1 000倍液；

32.5%嘧菌酯·百菌清悬浮剂1 500～2 000倍液；

68.75%恶酮·锰锌水分散粒剂800～1 000倍液；

52.5%异菌·多菌灵可湿性粉剂800～1 000倍液；

77%氢氧化铜可湿性粉剂800倍液；

对水喷雾，视病情间隔7～10天喷1次。

第四十四章 荸荠病害防治新技术

　　荸荠，别名马蹄、芋荠、地栗、水栗、地梨等，属单子叶莎草科多年生浅水草本植物，在生产上列入水果和蔬菜类作物管理。荸荠在缅甸、朝鲜、日本及东南亚各国均有栽培，而以我国为最多。目前，据统计，我国是世界上最大的荸荠种植国家，种植面积达5万hm²，主要产地在广西、江西、湖北、浙江、福建等地，其中广西占全国荸荠种植面积60%左右。

　　目前，国内发现的荸荠病害有10多种，主要有枯萎病、秆枯病等。

1. 荸荠枯萎病

　　【症　　状】植株发病后地上部长势差，明显矮化变黄，发病严重时地上部枯死；根及茎部发病呈灰黑色至黑褐色湿腐(图44-1)。

图44-1　荸荠枯萎病发病症状

　　【病　　原】*Fusarium oxysporum* f.sp. *eleocharidis* 称镰孢菌荸荠专化型，属无性型真菌。气生菌丝绒毛状，分生孢子有大小二型：小型孢子数量多，卵形或肾形；大型分生孢子镰刀形，两端均匀地逐渐收缩变尖。厚垣孢子球形，大多单生或顶生。

　　【发生规律】病原菌主要以菌丝体在种球上越冬，翌年条件适宜时进行侵染为害。常年连作地块，管理粗放，栽培密度大的地块发病重。

　　【防治方法】与其他作物轮作3年以上。加强肥水管理，促进植株生长，收获结束后及时清出田间病残体并集中带出田外销毁。

发病初期，可采用下列杀菌剂进行防治：

3%恶霉·甲霜水剂500倍液；

5%水杨菌胺可湿性粉剂300～500倍液；

54.5%恶霉·福可湿性粉剂700倍液；

30%福·嘧霉可湿性粉剂800倍液；

80%多·福·福锌可湿性粉剂700倍液；

70%甲基硫菌灵可湿性粉剂600倍液+60%琥·乙膦铝可湿性粉剂500倍液；

喷雾，视病情间隔7～10天喷1次。

2．荸荠秆枯病

【症　　状】茎秆发病初期产生水渍状长圆形至不规则形深绿色斑，后病部凹陷，其上生小黑点。叶鞘发病产生不规则形水渍状病斑，后发展到整个叶鞘(图44-2)。

图44-2　荸荠秆枯病发病症状

【病　　原】*Cylindrosporium eleocharidis* 称荸荠柱盘孢，属无性型真菌。菌丝初无色或色淡，后变褐，有隔及疏散的分枝，可纠集成菌索。分生孢子梗瓶梗状或短棒状或呈梨形。分生孢子无色，无隔，线形或稍弯曲，顶端窄且略尖。

【发生规律】病原菌主要以菌丝体在病残组织中越冬，翌年条件适宜时产生分生孢子侵染为害。栽培密度过大，管理粗放，植株长势差，夏季高温，连阴雨天多发病重。

【防治方法】高温多雨季节栽培适当稀植，加强肥水管理，合理配合施用氮、磷、钾肥，收获结束后及时清出田间病残体并集中带出田外销毁。

发病初期，可采用下列杀菌剂进行防治：

30%苯醚甲·丙环乳油3 000～3 500倍液；

25%丙环唑微乳剂3 000倍液；

70%甲基硫菌灵可湿性粉剂600～800倍液+75%百菌清可湿性粉剂600～800倍液；

30%福·嘧霉可湿性粉剂800～1 000倍液；

32.5%嘧菌酯·百菌清悬浮剂1 500～2 000倍液；

52.5%异菌·多菌灵可湿性粉剂800～1 000倍液；

喷雾，视病情间隔7～10天喷1次。

第四十五章 黄花菜病害防治新技术

黄花菜属百合科，多年生草本植物。黄花菜除了作为蔬菜食用以外，由于其性味甘凉，具有较好的医用价值。原产于亚洲、欧洲，中国各地均有栽培。2018年我国黄花菜种植面积约90.51万亩、鲜黄花菜产量为58.48万t，

目前，国内发现的黄花菜病害有10多种，主要有根腐病、叶斑病等。

1. 黄花菜根腐病

【症　　状】根部发病初期呈浅褐色水渍状，后呈褐色至深褐色稍凹陷，发病严重时根部腐烂；地上部明显矮化，叶片变黄，结荚较少(图45-1)。

图45-1　黄花菜根腐病发病症状

【病　　原】*Fusarium acuminatum* 称锐顶镰孢，*Fusarium moniliforine* var. *intermedium* 称串珠镰孢中间变种，属无性型真菌。

【发生规律】病原菌主要以菌丝或菌核随病残体在土壤中越冬，翌年条件适宜时开始侵染为害。栽培年限较长，栽培地块土质黏重，透气性差，土壤瘠薄，管理粗放，连续高温多雨，雨后易积水，发病较重。

【防治方法】选择土质较疏松肥沃的壤土地栽培，施足充分腐熟的有机肥，加强肥水管理，合理配合施用氮、磷、钾肥，雨后及时排出田间积水；收获结束后及时清出田间病残体并集中带出田外销毁。

发病前至发病初期，可采用下列杀菌剂进行防治：

5%丙烯酸·恶霉·甲霜水剂800～1 000倍液；

80%多·福·福锌可湿性粉剂500～700倍液；

50%福美双可湿性粉剂500～700倍液；

20%二氯异氰尿酸钠可溶性粉剂400～600倍液；

47%春雷·王铜可湿性粉剂400～600倍液；

灌根，视病情间隔7～10天1次。

2．黄花菜叶枯病

【症　　状】主要为害叶片，叶片发病在叶尖或叶缘上出现水渍状小斑点，后扩展成褐色长条形病斑，发病严重时多个病斑融合成大斑，导致叶片枯死(图45-2)。

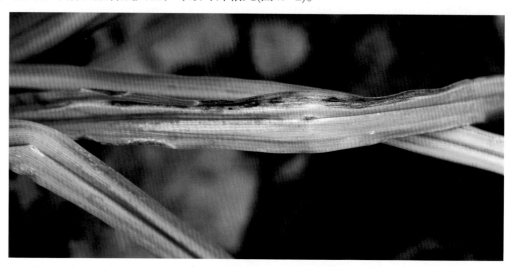

图45-2　黄花菜叶枯病发病症状

【病　　原】*Stemphylium vesicarium* 称泡状匐柄霉，属无性型真菌。

【发生规律】病原菌主要以菌丝体、分生孢子在枯死的老叶上或病残体上越冬，翌年条件适宜时以分生孢子通过气流、风雨传播为害。栽培密度大，田间地头杂草较多，土质黏重，连续阴雨天多，雨后田间易积水，管理粗放，经常缺肥缺水，植株长势差，或偏施氮肥植株徒长或旺长发病较重。

【防治方法】选择土质较疏松的地块栽培，彻底清除田间地头杂草，施足充分腐熟的有机肥，加强肥水管理，合理施用氮、磷、钾肥，雨后及时排出田间积水，收获结束后及时清出田间病残体并集中带出田外销毁。

发病初期，可采用下列杀菌剂进行防治：

2%嘧啶核苷类抗生素水剂150～300倍液+70%代森联水分散粒剂600～800倍液；

50%克菌丹可湿性粉剂400～600倍液；

77%氢氧化铜可湿性粉剂1 000～1 500倍液；

86.2%氧化亚铜可湿性粉剂2 000～2 500倍液；

75%百菌清可湿性粉剂600倍液；

70%丙森锌可湿性粉剂600～800倍液；

70%代森锰锌可湿性粉剂600～800倍液；

对水喷雾，视病情间隔7～10天喷1次。

第四十六章　芦笋病害防治新技术

芦笋又称石刁柏，属百合科，多年生宿根草本植物。原产于地中海东岸及小亚西亚地区。2016年世界芦笋收获总面积为30万hm²，其中中国的芦笋收获面积大约8万hm²，总产量达64万t，稳居世界第一。中国芦笋绝大多数为绿芦笋，全国各地均有栽培，主要为露地栽培，其中，80%分布在华北的山东、山西、河北；20%分布在南方的福建、湖北、浙江、云南和江苏等地。

目前，国内发现的芦笋病害有10多种，主要有褐斑病等。

1．芦笋褐斑病

【症　　状】枝杆发病产生圆形至椭圆形中间淡褐色边缘深褐色或红褐色病斑，发病严重时病斑布满整个枝杆(图46-1)。

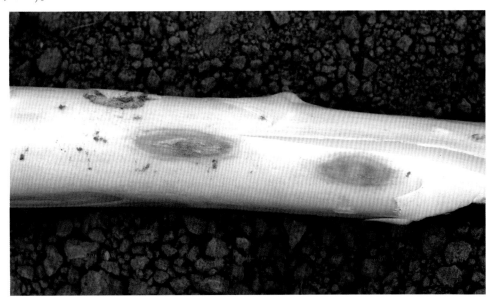

图46-1　芦笋褐斑病茎部发病症状

【病　　原】*Cercospora asparagi* 称石刁柏尾孢，属无性型真菌。

【发生规律】病原菌主要以菌丝体和分生孢子在病残体上越冬，翌年条件适宜时以分生孢子借风雨传播为害。栽培密度较大，土质黏重，土壤瘠薄，管理粗放，连续阴雨天多，雨后易积水发病重。

【防治方法】选择土质较疏松肥沃的壤土地栽培，施足充分腐熟的有机肥，加强肥水管理，合理施用氮、磷、钾肥，适时浇水，促进植株健壮生长，雨后及时排出田间积水，收获结束后及时清出田间病残体并集中带出田外销毁。

发病初期，可采用下列杀菌剂进行防治：

50%腐霉·百菌清可湿性粉剂800～1 000倍液；

40%嘧霉·百菌清可湿性粉剂800～1 000倍液；

30%异菌脲·环己锌乳油900~1 200倍液；

50%异菌脲可湿性粉剂1 000~1 500倍液；

30%福·嘧霉可湿性粉剂800~1 000倍液+75%百菌清可湿性粉剂600~800倍液；

65%甲硫·霉威可湿性粉剂1 000~1 500倍液+70%代森锰锌可湿性粉剂600~800倍液；

对水喷雾，视病情间隔7~10天1次。

2. 芦笋茎枯病

【症　　状】茎部发病初期产生深褐色梭形至条状斑，后扩展成不规则形条斑，中间赤褐色稍凹陷，病部常生有黑色小粒点；发病严重时病斑绕茎一周造成病部以上枯死(图46-2)。

图46-2　芦笋茎枯病发病症状

【病　　原】*Phomopsis asparagi* 称天门冬拟茎点霉，属无性型真菌。分生孢子器形成于子座中，扁球形至近三角形，黑色，孔口凸出，近孔口处壁厚。分生孢子角乳白色，分生孢子长椭圆形至梭形，无色，单胞，两端各具1油球。

【发生规律】病原菌主要以分生孢子器或分生孢子在病残体上越冬，翌年条件适宜时以分生孢子进行侵染为害。在北方4月中下旬开始发病，7—9月为发病盛期，10月下旬进入越冬阶段。常年连作地块，土壤黏重，地势低洼，排水不良，管理粗放，偏施氮肥植株旺长或徒长，雨水较多发病重。

【防治方法】与非百合科植物轮作3~5年，选择地势较平，土质较疏松，排水方便的地块栽培，加强肥水管理，合理配合施用氮、磷、钾肥促进植株生长，雨后及时排出田间积水，收获结束后及时清出田间病残体并集中带出田外销毁。

发病初期，可采用下列杀菌剂进行防治：

62.25%腈菌唑·代森锰锌可湿性粉剂600倍液；

12.5%烯唑醇可湿性粉剂2 000~4 000倍液+70%代森联水分散粒剂800倍液；

52.5%恶唑菌酮·霜脲水分散粒剂1 500~2 000倍液；

20%腈菌·福美双可湿性粉剂1 500~3 000倍液；

70%硫磺·甲硫灵可湿性粉剂800~1 000倍液；

68.75%恶唑菌酮·锰锌水分散粒剂800倍液；

对水喷雾，视病情间隔7~10天喷1次。

参 考 文 献

段留生，田晓莉，2005．作物化学控制原理与技术[M]．北京：中国农业大学出版社．

韩召军，杜相革，徐志宏，2001．园艺昆虫学 [M]．北京：中国农业大学出版社．

侯明生，黄俊斌，2006．农业植物病理学[M]．北京：科学出版社．

刘长令，2006．世界农药大全[M]．北京：化学工业出版社．

刘维志，2000．植物病原线虫学[M]．北京：中国农业出版社．

陆家云，2004．植物病害诊断[M]．北京：中国农业出版社．

吕佩珂，刘文珍，段半锁，等，1996．中国蔬菜病虫原色图谱续集[M]．北京：农业出版社．

沙家骏，张恒敏，姜雅，1992．国外新农药品种手册[M]．北京：化学工业出版社．

宋宝安，2008．杀菌剂[M]．北京：化学工业出版社．

唐除痴，李煜昶，陈彬，等，1998．农药化学[M]．天津：南开大学出版社．

王金生，2000．植物病原细菌学 [M]．北京：中国农业出版社．

王琦，姜道宏，2007．植物病理学研究进展[M]．北京：中国农业科学技术出版社．

王险峰，2000．进口农药应用手册[M]．北京：中国农业出版社．

王运兵，吕印谱，2004．无公害农药实用手册[M]．郑州：河南科学技术出版社．

谢联辉，2008，植物病原病毒学[M]．北京：中国农业出版社．

张玉聚，等，2007．中国植保技术大全[M]．北京：中国农业科学技术出版社．

张玉聚，等，2008．中国农业病虫草害原色图解[M]．北京：中国农业科学技术出版社．

张玉聚，等，2009．中国农业病虫草害新技术原色图解[M]．北京：中国农业科学技术出版社．

张玉聚，等，2011．中国植保技术原色图解[M]．北京：中国农业科学技术出版社．

中国农业科学院植物保护研究所，2015．中国农作物病虫害(上册)[M]．北京：中国农业出版社．

中国农业科学院植物保护研究所，2015．中国农作物病虫害(中册)[M]．北京：中国农业出版社．

中国农业科学院植物保护研究所，2015．中国农作物病虫害(下册)[M]．北京：中国农业出版社．

郑建秋，2004．现代蔬菜病虫鉴别与防治手册[M]．北京：中国农业出版社．

周明国，陈长军，2008．中国植物病害化学防治研究[M]．北京：中国农业科学技术出版社．

Carroll G C，Wicklow D T，1992．The Fungal Community[M]．New York：Marcel Dekker Inc．

Deacon J W，1984．Introduction to Mordern Mycology (2nd．) [M]．BlackwellSci Publishing，Oxford．

Pullman G S，de Vay J E，Garber R H，et al，1979．Control of soil-borne fungal pathogens by plastic tarping of soil[M] // Schippers B，Gams W．Soil-borne Plant Pathogens．New York:Academic Press：431-438．